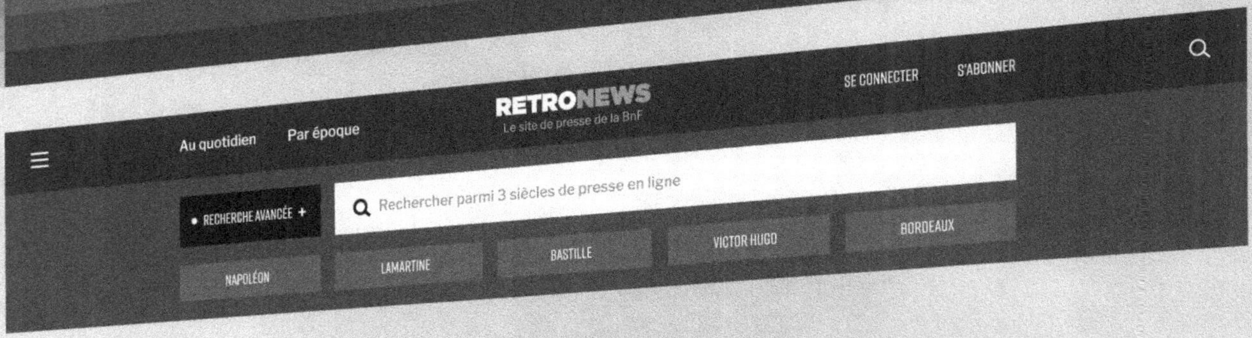

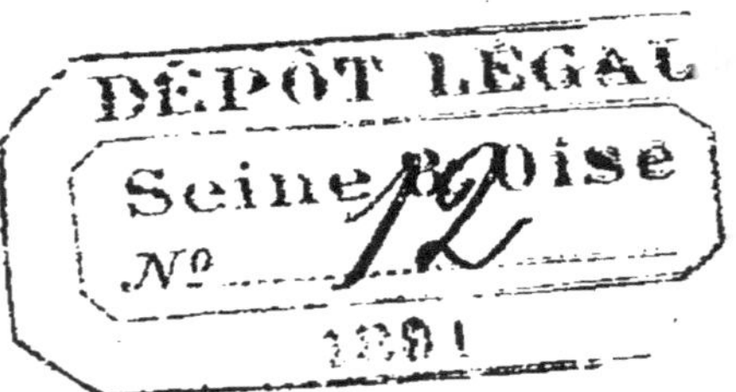

REVUE

DES

SCIENCES NATURELLES APPLIQUÉES

PUBLIÉE PAR LA

SOCIÉTÉ NATIONALE D'ACCLIMATATION

DE FRANCE

PARAISSANT A PARIS LES 5 ET 20 DE CHAQUE MOIS

38e ANNÉE

Nº 1. — 5 Janvier 1891

Premier Semestre

AU SIÈGE SOCIAL
DE LA SOCIÉTÉ NATIONALE D'ACCLIMATATION DE FRANCE
41, RUE DE LILLE, 41
PARIS

REVUE
DES
SCIENCES NATURELLES APPLIQUÉES

BULLETIN BIMENSUEL

DE LA

SOCIÉTÉ NATIONALE D'ACCLIMATATION DE FRANCE

VERSAILLES, IMPRIMERIE CERF ET FILS, 59, RUE DUPLESSIS.

REVUE

DES

SCIENCES NATURELLES APPLIQUÉES

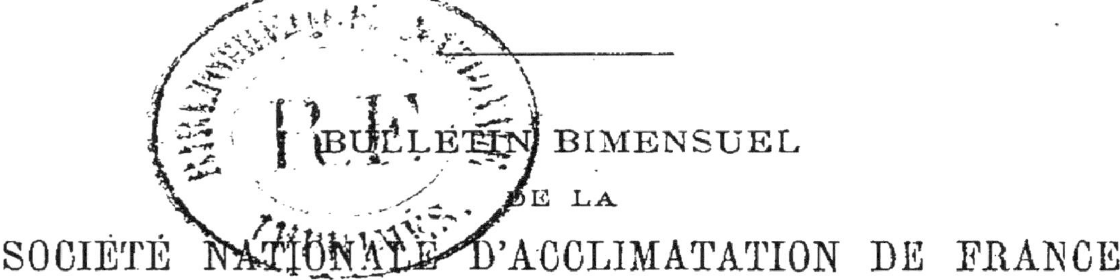

BULLETIN BIMENSUEL

DE LA

SOCIÉTÉ NATIONALE D'ACCLIMATATION DE FRANCE

Fondée le 10 février 1854

RECONNUE ÉTABLISSEMENT D'UTILITÉ PUBLIQUE

PAR DÉCRET DU 26 FÉVRIER 1855

1891 — PREMIER SEMESTRE

TRENTE-HUITIÈME ANNÉE

PARIS

AU SIÈGE DE LA SOCIÉTÉ

41, RUE DE LILLE, 41

1891

SOCIÉTÉ NATIONALE
D'ACCLIMATATION
DE FRANCE

ORGANISATION POUR L'ANNÉE 1891

CONSEIL. — DÉLÉGUÉS. — COMMISSIONS. — BUREAUX DES SECTIONS.

CONSEIL D'ADMINISTRATION POUR 1891

BUREAU

Président.

M. Albert GEOFFROY SAINT-HILAIRE (✻), directeur du Jardin zoologique d'Acclimatation du Bois de Boulogne.

Vice-Présidents.

MM. Léon LE FORT (O ✻), membre de l'Académie de médecine, professeur à la Faculté de médecine.

De QUATREFAGES (C. ✻), membre de l'Institut (Académie des sciences) et de la Société nationale d'agriculture, professeur au Muséum d'histoire naturelle.

Le marquis de SINÉTY, propriétaire.

Léon VAILLANT (✻), docteur en médecine, professeur au Muséum d'histoire naturelle.

Secrétaire général.

M. Amédée BERTHOULE, avocat à la Cour d'appel, docteur en droit, membre du Comité consultatif des pêches maritimes.

Secrétaires.

MM. E. DUPIN (✻), *Secrétaire pour l'Intérieur*, ancien inspecteur des chemins de fer.

C. RAVERET-WATTEL (✻), *Secrétaire du Conseil*, chef de bureau au Ministère de la Guerre.

Saint-Yves MÉNARD (✻), *Secrétaire des Séances*, médecin-vétérinaire, docteur en médecine, professeur à l'École centrale des Arts et Manufactures, membre de la Société centrale de médecine vétérinaire.

Pierre-Amédée PICHOT, *Secrétaire pour l'Étranger*, directeur de la *Revue britannique*.

ALLOCUTION

PRONONCÉE

PAR M. A. GEOFFROY SAINT-HILAIRE

PRÉSIDENT DE LA SOCIÉTÉ

A l'ouverture de la 32e séance publique annuelle de distribution des récompenses.

MESSIEURS,

Il y a trente-huit ans que la Société d'Acclimatation décerne des récompenses, qu'elle encourage par ses prix, par ses médailles, par ses primes ceux qui ont collaboré à son œuvre. Si nous établissions la liste de nos lauréats, nous ferions, par le fait, l'histoire de notre Société et aussi l'histoire de l'*acclimatation elle-même* dans tous les pays depuis quarante ans environ.

Les temps sont bien changés. Lorsqu'en 1854 naissait notre Société, son programme était l'objet des critiques les plus vives; l'idée d'échanger avec les pays étrangers les produits du sol et les animaux semblait alors inutile et mal avisée. On allait même jusqu'à la considérer comme *impie*. « Dieu, disait-on, a bien fait tout ce qu'il a fait, transporter » une espèce d'un pays dans un autre c'est en quelque sorte » aller contre ses desseins, car il a doté chaque région de » tout ce dont elle peut avoir besoin. »

Les imprudents qui parlaient ainsi faisaient preuve, en vérité, de la plus grossière ignorance et leurs sots propos sont aujourd'hui oubliés. En effet, l'acclimatation a été de tous les temps, et les peuples n'ont jamais cessé de faire des efforts soutenus pour s'enrichir des espèces qu'ils n'avaient pas. Depuis quarante années ce mouvement a pris un incroyable développement; on a par tout pays acclimaté à l'envi, si bien que l'équilibre économique des diverses régions du globe en est aujourd'hui profondément altéré.

Nous n'attendons pas, Messieurs, pour donner nos récompenses que les efforts de nos lauréats aient bouleversé les conditions de la prospérité des peuples; nous donnons nos prix et nos médailles pour de moindres résultats. Un livre utile, riche en notions pratiques, en aperçus ingénieux; une expérience originale bien conçue et bien exposée; la mise en valeur de produits inconnus ou méconnus; des élevages réussis; des observations judicieuses sur les mœurs des animaux ou les besoins des plantes; des introductions d'espèces intéressantes à étudier, arrêtent toujours l'attention de votre Commission des récompenses, car elle sait prévoir où peuvent conduire les plus modestes travaux. Ne voyons-nous pas à chaque pas dans la vie de grands effets résulter de petites causes.

Et c'est ici le lieu, Messieurs, de rendre hommage au zèle imperturbable, à l'équité toujours bienveillante de ceux de nos collègues qui prennent une part assidue aux travaux de la Commission des récompenses. Depuis bientôt trente ans, je vois à l'œuvre ces juges excellents. Ceux d'aujourd'hui, ne sont pas ceux d'hier, hélas! car le temps a fait son œuvre, mais si les hommes ont changé, l'esprit de la Commission est resté le même, c'est en vérité le plus grand éloge que j'en puisse faire.

RAPPORT

SUR LES

TRAVAUX DE LA SOCIÉTÉ EN 1889 ET 1890

PAR M. LE Dr SAINT-YVES MÉNARD,
Secrétaire des Séances.

MESSIEURS,

Le rapport que j'ai l'honneur de vous présenter sur les travaux de la Société comprendra les deux années 1889 et 1890. Il vous montrera que notre activité scientifique s'est encore accrue pendant cette période et que le zèle de nos collègues praticiens a redoublé.

La *Revue des Sciences naturelles appliquées*, toujours remplie de documents, continue à nous faire honneur, à propager le goût de l'acclimatation et à en vulgariser la connaissance.

***

L'Exposition universelle de 1889 a donné l'occasion d'y introduire des Chroniques spéciales dans lesquelles plusieurs de nos plus zélés collègues ont pris la peine de signaler, parmi les produits de l'industrie et des arts accumulés au Champ-de-Mars, ceux qui avaient pour nos lecteurs un intérêt particulier.

C'est ainsi que M. Magaud d'Aubusson nous a montré les collections de plumes d'Autruche venues de divers pays et nous a présenté, à ce propos, un historique complet de l'exploitation de l'Autruche en domesticité. Cette industrie qui, dans la seule colonie anglaise du Cap, a fourni à l'exportation pour 25 millions de francs en 1880, ne date pas de bien loin, et c'est la Société d'Acclimatation qui lui a donné la première impulsion, il y a 25 ans environ.

Les plumes de Nandou, exposées dans le pavillon de la République Argentine et dans celui de l'Uruguay, sont divisées par M. Magaud d'Aubusson en deux catégories. Les unes proviennent d'oiseaux sauvages tués à la chasse par les Indiens, les autres d'oiseaux élevés dans les fermes de la Pampa. Ces derniers font penser naturellement aux Nandous multipliés dans nos pays par nos collègues : MM. Bérenger, Dr Clos, Pays-Mellier, Mercier, Blaauw.

Notre Secrétaire général, M. Berthoule, et M. Raveret-Wattel ont exploré le côté de l'eau. Le premier a décrit savamment l'exposition ostréicole qui donne une idée de l'importance de l'ostréiculture en France. Le second a passé en revue les principaux établissements de pisciculture représentés à l'Exposition universelle, puis les appareils exposés par divers fabricants ou amateurs.

M. Fallou a consacré une chronique des plus instructives à l'exposition des insectes utiles et nuisibles, dans laquelle il a insisté naturellement sur la sériciculture et sur l'apiculture.

MM. J. Grisard et Vanden-Berghe nous ont montré les principaux textiles importés des colonies : le Jute, l'Abaca ou Chanvre de Manille, le Phormium ou Lin de la Nouvelle-Zélande, les fibres d'Ananas, etc.

Enfin, M. Pion a écrit pour la *Revue* un compte rendu détaillé du Concours universel d'animaux domestiques.

Tout en soignant son *Bulletin*, la Société ne s'en est pas tenue à ce mode de vulgarisation; elle a voulu offrir à tous le bénéfice de l'enseignement oral et elle a inauguré une série de conférences qui ont présenté un vif attrait.

Dans la première, notre président, M. A. Geoffroy Saint-Hilaire, a esquissé l'histoire des Sociétés d'acclimatation fondées en divers pays après celle de Paris, et aussi l'histoire des jardins zoologiques et des jardins d'acclimatation, jardins publics ou jardins privés.

M. A. Berthoule a traité dans la seconde conférence un sujet qui lui est cher et familier. Son talent de description, secondé par de belles projections, nous a donné l'illusion d'une charmante excursion en Auvergne où nous avons exploré plus particulièrement les lacs de la région. Nous avons pris connaissance de la faune naturelle de ces lacs et nous avons acquis la conviction que les plus simples travaux de pisciculture, les plus modestes tentatives d'empoissonnement, pouvaient donner là des résultats économiques d'une réelle

M. Pays-Mellier n'a pas manqué de nous parler, comme d'habitude, des nombreux animaux qu'il entretient dans son parc de la Pataudière. Son compte rendu ne comporte pas l'analyse ; tous les éleveurs gagneront à le lire en entier.

***

Il en est de même de la note de M. Blaauw sur la collection d'animaux réunie à S'Graveland, près d'Amsterdam. Elle débute par un fait d'un intérêt particulier, la reproduction des Antilopes Gnous.

Deuxième section.

A l'occasion du passage de Syrraphtes à travers l'Europe en 1888, M. Magaud d'Aubusson a écrit une intéressante monographie de cette curieuse espèce asiatique ; l'Allemagne et l'Angleterre ont protégé les migrateurs et en ont vu quelques-uns se fixer et se reproduire. Cela peut être un commencement d'acclimatement.

Notre collègue signale ensuite aux colons algériens un oiseau insectivore qui vit dans l'Asie centrale et méridionale et qui pourrait être introduit en vue de la destruction des Criquets, c'est le Martin-Rose.

***

Les lecteurs de la *Revue* ont apprécié comme elle le mérite une étude très complète des Outardes, due à M. Lafourcade, médecin-vétérinaire de Paris.

***

M. le professeur Dareste, continuant ses recherches sur l'incubation artificielle, a étudié les changements de température propres aux œufs et indépendants de la source de chaleur. Au commencement de l'incubation, comme l'ont appris MM. Moitessier et d'Arsonval, les œufs absorbent de la chaleur tandis qu'ils en dégagent de plus en plus au fur et à mesure que les embryons se développent davantage.

***

Plusieurs collègues ont conservé la bonne habitude de nous tenir au courant des succès ou des insuccès dans leurs éducations. M. le Dr Lafon (Lophophores) ; M. Leroy (Colins de Virginie) ; M. Delaurier (divers oiseaux exotiques) ; M. Godry (Nandous, Céréopes, Pintades de Verreaux, Tragopans, Hoccos, etc.).

Signalons encore d'intéressants articles de M. le marquis de Brisay (la chasse aux oiseaux dans l'Inde) ; M. le comte de Montlezun (Palmipèdes lamellirostres) ; M. Suchetet (Hybrides des anatidés) ; M. Huet (Hybrides chez les gallinacés).

TROISIÈME SECTION.

La Société a poursuivi en 1889 et en 1890 l'expérience de Quillan tendant à acclimater le Saumon Quinnat dans l'Aude et par suite dans tout le bassin de la Méditerranée. Les détails en sont exposés dans un article de M. l'ingénieur Bouffet et dans un autre de M. le Secrétaire général. Ils sont de nature à nous donner grand espoir de réussite.

M. Raveret-Wattel a mentionné l'acclimatation du Whitefish (*Coregonus albus*) dans le lac d'Annecy, due à M. Lugrin ; puis il a écrit une note intéressante sur les opérations de rempoissonnement effectuées au Canada, opérations qui ont porté sur 88 millions d'alevins de Saumons, de Truites, de Corégones ; enfin il a exposé les progrès de l'aquiculture marine en Norvège. Tout cela l'amène à regretter que nous ne soyons pas aussi avancés en France.

M. Emile Bertrand a acclimaté d'une manière définitive, dans un étang des environs de Versailles, la Perche argentée d'Amérique ou Calico-bass. Si cette petite espèce de poisson n'a pas par elle-même une valeur considérable, elle peut, en raison de sa fécondité, devenir précieuse pour l'alimentation des Salmonides.

QUATRIÈME SECTION.

M. le professeur Laboulbène nous a rappelé les tentatives faites pour l'introduction en France du Ver à Soie du Prunier

(*Attacus Cecropia*), originaire d'Amérique. Elles ont été encourageantes et elles méritent d'être renouvelées.

***

M. Fallou a rendu compte de ses éducations de Vers à Soie du Mûrier en plein air, à Champrosay.

***

Le R. P. Camboué nous a envoyé de Madagascar des Araignées dont les cocons fournissent une soie susceptible d'être filée. L'éducation de ces nouveaux insectes séricigènes (*Epeires*) fut confiée à M. Fallou qui, malgré tous les soins, ne réussit pas à les faire vivre. Mais notre collègue n'est pas homme à se rebuter pour si peu. Il demande à recommencer l'expérience en variant les conditions d'installation et de nourriture des insectes.

***

M. Ch. Delagrange, pendant un séjour qu'il a fait à Smyrne, a étudié les chenilles d'un insecte séricigène (*Lasiocampa otus*) qui vivent sur les Cyprès. Les cocons qu'elles filent lui paraissent susceptibles de donner une bonne soie. Il y aurait lieu, suivant lui, de chercher à acclimater cet insecte dans le midi de la France et en Algérie.

Cinquième section.

Dans une courte note, l'éminent botaniste, M. Naudin, a montré l'importance commerciale qu'ont prise les écorces d'Acacias employées pour le tannage des peaux en Australie. Les Acacias tannifères lui paraissent susceptibles de s'acclimater dans le Sud-Algérien sans grandes difficultés et sans dépenses considérables ; ce serait un élément de fortune pour notre colonie.

***

Au moment où l'acclimatement du *Stachys affinis* était un fait accompli, où ces tubercules commençaient à être récoltés en abondance et livrés à la consommation sous le nom de Crosnes du Japon, MM. Paillieux et Bois ont voulu résumer dans une excellente monographie tous les documents relatifs à l'introduction de ce légume, à sa culture, à sa composition chimique, à son usage alimentaire.

MM. Paillieux et Bois ont donné aussi des renseignements sur leurs cultures de l'Igname plate du Japon ; sur l'importation et la culture du Gongoulou du Kashmir, sorte de Navet rouge; sur le Concombre de Mandéra ; le Haricot de terre ; la Mitsuba du Japon ; l'Olombé du Gabon ; le *Pugionium cornutum* de Mongolie.

⁂

Vous savez, Messieurs, combien M. Clarté a fait d'efforts persévérants pour acclimater le Goumi (*Elæagnus longipes*), pour répandre sa culture et pour vulgariser l'emploi de ses fruits alimentaires. Notre collègue éprouve la satisfaction du succès et il résume dans une note concise les indications qui seront utiles à ses imitateurs.

⁂

M. Ruinet du Tailly a signalé un fait important, la fructification de l'*Eucalyptus globulus* observée pour la première fois en Bretagne.

Et, à cette occasion, M. Roussin, qui habite la même région, nous a donné une note sur quelques végétaux qu'il a importés lui-même du Japon.

⁂

M. le Dr Clos, directeur du Jardin des Plantes de Toulouse, signale à l'attention des horticulteurs quelques espèces de *Duvaua*, arbustes à feuilles persistantes originaires du Chili, qui pourraient être cultivés en France comme espèces ornementales.

⁂

M. Garrigues, que vous connaissez par ses cultures industrielles de Bambous, a montré toutes les applications qu'on en peut faire à la consolidation des digues et remblais, soit sur les bords des fleuves, soit sur les lignes de chemins de fer, soit autour des forts.

⁂

M. le baron d'Yvoire a indiqué un procédé pratique et fort

simple pour cultiver les Morilles dans un potager. Bien des amateurs sans doute le mettront à profit.

***

Enfin, M. Kawamoura a écrit l'histoire de l'acclimatation d'un certain nombre de végétaux en Chine et au Japon et nous a fourni de précieux documents.

***

Mais en dehors des travaux des sections, la *Revue des Sciences naturelles appliquées* justifie son titre par des series de chroniques pour lesquelles elle met à profit le précieux concours de MM. Brézol, J. Loz, J. Petit. Ces chroniques agrémentées de faits divers relatifs à l'histoire naturelle, à l'économie du bétail, à l'horticulture et à l'agriculture, donnent à notre publication un attrait particulier.

Je voudrais, Messieurs, vous avoir communiqué par ce rapide compte rendu l'admiration que m'inspire l'ensemble de nos travaux. Je suis sûr, en tout cas, d'être l'interprète fidèle de vos sentiments en témoignant la plus vive reconnaissance à ceux qui leur impriment la bonne direction, à notre cher Président et à notre dévoué Secrétaire général.

RAPPORT

AU NOM DE LA COMMISSION DES RÉCOMPENSES

PAR M. AMÉDÉE BERTHOULE,
Secrétaire général de la Société.

C'est un aimable devoir que celui qui incombe à votre rapporteur, de parler au nom de la Commission des récompenses, car il a pour objet de faire état des entreprises menées à bien, des conquêtes réalisées, au cours d'une de ces campagnes de travail qu'à l'envi nous nous appliquons à rendre fécondes. Le compte rendu, présenté avec une si rare mesure par notre dévoué secrétaire des séances, et dont vous venez d'entendre la trop rapide lecture, montre bien quel grand angle embrasse notre action, et combien, pour être variés et multiples, nos efforts sont néanmoins efficaces ; c'est qu'ici, leur division est plutôt une marque de force qu'une cause de faiblesse ; la diversité n'en est qu'apparente, et, en réalité, à la façon des hardis capitaines, nous attaquons bravement la citadelle de la nature par tous ses flancs.

La faune des régions les plus diverses et les plus lointaines prend pied en même temps sur le sol de notre vieux continent, de par la volonté entreprenante de quelques-uns des nôtres : M. Blaauw naturalise le farouche Gnou de l'Afrique australe, M. Sharland nous donne le Mara de l'Amérique du Sud, le prince de Wagram substitue le Faisan vénéré de la Chine au moins brillant Faisan à collier, dans ses magnifiques tirés de Gros-Bois, tandis que, d'autre part, nos humides domaines empruntent à l'Amérique du Nord ses précieux Salmonides, et à l'Afrique un curieux et utile batracien. M. Delagrange nous ramène d'Asie-Mineure le *Lasiocampa otus*, pendant que, non moins active, notre cinquième Section enrichit le potager, le jardin ou le parc, de nouvelles plantes.

Auprès des hommes d'application pratique, d'érudits écrivains nous prêtent l'inestimable concours de leur plume, pour la vulgarisation des sciences naturelles, instruisant et guidant les uns, stimulant les autres, célébrant les succès obtenus.

Ainsi, peu à peu, patiemment mais solidement, s'élève le superbe édifice dont les fondateurs de notre association jetaient les bases, il y aura bientôt quarante ans, après l'avoir dédié au Bien public.

Grande médaille d'or

A l'effigie d'Isidore Geoffroy Saint-Hilaire.

Les magnifiques galeries souterraines du Trocadéro n'ont pas reçu un visiteur, depuis dix ans, qui n'ait admiré dans ses viviers, trop étroits pour en contenir les nombreux essaims, un joli poisson vêtu d'émeraude et d'argent, aux allures vigoureuses, respirant la santé, d'une taille souvent démesurée, eu égard aux dimensions réduites de sa prison. Ce noble étranger, que vous connaissez bien sous son nom de *Salmo Quinnat*, est tout nouveau venu chez nous ; ce n'est guère, en effet, qu'en 1879 que notre Société en recevait les premiers émissaires, des eaux lointaines de la Californie. Frappée des qualités que révélaient en lui les études zoologiques, elle avait résolu d'en entreprendre la naturalisation, et elle eut la bonne fortune de trouver pour l'accomplissement de cette tâche, de la part de la Commission fédérale des pêcheries des États de l'Union, le concours le plus libéral et le plus précieux.

Suivant nos traditions, nous prîmes d'une main pour donner de l'autre, et chacune des colonies que nous reçûmes successivement, aussitôt arrivée, fut disséminée sur divers points, et confiée à nos pisciculteurs les plus connus.

L'Aquarium municipal du Trocadéro fut un des premiers à participer à ces distributions ; et lorsqu'en 1883 son directeur actuel, M. Jousset de Bellesme, en prenait l'administration, il pouvait y compter plusieurs centaines de sujets de cette espèce, provenant de l'éclosion des œufs que cet établissement tenait de la Société d'Acclimatation. Des soins entendus, une nourriture largement distribuée les poussèrent à un développement aussi rapide que remarquable ; en 1887, certains sujets dépassaient la taille de $0^{m},80$ et pesaient jusqu'à 6 kilos. Mais, résultat autrement important, le seul que nous ayons à mettre en lumière et à retenir aujourd'hui, ils donnèrent, par la fécondation artificielle, des récoltes d'œufs considérables qui se sont régulièrement renouvelées chaque automne. De 1885 à 1890, plus de 200,000 alevins, dont les plus petits mesuraient $0^m,10$, sont sortis de l'Aquarium du Trocadéro. Ces jeunes élèves n'ont pas pris, nous avons le regret de le dire, le chemin que nous aurions voulu leur voir suivre. La Seine en a absorbé la presque totalité, et il est bien à craindre que leur jeunesse n'ait couru quelques dangers dans les joyeux parages de Bougival ; et d'ailleurs, ce fleuve ne possède-t-il pas le *Salmo Salar*, sinon jusqu'à Paris où ses eaux coupées de barrages sont aussi trop impures pour l'attirer, du moins dans d'autres parties de son cours, et n'eût-il pas été préférable, au lieu de mettre en lutte les deux espèces, de chercher à peupler un terrain neuf ?

Quoi qu'il en soit, les opérations du Trocadéro sont instructives et intéressantes ; elles démontrent souverainement la parfaite rusticité du Saumon californien, sa malléabilité, la vigueur de sa croissance, et avant tout, son aptitude à se développer, même en eaux closes, sans avoir besoin, comme le Saumon d'Europe, d'émigrer périodiquement à la mer, et sans rien perdre de ses facultés génératrices. L'Aquarium en est aujourd'hui à la deuxième ou troisième génération, sans apport de sang nouveau, et en dépit de la surface restreinte des viviers et de la qualité douteuse des eaux. Ce remarquable résultat est tout à l'honneur de celui de nos collègues qui dirige, en savant, les opérations de pisciculture dont notre *Revue* donnait naguère le détail.

Dès l'apparition du Saumon Quinnat, notre Société, sentant bien tout le prix que pouvait avoir sa naturalisation en France, plus spécialement au point de vue de sa diffusion dans celles de nos eaux que ne fréquente pas le Salar, avait, pour exciter des collaborations dans ce sens, institué un prix de 500 francs pour sa multiplication ; le libellé de cette fondation exigeait seulement l'existence de 500 alevins âgés d'un an, nés de parents existant dans les mêmes eaux depuis au moins dix-huit mois, et la production d'un rapport circonstancié relatant les observations auxquelles aurait donné lieu l'éducation de ces jeunes poissons.

Ce simple énoncé suffit à établir combien largement ont été réalisées les conditions du programme pour l'obtention de cette haute récompense, que l'Aquarium municipal du Trocadéro est appelé à recevoir aujourd'hui, sous la forme d'une grande médaille d'or, d'égale valeur, à l'effigie d'Isidore Geoffroy Saint-Hilaire, notre premier et illustre président.

Grande médaille d'or.

Si l'industrie a, durant les cent années qui viennent de s'écouler, réalisé d'admirables progrès, non moins superbes sont ceux accomplis par l'horticulture. Une activité presque fébrile l'a animée ; des associations multiples se sont formées, qui, toutes, travaillent avec entrain ; des feuilles périodiques se sont multipliées et répandues partout, attisant l'ardeur de chacun, surexcitant de fécondes émulations ; des plantes nouvelles ont paru, recueillies au milieu de mille périls, rapportées au prix de soins laborieux par de hardis voyageurs, et prenant bientôt place, auprès de la flore indigène, dans nos parterres ou dans nos potagers, dans la forêt ou dans les champs ; et parallèlement, quelle merveilleuse transformation de l'ancienne culture, asservissant en quelque sorte la végétation aux exigences d'une consommation difficile ou d'un luxe raffiné !

L'histoire de cette grande, mais pacifique et bienfaisante révolution, a été retracée de main de maître par M. Ch. Baltet, l'éminent horticulteur, dans un mémoire plein de vie, dont notre *Revue* s'apprête à aborder la publication.

Avec lui, nous voyons apparaître successivement le Marronnier d'Inde à la lourde ramure, le Platane au tronc lisse, le coquet Tulipier, l'Ailante, le Sophora au tendre feuillage ; empruntés à l'Amérique, les Caryers, le Negondo, les Séquoias, géants de la forêt ; à l'extrême Orient, le faux Acajou, le Paulownia, le Laurier Camphrier, les Bambous, les Lilas, le Déodora, le Pin parasol... ; à l'Océanie, les émules des énormes *Wellingtonia*, ces innombrables *Eucalyptus,* qui se sont si rapidement répandus sur le littoral Méditerranéen.

Plus humbles que les rois du monde végétal, mais non moins utiles, sont les accroissements du potager : après la Pomme de terre et la Betterave à sucre, dont l'acquisition définitive sera la gloire de ce siècle, viennent, à distance, le Cerfeuil bulbeux, la Tomate de l'Amérique du Sud, l'Igname de Chine, le Maïs géant, le Riz sec, le Sorgho à sucre, le

Soya, et, en dernier lieu, le Stachys qui, paru d'hier (1882), grâce à l'action de notre Société et au zèle infatigable d'un de nos anciens, a si vivement pris une large place sur nos marchés et envahi l'Europe.

Ne parlons pas des fleurs, de peur de nous oublier au milieu de leurs magnifiques massifs, sous l'émerveillement de leurs mille coloris, et dans l'enivrement des plus suaves parfums.

Est-il besoin de dire l'intérêt du récit de telles conquêtes ? Plus qu'aucun autre, M. Baltet a travaillé à leur réalisation, et par ses propres cultures, et par ses enseignements écrits. Aussi bien, le mémoire, dont nous venons d'esquisser quelques traits, est-il plutôt l'occasion que la vraie cause de la récompense qu'il recueille aujourd'hui. Notre grande médaille d'or est le prix donné pour une longue carrière fertile en fruits précieux.

Grandes Médailles d'argent

A l'effigie d'Isidore Geoffroy Saint-Hilaire.

C'est avec un succès constant que M. Blaauw poursuit ses travaux d'acclimatation, en dépit des difficultés que lui opposent et le naturel des animaux et l'inclémence du climat de la Hollande.

Les Gnous, d'une humeur si farouche, oublient, à S'Gravesand, les douceurs du ciel de leur patrie sud-africaine. Depuis nombre d'années, ils s'y reproduisent régulièrement, et, fait digne de remarque, telle est la salutaire influence du sol plus riche sur lequel ils ont été transportés, que leur taille s'y développe d'une manière frappante ; la croissance des jeunes s'y manifeste aussi sensiblement plus rapide. Il ne faut pas, sans doute, attribuer à une autre cause leur vigueur exceptionnelle, leur robuste santé, et l'aisance avec laquelle ils résistent, sans abris, aux sévères températures hibernales du nord.

Les Nandous n'élèvent pas moins facilement leurs jeunes, dans ce parc privilégié ; mais si on ne constate pas chez eux la même progression de formes, c'est que, pour ces oiseaux, la richesse des pâturages, dont s'accommodent si bien les Antilopes de l'Afrique australe, ne saurait compenser la privation presque absolue des insectes qui, à l'état de nature, entrent pour une large part dans leur alimentation.

M. Blaauw a également obtenu, à diverses reprises, des reproductions de Kangurous de Bennett.

Ajoutons, enfin, qu'il possède une très remarquable collection de palmipèdes de prix, qui ne lui donnent pas de moindres satisfactions : le Cygne à cou noir ; l'Oie de Magellan à tête rousse qui, une première fois introduite en Angleterre, en avait peu après disparu, et que notre collègue a eu la bonne fortune de conquérir, d'une manière définitive, cette fois, il est permis de l'espérer ; l'Oie de l'Orénoque, espèce très rare et très délicate, qu'il a été le premier à multiplier.

Il y a là, en somme, tout un ensemble de travaux du plus haut intérêt, qui vous ont paru largement mériter à leur auteur la grande médaille d'argent hors classe de notre Société.

***

Ardent et infatigable, le pied solide, l'œil sûr, le geste prompt, M. Charles Diguet est un grand chasseur devant le Seigneur. Conteur aimable, ses chroniques pleines d'humour, sans prétention scientifique déplacée, visent bien plutôt à délasser l'esprit. La note, toujours soutenue, est celle d'un enthousiaste du sport. Entre toutes, la chasse au marais, si fertile en imprévu, le passionne : « Il en est qui en meurent, s'écrie-t-il, mais comme en définitive il faut en finir par là, mourir de cela ou mourir d'autre chose, le résultat est le même, et au moins ne sera-t-on pas mort d'ennui (1). »

Et comme on sent bien la plume de l'écrivain vibrer avec l'âme du chasseur, au récit de quelque joli coup de feu ! Quelle émotion l'anime encore quand il nous dépeint la fin du Cygne !

« ...L'oiseau décrivit un cercle et obliqua vers nous, éclairé par le soleil ; l'astre faisait ressortir la blancheur de son plumage dans le ciel bleu ; cette blancheur était maculée par un filet de sang qui coulait sur la poitrine et teintait d'aurore le duvet éblouissant. Longtemps il plana haut sans prendre de parti, puis il baissa ! le rose devenait rouge vif, le sang coulait plus abondamment ; enfin, toujours éclairé par le soleil dans tout son éclat, il piqua en verticale sur la prairie et tomba comme une masse.

(1) *La Chasse au marais*, p. 31.

Jamais je n'oublierai ce spectacle ; tout est lucide à mon esprit : le paysage, le grand oiseau blanc perdant son sang, le large ruban rouge tranchant sur le duvet immaculé ; sa lutte contre la mort, et sa lourde chute au milieu de la prairie cristallisée (1). »

Entre temps, M. Diguet donne d'utiles conseils sur le dressage du chien d'arrêt et demande grâce aux vivisecteurs sans pitié, au moins pour le chien, le plus ancien et le plus fidèle ami de l'homme.

Mais ce qui nous touche plus encore dans ses écrits, c'est l'esprit dans lequel ils sont conçus. A côté du chasseur, on est toujours sûr de trouver le conservateur intraitable, ennemi juré des larrons de tout ordre, bêtes ou gens, qui dépeuplent nos forêts et nos champs, et auxquels il fait bravement une guerre sans merci ; il ne cesse de prêcher contre eux une salutaire croisade. Tantôt il s'adresse au législateur pour solliciter des lois de protection, tantôt il adjure les chasseurs imprévoyants d'épargner d'innocentes victimes, les pauvres canetons sans défense, la Caille verte du printemps, la gracieuse Hirondelle et les minimes insectivores, amis du laboureur.

Souvent aussi, M. Diguet s'associe à notre œuvre par des comptes rendus de nos travaux, par la vulgarisation des méthodes d'élevage, par la description des espèces nouvelles dont nous poursuivons la naturalisation.

Votre Commission des récompenses ne pouvait méconnaître la valeur de cette spontanée et précieuse collaboration, qu'elle a été heureuse de récompenser par l'attribution d'une grande médaille hors classe.

PREMIÈRE SECTION. — MAMMIFÈRES.

Médailles de première classe.

S'il est vrai de dire que rien ne soit inutile dans l'œuvre de la création et que chaque être y ait reçu son rôle, il faut bien reconnaître aussi que l'action de l'homme a jeté un trouble profond dans cette harmonie primitive ; son envahissement progressif, l'extension parallèle des cultures, devant lesquelles disparaissent les sauvages maquis et les paisibles

(1) *Loc. cit.*, p. 109.

retraites des grands couverts, le perfectionnement des engins de capture, et une ardeur immodérée, irréfléchie de destruction, sont autant de causes qui ont ébranlé l'édifice originel. Déjà, certaines espèces se sont éteintes, d'autres sont menacées du même sort, d'autres encore nous paraissent aujourd'hui inutiles ou dangereuses, qui, autrefois, étaient auxiliaires, alors qu'elles servaient à modérer la propagation d'animaux en soi inoffensifs, mais dont l'excessive multiplication aurait pu devenir un fléau.

Un livre, destiné à rendre pratique à ce point de vue l'enseignement de l'histoire naturelle, faisant connaître zoologiquement les espèces, les services qu'elles nous rendent, les ressources qu'elles nous offrent, marquant bien, en conséquence, celles qu'il convient d'épargner, doit donc être accueilli comme un ouvrage d'autant plus précieux qu'il est mis à la portée de tous par la clarté de l'exposé et par la simplicité de la forme.

M. Bouvier a poursuivi et heureusement atteint ce but.

Sans l'encombrer d'un bagage inutile, il a garde, néanmoins, d'en bannir l'anecdote, propre à frapper l'attention et à imprimer des souvenirs dans l'esprit des jeunes lecteurs auxquels il s'adresse de préférence. Ainsi, revendique-t-il pour les célèbres baleiniers basques, entraînés par l'ardeur de la poursuite jusque dans les eaux de Terre-Neuve, la découverte de l'Amérique, un siècle avant Colomb. Ailleurs, il se fait notre auxiliaire, en traçant des voies à l'acclimatation, dont le rôle ne doit pas être seulement de conquérir des espèces étrangères, mais aussi de conserver ou de reconstituer les espèces indigènes.

Les portes des bibliothèques de l'enseignement viennent de s'ouvrir au livre de M. Bouvier; il les franchira, couronné par notre médaille de 1re classe.

L'Otarie, que les jeunes visiteurs du jardin d'Acclimatation du Bois de Boulogne connaissent bien, est d'une acquisition trop incomplète pour qu'on puisse dire les services que pourrait donner son élevage en captivité ; mais il est curieux à étudier, au point de vue zoologique, et les observations recueillies à son sujet ont au moins de l'intérêt à cet égard.

Le jardin zoologique de Cologne en possède trois (un mâle et deux femelles), depuis 1887.

Ils appartiennent à l'espèce *Zalophus Californianus*.

Largement installés dans un vaste bassin de plus de 300 mètres superficiels, ils se sont trouvés dans des conditions suffisamment favorables pour permettre d'éclaircir ou de préciser plusieurs points de leur histoire naturelle, et fournir les éléments d'une note que nous publierons avant peu.

Des accouplements eurent lieu dès la première année ; les parturitions se produisirent heureusement, après 342 et 347 jours de gestation.

Ce fait n'est pas absolument nouveau, bien qu'il soit, en somme assez rare jusqu'à présent. C'est ainsi qu'en 1882 on obtint des naissances dans le jardin de Cincinnati (Ohio). On en avait constaté, bien avant, dans celui de San-Francisco, mais grâce sans doute à des circonstances particulièrement convenables, les Otaries s'y trouvant en eau de mer et presque dans la région de leur habitat naturel.

Vers 1883 ou 84, le Zoological Garden de Londres réussit à croiser l'Otarie du Cap (*Otaria pusilla* ♀ Less.) avec un splendide mâle des îles Falkland (*Phoca Falklandica* ♂ Shaw) ; mais la femelle, appartenant à une espèce beaucoup plus petite que celle du mâle, mourut en mettant bas.

Les observations soigneusement recueillies à Cologne sur les mœurs de ces animaux à l'époque des amours, sur la durée des gestations, sur les tendres soins des mères pour leurs petits, plus encore que la réussite de leur reproduction en captivité, devaient frapper l'attention, et vous ont paru de nature à mériter à cet établissement une médaille d'argent de la Société.

Médailles de seconde classe.

Les fraîches pelouses du jardin zoologique d'Amsterdam nourrissent, depuis plusieurs années, l'Élan de Norvège. Un premier pas vers l'acclimatation de cette belle espèce a été fait, l'an dernier, par la naissance de deux jeunes, dont le développement s'accomplit, paraît-il, avec une remarquable vigueur.

Comme à Cologne, les hôtes de ce jardin sont soumis à une observation constante, de laquelle sortent les documents les plus utiles pour le naturaliste.

Nous sommes ici en présence d'une reproduction en captivité qui se produit pour la première fois. Il nous a paru qu'il importait d'en fixer l'événement par l'attribution d'une médaille de 2e classe.

***

Monté sur ses longues jambes grêles, mais nerveuses comme des ressorts d'acier, le Mara s'est échappé, en quelques bonds vigoureux, de ses tristes solitudes de la Patagonie pour venir pâturer sur nos riantes prairies de France. Déjà, il y a trente ans, Isidore Geoffroy Saint-Hilaire entrevoyait la possibilité, la facilité même de son acclimatation chez nous. Habitant les régions tempérées ou froides du Sud-Amérique, comment, disait cet illustre naturaliste, ne réussirait-il pas en Europe ? Comparable, mais supérieur au Lapin, il pourrait être, à la fois, nourri dans nos demeures, ou rendu à l'état sauvage. Il deviendrait le premier de nos animaux de basse-cour, ou bien un précieux gibier, ne ressemblant par ses allures à aucun autre, et offrant ainsi au chasseur un sport tout nouveau.

Le vœu qu'émettait alors notre regretté fondateur de voir notre Association mener à bien la naturalisation du Lièvre des Pampas est près de se réaliser.

Déjà, le Jardin du Bois de Boulogne et plusieurs de nos collègues possèdent cet intéressant rongeur ; chez M. Sharland notamment, il paraît se plaire d'une manière toute satisfaisante. Il s'y est reproduit à diverses reprises, et ces premières multiplications sont de nature à nous donner le meilleur espoir.

Nous décernons à M. Sharland une médaille de 2e classe.

Mention honorable.

Tout ce qui concerne le Chien, ce précieux et fidèle serviteur, est de nature à nous intéresser, et vous faites toujours bon accueil aux livres qui nous parlent de lui.

M. Portanier a condensé dans le petit volume, dont il nous a fait hommage, les travaux de ses prédécesseurs. Sa classification a peut-être le tort d'être peu scientifique ; mais elle ne prend, en réalité, qu'une place secondaire, et l'effort principal s'est porté sur l'étude de l'hygiène et de la médecine.

Bien que l'ouvrage manque un peu du cachet original et personnel, difficile à imprimer, il faut le reconnaître, à un sujet si souvent et si supérieurement traité, il n'est cependant pas dépourvu d'utilité pratique. Votre Commission lui a attribué une mention honorable.

Deuxième section. — Aviculture.

Médailles de première classe.

Après nous avoir présenté les Oiseaux au riche plumage, qui émaillent, comme autant de miroitantes pierreries, les forêts tropicales, M. le marquis de Brisay passe à une autre famille, de mise plus modeste, mais non moins digne d'intérêt par une douce humeur et une nature sociable, la famille des Gyrateurs (1).

Ces Oiseaux ne chantent pas, mais leur langage est plein d'une grâce expressive pour qui sait le comprendre. « Leurs tendres roucoulements, écrivait le prince de Wied, charment l'oreille du chasseur, qui, abattu par la chaleur du jour, s'est étendu sur un lit de mousse, au pied d'un arbre énorme, auprès d'un clair ruisseau, tandis que la vanille et d'autres plantes embaument l'air de leurs parfums. » Ils méritaient certes bien d'être dépeints par une plume poétique.

A propos de chaque espèce, l'auteur relate les particularités de ses mœurs, de ses facultés et de ses besoins, les détails de son habillement, son aptitude à oublier, en apparence du moins, les délices de la vie libre sous le ciel bleu inondé de lumière, pour subir la triste captivité de la volière. Non content de s'en rapporter à ses propres observations, il a voulu s'entourer de celles d'autres éleveurs distingués comme lui.

Pour un tel observateur, l'élevage fournit d'incessants sujets d'étude et de méditation ; après avoir fait sentir combien il devient passionnant, avec quelle tendresse l'amateur recueillera la jeune Colombe abandonnée par ses parents, la prendra dans ses mains pour la réchauffer, la gavera à la bouche, en insinuant entre les lèvres le bec du pauvre oiseau qui cherche instinctivement sa pâture, il nous montre ces gentils animaux, créés avec un naturel sauvage, devenant

(1) *Colombes exotiques*. Description, entretien, élevage.

bientôt familiers et reconnaissants, tellement attachés à la personne qui les a nourris, qu'ils ne peuvent plus la quitter, perchant sur son épaule, dormant sous son bras, témoignant d'une vive inquiétude si elle s'éloigne, et manifestant toute leur joie à son retour.

Tout cela, dit dans le style le plus recherché, rend la lecture de ce livre charmante autant qu'instructive.

A peine avions-nous quitté les Perruches, que nous arrivait à tire d'ailes un nouveau volume écrit, avec une égale conscience, avec une aussi parfaite connaissance du sujet et l'animation d'une même flamme, « Dans nos volières », et consacré à certaines espèces, les plus intéressantes parmi les Perruches, les Passereaux et les Faisans.

Au souffle qui inspire ces écrits, la passion doit envahir les plus indifférents.

A l'unanimité de ses suffrages, la Commission a décerné à M. le marquis de Brisay une médaille de 1re classe.

***

Le Faisan, sous ses costumes si variés et si brillants, a conquis une telle place dans nos parcs, dans nos volières et dans nos chasses, qu'une étude spéciale de ce précieux oiseau était bien faite pour tenter un naturaliste du savoir de M. Mégnin. Il s'y est livré avec sa grande compétence, et d'une série d'articles réunis en un seul corps, il a constitué un ouvrage plein d'une réelle utilité (1).

Notre collègue dépeint soigneusement chacune des branches de cette nombreuse famille, et donne les meilleurs conseils sur l'élevage et sur l'aménagement des parquets.

Mais la partie la plus importante de cette remarquable monographie, celle à laquelle l'auteur a donné à bon droit la plus large place, et qui tient bien de lui toute sa valeur originale, a pour objet l'étude des maladies des jeunes et des adultes. Avec quelle précision il en fait la diagnose ; avec quelle délicatesse il surprend sur le vif le minuscule ennemi, pour le convaincre de ses méfaits, car la plupart de ces maux, qui déconcertent si souvent l'éleveur, sont causés par ces infiniment petits que la science moderne découvre un peu partout. Étranges organismes, dont l'admirable structure et les

(1) *Les Faisans.* Histoire naturelle, élevage, hygiène et maladies.

transformations nous étonnent, et qui, doués d'une rare puissance génératrice, arrivent, par leur infinie multiplication, à causer des désordres que l'exiguité de leur taille semblerait les rendre impuissants à produire : bactéries du choléra, bacilles tuberculeux, Syngames, Tænia, Sarcoptes, des plus minimes aux plus gros, ces néfastes parasites sont démasqués. Puis, ce sont les affections d'ordres différents, et à côté de chacun de ces maux, les préservatifs et les remèdes.

En somme, ce livre présente un double caractère pratique et scientifique, qui lui donne une haute valeur aux yeux des amateurs et des aviculteurs de profession. Aussi bien notre médaille de 1re classe en est-elle la juste récompense.

***

Au nombre de nos aviculteurs les plus distingués, une des premières places appartient sans conteste à M. Maillard. Son parc du Croisic n'est pas seulement le mieux tenu qu'on puisse voir, mais dans nul autre un œil plus attentif ne se tient en éveil. Est-il besoin d'ajouter que, dans de telles conditions, les élevages, bien qu'ils s'appliquent à des espèces difficiles, donnent d'heureux résultats.

Des observations relevées avec une attention scrupuleuse, avec une suite remarquable, sont groupées sur des tableaux pleins de clarté dans leur concision, et fertiles en enseignements précieux.

Parmi les oiseaux vivant au Croisic, citons le Lophophore, le Tragopan, le Faisan d'Elliot, l'Oreillard, le Faisan de Wallich, l'Eperonnier Chinquis, le Cygne à cou noir, qui a bravement supporté ce rude hiver, le Casarka, et tout un vol de Perruches et de Colombes.

En 1889, M. Maillard n'avait pas élevé moins de 192 sujets d'espèces rares ; en 1890 ce chiffre a été dépassé. Nous y voyons figurer 30 Tragopans de Temminck, 26 Faisans d'Elliot, 45 Faisans de Wallich, 8 Cygnes à col noir.....

Mentionnons également un intéressant croisement de Lophophore et de Horsfield, dont les curieux produits vivent actuellement au Jardin zoologique du Bois de Boulogne ; enfin, de nombreuses naissances de Crossoptilons, dont la domestication, patiemment poursuivie, est bien près d'être définitivement accomplie.

De tels résultats sont trop importants pour que notre

Société ne tienne pas à honneur de les récompenser. En son nom, je proclame M. Maillard lauréat de notre médaille de 1re classe.

***

Toutes les tentatives d'acclimatation d'oiseaux étrangers ne réussissent pas également, entravées qu'elles sont, le plus souvent, par des difficultés d'ordres divers ; mais il en est, du moins, qui dédommagent largement l'éleveur et couronnent heureusement ses efforts et ses sacrifices. Telle est celle qui avait pour but de doter nos chasses du Faisan vénéré *Phasianus Reevesii*, Gray.

Importé pour la première fois en France, au Jardin d'Acclimatation, en 1866, ce splendide oiseau a accepté sans hésitation son nouvel habitat, en y conservant son brillant plumage, son humeur intrépide et sa fécondité ; puis, un jour, franchissant d'un hardi coup d'ailes les clôtures de ses parquets, il a pris possession des forêts voisines, auprès de son plus modeste congénère, le Faisan à collier.

Ce n'est encore que dans quelques coins de bois privilégiés qu'il a élu domicile, mais de là, il n'est peut-être pas trop téméraire de l'espérer, il poursuivra son vol, et de proche en proche, élargira son aire de dispersion.

Ce succès est assurément remarquable par la rapidité avec laquelle il a été obtenu ; notre Société doit être fière de l'avoir provoqué. Jamais elle n'a perdu l'occasion de donner à des entreprises de cette nature ses généreux encouragements ; elle continue aujourd'hui cette tradition, en offrant une médaille de première classe à M. le prince de Wagram, qui, l'un des premiers, a répandu le Faisan vénéré dans ses chasses.

« Mais cet oiseau est si beau, dit notre honorable collègue, qu'on a peine à le détruire. » C'est là un noble sentiment, à la vérité ; mais le chasseur, lui, est impitoyable. Cent coqs et plus sont déjà tombés sous le plomb cruel, dans les tirés de Gros-Bois ; d'autres ont été tués sur les terres voisines.

Le Faisan vénéré n'est plus rare sur les marchés ; encore un peu, et grâce à des élevages comme ceux que vous récompensez, il sera devenu aussi commun qu'un gibier indigène.

***

L'existence d'hybrides est un fait intéressant pour le naturaliste, qu'il importe d'enregistrer toujours avec attention. M. Duvergier nous en présente un exemple remarquable, sous la forme de jolis oiseaux (quatre mâles et une femelle) obtenus par le croisement du Lophophore (*Loph. refulgens*) et d'une Poule Mélanote (*Euplocomus Melanotus*).

Ces deux genres sont assez éloignés l'un de l'autre; le premier est une forme à part, tandis que le second tient aux phasianides. Par son aspect général, le produit rappelait au premier abord le côté maternel houppifère; l'ensemble de sa manière d'être, son cri, ses allures décèlent, au contraire, le sang lophophore, dont il paraît tendre à se rapprocher de plus en plus, en avançant en âge. Il sera intéressant de poursuivre l'observation, et de voir ce que deviendra la lignée par la suite: sera-t-elle féconde? reviendra-t-elle à l'une des souches, ou bien aurons-nous, enfin, la surprise de voir apparaître une espèce nouvelle?

M. Duvergier reçoit une médaille de 1re classe, pour cet élevage exceptionnel dont nous ne pouvions pas ne pas consacrer l'événement.

***

Avec les notes de son carnet de chasse, M. Lafourcade a écrit sur les Outardes un mémoire que notre *Revue* a accueilli avec empressement. Son but est d'inspirer au lecteur le désir de mieux connaître ce magnifique oiseau, visiteur capricieux et trop rare de nos plaines de la Crau.

De la grande Outarde, il passe à la Canepetière, pour nous entraîner, plus loin, à la poursuite moins incertaine, quoique fertile aussi en difficultés, des légers Vanneaux et des Pluviers.

L'auteur étudie ces oiseaux avant, et ce qui n'est pas pour déplaire aux gourmets, après leur mort, digne émule en cela de Brillat-Savarin.

En dehors de ses propres observations, M. Lafourcade a puisé aux meilleures sources, qu'il prend soin d'indiquer, avec une modestie qui lui fait honneur.

Nous nous faisons un plaisir d'appeler notre aimable collaborateur à recevoir une médaille de 1re classe.

TROISIÈME SECTION. — AQUICULTURE.

Médailles de première classe.

Au moment où semble se manifester un renouveau, en France, en faveur de l'agriculture si injustement laissée dans l'oubli, les travaux théoriques viennent à l'heure. La création d'écoles départementales d'enseignement, à l'actif desquelles on compte déjà quelques services, malgré la fâcheuse parcimonie avec laquelle elles sont dotées, est née de cette pensée. En réunissant cet enseignement en volumes, M. Gobin a travaillé utilement à la diffusion de pratiques fécondes encore trop peu répandues (1).

Dans un premier volume, consacré aux eaux douces, l'auteur donne une large place à la pisciculture artificielle, à l'aménagement et à l'exploitation des étangs. Une expérience plus effective lui eût permis, sans doute, de redresser quelques erreurs, d'ailleurs de peu d'importance; mais en somme, il est bien complètement dans le vrai quand, résumant les données générales, il conclut que la clé du problème est une question d'alimentation; faire naître des poissons, c'est chose élémentaire; les faire vivre et les pousser rapidement jusqu'à leur taille normale, en leur conservant les qualités de la chair, là est la difficulté. On la résout en *faisant artificiellement de la nourriture naturelle*, par la multiplication de la faune inférieure pour les jeunes, par la multiplication des *poissons victimes* pour les adultes. Simple question d'équilibre à établir dans la population des eaux.

Ce ne sont pas seulement nos eaux douces qui se dépeuplent; elle aussi, la vaste mer s'appauvrit. Il est urgent d'y remédier si nous voulons conserver une de nos plus précieuses richesses. Là encore l'élevage artificiel, que soutiendrait une réglementation protectrice plus sévère, serait de nature à donner de sérieux résultats. Quels énormes profits n'en a-t-on pas déjà tirés par l'ostréiculture? Que ne doit-on pas en attendre, par la suite, dans les diverses branches de la faune marine?

Encourageons donc, dans toute la mesure possible, les efforts tentés dans ce but, car leurs conséquences écono-

(1) *La Pisciculture en eaux douces. La Pisciculture en eaux salées.* 2 vol. in-12.

miques peuvent être incalculables. C'est la pensée qui a animé votre Commission, Messieurs, quand, par son vote, elle a accordé à M. Gobin une médaille d'argent de 1re classe pour ses traités de pisciculture.

***

Les plus humbles dans la nature finissent par trouver un ami et un soutien ; est-il possible, en effet, de s'arrêter à l'étude d'un être, si peu séduisant soit-il d'aspect, sans découvrir quelque merveille d'organisme, ou quelque trait de mœurs qui le rende attachant.

Ainsi, voyons-nous M. Héron-Royer se complaire à dépeindre l'élégance du Discoglosse (*Discoglossus auritus*), ses formes gracieuses, son agilité, l'harmonieux coloris de sa robe, la douceur de son chant ; mais ce n'est pas tout encore, le dévoué admirateur de ce joli Batracien nous le recommande aussi comme un auxiliaire pour la destruction des larves, des Limaces et des insectes nuisibles à nos jardins. Telle est la fécondité du Discoglosse, qu'en trois ou quatre pontes successives il ne produirait pas moins de 4,000 œufs, chaque année ; ses têtards, très petits, avidement acceptés par les poissons carnivores, deviendraient une importante ressource pour les pisciculteurs. Enfin, quoique originaire du nord de l'Afrique, il est assez rustique pour s'accommoder du climat de Paris.

M. Héron-Royer a reçu les premiers sujets de cette espèce en 1879, mais ce n'est guère que depuis 1885 qu'il s'est appliqué sérieusement à leur acclimatation. D'abord captive dans un étroit jardin, en plein centre de Paris, la colonie a été transportée à Amboise, et sa multiplication y fut si active, qu'à certains jours, en se promenant dans les allées, on eût pu croire à « une pluie de Grenouilles » !

Cette acclimatation peut donc être considérée comme accomplie, et les quelques mots que nous venons de dire suffisent à en montrer les mérites, et à justifier la médaille d'argent de 1re classe que votre Commission a décernée à M. Héron-Royer, bien connu, d'ailleurs, par ses études générales et ses publications zoologiques sur les Batraciens.

Médaille de seconde classe.

Depuis nombre d'années, M. Hurst s'occupe de pisciculture

pratique. D'abord mal outillé, mettant en usage de simples caisses flottantes, dans lesquelles les œufs et les alevins étaient abandonnés à peu près complètement à eux-mêmes, il possède aujourd'hui une installation moins rudimentaire, comportant des appareils d'incubation et des bassins d'élevage.

Son anxiété pour le bien-être de ses élèves lui a suggéré l'invention d'un ingénieux distributeur de nourriture, destiné à simplifier considérablement la main-d'œuvre, tout en leur assurant des repas bien servis.

Après avoir demandé des œufs à l'établissement de Bouzey, si connu par sa magnifique organisation et par l'active direction que lui imprime notre collègue, M. l'ingénieur en chef Denys, le laboratoire, créé sur le cours du Rabodeau, affluent de la Meurthe, est désormais en mesure de s'approvisionner lui-même, au moyen de sujets reproducteurs de ses élevages.

Les travaux de M. Hurst ont d'autant plus de mérite qu'ils sont plus complètement désintéressés, leur unique objet étant le repeuplement des cours d'eau du pays. Nous décernons à leur auteur une médaille de 2e classe.

Quatrième section. — Insectes.

Médaille de première classe.

Mme veuve Simon est trop connue ici pour qu'il soit besoin de rappeler ses travaux ; les applications des sciences naturelles lui doivent de nombreux progrès que notre Société a plusieurs fois consacrés par ses récompenses.

Cette année, c'est une ruche d'un modèle nouveau, une ruche d'étude, qui nous est présentée par elle. Cet appareil permet à l'apiculteur de suivre attentivement, sans le moindre danger pour lui, et sans leur causer aucun trouble, les laborieuses petites ouvrières dans la construction de leurs succulents palais de miel, et dans les phases successives des manifestations de leur activité.

Nous avons l'honneur d'offrir à Mme Simon, au nom de la Société, une médaille de 1re classe pour cette ruche, ingénieuse dans sa conception autant que simple, qui nous paraît susceptible de rendre de très réels services.

Médaille de seconde classe.

Nous devons à M. Delagrange d'avoir découvert la retraite du *Lasiocampa otus*, dont la Société désirait voir entreprendre l'élevage en France. Ce Bombycien, autrefois indigène dans une partie de l'Europe méridionale, avait fait de l'île de Cos, dont il portait le nom, son habitat de prédilection ; mais il avait disparu, de longue date, de notre vieux continent, sans guère y laisser d'autres traces que des réminiscences classiques d'Aristote et de Pline.

M. Delagrange l'a retrouvé, en 1888, dans les cimetières turcs de l'Asie-Mineure, vivant en nombreuses colonies sur les épais massifs de Cyprès qui abritent, là-bas, le champ des morts. A plusieurs reprises, il en fit d'importantes récoltes dans le dessein de les rapporter en Europe, se procurant, non sans courir de graves dangers, les rameaux destinés à les nourrir, qu'il lui fallait arracher, à la dérobée, des arbres sacrés, et plusieurs fois son départ d'Orient dut être ajourné. Enfin, il parvint à réaliser ses vœux et à sauver, après bien des péripéties, une quarantaine de Chenilles, qui donnèrent vingt-six cocons et seulement une douzaine d'éclosions. Malheureusement les accouplements subséquents furent stériles, en sorte que l'entreprise est à reprendre au point de départ.

Il n'en reste pas moins acquis que l'ancien Bombycien de Cos est retrouvé, et sa patrie actuelle étant connue, on peut supposer que nous ne tarderons pas à le posséder et à le voir réintégrer ses anciens domaines, en étendre même les limites non seulement dans le midi de la France, mais jusqu'en Algérie.

En reconnaissance de ce premier service, la Société décerne à M. Delagrange une médaille de 2e classe, en exprimant l'espoir qu'il ne s'en tiendra pas là, et que, nous continuant son concours et nous aidant de ses relations personnelles en Orient, il reprendra activement avec nous cette importante tentative d'acclimatation.

Cinquième section. — Végétaux.

Médailles de première et de deuxième classe.

Au fond de notre pittoresque Bretagne, vers la pointe S.-O. de la Cornouailles, dans une contrée privilégiée, que réchauffe de ses effluves bienfaisantes le puissant thermosyphon qui traverse l'Atlantique, existent quelques véritables oasis où prospèrent bon nombre de végétaux exotiques.

De ses voyages en Extrême-Orient, M. le commissaire de la marine Roussin, frappé de la similitude du climat de certaines régions du Japon avec celui de la Basse-Bretagne, eut la bonne pensée de rapporter une collection de végétaux dont il dota sa terre de Keravel, où ils furent cultivés avec soin. La plupart des espèces ont répondu à ses espérances et prospéré comme dans leur pays d'origine. De ce nombre sont deux espèces de Chênes verts à feuilles persistantes ; plusieurs Lauriers (*Litcœa glauca*, *Laurus camphora*, *Machylus Thunbergii*) que le froid exceptionnel de 1879 avait incommodés sans les faire périr ; le grand Cèdre, *Cryptomeria Japonica*, qui croît avec vigueur; les Pinus *Massoniana* et *densiflora*, que notre collègue considère comme définitivement acquis ; quelques Bambous.

L'*Eucalyptus globulus* n'a jamais vécu au-delà de 5 à 6 années, succombant à des abaissements de température de — 6 à — 8°. L'*Amydalina* s'est montré plus résistant.

Les Camellias, au contraire, prospèrent magnifiquement en pleine terre depuis de très longues années et donnent régulièrement d'énormes corbeilles de fleurs.

Les cultures de M. Ruinet du Tailly, à Bodinio, dans cette même région, offrent aussi un grand intérêt. Elles comprennent beaucoup de plantes qui, sous le climat de Paris, doivent être traitées comme plantes d'orangerie.

Notre collègue a réuni une assez nombreuse collection d'Acacias provenant du Jardin d'Acclimatation d'Hyères ; les Rhododendrons de l'Himalaya, les Camellias, l'*Arabia Sieboldii*, s'épanouissent en pleine terre. Les Eucalyptus eux-mêmes se comportent mieux, jusqu'à présent, que chez M. Roussin ; ce qui s'explique vraisemblablement par une altitude légèrement plus basse, par une exposition plus favorable et mieux abritée contre les grands vents du large.

Ces cultures, bien faites pour charmer les yeux, méritaient aussi d'exciter votre intérêt, et c'est avec une vive satisfaction que la Commission des récompenses les a distinguées en attribuant une médaille d'argent à M. Roussin pour ses importations et ses cultures, une médaille de 2e classe à M. Ruinet du Tailly pour ses cultures de végétaux exotiques.

Médaille de première classe.

Pour qu'une plante d'importation étrangère se propage dans un pays où elle était inconnue, il ne suffit pas toujours qu'elle puisse prospérer et être utile, elle a besoin, le plus souvent, de l'effort personnel d'un homme de volonté qui sache persévérer dans sa culture, et lutter avec opiniâtreté pour la faire accepter autour de lui.

Le Goumi du Japon (*Elæagnus longipes*) nous en est un nouvel exemple. Son introduction en France ne remonte pas à moins de quinze ou vingt ans, et il n'eût pas tardé à y perdre pied sans la ténacité avec laquelle notre collègue, M. Clarté, s'est attaché à le conserver. Il faut, certes, lui en savoir gré, car cet arbrisseau n'est pas sans valeur.

Peu envahissant par sa nature, quoique assez rustique pour avoir résisté, dans la région de Baccarat, à des températures de — 25° centigrades, d'un port élégant et ornemental, il se change littéralement, chaque printemps, en un véritable bouquet de fleurs d'un parfum suave, puis en une corbeille de fruits appétissants d'aspect. Ces baies, d'un rouge vif, assez semblables à des cerises, se maintiennent de longues semaines dans toute leur fraîcheur, tranchant gaiement par leur chaud coloris sur la verdure sombre des massifs ; sans grande saveur, il faut en convenir, elles sont néanmoins susceptibles de multiples utilisations. Notre collègue nous a appris à en faire de succulentes préparations au sucre, et, mieux encore, une excellente eau-de-vie comparable au meilleur kirsch.

Le Goumi, moins tendre aux gelées que nos Cerisiers, pourrait occuper auprès d'eux une large place. Ajoutons que ses fruits, dont les faisans sont très friands, devraient suffire, s'il était mieux connu, à le faire adopter comme couvert dans les tirés.

M. Clarté a prêché d'exemple par ses cultures et par ses écrits. Il n'en fallait pas davantage pour lui mériter la médaille d'argent de 1re classe qu'il est appelé à recueillir aujourd'hui.

Rappel de médaille de première classe.

Avec nos traditions M. Albuquerque a transporté au Brésil

toute une collection de nos végétaux d'Europe, dont un bien faible nombre, malheureusement, ont pu résister sous le ciel tropical de la province de Saint-Paul.

Notre collègue s'est installé en terrain neuf, au prix de mille peines. Émouvant, et bien propre à faire sentir combien solidement trempée doit être l'âme du colon, est le récit de ses premières luttes contre un climat excessif, sur un sol tantôt brûlé par un implacable soleil, tantôt inondé par des pluies torrentielles, où nous le voyons obligé d'enseigner aux naturels indociles à conduire la charrue, souvent même de la diriger de sa propre main, puis un jour, terrassé par l'excès de fatigue, brisé par la maladie, condamné, deux années durant, à se soutenir sur des béquilles, aux prises avec des difficultés matérielles d'un autre ordre, mais non moins graves, et malgré tout, le cœur haut, exempt de défaillances, « heureux, nous écrivait-il, de travailler pour l'acclimatation, la passion de sa vie ».

M. Albuquerque cultive de nombreuses plantes potagères, mais son effort principal s'est appliqué à la création d'un vignoble important, dont l'étendue s'accroît progressivement ; il a eu la gracieuse attention de nous adresser des graines de ses récoltes, et une caisse de ses vins dont notre cinquième Section a pu apprécier la chaleur.

Cet intrépide planteur a déjà reçu notre médaille de première classe, mais nous tenons à lui montrer avec quel intérêt nous suivons ses courageux travaux, en lui adressant, avec nos vœux et nos encouragements, un rappel de cette récompense.

Médaille de seconde classe.

Après le botaniste qui étudie scientifiquement les plantes étrangères et trace les voies à l'acclimatation, après le colon qui en risque la culture, il y a place pour le commerçant qui leur ouvre ses comptoirs et les introduit dans la consommation, car c'est par lui, en définitive, que les conquêtes de l'homme sur la nature prennent une solide assiette.

M. Hédiard travaille activement, depuis de longues années, à répandre les produits de nos colonies. Sa maison en est, en quelque sorte, une exposition permanente.

Pour mieux assurer leur accès sur nos tables, il a eu l'ingénieuse idée de publier une brochure, dans laquelle il a réuni toutes les notes, toutes les recettes culinaires relatives à ces denrées, gâteaux de patates et de manioc, chayotte, couscouss, karry, confitures de goyaves, tartines d'avocats... de quoi mettre tous les palais en liesse ! J'en passe, et des meilleures ; et c'est là une œuvre patriotique, en vérité, car ces savoureux produits sont exclusivement pris parmi ceux de nos colonies françaises.

Notre Société avait déjà donné à M. Hédiard une mention honorable en 1884 ; elle lui accorde, cette année, une médaille de 2e classe, pour ses nombreuses importations coloniales.

Primes.

Toujours infatigable, insouciant des années, dont il ignore le poids, et toujours heureux comme ceux qui travaillent avec volonté, M. Paillieux vise rarement un but sans l'atteindre. Après le légitime et si rapide succès de ses cultures de Stachys, que nous récompensions à une de nos précédentes réunions générales, voici de nouvelles récoltes qui ne sont pas sans quelque valeur.

Depuis longtemps nous cherchons à acquérir, pour notre sol, une Igname plate, de qualité supérieure et d'arrachage facile, que son rendement permette de placer en grande culture, auprès de la Pomme de terre. Notre honoré collègue a tenté un premier pas vers ce but. Pendant deux années consécutives, il a pu mettre à notre disposition, pour les répandre, des centaines de tubercules de cette plante, quelques-uns de très belle grosseur, obtenus au prix de quelles peines, lui seul le sait, sur ses terres sans abris, sous notre ciel du nord.

Nous devons regretter que la qualité de ces produits soit inférieure à celle de l'Igname pivotante, et plus encore que leur culture ne soit, à beaucoup près, ni aussi facile, ni aussi promptement rémunératrice qu'on l'eût désiré, et qu'ainsi la question reste entière ; mais les efforts de M. Paillieux, portant sur des quantités aussi considérables, n'en ont que plus de mérites, car ils démontrent souverainement ce que l'homme peut tirer de la terre par des soins tenaces et entendus, là où d'autres n'éprouveraient que des échecs.

Votre Commission, pénétrée de cette pensée, a voté à M. Paillieux une prime de 500 francs, par une délibération que le Conseil lui-même a été heureux de ratifier.

***

La justice des hommes est sujette à de lamentables erreurs, qu'on doit vivement déplorer si la mort a fermé les voies à toute réparation. L'exécuteur est souvent prompt, et le bras qui frappe est d'autant plus impitoyable qu'il croit atteindre un plus dangereux rival. Dans celui-ci, vous reconnaîtrez le chasseur à l'âme cruelle, et parmi les victimes, ces rapides oiseaux costumés en rapaces, au bec acéré, à la main armée de serres puissantes, mais qui n'ont été lancés dans les airs que pour maintenir l'équilibre parmi les êtres, et que nous devrions, nous dit-on, traiter en auxiliaires plutôt qu'en ennemis.

Cependant, une voix vient de s'élever contre cette sentence, légèrement prononcée, demandant la révision d'un procès trop rapidement instruit, et plaidant avec une acerbe chaleur la cause des innocents. Les nouveaux éléments, jetés dans le débat, ont, à la vérité, une force incontestable et sont bien de nature à ébranler l'esprit du justicier.

Avec une incomparable patience et une rare sagacité, M. Lataste a examiné les pelotes de rejection des rapaces, et les dissociant d'une main délicate, a dressé la carte de leurs menus habituels. Il y a trouvé, presque exclusivement, des débris de mammifères, un fort petit nombre de restes d'oiseaux, et des traces abondantes d'insectes, pas de batraciens ni de reptiles.

L'extrême rareté des débris de nos petits oiseaux donne à penser à l'auteur du mémoire que les rapaces, accusés de travailler à leur extermination, n'en font que très accidentellement leur proie.

« J'ai été frappé, dit leur défenseur, de voir, dans la Tunisie méridionale, les rochers de certains défilés fréquentés à la fois par des multitudes d'oiseaux inoffensifs de toutes tailles et de toutes sortes, Ramiers, Tourterelles, Passereaux, et par des rapaces de toutes catégories, depuis la Cresserelle jusqu'à l'Aigle ; et ce peuple ailé circulait dans tous les sens, sans que ceux-ci parussent beaucoup s'inquiéter de ceux-là. J'ai compris alors que les moyens de défense des uns étant proportionnés aux moyens d'attaque des autres, les oiseaux normalement doués pour le vol ne fournissaient guère aux repas des rapaces, en dehors de quelques surprises relativement rares, que des jeunes, des malades, des blessés.... Qu'on ne m'oppose pas, ajoute-t-il, les chasses du Faucon, dont le succès est dû tout autant à l'art de l'homme qui les dirige, qu'aux aptitudes du rapace qui les exécute. Je ne connais, en somme, qu'un seul animal de proie dont la puissance soit vraiment formidable comme les appétits, c'est l'homme! »

La conclusion est un peu dure, mais qui voudrait la contester ?

Considérons, dit en terminant M. Lataste, que la nature vivante est dans un état d'équilibre, dont les conditions nous sont encore profondément inconnues, et auquel nous ne pouvons apporter une modification, sans nous exposer à des conséquences imprévues, qui peuvent être désastreuses.

Sachons donc n'intervenir qu'avec prudence et circonspection ; et c'est surtout dans le sens de la destruction qu'il importe de nous montrer réservés ; car une espèce mal à propos introduite dans un milieu, peut le plus souvent en être chassée ; mais une espèce supprimée de la surface de la planète, l'est pour l'éternité.

Ce plaidoyer, aussi savant que consciencieux et entraînant, mériterait de gagner une cause si ardemment soutenue. L'instance reste en état, *et adhuc sub judice lis est* ; — en attendant que celui-ci ait rendu sa sentence, il nous a paru juste, tout en applaudissant le bouillant avocat, de lui offrir une prime de 200 francs, à titre d'honoraires.

***

C'est encore un de nos anciens que nous devons donner pour modèle à nos sériciculteurs, modèle de constance dans la poursuite du but, modèle aussi d'habileté et de bonheur dans ses efforts toujours marqués d'abnégation personnelle.

Les plus récents travaux de M. Fallou ont eu pour objet l'utilisation des Mûriers de la région de Paris pour y populariser la culture du *Sericaria Mori*.

Soignant ses innombrables élèves, comme lui seul sait le faire, veillant sur eux avec assiduité, presque avec tendresse, ceux-ci prospéraient merveilleusement et lui donnaient les plus belles promesses, lorsqu'un jour, une malencontreuse tempête faillit tout compromettre ; après le passage du néfaste cyclone, qu'avait accompagné une pluie torrentielle mêlée de grêle, le sol était jonché de branches brisées, de feuilles déchirées et arrachées, et aussi, hélas ! de jeunes Vers, quelques heures plutôt magnifiques de santé, que de cruels oiseaux se disputaient entre eux !

Le désastre ne fut pourtant pas aussi complet qu'on pouvait le craindre, et cette année-là même, la récolte fut encore de 7,800 cocons, représentant un peu plus de 8 kilogs de cocons fermés. La campagne suivante fut exempte d'un semblable sinistre, et par suite très heureuse.

Au cours de ces dernières éducations, notre collègue a relevé de très curieuses notes sur le développement des Bombyciens et sur l'obtention des cocons anormaux.

Nous devons ajouter qu'il sème généreusement autour de lui le produit de ses récoltes, ce qui, avec son exemple, est certes bien la plus sûre manière d'atteindre l'objectif qu'il a en vue, à savoir, d'appliquer ce vieux dicton « où vient la vigne vient la soie ».

M. Fallou a obtenu, cette année, une prime de 100 francs ; mais toujours fidèlement attaché à sa ligne de conduite, il nous a demandé d'employer cette récompense à la fondation d'un prix nouveau, dont les conditions seront ultérieurement déterminées.

Par de soigneuses études et de longs tâtonnements M. Rathelot est arrivé à apporter des modifications avantageuses dans la construction des augettes d'incubation pour les œufs de Salmonides. Nous devons exprimer le regret que la Commission ne nous ait remis aucun rapport à ce sujet, et que l'auteur lui-même n'ait pu se rendre à notre appel, de façon à nous mettre en état de faire mieux ressortir les mérites de son appareil. Il nous a paru, dans un examen attentif, offrir divers avantages : les œufs s'y trouvent, suivant un système précédemment appliqué ailleurs, à l'abri des dépôts des eaux au moyen d'un courant ascendant ; un petit compartiment est, du reste, ménagé pour le filtrage, du côté de l'arrivée ; de plus, le courant peut être établi par le fond, avec assez d'intensité pour enlever, en quelques instants, les sédiments et les coques des œufs, après l'éclosion ; enfin, un tube mobile extérieur, s'amorçant à la base même de la cuvette, permet, suivant l'inclinaison qu'on lui donne au simple toucher, d'en modifier à son gré la hauteur d'eau, de la mettre même complètement à sec.

Sans doute, cet appareil est susceptible encore de quelques perfectionnements ; ainsi, le déversoir fait-il, à notre gré, une trop forte saillie en dehors, et est-il exposé à des déplacements et à des heurts dangereux, desquels pourraient résulter soit le débordement, soit la mise à sec de l'augette, si la surveillance venait à être momentanément en défaut. Nous aurions aimé voir l'inventeur mettre en application son tube déversoir hélicoïdal, très ingénieux en vérité, et bien supérieur, nous semblait-il, à celui dont nous venons de parler; ainsi encore, est-il insuffisant pour faire face à un débit très actif.

Mais, tel qu'il est, l'appareil de M. Rathelot, si le prix, que nous ignorons, n'en est pas trop élevé, et avec les quelques retouches que l'expérience pratique permettra d'y apporter, constitue un progrès, et dénote une bonne volonté que nous nous plaisons à encourager, avec une libéralité à laquelle il est juste de rendre hommage, par l'attribution d'un prix de 250 francs.

Récompense pécuniaire.

Nous avons rapporté les remarquables succès de l'Aquarium municipal du Trocadéro dans la multiplication du Saumon de Californie, il ne serait pas équitable de passer sous silence les mérites du modeste employé qui, depuis tantôt dix ans, remplit les fonctions de garde-chef de cet établissement. En cette qualité, M. Passavit est chargé de l'élevage du poisson et du travail si important de la récolte des œufs ; il s'en acquitte avec autant de zèle que d'intelligence. Une part lui appartient donc dans les heureux résultats que nous avions la grande satisfaction de signaler.

A ce titre, il est attribué à M. Passavit une prime en argent de 100 francs.

RAPPORT

AU NOM DE LA COMMISSION DE COMPTABILITÉ

PAR M. GEORGES MATHIAS,

Trésorier.

MESSIEURS,

Comme vous le disait l'année dernière à la réunion générale mon honorable prédécesseur, les fonctions de trésorier d'une Société aussi importante que la nôtre sont très délicates; aussi je crois être l'interprète de tous en remerciant notre collègue, le Dr Saint-Yves Ménard, de tout le zèle, l'exactitude et l'aménité qu'il a apportés dans les fonctions de trésorier, si bien remplies par lui depuis 1882.

En m'honorant de vos suffrages pour le remplacer, mes chers collègues, vous m'avez imposé une lourde tâche : mais connaissant toute votre bienveillance, je n'ai pas cru pouvoir m'y soustraire et je ferai mes efforts pour la remplir, je l'espère, à la satisfaction de tous.

J'ai l'honneur, Messieurs, de vous présenter le bilan de l'exercice 1889.

Recettes ordinaires.

Les cotisations annuelles s'élèvent à 37,000 francs, en augmentation sur les cotisations de 1888 (36,075 francs).

Les droits d'entrée ont été de 1,220 francs correspondant à l'admission de 122 membres nouveaux.

Les revenus des valeurs de la Société (2,588 francs) sont à peu près les mêmes que dans l'exercice 1888.

La subvention du Ministère de l'agriculture a été maintenue à 1,500 francs.

Les abonnements et annonces du Bulletin sont en légère diminution (2,432 fr. 50 c. au lieu de 2,623 fr. 70 c.).

La location Barbier se continue à 3,000 francs.

La location de la salle a produit :

Société centrale vétérinaire.......	1,000 fr.	» c.
A divers..........................	2,845	40

J'ai là à vous signaler, Messieurs, une augmentation considérable sur l'année 1888, 2,845 francs au lieu de 950 francs, augmentation d'environ 2,000 francs.

Les tirages à part 233 fr. 50 c. au lieu de 290 fr. 85 c. présentent une légère diminution.

Les recettes ordinaires s'élèvent à 51,819 francs et sont supérieures de 1,448 fr. 35 c. à celles de l'année précédente.

Recettes extraordinaires.

La Société a reçu une subvention de 1.000 francs du Ministère des travaux publics et 500 francs du Ministère de la marine pour *une expérience d'empoissonnement.*

Les cotisations définitives se sont élevées à la somme de 4,000 francs en diminution sur l'année 1888 où elles avaient atteint le chiffre de 5,750 francs.

Enfin, au compte nouveau *Acclimateur Naudin*, nous voyons figurer une somme de 59 fr. 50 c.

Dépenses ordinaires.

Les frais du *Bulletin* s'élèvent à 21,714 fr. 95 c. en diminution sur l'exercice 1888 de 2,000 francs environ.

Les frais de *chauffages et d'éclairage* qui ne figuraient en 1888 que pour 890 fr. 40 c. se sont élevés en 1889 à 1,360 fr. 40 centimes ; cette augmentation provient des nombreuses locations de la salle qui ont donné à la Société le bénéfice que je viens de vous signaler au chapitre : *Location de la salle.*

Cotisations et droits perdus ne sont en 1889 que de 335 francs au lieu de 584 en 1888.

Si les *frais généraux* ont un peu augmenté en 1889, 3,455 francs 30 cent. au lieu de 3,168 fr. 35 c. en 1888, par contre les *frais de bureaux* sont en diminution de 500 francs environ en figurant pour la somme de 83 fr. 10 c.

Les impressions diverses 672 fr. 35 c. en diminution sur 1888 (1,007 fr. 70 c.).

Il en est de même pour les *frais de correspondance* 586 fr. 30 centimes en 1889. (824 fr. 60 c. en 1888.)

Les frais de recouvrements ont été un peu plus élevés en 1889. (312 fr. 30 c.; en 1888, 273 fr. 25 c.)

Les impositions qui étaient en 1888 de 853 fr. 20 c. ont été pour 1889 de 1,128 fr. 35 c.

Le loyer a été de 9,000 fr. 30 c.

Personnel 7,089 fr. 80 c.

Vous vous rappelez, Messieurs, qu'en 1888 le personnel n'avait coûté que 8,154 fr. 80 c., c'est-à-dire à peu près 3,000 francs de moins qu'en 1887.

Votre trésorier en vous faisant connaître ce fait vous en donnait la raison en ces termes : « Notre Secrétaire général a proposé de ne pas remplacer un employé de bureau, fort qu'il était de pouvoir assurer le service en donnant lui-même beaucoup de temps à la Société et en déployant un zèle et une activité que vous avez tous appréciés. »

Je n'ai pas besoin de vous dire, mes chers collègues, que notre Secrétaire général a tenu parole. Aussi, cette année, avons-nous encore une diminution de 1,100 francs. En un mot la dépense du personnel qui était en 1887 de 11,276 fr. 75 centimes ne s'élève plus qu'à 7,089 fr. 80 c. en 1889 soit une diminution de 4,186 fr. 95 c.

La sténographie 650 francs en 1888. 600 francs en 1889.

Redevance au jardin sur cotisations encaissées en 1888, 2,390 francs ; en 1889, 2,460 francs.

Cheptels (*pertes*) en 1888, 509 fr. 40 c., en 1889, 157 fr. 55 centimes ; diminution 350 francs.

Les assurances sont les mêmes que l'année précédente.

La dépense *des eaux* 152 fr. 60 c. en 1888 a été de 232 fr. 65 centimes en 1889.

Dépenses extraordinaires.

Une somme de 501 fr. 95 c. a été dépensée pour une *expérience d'empoissonnement*.

BILAN AU 31 DÉCEMBRE 1889.

Le bilan de la Société à la fin de l'exercice 1889 présente un excédent d'actif, 144,621 fr. 80 c., supérieur à celui de 1888 qui ne s'élevait qu'à 136,964 fr. 40 c., soit une augmentation de 8,000 francs environ.

Actif.

Sauf le chapitre cotisation, droits d'entrée à recouvrer qui est plus fort en 1889 qu'en 1888 tous les autres chapitres sont à peu près les mêmes qu'en 1888.

Passif.

Nous avons diminué encore le chiffre de nos dettes qui, au 31 décembre, ne s'élevaient plus qu'à 4,774 fr. 30 c. à divers et qu'à 182 fr. 15 c. au Jardin.

BILAN AU 31 DÉCEMBRE 1889.

ACTIF.	1888.		1889.	
Valeurs disponibles.	—		—	
Caisse	1.662 »		4.899 70	
Banque de France	5.650 45		1.447 »	
Obligations (chemins de fer et autres)	60.219 70		60.219 70	
Titre de rente Dutrône	2.700 »		2.700 »	
Cotisations, droits d'entrée, etc., à recouvrer	9.180 »		13.155 »	
Crédit Lyonnais	102 95		102 95	
		79.515 10		82.524 35
Valeurs réalisables.				
Bibliothèque	6.688 25		6.915 65	
Mobilier	13.438 80		14.861 30	
Valeur des animaux chez les chepteliers	5.525 80		5.330 05	
Loyer d'avance	4.000 »		4.000 »	
Compagnie parisienne du gaz (cautionnement)	280 »		280 »	
		29.932 85		31.387 »
Divers.				
50 actions du Jardin d'Acclimatation de Paris		25.000 »		25.000 »
Legs Vauvert de Méan		15.000 »		15.000 »
		149.447 95		153.911 35

PASSIF.		1888.		1889.
		—		—
Divers à payer		4.257 25		4.774 30
Jardin d'Acclimatation de Paris		4.792 20		182 15
Don Bérend		1.000 »		1.000 »
Prix fondé par M. Cornély, de Tours		1.000 »		1.000 »
Prix fondé par M. Georges Mathias		500 »		500 »
Recettes faites pour l'exercice	1889.	934 10	18[illegible].	1.833 10
		12.423 55		9.289 55
Excédent de l'actif		136.964 40		144.[illegible]21 80
		149.447 95		153.911 35

COMPTE D'EXPLOITATION AU 31 DÉCEMBRE 1889.

Recettes ordinaires.	**1888.**		**1889.**	
Cotisations annuelles	36.075	»	37.000	»
Droits d'entrée	1.980	»	1.220	»
Revenus des valeurs de la Société	2.922	60	2.588	»
Subvention du Ministère de l'Agriculture	1.500	»	1.500	»
Bulletin (abonnements, annonces et ventes)	2.623	70	2.432	50
Location de la salle des séances : à M. Barbier	3.000	»	3.000	»
Location de la salle des séances : à la Société centrale de médecine vétérinaire	1.000	»	1.000	»
Location de la salle des séances : à divers	950	»	2.845	40
Ventes diverses	28	50	»	»
Tirages à part	290	85	233	10
	50.370	65		
Excédent de dépenses pour 1888	2.730	30		
	53.100	95	51.819	»

Recettes extraordinaires.	**1888.**		**1889.**	
Subventions pour une expérience d'empoissonnement	300	»	1.500	»
Cotisations définitives	5.750	»	4.000	»
Manuel de l'Acclimateur de Naudin	57	10	59	50
Différence en notre faveur entre le prix d'achat et celui de remboursement de 2 obligations communales	119	10	»	»
Différence en notre faveur entre le prix d'achat et celui de vente de 22 obligations du Midi	258	»	»	»
	6.484	20	5.559	50

Dépenses ordinaires.	**1888.**		**1889.**	
Bulletin	23.731	»	21.714	95
Chauffage et éclairage	890	40	1.360	45
Cotisations et droits d'entrée perdus	584	»	335	»
Frais généraux	3.168	35	3.455	30
Frais de bureaux	583	85	83	10
Impressions diverses	1.007	70	672	35
Frais de correspondance	824	60	586	30
Frais de recouvrements	273	25	312	30
Impositions	853	20	1.128	35
Loyer	8.875	40	9.000	30
Personnel	8.154	80	7.089	80
Sténographie	650	»	600	»
Séance publique	374	55	»	»
Redevance au Jardin sur les cotisations encaissées	2.390	»	2.460	»
Cheptels (perte)	509	40	157	55
Assurances	77	85	77	85
Eaux	152	60	232	65
			49.266	25
Excédent de recettes pour 1889			2.552	75
	53.100	95	51.819	»

Dépenses extraordinaires.	**1888.**		**1889.**	
Expérience pour empoissonnement à Quillan	1.672	80	501	95
	1.672	80	501	95

Au résumé, comme vous avez pu le voir, Messieurs, les dépenses ordinaires sont inférieures en 1889 à celles de 1888 de 4,000 francs environ. De plus nous avons pour l'année 1889 un excédent de recettes de 2,552 fr. 75 c.

Nous sommes heureux de pouvoir vous annoncer ce résultat qui nous paraît satisfaisant, mais nous demandons de ne pas nous arrêter en si bon chemin.

Permettez-nous de faire appel à votre dévouement et à votre amour de notre Société, qui, pour devenir encore plus grande et encore plus puissante, a besoin de grandes ressources ; ces ressources nous pouvons les trouver surtout dans l'augmentation des membres de la Société. Chacun de nous doit donc faire tous ses efforts pour recruter le plus grand nombre possible d'adhérents ayant les qualités et les conditions voulues pour nous donner un utile concours.

N'oublions pas que la cotisation est un des moyens les plus puissants pour augmenter la prospérité d'une Société. « L'argent est non seulement le nerf de la guerre, mais encore l'instrument nécessaire de tous les travaux de la paix », disait dans un de ses discours d'inauguration un de nos regrettés présidents, M. Bouley.

Aussi, mes chers collègues, en terminant, votre trésorier émet-il le vœu de voir affluer cet élément dans la caisse de notre Société.

I. TRAVAUX ADRESSÉS A LA SOCIÉTÉ.

LES BOVIDÉS

PAR M. J. HUET,

Aide naturaliste honoraire au Muséum d'histoire naturelle.

Dans les deux familles que nous avons déjà passées en revue, nous avons vu que, dans la première, les Antilopes, ces animaux avaient des formes légères qui les rendaient rapides à la course et qu'ils étaient armés, sur le dessus de la tête de cornes puissantes et formées d'un noyau osseux, composé d'une matière dense et dure comme de l'ivoire, recouverte en plus, d'une enveloppe cornée, obtenue par l'agglomération des poils qui se soudent les uns aux autres, protégeant ainsi d'une façon solide, les noyaux dans lesquels passe un réseau sanguin très compliqué.

Dans la seconde famille, les Cerfs, nous trouvons encore des animaux à formes très légères, mais les armes qu'ils portent sur la tête au lieu d'être persistantes pendant toute la vie de l'animal, sont caduques, c'est-à-dire qu'elles tombent chaque année ; les animaux de cette famille sont donc, pour un temps très court du reste, privés de leur moyen de défense, cela pour les mâles, car les femelles (1) (au contraire des Antilopes chez lesquelles les femelles ont des cornes), en sont toujours dépourvues ; en revanche elles se servent des pattes antérieures et peuvent très bien assommer leur adversaire par ce moyen. En se levant sur les pattes postérieures, elles marchent sur deux pieds et frappent avec une extrême violence des coups qui ressemblent à des coups de marteau.

Chez les Ruminants dont nous allons nous occuper à présent, nous trouverons des animaux à formes lourdes, le plus souvent massives, trapues, la tête près des épaules, portée par un cou très court, ce sont les Bœufs ; chez eux, aux formes lourdes qui les distinguent nettement des Antilopes et des

(1) A l'exception de la femelle du Renne toutefois. — R.

Cerfs, viennent s'ajouter des caractères très distincts qui les feront toujours bien reconnaître ; les cornes dont ils sont armés, et cela aussi bien chez eux que chez les Chèvres et les Moutons qui suivront, sont formées d'un noyau osseux, comme chez les Antilopes, mais au lieu d'être dur et compact, ce noyau est celluleux, l'étui osseux qui contient les cellules nombreuses est assez épais, mais son tissu est léger, et si ce n'était l'étui corné qui le recouvre, ces armes leur seraient d'un faible secours, surtout pour les espèces dont les cornes sont très longues ; enfin pour terminer les caractères qui distinguent les Bœufs des autres Ruminants dont il nous restera à parler, nous dirons que tous ou presque tous ont des fanons, plus ou moins développés, ces fanons sont formés par un repli de la peau de la tête et du cou, qui prend sous la gorge, suit le cou en dessous et va jusque sous la poitrine en passant entre les deux jambes de devant, en formant sur son parcours des creux et des saillies, qui font ressembler cet appendice à un lambrequin ; c'est la seule coquetterie que se permettent les Bœufs, sans cela ce seraient des animaux hideux, car la tête généralement lourde, ce gros corps porté par des jambes courtes, épaisses, terminées par des sabots épais et larges, une queue plus ou moins longue, relativement mince, enfin souvent des oreilles démesurément grandes, font que la vue de ces animaux vous donne de l'effroi et en effet, quelques espèces sont des plus redoutables et il faut un véritable courage pour les chasser.

Sans parler du *Bos taurus,* Bœuf ordinaire, qui est répandu un peu par toute la terre, nous voyons que les lieux d'habitat des Bœufs sauvages sont : l'Europe, l'Asie, l'Afrique et l'Amérique septentrionale, et encore ne voyons-nous là qu'une seule vraie espèce de Bœuf, le Bison, car le Bœuf musqué qui habite la partie la plus septentrionale n'est qu'un véritable chaînon qui nous fera passer des Bœufs aux Moutons ; l'Amérique méridionale ne possède pas une seule espèce de ce genre.

Les variétés de Bœufs sont très considérables ; chaque pays a la sienne, et en France, chaque province en a fourni une dont les caractères diffèrent beaucoup ; il serait bien intéressant de donner ici les dessins de tous ces types différents, mais le cadre est trop restreint et je me vois forcé de renvoyer au ministère de l'agriculture, pour consulter un atlas, de belles et bonnes figures, de toutes les variétés de Bœufs connus, dessinées avec beaucoup de talent par des artistes de beaucoup de mérite ; nous nous contenterons de donner deux types les plus tranchés pour montrer seulement ce qu'a pu faire la domestication et la sélection dans ce genre.

On ne peut affirmer d'où dérive notre Bœuf domestique, a-t-il été produit par une espèce asiatique ou africaine ; il en est pour le Bœuf ce qu'il en est de tous les animaux soumis à notre domestication, cela se perd dans la nuit des temps, et il serait sans doute bien difficile de vouloir rechercher la souche de ces animaux, contentons-nous de jouir de ce qu'ont fait nos ancêtres des temps les plus reculés ; car qui sait, si ce ne sont pas des races créées telles qu'elles sont, mais améliorées par les soins et les modifications qu'on leur a fait subir depuis tant de siècles ; toujours est-il que lorsque l'on veut essayer de domestiquer telle ou telle espèce, on n'obtient que des déboires qui rebutent et les essais qui en restent là.

LE BISON AUROCHS.

BISON D'EUROPE.

Bos Urus.

D'Europe.

Linné, *Syst. Nat.*, éd. 10 et 12. — *Bos Taurus* var. *ferus bonasus*, Gmelin, *Syst. Nat.*, éd. 13 ; *Bos Urus*, Bodd. — Pallas, *Journ. de phys.*, tom. XXI, p. 263. — Cuvier, *Rech. sur les oss. fossiles*, 1re éd., tom. IV ; *Mémoire sur les Ruminants*, pl. 2, fig. 1 et 2.

Il est bien difficile de distinguer bien nettement les différences qui séparent l'Aurochs (Bison d'Europe) du Bison d'Amérique ; les formes générales, la coloration et la disposition du pelage sont exactement les mêmes, mais cependant chez notre Bison la queue est plus longue que chez le Bison d'Amérique, c'est là le seul caractère qui puisse l'en distinguer ; autrement tout l'avant-train de l'animal, la tête, le cou, les épaules et les bras, sont revêtus de longs poils ; le train de derrière est au contraire couvert de poils ras, tout le pelage est brun roux ; ce sont donc deux espèces bien voisines qui peuvent être confondues facilement, si on négligeait de faire attention à la longueur de la queue qui est cependant le seul caractère qui puisse les faire reconnaître.

L'Aurochs vivait autrefois dans toute l'Europe, mais de siècle en siècle il s'est reculé vers le nord, poussé certainement par la chasse que l'on lui faisait et aussi peut-être par le changement du climat, toujours est-il qu'à cette heure, on ne le rencontre plus qu'en Lithuanie, où il trouve un refuge sûr, protégé qu'il est par une défense expresse de l'Empereur de tuer un de ces animaux ; malgré cela il est bien probable qu'un jour ces Bisons disparaîtront, car si la protection qui les sauve venait à prendre fin ils auraient vite disparu.

L'Aurochs vit mal en captivité, surtout en France où la température est sans doute trop élevée pour lui ; plusieurs fois déjà la Ménagerie du Muséum a possédé des Aurochs, mais ils y ont vite dépéri ; ils deviennent tristes et au bout de deux ou trois ans ils meurent phtisiques ; cela est très étonnant puisque son congénère américain, non seulement vit très bien et se reproduit parfaitement en captivité, sans que l'on ait besoin de prendre des soins particuliers, s'accommodant d'installations plus que médiocres et de nourriture quelle qu'elle soit ; — du foin lui suffit, serait-il même de qualité médiocre, un peu de son et c'est tout ; couchant l'hiver sur la neige, il faut que le temps soit bien mauvais pour le voir se mettre à l'abri.

LES ZÉBUS.

Bos Indicus.

Erxleben ; Buffon, tom. XI, p. 439, pl. 42. — *Bos taurus Indicus*, *Encyclopédie*, pl. 45, fig. 5.

Toutes les variétés des Zébus que nous allons passer en revue, et qui doivent se ranger parmi les animaux domestiques, remplacent, dans les Indes, la Perse, l'Arabie, l'Afrique et Madagascar, nos Bœufs employés en Europe ; le nombre des variétés est moins grand, mais il est comme les nôtres soumis à la domestication et employé à divers usages.

Tous ces Bœufs zébus sont très reconnaissables à un caractère qui ne fait jamais défaut, c'est l'existence d'une bosse graisseuse, qui se trouve placée sur les épaules ; cette bosse est quelquefois très développée et quelquefois aussi on en voit deux, placées l'une devant l'autre sur la ligne médiane des épaules.

Il y a de très grandes espèces, il y en a aussi de très petites ; les premières ont de grandes cornes, les secondes de très petites ; la coloration est très variable, on en voit de blanc-jaunâtre, de rouges, de gris, de noirs, et, même entre eux, un Zébu mâle noir avec une femelle de même couleur, peuvent donner naissance à des individus rouges ou tachetés.

Dans l'Inde, on trouve une très grande espèce qui atteint la grandeur de nos plus forts taureaux, cornes de moyenne

Zébu du Sénégal.

grandeur, pelage ras et soyeux, généralement gris ou gris roux.

Dans les mêmes localités on en trouve une autre race plus petite, qui ne dépasse pas la grandeur d'une vache moyenne, les cornes sont dirigées en avant, pelage blanc grisâtre.

En Abyssinie on observe une très petite race, sans cornes qui n'atteint pas plus que la taille d'un Chien de Terre-Neuve, à coloration gris perlé en dessus, blanc en dessous, la queue est terminée par un long pinceau de poils noirs.

Au Sénégal vit un grand Zébu, plus grand que le plus

grand de tous nos taureaux, à cornes très longues ayant un tour de spirale, un long fanon qui prend naissance sous la gorge, suit le cou, passe entre les jambes de devant et va jusque sous les cuisses ; la coloration est gris pâle marbré de gris plus foncé, c'est le *Bos Galla*, Salt, Travels et Gray, Cat. M. Brit. Mus. 1852, p. 20. Le *Bos Dante* (Link *Beit. Nat.* II. p. 95. 1795) appartient encore au groupe des Zébus, il est beaucoup plus petit que le *Bos Galla*, mais rien ne le caractérise bien nettement de ce dernier et n'est probablement que le représentant d'une race abâtardie.

Bœuf Zébu de Madagascar.

A Madagascar aussi existe une race de Zébu de grosseur moyenne, à cornes robustes, se dirigeant latéralement de chaque côté de la tête, les pointes revenant en avant; c'est un animal robuste, très fort et cependant très leste, ils sont généralement tout noirs et cependant quelques-uns des jeunes qui sont nés à la Ménagerie étaient rouges; ce fait prouve que ces animaux sont domestiqués et depuis déjà bien longtemps. Toutes ces races rendent de très grands services; ce sont généralement des animaux robustes et beaucoup plus vifs que nos Bœufs, il y a même une variété de ces Zébus que l'on emploie en Cochinchine pour transporter les dépêches, on les nomme Bœufs des Stiengs ou Bœufs trotteurs, ce sont probablement des métis de Zébu et de *Bos frontalis* (Gayal); ils ont les cornes assez longues, disposées en lyre les pointes revenant en dedans; ce Bœuf est de grosseur ordinaire, mais la tête est plus fine et les jambes aussi, ce qui explique la faculté de courir et même de franchir des obstacles assez hauts; nous avons vu un de ces Bœufs, que nous possédons depuis déjà longtemps à la Ménagerie, qui, s'étant échappé de son enclos, se mit à courir d'une façon très légère et à sauter par dessus des grilles de plus d'un mètre de haut, et cela sans effort et sans que ces obstacles aient en rien arrêté sa course.

Ces Bœufs sont généralement d'un brun très foncé presque noir, mais presque toujours, les pieds à partir des genoux et des talons, sont plus ou moins mélangés de poils blancs, ce qui rappelle le caractère de la coloration blanche des pieds du Gayal.

Ces Bœufs, en Cochinchine, peuvent fournir en trottant très vite, une course de plusieurs lieues; c'est pourquoi on les utilise à porter des ordres ou des dépêches, dans ce pays où les chevaux résistent mal aux fatigues et où ils sont peu ou point employés à des travaux rudes, ni à des courses de longue haleine.

Ces Bœufs sont très rustiques, supportent très bien notre climat. Pourquoi n'essaierait-on pas l'introduction de cette race chez nous, leur allure vive pourrait certainement rendre des services dans beaucoup de cas, soumis à de certains travaux, ils feraient gagner beaucoup de temps.

BUFFLE DE L'INDE.

Bubalus, Buffelus, Blumenbach.

Brisson, *Règne animal*, p. 81. — Linné, *Syst. Nat.*, éd. 10. — Gmel. Buffle. Buff., *Hist. Nat.*, t. II, pp. 25, 27, 28. — F. Cuvier, *Mamm.*, lith., fig. — *Bos Arne* de Kerr, *Anim. Kingd.*, 336, t. 295. — H. Smith, *Griff. A. Kingd*, IV, t. 201, fig. 2, 3; Gray, *P. Z. S.*, 1855, p. 17.

Le Buffle est bien caractérisé par ses cornes longues, aplaties, mais larges, sillonnées transversalement de rugosités très marquées; ces cornes atteignent quelquefois des dimensions très grandes, ainsi dans la variété que l'on a appelée *Bubalus Arne*, elles atteignent jusqu'à deux mètres d'envergure.

Le *Bubalus bufflus* est un animal lourd de forme, la tête est large, le cou court, le corps épais est supporté par des jambes courtes et épaisses, les sabots sont larges et grands, le pelage est court, clairsemé, surtout sur la poitrine, la croupe, le ventre et les jambes ; le pelage est brun ou gris brun, mais jamais on ne le voit de plusieurs couleurs ; on ne connaît qu'une seule variété, c'est la variété blanche ou Isabelle.

Buffle de l'Inde.

C'est un animal qui vit très bien en domesticité et pourvu que l'on ait le soin de lui donner de l'eau pour pouvoir se baigner, on peut le garder longtemps sans beaucoup de soins particuliers ; il est sobre et peu délicat sur la qualité de la nourriture ; mais lorsque l'eau lui manque, le poil se ternit, il devient triste, il ne meurt pas, mais il devient fort laid.

Quoique étant originaire de l'Inde, le Buffle s'est répandu par toute la terre, nous le voyons dans son pays d'origine, en Perse, en Syrie, en Egypte, puis en Italie où il est de grande utilité pour la culture du Riz.

Le Buffle est doux de caractère, paisible, et pourvu qu'il

ait de l'eau à sa disposition où il puisse se tenir pendant plusieurs heures par jour plongé jusqu'aux yeux, on n'a rien à craindre de lui.

Dans l'Inde, il paraît qu'il livre quelquefois des combats

Buffle de l'Inde, variété Arne.

contre le Tigre et qu'il en sort presque toujours vainqueur, malgré son air nonchalant et lourd. Il faut donc que son courage et sa force soient bien grands pour oser combattre un Tigre qui a pour lui une agilité et une force aussi très considérables.

BŒUF GAYAL.

Bos frontalis.

De Calcutta.

Lambert, *G. Cuvier*, t. IV, p. 506. — J.-W. Thomson, *P. Z. S.*, 1852, p. 96. — Sclat., *P. Z. S.*, 1866, p. 1, pl. 1. *Bos Sylhetanus*, F. Cuv., 42. Liv. Desm., 1827, *B. Gaurus*, H. Smith, *Griff. Ann. Kingd.*, 897, *B. Cavifrons*, Hogdson, *J. A. S. B. V.*, 223.

Cette espèce, par la présence d'une loupe graisseuse sur le dos, appartient au groupe des Zébus plutôt qu'à celui des Bœufs proprement dits.

Grande espèce de la hauteur d'un grand cheval; les cornes

chez cette espèce sont implantées sur les côtés de la tête, comme chez les autres Bœufs, mais leurs bases ne reposent pas sur un massacre recouvert de poils comme dans toutes les autres espèces, elles font suite à une espèce de bouclier qui recouvre l'os frontal. C'est une particularité unique dans le genre, car, si nous voyons un fait analogue chez le Bœuf du Cap, là ce sont les cornes qui se développent et recouvrent tout le front, tandis que chez le Gayal, il y a scission entre les cornes et le massacre. Le pelage de ce Bœuf est tout noir, à

Bœuf Gayal.

l'exception du front qui est gris roux, des quatre pieds qui sont blancs, ainsi qu'un pinceau de poils qui termine la queue.

Ce sont, paraît-il, des animaux d'une grande force et qui occasionnent beaucoup de dégâts dans les plantations; une fois la nuit venue, ils sortent de leurs forêts, où ils se tiennent pendant le jour, et se répandent dans les vergers qu'ils labourent avec leurs cornes.

Les habitants ont une grande peur de ce Gayal et, même pour une grosse somme, il est difficile de décider les indigènes à en faire la chasse ou de chercher à prendre les jeunes.

La chair en est excellente, mais les indigènes tiennent ce Bœuf en une espèce de vénération et refusent d'en manger.

C'est à 1,300 pieds sur les montagnes boisées de l'Inde centrale et de Ceylan qu'habite ce Bœuf qui vit là et a les mêmes habitudes que le Yack au Thibet, grimpant et sautant sur les montagnes avec une grande agilité.

Dans plusieurs localités de l'Inde, on tient cette espèce en domesticité, mais on ne s'en sert pas pour travailler.

Bœuf des Stiengs.

Il est bien probable que c'est cette espèce qui a servi à donner naissance à une variété domestique que l'on nomme le Bœuf des Stiengs ou Bœuf coureur, qui se trouve en Cochinchine et dont on se sert comme courrier dans cette contrée.

Le Bœuf des Stiengs serait le résultat du croisement du *Bos frontalis* et du *Bos Indicus*, en effet, nous avons vivant un de ces Bœufs des Stiengs, qui a une petite bosse, est très foncé de pelage et dont les quatre pieds sont mélangés de poils brun foncé et de blancs.

BŒUF GOUR.

Bos Gaurus.

De l'Inde.

Geoffroy Saint-Hilaire, *Mamm.* — De Vassey, *The ox tribu*, p. 97 et suivantes 1851. — Trouëssart, *Grande Encyclopédie*, article Bœuf. — Brehm., *Mamm.*

Ce Bœuf de grande taille se rapproche beaucoup du Bos Arne, mais il en diffère cependant par plusieurs caractères bien tranchés et surtout par la rangée d'apophyses surannexées à la colonne épinière qui forme depuis la base du cou jusqu'au milieu du dos, une véritable bosse, qui le fait ressembler à un Bison.

Bœuf Gour.

Les formes de ce Bœuf sont lourdes ; les cornes en croissant, sont courtes, épaisses, très recourbées vers les pointes et très rugueuses surtout à leur base et légèrement comprimées d'un côté. Les membres sont grêles relativement au corps ; la tête est aussi, proportion gardée, très petite ; les sabots sont fort larges et très longs.

La coloration est d'un noir foncé tirant sur le bleuté, excepté sur le front où on voit une tache de poils blanchâtres, cette coloration se retrouve aussi au-dessus des sabots, où elle forme de véritables bracelets, le poil court, offrant l'aspect huileux d'une peau de Phoque ; cet aspect est dû sans doute justement, à cause de la coloration noir-bleuté dont sa robe est colorée.

L'Inde continentale est sa patrie, il habite l'Indoustan, remonte jusqu'au pied de l'Himalaya, les montagnes de Myn-Pat où les Anglais l'ont découvert ; on le trouve aussi dans la presqu'île de Malacca ; il vit là de feuilles et de bourgeons d'arbres, se réunit par troupes de quinze à vingt dans les forêts de ces pays, où il passe pour être très dangereux, sa force étant très grande et son caractère très brutal.

Plusieurs tentatives de domestication ont été faites, mais il paraît qu'elles n'ont guère réussi, le caractère farouche de ce Bœuf en a toujours empêché le succès ; il est bien regrettable que l'on n'y soit pas parvenu, car ce serait une espèce intéressante à étudier, cependant nous croyons que les jardins zoologiques pourraient le maintenir en captivité, puisque l'on y a bien introduit le Buffle du Cap, qui nous paraît aussi fort et aussi sauvage que le Bœuf gour, aussi faisons-nous des vœux pour que ce curieux animal soit amené en Europe ; la Société d'Acclimatation a là un grand intérêt scientifique et serait bien dans son rôle en cherchant à introduire dans son jardin d'Acclimatation, une espèce aussi intéressante que celle-ci.

BOS SONDAICUS ou BENTENG.

Bœuf aux fesses blanches.

De l'Inde.

Quoy et Gaimard, fig. 9 et 10. — Trouëssart, *Grande encyclopédie*, article Bœuf.

Les cornes dans cette espèce sont dirigées d'abord un peu horizontalement de chaque côté du front, ce n'est que vers les pointes qu'elles affectent la forme en croissant, les deux pointes revenant l'une vers l'autre ; elles sont assez fortes et portées sur une tête longue, ce n'est que chez cette espèce que le crâne a ces proportions allongées.

Toute la robe de cet animal est d'un beau rouge-bai, à l'exception des fesses et des quatre jambes qui sont blanc pur ;

le mâle ne porte pas de fanons sous le cou, comme cela se voit chez la plupart des autres espèces, la femelle est de la même couleur, mais elle est plus petite, ses cornes sont aussi plus faibles et inclinées sur le dos.

On rencontre ces animaux vivant à l'état sauvage dans toutes les forêts de Java, Bornéo et Sumatra, descendant jusqu'à la presqu'île de Malacca et se retrouvant au nord jusqu'en Birmanie.

Bœuf Sondaïque.

Plusieurs essais de domestication ont été tentés qui ont donné de bons résultats. Cette belle espèce se croise facilement avec le Bœuf domestique et donne, paraît-il, des produits très intéressants.

Pourquoi, encore pour ce Bœuf, que nous ne connaissons que par les descriptions qui en ont été faites, ne fait-on pas une tentative d'introduction en France ; il serait cependant bien facile de s'en procurer, puisque dans la petite île de Bali à l'est de Java, il vit à l'état domestique, on pourrait donc par un des navires du port de Marseille, faire venir facilement, les Bos Sondaïcus, Gaurus, etc., qui n'ont jamais été vus vivants dans les jardins zoologiques, mais dont les dépouilles ne figurent même pas dans notre grand musée d'histoire naturelle : ce serait à tous égards une lacune à combler; non seulement l'étude de ces animaux mal connus serait très intéressante, mais encore les croisements que l'on pourrait obtenir d'eux, auraient pour résultat d'obtenir de nouvelles races à ajouter à celles que nous avons déjà.

(*A suivre.*)

LE PROCÈS DES MOINEAUX
AUX ÉTATS-UNIS

PAR M. H. BRÉZOL.

(SUITE *.)

RELATIONS DU MOINEAU AVEC LES INSECTES.

Nous abordons ici un autre côté du procès.

L'importante question de savoir si le Moineau a des habitudes insectivores est certes une des plus intéressantes à trancher. Le Moineau, on l'a prouvé, nuit aux graines, aux fruits, aux céréales, fait diminuer le nombre des oiseaux indigènes dans les jardins, les fermes, les villages et les villes, mais si on pouvait prouver qu'il détruit un grand nombre d'insectes nuisibles, il y aurait peut-être quelque raison de continuer à le protéger, ou du moins d'empêcher sa destruction complète. Les résultats lui sont malheureusement défavorables, et prouvent de manière irréfutable que ce n'est pas un insectivore normal, et qu'il ne mange pas les insectes les plus nuisibles. Il est avéré que le Moineau nourrit ses petits encore au nid d'insectes. Après avoir pris leur vol, ils continuent encore pendant quelque temps à suivre ce régime, et s'y remettent même parfois quand ils sont adultes. On cite des exemples de Moineaux détruisant de grandes quantités d'*Army-worm*, de Chenilles, de Sauterelles et d'autres insectes ; ce sont là des cas exceptionnels prouvant non pas qu'il est insectivore, mais que suivant la constatation faite par le professeur Forbes pour beaucoup d'autres granivores, il peut, à un moment donné, substituer les insectes à son régime naturel de graines. Quelques-uns semblent avoir certaines préférences pour diverses espèces ou pour la généralité des insectes, ils prendront parfois plaisir à poursuivre les Papillons, les Sauterelles, pour les manger ou les porter à leurs petits, mais en dehors de ces

(*) Voyez *Revue*, 1890, p. 883, 973 et 1065.

circonstances, ils ne se dérangent guère pour chasser les insectes, et ne distinguent pas, du reste, ceux qui sont utiles de ceux qui sont nuisibles. Les insectes nuisibles que le Moineau détruit parfois sont beaucoup plus efficacement combattus par les oiseaux indigènes, et certains d'entre eux mangent, par exemple, les Chenilles velues, auxquelles le Moineau se garde bien de toucher. Presque tous ces oiseaux ayant diminué ou ayant été chassés des endroits où le Moineau abonde, on voit combien la situation est menaçante. La tâche que le Moineau peut entreprendre comme insectivore serait donc beaucoup mieux remplie par les oiseaux indigènes, et sa seule présence empêche, en outre, ces oiseaux de faire une besogne dont il ne veut pas se charger. On répond souvent à cet argument que les oiseaux indigènes ne consentiraient jamais à habiter les villes ; cette allégation révèle une grande ignorance des faits ; dans toutes les villes dont ils n'ont pas été chassés par le Moineau, on trouve des oiseaux indigènes. Si Boston, Philadelphie, New-York avaient dépensé pour conserver ces oiseaux la dixième partie de ce qu'ils ont gaspillé pour le Moineau, il est probable que les arbres de leurs promenades auraient moins à souffrir des Chenilles. On peut, du reste, imputer au Moineau l'accroissement constant et alarmant des Chenilles velues qu'il ne mange pas, puisqu'il chasse les oiseaux qui s'en nourrissent. Les témoignages de M. C.-V. Riley, entomologiste du département de l'Agriculture, du professeur Lintner, entomologiste de l'État de New-York, du Dr John Leconte, de Philadelphie, sont très nets à cet égard. Les faits sont, du reste, surabondamment prouvés par l'examen de 2,455 estomacs de Moineaux fait en Europe et en Amérique. Excepté 522 estomacs examinés en 1886 au département de l'Agriculture, les résultats de ces autopsies sont généralement incomplets, mais ils suffisent cependant, car sur 2,455, 345 seulement ou 14 0/0 contenaient des débris d'insectes. Les renseignements tirés des 522 estomacs étudiés à New-York sont plus exacts, car on en a noté la date de la capture de chaque oiseau.

En dehors des preuves anatomiques, on a encore les résultats des rapports des correspondants qui viennent eux aussi prouver que le Moineau est fort peu insectivore.

267 de ces rapports, disant le Moineau insectivore, sont comptés comme favorables à cet oiseau ;

138 rapports disent qu'il ne mange pas d'insectes ;

60 sont incertains ;

126 n'ont aucune valeur, ils se contentent, par exemple, de rapporter que le Moineau mange des insectes quand il ne trouve rien d'autre. La majorité des correspondants, auteurs de ces documents, ne sachant pas distinguer les insectes nuisibles des insectes utiles, le Moineau a profité de tous les rapports le disant insectivore, mais d'après M. Riley, l'autopsie prouve que quand le Moineau se nourrit d'insectes, il en mange plus d'utiles que de nuisibles.

De tous les côtés, les preuves affluent que le Moineau n'est pas insectivore.

Le colonel Russell, qui examina en Angleterre les estomacs de 47 Moineaux pris à la fois dans une ferme, y trouva seulement les débris de 6 petits insectes au milieu de pois verts et de graines.

Le Dr Schleh examina des estomacs de Moineaux reçus de différents points de l'Allemagne, et en conclut qu'au nid et jusqu'à la semaine précédant celle où ils prennent définitivement leur vol, les jeunes Moineaux sont exclusivement insectivores ; deux semaines plus tard, l'élément insecte n'entre plus que pour 33 0/0 dans leur alimentation et pour 19 0/0 plus tard. Cette analyse, la plus favorable au Moineau de toutes celles qui aient été faites, serait un terme extrême, dont les autopsies du colonel Russell semblent former le terme opposé.

On a souvent répété que les insectes constituaient en grande partie l'alimentation des Moineaux au printemps et à l'été. Si ce fait est vrai, on ne l'a jamais prouvé. C'est sans doute une conclusion précipitée déduite de deux observations principales : La première, que les jeunes surtout nourris d'insectes sont élevés au printemps et au commencement de l'été. La deuxième, que les Moineaux ne songent plus aux insectes quand les céréales mûrissant leur apportent une alimentation plus facile et plus abondante. On peut répondre à cela que sans doute il naît plus de jeunes Moineaux en mai et en juin qu'en août, mais la proportion n'est pas connue. Dans la dernière semaine d'août 1887, on voyait souvent sur les pelouses des jardins publics courir de jeunes Moineaux récemment éclos. S'il naît autant de Moineaux en août qu'en mai, il y aura autant d'insectes mangés aux deux époques, mais les insectes sont plus abondants en août qu'en mai, ce qui rend leur diminution moins appréciable.

D'après M. Gurney, le Moineau mangerait plus d'insectes en août, en Angleterre, qu'en tout autre mois, et suivant le Dr William Brodie, de Toronto, Canada, sur 85 estomacs, examinés en septembre, 54 à 62 contenaient des insectes.

Des 522 estomacs examinés aux États-Unis pendant toute l'année 1886, 92 seulement, ou 17, 6 0/0 contenaient des insectes.

Quant à l'action du Moineau sur les Chenilles, MM. Riley et Coues affirment qu'il tend plutôt à faire augmenter le nombre des Chenilles velues qu'à le diminuer, celui surtout des *Orgyia* et des *Hyphantria*. Le professeur J.-A. Lintner, entomologiste de l'État de New-York, arrive à des conclusions semblables, en mentionnant les oiseaux qui chassaient les *Orgyia* avant que l'arrivée du Moineau ne les eût refoulés. M. Lintner affirme que l'accroissement extraordinaire de l'*Orgyia pudibunda* est dû au seul Moineau, et on arrive à cette singulière conclusion : Le Moineau, introduit aux États-Unis pour détruire les Chenilles, y a simplement favorisé leur multiplication. L'*Orgyia pudibunda* y croîtrait suivant une progression parallèle à la sienne propre. On a toujours remarqué, du reste, que les Chenilles abondaient dans les jardins dotés de nombreux Moineaux. Le professeur Lintner fait la même constatation pour l'*Orgyia leucostigma*, et cite un jardin d'Albany où cinq *Ampelopsis quinquefolia* abritaient sous leur feuillage très développé un nombre incalculable de Moineaux. Dans ce jardin, se trouvaient encore une volière à compartiments multiples et plusieurs plus petites regorgeant de Moineaux. Or, à quelques pas des *Ampelopsis*, deux Ormeaux avaient été complètement dépouillés de leurs feuilles par des Chenilles d'*Orgyia*. On rencontre, du reste, à chaque instant de ces sortes d'associations. Le Moineau ne pourrait, en effet, manger impunément les Chenilles velues, mais il chasse les oiseaux tels que le Rouge-gorge, le Merle migrateur, le Loriot de Baltimore, le Coucou, l'*Icterus galbula* qui les mangent, espèces semblant uniquement créées pour nous protéger contre la multiplication de ces Chenilles. On voit, par exemple, le Coucou, plus habile que le grossier Moineau, enlever rapidement du bec les poils des Chenilles de l'*Orgyia leucostigma*, avant d'avaler la Larve elle-même. Ce fait a été constaté par le Dr Le Baron, ancien entomologiste d'État de l'Illinois.

Dès 1874, le Dr J. Leconte constatait la disparition à Philadelphie du *Span-worm*, une géométride, la Chenille de l'*Ennomos subsignaria*, qui ravageait les arbres des boulevards ; elle fut aussitôt remplacée par l'*Orgyia leucostigma*, qui, s'accroissant sans cesse, est devenue tout aussi gênante, mais se voit respectée du Moineau à cause des poils rigides qui la revêtent.

En Nouvelle-Angleterre, le Moineau mangerait, paraît-il, une Chenille, la *Paleacrita vernata*, qui ronge les feuilles des Pommiers et des Ormeaux.

LES MŒURS INSECTIVORES DU MOINEAU.

Dans cette partie du travail commun, M. Riley présente les conclusions qu'il croit pouvoir déduire des examens d'estomacs de Moineaux faits par M. C.-H. Merriam.

Sur 522 estomacs étudiés en 1886, 92 contenaient des graines, du gravier et des débris d'insectes, mais toujours la masse représentée par la nourriture animale avait fort peu d'importance à côté des aliments d'origine végétale.

On a trouvé dans ces débris d'insectes des restes des principaux ordres des Héxapodes, et quelques Arachnides, le tout se répartissant ainsi :

Hyménoptères	dans	59	estomacs.
Coléoptères	—	53	—
Orthoptères	—	9	—
Lépidoptères	—	8	—
Hémiptères	—	6	—
Arachnides	—	5	—
Névroptères	—	3	—
Diptères	—	2	—

Tous ces insectes appartiennent aux espèces fréquentant les pelouses, les jardins, les parcs, et se tenant presque toujours sur le sol même ou à une faible hauteur. Le gravier était un mélange de quartzite et de débris de briques dures, destiné à triturer les parties les plus molles du corps des insectes. La plupart de ceux-ci ne sont pas nuisibles, ne causent aucun dommage spécial à l'agriculture, et même le plus grand nombre des Hyménoptères et des Arachnides lui seraient indirectement utiles, ainsi que quelques Hétéroptères. Parmi les Coléoptères, il y en a plus de non nuisibles que de nuisibles, de sorte que les services rendus par les Moineaux, en détruisant les Orthoptères et des Lépidoptères, se trouvent compensés par le tort causé en tuant des espèces utiles soit directement, soit indirectement.

En réfléchissant que l'année même où ces animaux ont été tués les arbres des promenades de Washington supportaient les attaques de quatre insectes déieuillants, dont un seul, l'*Hyphantria cunea* fut trouvé, et à deux reprises seulement dans des estomacs de Moineaux, on doit facilement se convaincre de l'absolue inefficacité de ces oiseaux comme destructeurs d'insectes. Aucune des espèces qui rongent certains arbres des promenades ne fut, en dehors de l'*Hyphantria*, trouvée sous une quelconque de ses formes dans les estomacs examinés.

M. Leconte avait signalé la substitution à Philadelphie, sous l'influence du Moineau, de l'*Orgyia* à l'*Ennomos*, M. Riley constate à Washington le remplacement d'une autre Chenille, la *Paleacrita vernata*, par la même *Orgyia*. Le Moineau, dit-il, fut amené à Washington à titre de protecteur des arbres, surtout des Ormeaux, qu'il devait débarrasser de la *Paleacrita vernata*, qui causait d'assez grands dégâts, mais seulement pendant les cinq ou six premières semaines du printemps. L'été et l'automne, on avait une période de répit, la larve descendant se métamorphoser en terre. L'insecte parfait femelle étant aptère, des bandelettes goudronnées ou huilées, nouées autour du tronc des arbres, arrêtaient toute tentative d'ascension, quand il voulait remonter sur les arbres au début du printemps suivant. Ces bandelettes étaient autrefois d'un usage fort commun à Boston, à Cambridge, à Philadelphie, et plus tard à Baltimore. Les Ormeaux étant en même temps attaqués par la *Galeruca Calmariensis*, qui, pourvue d'ailes chez les deux sexes, n'est pas arrêtée par les ligatures du tronc, on introduisit le Moineau. Il fit d'abord quelque bien en mangeant les *Paleacrita*, mais on constata alors l'apparition d'un nouvel insecte, travaillant pendant toute la belle saison, et non plus au début du printemps seulement comme le premier. C'était l'*Orgyia leucostigma*, qui fournit plusieurs générations par an. La femelle est aptère comme celle de la *Paleacrita*, mais ses métamorphoses s'effectuent sur les arbres même, de sorte que les ligatures goudronnées sont sans effet. L'*Orgyia* est, en outre, plus abondante et attaque des arbres que la *Paleacrita* respectait. Washington a donc échangé un fléau contre un pire, l'*Orgyia* effeuillant absolument les arbres pour les couvrir ensuite de ses innombrables cocons. On ne peut, en général, encourager le développement d'une espèce animale sans restreindre celui d'une autre espèce, et l'inverse de cette proposition est également vrai. En mangeant les *Paleacrita*, le Moineau a favorisé l'*Orgyia*, il s'est allié à elle dans la lutte pour l'existence. L'accroissance du Moineau réduit, en outre, le nombre des oiseaux indigènes qui mangeraient sans doute l'*Orgyia*.

En comparant le contenu de l'estomac des Moineaux avec celui des espèces indigènes, on saisit encore mieux son inutilité.

M. Merriam a trouvé dans l'estomac d'une femelle de Coucou, *Coccygus Americanus*, tuée aux environs de Washington, 250 larves d'*Hyphantria cunea*, 1 gros Cerambyse, le *Romaleum atomarium* avec ses œufs, 1 *Nezara hilaris*, et 1 Escargot, *Helix alternata*.

L'estomac de ce Coucou contenait donc plus d'insectes nuisibles que ceux des 522 Moineaux. Des constatations analogues ont, du reste, été faites en Europe.

M. Willis, de Sandas (Angleterre), a examiné, en 1882, les estomacs de 87 Moineaux, 7 seulement contenaient des insectes. M. Willis conclut de son travail que le Moineau est une espèce envahissante, et que l'homme est en droit de prendre toutes les mesures possibles pour restreindre son accroissement.

Sur 100 estomacs présentés en 1865, par le Dr Edwards Crisp à la British Association, il n'y en avait pas 5 qui renfermassent des insectes.

Le révérend J. Pemberton, de Bartlett, a trouvé des insectes à certaines époques dans l'estomac du Moineau, des produits végétaux à d'autres, à d'autres encore, un mélange d'insectes et de végétaux.

M. John Cordeaux aurait constaté que le contenu de l'estomac de 35 jeunes Moineaux était composé pour 2/3 de graines encore molles, laiteuses, et pour 1/3 d'insectes.

Dans un ouvrage intitulé *The House Sparrow* « Le Moineau domestique », publié en 1885, à Londres, par un ornithologiste, M. J.-H. Gurney, se trouve deux chapitres écrits l'un par le colonel C. Russell, l'autre, sur *le Moineau en Amérique*, par le Dr Elliott Coues.

M. Gurney donne le résumé suivant des analyses d'estomacs de Moineaux jeunes ou adultes, auxquelles il s'est livré pendant un an :

Le contenu de l'estomac d'un Moineau adulte se compose pour 75 0/0 de graines et céréales et les 25 0/0 restant sont ainsi partagés :

10 0/0 de graines d'herbes.
4 0/0 de pois verts.
3 0/0 de coléoptères.
2 0/0 de chenilles.
1 0/0 d'insectes ailés.
5 0/0 de matières diverses.

Quand les pois verts abondent dans les jardins, la proportion de 4 0/0 est toujours dépassée.

L'estomac des jeunes Moineaux de moins de 16 jours ne contient pas plus de 40 0/0 de graines de céréales, avec 40 0/0 de chenilles et 10 0/0 de petits coléoptères.

Les jeunes Moineaux au nid sont généralement nourris de chenilles et autres insectes, surtout en août, mais un grand nombre d'estomacs de ces jeunes oiseaux, ouverts en juin et en juillet, n'en contenaient pas.

D'après le colonel Russell, le régime des jeunes Moineaux encore au nid se composerait pour une moitié de graines encore vertes et autres matières végétales, pour la seconde moitié de chenilles. Cet auteur ayant examiné des estomacs de Moineaux venant des différentes régions de l'Angleterre, y a toujours trouvé beaucoup moins d'insectes qu'il ne l'aurait supposé. D'après ses autopsies, l'estomac du Moineau adulte contiendrait des graines pendant la presque totalité de l'année, des pois verts l'été, un peu de graines d'herbes en mai et juin, époque où les céréales font défaut. De septembre à mars, il ne trouva jamais un insecte. Ils étaient rares de juin à mars chez les Moineaux assez forts déjà pour pouvoir se nourrir eux-mêmes.

Nous rappelons pour conclure les observations rapportées par le Dr Schleh, d'Herford, Allemagne, dans son ouvrage intitulé : « Nutzen und Schaden des Sperlings im Houshalte der Natur ». (Utilité et inconvénients du Moineau dans l'économie naturelle.) Or, on ne peut contester la bonne foi de l'auteur de cette brochure, qui déclare le Moineau utile, tous les insectes étant nuisibles selon lui.

Les attestations des ornithologistes et entomologistes américains sont aussi probantes et plus nombreuses encore que celles de leurs collègues européens.

Le Dr John Dixwell a examiné les estomacs de 39 Moineaux, tués à l'époque où la *Paleacrita* ravageait les arbres, sans y trouver une seule de ces chenilles.

Dans le numéro de mars 1879 du *Scientific Farmer*, le Dr Maynard insère les résultats de 56 dissections faites par lui, du 17 septembre au 10 octobre 1878, sur des Moineaux jeunes et vieux tués à Boston, et il reste quelque peu étonné de ne pas avoir trouvé la moindre trace d'insecte dans lesdits estomacs.

Le professeur S.-A. Forbes a examiné en septembre 1880 les estomacs de 35 Moineaux tués dans les rues de villes ou villages de l'Illinois; il y a trouvé des graines de céréales, quelques graines de plantes communes et les débris de 3 Acridiens, débris représentant 6 0/0 de la masse totale des aliments. A la même époque, les insectes figuraient pour 30 0/0 dans l'alimentation du Rouge-gorge, pour 20 0/0 dans l'alimentation de l'Oiseau chat, Cat Bird, et pour 90 0/0 dans l'alimentation de l'Oiseau bleu, Blue Bird.

Le Dr Warren, de Vesto Chester, Pennsylvanie, a reconnu que sur 75 estomacs de Moineaux examinés en 1878, 73 contenaient seulement des graines, et les 2 autres 1 coléoptère chacun.

Désireux de combattre l'opinion si répandue que le Moineau ne devient granivore que l'hiver, quand il ne trouve plus aussi facilement à se nourrir, il examina des estomacs de Moineaux tués en mars, avril, mai, juin; 47 contenaient des céréales et des matières végétales, 1 seul contenait 1 coléoptère, 2 étaient absolument vides.

Du 1er mars 1879 au 12 juin 1882, il examina 114 autres estomacs, dont 5 seulement lui offrirent des débris d'insectes.

M. Charles Dury a publié, dans le numéro du 6 mai 1883 de la *Commercial Gazette* de Cincinnati, les résultats de plus de 50 examens d'estomacs de Moineaux, et ne trouva de débris d'insectes que dans 3 de ces estomacs. Un de ces Moineaux non insectivores, avait été tué le 28 avril, dans un cerisier dévoré par une infinité de chenilles.

M. James Fletcher, d'Ottawa, Canada, a examiné 12 estomacs provenant de Moineaux tués au commencement de mars, tous contenant de l'avoine venant des déjections des chevaux, et du pain.

Le Dr W.-S. Strode, de Bernadotte, Illinois, qui s'est livré à des expériences analogues pendant les mois d'août et septembre 1887, n'a pas trouvé d'insectes pendant la première moitié d'août, mais du blé, du seigle, et parfois quelques graines de mauvaises herbes. En septembre, c'était surtout de la pulpe de raisins, le Moineau enfonçant son bec dans les grains pour sucer le jus et la pulpe, sans avaler les graines.

M. W. Brodie a trouvé au Canada que sur 43 estomacs de Moineaux tués du 20 août au 13 septembre, 37 contenaient des débris d'Acridiens, et sur 307 estomacs provenant de Moineaux tués du 7 mars 1881 au 20 septembre 1887, 132 contenaient des insectes se distribuant ainsi : Acridiens dans 58 estomacs, Coléoptères dans 4, larves de Géométrides dans 2, nymphes de Diptères dans 2.

M. Otto Lugger, assistant de M. Riley, a examiné en mai 1883, à Baltimore, les estomacs de 12 Moineaux tués dans un jardin aux environs de la ville, sur des Rosiers grimpants couverts de *Selandria*.

Il a trouvé des graines de céréales, de fleurs, 1 pois contenant une bruche, 2 pattes de mouche, mais pas une *Selandria*.

Beaucoup des témoignages envoyés en réponse aux questionnaires distribués dans les différents États sont favorables au Moineau, mais ces documents n'ont pas l'authenticité de la dissection, aussi ne peut-on leur accorder qu'une valeur relative, et cependant 4 d'entr'eux seulement disent que le Moineau mange les larves des *Orgyia* et 1 qu'il mange les larves de l'*Hyphantria*.

Un certain nombre de ces rapports affirment que le Moineau mange les Acridiens, les Sauterelles et les larves des Noctuelles. Il pourrait donc rendre quelques services de ce côté, si ses innombrables défauts ne les faisaient payer un prix beaucoup trop élevé.

Dans une autre circonstance encore, il se rendrait certainement utile : en mangeant des larves de l'Œstre, *Gastrophilus equi* sur les déjections des Chevaux, mais ce service voit cependant son importance décroître, par le fait que les rues des villes étant pavées, les larves d'Œstre périssent bientôt, sans pouvoir pénétrer dans le sol.

On peut donc conclure que les insectes constituent exceptionnellement l'alimentation du Moineau, et que s'il mange des insectes nuisibles, le hasard seul a déterminé son choix. Excepté le cas des Acridiens, des Sauterelles, des *Paleacrita* et de quelques autres, jamais le Moineau n'a arrêté les dégâts causés par une espèce d'insecte. Deux circonstances enfin tendraient encore à diminuer les rares services qu'on peut lui attribuer comme insectivore. La première, c'est qu'il mange souvent des insectes morts, dont l'autopsie lui attribuera à tort la destruction. La seconde tient à ce qu'on le croit souvent insectivore parce qu'on l'a vu chassant des insectes, mais ces insectes ne sont généralement pas destinés à sa consommation personnelle, il les chasse pour en nourrir sa couvée.

Pour en terminer avec les examens d'estomacs, sur 522 estomacs disséqués par le département de l'agriculture, 102 paraissaient contenir des insectes à un premier examen, 92 seulement en contenaient en réalité. On trouva de l'avoine dans 327 estomacs, du maïs dans 71, du blé dans 22 ; des graines de fruits, de mûres principalement, dans 57, des graines fourragères dans 102, des graines de mauvaises herbes dans 85, du pain, du riz dans 19, des matières végétales indéterminées dans 219, des insectes nuisibles dans 49, des insectes utiles dans 50, des insectes sans importance dans 31.

L'avoine venait surtout des déjections des Chevaux, et la majeure partie de la matière indéterminée avait la même origine.

Les États-Unis ne sont pas la seule nation où on ait dû prendre des mesures répressives contre le Moineau, après l'avoir inconsidérément amené d'Europe. Les fermiers de l'Australie et de la Nouvelle-Zélande voyaient leurs récoltes si maltraitées par cet oiseau qu'ils ont dû recourir au poison. Ils employèrent à cet effet du blé trempé dans une solution vénéneuse et placé dans un récipient à l'arrière d'une charrette en marche, de manière à le répandre le long des routes.

Ce procédé énergique a eu tout le succès désirable, et un poète local a même célébré cette victoire dans une pièce de vers publiée par le numéro de novembre 1882 de la publication *Garden and Field*, éditée à Adélaïde.

DOMMAGES DIVERS CAUSÉS PAR LE MOINEAU.

A côté de la longue et probante énumération qui précède, viennent d'autres dommages ayant encore le Moineau pour auteur et qui, peu importants au premier abord, peuvent devenir gênants ou dangereux par leur accumulation ou une incessante répétition.

Le Moineau cause un tort assez considérable au feuillage des arbres et le détourne absolument de son rôle décoratif et ornemental en le souillant de ses déjections; cette nature de dommages s'étend aux bâtiments et à une infinité d'objets. Le département de l'agriculture n'avait pas mentionné ce chef d'accusation dans son questionnaire, mais beaucoup de correspondants l'ont inséré, et l'observation la plus superficielle permet de constater combien ces plaintes sont fondées. Partout où le Moineau installe son nid, ce genre de dégâts se manifeste à un degré plus ou moins accentué et n'est du reste pas localisé aux seules places de nichage. De légères modifications architecturales pourraient les empêcher d'édifier leurs nids sous les rebords des toits, mais on ne peut guère les empêcher de se percher sur toutes les parties en saillie, et les conséquences en sont immédiates. A Washington, un grand nombre de statues et de fontaines des jardins publics sont absolument dégradées par les souillures des Moineaux, parfaitement distinctes à une certaine distance. Au printemps de 1886, on pouvait voir dans cet état plus de moitié des statues de la capitale et de nombreux monuments funéraires dans les cimetières. Quant aux bancs de promenades, le Moineau les salit au point qu'on ne peut s'y asseoir. Ces oiseaux se caractérisent encore par la rapidité avec laquelle ils accumulent, dans les endroits les plus divers, le foin, la paille, et les débris multiples dont ils font leurs nids. A Washington, par exemple, ils ont plusieurs fois envahi les lanternes des réverbères ou les globes des lampes électriques, s'obstinant, par exemple, à emplir la lanterne d'un bec de gaz, bien qu'on la vidât chaque jour.

Sur les Smithsonian Grounds, ils ont presque dénudé des Cèdres, en enlevant, pour se constituer des nids, non seulement la rugueuse écorce extérieure, mais aussi les couches internes, et laissant le tronc absolument lisse.

Autre motif de plaintes: son habitude de se nicher dans les tuyaux de descente d'eau et les chêneaux, qu'il obture d'une masse de débris empêchant ces organes de fonctionner au moment du besoin, ce qui peut déterminer d'importantes dégradations aux bâtiments.

Les déjections accumulées sur les toits, entraînées par les pluies, peuvent devenir une cause d'épidémie dans les localités où on est réduit à boire l'eau des citernes. Les déjections des Pigeons ont déjà déterminé de graves maladies, dans des conditions analogues.

Les masses de matières végétales qui constituent les nids sont une cause constante d'incendies ou de propagation d'incendies. On a signalé aux Etats-Unis l'incendie spontané des matières très divisées accumulées par les Souris dans leurs nids, et on peut citer à l'appui de cette hypothèse le fait suivant emprunté au numéro du 26 février 1887 du *Scientific american* : « Une forge, située à 4 milles de Pottsville, Pennsylvanie, aurait été incendiée à trois ou quatre reprises, par la faute des Moineaux qui accumulaient leurs nids dans la charpente des bâtiments. Ces nids, faits de chiffons de coton, constituaient toujours le foyer de l'incendie, dû soit à la combustion spontanée, soit aux étincelles retombant sur ces matières éminemment combustibles.

A Sandy Spring, Maryland, on a dû renoncer aux couvertures de chaume que les Moineaux étaient toujours à fouiller. On a fait du reste la même constatation dans certaines parties de l'Angleterre, où les couvertures en chaume sont très communes ; ces dégâts y étaient attribués à la manie qu'a le Moineau de faire le mal. Il semblerait cependant qu'il y a là erreur, et non intention de nuire de la part de l'oiseau. Habitué à pénétrer dans les meules de blé pour aller chercher les grains des épis placés au centre, il répète la même manœuvre sur les toits de chaume qu'il prend pour des meules.

Une de ses plus mauvaises habitudes consiste à voler les graines données à la volaille. La perte paraît insignifiante à première vue, mais le nombre des rapports mentionnant ce grief tend à lui accorder une certaine importance. Les Moineaux ne prennent pas ce que les Poules ont pu laisser, ils mangent en même temps qu'elles, puis, s'enhardissant, deviennent assez audacieux, non seulement pour résister aux tentatives que les Poules font pour les éloigner, mais pour attaquer celles-ci et même les chasser. Proportionnellement à la taille, un Moineau mange plus qu'une Poule, et comme dans une basse-cour on trouve facilement dix Moineaux pour une Poule, le grain pris chaque jour par ces maraudeurs arrive donc à constituer une certaine masse.

Passons à la voix pour conclure. Quelques-unes des notes émises par le Moineau ne sont pas absolument anti-musicales, surtout quand un oiseau isolé se fait entendre dans une tonalité un peu basse, mais le plus fidèle partisan de ces oiseaux ne peut nier que ce ne sont pas des chanteurs, et les incessantes et discordantes criailleries d'une bande de Moineaux autour de ses nids ou de ses perchoirs constitue un véritable ennui, une torture pour l'oreille, agissant très désagréablement surtout sur les personnes malades ou nerveuses.

(*A suivre.*)

SAUMON QUINNAT

ET TRUITE ARC-EN-CIEL

Extrait d'une lettre adressée à M. le Président de la Société

PAR M. JOSEPH VIDON,

Pisciculteur à Bessemont, près Villers-Cotterets.

La pisciculture que je dirige à Bessemont, près Villers-Cotterets, chez M. de Marcillac, mérite, je crois, votre attention.

Le *Salmo Quinnat* réussit le mieux du monde dans nos eaux, il est rustique et facile à élever. Les alevins de cette espèce que nous avons reçus à Bessemont ont été mis dès leur arrivée dans un aquarium où ils sont restés pendant cinq mois; ensuite je les ai transférés dans un petit étang de 20 mètres de largeur sur 80 mètres de longueur traversé par un petit cours d'eau, dont l'eau atteignait 22° et dont le fond était vaseux. Au bout de quinze jours on les aurait à peine reconnus tellement ils avaient prospéré.

Ce poisson mange de tout avec avidité; il a besoin d'une forte nourriture. Nous la varions le plus possible en donnant de la viande, du pain, maïs, fromage et surtout du lait caillé. Pour augmenter la nourriture nous avions placé avec les *Salmo Quinnat* un grand nombre d'alevins de Brêmes, pensant que cette proie leur conviendrait; mais ils n'y ont pas touché et se contentaient de « labourer » la boue, comme les Carpes et de troubler l'eau. C'est alors que je leur ai donné une nourriture plus à leur goût et plus en rapport avec leur caractère sociable.

Pour nous monter, nous avons acheté au Jardin d'Acclimatation cinq cents des alevins que j'avais fait éclore en 1888 à la pisciculture de l'établissement, à l'époque où j'y étais employé; en outre, nous nous sommes procuré cinq cent cinquante autres jeunes poissons de même espèce chez un membre de la Société. Le développement de ces élèves est très satisfaisant.

Seule la Truite arc-en-ciel surpasse au même âge le *Salmo*

Quinnat. J'en ai un bon nombre qui, à dix-neuf mois, pèsent 6 à 700 grammes. Les *Quinnat* qui ont quatre mois de plus pèsent seulement 4 à 500 grammes.

L'Ombre-Chevalier pourrait rivaliser avec ces deux salmonides pour la précocité; mais toutes les eaux ne lui conviennent pas.

Nous allons multiplier en grand à la pisciculture de Bessemont le *Salmo Quinnat* et la Truite arc-en-ciel et nous pensons avoir dès l'année prochaine 150,000 œufs de *Quinnat* et au moins 200,000 œufs de Truite arc-en-ciel. Nous espérons ainsi être pour la Société d'Acclimatation, qui a introduit ces précieuses espèces, d'utiles collaborateurs.

En outre des Salmonides dont nous avons parlé, nous nous occupons de la reproduction des Carpes. Nous avons pu nous procurer des sujets de la belle variété longue et charnue qu'on trouvait jadis dans les environs de Compiègne, et qui est de beaucoup supérieure aux Carpes arrondies qu'on rencontre trop souvent.

SUR LA NOURRITURE

DE

QUELQUES POISSONS DE MER

(3e NOTE *)

PAR M. H.-E. SAUVAGE.

Depuis quelques années on a bien compris tout l'intérêt qui s'attache à l'étude de la nourriture des poissons de mer; des observations suivies avec soin permettront seules, en effet, de déterminer la nourriture de ces animaux suivant les diverses époques de l'année, ces observations pouvant donner lieu à des conclusions pratiques des plus intéressantes.

De même que les années précédentes, nos recherches ont plus particulièrement porté sur les Poissons de grande pêche, sans que nous ayons négligé d'étudier les Poissons qui fréquentent le littoral; ces recherches nous ont permis de constater les faits suivants :

Scyllium catulus, Cuv. Des Roussettes adultes pêchées en mai, dans le Pas de Calais, contenaient en abondance, dans le tube digestif, des opercules de Buccin et des débris de Bernard Hermitte; nous avons trouvé la même pâture, de juin à octobre, et de plus : *Cancer pagurus* jeune, Arénicole, Nereis, Nereilepas.

Scyllium canicula, Cuv. Nous avons trouvé le *Nephrops norvegicus* dans le tube digestif de cette espèce pêchée vers le banc du Galoper.

Mustellus vulgaris, M. H. L'Emissile semble se nourrir de préférence de Crustacés; nous avons trouvé en mai et en juin chez des animaux pêchés dans le Pas de Calais : Bernard Hermitte, Crabe enragé (*Carcinus mænas*), Crevette grise, Squille Desmarest.

Galeus canis, Rond. De même que la plupart des autres squales, le Milandre est très vorace; nous avons trouvé dans le tube digestif en juin, juillet et août : Ammodyte équille,

(*) Cf. *Bulletin de la Société nationale d'Acclimatation*, 5 juillet 1888. *Revue des Sciences naturelles appliquées*, 20 novembre 1889.

Raie bouclée jeune, Merlan, Poisson de Saint-Pierre jeune (*Zeus faber*), Morue jeune, Crevette grise, *Ophiotryx fragilis*.

Acanthias vulgaris, Riss. La nourriture de l'Aiguillat se compose de poissons, de crustacés, de mollusques principalement : nous avons trouvé de mai à août : Ammodyte équille, Petite Vive, Merlan, *Aspidophorus cataphractus*, Crevette grise, Crabe enragé (*Carcinus mœnas*), Bernard Hermitte, *Natica Alderi*, *Trochus magus*, *Ophioglypta texturata*.

Raia clavata, Lac. On pêche assez abondamment de jeunes Raies bouclées en rade de Boulogne, au petit chalut ; nous avons trouvé dans le tube digestif, de mai à fin juillet, de petits crustacés : *Hippolyte varicns*, *Gammarus marinus*, *Mysis*, *Bodotria arenosa*, Crevette grise, Crabe enragé jeune, *Idotea tricuspidata*.

Aspidophorus cataphractus, L. Cet Aspidophore, qui n'est pas rare en rade de Boulogne, se nourrit surtout de petits Crustacés ; nous avons trouvé dans le tube digestif en juin et en juillet : Crevette grise, *Gammarus marinus* et de nombreux Copépodes, principalement des *Temora*.

Cottus bubalis, Euph. Nous avons pêché de nombreux Cottes au chalut, en rade de Boulogne, du mois d'avril à fin août; la nourriture trouvée était : *Gobius minutus*, Carrelet jeune, Crevette grise, *Carcinus mœnas* jeune, *Tellina tenius*, *Rissoa parva*.

Trigla gurnardus, L. En mai et en juin nous avons trouvé dans le tube digestif du Trigle gurnard : *Gobius minutus*, Ammodyte Equille, Crevette grise, Crabe enragé jeune, Mysis, ces derniers en grande abondance.

Trachinus draco, L. Dans le tube digestif de la Grande Vive pêchée au chalut en rade de Boulogne, nous avons trouvé d'avril à fin-juillet : Merlan jeune, Crabe enragé jeune, Bernard Hermitte jeune, Crevette grise, *Eurydice pulchra*, et, sur un individu, deux exemplaires d'un Carabique, le *Sphodrus tenuis*.

Trachinus vipera, Cuv. Nous avons trouvé dans le tube digestif de la Petite Vive pêchée en rade de Boulogne, d'avril à fin-août : *Gobius minutus*, Crevette grise, *Sepiola atlantica*, *Loligo media*.

Scomber scombrus, L. Il est rare qu'on puisse étudier les résidus de la nourriture chez le Maquereau, le tube digestif étant presque toujours vide; nous avons cependant trouvé chez des poissons pêchés en juillet et en décembre dans le Pas de Calais des débris de Merlan jeune et d'Annélides ; nous avons trouvé des Copépodes dans des animaux de pêche côtière, au commencement de décembre.

Caranx trachurus, L. Dans le tube digestif de la Carangue nous avons trouvé de mai à juillet des débris de Merlan jeune, de Crevette grise et de Nereis ; fin octobre des débris de Harengs.

Callionymus lyra, L. Ce Callionyme se pêche fréquemment au petit chalut en rade de Boulogne ; nous avons trouvé en mai : *Porcellana longicornis*, *Rissoa parva*, *Tellina fabula*, Nereis, Nephthys ; en août : Crevette grise, *Gammarus*, *Nymphon gracile*, *Natica Alderi* jeune, *Donax anatinum* jeune, *Cardium edule* jeune, Nephthys, Arénicole.

Gadus luscus, L. Nous avons trouvé de jeunes Crabes (*Carcinus mænas*) et des Crevettes grises dans le tube digestif de Tacauds jeunes, pêchés en juin, en rade de Boulogne.

Gadus morrhua, L. On prend la Morue à la palancre, sur les côtes du Boulonnais ; la nourriture trouvée a été, en mai : *Gobius minutus*, Crabe jeune (*Carcinus mænas*), Gammarus, *Mytilus edulis* jeune, Nereis, Arénicole ; en juillet : *Galathea strigosa*, *Porcellana longicornis* ; en novembre : *Gobius minutus*, Ammodyte Equille, œufs de poisson indéterminé, Crevette grise, Crabe enragé jeune, Bernard Hermitte, *Gammarus*, *Mysis*, Arénicole.

Merlangus vulgaris, Bon. Sur les côtes d'Écosse on a remarqué que le Merlan se nourrit principalement d'autres poissons et plus rarement de crustacés ; la même observation a été faite pour les Merlans que l'on pêche à la palancre sur les côtes du Boulonnais ; nous avons trouvé en mai, juin, octobre et novembre : *Gobius minutus*, Ammodyte, Crevette grise, *Gammarus*, Arénicole, cette dernière espèce principalement en novembre.

Limanda vulgaris, Goth. Les Limandes que l'on prend à la palancre sur les côtes du Boulonnais font presque exclusivement leur nourriture de Crustacés de petite taille et plus rarement d'Arénicoles ; nous avons trouvé de mai à fin novembre : *Galathea*, *Eupuguras Berhardus* jeune, *Pirimela denticulata*, *Gammarus*, *Ligia oceanica*, Arénicole ; un individu pêché en février avait le tube digestif rempli d'*Ulva lactucaria*.

Platessa vulgaris, Goth. Le Carrelet se prend à la palancre sur les côtes du Boulonnais pendant toute l'année ; sa nourriture consiste principalement en Crustacés et en Mollusques ; dans le résidu de la digestion nous avons trouvé en février : Crevette grise ; en avril : Crevette grise, *Gammarus*, *Alauna rostrata* (chez les individus jeunes pris au petit chalut). *Tapes decussala* jeune, *Tellina balthica*, Nereis, Arénicole ; en mai : Crabe enragé jeune, Crevette grise, *Donax anatinum*, *Syndesnia alba*, *Tellina balthica*, *Nereis*, *Nephthys* ; en juin : *Rissoa parva*, *Tellina balthica*, *Cardium edule* jeune, Moule jeune, Nereis ; en juillet, chez plusieurs individus le tube digestif contenait en abondance des *Cardium edule* jeune et des *Rissoa parva* ; chez d'autres des *Donax anatinum* et des *Tellina balthica*; en août : *Donax anatinum* jeune, *Porcellana longicornis*, *Cuma* (chez les individus jeunes), Nereis ; en octobre et en novembre : *Nassa reticulata* jeune, Nereis, Arénicole.

Des Carrelets pêchés au chalut entre le North Hinder et le West Hinder, à la fin du mois d'août, contenaient dans le tube digestif surtout des Crustacés et des Mollusques : *Pirimela denticulata*, *Diogenes varians*, *Eupagurus hermittus* jeune, *Nassa reticulata* jeune, *Natica Alderi* jeune, *Natica fusea* jeune, *Scrobicularia prismatica*, *Mactra solida* jeune, *Tellina pusilla*, *Echinocyamus pusillus*, *Ophioglypha texturata*.

Platessa microcephalus, Donov. Dans le tube digestif de la Limandelle jeune, nous avons trouvé en avril de petits Crustacés : *Mysis*, *Alauna rostrata*, *Gammarus*.

Flesus flesus, L. De même que le Carrelet, et plus abondamment que celui-ci, le Flet se prend pendant toute l'année sur les côtes du Boulonnais, à la palancre, ainsi qu'au chalut ; la nourriture se compose principalement de Mollusques et de petits Crustacés ; nous avons trouvé dans le tube digestif, en avril : *Gammarus*, *Alauna rostrata* et *Bodotria* (ces deux dernières espèces chez les individus jeunes), *Dexamine spinosa*, *Donax anatinum*, *Cardium edule* jeune, *Tellina balthica*, Arénicole, fragments d'*Obelia* et de *Sertularia* ; en mai : Crevette grise, *Cardium edule* jeune, *Donax anatinum*, *Tellina balthica*, *Syndesmia alba*, Moule jeune, Nereis ; en juin : Crevette grise, *Rissoa parva*, *Tellina balthica*, *Tellina tenuis*, *Syndesmia alba* (chez plusieurs individus les débris de coquilles brisées remplissaient le tube digestif) ; en juillet nous avons plusieurs fois trouvé le tube digestif de Flets rempli de *Rissoa parva* avec quelques très jeunes *Littorina rudis ;* en octobre et en novembre : *Tellina balthica, Syndesmia alba, Donax anatinum, Natica Alderi* jeune, Arénicole.

Solea vulgaris, Riss. En mai, juin et août nous avons trouvé dans le tube digestif de la Sole, pêche côtière : Crevette grise, *Idotea tricuspidata*, *Gammarus marinus*, *Tellina balthica,* Nereis, Arénicole. Des Soles pêchées au chalut au mois de juillet entre le North Hinder et le West Hinder contenaient : *Gobius minutus*, *Ammodytes tobianus*, *Galathea*, Crabe enragé jeune (*Carcinus mœnas*), Mysis, *Chiton albus*, *Tellina balthica*, *Tellina pusilla*, *Scrobicularia nitida*, Nereis, Eunices, Phyllodore, *Echinocyamus pusillus* (abondant), fragments de *Flustra foliacea*. La nourriture trouvée dans des Soles prises au chalut au milieu du mois de décembre entre le Galoper et North Hinder était : *Gobius minutus, Tellina pusilla, Porcellana longicornis*, *Echinocyamus pusillus*.

Rhombus lævis, L. Nourriture trouvée en juin dans la Barbue : Merlan jeune.

Rhombus maximus, L. Nourriture trouvée en juillet dans des Turbots pêchés au chalut entre le North Hinder et le West Hinder : Ammodyte, *Tellina balthica ;* au milieu de décembre dans des Turbots pêchés entre le Galoper et le North Hinder : Merlan jeune.

Belone vulgaris, C. V. Nourriture trouvée en juin dans l'Orphée : Merlan jeune.

Clupea harengus, L. De même que les années précédentes nous avons examiné un grand nombre de harengs provenant, tant de la mer du Nord que de nos côtes ; nous avons pu dès lors étudier la nourriture, qui consiste presque exclusivement en Copépodes ; voici d'ailleurs le dépouillement de nos observations faites en 1890 :

Ainsi que nous l'avons noté les années précédentes, bien que l'on admette généralement que le Hareng ne prend plus de nourriture lorsqu'il est sur le point de pondre, nous avons cependant assez souvent trouvé des débris de nourriture dans le tube digestif de poissons dont les rogues et les laitances étaient bien développées. C'est ainsi que nous trouvons assez abondamment des Copépodes et des Annélides, correspondant à la nourriture rouge et verte des pêcheurs norvégiens sur des Harengs pêchés à la fin du mois de juillet à Outer-Dowsing ; les Copépodes sont dans la proportion de 25 °/₀, les Annélides de 15 °/₀ chez les poissons examinés ; à la même date, des Harengs pêchés dans les parages de Montrose contenaient des Copépodes dans la proportion de 10 °/₀ et des débris d'Annélides formant feutrage dans le tube digestif, dans 9 °/₀ des poissons étudiés ; la même observation a été faite sur des Harengs pris à la même date, dans les parages de Peterhead, contenant des Copépodes sur 22 °/₀ des poissons, et des débris d'Annélides sur 4 °/₀.

De même qu'en 1889, bien que les rogues et les laitances soient bien développées chez des Harengs pêchés au commencement du mois d'août, par le travers d'Aberdeen, nous trouvons la nourriture rouge contenant des Copépodes sur le septième des poissons observés, la nourriture brun-rougeâtre consistant en Copépodes et en débris de mollusques univalves chez 30 °/₀ des Harengs, la nourriture rouge jaunâtre composée de Copépodes et de débris d'Annélides dans la proportion de 14 °/₀. A la même date, des Harengs, pêchés près du cap Saint-Abbs, contenaient des Copépodes dans la proportion de 22 °/₀, des Copépodes et des Annélides dans celle de 9 °/₀, des débris d'Annélides chez 15 °/₀ des poissons étudiés. Nous trouvons des Copépodes (*Centropages*, *Temora*, *Pontellina*), dans les proportions de 35 °/₀ chez des Harengs prêts à pondre et pêchés à la fin du mois d'août, à Outer-Dowsing ; les Copépodes étaient également assez abondants dans le résidu de la digestion de Harengs pêchés, à la même date, par le travers de Newcastle.

La même observation a été faite sur des Harengs pêchés pendant le mois de septembre, dans le Fer-à-Cheval du Dogger-Bank, chez des poissons presque tous bouvards et dont quelques-uns même avaient déjà pondu, nous trouvons des Copépodes dans la proportion de 10 °/₀, des fragments de petits Gastropodes chez 20 °/₀ des poissons examinés, des débris d'Annélides chez 4 °/₀; chez 2 °/₀, nous trouvons des Diatomées et quelques débris d'Hydraires (*Obelia*). Des Copépodes, principalement des *Temora*, des fragments de petits Gastropodes, quelques débris d'Annélides ont été trouvés dans le tube digestif de Harengs pêchés par le travers de

Whitby et d'Harlepool, au commencement de septembre; chez ces derniers, nous notons *Temora longicornis*, *Centropages hamatus*. Des Harengs, pêchés à la même date, à Outer-Dowsing, contenaient, d'après M. E. Canu, *Temora longicornis*, très abondant, *Pontellina Wallastoni*, rare, *Paracalemus parvus*, rare, *Centropages hamatus*, très rare.

C'est vers le milieu du mois d'octobre que commence la pêche du Hareng dans le Pas de Calais ; à cette époque la rogue et la laitance sont généralement développées, bien que le poisson ne soit pas encore prêt à pondre ; pendant ce mois nous avons trouvé la nourriture rouge, composée de Copépode surtout de *Temora longicornis*, chez 20 °/₀ des poissons étudiés ; chez 16 °/₀ le résidu de la digestion d'un jaune-verdâtre était indéterminable.

En novembre, surtout vers la fin du mois, la plupart des Harengs sont prêts à pondre ; la nourriture trouvée a été : Copépodes 20 °/₀, Annélides 2 °/₀, nourriture jaunâtre indéterminable 12 °/₀. A la fin de ce mois, nous avons trouvé la nourriture rouge consistant en Copépodes, chez 6 °/₀ des mâles examinés, chez 15 °/₀ des femelles ; les Copépodes trouvés étaient tous des *Temora longicornis*.

Au moment où il va pondre, le Hareng prend beaucoup moins de nourriture qu'avant ou après la ponte. Pour des Harengs pêchés au commencement de décembre nous trouvons des résidus de la digestion, Copépodes, chez 24 °/₀ des poissons ayant pondu, tandis que nous ne trouvons de Copépodes que chez 8 °/₀ des Harengs prêts à pondre.

En janvier, les Harengs ont tous pondu, aussi trouvons-nous des résidus de la nutrition dans le tube digestif chez 30 °/₀ des poissons examinés. Il en est de même au commencement du mois de février ; nous avons trouvé, à cette époque : *Temora longicornis*, abondant ; *Paracalanus pauvus*, rare ; *Centropages hamatus*, rare.

Conger vulgaris, Cuv. Dans le tube digestif du Congre, nous avons trouvé, en juin, juillet et août, le Merlan, le Crabe enragé jeune (*Carcinus mœnas*) et le Crabe tourteau jeune.

LES BOIS INDUSTRIELS

INDIGÈNES ET EXOTIQUES

PAR JULES GRISARD ET MAXIMILIEN VANDEN-BERGHE.

Les deux dernières Expositions universelles ont été, pour nous, l'occasion d'étudier sur des échantillons authentiques envoyés par les gouvernements étrangers, les qualités des différentes essences employées dans les arts et l'industrie. Plusieurs milliers de ces échantillons nous ont passé entre les mains et nous ont permis de les comparer et de contrôler, d'une façon rigoureuse, les documents que nous avions déjà réunis depuis nombre d'années.

Disons, à ce propos, que la tâche aride que nous nous étions imposée, nous a été grandement facilitée par MM. les commissaires étrangers surtout, qui, à défaut de connaissances spéciales sur le sujet qui nous intéressait, se sont toujours montrés empressés à nous être utiles dans la mesure de leurs moyens. Nous devons tout particulièrement témoigner ici notre reconnaissance à notre ami M. le docteur Parra-Bolivar, consul général du Vénézuéla, qui a su organiser d'une façon si remarquable l'exposition des produits de son pays, ainsi qu'à MM. G. Niederlein de la République Argentine, Cadiot du Paraguay, Crespo y Martinez du Mexique et notre compatriote M. C. Malfroy, officer assistant de la Nouvelle-Zélande, dont le concours nous a été des plus précieux.

Malgré les innombrables notes prises *de visu*, nous avons dû nous reporter, pour faire un travail d'ensemble complet, à quelques ouvrages particuliers à la flore forestière de certaines régions, représentée imparfaitement dans les collections que nous avons examinées. Nous citerons parmi ces travaux ceux de MM. de Gayffier pour nos espèces indigènes, Mène et Dupont pour le Japon, H. Sebert pour la Nouvelle-Calédonie, Baron Von Mueller pour l'Australie, Henri Jouan et James Hector pour la Nouvelle-Zélande, etc.

Quant aux bois de la Cochinchine, encore si mal connus, il y a peu d'années, disons qu'ils font en ce moment l'objet, de la part de M. Pierre, directeur du Jardin botanique de Saïgon, d'une savante et luxueuse publication qui, malheureusement, n'est pas à la portée de tous ; ce motif nous a décidés à donner, d'après cet auteur, dont la compétence est indiscutable, une large place aux productions forestières de notre colonie, en extrayant de cet ouvrage les renseignements pratiques qui s'y rencontrent.

Le travail que nous commençons aujourd'hui à faire paraître ne sera certes pas une œuvre littéraire : c'est une œuvre de consciencieuse compilation, à laquelle nous avons ajouté fréquemment nos observations personnelles ; elle a exigé de notre part des recherches considérables, souvent très laborieuses, et nous y avons apporté les soins les plus minutieux. C'est, croyons-nous, la première publication du genre faite à ce point de vue. Nous pensons que, par la nature même des faits qu'elle renfermera, cette étude trouvera auprès des lecteurs de la *Revue des Sciences naturelles appliquées*, un accueil aussi bienveillant que celui rencontré par nous pour nos précédents travaux.

L'ordre scientifique nous a semblé préférable à l'ordre géographique, car il évite de nombreuses et inutiles répétitions.

Après quelques généralités sur les familles, nous énumérons les espèces ligneuses, les genres étant classés alphabétiquement dans les familles. Nous donnons, pour chaque espèce, sa synonymie scientifique et ses principaux noms vulgaires, puis une description sommaire de l'arbre, son habitat et, chaque fois que nous le pouvons, sa station naturelle.

Pour les bois, nous indiquons leur aspect physique et les qualités particulières qui les distinguent, ainsi que leurs usages et emplois. Enfin, nous complétons ces indications, s'il y a lieu, par un aperçu rapide sur les utilisations des autres parties de la plante.

Il nous semble inutile d'ajouter que nous donnerons, quand l'occasion s'en présentera, les indications relatives à la culture et à l'acclimatation, soit au point de vue de l'ornementation, soit à celui des avantages que l'industrie pourrait retirer de certains végétaux peu ou point connus dans notre pays.

FAMILLE DES DILLÉNIACÉES.

La famille des Dilléniacées qui comprend quarante-huit genres et environ deux cents espèces, offre une distribution géographique assez complexe ; cependant, on peut dire d'une manière générale que ces espèces se rencontrent dans les pays chauds. La moitié de celles-ci appartiennent à l'Asie tropicale et à l'Amérique, très peu à l'Afrique, et l'autre moitié à l'Australie où la plupart s'observent en dehors du tropique.

Les Dilléniacées sont des arbres, des arbrisseaux et même de simples arbustes, à feuilles ordinairement alternes, plus rarement opposées, simples, entières ou dentées, souvent persistantes et coriaces.

Cette famille ne présente guère qu'un intérêt scientifique, et les espèces utiles y sont assez peu nombreuses. Outre celles qui fournissent des bois, quelques-unes, toutefois, sont riches en tanin et donnent, au contact du fer, une couleur noire susceptible d'applications industrielles. Cette propriété est surtout remarquable dans le genre *Schumaria* ; elle est moins accentuée dans les genres *Tetracera, Davilla* et *Curatella*. Leurs propriétés astringentes les font également employer en médecine.

CURATELLA AMERICANA L. Curatelle d'Amérique.

C. Guianensis ?

Brésil : *Cajueiro bravo, Caimbahiba*. Guyane : *Paricá*. Indiens : *Curatahie*. Vénézuéla : *Chaparro colorado*.

Arbre de petites dimensions à tronc tortueux. Feuilles persistantes, alternes, ovales-oblongues, décurrentes sur le pétiole, subdenticulées et très rudes.

Originaire de l'Amérique méridionale, il croît dans les savanes de la Guyane, au Vénézuéla et dans le Nord du Brésil.

Son bois de couleur brun rougeâtre, veiné ou jaspé, selon le sens dans lequel on le travaille, est lourd, dense, durable et bon pour la fabrication de divers objets tournés, mais il est ordinairement peu employé. A Cayenne, on le désigne quelquefois sous le nom d'*Acajou bâtard* à cause de sa couleur et de sa texture assez fine.

L'écorce est employée dans l'industrie pour le tannage des peaux, et la partie intérieure est utilisée en médecine comme lotion astringente.

Les feuilles du *C. Americana* présentent une rugosité peu ordinaire, commune à plusieurs espèces de la famille des Dilléniacées, mais qui est plus accentuée dans celle-ci, par suite de la quantité plus considérable de matière siliceuse renfermée dans les feuilles. A la Guyane, ces dernières sont recherchées des ouvriers indigènes, peu habitués aux moyens employés dans les grandes villes, pour le polissage du bois et même des métaux. Les Indiens s'en servent de la même façon pour leurs armes de chasse et de combat, arcs, assommoirs, etc. Au Vénézuéla on les utilise également pour poncer les objets délicats.

Légèrement écrasées et appliquées sur les ulcères, ces feuilles sont détersives ; leur décoction sert à laver les plaies et comme topique.

Le *C. Cambaïba* A St H. se rencontre plus particulièrement au Brésil et sert aux mêmes usages que l'espèce précédente.

Les *Curatella* ne renferment guère que deux ou trois espèces connues jusqu'à ce jour ; cultivés comme plantes ornementales, ils demandent moins de chaleur que les *Dillenia* et pourraient probablement réussir en serre tempérée. On les multiplie de boutures.

DILLENIA AUREA Sm.

Colbertia obovata Bl.
Dillenia ornata Wall.
— *pulcherrima* Kurz.

Annamite : *So do.* Indes Néerlandaises : *Sempoer. Sempoe. Sompohr.* Kmer : *Dim-peloi. Phlu.* Malacca : *Simpoh.*

Arbre de moyenne grandeur, pouvant atteindre 8-15 mètres d'élévation, à tronc court, épais et noueux, recouvert d'une écorce blanche extérieurement, rouge en dedans, tombant par plaques polygonales. Feuilles oblongues, obovées ou acuminées, cunéiformes aiguës ou obtuses à la base, crénelées ou dentées en scie.

Indigène des régions centrales de Java, on le rencontre encore en Birmanie, en Cochinchine et au Cambodge où il est commun dans les régions montagneuses.

Son bois est gris ou brun-rougeâtre, bien marbré et veiné, dur, compact, à grain serré, mais noueux et difficile à travailler. Sa grande solidité et sa résistance le font employer à Java dans les constructions, mais on s'en sert surtout pour faire des poteaux. Les Cambodgiens l'utilisent à la confection de certains ustensiles tels que mortiers, auges, moulins à riz, etc.

Dans l'Inde, on délaie dans l'eau le suc astringent du fruit et on s'en lave la tête pour empêcher la chute des cheveux.

DILLENIA BLANCHARDII Pierre.

Annamite : *So nho.*

Arbre d'une hauteur de 10–15 mètres, dont le tronc n'atteint guère qu'un diamètre de 25–30 centimètres. Feuilles stipulées, elliptiques, oblongues, aiguës à la base, terminées par une courte pointe, complètement obovées ou obtuses, à peu ondulées sur les deux bords, coriaces, ponctuées sur les deux faces.

Commun en Cochinchine et à l'île du Poulo-Condor, on le rencontre sur les coteaux boisés à une altitude variant entre 100 et 150 mètres.

Son bois est rougeâtre et un peu plus léger que celui des autres *Dillenia*, mais il est moins employé à cause de ses dimensions restreintes.

DILLENIA ELATA Pierre.

Annamite : *So bà nui.* Kmer : *Pelou pnom.*

Arbre d'une élévation de 25–30 mètres, à tronc grisâtre et à écorce rouge, d'un diamètre de 40-60 centimètres. Feuilles oblongues, rétrécies à la base, obovées au sommet, obtuses aux deux extréminés, brillantes en dessus, légèrement velues sur la face inférieure.

Assez répandu dans les montagnes de la Cochinchine et du Cambodge.

Son bois, d'un brun-rougeâtre et conservant cette coloration à l'état sec, est fibreux et d'une densité moyenne. Susceptible d'un beau poli, il se travaille assez facilement ; c'est d'ailleurs un des plus estimés parmi les divers bois fournis par les arbres du genre *Dillenia*. Les Annamites et les Cambodgiens l'emploient pour colonnes de support et sous formes de planches ou de madriers. Sa conservation assez longue, même dans l'eau, le fait encore rechercher des indigènes pour la construction de leurs jonques.

DILLENIA HOOKERI Pierre.

Annamite : *So nho. So bac. So trang.*

Arbre atteignant ordinairement une hauteur de 10–15 mètres dans les forêts, mais peu élevé et même buissonnant dans les clairières et les cultures en plaines. Feuilles longuement pétiolées, oblongues, lancéolées, souvent obtuses au sommet, dentelées en scie, presque glabres sur la face supérieure, tomenteuses argentées en dessous.

Originaire de la Cochinchine, cette espèce est répandue dans les provinces de Saïgon, Baria, Tay-Ninh et au Cambodge, dans celles de Samrongtong, de Tpong et de Pussath.

Son bois est rougeâtre, noueux, tordu et très peu utilisé ; les indigènes ne s'en servent guère que pour faire des poteaux, des palissades, des manches d'outils, des clochettes pour les buffles, etc.

Au point de vue ornemental, le *D. Hookeri* est une espèce qui mériterait d'être propagée; elle s'accommode de tous les terrains, mais sa croissance paraît très lente.

DILLENIA OVATA Wall.

Annamite : *Só trai.* Kmer : *Pelou.*

Arbre de 25-30 mètres de hauteur dont le tronc est recouvert d'une écorce rougeâtre épaisse de 1 centimètre environ. Feuilles ovales ou ovales-oblongues, acuminées, obtuses et souvent obovées, très obliques à la base, ondulées sur les bords.

Très commun dans la Basse-Cochinchine et le Cambodge, on le rencontre également à Malacca, Siam et Bornéo.

La section transversale du tronc présente un bois rougeâtre d'une teinte uniforme, ce qui fait que l'on ne distingue le cœur de l'aubier que par la texture plus fine de la partie centrale et le tissu moins dense de la périphérie. Un peu plus lourd que celui de ses congénères, susceptible de prendre un beau poli et d'être facilement travaillé, ce bois convient à toutes sortes de travaux. Les indigènes l'emploient pour colonnes de cases, planches et madriers ; ils en font aussi des clochettes pour les bœufs et les buffles, car ils lui attribuent la propriété d'être bon conducteur du son lorsqu'il est sec.

En Europe, ce bois pourrait être essayé dans l'ébénisterie, dans le cas où il serait facile d'en faire quelques chargements sur les navires en partance de nos possessions où l'arbre se rencontre abondamment.

DILLENIA PENTAGYNA Roxb.

Colbertia Coromandelina DC.
Wormia Coromandeliana Spr.

Annamite : *So bà*. Kmer : *Dom chhœu rué* ou *roré*. Moï : *Me roi* ou *M'roi*. Tamoul : *Rawadam*.

Grand et bel arbre d'une hauteur moyenne de 25-30 mètres sur un diamètre de 56-60 centimètres, dont le tronc est recouvert d'une écorce grisâtre tombant par plaques. Feuilles alternes, oblongues et lancéolées sur les jeunes tiges, obovées ou à peine acuminées dans les vieux arbres, cunéiformes et aiguës à la base, pubescentes sur la face inférieure.

Originaire de l'Inde péninsulaire, on le rencontre encore spontané en Birmanie, à Bornéo, dans la presqu'île de Malacca, en Cochinchine et au Cambodge où il croît surtout dans les terrains silicieux.

Son bois, de couleur gris brun, à peine rougeâtre, est dense, fibreux, et d'un travail assez difficile. Il est d'une bonne conservation, car M. Pierre dit avoir vu des poteaux enterrés depuis onze ans dans un sol humide, tout à fait intacts. On l'utilise pour toutes sortes de constructions, et il convient même pour la marine ; on en fait aussi des meubles estimés. Les Annamites s'en servent pour planches et madriers et surtout pour la préparation du charbon.

Les feuilles, de dimensions colossales dans le jeune âge où elles peuvent atteindre jusqu'à deux mètres de longueur sur une largeur de vingt-cinq centimètres, sont souvent utilisées comme couverture dans les constructions passagères.

Le *D. pentagyna* est un des plus beaux arbres d'ornement connus, sa croissance est très rapide et ses graines conservent leur propriété germinative pendant fort longtemps.

DILLENIA SPECIOSA Thunb.

Dillenia Indica L.

Cochinchine : *So Xó*. Inde : *Chalta*, *Uva*, *Ruvyc*.
Indes néerlandaises : *Sompoer ayer*. *Sompohr ayer*. *S tjaai*. *Sipoer*.

Grand arbre d'une hauteur de 20-30 mètres sur un diamètre de 40-50 centimètres, dont le port offre quelques ressemblances avec le châtaignier à grandes feuilles. Feuilles alternes, persistantes, ovales-aiguës, dentées en scie, d'un beau vert tendre en dessus.

Originaire du Malabar, cette espèce croît encore à l'état sauvage dans la plus grande partie de l'archipel indien.

Cet arbre fournit un bois gris-rougeâtre, dur, pesant et compact, qui se travaille aisément et résiste longtemps aux influences atmosphériques. On l'emploie pour la charpente, les constructions navales, la confection des roues de moulins. Sa longue conservation en terre le fait rechercher particulièrement pour poteaux. Plongé quelque temps dans l'eau courante, ce bois acquiert une dureté excessive et sert alors à fabriquer divers objets de fantaisie et de parure.

L'écorce est astringente et sert pour le tannage des peaux.

Comme chez plusieurs espèces de ce genre, le calice épaissi du *D. speciosa* contient un suc qui est employé, dans toute l'Asie méridionale, à la préparation de boissons et de ragoûts acides. Le fruit n'est pas comestible, mais on l'utilise aussi comme assaisonnement et pour remplacer le citron, sa saveur est acidule.

Le *D. scabrella* (*Colbertia scabrella* Don., *Wormia scabrella* Spr.), Bengali : *Agosthyo*, est usité de même.

On trouve encore aux Indes néerlandaises, parmi les espèces utiles de ce genre, le *D. eximia* Miq. « Ranggang bako », arbre de moyenne grandeur, des Lampongs, dont le bois pâle, dur, compact, d'un travail facile, s'emploie dans les constructions, et une espèce indéterminée, connue dans le pays sous le non de *Sempoer ratoe*, dont le bois ressemble beaucoup à celui du *D. speciosa*.

Enfin, le *D. Baillonii* Pierre, mentionné par M. J.-L. de Lanessan, est un très bel arbre d'ornement, originaire du Cambodge, dont le bois est analogue à celui du *D. pentagyna*. Il est assez facile à travailler et les indigènes l'emploient pour faire des sceaux ; ils le disent cassant et l'estiment moins que le Sobà nui (*D. elata*).

Les *Dillenia* sont en général des végétaux assez délicats qui demandent chez nous la serre chaude et quelques soins.

HIBBERTIA LUCENS A. Brong. et Gris.

Arbrisseau ou petit arbre à cime arrondie et très dense, dépassant rarement une hauteur de 5 mètres et un diamètre de 10-15 centimètres ; tronc recouvert d'une écorce fibreuse et très mince qui se détache en bandelettes perpendiculaires. Feuilles alternes, subsessiles, très rapprochées, allongées et étroites, légèrement échancrées au sommet, coriaces, luisantes en dessus, soyeuses, argentées en dessous.

Originaire de la Nouvelle-Calédonie, cette espèce se rencontre le plus souvent dans les terrains ferrugineux.

Son bois, d'une teinte rougeâtre uniforme avec reflet gris, est très dur, un peu grenu et sans aubier. D'un travail assez facile, mais cassant et de faibles dimensions, il ne peut guère s'employer que pour le tour et quelques petits travaux de menuiserie. — Sa densité moyenne est de 0,686.

L'*Hibbertia scabra* A. Brgt. et Gr. qui croît dans les mêmes localités est une espèce voisine qui produit un bois de même qualité ; elle ne se distingue de la précédente que par ses fruits capsulaires, plus larges et très rudes.

TRISEMA CORIACEA Hook. f.

Petit arbre d'une hauteur de 5 mètres environ, sur un diamètre moyen de 20 centimètres ; tronc recouvert d'une écorce blanchâtre, fendillée transversalement. Feuilles alternes, ovales-allongées, obtuses au sommet, coriaces et granuleuses, d'un vert pâle en dessus, marron en dessous.

Cet arbre, qui se rencontre dans les sols ferrugineux de la Nouvelle-Calédonie, fournit un bois d'une teinte foncée, à grain fin et très dur qui, d'après M. H. Sebert, paraît convenir aux ouvrages de tabletterie.

Le *T. Pancheri* A. Brgt. et Gr., originaire également de ce pays, donne un bois semblable, susceptible des mêmes applications.

(*A suivre.*)

INDUSTRIE
DES ORANGES ET DES CITRONS
EN ITALIE

PAR M. JULIEN PETIT.

Nous empruntons à deux rapports adressés à leurs gouvernements respectifs par le consul anglais de Livourne et le consul des Etats-Unis à Messine, les renseignements suivants sur la culture et l'industrie des Oranges.

L'Oranger ne s'exploite plus guère en Sicile aujourd'hui, que dans la province de Palerme, tous les arbres de la province de Messine, détruits par la gomme pendant la période comprise entre 1865 et 1870, ayant été remplacés par des Citronniers greffés sur Orangers. Le port de Messine expédie encore des Oranges il est vrai, mais elles viennent de la province de Reggio, à l'extrémité méridionale de l'Italie. Ce sont des fruits fermes, peu colorés, acides, envoyés pour la majeure partie en Angleterre. Quoique le climat plus chaud de la partie sud de l'Italie, de la Calabre, et son sol sablonneux et léger, mûrissant les Oranges plus tôt qu'en Sicile, permettent de commencer la récolte en octobre, la plupart d'entre elles restent sur les arbres jusqu'en décembre et janvier.

Les Oranges se cueillent généralement en novembre en Sicile, où on préfère courir les risques de la gelée, très rare du reste, et attendre leur complète maturation; seuls, quelques fruits de Milasso à 50 kilomètres au nord-ouest de Messine, sont détachés encore verts, dès le mois d'octobre, et envoyés aux confiseurs anglais; ils peuvent se conserver pendant une quarantaine de jours. Les Orangers poussant en terrain sablonneux, mûrissent plus tôt leur récolte que les arbres des terrains argileux; il est vrai que ceux-ci peuvent la porter jusqu'en avril. L'Orange, pâle et de petite taille en sol sablonneux, prend sur sol argileux une teinte rougeâtre, et de plus fortes dimensions.

Les fruits cueillis en novembre restent trois jours empilés

sur le sol au grand air, simplement protégés par des bâches, puis on enveloppe chacun d'eux de papier, et on les envoie par caisses à Messine. Aussitôt arrivés aux magasins de l'exportateur, qui achète souvent la récolte encore sur les arbres, tous sont examinés successivement, entourés de papier neuf et remis dans les caisses, puis on les expédie sans perdre de temps.

Certaines maisons de Messine occupent pendant cette partie de l'année, jusqu'à trois cents femmes et jeunes filles, qui gagnent de 1 franc à 1 fr. 25 par journée de neuf heures à trier et envelopper les Oranges. L'emballage et le transport des caisses sont exécutés avec les plus grands soins par des hommes. On ventile aussi souvent que possible la cale des navires, généralement des vapeurs, qui les emmènent. Les Oranges se conservant le mieux, sont expédiées par voiliers aux Etats-Unis.

Les Siciliens gardaient autrefois pendant quatre à cinq mois dans du sable, les fruits destinés à leur consommation personnelle, mais on paraît avoir renoncé à cet usage. Le son qui avait été essayé pour remplacer le sable est également abandonné, car il active trop la végétation. Les grosses Oranges venues en terrain argileux, riche en matières organiques, sont exclusivement consommées dans l'île. Cueillies à la fin de mai, on les emmagasine dans des grottes fraiches et bien ventilées, creusées dans les montagnes voisines de la ville. Disposés en deux couches sur de grands paillassons, ces fruits sont visités et retournés tous les jours ou tous les deux jours, et on élimine ceux qui présentent des symptômes de moisissure ou de corruption.

Une des principales variétés de Citronniers cultivées en Sicile, est le *lunare* ainsi nommé parce qu'il porte simultanément des fleurs et des fruits. Deux catégories de fruits se distinguent dans tous les Citronniers: les Citrons proprement dits, venant de boutons qui éclosent régulièrement en avril et en mai, et les Citrons bâtards, issus de boutons irréguliers se développant en février, en mai, en juin, en juillet, leur nombre dépendant surtout de la quantité de pluie tombée, de l'ardeur et de la durée de l'été. Les premiers exigent neuf mois pour arriver à maturité parfaite, c'est-à-dire que si les fleurs éclosent en mai, les fruits seront mûrs à la fin de janvier de l'année suivante. On procède à trois récoltes annuelles. La première se fait en novembre, ses fruits, imparfaitement mûrs, se conservent jusqu'en avril et en mai.

La deuxième se fait en décembre, et fournit des Citrons qu'on doit expédier dans un délai maximum de trois semaines, car ils jaunissent très vite.

La troisième enfin, dont le produit est exclusivement réservé à l'exportation, s'exécute en mars et en avril.

Les Citrons bâtards diffèrent les uns des autres par la forme et la couleur; leur écorce est généralement mince, la pulpe ferme, riche en acides, les graines font toujours défaut. Ceux dont les fleurs éclosent au commencement de juin, restent verts jusqu'en avril de l'année suivante, et mûrissent seulement en juillet, au bout de treize mois environ. Résistant mieux aux vents, aux intempéries et aux attaques des insectes que les Citrons proprement dits, ils fournissent souvent une récolte plus abondante.

En dehors des fruits exportés sous leur forme naturelle, l'Italie expédie aussi en divers pays des écorces d'Oranges et de Citrons confites dans le sucre. Livourne, par exemple, possède sept usines se livrant à cette spécialité industrielle, pour laquelle elle occupe le premier rang. Les Oranges dont on y confit l'écorce, sont originaires de la Sicile, de la Sardaigne et de la Corse, les Citrons viennent de Corse, de Sicile, de Calabre, des autres provinces méridionales de l'Italie, de Tunis, de Tripoli et même du Maroc. Le sucre servant à cette opération, est importé d'Egypte, le bois des caisses est fourni par le port de Trieste. Les Citrons corses sont les plus estimés; les fruits calabrais et siciliens viennent ensuite, puis au dernier rang, ceux de l'Afrique, qui appartiennent à une variété spéciale, car ils sont très gros, et leur peau lisse, non granulée, est dépourvue de l'huile essentielle à laquelle elle doit habituellement son arôme. Oranges et Citrons, coupés en deux dans le pays de production, sont mis dans de grandes futailles, contenant une forte saumure, qui peut ainsi les imprégner plus facilement. Après leur arrivée à l'usine, des femmes détachent les moitiés d'écorces avec le pouce et l'index, et les placent dans des vases pleins d'eau où elles se dessalent pendant deux ou trois jours, puis on les fait bouillir une heure ou deux, afin de rendre l'absorption du sirop de sucre plus facile.

Cette absorption, lente, graduée, dure huit jours; elle s'opère dans de grandes jarres de 500 litres environ de capacité, où les écorces sont en contact avec un sirop qu'on renouvelle tous les jours, le remplaçant par un autre plus riche en sucre. On les plonge ensuite dans une dernière solution fort épaisse maintenue à l'ébullition, puis on procède au confisage, qui consiste à les faire légèrement bouillir dans un sirop peu aqueux, et à laisser le sucre se cristalliser à leur surface. Des femmes les rangent enfin dans des boîtes aux angles arrondis, pesant de 7 à 14 kilogs pour Hambourg, de 4 à 5 kilogs pour les Etats-Unis, de 2 kilogs 5 à 3 kilogs pour l'Angleterre, et ces boîtes sont emballées dans des caisses qui en contiennent 100 kilogs environ.

L'industrie de Livourne, à laquelle cette ville fournit simplement la main-d'œuvre, tend du reste à trouver une concurrence en Angleterre, où des établissements de confisage se sont récemment installés, afin de traiter des fruits reçus de Bastia.

LA FAUCONNERIE D'AUTREFOIS

ET

LA FAUCONNERIE D'AUJOURD'HUI

Conférence faite à la Société nationale d'Acclimatation le 21 mars 1890,

PAR M. PIERRE-AMÉDÉE PICHOT.

Mesdames, Messieurs,

En venant assister dans cette salle à une conférence sur la fauconnerie, je crains que votre première impression n'ait été celle d'une déception lorsque vous avez vu monter à cette tribune un Monsieur en habit noir, au lieu du page en pourpoint de satin et en manteau de velours, au lieu du chevalier bardé de fer, que vous aviez sans doute rêvé.

C'est que la fauconnerie est en effet inséparable de ces souvenirs de vie élégante et d'existence aventureuse qu'elle évoque infailliblement devant nous, et c'est bien cette association intime qui a fait son malheur en laissant croire aux générations contemporaines, que l'art de la fauconnerie était un art du temps passé, aussi difficile à faire renaître et à voir fleurir de nos jours que les bastilles et les tours de Nesles, dont nous avons vu récemment la reconstitution... en carton, autour du Champ-de-Mars ; aussi perdu que les diligences à cinq chevaux ou « les coucous ostinés » dans lesquels nos pères se rendaient à la campagne pour respirer les âcres senteurs des champs.

Avant de vous montrer qu'il n'en est point ainsi, que la fauconnerie n'est pas morte et que même elle n'a jamais été mieux pratiquée que par les adeptes qui en ont perpétué les traditions et perfectionné les procédés, je voudrais cependant m'attarder quelques instants avec vous dans ce passé qui n'est pas seulement charmant parce que nous le voyons à travers le prisme de l'éloignement et de la distance, mais parce qu'il est tout plein de cette atmosphère de poésie et de ce parfum de noblesse dont il me semble que nous devons d'autant plus cultiver les foyers, que le siècle réaliste où nous vivons tend davantage à étouffer la voix des nymphes et des driades sous le bruit de l'enclume des forgerons, et, alors que l'autel des vestales n'est plus entretenu que par le pétrole et par l'électricité, il est bon de songer un peu au feu de bois de nos pères. C'est si joli un feu de bois !

Un chevalier breton bardé de fer chevauchait dans la forêt de Broceliande, se dirigeant vers la cour du roi Arthus, vers ce château fameux dont il me serait difficile aujourd'hui de vous préciser la situation, malgré les progrès de la géographie, mais qui était bien connu à cette époque, puisque notre chevalier était en route pour s'y rendre. Le chemin n'était cependant pas si connu que le chevalier ne se perdît dans les bois d'alentour ! Tout à coup, au détour d'une route, il se trouva en face d'une belle damoiselle montant un élégant palefroi, laquelle l'arrêta et lui dit poliment :

« — Beau chevalier où vas-tu ?

» — Que vous importe », répondit le chevalier du ton contrarié des gens qui ont perdu leur route et qui risquent de passer la nuit dans un bois.

» — Il m'importe, reprit la damoiselle, car je prends intérêt à ce que tu vas faire. Tu vas chercher le fameux épervier qui se tient sur un perchoir à la porte du château du roi Arthus !

» — C'est vrai, avoua le chevalier tout confus.

» — Eh bien, je vais t'aider à atteindre ton but, mais écoute bien ce que je vais te dire. »

Les damoiselles étaient très généreuses et très complaisantes dans ce temps-là. Celle-là était fée d'ailleurs. Il serait trop long de vous redire les conseils qu'elle prodigua à l'aventureux chevalier pour lui permettre de surmonter tous les obstacles et de vaincre les monstres qui devaient lui barrer le chemin. Toujours est-il qu'elle échangea son élégant cheval qui connaissait les sentiers les plus secrets de la forêt, contre le lourd destrier de combat de son interlocuteur et, fort de sa protection, notre héros finit par découvrir le château du roi Arthus, qui se perdait un peu dans les nuages, j'imagine, comme aujourd'hui la tour Eiffel. Ayant surmonté tous les obstacles, il obtint le faucon merveilleux qui vint de lui-même se percher sur son gant et, attaché aux jets qu'il portait aux pattes, le chevalier découvrit, à sa grande surprise, un livre composé de feuillets d'or. Une voix se fit entendre qui lui dit : « Prends ce livre précieusement, c'est le code d'amour rédigé par le Dieu d'amour en personne pour servir de guide à tous les loyaux amants. » Le chevalier rapporta donc en même temps que l'épervier, ce code dont il fit hommage à la dame de ses pensées, et ce code a été depuis lors appliqué dans toutes ces cours d'amour qui furent un des grands instruments de civilisation du moyen âge.

L'influence de la femme, si puissante dans toutes les transformations sociales, était difficile à exercer dans ces temps sauvages, dans cet âge de fer où l'on passait sa vie à se battre, à voyager, où l'on était toujours sorti ! Par la fauconnerie, les femmes prirent une grande influence dans les plaisirs extérieurs de leurs seigneurs et maîtres dont elles n'auraient guère pu partager autrement les ébats violents. Par les cours d'amour, elles tranchèrent une foule de difficultés d'intérieur d'une façon un peu précieuse, un peu subtile peut-être et difficile à comprendre à notre époque. Et ainsi, jugeant et chassant tour à tour, elles assoient leur autorité et mènent ce monde barbare par le bout du nez aussi facilement que le monde civilisé.

Nous voici donc en pleine poésie avec la fauconnerie du moyen âge et les trouvères qui, de château en château, s'en vont accorder leur lyre et chanter les hauts faits des belles châtelaines. C'est sous la forme d'un autour que le poétique amant du *Lai d'Ywenec* apparut à son amie qui languissait dans une tour. Dans *Guillaume au faucon,* c'est sous l'allégorie transparente de cet oiseau que la douce châtelaine, aimée de Guillaume, explique à son baron, la passion qui allait causer la mort de son écuyer favori. Dans *Garin de Monglave*, une des plus belles chansons de geste du Cycle de Charlemagne, la reine avouant son amour pour Garin, dans son élan de franchise passionnée, n'oublie pas d'ajouter à la liste de tout ce qui lui est devenu indifférent depuis qu'elle aime, les joies de la fauconnerie :

Voir voler autour, gerfaut ni faucon,
Epervier ni sacret, ni vol d'émerillon,

ne peuvent la charmer ni la distraire. Dans la *Vengeance de Raguidel*, la belle Ydoine, se préparant à accompagner son ami Ydain à la cour, prend pour tout bagage un épervier sur son poing, comme nous prendrions aujourd'hui un sac de nuit. Enfin partout, dans le *Roman de Méraugis de Portlesguez*, dans le *Bel Inconnu*, l'épervier est le prix que se disputent les combattants dans les tournois pour l'offrir à leurs belles :

« — Beau sire, dit à Gifflet le bel inconnu, pour quelle cause voulez-vous dire que la belle Marguerite l'espervier ne doit avoir.

» — Parce que ma mie est plus belle. »

Et les épées de sortir du fourreau, les lances de frapper les boucliers sonores et les braves chevaliers de mordre la poussière.

Mais si la fauconnerie occupe une place si importante dans les œuvres d'imagination de nos premiers poètes, c'est qu'elle était intimement liée aussi à tous les événements de la vi réelle, et nous la voyons jouer un rôle dans plus d'un épisode de notre histoire.

Sous le règne de Chilpéric Ier, son fils, le jeune Mérovée, se voyant menacé par la terrible Frédégonde, s'était réfugié dans l'église Saint-Martin de Tours. Gontran Boson, chargé de le faire sortir par ruse de cet asile inviolable, ne trouva rien de plus tentant que de lui proposer une chasse à l'oiseau. « Que faisons-nous ici, lui dit-il, à croupir dans l'oisiveté et la paresse? Faisons venir nos Chevaux, prenons nos Autours et nos Chiens et allons-nous-en à la chasse. »

Lors du siège de Paris par les Normands en 887, on vit un exemple touchant de l'affection que les guerriers portaient à leurs oiseaux de chasse. Douze braves qui avaient défendu avec acharnement la tête du grand pont, se voyant coupés et près de succomber au nombre voulurent, avant de mourir, détacher les longes de leurs Autours et leur rendre la liberté.

Les oiseaux de vol partent avec les croisés pour la Terre-Sainte. Lorsque Philippe-Auguste débarqua devant Saint-Jean-d'Acre, il avait un Gerfaut blanc qui rompit sa longe et vola sur les murs de la ville où il fut pris par les Sarrazins qui ne voulurent pas le rendre même contre une rançon de mille écus d'or.

Richard Cœur-de-Lion fait demander à Saladin des volailles pour nourrir les Faucons que le roi d'Angleterre avait apportés avec lui, et l'envoyé du sultan, avec une courtoisie dont on ne trouverait guère d'exemples dans la guerre moderne, s'empresse de souscrire à ce désir de confrère en vénerie, quoiqu'il fit remarquer, d'un air narquois, qu'après un si long et pénible voyage, c'était peut-être bien le chef des croisés, qui, plus que ses oiseaux, avait besoin de bouillon de poulet.

Pendant les trèves, les adversaires échangeaient mutuellement les plus beaux échantillons de leurs volières de chasse; on vit même le don de certains Faucons de grand prix entrer dans les conditions des rançons ou des traités.

Vers la fin du XIVe siècle, Bajazet, qui battit près de Nicopolis les chrétiens commandés par Jehan de Nevers, se fit gloire d'étaler devant ses prisonniers francs les trésors de sa riche fauconnerie, où l'on comptait sept mille oiseaux de vol. Lorsqu'il fut question de la rançon de Jehan de Nevers, le prince turc exigea douze Faucons blancs du Nord, oiseaux des plus puissants et de la plus grande rareté. Le roi Charles VI, pour achever d'adoucir le vainqueur, ajouta à ce lot officiellement stipulé, des Autours admirablement dressés et des Éperviers hautains de grand prix, le tout accompagné des gants brodés de perles fines destinés à les porter sur le poing.

Froissart raconte qu'Édouard d'Angleterre, traversant la France en grand appareil, avait trente fauconniers à Cheval, chargés d'oiseaux et soixante couples de Chiens et de Lévriers avec lesquels il allait chaque jour en chasse ainsi qu'il lui plaisait « *et y avait plusieurs seigneurs et moult riches hommes qui avaient aussi leurs Chiens et leurs oiseaux* ».

Le comte de Flandres était tenu en prison courtoise par ses sujets qui voulaient lui faire épouser, contre son gré, une princesse d'Angleterre. Il y avait déjà à cette époque une question de traité de commerce dont je ne vous dirai rien. Il obtint la permission d'aller voler en rivière bien et dûment accompagné ; mais ce ne fut pas l'oiseau qu'il suivit, mais la grande route, par laquelle il se rendit à la cour de France où il fut bien accueilli par Philippe de Valois.

Les ennemis de Marie Stuart, pendant son emprisonnement à Tutberry Castle (1584-85), se souvenaient sans doute de cette évasion, lorsqu'ils accusèrent son gardien, Sir Ralph Sadleir, grand fauconnier de la reine Élisabeth, d'avoir cherché à favoriser son évasion, un jour qu'il emmena sa captive assister à une chasse au vol un peu loin du château.

L'Histoire d'Angleterre est, comme l'Histoire de France, remplie de souvenirs de chasse et de fauconnerie. C'est en suivant un vol à Hitchin, dans le Hertfordshire, que Henri VIII faillit perdre la vie dans un fossé plein de boue qu'il voulut franchir au moyen d'une des perches sur lesquelles on portait les Faucons. La perche se brisa et le roi piqua une tête dans la vase d'où l'un des fauconniers, Edmond Moody, eut assez de mal à l'extraire à temps pour l'empêcher d'être étouffé.

Holbein nous a conservé le portrait d'un des fauconniers de Henri VIII. C'est Robert Cheseman, et je vais vous le faire voir d'après la toile conservée au musée de La Haye. Voilà le portrait de Robert Cheseman. Il n'y a pas d'erreur, vous savez, c'est un Holbein, ce n'est pas un Rembrandt comme celui qu'on vient de découvrir au Pecq !

(Projection : *Portrait de Robert Cheseman.*)

En Angleterre, c'est sous Jacques Ier, comme en France sous Louis XIII, que la fauconnerie atteignit son apogée. Pendant tout le XVIe siècle, elle s'était développée comme toutes les branches de la vénerie, d'une façon extraordinaire, et Budé, s'adressant au roi François Ier qui lui avait commandé un traité de vénerie en latin, a pu lui dire sans trop de flatterie : « Sire, vous avez tellement dressé et poli l'exercice de la vénerie, qu'elle semble être parvenue à sa perfection. »

La chasse avait alors ses poètes, ses historiens, ses classiques, et au nombre était en première ligne le roi Charles IX.

Tous les grands capitaines qui moururent à la guerre à cette époque, soit dans les guerres civiles, soit dans les guerres étrangères, tous les grands capitaines étaient fauconniers. C'était pour eux une manière d'entretenir leur souffle, de dégourdir leurs membres et de se préparer aux grands combats lorsque l'heure de reprendre la cuirasse serait venue.

La chasse seule pouvait en effet à cette époque, pendant

les trèves et les entr'actes de la bataille, donner de la vie et de l'animation à ces grandes demeures féodales, et on aime à se les représenter animées par tous ces personnages à costumes pittoresques. C'étaient les valets de Chiens avec leurs

blanches houssines maintenant les meutes hurlantes et aboyantes, c'étaient les veneurs avec leurs costumes verts ou rouges ou gris, selon les saisons et selon la chasse, c'étaient enfin les dames châtelaines sur leurs haquenées de Bretagne

aux riches harnachements de velours, avec leurs chapeaux à plumes portés « à la Guelfe », comme dit Brantôme, et leurs bottines rouges faites de cuir damasquiné et leurs cottes agrafées plus haut que le genou, comme le décrit Ronsard.

Ne trouvez-vous pas qu'il y avait là de quoi faire battre le cœur de tous ces vaillants hommes d'armes ?

Les manuscrits, qui datent de ces époques primitives sont des merveilles d'art encore fort appréciées par les amateurs de nos jours. Ils sont illustrés d'une quantité de miniatures qui représentent tous les détails des différents déduits, et ces

miniatures sont parfois très amusantes dans leur naïveté et leur simplicité. Voici, par exemple, des miniatures tirées d'un traité de fauconnerie du XIVe siècle « le roy Modus ». A gauche, vous voyez un chevalier qui part pour la chasse avec

sa dame; au-dessous, des fauconniers exerçant leurs oiseaux; plus loin, le roi Modus donne lui-même des leçons de fauconnerie à ses courtisans, et enfin, une noble châtelaine nous montre « *la manière de faire son espervier nouvel voler* ». Dans cette dernière miniature, vous voyez même un Chien, vous voyez même deux Chiens, quoiqu'il y en ait au moins un qui ne ressemble pas beaucoup à un Chien, mais à cette époque-là c'étaient des Chiens.

(Projection : *Miniatures du roi Modus.*)

Je ne veux point vous entretenir longuement de cette littérature cynégétique; il y a cependant un de ces écrivains sur lequel j'appellerai spécialement votre attention, car il fut un homme à plusieurs points de vue remarquable. C'est Charles d'Arcussia de Capre, seigneur d'Esparron, de Pallières, de Revest et aultres lieux. Ce ne fut pas seulement un fauconnier, mais encore un penseur et un poète. Il était gentilhomme de la Chambre et commença à écrire sous Henri IV, mais c'est sous son fils et successeur Louis XIII qu'il composa la plus grande partie de son œuvre littéraire et didactique.

Charles d'Arcussia était un seigneur provençal né à Aix, vers 1550, de Gaspard, vicomte d'Esparron, et de Marguerite de Glandevès. Il épousa, en 1573, Marguerite de Forbin-Janson, dont il eut plusieurs enfants dont deux, Melchior et Gaspard, se distinguèrent dans les ordres où ils entrèrent.

Il nous apprend que, dès son enfance, il avait la passion des oiseaux; il en avait de toutes sortes et de toutes les contrées, et de cette façon il acquit une grande expérience dans le maniement de ces êtres subtils et la parfaite connaissance de leur naturel, indispensable, dit-il, pour devenir un bon fauconnier :

« Tout ainsi qu'on ne saurait lire sans la connaissance des lettres, de même on ne peut être fauconnier sans connaître les oiseaux. »

Or l'oiseau est pour d'Arcussia le chef-d'œuvre de la création, la perfection même. Il le chérit et il l'adore et place l'amour de l'oiseau au-dessus de tous les autres amours terrestres. Je dis terrestres parce que d'Arcussia était un esprit fort religieux comme vous allez voir par le ton qui règne dans toute son œuvre.

« On ne doit s'esbahir, dit-il, si notre roy aime tant les oi-
» seaux, les ayant, Sa Majesté comme anges domestiques :
» car si les anges de Dieu chassent les esprits malins, infects
» et puants, comme l'ange Rafaël qui lia le diable Asmodée,
» les oiseaux de Sa Majesté lient, chassent et mettent à bas
» les oiseaux charogniers, hiéroglyphes des démons. Les
» anges ont toujours les ailes à demi-ouvertes au trosne de

» l'Eternel où ils chantent incessamment ses louanges avec » leur douce mélodie; de même dans la chambre du roi un » nombre infini d'oiseaux, les uns qui gazouillent toujours, » les autres sur le poing des fauconniers, qui attendent d'être » employés et de plaire à leur maître. J'estime que tout ainsi » que la qualité d'ange est par-dessus celle de l'homme, de » même la qualité des oiseaux est relevée par-dessus tous les » autres animaux. »

Ainsi débute le traité de fauconnerie de Charles d'Arcussia, et ce ton semi-mystique est assez curieux, car il indique un changement dans les mœurs. L'influence de la religion se faisait sentir vivement dans tout ce que l'on faisait à cette époque. Tout en pratiquant la fauconnerie, l'auteur ne se fait pas faute d'en tirer des déductions morales, toujours charmantes dans leur naïveté. D'Arcussia n'est pas exclusif dans l'éloge qu'il fait de la chasse; il lui assigne son véritable rang dans les préoccupations humaines et à une époque où l'on se plaît à dire que les seigneurs, les grands, ne s'occupaient exclusivement qu'à courir les bêtes fauves et à faire voler des oiseaux, il est plaisant de voir un des maîtres de l'art, un des passionnés de la volerie, donner en toute circonstance à son déduit favori une portée morale et mettre, par des raisonnements philosophiques, un frein à sa passion :

« La trop fréquente continuation des exercices, dit-il, par » exemple, quelque vertueux qu'on soit, peut diminuer la » volonté que nous devons avoir en ce à quoi nous sommes » les plus obligés. Et combien que la chasse tienne le haut » bout parmi le rang des honnestes récréations, si faut-il que » ceux qui en usent soient guidés d'une vraie sagesse qui leur » en apprenne le temps, le lieu et la convenance. Saint Cas- » sian récite comme l'apôtre saint Jean rencontra un jour » un chasseur, lequel lui voyant tenir une perdrix vive sur » son poing demeura tout ravi de merveille et commença à » lui dire : Pourquoi saint homme vous amusez-vous à des » choses si basses, vous qui êtes adonné à la contemplation » des choses célestes? Saint Jean lui répond : Et pourquoi ne » portez-vous pas votre arc bandé, puisque vous êtes chas- » seur? C'est, dit le chasseur, pour ne l'affaiblir, étant trop » longtemps tendu. — Ne vous esbahissez donc, dit l'apôtre, » si je me récrée un peu avec cet oiseau, afin que mon esprit » en soit après plus vigoureux. Or je veux dire que les âmes

» les plus saintes peuvent user de la chasse, non comme » d'occupation ordinaire, mais d'un moyen pour relever l'es- » prit abattu d'un trop continuel étude ou de surcharge d'af- » faires, en sa première vigueur. »

J'ai insisté sur le caractère moral et mystique de la fauconnerie de d'Arcussia parce que cette note spiritualiste y est très remarquable et que nous la retrouvons dans plusieurs auteurs de cette époque et que cette note caractérise le mouvement des esprits et la transformation des mœurs. Si bien qu'après avoir vu la fauconnerie amoureuse avec les trouvères, militaire avec les croisés, nous la trouvons morale et religieuse avec les écrivains cynégétiques du XVIe siècle et du commencement du XVIIe.

La partie didactique de la fauconnerie de d'Arcussia est très complète, très détaillée, très étendue. Les récits qu'il fait des chasses au vol de la cour sont pittoresques et amusants et donnent raison à cet esprit subtil qui s'avisa un jour de trouver qu'avec les lettres formant les mots de *Louis treizième roi de France et de Navarre* on pouvait composer ceux de *Roy très rare estimé Dieu de la fauconnerie.*

Comme cela arrive toujours, le goût des gentilshommes campagnards pour la fauconnerie n'avait pu que s'accroître à l'exemple du monarque. Tout gentilhomme qui se respecte doit avoir au moins un fauconnier à cheval avec trois ou quatre bons oiseaux et six couples de chiens pour les servir. Un peintre anglais nous a conservé le costume des pages de cette époque. Ceci vous représente un jeune fauconnier de la cour d'Elisabeth.

(Projection : *Fauconnier d'après Taylor.*)

Quand on est allé très haut, aussi haut qu'on peut aller, il n'y a plus qu'à descendre. C'est ce qui est arrivé à la fauconnerie. Louis XIV eut plus de goût pour la vénerie que pour la fauconnerie et réduisit les dépenses de la cour de ce chef. Ce fut le commencement de la décadence que Victor Hugo a bien rappelé dans le drame de Marion Delorme lorsque, mettant en scène Louis XIII « estimé Dieu de la fauconnerie » au moment où son fou l'Angély sollicite auprès de lui la grâce de deux fauconniers qui se sont battus en duel et qui sont condamnés à mort, il place les paroles suivantes dans la bouche de ses personnages.

L'ANGÉLY.

. . . . . Vous tenez pour vertu
Avec raison cet art de dresser les alèthes
A la chasse aux perdrix ; un bon chasseur, vous l'êtes
Fait cas du fauconnier.

LE ROI.

Le fauconnier est Dieu !

L'ANGÉLY.

Eh bien, il en est deux qui vont mourir sous peu.

LE ROI.

A la fois ?

L'ANGÉLY.

Oui !

LE ROI.

Qui donc ?

L'ANGÉLY.

Deux fameux !

LE ROI.

Qui de grâce ?

L'ANGÉLY.

Ces jeunes gens pour qui l'on vous demandait grâce.

LE ROI.

Ce Gaspard ? ce Didier ?

L'ANGÉLY.

Je crois qu'oui, les derniers.

LE ROI.

Quelle calamité, vraiment, deux fauconniers !
Avec cela que l'art se perd ! Ah ! Duel funeste !
Moi mort, cet art aussi s'en va, — comme le reste !
— Pourquoi ce duel ?

L'ANGÉLY.

Mais l'un à l'autre soutenait
Que l'alèthe au grand vol ne vaut pas l'alphanet.

LE ROI.

Il avait tort. — Pourtant le cas n'est pas pendable. . . .
Mais après tout mon droit de grâce est imperdable ;

Au gré du Cardinal je suis toujours trop doux.....
Richelieu veut leur mort !

L'ANGÉLY.

Sire, que voulez-vous ?

LE ROI.

Ils mourront !

L'ANGÉLY.

C'est cela.

LE ROI.

Pauvre fauconnerie !

Donc Louis XIII mort, la fauconnerie commença à s'en aller « comme le reste ». Le journal de Dangeau, à la date du 12 avril 1715, porte que Louis XIV alla à la volerie de Versailles avec Mme la duchesse de Berry, Mlle de Charolais et beaucoup de dames de la cour qui montèrent à cheval au rendez-vous, puis la chasse terminée, le roi donna congé à la fauconnerie pour l'année. Ce devait être pour toujours, car il mourut le 1er septembre suivant.

(*A suivre.*)

II. JARDIN ZOOLOGIQUE D'ACCLIMATATION DU BOIS DE BOULOGNE.

Chronique.

Quel mois de décembre nous avons subi ! Animaux et plantes souffrent depuis si longtemps qu'on peut se demander quelles pertes résulteront de cet hiver rigoureux et prolongé. Comment le gibier-plume aura-t-il supporté cette dure période, la terre étant partout couverte de neige ; on peut tout craindre ?

Dans notre Jardin zoologique du Bois de Boulogne, nous avons peu perdu, mais il est cependant prématuré d'apporter ici les observations que nous avons pu recueillir ; laissons donc pour aujourd'hui le Jardin de Paris et occupons-nous de nos succursales.

Le *Jardin zoologique de Marseille* a récemment acquis plusieurs animaux intéressants, citons : un Orang-Outang (*Simia satyrus*), de Bornéo, très remuant, plein de santé et qui a traversé sans en souffrir la période de mauvais temps qu'on a subie à Marseille aussi bien qu'à Paris ; plusieurs jeunes Ours de Russie (*Ursus arctos*) destinés aux besoins de notre commerce ; un Porc-épic (*Hystrix longicauda*) de l'Inde. Cette espèce, très voisine de l'*Hystrix cristata* d'Algérie, s'en distingue par ses formes plus allongées, par sa tête moins large et aussi par la nature de ses plumes (c'est le terme consacré pour désigner les piquants des Porcs-épics), qui sont plus fines et moins raides ; une Daine importée d'outre-mer, d'une localité qui ne nous a pas été indiquée ; cette Biche ressemble beaucoup à la femelle du *Cervus Dama* et cependant ses formes et les nuances de son pelage en diffèrent assez pour arrêter l'attention ; deux Microglosses (*Microglossum aterrimum*) de Java, curieux Perroquets de couleur noire, aux joues nues et rouges, dont la tête est couronnée de longues plumes dressées, qui forment une huppe mobile comme celle des Cacatoès. Les naturalistes appellent le Microglosse Ara à trompe, à cause de la conformation de sa langue ; cette espèce, toujours rare, se payait, il y a vingt ans, jusqu'à 1,000 francs la pièce ; plusieurs Cailles de Madagascar (*Margaroperdix striata*), jolie espèce au plumage ocellé, à la gorge noire rehaussée de traits blancs. Introduit à l'île de la Réunion, cet oiseau y vit à l'état sauvage dans les montagnes ; il reproduit facilement en volière ; nous l'avons éprouvé, en 1890, au Jardin d'Acclimatation de Paris, où plusieurs jeunes ont été élevés ; deux Grues de Cochinchine (*Grus Antigone*) ; il ne faut pas confondre cette espèce qu'on rencontre dans les îles de la Sonde et en Indo-Chine, avec la grande Grue de l'Inde, que les Anglais appellent « Sarus-crane » et les naturalistes *Grus torquata*. Ces deux espèces sont d'ailleurs faciles à distinguer, car l'Antigone est tout entière d'un beau gris cendré tandis que la Grue à collier est marquée de blanc au cou, immédiatement au-dessous des parties nues, elle a aussi dans les ailes les plumes du vol blanches. Les formes de la Grue indienne sont beaucoup plus lourdes. Dans les deux espèces, il y a des sujets d'une taille énorme, une des Sarus-crane du Jardin d'Acclimatation de Paris mesure environ 2 mètres de hauteur.

Parmi les *naissances* obtenues au Jardin zoologique marseillais mentionnons : deux jeunes Antilopes Nylgaux (*Portax picta*), mâle et femelle, nés de la même mère; on sait que dans cette grande espèce indienne, chaque portée donne deux petits ; un jeune Antilope Bubale (*Alcelaphus bubalis*) d'Algérie ; et un produit né de la Biche, issue du croisement du Cerf Axis mâle avec la Biche-cochon (*Cervus porcinus*). C'est le second jeune que donne ce curieux métis.

Jardin d'Acclimatation de Hyères. Sans être aussi rigoureux qu'à Paris, l'hiver s'est fait sentir dans ce pays ; le thermomètre s'est abaissé jusqu'à — 5°, mais ce froid inusité a peu duré et nous n'avons aucune perte à constater. Le climat de la région semble se refroidir de plus en plus ; dans le courant de ces dernières années, nous avons subi des froids qui ont fait périr un grand nombre de plantes, aussi la culture des végétaux exotiques devient-elle assez périlleuse. Cependant le nombre des espèces que nous pouvons encore cultiver en plein air ou sous nos grands abris couverts de roseaux est encore assez grand pour répondre aux besoins de la clientèle qui s'est formée peu à peu. Aujourd'hui, cette clientèle est faite, et les divers établissements créés, comme le nôtre, pour la production des plantes vertes ornementales, à Hyères, à Cannes, au Golfe-Jouan, à Nice et dans d'autres localités encore, voient venir des acheteurs de partout. Les horticulteurs lyonnais ont été nos premiers clients, ceux de Paris ont suivi. Les Belges se sont difficilement décidés, puis les Allemands, les Russes. et les Anglais ont appris, à leur tour, le chemin de nos établissements A notre avis, la culture des plantes ornementales prendra, d'année en année, plus d'importance dans la région où nous avons placé notre succursale, car on y trouve des conditions très favorables. Mais pour que ces cultures donnent tous les résultats qu'on en doit attendre, il faudra savoir se décider à faire des installations vitrées pour protéger les plantes des abaissements de température qui trop souvent viennent anéantir les résultats obtenus par des années d'efforts, et pour les abriter aussi des vents violents qui sont une des difficultés de la culture dans la contrée.

Quoi qu'il en soit, en arrivant en plein hiver dans ce merveilleux pays, quand on a supporté des semaines de froid intense à Paris, quand, sur la route, on a vu les campagnes couvertes de neige, on éprouve un sentiment de vive admiration en trouvant ici la verdure des Palmiers, les haies de Rosiers couvertes de boutons, le feuillage des Fusains égayé de milliers de fruits rouges, les bordures d'*Iris stylosa* montrant leurs belles corolles violettes.

III. CHRONIQUE DES COLONIES ET DES PAYS D'OUTRE-MER.

Le Sereh, *Maladie de la Canne à sucre.*

Le docteur H.-J.-E. Peelen a publié à Batavia une brochure sur le Sereh (*Maladie de la Canne à sucre*), sa nature, ses causes et les moyens pour la prévenir, à laquelle nous empruntons les renseignements suivants, qui corroborent assez bien les constatations du docteur Krüger. Tous les deux sont d'avis que cette maladie est causée par des bactéries.

Le docteur Peelen a essayé de les combattre au moyen d'une liqueur contenant 1 °/₀ d'acide sulfurique, ensuite avec de la chaux vive. Il a aussi essayé de purifier la terre avec des solutions plus fortes, avant de planter la Canne. Mais les résultats étaient loin d'être satisfaisants; au contraire la chaux semblait les nourrir indirectement.

Il n'y a là rien d'étonnant. Le docteur Koch, entre autres, a déjà constaté, il y a longtemps, qu'une solution à 1 °/₀ d'acide sulfurique ne produit de l'effet sur ces espèces de bactéries qu'au bout d'une dizaine de jours et encore d'une manière très imparfaite, tandis que les essais dont il s'agit n'ont duré que vingt-quatre heures tout au plus.

Si les essais étaient répétés avec une solution de 5 °/₀ d'acide carbonique ou 5 °/₀ de permanganate de potasse ou bien encore avec 1/5000 de sublimé corrosif, il est probable que les résultats seraient meilleurs sinon entièrement satisfaisants.

Un fabricant de sucre très expérimenté dit à ce sujet avoir vu chez M. Van Heukeren, à Ardjowinangen (Java), une plantation d'essai, entreprise avec des plants fortement atteints de la maladie en question et traités avec ce qu'on appelle la bouillie bordelaise. On avait commencé par percer les Cannes et boucher les trous à l'une des extrémités avec de la terre glaise pour verser ensuite la solution dans l'intérieur. Comme ce procédé était trop long pour être pratiqué en grand, on a fendu les Cannes dans toute leur longueur pour les faire tremper ensuite dans un bain de la même solution.

Ces Cannes traitées de deux manières différentes ont été plantées et quoique une partie soit morte, l'aspect de la plantation était très satisfaisant et l'on ne reconnaît pas un plant atteint de Sereh.

Ce fait prouve suffisamment que la maladie dont il s'agit est contagieuse et a pour cause le développement de bactéries pathogènes.

Reste donc à trouver une solution infaillible pour détruire ces bactéries et qui soit en même temps inoffensive pour les Cannes à sucre. Dans ce but, la durée de l'opération doit surtout être prise en considération. Une solution à 5 °/₀ de sulfate de cuivre ne produit sur les bacilles, en cinq jours, qu'un effet très imparfait; celle à 1/5000 de sublimé corrosif demande encore quelques heures; mais une solution à 1/1000 de sublimé produit l'effet désiré en quelques minutes.

Il sera bon, après l'opération, de tremper la Canne dans de l'eau pure afin de prévenir l'effet nuisible trop prolongé sur ses cellules.

Au sujet de la rougeur des veines de la Canne, le Dr Krüger dit, avec raison, que ce phénomène la rend impropre pour la culture, attendu que c'est un symptôme de la maladie. Le Dr Peelen confirme ce fait et ajoute qu'en coupant les Cannes ainsi affectées, elles exhalent une odeur particulière et laissent échapper un gaz ammoniacal. Avec ces trois symptômes : rougeur des veines, gaz et odeur ammoniacale, on peut conclure sans s'y tromper à l'existence des bactéries du Sereh.

La maladie ne s'est pas montrée à Java dès le début dans toute sa force. Elle est née et s'est graduellement développée sous l'effet des influences pernicieuses auxquelles la Canne à sucre a été exposée pendant des années. Il a fallu plusieurs générations pour développer les bactéries pathogènes qui constituent la maladie dite Sereh.

Il est donc évident que la Canne saine et vigoureuse doit pouvoir résister au début aux atteintes du mal.

Le Dr Krüger a introduit des tranches de Cannes malades dans des Cannes saines d'importation, afin de se rendre compte si l'infection était ainsi possible. Il lui semblait bien que la Canne ainsi traitée avait un aspect moins normal, mais il ne pouvait pas constater l'existence de la maladie.

Quelles sont donc les causes de la maladie dite Sereh ?

Le Dr Peelen affirme que la seule cause qui a fait naître cette maladie à Java, doit être cherchée dans l'infection provenant de la trop grande quantité d'engrais organiques que l'on a employés pendant des années. Et la preuve nous la trouvons dans le fait que dans de petites plantations de Cannes à sucre cultivées par des indigènes qui n'ont jamais eu l'idée de se servir d'engrais, la maladie est complètement inconnue.

C'est donc uniquement le cultivateur européen qui, à force de vouloir trop produire, a empoisonné ses terres avec toutes sortes d'engrais dans lesquels les bactéries du Sereh ont fini par se développer.

La contagion étant venue des champs où la maladie a pris naissance, on se demande ce qu'il doit arriver lorsque ces mêmes champs sont actuellement plantés de Cannes saines et fraîches?

Nous avons vu par l'expérience du Dr Krüger que les tranches malades introduites dans des Cannes saines ne donnent à ces dernières qu'un aspect un peu anormal. On pourrait déduire de ce fait que la Canne saine plantée dans un champ infecté ne souffrirait pas davantage et que seulement à la deuxième ou troisième génération, la maladie deviendrait visible.

Cependant dans la pratique, le Sereh se produit dans ce cas beaucoup plus vite ; la première récolte est passable, mais déjà la seconde est perdue complètement. Il arrive même souvent que déjà la première plantation est sérieusement atteinte du mal.

Et nous croyons pouvoir dire ici que l'expérience du Dr Krüger a péché par la base, attendu qu'il n'aurait pas dû faire sécher préalablement les tranches contaminées qu'il a introduites dans les Cannes saines. C'est dans ce fait qu'il faut chercher probablement la cause de ce résultat contradictoire. S'il les a séchées à une température élevée, dans une étuve par exemple, la chose est certaine, car dans ce cas les bactéries ont été probablement tuées par la chaleur. Il n'est donc pas étonnant que le savant docteur n'ait constaté qu'un aspect un peu anormal, mais aucune trace du véritable mal.

Un dernier fait qui prouve que la cause du mal est bien celle que nous venons d'indiquer, est que la maladie s'est déclarée en premier lieu dans les régions occidentales de Java, là où le sol est moins fertile que dans la partie orientale de cette île, et où, par conséquent, les cultivateurs ont employé le plus d'engrais organiques.

Nous arrivons à présent aux moyens à employer pour combattre cette maladie.

La combattre dans la véritable acception du mot, sera assez difficile, mais impossible en grand surtout. Dans les cas désespérés, le mieux sera de désinfecter la Canne de la manière déjà indiquée plus haut et dont les stations d'essai pourront faire l'expérience.

Mais il s'agit surtout de trouver les moyens pour arrêter le mal dans son développement.

Les mesures préventives à prendre sont les suivantes :

1° Dans les plantations où la maladie ne s'est pas encore montrée, il faut s'abstenir d'employer des plantes autres que celles provenant de la plantation même ;

2° Il est utile, à cette fin, d'avoir sa propre pépinière afin de ne pas être obligé d'acheter des plantes ailleurs ;

3° La culture des plants doit se faire avec beaucoup de soins ;

4° Il faut employer peu d'engrais et écarter surtout les engrais organiques. Mieux vaut se servir à cet effet de certaines cendres riches en phosphate de chaux et contenant souvent jusqu'à 40 pour cent de matières charbonneuses non brûlées qui s'oxydent et se transforment en acide carbonique lequel à son tour agit comme dissolvant des matières nutritives naturelles du sol.

S'il est prouvé que le sol est réellement trop pauvre en matières organiques pour que la Canne puisse s'y développer avantageusement, il est préférable d'employer tout simplement du nitrate de soude ou de potasse en ayant soin de ne pas en mettre trop à la fois, mais de recommencer souvent par petites quantités ;

5° Pour les plantations mêmes, il est probable qu'il faudra souvent des engrais plus fertilisants ; mais dans ce cas, il faut éviter soigneusement le fumier. Le guano passe encore, mais pas le guano d'Échabou ; il est préférable d'employer le guano superphosphaté ordinaire, qui, à cause de sa forte réaction et son dégagement d'acide sulfurique, n'est pas favorable au développement des bactéries.

Pour les cultures déjà atteintes de Sereh, il est inutile de remplacer les plants par d'autres venant d'ailleurs, de l'étranger même, si l'on ne désinfecte pas le sol. Il est bon aussi de le laisser se reposer ensuite pendant un an au moins et de le labourer de temps en temps pendant la belle saison sèche. Si, après ces opérations, la terre est encore trop humide, on la recouvre d'une couche de *Dadou* ou de paille et l'on y met le feu.

Inutile de dire que les nouveaux plants à employer doivent être parfaitement sains et qu'il faut éviter autant que possible de les faire venir de loin ; le voyage sur mer leur est très nuisible.

Quelques planteurs ont commencé à employer pour leurs cultures la Canne blanche parce que, jusqu'à présent, celle-ci n'a pas encore été atteinte du mal.

Il ne faut cependant pas croire que la Canne blanche jouit d'immunité à cet égard. Le fait est qu'étant délaissée, elle n'a pas été exposée aux dangers de la culture intensive à laquelle les besoins de la concurrence de ces dernières années ont poussé les planteurs. On préférait la Canne noire parce que celle-ci donne un rendement supérieur et, en outre, on mettait tout en œuvre pour augmenter ce rendement. Mais si l'on cultive la Canne blanche comme on a cultivé la Canne noire, c'est-à-dire si l'on n'est pas plus circonspect à l'égard des engrais, on ne tardera pas à voir reparaître la maladie comme avant.

Ajoutons ici que M. Aut. Marcks, de Java, a conseillé d'essayer la créoline contre cette maladie de la Canne à sucre, se basant sur le fait que cette matière, selon la force et la durée de son emploi, détruit parfaitement les micro-organismes.

D'après les renseignements qu'il nous fournit à cet égard, une solution contenant 2 % de créoline suffit pour tuer, en quinze minutes, une douzaine d'espèces de micro-organismes pathogènes, tandis qu'avec la même solution à 3 % la chose est réglée en moins d'une minute. Il est donc fort possible que la créoline réussirait également pour détruire les bactéries du Sereh. On pourrait en faire l'essai.

M. J. Kuneman, de Soura-Raya (Java), est également d'avis qu'il ne faut employer pour engrais ni fumier, ni détritus de végétaux, ni feuilles mortes. Il conseille aux planteurs de traiter les terres avec du trisulfure de carbone pour détruire les nématodes et, en fait d'engrais, il les engage à choisir de préférence des matières fortes agissant promptement.

Enfin, M. A. Stoop, de Soura-Raya, conseille l'emploi du pétrole *brut* pour détruire les bactéries du Sereh. Cette huile minérale a assez bien réussi, en effet, pour combattre la maladie de la feuille du Caféier, et l'on pourrait encore en faire l'essai dans le cas actuel.

Dr H. MEYNERS D'ESTREY.

IV. CHRONIQUE GÉNÉRALE ET FAITS DIVERS.

Les métis entre le Bouc et la Brebis (1). — La question du croisement de ces deux espèces intéresse les savants depuis fort longtemps, mais aucune des expériences faites, depuis Buffon, dans les Jardins zoologiques, n'a réussi, ce qui doit être attribué probablement au mauvais choix des Boucs.

Néanmoins, les zoologistes et les éleveurs restent fermement convaincus de l'existence de ces animaux hybrides ; M. Nathusius seul nie, sans d'ailleurs donner des preuves suffisantes à l'appui, la véracité de ces faits.

Cependant, le fait de l'existence d'animaux issus d'une Brebis et d'un Bouc, et obtenus par Buffon vers 1751-52, est indiscutablement établi. On doit regretter que Buffon se soit borné à les étudier au point de vue de la toison exclusivement et n'ait pas consigné de marques caractéristiques plus essentielles. D'après Buffon, ces métis tenaient surtout des Agneaux de Brebis et s'en distinguaient seulement par une laine plus longue et plus grossière.

Schmalz, Pétri et Gelenius parlent également d'animaux intermédiaires entre la Brebis et la Chèvre, qu'ils ont eu l'occasion d'observer personnellement ; Bohm et Pétri pensent que s'il est assez aisé d'assortir un Bouc avec des Brebis, l'appariement de la Chèvre et du Bélier est difficile et même presque impossible. Cependant, Rousseau fait mention des animaux issus d'un croisement de ce dernier genre, il en donne la description et le dessin des sabots. M. Nathusius lui-même voit dans cette assertion de Rousseau une preuve suffisante en faveur de la possibilité d'obtenir des bâtards d'une Chèvre et d'un Bélier.

Enfin, au Chili, d'après Molina, Gay et autres, il existe un nombre énorme de ces métis (Chabins) que l'on obtient et élève d'une façon courante, pour ainsi dire, et non point à l'état d'exception. Ils y sont surtout appréciés pour leur toison et leur peau qui est plus forte et plus compacte que celle des Brebis. D'après Gay, ces animaux tiennent de leur mère-Brebis pour les formes, mais ils ont la laine longue et abondante des Chèvres. Ces métis sont féconds entre eux, cependant, à la troisième et quatrième générations, ils retournent au type maternel, ce qui oblige les éleveurs à apparier de nouveau ces bêtes.

Nous croyons devoir faire remarquer qu'en examinant le squelette et les organes des Chabins importés du Chili, M. Nathusius en est

(1) *Revue de la Société Impériale russe d'acclimatation*, V^e^ livraison. Article par M. Kouleschoff.

arrivé à douter qu'ils soient nés d'un Bouc, car aucune des marques caractéristiques de ce dernier animal n'a été trouvée chez les métis.

En 1871, les professeurs Bohm et Zürn constataient chez des animaux issus de vingt Brebis Mérinos et d'un Bouc des formes semblables à celles des mères et la couleur noir-bigarrée de la toison qui était aussi celle du Bouc. Les métis n'avaient point de cornes ou bien les avaient difformes; l'un deux était reconnu pour un hermaphrodite complet, tous les autres avaient leurs organes génitaux insuffisamment développés. L'examen du squelette et des autres pièces anatomiques fait par le professeur Zürn lui fit conclure pour la complète identité de ces animaux avec la Brebis.

Tout dernièrement enfin, à l'Exposition agronomique de 1887 à Kharkoff, M. Kouleschoff apprenait par M. Williamson, ancien élève de l'Institut agronomique Pierre de Moscou, que des expériences très concluantes de croisement entre un Bouc Angora et des mères Mérinos venaient d'être faites par lui sur la terre de Grouschevskaïa appartenant au grand-duc Michel Nicolaévitsch. C'est le fait de l'apparition, dans un troupeau de Mérinos, d'un certain nombre d'agneaux à la laine grossière et que le berger prétendait être nés d'un Bouc, qui donna à M. Williamson l'idée de vérifier cette assertion. Il fit couvrir dix mères Mérinos par un Bouc et les isola ensuite des autres animaux; d'ailleurs, il n'existait pas une Brebis commune ni dans les troupeaux du propriétaire, ni chez aucun des employés du domaine.

De cet accouplement huit Agneaux sont nés dont quatre ont été offerts à M. Kouleschoff par le gérant de la propriété. Le printemps suivant, M. Kouleschoff eut l'occasion de voir, dans la propriété du comte Viasemsky, des métis provenant d'un Bouc Angora et des mères Mérinos. Cependant, il est à remarquer que dans les grandes bergeries où l'on tient ensemble les Brebis Mérinos, les Chèvres et les Boucs, il est très rare de voir naître des Agneaux issus d'un Bouc, et on n'y connaît point de métis engendrés par une Chèvre et un Bélier. Mais du moment que l'on possède un Bouc capable de couvrir les Brebis, on peut obtenir tous les ans des métis en grand nombre.

Le Jardin Zoologique de Moscou et l'Institut agronomique Pierre possèdent quatre moutons et une mère métis ainsi que deux squelettes et deux peaux d'animaux hybrides. Sans entrer dans une description détaillée des particularités anatomiques propres à ces métis, voici les indices auxquels on reconnaît leur origine hybride.

Tous les métis sans exception sont pourvus de cornes; dans cinq cas sur six, elles sont biangulaires, semblables à celles de la Chèvre, et chez un bâtard mâle du Jardin zoologique de Moscou, elles sont aussi rapprochées à la base que celles du Bouc. Les mères Mérinos n'ont les cornes que très rarement, les Béliers de cette espèce les ont, au contraire, très bien développées et d'une forme triangulaire parfaitement caractérisée.

Quant aux deux crânes que possédait M. Kouleschoff, le premier, celui de la femelle, approchait du type Brebis par les fosses lacrymales très prononcées, par la longueur et la courbure des os nasaux, la conformation plate du front et les cornes très espacées. Les os nasaux du crâne mâle étaient au contraire aussi courts que ceux de la Chèvre et presque tout à fait plats, entre leur bord inférieur et les os intermaxillaires, il existait une distance de 1 pouce environ. A leur point d'intersection, l'os lacrymal, l'os frontal et l'os nasal forment une fente, absolument imperceptible chez les Brebis. Les fosses lacrymales sont faiblement développées et ne sont point surmontées d'une espèce de crête. L'os frontal est visiblement bombé; les cornes sont assez rapprochées sans cependant l'être autant que celles du métis dont il est question plus haut.

Les glandes du sabot existent chez tous ces animaux, faiblement prononcées seulement chez deux d'entre eux, surtout aux pieds de devant. L'un des métis n'a pas de glande de l'aîne, les cinq autres en sont pourvus. La longueur de la queue varie considérablement, tantôt n'atteignant pas le talon, tantôt descendant au-dessous. La queue se compose de 16 à 18 vertèbres. Les oreilles droites (érigées) des cinq animaux sont plus grosses que celles des Mérinos, un seul métis les a longues et à demi pendantes, c'est-à-dire presque semblables à celles d'un Bouc Angora.

Quant à la toison, elle varie encore davantage. La tête et les jambes de tous ces animaux hybrides sont recouvertes d'un poil court et brillant, et seul le Bélier a au front et aux joues la laine fine des Mérinos. Les essais d'accouplement de ces métis entre eux et avec des mères des autres espèces, faites à l'Institut agronomique Pierre, ont prouvé d'une façon indiscutable leur fécondité. Cath. KRANTZ.

Oiseaux buveurs de sève. — Un correspondant du journal américain *Forest and Stream*, rapporte le fait suivant sur la singulière habitude qu'ont certains oiseaux de boire la sève des arbres. Un jour du mois de juin 1889, il remarqua qu'un grand nombre de Pics traversait à chaque instant la route sur laquelle il se promenait, aux environs de Kentville. Il n'y prêta pas grande attention tout d'abord, les Pics étant fort nombreux dans le pays, mais ayant constaté que tous ces oiseaux se dirigeaient vers un petit bois, situé non loin de la route, ou venaient de ce bois, il voulut approfondir ce léger mystère. Il comptait trouver quelque vieil arbre chargé de nids contenant des jeunes auxquels les parents apportaient à manger, et s'aperçut, en effet, après avoir pénétré dans le bois, que tous les Pics se rassemblaient sur le même arbre, un bouleau d'assez belle taille, mais il ne portait pas le moindre nid. A 14 ou 15 mètres du sol, les oiseaux avaient dépouillé à coups de bec une surface de plusieurs centimètres carrés de son écorce, et tous venaient se désaltérer à la sève coulant de cette large blessure. Les Pics n'étaient pas seuls, du reste, une infinité de petits oiseaux se tenaient sur les arbres voisins de cette fontaine d'abondance, et s'y précipitaient dès qu'elle était abandonnée par les Pics, prêts à prendre la fuite si un oiseau de plus forte taille se présentait.

On avait constaté maintes fois, aux États-Unis, que les Écureuils entaillent, au printemps, l'écorce des Érables, pour boire la sève sucrée de ces arbres. De petits oiseaux avaient souvent été surpris en train de perforer l'écorce des Bouleaux, mais jamais on n'avait vu les Écureuils ou les oiseaux exploiter régulièrement un arbre en y retournant à différentes reprises. Toujours ils en attaquaient un nouveau quand ils avaient soif de sève. (*Le Chenil.*)

La chair d'Anguille comme nourriture des Faisans. — Un propriétaire d'étangs, en Écosse, vient d'imaginer une nourriture nouvelle pour ses jeunes Faisandeaux. S'étant un jour trouvé à court d'œufs de fourmis et trop éloigné d'un centre pour en faire venir immédiatement de naturels ou d'artificiels, il eut l'idée de leur distribuer de la chair d'Anguille, qui lui était fournie en abondance par deux vastes étangs. Les résultats obtenus furent les plus satisfaisants, car cet éleveur, qui perdait auparavant le quart de ses élèves, n'en perd plus aujourd'hui qu'un ou deux sur vingt depuis qu'il use de ce procédé. (*Le Sport.*)

Saumons dans la Canche. — Les Saumons, qui avaient déserté les fleuves et les rivières de la France, généralement chassés par la construction de différents travaux d'art, sembleraient revenir plus volontiers dans nos eaux. Depuis de longues années, ils ne dépassaient guère l'embouchure de la Meuse vers l'ouest. Très nombreux dans certains affluents de ce fleuve et dans ceux du Rhin, ils se montraient rarement dans les affluents de l'Escaut, et exceptionnellement dans ceux de la Somme. Or, depuis 1883-1884, on en pêche chaque année dans la Canche, qui traverse le département du Pas-de-Calais. D'après M. le Dr Sauvage, directeur de la station àquicole de Boulogne-sur-Mer, cette réapparition des Saumons serait due au désensablement de l'embouchure de la Canche, obtenu au moyen d'une digue allant d'Etaples à la mer, digue qui maintient dans le chenal un courant d'eau douce, s'avançant jusque dans la Manche, et dont les Saumons savent parfaitement reconnaître l'existence.

Depuis 1883, ces poissons se présentent en nombre de plus en plus considérable. On constate deux montées par an ; une de grilses, de jeunes Saumons, au milieu de juin, l'autre de Saumons adultes, à la fin d'octobre. La ponte, qui commence dans la première quinzaine de décembre, se prolonge jusqu'au 15 janvier, quand l'hiver est doux. (*Le Chenil.*)

Les Dindons du Kentucky. — Les Dindons américains les plus renommés pour l'excellente qualité de leur chair sont ceux du Massachusetts qui doivent, paraît-il, cette priorité aux faînes dont ils se nourrissent, et aux soins que les éleveurs leur prodiguent. Pour la taille, ce sont les Dindons du Kentucky qui tiennent le premier rang, et ils constituent un article de commerce assez important, car on en vend chaque année pour plus d'un million de francs dans cet État. Le Dindon du Kentucky, élevé dans des prairies où pousse la « Blue grass », l'herbe bleue, *Poa tenuifolia*, dépasse en poids ses congénères des autres parties du monde. Des poids de 28 kilogs pour les mâles et de 14 kilogs pour les femelles, ne sont pas extraordinaires, quoique la moyenne se trouve de beaucoup inférieure. Ces Dindons kentuckiens atteignent des prix fort élevés. Une paire de Dindes couveuses se paie souvent de 128 à 256 francs, et une paire d'énormes mâles bronzés a été payée, l'an dernier, 640 francs par des Anglais. C'est là le prix le plus élevé que des Dindons aient jamais atteint. Les kentuckiens estiment que la race bronzée est la première des races de Dindons. Plus grosse et d'un élevage plus facile que les autres, elle fournit surtout une chair excessivement savoureuse, que son léger fumet de gibier fait rechercher des amateurs. Le Dindon bronzé s'obtient en croisant le Dindon sauvage avec son congénère domestique. Le noir intense du plumage du premier, tempéré, adouci, par la teinte plus terne du second, donne alors le plumage bronzé si apprécié. Les plus beaux Dindons bronzés viennent du territoire indien où ils sont dus à l'accouplement en liberté de mâles sauvages avec des femelles de race domestique. (*Le Chenil.*)

Un jardin d'essai au Congo. — Il existe à Libreville un jardin d'essai dans lequel la colonie fait exécuter, par un agent des cultures, des expériences très intéressantes ayant pour objet l'acclimatement au Gabon de diverses plantes, de nature à être utilisées par l'industrie. Tout récemment, le personnel placé sous les ordres de cet agent a été occupé à la multiplication du Caoutchoutier arborescent, ainsi que du Sésame d'Orient.

Le jardin de Libreville est aujourd'hui assez riche pour céder des plantes aux colons. C'est ainsi qu'il vient de mettre à la disposition de deux Français, établis dans l'Ogooué, mille pieds de Caféier de Libéria. On tente en ce moment de cultiver, dans ce jardin, des légumes d'Europe.

L'agent des cultures a fait récemment un voyage à M'Djolé, dans l'Ogooué. Il a constaté la fertilité de cette contrée, qui deviendra certainement l'une des plus prospères de la colonie, lorsque l'agriculture s'y développera. Grâce au fleuve, les communications sont faciles, le climat est sain, surtout sur les hauteurs, où certaines plantes appartenant à la flore spéciale des montagnes de la zone intertropicale pourraient être cultivées avec chances de succès : le Quinquina, par exemple.

Il est certain, d'autre part, qu'au cap Lopez, dans l'île Maudji et dans l'île M'Djolé, l'élevage du Bœuf réussirait. La culture des Cocotiers fournirait également aux Européens qui s'établiraient dans cette contrée le moyen d'arriver rapidement à une certaine aisance. Quelques-uns de nos nationaux, du reste, s'y sont déjà installés. Plusieurs d'entre eux, MM. Timon et Rousselot, à Achouea, et Gazengel, à M'Djolé, possèdent aujourd'hui des plantations de rapport, qui sont des établissements modèles. (*Annales de l'Extrême-Orient.*)

Le Baobab (*Adansonia digitata* L. *A. Baobab*, GAERTN. *Ophelus salutarius*, LOUR.) est le plus gros des arbres connus ; son tronc acquiert jusqu'à 25 mètres de circonférence, et sa hauteur, relativement faible, ne dépasse guère 15-20 mètres au plus. Ce tronc énorme est couronné par des branches horizontales, longues et fort grosses, portant des rameaux étalés, dont l'ensemble donne à cet arbre un aspect bizarre et imposant, surtout lorsqu'il est dépouillé de ses feuilles, qu'il perd chaque année. Ses feuilles sont alternes, ordinairement digitées et composées de 5-7 folioles ovales, presque cunéiformes, acuminées et le plus souvent légèrement dentées. Ses dimensions diminuent au fur et à mesure qu'il s'éloigne de la mer.

Originaire de la Sénégambie, l'*A. digitata* est assez commun à l'île Sorr, près de Saint-Louis ; il se rencontre généralement dans toute l'Afrique, notamment en Egypte et aux îles du Cap-Vert. Introduit dans l'Inde, à la Martinique, à la Réunion et en Amérique, il s'y est parfaitement naturalisé.

Le Baobab est souvent creux et, pendant la saison des pluies, l'eau, qui s'amasse et se conserve dans l'intérieur du tronc, sert à désaltérer les hommes et les animaux, et les aide ainsi à supporter plus facilement la température brûlante du jour. Au Sénégal, quelques tribus de noirs utilisent encore les cavités naturelles de cet arbre, pour y déposer les cadavres des individus qu'ils jugent indignes de la sépulture. Ces sortes de cavernes, dues à la carie intérieure de la tige, sont alors agrandies par eux, régularisées et transformées en véritables chambres mortuaires. Les nègres de la côte d'Afrique regardent aussi le Baobab comme sacré et y attachent leurs *gris-gris*, sortes d'amulettes auxquelles ils attribuent des vertus surnaturelles.

Le bois, blanc, spongieux et très mou, n'est guère susceptible d'emploi ; cependant, d'après Duchesne, les naturels en feraient des canots et des pirogues d'une longueur démesurée.

Le tronc et les grosses branches sont recouverts d'une écorce gris cendré, quelquefois verdâtre ou rougeâtre, luisante, douce au toucher et d'une épaisseur de un centimètre environ.

Cette écorce donne des fibres textiles qui servent à fabriquer des cordes très solides ; en Angleterre, on les fait entrer couramment dans la composition de la pâte à papier. Ces fibres sont désignées à Benguela sous le nom de *Licomte* par les colons portugais.

En Abyssinie, les Changallas et les Chohos emploient la partie filandreuse et tenace de l'écorce, à faire des espèces de bonnets ou de calottes qu'ils ornent de coquillages. Ces calottes imperméables à l'eau, leur servent à la fois de coiffure et de vases à boire. Les filaments grossiers qu'ils en retirent par les procédés les plus primitifs, constitue la matière première avec laquelle ils confectionnent leurs cordages, leurs liens et les pagnes qu'ils roulent autour de leurs reins.

En 1848, M. le Dr Duchassaing, médecin à la Guadeloupe, a préconisé l'écorce de Baobab comme succédané du Quinquina et du sulfate de Quinine. Il ne paraît pas douteux, dit M. Guibourt, que la qualité émolliente de cette écorce ne puisse la rendre utile dans les cas spécifiés par Adanson, et dans d'autres qui prendraient également leur source dans un état phlegmasique des intestins ; mais il est moins certain qu'on doive reconnaître à l'écorce de Baobab, une propriété antipériodique analogue à celle du Quinquina.

Les feuilles desséchées à l'ombre et pulvérisées, sont connues en Afrique sous le nom de *Lalo*. Les nègres les emploient comme émollientes et adoucissantes, dans les affections des voies digestives et respiratoires. Ils associent fréquemment le Lalo à leurs aliments, surtout au *couscoussou*, pour combattre l'ardeur du sang et modérer la transpiration. Adanson dit avoir préparé avec les feuilles du Baobab, une tisane dont il faisait un usage journalier et à laquelle il attribue la santé inaltérable dont il a joui pendant son séjour au Sénégal. Elle constitue également un anti-dysentérique précieux. M. Stanislas Martin a donné le nom d'*Adansonine* à une matière encore mal étudiée, retirée de ces feuilles ; on la considère comme un antidote des *Strophanthus?* Ce fait mérite confirmation.

Les fleurs du Baobab sont blanches ou légèrement teintées de lilas et fort grandes, car leur diamètre peut atteindre jusqu'à 20 centimètres ; par le mucilage qu'elles renferment, elles participent, dans une certaine mesure, aux propriétés des autres parties de la plante.

Le fruit, de forme variable, généralement ovale et allongé, plus rarement globuleux, est une coque ligneuse, assez volumineuse, mince, couverte extérieurement d'un duvet verdâtre, dense et un peu rude, remplie par une pulpe acidulée assez agréable que l'on désigne sous le nom de *Pain de Singe* ou de *Calebasse du Sénégal* ; desséchée et réduite en poudre, elle est administrée, soit en infusion, soit en substance, délayée dans l'eau ou du lait, pour calmer la soif. Cette matière appelée *Bouï* dans le pays, est féculente et conserve un goût aigrelet ; elle est considérée par les nègres comme très active pour arrêter l'hémoptysie et le flux diarrhéique, ainsi que pour prévenir les fièvres putrides, assez communes au Sénégal pendant les mois de septembre et d'octobre.

Prosper Alpin et Adanson sont d'accord, et avec eux un grand nombre de savants modernes, pour croire que cette pulpe formait la base la plus importante du produit apporté en Égypte par les caravanes sous le nom de *Terre de Lemnos*, dont les médecins faisaient un grand usage dans diverses affections fébriles et intestinales.

La pulpe du fruit du Baobab se compose chimiquement de pectine, d'amidon, de glucose, de malate de potasse et d'une substance extractive cristallisable mal connue.

La coque ligneuse du fruit sert de gourde et de récipient aux indigènes; par l'incinération, ils en obtiennent des cendres riches en principes alcalins, propres à saponifier l'huile de palme qui commence à rancir. Les Indiens s'en servent comme de flotteurs pour leurs filets de pêche.

Les semences sont oléagineuses, mais nous ne saurions dire si cette propriété reçoit une application réellement industrielle dans les pays d'origine. En Nubie, les graines torrifiées de Baobab entrent encore dans la composition d'une décoction antidysentérique.

Jules GRISARD.

L'Arracacha (*Arracacia xanthorrhiza* BAUER., *Arracacha esculenta* DC., *Conium Arracacia* HOOK.) est une plante herbacée, vivace, à tige rameuse, glauque, striée, haute de 60-90 centimètres environ. Les feuilles radicales sont longuement pétiolées, biternatiséquées, à segments ovales, grossièrement incisées-dentées, longues de 40-50 centimètres, glabres et d'un vert foncé; les caulinaires sont plus petites et peu nombreuses. Les fleurs, violettes ou jaunâtres, sont disposées en ombelles légèrement concaves. La racine se compose d'un tubercule long, assez gros et charnu, blanc, jaune ou violet suivant les variétés.

Originaire des régions froides de la Nouvelle-Grenade, cette plante se rencontre aussi à l'état spontané dans la Colombie. Elle se plaît dans les terrains accidentés, fertiles, profonds, humides et un peu argileux. Elle était connue en Amérique avant la découverte de ce pays et constituait déjà à cette époque une partie de la nourriture des indigènes. Sa culture en grand a été continuée depuis par les colons espagnols, mais les essais tentés plusieurs fois en Europe, à des époques différentes, pour son introduction et son acclimatation n'ont pas réussi, du moins jusqu'à ce jour.

L'Arracacha est un excellent légume dont les propriétés alimentaires sont incontestables; il présente quelque analogie avec la Pomme de terre, tout en rendant, aux populations de l'Amérique centrale, les mêmes services que ce précieux tubercule.

Cette racine, connue des Anglais sous le nom de *Peruvian Carrot*, est appelée *Apio* au Vénézuéla; elle affecte la forme et le volume d'une grosse corne de Vache. L'Arracacha possède une saveur agréable, douceâtre, légèrement aromatique et sucrée, qui lui a fait donner par Roelz le nom de « Pomme de terre-céleri ». Ce tubercule est plus farineux que la Pomme de terre ordinaire ; sa consistance est assez semblable à celle de la Carotte. Il est mangé avec avidité par les Bœufs et les Chevaux et sert aussi à engraisser les Porcs et autres animaux domestiques.

L'Arracacha est l'aliment essentiel des habitants des hauts plateaux de la Nouvelle-Grenade, où il entre dans la cuisine économique du pauvre comme du riche. On le mange préparé de toutes les façons, cuit à l'eau ou sous la cendre, grillé ou bouilli avec de la viande et des bananes. Très facile à cuire, d'une digestion facile, on s'accoutume facilement au goût de cette racine qui sert encore de base à plusieurs entremets. Réduite en pulpe et cuite au four, dit le Dr Sacc, elle donne un pain de bonne qualité ; cuite avec du sucre, elle fournit des conserves recherchées ; délayée dans de l'eau et fermentée, elle produit une boisson assez forte que ses propriétés toniques rendent très utile.

Enfin, on en extrait une fécule analeptique assez blanche analogue à l'Arrow-root, dont les grains, examinés au microscope, sont compacts, irréguliers, polyédriques ou cuboïdes. Outre la matière amylacée qu'il contient, l'Arracacha renferme encore du sucre incristallisable et un principe aromatique. Ce légume convient mieux que la Pomme de terre aux personnes qui ont l'estomac délicat, aux malades et aux convalescents. La variété jaune est la plus estimée, mais elle est inférieure à la blanche sous le rapport du rendement.

En Amérique, on procède de la manière suivante pour la récolte de la racine et sa reproduction : lorsque celle-ci a acquis tout son développement, elle est arrachée et coupée à 8 ou 10 centimètres au-dessus du niveau du collet ; les racines sont ensuite mises en réserves. Quant au collet destiné à la reproduction, il forme alors une espèce de ronçon garni d'une quantité de bourgeons ; on le sépare en plusieurs parties que l'on replante ; si le collet est trop petit pour être divisé, on le remet en terre immédiatement. Au bout de quelque temps, de nouvelles racines se forment aux environs des parties amputées, des bourgeons nouveaux se développent autour du collet et donnent bientôt naissance à d'autres plantes.

L'*A. moschata* est employé au Mexique aux mêmes usages que l'espèce dont nous venons de nous occuper.

Maximilien VANDEN-BERGHE.

OUVRAGES OFFERTS A LA BIBLIOTHÈQUE DE LA SOCIÉTÉ.

Gutierrez (Donato). — El Algodonero. — Mexico, oficina typ. de la Secretaria de fomento, etc., 1885.

Hamonville (le baron d'). — La vie des oiseaux, scènes d'après nature. — Paris, libr. Baillière et fils, 1890.

Ideas generales sobre el cultivo de la Caña de Azúcar en el estado de Morelos de los Estados unidos mexicanos, 1885.

Laboratoire d'études de la soie, rapport présenté à la Chambre de commerce de Lyon par la commission administrative. — Lyon, imprimerie Pitrat aîné, 1889.

Lachaume (Jules). — Agricultor Cubano. — Plantas textiles su cultivo, extraccion de fibras, 1888.

Lejeune (Luis). — Cultivo del Tabaco en Mexico. — Mexico, oficina de la secretaria de fomento, 1885.

Lejeune (Louis). — Le Tabac mexicain, son présent et son avenir. — Mexico, imprimerie du Ministère des Travaux publics, 1885.

Le Play (le Dr José). — La Carpe, nouveaux procédés d'élevage et d'aménagement des étangs par le système de Dubisch. — Paris, G. Masson, éditeur, 1889.

Lobato (José G.). — Estudio sobre las Aguas médicinales de la Republica mexicana. — Mexico, 1884.

Lucas-Championnière (le Dr Just). — Le massage et la mobilisation dans le traitement des fractures. — Paris, A. Coccoz, libraire-éditeur, 1889.

Le même. — Traitement des fractures de la rotule par l'ouverture immédiate et large du genou. — Paris, A. Coccoz, libraire-éditeur, 1890.

Le même. — Trépanation pour hémorrhagie cérébrale. — Paris, A. Coccoz, libraire-éditeur, 1889.

Lucas-Championnière et **Danion** (les D[rs]). — Sur le traitement électrique des fibromes utérins. — Paris, Société imp. Paul Dupont, 1889.

Marquet de Vasselot. — Déposition concernant les droits sur les Maïs et les Riz. — Paris, imprimerie Dubreuil, 1890.

Maria Campos (Ricardo de). — Datos mercantiles. — Mexico, 1889.

Le Gérant : JULES GRISARD.

DISCOURS

PRONONCÉ PAR

M. EDMOND PERRIER

PROFESSEUR AU MUSÉUM, PRÉSIDENT DE LA SECTION D'AQUICULTURE

A L'OUVERTURE DE LA SESSION.

Messieurs,

Vous m'avez fait un honneur, dont je sens tout le prix, en me confiant, après mon sympathique collègue au Muséum, M. Léon Vaillant, la présidence de la section d'aquiculture. Vous avez voulu consacrer ainsi une fois de plus, cette union de la science théorique et de la science pratique qui est une condition de progrès pour l'une comme pour l'autre, et que personnifiaient si bien le fondateur de la Société d'Acclimatation : Isidore Geoffroy Saint-Hilaire, le fondateur de l'aquiculture méthodique : Coste. Il n'est donné qu'à de rares esprits d'embrasser ainsi le côté purement spéculatif des sciences et leur côté économique ; et je me fais une si haute idée de votre mission, du rôle que vous pouvez jouer dans l'accroissement ou, ce qui est souvent plus difficile, dans la conservation de la richesse du pays, que je reculerais devant la tâche de diriger vos travaux si la voie n'avait été aussi nettement tracée par nos illustres devanciers.

Tandis que la terre avec laquelle l'homme est maintenu par toute son organisation en intime contact, a été de tout temps l'objet d'une culture attentive, que ses productions ont été soigneusement protégées, multipliées, déterminées, améliorées en vue de nos besoins, les eaux qui nous sont moins accessibles ont été jusque dans ce dernier demi-siècle presqu'entièrement abandonnées à elles-mêmes. Aujourd'hui encore, on les laisse le plus souvent produire ce qu'elles peuvent, et on leur prend le plus qu'on peut ce qu'elles ont produit. Elles sont, pour ainsi dire, en friches ; nous n'y ramassons que des fruits sauvages, et malgré un arsenal déjà respectable de lois, décrets et règlements, nous ne sommes pas encore parvenus à mettre une juste mesure dans nos récoltes inconsidérées. C'était donc un rêve bien digne d'un grand esprit que celui de doter notre pays d'une exploitation aquicole, comparable et parallèle à son exploitation agricole. Ce rêve d'un savant illustre c'est à vous de le réaliser, c'est pour cela que votre Société a été fondée, car il n'y a pas d'acclimatation sans culture, ni de culture dans le sens large du mot sans acclimatation. La plupart de nos plantes cultivées et nombre de nos animaux domestiques ne sont-ils pas, en effet, le produit d'heureuses importations sur notre sol d'êtres qui lui étaient complètement étrangers? La Pomme de terre, le Maïs, la Batate, le Coq, le Dindon, la Pintade en sont d'illustres exemples. L'aquiculture vous appartient donc dans toute son étendue, et nous pouvons rechercher ensemble quels sont les problèmes qu'elle soulève, sauf à choisir parmi eux d'un commun accord, ceux sur lesquels il nous paraîtrait préférable de faire porter tout d'abord l'effort de la Société, très jalouse, je puis le dire, de voir sa section d'aquiculture prendre un rôle de plus en plus actif.

L'aquiculture se présente à nous sous deux aspects : l'aquiculture d'eau douce et l'aquiculture marine. Toutes deux ont eu des adeptes zélés, des succès importants, et aussi des revers qui n'ont rien d'ailleurs de décourageant. Leur histoire est trop connue pour qu'il soit utile de le rappeler, mais nous pouvons jeter un coup d'œil sur ce que l'on doit attendre de l'une et de l'autre.

La production des alevins, leur conservation en chartre privée jusqu'à un certain âge auquel ils sont mis en liberté, paraissent avoir été jusqu'ici le principal souci des aquiculteurs d'eau douce. Personne n'ignore que la question a un autre côté, et que c'est justement le plus important : il s'agit, l'alevin une fois lâché, de le faire vivre. C'est ici que le problème se complique et que l'action commune peut utilement s'exercer. Les eaux qu'il s'agit de peupler se présentent dans les conditions les plus diverses : elles sont courantes ou stagnantes ; ce sont des propriétés privées ou elles appartiennent à l'Etat; elles sont utilisées par l'agriculture, l'industrie, la navigation ou libres de toute servitude de ce chef. Si nous abordions dans toute son étendue, le problème du repeuplement des eaux de la France, il y aurait évidemment à rechercher s'il n'y aurait pas lieu d'établir dans les eaux une division du travail analogue à celle qui s'est spontanément établie sur notre sol; est-ce bien un fleuve idéal que celui qui sert à la fois de route, d'égout et de lieu d'élevage pour le poisson? Ne serait-il pas possible de concilier ces fonctions si diverses, dans une foule d'endroits où le poisson est toujours vaincu, l'ingénieur ou l'industriel toujours triomphant? Mais c'est là un problème dont la solution est lointaine, et, en ce qui concerne les cours d'eau, nous pouvons avoir une action plus immédiate en nous isolant tout d'abord de ce qu'on peut appeler les *eaux industrielles* pour nous occuper des *eaux de culture* proprement dites. Le problème de l'aquiculture est ici facile à poser, sinon facile à résoudre; mais ce n'est pas toujours celui qui a été poursuivi. On s'est dit quelquefois : Etant donné tel poisson précieux, semons-le partout et tâchons de le faire vivre. D'autres fois on s'est borné à chercher les moyens de faire prospérer nos espèces indigènes dans des eaux où elles étaient jadis nombreuses et où elles deviennent rares aujourd'hui. Le problème général de la pisciculture est un peu autre : Il faut considérer les cours d'eau comme des données primitives qu'on peut modifier dans une certaine mesure, aménager, si l'on veut, et se proposer de rechercher parmi les poissons comestibles du globe ceux dont le genre de vie est le mieux fait pour s'accommoder respectivement de ces données. Il n'est pas certain, tant s'en faut, que les animaux qui vivent dans un pays soient toujours les mieux faits pour y vivre : le Cheval, disparu d'Amérique au moment de la découverte du Nouveau-Monde, en a depuis refait la conquête; le Surmulot chasse, partout où il pénètre, les Rats indigènes; des faits analogues se produiraient certainement pour les poissons, si les essais tentés dans ce sens par divers membres de la Société étaient méthodiquement généralisés.

Mais le peuplement ou le repeuplement des cours d'eau est simplement à l'aquiculture ce que le reboisement des montagnes est à l'agriculture. De même que l'agriculture a des champs, des jardins et des serres, l'aquiculteur peut faire vivre méthodiquement en stabulation des espèces communes régulièrement exploitées pour l'alimentation courante, des espèces améliorées de qualité supérieure, des espèces rares, véritables fruits de luxe. C'est évidemment dans cette voie de la domestication rationnelle des espèces indigènes ou exotiques que l'avenir semble devoir donner d'importants résultats. Peut-être la domestication sur place des espèces devrait-elle précéder leur exportation, et là encore on comprend combien les relations étendues de notre Société peuvent rendre sa tâche féconde.

La mer paraissait, il y a cent ans, contenir des réserves inépuisables. Il a fallu reconnaître que l'appétit des pêcheurs était plus grand encore que les ressources naturelles de l'Océan. On se plaint partout de la rareté croissante du poisson, et il y a longtemps qu'il ne serait plus question des Huîtres françaises, si les efforts de Coste n'avaient conduit à la création d'une industrie puissante, occupant aujourd'hui plus de 200,000 personnes : l'*ostréiculture*.

Sur nos côtes, l'Huître est désormais réduite en domesticité. A Arcachon, en Bretagne, il se fait infiniment plus de naissain que les parcs du littoral ne peuvent élever de coquillage et, n'étaient les tarifs de transport, l'Huître serait aujourd'hui partout à bon marché ; on en peut dire autant de la Moule. S'il y avait à cela un réel intérêt, il n'est pas douteux que beaucoup de Mollusques alimentaires pourraient être élevés de la même façon. Leur prix est, à la vérité, si bas que, sauf pour quelques espèces, comme la coquille de Saint-Jacques, il ne serait peut-être pas suffisamment rémunérateur.

Ce qu'on a fait pour l'Huître, ne serait-il pas possible de le faire pour le Homard, la Langouste et les plus gros Crabes ? Ne pourrait-on même procéder à l'élevage de certains Poissons et faire pour les Poissons les plus recherchés ce que les anciens avaient fait pour les Murènes ?

La mer nourrit encore une foule de produits importants. Les Chinois savent faire travailler les Anodontes, ne pourrait-on parquer l'Huître perlière et lui faire fabriquer à volonté et sous des formes prévues ses brillantes concrétions ?

La pêche des Éponges est une industrie rémunératrice et dangereuse ; la culture des Éponges a été tentée non sans quelques succès en Amérique et à Trieste. Devons-nous en rester là, et n'est-ce pas à votre section d'aquiculture de susciter, de diriger et, s'il se peut, de faire réussir des tentatives que rien n'autorise à abandonner ?

« Il faut, dit un proverbe local, avoir tué ou volé pour être corailleur ». Est-il radicalement impossible de créer et d'exploiter méthodiquement des fonds coralligènes artificiels ?

En fait de biologie, Messieurs, il ne faut jamais prononcer le mot impossible. Les animaux, même les animaux marins, se montrent beaucoup plus accommodants qu'on ne le suppose d'habitude. S'ils sont intransigeants pour quelques-unes de leurs conditions d'existence, il est certaines concessions qu'ils font volontiers. Le malheur est que nous ne sommes que fort peu au courant de leurs préférences. C'est à nous de les *interviewer*, pour me servir d'un mot bien indiscret, avec une suffisante insistance pour leur arracher leurs secrets.

Il faut bien nous le dire : toutes ces questions que soulève l'aquiculture sont actuellement dans l'air. Notre Société non seulement ne peut pas s'en désintéresser, mais fondée, en somme, pour les résoudre, elle doit en quelque sorte les évoquer et s'attacher ardemment à leur solution.

Sans doute la tâche est vaste et ardue, mais elle est assez belle pour susciter quelque enthousiasme ; la Société d'Acclimatation a conscience du service qu'elle aurait rendu au pays, le jour où elle aurait organisé la fécondité régulière de ses rivières, de ses étangs, de ses mers, où elle aurait fait tourner au profit de la richesse nationale tout ce que ses eaux contiennent de vie. Nous nous attacherons, si vous le voulez bien, à quelques modestes parties de cette vaste tâche, sûrs d'être toujours secondés par nos confrères, et nous tâcherons que notre œuvre puisse fournir à nos successeurs une base solide sur laquelle ils puissent asseoir en sécurité de nouvelles conquêtes.

I. TRAVAUX ADRESSÉS A LA SOCIÉTÉ.

NOTE
SUR
LES ÉDUCATIONS D'ANIMAUX
FAITES A S'GRAVELAND EN 1890

PAR M. F.-E. BLAAUW.

Lettre adressée à M. le Président de la Société.

Comme d'habitude je vous donne le résultat de mes élevages.

Antilopes Gnous (*Catoblepas gnu*). — L'époque de reproduction de ces Antilopes recule toujours plus ; bientôt l'hiver verra naître les jeunes.

La vieille femelle importée a de nouveau donné un produit cette année, comme je l'avais prévu. C'est un mâle cette fois, le premier qu'elle ait donné.

Une seconde femelle a donné un jeune du sexe féminin, le 13 septembre seulement, et le petit animal n'a pas eu à se louer du beau temps qu'il a eu en venant au monde. Peu de jours après sa naissance les pluies commençaient, elles ont duré presque sans interruption jusqu'à la fin de novembre. Alors la gelée est venue (le 23) et dure encore maintenant (18 décembre) avec une rigueur exceptionnelle. Des nuits de — 15° se succèdent et même le jour il y a fréquemment 8° à 10° au-dessous de zéro. J'avoue que j'avais bien peur pour la vie du plus jeune des Gnous, âgé de trois mois à peine et qui a supporté toute cette gelée, tout ce vent glacial, à ciel ouvert, sans jamais chercher un abri. Il ne paraît pas en souffrir.

Le troisième jeune Gnou est né le 25 novembre par un vent glacial et une forte gelée, en plein champ, dans la nuit.

Le matin on l'a trouvé glacé, presque mort. Toutes les tentatives faites pour le rétablir ont échoué, et il a succombé dans la journée.

C'est le premier échec que j'ai à enregistrer dans mon élevage de Gnous : mais l'épreuve était en vérité trop forte. Pour résumer, depuis 1886 sont nés chez moi neuf jeunes Gnous. Si j'avais gardé tous les produits, mon troupeau serait naturellement plus nombreux, puisque les femelles reproduisent à deux ans. Je n'ai jamais gardé plus de trois femelles en âge de reproduire.

Kangurous de Bennett (*Halmaturus Bennetti*). — Ces Kangurous ont donné deux jeunes presqu'adultes à présent et deux autres jeunes se trouvent encore dans la poche maternelle. La rusticité de ces animaux ici, ne laisse rien à désirer ; l'humidité, le froid, ils supportent tout.

Cerfs du Mexique (*Cariacus Mexicanus*). — Une paire de ces animaux, que je possède depuis un an environ, m'a étonné par sa rusticité. Ces animaux passent les plus grands froids en plein air et jamais leur cabane, même la nuit, n'est fermée.

Ces Cerfs sont intéressants par leur changement de robe ; en été, le gris du pelage d'hiver fait place, au mois de mai, à une livrée d'été rouge couleur de renard. Le front devient d'un noir brillant et toutes les teintes blanches prennent un vif éclat. En pelage d'été, ces Cerfs, aux formes élancées, élégantes sont un des plus beaux animaux qu'on puisse voir.

Au mois d'août la robe d'hiver reparaît.

Je n'ai pas encore eu de reproduction. L'an prochain j'espère mieux réussir.

Damans du Cap (*Hyrax Capensis*). — La paire que je possède depuis bientôt deux ans a donné naissance à un jeune au mois de février 1890. Peu de jours après sa naissance, le jeune a disparu et bientôt après la mère est morte.

Les Nandous (*Rhea Americana*) ont fait une couvée qui a donné douze jeunes, qui tous sont venus à bien. Je possède toujours mon mâle *Rhea Darwini*, sans avoir pu me procurer une femelle et sans avoir pu obtenir un croisement avec le Nandou ordinaire.

Les Bernaches à tête rousse (*Bernicla rubidiceps*) continuent à reproduire ici régulièrement. La couvée de cette année a donné six jeunes.

Bernaches mariées (*Bernicla jubata*). — Enfin, après deux années d'attente, ces jolies petites oies se sont décidées à reproduire. La femelle a pondu six œufs qu'elle n'a pas voulu couver.

Je n'ai encore rien obtenu des espèces suivantes : *Anser hyperboreus, Anser minutus*, *Cygnus Bewickii*, *Grus viridirostris*.

De mes **Oies de l'Orénoque** (*Chenalopex jubata*), l'an passé, j'ai eu un jeune. Cette année la couvée a été de dix œufs et m'a donné cinq jeunes ; l'un d'eux est mort, les quatre autres se sont élevés sans difficulté.

Les Cygnes à cou noir (*Cygnus nigricollis*) ont donné trois jeunes.

Dans une spacieuse volière de 200 mètres superficiels environ, j'avais cet été deux Éperonniers Chinquis, une paire de Colombes Diamants, une paire de Colombes Tranquilles, quelques Passereaux et une paire de **Colins de Virginie.** La femelle de cette dernière paire s'est mise à pondre en juillet seulement, et douze œufs furent déposés sous une touffe de hautes herbes. La ponte finie j'attendis l'incubation de la femelle ; le mâle Colin se montrait inquiet, ne cessait d'appeler la femelle du côté nid, mais elle faisait la sourde oreille. Cela dura deux jours. J'allais me décider à confier les œufs à une Poule couveuse, quand le mâle Colin trancha la question d'une manière efficace en se chargeant lui-même de la besogne. Il couva avec une assiduité exemplaire et mena à bien huit poussins que, triomphalement, il conduisit par la volière et éleva avec les plus grands soins.

Dans cette même volière les Colombes Diamants et les Colombes Tranquilles élevèrent plusieurs jeunes sans s'inquiéter mutuellement, et cependant les nids étaient placés sur le même arbuste.

En somme, l'élevage de 1890, malgré l'été humide et froid, a été passable.

OUTARDES

PLUVIERS ET VANNEAUX

HISTOIRE NATURELLE — MŒURS — RÉGIME — ACCLIMATATION

PAR PAUL LAFOURCADE.

(SUITE *).

CHAPITRE VII.

Pluviers et Guignards (1).

Perdrix, cailles et tourterelles,
Huppes, faisans et arondelles,
Plouviers, vanneaux, ostardes, grues,
Cannes qui s'en vont courir les rues.

DESCHAMPS, f. 488 (2).

Les zoologistes classent ces oiseaux dans l'ordre des Charadridés de la grande famille des Échassiers.

Dans ce genre *Charadrius*, Linné, Gmelin et Latham avaient compris des oiseaux dont les caractères étaient telle-

(*) Voyez *Revue*, 1889, p. 353, 461, 573, 689, 940, 1022 et 1169.

(1) *Appellations diverses selon les pays :*
Piviere, pavoncella, en *latin*.
Piviere, pivier nunor, en *italien*.
Bir bjins quouch, en *turc*.
Regenvogel. (Locution proverbiale ; hyis spekvet met wit woorhoofd stand Pluvier. — Il est gros comme un Pluvier), en *hollandais*.
N'mua, en *russe*.
Χαραδείος, (υυ (ὁ), en *grec*.
Plü–vyay–plover, en *anglais*.
Goldregenpfeifer, en *allemand*.
Pluvié, pluvial, o pardal, en *espagnol*.
Plouvier, *plovier*.
Pluvier, dérivé du latin *pluvia* (pluie), cet oiseau arrivant dans nos pays aux approches de la saison des pluies (*a*).
Dans la Beauce, *Puviers*.
Dans l'arrondissement de Pithiviers, *Guigners*, *Guignots*.
La ville de Pithiviers porte les noms de *Pluviers*, *Pitiviers*, *Puviers*. On dit qu'elle a pris son nom de *Pluviers*, de l'abondance des Pluviers aux environs, d'où vient que Robert Casal l'appelle *Aviarium*.

(2) La Curne de Sainte-Palaye, *Dictionn. de l'ancien langage françois*, p. 346 et 347, Niort (1880).

(*a*) Brachet, *Dictionn. étymolog. de la langue française*, p. 385 et 415.

ment différents qu'il importait d'en établir immédiatement une division.

C'est bien une véritable famille que celle des Pluviers et des Guignards ; les types y sont nombreux, divers, à caractères saillants, depuis le modèle, le *Pluvier doré*, jusqu'à l'Endromie, vulgairement appelé *Guignard*.

Près de quatre-vingt-deux espèces ont été signalées et reconnues ; trente-une ont été étudiées par quelques naturalistes.

Temminck en présente sept :

1° **Le Pluvier doré** (*Charadrius pluvialis*) ;
2° **Le Pluvier armé** (*Ch. spinosus*) ;
3° **Le Pluvier guignard** (*Ch. morinellus*) ;
4° **Le Pluvier à plastron roux** (*Ch. pyrrhothorax*) ;
5° **Le grand Pluvier à collier** (*Ch. hiaticula*) ;
6° **Le petit Pluvier à collier** (*Ch. minor*) ;
7° **Le Pluvier à collier interrompu** (*Ch. cantianus*).

Sans compter ceux qu'il a oubliés, d'autant plus que ce genre Pluvier a des subdivisions. Ainsi Lesson a distingué :

1° **Les vrais Pluviers ;**
2° **Les Pluviers à collier** ;
3° **Les Pluviers à longues jambes grêles** ;
4° **Les Pluviers à huppe occipitale** ;
5° **Les Pluviers à lambeaux** (1).

Schlegel distingue :

1° **Les Pluviers dorés** ;
2° **Les Pluviers guignards** ;
3° **Les Pluviers proprement dits** (ceux que Boié dans son classement désigne sous le nom d'Ægialites) (2).

Si on résume les travaux des naturalistes, l'étude de tous les Pluviers conduit à établir trois groupes :

1° *Les Pluviers proprement dits,*
2° *Les Pluviers armés,*
3° *Les Pluviers à lambeaux.*

(1) Lesson, *Traité d'ornithologie.*
(2) Schlegel, *Revue critique des oiseaux d'Europe.*

Voici leurs caractères :

a) Les Pluviers proprement dits n'ont pas de huppe ; les ailes ne portent pas d'éperons cornés ; les tarses sont réticulés. Dans ce groupe se trouvent :

Le Pluvier doré, le Pluvier guignard, le Pluvier solitaire, les Pluviers à collier, les Pluviers à collier interrompu, les Pluviers à plastron roux, les Pluviers à face encadrée, les Pluviers étrangers, les Pluviers d'Egypte (1), les Pluviers Wilson, Azara, à face noire, à double collier, etc.

b) Les Pluviers armés ont des tubercules cornés aux ailes et des écussons aux tarses. Dans ce groupe sont les Pluviers armés et les Pluviers de Cayenne.

c) Les Pluviers à lambeaux ont des écussons sur la région tarsienne et des lambeaux charnus à la face.

On remarque dans ce groupe : le Pluvier coiffé de Cuvier, le Pluvier à lambeaux orbitaires de Lesson.

Comme on le voit, le genre *Pluvier* se compose d'une quantité d'espèces qui se trouvent réparties sur tous les points du globe.

Je ne m'occuperai que de l'étude de trois Pluviers : le Pluvier doré, le Pluvier à collier et le Guignard.

Les caractères généraux sont tirés de la tête et des doigts : tête beaucoup trop grosse pour le cou qui la supporte, bec menu et petit, attaché très bas, renflé à son extrémité, légèrement arrondi à la base, de couleur noire ; ailes assez longues, aiguës, queue courte, tarses grêles, trois doigts posant bien à plat sur le sol, colonne vertébrale composée de 12 à 13 vertèbres, sternum échancré en arrière, absence de jabot, taille de la Tourterelle.

TYPE DU GENRE.

Le **Pluvier doré** (*Charadrius pluvialis*. — *Pluvialis apricarius*). — Toilette d'automne : Manteau à mouchetures d'un brun foncé sur fond jaune verdâtre. — Toilette de printemps : Large plastron noir couvrant entièrement la poitrine ;

(1) C'est l'espèce dont parle Hérodote. L'occupation de ce Pluvier est de chercher, dans la gueule du Crocodile, les insectes et les vers qui s'y introduisent pendant les mouvements des mâchoires. C'est à I. Geoffroy Saint-Hilaire que l'on doit d'avoir précisé le fait par ses propres observations en ramenant ainsi à son véritable type ornithologique le fameux *Trochylus* d'Hérodote. (D'Orbigny, *Dictionn. d'hist. natur.*, p. 179.)

deux étroites banderoles blanches partant du front, descendent régulièrement sur le cou qu'elles entourent en se perdant sous les ailes. C'est là le vêtement qu'endosse cet oiseau pendant la saison amoureuse.

Ce Pluvier a de 28 à 30 c. de long, les ailes mesurent 0,60 c. d'envergure. Son poids est de 500 grammes environ.

Pluvier à collier : Manteau de soie gris perle, collier noir, œil vif, clair, parfois si brillant que Toussenel lui a donné le nom de Pluvier aux yeux d'or.

Guignard : Dos noir avec mouchetures grises, poitrine d'un gris roux que limite une étroite bande noire dans la saison du printemps, ceinture blanche, tête grise, tarses légèrement verdâtres ; oiseau moins gros que le Pluvier doré, 0,24 à 0,25 c. de long, les ailes ont 0,50 c. d'envergure.

La taille de ces Pluviers est à peu de chose près celle du Pluvier doré.

— Les Pluviers sont reconnus comme étant les plus actifs de tous les Echassiers ; ce sont des braves auxquels l'heure importe peu, aussi les voit-on constamment en mouvement. A les regarder courir, se démener, on les croirait mus par un ressort perpétuel.

Il n'y a là rien qui doive nous étonner ; la nature ne nous ménage-t-elle pas toujours d'heureuses surprises lorsqu'elle prend sous sa protection des êtres aussi intéressants que les Pluviers.

Ces oiseaux marchent et courent très facilement, volent légèrement, avec vitesse quelquefois et sans jamais se lasser. Brehm dit qu'ils ne se décident à nager que contraints par la nécessité, mais ils le font très habilement (1).

Le Guignard est peut-être moins élégant que le Pluvier doré, mais il est aussi vif, aussi agile ; il vole fort légèrement, et si la nature lui a donné une tête plus grosse que celle de son cousin, par contre sa chair est excellente et préférable même à celle du Pluvier doré.

Les mœurs de ces oiseaux sont identiques ; méfiants, craintifs, on ne les approche que très difficilement.

Les Pluviers et les Guignards se rencontrent sur tous les points du globe.

Les Pluviers dorés habitent principalement l'Europe, l'Asie

(1) Brehm, *loc. cit.*, p. 558.

et le nord de l'Afrique. On les voit constamment en Allemagne et en Angleterre, fréquemment en Belgique, en Hollande et en France.

Les Guignards se rencontrent dans l'Europe du Nord, en Asie, en Afrique. En Allemagne on les trouve dans presque tous les Etats. Ils sont moins communs en France, en Espagne, en Angleterre.

Brehm a rencontré le Guignard sur les crêtes élevées du Dovrefjeld, au cap Nord, sur les cimes les plus hautes du Riesengebirge, les Highlands. Radde l'a signalé comme un oiseau commun dans le sud de la Sibérie, la zone alpine des montagnes, au-dessus des tundras, à une altitude de 2,400 à 2,600 mètres au-dessus du niveau de la mer.

Tous ces oiseaux émigrent pendant une partie de l'année. Dans les départements du nord de la France, le Pluvier doré a deux passages :

1° Celui du printemps qui commence dès les premiers jours de mars et se prolonge quelquefois jusqu'en avril;

2° Celui d'automne qui a lieu au mois d'octobre et au mois de novembre.

Quelques individus restent dans les contrées septentrionales de notre pays jusqu'aux premières gelées ; on en a vu même y passer l'hiver quand cette saison était modérée.

Le Guignard est de passage périodiquement dans le nord de la France en mai et en août ; dans le centre, on le rencontre en septembre ; on en a signalé en Normandie pendant le mois de février.

Pour me résumer : les Pluviers et les Guignards sont d'infatigables voyageurs que l'on rencontre un peu partout, en Europe, en Asie, en Afrique, surtout dans l'Algérie.

Ils voyagent le plus souvent la nuit en se rangeant sur une seule ligne oblique; rarement dans leur vol ils suivent l'ordre triangulaire.

J'en ai vu et tiré des quantités dans les champs labourés de la Beauce, principalement en automne. Les prairies de la Haute-Marne en sont également couvertes pendant la saison des brouillards et des pluies. Dans le Poitou, surtout la partie qu'on appelle la *plaine*, on les rencontre en bataillons serrés, mêlés aux Vanneaux, leurs compagnons de voyage et suivis de milliers d'Étourneaux.

Je le répète : ces oiseaux sont essentiellement migrateurs;

ils se montrent en France deux fois l'année, en septembre et en mars.

Qu'ils sont longs les voyages à accomplir, véritables voyages au long cours, on peut bien les appeler ainsi, mais facilement supportés par des ailes aussi rapides que celles dont ces pèlerins sont si ingénieusement armés.

Les Pluviers et les Guignards sont des oiseaux de marais; ils aiment assez suivre les cours d'eau, longer les rivières, s'abattre près des étangs et venir se jeter ensuite dans les grandes pièces de terre, prairies, chaumes, terres labourées, détrempées ou inondées par les pluies d'automne ou d'hiver.

Véritables types de gaîté, de légèreté et de grâce, quel contraste avec les Bécassines et les Maubèches, natures moroses, inquiètes et mobiles dont la voix perçante s'entend à travers la brume et le bruit.

Tous les Pluviers recherchent de préférence les prés et les endroits marécageux. Ainsi que les oiseaux de passage, ils élisent leur domicile dans les longues et larges terres, se tiennent généralement au centre après avoir toutefois flanqué d'éclaireurs les rives du champ où le gros de la troupe s'est abattu.

Le Pluvier doré et le Guignard fréquentent les plaines humides, les autres Pluviers vivent sur le bord des rivières, recherchent les plages graveleuses de la mer; aussi, dans certains pays, sont-ils connus sous le nom de *Gravières*.

Bien que la gaîté soit le fond de leur caractère, ils sont très prudents et se laissent difficilement approcher par le chasseur. Il faut croire que l'expérience leur a appris à distinguer l'homme de la nature de l'homme civilisé, j'allais dire comme Paul de Kock, l'homme policé. Pour eux, l'homme civilisé est un être antipathique qu'ils fuient du plus loin qu'ils l'aperçoivent; l'homme des champs, au contraire, peut les aborder d'assez près même.

Ici, encore une remarque ; ils savent parfaitement établir la différence entre le Chien de berger et le Chien de chasse; ce dernier est-il aperçu, même à distance, les oiseaux se réunissent, font entendre leur cri d'appel, quittent définitivement le sol et s'élèvent à une assez grande hauteur.

Que de fois m'a-t-il été permis de contempler ce tableau.

Berger jetant au vent la note mélancolique d'un refrain champêtre, chien paresseusement couché près du maître et scrutant l'horizon, moutons et brebis broutant quelques maigres *Convolvulus* et *Taraxacum*, sansonnets s'exerçant comme de vrais écuyers à sautiller sur les housses laineuses, et, pour encadrer cette image champêtre, Pluviers et Vanneaux faisant entendre un pi-hui prolongé, chant de remerciement à la nature de leur avoir donné si bonne compagnie.

Combien je regrette de n'être pas artiste; il serait si facile de traduire sur la toile ce petit poème d'une rusticité si vraie!..

Le Chien de berger, par un grognement sourd, a-t-il signalé la présence d'un importun, les oiseaux aux écoutes ont vite pris leur parti; ils se mettent d'abord à courir avec rapidité, s'arrêtent de temps à autre et confient enfin le salut à leurs ailes. Ils commencent à raser le sol comme les Hirondelles, se redressent tout à coup dans les airs par la détente brusque de leurs ailes pointues, et ne tardent pas à disparaître dans les airs ainsi qu'un tourbillon chassé par le cyclone.

CHAPITRE VIII.

Mœurs des Pluviers et Guignards.

Les Pluviers, en général, sont des oiseaux très sociables; deux font cependant exception à la règle : le grand et le petit Pluvier à collier qui ont l'air de vivre en ermites ou tout au moins en frères quêteurs.

Il semble que la Beauce, qui n'est plus, dans la saison d'hiver, qu'une série infinie de plaines nues, soit un de leurs séjours favoris. J'en ai tué et vu abattre des quantités dans le canton de Maintenon. C'est par bandes, par vols nombreux qu'on les rencontre; il est rare de les trouver en petites sociétés.

Comme le dit avec raison M. de Cherville (1), « les Pluviers sont des oiseaux que réunit un instinct social. Leurs agrégations ne se bornent pas, comme chez la Perdrix, à la famille; leurs vols se composent des oiseaux d'un canton que sollicite probablement la nécessité de se réunir pour braver les dangers de longues traversées auxquelles leurs instincts de mi-

(1) Le marquis de Cherville, *Les Oiseaux de chasse*, p. 133.

grateurs les obligent. Leurs plus petites bandes sont toujours de cinquante, suivant Belon. »

Il est donc bien entendu : les Pluviers et les Guignards sont très sociables et ont au plus haut degré l'amour de la famille.

Je puis affirmer que le caractère le plus intéressant de l'espèce est la solidarité, aussi l'homme s'est trouvé là, tout exprès, pour tirer parti de cette qualité.

Un coup de feu a-t-il fait quelques victimes ? on voit soudain toute la bande tourbillonner autour des blessés et des morts, passer au-dessus du chasseur en lui donnant à entendre qu'il faut s'occuper des mourants. Mais cet instinct de charité est tellement bien compris que l'être civilisé ne manque jamais de l'exploiter pour semer encore le carnage autour de lui.

Si les Pluviers passent pour des oiseaux dont les sens et l'intelligence soient assez développés, par contre, on a dit et répété que les Guignards étaient sots et stupides. Allons donc!

Pourquoi ne pas reconnaître, au contraire, qu'ils ont été éduqués comme les Pluviers, que l'instruction leur a été donnée par le même maître. Est-ce parce que le Guignard a la tête plus grosse et plus ronde ? Une anomalie, je le comprends, mais que voulez-vous que le pauvret fasse à la nature de s'être montrée si bizarre envers la conformation de son chef ?

Une remarque qui a été faite : le Pluvier doré quitte ses compagnons à la tombée de la nuit et les appelle dès que l'aube apparaît (1).

Pendant la saison des amours, le mâle dessine dans l'air de capricieuses arabesques, descend ainsi qu'une flèche à côté de celle qu'il s'est choisi pour compagne, saute autour d'elle, balance la tête, ouvre les ailes et continue ce jeu jusqu'à ce que la femelle ait répondu à ses avances.

Cette dernière a-t-elle consenti à recevoir les caresses si prodiguées d'un côté, tant désirées de l'autre, on voit le couple définitivement uni, vivre à l'écart et devenir de jour en jour plus solitaire.

Il est rare que les mâles se disputent la possession des femelles ; on a pourtant vu des adversaires se rencontrer, se quereller, fondre l'un sur l'autre et lutter jusqu'à épuisement

(1) D'Orbigny, *loc. cit.*, p. 179.

complet ; de véritables duels dans lesquels la folie l'emporte le plus souvent sur l'amour.

Je crois les Pluviers assez réservés sur la question de chasteté ; ils peuvent ne pas être très austères dans leurs mœurs, mais il s'en faut de beaucoup que je les mette au rang des Chevaliers, qui se disputent constamment, non seulement pour la conquête d'une femelle, mais pour une futilité, pour la plus petite fadaise.

Peut-on donner le nom de nid à la légère excavation produite par le pas d'un cheval ou d'un bœuf sur le sol toujours humide ? Il est prouvé que cette dépression creusée dans le sol et tapissée de quelques brins d'herbes desséchées et de débris de chaume, sert de nid à la femelle.

Plusieurs Pluviers déposent simplement leurs œufs sur un terrain uni ; quelques-uns, le Guignard, par exemple, voulant assurer plus de sécurité aux produits de leurs amours, se construisent un véritable nid avec du lichen et de la mousse.

Les œufs des Pluviers à collier sont déposés non loin du bord de l'eau, dans un endroit sablonneux.

Bientôt la femelle pond de trois à cinq œufs en forme de poire, tachetés d'une couleur jaune-olivâtre avec des mouchetures d'un brun noir foncé mêlé de rouge.

Les œufs du Guignard sont à coquille mince, comme ceux du Pluvier doré, mais d'un jaune brunâtre clair, verdâtre, parsemé de taches foncées.

Ceux des Pluviers à collier sont d'une couleur jaune roux, avec des taches de gris-cendré et de brun-noirâtre.

Les œufs du Pluvier doré ont pour grand diamètre : 0,051 à 0,053 ; pour petit : 0,035 à 0,036. Ceux du Guignard : grand diamètre, 0,039 à 0,040 ; petit diamètre, 0,029 à 0,030.

Les œufs des Pluviers à collier ont le même diamètre que ceux des Pluviers dorés.

Les œufs sont couvés pendant seize jours avec beaucoup de sollicitude et la femelle ne les quitte sous aucun prétexte.

Brehm dit que la femelle du Guignard couve avec une telle ardeur qu'elle se laisse presque fouler aux pieds plutôt que d'abandonner le nid ; elle sait d'ailleurs la protection que lui assure son plumage couleur du sol (1).

(1) Brehm, *loc. cit.*, p. 562.

20 Janvier 1891.

Vers le quinzième ou le seizième jour, les jeunes éclosent et se comportent comme les poussins des gallinacés.

Le père et la mère prennent bien soin des petits ; le premier veille sur eux, les avertit ; la seconde les conduit et leur procure la nourriture.

Dans le danger, ils cherchent toujours à attirer l'attention de l'homme ou de n'importe quel ennemi pour que les poussins aient le temps de trouver une retraite assurée ; dès les premiers jours ils savent se cacher.

D'après Naumann, à trois semaines, les Pluviers peuvent se passer de leurs parents ; ils restent cependant avec eux jusqu'à ce qu'ils soient complètement adultes et ils les accompagnent pendant leurs migrations.

Le régime des Pluviers et des Guignards est exclusivement animal ; les Vers de terre, Lombrics, les Insectes, les petits Mollusques constituent leur nourriture ; quelques larves disséminées çà et là servent d'assaisonnement.

On voit ces oiseaux constamment occupés à fouiller les rives des vallées basses et humides, les prairies détrempées par les pluies d'automne ; on les rencontre aussi au milieu de ces grandes nappes d'eau que forment les chemins de traverse pendant la saison d'hiver.

Leur bec est une véritable sonde. Toujours en mouvement, ils piétinent le sol, le frappent avec une certaine force pour contraindre les Vers de terre à sortir de leur retraite.

Tout le monde connaît cette singulière habitude, mais ce que bien des personnes semblent ignorer, c'est que ces oiseaux sont toujours occupés à ce genre de chasse.

Découvrez plusieurs Pluviers, aussi bien à midi qu'à six heures, vous les trouverez constamment au travail, à piétiner le sol ou à pétrir la bordure limoneuse de la plage.

Un Echassier use aussi d'un stratagème analogue à celui employé par le Pluvier pour forcer le Ver de terre à fuir sa demeure, c'est le Courlis, mais au lieu de frapper le sol avec ses pattes, il se sert de son bec pour produire le tremblement de la terre et s'emparer du curieux assez simple pour venir s'offrir au long appendice nasal de l'échassier.

J'ai fait l'autopsie de quelques Guignards et Pluviers que j'ai abattus ; chez tous, j'ai rencontré des insectes, des

Lombrics, de petits Mollusques mélangés à des graviers. Jamais je n'ai trouvé le plus petit brin d'herbe.

Arrivés à la nappe d'eau, ils procèdent immédiatement à leur toilette ; deux ou trois fois par jour, à des heures régulières, on est certain de les voir se laver le bec et les pieds.

Comme la Bécasse, dit M. de Cherville, ils sont réguliers dans leurs ablutions.

Bien des précautions sont prises pendant que se fait cette opération, on dirait un régiment allant à la baignade. Chaque compagnie défile devant un gros d'oiseaux composant l'état-major, arrive au bord de l'eau, se lave les extrémités pendant que des vedettes espacées interrogent l'horizon.

Le Pluvier a toujours la voix plaintive; c'est une sorte de chant monotone, d'un accent cependant assez agréable et que l'on peut traduire par le mot composé *dis-lui*.

Dans la saison des amours, d'après Brehm, il fait entendre un trille qui peut ainsi se noter : *taludl*, *taludl*, *taludl*, *taludl*. Du plus loin que vous puissiez apercevoir des Pluviers dans la plaine, l'écho vous apportera la ronde très prolongée de l'andante qu'ils viendront d'exécuter, *tlui*, *tlui*, *tlui*. Tenez pour certain que vous avez été découvert et que la bande disparaîtra au plus vite.

La voix du Guignard, à ce que dit le naturaliste allemand, est douce, flûtée; on peut la rendre par *durr* ou *duru*.

Celle des Pluviers à collier se traduit de trois manières : Le cri d'appel est *dia* ou *deae*; le cri d'avertissement par *diu*; le cri d'amour, *duh*, *du*, *dull*, *dull*, *lullul*, *lull*. Brehm avance que ce dernier cri est un chant véritable qui se termine par un trille.

J'ai eu dans mon carnier deux Pluviers dorés que j'avais blessés, l'un mortellement, l'autre, légèrement, au fouet de l'aile; ce dernier, à peine sorti du sac, a commencé à pousser ce cri : *pui*, *pui*, *pui*; depuis il est resté muet ; je l'avais gardé deux jours.

M. de la Blanchère (1) dit que le cri habituel des Pluviers dorés captifs est *crri*, *cre*, *cré*, *créee*; quand ils se battent : *criii i lui*.

(*A suivre.*)

(1) De la Blanchère, *Les Oiseaux utiles et les oiseaux nuisibles*.

PRODUITS DE LA VOLAILLE

EN DANEMARK ET EN HONGRIE

Par M. BRÉZOL.

DANEMARK.

En 1867, le Danemark exportait 900,000 œufs, valant 32,400 couronnes, ou 45,036 francs. Dix ans plus tard, en 1877, l'importance de ce commerce s'était deux fois décuplée, et on expédiait à l'étranger 18,880,000 œufs, valant 1,285,750 francs. La progression n'a pas cessé de croître depuis, car 72,489,600 œufs, valant 4,670,251 francs, sont sortis du Danemark en 1885 ; 93,010,000 œufs, valant 5,601,868 francs, ont été vendus en 1886, et 110,934,500 valant 6,568,104 francs en 1887.

Chose singulière, les Danois qui expédient leurs œufs à l'étranger, en empruntent à d'autres pays une quantité assez considérable, dont une faible partie seulement est réexportée. Ces importations se chiffraient, en 1877, par 2,900,000 œufs ; par 2,487,520 en 1885 ; par 2,085,900 en 1886, et par 3,731,500 en 1887.

En 1885, 1,760,000 œufs venaient du Schleswig-Holstein et du Lauenbourg, 520,000 de la Suède, 200,000 de la Russie ; 480,000 seulement ont été réexportés. Suivant une première hypothèse, les producteurs danois qui préfèrent réserver pour la vente leurs produits dont le prix est généralement plus élevé, consommeraient le reste des œufs importés. On prétend aussi qu'ils servent à des applications industrielles, ou encore qu'on les réexporte comme œufs originaires du Danemark.

Des 72,489.600 œufs sortis de ce petit royaume en 1885, l'Angleterre a reçu 60 millions, l'Allemagne 7,120,000, chiffre dont une assez forte partie est encore passée en Angleterre sous pavillon allemand, la Suède 3,120,000, et les Etats-Unis qui promettent de devenir un important marché, 2,320,000.

Les éleveurs anglais, auxquels un œuf revient souvent à 29 centimes pendant les mois compris entre octobre et février, se sont maintes fois demandé comment leurs concurrents danois pouvaient approvisionner en tout temps les marchés de la Grande-Bretagne à raison de 5 fr. 80 pour un cent d'œufs. Les procédés suivis en Danemark expliquent jusqu'à un certain point cette différence dans les prix de revient. Les fermes à volailles y sont généralement de faible importance, et consistent le plus souvent en une simple pièce de terre de 1 hectare à 1 hectare 1/2, entourant une maisonnette ; le système coopératif est en ce moment mis en essai à Roëskilde, dans l'île de Zélande.

Outre les poules de paysan qui sont de beaucoup les plus nombreuses, on rencontre comme races étrangères, des Italiennes et des Espagnoles, principalement des Minorque. L'orge constitue la base de leur alimentation, mais pendant la saison de ponte, on la remplace souvent par de l'avoine ou une pâtée de pommes de terre et de son ; les Poules étant absolument libres, trouvent, du reste, un abondant complément de nourriture autour des habitations. On admet généralement en Danemark que l'entretien d'une Poule coûte *1 œre*, 1 centime 3 par jour, 4 fr. 75 par an, mais ce chiffre serait, paraît-il, un peu trop faible. D'après un propriétaire du pays, une basse-cour de 250 Poules coûterait 1,330 francs par an ; chaque Poule produisant en moyenne 120 œufs à 6 fr. 65 le cent, soit 30,000 œufs valant 1,995 francs pour tout le poulailler, le bénéfice net serait de 665 francs. On considère, du reste, une production de 120 œufs par Poule comme un minimum, en dessous duquel il n'est guère possible de réaliser de bénéfices ; la moyenne varie d'ordinaire entre 140 et 160. On produit uniquement des œufs dans les fermes danoises, sans s'occuper des volailles de table ou de leur engraissement, art qui y est absolument inconnu ; les Poulets ne coûtent cependant pas trop cher dans cette région (1).

HONGRIE.

Le bureau de statistique agricole du ministère hongrois de l'agriculture, de l'industrie et du commerce, vient de publier quelques documents sur l'élevage de la volaille en Hongrie et son exportation.

En 1884, la Hongrie seule, sans la Croatie et l'Esclavonie, exportait pour 24,691,000 francs de volailles, œufs, plumes, etc. En 1887, ce trafic a atteint le chiffre de 33,935,860 francs, qui se décompose de la façon suivante :

(1) D'après une lettre de M. Conway Thornton au journal *Land and Water*.

Volailles mortes et vivantes....	10,128,000	francs.
Œufs........................	11,266,030	—
Plumes......................	12,080,000	—
Foies d'Oie.................	405,720	—
Graisse d'Oie...............	56,140	—

Parmi les volailles, les Oies mortes et dressées constituent le principal article d'exportation avec les Poules vivantes ; les Canards et les Dindons viennent ensuite, puis les Pigeons, qui représentent une très faible somme.

L'élevage des animaux de basse-cour est uniquement exercé en Hongrie par les classes les plus pauvres de la société. Les principaux lieux de production et d'expédition sont l'intérieur du pays pour la volaille, ainsi que les villes de Kecskemét, Felgyhaza, Mako, Orosháza. Ce sont pour les œufs de grosse taille, Szegedin et Udvard, dans le comitat de Komorn, puis Bajmok, Püspök-Ladány, Stuhlweis-Zenbaug, Keszthely, Szentes, Ivan, etc. Klausenbourg possède la réputation de produire exclusivement de très petits œufs. Buda-Pesth vient en première ligne pour les plumes ; pour les foies d'Oie, on cite Neuhaüsel, Galgócz et Waag-Neustadt.

Quant à l'écoulement de ces différents produits, Vienne est le principal marché de la volaille, mais on fait aussi d'importants envois en Allemagne, très considérables surtout pour Dresde, Leipzig et Hambourg, beaucoup moins pour Wurzbourg, Cassel, Cologne, Brême, Hanovre, Munich, Breslau, Mayence, Heidelberg, Magdebourg et Berlin. C'est encore Vienne qui reçoit la plus forte quantité d'œufs, principalement, il est vrai, à titre d'entrepôt, ainsi que Tarnow en Galicie. L'Allemagne, la Suisse, puis l'Angleterre par l'intermédiaire d'Anvers, viennent ensuite. Les plumes sont épurées mécaniquement à Prague, d'où elles gagnent les différentes villes de l'Autriche et de l'Allemagne.

L'exportation des produits de la volaille prend également une grande importance en Russie. En 1881, dit la *Pall Mall Gazette*, elle expédiait pour 2,025,000 francs d'œufs vers l'Allemagne et l'Autriche. En 1888, l'entrée de la France et de l'Angleterre dans sa zone d'opérations, élevait à 28,972,500 fr. l'importance de ce commerce, qui comprend, comme nouvel article, 711,200 kilogr. de jaunes d'œufs vendus en boîtes de fer blanc scellées.

RAPPORT

SUR LES

EXPOSITIONS INTERNATIONALES DE PÊCHE

D'ÉDIMBOURG ET DE LONDRES

PAR M. C. RAVERET-WATTEL.

(SUITE.)

HOWIETOUN FISHERY.

Cette superbe ferme aquicole, située près de Stirling (Ecosse), appartient à Sir James R. G. Maitland, Bart., qui l'a créée de toutes pièces et qui en a fait, en l'espace de dix ans, un établissement véritablement hors ligne, moins encore par le développement et le caractère tout à fait industriel donné à l'exploitation, que par les études à la fois scientifiques et pratiques qui s'y poursuivent et qui contribueront à asseoir la pisciculture sur des bases vraiment rationnelles. La visite d'un pareil établissement n'est pas seulement fort intéressante; elle est aussi éminemment instructive.

Commencé en 1873, l'établissement d'Howietoun a reçu, d'année en année, d'importants développements qui l'ont mis à même de livrer au commerce des quantités considérables : 1° d'œufs embryonnés pour l'incubation artificielle; 2° d'alevins et de sujets de divers âges pour le repeuplement des eaux; 3° enfin, de poisson pour le marché. Quatre millions de litres d'eau par vingt-quatre heures alimentent les bassins et les étangs, au nombre de trente-deux, non compris celui qui est uniquement consacré à la mise en essai et à la multiplication des végétaux aquatiques les plus intéressants au point de vue de la pisciculture. L'établissement possède, en outre, deux annexes : l'une à Craigend, où l'on compte quatre étangs, l'autre à Goldenhove, où se trouve un étang d'environ 4 hectares et demi, servant exclusivement à la production du poisson pour le marché. Le personnel permanent comprend : un régisseur, trois hommes et quatre femmes, employés à la pisciculture proprement dite, plus quatre hommes de peine et deux ouvriers en bois.

Un principe rigoureusement observé dans l'établissement est l'emploi exclusif, comme reproducteurs, de poissons suffisamment âgés, c'est-à-dire ayant au moins six ou sept ans. L'expérience a démontré, en effet, que les jeunes sujets, bien que relativement plus prolifiques que les vieux, donnent généralement naissance à des alevins délicats dont la croissance laisse toujours à désirer ; les poissons arrivés à leur entier développement produisent, au contraire, des alevins sains et vigoureux, qui croissent rapidement et prennent de belles dimensions. Nous reviendrons plus loin sur cette question importante.

Une autre précaution, à laquelle on attache non moins d'importance, est la limitation du nombre des œufs dans les appareils d'éclosion, afin que ces œufs soient toujours baignés par un courant d'eau copieusement aérée.

C'est à la stricte observation de ces deux règles que le propriétaire de l'établissement attribue surtout le succès constant de ses élevages et la belle venue des poissons qui peuplent les bassins.

Récolte des œufs. — La récolte des œufs de Truite commence à Howietoun dès la fin d'octobre, mais elle se continue jusque dans la seconde quinzaine de janvier, attendu que, comme partout, la date de la fraie varie considérablement, même pour des sujets de même âge et placés tous dans des conditions identiques.

Il est possible, toutefois, d'avancer ou de retarder la fraie des Truites de tout un bassin à l'aide d'une alimentation spéciale. Les écarts de date obtenus, par ce moyen, peuvent s'étendre du commencement de novembre à la fin de décembre. En commençant, par exemple, dès les premiers jours de février, à nourrir les reproducteurs uniquement avec de la chair de Peignes (*Pecten*), on leur fait recouvrer, avant la fin d'avril, tout l'embonpoint perdu par les fatigues de la fraie précédente, et l'on assure par là une maturité précoce des œufs pour la fraie de l'automne suivant (1).

(1) Les observations faites dans l'établissement ont permis de constater que, pour certaines Truites, le temps qui s'écoule entre une ponte et la suivante est

Il serait toutefois dangereux d'abuser de ce moyen. On voit, en effet, souvent le *Saprolegnia ferax* sévir au printemps sur les Truites qui ont repris trop tôt leur embonpoint. On peut, il est vrai, en salant énergiquement l'eau, mettre jusqu'à un certain point le poisson à l'abri de la maladie; mais ce moyen n'est pas toujours applicable, notamment, quand l'étang alimente en aval d'autres bassins peuplés de jeunes sujets, pour lesquels la salure de l'eau présenterait de sérieux inconvénients; non pas que les jeunes poissons aient directement à souffrir de l'action de l'eau salée, mais parce que cette eau arrêterait le développement des végétaux inférieurs et des infusoires, dont la pullulation est indispensable pour la nourriture de l'alevin. Aussi convient-il que l'étang réservé aux Truites qu'on prépare pour une fraie hâtive déverse ses eaux en dehors de l'établissement. A Howietoun cet étang présente, dans sa partie centrale, une dépression ménagée de telle sorte qu'une épaisse couche d'eau fortement salée puisse y être entretenue pendant de longues semaines sans entraîner une très grande consommation de sel.

Les plus grands soins sont apportés à la récolte des œufs et de la laitance. Sauf dans des cas exceptionnels, c'est-à-dire pour de très forts sujets, on n'exerce pas la plus légère pression sur l'abdomen des femelles. En n'opérant que quand les œufs ont atteint juste le degré de maturité convenable, on obtient leur expulsion simplement en courbant un peu le corps du poisson. Il en est de même pour la laitance, dont on provoque l'émission en mettant un instant l'abdomen du mâle en contact avec les œufs déjà recueillis.

Pendant le fort de la fraie, il n'est pas rare de récolter et de féconder, dans une seule matinée, plus de 50 litres d'œufs, ce qui en représente environ 400,000. Au reste, l'établissement est, dès maintenant, en mesure de produire annuellement jusqu'à 20,000,000 d'œufs (1), moyennant une dépense de 1,000 livres ster. (25,000 fr.). On espère réduire peu à peu le prix de revient, et l'abaisser suffisamment pour pouvoir

parfois de moins d'une année ; on croit même que, chez presque tous les individus, la ponte se produit, chaque année, plus tôt que la précédente ; de sorte que, d'une façon générale, les sujets les plus âgés frayeraient les premiers, et les plus jeunes, au contraire, frayeraient les derniers.

(1) Cette quantité représente un volume d'environ trois mètres cubes, et un poids de 3,000 kilogr., lequel, avec les emballages pour la vente et le transport, monte à près de 50 tonnes, soit le chargement de 10 wagons.

livrer les œufs au commerce à raison de 3 fr. le mille, tout en conservant un bénéfice très suffisamment rémunérateur.

Incubation des œufs. — Les appareils d'incubation sont des augets en bois, que l'on noircit au fer rouge, à l'intérieur, pour éviter le développement des Byssus. Cette légère carbonisation de la surface du bois est si habilement faite et d'une façon si uniforme, par les ouvriers de l'établissement, que le bois paraît être recouvert d'une couche de peinture noire. Le travail se fait à l'aide de fers plats, un peu lourds, à angles aigus et à long manche, comme les fers à souder. On passe rapidement l'outil, en appuyant fortement, pour qu'il n'y ait pas d'air interposé, ce qui permet de carboniser le bois sans crainte de l'enflammer. Aucun enduit ne vaut cette carbonisation superficielle, qui protège le bois infiniment mieux que la peinture, tout en coûtant moins cher; elle est parfaitement saine et rend le nettoyage facile : un coup de brosse suffit pour donner à l'appareil une propreté complète. Pour l'extérieur, on emploie la peinture au minium, dont on applique généralement trois couches.

Ces augets mesurent 2 mètres de longueur environ, sur $0^{m},25$ de largeur. Les œufs y sont placés sur des claies en baguettes de verre, fixés non dans le sens de la longueur, comme dans les appareils Coste, mais perpendiculairement au courant. On pense que, grâce à cette disposition, les œufs peuvent absorber une plus grande quantité d'oxygène. Chaque auget peut recevoir 14,000 œufs de Saumon, ou 30,000 œufs de Truite, de *Salmo fontinalis*, etc.; or, 208 de ces appareils étant répartis dans les divers laboratoires de l'établissement, plus de 6 millions d'œufs peuvent être mis à la fois en incubation.

De légers volets, formant couvercles, sont posés sur les appareils, afin de protéger les œufs, tant contre les déprédations des souris et des rats, qui en sont très friands, que contre l'action nuisible de la lumière.

La lumière, même diffuse, accélère l'évolution embryonnaire, et les alevins obtenus dans ces conditions sont toujours très délicats. Avant l'éclosion, on reconnaît aisément les œufs qui ont subi l'action de la lumière au peu de développement des yeux chez les embryons. De pareils œufs sont à rejeter, car ils ne donneraient rien de bon. Des embryons vigoureux, qui se sont développés dans de bonnes conditions, ont toujours les yeux grands et bien noirs.

Un autre inconvénient de la lumière pendant l'incubation, c'est de favoriser le développement des Byssus sur les œufs.

Pour ces diverses raisons, l'emploi de couvercles sur les appareils d'éclosion est chose indispensable.

Ce sont exclusivement des femmes que l'on emploie au rangement des œufs sur les claies, parce qu'elles y apportent plus de soin et d'adresse que des hommes. On ne pourrait obtenir de ceux-ci qu'ils ne poussent pas les œufs avec les barbes des plumes employées pour ce travail, tandis que les ouvrières savent, avec ces plumes, déterminer un petit courant d'eau qui entraîne chaque œuf et le conduit à la place qu'il doit occuper. Une ouvrière exercée peut ranger les œufs de dix augets à l'heure, soit 140,000 œufs.

Ce sont également des femmes qui surveillent les appareils d'éclosion et enlèvent chaque jour les œufs morts devenus opaques. Pour enlever ces œufs, on a depuis longtemps renoncé à l'emploi des pinces encore en usage dans certains établissements, et avec lesquelles on ne peut guère prendre un œuf sans heurter ou, tout au moins, déranger les œufs voisins, ce qui n'est pas exempt d'inconvénients pendant la première période de l'incubation, soit pendant un mois environ. On se sert à Howietoun d'un modèle de pipette qui se compose d'un tube en verre terminé par une demi-sphère creuse, sur laquelle est tendue une mince feuille de caoutchouc. L'extrémité libre du tube de verre est légèrement évasée en entonnoir. Pour se servir de l'instrument, on appuie légèrement avec le pouce sur le caoutchouc, on applique la partie évasée du tube sur l'œuf qu'on veut saisir, et on cesse d'appuyer sur le caoutchouc; la pression de l'air colle l'œuf au fond de l'entonnoir et il est facile de le retirer, sans déranger aucun des œufs voisins. Les ouvrières habituées à manier cette pipette vont très vite en besogne. A certains jours le chiffre des expéditions s'élève à 200,000 ou 250,000 œufs, lesquels, avant l'emballage, doivent être débarrassés de tous les œufs non fécondés ou en mauvais état. Eh bien! même lorsque la proportion de ceux-ci atteint 5 pour 100, ce qui en représente 15,000 à enlever, deux ouvrières suffisent pour faire le travail en une matinée.

De l'eau de source, à température pour ainsi dire invariable, alimente les appareils d'éclosion. Elle subit un filtrage qui se faisait d'abord à l'aide de diaphragmes en flanelle, auxquels on a renoncé comme étant peu commodes et d'un nettoyage long et difficile. On leur a substitué des cadres garnis de toile métallique très serrée (24 fils au centimètre), dont le fonctionnement est, paraît-il, très satisfaisant et qui se nettoient à la brosse, avec la plus grande facilité. Du reste, on ne se préoccupe pas outre mesure des légers sédiments qui, malgré ce filtre et l'emploi d'une eau constamment très pure, se déposent sur les œufs. Pendant la première période de l'incubation, les sédiments ne portent pas un préjudice sérieux, et, dès que les œufs sont embryonnés, il est facile de tenir ceux-ci propres au moyen d'arrosages en pluie, répétés autant qu'il est nécessaire.

Telle est l'égalité de température de l'eau employée pour les incubations, qu'on sait à l'avance le jour où se produira l'éclosion des œufs contenus dans tel ou tel appareil ; on peut ainsi prendre, en temps utile, les dispositions nécessaires à l'installation des alevins. Ces dispositions consistent à enlever deux des quatre claies de verre qui garnissent chaque auget, puis à nettoyer avec soin l'appareil, lequel conservera seulement un nombre d'alevins moitié de celui des œufs qui étaient en incubation. Le reste des œufs est livré à la vente, dès que l'évolution embryonnaire est suffisamment avancée. Quand les rangs sont éclaircis, les embryons profitent d'une quantité d'eau proportionnellement plus considérable et mieux aérée ; aussi se développent-ils parfaitement et, devenus alevins, ils commencent à manger beaucoup plus tôt et sont infiniment plus robustes que s'ils provenaient d'œufs restés en trop grand nombre dans les appareils jusqu'au moment de l'éclosion. La vigueur de l'alevin dépend surtout de l'abondance d'oxygène qu'il a pu absorber pendant l'incubation. C'est pourquoi rien n'est négligé dans l'établissement d'Howietoun en vue de fournir aux œufs une eau aussi aérée que possible ; c'est dans ce but également que les claies chargées d'œufs ne sont jamais recouvertes d'une couche d'eau de plus de $0^m,02$ ou $0^m,025$ d'épaisseur.

Quand l'incubation est arrivée à son terme, on enlève les deux claies restantes, en mettant à même l'appareil les œufs qui les garnissaient, et il suffit d'élever très légèrement la température de l'eau, à l'aide d'un mélange convenable, pour déterminer une éclosion générale ; souvent, en moins d'une demi-heure, 90 pour 100 des œufs sont déjà éclos. L'opération se fait généralement le matin, entre neuf et dix heures ; vers trois heures de l'après-midi, tous les œufs sont éclos, les coques vides enlevées et le niveau de l'eau réglé dans l'appareil à la hauteur nécessaire pour les alevins, auxquels ne suffirait plus la mince nappe liquide qui convenait pour les œufs en incubation.

Nourriture de l'alevin. — Des alevins issus de reproducteurs choisis avec le soin qu'on y apporte à Howietoun sont toujours très vigoureux et commencent à manger avant la complète résorption de la vésicule vitelline. De toutes les nourritures artificielles qui ont été essayées, la suivante est celle qui a paru devoir être adoptée. On prend du filet de bœuf ou de cheval (1), dont on enlève toute la graisse ; on le hache menu, puis on le pile dans un mortier de marbre, et on le passe dans un gros tamis. On y ajoute ensuite du jaune d'œuf dur, à raison de neuf jaunes par livre de viande. Les œufs doivent être pondus au moins depuis quelques jours, afin qu'après cuisson, le jaune soit le plus *farineux* possible (2). Quand la viande et ces jaunes ont été bien mélangés au mortier, on passe le tout dans un tamis fin et l'on obtient, après un nouveau pétrissage, une pâtée à peu près de la consistance du mastic de vitrier. On en fait des boulettes dont chacune représente la ration d'un repas pour la population de cinq bacs d'élevage, et voici comment se font les distributions : Une femme prend une sorte de petite raquette, de 7 à 8 centimètres de diamètre, formée d'une monture en bois et d'une plaque circulaire en zinc perforé ; elle y place une boulette et, pressant avec les deux pouces pour faire passer la pâte de viande par les petits trous du zinc, elle en fait un mince vermicelle auquel on donne une longueur de 4 à 5 centimètres. Une légère secousse donnée à la raquette détache ces brins de vermicelle et les fait tomber dans l'eau, où les alevins ne leur laissent pas le temps d'aller au fond ; ils se précipitent

(1) L'aloyau de cheval peut aussi être employé, mais celui de bœuf est généralement trop gras, et le bifteck serait trop fibreux. Quant à la viande de mouton, elle ne convient nullement.

(2) L'établissement tire ses œufs de l'étranger et les fait venir par caisses de 120 à 150 douzaines, représentant la consommation d'une dizaine de jours.

sur cette nourriture fort de leur goût, s'en disputent les morceaux, et font tout disparaître en un instant. Mais il importe que la viande ait été bien dégraissée; autrement la pâte obtenue se diviserait mal et les alevins cesseraient bientôt d'y toucher. La proportion de jaune d'œuf doit aussi être observée; quand elle est insuffisante, la pâte se désagrège promptement dans l'eau et tombe au fond. Tandis que, quand la préparation est bien faite et distribuée avec mesure, pas une parcelle ne se perd. Le zinc perforé doit être du n° 8 ou 9. Si les trous étaient plus petits, ils laisseraient difficilement passer la pâte, et s'ils étaient plus larges, le vermicelle serait trop gros et les alevins ne pourraient pas le briser assez aisément. Bien que cette nourriture revienne, main-d'œuvre comprise, à 3 fr. 30 environ le kilogramme, on la trouve plus économique que le foie, qui ne coûte guère, cependant, que 0 fr. 20 le kilogramme. C'est qu'un kilogramme de cette pâtée représente plus de nourriture que 16 kilogrammes de foie, et qu'il ne s'en perd jamais. Les alevins en sont si friands qu'il est nécessaire de les rationner, car ils en absorberaient au point de se faire mal ; leur estomac serait bientôt distendu et presque aussi volumineux que l'était tout d'abord la vésicule vitelline. En pareil cas, une suffusion de sang se manifeste dans la région anale et la mort survient rapidement (1).

Au bout de quinze jours, on remplace la pâtée par de la viande de cheval très finement hachée à la mécanique, puis pilée au mortier et passée au tamis. Cette viande est distribuée à l'aide d'une sorte de godet en zinc perforé n° 9, de 6 centimètres de diamètre, sur 12 à 15 centimètres de hauteur. Ce godet est fixé à l'extrémité d'un long manche qui sert à l'agiter dans l'eau ; la viande hachée tamise par les trous du zinc et se répartit convenablement dans le bac d'élevage. Les parcelles qui n'ont pas été assez finement hachées pour passer par les trous restent dans le godet et sont utilisées pour les sujets d'un an. On évite ainsi de donner des morceaux trop gros, avec lesquels de tout jeunes alevins peuvent s'étouffer.

(1) Quand, faute de pâtée, on est obligé d'employer du foie pour la nourriture de l'alevin, on préfère se servir de foie de mouton, plutôt que de foie de bœuf, parce qu'il se divise plus régulièrement, en tamisant à travers le zinc perforé de la raquette. Bien que d'un prix plus élevé, il est en définitive moins coûteux que celui de bœuf, attendu qu'il donne moins de déchet.

Transport de l'alevin. — Une fois les jeunes poissons installés dans leurs bacs d'élevage, on n'y touche plus que quand vient le moment soit de leur donner plus d'espace, soit de les livrer à la vente. Encore, pour les mettre dans les bidons de transport, évite-t-on, autant que possible, de les prendre avec un petit filet pour les compter ; car le moindre frottement peut enlever, sur quelque point, le mucus protecteur qui enduit le corps du poisson, et, dans ce cas, la *mousse* apparaît bientôt sur l'endroit offensé. Aussi, pour les livraisons d'une certaine importance, les alevins ne sont-ils pas comptés; on les vend par lots, c'est-à-dire que la population de chaque bac d'élevage est livrée pour cinq mille alevins. Elle est, en réalité, beaucoup plus nombreuse, puisqu'elle est le produit d'au moins sept à huit mille œufs, et que, pendant l'incubation, les pertes sont très faibles ; mais l'établissement préfère vendre un peu plus cher et donner plus que le chiffre nominal, afin d'éviter un comptage nuisible aux alevins.

Avant d'être expédiés, ceux-ci reçoivent des soins spéciaux. On veille surtout à ce qu'ils ne pâtissent pas, car ils perdraient de leur vigueur, ne seraient plus en état de trouver leur nourriture dans les eaux où on les verserait, et périraient bientôt d'inanition, comme cela ne se produit que trop souvent chez nous, pour les neuf dixièmes des alevins qu'on verse trop jeunes en rivière. Mais ils ne doivent pas, non plus, recevoir une alimentation trop substantielle, attendu qu'ils supporteraient mal le voyage. L'emploi de la pâtée de viande et de jaune d'œuf jusqu'au jour du départ leur distendrait l'estomac et les exposerait aux inflammations. Si on leur donnait de la viande de cheval finement hachée, les fèces abondantes souilleraient l'eau des appareils et seraient très nuisibles. Aussi, pendant les huit jours qui précèdent l'expédition, ne donne-t-on plus aux alevins qu'un aliment léger : du foie de mouton, qui a malheureusement l'inconvénient de salir beaucoup le fond des bacs et de nécessiter de fréquents nettoyages. Aucune nourriture n'est donnée le jour du voyage ; la dernière ration est distribuée la veille au soir.

La température de l'eau est aussi un point très important dans la question du transport de l'alevin. Beaucoup de pisciculteurs emploient une eau aussi froide que possible. Or, rien ne nuit au poisson comme les changements brusques de température. A Howietoun, on ne croit pas devoir se servir d'une autre eau que celle dans laquelle se fait l'élevage, et qui est généralement à 10° centigrades ; on prend seulement des précautions pour qu'elle ne s'échauffe pas en route. Signalons toutefois que, pour des sujets plus âgés — d'un an et surtout de deux ans — cette température serait beaucoup trop élevée ; on emploie alors force glace pour rafraîchir l'eau des appareils de transport.

Un trajet de plus de vingt-quatre heures est considéré comme nuisible pour le tout jeune alevin, qui a besoin de manger souvent et qui, ne pouvant être nourri pendant le voyage, souffre de la faim en route. On estime que, pour les envois à petite distance, il est préférable d'expédier l'alevin huit ou dix jours avant qu'il ne soit en état de manger. A cet âge, le jeune poisson est très enclin à vaguer et, quand on le met en liberté, il a tout le temps de se choisir une place à sa convenance avant de commencer à sentir la faim. Ceci, toutefois, suppose qu'il pourra trouver à se cantonner sur quelque haut fond de sable ou de gravier. Si non, on préfère attendre que l'alevin ait été nourri artificiellement pendant un mois environ. Dès qu'il est en état de manger de la viande de cheval pilée, il est assez fort pour supporter la faim pendant vingt-quatre heures sans perdre de sa vigueur, ce qui lui donne le temps de trouver quelque endroit favorable.

Bassins d'alevinage. — C'est à cet âge que, dans l'établissement, l'alevin est transféré des bacs d'élevage dans les bassins en plein air. Ces bassins, qui mesurent environ 30 mètres de longueur sur 5 mètres de largeur, ont près de 2 mètres dans la partie la plus profonde. Au début de l'exploitation, on croyait bien faire en versant les alevins sur les bords, qui ne présentent qu'une mince nappe d'eau. Mais on s'est aperçu que les jeunes poissons qui n'étaient habitués qu'au demi-jour du laboratoire, effrayés, sans doute, par le passage subit à la pleine lumière, se massaient sur un point, cherchant à se cacher les uns sous les autres, au détriment des plus faibles, auxquels il arrivait presque toujours quelque accident. Aujourd'hui, on verse les alevins en eau plus profonde ; ils se dispersent immédiatement pour gagner d'eux-mêmes, isolément, les endroits à leur convenance.

Pendant la première journée, ils s'agitent beaucoup ; mais,

dès le lendemain matin, tous se sont casés et c'est alors que commence réellement la difficulté de la nourriture artificielle. On a bien le soin de remplir les bassins plusieurs semaines à l'avance, pour qu'il s'y développe de la nourriture naturelle : des Entomostracés, des Gammarus, etc. ; mais, quoique déjà d'un grand secours, cette nourriture reste fort insuffisante. Des distributions doivent donc être faites au moins trois fois par jour, et le succès de l'élevage dépend de l'adresse qu'apporte le distributeur à réunir les alevins sur un point donné. On commence par jeter à la surface de l'eau et dans un endroit où il y a de la profondeur, une petite quantité du vermicelle préparé comme il a été dit plus haut. Ces vers artificiels, tombant dans plus d'un mètre d'eau, mettent quelque temps à descendre, et il est bien rare que deux, trois des petits poissons ne viennent pas se les disputer. Leurs mouvements sont bientôt remarqués et attirent d'autres consommateurs. Quand le vermicelle a disparu, on le remplace par une très petite quantité de viande de cheval hachée, qu'on distribue à l'aide d'un godet en zinc semblable à celui dont il a été question ci-dessus, mais plus grand et fixé à l'extrémité d'une gaule de près de trois mètres. Moins on donne de nourriture à la fois, mieux cela vaut, car si chaque petit poisson parvenait immédiatement à saisir un morceau, tout se passerait avec calme ; tandis qu'autour des morceaux parcimonieusement distribués des luttes vives s'engagent ; l'agitation bruyante qui en résulte éveille l'attention des estomacs vides, et bientôt, de tous côtés, surgissent de nouveaux arrivants. En l'espace de sept à huit minutes, une main exercée peut ainsi, quand l'eau est suffisamment claire, réunir sur un point tout l'alevin répandu dans un rayon de cinq à six mètres. Une ration suffisante est alors donnée; puis on recommence un peu plus loin, avec les mêmes précautions, et toujours où il y a de la profondeur, afin que le poisson ait le plus de temps possible pour saisir la viande au passage avant qu'elle n'atteigne le fond. Une femme convient généralement mieux qu'un homme pour ce travail, auquel elle apporte plus de soin, et c'est un point très important. Pour l'alevin de cet âge, et surtout pendant le premier mois qui suit la mise en bassin, une alimentation insuffisante est la principale cause de perte et c'est, du reste, toujours pendant cette période que la mortalité est plus grande. Lorsqu'on ne sait pas attirer convenablement les jeunes poissons et les grouper pour les distributions de nourriture, beaucoup d'entre eux ne mangent pour ainsi dire pas ; bientôt ils s'affaiblissent, perdent toute activité et deviennent de plus en plus difficiles à nourrir. C'est là une cause fréquente d'apparition de *la mousse* chez l'alevin de trois mois. Mais il n'est même pas besoin de cette complication pour voir la population du bassin diminuer rapidement : les individus les plus faibles succombent successivement, et les plus forts commencent à dévorer leurs voisins, dont ils contribuent singulièrement à éclaircir les rangs.

D'un autre côté, si l'on distribue la nourriture avec trop d'abondance, c'est-à-dire en en donnant assez, dans toute l'étendue du bassin, pour que chaque poisson y trouve sa part, le fond et les bords sont, en peu de temps, tellement souillés par de la viande non consommée et corrompue, que le poisson court les plus grands risques d'être envahi par le *Saprolegnia*. Rien n'est favorable au développement de ce parasite comme la présence dans l'eau de matière animale en décomposition. Pour tous ces motifs, la distribution de la nourriture exige une attention véritablement minutieuse. Mais, quand les alevins sont nourris avec les précautions convenables pendant une quinzaine de jours, ils acquièrent si bien l'habitude de se réunir dès qu'on jette les premières parcelles de viande qu'en cinq minutes, on a distribué la ration nécessaire à tout un bassin. Une seule personne suffit pour donner ainsi la nourriture dans seize bassins différents, huit fois par jour. Les distributions se continuent aussi nombreuses jusqu'en septembre, où l'on supprime la première ration du matin et celle du soir. En octobre, on maintient seulement quatre distributions, qui ont lieu de dix heures du matin à trois heures du soir, et, pendant l'hiver, on ne donne plus à manger au poisson que de onze heures à deux heures et demie. Mais la quantité de nourriture distribuée augmente régulièrement. Cent mille Truites de dix mois consomment deux ou trois chevaux par semaine.

Poissons de deux ans. — En mars de la seconde année, les jeunes Truites sont triées et passent dans les bassins consacrés aux sujets de deux ans. On vide les bassins qu'elles occupaient, on les nettoie à fond, puis on les laisse à sec pendant au moins quinze jours et, après les avoir de nouveau remplis, on attend encore une quinzaine avant d'y remettre de l'alevin.

Les sujets de deux ans sont triés avec soin et classés par grosseurs, bien que, par suite de la régularité et de la bonne répartition de la nourriture, il se produise d'ordinaire, moins qu'ailleurs, de ces irrégularités de développement si habituelles chez les poissons.

La nourriture est facile à distribuer aux Truites de deux ans. La viande de cheval hachée est semée à la main à la surface de l'eau. Comme les bassins ont de 2^m,50 à 3^m,50 de profondeur, les parcelles de viande ont tout le temps d'être happées au passage par le poisson, avant d'atteindre le fond. Les Truites arrivent d'ailleurs par bandes dès qu'elles voient approcher le distributeur. Un homme convient mieux qu'une femme pour donner la nourriture aux poissons de deux ans, parce qu'il est assez fatigant de distribuer la viande et de la bien répartir dans un bassin de quelque étendue. Si le distributeur marche et fait le tour du bassin tout en lançant la viande, il y a peu de danger que celle-ci soit donnée trop abondamment sur certains points.

La quantité de nourriture distribuée est assez considérable. Trois seaux de viande hachée sont nécessaires, chaque jour, pour 20,000 ou 22,000 Truites. La nourriture est mesurée et non pesée; car on sait que chaque seau contient quatorze livres de viande. Ces seaux sont larges et peu profonds, afin qu'il soit facile d'y puiser, tout en marchant. Si l'ouvrier est habile, il peut répartir la nourriture aussi également qu'un semeur distribue la graine dans un champ.

Soins donnés aux élevages. — Mais pour que le poisson puisse en profiter, il faut qu'il ne soit ni inquiété ni dérangé. C'est pourquoi on doit éviter les trop nombreux visiteurs, qui deviennent souvent une gêne. Les Truites connaissent très vite les personnes chargées de leur distribuer la nourriture, aussi bien que les heures auxquelles se font les distributions. Quand le moment approche, on les voit déjà se réunir dans les endroits où elles sont habituées à recevoir leurs rations. Mais, à la vue d'étrangers, il leur arrive parfois de prendre peur; elles s'éparpillent dans toutes les directions, et l'on a ensuite quelque peine à les réunir de nouveau pour leur repas. Dans ce cas, une partie de la nourriture se trouve presque toujours perdue et va souiller le fond de l'eau; tout au moins, la distribution se fait-elle inégalement; or, des Truites irrégulièrement nourries sont, beaucoup plus que d'autres, sujettes aux maladies. Il ne faut jamais perdre de vue qu'une grande régularité dans les distributions est le premier facteur du succès dans l'élevage du poisson.

La mortalité est généralement très faible chez les Truites qui ont atteint dix ou douze mois; aussi, quand on fait passer les alevins d'un an dans les bassins consacrés aux sujets de deux ans, est-il largement suffisant de majorer de 10 °/ₒ la quantité de poissons qui doit finalement occuper ces bassins, car il faut toujours éviter que la population ne soit trop dense.

Mais il en est tout autrement quand on garnit les bassins servant à élever les alevins jusqu'à l'âge d'un an. On doit généralement compter sur une perte de 50 °/ₒ au minimum, et, par conséquent, mettre un nombre d'alevins double, si ce n'est triple, de celui qu'il s'agit d'obtenir. A Howietoun, les bassins de 30 mètres de longueur où l'on élève les *yearlings* (sujets d'un an) reçoivent ordinairement 30,000 alevins pour en produire 10,000. Mais on agit ainsi par mesure d'économie, c'est-à-dire pour s'éviter la surveillance continuelle, les soins minutieux qui seraient nécessaires pour réduire le déchet. En nourrissant l'alevin avec des précautions plus grandes, on arrive, en effet, à produire 10,000 yearlings avec seulement 15,000 alevins. On a même obtenu une proportion plus forte en employant, pour distribuer la nourriture, les appareils à fonctionnement automatique dont nous parlerons plus loin. C'est à l'éleveur à calculer ce qui lui est le moins onéreux : des soins minutieux, qui réduisent les pertes d'alevins, ou du déchet inévitable quand le poisson est moins bien soigné. Dans les établissements où les œufs s'obtiennent à bon marché, on a généralement avantage à supporter un fort déchet, plutôt qu'à le réduire en augmentant les frais de main-d'œuvre.

(*A suivre.*)

LE GAMBIER ET LE CANAIGRE

(MATIÈRES TANNANTES)

PAR M. J. LOZ.

Depuis un certain nombre d'années, les tanneurs, surtout à l'étranger, tendent à remplacer l'écorce de chêne broyée, par des matières plus richement pourvues de principes actifs. Les Anglais et les Américains se sont principalement adressés à un Cachou originaire de la Malaisie, le Gambier, qui a presque complètement détrôné l'écorce de chêne en Grande-Bretagne, où il est actuellement d'un emploi général.

Le Gambier arrive en Europe, sous forme de petits cubes d'apparence terreuse, de couleur rouge brunâtre, brune ou jaunâtre, ayant 2 centimètres 1/2, un pouce anglais, de côté. Parfois aussi, on le trouve en galettes plates, ou en masses compactes. La croûte extérieure, plus colorée, est aussi plus dure que l'intérieur, dont la texture est légèrement poreuse. Le Gambier n'émet aucune odeur, sa saveur, primitivement amère, devient ensuite faiblement saccharine.

Au microscope, on voit cette matière composée d'un entrelacs de cristaux aciculaires de *catéchine*, principe actif du Cachou noir extrait de l'*Acacia catechu*. Sa composition chimique est en effet celle du Cachou noir, et indépendamment de la Catéchine, les deux produits contiennent une substance colorante jaune, la *quercitine*. Le Gambier trouve sa principale application industrielle, dans les tanneries et les teintureries, mais il servirait encore à rehausser la coloration des bières anglaises brunes, et figure dans la pharmacopée anglaise et indienne qui l'emploient sous les noms de Cachou pâle ou Terre japonaise, contre la diarrhée et la dysenterie. Sa consommation ayant crû d'une façon très rapide, le Gambier qui valait autrefois 250 francs la tonne, puis 320 francs et 380 francs jusqu'à la fin de 1879, atteint aujourd'hui des prix variant entre 1,000 et 1,200 francs. Cette hausse est uniquement due, il est vrai, à ce que des commissionnaires de Singapour accaparent toute la production de la presqu'île de Malacca et de la Malaisie, afin d'imposer ensuite leurs conditions aux consommateurs. Voulant se soustraire à cette dépendance, les tanneurs anglais songent actuellement à propager la culture de l'arbrisseau produisant le Gambier, à Natal, à Bornéo, en Guinée, aux Antilles, des coïncidences dans la flore des différentes régions, permettant d'admettre qu'il réussirait partout où poussent le Cacaoyer, la Vanille, le Gingembre et le Bananier.

Le Gambier s'extrait des feuilles d'un arbrisseau Malais de la famille des Rubiacées, l'*Uncaria Gambir* Roxb. (*Nauclea Gambir* Hunt.), végétal aux feuilles opposées, épaisses et charnues, contenant une forte proportion d'extrait quand elles sont jeunes, s'amincissant ensuite avec l'âge, qui les rend coriaces et fibreuses. Ses nombreuses petites fleurs sont portées par des pédoncules de structure toute particulière, dont la partie inférieure, s'allongeant après la floraison, se recourbe en crochet qui fixe les branches aux végétaux voisins ou aux tuteurs dont on munit les arbrisseaux. L'*Uncaria Gambir* vit à l'état sauvage ou cultivé à Malacca, à Singapour, à Penang, à Sumatra, à Java.

La première mention faite du Gambier est due à un voyageur allemand, qui envoyait, en 1780, une notice sur ce produit à la Société hollandaise des Arts et des Sciences. Les arbres dont on l'extrayait, originaires de Pontjan, disait-il, avaient été introduits à Malacca en 1758.

En 1807, les *Linnean Transactions* publièrent sur l'*Uncaria Gambir* une nouvelle notice due à William Hunter, secrétaire de la Société asiatique. Le Gambier se préparait alors exclusivement à Malacca, Siak et Rhio, sous forme de petits gâteaux de couleur blanche, cubiques ou circulaires. La qualité supérieure se consommait en guise de cachou avec le bétel ; les produits inférieurs étaient expédiés aux tanneries de la Chine et de Batavia.

« La culture de cet arbre, disait Hunter, exige un sol riche » et fertile ; elle est surtout rémunératrice quand les pluies » sont fréquentes, pour les plantations situées sur le flanc » des collines, car si l'arbrisseau aime l'eau, ses racines re- » doutent l'humidité stagnante. Ces plantes se multiplient » par semis opérés en pépinière. Les premières pousses » apparaissent seulement après que les graines ont séjourné » trois mois en terre, mais leur végétation devient alors assez » active. Les arbrisseaux ayant atteint une taille de 20 cen- » timètres environ sont transplantés à raison de 700 pour » une surface d'un *orlong* (670 mètres carrés). On obtient une

» petite récolte de feuilles au bout d'un an, une plus forte six » mois après, une encore plus forte au bout de six mois, on » est dès lors arrivé au rendement normal qui se continuera » à raison de deux récoltes par année pendant vingt ou trente » ans. Les seuls soins d'entretien consistent à bêcher le » sol au pied des arbres, et à les ravaler de manière à ce » qu'ils ne dépassent pas une taille de 2 mètres.

» Les deux récoltes de l'année fournissent 1,200 kilo» grammes environ de Gambier sec par *orlong*. »

En 1819, on opérait à Singapour les premières plantations d'*Uncaria Gambir*, dont le produit était alors uniquement destiné à l'Asie et on comptait bientôt jusqu'à huit cents exploitations. Elles disparurent ensuite peu à peu, par suite de diverses circonstances : la pénurie en combustible nécessaire pour faire infuser les feuilles et évaporer la liqueur ainsi obtenue, la longueur et la difficulté de ces opérations qui rendaient le recrutement du personnel assez pénible. Toutes avaient, pour ainsi dire, disparu en 1866, mais depuis, l'entrée du Gambier dans l'industrie européenne et les prix de plus en plus élevés qu'il a atteints, ont fait renaître les plantations abandonnées.

Suivant M. Jagor (1866), on laisse les arbres atteindre une taille de $2^{m},50$ à $3^{m},25$ et on les dépouille de leurs feuilles trois ou quatre fois par an. L'extraction de la matière contenue dans les feuilles s'exécute à l'aide de procédés des plus primitifs. Une chaudière plate, en fonte, de 1 mètre environ de diamètre, est placée sur un foyer en terre. Après y avoir versé une certaine quantité d'eau, on y jette les feuilles et les jeunes pousses, et on les soumet à l'ébullition pendant une heure ; puis les feuilles sont enlevées et pressées sur une planche qui ramène le jus exprimé à la chaudière. On évapore à consistance sirupeuse, et on recueille le liquide dans des seaux. Le refroidissement n'amène pas la cristallisation de la matière, par suite sans doute du phénomène des solutions salines dites sursaturées, qui, contenant une certaine quantité de sels cristallisables, restent cependant liquides aussi longtemps qu'on les met à l'abri des poussières et autres corps étrangers, pour se prendre en masse confuse dès qu'elles se trouvent en contact avec un corps solide quelconque. L'ouvrier indigène détermine cette réaction en plaçant deux seaux devant lui et en agitant leur contenu avec un bâton tenu de chaque main, qu'il enfonce dans la masse et retire alternativement, sans brusquerie, et suivant une direction un peu oblique. Le liquide s'épaissit, se coagule progressivement autour du bâton, puis, quand tout le contenu des deux vases a pris une consistance pâteuse, on le coule dans des boîtes carrées pour le débiter ensuite en petits cubes qu'on laisse se dessécher à l'ombre.

Une plantation de sept à huit mille arbres, occupant cinq ouvriers, produit de 25 à 30 kilos de Gambier chaque jour, pendant toute la durée de l'année.

Le *Tropical Agriculturist* disait de son côté en 1885 : « La » culture de l'*Uncaria Gambir* dans la presqu'île de Malacca » et aux îles de la Sonde, est exclusivement entre les mains » des Chinois qui l'entreprennent; ainsi que l'extraction de » la matière en suivant des procédés extrêmement primitifs. » Ces individus n'exploitent généralement pas pour leur » propre compte, mais pour un de leurs compatriotes enri- » chi, pour un *towkay*, ayant grand soin de retenir la ma- » jeure partie du bénéfice comme rémunération de ses faibles » avances. Les capitalistes assistent à l'arrivée de tous les » navires amenant des coolies chinois, afin d'y recruter leur » personnel de colons, et si faible que soit la somme qu'ils » leur laissent, ceux-ci finissent souvent, à force d'économie, » par devenir à leur tour des *towkays* qui s'empressent » aussitôt de continuer ces lucratives opérations.

» Pour établir une plantation, le coolie commence par » incendier une certaine étendue de forêt, suivant en cela » du reste, la méthode généralement appliquée dans la région » quand on veut créer une caféière. La culture du Gambier » marchant toujours conjointement avec celle du Poivrier, » l'espace ainsi dénudé est réparti entre les deux végétaux. » Les 1,000 à 2,000 poivriers, en effet, que le Chinois plante » à 3^{m},25 les uns des autres feront attendre leur première » récolte pendant trois ans, tandis que l'*Uncaria* rapporte » au bout de dix-huit mois. Les pieds de Gambier sont espa- » cés de 2 mètres, et on laisse les mauvaises herbes parmi » lesquelles domine le *lalang*, *Imperata Kœnigii*, envahir » complètement le sol autour des arbrisseaux. Les Poivriers, » du reste, ne sont guère mieux traités. De chaque côté de » son jardin, le cultivateur a le droit d'abattre sur une lar- » geur déterminée, le bois dont il confectionnera les tuteurs

» de ses arbustes, et qui lui fournira le combustible néces-

Le Canaigre (*Rumex hymenosepalum*).

» saire à la macération et à l'évaporation du Gambier. Sui-
» vant une méthode encore en usage dans certaines ré-

» gions montagneuses et boisées de la France, il préparera, » au moyen de gazons jetés sur des feux de branchages, un » mélange de terre calcinée et de cendres, qu'il étendra sur » la poivrière avec les feuilles de Gambier épuisées. Ces » plantations ne rapportent pas ce qu'on serait en droit d'en » attendre, la façon barbare dont on traite les *Uncaria*, les » stérilisant à une époque où les Poivriers sont encore en » plein rapport, à mesure que ces arbrisseaux avancent en » âge, leurs feuilles plus rares deviennent de plus en plus » coriaces, de moins en moins charnues, ce qui réduit consi- » dérablement le rendement. Une plantation de dix ans n'a » plus guère de valeur, et on l'abandonne généralement vers » la quinzième année, pour aller s'établir plus loin. Cette » dégénérescence rapide est due à la façon antirationnelle » dont on dépouille les arbustes de leurs feuilles, de leurs » rameaux et de leurs bourgeons, à grands coups de cou- » teaux grossiers, taillés dans les bandes de fer entourant les » balles de marchandises. Le sujet ainsi maltraité, se trans- » forme bientôt en une sorte d'échalas susceptible de végé- » ter encore, mais incapable de produire. Le sol sans om- » brage se durcit sous sa couverture de *lalang*, incapable de » lui fournir la moindre substance assimilable. Quant aux » procédés d'extraction, ils sont aussi barbares que la mé- » thode de culture, et le type de fourneau en usage consume » inutilement une grande quantité de bois. »

Les procédés relatés par la publication anglaise diffèrent légèrement de ceux que nous avons mentionnés précédemment. Le mélange de feuilles et d'eau bouillante est agité constamment avec un trident en bois, puis, quand le liquide a pris une consistance sirupeuse, on place les feuilles dans une auge en bois, et exprime leur liqueur qui est renvoyée à la chaudière, dont le contenu est ensuite coulé dans de petits tubes en bois. Les feuilles épuisées, réchauffées avec une nouvelle quantité d'eau, donnent une seconde liqueur trop pauvre en principes pour pouvoir être traitée directement, mais qui servira pour l'infusion suivante. Après cette seconde extraction, on les conduit à la poivrière, qui ne reçoit guère d'autre engrais.

Dès que le liquide versé dans les tubes est assez refroidi pour qu'on puisse y plonger la main, le coolie détermine sa coagulation en y enfonçant sa main à demi ouverte, dans laquelle il agite vivement un petit morceau de bois. Le produit se cristallise rapidement, et on le débite en cubes à l'aide de couteaux grossiers, puis ces cubes placés sur des claies en bambous à larges intervalles sont exposés pendant quatre à cinq jours à l'action de l'air qui les dessèche, leur enlève une forte proportion d'eau, en réduisant considérablement leurs dimensions.

En 1886, 1887 et 1888, l'Angleterre a importé approximativement les quantités suivantes de Gambier :

1886..... 22,800 tonnes, valant 13 millions de francs
1887..... 22,000 tonnes, — 13 —
1888..... 22,500 tonnes. — 17 —

Les Etats-Unis en reçoivent chaque année pour près de 6 millions de francs.

A côté du Gambier, nous signalerons l'emploi fait par les tanneurs américains, d'une nouvelle matière répondant au même but. En 1868, un explorateur envoyait à Washington des échantillons de racines d'un rouge foncé croissant abondamment sur les deux rives du Rio Grande, à travers l'Ouest du Texas, le Nouveau-Mexique et la République mexicaine, racines employées depuis deux ou trois siècles en guise de matière tannante par les Indiens de la région, qui les désignaient sous le nom de *Canaigre*. L'analyse y révéla une teneur en tanin de 32 °/₀, mais personne ne songea d'abord à tirer parti de cette découverte.

Le Canaigre ayant été mentionné à différentes reprises vers 1878 et 1879, de nouvelles analyses y trouvèrent 23,45 °/₀ de tanin, et 18 °/₀ d'amidon. D'après les caractères de cette racine, on en faisait une Polygonée et la réalité de cette hypothèse fut en effet constatée en 1879 par M. Saunders, la plante étant le *Rumex hymenosepalum* TORREY. Des tanneurs de Chicago se décidèrent à en faire l'essai vers 1885, et l'expérience fut trouvée si concluante, que le Canaigre est aujourd'hui l'objet d'un important commerce. Les Américains l'emploient soit directement, soit sous forme d'extrait dosant de 40 à 70 °/₀ de tanin.

L'introduction en Europe de ces substances exotiques exercera certainement une fâcheuse influence sur les demandes d'écorce de chêne française et par conséquent sur la culture forestière nationale.

LA FAUCONNERIE D'AUTREFOIS

ET

LA FAUCONNERIE D'AUJOURD'HUI

Conférence faite à la Société nationale d'Acclimatation le 21 mars 1890,

PAR M. PIERRE-AMÉDÉE PICHOT.

(SUITE *)

Les premières chasses de Louis XV, qui n'avait que cinq ans et demi lorsqu'il monta sur le trône de son bisaïeul, furent des chasses au vol, mais il ne prit pas un goût très vif pour cet exercice. On continua à recevoir à la Cour avec le cérémonial d'usage les présents de gerfauts que le roi de Danemark, le duc de Courlande et l'Ordre de Malte envoyaient au roi ; les officiers de la fauconnerie figurèrent avec leurs habits d'uniformes dans les cortèges et les entrées solennelles, et vous avez pu voir l'été dernier, à l'Exposition du Ministère de la Guerre à l'Esplanade des Invalides, un cortège de figurines découpées et fort habilement gouachées par un peintre de l'époque, Lesueur. Cela représentait un retour de Compiègne ; le carrosse royal entouré de mousquetaires était suivi par un groupe d'officiers de la Grande Fauconnerie et de pages du cabinet du roi attachés à ce service.

(Projection : *Officier de la Grande Fauconnerie et page.*)

Mais la fauconnerie passait de mode de plus en plus. Le perfectionnement des armes à feu, le prix toujours croissant des oiseaux de chasse et leur rareté, la difficulté de trouver de bons fauconniers, hâtèrent l'abandon d'un déduit qui avait fait les délices de nos aïeux pendant quatorze siècles.

Louis XV avait supprimé non moins de vingt-trois charges de gentilshommes de la Grande Fauconnerie et en avait réduit le personnel.

Louis XVI n'aimait pas la chasse au vol, et, pendant l'an-

(*) Voyez plus haut, page 52.

née 1775, il ne chassa qu'une seule fois à l'oiseau. Les fauconniers qui avaient le soin des oiseaux, dont le nombre était

Fauçonnier et Page du Cabinet du Roi attaché à la Grande Fauconnerie (Louis XV).

de plus en plus réduit, parurent pour la dernière fois avec leurs faucons sur le poing dans la grande procession des États généraux de Versailles, le 4 mai 1789.

Leroy, lieutenant des chasses du roi, nous a conservé, dans l'*Encyclopédie*, l'aspect d'une installation de fauconnerie à cette époque.

(Projection : *Intérieur d'une fauconnerie.*)

Vous voyez ici l'intérieur d'une fauconnerie. Des fauconniers réunis autour d'une table soignent leurs oiseaux, rajustent des plumes neuves à la place de celles qui sont cassées, fabriquent ou réparent leurs accessoires.

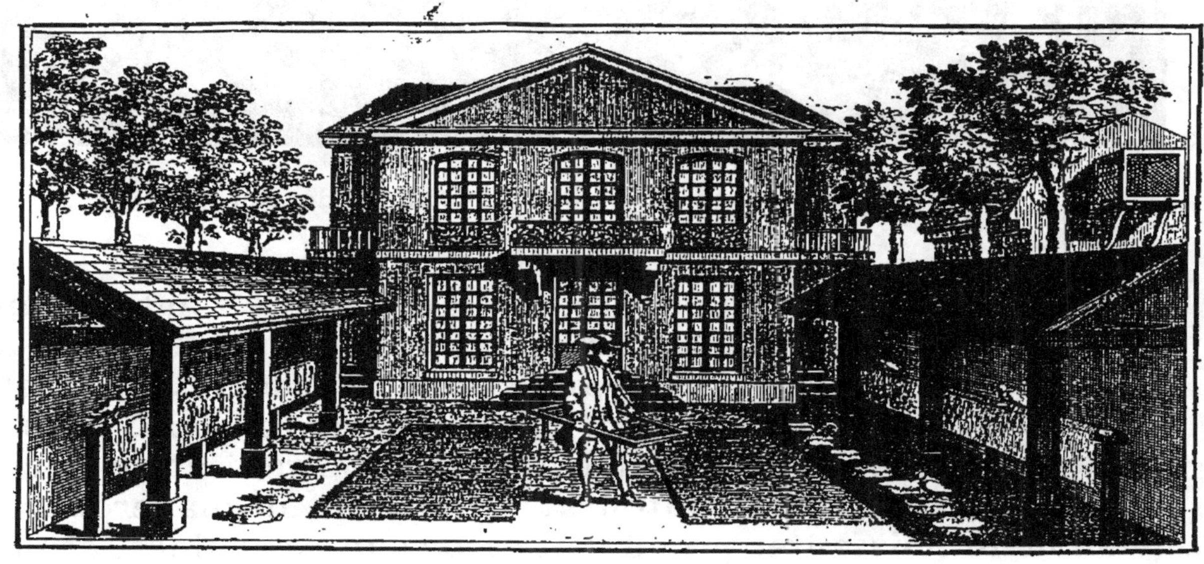

(Projection : *Extérieur d'une fauconnerie.*)

Maintenant voici l'installation extérieure de la même fauconnerie. Vous remarquerez à droite et à gauche les hangars sous lesquels on abrite les faucons attachés sur *la perche* et les pelouses où on les met à l'air pour « jardiner » comme on disait, attachés sur des *blocs*, ou petits tertres de gazon.

Portrait de Robert Cheseman, fauconnier de Henri VIII.

Enfin la Révolution éclate et la fauconnerie sombre dans la tourmente aussi bien en France que sur le continent Européen. Puis viennent les grandes guerres de l'Empire et le changement de mœurs profond que la révolution, dans ses phases successives, imprime à toute l'organisation sociale. On oublie faucons et vautours ; l'aigle seul, déchaperonné par une main puissante, prend son essor sur ces ruines, et montant au-dessus des nuages, va se perdre dans l'arc-en-ciel tricolore qui annonçait au vieux monde sa régénération.

Un pays cependant échappa à la tourmente, grâce à sa position insulaire, grâce surtout au goût de ses habitants pour la vie des champs et pour les sports de tout genre. Les traditions de la fauconnerie s'étaient surtout conservées en Ecosse où il y eut toujours des fauconniers autochtones fort experts à manier les faucons niais, c'est-à-dire dénichés dans leurs aires, le faucon se reproduisant abondamment dans les hautes montagnes, les falaises de rochers du nord de la Grande-Bretagne. Cette école de fauconnerie différait un peu de l'école du continent, où l'on se servait beaucoup plus d'oiseaux pris adultes et sauvages que l'on nomme hagards ou passagers.

(Projection : *Fauconniers anglais de la fin du XVIIIe siècle*).

Voici d'après un tableau de Ansdell le costume des fauconniers de cette époque.

Les troubles du continent ayant chassé en Angleterre un certain nombre de fauconniers étrangers qui ne trouvaient plus en Europe l'emploi de leurs talents, il y eut au commencement du siècle comme une renaissance de la volerie languissante, là-bas comme chez nous, par suite du perfectionnement des armes à feu et de la transformation des modes de chasse.

Parmi ces fauconniers, presque tous Hollandais, que nous voyons à cette époque paraître en Angleterre, je vous citerai le dernier fauconnier de Louis XVI, François Van den Heuvel, que nous trouvons de 1793 à 1799, chez le colonel Thornton.

Le colonel Thornton, un des types les plus intéressants que j'aie rencontré dans mes recherches sur les anciens fauconniers, était d'une vieille famille whig du Yorkshire. Son grand-père avait combattu pour les privilèges et les droits du citoyen anglais dans la révolution de 1688. Son père s'était signalé aux batailles de Falkirk et de Culloden en 1746, si bien que les rebelles, comme on appelait l'armée de Stuart, avaient mis à prix sa tête pour 25,000 francs qu'ils ne touchèrent jamais, car le père de Thornton ne mourut que de sa mort naturelle en 1771. Son fils, qui n'avait alors que deux ans, fut élevé par un oncle et se lança vers dix-neuf ans dans la société élégante de Londres, dans une sorte de club que l'on appelait « le Savoir-vivre » et qui comptait parmi ses membres les personnalités les plus éminentes du high-life anglais : lord Lyttleton, Sheridan, le prince de Galles, Fox, etc. Il y mena cette vie à grandes guides qui caractérisait la jeunesse dorée de cette époque, et vers 1780, un peu fatigué sans doute de cette existence excentrique et orageuse, il se retira dans sa terre de Thornville-Royal, où il réunit autour lui les amateurs de fauconnerie qui étaient déjà clair-semés dans le royaume. Là, son temps se partage entre tous les plaisirs de la chasse ; il est maître d'un équipage de fox-hounds ; patronne les courses où il monte en personne avec une audace endiablée ; élève des chiens d'arrêt et des lévriers qui se signalent partout par leurs prouesses ; va d'un bout à l'autre du royaume ; fait dix-sept voyages avec des équipages de chasse, des maisons mobiles qu'il transporte sur les bruyères, se livre à des pêches dangereuses où il manque parfois de perdre la vie, fait fabriquer exprès pour lui des armes à feu sur des perfectionnements qu'il indique, en un mot brûle les sports par tous les bouts.

A ce train-là, il est probable qu'il ne brûla pas que les sports ! Sa fortune subit quelques atteintes; des difficultés politiques (vous savez qu'il était d'une famille un peu révolutionnaire) compliquèrent ses difficultés financières; il fut blessé dans son amour-propre et ses ambitions; le séjour de l'Angleterre lui était devenu pénible, et il résolut d'aller chercher sur le continent un emploi à son activité et à ses talents.

On était alors à l'époque de la paix d'Amiens. Voici que débarqua un beau jour, dans le port de Dieppe, un équipage étrange, sorte de maison roulante divisée en compartiments qui renfermait dans ses flancs une meute, un équipage de fauconnerie, une salle d'armes, un dessinateur..... et même une jolie femme. La baleine de Jonas en eût crevé de dépit !

C'est dans cet appareil que le colonel Thornton se mit à parcourir la France. Pendant l'émigration et les premières guerres de la République, le colonel Thornton et sa famille avaient pu rendre en Angleterre de nombreux services à des Français émigrés ou prisonniers de guerre. Il trouva donc des amis tout le long de sa route et fut invité à chasser chez beaucoup de propriétaires qui lui firent le meilleur accueil.

Messieurs, lorsqu'on découple à la billebaude, c'est-à-dire

au hasard, on risque parfois de mettre sur pied un tout autre animal que celui que l'on voulait chasser. C'est ce qui m'est arrivé avec le colonel Thornton. C'est le fauconnier et le sportsman que je poursuivais, et je me suis trouvé en face d'un fait historique qui jette un jour assez curieux sur les préludes de la lutte homérique que l'Empire entreprit contre l'Angleterre. Comme le chasseur se repose parfois à l'ombre d'un arbre, vous me permettrez de quitter un instant mon sujet et de vous dire quelques mots de cet incident.

Lorsque le colonel arriva à Paris, son premier soin fut d'obtenir une audience du premier Consul qui était déjà l'objet de la curiosité et de l'intérêt général. Madame de Staël, de sa plume venimeuse, n'a pu s'empêcher de le constater elle-même, et dans ses *Dix années d'Exil*, elle avoue qu' « *une nation éminemment fière, les Anglais, n'était pas tout à fait exempte à cette époque d'une curiosité pour la personne du premier Consul qui tenait de l'hommage* ». Cela est vrai, positivement vrai. Beaucoup d'Anglais admiraient à cette époque le premier Consul et étaient même assez partisans de la Révolution française. Il ne s'en fallait même pas de beaucoup alors que la haine séculaire et légendaire de l'Angleterre contre la France ne fût entièrement effacée, et l'on ne songeait pas du tout à reprendre en chœur ce vieux refrain que vous connaissez tous :

Buvons un coup, buvons-en deux,
A la santé des amoureux.
A la santé du roi de France,
Et mort à celui d'Angleterre,
Qui nous a déclaré la guerre !

Ce fut l'irréconciliabilité du gouvernement anglais, la duplicité et la mauvaise foi du ministère britannique qui provoquèrent la rupture et, soufflant sur la braise, allumèrent un incendie qui devait avoir des conséquences si fatales.

Le colonel Thornton ne venait pas seulement en France pour y faire un voyage de touriste et de sportsman ; il avait l'intention de s'y fixer. Or, ce projet rentrait tout à fait dans les vues du premier Consul qui, navré de l'état d'abandon dans lequel restaient les biens nationaux à la suite de la Révolution et de l'expropriation de leurs propriétaires séculaires, voulait attirer en France les capitaux étrangers pour

Le colonel Thornton (1757–1823).

mettre ces biens en culture et en valeur et déstériliser une partie considérable du patrimoine national. Le colonel Thornton pouvait donc s'attendre à être bien accueilli aux Tuileries, puisque ses vues concordaient si complètement avec celles de Bonaparte. Eh! bien, une fois à Paris, il eut toutes les peines du monde à l'approcher à cause du mauvais vouloir des agents de l'ambassade britannique qui avait établi un véritable cordon sanitaire entre les Anglais alors à Paris et la personne du premier Consul. Le colonel finit cependant par triompher de tous les obstacles, entra en relations avec Bonaparte et obtint toutes les autorisations nécessaires pour parcourir la France avec ses équipages de chasse, visiter les domaines disponibles, en étudier les ressources en vue d'un établissement définitif. C'est le récit de ce voyage qu'il exécuta dans ces conditions singulières, qui fait l'objet d'un des récits les plus pittoresques et les plus amusants que j'aie lus sur cette époque si intéressante.

C'est sur ces entrefaites que la paix est remise en question par la mauvaise foi du gouvernement anglais et de ses plénipotentiaires dans la question de Malte, et le 11 mars 1803, dans une réception publique, Bonaparte adressait à haute voix à lord Withworth ces paroles de rupture : « Si vous voulez la paix, il faut respecter les traités; malheur à qui ne respecte pas les traités. » Le gouvernement anglais ne respectait rien du tout. Le colonel Thornton, subitement arrêté dans l'exécution de son projet, dut retourner en Angleterre, mais il avait conservé de son voyage en France un tel souvenir, qu'après la chute de l'Empire, il revint dans notre pays pour y finir ses jours. Mais ses ressources avaient subi depuis lors de rudes atteintes, et il n'avait plus cet enthousiasme pour les grandes choses qu'il avait rêvées la première fois. Il n'est plus question de ses plans industriels, de ses projets d'agriculture perfectionnée ; c'est un viveur fatigué qui nous revient, un sportsman toujours vert pour monter à cheval et pour boire, mais dont l'horizon est borné par l'âge. Il se contenta de louer le château de Chambord où l'on montrait encore, il y a quelques années, le chêne auquel il pendait les chiens qui tournaient mal, les faucons qui ne volaient pas bien ; il y achève une ruine déjà commencée, et ses termes de loyer ne sont pas payés. Il achète cependant encore le domaine de Pont-le-Roi et tient une grande place dans le

M. Fleming (de Barochan) et son équipage, d'après le tableau de Howe (1811).

monde sportique et bruyant de la capitale. En 1823, un cheval de course, portant son nom, paraît au Champ-de-Mars, mais au mois de mars de la même année, le colonel mourut à Paris emportant dans la tombe tout l'espoir d'une renaissance de la fauconnerie qu'il aurait peut-être provoquée chez nous, si les circonstances lui avaient permis de se fixer en France en 1802, lors de son premier voyage.

(Projection : *Portrait du colonel Thornton.*)

Voilà le portrait du colonel Thornton, portant sur le poing son faucon favori qu'il appelait « Sans-Quartier ». Ce portrait appartient à lord Rosebery.

Un des exemples les plus remarquables d'une longue suite de fauconniers dans la même famille, est celui de la famille Fleming, dans le Renfrewshire.

Jacques IV d'Écosse avait donné un chaperon orné de pierres précieuses à un membre de cette famille, dont le tiercelet avait battu un des faucons du roi.

Voici le portrait du Fleming, châtelain de Barochan Towers, peint vers 1811, par Howe. Il est entouré de tout son équipage, de ses fauconniers, de ses oiseaux et de ses chiens. Tous les fauconniers des Fleming furent Écossais. Dans ce tableau nous voyons le portrait très ressemblant du fauconnier en chef, le fameux Anderson ; puis à droite, son aide George Harvey. Il dut à sa renommée d'être choisi par le duc d'Athol pour avoir l'honneur de présenter au roi Georges IV, lors de son couronnement, les deux faucons dont les ducs d'Athol étaient redevables à la couronne, à chaque changement de souverain. C'est ainsi que John Anderson parut à la cour le 19 juillet 1821, revêtu d'un costume assez singulier pour l'époque, la livrée d'apparat que les ducs d'Athol avaient conservée depuis le roi Jacques.

(Projection : *Anderson en costume de cour.*)

Voici le portrait d'Anderson, en costume de cour. Je pense qu'il est inutile d'appeler votre attention sur sa casquette qui tient à la fois de la tour de Babel et du gâteau de Savoie. Ce n'est pas de la neige qu'il y a sur ce mont Blanc. Ce sont des plumes.

John Anderson, fauconnier de l'équipage de Barochan, en costume d'apparat au couronnement de Georges IV (19 juillet 1821).

Les fauconniers hollandais, qui avaient pris du service en Angleterre, allaient tous les ans chez eux se remonter en faucons de passage dont ils avaient introduit le maniement dans la Grande-Bretagne. On avait, en effet, continué à piéger les faucons de passage sur les vastes landes du Brabant, qu'ils traversent à l'automne en descendant vers le midi, au printemps en remontant vers le nord. Un de ces Hollandais, Jean Daams, faisait, en 1808, pour la seizième fois, ce voyage avec ses aides Daankers et Peels, lorsqu'à son passage à La Haye, le roi Louis fut averti de sa présence et l'engagea à rester en Hollande pour remonter au château du Loo la fauconnerie royale abandonnée depuis le départ du staathouder Guillaume V en 1795. Peels retourna seul en Angleterre, et la fauconnerie refleurit en Hollande, au château du Loo, dans le parc duquel se trouvait une importante héronnière. On appelle ainsi un bois où les hérons se réunissent pour nicher, comme les corbeaux, au sommet des arbres. En 1810, lors de l'annexion du royaume de Hollande à l'empire français, Napoléon fit venir un instant Daams et Daankers à Versailles ; il n'assista que trois fois au vol de l'équipage ; la pensée du souverain était ailleurs, comme bien on pense, et on cite même de lui une distraction funeste lorsque, chassant un jour à tir près de l'endroit où ses fauconniers exerçaient leurs oiseaux, il abattit d'un coup de fusil un faucon qui vint à passer à portée de son arme et dont il n'avait sans doute pas entendu les sonnettes. Cette fois encore, cette reprise de la fauconnerie sur le continent ne fut qu'un feu de paille.

Cependant en Angleterre, les fauconniers hollandais continuaient à exercer leur art et, en 1838, un des fauconniers du Club de Didlington vint en France chez le baron d'Offémont, dans les environs de Compiègne, pour voler la corneille et la perdrix, mais dans la même année, le baron d'Offémont et l'honorable Wortley Stuart se réunirent au duc de Leeds et à M. Newcome pour fonder au Loo même un club de fauconnerie. En 1840, ce club était monté sur un grand pied sous la présidence du baron Tindall ; le roi avait mis à la disposition des membres un petit pavillon situé dans le parc du château et une installation où étaient également logés les hommes et les oiseaux. On eut de vingt à quarante faucons, et le nombre des prises était, chaque année, de deux à trois cents hérons. Le club du Loo eut une existence brillante ; chaque année, les sportsmen les plus fameux de la France et de l'Angleterre s'y réunissaient pour jouir de leur sport favori. On organisa au Loo des courses de chevaux dont la mode se répandait sur le continent, et on menait brillante et joyeuse vie dans le pavillon royal. Vie peut-être trop brillante et trop joyeuse, car on y jouait beaucoup, on y faisait des dépenses excessives qui finirent par scandaliser la cour de ce pays économe et qui, en 1852, décidèrent le roi à supprimer ces réunions annuelles. Le club du Loo avait vécu.

(Projection : *Le vol du Héron.*)

Il restera cependant de cette association célèbre un monument impérissable, monument de science aussi bien que de sport ; c'est le *Traité de fauconnerie* du professeur Schlegel, de Leyde. Ce savant naturaliste et son collaborateur Verster de Wulverhorst suivaient assidûment les chasses ; il étudia là sur le vif les oiseaux de proie, et de cette étude résulta le traité en question ; magnifique in-folio, où toutes les espèces de faucon sont représentées en grandeur naturelle et coloriées. Nous allons en extraire deux planches, pour vous faire voir les péripéties d'un vol de héron sur les bruyères du Loo.

Dans ce tableau le fauconnier qui monte à cheval est le fameux Mollen, qui vit encore à Valkenswaard où il piège les faucons de passage. Celui qui rattache un faucon à droite est Bekkers, dans le milieu le prince Alexandre des Pays-Bas.

(Projection : *La prise du Héron.*)

Dans ce second tableau, vous voyez la prise d'un héron. Au milieu le roi Guillaume, puis le duc de Noailles, lord Seymour, etc. Le jeune homme qui indique du doigt la façon de reprendre un faucon, est M. Newcome.

Messieurs, cette rapide histoire de la grandeur et de la décadence de la fauconnerie est l'histoire des progrès de ma passion pour cet art. Comme Don Quichotte s'amouracha de la chevalerie en lisant les œuvres de Félician de Sylva, de même c'est en feuilletant les vieux livres que je me suis enthousiasmé pour l'art de dresser les oiseaux de chasse, mais ce n'est ni Palmerin d'Olive ni Amadis des Gaules qui m'ont fait rêver ; c'est le gerfaut blanc « la Perle » avec lequel Henri IV volait le héron dans la plaine Saint-Denis ; ce sont ces faucons du maréchal de Montmorency que Claude Gauchet, l'aumônier de Charles IX et de Henri III, a immortalisés dans son poème fameux des *Plaisirs des champs*.

Puissiez-vous ne pas dire de moi comme Cervantès de son héros : *notre hidalgo s'est acharné tellement à sa lecture qu'il s'est desséché le cerveau de manière à en perdre le jugement !*

Mais je dois dire que si j'ai conservé un peu ma tête, c'est que j'avais un contrepoison qui manquait à Don Quichotte. C'était le journal quotidien, car je lisais le journal quotidien en même temps que les vieux livres. Eh bien, c'est un excellent contrepoison contre les romans de chevalerie que le journal quotidien ! On y trouve d'abord les discussions politiques de nos sommités parlementaires, qui ne rappellent pas du tout les cours d'amours ; il y a les hauts faits des gentilshommes à casquette de nos faubourgs qui n'ont absolument rien de chevaleresque ; il y a les petites correspondances et les petites affiches qui elles, par exemple, vous font parfois rêver. Cette rubrique des petites correspondances est particulièrement intéressante dans les journaux anglais.

Dans le *Times*, elle occupe la seconde colonne du journal et elle est populairement connue sous le nom de *colonne des Agonisants* à cause du nombre d'appels désespérés qui s'y font entendre. *Colombe blessée* écrit à *Cicogne* qu'elle meurt si *Cicogne* ne revient pas la protéger contre ses ennemis. Ce n'est que quatre mois plus tard que Cicogne répond qu'il ou elle ne revient pas. Puis ce sont des *cœurs brisés*, des *parents au désespoir*, des *amis inquiets* qui réclament des nouvelles, qui assurent que tout est arrangé, que tout est oublié, que l'on apprendra dans tel ou tel endroit quelque chose qui intéresse, que le vieux toit paternel est en proie à la misère, que l'enfant est mort... que les serments d'antan sont oubliés ! Elle est navrante cette colonne des agonisants d'où s'élèvent des pleurs, des gémissements et des larmes comme des flots de ces fleuves de l'Enfer que cotoyaient Virgile et le Dante, et autrement vraie et palpitante que les romans réalistes de l'école moderne qui ont la prétention de peindre l'humanité et qui confondent les ulcères avec les blessures et le sang avec la suppuration.

Donc je lis souvent les journaux en guise de contrepoison, et c'est dans l'un d'eux que je découvris en 1865 une annonce qui ne manqua pas de piquer ma curiosité : « Un fauconnier très expert dans son art et possédant une dizaine d'oiseaux dressés demandait une place de sa spécialité chez un particulier ou dans un établissement public. »

Ah ! m'écriai-je, voilà mon affaire !

J'écrivis en Angleterre d'où j'avais reçu le journal en question et j'appris que ce fauconnier à la recherche d'une place, était, en effet, un des meilleurs fauconniers de l'Angleterre, l'Écossais John Barr. Il avait été jusqu'alors au service d'un prince Indien, interné en Angleterre, l'ex-Maharajah du Punjab : Dhuleep Singh, lequel, sur le point d'entreprendre un voyage en Égypte, démontait son équipage, et avait donné une dizaine d'oiseaux à John Barr, pour lui permettre de se replacer.

Je vous laisse à penser si je fis des efforts pour lui trouver une place en France. Malgré mes velléités de reconstitution historique, je ne pouvais nourrir, même un instant, l'idée de faire de la fauconnerie dans la petite propriété aux environs de Paris, où, pendant la belle saison, je vais manger au frais le melon que j'apporte des Halles centrales, et où le plus gros gibier que j'aie sous mes tonnelles, c'est des hannetons.

Mon ami, le comte Le Couteulx de Canteleu, le célèbre veneur qui vient de publier un si remarquable *Manuel de vénerie moderne*, me vint en aide et nous allâmes solliciter l'appui des Mécènes du sport et des grands propriétaires que cette résurrection intéressante pouvait tenter. On nous prit pour des chevaliers de la Table-Ronde, évoqués par l'enchanteur Merlin. Enfin, M. Georges de Grandmaison se laissa séduire et fit venir John Barr et ses oiseaux au château des Souches, en Sologne. L'équipage, pendant son passage à Paris, reçut l'hospitalité du Jardin d'Acclimatation, cet établissement modèle dont je ne ferai pas l'éloge ici, de crainte de faire rougir les cygnes qui neigent sur ses pièces d'eau. Vous savez d'ailleurs comme cet établissement est ouvert à toutes les idées nouvelles, à tous les perfectionnements. Nous lui devons l'introduction en France des expositions de

Chiens, et tous ces oiseaux curieux qui, vendus d'abord 3,000 francs la paire, sont aujourd'hui à la portée de toutes les casseroles. Le jardin a ouvert la voie aux exhibitions ethnographiques qui ont atteint, l'an passé, tout leur développement à l'esplanade des Invalides, et si quelques-unes de nos jolies parisiennes ont été... scalpées l'an passé par les Peaux-Rouges de Buffalo-Bill, c'est bien au Jardin d'Acclimatation qu'elles peuvent en faire remonter la responsabilité. Eh bien ! le Jardin d'Acclimatation offrit très gracieusement l'hospitalité à notre équipage, et pendant qu'il y séjourna, nous fîmes quelques vols aux environs, à Fontainebleau, des vols qui ne relevaient pas de la Préfecture de police, non, de vrais vols d'oiseaux.

John Barr et ses oiseaux ne devaient faire qu'un court séjour aux Souches, le château de M. de Grandmaison, le temps d'organiser un Hawking club sur le modèle des clubs anglais. Nous continuâmes nos visites et notre propagande, et parmi les personnes que nous allâmes voir, fut le baron d'Offémont, l'ancien membre du club du Loo. « Je suis, nous dit-il, le dernier fauconnier de France. — Pardon M. le baron, répliquai-je, vous n'êtes que l'avant-dernier, car j'ai l'intention de suivre vos traces. » Je crois qu'il fut un peu vexé de cette prétention ambitieuse de ma part, cependant il m'encouragea à poursuivre ma tentative, sans toutefois me promettre autre chose que sa sympathie. Enfin, grâce à M. le comte Alfred Werlé, de Reims, qui consacre à toutes les choses d'art une si belle part de sa fortune, mon projet finit par prendre un corps. M. le comte Werlé était le gendre du duc de Montebello. Il obtint l'autorisation d'installer la fauconnerie au camp de Châlons dont les vastes plaines sont admirablement disposées pour suivre de beaux vols et où, si le gibier est rare, il y a cependant assez de corbeaux, de pies et d'outardes pour faire les plus beaux vols du monde, les véritables vols de sport. MM. le baron d'Aubilly, le comte de Champeaux-Verneuil, le comte de Montebello, M. Julio Alfonso de Aldama vinrent se grouper autour de nous et formèrent les premières recrues de l'Équipage de fauconnerie de Champagne. L'Équipage fit ses débuts pendant la saison de 1866. Il comptait à son rang une vingtaine d'oiseaux, la plupart des faucons pèlerins, sous la direction de deux hommes : John Barr, le fauconnier en chef, et un nommé Philippe qui n'avait jusqu'alors donné l'essor qu'aux bouchons du champagne qu'il était chargé de mettre en bouteille dans les fameuses caves de M. le comte Werlé. Cette année-là, le camp de Châlons était occupé par la garde impériale. Aussi les vols de l'Équipage furent-ils particulièrement brillants. Les officiers en grand nombre venaient à cheval au rendez-vous où des breacks attelés à quatre chevaux amenaient toutes les élégantes châtelaines des environs. Nous avions quelquefois deux ou trois cents personnes au rendez-vous, et nous volions entre autres la petite Outarde, ce qui ne lui était pas arrivé depuis longtemps, à la petite Outarde ! Et pour cela nous avions un très joli costume vert et rouge avec une plume noire sur un feutre gris. Je vais vous faire voir notre très joli costume.

(Projection : *Un fauconnier de Champagne, par S. Arcos.*)

Hélas ! Messieurs, d'autres oiseaux de proie d'un nouveau genre vinrent s'abattre sur nos campagnes. La guerre éclata, il fallut renoncer à notre sport pacifique. John Barr repassa en Angleterre où il est mort, mais ses leçons avaient fait des élèves, et notre exemple avait provoqué des imitateurs qui aujourd'hui ont repris la suite de nos affaires et se préparent à ajouter un nouveau chapitre à l'histoire de la fauconnerie. M. le baron d'Offémont ne sera plus le dernier fauconnier de France ! Ni moi non plus, j'espère !

(*A suivre.*)

II. EXTRAITS DES PROCÈS-VERBAUX DES SÉANCES DE LA SOCIÉTÉ.

SÉANCE GÉNÉRALE DU 19 DÉCEMBRE 1890.

PRÉSIDENCE DE M. A. GEOFFROY SAINT-HILAIRE, PRÉSIDENT.

Le procès-verbal de la dernière séance générale ayant été adopté par le Conseil, conformément au règlement, il n'y a pas lieu d'en donner lecture.

— M. le Président ouvre la première séance de la session par une allocution dans laquelle il passe en revue les travaux accomplis dans le courant de l'année écoulée.

Il rappelle les progrès que nos publications ont faits et constate l'intérêt qu'elles excitent, comme il en reçoit chaque jour de nombreux témoignages. Grâce aux efforts tentés pour vulgariser l'œuvre de la Société, l'accueil réservé à ses premiers travaux a fait place à un courant croissant de sympathie qui lui amène chaque jour de nouveaux membres et de nouveaux collaborateurs. Notre *Revue* va prendre, cette année, une plus grande extension encore et formera annuellement deux forts volumes ; on s'efforcera de donner aux travaux de chaque section une place à peu près égale et suffisante pour intéresser ceux de nos membres qui s'occupent d'une spécialité.

M. le Président émet le vœu que les Sections se montrent plus actives pour répondre à ce mouvement ; peut-être sera-t-il nécessaire de dédoubler certaines d'entre elles pour permettre, ou même provoquer, des études plus spéciales, plus nombreuses et mieux approfondies.

Enfin, il passe en revue les travaux exécutés déjà et à exécuter dans le courant de l'année 1891 au Jardin d'Acclimatation : construction de galeries de vente pour tout le matériel de la vie à la campagne ; création d'un Musée de chasse et de pêche où seront réunies des collections à la fois historiques et ethnographiques de tous les instruments servant à la capture des animaux ; installation d'une serre destinée aux Expositions horticoles, enfin, construction de grandes serres, d'un jardin d'hiver avec aquariums et volières, salles de conférence et musée de zoologie et de botanique appliquées.

Ces améliorations et ce développement correspondront parfaitement, pense-t-il, aux vœux des fondateurs du Jardin d'Acclimatation et en feront un établissement d'éducation populaire d'instruction par les yeux.

M. le Président proclame les noms des membres récemment admis par le Conseil.

MM.	PRÉSENTATEURS.
Bahlsen (Ernest), horticulteur, à Weinberge-Prag (Bohême), (Autriche).	A. Geoffroy Saint-Hilaire. Jules Grisard. H. de Vilmorin.
Bizeray (Eugène), à la villa de Jagueneau, par Saumur (Maine-et-Loire).	A. Berthoule. Brucker. G. Rogeron.
Bouscatel (Georges), médecin-vétérinaire, 6, rue des Huissiers, à Neuilly-sur-Seine.	A. Berthoule. A. Geoffroy Saint-Hilaire. Ed. Wuirion.
Brown (Henri), employé de commerce, 104, rue Lafayette, à Paris.	A. Berthoule. A. Geoffroy Saint-Hilaire. Dr L. Vaillant.
Chaillaux (C.), propriétaire-aviculteur, à Beaucamps (Nord).	A. Berthoule. Saint-Yves Ménard. Dr L. Vaillant.
Chapman (Henry), propriétaire, à The Grooc, Douro Road, à Cheltenham (Angleterre).	A. Berthoule. A. Geoffroy Saint-Hilaire. A. Porte.
Desrosiers (Charles), propriétaire, à Cuffy, par Le Guétin (Cher).	A. Berthoule. A. Geoffroy Saint-Hilaire. E. Olivier.
Dollfus (Adrien), directeur de la *Feuille des Jeunes Naturalistes*, 35, rue Pierre-Charron, à Paris.	A. Berthoule. A. Geoffroy Saint-Hilaire. L. Vaillant.
Godinot de Vilaire (R.), directeur de l'École d'Arboriculture, à Bastia.	A. Berthoule. A. Geoffroy Saint-Hilaire. Marquis de Sinéty.
Jumeau (E.), négociant, fabricant de jouets, 8, rue Pastourelle, à Paris.	A. Geoffroy Saint-Hilaire. A. Porte. E. Wuirion.
Le Coultre (Albert), à la villa Belle Rose, à Brunoy (Seine-et-Oise).	A. Berthoule. Dr Laboulbène. Saint-Yves Ménard.

LEQUIEN (Édouard), 25, rue de Cerisy, à Amiens (Somme).	A. Berthoule. A. Geoffroy Saint-Hilaire. M. Mégnin.
LETOURNEUR-HUGON (le baron), propriétaire, rue Notre-Dame, à Granville (Manche).	Jean de Claybrooke. Jules Grisard. Aug. Paillieux.
MARTEL (Henri), propriétaire, 29, boulevard de la Liberté, à Marseille.	Jules Grisard. Am. Pichot. Marquis de Sinéty.
NOËL (Octave), administrateur des Messageries maritimes, 70 *bis*, rue de l'Université, à Paris.	Danican-Philidor. Dubois. A. Geoffroy Saint-Hilaire.
PICHON (Charles-Édouard), commis principal au Ministère des Finances, 47, rue Boulard, à Paris.	A. Geoffroy Saint-Hilaire. Pichon. Saint-Yves Ménard.
PONSARD (Philibert), avoué, à Louhans (Saône-et-Loire).	Chatot. Jules Grisard. Aug. Paillieux.
PROST, maire, à Lons-le-Saulnier (Jura).	G. Braun. Jules Grisard. G. Rieffel.
QUANTIN (Albert), ancien imprimeur-éditeur, chevalier de la Légion d'honneur, 6, rue du Regard, à Paris.	A. Berthoule. Dupin. Am. Pichot.
TALLEVIGNES, directeur de l'École pratique d'Agriculture d'Oudes (Haute-Garonne).	A. Berthoule. Saint-Yves Ménard. Dr L. Vaillant.
VASSEUR (Clovis), ancien notaire, à Margut (Ardennes).	A. Berthoule. Leblanc. Saint-Yves Ménard.
VIDAL (Édouard), secrétaire de la Société d'Horticulture et d'Acclimatation de Tarn-et-Garonne, à Montauban.	A. Berthoule. C. Raveret-Wattel. Marquis de Sinéty.
VIOLAT (Jean-Baptiste-Claudius), propriétaire, au château de Glaizans, par Mewens (Saône-et-Loire).	Chatot. Jules Grisard. Aug. Paillieux.

Le Conseil a, en outre, admis au nombre des Sociétés agrégées :

L'ÉCOLE PRATIQUE D'AGRICULTURE DE LA BROSSE (Yonne).

— M. Chappellier ayant signalé quelques inexactitudes dans

un article sur la production du Safran en France, publié dans la *Revue*, d'après un journal anglais, M. le Secrétaire général s'est rendu au Ministère du Commerce pour recueillir des données précises sur cette culture. Il résulte des renseignements pris par M. Berthoule que le Safran était cultivé autrefois d'une façon presque intensive. La culture et la production françaises donnaient des résultats très importants ; mais, malheureusement, les chiffres ont décliné d'une façon considérable. Le Safran n'est plus cultivé que sur 310 hectares exactement ; la production totale est tombée à 24 quintaux, ce qui donne, en rendement moyen, par hectare, 0.08 de quintal pour une valeur de 292,428 francs. Le prix moyen du quintal étant de 12,014 francs, la valeur du produit à l'hectare est donc de 943 francs. Dans l'Annuaire du Ministère de l'agriculture, il y a, à la suite des chiffres indiqués très sommairement ci-dessus, cette réflexion imprimée : « Les plantes industrielles autres que... n'ont plus en France qu'une importance secondaire. La Garance a disparu, et d'autres, comme le *Safran,* sont en voie d'abandon. »

C'est évidemment sur cette note, insérée dans le livre de l'agriculture, que le chroniqueur anglais avait pris la source des observations qu'il a présentées et qui ont été reproduites dans la *Revue*. Ce qui est certain, c'est que, s'il y a encore un commerce du Safran d'une certaine importance, la culture de cette plante est tombée à l'état presque de néant ; le dernier chiffre indiqué se rapporte à l'année 1882, et il paraît que, depuis lors, les chiffres ont encore décrû d'une façon très considérable.

— M. le Secrétaire général fait une communication sur la Truite de l'Oued Zour. (Voy. *Revue*, 1889, p. 1182.)

— M. le Dr Camille Dareste offre à la Société, de la part de M. le capitaine de vaisseau Desportes, son parent, un fruit d'*Onaye*, dont les graines servent aux Pahouins du Gabon, à empoisonner leurs flèches.

Notre confrère signale ensuite l'existence à Lyon d'une race de Cobayes à longs poils sur laquelle il espère obtenir des renseignements.

— M. le Président dit que tous les animaux qu'on rencontre aujourd'hui en Europe proviennent d'un mâle rapporté du

Pérou, il y a plus de vingt ans, et offert alors au Jardin d'Acclimatation par M. de Grehan. Cet animal, croisé avec des femelles de Cobaye, a donné des produits qui ont vivement excité la curiosité des amateurs ; ils sont maintenant répandus partout.

A cette occasion, M. le Président fait remarquer que les Cochons d'Inde sont toujours de trois couleurs. Malgré des essais nombreux il n'a jamais pu obtenir que des sujets bicolores, quoique depuis on soit arrivé à produire des animaux entièrement blancs ou entièrement noirs.

— M. Chappellier rend compte de ses cultures d'Ignames, sur lesquelles une note paraîtra ultérieurement dans la *Revue*.

— A l'occasion de la communication de M. le Dr Dareste, M. J. Grisard dit que l'*Onaye* ou *Inée* est une Apocynacée, le *Strophanthus*, grande liane creuse, à tige cylindrique, qui croît principalement au Gabon ; elle s'enroule autour des troncs et s'élève au sommet des arbres les plus grands. Les échantillons de fruits de ce végétal sont encore assez rares en Europe et notre confrère rappelle que c'est à la Société d'Acclimatation que MM. Gallois et Hardy doivent d'avoir pu faire l'étude des principes toxiques contenus dans ses graines, grâce à un follicule offert par M. le Président à M. Hardy (1). Le *Strophanthus* est un cardiaque de valeur, son action est prompte et plus durable que celle de la Digitale, ce qui le rend précieux, mais il demande à être manié avec beaucoup de précaution, car il peut devenir dangereux.

Pour le secrétaire des séances,

JULES GRISARD,

Secrétaire du Comité de rédaction.

---

(1) Voyez *Bull. de la Soc. nat. d'Acclimat.*, 1877, p. 235, et *Revue des Sciences natur. appliquées*, 1889, p. 671.

III. JARDIN ZOOLOGIQUE D'ACCLIMATATION DU BOIS DE BOULOGNE.

Chronique de quinzaine.

L'hiver continue, la terre est couverte de neige, l'épreuve dure encore pour nos animaux ! Le moment nous paraît venu de parler de la façon dont ils ont supporté ces abaissements de température non interrompus. Occupons-nous aujourd'hui de nos Mammifères. Parmi eux, les mortalités causées par le froid ont été à peu près nulles. Une Antilope a succombé à une congestion, une autre à une fluxion de poitrine, un Phoque est mort sans cause connue. Sur une population comme celle qui vit ici, on peut dire cette mortalité sans aucune importance.

Mais comment se comportent les animaux, souffrent-ils ?

Au chenil, la santé est parfaite, les niches sont bourrées de paille, la nourriture est un peu plus abondante ; grâce à ces précautions, les Chiens gardent le poil brillant, ils sont gais, actifs. Contre notre attente, les espèces réputées frileuses, Setters, Lévriers, traversent cet hiver sans paraître souffrir. Il faut citer en particulier deux petits Lévriers de Bagdad, récemment offerts au Jardin zoologique d'Acclimatation par M. Paul Bonnetain qui ne semblent pas s'apercevoir du froid. Ils savent d'ailleurs bien s'abriter, car la nuit ils creusent comme un terrier dans l'abondante litière qui remplit leur niche.

Au chalet des Cerfs qui contient des espèces originaires des parties les plus chaudes du globe, nous n'avons aucune observation à faire, car tous ces animaux ont déjà fait leurs preuves ; Cerfs axis, Cerfs des Moluques, Cerfs-cochons n'ont-ils pas supporté sans abri à l'état sauvage, dans maints endroits, la rigueur de nos hivers ; cependant comme dans ces espèces l'époque du rut n'est pas encore adaptée à nos saisons, les jeunes naissant par le froid succombent. Il en est de même d'ailleurs pour les espèces les plus rustiques dont les faons qui viennent par les pluies ou par les froids périssent. Parmi nos Cerfs, je dois une mention aux Cerfs à queue de bison (Elaphure) des parcs de l'empereur de la Chine, car le froid semble leur être particulièrement agréable. Les autres espèces cherchent à s'abriter du vent, fréquentent le chalet, s'y couchent, ceux-ci semblent prendre plaisir à braver la froidure. Sous leur épaisse toison aux poils serrés, doublés d'un fin duvet, ils paraissent insensibles à la rigueur de la saison.

La résistance au froid des animaux de la famille des Cerfs est très intéressante à constater ; nous l'avons reconnue chez les espèces les plus diverses de l'ancien aussi bien que du nouveau monde. Mais elle n'est générale que dans les formes proches parentes du genre *Cervus*. Elle disparaît dans les espèces qui s'en éloignent, les Cervules d'Asie et les Cerfs daguets de l'Amérique du Sud. Dans ces groupes, il y a des espèces rustiques et d'autres qui ne le sont pas, ainsi le Cervule de Reeves du nord de la Chine supporte vaillamment nos hivers, et son proche parent le Muntjac de l'Inde en souffre beaucoup.

Passons maintenant aux Antilopes ; le sujet est bien plus complexe, car au lieu d'être en face d'un groupe très homogène, dont tous les représentants ont entre eux une étroite parenté, les formes, la manière de vivre de ces animaux sont très diverses. Les Antilopes venant de la même région se montrent très inégalement résistants au froid.

Les espèces que nous entretenons ici dans nos parcs dont les chalets ne sont pas chauffés, sont les suivantes :

Oryx leucoryx (Algazelle) du Sénégal et de Nubie a supporté très bien l'hiver. Nous avions déjà fait l'épreuve de sa rusticité.

Oryx Beisa (Beisa) de Nubie n'avait pas encore subi ici des abaissements de température aussi sévères. Cette espèce, originaire d'un pays brûlant, s'est montrée bien plus résistante que nous ne l'aurions supposé. Nous avons cependant perdu une de ces Antilopes, elle a succombé à une congestion évidemment causée par le froid. Cette mortalité doit donc être considérée comme un accident.

Portax picta (Nylgau) de l'Inde. Cette espèce a depuis longtemps fait ses preuves ici comme dans tous les jardins de l'Europe et en particulier près de Turin où le roi Victor-Emmanuel en entretenait une troupe de plus de deux cents têtes dans le parc royal de 3,000 hectares de la Mandria.

Boselaphus oreas (Elan ou Canna) du Cap de Bonne-Espérance. Cette grande et belle espèce souffre du froid. Elle a mauvais poil et ne conserve pas par ces mauvais temps son allure ordinaire. Elle résiste cependant.

Catoblepas gnu (Gnou) du Cap de Bonne-Espérance. Ils ne semblent pas s'apercevoir de la température que nous subissons. Leur poil, doublé de duvet, les protège, ils se montrent aussi gais et alertes que de coutume. Il n'en est pas de même pour le :

Catoblepas gorgon (Gnou bleu) du Cap de Bonne-Espérance. Il est triste, remue peu, et souffre évidemment.

Antilope cervicapra (Antilope des Indes) de l'Inde, se montre absolument insensible à la rigueur de l'hiver, nous avons eu plusieurs fois l'occasion de le constater.

Les espèces énumérées ici sont les seules laissées dans nos locaux non chauffés. Les Guibs (*Tragelaphus*), du Sénégal, les Coudous (*Strepsiceros*) de Nubie, les *Cephalophus* de la côte occidentale d'Afrique, ont été rentrés dès les premiers froids. Ces espèces se montrent délicates ; il n'était pas utile de faire l'épreuve de leur rusticité.

On voit, par ce que nous avons dit ici, combien sont diverses les résistances des diverses espèces d'Antilopes. Dans le même genre, parmi les espèces venues du même pays, nous constatons les différences les plus considérables. Ces observations sont, croyons-nous, intéressantes, elles le seront plus encore, quand elles s'appliqueront à un plus grand nombre d'espèces.

IV. CHRONIQUE DES SOCIÉTÉS SAVANTES.

Société nationale d'horticulture de France. — Ceux de nos confrères qui s'occupent de la naturalisation des végétaux exotiques, et particulièrement de ceux appartenant à la flore australienne, liront avec intérêt les détails suivants que nous empruntons au *Journal de la Société d'horticulture*.

Il s'agit de la présentation faite dans une des dernières séances par M. Henry de Vilmorin, de rameaux d'*Eucalyptus* des espèces : *gomphocephala, cordata* et *marginata*.

Ces rameaux ont été pris par lui sur des pieds plantés dans sa propriété du golfe Jouan (Alpes-Maritimes). Ils appartiennent à des espèces décrites depuis longtemps par les botanistes, mais qui, plantées sur la côte de Provence, n'y avaient pas encore fleuri ; or, les spécimens qu'en montre M. H. de Vilmorin ont fleuri chez lui ou portent des boutons de fleurs. D'après les renseignements que donne de vive voix à leur sujet cet honorable collègue, elles sont intéressantes à différents points de vue.

L'*Eucalyptus gomphocephala* est chargé de boutons qui s'ouvriront au printemps prochain et qui sont remarquables par leur forme renflée dans le haut, rétrécie et prolongée dans le bas ; c'est cette forme que rappelle sa dénomination spécifique de gomphocephala (à tête de clou). Cet arbre donne plus d'ombre que la généralité de ses congénères, ses feuilles étant plus amples. L'arbre lui-même est pyramidal.

L'*E. cordata* présente une particularité fort remarquable. On sait que les Eucalyptus portent, dans leur jeunesse, des feuilles opposées, horizontales, sessiles, plus ou moins larges relativement à leur longueur, tandis que celles qu'ils développent plus tard sont plus étroites et plus longues, pétiolées, alternes, dirigées dans un plan plus ou moins vertical, or, l'*E. cordata* ne produit pas cette seconde sorte de feuilles et conserve toujours la première. Cette espèce est presque rustique et, en France, vient en plein air, jusqu'en Bretagne ; elle supporte bien le climat d'Angers.

L'*E. marginata* se distingue surtout par les qualités de son bois. En général, celui des espèces de ce grand genre n'est que médiocre, dit le rédacteur du procès-verbal (nous faisons nos réserves au sujet de cette appréciation), le sien, au contraire, est bon, se fend bien, et est propre aux constructions navales ainsi qu'à l'emploi en traverses de chemins de fer, comme n'étant attaqué ni par les Tarets, ni par les Termites. Il est vrai que le développement n'en est pas aussi rapide que celui de la généralité des autres espèces ; néanmoins, M. H. de Vilmorin en possède un pied qui, âgé de neuf ans, mesure déjà 8 mètres de hauteur. Cet arbre offre, en outre, cet avantage qu'il fructifie abondamment, ce qui en rend la multiplication facile.

J. G.

V. HYGIÈNE ET MÉDECINE DES ANIMAUX.

Chronique.

Avant d'en arriver aux maladies des animaux causées par des insectes ou des Arachnides microscopiques, nous voulons encore signaler quelques accidents qui peuvent atteindre nos précieux auxiliaires et qui sont le fait d'insectes aussi volumineux que ceux que nous venons de passer en revue, mais qui appartiennent à d'autres ordres entomologiques : Ce sont les Abeilles, certaines Chenilles à poils urticants et le Blaps porte-malheur.

L'ABEILLE (*Apis mellifica* L.). — Tout le monde connaît l'Abeille, aussi ne la décrirons-nous pas. Tout le monde connaît aussi les effets de sa piqûre, mais ce qu'on ignore généralement, c'est que l'Abeille s'attaque quelquefois aux animaux, même aux plus grands, et peut occasionner des accidents terribles et même la mort. Un fait de ce genre a été constaté en 1852 par M. Clichy, vétérinaire distingué, exerçant à Jeanville (Eure-et-Loir) :

Cinq Chevaux d'un cultivateur de Guilleville, qui étaient occupés à voiturer de la terre, furent attachés par le voiturier qui les conduisait, et pendant un repos, aux branches d'un arbre qui sortaient du mur d'un jardin, lequel arbre servait d'appui à l'intérieur à un rucher. Il est très probable que les Chevaux, en tiraillant sur leurs longes, imprimèrent des secousses à l'arbre en question et par suite au rucher ; toujours est-il que les Abeilles furieuses, sortirent en masses de leurs ruches et se précipitèrent sur les Chevaux. On devine l'état d'exaspération dans lequel se trouvèrent les malheureux animaux qu'on ne put éloigner du lieu de l'accident qu'après avoir coupé leurs longes. A l'arrivée du vétérinaire qu'on était allé chercher en toute hâte, un des animaux était déjà mort ; il était encore couvert d'Abeilles. Un autre, jeune Cheval de trois ans, d'une forte constitution, qu'on avait enfermé dans une écurie et laissé en liberté, se livrait à des mouvements tellement violents qu'il était impossible de l'approcher, se levant, se couchant sans cesse, se jetant contre les murs et se déchirant les flancs. Ce Cheval, sourd à la voix de son conducteur habituel, était d'une sensibilité extrême ; ses paupières gonflées recouvraient entièrement les yeux et sa respiration laborieuse était rendue plus difficile encore par la tuméfaction des ailes du nez. Il ne put être soumis à aucun traitement et mourut peu de temps après l'arrivée du vétérinaire.

Du reste, le traitement appliqué aux trois autres et consistant en frictions sèches dans le but d'arracher les aiguillons, en frictions ammoniacales, en saignées, en breuvages acidulés, n'eut pas plus de succès, et ils moururent aussi.

Résultat : cinq Chevaux tués en quelques heures par des Abeilles !!

Que ceci serve de leçon et qu'on se garde d'attacher des Chevaux ou d'autres animaux de travail près d'un rucher.

Chenilles a poils urticants. — Les Chenilles de plusieurs Papillons de nuit, appelées *Processionnaires* (celles de la *Phalæna processionea* de Linné et du *Bombyx pityocampa* God.) par exemple, qui vivent en société sur les Chênes et les Pins, protégées par une bourse soyeuse qui en renferme quelquefois de 6 à 800, sont couvertes de poils très fins, très peu solides, qui se mêlent au tissu de leur nid ou de leurs cocons, ou voltigent dans l'air au voisinage des arbres qui nourrissent ces Chenilles. Ces poils pénètrent dans la peau des imprudents qui touchent à ces nids, même quand ils ne sont plus habités depuis longtemps, et déterminent des démangeaisons assez vives et même des ampoules ; il suffit même souvent de s'assoir sous les arbres envahis par ces insectes, pour être victime des mêmes accidents.

Ces faits, connus des anciens, ont été vérifiés bien souvent depuis, par Réaumur et par les naturalistes modernes. Mais il n'avait jamais été question de l'action des poils urticants des Chenilles processionnaires sur les animaux, quand M. Pourquier, vétérinaire à Montpellier, publia, il y a quelques années, la curieuse observation suivante :

Chez un propriétaire de sa clientèle, des Chevaux étaient attachés chaque jour, pendant qu'on nettoyait l'écurie, à des arbres qui ornaient la cour; mais chaque fois aussi, les Chevaux étaient pris de violentes démangeaisons, qui se passaient quelque temps après qu'on les avait rentrés à l'écurie. Le vétérinaire appelé se perdait en conjectures sur la persistance et la périodicité bien constante de cette affection, quand, levant les yeux sur les arbres auxquels on attachait les Chevaux, il vit que c'était une variété de Pins et qu'ils portaient de nombreux nids de Processionnaires. Les arbres furent échenillés, les nids jetés au feu et les démangeaisons des Chevaux disparurent comme par enchantement.

Nous avons été nous-mêmes témoins d'un fait analogue, mais les victimes étaient des Chiens. C'était à Bois-le-Roi, près de Fontainebleau. La propriétaire d'une charmante villa avait des King-Charles qui avaient la manie d'aller manger du chiendent dans une cour herbeuse qui était aussi plantée de Pins ; mais ils en revenaient chaque fois avec une vive irritation des lèvres et de la bouche; la langue même se tuméfiait et on n'arrivait à calmer les pauvres bêtes, qu'en leur faisant, avec une petite éponge, des gargarismes d'eau miellée et vinaigrée. Les Pins étaient aussi couverts de nids de Processionnaires dont les poils couvraient l'herbe qui poussait à leurs pieds. On fut obligé d'établir une barrière pour empêcher les Chiens d'aller se livrer à leur manie, en attendant que l'on eût opéré un échenillage complet des arbres, et même un flambage de l'herbe contaminée afin de détruire les poils urticants qui la couvraient.

Blaps mortisaga (vulgairement *Blaps porte-malheur*). — Insecte coléoptère tétramère, famille des MELASOMES de Latreille, tribu des Blapsides, genre *Blaps*. — Long de 20 millimètres environ, insecte d'un noir franc, à élytres presque lisses, soudées ensemble, extrémité de l'abdomen se prolongeant en arrière de ces élytres. Sa démarche est extrêmement lente; il habite les anfractuosités des murs et du sol et est commun dans les lieux sombres et malpropres; c'est pourquoi on le rencontre assez souvent dans les écuries. Il sort la nuit et se nourrit principalement de substances végétales amylacées et de substances azotées; il peut rester longtemps à jeun. Quand on le saisit, cet insecte exhale une odeur particulière produite par un liquide âcre et irritant secrété par des glandes anales. C'est un moyen de défense comme beaucoup d'autres insectes en possèdent.

M. Tisserant, professeur à l'Ecole vétérinaire de Lyon, a attribué à ce liquide des accidents observés sur certains Chevaux d'une écurie, en 1885, accidents consistant en une dépilation des lèvres et du nez avec tuméfaction et chaleur, salive abondante, épaisse et mousseuse, langue présentant de grandes lignes d'excoriation comme si elle avait subi l'action d'un vésicant énergique.

M. Tisserant pense que la recherche de leur nourriture amenait ces insectes dans la crèche et leur permettait ainsi de produire par l'excrétion de leur liquide, les effets vésicants observés.

Pour se débarrasser de ces insectes, le même observateur conseilla de placer dans les lieux qu'ils fréquentaient des cuvettes à demi remplies d'eau de savon dans laquelle on s'était lavé les mains; des linges placés sur les rebords de la cuvette permettaient aux insectes d'arriver dans ce liquide dont l'odeur les attire, et d'y trouver la mort.

Dr Pierre.

VI. CHRONIQUE GÉNÉRALE ET FAITS DIVERS.

Le bétail sauvage de l'Indo-Chine. — On trouve dans les bassins du Mékong, de l'Irraouaddi, du Salouen, et probablement en d'autres parties de l'Asie, ainsi qu'à Bornéo et peut-être à Java, un bétail sauvage composé d'animaux magnifiques, au pelage d'un rouge brun avec les jambes blanches, au fanon retombant, aux poils de la queue noirs, aux cornes courtes, à l'ossature fine, race fournissant des quantités énormes de viande, qui serait peut-être la souche de certaines de nos races européennes. Un chasseur anglais affirmait qu'un taureau tué par lui présentait absolument tous les caractères des animaux de la race de Hereford. Ces bovidés diffèrent cependant du bétail domestique européen, par l'extrême agilité due à la conformation de leur colonne vertébrale, qui leur permet de franchir d'un bond, des barrières plus hautes d'un mètre que leurs propres épaules. Excessivement forts et robustes, bien armés, ces animaux sont cependant très craintifs, mais tous les métis ou les hybrides qu'on obtient en les croisant avec le bétail domestique, se montrent au contraire excessivement farouches et méchants. Cette espèce pourrait être évidemment croisée avec les races européennes.

Dans la Birmanie, au Cambodge, dans la Basse-Cochinchine et la presqu'île de Malacca, il existe au moins deux espèces de bovidés ou plutôt de bubalidés sauvages, car elles sont absolument dépourvues de fanon, et qu'on englobe toutes deux sous les noms de Gaur ou Gayal dans l'Assam, d'où la dénomination scientifique de *Bos Gaurus*. On leur donne en Birmanie le nom de Mithrings, on les nomme Kaling ou Kling chun au Cambodge, Con much en Cochinchine, Sladang dans la presqu'île de Malacca. L'une de ces espèces a les cornes courtes, et se montre très farouche, elle vit isolée dans les profondeurs des jungles. L'autre, qui a de longues cornes, habite les mêmes jungles que la précédente, mais elle recherche la société de l'homme au lieu de le fuir. Ces deux espèces d'animaux ont un pelage brunâtre, quatorze côtes au lieu de treize comme nos bovidés domestiques. Les seules marques blanches qu'ils portent, consistent en une étoile au milieu du front, et une touffe de longs poils blancs à l'extrémité des oreilles. Ces deux espèces ou variétés se retrouveraient à Bornéo.

Le Cambodge possède en dehors des Klings ou Kling chan, un autre bovidé nommé le Khling pos ou Khling serpent et plusieurs espèces diverses constituant en tout deux sortes de bovidés ; deux de bubalidés, et trois types intermédiaires entre les deux genres *Bos* et *Taurus*.

Une espèce de bétail sauvage encore différente des précédentes habite les montagnes de la Cochinchine centrale. Ce sont de magnifiques animaux excessivement robustes, agiles comme des Chèvres, au pelage brun-rougeâtre avec les quatre jambes blanches comme le bétail sauvage précédemment décrit, mais les cornes sont caractérisées par la spirale qu'elles décrivent. L'Asie moyenne possèderait donc trois races de bovidés sauvages, mais on y rencontre encore un animal qui n'est ni un bœuf, ni un buffle, et présente au moins deux variétés. Habitant d'épaisses forêts situées à de hautes altitudes il se rapprocherait beaucoup de l'Auroch, *Bos Urus* européen, dépourvu de fanon, armé de cornes lisses, il se montre excessivement agile et a également reçu des indigènes le nom de Khling.

L'Asie possède enfin son Buffle des marais, une brute sauvage, dangereux et inutilisable, quoique quelques-uns de ceux qui habitent certains marais situés à une altitude élevée, aient un caractère un peu plus sociable.

Tous ces animaux sont parfaits de formes et généralement très timides, excepté les Buffles domestiqués, ils se montrent fort soumis, mais tous leurs métis au contraire sont excessivement vicieux et les indigènes ou les colons qui en ont obtenu ont toujours été obligés de les abattre. L'Inde possèderait enfin une dernière espèce, une sorte de Bison.

H. B.

Les parasites des insectes nuisibles. — La *Revue des Sciences naturelles appliquées* parlait, dans son numéro du 20 décembre 1889, de l'*Icerya Purchasii*, un insecte transporté sur des Acacias d'Australie en Californie, où il ravageait les vergers d'arbres fruitiers, et principalement ceux d'Orangers. Il y a un an, les principaux propriétaires des champs d'Orangers de Los Angeles avaient dû renoncer à cette culture. Sur ces entrefaites, on apprit que le fléau était vivement combattu dans sa patrie par un insecte parasite, la *Vedolia cardinalis*. Des délégués furent aussitôt envoyés en Australie, et rapportèrent une colonie d'ennemis de l'*Icerya*, qu'on plaça dans le verger Wolfskill, à Los Angeles, Ces animalcules se multipliant rapidement, détruisirent en quelques mois tous les *Icerya* de la région, et les Orangers qui n'avaient pas donné de fruits l'année précédente et étaient considérés comme perdus, portèrent une demi-récolte.

J. P.

L'Oie à cravate. — On trouve à l'état sauvage dans quelques parties marécageuses des États-Unis, et souvent aussi à l'état domestique dans les petites fermes, une espèce d'Oie qui était très abondante autrefois à l'époque de l'arrivée des Européens, et qui a été peu à peu refoulée dans les régions désertes. C'est l'Oie à cravate, qu'on appelle à tort Oie-Cygne, *Anser Canadensis* ou *Anser parvipes*. Se rapprochant beaucoup de notre Oie domestique, elle s'en distingue cependant par une structure plus svelte, un cou plus allongé, une coloration de plumage plus variée. La tête et la partie supérieure du cou sont noires, la gorge blanche ou grisâtre, la poitrine d'un gris cendré, la partie supérieure du corps d'un gris brunâtre, les parties inférieures d'un blanc parfait. Les ailes ont seize à dix-huit rémiges noires. L'œil est brun, le bec noir, les pattes d'un gris foncé. Le mâle mesure 93 centimètres de longueur et 1 mètre 68 d'envergure, la femelle est un peu plus petite. En liberté ou à l'état domestique, la femelle pond au mois de mars de dix à douze œufs mesurant de 8 à 9 centimètres de longueur, et les couve pendant vingt-huit jours.

Ces oiseaux ont été introduits depuis longtemps déjà dans les jardins zoologiques européens, et on en trouve dans beaucoup de basses-cours de l'Allemagne, surtout dans le grand-duché de Bade et le Wurtemberg.

L'Oie-Cygne se contente, en effet, de la même alimentation que l'Oie commune, elle s'engraisse plus facilement et atteint un poids supérieur, ainsi du reste que les produits de croisement qui sont très faciles à obtenir. Sa chair analogue à celle de l'Oie commune serait cependant plus fine. Ce sont surtout les produits du croisement de l'Oie canadienne et de l'Oie commune qu'on fume et qu'on sale en Allemagne.

J. L.

L'Arachide souterraine (*Arachis hypogæa* L.) est une plante annuelle, pubescente dans toutes ses parties, appartenant à la famille des Légumineuses.

Sa tige herbacée, verte et cylindrique, haute de 40-60 cent. est tantôt dressée, tantôt couchée sur le sol qu'elle couvre entièrement ; elle porte des rameaux assez nombreux, surtout vers la partie inférieure. Ses feuilles sont alternes, paripennées, composées de deux paires de folioles opposées, subsessiles, obovales ou ovales cunéiformes, obtuses et ciliées, d'un vert jaunâtre sur la face supérieure, plus pâles en dessous.

Cultivée dans tous les pays tropicaux et subtropicaux, en Amérique, dans l'Inde, etc., cette plante est inconnue à l'état spontané. De Candolle la regarde comme originaire du Brésil, auquel appartiennent exclusivement les autres espèces; cependant, M. Flückiger exprime une opinion très favorable à son origine africaine. Sur la côte occidentale d'Afrique, l'*Arachis hypogæa* est devenu l'objet d'une culture importante et régulière de la part des indigènes.

L'Arachide est aussi cultivée dans le sud de l'Europe, surtout en Espagne où elle est en quelque sorte naturalisée. Dans le midi de la France, les essais de culture commencés ont été abandonnés peu à peu comme étant trop dispendieux pour donner un profit véritable et non parce que cette plante n'y avait pas réussi.

Dans nos établissements du Sénégal, l'exploitation de l'Arachide a créé une industrie qui a pris naissance il y a environ un demi-siècle, et tend à prendre encore une extension plus considérable. Cette culture constitue en ce moment la principale ressource de notre colonie.

C'est le Cayor, le Baol, le Sine-Saloum, la Gambie qui en fournissent la plus grande partie. La concurrence de l'Inde en a fait disparaître la culture dans les rivières avoisinant Sierra-Leone, et cette culture tend à disparaître des Bissagos et de la Casamance ; on n'en cultive guère plus au Galam, dans le Haut-Sénégal : cela vient de ce que la graine de ces diverses localités donne une huile moins fine que celle des graines de la Sénégambie proprement dite. Les principaux marchés pour l'Arachide étaient naguère Gandiole, près de l'embouchure du Sénégal, et Rufisque au fond de la baie de Gorée ; depuis la construction du chemin de fer à travers le Cayor, de Dakar à Saint-Louis, les commerçants vont acheter l'Arachide tout le long de la voie ferrée et les anciens marchés de Gandiole et de Rufisque ont beaucoup diminué d'importance.

Dans les pays chauds, M. Ch. Naudin estime que cette plante pourrait être cultivée en qualité de fourrage, car elle est reconnue très nourrissante et surtout avantageuse aux vaches laitières auxquelles on donne tout à la fois l'herbe et les fruits appendus aux tiges, après avoir eu soin de les laver pour en détacher la terre.

La partie la plus usitée de l'*Arachis hypogæa* est le fruit ou plutôt la graine que l'on désigne ordinairement sous le nom de *pistache* ou de *noisette de terre*. Ces fruits, petits, ovoïdes, allongés, souvent étranglés vers le milieu, sont recouverts par un péricarpe coriace et un peu spongieux qui se brise facilement sous la pression des doigts ; ils contiennent une, deux et quelquefois trois ou quatre graines de la grosseur d'une aveline. Sur la plante, ils sont portés par un pédoncule qui, après la floraison, s'allonge et se recourbe en s'enfonçant dans la terre pour leur permettre d'y achever leur complète maturité. C'est ce phénomène remarquable de végétation, auquel l'Arachide doit son nom spécifique, qui fait que les fleurs situées près du sol sont seules fertiles.

Fraîches et crues, les graines, connues en Espagne et même à Paris sous l'appellation vulgaire de *Cacahouetes*, possèdent un goût rappelant vaguement celui de la noisette ou de l'amande, mais légèrement âcre. Les Espagnols, qui en usent comme aliment dans leur pays et dans les colonies, les font bouillir ou griller, ce qui leur enlève totalement cette âcreté. Les nègres d'Afrique en font des espèces de gâteaux dont ils sont très friands. Ces amandes, torréfiées comme le café, ont été employées quelquefois comme succédané de ce dernier produit, quoique n'en possédant aucunement l'arome.

Les graines triturées, mélangées au sucre et au cacao, entrent en Espagne dans la composition des chocolats inférieurs en usage chez les classes pauvres.

L'Arachide fournit par expression des amandes une huile douce, limpide, de couleur blanche ou dorée, suivant la provenance de la graine ; cette huile, obtenue à froid en première pression, n'est pas siccative : elle est comestible, et, placée en lieu frais, peut se conserver sans rancir pendant plus d'une année. Sa saveur varie à l'infini comme celle des vins, suivant le terroir et le climat qui ont mûri le fruit. Le rendement de l'amande dégagée de l'enveloppe varie également beaucoup, entre 36 et 38 pour cent, comme la graine provenant de la côte de Coromandel et de Bombay, et 45 et 47, comme celle du Sénégal et de Mozambique.

L'Arachide, pour donner une huile irréprochable, doit voyager dans sa cosse. Celle qui est décortiquée sur le lieu d'origine, comme on le fait dans l'Inde, ne donne à son arrivée en Europe qu'une huile rance et propre seulement à la savonnerie ; elle ne vaut généralement que de 50 à 60 centimes le kilogramme à Marseille, tandis que celle provenant des graines de qualité supérieure du Cayor, voyageant dans leur enveloppe, peut valoir, suivant les années, de 120 à 140 francs les 100 kilogrammes.

L'huile d'Arachide obtenue à froid en première pression entre dans l'alimentation ; à l'état pur, elle est fort appréciée dans les ménages pour diverses préparations, et dans l'industrie elle n'a pas d'égale pour la friture de la Sardine destinée à l'exportation. Celle provenant de la graine du Cayor, par son goût de noisette, est recherchée, pour la fabrication du beurre factice, en Hollande et dans d'autres contrées du nord de l'Europe.

L'huile d'Arachide a les mêmes propriétés comestibles que l'huile d'olive et sert parfois, par un coupage intelligent, à améliorer celle-ci quand elle est trop forte, comme celle provenant du territoire napolitain; elle est employée aussi quelquefois, il faut le dire, d'une manière illégitime, pour abaisser le prix de l'huile d'olive de qualité supérieure. Comme huile d'éclairage de luxe, elle donne une lumière d'une douceur incomparable ; sa combustion est moins rapide que celle de l'huile d'olive ; elle est excellente pour l'ensimage des laines dans l'industrie, mais on la trouve trop chère pour cet usage et on lui substitue l'huile d'olive de qualité inférieure.

Employée en parfumerie pour la préparation des huiles de toilette, elle exige moins d'essences odorantes et donne une odeur plus suave que l'huile d'amandes douces. Enfin, l'huile d'Arachide peut recevoir, en médecine et en pharmacie, les mêmes applications que celle de l'olive. Elle a d'ailleurs été introduite dans la pharmacopée de l'Inde en remplacement de celle-ci.

L'huile d'Arachide, extraite en deuxième pression d'une pâte chauffée, diminue beaucoup de valeur par ce fait et s'emploie dans la savonnerie et pour divers graissages. L'huile extraite à froid donne un savon inodore, qui est plus blanc que celui fait avec l'huile extraite à chaud, lequel conserve une odeur désagréable.

D'après M. G. Pennetier, l'huile d'*Arachis hypogæa* se compose d'oléine, de palmatine, d'arachidine et d'hypogaïne. L'acide arachidique est solide, insoluble dans l'eau, très peu soluble dans l'alcool froid et soluble dans l'alcool bouillant d'où il se dépose par le refroidissement en paillettes nacrées. Cet acide gras se distingue des autres par son peu de solubilité dans l'alcool froid et son point de fusion qui est de 74 degrés.

L'huile d'Arachide est fabriquée surtout dans quelques grandes villes de France telles que Marseille, Bordeaux, Dunkerque et très peu dans les autres villes d'Europe.

Le tourteau est recherché comme engrais par l'agriculture, ainsi que pour la nourriture des animaux domestiques. Quand on lui donne cette dernière destination, le tourteau doit être soigneusement tamisé ; employé en guise de son pour les vaches laitières, il donne un lait plus crémeux et plus abondant ; aussi certains agronomes de l'Allemagne du Nord disent-ils qu'un franc de tourteau rend deux francs de lait. Pour la nourriture des bœufs, on le mêle à la paille, au foin ou aux racines et on estime qu'on obtient par ce mélange une économie d'un franc par jour par tête de gros bétail.

Ce qui fait la supériorité du tourteau d'Arachide sur celui des autres plantes oléagineuses, c'est la forte proportion d'azote qu'il renferme, et que l'on évalue en moyenne à 7 pour cent, ou plus exactement, suivant M. Corenwinder, entre 6,66 et 7,32. En effet, l'analyse de ce produit a fourni, sur 100 parties, les chiffres suivants : matières azotées 41,62 ; substances organiques non azotées 32,48 ; eau 12 ; huile 9,60 ; phosphates et éléments divers 4,30. Ces chiffres varient du reste avec le degré de perfection de la fabrication, la nature des graines et leur origine. Un tourteau d'Arachide de bonne qualité doit être d'une couleur blanc grisâtre sans indices de pellicules jaunes, d'un grain homogène et ne posséder aucune âcreté ni goût désagréable.

Une variété de cette plante oléagineuse, cultivée à Java et à Malacca, donne l'huile connue dans l'Inde sous le nom de *Katzang*.

Enfin, comme dernière utilité de l'Arachide, nous signalerons l'emploi des racines dont le goût sucré comme celles de la Réglisse les fait utiliser dans les mêmes conditions que celles-ci.

Maximilien VANDEN-BERGHE.

Le Myrte piment ou **Poivre de la Jamaïque** (*Myrtus pimenta* L., *Eugenia pimenta* DC.), est un très bel arbre d'une hauteur de 10 mètres environ, à tronc droit, recouvert d'une écorce brune et assez lisse. Ses feuilles sont persistantes, opposées, ovales-oblongues, entières et glabres ; assez analogues comme apparence à celles du Laurier, mais plus légères, elles exhalent une odeur aromatique comme les fruits. Ses fleurs, de couleur blanche, sont disposées en grappes.

Originaire des Antilles et introduit dans les pays tropicaux, on le rencontre encore dans le Mexique méridional, le Costa-Rica et au Vénézuéla. Objet d'une culture importante à la Jamaïque, dans les parties montagneuses et peu fertiles de l'île où la Canne à sucre ne réussirait pas, le Myrte piment est planté en rangées régulières et symétriques et forme des promenades agréables qui portent le nom de *Pimento walics*.

Le fruit est une petite baie presque ronde, très rugueuse à la surface que l'on cueille avant sa maturité; par la dessiccation, sa couleur devient alors brun rougeâtre. La coque du fruit renferme dans deux loges, séparées par une légère membrane, deux petits grains noirâtres d'un goût âcre et piquant, mais moins accentué cependant que celui de la coque elle-même, car c'est dans celle-ci que se trouve principalement l'arome. Il arrive ordinairement que l'un des grains est moins développé que l'autre.

Si l'on distille ce fruit avec de l'eau, on sépare *l'essence* ou *huile de piment*, qui ressemble à l'essence de girofle et en diffère seulement par l'odeur. C'est un mélange d'une huile plus légère que l'eau et d'une huile plus dense. La première fut appelée par M. Pereira *Light oil* ou *pimento hydrocarbon*, car elle ne contient pas d'oxygène; l'autre est *l'acide pimentique*. Le stéaréoptène ou camphre de l'essence de piment se nomme *Eugénine*; il paraît être de même composition que l'acide pimentique. L'essence de piment sert aux mêmes usages que celle de Girofle; elle est aromatique, stimulante, tonique, carminative et anti-odontalgique.

Le fruit entier ou pulvérisé est un condiment digestif plus doux que le poivre ordinaire, très recherché des peuples du nord de l'Europe, notamment des Allemands qui l'utilisent souvent dans leurs pâtisseries et leurs sauces, mais son usage est peu répandu en France. D'un prix moins élevé que le Poivre moulu, on le mélange quelquefois avec ce dernier dans le commerce de détail. La sorte commerciale la plus estimée est le *Piment anglais*, *Piment de la Jamaïque*, *Poivre girofle*, dont les fruits offrent le volume d'un petit pois; on lui donne aussi le nom de *toute-épice* parce que son arome rappelle à la fois celui du Poivre, du Girofle et de la Cannelle.

L'arbre commence à produire vers la septième année, et, si la saison est favorable, il donne environ 65 kilogrammes de baies vertes qui perdent à peu près un cinquième de leur poids en se desséchant.

J. G.

ERRATUM. — *Revue*, 1890, p. 858, ligne 6 du bas, remplacer le mot *hirondelles* par tourterelles.

Le Gérant : JULES GRISARD.

LE CHEVAL A TRAVERS LES AGES

Par M. G. D'ORCET.

(DESSINS DE NOLL G. D'ORCET.)

(SUITE *)

Atalante et les Amazones.

Les Amazones jouent un rôle trop intéressant dans l'histoire des races cavalières primitives pour pouvoir être pas-

Amazone à cheval, d'après un tombeau de Salonique (Louvre).

Dans l'art grec, l'amazone ne remonte pas à une haute antiquité. Les plus anciennes portent une sorte de jaquette matelassée très courte, encore en usage dans le Caucase, et un haut bonnet semblable à celui des *Stradiots* du moyen âge. Celle-ci appartient à la dernière époque de l'art grec et n'est intéressante que par le type de son Cheval qui est lybien. En Asie-Mineure, les amazones sont montées sur de gros Chevaux celtes.

(*) Voyez *Revue*, 1890, note de la page 1118.

sées sous silence. Comme ni la Bible, ni les textes égyptiens ou assyriens n'en disent rien, on serait tout d'abord porté à croire qu'elles n'ont jamais existé que dans l'imagination des Grecs. Il faut probablement reléguer dans le domaine de la fable leur intervention en faveur du roi Priam, car l'art de l'équitation était encore trop peu répandu pour qu'il se fût formé tout un peuple de femmes cavalières. D'ailleurs, le Cheval n'existait point à cette époque dans la partie de l'Asie-Mineure qu'elles habitaient, car il n'avait pas franchi les Dardanelles.

Du temps des Argonautes, on peut considérer, au contraire, leur existence comme certaine. Non seulement elles étaient cavalières, mais encore elles pratiquaient l'anatomie comme Médée, c'est ce qui indique le nom de leur capitale *Thémis-Kyra*, qui veut dire anatomie de la tête, ou tête coupée. Cette ville, située près d'Oia, devait être, comme elle, une académie de médecine fréquentée ou même fondée par des femmes.

Les Amazones eurent maille à partir avec les héros argonautiques, elles envahirent l'Attique et furent vaincues par Thésée, Hercule et Bellérophon. Thésée épousa leur reine Hippolyte dont il eut un fils du même nom, et c'est sur ce nom que roule sa légende, car il veut dire « Cheval échappé ».

Les Amazones s'étant réconciliées avec les Argonautes, durent prendre part à leurs expéditions, aussi, sur la liste de leurs héros ou sectes, voyons-nous figurer Atalante.

La légende d'Atalante n'est qu'une variante de celle de Médée ; nous avons vu que Médée voulait dire « mesure », Atalante signifie « peser, équilibrer » et, par extension, « juger ». Ce mot est arrivé dans le français sans passer par le latin, peut-être à la suite des Argonautes. C'est le « *talent* », on peut le suivre dans notre langue au moins jusqu'au XIVe siècle. Atalante est représentée, comme Médée, par une tête en équilibre sur celle de son père qui se nommait *Jasion*, *Jasius* ou *Jasus*. Ce nom veut dire la puissance qui imprime le mouvement, le cœur, et Atalante la puissance qui le règle, ou le cerveau.

Médée ne prit pas part à l'expédition des Argonautes, mais ils avaient pour guide son frère Absyrte, dont le nom phénicien se traduit le *père de la série* ou le cerveau. Les Amorrhéens refusaient à la femme la place que lui accordaient les Grecs. Leur Absyrte représentait le même principe qu'Atalante.

Atalante prit part à la guerre contre les Centaures et en tua deux pour sa part avant de s'embarquer avec les Argonautes. On lui doit probablement en Gaule l'établissement de ces collèges de Druidesses qui furent si célèbres. De là, elle sauta jusqu'à l'Atlas. Comment y arriva-t-elle ? les renseignements manquent.

Toujours est-il que sa légende est intimement mêlée à celle des Hespérides, et que la pomme lui fut aussi fatale qu'à notre mère Eve.

S'il faut en croire Diodore de Sicile, les Amazones de l'Afrique occidentale auraient été bien plus anciennes et bien plus puissantes que celles de la mer Noire, et il est certain qu'elles y ont existé, car on retrouve leurs vestiges, à une époque historique, sur le lac Triton. Mais ces Amazones primitives n'auraient pas été cavalières, car, d'après M. Piétrement, l'existence du Cheval fossile en Afrique n'est pas irréfutablement démontrée et il y est d'importation relativement récente. Les Amazones primitives de l'Atlas devaient donc servir dans l'infanterie comme les Amazones noires du roi du Dahomey, les seules qui existent à l'heure actuelle. Sont-elles sans aucun lien de connexité avec les cavalières argonautiques ? oui assurément, quant à la race, car ces dernières étaient de type essentiellement grec. Cependant les Touaregs, qui sont d'origine argonautique, ont pu porter jusqu'au cœur du continent noir la tradition de cette singulière institution, car les Amazones du Dahomey se rattachent à l'école anatomique par un détail caractéristique de leur armement, l'énorme rasoir dont elles se servent, comme les Galles phrygiens, pour condamner les hommes à la chasteté à perpétuité.

Si la légende d'Atalante ne dit point qu'elle soit arrivée jusqu'en Afrique, son nom y fut cependant porté par les Argonautes, car Atlas n'est que le même personnage sous une forme masculine. La fable en fait un astronome qui portait le ciel sur sa tête, parce que le ciel était la tête du macrocosme de l'école anatomique. Le nom de l'océan Atlantique est donc moderne, il a remplacé celui de mer du *pôle* sous lequel le connaissaient les Égyptiens et les Amorrhéens. Les anciens monuments des Khetas en Égypte représentent cette divinité sous la forme d'un Chien ou d'un Singe assis sur un pieu. Ils le nommaient *Bar Styx* ou *Polichaon*. *Polos* en grec veut dire *axe* autour duquel tourne un objet quelconque, et par extension *cadran solaire*. Le contre-amiral Fleuriot de l'Angle a démontré que les menhirs qui allaient presque toujours par couples orientés de façon à former une méridienne, n'étaient que des cadrans solaires ou *pôles*. Cette invention était originaire des bords de l'Atlantique et appartenait à l'école ou période mégalithique, dont les monuments existent encore, grâce à leurs masses. Le nom d'Atlas plus moderne n'a au contraire aucun rapport direct avec l'astronomie. Quoi qu'il en soit, il fit oublier ceux de Bar-Styx et de Polichaon. Cette révolution scientifique est indiquée par le mythe de Persée qui changea Atlas en montagne en lui montrant la tête de Méduse. Cette tête était primitivement celle d'une Chatte, emblème des Argonautes et de l'école de Médée.

C'était l'étude des phénomènes du cerveau et de la pensée qui prenait le pas sur celle des lois astronomiques. Il est à croire que la cavalerie joua un grand rôle dans ce changement de direction, car bien que Persée voyageât avec l'aide des tâlonnières de Mercure, ce qui indique probablement la navigation à voiles, son nom est la traduction phénicienne de cavalier, et ce fut d'une goutte de sang de la tête de Méduse que naquit Pégase. Ce nom n'a rien à démêler avec la cavalerie puisqu'il signifie *source*. Les Gorgones étaient censées habiter à l'extrême ouest, aux sources de l'Océan, dans les îles du Cap Vert. On ne pouvait donc les atteindre que par mer, à l'aide des navires à voiles, et Pégase, qui figure encore sur la proue des Kaïks grecs modernes, représentait probablement le cheval ailé, c'est-à-dire le vaisseau à voiles. Mais Persée ne veut pas dire marin et les vaisseaux devaient être remplis des premiers chevaux qui débarquèrent dans l'Afrique occidentale. Aussi Pégase figure-t-il souvent sur les monnaies lybiennes. Le type en est cependant moderne, dans l'art grec primitif, il semble se confondre avec les Centaures qui sont représentés ailés. Les Cantabres étaient en effet aussi hardis marins qu'audacieux cavaliers ; ils connaissaient à coup sûr les îles Fortunées, probablement l'Islande et peut-être l'Amérique du Nord.

La légende de Bellérophon qui monta Pégase, rappelle

beaucoup celle de Persée, avec cette différence qu'elle eut la Lycie pour théâtre, et que le Cheval y était connu depuis longtemps. Ce héros, parti de Corinthe, dut probablement diriger une expédition maritime contre des pirates de l'Asie-Mineure.

Pour en revenir aux Amazones d'Afrique, Diodore de Sicile qui les mentionne comme étant plus anciennes que celles d'Asie, ne nous dit pas où était situé leur royaume, mais cette lacune peut être comblée à l'aide de la tradition tout à fait historique, qui prouve qu'il a dû exister en Lybie des femmes guerrières et cavalières, d'origine grecque, sur les bords du lac Triton.

« Les Machlies et les Auséens, dit Hérodote, habitent autour du lac Triton, mais ils sont séparés par le fleuve du même nom. Les Machlies laissent croître leurs cheveux sur le derrière de la tête et les Auséens sur le devant. Dans une fête que ces peuples célèbrent tous les ans en l'honneur d'Athénée, les filles, partagées en deux groupes, se battent les unes contre les autres à coups de pierres et de bâtons, elles disent que ces rites ont été institués par leurs pères en l'honneur de la déesse née dans leur pays, que nous nommons Athénée, et elles donnent le nom de fausses vierges à celles qui meurent de leurs blessures. Mais avant de cesser le combat, elles revêtent celle qui, de l'aveu de toutes, s'est le plus distinguée, d'une armure complète à la grecque, avec un casque à la corinthienne, et la faisant monter sur un char, elles la promènent autour du lac. »

Les amateurs de sanscrit ont fait dériver *trito* du sanscrit trito qui veut dire lac, de la racine *trit* rivage, mais *trito* est un mot du dialecte béotien qui veut dire littéralement *observatoire,* et par extension, tête. C'était la tête de Chatte, emblême des Argonautes, qui figurait aussi sur l'égide d'*Athénée tritogénie,* c'est-à-dire la pensée fille de l'observation. *Car téré*, tête de Chatte, veut dire aussi la tête qui observe, et par un rapprochement qui n'était pas fortuit, cette tête de Chatte était aussi l'emblême des Francs qui se rasaient le front comme les Machlies. Le nom des *Auséens* est aussi grec que français, il signifie *oser*, et celui des *Machlies* veut dire *efféminé,* mais on peut le traduire également *combat* à coups de pierre. Toute la légende roule évidemment sur ce nom. Nous avons passé un mois en Tunisie au milieu des descendantes de ces Amazones ; les unes se tatouent du côté droit, les autres du côté gauche. Malheureusement, il ne nous a pas été permis d'examiner ces tatouages traditionnels qui contiennent probablement l'histoire de leur race. Elles sont grandes et belles, de type phrygien. Le vékhil ou intendant de la propriété que nous habitions était d'un type grec tellement pur, que, lors de l'expédition française, il avait été pris pour un Français déguisé ce qui lui avait valu deux coups de sabre assénés par des compatriotes. Il nous a assuré que son type n'était pas rare en Tunisie.

Les guerrières du lac Triton peuvent donc être considérées comme les descendantes de la guerrière Atalante, qui introduisit dans cette partie de l'Afrique le Cheval médique avec la race des guerrières de Themiscyra. Du temps d'Hérodote, elles avaient déjà oublié l'usage du grec qui n'était plus usité que dans leur liturgie ; mais en souvenir de leur vie cavalière, elles se battaient encore et montaient sur un char de guerre une fois par an. Peu de temps après une autre expédition, partie de Lybie, introduisit le Cheval médique dans l'Attique avec la culture de l'Olivier et l'usage des lampes. Auparavant, on ne s'éclairait qu'avec des torches. La race chevaline africaine à front droit supplanta à Athènes la race celte à front busqué qu'on voit encore attelée à des chars à quatre roues sur des vases d'époque argonautique. Cette race convenait mieux à un pays montagneux que le grand et lourd Cheval celte plus propre à tirer un chariot qu'à faire la guerre de montagne avec un cavalier sur le dos. C'était d'ailleurs le moment où la cavalerie légère tendait à se substituer partout au chariot de guerre. Le cavalier passait partout, tandis que le chariot ne pouvait guère s'éloigner des plaines et des grandes routes. Ailleurs, il n'était qu'un embarras. Le type lybien se répandit dans tout le sud de l'Italie et dans la partie orientale de l'Espagne, c'est celui des cavaliers du Parthénon.

LE CHEVAL LYBIEN ET ARABE.

La faune de l'Afrique est riche en Gazelles et en Antilopes, l'espèce équidée y est brillamment représentée par le Zèbre, mais aucun de ces animaux n'y a été réduit à l'état domestique quoique pour le Zèbre et plusieurs espèces d'Antilopes, la chose ne paraisse pas malaisée. Le Mouton du Sénégal semble indigène, c'est le Moufflon à peine modifié. Le Buffle a été importé à une époque assez récente, ainsi que le Chameau inconnu avant la conquête romaine. Le Bœuf ressemble tellement à celui des cités lacustres de la Suisse, qu'il en provient probablement. Le seul animal domestique véritablement aborigène est l'Éléphant. Aujourd'hui, il n'existe plus que dans l'Afrique trans-équatoriale et l'art de le dresser a été perdu. Bien plus on le considère comme impossible à dresser. Il paraît cependant prouvé que l'Éléphant sud-africain ne diffère en rien de celui qui a existé si longtemps en Lybie et qui se dressait avec la plus grande facilité.

Type lybien, d'après les médailles de Carthage.

Il est plus allongé que le type de Phidias et que le barbe ou arabe moderne.

Ainsi Appien nous apprend que les Carthaginois, menacés par la prochaine descente de Scipion, envoyèrent Asdrubal fils de Giscon à la chasse aux Éléphants. Il partit et les ramena tout domptés, prêts à figurer dans les rangs de l'armée carthaginoise. Le temps dont il disposait était très restreint, il fallait donc qu'il s'en trouvât assez près de Carthage, sans quoi ses compatriotes n'auraient pas détaché pour une expédition lointaine le meilleur de leurs généraux. En effet, à la bataille de Thapsus, Juba mit en ligne des Éléphants qui sortaient de la forêt.

Plutarque dit que Pompée, après sa courte campagne d'Afrique, s'y arrêta quelques jours de plus, pour chasser le Lion et l'Éléphant.

Ce pays en fournit en quantité aux arènes de Rome tant que dura sa domination. Ce furent donc les musulmans qui l'exterminèrent avec tant d'autres choses utiles. Aujourd'hui l'on se donne beaucoup de mal pour reconquérir cet excellent auxiliaire, qui résiste, paraît-il, à la Mouche Tzétzé.

Les écrivains bibliques connaissaient parfaitement l'ivoire qu'ils nommaient *Sen*, mais ils n'avaient pas vu l'animal qui le portait et n'avaient pas de nom pour le désigner. Son nom punique au dire de Servius était *Cæsar*. Il est à présumer que c'est la faute d'un copiste qui a mal transcrit le punique *Césa* trône. Les Berbères le nommaient *Elev* ou *Eleven* d'où semble provenir le grec *Elephas*. Ce mot doit être d'origine punique, car il signifie *face de la force* et il ressemble beaucoup au grec *Elaphos* qui ne désignait pas seulement un Cerf, mais tout animal sauvage de haute stature. Dans toutes les langues sémitiques son nom moderne est *Pil* ou *Phil*, qui signifie *grand, extraordinaire*. Ce nom se rapproche tellement de celui même de l'Afrique *Pul* ou *Phul*, qu'il y a tout lieu de croire à leur identité d'origine.

Le Zèbre et plusieurs espèces d'Anes existant en Afrique, il peut paraître extraordinaire que ce pays n'ait jamais produit aucune espèce de Cheval indigène.

En effet, le détroit de Gibraltar est de date relativement très récente, c'est-à-dire postérieur à l'apparition de l'homme et du Cheval. Il a commencé par être très étroit et barré de nombreux écueils qui permettaient à des animaux bons nageurs de le franchir facilement. S'il faut en croire M. Charles Tissot, dans sa *Géographie comparée de la province romaine* d'Afrique, ce serait par cette voie que seraient arrivés les Sangliers et les Cerfs.

Il semblerait tout naturel que le Cheval et l'homme chassés de la Gaule par les rigueurs de la période glaciaire, eussent cherché un asile dans des contrées plus chaudes. On a trouvé, en effet, quelques vestiges fossiles d'équidés dans le nord de l'Afrique, mais à supposer qu'ils appartinssent à des Chevaux de la période quaternaire, ce qui, d'après M. Piétrement, serait encore à démontrer, cette race se serait éteinte ou aurait émigré à des époques impossibles à déterminer.

Il faut donc supposer que les Chevaux qui avaient émigré en Afrique lors de la période glaciaire, en revinrent avec l'homme lorsque l'Europe centrale se fut débarrassée de ses glaciers. Cette Europe était alors une île séparée de l'Asie par les vastes mers qui couvraient les plaines de la Russie et joignaient la Baltique à la mer Noire, tandis que ce qui forme aujourd'hui les états barbaresques faisait corps avec l'Espagne. C'est donc d'Afrique que vinrent les Berbères dont les vestiges sont encore si reconnaissables dans tous les pays latins. Peut-être cette race essentiellement primitive ramena-t-elle le Cheval. En effet, en Amérique où l'on a pu étudier les habitudes de cet animal en liberté, on a dû remarquer que son intelligence sociale était très limitée, et qu'il n'avait pas l'instinct qui faisait entreprendre au Bison des voyages aussi longs que réguliers, suivant un itinéraire tracé d'avance et toujours le même, à travers une foule d'obstacles qu'un troupeau de Chevaux n'essaie jamais de franchir, s'il est livré à lui-même. Telles sont les forêts, les grands courants d'eau et les chaînes de montagnes.

Ainsi l'on n'a jamais entendu dire que des Chevaux des pampas de la Plata se soient risqués à traverser les Andes. N'étant guidés par aucun instinct spécial, ils périraient infailliblement. C'est ce qui peut expliquer comment les Chevaux chassés des pâturages de l'Atlantique par les glaciers, ont dû arriver en Afrique en très petit nombre, s'ils n'y sont pas venus à la suite de l'homme. Comme l'Asie-Mineure, l'Afrique est excessivement pauvre en graminées dont le Cheval sauvage fait à peu près son unique pâture. Faute de mieux, il broute l'Alfa, le Palmier nain et même le Thym sauvage qui pousse en abondance dans la saison des pluies et donne à tous les ruminants une nourriture recherchée par eux, qui produit un lait excellent. Mais c'est à peine si cette nourriture peut empêcher un Cheval de mourir de faim. Aussi n'avons-nous pas vu un seul Cheval pâturer avec les Vaches, en Tunisie, de même qu'en Syrie, on l'attache par un pied à un piquet, au milieu d'un champ d'Orge vert. On calcule la longueur de la corde d'après la ration qu'on lui veut donner et le soir l'animal a tondu une surface géométriquement circulaire. En Algérie l'introduction des prairies gazonnées et de la faux, sans laquelle on ne peut en recueillir le produit pour la morte saison, ne date que de la conquête.

En Amérique, le Cheval est employé à propager les graminées qui y furent importées par les Espagnols avec quelques bottes de foin. La digestion des ruminants liquéfie leurs graines, tandis qu'elles traversent intactes les intestins du Cheval. Sa dent débarrasse la pampa de ses herbes grossières et les remplace par le gazon de nos prairies ; lorsqu'il a accompli cette tâche préliminaire, la prairie est faite pour le Bœuf, puis pour la Brebis qui précède directement la charrue.

Ce travail qui, en moins d'un siècle, a transformé si utilement les grandes plaines du vaste continent américain, n'a jamais été exécuté en Afrique ni en Asie ; c'est à peine s'il est commencé dans nos possessions les plus anciennes. Aussi, malgré la très légitime renommée des races Barbes et Arabes, jamais l'élève du Cheval n'y a pris un développement comparable à celui de la France et de l'Allemagne, pas même de l'Espagne ni de l'Italie, qui sont sous ce rapport en arrière de toute l'Europe. Dans ces deux pays, le Cheval est primé par la Mule.

Dans tous les pays musulmans, l'Ane lui fait une concurrence non moins redoutable que la Mule. La négligence de tous les travaux publics mais particulièrement des routes, étant le résultat immédiat de la mauvaise administration qui distingue tous les états soumis à l'Islam, on a abandonné de bonne heure les chariots tirés par des Chevaux, et même ceux tirés par les Bœufs, pour leur substituer le Chameau et la Mule beaucoup moins délicats en fait de nourriture et surtout beaucoup moins difficiles en matière de viabilité.

Dans ces conditions le Cheval est devenu un animal complètement factice dont l'existence dépend uniquement de la culture de l'Orge ou du Maïs. L'hiver, il le mange en vert, l'été, il en consomme la paille triturée et le grain vanné à part.

Cette nourriture artificielle est devenue pour le Cheval une seconde nature. Pendant les quinze ans que nous avons passés en Orient à dos de Cheval ou de Mule, nous n'avons jamais vu un de ces animaux essayer de brouter hors d'un champ d'Orge, à moins que ce ne fût du Trèfle. Nous avons vainement essayé de les décider à goûter le foin qui nous arrivait souvent d'Europe dans des emballages. Ils seraient morts de faim à côté. Nous avons remarqué à Larnaka, contre les murs de la douane, de magnifiques touffes de Chiendent panaché provenant des emballages. Si les Anes, Mules, ou Chevaux qui passent constamment dans leur voisinage voulaient bien se donner la peine d'en tâter en passant, ils l'auraient propagé dans tout le pays, mais aucun ne veut essayer de cette plante exotique, et nous n'avons jamais pu faire comprendre aux indigènes que ce pût être une immense source de richesse, sinon la première.

Telles sont les raisons pour lesquelles le Cheval, après avoir été cependant le principal véhicule de la diffusion de l'Islamisme, n'a joué dans le continent africain qu'un rôle très secondaire, à côté de celui qu'il remplit en Europe et particulièrement en France depuis le commencement de ce siècle. L'on s'imaginait que la locomotive le tuerait, tandis qu'elle n'a fait que le multiplier comme auxiliaire de plus en plus indispensable.

En Afrique, où ce rôle ne fait que commencer, il n'est pas possible de modifier la race existante sans la multiplication préalable des prairies introduites depuis si peu de temps. La rénovation du Cheval algérien est depuis longtemps à l'étude. En Tunisie, le haras de Sidi Thabet, fondé par une société marseillaise quelque temps avant l'occupation française, essaie d'y introduire la production du Cheval de trait, car c'est celui que l'on demande. De toutes parts, on ne voit que charrettes maltaises attelées à de malheureux petits Barbes dans lesquels on retrouve le courage et quelques vestiges du sang Anezeh. Ces glorieux bidets traînant de lourds fardeaux font vraiment peine à voir.

Avant les découvertes portugaises, le Cheval n'avait pas dépassé l'équateur. La Mouche Tzetzé lui interdit le centre africain où il trouverait probablement de riches pâturages à son goût. Au Sénégal qui était connu des anciens, il est très mal nourri et s'accommode peu de son climat brûlant, aussi est-il très dégénéré. Il en est tout autrement en Abyssinie, où, sur les hauts-plateaux, il trouve des herbages et un climat souvent froid, aussi avec des soins promet-il de donner à l'avenir d'excellentes races croisées de celles de l'Europe. On a vu récemment au Jardin d'Acclimatation les bidets des Somalis, un peu moins misérables, paraît-il, que ceux du Sénégal, mais on n'en est pas moins autorisé à dire que les régions équatoriales ne produisent jamais de Chevaux d'un ordre supérieur. Nous ne savons rien de ceux de Madagascar, ni des îles Maurice et de la Réunion.

Au Cap de Bonne-Espérance, le Cheval retrouve un climat et une nourriture qui lui permettent de prospérer, aussi l'usage s'en est-il propagé chez les Bassutos et chez les Zoulous. Cependant même sous le 30° de latitude sud, il ne trouve pas à vivre dehors toute l'année par suite de la chaleur qui, pendant six mois, pulvérise la végétation, et il a besoin d'être abrité contre les ardeurs du soleil. Il ne s'y maintiendrait donc pas à l'état sauvage comme le Zèbre.

Le Cheval sud-africain n'est pas d'origine africaine. Nous lisons dans l'ouvrage de M. Piétrement qu'il a été introduit au cap de Bonne-Espérance par les Hollandais, en 1650. Les premiers furent tirés de Java, de Batavia, de l'Amérique du Sud et de la Perse. Quand les Anglais s'en emparèrent en 1775, ils y introduisirent les races de leur pays.

Tous ces Chevaux avaient cependant dû être précédés par ceux du Portugal qui sont excellents, mais quoique les plus anciens, leurs établissements sont les plus mal connus. Dans le nord de l'Afrique, le Cheval a pénétré à peu près en même temps par le détroit de Gibraltar et par l'isthme de Suez.

Nous avons vu qu'une partie des peuples, entraînés par les Khetas, traversèrent le Delta sans s'y arrêter et vinrent s'établir dans la Cyrénaïque. Les premiers envahisseurs, Grecs d'origine et de langue, le sont restés jusqu'aux invasions arabes qui les ont anéantis ou forcés à émigrer. Ils emmenaient avec eux quelques Chevaux, mais ces animaux, les doyens de tous ceux qui ont passé en Afrique, ne trouvaient pas des conditions favorables à leur expansion, dans un pays naturellement aride et sablonneux, où l'eau des pluies ne se conserve que dans le sous-sol et doit en être extraite pour les irrigations, avec des machines hydrauliques plus ou moins perfectionnées.

Nous ne connaissons même pas les noms de ces premiers introducteurs du Cheval. Mais les Égyptiens nous ont transmis des renseignements très nombreux sur les expéditions argonautiques contemporaines de Sésostris qui rafraîchirent les proto-colonies pélasgiques et leur apportaient des Chevaux par mer, à la suite de l'agrandissement de leurs vaisseaux et de l'adaptation de la voile.

A cette époque, les communications étaient beaucoup plus fréquentes entre tous les riverains de la Méditerranée qu'à la suite des invasions musulmanes. On retrouve dans leurs noms tous ceux des peuples historiques de races hellénique et sidonienne, mais les Égyptiens les désignaient tous par la dénomination générique et d'ailleurs parfaitement juste de

Tamahou, prononciation égyptienne du grec *Tomioi*, coupés. à cause de leur usage de n'inhumer leurs morts qu'après les avoir coupés en morceaux.

Cet usage permet de les suivre à la piste depuis leur point de départ, à l'embouchure du Danube, jusqu'à l'Égypte en passant par Gibraltar.

M. Piétrement traite ces sépultures de mégalilniques ; cette expression ne nous paraît pas acceptable. Nous avons eu l'occasion de traiter cette question avec feu le général Faidherbe, et avec le Dr Rouïre qui lui a succédé dans l'exploration de ce genre de dolmens ; tous deux nous ont assuré qu'ils n'en avaient jamais rencontrés dont la capacité interne dépassât 80 centimètres. Il était donc impossible d'y introduire un corps humain sans l'avoir dépecé ou brûlé au préalable, et il en est de même de ceux qu'on retrouve en grand nombre dans le voisinage des Pyrénées. Sur les bords du Danube, ces petites maisons en pierres sont souvent remplacées par de petites maisons en terre cuite reproduisant le modèle adopté dans le pays. Une partie des Etrusques suivaient le même usage, les autres qui étaient d'origine danaïenne inhumaient leurs morts entiers dans des hypogées en forme d'étuves ou de grands dolmens, après leur avoir fait subir une dessiccation d'où ils tiraient leur nom de Danaï ou Sécheurs.

(*A suivre.*)

SUR LA

CLASSIFICATION DES RACES DE POULES

(1re NOTE)

PAR M. RÉMY SAINT-LOUP,

Attaché à l'École pratique des Hautes Études.

Une séance de la Société (2e section, 26 février 1890) a été consacrée à l'examen des propositions faites en vue d'arriver à une classification des races de Poules, d'établir leurs origines, leurs affinités entre elles et enfin la synonymie.

On a proposé pour cet objet l'étude comparée du squelette, les études indépendantes monographiques, et enfin le simple examen des caractères extérieurs des principales races.

Chacune de ces méthodes est excellente et peut donner dans son cadre des résultats immédiats, mais ne serait-il pas utile de définir exactement le but que se propose la Société dans cette révision de la faune galline.

La distinction de ces races présente d'un côté un intérêt scientifique pour ainsi dire abstrait, et d'autre part un intérêt commercial ou industriel. Le programme d'étude semble devoir différer dans l'un et l'autre cas. — Si l'on doit, en effet, cataloguer les Poules en n'admettant que les races zoologiques, c'est-à-dire établies sur la constatation de caractères anatomiques et morphologiques profondément différentiels, il est probable que l'on n'inscrira qu'un très petit nombre de races représentées par une infinité de variétés. — Si au contraire il s'agit d'un catalogue des races admises par l'industrie avicole, il suffira de dresser une liste en consultant chaque éleveur qui présentera les individus des races qu'il a acclimatées ou créées.

L'examen de cette liste permettra de résoudre la plupart des difficultés de synonymie.

Déterminer les affinités de ces races est un problème qui peut donner lieu à des discussions sans fin. L'étude anatomique ne suffit pas, les adversaires d'une classification basée sur l'étude du squelette diront que, dans une même espèce, chez des individus absolument identiques en général, des particularités de structure dans la charpente osseuse peuvent être constatées sans imposer une distinction spécifique.

Une étude a été faite dans cette direction par un naturaliste anglais et publiée dans un mémoire intitulé « Variations spécifiques dans le squelette des vertébrés, par R.-W. Schofeld ». Un des exemples des plus probants a été fourni par la comparaison des crânes du *Xanthornus xantocephalus ;* on peut se convaincre en examinant les figures qui représentent les crânes de ces oiseaux tués dans la même région et qui, par conséquent, ne sont pas déformés par ségrégation, combien il faut se défier en classification spécifique de l'importance exclusive des caractères tirés du squelette.

La question d'affinité comprend d'ailleurs les relations d'origine ; la généalogie des différentes races devra être suivie jusque dans l'antiquité et les dissertations scientifiques et littéraires sur le sujet pourront former des bibliothèques. Il ne faut pas perdre de vue que les importations, les acclimatations, les croisements, par conséquent, ne datent pas d'aujourd'hui et qu'il est extrêmement difficile de déterminer la part qui revient, dans la formation de nos races, aux ancêtres qui ont habité l'Espagne ou le Maroc, l'Egypte ou la Turquie d'Asie, la Grèce ou la vieille Bretagne.

Les anciens Grecs ne distinguaient que deux races de Poules domestiques qu'ils appelaient Poules de la grande espèce et Poules de la petite espèce. Cette distinction serait loin de suffire aux aviculteurs modernes, mais peut-être les zoologistes ne seraient-ils pas éloignés de s'en contenter.

Pour les uns comme pour les autres, la classification des races de Poules ne peut être qu'artificielle, c'est-à-dire établie sur certaines conventions dans l'ordre d'appréciation des caractères distinctifs. Les aviculteurs n'ont aucune raison de refuser un catalogue ainsi établi et pour lequel ni l'étude du squelette, ni celle des particularités anatomiques accidentelles ou ataviques ne sont nécessaires, mais seulement la détermination des caractères extérieurs.

Les zoologistes doivent admettre des classifications provisoires sans cesse remaniées à mesure que les documents nouveaux seront acquis à la science, et ces classifications ne peuvent actuellement commander le catalogue pratique industriel.

En résumé, il semble que, sur ce sujet général, les travaux de la Société doivent s'accomplir dans deux directions ; d'une part, pour l'établissement d'un catalogue correspondant à l'état actuel de la galliculture en France et à l'étranger ; d'autre part, pour la coordination des travaux de recherche, soit du domaine de l'anatomie, soit de celui de l'histoire, de l'archéologie et de la paléontologie.

Il appartient aux commissions spéciales ou sections de distribuer aux membres de la Société, disposés à collaborer à ces œuvres, leurs parts de travail, de manière à obtenir un effet utile.

La spécialisation technique a donné de nos jours de brillantes récoltes de faits, on obtiendrait pour l'avancement des sciences des résultats de beaucoup plus éclatants si l'on consentait à sacrifier un peu la personnalité à la réalisation de travaux de synthèse. C'est dans cet esprit que les fondateurs et les personnes qui dirigent la Société d'Acclimatation se sont donné une mission libérale et à laquelle chacun doit s'honorer d'adjoindre ses efforts.

On pourrait, dès maintenant, demander aux aviculteurs qui présentent des Gallinacés dans les expositions et les concours de vouloir bien remplir des feuilles questionnaires, dressées par la Société d'Acclimatation, et qui fourniraient des documents pour la constitution du catalogue pratique. Le travail serait encore facilité s'il devenait possible de réunir une collection photographique en parallèle avec les feuilles questionnaires.

LA THONARA DE SIDI-DAOUD [1]

PAR M. AMÉDÉE BERTHOULE,
Secrétaire général de la Société.

Sous une sombre armure bleu d'acier, qui recouvre une carène arrondie, très renflée à son centre, la proue allongée en éperon, la queue découpée en hélice, prenant jour à l'avant comme par deux hublots timidement ouverts, le grand Scombre aurait pu servir de modèle à l'ingénieux inventeur du *Nautilus*. Cet intrépide marcheur, mieux taillé pour la course que pour le combat, dégagé de toute mâture encombrante, gréé sur les flancs d'une paire d'avirons solides, taillés en faulx, sur le patron de l'aile rapide de l'oiseau rameur, tire plus encore sa force de propulsion de sa forme même, et de la puissance de l'appareil interne.

Ainsi construit pour les longues croisières, le Thon a facilement envahi toutes les mers du globe ; il est peu d'animaux marins dont l'aire de dispersion soit plus vaste, il n'en est pas, peut-on affirmer, qui soient plus précieux à l'homme par la quantité de matières alimentaires qu'ils lui fournissent. Doué d'humeur sociable, rarement solitaire, on le voit de préférence aller de compagnie, souvent même par troupes très nombreuses.

Ses mœurs sont encore imparfaitement connues ; toutefois, ses voyages, nous n'osons pas dire ses migrations, s'accomplissent régulièrement à des époques de l'année, et suivant des directions assez nettement déterminées. On le voit apparaître sur certaines côtes à la suite des bancs de petits poissons dont il fait sa proie, poursuivi lui-même avidement par les Dauphins, tour à tour chasseur et gibier, d'autrefois, mû par le seul instinct de la reproduction, en quête de ses frayères mystérieuses, mais toujours d'allures vives et pressées, ignorant du danger, donnant naïvement, tête basse, dans les pièges grossiers tendus sur sa route, actionné en quelque sorte, par une force irrésistible et secrète.

Ce poisson a, de tout temps, été très estimé pour les qua-

(1) Communication faite dans la séance générale du 23 janvier 1891.

lités de sa chair, partant, très activement pourchassé dans tous les parages qu'il fréquente. Les Grecs et les Romains en étaient particulièrement friands; aussi, les riches pêcheries de Constantinople, plus tard celles de Venise et du golfe de Tarente, jouirent-elles d'une grande prospérité. De nos jours, cette pêche est très en faveur sur divers points du littoral méditerranéen, principalement en Provence, en Sardaigne, en Sicile, et sur les côtes d'Afrique. L'importance qu'ont acquise ses produits dans l'alimentation générale nous paraissent de nature à donner quelque intérêt à la description de l'une de ces pêcheries, aujourd'hui en pleine activité, que nous avons visitée naguère, au cours d'une exploration dans les eaux tunisiennes.

Les vieux conteurs arabes célèbrent dans leurs récits imagés les vertus d'un Santon qui vivait dans le village de Bou-Krim, vers le ve siècle de l'Hégire ; il se nommait Sidi-Daoud, et se rendait populaire par sa charité, par l'austérité de ses mœurs, et par la sévère observance des préceptes de l'Islam ; sa vie était entourée de vénération, et sa renommée s'étendait au loin.

Un jour, cependant, que, chargé d'ans et d'infirmités, il sentait la mort s'approcher, il rassembla ses fils autour de lui, et après leur avoir fait ses exhortations, leur ordonna de l'attacher sur sa mule fidèle, dès qu'il aurait rendu son dernier souffle, et de l'ensevelir au lieu où celle-ci, abandonnée à elle-même, suspendrait sa marche. Peu après, il s'éteignit doucement, en murmurant les louanges d'Allah.

La Mule fut chargée des précieuses dépouilles, et poussée loin du village. Longtemps elle erra à l'aventure à travers la campagne, broutant tristement au passage quelques maigres touffes d'Alfa, ou les feuilles du Tamarix, suivie par la foule des disciples en larmes. Enfin, le soir venu, elle s'arrêta sur une plage déserte, tournée vers l'occident que doraient encore les fugitives lueurs du crépuscule.

Les volontés du marabout furent pieusement exécutées ; on l'ensevelit à cette place même, et sur sa tombe s'éleva bientôt, sous le nom de Sidi-Daoud-En-Noubi, une modeste zaouïa qui fut entretenue avec soin, et qui est restée, depuis, un lieu de saint pèlerinage.

C'est là, non loin de l'extrémité de la presqu'île, sur sa face occidentale, à moins de cinq milles de la pointe du cap Bon, en regard de l'ile de Zimbre, qu'est établie la florissante Thonara qui a pris le nom du célèbre santon ; elle s'élève au fond d'une crique peu profonde, heureusement abritée par les terres contre les grands vents du nord et contre ceux de l'est. Les rives peu élevées sont incultes et désertes, moins par suite de l'infertilité du sol, qu'à cause de l'éloignement des centres de population, et de la privation absolue de toute voie carrossable; on ne voit émerger de leur ligne régulièrement échancrée, lorsqu'on approche par mer, que la coupole

Fig. 1. — Vue générale de l'usine de Sidi-Daoud.

blanche de la Kouba, et les cheminées de l'usine, et, plus loin, les fumées flottantes d'un douar, dissimulé dans les maquis. L'accès de ce point de côte est d'autant plus difficile que, même par eau, on ne trouve aucun service organisé.

Nous n'avons eu, pour notre part, à prendre aucun souci à ce sujet, grâce à l'aimable obligeance du comte Joseph Raffo, le très heureux concessionnaire de la pêcherie. Après avoir reçu la plus gracieuse hospitalité à l'Ariana, charmante oasis aux portes de Tunis, nous embarquions vers minuit, à La Goulette, sur la chaloupe à vapeur attachée depuis peu au service de l'exploitation. Le ciel était pur, la nuit étoilée, la mer calme, pareille à un miroir d'argent ; aussi fîmes-nous à plutôt une promenade qu'une traversée; quatre heures plus tard, aux premières lueurs du jour, la sirène du bateau sifflait joyeusement à son entrée dans la rade, tandis que du haut du minaret, une flamme saluait son arrivée.

La baie de Sidi-Daoud, silencieuse pendant les deux tiers de l'année, s'anime tout à coup, en avril, comme sous les vivifiantes effluves du printemps, subitement envahie par une population de 3 ou 400 marins étrangers, qui arrivent là montés sur de lourds bâtiments siciliens chargés de vivres, du matériel de campement et de tous les objets nécessaires à l'exercice d'une éphémère, mais fructueuse industrie.

Ces hommes, aux mains nerveuses, aux épaules larges, le teint marqué de hâle, le cœur trempé, choisis parmi les plus éprouvés, ont avec eux un aumônier, un médecin, des infirmiers, qui leur assureront les soins de l'âme et ceux du corps. Le minaret du bordj, en leur rappelant le clocher du village, leur fera momentanément oublier, au milieu des rudes travaux, la femme et les enfants restés là-bas sur le rivage lointain de la patrie ; car on ne reçoit ici que des bras robustes et valides, et, fait digne de remarque, qui ne laisse pas d'avoir sa signification, en l'absence du sexe faible, il n'y a jamais parmi ces gens ni querelles ni disputes ! On nous a cité, en remontant au plus loin, un seul cas de deux hommes prêts à en venir aux mains pour une cause ignorée. Sans chercher à les apaiser par une intervention sans doute impuissante, le directeur les fit simplement conduire dans la brousse voisine, où on les laissa seuls, abandonnés à eux-mêmes, libres de vider à leur gré cette querelle. Quelques instants plus tard, ils rentraient à l'usine, la main dans la main. Les esprits s'étaient calmés, la paix était revenue dans les cœurs avec la raison.

L'installation du campement est bientôt faite ; les nouveaux venus se répartissent par groupes dans une agglomération de constructions basses, alignées sous un même parement de murs, dans lesquelles ils trouveront le couvert et le hamac, le feu et la gamelle, quelque chose comme l'entrepont d'un grand bateau de pêche.

A leur tête est un Raïs (capitaine), dont l'autorité est souveraine, et qui seul, pendant les trois mois de campagne, commandera à toute cette petite armée, confiante en sa vieille expérience, et docile à obéir à sa voix. Le directeur de l'usine, le propriétaire lui-même, n'exercent qu'une simple surveillance, sans autres pouvoirs que ceux de l'administration. C'est qu'ici le rôle même du Raïs est d'une rare importance ; lui seul a assez d'expérience, seul il connaît suffisamment les habitudes du poisson, pas un autre n'a la vue assez exercée ni assez sûre pour décider avec opportunité de l'heure de l'action ; il y a trente ans passés que celui de Sidi-Daoud est à son poste, et son regard perçant n'a encore jamais eu la moindre défaillance.

Auprès des logements d'ouvriers, autour de l'ancien bordj qui sert d'habitation au maître, à ses hôtes, et à l'état-major de l'établissement, s'élèvent de vastes constructions industrielles, magasins pour les corps de métiers, cuves à salaison, séchoirs, chaudières, ateliers pour la mise en boîtes ou en barils, et dans une aile séparée, la chapelle dans laquelle la colonie se réunit chaque dimanche au son de la cloche, tout comme au pays, enfin les services de santé ; sur l'extrême pointe de la jetée, une statue de la Madone tient ses regards fixés sur les flots, comme pour les rendre favorables. Tout est groupé sur un même noyau, d'où la surveillance est facile. Jusque dans ses détails, l'installation est largement comprise, elle a reçu les derniers perfectionnements de manière à faciliter le travail et à donner des produits de la meilleure qualité possible. Voilà pour le bâtiment.

La madrague est établie sur le modèle commun, au sud sud-est de l'établissement industriel où nous venons de nous arrêter, à l'entrée même de la baie. Elle se compose dans ses parties essentielles d'une longue ligne de filets s'étendant perpendiculairement à la rive, à proximité de laquelle ils s'appuient par une de leurs extrémités sur les enrochements des bords, l'autre s'avance en mer jusqu'à environ 2,000 mètres. Cette portion de l'engin porte le nom de *côte* ou *queue* ; elle est tressée en cordes d'alfa de la grosseur du doigt, à très larges mailles de 0,35. Cette muraille, dont la hauteur n'atteint pas moins de 30 mètres, est fortement tendue au moyen de paquets de lièges flottant à la surface de l'eau, et de lourdes pierres attachées à sa ralingue inférieure; tout au bout, formant angle droit avec elle, s'ouvre la partie la plus intéressante des filets, l'*île* ou *isoletta*.

Les câbles auxquels se rattachent les filets de l'île sont maintenus en place par une centaine de grosses ancres, et à flot par des lièges ; ils circonscrivent à la surface de la mer une superficie affectant la forme d'un parallélogramme de 400 mètres sur 20, sensiblement orienté de l'ouest à l'est. Ce parallélogramme est divisé en cinq grandes chambres formées de tresses semblables à celles de la *Côte*, communiquant entre elles par de larges portes en filets qu'on peut relever ou abaisser suivant les besoins, et aboutissant toutes à un compartiment, le dernier à l'est, appelé *chambre de la Matance* ou *chambre de la mort*, la cellule des condamnés. Celle-ci est tissée à mailles plus serrées en solides cordes de chanvre ; elle comporte, de plus que les autres, un fond ou plancher en treillis de même nature, qui peut être hissé ou redescendu à volonté. C'est là que sont poussés et emprisonnés les poissons au moment de la pêche.

Ces simples explications permettent de suivre aisément le jeu de l'appareil.

Les Thons, qui viennent de la direction de la Goulette, marchant au nord, le flanc droit au rivage, « tantôt à la façon des Loups, tantôt à la manière des Chèvres », suivant l'expression d'Œlien, rencontrent sur leur chemin l'infranchissable obstacle formé par la longue muraille des filets de *la Côte*, et, pour leur malheur, ne cherchent pas à l'éviter en changeant de direction. Bien au contraire, ils en suivent imprudemment la ligne, la tête sur la trame perfide, et se trouvent ainsi conduits à l'entrée de la première chambre dans laquelle ils s'engagent sans méfiance. Une fois là, ils ne cessent d'évoluer tout autour, jusqu'à ce que, dans ce mouvement, ils viennent à passer devant l'entrée de la deuxième chambre où ils n'hésitent pas davantage à pénétrer. On peut, dès lors, les considérer comme tombés en la possession du pêcheur, qu'ils s'avancent ou non davantage dans ce dédale funeste.

Les divisions de la Thonara servent à les tenir séparés, par bandes ni trop faibles ni trop fortes ; on ne peut, en effet, sans encombrement et sans danger, prendre à la fois plus de 800 à 1,000 gros poissons, de même qu'on ne pêcherait pas s'il y en avait moins de 4 à 500 réunis. Il s'en est trouvé, un jour, jusqu'à 4,000 à la fois ; il importe, en telle occurrence, de diviser la pêche en plusieurs opérations, en répartissant les prisonniers dans les chambres extérieures à celle de la Matance, où ils seront repris, l'heure venue. Le Raïs en appréciera le nombre, sans se tromper de plus de quelques dizaines, à travers cette tranche d'eau de trente mètres, au fond de laquelle ils s'agitent en tourbillonnant sans arrêt, les plus gros paraissant, à cette profondeur, de la taille d'une vulgaire Allache. C'est même un de ses principaux devoirs de faire les manœuvres nécessaires pour parquer les poissons en nombre convenable ; il se sert, dans ce but, d'un paquet de vieux filets, ou mieux encore d'un crâne de Chameau attaché au bout d'une longue corde qu'il promène sans brusquerie sous l'eau, poussant insensiblement ceux-ci là où il veut les enfermer.

L'espèce n'acquiert, quoi qu'il arrive, aucune expérience du danger ; car, selon un mot du comte Raffo, « ceux qui s'échappent librement le font sans garder aucune défiance, n'ayant pas été inquiétés, et ceux qui restent ne pourront plus aller porter la mauvaise nouvelle au dehors », l'intelligence doit, d'ailleurs, être très pauvre chez ces animaux, si on en juge par le volume de leur cerveau qui, chez les plus gros, est à peine égal à un petit œuf de Poule.

Les filets, qu'on a soin de relever chaque année à la fin de la campagne, sont tendus en avril, dès que le temps le permet; il serait impossible de procéder à cette laborieuse opération par une mer un peu forte ; on profite pour ce faire, sous l'excellent abri que forme la presqu'île, des premiers vents d'Est qui viennent à souffler vers cette époque. Tout doit être prêt au commencement de mai, à la fête de la Sainte-Croix, date qui correspond habituellement avec l'apparition du Thon. De fondation, c'est l'occasion de réjouissances traditionnelles ; on immole sur le tombeau du marabout, qui a donné son nom à ce coin de terre, les plus jolis Bœufs du pays ; les Arabes des douars voisins accourent avec empressement, et se joignent aux pêcheurs pour honorer sa mémoire dans des copieuses et bruyantes agapes, dont le maître de l'exploitation fait généreusement tous les frais.

Dès le lendemain, chacun doit être à son poste, l'usine est ouverte, les machines et les chaudières sont prêtes à entrer en œuvre, les réservoirs à saumure sont emplis et mis à saturation (1), on arme les embarcations. La vie s'est ranimée sur cette plage, déserte quelques jours plus tôt ; elle s'agitera

(1) Tous les usiniers qui font les conserves de poissons en saumure ont coutume, pour reconnaître si l'eau est à un degré convenable de saturation, de mettre une pomme de terre dans chaque récipient ; lorsque la tubercule flotte, le liquide est en état.

bientôt dans une activité fiévreuse, sur un simple signe du Raïs.

Cependant, celui-ci entre en scène. Chaque matin, dès l'aurore, on pourra le voir sur sa petite barque noire, amarrée au cœur de la madrague, balancée comme une faible coquille, parfois violemment secouée par la vague, prête à chavirer, lui, assis nonchalamment à l'arrière, indifférent au souffle du grand vent de mer, l'œil fixé sur l'onde bleue dont il scrute les sombres profondeurs.

Le Raïs quitte ce poste une fois, dans le milieu du jour, pour le reprendre bientôt jusqu'au soir. A son retour, les vieux marins savent lire sur son masque impassible si le poisson *entre* ou si la Thonara est encore vide ; tous, anxieusement, fixent sur lui les regards, et les visages s'éclairent ou s'assombrissent suivant ce qu'on lit sur le sien. C'est que, pour ces hommes, c'est l'abondance ou la gêne, selon que la pêche est bonne ou mauvaise ; leur salaire fixe suffit bien aux besoins présents ; mais pour l'hiver, pour les petits qui grandissent au foyer, dans les bras de la mère, il faut l'appoint qu'ajoutera à leurs maigres économies la part qui leur revient sur le produit de la courte campagne de pêche.

Les jours, quelquefois, succèdent aux jours, une semaine entière se passe, puis une encore, et le Raïs part et revient régulièrement à ses heures sans mot dire à personne, sinon ce que lui arrache avec peine le directeur de l'usine, au rapport du soir ; et alors, si la besogne est à jour, si les barques ont été radoubées, si tout est en ordre et en état dans l'intérieur de l'usine, vient le désœuvrement, et, avec lui, la triste nostalgie s'empare de ces rudes marins que ni la tempête, ni les pénibles travaux ne rebuteraient.

Les Thons tardant à *entrer*, au moment de notre arrivée, les heures d'attente furent très agréablement employées, un jour à la pêche en mer, à la senne et aux palangres ; en peu de temps, celles-ci ramenaient d'énormes paniers de fort joli poisson, Mérous blancs, Ombrines, Pagres de 20 à 25 kilos, Scorpènes, Perches de mer, Murènes, Squales... Cet engin, très en usage sur toute la côte, est formé de cordeaux de 1,000 à 1,200 mètres de longueur, auxquels sont attachées, de distance en distance, des lignes amorcées avec des débris de poisson frais ; on les immerge plus ou moins loin de terre, à des profondeurs variables, suivant le temps, pour les relever quelques heures après.

Un autre jour, ce fut une exploration de l'île de Zimbre, nous ne parlons pas d'une excursion aux curieuses grottes du cap Bon, la description de ces immenses et étranges palais souterrains ne devant pas prendre place ici.

L'îlot, ou plutôt le rocher de Zimbre, émerge en pleine mer, par le travers ouest du cap Bon, à 8 milles environ de Sidi-Daoud. La chaloupe à vapeur de l'usine, la vaillante *Daisy*, sur laquelle le comte Raffo a bravement fait, naguère, la traversée d'Angleterre à Tunis, a, par temps calme, dé-

Fig. 2. — L'île de Zimbre (1).

voré cet espace en moins d'une heure, et mouillé par un excellent fond de plusieurs mètres dans une anse parfaitement abritée.

Il y a là quelques vestiges d'une ancienne jetée, œuvre, disent les vieux historiens, des Carthaginois qui y entretenaient un petit corps de troupes. Sur le point culminant, dressé presque à pic à une hauteur de 2 à 300 mètres au-dessus des flots qui battent violemment ses assises, ils

(1) Les planches 2, 3, 4, 6 sont extraites d'un rapport que nous avons eu l'honneur de présenter à M. le Ministre de la Marine, qui a bien voulu nous autoriser à les reproduire ici. (*Rev. mar.*, déc. 90.)

avaient établi un de ces observatoires militaires, dont la construction leur était familière, sortes de tours du guet ou tours à signaux, du haut desquelles ils surveillaient les routes les plus fréquentées par les navigateurs. Ce poste fut aussi occupé, de nos jours, par des soldats tunisiens ; mais, à certaine époque, les circonstances n'ayant pas permis de les ravitailler en temps voulu, ils purent se croire abandonnés ; l'île, absolument inculte, ne leur offrait aucune espèce de ressources, leur détresse était extrême, et ils étaient menacés d'une fin tragique, lorsque la vague jeta à la côte les épaves de quelque navire broyé au large par un cyclone ; ils se hâtèrent de construire un radeau avec ces débris, et profitant d'un vent favorable, se laissèrent pousser jusqu'à Sidi-Daoud, où ils furent largement secourus.

Très pittoresque, à quelque distance, à cause de ses hautes falaises et de ses escarpements, l'aspect général de Zimbre est moins séduisant de près. Le sol, balayé par de furieux ouragans, est dépourvu de toute végétation forestière ; il est couvert de maigres broussailles que déchirent par place des affleurements de roches. Ses seuls habitants sont les Lapins sauvages, et, dans la saison, des vols de Bécasses, de Cailles ou d'autres oiseaux de passage, qui ne font guère qu'y poser le pied pour délasser leur aile fatiguée.

Cependant, l'îlot a trouvé son Robinson, qui vit là, à peine abrité sous un méchant réduit en pierres sèches, au milieu d'un petit carré de champs, où il a semé du blé et quelques légumes. Ses enfants le gênant dans son goût pour la solitude, il les a renvoyés ; il n'a plus auprès de lui d'autres compagnons que les animaux domestiques qu'il a amenés avec lui, une Génisse et un Bœuf dont il est très fier, des Poules et une couple de Chèvres. Entre temps, peut-être, reçoit-il la visite furtive de quelque voilier en peine de son chargement, et c'est tout.

Notre subite invasion n'a pourtant point semblé causer un trop grand déplaisir à cet étonnant misanthrope ; après nous avoir fait visiter la ferme et admirer le cheptel, très complaisamment il nous a conduits dans le hallier. Et nous n'avons pas observé sans curiosité ce sage aux formes rudes et grossières, à la barbe hirsute, aux épaules carrées, à la mine sauvage, mais à l'œil fin et pénétrant, qui dédaigne le commerce des hommes, ou du moins leur société, et fuit le monde pour vivre sur ce rocher solitaire, de sa vie à lui, sans maître, sans contrainte, se chauffant au soleil, souriant aux étoiles, et n'entendant d'autre voix que celle de la tempête.

Accidentellement, toutefois, l'île est visitée par des Siciliens qui s'en viennent jeter leurs filets dans ses eaux poissonneuses. D'avril à juillet, ils pêchent le Zarro et la Menora, l'une et l'autre espèces plus connues sous le nom de *Rondina*. Ce sont de jolis poissons, à la robe gris sombre mouchetée de larges taches bleues, d'une taille supérieure à celle de la Sardine, et appartenant à la famille des Ménides. Les pêcheurs les font sécher au soleil, à même sur le sable de la plage, quand ils ne prennent pas le temps de les saler, et les transportent ensuite dans leur pays, où ils les vendent 50 fr. les 100 kilogs. Le produit de cette courte campagne atteint trois mille quintaux métriques.

La *Rondina* fréquentait aussi les eaux de La Galite ; mais elle en a complètement disparu, depuis 1887, nous ont dit les pêcheurs, à la suite du naufrage d'un bateau caboteur, chargé de plusieurs milliers de tonnes de soufre, qui s'y est perdu corps et biens.

Enfin, au mois de juin, une trentaine de barques génoises croisent dans ces parages pour se livrer à la pêche de l'Anchois à l'aide de filets flottants qu'ils appellent *rissolles*. Leur prise moyenne annuelle est de 2,500 quintaux qu'absorbe le marché de Gênes. L'Anchois de Zimbre est plus renommé, s'il est possible, que celui de Tabarca ; aussi bien ces pêcheurs dédaignent-ils la Sardine, et la rejettent-ils à l'eau si elle vient à se mailler dans leurs filets.

Mais cette digression nous a trop longtemps éloignés de notre point de départ, nous y revenons à toute vapeur, par une mer légèrement houleuse, escortés par des bandes de Dauphins qui luttent de vitesse avec le léger vapeur, décrivant de gracieuses courbes autour de lui.

Cependant les Scombres ont envahi la Thonara, et tout à coup, un matin, le tableau change, à Sidi-Daoud : de là-bas, à deux milles au large, le Raïs a fait un signal, le signal si impatiemment attendu du branle-bas. Le drapeau du bordj est hissé, les fourneaux s'allument et envoient au ciel leurs volutes de fumée noire ; les marins, le cœur ranimé, s'arment de leurs solides harpons, sautent dans les chaloupes, pèsent vigoureusement sur les longs avirons et s'égrènent sur la route de la madrague, la *Daisy* donnant la remorque aux plus lourdes. C'est jour de *Matance,* jour de rudes fatigues, mais aussi jour de joie et de plaisir.

La flotte de combat se compose de deux grands bateaux plats, en termes spéciaux le *Vaisseau* et le *Capo-Raïs*, sur lesquels les hommes se tiennent pendant la tuerie, et de huit embarcations, montées de seize à vingt-quatre rameurs. Au fur et à mesure de leur arrivée, barques et chalands prennent leur rang de bataille, et forment le carré autour de la *chambre de mort,* les vaisseaux amarrés en face l'un de l'autre sur les flancs est et ouest de cette chambre, la flottille alignée sur les deux autres. Au centre, le Raïs dans son canot va commander et diriger la manœuvre. Dès que le blocus est achevé, les cabestans sont mis en mouvement, le filet de fond qui constituait le sol ou plancher de la chambre, est hissé lentement, et l'on fixe une de ses extrémités sur le bastingage du *Capo-Raïs;* mais laissons le maître de la pêcherie décrire lui-même ces manœuvres :

« Les hommes s'alignent sur le *vaisseau*, tirent sur le filet, et le rejettent en dehors, à mesure que, par suite de cette traction, leur bateau s'avance vers celui qui se trouve en face le *Capo-Raïs*, rétrécissant le carré sur deux de ses côtés.

» Un marin entonne d'une voix sonore un chant monotone après avoir invoqué le nom du Seigneur, et en chœur, ses camarades chantent le refrain. Si des étrangers sont présents, on improvise des couplets plus ou moins flatteurs à leur adresse, tandis que le filet continue à monter lentement mais régulièrement.

» Les pauvres Thons, qui, effrayés d'abord par tout ce bruit, s'étaient tenus cois et aussi près du fond que possible, voient l'eau leur manquer peu à peu, et, éperdus, nagent fiévreusement en cercle, cherchant une issue qui leur échappe. L'eau de la Méditerranée, claire et limpide, permet de distinguer tous leurs mouvements.

» Bientôt, le filet suivant sa marche ascendante, un Thon, puis deux, se montrent à fleur d'eau et rompent par de longs sillons la surface des flots ; puis, tout d'un coup, le carré est blanc d'écume ; les poissons sortent à moitié corps de l'eau, la font voler par paquets à coups de queue, montent les uns sur les autres, s'entrechoquent, se blessent. C'est le plus beau

Fig. 5. — La Mattanza.

moment pour les spectateurs étrangers ; ce qui se passe après sent trop la boucherie.

» Pendant que le Raïs, sur son canot qui saute comme un bouchon, au milieu du tumulte, revêt à la hâte son costume de toile cirée, les chants s'arrêtent ; les hommes ne tirent plus que mollement sur le filet, et jettent des regards d'âpre convoitise sur les poissons ; chacun d'eux voudrait avoir la gloire de frapper le premier coup. Ceux qui doivent passer sur le second vaisseau s'acheminent en sautant par dessus les chaloupes. L'impatience les gagne. Le Raïs, qui a ses raisons pour ne pas vouloir commencer avant le moment opportun, les objurgue et les gronde, leur enjoint de continuer à hâler le filet ; il agite, colère, le tronçon de bois qui lui sert de sceptre, et finit par le jeter à la tête du plus récalcitrant.

» Enfin, levant la main, il s'écrie : *Pigliateli !*

» En un clin d'œil, le filet est amarré au bordage du *vaisseau* et le massacre commence. »

Serrés en ligne sur l'extrême bord des chalands, les hommes, l'œil ardent, les bras tendus comme un ressort, sont là prêts à frapper ; mais les poissons affolés passent rapides comme la flèche, se dérobent en bondissant dans des élans désespérés, évitant un instant le coup qui les menace. Efforts superflus ! lancé d'une main sûre, le harpon acéré les atteint, pénétrant cruellement les chairs, et d'une pesée énergique sur le pieu, un bras vigoureux les enlève et les précipite sur le sol des *vaisseaux* où ils se débattent dans une courte agonie. Ce sont alors, au milieu d'un sauvage et indescriptible débordement de cris, de gestes et d'injures (tous les acteurs sont Siciliens), une mêlée tumultueuse, des corps à corps féroces autour de l'eau qui bouillonne. Les bateaux s'emplissent, la mer se teint du sang des victimes, qui rejaillit sur tous, surexcitant encore les auteurs de cette scène de carnage. Et les bras frappent toujours, infatigables, et l'horrible tache rouge s'élargit à chaque instant davantage, sans s'effacer sous le choc des grandes vagues bleues.

Le Thon demande à être hissé à bord la tête la première, car il perd ainsi ses moyens de défense ; ses violents coups de queue aident le pêcheur plutôt qu'ils ne le gênent ; mais il n'est pas facile de le saisir, et les amateurs, qui ne craignent pas de s'y essayer, sont souvent entraînés, dans un mouvement mal assuré, à prendre un bain forcé. On s'y met à deux, à plusieurs même, si l'animal est de très forte taille.

L'opération, vivement menée, se poursuit au milieu d'un vacarme phénoménal. Les hommes travaillent à l'envi, jaloux en quelque sorte les uns des autres, « on les croirait enragés », dit notre hôte ; ils se disputent les poissons avec une furieuse âpreté.

Autrefois, ils étaient divisés par escouades, qui avaient un intérêt pécuniaire à faire pour leur compte les plus fortes prises possibles. Ce système a dû être abandonné; aujourd'hui, le butin se partage également entre toute l'équipe. On ne lutte donc plus que pour « la gloire » ; mais l'acharnement apparent n'en est pas moindre.

Enfin, l'œuvre de mort est accomplie. Tous ces lutteurs qui paraissaient prêts à en venir aux mains, et à s'entre-égorger sur place, rentrent subitement dans le calme. Les rivaux de tout à l'heure causent et rient paisiblement entre eux. A force de rames, on regagne le hâvre, chargé des sanglants trophées. La matance est achevée. Voici venue l'heure des pacifiques travaux de l'usine.

Arrivés à proximité des bâtiments, les embarcations versent leur cargaison à l'eau ; aussitôt les Thons sont tirés, à l'aide de crocs, sur un dallage déclive, jusque dans une vaste salle basse largement ouverte sur le port (*fig.* 5) ; des hommes exercés leur enlèvent la tête d'un coup de hache ; on leur coupe les nageoires, on les vide, et on les suspend par la queue aux madriers qui forment le plafond du *Bois*, c'est le nom du lieu, où on les laisse accrochés quelques heures, s'égoutter et s'attendrir avant la cuisson. Viennent ensuite les diverses opérations de salaison et de friturerie, car on fait également les deux préparations, qui sont conduites selon les procédés ordinaires. Quelle que soit l'importance de la pêche, et nous avons dit qu'elle était en moyenne de 800 à 1,000 poissons, tout le travail doit être fait en une seule fois, sans interruption, de jour ou de nuit.

Autrefois, les salaisons absorbaient la majeure partie de la pêche; mais la proportion est désormais renversée, les préparations à l'huile, de plus en plus demandées dans le commerce, ayant de beaucoup pris le dessus sur les premières.

La cuisson se fait dans une série d'une quarantaine de cuves chauffées par des fourneaux à houille. Chaque cuve contient environ 300 kilogs de poisson qu'on dispose, dépécé par tranches, dans des filets tressés en fer de la capacité des cuves; ces filets sont actionnés mécaniquement au moyen d'un treuil. Les fourneaux, aussitôt la cuisson achevée, sont chargés de nouveau, amorcés, si on peut s'exprimer ainsi, de telle façon qu'au premier signal de pêche ils puissent être rallumés instantanément.

Fig. 4. — Séchoir de têtes de Thons.

Pendant l'ébullition, qui dure environ une heure, un employé, spécialement préposé à cet office, reste en permanence en tête de l'angle droit formé par les deux lignes des feux; de temps à autre, on lui apporte à goûter un morceau de poisson, et dès qu'il juge la cuisson à point, il fait un commandement auquel obéissent les hommes attachés à la manœuvre du treuil, en hissant les paniers en fer au-dessus des chaudières; les fourneaux sont éteints et on laisse les viandes, ainsi suspendues, se refroidir. Puis, des wagonnets Decauville enlèvent ces monceaux de poissons cuits, et les transportent dans l'immense salle où ils doivent être débités et mis en boîtes.

Fig. 5. — L'arrivée à l'usine.

Cette nouvelle manipulation ne se fait pas d'une manière indifférente, car il importe de trier les morceaux suivant leur valeur ; le ventre et les parties qui l'avoisinent étant les plus estimés, sont placés à part et seront vendus plus cher. La capacité des boîtes est graduée de un demi à vingt kilogrammes, de manière à répondre aux exigences de la consommation. Les barils pèsent habituellement 50 kilogs. Quant à l'introduction de l'huile et à la fermeture, on y procède d'après les méthodes partout en usage.

Cette préparation n'absorbe pas moins de 100 à 120,000 litres d'huile d'olives, soit pour 90,000 francs à peu près, actuellement fournie par un usinier de Sousse ; c'est le seul produit qui soit pris dans le pays. Le sel est apporté de Trapani ; le charbon et le fer noir proviennent d'Angleterre, les barils vides, de Savone. Les boîtes en métal sont fabriquées dans l'usine même, durant l'hiver, par quelques ouvriers, qui sont en même temps gardiens de la Thonara.

Les salaisons n'offrent, dans la manipulation, aucun intérêt spécial ; elles portent sur deux cent cinquante tonnes de poisson.

Quant aux produits, fritures ou salaisons, ils sont intégralement transportés en Italie, par un vapeur spécial appartenant à l'exploitation, et vendus, sur les marchés de Livourne et de Gênes, à des prix variant de 175 fr. les 100 kilogs pour les meilleures qualités, à 30 francs pour les salaisons de rebut.

Toutes les parties de l'animal qui ne peuvent être utilisées ainsi qu'il vient d'être dit, les yeux, la tête, les entrailles, les nageoires et la queue sont soumises à une macération qui a pour but d'en extraire l'huile qu'elles contiennent. Ce produit est recherché surtout pour le travail des cuirs. On en a obtenu 50,000 kilos, en 1889, vendus facilement 60 francs le quintal.

Les œufs, près de leur maturité en cette saison, font de la boutargue, un peu moins estimée, il est vrai, que celle de Mulet, mais qui vaut bien encore 3 francs le kilo.

L'ossature et les derniers débris sont convertis en un engrais recherché par les cultures, de telle sorte que rien n'est perdu et ne reste sans utilisation dans ce précieux animal.

La Thonara du cap Bon a une énorme importance, encore

qu'elle donne des produits très variables d'une année à l'autre, comme il arrive partout où l'on s'attaque à des espèces nomades, dont les apparitions sont essentiellement capricieuses.

Les plus mauvaises pêches correspondent à l'année 1886, pendant laquelle il ne fut pris que 6,700 Thons, et, en remontant plus haut, à 1874, année complètement nulle, un ouragan ayant emporté la madrague au début même de la campagne, les meilleures approchent du chiffre de 15,000; en

Fig. 6. — Cuves pour la cuisson.

1877 et en 1878, on put inscrire au tableau 14,900 Scombres, 9,180 en 1889.

En 1890, la pêche s'annonçait comme devant être moins heureuse; lors de notre visite, fin mai, c'est-à-dire, à près de moitié de la saison, c'est à peine si on atteignait le premier mille, et le poisson, en dépit des vents favorables, se montrait lent à venir.

Dans le nombre, il n'est pas rare de trouver des individus pesant 300 kilos, quelques-uns arrivent même à 400, les plus petits, ceux-là très rares, descendent jusqu'à 40 kilos; la moyenne n'est pas inférieure à 100 kilos.

En mai-juin, les Thons sont gras et très en chair, les organes indiquent les approches du temps de fraie ; un peu plus tard, au contraire, après la reproduction, ils maigrissent, leur chair devient molle, et comme rougie de sang. Ils ne supporteraient plus la préparation en conserves, aussi bien leur pêche cesse-t-elle dès les premiers jours de juillet, elle ne dure donc guère que deux mois.

On ne signale pas de passage de retour sur cette côte.

Une longue expérience a permis de reconnaître la route que suivent les Thons, à ce moment de l'année; ils paraissent venir de Gibraltar et marcher invariablement de l'ouest à l'est. A Mahedia, au contraire, où cette pêche est assez abondante pour qu'on songe à y créer une madrague, ils se montreraient, nous a-t-on affirmé, à la même époque, mais suivant une direction inverse, du sud au nord.

L'état des organes de génération permet de supposer que la reproduction doit s'accomplir dans ces parages, en eaux profondes, d'autant plus qu'on signale dans le golfe de Gabès de fréquentes apparitions de bandes nombreuses de très jeunes poissons de cette espèce.

Ajoutons, enfin, quoique les observations sur ce point soient encore très incomplètes, que la route de retour de ces animaux, de l'est à l'ouest, serait bien plus au nord. Il existe en Sicile et en Sardaigne de riches madragues, orientées dans ce sens, qui entrent en activité dans le cours de l'automne, alors que celle de Sidi-Daoud est au repos.

Il est vraisemblable qu'à l'aide des documents précis que pourrait fournir chacun de ces établissements, si on réussissait à les obtenir, et à les grouper, on arriverait à éclaircir un point d'histoire naturelle encore bien obscur, et pourtant plein d'intérêt.

Dans un rapport statistique sur la pêche en Tunisie, M. Ponzevera, l'aimable et très obligeant chef du service de la navigation et des ports dans la régence, dont les informations sont toujours consciencieusement recueillies, estimait à 10,000 quintaux métriques le poids des Thons pêchés annuellement à Sidi-Daoud, chiffre concordant avec ceux que nous avons personnellement relevés, et leur valeur, sur place, à 900,000 piastres (la piastre tunisienne de 0 fr. 60).

L'exportation des produits, suivant les mêmes informations, s'élèverait pour un même temps à une somme de 1,650,000 p., ainsi décomposée :

5,000 barils de Thon à l'huile, de 50 kilos, vendus à raison de 135 p. l'un........	675,000 p.
5,000 barils de Thon salé, de 50 kilos, vendus 70 p. l'un....................	350,000
20,000 boîtes de Thon en conserves, pesant ensemble 250,000 kilos, au prix de 250 p. les 100 kilos...............	625,000
	1,650,000 p.

A ce produit considérable, il faut encore ajouter les divers autres profits accessoires de la pêche, huile de Thon, boutargue, engrais, dont nous ignorons le chiffre, mais qui ne laissent pas d'être importants.

La valeur de l'usine et de son matériel peut être évaluée à 1,300,000 piastres; la madrague seule ne coûte pas moins de 30,000 francs, et elle dure deux années en moyenne, jamais plus de trois.

Cette concession a été donnée, par la faveur du Bey, au commencement de ce siècle, à la famille Raffo, au pouvoir de laquelle il est constamment resté depuis l'origine ; un décret, en date du 9 djoumadi an 1294 de l'Hégire (1878), l'a prorogée jusqu'en 1943. Elle comprend le droit d'exploiter la Thonara du cap Bon, et d'en établir facultativement une deuxième à Raz-el-Djebel, avec cette faveur exceptionnelle d'une exonération absolue de tous droits d'importation ou d'exportation pour les produits nécessaires à l'usine ou vendus par elle.

Tel qu'il est actuellement aménagé, avec tous les perfectionnements industriels qui y ont été successivement introduits, avec son personnel spécial, nombreux, stimulé au travail par un intérêt dans les produits de la pêche, avec son état-major expérimenté, assis qu'il est sur de solides capitaux, maître de la place en Italie, cet établissement doit être dans les mains de son heureux détenteur une source de grands profits et un instrument très puissant.

La visite que nous y avons faite est pleine d'enseignements de toute nature, nous devons remercier M. le Comte Joseph Raffo de son accueil si hospitalier, et du gracieux empressement avec lequel il nous en a montré l'organisation et le fonctionnement. L'étape de Sidi-Daoud est, sans contredit, l'une des plus intéressantes et des plus instructives de notre rapide voyage sur ces côtes ensoleillées.

COMPTE RENDU

DES

OPÉRATIONS DE PISCICULTURE

AUX LABORATOIRES DE QUILLAN ET DE GESSE (1890)

POUR L'ACCLIMATATION DU SAUMON DE CALIFORNIE

Le 15 janvier 1890, nous avons reçu, de la Société nationale d'Acclimatation de France, six caisses d'œufs de *Salmo Quinnat* venant de Californie.

Chaque caisse renfermait onze châssis, dont un vide, servant de couvercle aux autres. Trois ne contenaient rien, leur garniture ayant été conservée à Paris. C'est donc un total de cinquante-sept châssis qui nous est parvenu.

D'après un comptage soigné fait sur six châssis, le nombre d'œufs reçus ce jour-là fut de 800 × 57 = 45,600.

La distribution en fut faite dès le 16 janvier entre les deux laboratoires de Quillan et de Gesse. Le premier reçut 13,600 œufs, le second, 32,000.

Les pertes constatées au déballage furent de 3,673.

Le 17 et le 18, elles s'élevèrent à 1,327.

Le 31 janvier, elles ne furent plus que de 39, c'est-à-dire d'environ 1 pour mille.

Les éclosions étaient complètes dès le 27 janvier, et le 31 nous possédions à Quillan 12,390, à Gesse, 26,653, soit en tout 39,043 alevins, dont la réussite était assurée, sauf la mortalité ordinaire inévitable, ci.................. 39,043

A la fin de février, la résorption de la vésicule était complète.

La perte totale, en alevins, à la fin de juin était de 1,148

Par suite, il ne restait dans les bassins que...... 37,895

Les lâchers des 26, 27 et 28 juin nous enlevèrent........................... 9,440

Les lâchers suivants, de juillet à novembre 27,258

Total des lâchers.......... 36,698

Il reste donc, à ce jour, dans les bassins de Gesse, Saumoneaux, ci.............. 1,197

Les lâchers furent commencés trop tard ; la perte de juin, à peu près double de celle du mois de mai (226 contre 106), en est la preuve. Aussi, et dès que la permission eut été donnée, y fut-il procédé aussi rapidement que possible. Les différents voyages s'effectuèrent sur des sujets de 0m,04 à 0m,06 sans aucune perte. Les points choisis parurent, d'ailleurs, convenir à nos colons : quelques minutes après leur mise en liberté, ils se livraient à des ébats qui semblaient indiquer qu'ils ne se considéraient pas comme étrangers dans leur nouveau milieu.

La taille des sujets restant dans les bassins varie de 0m,10 à 0m,15 ; on constate, en général, que leurs congénères de la rivière ont un cinquième en plus.

Il nous reste 192 sujets de 1888 dont la taille varie de 0m,30 à 0m,35 du museau à l'extrémité de la queue.

Maintenant, que sont devenus, dans la rivière, les jeunes Saumoneaux que nous lui avons confiés ? — De fort jolis petits poissons. On en voit, on en pêche surtout à la ligne, parce qu'ils sont très avides des appâts qu'on leur présente. Les pêcheurs intelligents les rejettent à l'eau ; j'ai été plusieurs fois témoin du fait. Mais combien qui n'agissent pas ainsi ! Il faut donc tenir pour certain qu'on en a pris et consommé un certain nombre. Les truites en ont avalé une quantité plus grande encore. Le reste prend ses ébats dans la rivière et y vit très bien, aussi bien que la truite. Le 13 juin dernier, j'ai vu un Saumon de 1888, pris par un de mes voisins, qui avait 0m,27 de l'œil à la naissance de la queue et qui pesait 500 grammes. Ce fait a dû se produire plus d'une fois ; seulement, il est naturel qu'on ne vienne pas prévenir les agents chargés de la police de la pêche.

Je conclus de ce qui précède que, pour réussir l'acclimatation, il faut opérer avec de grandes quantités.

Quillan, le 23 décembre 1890.

Au moment de faire paraître ce numéro, nous recevons le rapport sur le dernier envoi d'œufs qui vient de nous arriver. Nous nous empressons de le faire connaître à nos collègues :

L'Acclimatation du *Salmo Quinnat* dans le bassin de la Méditerranée a déjà fait l'objet de deux campagnes dans les laboratoires de pisciculture de Quillan et de Gesse. Cent mille alevins y ont été élevés, que l'Aude et la mer se partagent maintenant.

Cette entreprise va être poursuivie cette année sur un nouveau lot d'œufs fort important que la Société d'Acclimatation de France vient de nous faire parvenir.

Le précieux envoi est arrivé à Quillan le 20 janvier par le train de 6 h. 30 du soir, après un voyage qui n'a pas duré moins d'un mois.

Le temps avait été très froid depuis le départ de la station californienne d'origine. L'air était encore excessivement vif à l'arrivée ; le thermomètre marquait — 7° centigrades à l'extérieur, + 1° à l'intérieur de l'établissement. On pouvait compter sur une prospérité satisfaisante chez les arrivants, notre attente n'a pas été trompée.

Le 21 janvier, en procédant au déballage et en déposant nos nouveaux hôtes sur leurs couchettes, nous avons pu constater qu'ils se portaient à merveille et que tout était en parfait état.

Le lot de l'année dernière fut réparti entre les deux laboratoires de Quillan et de Gesse. Cette année, c'est Quillan qui accapare tout le lot qui nous est échu. Un accident, l'arrêt produit dans l'écoulement des eaux par les fortes gelées qui se succèdent depuis trois mois, en est la cause. Il n'y a d'ailleurs nullement lieu de regretter ce contre-temps, car l'eau filtrée dont nous disposons à Quillan est une garantie de réussite qui n'existe pas à Gesse, où l'eau, bien que limpide en apparence, charrie des matières limoneuses qui constituent un grave inconvénient. Il y a une amélioration à faire. En attendant qu'il y soit pourvu, le laboratoire de Quillan est bien suffisant pour opérer dans les limites où se maintient l'expérience et donner les meilleurs résultats et, à moins d'accident imprévu, tout fait présager pour cette année un succès qui n'aura rien à envier à ses aînés.

Quillan, le 22 janvier 1891.

Le Conducteur des Ponts et Chaussées,
Directeur des laboratoires de pisciculture de Quillan et de Gesse,

ALBOUY.

LES BOIS INDUSTRIELS

INDIGÈNES ET EXOTIQUES

PAR JULES GRISARD ET MAXIMILIEN VANDEN-BERGHE.

(SUITE *)

FAMILLE DES MAGNOLIACÉES.

Les Magnoliacées se composent d'arbres et d'arbrisseaux à feuilles alternes, simples, entières ou très rarement lobées, coriaces et persistantes, caduques dans quelques espèces. Cette famille comprend quatorze genres et environ quatre-vingt-six espèces.

La plupart des Magnoliacées, souvent recherchées chez nous pour l'ornement des parcs et des jardins, habitent les régions tempérées, notamment l'Amérique septentrionale et l'Asie orientale, plus rarement l'Amérique méridionale, l'Australie, la Nouvelle-Zélande et le Japon.

Cette famille offre beaucoup de rapports avec les Dilléniacées et les Anonacées. On y rencontre un grand nombre d'espèces aromatiques, dont plusieurs fournissent à la matière médicale des produits d'une certaine valeur, quelquefois exportés en Europe, mais utilisés surtout dans leur pays d'origine.

AROMADENDRON ELEGANS BL.

Indes Néerlandaises : *Kilung-lung. Kelatrang. Djalatrang. Madja. Kiloeng loeng.*

Arbre très élevé, à feuilles alternes, subdistiques, très entières, coriaces et luisantes, qui croît dans les grandes forêts de Java.

D'après Blume, l'*A. elegans* que quelques auteurs font entrer dans le genre *Talauma*, est un des plus beaux arbres qu'on puisse voir, et ses fleurs odorantes répandent un parfum exquis.

(*) Voyez plus haut, p. 39.

Son bois, blanchâtre et léger, mais néanmoins très solide, est employé dans les constructions. Il est particulièrement estimé pour les travaux de menuiserie, quoiqu'on le dise peu durable.

L'écorce et les feuilles sont aromatiques et très légèrement amères. On les estime stomachiques, carminatives et antihystériques, ainsi du reste que les autres parties du végétal, fleurs, fruits et graines; on les ordonne contre les coliques et autres affections intestinales. Parmi les Magnoliacées de Java, cette espèce est la plus recherchée comme stomachique, parce qu'elle joint à son amertume l'arome le plus agréable.

CERCIDIPHYLLUM JAPONICUM Sieb. et Zucc.

Japon : *Kadsoura. Kadsura.*

Grand et bel arbre à feuilles caduques, atteignant quelquefois une hauteur de 25-30 mètres, sur une circonférence de 3 et même 4 mètres à la base, d'une croissance rapide, surtout dans les endroits élevés.

Indigène du Japon, on le rencontre sur les versants nord, à une altitude de 700 à 900 mètres, dans les provinces de Sourgaou, Iwashiro, Shinauo, Rikouchiou, Matsou, etc., et dans les forêts de l'île de Yéso. Il se plaît plus particulièrement et atteint ses plus grandes dimensions dans les terrains formés d'argile rocheuse et de ponce volcanique.

D'une teinte rouge clair assez agréable, plus foncée au centre, le bois est d'une texture assez fine, droite et régulière. Les grandes dimensions de l'arbre permettent de l'employer comme charpente dans la construction des habitations qui demandent une certaine résistance, mais n'exigeant pas cependant une très longue durée. Il est d'un bon usage pour les travaux de menuiserie et même d'ébénisterie. Au Japon, il sert aussi à la fabrication de caisses, de planches et pour les ouvrages de tour.

DRIMYS AXILLARIS Forst.

Wintera axillaris Willd.

Nouvelle-Zélande : *Horopito.* Colons anglais : *Pepper tree.*

Petit arbre svelte à feuilles alternes, très joli et toujours vert, que l'on rencontre abondamment dans toutes les îles de la Nouvelle-Zélande, à une altitude variant entre 300 et 400 mètres.

Son bois fournit un bon placage pour l'ébénisterie ; il est encore susceptible d'être utilisé avantageusement pour le tour et la confection d'un grand nombre d'objets élégants, mais de faibles dimensions.

Ses feuilles sont recherchées par les Maoris pour combattre quelques maladies.

On rencontre aussi à la Nouvelle-Zélande, près de Dunedin, une autre espèce très distincte, le *D. colorata* RAOUL, remarquable par son feuillage tacheté de rouge, et qui est employée dans les mêmes conditions.

Le *D. crassifolia* H. BN. est un petit arbre de la Nouvelle-Calédonie, à feuilles amples, très épaisses, charnues puis coriaces, qui donne un bois propre à plusieurs travaux d'ébénisterie. Son écorce pourrait, au besoin, être substituée à celle du *D. Winteri*.

Toutes les espèces du genre *Drimys* possèdent, du reste, une écorce d'une saveur aromatique, piquante et poivrée, recherchée en médecine comme stomachique et stimulant. La plus célèbre est l'Ecorce de Winter ou Cannelle de Magellan, fournie au commerce par le *D. Winteri* FORST (*Canelo* du Chili), grand arbrisseau de la côte ouest de l'Amérique du Sud. Les feuilles sont également aromatiques, mais on les emploie plus rarement.

ILLICIUM ANISATUM L. Badiane.

Illicium religiosum SIEB. et ZUCC.

Japon : *Iririsi ja mou. Simiki. Tsikibi.*

Grand et bel arbrisseau toujours vert, s'élevant ordinairement à 6-8 mètres de hauteur ; tronc assez gros, ramifié et élancé comme celui du Peuplier. Feuilles persistantes, lancéolées, alternes, éparses ou quelquefois rapprochées et disposées en rosette au sommet des rameaux.

Originaire de l'Asie, la Badiane croît au Japon, aux Philippines, à Java et dans l'Inde, surtout dans les terrains frais et même humides.

On trouve dans le commerce, sous le nom de *Bois d'Anis* ou *d'Anisette*, un bois de couleur brune, dur, fragile et cassant qui doit son nom à l'odeur douce et agréable d'anis qu'il exhale. On l'emploie pour quelques travaux de menuiserie ou d'ébénisterie et plus particulièrement pour le tour, la tabletterie et la marqueterie. On le reçoit d'Amérique en bûches d'assez fortes dimensions.

Ce bois est attribué par un grand nombre d'auteurs à l'*I. anisatum*, mais les dimensions restreintes de cette espèce et les lieux de provenance ne nous permettent pas de partager cette opinion. Le *Bois d'Anis* du commerce est en réalité fourni par plusieurs espèces de la famille des Lauracées et principalement par l'*Ocotea cymbarum* H. B.

L'écorce rugueuse, grisâtre et fortement aromatique de l'*I. anisatum* est employée en pharmacie et en parfumerie; on la reçoit ordinairement en fragments longs de 15 centimètres environ.

Au Japon, où la Badiane est considérée comme sacrée, les feuilles et l'écorce pulvérisées finement après avoir été séchées servent à faire des baguettes que l'on brûle comme parfum dans les temples et les pagodes.

Les fruits sont formés par la réunion de plusieurs capsules bivalves, ovales comprimées, disposées en une étoile orbiculaire, renfermant chacune une petite amande blanchâtre recouverte d'une coque mince et fragile. Ces capsules, désignées sous le nom d'*Anis étoilé*, d'*Anis des Indes*, etc., sont employées en médecine au même titre que l'Anis vert, c'est-à-dire comme stomachiques et carminatives. On en tire aussi une essence qui ressemble beaucoup à celle de l'Anis et qu'on lui préfère même parce que sa saveur est plus douce. C'est aux capsules de Badiane que l'anisette de Bordeaux doit le parfum qui la distingue; elles entrent aussi dans la préparation de plusieurs liqueurs douces et d'articles de confiserie.

ILLICIUM CAMBODGIANUM Hance. Badiane du Cambodge.

Annamite : *Dai hôi. Dai hoi mu.* Kmer : *Dai hôi nu.*

Arbre d'une hauteur de 8-15 mètres, à tête hémisphérique. Feuilles naissant par 4-5 ou subverticillées, dépourvues de stipules, elliptiques-lancéolées, aiguës, à base obtuse ou subcunéiforme, épaisses, coriaces, glabres, brillantes en dessus, ferrugineuses en dessous.

Cette espèce se rencontre au Cambodge, à une altitude

moyenne de 900 mètres, au sommet de la chaîne de l'Eléphant dans la province de Camchay.

Le bois est d'un usage restreint et du reste assez peu estimé. L'écorce, les feuilles et les jeunes fruits sont aromatiques.

L'*I. parviflorum* MICHX. (*I. anisatum* BARTR.) est un petit arbre de la Floride dont le bois est recherché pour les ouvrages de marqueterie. Aux Philippines, les feuilles se prennent en infusion, le plus souvent mêlées au thé et au café auxquels elles communiquent un arome particulier. Ses fruits offrent les mêmes usages et les mêmes propriétés que ceux de l'*I. anisatum* L., mais ils sont moins odorants et moins usités.

LIRIODENDRON TULIPIFERA L. Tulipier de Virginie.

Liriodendron integrifolia HORT.
— *procerum* SALISB.
Tulipifera Liriodendron MILL.

États-Unis : *Tulip tree. White wood. Yellow Poplar.*

Un des plus grands et des plus beaux arbres de l'Amérique du Nord, dont la tige, droite et élancée, atteint quelquefois une hauteur de 30-40 mètres, sur un diamètre de 2 mètres et même plus. Feuilles amples, glabres, divisées en trois lobes obtus dont le supérieur est tronqué à l'extrémité.

Originaire de l'Amérique septentrionale, on le rencontre depuis le Canada jusqu'à la Floride. Introduit en France et cultivé comme arbre d'ornement, car il est très décoratif, le Tulipier y est rustique ; il se plaît surtout dans les sols francs, profonds et frais où sa croissance est rapide et continue. Son nom spécifique lui vient de ses fleurs en forme de tulipe, légèrement odorantes, nuancées de vert et de jaune pâle, avec une tache de couleur rouge-orangé.

Son bois, ordinairement blanchâtre, prend dans les vieux arbres une teinte jaune assez agréable ; très léger, tendre sans être mou, ligneux sans être filamenteux, il se travaille aisément, reçoit un beau poli et se prête admirablement aux ouvrages de tour. Comme il n'est pas sujet à se fendiller, on l'emploie souvent dans la sculpture. Incorruptible et inattaquable par les tarets ou autres agents destructeurs, ce bois peut être utilisé avec profit pour confectionner diverses pièces de construction navale ; on prétend même que les plantes marines ne s'y attachent pas. En Amérique, où il remplace le Sapin, on s'en sert beaucoup en ébénisterie pour intérieurs de meubles, en menuiserie pour rayons, tables, tablettes, jalousies, meubles communs, etc., et sous forme de madriers, planches et voliges. On en fait aussi des panneaux de voitures, des coffres, des auges d'écuries, du bardeau, du merrain, des douves et des palissades de clôture. Les grandes dimensions du Tulipier permettent aux indigènes d'y creuser des pirogues et des canots d'une seule pièce ; ce bois entre aussi chez les modernes dans la construction des canots, bateaux plats, etc.

L'écorce intérieure est fibreuse ; d'une saveur aromatique et amère, son odeur rappelle celle du Cédrat. On y trouve de la gomme, du tanin et une matière extractive amère et cristallisable, désignée par Emmet sous le nom de *Liriodendrine.*

En Amérique, cette écorce est fréquemment usitée en médecine comme tonique et fébrifuge ; on lui attribue en partie les propriétés du Quinquina. En Virginie, sa décoction est un remède vulgaire contre une maladie spéciale de la race chevaline. On en prépare aussi un hydrolat qui sert à donner du parfum à quelques liqueurs. L'écorce de la racine jouit des mêmes propriétés, mais on récolte plus généralement celle des branches au moment de la floraison.

Les feuilles écrasées et appliquées sur le front passent pour calmer les céphalalgies.

MAGNOLIA BAILLONI PIERRE.

Arbre d'une hauteur de 20–30 mètres, à tronc grisâtre, d'un diamètre de 40–60 centimètres. Feuilles oblongues, lancéolées, cunéiformes à la base, entières, coriaces et luisantes.

Assez commun au Cambodge, on le rencontre dans les régions montagneuses des provinces de Samrongtong, de Tpong et de Camchay à une altitude de 300 à 600 mètres.

Le bois, de couleur gris-brun, léger, est assez durable ; les indigènes l'utilisent pour planches, madriers, canots, manches d'outils ainsi que pour faire des cages d'Éléphants, des bois de fusils, des montures de sabres.

L'écorce de la tige et celle de la racine contiennent un principe amer et stimulant commun à tous les *Magnolias*, qui les font employer contre les fièvres, les rhumatismes et les affections intestinales.

MAGNOLIA DUPERREANA Pierre.

Arbre très ornemental, d'une hauteur de 25-30 mètres, à tronc lisse et blanchâtre, d'un diamètre de 25–30 centimètres. Feuilles longuement pétiolées, oblongues ou elliptiques, légèrement cunéiformes à la base, entières et coriaces.

Originaire du Cambodge, il habite le sommet de Knang-Repœu dans la province de Tpong.

Son bois est blanc, léger, facile à travailler et brunit avec le temps. Les Annamites en font des planches, des embarcations, des cercueils, etc.

L'écorce est amère et passe pour fébrifuge.

Les feuilles sont préconisées dans quelques affections stomacales, notamment contre les crampes d'estomac.

MAGNOLIA GLAUCA L. Magnolier bleu, Magnolier des marais, Arbre du Castor.

Magnolia Virginica α glauca L.

États-Unis : *Bay tree*, *Sweet Bay*, *Sweet Magnolia*.

Bel arbre pouvant atteindre, dans les lieux qui lui sont favorables, une hauteur de 15–20 mètres, sur un diamètre de près de un mètre. Feuilles caduques, alternes, ovales-oblongues, entières, d'un vert léger à la face supérieure, glauques en dessous, glabres. Fleurs blanches, à odeur forte, rappelant celle de la fleur d'Oranger.

On le rencontre dans la partie Est des États-Unis, depuis les Massachusetts jusqu'au Texas, surtout dans les endroits marécageux où il prend son plus beau développement.

Son aubier, presque blanc, est employé pour manches d'instruments aratoires et autres, ainsi que pour divers petits objets d'usage domestique. Son bois, de couleur claire, est tendre et peu résistant, compact et à grain fin, à rayons médullaires nombreux, minces, d'un brun clair teinté de rouge ; il est surtout utilisé pour la marqueterie et les incrustations.

Son écorce grise, amère et aromatique, désignée parfois sous le nom de *Quinquina de Virginie*, est tonique et fébrifuge. On l'emploie aux États-Unis dans les rhumatismes chroniques et les habitants des parties marécageuses de ce pays en font un usage constant, sous forme d'infusion alcoolique, pour les préserver des accidents paludéens.

MAGNOLIA GRANDIFLORA L. Magnolier. Laurier-Tulipier.

États-Unis : *Big Laurel, Bull Bay.*

Grand et très bel arbre d'ornement à cime pyramidale, dont la tige atteint jusqu'à 25-30 mètres de hauteur sur un diamètre proportionné. Feuilles persistantes, amples, ovales, lancéolées, épaisses, luisantes et d'un beau vert en dessus.

Originaire de la Caroline, le *M. grandiflora* a été introduit avec succès dans la plus grande partie des pays tempérés, où il constitue un des plus riches spécimen de la végétation exotique. Rustique dans le midi et l'ouest de la France, il acquiert souvent une hauteur de 10-12 mètres dans les terres franches et fertiles.

Son bois est blanc ou grisâtre, léger, spongieux, de médiocre qualité et d'une durée limitée, aussi n'est-il guère employé en Amérique que pour quelques travaux intérieurs de menuiserie demandant peu de résistance.

L'écorce de la tige est légèrement tonique et fébrifuge ; on la trouve dans le commerce, mêlée à celle des *M. acuminata, auriculata* et *glauca*, sous le nom d'*Écorce de Magnolia* de la pharmacopée des États-Unis.

Les graines sont, dit-on, employées au Mexique contre la paralysie.

Cette espèce et ses variétés sont des plantes qui, au point de vue de la beauté de leur feuillage et de leurs grandes et nombreuses fleurs blanches odorantes, se recommandent à la culture et à l'ornementation, car elles réussissent à souhait sous le climat de Paris. Nous devons dire, cependant, que certaines variétés sont plus rustiques que l'espèce et demandent moins de soins.

MAGNOLIA HYPOLEUCA Sieb. et Zucc.

Japon : *Hô. Hônoki. Hoonoki* ou *Fô noki.*

Arbre ornemental d'une hauteur moyenne de 15 mètres, sur un diamètre de 1 mètre environ à la base ; le tronc, recouvert d'une écorce blanchâtre, porte des branches fortes, étalées, mais peu ramifiées. Feuilles caduques, verticillées, amples surtout sur les sujets jeunes et vigoureux, nombreuses, d'un vert gai, au milieu desquelles se montrent, en juin, de jolies fleurs blanches à parfum d'Ananas.

Originaire du Japon, cette espèce est répandue dans les forêts montagneuses des îles de Kiousiou, de Nippon, de Sikok et dans la partie méridionale de Yéso ; elle est surtout commune dans les provinces de Shinano, de Hitachi, de Roukousen, Iwashiro, etc.

Le *M. hypoleuca* offre un très beau bois brun-verdâtre, parsemé de taches claires et souvent irrisé de tons d'une grande richesse. Tendre, léger, à grain fin et très homogène, il est formé de fibres droites et régulières qui en rendent le travail facile. Ce bois est très employé pour la menuiserie fine et l'ébénisterie. L'industrie japonaise en tire un bon parti pour la confection des tables et des planches de cuisine, des établis de tailleurs, des planches d'impressions, des fourreaux de sabres et de lances, etc. On le recherche encore au Japon, pour la fabrication des *guettas* de luxe, sortes de chaussures en bois qui remplacent les sabots, élèvent le pied à une grande hauteur du sol et le préservent de la boue si fréquente dans ce pays argileux et humide.

Cette chaussure, dit M. E. Dupont, rend de grands services aux Japonais, mais elle est volumineuse et gênerait beaucoup la marche, si l'on n'avait pas la précaution de la faire avec des bois très légers. Un des types de guettas se compose d'une planchette horizontale légère, portée sur deux planchettes verticales. Ces dernières sont exposées à des chocs et supportent une pression considérable, parce que leur surface d'appui sur le sol est faible, et il est nécessaire de les faire en bois dur ; on choisit ordinairement l'Arakachi (*Quercus acuta*). On ne saurait se figurer, ajoute le même auteur, combien ces planchettes détériorent les chemins, car elles font l'effet de lames tranchantes qu'on enfoncerait d'une manière continue dans le sol.

Le charbon de bois obtenu avec cette espèce est très estimé pour le polissage des objets laqués et surtout pour celui des émaux cloisonnés.

L'écorce est réputée au Japon contre les rhumatismes, les fièvres intermittentes et les maladies de l'estomac.

Au point de vue de la culture, le *M. hypoleuca* recherche l'exposition au midi, les altitudes moyennes et les sols frais et légers ; les sables un peu argileux lui conviennent très bien.

. . . .

Nous citerons encore dans ce genre, les espèces suivantes :

Le *M. acuminata* L. (*M. Decandollei* Savi.), arbre de 25–30 mètres, originaire des États-Unis, dont le bois, cependant d'un beau grain, n'a guère plus de force que celui du *M. grandiflora*, mais qui prend facilement un beau poli qui fait ressortir avantageusement sa couleur jaune brunâtre, et que l'on emploie plus généralement pour boiseries intérieures des appartements. Ses fruits allongés en forme de concombres lui font donner, aux États-Unis, le nom de *Cucumber tree* (Arbre à concombres).

Le *M. auriculata* Lamk. (*M. auricularis* Salisb.), également des États-Unis, employé aux mêmes usages que le *M. grandiflora* sous le rapport de son bois. Ses fleurs servent à la préparation de quelques parfums peu stables.

La teinture alcoolique de l'écorce des *M. acuminata* et *auriculata* est prescrite, aux États-Unis, contre les fièvres, les douleurs et autres affections rhumatismales. Les feuilles paraissent renfermer le même principe actif, mais elles sont d'un usage plus restreint.

On rencontre encore à la Guadeloupe un *Magnolia* indéterminé, de grande taille dont le bois peut être employé dans les constructions et pour faire des planches.

Enfin le *M. Campbellii* Hook. f. et Th., est une belle espèce asiatique, originaire du Boutan et du Sikkim, à tronc droit, mais dont le bois mou est presque sans usage.

MANGLIETIA GLAUCA Bl.

Manglietia Candollei Wall.
Michelia Doltsopa Buch.

Indes Néerlandaises : *Mangliet*, *Tjampaka boeloe*.

Arbre de moyenne grandeur que son beau feuillage et ses larges fleurs jaunâtres font rechercher comme plante ornementale.

Indigène d'Amboine, de Sumatra et de Java, on le rencontre plus particulièrement dans la partie occidentale de cette dernière île ; il est également signalé au Népaul par De Candolle.

Son bois, de couleur blanchâtre ou quelquefois d'un brun pâle, est odorant, assez dur, compact et résistant. Il fournit un bon bois de charpente employé à Sumatra et au Népaul pour la construction des habitations, il est recherché principalement à Java pour la fabrication des cercueils de luxe, parce qu'on lui attribue la propriété d'empêcher, ou tout au moins de retarder considérablement la décomposition des cadavres.

Le *Michelia Tsjampaca* L. (*M. sericea* Pers., *M. velutina* Bl.) doit sans doute être réuni à cette espèce ; c'est le « Garo Tsjampaca » de Rumphius qui, suivant ce botaniste, fournit un faux *Bois d'Aloès*.

MICHELIA CHAMPACA L. Champac.

Magnolia Champaca H. Bn.
Michelia Rheedii Wight.
— *suaveolens* Pers.

Annamite : *Hoa su-nam. Su nám.* Bengali : *Champa.* Hindoustani : *Tchampâ.* Indes néerlandaises : *Tjampaca* ou *Tjampakka. Kembang-Kantjil.* Tamoul : *Champacam. Shimbou.* Télenga : *Champacamu.*

Arbre d'une hauteur de 15-20 mètres, quelquefois moins, selon les conditions dans lesquelles il croît. Feuilles alternes, persistantes, longuement pétiolées, ovales-oblongues, lancéolées, aiguës aux deux extrémités, luisantes et coriaces.

Originaire des montagnes de l'Inde, le *M. Champaca* est cultivé à Travancore, au Bengale, en Basse-Cochinchine, ainsi que dans tout l'Archipel malais et autres pays chauds.

L'aubier est joli, de couleur blanc-grisâtre, fibreux et de faible épaisseur ; il est employé à la fabrication de divers ustensiles de ménage et pour jougs de bœufs. Le bois, de couleur grisâtre plus foncé et brunissant beaucoup avec l'âge, est fibreux, strié et d'une texture assez fine pour recevoir un beau poli, n'est guère utilisé dans les constructions, mais il est très recherché pour les ouvrages de tour, ainsi que pour planches, voliges, tables, coffres, quand on trouve des pièces de dimensions suffisantes, petits meubles et autres objets domestiques. Il fournit de belles montures pour les armes.

L'écorce de la tige possède des propriétés aromatiques et

amères qui la font employer dans la médecine annamite et hindoue comme tonique, stimulante et fébrifuge.

Les bourgeons sont chargés d'une résine odorante, employée comme antiblennorrhagique. Les feuilles pulvérisées et mélangées avec du Gingembre, de la Zédoaire et autres plantes analogues, sont usitées comme antiarthritiques ; on en prépare aussi des décoctions astringentes pour gargarismes.

Les fleurs répandent une odeur très agréable ; on en retire une huile essentielle d'une grande valeur, connue à Madras sous le nom de *Sampaughi* et aussi estimée, comme parfum, que l'essence de rose. On en prépare des pommades très suaves. Les Annamites recherchent ses fleurs dans toutes les cérémonies religieuses ou domestiques. Les Hindous vénèrent l'arbre lui-même et l'ont consacré au dieu Vischnou.

Les fruits sont comestibles et servent à combattre les maladies intestinales.

Les graines, âcres et amères, sont prescrites comme fébrifuges.

Les racines sont recouvertes d'une écorce rouge, amère et acide, qui passe pour posséder des propriétés stimulantes, emménagogues et même abortives.

M. Pierre pense, avec raison, que le *M. Champaca* mériterait d'être plus répandu dans les pays chauds : c'est, en effet, un arbre utile et très ornemental qui croît bien dans tous les terrains, quoiqu'il préfère cependant un sol humide et profond ; sa croissance est alors très rapide, car il peut être exploité pour son bois à partir de l'âge de quinze ou vingt ans. Les graines, perdant assez promptement leur faculté germinative, doivent être semées presque immédiatement.

Le *Michelia excelsa* Bl. (*Magnolia excelsa* Wall.), arbre à tronc droit et filé lorsque sa croissance a eu lieu en massifs, ayant souvent 3-4 mètres de circonférence à la base, originaire des Indes orientales, donne un bois de charpente estimé le meilleur des localités qu'il habite, suivant M. Naudin.

Diverses autres espèces de *Michelia* fournissent de bons bois de charpente, notamment le *M. montana* Bl.

TALAUMA PLUMIERI Swartz.

Anona dodecapetala Lamk.
Magnolia fatiscens Rich.
— *Plumieri* Swartz.
Talauma cærulea Jaum.

Créoles des Antilles : *Bois pin. Bois cachiment. Cachiman de montagne.*

Arbre d'une hauteur de 20-25 mètres, à feuilles alternes, ovales arrondies, réticulées, glabres et coriaces, qui croît spontanément aux Antilles surtout, à la Guadeloupe, Sainte-Lucie, Saint-Dominique et à la Martinique où il y est commun.

D'une nuance très foncée naturellement, son bois devient noir comme l'ébène en vieillissant. Dur sans être lourd, on l'emploie dans la construction et pour la confection de divers ustensiles d'économie domestique en usage chez les créoles de la Martinique ; il est assez recherché pour les ouvrages de tour et de marqueterie, surtout lorsqu'il est vieux et bien sec. Sa densité est de 0,556, son élasticité de 0,871 et sa résistance à la rupture de 0,970.

Les feuilles et les racines sont stomachiques et astringentes, les bourgeons sont considérés comme antiscorbutiques et la résine extraite du bois passe pour anticatarrhale et antileucorrhéique.

Aux Antilles, les fleurs, extrêmement suaves, sont utilisées pour aromatiser les liqueurs indigènes, auxquelles elles communiquent une finesse toute particulière qui les fait fort apprécier.

Le *T. Plumieri* est chez nous de serre chaude, il réclame la terre de bruyère pure et une humidité constante.

Ce genre renferme encore aux Indes néerlandaises, une autre espèce connue sous le nom de *Tjampaka-oetan*, *Panaaäm* et *Tahas* : c'est le *Talauma villosa* Miq, arbre de 20 mètres de hauteur environ, qui croît à Gorontalo. Son bois, de couleur jaune, à tissu peu serré, est employé dans quelques constructions, mais le plus souvent sous forme de planches.

La famille des Magnoliacées offre encore quelques espèces ligneuses utiles, savoir :

L'**Euptelea polyandra** S. et Z. (*Fasazacuru* des Japonais). Petit arbre d'une hauteur moyenne de 10 mètres, sur une circonférence de 60 centimètres, dont le bois est employé au Japon pour le chauffage et surtout pour la fabrication du charbon.

Le **Trochodendron aralioïdes** S. et Z. Arbre d'une hauteur moyenne de 10 mètres sur un diamètre de 30 centimètres environ, que l'on rencontre au Japon dans la partie septentrionale de l'île de Nippon et jusque dans l'île de Yéso, où il est désigné sous les noms de *Yamagourouma* et de *Matsi noki*. Son bois est employé dans le pays pour faire des ouvrages de tour et quelques autres objets de fantaisie ; on tire aussi de la glu de son écorce.

Le **Zygogynium Vieillardii** H. Bn. Petit arbre à feuilles alternes et persistantes, croissant à la Nouvelle-Calédonie. Le bois de cette espèce est excellent pour l'ébénisterie, malheureusement, ses faibles dimensions en limitent beaucoup l'emploi.

(*A suivre.*)

II. CHRONIQUE DES EXPOSITIONS ET CONCOURS.

VUE D'ENSEMBLE
SUR
LE CONCOURS GÉNÉRAL AGRICOLE

PAR M. E. PION,
Vétérinaire inspecteur à Paris.

L'ordonnance du concours paraît plus heureuse que l'an dernier, en ce sens que l'on a mis au milieu un taureau de bronze entouré d'un parterre, et qu'on a évité, sur un même point, l'encombrement des prix d'honneur et la fatigue des yeux que ne distrayait aucun autre objet. D'une façon générale, constatons un fait qui pourrait être à l'avantage de beaucoup de Porcs, et de beaucoup de Béliers, presque invisibles sous les galeries latérales : c'est le moins grand nombre des animaux exposés. Il serait bon que toutes les bêtes fussent en pleine lumière, comme dans un vaste atelier de peintre. Il n'en est pas encore ainsi, — malheureusement. Les Porcs seuls n'ont baissé ni en quantité ni en poids. C'est que les charcutiers, après tout, savent toujours trouver l'emploi de ces masses adipeuses. Quant aux Moutons et aux Bœufs, ils ont diminué, parce que, l'an dernier, ils ont été fort mal vendus, par rapport au prix qu'ils avaient coûté. Aussi les producteurs ont-ils été prudents. Et cet argument s'ajoute à beaucoup d'autres pour nous prouver qu'il y a un excès, somme toute, dans cette trop graisseuse exhibition, et que ce concours ne donne, à tout considérer, que des viandes de luxe. — Espérons pourtant que la rivalité du Bœuf gras, rétablie cette année, avec toutes ses pompes et toutes ses œuvres, va favoriser les hauts prix et récompenser les éleveurs de leurs efforts et de leurs sacrifices.

Les mêmes précautions prises, l'an dernier, par le service sanitaire, ont été exigées pour l'admission de bêtes saines, exemptes de tout mal contagieux, accompagnées de certificats très valables et très probants. Même, par surcroît de précaution, le ministère n'a pas permis la présentation de certains Porcs suspects, de la région du nord et de la banlieue de Paris. L'on voit que, peu à peu, la loi sanitaire du 21 juillet s'applique par approche et tend à entrer dans nos mœurs.

Les Bœufs, au nombre de 196, sont divisés, comme d'habitude, en deux catégories : Ceux âgés de moins de 3 ans, ceux d'un âge supérieur à 36 mois. Toutes les races françaises sont là représentées, soit par bandes, soit par des sujets isolés. Il y a 9 bandes de 4 animaux chaque où le Nivernais domine, avec son habituelle supériorité; des Salers s'y remarquent, et des Normands y tiennent, comme toujours, une place très enviée. A citer, avec éloge les 5 Bazadais de M. Delplanche dont la robe enfumée est si étrange, et les 5 Garonnais, couleur d'épi mûr, de M. Bernède. Les 5 Marchois de M. Nadaud nous montrent quel parti l'on peut tirer de l'amélioration des races par elles-mêmes. Nous arrivons aux 13 Durham-Nivernais de MM. Bellard et Chaumereuil (sans compter les autres qui ont des traces de Durham) et nous nous demandons quelle est l'utilité sensible de ce croisement. Je pense, et chaque année j'écrirai ici et ailleurs, sans me lasser, que la race Charollaise-Nivernaise peut se passer du sang anglais, qu'elle perd à ce mélange des qualités bien françaises, et que cette perte ne compense pas la précocité acquise. Aussi bien le nombre des Durhams figurant au catalogue des reproducteurs me fait-il peur, à juste titre, et semble-t-il me donner grand tort. Il est sans doute ridicule de vouloir endiguer ce torrent. Songez donc! 63 Taureaux Durhams avec leur généalogie, avec des robes variées, avec des triomphes de précocité, puisque certains, parmi eux, n'ont pas un an et ont à peine plus de six mois. Et de quels noms ne les a-t-on pas baptisés ! Il y a Kossuth, il y a Lord Singulier, il y a le Taureau Paulus. Comme il doit bien beugler, ce dernier! MM. Massé, Signoret et Souchard en sont les principaux et les plus heureux propriétaires. Je gémis de compter seulement 45 Taureaux Normands, moins de Charollais encore, quelques Limousins parmi lesquels je note les n°s 604 et 605, bien gras pour être féconds, et une rangée de Salers, parmi lesquels le n° 615 accuse beaucoup de finesse pour sa race.

Ne quittons pas les mâles, sans parler des Verrats. A remarquer le très long Craonnais du n° 366 ; et le n° 869 d'origine anglaise, assez relevé et court, aux yeux très mobiles ;

à signaler un verrat de 9 mois, n° 863, à M. Guillaumin (Alexis) et au même un autre mâle fils et petit-fils de Verrats primés, animal en tous points digne de ses ancêtres, et capable de continuer leur géniture. Dans les Porcs, les plus riches en lard, côté des émasculés, admirons une Truie âgée de 10 mois et 20 jours et pesant 259 kilogrammes ; déjà primée, cette année même, à Nevers et à Bourges, obtiendra-t-elle la même faveur du jury de Paris ?

Il y a 35 bandes de Porcs, ni plus ni moins ! C'est excessif assurément.

Pourrai-je passer sans m'arrêter devant les Vaches normandes, devant les hollandaises et les bretonnes ? L'éloge a été fait tant de fois de ces jolies fabricantes de lait et de beurre, à la robe si fine, aux regards si doux, que je n'ose le recommencer encore. Les 38 bêtes qui posent là, placides dans leurs stalles, constitueraient pour un nourrisseur la plus merveilleuse des étables qu'on puisse rêver.

Les bêtes ovines, toujours si agréables à regarder, et dont les côtelettes sont actuellement si chères, sont un des plus indiscutables succès du concours. Honneur donc à nos races nationales dont la production devrait être actuellement encouragée par tous les moyens possibles. Enrayons, s'il se peut, l'invasion du Mouton étranger, vivant ou mort ! Favorisons les Algériens qui, mieux châtrés, mieux nourris — voir les lots signalés au catalogue — rendront certainement d'énormes services à la Métropole. Je ne médirai pas des Dislheys-Mérinos de M. Triboulet (Somme), ni des Southdowns de M. Mallet à Bièvres ; mais j'exalterai avant tout, les Berrichons purs de M. Raoul Duval, les Charmois de M. Villeneuve et de M. Hincelin, les Solognots de M. Coret. Un peu de sang anglais ne peut nuire à ces races là : mais, par la suite, ne pourra-t-on s'en passer ? Je le souhaite !

Je ne cite pas les récompenses non encore distribuées au moment où j'écris ces lignes. L'on sait que les jurés, triés sur le volet, ont souvent des motifs sérieux de ne pas être de l'avis du public. Leur rôle, pour être impartial, n'a rien de commode, croyez-le bien. Mais, en jugement d'animaux comme en jugement d'art, il y a plus d'amateurs que de connaisseurs vrais.

III. EXTRAITS DES PROCÈS-VERBAUX DES SÉANCES DE LA SOCIÉTÉ.

SÉANCE GÉNÉRALE DU 9 JANVIER 1891.

PRÉSIDENCE DE M. A. GEOFFROY SAINT-HILAIRE, PRÉSIDENT.

Le procès-verbal de la dernière séance est lu et adopté.

M. le Président proclame les noms des nouveaux membres admis par le Conseil.

MM.	PRÉSENTATEURS.
Cuel (Charles), à Villemétrie-Senlis (Oise).	A. Geoffroy Saint-Hilaire. E. Leroy. Léon Vaillant.
Geoffroy (Jules-Louis-Sévère), rentier, 8, avenue Tourville, à Paris.	A. Berthoule. E. Dupin. A. Geoffroy Saint-Hilaire.
His (Gaston), négociant, 22, Grande-Rue, à Chantilly (Oise).	A. Berthoule. A. Geoffroy Saint-Hilaire. E. Leroy.
Le Fébure du Bus (Eugène), propriétaire, 8, rue Las Cases, à Paris.	A. Geoffroy Saint-Hilaire. Dr J. Michon. Marquis de Sinéty.
Lemoine (Paul), à Crosne (Seine-et-Oise).	A. Berthoule. A. Geoffroy Saint-Hilaire. E. Lemoine.
Sourdis (David), 43, faubourg Saint-Honoré, à Paris, et au château de Monceau, par Tournan (Seine-et-Marne).	A. Berthoule. A. Geoffroy Saint-Hilaire. C. Raveret-Wattel.

— M. le Président annonce que la série des conférences de la session 1890-91 sera ouverte le 16 janvier : M. Jean Dybowski racontera son voyage au Sahara algérien en insistant sur la flore et la faune de cette région. Puis M. Germain Bapst, archéologue des plus érudits, traitera de la plante et de ses applications à l'orfévrerie française. Viendront ensuite les conférences de MM. Ménard, Pichot, Edouard André, Raveret-Wattel et Léon Vaillant. Des cartes d'entrée seront délivrées au secrétariat aux membres qui en feront la demande.

— M. le Secrétaire des séances s'excuse d'avoir manqué à la dernière réunion sans avoir pu prévenir M. le Président.

Avec lui était attendu le dossier de la correspondance de juin à décembre qui lui avait été envoyé, mais qui ne lui était pas parvenu. Ce dossier est définitivement égaré. Les membres dont les communications seraient restées sans réponse sont invités à les renouveler.

M. le Secrétaire dépouille la correspondance du 26 décembre 1890 au 8 janvier 1891.

— MM. A. Quantin, de Paris; Ed. Vidal, de Montauban; Bizeray, de Jagueneau remercient de leur récente admission.

— M. W. Portmans, de Saint-Trond (Belgique), rend compte de son cheptel de Cygnes noirs. Les oiseaux ont dû être transportés d'une propriété dans une autre; ce déplacement n'a pas été favorable à leur reproduction.

— M. Sénéquier, de Rascas-de-Grimaud (Var), a en cheptel des Tourterelles qui sont en bon état, mais qui n'ont encore donné aucun produit.

— M. le baron Reynaud, du Puy, a reçu un couple de Faisans vénérés; le mâle a tué sa femelle. Il est plus heureux avec un couple de Colombes lophotes qui lui a donné deux jeunes en 1889 et un jeune en 1890.

— M. Batardy, de Paris, a perdu son cheptel de Canards mandarins par suite du froid excessif.

— M. Jalouzet, de Pithiviers (Loiret), adresse une demande de cheptel.

— M. Alban de Verneuil, de Ribérac (Dordogne), n'a obtenu que des résultats médiocres de son couple de Pigeons romains.

— M. le comte de La Bédoyère, de Roray (Oise), n'est pas satisfait non plus de son élevage de volailles de Houdan; sur 14 jeunes éclos, 8 ont succombé à une épidémie régnante et 2 sont actuellement en mauvais état.

— M. Gabriel Rogeron raconte d'une façon humoristique un trait de mœurs des oiseaux qu'il entretient dans son jardin.

« La congélation de ma pièce d'eau l'hiver, ayant été la cause à plusieurs reprises d'accidents tragiques de plus d'une sorte parmi mes **palmipèdes**, depuis longtemps déjà, j'ai pris par prudence l'habitude d'obvier à ces risques, en rentrant mon personnel aquatique dans des endroits clos et abrités, tant que sévissent les grands froids.

Ainsi cette année qui se présente comme particulièrement froide, *Oies barrées*, *Bernaches des îles Sandwich* et Jubata, Canards carolins, mandarins, etc., ont été renfermés dans une vaste chambre, d'où pendant le jour, par une porte pratiquée à cet effet, ils peuvent aller, venir, prendre l'air, paître même un peu d'herbe dans un petit parc attenant, lequel est muni d'un bassin dont la faible dimension permet de briser facilement la glace. Mais, de peur de gêne réciproque dans un espace relativement restreint, quelques palmipèdes plus encombrants, parmi lesquels mes Bernaches du Magellan et mon Cygne de Bewick avaient été enfermés ailleurs, dans d'autres locaux, malheureusement moins bien aménagés et surtout ne jouissant pas comme le précédent de parquets extérieurs. Je m'empresse aussi d'ajouter pour l'intelligence de la suite de l'histoire que les Casarkas noirs et roux doués d'un exécrable caractère avaient été également exclus de cette réunion, bien moins pour la grosseur de leur taille que pour leur défaut complet de sociabilité.

» Or, comme le froid semblait se prolonger outre mesure, mon pauvre Cygne paraissait s'ennuyer cruellement dans son étroite prison. Ces jours derniers voyant donc le ciel un peu éclairci et devenu plus clément, pris de commisération pour lui et afin de lui procurer un peu d'air et de distraction, je me décidai à le conduire passer la journée dans le parquet ensoleillé où se trouvait la plupart de mes palmipèdes.

» Mais là, j'étais loin de m'attendre à pareil spectacle. A peine mon Cygne venait-il de franchir la porte, de faire son entrée royale et majestueuse dans le parquet, que tout à coup ce fut une indicible explosion de joie de toutes parts, et chacun d'accourir aussitôt à sa rencontre, de saluer de cris assourdissants, de joyeux battements d'ailes le noble compagnon dont la rigueur des temps les avait séparés depuis plus de trois semaines. De son côté le Cygne, non moins ému et heureux, poussait les mêmes cris de joie de sa voix forte et harmonieuse (car cette espèce jouit d'une très jolie voix), s'avançait également vers eux, les saluant de son cou, de sa tête et leur tendant les ailes comme si, dans son effusion, il eût voulu enserrer tout son peuple dans ses vastes bras. Les Oies barrées, les plus taciturnes et les moins expansives d'ordinaire, étaient alors celles qui faisaient les plus de démonstrations, criant, agitant leurs ailes avec allégresse. Cette scène singulière dura ainsi plusieurs minutes, au point que les domestiques à ce tapage insolite arrivèrent en hâte, croyant à un égorgement général de mes oiseaux. Puis ce premier mouvement de reconnaissance réciproque et d'exaltation passé, tous reprirent leur calme habituel accentué encore par la rigueur de ces mauvais jours.

» Ce fait, que j'ai cru devoir rapporter ici à cause de son originalité, prouve en même temps quel degré de sympathie tacite (jamais jusque-là je n'avais remarqué grandes marques d'amitié entre mon Cygne et mes autres palmipèdes) peut s'établir entre compagnons de captivité d'espèces les plus diverses, et par là même combien il est préférable, tant pour l'agrément des oiseaux eux-mêmes qu'au point de vue du pittoresque et aussi du profit, de les laisser vagabonder ainsi pêle-mêle dans nos parcs ou nos jardins. C'est d'ailleurs ce que je fais pour mon compte et je ne crois pas m'en trouver plus mal ; car mes oiseaux se portent à merveille dans cette demi-liberté et reproduisent de même. Certaines espèces comme les Bernaches Jubata en sont d'ailleurs la preuve, puisque je suis à peu près le seul à obtenir une reproduction régulière de ces charmants oiseaux depuis plusieurs années. »

— M. Ernest Varennes, de Ids-Saint-Roch (Cher), écrit :

« Permettez-moi de vous signaler un fait qui m'a paru bien bizarre. Hier, mardi 16 décembre, à deux heures de l'après-midi, en présence de trois témoins, j'ai vu passer, à peu de hauteur, 27 **Grues** qui venaient du midi et qui se dirigeaient en droite ligne vers le nord. Ce fait a étonné les personnes présentes, moi-même qui m'occupe beaucoup d'ornithologie, je n'ai jamais vu semblable chose au mois de décembre.

» Le vent était faible et venait du nord-est, le thermomètre marquait 5° au-dessous de 0, le baromètre 2° au-dessous de variable. »

— M. Héron-Royer, d'Amboise (Indre), annonce que M. Mailles voudra bien faire à sa place une communication sur l'acclimatation du *Discoglossus auritus*.

— M. Vigour, de Saint-Servan (Ille-et-Vilaine), signale l'existence d'un réservoir d'eau de 7 hectares de superficie, sur les bords de la Rance, qui lui paraît favorable à des expériences de pisciculture.

— M. le comte de Mondion, d'Artigny (Vienne), communique les observations qu'il a faites sur la culture de plantes reçues de la Société : Ignames plates du Japon, Elæagnus longipes, Pitch-pin, pommes de terre Richter's imperator.

— M. Fabre-Firmin, de Narbonne, adresse une demande de cheptels.

— M. Roussin, de Paris, a cultivé avec succès des pommes de terre Richter's imperator et en a distribué à quelques amateurs.

— M. le comte de Chavagnac fait part de ses observations sur la culture du Blé d'Australie, des Ignames rondes, du Pyrèthre, des Haricots cerise.

— M. le docteur Dareste, à propos d'un Cheval polydactyle dont le dessin et la description ont été envoyés à la Société par M. Géronimo, vétérinaire de l'armée italienne, donne des explications très détaillées sur cette conformation anormale de pied du Cheval.

— M. le Président lit une lettre de M. Guery, de Pontpoint (Oise), sur un oiseau rare qui a été tué dans sa commune le 1er janvier et qui passait en compagnie de 70 à 80 sujets semblables. Des plumes qui accompagnent la lettre font reconnaître la grande Outarde (*Otis tarda*).

— M. le marquis de Sinéty a vu l'année dernière, en Seine-et-Marne, une bande de 15 à 20 Outardes, qui a séjourné pendant trois semaines et qui a été chassée sans succès.

— M. Lafourcade rappelle un certain nombre de captures d'Outardes qui ont été signalées déjà ou dont il a eu personnellement connaissance.

— M. le Trésorier présente le rapport de la commission de finance sur la situation de la Société au 31 décembre 1889.

— M. Pélisse fait une communication sur les *œufs artificiels de Fourmis*, aliment qu'il prépare pour l'élevage des faisandeaux et perdreaux.

— M. le docteur Saint-Yves Ménard apprécie la composition des œufs de Fourmis artificiels de M. Pélisse, qui en fait un aliment concentré très nourrissant, mais il attache aussi une grande importance à la forme même qui convient essentiellement aux oiseaux et qui lui donne une supériorité réelle sur les produits similaires qui sont offerts en poudre ou en pâtée.

A ce propos, M. le Président présente un échantillon d'insectes séchés, reçus du Mexique. Cela doit être aussi un excellent aliment pour les jeunes oiseaux.

— M. Mégnin veut bien se charger de déterminer l'espèce de ces insectes.

M. Mailles, au nom de M. Héron-Royer, fait une communication sur le *Discoglossus auritus*.

Le secrétaire des séances,

Dr SAINT-YVES MÉNARD.

IV. EXTRAITS DES PROCÈS-VERBAUX DES SÉANCES DES SECTIONS.

SECTION SPÉCIALE D'AVICULTURE PRATIQUE.

Procès-verbal de la séance du 21 janvier 1891.

Les membres de la Société nationale d'Acclimatation, convoqués à la suite de réunions préparatoires ayant pour objet la création d'une section spéciale d'aviculture pratique, se sont réunis le 21 janvier 1891 pour organiser cette nouvelle section.

L'assemblée constitue son bureau ; sont nommés :

Président : M. E. LEMOINE (de Crosne).
Vice-Président : M. H. VOITELLIER (de Mantes).
Secrétaire : M. RÉMY SAINT-LOUP.
Secrétaire-adjoint : M. DAUTREVILLE.

M. Geoffroy Saint-Hilaire, président de la Société nationale d'Acclimatation, expose le but que devra poursuivre la nouvelle section :

« Elle aura à s'occuper de toutes les questions ayant trait à *l'étude et à l'élevage* des oiseaux de basse-cour et immédiatement de l'*organisation d'expositions d'amateurs*. (Par extension, les Lapins seront compris parmi les animaux de basse-cour.)

» M. Geoffroy Saint-Hilaire expose que l'admission des animaux de basse-cour au concours général de Paris et aux concours régionaux a été un progrès très important, en ce sens qu'il a permis de faire connaître les différentes races, mais on peut se demander si les amateurs d'oiseaux de choix, ceux qui se préoccupent de l'amélioration des races pures, de la création de variétés nouvelles, ont trouvé dans les concours organisés par le département de l'Agriculture les conditions les plus favorables à la mise en valeur de leurs efforts.

» Dans l'organisation actuelle de l'aviculture française, il n'y a qu'un seul lieu où l'amateur puisse présenter ses produits au public, c'est l'Exposition annuelle du Palais de l'Industrie. Mais le concours général est, par la force des choses, devenu un grand marché sur lequel se présentent peu les amateurs. Seuls, les marchands y viennent d'ordinaire.

» Si on considère ce qui se passe depuis longtemps déjà en Angleterre et en Amérique, le mouvement qui s'est produit en Allemagne depuis quelques années, et plus récemment en Belgique, on est très frappé de l'importance prise dans ces divers pays par l'élevage des oiseaux de basse-cour de races pures perfectionnées. Les expositions organisées plusieurs fois par an par les Sociétés compétentes donnent d'excellents résultats et les prix qu'on y décerne sont assez considérables pour constituer des encouragements effectifs.

» Chez nos voisins il existe un grand nombre d'amateurs spécialistes qui se consacrent à l'élevage de certaines races seulement, et qui obtiennent des produits absolument intéressants. Les amateurs manquent-ils en France? Nous ne le croyons pas, mais ils ont besoin d'être guidés et stimulés; c'est dans ce but que la Société nationale d'Acclimatation a décidé de dédoubler la seconde section (section des oiseaux) et d'organiser des expositions.

» Pour intéresser le plus grand nombre possible d'éleveurs aux travaux de la section d'aviculture, on pourrait créer des *associés* qui prendraient part aux réunions de la Section pendant les expositions. Ils recevraient tous les mois le *Bulletin de la Section d'Aviculture pratique* que la Société nationale d'Acclimatation se propose de créer pour publier des travaux, des notes et des renseignements concernant les animaux de basse-cour, le matériel d'élevage, le commerce d'importation et d'exportation des volailles et d'une façon générale tout ce qui se rapporte aux questions touchant à l'aviculture.

» LES ASSOCIÉS PAIERAIENT UNE COTISATION ANNUELLE DE DOUZE FRANCS et seraient bonifiés, comme les membres de la Société d'Acclimatation eux-mêmes, d'une remise de 40 °/₀ sur les prix que les exposants auraient à acquitter par tête de volaille présentée aux concours organisés par la Société.

» Le droit d'entrée à payer étant fixé à 3 francs par tête de volaille ou par couple de pigeons, les membres et les associés auraient donc à verser seulement 1 fr. 80 par tête de volaille ou par couple de Pigeons. Les soins et les frais de nourriture des animaux pendant l'exposition seraient compris dans le prix du droit d'entrée.

» Grâce à une entente avec l'Administration du Jardin zoologique d'Acclimatation, les expositions pourront être faites sans frais, car l'établissement du bois de Boulogne propose de mettre à la disposition de la Société des locaux dans lesquels seraient aménagées les cages contenant les animaux présentés. »

Ceci exposé, M. Geoffroy Saint-Hilaire invite les membres de la section à discuter ce programme.

La section d'aviculture pratique, après discussion, approuve l'ensemble du programme qui lui a été exposé et reconnaît l'opportunité des expositions d'animaux de basse-cour et de matériel d'élevage.

L'organisation de ces expositions sera faite par les soins du Bureau de la section et, si le Conseil de la Société nationale d'Acclimatation l'approuve, la première exposition sera faite dans les locaux du Jardin zoologique d'Acclimatation du **14 au 20 avril prochain.**

Les droits d'entrée pour les animaux sont fixés à :

3 francs par Coq, Poule, Canard, Pintade, Lapin.

4 francs par Dindon, Oie.

3 francs par paire de pigeons.

Pour l'installation des objets et appareils servant à l'aviculture, les emplacements seront payés à raison de 5 francs par mètre carré de surface occupée.

Une réduction de 40 0/0 sur ces divers tarifs sera accordée aux membres de la Société nationale d'Acclimatation et aussi aux membres *associés* dont la cotisation est fixée à 12 francs par an.

Les animaux à exposer devront être remis au Jardin d'Acclimatation le mardi 14 avril et repris par leurs propriétaires dans la journée du lundi 20 avril.

La journée du mercredi 15 avril est réservée pour les opérations du jury et pour la visite des Sociétaires, des Associés, des actionnaires du Jardin zoologique d'Acclimatation et des membres de la Presse.

Des prix sont constitués et seront accordés sur la proposition du jury des récompenses qui sera nommé par le Conseil d'administration de la Société nationale d'Acclimatation sur la proposition de la Section d'Aviculture pratique.

Il est entendu que cette première exposition sera exclusivement réservée aux aviculteurs français ; la Section se réservant de prendre dans la suite l'initiative de concours internationaux.

Ce programme tracé, la Section d'aviculture pratique décide que ses séances auront lieu le premier et le troisième samedi de chaque mois, à trois heures de l'après-midi.

Le Secrétaire de la Section d'aviculture pratique,

RÉMY SAINT-LOUP.

SECTION D'AVICULTURE PRATIQUE.

PRÉSIDENCE DE M. H. VOITELLIER (DE MANTES).

Procès-verbal de la séance du 24 janvier 1891.

M. le Président donne lecture d'une lettre de M. Lemoine (de Crosne), qui donne sa démission de président de la Section d'Aviculture ; cette démission est acceptée.

L'élection du président à nommer en remplacement de M. Lemoine (de Crosne) est ajournée à la prochaine réunion.

Les membres de la Section discutent dans quelles conditions devra être établi le programme des prix de la prochaine exposition et charge son vice-président, M. H. Voitellier (de Mantes) de lui soumettre, dans la plus prochaine séance, la liste des prix qui pourront être proposés.

Le Secrétaire de la Section d'Aviculture pratique,
RÉMY SAINT-LOUP.

SECTION D'AVICULTURE PRATIQUE.

PRÉSIDENCE DE MM. H. VOITELLIER ET E. OUSTALET.

Procès-verbal de la séance du 27 janvier 1891.

La Section procède à l'élection d'un président en remplacement de M. Lemoine (de Crosne), dont la démission a été acceptée dans la séance du 24 janvier.

M. E. Oustalet, docteur ès sciences, aide-naturaliste au Muséum, est nommé président de la Section à l'unanimité.

La Section est informée que le Conseil d'administration de la Société nationale d'Acclimatation met à sa disposition les sommes nécessaires pour couvrir les frais de l'exposition d'animaux de basse-cour, qui doit avoir lieu du 14 au 20 avril prochain au Jardin zoologique d'Acclimatation et constituer les prix qui seront décernés.

Revenant sur la décision qu'elle avait prise dans la séance du 21 janvier, la Section décide que l'exposition du mois d'avril sera internationale.

M. H. Voitellier (de Mantes) donne lecture du programme des prix qu'il a préparé sur l'invitation de la Section. Après avoir discuté ce travail, il est décidé que la liste des prix à décerner comprendra :

Neuf grands prix formant un total de 1,200 francs ; cent trente-deux primes en argent ; cent cinquante-deux médailles d'argent et soixante-dix-sept médailles de bronze.

Le programme détaillé des récompenses qui pourront être décernées aux exposants sera envoyé gratuitement à toute personne qui en fera la demande par lettre affranchie.

En outre des prix et médailles ci-dessus énumérés le jury pourra décerner des *premières mentions honorables* et des *mentions honorables.*

Les prix et mentions seront indiqués sur les cages par des plaques qui seront après le concours la propriété des exposants.

Les inscriptions pour la prochaine exposition seront reçues jusqu'au 1er AVRIL 1891, dernier délai, au siège de la Société nationale d'Acclimatation, 41, rue de Lille, et aux bureaux de la Société du Jardin zoologique d'Acclimatation, au Bois de Boulogne.

La Section d'Aviculture pratique donne son approbation aux dispositions générales et au programme des prix qui lui ont été soumis. Elle se réserve cependant de les modifier et de les compléter si cela est reconnu nécessaire.

Le Secrétaire de la Section d'aviculture,
RÉMY SAINT-LOUP.

AVIS

Les personnes qui désirent devenir ASSOCIÉS DE LA SECTION D'AVICULTURE PRATIQUE devront en donner avis par écrit au secrétaire général de la Société nationale d'Acclimatation (41, rue de Lille) et lui adresser leur cotisation (*douze francs*) pour l'année 1891.

Ils recevront à la fin de chaque mois le *Bulletin de la section d'Aviculture pratique* et seront bonifiés, comme les membres de la Société nationale d'Acclimatation, d'une remise de 40 % sur le montant des droits d'entrée qu'on devra acquitter pour prendre part aux expositions organisées par la Société.

V. JARDIN ZOOLOGIQUE D'ACCLIMATATION DU BOIS DE BOULOGNE.

Chronique de quinzaine.

Dans la précédente chronique, nous nous sommes occupés de la résistance au froid de divers Mammifères, nous continuerons aujourd'hui cette revue.

Parmi les espèces qui ont souffert, il faut citer les *Phoques* et les *Otaries ;* pendant ces longs jours d'hiver, ces animaux ont considérablement maigri, bien que leur ration de poisson ait été notablement augmentée. Deux des cinq Phoques que nous possédions ont même succombé. Quant aux Otaries elles s'abritaient dans la grotte et leur caractère pendant cette longue période a notablement changé. Elles sont au nombre de trois, une femelle et deux mâles, qui vivent en très mauvaise intelligence ; le plus faible doit constamment céder la place au plus fort ; quand celui-ci monte sur le rocher, l'autre doit en descendre, et dans l'eau ce sont des poursuites incessantes, accompagnées d'aboiements sonores, des luttes sans fin, d'ailleurs sans péril. Ces jeux, qui sont pour nos visiteurs un intéressant spectacle, avaient cessé et bien souvent, contrairement à leurs habitudes, les deux mâles, vivant en paix, reposaient l'un près de l'autre. Ils étaient calmes et comme abattus. Le vent les fatiguait beaucoup. Le vent, c'est pendant le froid le plus grand ennemi ! Paul Gaymard, le voyageur bien connu, qui plusieurs fois visita les mers polaires, nous a dit bien souvent qu'on supportait facilement une température de —40° lorsque l'air était calme, mais qu'on souffrait cruellement dès que le vent s'élevait. D'ailleurs, ne voyons-nous pas avec quel soin les animaux à l'état sauvage s'abritent du vent ; ils le redoutent bien autrement que le froid.

Parmi les Rongeurs qui vivent ici, nous avons perdu un Porc-épic sur six ; un Hamster (*Cricetus*) sur quatre ; un Chien de prairie sur six ; un Castor du Rhône. Ces mortalités doivent-elles être toutes attribuées au froid ? La résistance des Rongeurs est en général assez grande ; il est vrai que la plupart des espèces trouvent des retraites en creusant le sol et que dans les abris que nous leur donnons, ils savent s'envelopper chaudement dans la litière. Ce n'est cependant pas le cas de nos Maras (*Dolichotis Patagonica*) qui, au nombre de sept, ont traversé sans accident la longue période du froid, réunis deux à deux, assis ou couchés, toujours tête-bêche, derrière un arbre qui les abritait un peu du vent.

Parmi les Kangurous la mortalité a été assez sensible, car nous avons perdu un Kangurou rouge (*Macropus rufus*) et un Kangurou bleu (*M. erubescens*) ; un autre animal de cette dernière espèce, pris de congestion, a pu se guérir. En fait, les vingt-cinq ou trente Kangurous qui vivent ici ont très bien supporté le froid ; les Bennett n'ont pas paru s'apercevoir de l'abaissement de la température ; les Derby, d'ordinaire délicats, n'ont pas eu un jour de tristesse. Dans leurs poils serrés et brillants, ils ont conservé toute leur activité. Il est vrai que nos observations portaient cette année sur un lot de Kangurous de Derby nés ici et qui sont dans des conditions de vigueur très différentes de celles où se trouvent les sujets plus ou moins récemment importés. Les Kangurous à lèvres blanches (*M. melanops*) et les Géants (*M. giganteus*) ont peu souffert. Un spécimen de cette dernière espèce est cependant actuellement malade et nous pouvons croire que c'est par suite du froid ; nous y reviendrons s'il y a lieu. Quant aux Kangurous rats (*Hypsiprymnus murinus* et *Grayi*), ils ont traversé ces longs jours enfouis suivant leur coutume dans leur litière sans donner lieu à aucune observation.

Les Phascolomes australiens étaient au nombre de six, l'un d'eux a succombé, est-ce au froid ?

La rusticité des Solipèdes est bien connue. Les Hémiones de l'Inde, le Kiang du Turkestan, le Zèbre vrai et les Zèbres de Burchell que nous possédons sont tous bien portants, malgré leur séjour dans l'écurie très froide qu'ils habitent. L'endurance de ces animaux est établie depuis longtemps par les expériences faites ici même et dans la plupart des Jardins zoologiques. Nulle part d'une façon plus nette qu'au Muséum, car un Zèbre ayant, vers 1835, fait à son gardien, M. Martin, une morsure assez grave pour nécessiter l'amputation de la jambe gauche, fut relégué dans le parc de la ménagerie aujourd'hui occupé par les Gnous et y vécut pendant près de vingt ans s'abritant dans la loge encore existante dont il pouvait sortir librement. Après cette expérience prolongée dont nous avons été témoin, on peut affirmer que l'espèce est vraiment rustique.

Ces renseignements sur nos mammifères ne seraient pas complets si nous omettions de parler des animaux contenus dans nos constructions chauffées. Éléphants, Girafes et Tapirs ne se sont pas aperçus de la longueur de l'hiver, ils sont en parfait état. Chez les Singes la mortalité n'a rien donné d'anormal. Notre Chimpanzé (Fatma), arrivé ici en janvier 1890, a traversé l'épreuve et nous espérons le conserver longtemps encore.

Si nous jetons un coup d'œil sur l'ensemble des mortalités de *Mammifères* survenues entre le 26 novembre 1890, commencement des gelées, jusqu'au 22 janvier qui nous a donné le dégel définitif, nous voyons que si le froid a causé directement quelques morts, il a le plus souvent fait périr des animaux déjà plus ou moins affaiblis au moment où la température est devenue rigoureuse. En somme, l'épreuve exceptionnelle que nous avons subie confirme pleinement ce que nous savions déjà, à savoir que des animaux bien nourris, soignés avec prudence et intelligence, peuvent supporter des hivers rigoureux.

VI. CHRONIQUE DES SOCIÉTÉS SAVANTES.

Académie des Sciences. — Dans une de ses dernières séances, la savante compagnie a entendu une intéressante communication de M. le Dr Ad. Chatin sur quatre espèces de Truffes qui accompagnent ordinairement la Truffe du Périgord (*Tuber melanosporum T. cibarium*).

La première après celle-ci, par le chiffre de sa production et de son commerce, est le *T. uncinatum*, de Bourgogne-Champagne. Il est regrettable que cette Truffe ne soit l'objet d'aucune culture, car elle possède des qualités très réelles et il y aurait intérêt à accroître sa production.

Le *T. montanum* se distingue du *T. melanosporum* par sa chair moins foncée et par ses veines vermiculées plus sombres et composées de cinq lignes au lieu de trois ; son arome est aussi moins développé. Elle vient en première ligne après la Truffe du Périgord.

Le *T. brumale* ou Rougeotte, la meilleure espèce après les *T. melanosporum* et *montanum*, accompagne partout la Truffe du Périgord qu'elle remplace parfois plus ou moins complètement. Son odeur agréable a quelque chose d'éthéré et de poivré.

La Truffe blanche d'hiver (*T. hiemalbum*) est pourvue d'une écorce tout à fait caractéristique qui est d'une fragilité telle que le moindre choc la détache par plaques en mettant à nu sa chair blanche.

Comme suite naturelle à cette communication, nous signalerons les recherches faites par le même auteur sur les Truffes d'Afrique ou *Terfâs* et soumises par lui à l'Académie, dans sa séance du 19 janvier dernier.

L'Afrique compte plusieurs Terfâs, comme nous avons plusieurs Truffes en France. Ces tubéracées sont :

Le *Terfezia Leonis* qui a déjà été décrit et figuré par Tulasne.

Le *T. Boudieri*, nouvelle espèce dédiée par M. Chatin à son ancien élève et collaborateur, et sa variété *Arabica*.

Enfin, un gros Terfâs blanc pour lequel M. Chatin propose le nom générique de *Tirmania* en reconnaissance de l'empressement mis par M. le gouverneur de l'Algérie à faire recueillir des matériaux pour les études de l'auteur.

Les centres d'aire des Terfâs sont : l'Afrique septentrionale, de Biskra à Touggourt, dans le M'zab, au sud d'El Golea, le Hodna, etc., en Tunisie et au Maroc, dans le nord-ouest de l'Arabie, toutes régions où ils entrent pour une part importante dans l'alimentation des populations, tant fixes que nomades. Le *Tirmania* est surtout commun dans le M'zab et vers Touggourt.

Comme aliments, les Terfâs se recommandent par une saveur agréable et une odeur douce que M. Chatin compare à celles du Mousseron, l'un de nos meilleurs champignons. J. G.

VII. CHRONIQUE DES COLONIES ET DES PAYS D'OUTRE-MER.

Culture de la Cochenille aux îles Canaries.

La Cochenille est originaire du Mexique, où le Cactus « Nopal » croît abondamment sur les hauts plateaux qui jouissent d'une température relativement fraîche. On consacre à cette plante des surfaces considérables connues sous le nom de Nopaleries. Depuis la découverte de l'Amérique, la Cochenille constituait pour les Espagnols du Mexique une source inépuisable de richesse. Ils en conservaient le monopole en défendant sous peine de mort l'exportation de l'insecte ou de la plante même. On en obtint cependant quelques exemplaires à Saint-Domingue, mais les efforts pour les cultiver ne réussirent point.

Les îles Canaries étaient le premier marché de Cochenille qui y fut importée du Mexique par le colonel Don Juan de Megliorini, gouverneur de la province. Il entreprit la première culture à ses risques et périls et distribuait les jeunes femelles ainsi obtenues à qui en voulait. Les résultats de ses premiers essais étaient merveilleux et très importants aux Canaries déjà en 1828.

La culture de cet insecte fut encouragée par le gouvernement espagnol. En 1827, on fonda un établissement officiel pour la culture du Nopal et l'achat des femelles nécessaires. Le directeur était obligé de propager l'insecte dans toutes les parties de l'île et de donner des instructions pratiques pour la culture. Don Santiago de Cruz fut chargé de l'élevage, et le colonel Megliorini fut nommé directeur en 1828. Le jardin destiné à l'établissement fut offert au gouvernement par la veuve de Don Antequera qui était le grand promoteur de cette industrie.

Cette institution, qui devait enrichir ces contrées, rencontra au début beaucoup d'opposition, mais, soutenue par le gouvernement, sa situation ne tardait pas à devenir si brillante que tout le monde voulait y prendre part ; les habitants se mirent à étudier la question, et lorsque les opérations furent bien comprises, on sacrifiait tout à cette industrie qui, au bout de très peu de temps, donnait de 30 à 40 pour cent de bénéfices.

Les premières exportations eurent lieu en 1831, en destination de l'Espagne, de la France et de l'Angleterre. Cinq années plus tard, elles s'élevaient déjà à plus de 12,000 kilogs, et depuis cette époque la quantité a constamment augmenté. En 1852 surtout, la culture de la Cochenille prit un développement considérable à la suite de l'emploi du guano, et pendant la période de 1870 à 1879, la production était considérable.

Jusqu'en 1860, la République de Honduras avait le monopole du commerce de Cochenille ; mais quelques années après, la production des îles Canaries dépassait celle de tous les autres pays du monde.

La Cochenille vit et prospère partout où le Cactus croît à l'état sauvage. Elle fut introduite en 1845 en Algérie, où le nombre des Nopaleries était déjà de 61,500 en 1853. Aux Canaries toutes les îles en produisent, excepté celles de Laurarote et de Fuerté Ventura. L'espèce de Cactus qu'on y cultive diffère de celle du Mexique ; le Cactus des îles Canaries est l'*Opuntia ficus indica.*

La Cochenille est un insecte dont la femelle est privée d'ailes. Pendant fort longtemps, les Européens qui reçurent de la Cochenille sous forme de grains bruns, secs et presque ronds — comme on l'expédie d'ailleurs encore aujourd'hui — croyaient que c'était une matière végétale. Cette opinion s'est maintenue encore assez longtemps quoique Acosta eût montré déjà en 1530 que c'était un insecte.

A cet état de larve, ces insectes sont si petits qu'on ne peut les distinguer qu'à l'aide du microscope. Les femelles, qui sont beaucoup plus grandes que les mâles, acquièrent la grandeur d'une petite fève. Leur corps presque informe est tantôt ovale, tantôt rond. Tout mouvement leur est interdit ; elles vivent sans se bouger sur les feuilles du Cactus dont elles sucent le suc au moyen d'une petite trompe pointue dont elles sont pourvues. Elles pondent leurs œufs à l'âge de deux ou trois mois et meurent presque aussitôt ne laissant qu'une petite peau sèche qui protège les œufs. De ces œufs sortent les larves qui se répandent sur les Nopals ou Cactus auxquels elles s'attachent de préférence dans des endroits à l'abri du vent. Plusieurs reproductions se font de cette manière dans le courant de l'année.

Les Cochenilles fines de Nopal, de même que les insectes de la même espèce, secrètent une matière cotonneuse blanche qui les recouvre sans les cacher, de sorte qu'elles ont l'air d'être saupoudrées de farine. Sous cette enveloppe cotonneuse elles pondent leurs œufs et la secrétion est parfois si abondante qu'elle pend en fibres blanches le long des Cactus. Elles changent plusieurs fois de peau et, ainsi que nous le verrons plus loin, on les recueille au moment où la ponte est finie et que l'on aperçoit les nouveaux-nés sur le Cactus.

Les Cochenilles mâles furent pendant longtemps un sujet de discussion et de recherches pour les naturalistes ; Costa, de Naples, prouva dans ses écrits, publiés de 1827 à 1835, que l'insecte, considéré jusqu'à présent comme le mâle de la Cochenille, n'était qu'une petite Mouche vivant en parasite aux dépens de la Cochenille. D'après des observations récentes, les mâles des Cochenilles sont plus petits que les femelles, mais de la même forme que ces dernières, avec lesquelles on les a toujours confondus croyant que c'étaient des anciens. Ils sont formés de façon à pouvoir se remuer pendant toute leur existence dans un certain sens, alors que les femelles, après leur première jeunesse, ne peuvent plus se remuer du tout.

La première chose indispensable pour une culture de Cochenilles est d'avoir une nopalerie ou plantation de Cactus bien située. Aux Canaries, partout où la culture du Cactus peut être rendue productive, le sol est couvert en grande partie de basalte. L'organisation d'une nopalerie est donc chose très importante, coûteuse et réclame beaucoup de soin et de travail. La terre doit être bien préparée et arrosée. Les pluies étant assez rares, il faut établir des réservoirs de dimensions en rapport avec l'étendue des plantations. Lorsque la terre est bien préparée et pourvue d'engrais (ordinairement de guano) on plante le Cactus. Les plants servant de boutures sont coupés à l'extrémité inférieure et placés en lignes parallèles formant des allées de deux mètres de large. Les boutures sont plantées à une profondeur de 25 centimètres et à une distance de un mètre les unes des autres. La nopalerie ainsi préparée, les Cactus peuvent, au bout de deux ans, recevoir la Cochenille. Le guano constitue le meilleur fumier pour le Cactus parce qu'il adoucit considérablement la peau des feuilles, ce qui donne plus de facilité à l'insecte pour s'y attacher.

Voici comment on procède : un certain nombre de femelles proportionné à la superficie de la plantation de Cactus que l'on veut peupler, sont placées dans des baquets de bois de 60 centimètres de long sur 50 cent. de large et 5 à 6 cent. de haut. Ces baquets sont mis dans une pièce où la température est maintenue à 30° centigrades, chaleur nécessaire pour les faire éclore. On recouvre ensuite les baquets avec des bandes de linge de 30 centimètres de long sur 15 cent. de large, afin que les larves puissent s'y accrocher.

Quatre à cinq minutes après l'éclosion, ces bandes sont entièrement couvertes de larves sous forme de petits points noirs. On les dépose ensuite dans un autre baquet et l'on remplace les bandes dans le premier baquet par d'autres, jusqu'à ce que l'éclosion soit terminée. Les linges chargés de larves sont alors portés à la plantation des Cactus où chaque feuille est enveloppée d'une de ces bandes que l'on attache au moyen des épines de la plante.

Au bout de trois ou quatre jours, les larves quittent le linge pour s'attacher aux Cactus. On enlève les bandes et on laisse l'insecte se développer, ce qui dure ordinairement trois mois. Le moment propice pour le recueilllir est venu lorsqu'il enfle, devient foncé et commence à se reproduire. On prend alors les Cochenilles à la cuillère ou au moyen d'une brosse pour les déposer dans un baquet. Cette culture de la Cochenille se fait en hiver et au printemps. A cette époque de l'année la production est moins abondante à cause de la température plus basse. Un kilogramme de Cochenilles ne donne à cette époque qu'un rendement de 3 1/2 à 4 1/2 le kilog.

En été la culture est plus simple et moins coûteuse. On met alors les Cochenilles dans de petits sacs très minces, qui sont placés sur les feuilles et remplacés par d'autres lorsque les insectes se sont répandus sur les feuilles. A cette époque, on obtient pour un kilog. mis dans les sacs, neuf à douze kilog. de Cochenilles. Ceux qui restent dans les baquets et dans les sacs, après l'éclosion complète, sont les Cochenilles que l'on appelle *madres* (mères).

Après avoir cueilli la Cochenille sur les Cactus, l'on tue et l'on vend tout ce qui est impropre à la reproduction. Dans ce but, on plonge les insectes pendant un moment dans de l'eau bouillante, quoique ce procédé en diminue le poids et gâte la nuance argentée.

Un hectare de Cactus en bon état peut donner, en été, de 8,000 à 9,000 et même jusqu'à 11,000 kilog. de Cochenille fraîche ou verte, ce qui correspond à 1,500 à 2,200 kilog. de Cochenille sèche.

On évalue le prix coûtant d'un hectare mis en culture, de 2,000 à 2,500 francs.

L'année 1879 fut la dernière où la culture de la Cochenille prit de grandes proportions aux îles Canaries. Jusqu'à cette époque, la Cochenille se vendait 1 fr. 50 à 2 fr. la livre espagnole de 460 grammes, et les *madres* de 3 fr. 50 à 4 fr. la livre. La Cochenille verte, qui était cultivée sur la côte sud, surtout en hiver, pour être vendue, comme *madres* vers l'été, se vendait 4,50 et 6 fr. la livre, suivant la quantité récoltée.

On distingue dans le commerce plusieurs espèces de Cochenille :

1° La Cochenille nopal ou *Coccus cacti*, la plus fine et la plus recherchée. Elle produit, pour la teinture, la belle nuance rouge bien connue ;

2° La Cochenille blanche, cultivée également au Mexique ;

3° La Cochenille des figuiers de l'Inde, que l'on recueille deux fois par an et qui donne le carmin ;

4° La Cochenille de la Canne à sucre ;

5° La Cochenille polonaise qui vit sur les racines du *Scleranthus perennis* et qui donne une bonne matière colorante. Elle était autrefois un article de commerce important, avant l'introduction de la Cochenille du Mexique ; on l'emploie encore aujourd'hui en Pologne et en Russie pour teindre le cuir marocain, la soie et le crin.

Les variétés commerciales de la Cochenille fine ou de nopal, sont au nombre de quatre : celle des îles Canaries, celle du Honduras, celle de Véra-Cruz et celle de Java.

Les Cochenilles des Canaries et du Honduras sont les plus estimées et, par conséquent, les plus chères.

La découverte de la fuchsine en 1859 a fait beaucoup de tort au commerce de Cochenille et à la prospérité des îles Canaries, mais depuis qu'un grand nombre de nopaleries sont converties en vignes, etc., l'équilibre s'est rétabli entre l'offre et la demande.

Dr H. MEYNERS D'ESTREY.

VIII. CHRONIQUE GÉNÉRALE ET FAITS DIVERS.

Les expositions horticoles du Jardin d'Acclimatation. — Pensant qu'il serait avantageux de mettre en relations suivies les horticulteurs avec le nombreux public qui fréquente l'établissement, l'administration du Jardin d'Acclimatation construit une serre spécialement destinée à des expositions florales, auxquelles prendront part *seulement les horticulteurs français*.

Le local sera mis gratuitement à la disposition des horticulteurs qui se seront fait inscrire à l'avance. Les frais de transport des plantes seront seuls à la charge des exposants.

Les collections devront être soigneusement étiquetées et porter les noms et adresses des producteurs. Des commandes pourront être reçues à l'exposition même, mais l'enlèvement des marchandises vendues ne devra s'effectuer qu'après la clôture de l'exposition.

Voici le programme de ces expositions florales pour l'année 1891 :

1re EXPOSITION, du 15 au 22 février. — *Azalea Indica*, *Azalea mollis*, *Camellia*, Cinéraires hybrides, Imantophyllum, *Jacinthes*, Lilas cultivés en serre, Narcisses, Oignons divers, *Orchidées*, *Rhododendron* forcés de serre et de plein air, *Rosiers* en pots forcés, Roses en fleurs coupées, *Tulipes*, Arbustes en fleurs de la Nouvelle-Hollande, de serre et de plein air.

2e EXPOSITION, du 2 au 10 mai. — Plantes de serre en fleurs ; plantes à feuillage coloré ou panaché ; plantes annuelles, bisannuelles et vivaces ; arbres de plein air en fleurs, cultivés en pot ou en panier ; fleurs coupées en collection ; *Anémones*, *Iris*, *Pivoines*, *Roses*, etc.

3e EXPOSITION, du 28 juin au 5 juillet. — Achimenes, Begonia tubéreux, *Caladium*, Gesneria, *Glaieuls*, *Gloxinia*, *Nægellia*, *Œillets*, *Orchidées de serre et de pleine terre*, *Pelargonium*, Phlox decussata, *Tydæa*, Plantes annuelles et vivaces, cultivées en pot.

4e EXPOSITION, du 27 septembre au 4 octobre. — Fruits et légumes ayant atteint leur entier développement à cette époque ; fruits et légumes cultivés pour l'ornementation ; *Bégonia ligneux en collection* ; *Bégonias tubéreux simples et doubles* ; *Dahlias cultivés en pot* ; fleurs de Dahlias coupées ; *Reines-Marguerites* en pot et en fleurs coupées, présentées par races et par couleurs séparées ; Plantes vivaces diverses.

5e EXPOSITION, du 8 au 15 novembre. — Bégonias ligneux cultivés pour la floraison hivernale ; Bouvardia ; *Chrysanthèmes* ; Cyclamens ; Œillets (dits tiges de fer) ; Violettes en pot.

Les fleurs coupées pourront être enlevées par les exposants le troisième jour de l'exposition.

Nota. — La veille de l'ouverture de l'exposition, les actionnaires de la Société du Jardin zoologique d'acclimatation seront seuls admis.

Les Corneilles américaines. — Les Corneilles sont assez nombreuses aux Etats-Unis, mais elles y vivent exclusivement en puissantes colonies rassemblées sur quelques points seulement, et soumises à d'assez fréquents déplacements. Tous les lieux que ces oiseaux ont habités ont toujours été situés dans la bande de terrain s'étendant en principe sur une largeur de 160 kilomètres à droite, et de 160 kilomètres à gauche d'une ligne menée de Washington, district fédéral de Colombie à l'est, à Saint-Louis, dans l'état du Missouri à l'ouest. Cette bande remonterait cependant un peu vers le nord-est au-delà de Washington. Le domaine des Corneilles traverse donc les états de Maryland, de Pennsylvanie, de Virginie, de Virginie occidentale, du Kentucky, d'Indiana et d'Illinois. La plus importante des colonies de Corneilles est actuellement établie à Arlington, près de Washington, une autre a son quartier-général à 6 ou 7 kilomètres de Baltimore, Maryland, une autre est installée à Lancastre, Pennsylvanie, une dans le Comté de Jassamine, Kentucky, une dans l'île de Recdy Island, sur la Susquehanna, et quelques autres moins importantes en divers autres points.

La colonie d'Arlington près de Washington, est une des plus puissantes, et de nombreuses hypothèses ont été faites sur son effectif. On a été jusqu'à lui attribuer des millions d'individus, mais elle n'en posséderait pas plus de 500,000, paraît-il, et le chiffre est déjà respectable.

On a essayé de différents moyens pour déterminer le montant exact de sa population. Un des plus originaux consistait à tirer sur un arbre couvert de Corneilles un coup de canon chargé de gros plomb, puis à calculer l'effectif de la colonie en divisant l'aire totale qu'elle occupe par la surface de la zone que la mitraille avait balayée, et multipliant par le quotient ainsi obtenu, le nombre des cadavres ramassés sur cette zone. A Baltimore, on a compté combien de Corneilles étaient installées sur un arbre, et en multipliant par ce chiffre le nombre des arbres habités par la colonie, on a trouvé une population de 250,000 à 500,000 de ces oiseaux.

La colonie d'Arlington ne s'est pas établie à demeure en ce point, elle s'est déplacée chaque année jusqu'à présent, sur tout l'espace compris entre les Great Falls et le Mont Vernon. L'an dernier elle avait envahi le cimetière national, qui couvre une étendue de 6 hectares, en souillant de déjections ses arbres et ses monuments.

Chaque matin, toutes ces Corneilles quittent leurs nids et partent par bandes rayonnant dans toutes les directions vers les champs cultivés où elles passent la journée, champs qui sont parfois situés à plus de 150 kilomètres de leur place de nichage. Elles reviennent le soir, et vont toutes dans un ravin voisin se charger l'estomac de cailloux qui faciliteront la digestion des Souris, des Poissons, des Grenouilles, des Crabes, des Serpents, des Escargots, des insectes, etc., dont elles se sont nourries pendant la durée du jour. Elles aiment surtout les Terrapines, et on voit dans le Comté de Sumter, Géorgie, une colline entièrement couverte des carapaces des victimes tuées dans leurs excursions. Elles détruisent aussi beaucoup de Souris de champs, surtout vers la fin de l'hiver, mais à côté de ces services réels elles prélèvent, il est vrai, un tribut sur les jeunes Poulets, les petits oiseaux et les œufs. H. B.

La nourriture du Saumon. — Un certain nombre de faits relatifs à l'existence du Saumon sont encore entourés du plus profond mystère, chose bien inexplicable quand on songe à l'époque si reculée depuis laquelle on traque et pêche ce magnifique poisson. Un naturaliste anglais, M. Archer, a fait récemment dans les rivières de la Norvège des expériences sur des Saumons capturés, à la nageoire dorsale desquels on adaptait une plaque portant la date de la prise et un numéro d'ordre et qu'on replaçait ensuite dans leur élément.

Ces expériences ont démontré que tout en s'écartant parfois à 145 kilomètres des côtes, les Saumons revenaient généralement quand ils remontent le cours des rivières aux points même où ils avaient déjà été pêchés une première fois. Quant à la nourriture de ces poissons pendant leur migration en mer, on ignore absolument quelle est sa nature. Dans les rivières, les Saumons se nourrissent d'Ephémères, d'insectes aquatiques, mais ceux qu'on prend en mer ont toujours l'estomac vide. Or, l'accroissement qu'a subi la taille de ces poissons, quand ils reviennent après un séjour de quelques semaines dans l'eau salée, prouve indubitablement qu'ils y trouvent une abondante alimentation. Dans quelques circonstances seulement, l'estomac des Saumons pris en mer contenait des traces d'aliments. Un de ces poissons, capturé dans un loch écossais, rejeta, au moment où on le sortait de l'eau, des débris d'Anguilles. L'Anguille, qui descend également à la mer pendant une partie de son existence, pourrait alors y servir de nourriture au Saumon. Le numéro du 26 juillet 1890 du journal anglais *Field* mentionnait un Saumon dont l'estomac contenait plusieurs jeunes Saumonneaux. Le Saumon deviendrait donc carnivore pendant son séjour en mer. Si du reste cette espèce ne se nourrissait que par voie de succion, ses dents inutilisées porteraient des traces de dégénérescence ; or, tel n'est pas le cas, ces dents courtes et arrondies ayant bien les caractères d'organes servant à un usage continu. On cite en outre un pêcheur de la Severn, auquel un Saumon lacéra horriblement la main qu'il lui avait introduite dans les ouïes, et on a vu à diverses reprises des Saumons poursuivre d'autres poissons dans la mer. On a attribué à l'effroi l'état de vacuité dans lequel se trouve l'estomac des Saumons pris en mer. Au moment où le poisson se sent emprisonné dans les mailles du filet, il expulserait le contenu de son estomac. (*Le Chenil.*)

Le rôle de l'acide formique secrété par les Abeilles. — Le miel de nos Abeilles, additionné de quelques gouttes de teinture de tournesol, lui communique une teinte rouge, caractéristique de la présence des acides. Cet acide est l'acide formique, que les Fourmis secrètent également, mais en plus grande quantité que les Abeilles, et c'est sa présence qui permet au miel de se conserver si longtemps. Le miel, traité par l'eau tiède, qui lui enlève son acide formique, perd cette facilité de conservation. La secrétion d'acide formique varie chez les différentes espèces d'Abeilles, et ce principe antiseptique est réparti dans le miel par l'aiguillon, à l'extrémité duquel il se rassemble en gouttes microscopiques. Les Abeilles, dépourvues d'aiguillon de l'Amérique méridionale, font peu de miel, l'absence d'aiguillon amenant la suppression de la secrétion d'acide formique, qui seul permettrait au miel de se conserver.

Des dix-huit espèces d'Abeilles qu'on rencontre dans le nord du Brésil, trois seulement sont armées d'aiguillons. Les Fourmis ont, du reste, mis depuis longtemps en évidence les propriétés antiseptiques de l'acide formique. De nombreuses espèces de Fourmis édifient de vastes cités, faites d'une accumulation de débris végétaux, contenant de nombreuses graines qui se conservent parfaitement pendant plusieurs années sans la moindre velléité de germination leur faculté germinative étant suspendue par l'acide formique. Le naturaliste anglais Moggridge a constaté, à diverses reprises, que ces graines germaient dès que les Fourmis abandonnaient forcément ou de bonne volonté leur cité.

J. P.

L'**Inule** ou **Aunée officinale** (*Inula Helenium* L) est une grande et belle plante herbacée, vivace, pubescente dans toutes ses parties; tige simple, ferme, cylindrique, dressée et rameuse au sommet; feuilles alternes très grandes, ovales-lancéolées, inégalement dentées-crénelées, vertes et rudes au toucher en dessus, blanchâtres et cotonneuses en dessous : les radicales oblongues-aiguës, portées sur un long pétiole canaliculé, les caulinaires plus petites, ovales-aiguës, sessiles et même demi-amplexicaules; fleurs terminales d'un beau jaune, formant des capitules volumineux, solitaires au sommet des rameaux.

Indigène de la plus grande partie de la France, cette plante est souvent cultivée dans les jardins. Elle croît naturellement en Angleterre, en Hollande, en Allemagne et en Italie, dans les lieux humides, sur le bord des fossés, ainsi que dans les prairies fraîches et ombragées. Ce végétal se trouve encore assez communément aux environs de Paris, particulièrement dans les forêts de Sénart et de Montmorency.

La racine épaisse, brune, rameuse, charnue, blanche intérieurement, est douée d'une saveur âcre, amère, légèrement piquante d'une odeur forte, pénétrante, aromatique et camphrée. Par la dessiccation, son odeur devient plus douce, et peut alors être comparée à elle de l'Iris, qui l'a fait quelquefois employer en parfumerie.

La racine d'Aunée est la seule partie de la plante qui offre une utilité en médecine. Comme composition chimique, elle renferme : une huile volatile (camphre d'Aunée, *hélénol* ou *hélénine*) susceptible de se concréter facilement, une matière extractive amère, de la cire, une résine brune, âcre et molle, de l'albumine végétale, de la gomme, des sels de chaux et de potasse, de l'acide acétique et, en plus grande partie, une fécule particulière nommée *Inuline* découverte en 1804 par Valentin Rose.

Contrairement aux autres fécules, l'Inuline a pour caractères spéciaux : 1° de former une matière résinoïde lorsqu'on la soumet à l'action des acides; 2° de ne pas se prendre en gelée dans l'eau; 3° de se colorer en jaune et non en bleu par l'iode. L'Inuline précipitée et séchée se présente sous forme d'une poudre amorphe, fine, d'un blanc grisâtre, soluble dans l'eau chaude et l'alcool bouillant. Comme l'amidon, cette substance se convertit en sucre de raisin sous l'influence de l'acide sulfurique étendu et bouillant.

Physiologiquement, la racine d'Aunée possède une action excitante et tonique qui l'a fait considérer de tout temps comme diurétique, sudorifique et emménagogue. Son usage est maintenant presque abandonné en médecine; cependant, on l'associe encore quelquefois au fer dans le traitement de la chlorose, lorsque cet état se complique de dysménorrhée, c'est-à-dire lorsque la menstruation se fait d'une manière imparfaite et avec des douleurs plus ou moins vives. On la prescrit aussi contre les flueurs blanches atoniques.

Cette racine est usitée le plus souvent en décoction ou en infusion dans l'eau ou dans le vin; cependant, on l'ordonne aussi en teinture, en sirop, en extraits aqueux ou alcooliques et en poudre. Mélangée à la graisse, elle a été recommandée en frictions contre la gale de l'homme et des animaux. Enfin, les tranches de racine fraîches d'*Inula*, confites dans le sucre, sont regardées comme un stomachique utile et agréable.

En Orient et en Allemagne, cette racine est souvent usitée comme assaisonnement.

En France et dans le canton de Neuchâtel (Suisse), les distillateurs la font entrer dans la préparation de l'absinthe.

Maximilien VANDEN-BERGHE.

IX. BIBLIOGRAPHIE.

La pisciculture en eaux douces. — La pisciculture en eaux salées, par A. Gobin, professeur départemental d'agriculture du Jura. — 2 vol. in-16 avec de nombreuses figures dans le texte, Paris, J.-B. Baillière, édit., 1889-1891.

Après un certain temps de défaveur, ou tout au moins d'oubli, l'aquiculture a repris pied dans notre pays, qui avait été son berceau, et à voir l'accueil qu'elle y a reçu, on peut prévoir enfin son légitime succès. Les laboratoires privés se multiplient, l'Etat lui-même, bien que un peu mollement encore, prend part au mouvement par la création d'écoles d'enseignement. L'heure était donc opportune pour des publications de la nature de celles que nous sommes heureux de signaler aujourd'hui à l'attention de nos lecteurs.

Le premier volume est consacré aux eaux douces. Après quelques pages occupées par des considérations générales sur la constitution des eaux, sur la physiologie des poissons qui les habitent, et sur la reproduction naturelle de ces animaux, l'auteur traite de la pisciculture artificielle, décrivant avec soin les procédés et les appareils en usage pour la récolte et l'incubation des œufs, et pour l'élevage des jeunes. Il s'occupe ensuite de l'aménagement et de l'exploitation des étangs et des cours d'eau, et enfin de l'acclimatation des espèces dans de nouveaux milieux.

Le second volume, conçu d'après le même plan, complète utilement le premier. L'élevage artificiel des habitants des mers est de date encore récente. Il n'en est que plus intéressant d'apprendre les résultats qu'il a déjà donnés avec l'alose, la morue, le homard, dans différents pays, notamment en Norvège, et surtout en Amérique où il est largement pratiqué par les soins de la commission fédérale. La culture des coquillages, plus ancienne, est partout en pleine prospérité, quoiqu'elle soit loin d'être arrivée à son apogée. L'ouvrage rapporte brièvement l'historique de l'ostréiculture et en étudie le développement rapide dans les temps contemporains, en ayant soin de faire connaître les perfectionnements successifs qui ont porté cette industrie nationale à sa prospérité actuelle.

M. Gobin s'étend à bon droit sur le dépeuplement des eaux et sur les moyens d'y remédier tant par leur aménagement que par la protection du poisson et par son élevage.

En somme, ces deux volumes, écrits par un homme qui connaît bien son sujet, contiennent d'utiles enseignements et sont de nature à rendre de très réels services.

B.

Le Gérant : Jules Grisard.

I. TRAVAUX ADRESSÉS A LA SOCIETE

INFLUENCE DES GRANDS FROIDS
SUR QUELQUES-UNS
DES ANIMAUX DE LA MÉNAGERIE DU MUSÉUM

PAR M. A. MILNE-EDWARDS (1).

La rigueur et la durée de l'hiver m'ont permis de faire à la Ménagerie du Muséum quelques observations qui ne manquent pas d'interêt; elles sont relatives à l'influence qu'un froid prolongé peut avoir sur des animaux appartenant à des pays et à des climats très variés. Les qualités de résistance qu'ils présentent à cet égard et ce que je pourrais appeler leur *endurance au froid* diffèrent beaucoup suivant les espèces, et on ne saurait d'avance prévoir comment ils se comporteront dans telle ou telle condition de température ou d'humidité, car chacun a en quelque sorte son coefficient de résistance propre.

L'installation des mammifères et des oiseaux à la Ménagerie du Muséum laisse beaucoup à désirer; les constructions datent du commencement du siècle et n'offrent pas les conditions hygiéniques convenables que l'on applique aujourd'hui dans tous les jardins zoologiques de l'Europe. La plupart des herbivores, Bœufs, Antilopes et Cerfs, sont répartis dans des parcs entourés d'un grillage; ils n'ont d'autre abri qu'une petite cabane non chauffée, à parois peu épaisses, où, malgré toutes les précautions, la température diffère à peine de celle de l'air extérieur.

Ces retraites, suffisantes en temps ordinaires, deviennent inhabitables dans les grands hivers. Ainsi, dès le commencement du mois de décembre, l'eau des abreuvoirs y était congelée et elle est restée deux mois dans cet état. Pendant plusieurs nuits, le thermomètre s'est abaissé à 5° et même à 7° au-dessous de zéro.

Le bâtiment que l'on désigne sous le nom de *Rotonde* et où

(1) Communication faite à l'Académie des sciences dans la séance du 26 janvier 1891.

sont placés les grands herbivores, est pourvu de poêles, mais bien qu'un feu ardent y ait été entretenu jour et nuit, la température ne s'est pas élevée dans la partie centrale au-dessus de + 7°, et dans les loges des animaux où les surfaces de refroidissement sont considérables, elle est descendue à +2° ou 3°. C'est là cependant qu'étaient entassés non seulement les Eléphants, Rhinocéros et Hippopotame, mais beaucoup de petits ruminants délicats. Il est facile de comprendre que dans de telles conditions les animaux aient cruellement souffert et que beaucoup d'entre eux aient succombé. Aussi l'hiver de 1890-1891 laissera-t-il au Muséum des traces longues à effacer (1).

Les gros pachydermes à peau nue se sont comportés plus vaillamment qu'on aurait pu s'y attendre : ils ne sont pas morts, mais cependant ils sont tous plus ou moins atteints ; l'Eléphant d'Afrique souffre d'une affection de la bouche ayant quelques-uns des caractères du scorbut. Le Rhinocéros du Soudan, qui vit au Muséum depuis 1880, a beaucoup maigri et sa peau est couverte de boutons purulents. L'Hippopotame, donné au gouvernement français en 1855 et qui, depuis trente-six ans, jouissait d'une excellente santé, a maintenant la peau entamée par des fissures profondes et des excoriations rappelant celles qui se produisent sur les engelures.

Dans les parcs extérieurs se trouvait une famille nombreuse de superbes Antilopes de la taille d'un petit Cheval, les *Kobs* ou *Antilopes onctueuses* du Sénégal ; elles proviennent d'une paire de ces animaux offerte au Muséum en 1880 par le général Brière de l'Isle. Depuis cette époque, ils avaient donné naissance à plusieurs générations de descendants (2), et l'on regardait cette espèce comme presque acclimatée ; mais elle n'a pas résisté à notre long hiver, et quatre de ces beaux ruminants, représentant chacun une valeur de plus de 2,000 francs, sont morts successivement.

Les Zèbres de Burchell, qui proviennent de l'Afrique australe et que l'on considère comme peu sensibles au froid, ont mal supporté la rigueur de la température ; l'un d'eux est mort.

Je n'insisterai pas davantage sur les pertes inévitables qui

(1) Trente-deux mammifères et soixante-six oiseaux sont morts pendant les deux mois de froid.

(2) En dix ans, j'ai enregistré treize naissances.

ont été la conséquence de l'hiver ; il est plus intéressant de mentionner les animaux dont l'endurance a dépassé les prévisions, et qui ont traversé, sans paraître en souffrir, nos deux mois de gelées consécutives, tandis qu'à côté d'eux nos espèces indigènes pâtissaient et que des Cerfs et des Sangliers, placés dans les mêmes conditions, mouraient de froid.

Je signalerai, en première ligne, les Antilopes gnous (*Connochetes gnu*, Lich.) du sud de l'Afrique, si remarquables par la singularité de leurs formes et qui paraissent se plaire sous notre ciel. En 1882, pour la première fois, un jeune Gnou naissait au Muséum ; c'était une femelle dont la croissance fut des plus rapides, et qui, quelques années plus tard, s'est reproduite à son tour. Aujourd'hui la Ménagerie possède cinq de ces beaux ruminants, logés dans une petite cabane qu'il faut laisser toujours ouverte, car si on ferme les portes, elles sont bientôt brisées à coups de cornes : les Gnous restent dehors pendant les jours les plus froids sans que leur pétulance et leur gaieté s'en ressentent, et un jeune, âgé de six mois seulement, a montré la même résistance que ses parents (1). Sous l'influence de notre climat, leur poil s'est modifié, et la robe d'hiver est devenue plus chaude par le développement, à la surface de la peau, d'une couche de poils duveteux beaucoup plus épaisse que chez les Gnous sauvages.

Les Bubales de l'Afrique septentrionale et de l'Afrique orientale, les Bless-bock du Cap de Bonne-Espérance, ont bien résisté. Les grandes Antilopes nylgauts (*Portax pictus* Pallas), originaires du Bengale et de quelques autres parties de l'Inde, sont restées, sans inconvénient, dans une cabane ouverte, avec leur petit qui n'avait pas plus de quatre mois. Ces animaux ont supporté déjà le grand hiver de 1879-1880, et depuis 1870, nous avons eu de nombreuses naissances ; ils se prêteraient fort bien à des essais d'acclimatation en France. Le roi d'Italie a déjà réussi dans des tentatives du même genre et a obtenu un troupeau de près de trois cents têtes.

Les Antilopes à Bezoards (*Antilope cervicapra*) sont originaires de l'Inde, mais notre climat leur convient admirablement. La beauté de leurs cornes et de leur pelage, l'élégance de leurs formes, la grâce de leurs mouvements, doivent les faire rechercher par toutes les personnes qui désirent

(1) Des observations du même genre ont été faites par M. Blaauw, qui possède en Hollande plusieurs Gnous et en a obtenu la reproduction.

introduire dans nos forêts des espèces nouvelles. Il est peu d'Antilopes plus agiles, et j'ai vu l'une d'elles franchir sans effort une barrière ayant $1^{m},70$ de hauteur ; aussi faudrait-il des murs fort élevés pour les retenir dans des enclos.

La Ménagerie du Muséum possédait plusieurs de ces Antilopes, sur lesquelles le grand hiver de 1879-1880 avait passé sans accidents, quand, en 1884, effrayées par des Chiens qui s'étaient introduits dans leur parc, elles se tuèrent toutes en se heurtant contre les grilles. J'ai pu de nouveau m'en procurer une paire, et, depuis 1885, j'ai obtenu quinze jeunes qui se sont parfaitement développés ; les derniers, dont la naissance remonte à trois mois à peine, sont restés à côté de leurs parents, dans un parc dont la cabane est constamment ouverte, et leur santé ne s'en est pas ressentie.

Des Cerfs aussi ont montré une endurance extrême au froid. Je citerai d'abord une espèce intermédiaire, par la taille, au Cerf ordinaire et au Chevreuil, à pelage fauve tacheté de blanc, à cornes bien développées et à formes légères, le *Sika*, du Japon. Une paire de ces jolis ruminants a été acquise en 1878, et nous lui devons une nombreuse lignée, car, depuis cette époque, vingt-cinq naissances sont inscrites sur les registres de la Ménagerie, dont quatre datent de l'été de 1890. Les jeunes n'avaient même pas six mois au commencement de décembre, et néanmoins ils sont restés toujours en liberté dans leur enclos ; ce serait encore là un gibier à introduire dans nos forêts.

Les Cerfs porcins de Ceylan et de l'Inde ne ressemblent pas aux précédents ; ils ont des formes lourdes, des pattes relativement courtes, un corps massif mais très charnu, et leur chair est supérieure en qualité à celle des Cerfs de France ; ils sont robustes et résistent d'une manière extraordinaire au froid ; de plus, ils sont peu difficiles sur le choix de leur nourriture. Ils constitueront un remarquable gibier, quoiqu'ils n'aient pas assez de vitesse pour être chassés à courre. La Ménagerie possède un petit troupeau de ces animaux, et trente et une naissances se sont succédé depuis 1885. Trois Faons sont nés à la fin du mois de septembre et un autre le 15 novembre ; malgré leur faiblesse, ils ont passé l'hiver sans accident ; cependant leur cabane n'est jamais fermée et ils sont constamment à l'air. Ils trouveraient un abri au moins équivalent dans les buissons et sous les ronceraies de nos bois.

Les petits Cerfs muntjacs du sud de la Chine (*Cervulus Reevesii*) me semblent dignes d'attirer d'une manière toute particulière l'attention de nos grands propriétaires, car leur acclimatation en France me paraît maintenant une question résolue. Ils abondent aux environs de Canton et de Ning-po, où ils vivent au milieu des broussailles. Leur taille est celle d'un chien ordinaire ; la tête des mâles est pourvue de courtes cornes et leur mâchoire supérieure porte de longues canines qui se prolongent au delà des lèvres et constituent de véritables défenses. Malgré ces armes, ils sont d'un caractère tranquille et, contrairement à ce qui se passe pour les autres Cerfs, on peut impunément laisser plusieurs mâles adultes dans un même enclos. Leur corps est bien musclé et leur chair très savoureuse ; ils sont bas sur pattes et se dérobent facilement au milieu des herbes. C'est en 1878 que j'ai pu m'en procurer une paire ; je l'ai placée dans un enclos communiquant avec un parc très étendu occupé par les Antilopes nylgauts. Ces animaux ont pullulé, et je compte aujourd'hui quarante-cinq de ces jolis ruminants nés à la Ménagerie. J'ai pu en envoyer à différents jardins zoologiques, et j'en ai conservé un petit troupeau qui a résisté d'une manière admirable.

Si l'hiver de 1890-1891 a fait beaucoup de mal, d'un autre côté il peut être considéré comme un temps d'expériences qui a permis de reconnaître les qualités particulières d'endurance de certaines espèces de ruminants, qu'il ne s'agit plus que d'introduire dans nos forêts, où, suivant toutes probabilités, ils se plairont. M. le Président de la République a bien voulu porter intérêt à ces tentatives, et il a autorisé M. Récopé, inspecteur des forêts de Saint-Germain et de Marly, à installer dans des réserves entourées de grillage des Cerfs Sika du Japon, des Cerfs Porcins du sud de l'Asie, des Cervules de Reeves, de la Chine et des Antilopes Cervicapres de l'Inde, qui, nés au Muséum et habitués peu à peu à notre climat, seront dans d'excellentes conditions pour apprendre à trouver eux-mêmes leur nourriture et leur abri. Ils deviendront, je l'espère, la souche d'une descendance nombreuse qui, peu à peu, peuplera nos bois. Ces animaux seront l'objet d'une surveillance spéciale, et j'aurai soin de tenir l'Académie au courant des résultats qui auront été obtenus.

ACTION DU FROID
SUR LES ÊTRES VIVANTS

PAR M. MAURICE ARTHUS.

I

EFFETS PHYSIOLOGIQUES DU FROID.

Les phénomènes qui caractérisent la vie exigent pour se produire une certaine température. Toutes les fois que la température des êtres organisés vivants s'abaisse au-dessous d'un certain minimum, ou s'élève au-dessus d'un certain maximum, ces réactions vitales sont suspendues soit momentanément, soit définitivement.

Tous les végétaux sont engourdis pendant l'hiver : les phénomènes de nutrition sans être absolument supprimés, sont réduits au minimum. Tous les vertébrés à sang froid s'engourdissent pendant l'hiver : la respiration se ralentit, les mouvements deviennent nuls, la nutrition diminue considérablement : l'assimilation et la désassimilation sont extrêmement faibles.

Les microorganismes eux-mêmes qui sont en général remarquables par leur résistance aux agents physiques et chimiques, sont complètement inactifs lorsque la température s'abaisse suffisamment. On sait depuis longtemps que le développement et la multiplication des bactéries sont suspendus par le froid ; et si une température même extrêmement basse est incapable de détruire les bactéries et leurs germes, les phénomènes caractéristiques de leur nutrition ne sont appréciables que lorsque la température du milieu est de plusieurs degrés supérieure à la température de congélation de l'eau.

Cette action du froid sur tous les êtres vivants présente un certain nombre de particularités intéressantes dont nous signalerons les principales chez les végétaux et chez les animaux.

La vie végétale est un ensemble d'un certain nombre de fonctions qu'on peut ranger en deux groupes, fonctions de nutrition et fonctions de reproduction.

Toute fonction ne commence à s'opérer que lorsque la température de la plante ou de la partie de la plante chargée d'accomplir cette fonction atteint un certain degré. Cette température varie d'ailleurs dans une même plante pour les différentes fonctions, et dans les différentes espèces pour une même fonction. De sorte qu'au-dessous d'une certaine température, toutes les manifestations vitales d'une plante peuvent être suspendues : la plante est comme morte ; elle ne diffère du végétal mort que par la possibilité d'accomplir de nouveau toutes ses fonctions lorsque sa température se sera élevée.

La décomposition de l'acide carbonique de l'air, la fixation du carbone, le dégagement d'oxygène ne s'accomplissent qu'à des températures en général supérieures à 0°.

Cloëz et Gratiolet ont montré que le *Vallisneria* n'assimilait pas au-dessous de 6°, les *Potamogeton* au-dessous de 10° ; les feuilles des herbes des prairies ont besoin d'une température de 2° ; les feuilles du Mélèze commencent à fixer du carbone à 0°,5. Ce n'est que parmi les Mousses, les Algues et les Lichens qu'on trouve des plantes assimilant à des températures plus basses.

D'une façon générale, la fixation du carbone par les plantes, et par conséquent leur accroissement, diminue très notablement lorsque la température s'abaisse au voisinage de 0°, et pour une température assez voisine de la température de congélation de l'eau toute assimilation est suspendue.

L'absorption d'eau par les racines ne s'exerce pas non plus toujours aux basses températures. Si les racines du Chou et du Navet peuvent encore puiser dans le sol refroidi à 0° assez d'eau pour couvrir les pertes occasionnées par une transpiration modérée ; il n'en est pas de même pour toutes les plantes. Si le sol a une température moindre que 3°, les racines de Tabac, de Courge n'absorbent plus assez d'eau pour suffire aux besoins de leur transpiration.

La chlorophylle, cette substance verte qui imprègne les grains de protoplasma et leur permet de fixer le carbone, ne se développe pas au-dessous d'une certaine température ; il faut au moins 6° pour que les feuilles du *Phaseolus multi-*

florus et du *Zea maïs* deviennent vertes; pour le *Pinus Pinea* il faut plus de 7°.

La sensibilité et le mouvement périodique des feuilles de la Sensitive ne se manifestent que lorsque la température de l'air ambiant dépasse 15°. Les oscillations périodiques des folioles de l'*Hedysarum gyrans* n'ont lieu qu'à des températures supérieures à 22°.

Le développement de l'embryon ne commence pour le Blé et l'Orge qu'à 5°, pour le Haricot et le Maïs à 9°, pour la Courge à 14°.

Toutes les fonctions des plantes ne peuvent donc s'accomplir qu'au-dessus d'une température déterminée; le froid diminue donc l'activité vitale des végétaux, et s'il est assez intense, il peut la supprimer complètement.

Parmi les modifications qu'un abaissement prolongé de température exerce sur les plantes, l'une des plus frappantes est le changement de couleur des feuilles qui persistent pendant l'hiver. Ce changement de couleur peut se produire de deux façons différentes : tantôt les feuilles se décolorent seulement, deviennent brunâtres, brun jaunâtre, ou brun roux comme dans les *Taxus*, les *Pinus* (Pin), les *Abies* (Sapins), les *Juniperus*, les *Buxus*, etc.; — tantôt elles se colorent nettement en rouge sur leur face supérieure comme dans les *Sedum*, les *Sempervivum*, les *Ledum*, les *Mahonia*, les *Vaccinium*.

Cette modification hivernale des feuilles est due à l'abaissement prolongé de la température; au printemps ces feuilles redeviennent vertes; — mais même pendant l'hiver, il suffit d'une simple élévation de température, même à la lumière très diffuse, pour ramener toutes choses dans leur état primitif. En coupant par un grand froid d'hiver des branches de Buis dont les feuilles sont alors rouges et en les faisant plonger dans l'eau dans une chambre bien chaude, on voit ces feuilles devenir jaunes, puis jaunes verdâtres, puis vertes; en trois jours le Buis est redevenu aussi vert qu'il l'est au printemps à l'époque où la végétation est la plus active. Kraus a constaté qu'il suffit d'une seule nuit de gelée pour provoquer dans les *Buxus*, *Sabina*, *Thuya* le changement de coloration. Les feuilles qui sont protégées par d'autres feuilles ou par un abri quelconque ne subissent pas de décoloration; c'est-à-dire que cette décoloration ne se produit que dans les points où l'abaissement de température a été considérable par suite du rayonnement.

Lorsque par une température suffisamment basse, les fonctions vitales d'une plante sont suspendues, il ne s'ensuit pas que celle-ci soit nécessairement atteinte d'une manière permanente ; elle peut persister assez longtemps dans cet état d'inaction et recommencer à vivre d'une vie active quand la température est plus favorable ; à moins que pendant ce temps des circonstances secondaires, auxquelles elle est peu capable de résister, ne soient venues occasionner des dommages qui peuvent entraîner la mort.

De nombreuses plantes, surtout dans la zone tempérée et froide, dont la limite inférieure de germination et de végétation est de plusieurs degrés supérieure à 0°, peuvent geler en bloc sans qu'après le dégel elles semblent avoir souffert. Mais ces mêmes plantes peuvent après le dégel avoir éprouvé des modifications assez profondes pour tuer certains organes ou le végétal tout entier. Une des causes qui agit le plus sur ces résultats en apparence contradictoires est la rapidité du dégel ; si le dégel est lent, le dommage peut être nul ; mais un dégel trop rapide amène dans l'arrangement moléculaire des cellules un ébranlement qui équivaut à une destruction.

Beaucoup de plantes meurent toujours quand leur sève se transforme en glace ou même s'abaisse à quelques degrés au dessus de 0°. Au contraire, beaucoup de mousses, de Lichens et peut-être quelques Champignons paraissent supporter sans inconvénient non seulement de fortes gelées, mais encore un passage rapide de leur sève de l'état solide à l'état liquide. Des organes particuliers renfermant très peu d'eau et destinés à résister à l'hiver sont insensibles au gel et au dégel, même dans des plantes très délicates : par exemples beaucoup de graines, les bourgeons hibernants des arbres et des arbustes, l'écorce vivante de leurs jeunes rameaux, etc.

Le danger de mort par gel et dégel est d'autant plus grand que les organes de la plante contiennent plus d'eau. Des graines desséchées sont insensibles aux plus grands froids suivis d'un brusque réchauffement ; lorsqu'elles sont gonflées d'eau, elles sont, au contraire, très facilement tuées par un brusque dégel.

De cette étude rapide de l'action du froid sur les végétaux, nous pouvons conclure que le refroidissement diminue dans tous les cas l'activité des éléments vivants des plantes : les fonctions d'assimilation, de désassimilation, de reproduction sont diminuées ou suspendues. Lorsque la température s'abaisse suffisamment, les tissus des plantes peuvent être profondément altérés ou même complètement détruits.

Nous nous proposons de montrer que chez les animaux le froid diminue les fonctions vitales, et peut entraîner la mort s'il est assez intense.

La température des plantes est presque toujours sensiblement égale à celle de l'air qui les environne, de la terre sur laquelle elles reposent, ou de l'eau qui les baigne. La production de chaleur par les plantes est chose très faible surtout quand la végétation est suspendue ; leur température dépend donc du milieu ambiant presque exclusivement.

Les animaux au contraire et surtout les vertébrés produisent des quantités de chaleur souvent considérables ; d'autre part, ils perdent de la chaleur par conductibilité et par rayonnement ; la température de leur corps résulte donc de deux actions opposées. Parmi les animaux, les uns produisent assez de chaleur pour compenser leurs pertes, et leur température reste non seulement supérieure à celle du milieu ambiant, mais encore toujours égale à une valeur déterminée. Les autres, tout en produisant de la chaleur et en conservant toujours une température un peu supérieure à celle de l'air, ne peuvent pas suffire aux pertes par rayonnement, de telle sorte que leur température s'abaisse avec la température extérieure dont elle suit les oscillations. Ces derniers animaux sont appelés animaux à sang froid ; il serait préférable de les appeler animaux à température variable. Les oiseaux et les mammifères sont appelés animaux à température constante ou animaux à sang chaud.

C'est donc chez les premiers, c'est-à-dire chez les invertébrés, chez les poissons, les batraciens et les reptiles qu'il faut tout d'abord étudier l'action du froid.

Lorsqu'apparaissent les premiers froids de l'hiver, les animaux à sang froid deviennent lents et paresseux ; les Grenouilles, par exemple, se meuvent avec une lenteur remarquable qui contraste singulièrement avec la vivacité de leurs mouvements pendant l'été. On a étudié avec grand soin les modifications que présentent les propriétés des muscles et des nerfs sous l'influence du froid, et l'on a démontré que les muscles refroidis se contractent avec une certaine lenteur tandis que les mêmes muscles maintenus à une température de 20°, par exemple, se contractent brusquement. D'autre part, lorsqu'on fait contracter un muscle par l'excitation du nerf qui s'y rend, on constate qu'il s'écoule un certain temps entre le moment de l'excitation et le moment où commence la contraction ; ce retard est d'autant plus grand que le muscle est plus refroidi. On comprend dès lors pourquoi une Grenouille refroidie aura des mouvements très lents : ses muscles ne peuvent plus se contracter qu'avec lenteur et ne répondent à l'incitation volontaire qu'avec un assez grand retard.

La sensibilité est émoussée, des excitations, qui, à 20°, sont douloureuses, ne semblent plus être senties quand la température tombe à 5° par exemple. Lorsqu'un muscle se contracte, l'animal a une sensation vague, mal définie, mais qui lui permet de régler la contraction de son muscle. Si la sensibilité est diminuée, cette sensation disparaîtra et l'animal ne pourra plus régler l'impulsion motrice suivant son désir ; de là l'incertitude et l'inhabileté des mouvements d'un batracien refroidi.

Non seulement la sensibilité musculaire, mais toute sensibilité, mais même toute volonté est diminuée par le froid. L'animal ne réagit plus volontairement avec la même intensité pendant l'hiver que pendant la saison chaude.

Pendant la période de froid, les animaux à sang froid consomment infiniment peu. Ils ne prennent plus de nourriture ; ils absorbent très peu d'oxygène, ils ne rejettent que des traces d'acide carbonique. Les échanges nutritifs sont sinon totalement supprimés, du moins réduits dans une proportion énorme.

Aussi voit-on, dès que la température s'est notablement abaissée, tous les animaux à sang froid disparaître ; ils entrent dans la période du sommeil hibernal, jusqu'à ce que les premiers rayons du soleil du printemps viennent échauffer la terre et leur communiquer de nouveau la chaleur et la vie.

Lorsque ces animaux subissent un abaissement de température suffisant, lorsque, par exemple, la terre humide qui les entoure se congèle, ils peuvent être eux-mêmes gelés ; les liquides de leur organisme peuvent se solidifier. On a prétendu que des Grenouilles, des Crapauds, etc., avaient pu être gelés au point que leurs muscles pouvaient être rompus comme des branches de bois gelé, sans que cette congélation entraîne la destruction des tissus et la mort. Ces faits semblent douteux, mais il est possible que des batraciens aient été pris dans la glace sans mourir, pourvu que la température de cette glace ne se soit pas abaissée beaucoup au dessous de 0°.

Ainsi donc les animaux à sang froid comme les plantes vivent pendant l'hiver d'une vie obscure, imparfaite. Les phénomènes de la vie de relation sont complètement abolis ; les phénomènes de la vie de nutrition sont considérablement diminués.

Les mammifères et les oiseaux ont une température toujours constante supérieure en général à celle du milieu ambiant. Dans les conditions où ils se trouvent d'ordinaire, des mécanismes nerveux compliqués et mal connus régularisent leur température. Mais il est possible d'abaisser par des procédés spéciaux la température générale de ces animaux, et d'étudier dans des conditions expérimentales parfaitement définies les modifications de leurs différentes fonctions.

On peut refroidir expérimentalement les mammifères par différents procédés : l'immobilisation, soit par des moyens mécaniques, soit par la curarisation, soit par l'anesthésie détermine toujours un abaissement de la température du sang pouvant atteindre plusieurs degrés. — Les animaux chez lesquels on entretient la respiration artificiellement après avoir pratiqué une section de la moelle épinière dans la région du cou se refroidissent également. On peut encore produire cette réfrigération en augmentant le rayonnement de la surface du corps par une couche de vernis par exemple, ou par l'enlèvement des poils ou des plumes. Enfin on peut refroidir les animaux à sang chaud. en les plongeant pendant assez longtemps dans les liquides froids.

Lorsqu'on immerge un Lapin dans l'eau à 15°, on voit sa température intérieure s'abaisser très rapidement ; de 40° elle tombe à 28° en 1/4 d'heure ; puis elle continue à baisser et si on prolonge l'immersion pendant deux ou trois heures, le Lapin finit par mourir, sa température étant voisine de 20°.

Un Chien de forte taille étant également plongé dans l'eau à 15° se refroidit de 3 à 4° par heure et meurt en six ou sept heures lorsque sa température s'est abaissée à 24° environ.

Lorsque les mammifères sont ainsi refroidis, on peut noter des phénomènes analogues à ceux que présentent les batraciens refroidis : diminution de l'excitabilité des muscles et des nerfs, diminution du sens musculaire et des sensations en général, affaiblissement de la volonté ; et enfin diminution considérable des échanges nutritifs ; la respiration devient moins ample, la quantité d'oxygène absorbée et d'acide carbonique exhalée diminue, la production d'urée est également moindre ; les tissus conservent après la mort leurs propriétés pendant plus longtemps. On sait que les muscles des Batraciens isolés du reste de l'organisme se contractent sous l'influence des excitants plus longtemps que les muscles des oiseaux et des mammifères ; un cœur de Grenouille ou de Tortue plongé dans du sérum peut se contracter spontanément pendant plus de vingt-quatre heures. De même les muscles des Vertébrés à sang chaud refroidis et leurs nerfs conservent plus longtemps leur excitabilité ; leur cœur arraché de la poitrine bat aussi plus longtemps.

Si l'on refroidit seulement une partie du corps, on pourra constater sur cette partie ces diverses particularités sans entraîner la mort de l'animal. On a pu même faire quelques applications fondées sur ces observations. Les chirurgiens produisent aujourd'hui des anesthésies locales complètes par la réfrigération suffisamment puissante. On peut arriver sans la moindre difficulté à abolir complètement la sensibilité dans un doigt par un mélange réfrigérant de glace et de sel marin, ou par pulvérisation d'éther ou de chlorure de méthyle, sans déterminer de lésion grave dans la région anesthésiée.

Les mammifères et les oiseaux sont pourvus d'organes destinés à les préserver du refroidissement. Ils ont des pelages, des fourrures, des toisons, du duvet qui diminuent considérablement leur rayonnement. Les Ours peuvent vivre dans des climats extrêmement froids, où la température s'abaisse quelquefois au-dessous de — 40° sans en souffrir notablement. On a signalé dans les parties septentrionales de notre hémisphère des Renards et des Loups qui présentaient sur le milieu ambiant un excès de température atteignant 60°, 70° et même 79°.

Les Canards, les Oies, les Eiders, etc., sont pourvus d'un

duvet abondant et épais qui les protège d'une façon efficace contre les pertes de chaleur par conductibilité, et leur permet de nager sur des étangs dont l'eau est à 0°.

A l'approche de l'hiver, le poil des mammifères devient plus long, leur pelage plus serré — le plumage des oiseaux devient plus épais, le duvet devient plus abondant.

Mais ce n'est pas seulement en se protégeant contre le refroidissement que les animaux peuvent conserver une température élevée. Ils peuvent aussi produire de la chaleur en plus grande quantité. Tous les phénomènes chimiques qui s'accomplissent dans l'organisme sont accompagnés de dégagements de chaleur. Si pour une cause quelconque l'animal tend à se refroidir, de la chaleur se produit en plus grande abondance par un mécanisme aussi remarquable que mal connu. Cette régulation de la température, cette résistance au refroidissement est sous la dépendance du système nerveux. La section de la moelle dans la région du cou est suivie d'un refroidissement rapide ; — les jeunes animaux chez lesquels le système nerveux est peu développé et peu perfectionné résistent mal au froid. Les adultes au contraire peuvent résister soit par une augmentation des combustions organiques, soit par une diminution de la circulation périphérique. La chaleur animale est le résultat des oxydations qui s'accomplissent dans l'intérieur des tissus ; augmenter ces oxydations, c'est augmenter la chaleur produite. D'autre part la quantité de chaleur perdue par rayonnement est d'autant plus grande que la température de la surface du corps est plus élevée, et cette température est d'autant plus élevée que la circulation y est plus grande. Aussi sous l'influence du froid voit-on la peau palir par suite du resserrement de ses artérioles ; le sang y arrive moins abondant ; c'est autant de chaleur économisée. En outre, l'évaporation cutanée qui est une cause de refroidissement est d'autant moins grande que la peau est plus refroidie. Tel est le mécanisme de la résistance des animaux au froid.

Cependant lorsque l'animal ne possède pas des moyens suffisants de défense contre le refroidissement, sa température s'abaisse progressivement, ses fonctions vitales diminuent d'intensité, et la mort arrive lorsque la température du sang s'est abaissée à 24° environ.

Les oiseaux et la plupart des mammifères peuvent ainsi

lutter avantageusement contre le refroidissement pourvu que le milieu ambiant n'ait pas une température trop basse ; s'il en est ainsi ils se refroidissent eux-mêmes peu à peu et finissent par mourir. Mais parmi les mammifères, il en est quelques-uns qui, tout en étant peu capables de conserver une température élevée, peuvent supporter victorieusement le refroidissement ; ce sont les animaux hibernants. Dès que la température s'abaisse un peu, ces animaux se refroidissent, mais tout en s'engourdissant ils ne meurent pas sous l'influence de ce refroidissement. Ces mammifères hibernants peuvent, sous l'influence de la chaleur, se ranimer, exécuter des mouvements plus ou moins rapides et jouir de toutes les facultés animales. Ils peuvent même produire alors beaucoup de chaleur et atteindre une température propre dépassant beaucoup celle du milieu où ils vivent.

Ces animaux sont les uns de petits insectivores, Chauves-souris et Hérissons ; les autres, des rongeurs tels que la Marmotte des Alpes, le Loir, le Lérot, le Muscardin et le Hamster de l'Europe septentrionale, le Porc-épic et l'Écureuil. Quelques grands mammifères, habitant les montagnes où le froid est long et rigoureux, présentent des phénomènes de même ordre : l'Ours brun, le Blaireau restent endormis dans leur tanière pendant l'hiver ; mais leur sommeil est moins profond que celui des petits mammifères.

Buffon considérait les animaux hibernants comme des animaux à sang froid et pensait que la température interne de leur corps était toujours à peu près la même que celle de l'atmosphère. Spallanzani a montré qu'au contraire ces animaux présentent un excès de température de 15 à 20° sur celle de l'air lorsque celle-ci est assez élevée pour qu'ils restent éveillés.

Ces animaux s'endorment toutes les fois qu'on les soumet, pendant quelque temps, à l'influence d'une température basse. Les Muscardins s'endorment vers 10 à 15° ; le Hérisson et la Chauve-souris à 6° ; le Lérot à 4° ; etc.

Dans ses leçons sur la physiologie et l'anatomie comparée de l'homme et des animaux, Milne-Edwards résume en quelque sorte l'histoire de ces animaux dans les lignes suivantes :

« Les animaux hibernants nous offrent un exemple des harmonies de la création dont tout naturaliste doit être frappé. Les mammifères, qui présentent cette particularité, sont seulement ceux qui se nourrissent d'insectes, de fruits ou d'autres substances analogues ou qui sont destinés à habiter les pays où pendant l'hiver ils ne pourraient trouver aucun des aliments dont ils ont besoin. Mais cette privation ne leur nuit pas, car le froid, qui fait disparaître de la surface de la terre les animaux et les produits végétaux qui leur conviennent, les plonge dans un état de torpeur pendant lequel tous les besoins du travail nutritif deviennent presque nuls : ils restent alors cachés dans quelque réduit bien abrité; leur circulation se ralentit beaucoup ; leur respiration, sans cesser complètement, diminue de façon que la combustion vitale devienne extrêmement faible et que la graisse, emmagasinée dans leur corps, suffise pour l'entretenir. »

L'influence du froid sur ces animaux est extrêmement nette : une Marmotte fait 30 respirations par minute à 20° ; elle en fait 20 à 7° ; elle n'en fait que 8 vers 0° ; et quand elle est engourdie, les respirations sont presque imperceptibles et extrêmement rares. La Chauve-souris respire 70 fois par minute à 20°; elle ne respire que 8 fois à 7°.

En même temps, la quantité d'oxygène absorbée diminue : une Marmotte qui consommait deux litres d'oxygène par heure à 20°, ne consomme que 1 litre 1/2 à 7° et seulement 40cc pendant son sommeil hibernal, souvent même beaucoup moins. La consommation d'oxygène est souvent si faible qu'on peut conserver des Marmottes endormies dans l'acide carbonique pur pendant quatre heures sans les asphyxier ; cependant elles ont besoin d'air et finiraient par mourir si on les laissait trop longtemps dans l'acide carbonique ou dans l'air confiné.

Le refroidissement des hibernants est accompagné d'un ralentissement dans l'activité du cœur lors même que le refroidissement est insuffisant pour amener la léthargie.

Ainsi un Hérisson qui a 75 pulsations par minute en août à 19°, n'en a plus que 25 en novembre à 6°. — Le Lérot passe de 105 pulsations à 60 sans s'endormir ; la Marmotte de 90 à 10 ; la Chauve souris de 200 à 28.

Les conditions de l'hibernation sont comparables au refroidissement des animaux à sang chaud ; mais tandis que ces derniers meurent quand leur température atteint 20°, les hibernants peuvent se refroidir jusque vers 0°, le sommeil s'établissant quand la température de leur corps s'abaisse au-dessous de 20°.

Pendant le refroidissement, les phénomènes sont les mêmes dans les deux groupes. Ces phénomènes ont été admirablement résumés par Milne-Edwards. Nous citerons ce passage comme conclusion de cette étude sur l'influence du froid sur les animaux hibernants.

« Les battements du cœur deviennent rares, le sang ne circule plus que lentement ; les membres n'exercent plus de mouvements ; le corps devient froid ; la sensibilité semble éteinte, et cet engourdissement est parfois si profond que les stimulants les plus énergiques suffisent à peine pour faire apparaître quelque signe de vie. »

Nous pouvons résumer l'action du froid sur les êtres vivants en disant qu'un abaissement de température progressif diminue d'abord l'intensité des phénomènes vitaux ; puis, si la température continue à s'abaisser, supprime toute manifestation vitale. Selon la nature de l'être ou de l'organe soumis au refroidissement. il peut y avoir suppression temporaire ou définitive de la vie.

(*A suivre.*)

ÉPOQUE DE LA PONTE

DE

QUELQUES POISSONS DE MER

Par M. H.-E. SAUVAGE,

Directeur de la station aquicole de Boulogne-sur-Mer.

L'époque à laquelle les poissons de mer sont en état de reproduction, l'endroit précis où se fait la ponte, sont des questions des plus intéressantes à étudier, si l'on veut prendre des mesures pour empêcher la destruction abusive du poisson.

Depuis quelques années nous notons avec soin l'état de développement des organes de la reproduction de tous les poissons que nous pouvons nous procurer ; voici le résumé de nos observations :

Petite Roussette. — Cette espèce paraît avoir les organes de reproduction en état de développement pendant une grande partie de l'année. Au commencement de mai, nous trouvons un œuf dans chaque oviducte et des ovules à tous les degrés de développement ; au mois de juin, les œufs sont prêts à être pondus et avec eux sont des ovules de tous âges ; au mois de juillet, les ovules existent ; fin octobre, les ovules sont peu développés et la ponte est encore lointaine.

Anguilles. — La ponte de cette espèce a lieu deux fois par an, fin juillet et fin octobre ou commencement de novembre. Au commencement de mai, nous trouvons des œufs dans chaque oviducte, tandis que vers le milieu de juin le fœtus est développé, bien que jeune encore ; la ponte peut être retardée, aussi trouvons-nous dans les premiers jours de juillet des embryons non encore complètement développés et sur l'œuf. Dans les derniers jours d'octobre une ponte est sur le point de s'effectuer ; nous trouvons, en effet, à cette époque, des fœtus complètement développés dans chaque oviducte, des œufs et des ovules à tous les degrés de développement.

Trigle Corbeau. — Au commencement de juillet, tandis

que des Trigles de pêche littorale ont un faible développement des ovaires, chez d'autres, ces organes ne sont nullement développés ; ce n'est que vers le milieu de mai que les laitances sont bien développées, les spermatozoïdes étant nombreux ; à cette date, les ovaires sont encore petits, bien que les ovules soient à tous les degrés de développement.

M. Fulton (1), sur les côtes d'Ecosse, a constaté qu'en octobre et novembre le Trigle Corbeau est absolument vide ; nous avons cependant pêché sur l'Huîtrière, banc en face de Boulogne, des *Trigla Gurnardus* chez lesquels les ovaires existaient, bien que peu développés, il est vrai.

Au mois de mai, chez l'*Aspidophore*, les ovules sont à tous degrés de développement ; cette espèce est côtière et se prend au chalut à Crevettes.

On pêche le *Maquereau* en juin et en juillet dans le Pas de Calais ; à cette époque, des poissons pris aux Ridens avaient la laitance très développée, pesant jusqu'à 45 grammes. Beaucoup de Maquereaux ont été pêchés cette année avec les filets au Hareng dans les parages de Boulogne ; ce n'est qu'à partir du milieu de novembre que nous avons constaté un commencement de développement des ovaires.

Au mois de mai, la *Carangue* a les ovaires complètement développés ; nous trouvons à cette époque les ovules mûrs et les spermatozoïdes développés.

M. W. Fulton a vu que, sur les côtes d'Ecosse, le *Callionyme lyre* est prêt à pondre vers la fin du mois de mai ; nous avons constaté le même fait chez des Callionymes pris en abondance au petit chalut en rade de Boulogne, au milieu du mois de mai ; sur 60 individus pêchés, 44 étaient des femelles, 16 des mâles ; les organes de ces derniers étaient moins développés que les ovaires.

Chez la *Grande Vive* on constate, de mai à fin juillet, que les ovules et les spermatozoïdes sont à tous degrés de développement ; c'est au milieu de juin que doit avoir lieu la ponte, la rogue et la laitance étant mûres à cette époque ; la ponte doit se prolonger jusqu'à mi-juillet, ainsi que le montre l'examen des poissons de pêche cotière.

Nous constatons le même fait pour la *Petite Vive* (*Trachi-*

(1) *The spawning and spawning places of marine food fishes.*

nus vipera) ; la ponte a lieu de mai au milieu de juillet ; elle est achevée dès les premiers jours d'août.

En juillet, nous avons trouvé le *Charbonnier* (*Merlangus carbonarius*) complètement vide ; la ponte doit être entièrement terminée à cette époque.

D'après M. W. Fulton, sur les côtes d'Ecosse, le *Merlan* pond de mai à juin, surtout en avril ; nos observations ne semblent pas coïncider avec celles du naturaliste anglais ; au mois de juillet, des Merlans pêchés dans le Pas de Calais ont un commencement de développement des ovaires ; à la fin d'octobre, sur dix poissons pêchés dans les mêmes parages, deux, dont un de $0^m,200$ de long, l'autre de $0^m,170$, ont les ovules à tous les degrés de développement. En novembre, nous avons examiné un grand nombre de Merlans pêchés à la côte, à la palancre ; les ovaires étaient bien développés, dans la proportion de 10 pour cent des femelles.

M. W. Fulton a vu que la *Morue* pond sur les côtes d'Ecosse de fin janvier à fin mai, principalement en mars et en avril ; nous avons constaté le même fait sur les côtes du Boulonnais ; en octobre et en novembre, les ovaires sont complètement atrophiés.

La *Morue Borgne* (*Gadus luscus*) pond dans le Pas de Calais au mois de février ; à cette époque les ovaires sont complètement développés.

La ponte de l'*Orphie* (*Beloore vulgaris*) a lieu sur les côtes du Boulonnais vers la fin du mois de juin ; à cette époque les rogues et les laitances ont atteint leur entier développement.

Dans les mers d'Ecosse, le *Carrelet* pond de fin janvier jusqu'au milieu de mars. Chez les poissons pêchés sur les côtes du Boulonnais, nous ne trouvons pas d'organes de la reproduction depuis le mois d'avril jusqu'à la fin de novembre, ce qui confirme ce fait vérifié par M. Fulton que le Carrelet ne pond que vers 20 à 25 milles au large, les poissons adultes, qui se trouvent dans les eaux territoriales, émigrant vers la haute mer au moment de la ponte et revenant plus tard à la côte. Chez des Carrelets pêchés au milieu de décembre entre les bancs du Galoper et du North Hinder, nous avons constaté que les rogues étaient bouvardes, le poisson étant prêt à pondre.

Tandis que sur les côtes d'Ecosse, le *Flet,* d'après M. W. Fulton, pond de février à juin, la ponte a lieu plus tôt sur les côtes du Boulonnais ; chez de nombreux poissons pêchés en mai et en juin à Boulogne, les organes de la reproduction n'existaient pas, tandis que les individus examinés fin octobre et novembre avaient un commencement de développement des glandes mâle et femelle indiquant que les Flets devaient pondre, au plus tard, vers la fin de janvier.

La *Limande* pond dans les eaux territoriales de mai à juin ; en hiver les glandes sont complètement atrophiées.

Nous n'avons pu nous procurer de renseignements précis sur l'époque de la ponte du *Turbot* et de la *Barbue ;* au mois de décembre, la *Sole*, pêchée sur les bancs de la partie sud de la mer du Nord, a les rogues bien développées.

Sur 60 *Célans* (*Alosa sardina*) pris à la fin de décembre dans les parages de Boulogne, nous trouvons 33 femelles et 24 mâles ; 3 ont les axonges ; les organes sont peu développés, ne pesant que de 1 gr. 50 à 2 gr. 50 chez les femelles, 1 gr. 75 à 4 gr. 75 chez les mâles.

LA BETTERAVE ET LA CANNE A SUCRE

PAR M. JULIEN PETIT.

L'industrie du sucre de Betteraves date de l'époque du blocus continental, des efforts faits par Napoléon Ier pour fermer le marché européen aux sucres des colonies anglaises. En 1813, la France produisait 4,000 tonnes de sucre de Betteraves, et la priorité qu'elle avait prise sur les nations étrangères se maintint jusqu'en 1878.

L'Allemagne produisait 186,000 tonnes de sucre indigène, en 1871-72. — L'Autriche, 240,000 tonnes. — La Russie, 171,000 tonnes. — La France, 335,000 tonnes.

En 1878, l'Allemagne monte à 380,000 tonnes, la France à 400,000, l'Autriche à 355,000.

Depuis, l'Allemagne, l'Autriche et la Russie, sans compter les nations de second ordre, ont continué à accroître leur production, tandis que nous restions stationnaires jusque dans ces toutes dernières années. En 1880, l'Allemagne arrivait à une production de 570,000 tonnes, l'Autriche-Hongrie à 533,000, la France ne dépassait pas 331,000 tonnes. Deux grandes révolutions, en effet, s'étaient opérées dans l'industrie sucrière étrangère, une d'ordre essentiellement industriel, substitution du procédé dit de la diffusion aux anciennes méthodes du pressurage de la Betterave réduite en pulpe; une autre d'ordre agricole, remplacement par des Betteraves de petites dimensions mais dosant 14, 15, 16 °/₀ de sucre, des anciennes racines, très volumineuses, mais contenant seulement 9 °/₀ de matière saccharine. En 1868, on installait en Autriche les premières sucreries par diffusion; en 1877 80 °/₀ des usines autrichiennes et 68 °/₀ des usines allemandes employaient ce procédé, alors que 5 fabriques seulement sur 4 à 500 l'essayaient en France. La révolution, si tardive qu'elle ait été, s'est rapidement opérée chez nous du reste, car, à l'époque actuelle, quelques rares usines seulement n'ont pas encore adopté les nouvelles méthodes. Grâce à ce double mouvement, la Betterave qui rendait en 1884, 5 kilogs 90 de sucre pour 100 kilogs de racines employées, en produisait 9 kilogs 62 en 1889, et nous pouvons ajouter que, comme teneur en sucre, les variétés françaises ne le cèdent en rien aux Betteraves étrangères. Ce résultat a été obtenu par une sélection méthodique des racines choisies pour servir de porte-graines, en n'élevant au rang de reproductrices que celles qui se faisaient remarquer, non seulement par une forme régulière facilitant l'arrachage, mais par une haute teneur en sucre, dosée en prélevant un échantillon de matière sur toutes les racines désignées par un premier choix portant uniquement sur les caractères extérieurs.

En 1889, la Betterave a fourni 3,003,000 tonnes de sucre, la Canne à sucre en a donné 2,705,000, mais tandis que la production du sucre de Betteraves allait sans cesse croissant, elle était seulement de 867,000 tonnes en 1871-72, celle du sucre de Canne est restée à peu près stationnaire. Des deux modes de transformation qui avaient donné un si vif essor à la fabrication du sucre de Betteraves, un seul, le procédé mécanique, la diffusion, avait pu être appliqué à la Canne à sucre, et dans des conditions beaucoup moins avantageuses qu'en Europe, à cause de la grande quantité de combustible nécessaire. Quant à l'enrichissement de la matière première en sucre, il n'était pas possible d'y songer, la Canne multipliée par boutures pendant une longue suite d'années, ayant totalement perdu la faculté de donner des graines ; la teneur en sucre pouvait donc diminuer encore, mais on n'avait aucun moyen de l'accroître, et les planteurs s'estimaient bien heureux d'éviter toute dégénérescence. Le ministère anglais des colonies avait cependant recommandé à ses agents d'appeler l'attention des planteurs sur les variétés nouvelles de Cannes à sucre, qui pourraient apparaître fortuitement dans leurs champs, de les leur faire isoler, et cultiver spécialement. Ces instructions furent mises en pratique aux îles Viti, dans le Queensland, à l'île Maurice, aux Antilles, à la Guyane, sans grands résultats il est vrai.

Pour pouvoir sélecter les tiges les plus riches en sucre, et les multiplier avec leurs qualités propres, de façon à les cultiver uniquement plus tard, il fallait disposer de la reproduction par graines ; or cette question semble être en voie de solution à l'heure actuelle. Dans quelques rares circonstances, en effet, on avait vu des Cannes à sucre fructifier aux Barbades et dans d'autres colonies, mais les graines ainsi obtenues étaient dépourvues de toute faculté germinative. De nouvelles tentatives ont eu plus de succès, paraît-il, car dans son numéro de décembre 1887, le *Bulletin du Jardin royal de Kew* annonçait que le professeur Harrisson et M. Bovell venaient d'obtenir à la station botanique de Dodd's Reformatory, Barbades, des graines de Canne à sucre parfaitement constituées. Ces graines, semées depuis, ont donné naissance à des plants vigoureux, qui ont fructifié à leur tour et dont les produits ont fourni une seconde et nombreuse génération. Dans une conférence qu'il faisait récemment à la Société royale d'horticulture, M. Morris, du Jardin de Kew, a pu présenter à son auditoire des échantillons de graines de Canne à sucre des Barbades, de la taille et de la forme d'un grain d'avoine, dont quelques-uns même avaient été mis en germination.

MM. Harrisson et Bovell possèdent actuellement, à la station de Dodd, 130 pieds de Canne âgés de 2 ans, venus de graines, et 1,600 pieds d'un an, obtenus de la même façon. Ces graines ont été fournies par des Cannes originaires de Maurice et de Malaisie. Un certain nombre de variétés nouvelles ont déjà pu être distinguées et les plus remarquables ont immédiatement reçu les noms suivants :

Canne Armstrong, tige gris bleu.
Canne Morris, tige vert jaunâtre.
Canne Burke, tige jaune à taches rouge sang.
Canne Gouverneur Lees, tige pourpre.
Canne Hart, tige verte et pourpre.
Canne Watt, tige jaune verdâtre.

La régénération de la Canne à sucre, venant faire échec au développement récent de la Betterave, qu'elle entraverait certainement, aurait surtout une importance considérable pour l'Angleterre, dont l'énorme consommation ne peut être alimentée par ses colonies. L'Angleterre a en effet importé, l'an dernier, les quantités suivantes de sucre :

Sucre de Canne brut, 501,751 tonnes.
Sucre de Canne raffiné, 38,000 tonnes.
Sucre de Betterave brut, 379,000 tonnes.
Sucre de Betterave raffiné, 304,749 tonnes.

Il est évident que le jour où ses colonies pourront lui livrer ce qui lui est nécessaire, en travaillant des Cannes améliorées, l'Angleterre se fermera aux sucres de Betteraves français et allemands.

LA FAUCONNERIE D'AUTREFOIS

ET

LA FAUCONNERIE D'AUJOURD'HUI

Conférence faite à la Société nationale d'Acclimatation le 21 mars 1890,

PAR M. PIERRE-AMÉDÉE PICHOT.

(SUITE ET FIN *.)

Maintenant, Messieurs, je veux vous dire quelques mots de l'éducation du Faucon et de son dressage que nous appelons l'*affaitage*.

L'éducation du Faucon demande du soin et de la patience, de la douceur et du jugement, mais elle est loin d'être aussi difficile qu'on se l'imagine. C'est un apprivoisement au bout du compte, une sorte d'association entre l'oiseau et son fauconnier. Charlet, le spirituel dessinateur, a représenté dans une de ses amusantes lithographies deux gamins se rendant à l'école ; l'un a son petit panier bourré de tartines, et la légende porte que celui qui n'a rien que ses cahiers sous le bras dit à l'autre :

« Donne-moi de quoi qu't'as et j'te donnerai de quoi qu'j'aurai. »

Eh bien, voilà la fauconnerie. Ce n'est pas autre chose que d'apprendre à l'oiseau à mettre ses instincts à notre service.

Aristote rapporte que les oiseleurs thraces des environs d'Amphipolis avaient fait association avec les Éperviers. Ces hommes battaient les roseaux, les buissons, faisaient lever et partir les petits oiseaux, et les Éperviers les guettaient en l'air, leur faisaient peur et forçaient les oiseaux à se jeter dans les filets des chasseurs. C'est ce que j'appellerai de la fauconnerie libre. Les fauconniers n'ont pas attendu le XIXe siècle pour la rendre obligatoire.

(*) Voyez plus haut, pages 52 et 124.

Il s'agit d'abord de se procurer un Faucon. C'est exactement comme pour le civet de Lièvre ; il faut d'abord avoir un Lièvre. Pour faire de la fauconnerie, il faut un Faucon. Les Faucons se prennent jeunes dans le nid, c'est ce qu'on appelle des Faucons « niais », parce qu'ils ne sont pas encore très forts, ou bien ils se prennent adultes à l'état sauvage et on les nomme « hagards ». Les Faucons nichent dans les rochers, sur les entablements de hautes falaises ; on descend un homme avec une corde fixée autour des reins et il rapporte les petits dans un panier attaché à sa ceinture. Une fois qu'on les a dénichés, on met ces jeunes Faucons dans une remise, une pièce bien aérée, bien éclairée, on les nourrit à la main et l'apprivoisement s'effectue naturellement. Quand ils sont bien développés, on les *arme*. Ce qu'on appelle armer, c'est leur mettre aux pattes (on dit *mains* pour les Faucons) de petites lanières de cuir pour les attacher, c'est les habituer à porter le chaperon, c'est les munir d'un grelot. Le grelot sert à les reconnaître quand ils volent, à les retrouver quand ils sont perdus, à ne pas faire comme Napoléon qui a tiré sur son Faucon. Quand on entend « drelin, drelin » c'est comme si on vous criait : « Ne tirez pas ! » Le chaperon, lui, sert à les faire tenir tranquilles. Il ne faut pas que le Faucon s'agite, il a besoin de toutes ses plumes pour exercer son métier, il ne faut pas qu'il en casse. Lorsqu'il a la tête recouverte du chaperon, il reste immobile sur son perchoir ou sur le poing qui le porte. Et puis cela le fait peut-être réfléchir aux leçons qu'on lui donne ; c'est comme le capuchon du moine sous lequel le moine se recueille et s'isole des distractions du monde extérieur.

Les Anglais n'enferment pas d'abord les jeunes Faucons. Ils les laissent voler en liberté comme des Pigeons autour de la demeure où on les élève. On leur donne à manger une fois par jour, à la même heure, et on les rappelle au moyen d'un sifflet. C'est la cloche du dîner à laquelle ils sont aussi sensibles, croyez-le bien, que leurs maîtres. S'ils avaient la prétention de se nourrir tout seuls, de chasser pour leur propre compte, on leur mettrait aux « mains » des grelots très lourds qui les empêcheraient d'atteindre les oiseaux qu'ils voudraient poursuivre. Élevés ainsi en liberté, les Faucons se développent bien, et on les reprend aisément lorsque l'on veut commencer le dressage.

Pour prendre les Faucons adultes et sauvages, on se sert de plusieurs sortes de pièges dont la première condition, cela va sans dire, doit être de capturer le Faucon sans le blesser et sans endommager ses plumes. Le moyen le plus ingénieux est celui employé par les Hollandais de temps immémorial sur les bruyères du Brabant et que se sont transmis de père en fils une longue série de fauconniers. Ils ont même fondé un village qui, à un certain temps, était presqu'exclusivement habité par des fauconniers et qui doit à l'industrie du piégeage qui le fit vivre le nom qu'il porte encore aujourd'hui de Valkenswaard, « le village des Faucons ».

Si vous jetez les yeux sur une carte de l'Europe où les chaînes de montagnes soient indiquées en relief, vous remarquerez une longe bande de plaines ou de dépressions qui s'étend du nord au midi. On suit ainsi les bords de la Baltique, les côtes de Suède et de Russie, on traverse le Danemark, le Hanovre, la Belgique, le plateau du Vexin, la Touraine, les Landes pour finir en Espagne. Eh bien, dans ce long corridor, il se produit deux fois par an, au printemps et à l'automne, un va et vient, une oscillation ou fluctuation migratoire des oiseaux qui, ayant niché dans le nord, descendent vers le midi pour y chercher des climats plus doux, ou remontent vers les contrées sauvages qui les ont vus naître pour s'y multiplier à leur tour. C'est ce long corridor que descendent et remontent annuellement les Faucons, et la configuration du sol qui se resserre les accumule d'une façon toute spéciale à une certaine époque dans le Brabant. Les fauconniers hollandais les y attendent pour les détrousser au passage comme jadis les condottieri du moyen âge dans leurs castels fortifiés, qui dominaient les défilés et les grandes routes, attendaient les voyageurs de commerce pour prélever sur eux un péage.

Voici le plan de l'attirail hollandais pour le piégeage.

(Projection : *Plan de la hutte hollandaise, d'après Harting.*)

Seulement le castel fortifié des fauconniers hollandais n'est qu'une simple hutte enfoncée en terre et recouverte d'un dôme de mottes de bruyères, de branchage ou de gazon (A). Extérieurement cela à l'air d'une taupinière, d'une forte taupinière. A l'intérieur, où l'on descend par un passage en pente et recouvert, des bancs de bois ou des tabourets plus ou moins boiteux, un râtelier pour la pipe et une petite table ou une étagère pour les verres et l'inévitable bouteille de Skiddam, la compagne indispensable du veilleur solitaire qui doit y passer ses journées. Sur la façade de cette hutte, une fenêtre un peu basse et longue, presque au raz du sol permettant de surveiller la campagne, puis quelques chattières ou œils-de-bœuf facilitant les moyens d'observation et par où passent les cordes et filières avec lesquelles on agit sur l'attirail disposé à une trentaine de mètres en avant de la fenêtre. Cet attirail se compose de deux poteaux de 5 mètres de haut (B), du sommet desquels partent des filières (C) qui aboutissent à la hutte (A) et qui, lorsqu'on tire dessus, font

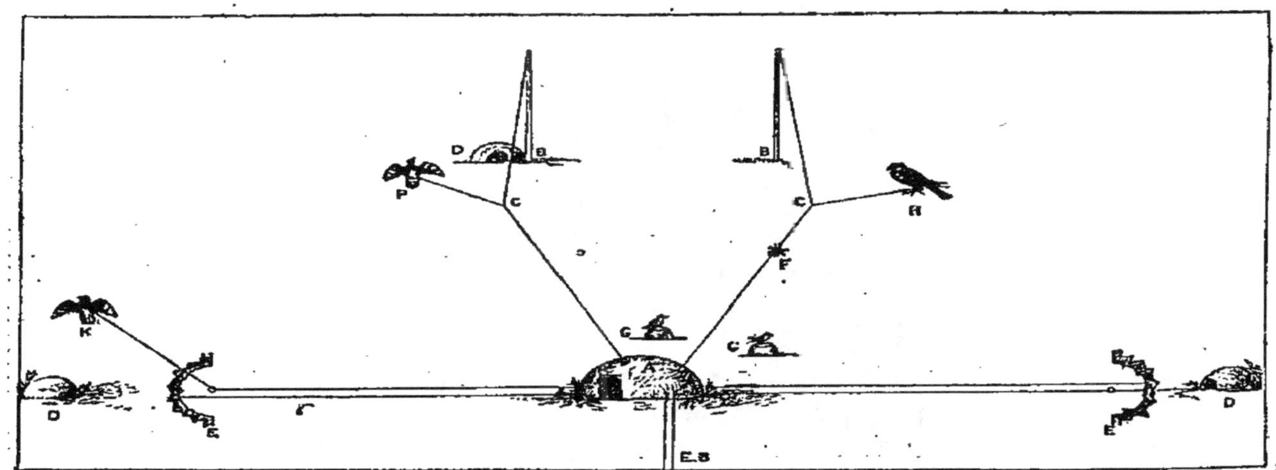

monter en l'air l'une un Pigeon vivant, que j'appellerai *Pigeon d'appel* (P), l'autre un vieux Faucon hors d'usage (H) ou un balai de plumes noires à l'aspect féroce, parce qu'il doit jouer le rôle d'un Faucon comme vous allez voir (F). A droite et à gauche sont de petits abris en mottes de gazon (D) où sont enfermés d'autres Pigeons que je désignerai sous le nom de *Pigeons de leurre* et que l'on peut tirer dehors au moyen de filières et faire passer dans la circonférence de filets circulaires soigneusement repliés et dissimulés, mais prêts à se détendre et à se rabattre (E). L'installation ainsi disposée, on se met dans la hutte et l'on attend le Faucon. Mais le Faucon ne veut pas du tout venir se faire prendre ; il n'y a jamais songé, et il passe souvent le matin, très loin, très haut et si haut même que les fauconniers ne pourraient pas le voir. Comment faire ? Eh bien ! le fauconnier s'est fait aider par des oiseaux. Ces oiseaux sont des Pies-grièches.

Les Pies-grièches ont l'œil encore plus perçant que le fauconnier. On en attache deux à droite et à gauche de la hutte sur de petits tertres artificiels qui forment observatoire (G). Rien ne passe en l'air sans éveiller leur attention, et vous apprenez vite à estimer d'après leurs attitudes la nature de l'oiseau qui excite leur méfiance. Si c'est un vrai Faucon que la Pie-grièche a découvert, son agitation est de plus en plus intense à mesure que l'ennemi se rapproche. Elle cesse de

Pie-grièche sur son observatoire.

manger, elle bat des ailes et pousse de petits cris. Nous voilà donc assurés qu'il passe un Faucon quelque part ; nous ne savons pas où, nous ne le voyons pas, mais nous en sommes sûrs. Il faut attirer ce Faucon. Alors on agit sur les filières des poteaux ; on fait voler le Pigeon d'appel, on fait voler le Faucon ou le plumeau terrible de façon à simuler un combat. L'oiseau passager a aperçu la manœuvre ; il y a là un camarade qui chasse ; il y a donc quelque chose à manger. « Si nous allions voir, » se dit-il, et il suspend son voyage et se rapproche. C'est bien cela, il ne s'est pas trompé ; il y a du Pigeon dans l'air. Dix minutes d'arrêt, buffet ! Et il se rapproche toujours davantage. Le voilà presqu'à portée. L'agitation de la Pie-grièche est intense ; elle pousse des cris de terreur et se précipite au fond d'un petit réduit qu'on lui a ménagé et où elle se cache. Alors vous laissez retomber les filières des poteaux; le Pigeon d'appel (P), pas plus rassuré que la Pie-grièche, s'empresse de se mettre à l'abri et vous faites sortir le Pigeon de leurre (K). Avec la rapidité de l'éclair, le Faucon passager a fondu sur lui et l'a lié ; ils tombent à terre et alors tirant doucement sur votre Pigeon, vous l'entraînez lui et le Faucon qui le tient et qui ne veut pas le lâcher, dans l'aire de développement du filet circulaire que vous fermez et rabattez sur les deux oiseaux. Le Faucon est pris.

Messieurs, voilà la Pie-grièche sur son petit observatoire à la porte de son *buen retiro*. Pour la protéger contre une surprise du Faucon, on a soin de l'abriter en outre par des cerceaux à droite et à gauche, ce sont les chevaux de frise de son petit castel.

(Projection : *La Pie-grièche sur son observatoire.*)

Messieurs, la Pie-grièche que vous venez de voir en peinture, la voici maintenant en nature. C'est un assez joli oiseau comme vous voyez, blanc, noir et gris perle. Vous le trouveriez peut-être encore plus joli, s'il y avait dessous un élégant chapeau et sous le chapeau une jolie femme.

C'est à son habileté à dresser des Pies-grièches (auxquelles on peut aussi faire prendre de petits oiseaux), qu'un des ancêtres de la famille de Luynes dut ses premières faveurs à la cour de Louis XIII. Lorsque d'Albert, duc de Luynes, né en 1578, à Pont-Saint-Esprit, fut présenté à la cour à l'occasion du mariage de Henri IV et de Marie de Médicis, on prétend que lui et ses deux frères n'avaient qu'un seul manteau qu'ils portaient tour à tour et qu'ils se repassaient lorsqu'ils allaient chez le roi. Mais ils étaient très forts sur tout ce qui tient à la chasse au vol, et Louis XIII les prit en affection. Depuis, il y a eu des de Luynes qui ont occupé de grandes situations, qui ont été des hommes de guerre remarquables. même des hommes de lettres de talent. Je vous ai montré la Pie-grièche ; je ne puis pas vous montrer le duc de Luynes... il est à Clairvaux.

Voilà la chasse *du* Faucon telle qu'elle se pratique encore en Hollande, où les anciens fauconniers du Loo ont été prendre leur retraite et où elle sert à remonter les équipages anglais qui envoient tous les ans un ou plusieurs de leurs hommes, après le passage d'automne, prendre livraison des Hagards capturés par le vieux Mollen, ses fils ou ses élèves. J'y ai été moi-même dans le temps faire un séjour d'une huitaine de jours avec mon collègue et ami de l'équipage de Champagne, Julio Alfonso de Aldama. La saison du passage était déjà presque terminée, cependant nous partageâmes avec Mollen les longues attentes de la hutte et nous assistâmes à plusieurs prises. Puis le soir réunis dans la petite auberge de Valkenswaard autour du poêle de la salle commune, nous prîmes part à ces longues veillées des fauconniers où il s'agit de commencer le dressage en habituant l'oiseau à être porté sur le poing et en brisant son caractère farouche et indomptable par la privation de sommeil au moyen duquel on en vient très rapidement à bout. Rien de plus pittoresque que ces longues veillées dans cette salle fumeuse ornée tout autour de portraits de Faucons et de scènes de chasse. Quelques-uns des amis de Mollen venaient nous tenir compagnie, et là, chacun avec un Faucon sur le poing, attablés devant les immenses bocks de la Hollande, nous devisions jusqu'à une heure avancée de la nuit, de choses de chasse et de sport et évoquions dans les spirales bleuâtres qui s'élevaient du fourneau des longues pipes en terre blanche, les souvenirs des temps passés. Et que de fois remontés dans nos chambres d'auberge, nous avons vu le rêve donner un corps à ces souvenirs et pourfendant les monstres terribles de la forêt de Broceliande, eh ! ma foi ! nous avons délivré de belles damoiselles sur de blanches haquenées !

En quittant Valkenswaard nous passâmes par la Haye où nous rencontrâmes le prince d'Orange. La reine apprit par lui le singulier séjour que venaient de faire dans un coin retiré de la Hollande deux étrangers venus pour étudier sur place un art pour lequel elle avait été naguère très passionnée elle-même et elle voulut nous voir. Nous reçûmes un beau jour l'invitation de nous rendre au château pour y passer la soirée. C'est une cour très simple et très peu formaliste que celle de Hollande, et lorsque nous arrivâmes au château, on ne fit pas du tout sortir la garde pour nous recevoir. Un suisse ou concierge, à moitié endormi, nous indiqua un escalier, puis toute une série de corridors peu éclairés où nous nous égarâmes si bien que nous n'osions plus continuer notre route, et comme dans la *Grande Duchesse*, Alfonso me demandait déjà « dans la chambre au fond du couloir, qu'est-ce qui va nous arriver, mon Dieu ? » lorsqu'une porte s'ouvrit et nous nous trouvâmes en présence de la reine qui prenait le thé avec quelques dames. On nous fit le plus gracieux accueil, et il fallut raconter par le menu tout le détail de notre séjour à Valkenswaard. Sa Majesté était très intriguée de savoir comment, ne connaissant pas la langue, nous avions pu nous tirer d'affaires dans ce coin écarté de son royaume et il fallut lui expliquer comment nous avions fait par exemple pour retrouver le cimetière des fauconniers de Valkenswaard que nous avions voulu visiter. Oh! mon Dieu, c'était bien simple. Il avait neigé ce jour-là, et quand nous rencontrions un paysan sur la route, Alfonso creusait un trou dans la neige, s'y couchait, et je faisais mine de l'ensevelir. Ceci joint à une pantomime énergique nous fit indiquer la route du champ de repos.

Messieurs, je vous ai parlé du dénichage des Faucons pèlerins, de leur prise au moment du passage. Je voudrais vous dire quelques mots du dénichage de l'Autour qui est encore assez fréquent dans nos forêts de haute futaie et que l'on peut se procurer plus facilement que le Faucon pèlerin. C'est l'oiseau indiqué pour la petite chasse, ce que l'on appelait la *basse volerie* autrefois ; c'est l'oiseau pour gibier par excellence, le pourvoyeur de l'office et du garde-manger. Est-ce pour cela qu'au moyen âge on l'appelait « *cuisinier* » ou parce qu'on le gardait à la cuisine, son bloc placé près de la cheminée, pour qu'il se familiarisât davantage avec la présence de l'homme, le contact des chiens, les allées et venues de tout venant ? Je ne sais, mais il est de fait que pour que l'Autour atteigne le maximum de perfection, il faut qu'il vive dans la plus grande intimité avec son maître, et qu'il soit tellement rompu et discipliné que rien ne l'effraye ni ne l'effarouche. C'est aussi peut-être pour cela qu'on ne le chaperonne jamais. L'Autour n'existe plus aujourd'hui en Angleterre ; les derniers y furent dénichés au commencement du siècle par le colonel Thornton dont je vous ai parlé.

Les Anglais étaient donc tributaires de l'Allemagne pour se-remonter en Autours lorsque nous recommençâmes à faire

Dénichage d'Autours au Japon.

de la fauconnerie en France. Aujourd'hui, c'est nous qui les leur fournissons. C'est un commencement de revanche. On fait ce qu'on peut, n'est-ce pas ?

C'est ainsi que nous allons dénicher des Autours dans la

forêt de Lyons et autres grandes futaies. Au commencement, on ne savait pas bien ce que c'était qu'un Autour ; les gardes les appelaient de grands Emouchets, de grands ceci, de grands cela. Aujourd'hui ils les connaissent et tous les ans nous en envoient vingt-cinq ou trente qui, après avoir fait un stage au Jardin d'Acclimatation, sont répartis dans les divers équipages et chez divers amateurs. Les Autours nichent au sommet des plus grands arbres, plus souvent en lisière que dans le centre des massifs que préfèrent les Buses. C'est vers le 20 juin que les jeunes sont bons à prendre. Vers cette date, nous nous rendons dans la forêt de Lyons avec les ébrancheurs patentés de l'État ; les gardes nous conduisent aux nids qu'ils ont surveillés et un ébrancheur ou monteur, ayant fixé à ses pieds des griffes de fer, entreprend l'escalade. D'autres ébrancheurs se tiennent prêts à escalader rapidement les arbres voisins dans le cas où les jeunes oiseaux, prenant leur vol au moment où l'on arrive à l'aire, iraient s'y percher ; cependant ils tombent généralement à terre. C'est une poursuite qui ne manque pas d'animation. L'habitude qu'ils ont de vivre dans les arbres a donné aux pieds des ébrancheurs une inclinaison toute particulière, si bien que lorsque vous voyez marcher un ébrancheur vous le reconnaissez facilement à la façon dont son pied ne repose pas à plat sur le sol et porte sur le bord externe. C'est exactement de cette manière que marchent les singes. Regardez marcher un singe ; c'est sur la tranche de son pied qu'il appuie, comme un ébrancheur.

On déniche les Autours partout de la même façon. Comme je n'ai pas d'ébrancheur français sous la main, vous ne serez peut-être pas fâchés de voir un ébrancheur japonais prenant des Autours. En voici un dans l'exercice de ses fonctions.

(Projection : *Dénichage d'Autours au Japon.*)

L'année de la guerre, une petite bande de fauconniers dont je faisais partie, revenait d'un dénichage d'Autours ; nous avions nos oiseaux dans des paniers et nous les avions déposés sur le quai de la gare où nous allions prendre le train. Il faut croire que nous avions l'air un peu réactionnaires ! Un commissaire de surveillance nouvellement nommé, un commissaire de nouvelle couche, qui avait rôdé autour de nos bagages, s'avisa de nous demander ce que nous avions là. L'un de nous eut la malheureuse idée de lui dire d'un air narquois que c'était des Aigles... en accentuant. Ce commissaire de surveillance n'en était pas un lui-même et absolument étranger aux pratiques de la fauconnerie, il se fâcha lorsque nous lui dîmes que nous comptions dresser ces oiseaux pour la chasse. Il se révolta à l'idée qu'en plein XIXe siècle, au lendemain de la proclamation de la République, il put y avoir encore des gens avec des Aigles, qui allaient chasser au Faucon ! Chasse au Faucon, temps prohibé, ancien régime, justes lois (il y avait déjà de justes lois !). Si bien que notre homme nous fit passer dans son cabinet et nous y enferma à double tour, le temps de demander des instructions à la préfecture. Se souvenant de la légende du débarquement à Boulogne, du prince Louis-Napoléon avec un Aigle apprivoisé, il télégraphia à la préfecture qu'il venait de mettre la main sur une bande de conspirateurs venant d'Angleterre par des voies détournées, avec une cargaison d'Aigles et qui se proposaient évidemment de renverser la République. Heureusement qu'à la préfecture, on connaissait le personnage comme très ombrageux. On nous connaissait aussi comme portant moins ombrage, et nos moyens révolutionnaires ne parurent pas suffisants au gouvernement de M. Thiers pour maintenir notre arrestation. Deux heures après, notre farouche geôlier recevait une dépêche lui disant : « Relâchez vos prisonniers, vous avez fait une bêtise. » Cette fois encore la fauconnerie l'avait échappé belle.

L'Autour est, par excellence, le chasseur de poil. On le dresse aujourd'hui presqu'exclusivement pour le Lièvre et le Lapin. Il peut travailler dans les futaies et sous bois aussi facilement que le Faucon pèlerin en plaine, et c'est ainsi que l'utilisent nos fauconneries modernes, en Angleterre, Lord Lilford, le capitaine Salvin, M. Mann, M. Riley ; en France, MM. Barrachin, Cerfon, Gervais, Belvallette. Chez MM. Gervais et Barrachin, nous furetons les Lapins sous bois, un Autour sur le poing. L'oiseau a appris à connaître les furets et ne s'occupe d'eux que pour suivre leurs évolutions avec intérêt. Dès que le Lapin s'élance hors de son terrier, l'Autour le suit. Son adresse à éviter les troncs d'arbres et les branches est merveilleuse ; au bout de 100 à 200 mètres, le Lapin est pris. Mais parfois il se débarrasse de l'étreinte de son adversaire et réussit à se terrer. Alors l'Autour revient attendre un nouveau départ sur le poing de son maître ou se perche sur un arbre voisin d'où il juge que sa descente sera plus avantageuse. Avec un bon tiercelet d'Autour, nous

(Projection : *Autour prenant un Lièvre.*)

avons pris en plein bois, chez M. Paul Gervais, jusqu' 23 Lapins d'affilée sans en manquer un. Si vous voulez voi un Autour prenant un Lièvre, nous allons lâcher un Lièvr

Voilà l'Autour prenant un Lièvre ; il lui a sauté sur le dos, lui a mis une main au collet et de l'autre il lui chatouille les reins d'une façon désagréable.

Comme contraste, nous allons vous faire voir la prise d'un oiseau en l'air, par un Faucon de haut vol.

(Projection : *Pèlerin prenant un Canard.*)

Voilà le Faucon qui a pris un Canard. Après être monté à une grande hauteur au-dessus du Canard, il s'est laissé tomber dessus comme une balle, et simplement en le froissant dans sa descente, en le frappant avec ses serres, il lui a cassé le col.

M. P. Gervais est assurément le plus expert des fauconniers que nous ayons aujourd'hui en France. Il a étudié son art dans les divers pays où on le pratique encore, et son enthousiasme était tel à un certain moment qu'il fallait que tout le monde chez lui s'occupât du dressage des oiseaux ; le jardinier portait un Faucon ; le cocher portait un Faucon ; le concierge portait un Faucon ; tous les membres de sa famille portaient des Faucons au moment du dressage ; c'était comme pour une moisson de plumes, il fallait que tout le monde mît la main à l'ouvrage pour rentrer la récolte, et quand on disait que c'était fatigant, M. Gervais répliquait : « Changez de bras, mettez-le sur l'autre », mais il fallait que tout le monde portât son oiseau.

M. Gervais a introduit chez lui le mode de piégeage des Faucons de passage usité en Hollande, et sur les plateaux de la Brie, aux environs de Meaux, il a fait chaque année à la hutte, que je vous ai décrite tout à l'heure, des prises d'oiseaux superbes. Il n'a pas dressé que des Faucons ; il a dressé un fauconnier, Gille, chez qui la vocation s'est aussi déclarée d'une façon intense et qui est certainement aujourd'hui passé maître. M. Gervais a eu presque toutes les espèces d'oiseaux de vol et même un Aigle doré rapporté du Turkestan par MM. Benoît-Maichin et de Mailly-Nesles. L'Aigle doré n'est pas usité chez nous, mais en Orient on le dresse pour de grosses proies que le Faucon serait impuissant à arrêter ; le Loup, le Renard, l'Antilope, l'Onagre ou Ane sauvage. La difficulté est d'amener l'Aigle à avoir assez faim pour qu'il se donne la peine de chasser et de poursuivre. Cet oiseau a, ce que j'appellerai, l'estomac philosophique. Il se dit que ce n'est pas beaucoup la peine de se donner tant de mal pour gagner de vitesse une proie qui ne lui procurera peut-être après tout qu'une déception culinaire. Il aime donc mieux attendre une bonne occasion pour se procurer facilement sa nourriture.

L'Aigle doré de M. Gervais s'appelait « Auguste ». Il est mort l'an dernier seulement, et comme chez nous les Anes ne sont pas sauvages, c'est une autre proie qu'on lui faisait voler à Rosoy. Je crois que la mère Michel a dû souvent réclamer son chat dans les endroits où l'Aigle de M. Gervais faisait son déplacement de chasse, mais cela, c'est entre nous, n'est-ce pas, et je vous prie de n'en rien dire. D'abord, Auguste est mort l'an dernier et c'est à lui de se débrouiller maintenant, sur les sombres bords, avec les mânes des Chats qu'il y rencontrera.

(Projection : *Aigle doré.*)

Voici l'Aigle de M Gervais. Vous le voyez là de grandeur naturelle.

Une autre espèce d'Aigle, d'un emploi peu fréquent chez nous, mais que nous croyons reconnaître dans le *Million* des anciens auteurs, le Bonelli, est beaucoup plus petit que l'Aigle doré ; par conséquent, il est d'un maniement plus facile. M. Barrachin possède deux de ces Aigles, dont l'un est dressé au Lapin comme un simple Autour et se tire parfaitement de sa tâche, volant sous bois et se débrouillant dans les taillis avec beaucoup plus d'agilité qu'on ne pourrait le supposer chez un aussi gros oiseau.

(Projection : *Aigle Bonelli.*)

Voici un des Aigles de M. Barrachin. Bonelli est son nom officiel, son nom d'Histoire... naturelle ; dans la vie privée, pour les dames, il s'appelle « Jupin ». L'établissement de fauconnerie de M. Barrachin est à une petite distance de Paris, et vous avez dû le rencontrer plus d'une fois, à la gare du Nord, allant voir ses oiseaux. Il a toujours à la main un sac de nuit dans lequel il y a des Lapins et un tas de choses excellentes à manger pour les Faucons.

C'est en Angleterre qu'il faut aller pour trouver aujourd'hui des équipages de fauconnerie vraiment dignes de ce nom. Le Old Hawking Club existe depuis 1863 et compte parmi ses membres actifs lord Lilford, M. Newcome, le fils de l'ancien sociétaire du Loo, M. Saint-Quintin, le comte de Londesborough, le duc de Saint-Albans, fauconnier héréditaire de la couronne d'Angleterre, etc. Les Faucons pèlerins, au nombre d'une quinzaine, sont sous la direction immédiate de l'Hon. Gerald Lascelles, et le fauconnier en chef est John Frost, un élève de M. Newcome, le père. Le Old Hawking Club a particulièrement réussi le dressage des Faucons hagards pour le gibier et notamment le Grouse. Pour bien réussir ces vols, il faut que les oiseaux soient complètement sous la domination de leur maître, ce qui est toujours difficile à obtenir avec des Faucons pris sauvages. Il n'est pas probable que les anciens fauconniers aient jamais atteint une semblable perfection. C'est au Old Hawking Club que j'ai fait mes premières armes sur les dunes de Salisbury où, pendant les mois de mars et avril, le Club se réunit pour voler la Corneille. Je me souviens y être allé une fois avec mon pauvre ami Chéri-L.Montigny qui eût fait un fauconnier de premier ordre s'il avait vécu, mais il est mort d'une façon horrible, mordu par un chien enragé. C'était le fils de Montigny, le directeur du Gymnase, et de cette excellente artiste, Rose Chéri, si appréciée et si honorée par tous ceux qui l'ont connue, non pas tant pour son talent, que pour cette renommée d'honnêteté et de vertu, qu'elle avait su conquérir jusque sur les planches.

Chéri-Montigny ne parlait pas un mot d'anglais, il ne connaissait que quelques poésies enfantines que l'on apprend dans les « nurseries » et il nous amusait beaucoup en les appliquant à tort et à travers. Il lui est arrivé de traiter un vieux fauconnier barbu de « pretty girl » et une pimpante laitière de « old boy ».

Après le Old Hawking Club, l'équipage le plus important de l'Angleterre est celui du major Fisher, de Stroud, dans le Glocestershire. Il chasse aussi le Corbeau dans les plaines de Salisbury. Mais sa grande spécialité est la Grouse d'Écosse.

Voici un déplacement de chasse du major Fisher que vous reconnaîtrez au milieu du groupe, avec sa barbe blanche, derrière le cadre qui porte les oiseaux. Je vous signale son Chien d'arrêt, un fameux! Ce Chien mène à la remise où son odorat lui signale la présence du gibier; les Faucons volent en l'air au-dessus du Chien dont ils comprennent le travail et qu'ils

(Projection : *Équipage Fisher.*)

suivent comme les chasseurs, sachant que lorsque le pointer marque l'arrêt, les Grouses vont s'envoler et que ce sera à leur tour de payer de leur personne.

Équipage de M. Mann.

(Projection : *Équipage Mann.*)

Voici maintenant l'équipage de M. Mann. M. Mann n'entretient des Faucons que depuis cinq ou six ans, mais il en a d'excellents, sous la direction d'A. Frost, son fauconnier, le frère du fauconnier du Old Hawking Club. Vous le voyez se promener, un Autour sur le poing, au milieu des blocs sur lesquels « jardinent » les pèlerins.

(Projection : *Équipage Watson.*)

Voici enfin les oiseaux du major Watson, du 11e hussards. Le 11e hussards est un des plus beaux régiments de cavalerie de l'Angleterre, et les vols de l'équipage du major Watson font le bonheur des différentes garnisons que ce régiment a été appelé à occuper.

Messieurs, tel est l'état de la fauconnerie en Europe de nos jours. C'est en Orient qu'il faudrait aller pour retrouver les grands équipages et les grands sports de Bajazet et des croisades. Le temps me manque pour vous y conduire; c'est un peu loin, et je ne puis que vous faire entrevoir, dans la vision rapide d'une projection, nos Arabes d'Algérie sous la tente, vivant dans la plus grande intimité avec leurs oiseaux,

(Projection : *Tente arabe.*)

puis le fauconnier arabe lancé au grand galop à travers le désert, ses oiseaux perchés sur son épaule, sur son turban et l'entourant comme d'une auréole de plumes. Ceci est d'après un tableau populaire de Fromentin.

(Projection : *Fauconnier arabe.*)

La réintroduction de la fauconnerie nous a fait connaître, Messieurs, un autre sport qui tient de près à la fauconnerie; c'est la pêche au Cormoran, c'est la fauconnerie sous l'eau. La pêche au Cormoran n'avait pas été pratiquée en France depuis bien longtemps. Vous savez qu'elle se pratique en Chine et au Japon. L'amiral Layrle m'a dernièrement rapporté une photographie prise à l'entrée d'un fleuve du Japon, à Gifu, et vous allez voir comment les Japonais s'y servent du Cormoran. Vous savez que c'est un oiseau d'eau à pieds palmés comme le Canard. Son gosier est très grand, très large. On

Equipage du major Watson.

lui met un collier au bas du cou de sorte que lorsqu'il pren un poisson, il ne peut l'avaler et est obligé de le rapporter son maître dans les profondeurs de son œsophage.

(Projection : *Rivière de Gifu.*)

(Projection : *Cormorans anglais.*)

Le dressage du Cormoran est un peu comme celui du Faucon. C'est un apprivoisement et un dressage à revenir quand on l'appelle. Chacun des bateaux de pêche que vous voyez sur cette rivière est accompagné de douze Cormorans que vous apercevez nageant autour de l'embarcation de leur maître.

La fauconnerie avait introduit la pêche au Cormoran en Angleterre : nous avons fait la même chose en France.

Voici le capitaine Salvin, un de nos excellents confrères anglais, pêchant dans une rivière du Yorkshire avec ses Cormorans.

J'avais jadis raconté au prince Napoléon la façon dont je pêchais au Cormoran. Le prince Napoléon avait épousé, vous le savez, la fille du roi d'Italie Victor-Emmanuel qui était grand amateur de sport et avait à Monza une ménagerie très bien entretenue. Le prince ne se rappelait pas bien ce que je lui avais dit, et il raconta au roi d'Italie qu'il connaissait quelqu'un qui pêchait avec des Pélicans. Le roi fit aussitôt venir son faisandier et lui dit : « Vous avez des Pélicans qui ne font rien que manger toute la journée. Il faut les faire pêcher. » Et voilà le faisandier qui entreprend, respectueux de la volonté royale, le dressage de ses Pélicans, mais il avait beau les porter toute la journée sur un bras et changer de bras quand il était fatigué, il n'arrivait à rien, si bien qu'à un voyage du prince Napoléon en Italie, le roi lui exprima son déplaisir et son insuccès. J'eus à subir au retour du prince en France, le contre-coup de ces sanglants reproches ; nous eûmes une explication d'où il résulta qu'il y avait eu erreur et que Cormoran et Pélican, pour être de la même famille, ne sont cependant pas la même chose.

Messieurs, voilà en peu de mots (en peu de mots ? en trop de mots, je le crains !) l'histoire de la fauconnerie passée et présente. Ce qu'elle sera dans l'avenir... dame ! c'est à vous à le faire cet avenir. Il y a évidemment un réveil de ce sport qu'il faut entretenir ; les excellents traités de nos contemporains : Magaud d'Aubusson, Cerfon, Foye, Belvalette, en France, Salvin et Harting, en Angleterre, y contribueront puissamment en évitant bien des écoles. A l'Exposition universelle, une section de l'Histoire du Travail avait été consacrée à la fauconnerie. Il y a dans ce moment à Londres, à la Grosvenor Gallerie, une exhibition de sport où la fauconnerie occupe une place importante, et je vous engage à l'y aller voir.

Donc les instruments de travail ne manquent pas ; il ne faut qu'un peu de bonne volonté et de persévérance.

N'aurions-nous plus, Mesdames, cette tenacité et cette ardeur que Shakspeare signale comme étant le propre du fauconnier français

We'll e'en to it like French Falconers.

Nous poursuivrons, nous atteindrons notre but comme des fauconniers français.

et faudrait-il prendre dans son mauvais sens le jeu de mots contenu dans la devise des fauconniers du Loo :

Mon espoir est en pennes.

Non, Messieurs, j'aime mieux m'arrêter sur cette autre devise d'un de nos fauconniers contemporains :

Tout vient au poing de qui sait s'y prendre.

ou bien encore sur cette autre du XVIe siècle, faisant allusion au chaperon qui aveugle momentanément la vision de l'oiseau :

Post tenebras lux.

Après les ténèbres la lumière.

Sans doute, il sera plus commode et plus sûr aujourd'hui pour nos ménagères d'aller aux halles centrales approvisionner notre garde-manger, et le cordon bleu a détrôné le *cuisinier ;* mais la fauconnerie n'en conservera que davantage son caractère noble, désintéressé et artistique.

Sans doute, vous ne réussirez pas du premier coup, sans doute vous aurez des déceptions et sans doute aussi quelques mécomptes, mais n'est-ce pas là toute la vie et ne faut-il pas que l'âme se trempe aussi bien aux petites qu'aux grandes choses ! Ah ! Messieurs, ce n'est pas d'hier, allez, qu'un fauconnier fameux, Gace de la Bigne, chapelain du roi Jean pendant sa captivité en Angleterre, écrivait dans son vieux langage :

De chiens, d'oiseaux, d'armes, d'amour,
Pour une joie, cent doulours !

II. EXTRAITS DES PROCÈS-VERBAUX DES SÉANCES DE LA SOCIÉTÉ.

SÉANCE GÉNÉRALE DU 23 JANVIER 1891.

PRÉSIDENCE DE M. A. GEOFFROY SAINT-HILAIRE, PRÉSIDENT.

Le procès-verbal de la dernière séance est lu et adopté.

A l'occasion du procès-verbal, M. Mégnin donne les renseignements suivants sur les insectes qui lui ont été donnés à déterminer :

« Monsieur le Président,

» A la précédente séance de la Société vous avez eu la bonté de me remettre un échantillon de petits insectes, ou Mouches desséchées, qui, au Mexique, servent à la nourriture des oiseaux qu'on élève soit dans les volières, soit dans les basses-cours, et vous m'avez demandé de vouloir bien déterminer l'espèce de ces insectes. Voici le résultat de l'étude que j'en ai faite.

» Ces insectes desséchés, ainsi que l'avait déjà dit notre collègue M. le baron de Guerne (1) après un premier et rapide examen, ne sont pas des Mouches, mais des Punaises aquatiques du genre **Corisa**. Elles appartiennent à deux espèces : *Corisa mercenaria* Say et *Corisa femorata* Guérin-Méneville. Elles sont en telle abondance dans les lacs de Chales et de Texcoco, au Mexique, que les Aztèques avaient eu l'idée de recueillir leurs œufs pour s'en nourrir ; cette coutume existe encore et a même été adoptée par les Espagnols. Pour se procurer ces œufs on place verticalement dans le lac, à quelque distance du rivage, des fascines formées de joncs pliés en deux ; au bout de douze à quinze jours ces fascines sont entièrement recouvertes de la ponte des Corises : on les retire alors, on les laisse sécher au soleil sur un drap et les œufs se détachent facilement. Ces œufs sont ensuite tamisés et utilisés sous le nom d'*hautle* ou *ahautle* pour la préparation de galette, ou de gâteaux, dont les Indiens sont très friands (R. Blanchard, *Zoologie médicale*).

» Quant aux Corises elles-mêmes, on doit les pêcher avec de fins filets qui en recueillent des quantités, la preuve c'est que dans l'é-

(1) Dans la précédente séance, M. de Guerne avait déjà fait remarquer que : les insectes présentés par M. le Président étaient des Hémiptères. « Ce sont, a-t-il dit, des insectes très voisins des corises qui se trouvent dans notre pays. Ils ont été recueillis dans l'eau, à telles enseignes, que j'ai ici un petit poisson qui a été pris avec eux. Ce sont ces insectes dont les œufs constituent la farine fossile que M. Virlet d'Aoust, dans son voyage au Mexique, a étudié d'un peu près. Il paraît que non seulement les oiseaux peuvent en manger, mais que les Mexicains consomment aussi ces œufs qu'on a appelés Oolithe animal, par opposition aux terrains oolithiques. »

chantillon de ces insectes desséchés que j'ai eu à examiner il y avait un petit poisson de deux centimètres de long, aussi desséché.

» Cette utilisation des insectes eux-mêmes pour la nourriture des oiseaux, n'était pas encore connue en France, car les nombreux auteurs qui s'en sont occupés au point de vue de l'utilisation de leurs œufs, à la nourriture de l'homme, n'en parlent pas.

» Parmi ces auteurs, nous citerons Vallot, *Comptes rendus Acad. des sciences,* XXIII, p. 774, 1846 ; Virlet d'Aoust, *ibid.*, XLV, p. 865, 1877 ; Guérin-Méneville, *Bull. de la Soc. d'Acclimatation*, IV, p. 578, 1857. »

— M. le Président proclame les noms des membres admis par le Conseil dans sa dernière réunion :

MM.	PRÉSENTATEURS.
CUGINAUD (André), négociant en vins, à Brantôme (Dordogne).	A. Geoffroy Saint-Hilaire. Saint-Yves Ménard. Arthur Porte.
GANNAT (Claude), capitaine au 15e bataillon d'artillerie, à Saint-Servan (Ille-et-Vilaine).	A. Berthoule. Marquis de Sinéty. Vigour.
PACAUD (André), château de la Camusettrie, par Tournon-Saint-Martin (Indre).	A. Geoffroy Saint-Hilaire. Émile Moreau. Comte de Rivaud de la Raffinière.
REBOUR (Charles), fabricant de rubans, 5, place Marengo, à Saint-Étienne (Loire).	A. Geoffroy Saint-Hilaire. Arthur Porte. Ed. Wuirion.

— M. le Dr Saint-Yves Ménard procède au dépouillement de la correspondance, qui a été peu active depuis le 9 janvier. Le fait le plus intéressant, c'est l'arrivée d'œufs de Saumons de Californie, annoncée par dépêche de Washington. Ils ont été apportés par le paquebot « la Gascogne », et dès leur arrivée, ils ont été mis en distribution. Déjà, M. Adolphe Jacquemart, de Reims, remercie la Société pour le lot qu'il a reçu en bon état.

— M. Albert Lecoultre, de Brunoy (Seine-et-Oise), adresse ses remerciements pour sa récente admission.

— M. Folsch de Fels, de Marseille, ancien consul de Suède, de Norvège et de Danemark, se met à la disposition de la Société pour la faire profiter des excellentes relations qu'il a conservées.

— Le Dr J.-J. Lafon, de Sainte-Soulle (Charente-Inférieure), donne des renseignements circonstanciés sur ses cheptels de Lophophores resplendissants et de Colombes poignardées :

« J'ai l'honneur de vous annoncer que je viens de remettre à M. le Directeur du Jardin zoologique d'Acclimatation, le couple de **Lophophores** resplendissants, qui avait été placé en cheptel chez moi, il y a trois ans et dont le bail expire.

» La production des œufs pendant l'année 1890 a été irrégulière et anormale, comme on en peut juger par les dates suivantes et les circonstances qui ont accompagné la ponte de chaque œuf.

Le 13 avril un œuf intact de 83 grammes.
17 — un œuf intact de 85 grammes.
19 — un œuf cassé par le mâle probablement.
6 mai un œuf cassé et mangé.
8 — un œuf intact de 82 grammes. Le mâle étant sequestré.
17 — un œuf pondu du perchoir avec une coquille inachevée et si mince qu'en tombant dans le filet qui existe sous le perchoir, il s'est brisé, il était du reste impropre à l'incubation.
20 — au matin, on trouve dans le filet un œuf dont la coquille est à peine ébauchée, impropre à l'incubation, mais l'œuf est entier, il pèse 73 grammes.
52 — un œuf intact du poids de 85 grammes.

» En tout 8 œufs, dont 2 sont cassés et mangés, 2 sont hardés et des 4 mis en incubation, 2 ne sont pas fécondés, il y a deux naissances dont les deux jeunes ont été élevés, ce sont deux femelles que j'adresse au Jardin d'Acclimatation. L'une est née le 23 mai et l'autre le 23 juin, elles me paraissent vigoureuses et sont familières.

» Le couple de **Colombes** Poignardées a produit 24 œufs pondus dans l'ordre suivant : les 1er, 3, 8, 10, 15, 17, 22, 27, 30 mai, 4, 12, 18, 20, 24, 26 juin, 11, 17, 25 juillet, 8, 11, 22, 25 août, 15 et 18 septembre.

» Sur ces 24 œufs, 14 portaient en un point comme un coup de bec, la coquille était trouée, quand il était possible je bouchais ce trou avec du papier gommé, mais dans ce cas jamais l'incubation n'a rien produit.

2 autres œufs ont été délaissés par les couveuses ;
3 ont été rejetés du nid par les couveuses ;
2 ont disparu de dessous les couveuses sans pouvoir me rendre compte de ce qu'ils étaient devenus ;
1 était clair ;
2 enfin ont produit deux jeunes qui se sont élevés et que je viens d'adresser à M. le Directeur du Jardin d'Acclimatation. »

— M. Guy, de Toulouse (Haute-Garonne), informe la Société qu'il n'est plus en mesure de recevoir les œufs de Salmo Quinnat qu'il avait demandés.

— M. le baron d'Yvoire (Haute-Savoie) rend compte de ses observations sur le Zapallito del Tronco et sur le Diospyros Kaki :

« J'ai été très satisfait du *Zapallito del Tronco*. La chair de ce petit Potiron me paraît vraiment d'une qualité supérieure. Coupée en petits carrés telle quelle et frite dans une pâte légère, cette chair farineuse et délicate a paru aussi savoureuse que les beignets de Pommes de terre préparés avec œufs et crème, etc.

» Je remercie beaucoup M. Clarté et la Société qui m'a transmis ces graines.

» Je désirerais surtout une variété de Kaki dont parle M. Cottiau dans son beau livre imprimé par la maison Hachette et intitulé : *Voyage dans l'Extrême-Orient*. Le voyageur raconte qu'étant allé visiter une maison tenue par les missionnaires Lazaristes près de Pékin, on lui a offert *des Kakis plus gros et meilleurs que tous ceux qu'il avait vus au Japon*. Cette indication a une importance spéciale parce que le même voyageur note que le thermomètre descend à Pékin au-dessous de 30 degrés. Il est vrai qu'en été, il monte aussi au-dessus de 30 degrés. Mais, enfin, il en résulte que ce Kaki chinois résisterait aux hivers les plus rigoureux de France.

» Il serait possible par l'entremise des Lazaristes qui ont, je crois, une maison à Paris, de se procurer cette variété de Kaki, dans le cas où elle n'aurait pas encore été introduite en France.

» La maison voisine de Pékin, dont parle M. Cottiau, étant un *orphelinat agricole*, les missionnaires seraient certainement en mesure d'en faire l'envoi dans les meilleures conditions. »

— M. le Secrétaire général dépose sur le bureau un volume complémentaire à l'*Histoire naturelle des poissons de la France*, par M. le Dr Moreau ; il donne ensuite des renseignements détaillés sur les quatre-vingt-dix mille œufs de *Salmo Quinnat* offerts à la Société par la Commission des pêcheries des Etats-Unis. Comme les précédents, ils ont eu à traverser l'Amérique septentrionale, l'Atlantique et une partie de la France pour arriver au Havre dimanche dernier et à Paris lundi. Un petit prélèvement a été fait au profit de quelques membres de la Société, MM. Jacquemart-Ponsin, Levesque, Rivoiron, Vacher, Rathelot et du Jardin d'Acclimatation. La majeure partie a été envoyée aux laboratoires de la Société à Quillan et y est arrivée dans un état parfait de conservation. Cet envoi pourra donc augmenter les chances de réussite de notre tentative d'acclimatation du *Salmo Quinnat* dans les eaux de la Méditerranée.

— M. le Président a constaté avec surprise pendant la période de froids rigoureux qui vient de s'écouler, la résistance d'un grand nombre d'animaux des climats chauds, mammifères et oiseaux du Jardin d'Acclimatation. Il est vrai qu'on a pris soin de leur distribuer des rations abondantes pour leur permettre de réagir efficacement.

— Quelques observations sont présentées par M. le marquis de Sinéty et M. le Dr Saint-Yves Ménard.

— Au nom de M. Métaxas, M. le Secrétaire lit un mémoire sur les animaux de la Mésopotamie.

— M. de Claybrooke lit une note de M. Toukkaëff sur l'apiculture dans le Caucase.

— M. Berthoule fait une communication sur la pêche du Thon à Sidi-Daoud (Tunisie).

— M. le baron de Guerne offre à la Société, au nom de M. Héron-Royer, tout un ensemble de travaux qu'il a publiés depuis une quinzaine d'années, sur les Batraciens de la France. Ces travaux ont paru, pour la plupart, dans le Bulletin de la Société zoologique de France ; d'autres ont été insérés dans le Bulletin de l'Académie de Belgique. M. Héron-Royer a collaboré plusieurs fois avec un savant des plus distingués de la Belgique, M. Van den Beck, professeur de zoologie à l'Université de Gand. Le dernier travail, en date, de M. Héron-Royer, est consacré à une espèce des plus intéressantes qu'il a reçue de New-York. C'est une Rainette, *Rana versicolor* qui, très probablement, s'acclimatera en France absolument comme le Discoglosse. L'auteur signale ce fait très curieux qu'elle se nourrit avec une prédilection toute particulière des Guêpes, sans craindre le moins du monde les piqûres de ces insectes. M. le baron de Guerne offre également à la Société, au nom de M. Richard et au sien, trois petits opuscules qui résultent d'une série de travaux faits sur les Canalites d'eau douce. Ce sont de petits Crustacés qui jouent un rôle important dans l'alimentation des Poissons.

— M. E. Fischer adresse une note ayant pour titre : *Réserve de potasse et d'azote dans le sol arable.*

Le secrétaire des séances,

D[r]. Saint-Yves Ménard.

III. COMPTES RENDUS DES SÉANCES DES SECTIONS.

1re SECTION (MAMMIFÈRES). — SÉANCE DU 23 DÉCEMBRE 1890.

PRÉSIDENCE DE M. DECROIX, PRÉSIDENT.

L'ordre du jour appelle :

1° La nomination du Bureau pour 1891. — Sont élus :

Président, M. Decroix; *Vice-président*, M. Mégnin; *Secrétaire*, M. Mailles; *Vice-Secrétaire*, M. de Claybrooke.

2° La désignation d'un *Délégué à la Commission des récompenses*. M. Mailles est chargé de représenter la 1re section et d'en être le rapporteur.

Nos lecteurs se rappellent que, récemment, notre collègue, M. Rodolphe Germain, a fait connaître (1) combien, en Indo-Chine, le rachitisme et l'ostéomalacie font de victimes parmi les animaux importés, et même parmi les hommes. M. Germain a indiqué le remède qui, selon lui, pourrait combattre efficacement ces maux, et surtout en prévenir l'apparition.

C'est là une question dont l'importance n'échappera à personne; aussi la Société a cru devoir appeler l'attention des autorités sur ce sujet. — M. de Claybrooke donne lecture de la lettre qui sera adressée aux personnes qui peuvent s'occuper utilement de cette question, non seulement en Cochinchine et au Tonkin, mais aussi dans d'autres contrées soumises aux affections précitées. Cette lettre sera insérée dans la *Revue*.

M. Decroix fait remarquer que les proportions de calcaire devraient, très probablement, varier suivant les climats; M. Mailles ajoute que le fer contenu dans le sol est, souvent, en quantité insuffisante, ce qui fait que les végétaux, atteints de chlorose, ne s'assimilent qu'imparfaitement les sels dont ils ont besoin.

La rédaction du Questionnaire sur la résistance des animaux au froid et aux conditions auxquelles sont soumis les nouveaux importés est définitivement arrêtée, pour ce qui concerne les mammifères.

Répondant à une question de M. Mailles, M. Geoffroy Saint-Hilaire dit que la *Revue* donnera bientôt un travail, fort complet, sur l'histoire du Bison d'Amérique et sur les causes de sa destruction. Des renseignements relatifs à l'espèce européenne, l'Aurochs, et à l'état actuel de la colonie que le Tzar entretient en Lithuanie, seront demandés. Tout porte à supposer que, des deux espèces, celle d'Amérique est appelée à disparaître la première, malgré les efforts faits par le gouvernement des États-Unis pour en protéger les derniers représentants.

Le Secrétaire,

Ch. MAILLES.

(1) Voyez *Revue*, année 1890, p. 281.

2e SECTION (OISEAUX). — SÉANCE DU 30 DÉCEMBRE 1890.

PRÉSIDENCE DE M. LEMOINE, VICE-PRÉSIDENT.

Il est procédé à la nomination du Bureau pour 1891 et d'un délégué à la Commission des récompenses.

Sont élus : *Président*, M. Magaud d'Aubusson ; *Vice-président*, M. Lemoine ; *Secrétaire*, M. Mailles ; *Vice-Secrétaire*, M. le comte d'Esterno. M. Mathias est désigné pour les fonctions de *Rapporteur*.

M. le Secrétaire général demande si la section ne croirait pas utile de se fractionner en deux parties. L'une s'occuperait des oiseaux d'agrément ou d'utilité, vivant dans les volières, les faisanderies ou en liberté. L'autre serait affectée spécialement aux volailles ou oiseaux de basse-cour.

Après examen de la proposition, la section estime que cette nouvelle organisation de la section constituera une amélioration. Le titre de la division nouvelle pourrait être « Oiseaux de basse-cour ».

M. Rathelot, parlant de la conservation des œufs de Poules, dit que ceux qui n'ont pas été fécondés se gardent bien plus longtemps que les autres, même après avoir été couvés pendant plusieurs jours.

M. Lemoine confirme ce dire et indique plusieurs procédés bons à employer pour la conservation des œufs, le son et l'eau de chaux, notamment.

M. Dautreville reconnaît que cette dernière méthode, bonne en elle-même, offre un inconvénient sérieux : si un œuf est cassé, accidentellement, il communique un mauvais goût aux autres.

M. Rathelot se propose d'essayer de tremper les œufs dans une dissolution de gomme arabique ; le résultat en sera peut-être bon.

M. Mailles demande si la présence d'un Coq dans un poulailler influe sur l'abondance de la ponte.

M. Lemoine dit qu'il semble que l'influence existe, mais à un faible degré. On l'attribue à l'excitation produite sur les organes de la reproduction.

MM. Rathelot et Dautreville ne sont pas convaincus que le Coq détermine une ponte plus abondante ; les observations qu'ils ont faites ne semblent pas l'indiquer.

Cette question est assez importante et mérite d'être élucidée par des expériences comparatives.

Le Secrétaire,
Ch. MAILLES.

SECTION D'AVICULTURE PRATIQUE

Compte rendu de la séance du 7 février 1891

PRÉSIDENCE DE M. OUSTALET, PRÉSIDENT.

La section s'occupe de l'Exposition avicole prochaine.

Il est décidé qu'une Commission composée du Président de la Société d'Acclimatation, du Bureau de la Section, d'un membre délégué de la Section et d'un vétérinaire, s'occupera de la réception et de l'installation des animaux.

Cette commission aura qualité pour exclure de l'exposition les bêtes malades et suspectes.

Le jury des récompenses sera composé de neuf personnes ayant chacune à faire l'examen d'une division ou d'une subdivision Chaque juge remettra au Commissaire général du concours sa liste de récompenses.

Les *grands prix* seront décernés, sur la proposition du juge de division par la Commission composée du Président de la Société d'Acclimatation, du Bureau de la Section et du membre délégué par la Section.

Les exposants pourront, dans un délai de deux heures après l'affichage des récompenses décernées, déposer le texte des réclamations motivées qu'ils auraient à faire. Ces réclamations seront examinées par le Commissaire général (Président de la Section) assisté d'un membre du jury choisi par le plaignant et d'un membre du jury délégué par le bureau.

Le Secrétaire de la Section,
RÉMY SAINT-LOUP.

IV. JARDIN ZOOLOGIQUE D'ACCLIMATATION DU BOIS DE BOULOGNE.

Chronique de quinzaine.

Dans les précédentes chroniques nous avons donné des renseignements sur la façon dont nos mammifères se sont comportés pendant le dernier hiver ; nous nous occuperons aujourd'hui des oiseaux.

Les *Coqs* et les *Poules* ont traversé la mauvaise saison sans en souffrir sérieusement, car, sur les quelques centaines de volailles vivant ici, nous avons eu trois crêtes gelées, celles de trois Coqs de Dorking et deux pattes gelées, celles d'un Coq de la Campine et d'une Poule de Cochinchine. Encore faut-il constater que les cinq oiseaux touchés par le froid étaient affaiblis par la maladie ; s'ils ont été atteints par la gelée, c'est qu'ils ne réagissaient pas.

La mortalité des Poules a été normale ici pendant ce long hiver et cependant on sait qu'un grand nombre de nos volailles couchent en plein air, sans aucun abri, sur des perchoirs. Depuis longtemps nous avons soumis à ce régime les races les plus délicates, les Yokohama, les Phénix du Japon, les Padoue à huppe blanche, les Dorking, et même par ces froids prolongés, nous nous en sommes bien trouvés. Remarquons que, sur les trois Coqs de Dorking qui ont eu la crête gelée, deux couchaient dans notre poulerie, un seul sur nos perchoirs en plein vent. Il convient cependant de faire observer que, si la suppression du poulailler présente des avantages au point de vue de la santé générale lorsqu'on est obligé, comme nous, de faire vivre sur un même point une grande quantité de volailles, on ne saurait recommander cette manière de faire à ceux qui ont en vue la production des œufs. Les poules habitant un chaud poulailler pondront certainement plus tôt et plus abondamment que celles qui sont exposées nuit et jour aux intempéries.

Les *Dindons domestiques* et *sauvages* ont traversé l'épreuve sans paraître en souffrir.

Les *Pintades* domestiques ont trouvé l'hiver long, mais il n'y a pas eu de mortalité ; ces oiseaux couchaient dehors sans aucun abri.

Quant aux Pintades exotiques (*Numida tiarata*, *ptilorhyncha*, *cristata* et *vulturina*), elles ont été abritées dans des volières non chauffées ; elles ont souffert, mais nous n'avons pas eu de mortalité à enregistrer. Et cependant ces oiseaux comptent parmi les gallinacés frileux.

Les *Paons* ordinaires, panachés et blancs, n'en sont plus à faire leurs preuves ; leur rusticité est éprouvée depuis longtemps. Cependant nous avons dû observer avec attention le Paon à ailes bleues (*Pavo nigripennis*), qui est domestiqué depuis peu de temps et qui n'avait pas encore eu à affronter un aussi long hiver. Il a pu rester dehors, sur les perchoirs, mais il a manifestement souffert, son attitude était bien différente de celle du Paon domestique. Quant aux Paons verts (*Pavo spiciferus*) ils vivent dans des volières chauffées ; nous n'avons même pas pensé à éprouver leur rusticité, car nous savons que cette belle espèce de Java et de l'Indo-Chine ne s'accommode pas des abaissements de température.

Au commencement des froids nous étions en possession de neuf Eperonniers (3 *Polyplectron Germaini ;* 6 *P. chinquis*) qui habitaient des volières ouvertes. Un seul de ces oiseaux a succombé, il a eu les pattes gelées.

Pour les Faisans oreillards ou Ho-Kis (*Crossoptilon*) de Mandchourie l'épreuve n'était pas douteuse. On ne saurait trop recommander cet oiseau décoratif qui est appelé, nous l'avons déjà souvent répété, à vivre en liberté autour de nos demeures comme le Paon domestique.

La rusticité des *Tragopans* (*Ceriornis*) et des *Lophophores* s'est affirmée une fois de plus pendant cet hiver. Jamais ces oiseaux n'ont été en meilleure santé et plus actifs. Au lieu de passer comme de coutume de longues heures dans leurs retraites ou immobiles sur le perchoir, ils se promenaient tout le jour dans leurs volières, les plumes lisses et brillantes, prenant plaisir à braver le froid.

Nos observations sur les *Faisans* ne nous ont rien appris. Toutes les espèces du genre *Phasianus* proprement dit que nous possédons: *Ph. colchicus*, *Mongolicus*, *versicolor*, *Elliotti*, *Reevesii*, *Sœmmeringi* ont une rusticité absolue qui ne peut surprendre d'ailleurs, leur habitat originel étant connu. Nous devons cependant dire un mot des Faisans des bois destinés au repeuplement des chasses qui habitaient leurs volières spéciales pendant ce long hiver. Pour éviter une mortalité sérieuse, il a fallu les nourrir très généreusement. Réunis en grand nombre (environ cent par parquet), ces oiseaux se tourmentent, s'agitent ; arrivant pour la plupart du fond de l'Autriche, fatigués d'un long voyage, ils se reposent mal ; ils souffrent du changement de régime qui leur est imposé et sont par conséquent dans de mauvaises conditions pour résister. Il convient donc dans ces circonstances de leur fournir une nourriture abondante et variée. L'aspect des nouveaux arrivés diffère très notablement de celui des oiseaux de même espèce qui vivent depuis un certain temps déjà dans les parquets ; autant les uns paraissent abattus, las, autant les autres conservent leurs allures normales et leur activité.

Les Faisans dorés et d'Amherst (*Thaumalea*), les Wallich (*Catrœus*) sont tout aussi résistants que les Faisans vrais (*Phasianus*). Quant aux Houppifères (*Euplocomus*), ils n'ont pas tous la même aptitude à supporter le froid. Si les *E. melanotus*, *albocristatus*, *Swinhoei* et les Faisans argentés bravent la gelée, les Faisans Prélats en souffrent et les Faisans de Vieillot en meurent s'ils ne sont pas entourés de soins suffisants.

Comme de coutume, les *Hoccos* ont mal supporté l'abaissement de température. Parmi ceux qui habitaient des volières non chauffées dans lesquelles le thermomètre est descendu à —12°, nous avons perdu 2 *Crax Sclateri*, 1 *Mitua tuberosa*, 1 *Mitua tomentosa* qui avaient eu les pattes gelées. Placés dans des conditions identiques, les *Crax Salvini* et *caruncalata* ont supporté l'épreuve.

Les Pénélopes que nous avons (*Penelope marail, purpurascens, superciliata, pileata*) ont passé l'hiver avec succès dans des volières non chauffées. Quoique originaires de la région tropicale du nouveau monde la plupart des espèces de ce genre se montrent rustiques.

Les *Colins* et les *Perdrix*, qui habitent une volière où la température s'abaisse autant qu'à l'extérieur, n'ont pas donné de mortalité anormale. Sans parler des Perdrix grises, chuckar et rouges, citons les espèces qui étaient présentes : Perdrix du Bontan (*Arboricola torqueola*) ; Perdrix de Chine (*Bambusicola thoracica*) ; Caille de Madagascar (*Margaroperdix striata*) ; Colin Houi, de Californie, de Sonnini ; *Francolinus vulgaris, ponticerianus, bicalcaratus, Madagascariensis* ; deux espèces de Tinamous (*Crypturus variegatus* et *Rynchotes rufescens*. Pour ces oiseaux comme pour beaucoup d'autres, nous avons notablement animalisé la nourriture pendant le froid. C'est toujours d'un bon effet dans la mauvaise saison.

Les grands Echassiers *Autruches, Nandous* et *Casoars* ont peu souffert. C'est une épreuve toujours dangereuse pour les Autruches de rester d'aussi longs jours sans sortir de leurs retraites chauffées, car ces oiseaux ont grand besoin de mouvement et succombent très aisément à des congestions. Quant aux Nandous adultes ils n'ont pas cessé un seul jour de passer leurs nuits en plein air, au milieu de leur parc, couchés sur les tas de feuilles mortes qu'on leur avait fournis. Ils s'enfonçaient en quelque sorte dans cette litière. Les jeunes Nandous nés en 1890 ont été moins vaillants, quoique rentrés chaque soir dans un chalet non chauffé, il est vrai, deux sur sept ont succombé. Le fait ne saurait surprendre, ne savons-nous pas que les jeunes animaux sont moins résistants que les adultes.

Nous nous abstiendrions de parler des Casoars Emeus (*Dromaius*) dont la rusticité est éprouvée, si l'un de nos élèves de la saison dernière ne s'était cassé un membre en glissant sur la glace qui couvrait par places le sol du parc. Nous avons saisi l'occasion pour faire connaissance avec la chair *du jeune* Emeu. Nous connaissions depuis longtemps celle des adultes, il était intéressant de pouvoir apprécier et faire apprécier la viande, qu'on nous permette le mot, du *veau de Casoar*. C'est à dessein que nous ne disons pas *poulet*, car la chair savoureuse de ces grands Echassiers est bien plus semblable à la viande de boucherie qu'à celle de la volaille.

Le Casoar à Casque (*Casuarius galeatus*) de Java qui vit ici a passé l'hiver dans un chalet non chauffé, mais où la température ne descend pas beaucoup. Il a cependant supporté dans sa retraite un abaissement de température de — 6°. Ce fait de résistance méritait d'être cité, il confirme les observations déjà faites dans d'autres établissements.

L'espace nous manque pour achever aujourd'hui ces notes sur les observations que nous avons pu recueillir pendant cet hiver sur nos animaux, nous achèverons dans le prochain numéro. Les lecteurs de la *Revue* nous pardonneront d'entrer dans autant de détails, mais il nous paraît indispensable d'attirer l'attention sur ces faits, pour en conserver le souvenir d'abord et aussi pour faire contrôler nos dires. On sait avec quel empressement nous recevrons les renseignements que nos collègues de la Société nationale d'Acclimatation voudraient bien nous adresser.

Avant de terminer, annonçons l'arrivée au Jardin zoologique d'Acclimatation d'une caravane de *noirs originaires du Dahomey*, composée de quarante personnes, 25 femmes et 15 hommes. Ces sujets du roi Béhanzin sont très intéressants par l'ensemble de leurs caractères. M. le Dr Hamy et ses collègues de la Société d'Anthropologie en font actuellement l'étude. Dans un des prochains numéros de la *Revue*, nous publierons le texte de la conférence que fera jeudi 19 février sur l'ethnographie, la religion et les mœurs des populations dahoméennes, M. Edouard Foa qui a pendant quatre années habité ces régions.

V. CHRONIQUE DES SOCIÉTÉS SAVANTES.

Société nationale d'agriculture de France. — M. Louis Passy signale une curieuse étude insérée dans le dernier volume publié par l'Université de Wisconsin, sur le régime alimentaire des Porcs.

M. W. A. Henry, son directeur et en même temps l'un de ses professeurs, fait ressortir l'influence exercée sur l'économie animale par les cendres de bois et par la farine d'os associées à l'alimentation de ces animaux.

Un certain nombre de Porcs nourris avec du Maïs additionné d'eau et de sel ont été groupés en plusieurs lots.

Le premier lot n'a reçu, pour toute nourriture, que les substances qui viennent d'être indiquées ;

Le deuxième lot, outre ces substances, a reçu chaque jour une petite quantité d'os pulvérisés ;

Le troisième lot, traité de la même façon, quant au fond de la nourriture quotidienne, avait en outre le libre accès à une mangeoire garnie de cendres de bois dur.

On a répété l'expérience de ce régime à trois reprises.

Voici quelle a été la moyenne des résultats obtenus :

Pour le lot n° 1, n'ayant reçu ni cendres, ni poudre d'os en dehors de sa ration, il a fallu 629 livres de farine de Maïs pour produire une augmentation de poids de 100 livres.

Pour le lot n° 3, où la ration de fondation a été augmentée d'une certaine quantité de cendres, l'augmentation de 100 livres de poids a été obtenue avec 491 livres seulement de farine de Maïs.

Enfin le lot n° 2, qui outre la ration commune a pu absorber une certaine proportion de poudre d'os, n'a eu besoin que de 487 livres de farine de Maïs pour produire 100 livres d'augmentation de poids vif.

Il semblerait résulter de ces essais que les cendres aident la digestion et permettent ainsi d'obtenir, d'une quantité donnée d'aliments, une augmentation de poids vif supérieure à celle que l'on réalise sans leur concours.

Mais ce qui a paru le plus intéressant parmi ces résultats, c'est l'influence exercée sur les os des Porcs. En ne donnant ni cendres ni poudre d'os, on a trouvé que les os du squelette des Porcs présentaient une résistance beaucoup moindre. Dans ce cas, les os extraits des jambons se cassaient en deux, sous une pression de 301 livres. Quand ces os provenaient d'animaux qui avaient reçu de la cendre, la pression de rupture s'élevait à 581 livres, et pour ceux d'animaux ayant absorbé de la farine d'os, cette pression montait à 660 livres.

Les os de jambon de ces différents lots de Porcs soumis ensuite à l'incinération ont donné :

107 grammes de substance minérale pour le 1er lot.
150 — — — pour le 3e lot.
165 — — — pour le 2e lot.

Le professeur Henry tire de ces expériences les conclusions suivantes :

1° L'emploi de la farine d'os et des cendres dans l'alimentation de Porcs nourris au Maïs permet d'économiser environ 138 livres de cette céréale, ou 28 °/o, sur le montant total consommé pour produire une augmentation de 100 livres de poids vif.

2° En ajoutant, à la ration de Maïs, de la cendre ou de la farine d'os, on double à peu près la force de résistance des os de l'animal.

3° Les os incinérés des animaux, auxquels on a donné des cendres ou de la farine d'os, renferment environ 50 °/o de plus de cendre que les os des animaux nourris à la ration simple de Maïs.

La viande des animaux des différents lots n'a présenté aucune différence dans la proportion du gras au maigre. Par conséquent les avantages de l'emploi des cendres de bois dur sont qu'elles paraissent bonnes à fortifier les squelettes et à activer la digestion (assimilation). Mais ces avantages, le dernier surtout, sont très importants, et doivent engager d'autant mieux le cultivateur à recourir à une substance de ce genre, qui ne lui coûte rien d'ordinaire. Son emploi paraît surtout indiqué pour le régime alimentaire des Truies pleines et des Porcs de croissance.

— Dans la même séance, M. de Vilmorin a fait part à la Société des résultats obtenus de ses semis de graines de Topinambours récoltées en Corse par M. le Dr J. Michon.

Dans les diverses plantes, cultivées dans des conditions absolument identiques, se présentent de très grandes diversités de rendement; ce qui permet d'espérer que, parmi les plus productives, il pourra s'en trouver de plus fertiles que les races usuelles.

Le point particulièrement intéressant dans les semis de 1890, est donc le haut rendement en poids de tubercules que certaines des plantes ont donné.

Il reste à apprécier les Topinambours nouveaux au point de vue de leur valeur industrielle, c'est-à-dire de leur contenu en éléments soit digestibles, soit transformables en alcool.

Dans le Topinambour qui se propage par tubercules, c'est-à-dire par fractionnement de la plante-mère, les caractères de chaque individu se reproduisent exactement. Il y a donc certitude que si une plante est exceptionnellement bien douée, elle est acquise définitivement et qu'on peut sûrement la reproduire semblable à elle-même.

J. G.

VI. CHRONIQUE DES COLONIES ET DES PAYS D'OUTRE-MER.

Quelques essences du Surinam.

Parmi les bois du Surinam dont on trouve des spécimens au musée colonial de Harlem (Pays-Bas), qui cependant ne donnent qu'une faible idée des richesses forestières de cette contrée, il y en a qui réclament tout particulièrement l'attention des technologistes et des architectes au point de vue de leur dureté, de leur compacité et de leur élasticité, qualités qui les rendent très utiles pour la construction des chemins de fer, des ponts, etc.

Nous en passerons quelques-uns en revue dans cet article.

Le **Barklak** compte deux espèces que les nègres des bois distinguent comme *Man* et *Onman*. Le premier (*Lecythis ollaria* L.) est de la famille des *Lecythidées*, et le second (*Bignonia inæqualis* DC.) est de celle des *Bignoniacées*. Le mot espèce est donc ici employé plutôt pour indiquer leur ressemblance.

Le Man-Barklak est un bois très dur, qui n'est jamais attaqué par les vers ou l'eau et est par conséquent très estimé pour les travaux où il reste constamment en contact avec l'eau ou l'humidité.

Cet arbre pousse partout quelle que soit l'altitude du pays. Il n'aime cependant pas les bords de la mer. Dans les plantations on se sert de son bois pour faire des tubes. L'arbre atteint environ 33 mètres de hauteur. Le diamètre du tronc est de 45 centimètres de long.

Le **Bolletrie** (*Lucuma mammosa* G.) de la famille des *Sapotacées*, donne un bois de menuiserie très dur et compact. Cet arbre produit aussi l'article tant recherché aujourd'hui : *Balata*, gutta-percha du Surinam. Il atteint souvent une hauteur de 40 mètres avec un tronc de 6 mètres de circonférence.

Le **Geelhart** (*Nectandra Roliæi* S.) de la famille des *Lauracées*, croît dans les contrées élevées ou montagneuses en produisant un fruit vert-jaunâtre. 30 mètres de hauteur.

Le **Bruinhart** (*Vouacapoua Americana* Aubl.), famille des *Légumineuses* dans les contrées élevées ; 30 mètres de hauteur. Le bois de cet arbre est un des plus solides du Surinam.

Le **Groenhart** (*Bignonia leucoxylon* L.), famille des *Bignoniacées*, ressemble beaucoup au précédent ; 20 mètres de hauteur. Son bois est lourd, très recherché, mais un peu difficile à travailler.

Le **Locus** (*Hymenæa Courbaril* L.), famille des *Légumineuses*, pousse aussi bien dans les montagnes que dans les basses plaines, donne un fort joli bois de menuiserie. Cet arbre produit la gomme *animé* qui ressemble beaucoup à la gomme *copal* et exhale une odeur fort agréable en brûlant. Dissoute dans de l'alcool à 40 degrés, elle forme un très bon vernis blanc.

Le **Peto** (*Mora excelsa* B.), famille des *Légumineuses*, se rencontre beaucoup sur les bords des rivières Surinam et Coppena. Il atteint une hauteur de 50 mètres. Son bois est très dur et élastique, très utile pour les constructions navales. Le port de Saint-Joris à Dordrecht, en Hollande, est bâti avec ce bois.

Le **Konatepie**, connu sous le nom d'Acajou du Surinam, atteint une hauteur de 20 mètres ; produit un bois excellent pour la fabrication des meubles.

Le **Purperhart** (*Copaifera pubiflora* L.), famille des *Légumineuses*, se trouve dans les contrées basses de la colonie. Son bois est excellent pour la fabrication des roues de voitures, est très élastique, et se laisse facilement travailler.

Le **Letterhout** (*Piratinera Guianensis* AUBL.) et (*Brosimum Aubletii*) famille de *Urticacées*. Le bois de cet arbre est dur comme de la pierre, on peut en fabriquer des marteaux pour enfoncer des clous. Il atteint une hauteur de 25 mètres.

Malgré ces immenses richesses, on ne rencontre au Surinam aucune entreprise sérieuse qui les exploite sur une grande échelle, ni pour la consommation locale, ni pour l'exportation.

Le bois de Surinam que l'on trouve dans le commerce est recueilli par les nègres, descendants de ceux qui, au commencement du XVIIIe siècle, étaient esclaves et s'enfuirent dans les forêts où ils vécurent comme des sauvages, fiers de leur liberté et s'éloignant assez pour ne pas pouvoir être poursuivis par leurs maîtres.

Ces nègres forestiers, vivant d'une manière très primitive, se privant de tout ce que donne la civilisation, ont peu ou point de besoins et vendent les produits de leur travail, le bois à des prix relativement très bas à des négociants de la ville de Paramaribo, qui y font des bénéfices considérables.

Il faut voir ces nègres à l'œuvre pour s'expliquer comment ils peuvent livrer le bois à si bas prix. Ils parcourent d'abord les forêts afin de chercher les arbres qu'ils veulent abattre. Ensuite ils se mettent à la besogne qui est pénible et non sans dangers. Les arbres abattus, ce qui demande souvent un travail long et fatigant, ils les dépouillent de leurs branches et de leur écorce. Enfin, ils les transportent à la rivière pour les réunir en radeaux. Cette opération dure souvent des semaines et réclame beaucoup de bras. Les radeaux ainsi formés ils montent dessus pour les conduire à la ville et il arrive souvent des accidents très graves aux rapides et aux chutes d'eau qu'ils ont à traverser. Quelquefois ils laissent les radeaux descendre le courant tout seuls, mais dans ces cas il arrive souvent qu'on les attend indéfiniment.

Il est certain qu'une entreprise européenne bien dirigée trouverait de sérieux auxiliaires chez ces nègres, et permettrait de réaliser de beaux bénéfices.

Dans le district de Nickerie, sur les bords de la Maratakka, M. E. Desse faisait, il y a quelques années, des coupes de bois qui l'ont enrichi rapidement. Les forêts du Haut-Para et du Haut-Surinam sont de véritables mines d'or. Et dans le Marowyne, feu le sieur Kapler en a fait autant. Il avait établi son entreprise à Albina et y a ramassé une grande fortune. Que serait-ce donc si l'on organisait une grande exploitation avec des machines à vapeur, des chemins de fer, etc., en un mot tous les outils que la science moderne met à notre disposition !

M. Ellis, de Paramaribo, nous présente un tableau fort intéressant indiquant la force de résistance des diverses espèces de bois du Surinam, malheureusement la place nous manque pour représenter ici ce tableau, mais la manière ingénieuse dont il est établi donne des preuves incontestables de la qualité de ces bois. Le tableau fournit le poids, en kilogrammes, que peut supporter une latte d'un mètre de long sur 2 1/2 centimètres d'épaisseur et de largeur de chaque espèce de bois.

Dr Meyners d'Estrey.

VII. CHRONIQUE GÉNÉRALE ET FAITS DIVERS.

Les Gophers. — On donne dans toute la région occidentale des prairies de l'Amérique du Nord, le nom de Gopher, expression dont on reconnaît difficilement l'origine française, *gaufreur*, à différentes espèces d'animaux, se caractérisant par l'habitude que toutes possèdent de gaufrer la surface des prairies, en y creusant des trous verticaux, dont la terre s'accumule en sortes de taupinières dans les intervalles. Le mot gaufreur employé primitivement par les Français qui s'établirent entre le golfe du Mexique et les grands lacs canadiens, s'est peu à peu modifié dans la bouche des colons de race anglaise de manière à adopter sa forme actuelle.

Dans l'état de Géorgie, le Gopher est un serpent (*Coluber Coupen*) qui se tapit dans des espèces de terriers.

Dans les États du Sud, ce mot s'applique à une Tortue fouilleuse, (*Herobastes Carolinus*), dont les œufs sont fort estimés.

Le Gopher, le Gaufreur proprement dit, est une sorte d'Écureuil, le *Spermophilus*, qui comprend plusieurs espèces : le *Spermophilus Franklini*, le *Spermophilus Bullivorus*, le *Spermophilus Richardsoni*. Brandt avait créé pour ces animaux un genre spécial, le genre *Otospermophilus*. Tous sont connus dans l'Ouest des États-Unis sous le nom d'Écureuil des prairies. L'un d'entre eux surtout, le *Bullivorus* exerce de grands ravages en Californie où les fermiers, les horticulteurs et les arboriculteurs combattent cet horrible fléau par tous les moyens possibles, et principalement par les appâts phosphorés et strychninés, que le Gouvernement californien leur distribue gratuitement.

Le Chien des prairies de Rafinesque, le *Cynomys socialis*, vient ensuite. Long de 33 centimètres environ, cet animal qui tient le milieu entre la Marmotte et le *Spermophilus*, habite surtout les prairies de l'Ouest des États-Unis comprises entre le Missouri et le 30° parallèle, et y vit de racines et d'insectes. C'était le petit Chien des premiers colons français, qui lui avaient donné ce nom à cause de l'espèce d'aboiement qu'il émet ; les Indiens, eux, l'appelaient le Wiston-Wish. Il ferait, paraît-il, bon ménage avec les Hiboux et les Serpents à sonnette, qui lui demandent souvent l'hospitalité de son terrier. Le Gopher à gibecière, le Pouched Gopher, Rat à poche ou Mulot, encore un vieux souvenir français, le *Geomys bursarius* enfin, est le plus redoutable de ces animaux dans les terrains sablonneux. Piochant de la tête et des pieds de devant, semblables à ceux des Taupes, il soulève le sol meuble sur ses épaules, l'accumulant en gros monticules. La poche profonde qu'il porte de la bouche aux épaules, reçoit les herbes et les racines qu'il va emmagasiner dans son terrier. Attaquant surtout les racines des vignes, ce concurrent du Phylloxéra cause de grands ravages dans les vignobles. On emploie dans les Vignes de Lucerne (Californie), des enfants payés à raison de 60 francs environ par mois, et qui sont constamment occupés à tendre des pièges à ce gênant rongeur, dont ils capturent mensuellement 130 à 150 individus. Ces prises exigent une certaine somme de travail, les pièges venant de remplir leur office devant être soigneusement désinfectés, sinon un second animal, averti par les émanations que son prédécesseur a laissées, se garderait bien d'y venir.

On distingue enfin un dernier genre de Gopher, le Gopher rayé ou Écureuil de terre, comprenant plusieurs espèces du genre *Tamia*, proches voisines de l'Écureuil des arbres, les *Tamia Leysterii, Americana, Mexicana, vitata*. La diversité de ces animaux multiplie l'étendue de leurs dévastations, ils dévorent, en effet, toutes les espèces de plantes cultivées, les fruits, les racines, les céréales, les jeunes poulets, les petits oiseaux, les œufs, et même les cadavres de leurs congénères.

Les mois compris entre mai et septembre constituent la saison de travail pour les différents genres de Gophers, qui entreprennent un va et vient continuel entre les champs et leurs terriers, creusés jusqu'à une profondeur de 3 à 5 mètres, puis ils s'ensevelissent pour dormir pendant les six mois les plus froids de l'année, après avoir accumulé assez de racines, d'herbes, de pommes de terre et de litres de blé pour vivre pendant dix-huit mois. Ils aiment surtout l'herbe fraîche, les blés verts, dont ils coupent les tiges à la base, dévastant ainsi des milliers d'hectares. Les pommes de terre en végétation figurent également parmi les cultures les plus ravagées. L'homme n'est pas seul, il est vrai, dans la lutte contre ces innombrables adversaires, dont la disparition ne pourra être amenée que par la substitution des cultures aux pâturages sur tout l'Ouest de l'Amérique septentrionale ; le Castor des prairies et les oiseaux de proie les trouvent un mets fort délicat, mais ces adversaires sont malheureusement peu nombreux dans les régions où les Gophers abondent. De tous ses ennemis, le plus redoutable est le Chien, surtout le Bulldog, et on cite de ces animaux qui en tuent facilement une cinquantaine en une seule sortie.

(*Saint-Louis Globe Democrat.*)

Les Loups en Europe. — La Russie est l'État de l'Europe où les Loups causent le plus de ravages. On évalue en effet à 15 millions de roubles, à 60 millions de francs, le montant annuel de leurs déprédations contre les animaux domestiques et à 200 millions, le tort qu'ils causent aux animaux sauvages.

En Allemagne, on a détruit 701 Loups en 1887, dont 50 en Alsace-Lorraine, et un nombre plus considérable en 1888 et 1889.

En Norvège, pays plus privilégié, le Loup est animal fort rare et on en détruit seulement une quinzaine par an. H. B.

Abondance de Carpes dans l'Etat de New-York. — Il y a une dizaine d'années, des propriétaires de l'état de New-York habitant la vallée du Passaic, avaient fait venir d'Allemagne un certain nombre d'alevins de Carpes pour se livrer à leur multiplication en étangs. Le gouvernement américain prêta son appui à ces introductions et, en peu de temps, quiconque voulait s'en donner la peine pouvait se livrer à l'élevage des Carpes. Tous les journaux de la région s'étaient consacrés à cet intéressant sujet. L'un recommandait les étangs profonds, un autre une faible hauteur d'eau, un troisième une nappe absolument close, d'autres enfin des étangs alimentés par l'eau courante d'un ruisseau.

Les Carpes croissant et se multipliant, on songea bientôt à en tirer un parti pécuniaire. Les premières qui arrivèrent sur les marchés atteignirent facilement un prix de 1 fr. 25 à la livre de 454 grammes ; huit jours après, on les vendait 40 centimes ; quinze jours plus tard, les marchands refusaient de s'en embarrasser, aucun acquéreur ne se présentant.

Renonçant à leurs projets de pisciculture, les propriétaires de la vallée du Passaic saignèrent leurs étangs dont le contenu alla enrichir la population de la rivière et se rejetèrent sur l'élevage plus rémunérateur des Porcs. Le Passaic jouit d'une abondante végétation aquatique, fournissant aux Carpes une masse de nourriture. Aussi, y ont-elles prospéré, mais leurs habitudes ne concordent pas avec celles des poissons indigènes. En se vautrant, en effet, dans la vase de la rivière, elles ont absolument modifié la nature de ses eaux qui, de claires et limpides, sont devenues bourbeuses. Aussi les Bars, les Brochets et les Perches indigènes se mirent-ils à reculer progressivement devant les hordes étrangères. On croyait primitivement que celles-ci favoriseraient l'accroissement des espèces carnivores indigènes en leur fournissant une abondante nourriture, mais cette hypothèse dut également être abandonnée. Les indigènes descendirent progressivement le cours de la rivière et, arrêtés à un moment donné par les déversements d'eaux empoisonnées de teintureries, de fabriques de produits chimiques et d'industries diverses, ils se sont tous assemblés dans le lac Dundee, où on se livre depuis plusieurs années à une pêche fort rémunératrice qui aura bientôt achevé l'œuvre commencée par les Carpes. Celles-ci, maîtresses incontestées de la rivière, y acquièrent des dimensions énormes, des poids de 7 à 9 kilogs ; on en a même capturé une de 9 kilogs et demi et il en existerait qui pèsent de 13 à 14 kilogs.

Contrairement à leurs habitudes en Europe, où elles ne mordent à l'hameçon que peu après le lever du soleil, on peut les prendre à la ligne pendant toute la durée du jour et de la nuit avec n'importe quel appât, Pois cuits, Vers et, en général, tout ce qui se mange.

(Le Chenil.)

L'apiculture dans les environs de Vladikavkaz (Caucase). — Une de ces curieuses monographies locales qui, réunies, donnent des tableaux réellement exacts de l'état d'une industrie, vient d'être faite par M. Toukkaëff. Elle se rapporte à l'apiculture dans les environs de la ville de Vladikavkaz.

Le territoire de Vladikavkaz, district de Ter, est peuplé par les Ossèthes, tandis que ce sont les Cabardins qui composent la population du district de Pjatigorsk. Bien que ce soient ces derniers qui aient initié les Ossèthes à l'art de l'apiculture, le miel ne se récolte chez eux que dans des proportions négligeables.

Chez les Ossèthes du territoire de Vladikavkaz eux-mêmes, cette industrie est distribuée d'une façon fort inégale. Dans certains hameaux « aoul », elle n'existe pour ainsi dire pas, dans d'autres, sur une population de deux cents paysans, 5 ou 10 à peine s'y livrent. Mais c'est surtout le village *chrétien* (à 40 verstes de la ville de Vladikavkaz) qui se distingue par le développement de l'apiculture. M. Toukkaëff ne peut donner de chiffres exacts, mais on pourra s'en faire une idée d'après les données suivantes :

Le village chrétien possède cinq cents maisons ; on peut admettre sans exagération que deux cents propriétaires se livrent à l'élevage des Abeilles. Chacun a, *au printemps*, cent ruches en moyenne ; quelques-uns en possèdent jusqu'à cinq cents. Le village entier en compte 20,000. En automne, lorsque l'année est bonne, ce nombre est doublé. L'apiculture est devenue, pour les habitants du village, une des principales occupations.

Les chiffres ci-dessus montrent quel est le nombre énorme des ruches concentrées dans un seul « aoul » et quelle quantité d'Abeilles auraient à alimenter les fleurs d'un territoire limité.

Les apiculteurs du pays se rendent d'ailleurs parfaitement compte qu'il serait peu avantageux de garder toutes les Abeilles au hameau. Aussi, dès le printemps, huit jours après Pâques, emportent-ils leurs ruches au loin, mais jamais à plus de 50 verstes du hameau. Les apiculteurs se réunissent par groupes de cinq à douze personnes pour installer toutes leurs ruches ensemble. L'endroit choisi doit répondre aux exigences suivantes :

1° Se trouver près d'une rivière et d'un bois, dont l'éleveur a plus besoin que ses Abeilles ; d'ailleurs, le bois, lorsqu'il est riche en arbres fruitiers et en tilleuls, devient précieux pour l'apiculteur, car il fournit alors la nourriture dès le début du printemps.

2° Il doit être couvert en partie par des petites herbes et en partie par les hautes herbes des steppes. Les premières fleurissent au printemps, mais, en été et en automne, ce sont les hautes herbes, plus résistantes au soleil, qui alimentent la population des ruches. On recherche également le voisinage du Sarrasin. Quelquefois toutes ces conditions réunies ne satisfont pas l'éleveur expérimenté : il connaît bien quelles sont les plantes que les Abeilles visitent de préférence et il en voudrait voir davantage sur le territoire choisi.

L'installation de la ruche est des plus primitives. On construit une habitation en osier que l'on habite en commun et les ruches rayonnent autour du centre. En outre, chaque rayon est, sur la circonférence, terminée par une petite guérite. On laisse là les Abeilles jusqu'en automne, c'est-à-dire jusqu'à fin septembre, si les circonstances locales sont favorables. Mais si l'endroit se trouve peu satisfaisant pour une raison quelconque, on déménage les Abeilles.

L'apiculteur y est constamment occupé par les soins à donner aux élèves jusqu'à ce qu'elles aient complètement fini d'essaimer. Au printemps, il nourrit les plus faibles tous les soirs ou tous les deux jours en les arrosant de miel fondu délayé avec de l'eau chaude. En même temps, il apprête de nouvelles ruches.

De plus, on a à enlever, avant la période d'essaimage, les couches supérieures de la cire qui ne contiennent pas de miel. Entre temps, l'éleveur ne laisse point d'observer ses ruches et les personnes expérimentées savent dire, avant l'essaimage, si l'année sera bonne. Un des indices, grâce auquel on le reconnaît, est un grand bruit dans la ruche, la nuit.

Les bonnes années, l'essaimage cesse avant le 1er juin, ou bien continue jusqu'au 15 juin dans des endroits plus humides. Voici comment on rattrape les essaims.

Les Ossèthes se servent à cet effet d'un appareil appelé « Sambou », qui se compose d'un cône en cerisier tronqué irrégulièrement à sa base ; un crochet de bois est fixé au sommet et ce crochet passe dans une courroie adaptée elle-même à un long bâton. Le propriétaire armé du Sambou invite gracieusement « la chaste duchesse aux ailes d'or » (la mère) (1) à y entrer et lui dit : « Viens donc dans la demeure apprêtée pour toi, capricieuse. » Tout en parlant, l'apiculteur frappe la perche avec une crécelle. Le Sambou est préalablement arrosé d'eau salée à l'intérieur et à l'extérieur. D'ordinaire « la duchesse aux ailes d'or » ne se laisse pas prier longtemps et fait entrer à sa suite toute la ruche. Du Sambou, on secoue les Abeilles dans les ruches qui sont également imbibées d'eau salée. Ensuite, la ruche est portée à sa place et on laisse l'ouverture bouchée pendant cinq minutes environ.

Il n'en est pas de même lorsque plusieurs essaims, une centaine quelquefois, sortent ensemble. Dans la mêlée, en se précipitant les unes sur les autres, les mères périssent souvent ; dans ce cas, on partage, et chacun a autant de mères qu'il doit avoir d'essaims. S'il y a moins de mères qu'on ne s'y attendait, c'est celui qui a le plus de ruches qui en souffre ; la perte lui est moins sensible.

Après le premier, ou les quelques premiers essaims, l'apiculteur pro-

(1) Expression caucasienne.

cède à l'essaimage artificiel, ce qui se fait depuis fort longtemps dans le pays. Le moment est indiqué par les sons que font entendre les jeunes mères à peines sorties de leurs cellules. On dit que le bruit provient de la lutte entre les jeunes mères.

De très bonne heure, avant la sortie des Abeilles, l'éleveur choisit une ou deux ruches et en troue le fond en trois endroits afin de permettre à la fumée d'un petit morceau d'amadou allumé d'entrer. Ce dernier est lui-même mis dans un creux au-dessus duquel la ruche est incliné.

Ainsi enfumées, les Abeilles sortent avec les jeunes mères et tombent sur une peau de Chèvre sauvage. Après avoir choisi la plus vive parmi les jeunes mères, on lui adjoint le nombre nécessaire d'Abeilles ouvrières et on les fait entrer dans une nouvelle ruche dont toutes les ouvertures sont bouchées et que l'on place à une demi-verste de l'établissement. Un quart d'heure plus tard seulement la porte d'entrée est ouverte. La ruche est laissée là pendant une huitaine de jours avant d'aller rejoindre les autres. Une nouvelle colonie est donc formée par une famille forte ou bien par deux ruches. La période d'essaimage finie, les apiculteurs propriétaires rentrent chez eux en laissant un ou deux gardiens.

Les ruches ne restent alors plus longtemps aux champs ; on les transporte bientôt au village où il est plus facile de les garder contre les voleurs. Avec les grands froids (fin octobre-novembre), commence l'hivernage. Les habitations d'hiver sont de deux espèces : des bâtiments en bois et des caves. Les premiers sont faits assez solidement, avec des planches en bois de tilleul, sans croisées, la porte fermant en. Le plafond et le plancher en bois, pas d'étagères. Les murs ne sont point enduits. Les caves ne se distinguent de ces bâtiments que parce que l'on en enduit les murailles. Dans ces locaux les ruches sont empilées les unes sur les autres avec de la paille entre pour empêcher le froid d'y pénétrer. Après les avoir ainsi installées pour l'hiver, l'éleveur ne les visite qu'une fois par mois ou même tous les deux mois. Pour se rendre compte de leur état, le connaisseur colle l'oreille à chacune des ruches à tour de rôle et juge, par le bruit qui en sort, si l'état est satisfaisant.

Avant de rejoindre le quartier d'hiver, les ruches les moins fortes sont approvisionnées de nourriture pour toute la saison rigoureuse. A cet effet, on retire quelques rayons de miel d'une forte ruche et on les place dans celle qui ne l'est pas assez. Au printemps, au sortir de l'hivernage, on soutient les abeilles, si cela paraît nécessaire, avec du miel fondu délayé avec un peu d'eau tiède ; on arrose en même temps avec des cuillers spéciales les Abeilles et les rayons. La construction des habitations spéciales appropriées à l'hivernage est déterminée par les hivers assez rigoureux de la région de Vladikavkaz où, quelquefois, la température descend à 20° au-dessous de 0°..

Passons maintenant à la ruche faite à la mode du pays.

Imaginez-vous un panier en osier fin, rappelant par sa forme une éprouvette. Il a 3/4 d'archine, c'est-à-dire $0^m,60$ environ de long et 1/2 archine de diamètre, il pèse 7 livres. On l'enduit, à l'extrémité seulement, d'un mélange de cendres de bois et de fiente de bêtes à cornes. Le côté à ouvrir a un couvercle plat en osier également. A l'intérieur, on fixe quatre petits bâtons pour servir de squelette, si je puis m'exprimer ainsi, aux cellules qui vont être construites. On en fixe deux côte à côte à la base, les deux autres, plus longs, forment par leur entrecroisement la lettre X. La ruche fermée et renversée le côté ouvert en bas, est soulevée par deux ou trois cailloux pour la protéger de l'humidité du sol. Pour la garantir de la pluie, on la couvre d'un couvercle en chaume.

Le produit de cette industrie — le miel — se consomme en partie sur place, les montagnards le mangent et en sucrent certains plats farineux ; mais il est surtout un objet du commerce local, et sous ce rapport, il paye bien le travail de l'éleveur. La cire se vend sous trois aspects : 1° la livre de la cire des rayons valait, il y a deux ans, 25 copeks, elle en vaut 15 aujourd'hui ; 2° la cire fondue et passée dans un sac de toile se vend 40 copeks la livre. Les restes contenus dans le sac valent 2 copeks la livre (1 copek vaut 3 centimes environ).

Le commerce du miel commence en automne, entre le moment où les abeilles en produisent et celui où elles commencent à en dépenser (fin août) ; on vend en gros aux acheteurs qui arrivent à ce moment. Le prix dépend de la récolte, mais la moyenne est de 5 roubles par « poude » (40 livres russes) ; on vend aussi à 4 1/2, 6, 7 roubles. Au printemps le prix monte, il est de 8 à 10 roubles le poude. — On livre non pas le miel pur, mais tel qu'il est dans la ruche, les ruches mêmes vont quelquefois avec. On enfume les Abeilles des ruches destinées à la vente.

La distance entre divers établissements est de 9 verstes environ.

La population russe ne se livre point à l'art de l'apiculture.

Cath. Krantz.

Le Karité ou arbre à beurre d'Afrique (*Bassia Parkii*, G. Don ; *Butyrospermum Niloticum*, Kotsch. ; *B. Parkii*, Kotsch.) est un bel arbre d'une hauteur moyenne de 10 mètres, sur un diamètre de 1 mètre environ et souvent ramifié comme le Chêne dont il rappelle un peu le port. Feuilles disposées en touffes à l'extrémité des rameaux, oblongues-lancéolées, atténuées à la base, mucronées au sommet, entières, glabres et luisantes.

Originaire de l'Afrique, le Karité est très abondant dans toute la région tropicale, particulièrement dans le Haut-Sénégal ainsi qu'au Soudan où il forme des forêts d'une immense étendue, notamment sur les rives du Niger.

Son bois est résineux, très dur, mais d'une exploitation assez restreinte jusqu'à ce jour. Les baies vertes et les jeunes pousses fournissent un suc fortement astringent usité dans la médecine indigène.

Le fruit est une baie comestible ellipsoïde, verdâtre et charnue de la grosseur d'une noix, recouverte d'un péricarpe mince et solide. Il est consommé sur place par les nègres qui se montrent très friands de la pulpe.

Les graines renferment une huile grasse, légèrement aromatique, de couleur blanc sale ou rougeâtre, ayant un peu l'aspect et presque la consistance du beurre. Cette huile, connue dans le commerce sous les noms de *beurre de Galam, de Karité, de Bambouk, de Bambara, de Ghee, de Shea*, etc., offre une saveur douce, agréable et dépourvue d'âcreté.

René Caillié, dans son voyage en Afrique, rapporte ainsi le procédé en usage chez les Mandingues pour la préparation du beurre de Karité :

On expose le fruit au soleil pendant plusieurs jours pour le faire sécher, puis on le pile dans un mortier ; réduit en farine, il devient couleur de son de froment. Quand il est pilé, on le met dans une grande calebasse, puis l'on jette de l'eau tant soit peu tiède par dessus, jusqu'à consistance d'une pâte claire que l'on pétrit avec les mains. Quand on veut connaître si elle est assez manipulée, on y jette un peu d'eau tiède : si l'on voit les parties grasses se détacher du son et monter sur l'eau, on y met à plusieurs reprises de l'eau tiède ; il faut qu'il y en ait assez pour que le beurre, détaché du son, puisse flotter.

Cette matière grasse est considérée par quelques auteurs comme possédant les mêmes propriétés que le beurre animal et pouvant remplacer celui-ci dans l'alimentation. C'est aussi, d'ailleurs, l'opinion de Mungo Park qui la dit plus blanche, plus ferme et, à son goût, plus agréable qu'aucun autre beurre de vache. Cette substance offre en outre l'avantage de se conserver très longtemps sans rancir, même sans être additionnée de sel.

L'huile de Karité est d'un usage constant parmi les populations nigériennes qui l'utilisent soit dans les préparations culinaires ou pour alimenter leurs lampes primitives, soit comme onguent pour panser les plaies et les blessures (1) ou comme cosmétique pour peigner la chevelure des femmes. Dans quelques contrées de l'Afrique, les indigènes désignent également ce produit sous les noms de *Cé* et de *Micadania*. Cette huile est également bonne pour la fabrication des bougies et des savons ; elle est en ce moment l'objet de transactions importantes dans le Bas-Niger, où les forêts sont en partie exploitées par les Anglais.

(1) Ab. Hovelacque, *Les Nègres de l'Afrique sus-équatoriale*, p. 141.

Le rendement des graines est d'environ 49 pour cent.

Complètement soluble à froid dans l'essence de térébenthine, le Beurre de Galam est presque insoluble dans l'alcool et incomplètement à froid dans l'éther. D'après Guibourt, la matière insoluble paraît être de la stéarine. Fondu au bain-marie, il laisse déposer des flocons rougeâtres d'une substance sucrée et des plus agréables qui doit provenir de la pulpe du fruit. Ce Beurre se refroidit lentement et commence à se figer à + 29 degrés, mais ne devient réellement solide qu'à + 21. Les alcalis le saponifient avec la plus grande facilité.

Suivant M. de Lanessan, on trouve encore sur la côte occidentale de l'Afrique deux espèces de *Bassia* nommées au Gabon, *Agali-djave* et *Agali-noungou*, dont les graines donnent jusqu'à 56 pour cent d'une huile analogue au Beurre de Galam, qui est comestible lorsqu'elle est fraîche et que l'on emploie comme celui-ci contre leurs douleurs rhumatismales. Une autre espèce, connue sous le nom de *Acole Ougounou*, donne également une matière grasse semblable.

Le *Bassia Parkii* offrirait encore à l'industrie une ressource inattendue. En effet, M. Ed. Heckel, de Marseille, croit avoir trouvé dans cet arbre un remplaçant de l'*Isonandra gutta* pour la production de la Gutta-percha, dont les sources seraient prêtes d'être épuisées, si nous en croyons sir J. Hooker, par suite de l'apathie des indigènes indiens qui ne s'adonnent que d'une façon tout à fait insuffisante à la culture de ce précieux végétal.

Aussi, en raison de l'importance du Karité et de la facilité avec laquelle il prend un développement rapide, même dans les plus mauvais terrains, M. Heckel en propose-t-il l'acclimatation dans nos colonies tropicales françaises, principalement en Cochinchine et au Cambodge, dont le climat lui serait très favorable.

A partir de quatre ans, le *B. Parkii* peut donner, par l'incision du tronc et de ses gros rameaux, environ 4 kilogrammes de véritable Gutta-percha annuellement, à condition toutefois que l'opération soit faite avec quelques précautions, de manière à ne pas épuiser préalablement le sujet.

Cette exploitation pourrait donc être commencée dès à présent et devenir, pour le Sénégal, une nouvelle source de prospérité si, comme il y a tout lieu de le croire, les assertions de M. Heckel sont exactes.

J. G.

L'Upas Tieuté des Javanais (*Strychnos Tieute* Lesch. — *Jetteh* et *Tshittk* des indigènes) est une énorme liane ligneuse, inerme, d'un diamètre de plusieurs centimètres, grimpant jusqu'au sommet des plus grands arbres qu'elle couronne de ses fleurs et de ses fruits.

Son bois, blanchâtre et poreux, est recouvert d'une écorce blanche, rugueuse, amère et quelquefois parsemée de taches blanchâtres, d'aspect crétacé, dues à l'abondance d'un petit lichen du genre *Opegrapha*.

Ses feuilles sont elliptiques ou oblongues, acuminées au sommet, aiguës à la base, glabres sur les deux faces ; de l'aisselle des feuilles avortées, sortent çà et là des crocs ou sortes de vrilles épaissies vers leur extrémité. Les racines s'enfoncent d'abord en terre à une profondeur de 60 centimètres environ, puis s'étendent ensuite horizontalement à une grande distance ; leur épiderme est mince, brun rougeâtre ou plutôt couleur de rouille et d'une saveur très amère.

Originaire des forêts vierges de Java, cette espèce s'observe surtout dans les montagnes ombreuses et solitaires de l'île de Blanbargang où on la dit cependant assez rare.

De tout temps, ce *Strychnos* a fourni aux naturels des îles Moluques et de la Sonde un des poisons les plus violents du règne végétal pour empoisonner leurs flèches. L'Upas Tieuté, préparé mystérieusement autrefois par quelques initiés, s'obtient encore aujourd'hui par un procédé fort simple et très primitif, qui consiste à faire avec l'écorce fraîchement cueillie une décoction prolongée jusqu'à évaporation presque complète du mélange, qui prend alors une consistance sirupeuse et une couleur foncée ; il ne reste plus alors qu'à dessécher ce résidu pour le rendre plus facilement transportable.

Pelletier et Caventon ont décrit ce poison comme un extrait solide, brun rougeâtre, un peu translucide. A l'analyse, ce produit leur a donné une très forte proportion de strychnine sans brucine, mais accompagnée d'une matière brune qui jouit de la propriété de verdir par l'acide nitrique. Guibourt dit avoir vu le célèbre poison des Javanais sous forme d'une poudre de couleur gris brunâtre.

Les expériences de Magendie et Delille, faites avec le poison rapporté par Leschenault, démontrèrent que les divers animaux soumis à son action, succombent, dans un laps de temps variant entre cinq et quinze minutes au plus, à une sorte d'asphysie causée par le tétanos général et surtout celui des muscles de la poitrine, sans trace d'inflammation des organes de la digestion et conservant l'usage des sens.

Mérat et de Lens mentionnent ainsi l'opinion de Mayer sur l'Upas Tieuté : Employé à l'intérieur ou à l'extérieur, il produit des spasmes et des convulsions tétaniques ; il agit comme les autres poisons, par l'intermédiaire du sang, affecte la contractilité musculaire, paralyse l'action du cœur, puis porte son influence sur la moelle épinière sans jamais déranger d'une manière notable les fonctions dn cerveau. L'écorce pulvérisée produit plus de raideur et de paralysie et moins de contractions spasmodiques que les préparations artificielles. D'après les expériences de ce professeur, la décoction de l'écorce a amené la mort en deux heures vingt-deux minutes ; la racine en quarante minutes ; l'extrait gommeux en neuf ; l'Upas préparé à la manière des sauvages en sept ; l'extrait aqueux en six et enfin, l'extrait alcoolique, la préparation la plus toxique, en quatre minutes.

Contrairement à l'opinion émise par le Dr Mayer, Horsfield, qui a expérimenté sur les lieux, à Java, le poison provenant du *Strychnos Tieute*, dit que son action se porte totalement sur le cerveau et ses annexes, tandis qu'avec celui de l'Antiar (*Antiaris toxicaria* LESCH), cette action est entièrement dirigée sur le système circulatoire de la poitrine et de l'abdomen. Le premier foudroie le système nerveux, le second détruit l'équilibre du système vasculaire.

C'est d'ailleurs cette opinion qui est aujourd'hui admise, surtout depuis les derniers travaux sur les effets physiologiques de la strychnine.

Le *S. Tieute* peut être chez nous l'objet d'une certaine curiosité, mais nous doutons qu'il entre jamais dans la pratique thérapeutique, tant à cause de sa rareté que par la difficulté de se procurer l'écorce dans des conditions favorables de conservation. Au point de vue médical, ses effets seraient identiques à ceux que l'on obtient des autres végétaux de ce genre riches en strychnine. M. V.-B.

La culture de la Menthe poivrée en Amérique. — Le comté de Saint-Joseph dans le Michigan, et le comté de Wayne dans l'Etat de New-York, sont les deux régions des Etats-Unis où la production de la Menthe poivrée a pris le plus d'extension. Datant de 1846 environ, cette culture étend continuellement l'aire qui lui est affectée, et tous les agriculteurs de la région font de la Menthe, aujourd'hui, sur la totalité ou une partie de leurs terres. Les champs les plus vastes du comté de Saint-Joseph appartiennent à M. Henry Hall, aux Trois-Rivières. La ferme, qu'entourent 900 acres (364 hectares) de terres labourables, est située à 8 milles, 13 kilomètres, au sud-est des Trois-Rivières ; 163 hectares sont affectés chaque année à la Menthe. Quand la plante ne produit plus qu'une faible quantité de feuilles, on retourne le champ et on y sème du trèfle, dont les longues racines pivotantes détruisant la compacité du sol le prépareront à être de nouveau remis en Menthe. Quatre distilleries installées sur ce domaine produisent chaque jour 250 kilogs d'huile essentielle de Menthe.

Peu de plantes exigent autant de soins de culture que la Menthe, mais la valeur de la récolte dépend beaucoup aussi de la température Pour créer un champ de Menthe, on laboure et herse en août, septembre et octobre, puis on donne un nouvel hersage au printemps. On procède à la plantation au moyen de tronçons de racines, déposés de distance en distance dans des sillons écartés d'un mètre. Du moment où la Menthe lève à celui où elle est récoltée, elle doit être soigneusement nettoyée et binée pour éliminer toute mauvaise herbe, le fléau de cette culture. La plante fleurit vers le 15 août, et on procède immédiatement à sa récolte faite à la faux ou à la faucille. On obtient ainsi trois récoltes pendant trois années successives;

mais l'ordre primitif de la plantation a complètement disparu alors, les touffes de Menthe poussent çà et là et non plus en lignes ; partout apparaissent des mauvaises herbes, de 20 kilogs environ d'huile essentielle à l'hectare, chiffre obtenu les premières années, le rendement s'abaisse à 10 kilogs. Après le fauchage, la Menthe est étalée sur le sol où elle se dessèche, puis on procède à l'élimination des mauvaises herbes et on la conduit sur des wagonnets à la distillerie. Là, elle est soumise pendant une heure à l'action de la vapeur, qui en sépare l'huile essentielle qu'on recueille ensuite dans le réfrigérant.

Cette huile est souvent adultérée avec de l'eau, de l'alcool, de l'huile de castor, ou appauvrie par l'extraction d'une partie du menthol qu'elle contient. (*Pharmaceutical journal.*)

Culture de Camphriers dans la Floride. — Se basant sur la rareté relative et surtout la cherté du camphre sur les marchés anglais, les Américains ont imaginé de cultiver l'arbre qui le produit, le *Laurus camphora*, dans la Floride, dont le climat rappelle sensiblement celui de l'Algérie.

Le Camphrier prospère dans toutes les parties de la Floride ; il atteint une hauteur de trois mètres en quatre ans et près de douze mètres en dix ans, avec un tronc de 35 centimètres de diamètre.

La première taille doit être faite vers la quatrième ou cinquième année et se continue tous les ans dans le but de bien former la tête de l'arbre, de sorte que l'on a ainsi continuellement une certaine quantité de bois à distiller.

De la douzième à la quinzième année, l'arbre est assez fort pour être abattu et fournit un bois très estimé et recherché pour l'ébénisterie.

Cette culture promet donc d'être rémunératrice, et l'on estime que, dans dix ans, il y aura probablement plus de Camphriers que d'Orangers dans la Floride. (*Revue horticole.*)

Le Laurier de Pompéi. — Les historiens ont maintes fois discuté l'époque de l'année 79 à laquelle eut lieu la terrible éruption du Vésuve qui anéantit les villes de Pompéi et d'Herculanum. On a récemment découvert, dans les cendres de Pompéi, un arbre entier, aux rameaux couverts de baies, qui n'était autre qu'un Laurier-sauce (*Laurus nobilis*). Le degré de maturation des fruits semble indiquer que l'éruption aurait eu lieu en novembre. (*Le Chenil.*)

VIII. BIBLIOGRAPHIE.

Les Sociétés chez les animaux, par le Dr Paul GIROD, professeur adjoint à la Faculté des Sciences de Clermont-Ferrand, professeur à l'Ecole de médecine, lauréat de l'Institut. — 1 vol. in-8°, de 342 pages, avec 53 fig. intercalées dans le texte.

Un des derniers volumes parus de la « Bibliothèque scientifique contemporaine », publiée par la librairie J.-B. Baillière et fils, est consacré à l'une des parties les plus intéressantes de l'histoire des mœurs des animaux, nous voulons dire celle qui traite de leurs associations, de leur formation et de leur but ; du merveilleux instinct qui pousse certains groupes à se réunir et les amène à accomplir tant d'œuvres admirables ; du *modus vivendi* de ces sociétés diverses, auxquelles les nôtres bien souvent pourraient emprunter des exemples salutaires et d'utiles enseignements.

L'auteur nous indique d'abord dans son introduction de quelle nature sont ces associations. Dans les *associations indifférentes*, les animaux se réunissent en grand nombre pour atteindre plus sûrement un résultat déterminé : en général de longs voyages ; mais chacun reste indépendant dans la masse commune et indifférent au sort heureux ou malheureux de ses voisins ; on se sépare aussitôt le but atteint. Dans les *associations réciproques* la réunion est encore temporaire, mais ici chaque animal met en commun sa force et son intelligence, et ne reprendra sa liberté qu'après l'action. Enfin, dans les *associations permanentes*, l'association est plus durable, et la famille ainsi que l'individu ne forment plus qu'un organe ou un membre de l'organisme social.

Nous passons ensuite en revue ces différentes espèces d'associations chez les vertébrés, puis chez les invertébrés.

Dans la première partie on nous parle des poissons migrateurs et particulièrement des bancs de Harengs, des montagnes d'oiseaux ou accumulation énorme de ces animaux sur certains points, des voyages des Hirondelles, des migrations des Rats et des Lemmings, etc... Puis vient la description de ces gigantesques nids ou plutôt de ces réunions de nids, construits par des oiseaux dits les *Républicains*, qui les habitent souvent au nombre d'un millier d'individus ; l'histoire des Castors, des troupeaux chez les mammifères et particulièrement des réunions souvent considérables de Singes, ainsi que de l'organisation sociale des anthropoïdes.

Dans la deuxième partie, nous lisons avec intérêt un résumé très clair sur les mœurs admirables et les sociétés si bien organisées des insectes et surtout des hyménoptères sociaux, tels que les Fourmis, les Termites, les Abeilles, etc... Plus loin l'auteur nous donne des détails sur des associations d'autre nature que celle-ci, comme le commensalisme et le parasitisme ; nous voyons l'histoire du Bernard-l'Hermite, les commensaux des Fourmis, les parasites des Abeilles, enfin le fameux Coucou, qui ne pond ses œufs que dans des nids étrangers, forçant les oiseaux plus petits et d'espèce différente à couver pour lui. Enfin la théorie des colonies linéaires ou coalescents chez les uns, les échinodermes et les mollusques, prennent place dans ces pages à la suite du chapitre qui traite des associations chez les animaux inférieurs, Ascidies, Bryozoaires, Hydres, Éponges, Coraux, etc.

On voit par ce qui précède quel intérêt présente ce petit livre, plein de faits et merveilleux de précision. Emanant d'un auteur qui a déjà rendu de si grands services à l'enseignement par ses publications sur les manipulations de zoologie et de botanique, il pourra prendre place dans la bibliothèque de tous, et c'est fort à propos qu'on pourra dire de lui :

Indocti doceant, ament meminisse periti.

Parmi les derniers ouvrages que M. Gadeau de Kerville a eu l'amabilité d'offrir à notre Société, nous citerons les suivants :

1° *Sur un cas d'amitié réciproque chez deux oiseaux* (Perruche et Sturnidé) avec une figure. Extrait du journal « Le Naturaliste », numéro du 1er août 1890 ;

2° *Note sur la venue du Syrrhapte paradoxal en Normandie* (avec une planche en bistre), Rouen, 1890, 1 br. in-8°.

3° *Les Insectes phosphorescents*, notes complémentaires et bibliographie générale (anatomie, physiologie et biologie), Rouen, 1887, 1 vol. in-8° 136 pages ;

4° Le 2e fascicule de la *Faune de la Normandie*, publiée chez J.-B. Baillière et fils. (Extrait du *Bulletin de la Société des Amis des Sciences naturelles de Rouen*, 1er semestre 1889).

Ce fascicule comprend les oiseaux (carnivores, omnivores, insectivores et granivores). Nous n'avons pas à insister sur l'intérêt que présentent ces faunes locales et surtout celles écrites par un naturaliste aussi érudit et aussi consciencieux que M. H. Gadeau de Kerville.

La faune ornithologique de la Normandie était déjà bien connue; mais l'auteur a tenu à contrôler tous les faits avancés dans les différents ouvrages et à recourir aux sources originales pour les confirmer; il a donc en cela rendu un véritable service aux observateurs et aux naturalistes. Nous attendons avec impatience le 3e fascicule qui traitera des Pigeons, des gallinacés, des échassiers et des palmipèdes.

R.

OUVRAGES OFFERTS A LA BIBLIOTHÈQUE DE LA SOCIÉTÉ.

Michotte (Félicien). — La Ramie, conférence faite à la Société centrale du travail professionnel. — Paris, typographie Blind.

Nardy père. — Les plaines sableuses de l'Alentejo (Portugal). — Hyères, lithographie Bloch et Réau, 1890.

Nehring (prof. Dr). — Aus den Verhandlungen der Berliner anthropologischen Gesellschaft, 1889.

Le même. — Sitzungs-Bericht der Gesellschaft naturforschender Freunde, 1889.

Le même. — Ueber Sus Celebensis und Verwandte. — Berlin, 1889, in-4°, planches. L'auteur.

Pezuna y Estomago. — Reglas sencillas para atender y cuidar al caballo en la caballeriza ó en el camino. — Mexico, 1886.

Santiago Ramirez. — Noticia historica dela Riqueza minera de mexico. — Mexico, 1884.

Reichenow (Dr Ant.). — Systematisches Verzeichniss der Vögel Deutschlands. — Berlin, 1889.

Rivière (Charles). — Algérie. Horticulture générale, végétation, cultures spéciales, acclimatation. — Alger, Giralt, imprimeur, 1889.

Rodigas (Émile). — Une visite à l'établissement de l'horticulture internationale (Linden), au parc Léopold, à Bruxelles. — Grande imprimerie Vanderhaeghen.

Rolland (G.). — Sur les grandes dunes de sable du Sahara. — Paris, Gauthier-Villars, imprimeur-libraire, 1890.

Le même. — Grande faille du Zaghouan et ligne principale de dislocation de la Tunisie orientale. — Lille, imprimerie Le Bigot frères, 1890.

Ruiz y Sandoval (Alberto). — El Algodon en México. — México, oficina typografica de la Secretaria de fomento, 1884.

Rutherford (William-Gunion). — The fourth book of Thucydides. — London, Macmillan and Co., 1889.

Sahut (Félix). — Comparaison des climats du midi et du sud-ouest de la France. — Montpellier, imprimerie centrale du Midi, 1889.

Sappa (prof. Mercurino). — Colombi Reggianini, le piche Danesi. — Mondovi, typografia et librairia Ghiotti, 1889.

Le Gérant : JULES GRISARD.

I. TRAVAUX ADRESSÉS A LA SOCIÉTÉ.

ACTION DU FROID SUR LES ÊTRES VIVANTS

PAR M. MAURICE ARTHUS.

(SUITE ET FIN *)

II

ÉTUDE SOMMAIRE DES MALADIES PRODUITES PAR LE FROID CHEZ LES ANIMAUX.

Nous avons précédemment montré l'influence du froid sur les différentes fonctions vitales. Nous avons précisé les conditions de la mort chez les Oiseaux et les Mammifères non hibernants, les conditions de l'hibernation chez les animaux à sang froid. Le froid peut amener la mort des animaux supérieurs par simple refroidissement, sans produire d'accidents locaux; comme, d'autre part, il peut déterminer l'apparition de lésions bien limitées plus ou moins graves d'ailleurs. De nombreux cas de mort par le froid ont été observés chez l'homme notamment pendant la fameuse retraite de Moscou. Les soldats qui ne pouvaient pas réagir d'une façon suffisante tombaient dans une sorte d'idiotisme accompagné de difficulté de parler, d'affaiblissement de la vue et de lourdeur dans les membres : ils marchaient encore quelque temps soutenus par leurs camarades; mais peu à peu leurs jambes fléchissaient, et, la faiblesse augmentant, ils tombaient pour ne plus se relever; ils passaient à un état d'assoupissement qui se prolongeait jusqu'à la mort. La mort arrivait ainsi sans produire de lésions anatomiques reconnaissables.

Dans la plupart des cas cependant le refroidissement donne lieu à des lésions des tissus, et ces lésions sont limitées aux régions du corps les moins bien protégées. Ces lésions peuvent être légères et ne se traduire que par une rougeur plus ou moins intense et une douleur en général assez vive,

(*) Voyez plus haut, page 246.

— ou bien elles peuvent être plus profondes, détruire l'épiderme et une partie du derme, faire naître des phlyctènes pleines de sérosité sanguinolente ; — enfin, si le froid est assez vif, l'effet local peut être la congélation. Cette congélation n'est pas toujours suivie de la destruction totale du tissu affecté. Hunter fit à cet effet une expérience intéressante; il gèle l'oreille d'un lapin dans l'eau glacée. Après une heure de séjour dans la glace, l'oreille est tout à fait roide, une incision n'en peut faire couler le sang. Mais peu à peu l'oreille maintenue à l'air tiède se dégèle, recouvre son élasticité naturelle, laisse couler du sang. Elle devient bientôt chaude, s'épaissit, s'enflamme, et puis au bout d'un certain temps tous ces phénomènes disparaissent, elle ne diffère plus de l'autre oreille.

Sous l'influence du froid les vaisseaux se contractent, les tissus pâlissent et se rétractent. Lorsque la chaleur revient, la dilatation succède à la rétraction des vaisseaux ; l'anémie locale fait place à l'hypérémie; — et souvent cette congestion secondaire peut produire l'œdème, l'inflammation et même la gangrène; aussi doit-on éviter de réchauffer trop rapidement et trop fortement les parties congelées pour ne pas déterminer des désordres graves et parfois même irréparables.

Le froid peut produire des accidents par un mécanisme plus compliqué. Nous avons indiqué comment l'organisme animal se défendait contre le refroidissement; nous avons montré notamment comment les artérioles cutanées réduisaient leur diamètre et forçaient par conséquent le sang à se répandre en plus grande abondance dans le système des vaisseaux viscéraux. C'est dire que, sous l'influence de refroidissement cutané, il peut se produire un afflux de sang considérable dans les organes internes, une congestion intense du poumon, de l'intestin, des reins, etc., congestion souvent capable de déterminer les lésions temporaires ou permanentes d'une inflammation. On a prétendu qu'inflammation devait être considéré comme synonyme d'infection; on a admis dans une certaine école qu'il n'y avait inflammation que lorsque des microorganismes pouvaient se développer.

Mais on n'a pas donné la démonstration rigoureuse de cette hypothèse, et nous avons le droit d'admettre jusqu'à preuve du contraire que dans certains cas il se développe des lésions inflammatoires (bronchite, entérite, néphrite, etc.) par le seul balancement des mécanismes neuro-vasculaires qui produisent la congestion.

Mais nous devons reconnaître aussi que dans un grand nombre de cas les congestions viscérales, en affaiblissant la résistance des tissus au développement des germes qui les abordent permet la pullulation des microbes. La congestion dans ce cas est la condition première du développement des microorganismes ; l'inflammation est la conséquence de leur activité vitale. C'est ainsi qu'il faut comprendre l'apparition des broncho-pneumonies qui sont si fréquentes chez l'homme et chez les animaux pendant la période de froid. Que de fois la maladie microbienne avec ses caractères francs et ses signes cliniques s'est greffée sur une légère congestion pulmonaire qu'on pourrait presque appeler régulière et physiologique ! Nous avons assez souvent constaté des faits du même genre chez des chiens. Ces animaux exposés à un refroidissement très vif présentaient les signes d'une affection pulmonaire grave ; nous en avons sacrifié avant que la maladie n'ait achevé son évolution, et nous avons très souvent constaté à côté d'une congestion pulmonaire généralisée de petits noyaux disséminés dans toute l'étendue du poumon et présentant les caractères de l'hépatisation pneumonique. Ces noyaux correspondaient à autant de colonies microbiennes qui avaient pu se développer grâce à l'affaiblissement de la résistance du tissu pulmonaire simplement congestionné.

On a souvent attribué au froid dans l'étiologie des maladies un rôle trop considérable ; on n'a pas seulement fait des pneumonies, des pleurésies, des néphrites *a frigore* ; — mais on a imaginé des myélites, des névralgies *a frigore*, ce qui nous semble fort exagéré. Toutefois il est une maladie dans l'apparition de laquelle le froid joue un rôle considérable, c'est le rhumatisme, sous ses deux formes articulaire et musculaire. C'est surtout à la suite d'une exposition prolongée au froid humide tel qu'on le trouve réalisé dans certains climats, dans les constructions neuves et dans les habitations souterraines que le rhumatisme se développe.

Nous nous bornons à ce résumé des principales influences morbides du froid chez l'homme et chez les animaux. Les animaux sont exposés comme l'homme aux actions nuisibles du refroidissement ; les conséquences sont toujours les mêmes ; la réaction de l'organisme et sa résistance au froid peuvent seulement augmenter ou diminuer selon les espèces.

Le froid produit également des lésions dans les tissus végétaux ; mais l'organisation des plantes étant plus simple que celle des animaux, plus réduite surtout pendant la saison d'hiver, l'action du froid est purement locale ; les parties d'organes congelés sont les seules qui soient atteintes par le froid et qui doivent disparaître.

III

ACTION PHYSIQUE DU FROID CHEZ LES VÉGÉTAUX.

Sous l'influence du froid, il peut se produire des déchirures dans le tronc ou dans les grosses branches des arbres. On a distingué trois sortes d'accidents : la gélivure, la roulure et la lunure.

La *Gélivure* consiste en un fente parallèle aux rayons médullaires, se produisant par conséquent dans le sens longitudinal des troncs, soit verticalement, soit obliquement, suivant la direction des fibres du bois, pénétrant plus ou moins profondément vers l'axe de la tige, traversant l'écorce ou laissant celle-ci intacte, selon l'intensité du phénomène. — Des accidents de cette nature s'observent surtout sur le Chêne, le Hêtre, le Sapin, le Platane, le Noyer, etc., — les jeunes rameaux en sont exempts.

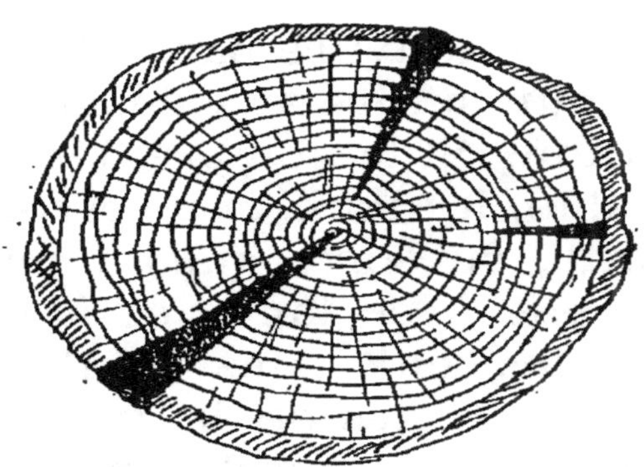

Exemple de gélivure. — On a représenté la section de trois crevasses : l'une, petite n'intéressant que le bois ; les deux autres, plus grandes intéressant le bois et l'écorce, l'une pénétrant jusqu'au centre de l'arbre.

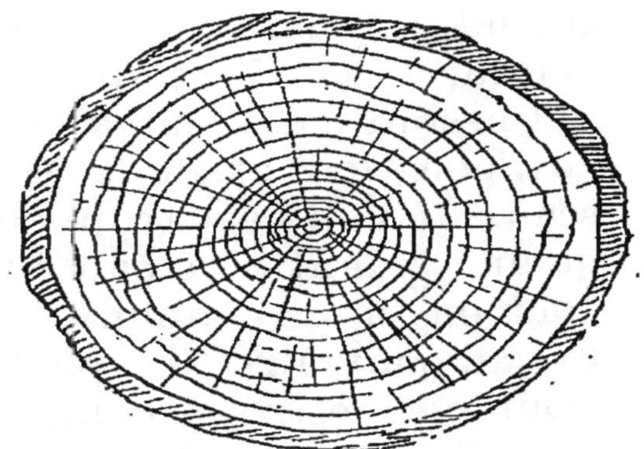

Coupe d'une tige montrant les couches concentriques annuelles du bois, la zone corticale des fissures rayonnantes correspondant à la direction des rayons médullaires.

La *Roulure* consiste en ce que la constriction des couches externes du bois a été assez forte non seulement pour faire éclater celui-ci verticalement — car elle est ordinairement accompagnée de gélivure —, mais encore pour les détacher des couches internes moins froides. Ce cas se présente surtout lorsque les couches ligneuses manquent d'homogénéité comme chez le Chêne, l'Epicéa, etc.

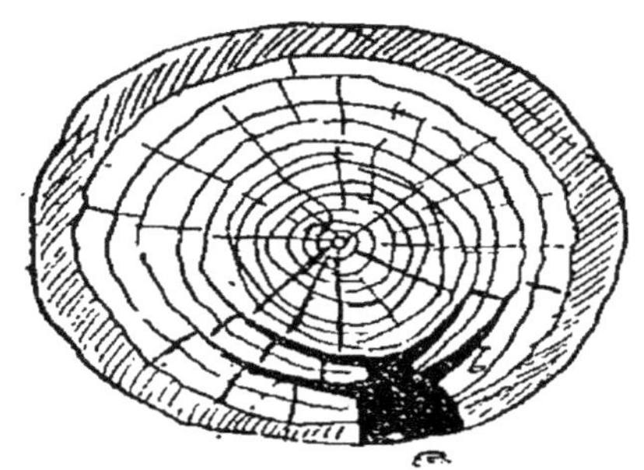

Exemple de roulure. — *a* représente une crevasse ayant intéressé l'écorce et les zones superficielles du bois. Les zones les plus externes se sont détachées des zones profondes et ont glissé sur elles, grâce aux crevasses concentriques *b*, de sorte que l'écartement est plus considérable pour les zones extérieures. Au voisinage de la fente, on a accentué les directions des rayons médullaires pour montrer leur rejet successif, leur discontinuité qui rend bien compte du mécanisme de la roulure.

On appelle *Lunure* la destruction des couches externes du bois, les couches profondes restant vivantes. Cet aubier ne se transformera pas en bois parfait. L'arbre restant vivant finit par envelopper d'une couche de bois parfait l'aubier mort qui ne tarde pas à devenir jaune, rouge ou brun et à se détruire par la vermoulure ou la pourriture.

Quelquefois la destruction n'a intéressé que certaines parties de la zone cambiale ; il reste des bandes étroites de tissu vivant séparées par des îlots de tissu déchiré et mort ; c'est ce que les forestiers appellent gélivure entrelardée. Quand, au printemps, les feuilles commencent à se développer sur ces arbres qui ont subi une gélivure partielle, elles ont besoin d'eau en abondance pour suffire aux dépenses de l'évaporation et de la transpiration. Si le nombre des vaisseaux détruits est trop considérable, les feuilles ne reçoivent qu'une quantité d'eau insuffisante, de sorte que la plante, tout en bourgeonnant, ne tarde pas à se faner et à périr. Si, au contraire, les parties vivantes sont assez nombreuses pour permettre la compensation des pertes de la transpiration, il ne tarde pas à se développer un bourrelet vivant qui s'avance peu à peu au-dessus des tissus détruits, et bientôt l'état normal se rétablit.

Il est facile de comprendre le mécanisme de ces déchirures produites par le froid. Le tissu des arbres n'est pas homogène ; les différentes parties qui le constituent ont des propriétés physiques différentes ; sous l'influence du froid, elles se contractent; mais la contraction n'est pas la même pour les diverses couches, ou même pour les divers éléments d'une même couche. Ainsi se comprennent les déchirures et les décollements résultant d'un fort refroidissement. Sous l'action d'un froid très vif, les couches périphériques se contractent violemment, et comme le refroidissement n'atteint que lentement les zones profondes, il en résulte que les parties superficielles doivent se rompre suivant une direction parallèle à la direction de l'axe : c'est ce qui se produit dans la gélivure. Lorsque la température s'élève de nouveau, les zones contractées reprennent leur volume primitif, les deux lèvres de la solution de continuité se rapprochent, et à la place de la crevasse béante qui s'était produite, on ne constate plus que l'existence d'une fente cicatricielle qui s'ouvrira de nouveau pendant la saison des froids.

On a constaté la formation de petits glaçons dans l'intérieur des plantes, et on a d'abord pensé que ces glaçons à arêtes vives devaient déterminer des perforations dans les parois cellulaires, incapables de se prêter à l'augmentation de volume de leur contenu sous l'influence de la congélation.

La formation de glace dans l'intérieur des plantes n'est plus à démontrer : pendant l'hiver, lorsque la température s'abaisse notablement, les végétaux deviennent rigides, friables, craquants ; dans certaines plantes même on a observé la présence de gros glaçons visibles à l'œil nu. Mais on doit se demander si ces aiguilles de glace se développent dans l'intérieur des cellules, ou seulement dans les espaces intercellulaires, si la mort des tissus gelés est le résultat de la perforation des cellules, ou s'il faut en chercher l'explication dans un autre mécanisme.

Gœppert en examinant les cellules des tissus congelés n'a jamais pu y découvrir la moindre trace d'une perforation. Schacht a montré qu'on peut presser entre les doigts un morceau de pomme de terre gelée sans que le liquide qui s'en écoule contienne des grains de fécule, ce qui prouve avec certitude que les fentes qu'on supposait devoir être produites par les aiguilles de glace dans les parois cellulaires seraient au moins plus petites que les plus petits grains d'amidon. Lorsqu'on plonge un tissu gelé dans la glycérine, on voit les cellules de ce tissu se vider peu à peu ; leur contenu liquide est attiré par la glycérine et leur membrane s'affaisse. On ne comprendrait pas cette diminution de volume du contenu cellulaire si la paroi présentait des déchirures, même extrêmement petites.

Enfin, un fait bien souvent observé et absolument incontestable prouve que ces membranes restent intactes. On sait qu'une même plante placée dans les mêmes conditions de refroidissement peut ou non périr, selon que le dégel est rapide ou lent. On ne comprendrait pas ces différences si la mort était due à la perforation des parois cellulaires.

Les cellules ne sont donc pas déchirées par les aiguilles de glace ; l'augmentation de volume de l'eau pendant la congélation, qui est de 1/17 environ ne suffirait d'ailleurs pas à rompre des parois, surtout lorsque les cellules ne renferment pas, avant la congélation, le maximum de liquide qu'elles peuvent contenir.

On n'a d'ailleurs jamais démontré la formation de glaçons dans l'intérieur des cellules végétales.

Prillieux a fait des observations intéressantes sur les feuilles d'*Iris Germanica*. A la suite d'un froid de 4 à 5° au-dessous de 0, il a vu apparaître sur les deux faces des feuilles des taches blanchâtres, allongées, alternant avec les nervures, correspondant à des glaçons qui s'étaient formés dans

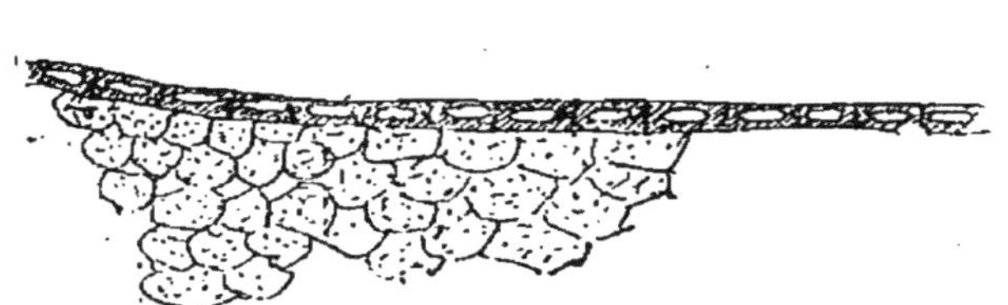

Coupe d'une feuille. Le parenchyme et l'épiderme.

Coupe de la même feuille gelée. — Il s'est produit une cavité par déchirure du parenchyme. Cette cavité renferme des aiguilles de glace.

le parenchyme de la feuille. En faisant des coupes de ces feuilles, il vit que ces glaçons formaient sous l'épiderme, dont ils étaient séparés par une couche de cellules à chlorophylle, des masses occupant de grandes lacunes limitées de toutes parts par des cellules qui semblaient intactes. Il en conclut que la glace se développe à l'extérieur des cellules, dans les lacunes, dans les espaces intercellulaires dont elle détermine l'agrandissement. Cet accroissement des espaces intercellulaires peut amener des accidents graves dans la vie des plantes, car les décollements qui en résultent peuvent intercepter définitivement les communications entre le sol nour-

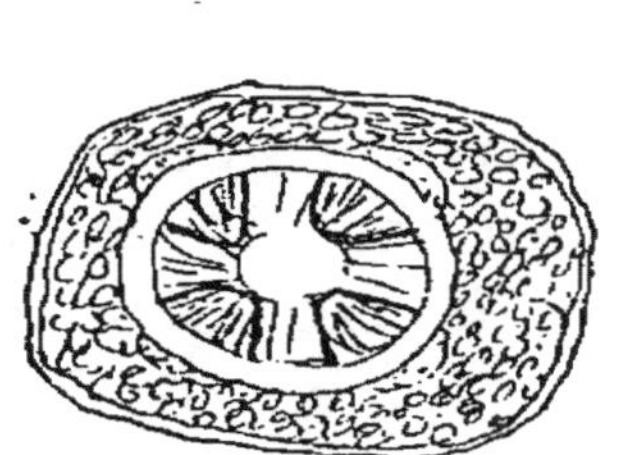

Coupe d'une tige.

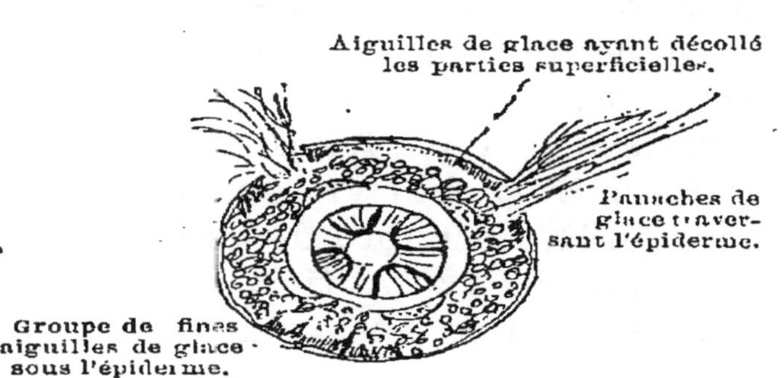

Coupe de la tige gelée.

ricier et les parties terminales des feuilles. Il faut noter encore que ce décollement est favorisé par la contraction des parois des cellules sous l'influence du froid, contraction qui peut s'accomplir sans déchirure, grâce à l'exosmose du contenu cellulaire favorisée par la congélation de la plante comme nous l'expliquerons plus loin.

Ces décollements qui accompagnent la formation des glaçons dans les méats intercellulaires ont été très nettement observés par Sachs sur le pétiole du *Cynara scolymus*. Au-

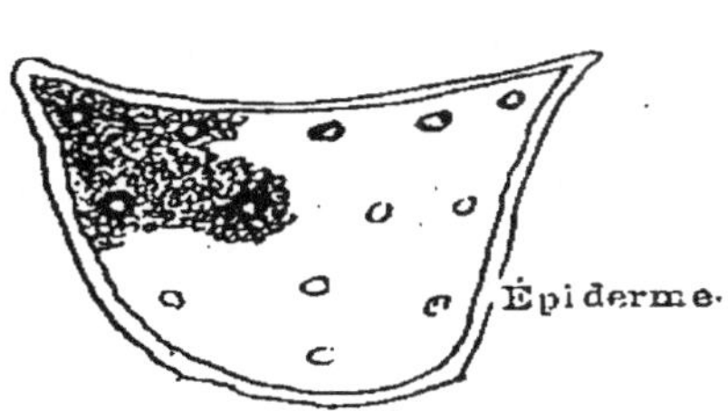

Section d'un pétiole. — Les petits cercles représentent la section des paquets vasculaires réunis entre eux par du parenchyme qu'on a représenté seulement dans la partie gauche de la figure.

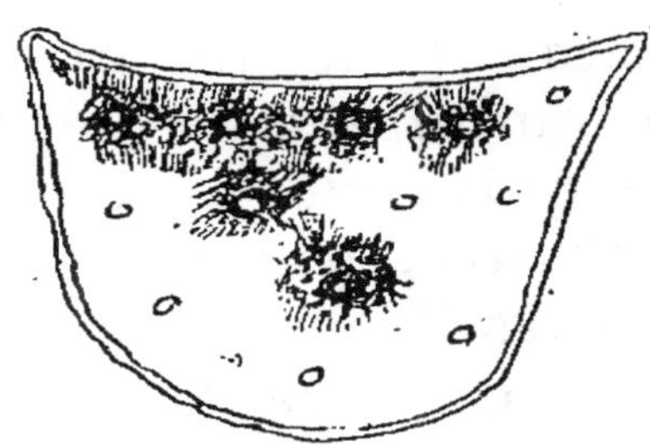

Le même pétiole gelé. — Au dessous de l'épiderme on voit le parenchyme décollé séparé de l'épiderme par des aiguilles de glace. Les faisceaux sont entourés de parenchyme ; le parenchyme a été déchiré en tout sens par la rétraction et les espaces libres remplis d'aiguilles de glace.

dessous de l'épiderme décollé, on voit les faisceaux vasculaires entourés de parenchyme et séparés les uns des autres par des espaces vides dans lesquels s'est formée la glace : le tissu parenchymateux, sous l'action de la contraction des éléments des faisceaux, s'est rompu et a donné lieu à l'apparition de ces vastes cavités. C'est un phénomène qu'on doit rapprocher de la gélivure des grands arbres ; mais ici les déchirures affectent une forme irrégulière par suite de la disposition spéciale du tissu.

Quelquefois les glaçons prennent un très grand développement ; on les voit sur certaines tiges sortir de l'intérieur des tissus en perforant l'écorce.

John Herschel vit sur des tiges de Chardon gelées, sur des pieds d'Héliotrope, des masses volumineuses de glace perpendiculaires à la tige, semblant passer à travers des crevasses de l'écorce, s'arrêtant brusquement au niveau de la surface de séparation de l'écorce et du bois, adhérant fort peu au bois sous-jacent.

Dunal observa des phénomènes analogues chez deux espèces de la famille des Labiées, le *Salvia pulchella* et le *Plectranthus rugosus*.

John Le Conte vérifia les faits énoncés par Herschel sur deux plantes du genre *Pluchia*, le *Pluchia bifrons* et le *Pluchia camphorata* : les lames de glace dépassaient parfois 15 cent. de longueur, pénétrant jusqu'au bois avec lequel elles ne présentaient aucune adhérence.

Caspari fit des observations sur des plantes exotiques cultivées en pleine terre dans le jardin de Schœneberg près de Berlin. Il vit des glaçons formant une couche compacte de 2 à 4 millimètres d'épaisseur au-dessous de l'écorce dans laquelle ils avaient déterminé, par leur dilatation, la formation de fissures qui permettaient de les apercevoir directement. Ailleurs il vit des lames de glace longues de 10 centimètres, larges de 1 centimètre, ayant l'épaisseur d'une forte feuille de papier, rayonner de la surface du corps ligneux, traverser le cambium et l'écorce en déchirant ces couches et emportant des lambeaux de leurs tissus.

On a donné de ces faits plusieurs explications dont aucune ne semble absolument satisfaisante. L'expérience prouve simplement que, sous l'influence de la gelée, la couche d'eau qui recouvre immédiatement la membrane cellulaire se congèle ; une nouvelle couche sort de la cellule pour ramener les choses en leur état primitif et subit à son tour la congélation ; et ainsi de suite ; au fur et à mesure que le contenu de la cellule vient s'épancher au dehors, il se forme une nouvelle couche de glace qui repousse vers l'extérieur les couches précédemment formées. Cette perte d'eau pendant la congélation a été bien mise en évidence par cette observation de Du Petit-Thouars : les *Daphnis* éprouvent une diminution de volume de leur tige par la congélation, leur écorce doit se rider pour rester appliquée sur les parties profondes ; ce n'est qu'après le dégel que les rides disparaissent, les couches internes ayant repris leur volume.

Dans les jardins ces panaches de glace se développent de préférence sur les chicots restés vivants des plantes vivaces qu'on a l'habitude de couper presque au niveau du sol à la fin de l'automne. Le système radiculaire de ces plantes est alors hors de proportion avec les parties aériennes et l'on conçoit comment les cellules de l'écorce, perdant de l'eau à la suite de la gelée, en prenant aux tissus plus intérieurs, la reperdant de nouveau et ainsi de suite, finissent par fournir assez d'eau pour qu'il se développe des lames de glace de plus de 10 centimètres de longueur.

Le *Verbesina* se signale par des glaçons énormes à une température où aucune autre plante n'en a formé. Les glaçons qui s'y sont développés pendant la nuit y persistent pendant le jour alors même que la température est un peu supérieure à 0°.

Toutes ces actions mécaniques du froid sont fort importantes, mais elles ne suffisent pas à nous expliquer les phénomènes de mort des cellules par le gel et le dégel.

Les cellules gelées se distinguent par des modifications propres dans leur protoplasma et dans leurs qualités endosmotiques ; celles qui renferment des liquides perdent la faculté de se gonfler ; elles laissent suinter leur contenu qui remplit les espaces intercellulaires ; elles deviennent molles de sorte que l'organe gelé perd sa turgescence, et sous l'influence d'une évaporation un peu active se dessèche avec une grande rapidité. A l'aspect mat des feuilles succède une translucidité très frappante qui provient de ce que les cellules ne sont plus entourées que de l'eau extravasée au lieu de l'air qui remplit normalement les méats intercellulaires.

Après le dégel, les plantes mortes se courbent plus ou moins ; leurs feuilles se ternissent, leurs tissus sont gorgés de liquides qu'on peut chasser par la moindre pression ; elles brunissent et se dessèchent. Les liquides de nature différente contenus dans les diverses cellules se mélangent et subissent des altérations profondes.

Tous ces faits sont le résultat d'une modification dans les propriétés physiques ou plutôt physico-vitales du protoplasma et de la membrane.

Les cellules vivantes ne se comportent pas comme de simples filtres : les liquides qui traversent leur paroi n'obéissent pas aux lois simples de l'osmose ; le protoplasma vivant intervient pour modifier le phénomène physique.

On rencontre, en effet, dans les tissus végétaux des cellules renfermant des liquides bien différents de ceux des cellules voisines ; souvent à côté de cellules incolores, on en voit qui sont gorgées d'un liquide fortement coloré.

Payen a montré chez les Urticées à côté de tissus acides des cellules contenant un suc alcalin ; et pourtant on sait combien est énergique l'action osmotique qui s'exerce à travers une paroi mince entre un liquide acide et un liquide alcalin.

Sachs a fait voir que les cellules à parois minces des faisceaux fibrovasculaires de la Courge contiennent un liquide fortement alcalin ; les cellules parenchymateuses qui les enveloppent ont au contraire une réaction nettement acide.

Dans les cellules gelées au contraire, les membranes laissent filtrer le contenu avec une très grande facilité. Si on fait une coupe de Betterave rouge non gelée et qu'on la plonge dans l'eau, le liquide ne se colore que d'une façon très faible ; une Betterave gelée au contraire produit une coloration rouge intense en quelques instants.

Sachs a vu que les tissus gelés perdent de l'eau alors même qu'on les conserve sous une couche d'eau ; lorsqu'on les immerge dans une solution de sel, ils absorbent plus de sel que les tissus sains.

Le tissu congelé a donc des propriétés osmotiques tout à fait différentes de celles des tissus vivants.

Gœppert a observé un fait fort intéressant : On sait que sous l'influence du gel les cellules et les tissus noircissent ; il s'accomplit dans leur substance des oxydations qui sont empêchées par la vie du protoplasma. En prenant des plantes qui renferment de l'indigo incolore, et les soumettant à l'action du froid, Gœppert a vu que ces plantes se coloraient en bleu toutes les fois que la gelée avait déterminé la mort ; lorsqu'au contraire la congélation n'avait pas produit ce changement de coloration, les plantes pouvaient recommencer à végéter après leur dégel.

Le protoplasma des cellules vivantes est animé de mouvements lents, mais continus. Ces mouvements diminuent d'intensité lorsque la température s'abaisse ; ils cessent complètement au-dessous d'un certain minimum. C'est ce qu'on observe avec la plus grande netteté sur les poils staminaux du *Tradescantia virginica*. Si on refroidit ces poils au voisinage de 0°, on voit le protoplasma quitter la membrane et se réunir au centre de la cellule en formant plusieurs masses sphériques complètement immobiles. Si on les réchauffe à 17°, on voit ces sphères protoplasmiques se renfler, se

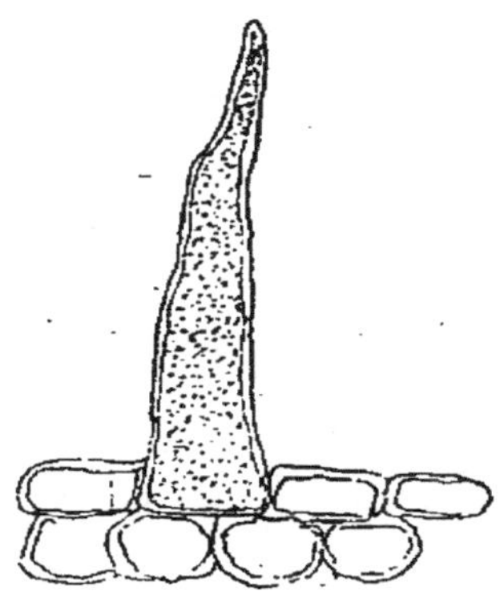

Poil unicellulaire épidermique rempli d'un protoplasma granuleux homogène dans lequel on voit au microscope s'accomplir des mouvements.

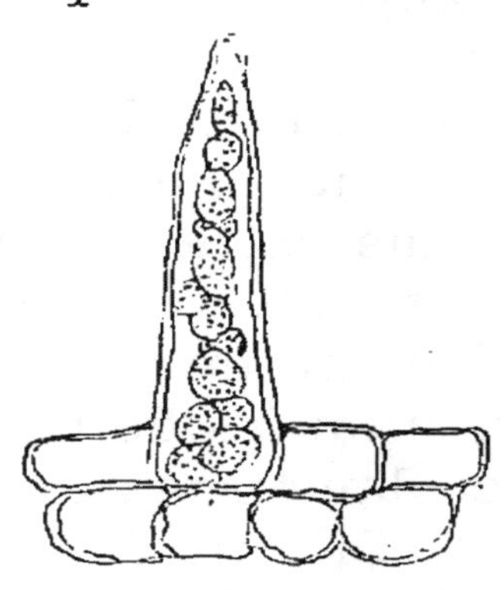

Le poil congelé ; le protoplasma formé des masses arrondies séparées des parois entourées par le suc cellulaire clair et transparent.

rejoindre, s'appliquer de nouveau contre la membrane, pousser des pseudopodes, s'anastomoser en réseau de telle sorte que le protoplasma reprend sa configuration et sa mobilité normales. Lorsque la température s'est trop abaissée, ces phénomènes de retour à la vie ne se manifestent plus, le protoplasma reste réuni en boules entourées du liquide cellulaire, qui a été comme exprimé de sa substance.

Il est intéressant de signaler à ce propos une idée émise tout récemment par M. Kienitz-Gerloff. On sait aujourd'hui que très ordinairement les corps protoplasmiques des cellules vivantes sont en communication les uns avec les autres. La plante peut être considérée dès lors comme un plasmodium soutenu par des cloisons incomplètes et par des cellules mortes formant squelette. Ce plasmodium pousse des pseudopodes, les feuilles qui sont rentrées sous l'action des premiers froids et abandonnent les membranes cellulosiennes ; les feuilles mortes ainsi vidées se détachent ensuite.

Telles sont les principales modifications physiques qui s'accomplissent pendant la gelée et par la gelée dans les tissus végétaux : infiltration et flaccidité des tissus, dépôts de glaçons entre les cellules, établissements de phénomènes osmotiques physiques, suppression de la motilité. Toutes les plantes gelées présentent ces caractères à un degré plus ou moins marqué. Comment se fait-il alors que, selon les conditions dans lesquelles s'opère le dégel, les lésions soient réparables ou définitives ?

On sait que des plantes congelées peuvent végéter de nouveau après le dégel. Schöllenbach raconte qu'il a l'habitude de mettre dans l'eau froide les plantes qui ont gelé pendant les nuits de printemps, elles se couvrent ainsi d'une mince couche de glace qui rend le dégel plus lent, et la plante qui, sans cette précaution, aurait péri, se trouve sauvée.

Les racines et parties souterraines des plantes qui gèlent et dégèlent en même temps que le sol souffrent rarement ; mais, si on les déterre pendant qu'elles sont gelées pour les porter dans une atmosphère chaude, leurs tissus se désorganisent. Si sur des plants de Tabac cultivé en plein air on touche avec le doigt chaud les feuilles gelées, les parties qu'on a touchées se désorganisent tandis que le reste de la feuille qui se dégèle lentement à l'air froid ne souffre pas.

L'explication qu'on a donnée de ce fait n'est pas absolument satisfaisante : On a supposé qu'il se produit une déshydratation des tissus congelés ; si le dégel se fait lentement, la reconstitution progressive des combinaisons détruites peut s'effectuer ; si le dégel est rapide, le mal est irréparable.

On trouve dans les propriétés de certains corps simples des transformations analogues : le soufre fondu refroidi brusquement présente des propriétés physiques et chimiques qui le séparent absolument du soufre lentement refroidi ; pour lui faire reprendre ses propriétés, il faut le réchauffer peu à peu. Ne pourrait-on admettre que le protoplasma subit pendant le réchauffement brusque une modification allotropique qui, en lui donnant des propriétés physico-chimiques nouvelles, le rend impropre à accomplir ses fonctions vitales et entraîne par conséquent la mort de la cellule.

LES BOVIDÉS

PAR M. J. HUET,

Aide naturaliste honoraire au Muséum d'histoire naturelle.

(SUITE ET FIN [*])

BŒUF YAK.

Bos (Poephagus) grunniens.

Thibet.

Linné, *Syst. Nat.*, 12, 1, p. 99 ; — Gmeling, *Nov. Acta. Patrop.*, 1777 ; — Vache de Tartarie, Buff., *Hist. Nat.*, t. XV, p. 136 ; — Vache grognante.

L'Asie centrale est le lieu d'habitat de ce Bovidé, on le rencontre en Mongolie, au Thibet et dans le Turkestan où il est très commun et où il vit à l'état domestique.

C'est un Bœuf très remarquable par les longs poils dont il est revêtu, non seulement sur la tête, mais encore sous le cou, aux jambes et sur les côtés du corps où ils atteignent une telle longueur, qu'ils traînent jusque par terre; sur le nez, les joues, les épaules et le dos, les poils sont de longueur ordinaire, la queue qui n'est pas très longue est aussi revêtue de poils très longs qui traînent sur le sol.

La coloration est très variable, ce qui prouve bien que cet animal est depuis longtemps domestique; on en voit de noirs, de roux plus ou moins foncé, de blancs et de tachetés de gris sur blanc, de noir sur blanc et de gris sur gris.

Tous les jardins zoologiques d'Europe ont eu et ont encore vivante cette belle espèce, mais ce sont des animaux qu'il faudrait tenir dans des parties élevées et très boisées ; il faudrait aussi qu'ils eussent à leur disposition des cours d'eau où ils puissent se baigner, dans les ménageries ces conditions sont difficiles à donner, de là une dégénérescence qui fait que les jeunes se rabougrissent et que le pelage diminue de longueur en même temps que les animaux deviennent plus petits.

(*) Voyez plus haut, p. 1.

Les Yaks.
(D'après le dessin original de Rosa Bonheur appartenant à la Société.)

Ces Bœufs habitués à la vie des montagnes acquièrent une sûreté de pied qui les rend très utiles pour les transports dans ces parages souvent impraticables ; la chair est, paraît-il, très bonne, et de leur poil on fait des cordes très solides. La queue est aussi très recherchée, on l'utilise à beaucoup de choses ; elle sert d'abord à désigner la qualité des mandarins chinois et, suivant le rang, ils font porter devant eux une, deux ou trois de ces queues qui sont choisies parmi les plus blanches, enfin, des plus colorées on fait des chasse-mouches.

Comme on le voit on pourrait dire que rien n'est perdu dans cet animal, quand nous ajouterons que de la peau on fait de l'excellent cuir.

BOS ÆQUINOXIALIS (d'Abyssinie).

Blyth, *P. Z. S.*, 1877, p. 754 ; — 1866, *Bubalus Caffer*, var. *æquinoxialis*, Blyth. *P. Z. S.*, p. 371, fig. 1 et 1 *a* ; — 1872, *Bubalus centralis*, Gray. *Cat. Rum. Mamm. Brit. Mus.*, p. 11 ; — 1873, *Bubalus pumilus*, et *B. Stirps orientalis*, Brooke, *P. Z. S.*, pp. 480, 483, pl. 42.

Bien que cette espèce ait été considérée par quelques auteurs comme n'étant qu'une variété du *Bos Caffer*, nous n'hésitons pas à l'en séparer et de la considérer comme une bonne

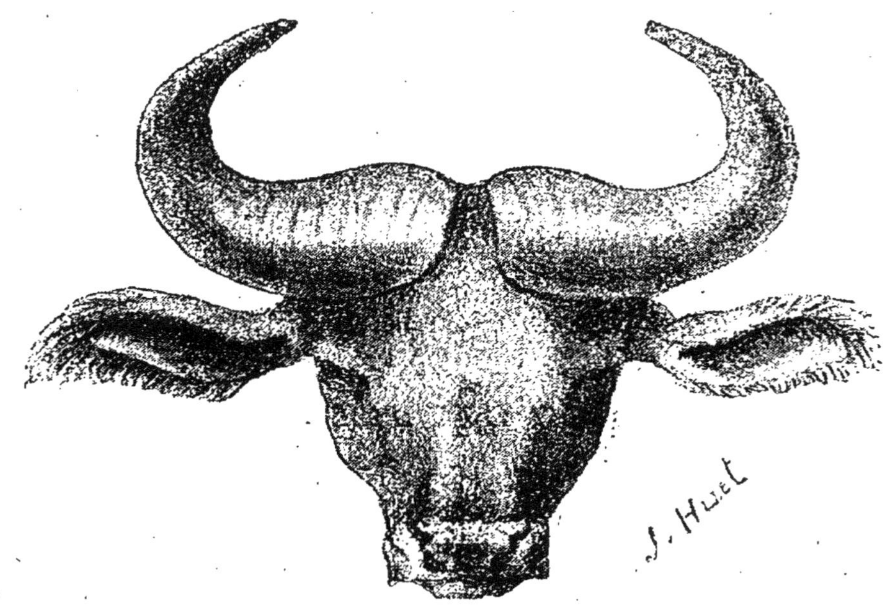

Bos æquinoxialis.

espèce, car s'il s'en rapproche par quelques caractères de pelage, il s'en éloigne beaucoup par la taille, par les cornes, par les oreilles, par la queue qui est beaucoup plus courte et aussi par le caractère qui est beaucoup plus doux.

Il ne peut non plus se rapporter au *Bubalus pumilus* de la côte occidentale, il en diffère par les cornes et par la coloration.

Le *Bos æquinoxialis* n'a pas les formes lourdes du *Bos Caffer*, au contraire il est assez fin, et surtout la tête n'a pas le caractère raccourci qui frappe chez le Bœuf de la région australe; les cornes n'ont pas du tout de rapports et bien qu'elles recouvrent un peu le front, il y a toujours une ligne médiane formée par un sillon qui les séparent, et jamais chez le mâle, tel vieux soit-il, on ne voit les cornes former cet énorme bouclier que l'on voit chez le *Bos Caffer*; enfin la queue est notablement plus longue et les oreilles sont bien plus garnies de poils sur leurs bords.

En 1886, nous avons reçu d'Abyssinie trois de ces Bœufs, ils étaient encore jeunes, mais à cette heure ils sont parfaitement adultes et maintenant il ne pourra donc plus se produire de bien grandes modifications.

Cet animal est couvert de poils bruns, comme dans presque tout ce groupe. Les poils sont durs, mais ils sont très fournis et cachent complètement la peau; aux jambes de devant, à la hauteur des genoux, les poils dans cette portion sont plus allongés et un peu plus foncés que sur les autres parties de l'animal.

Ce sont des animaux fort doux qui ne témoignent jamais de fureur, que l'on peut mener à la main, et qui recherchent même les caresses, ils ont plutôt les allures des Bœufs domestiques que celles de leurs congénères de la partie australe.

BOS CAFFER.

Afrique australe.

1779, Sparman, *Act. Stockolm*; — Ejusd., *Voyag. en Afr.*, traduction française, t. II, p. 67, pl. 2; — Cap Ox Pennaut, quad., p. 28; *Bos Caffer*. Gmel. Bodd. — Schrb. Saügt., pl. 301: — Shaw, *Gén. Zool.*, v. II, part. 2, p. 416; — Cuvier, *Os. foss.*, v. IV, pl. 2, fig. 14–15.

Cette magnifique espèce est de toutes la plus forte, le corps est épais, la tête large et courte, les jambes courtes et vigoureuses, l'œil farouche, tout dans cet animal représente la force brutale dans toute son acception.

Les cornes, dans cette espèce, prennent un développement considérable qui ne se rencontre dans aucune autre. Chez celle-ci, la base des cornes envahit tout le front de l'animal surtout chez le mâle et arrive à former là une masse cornée, rugueuse, bosselée, qui est une arme terrible, mue par la force puissante de ce Bœuf.

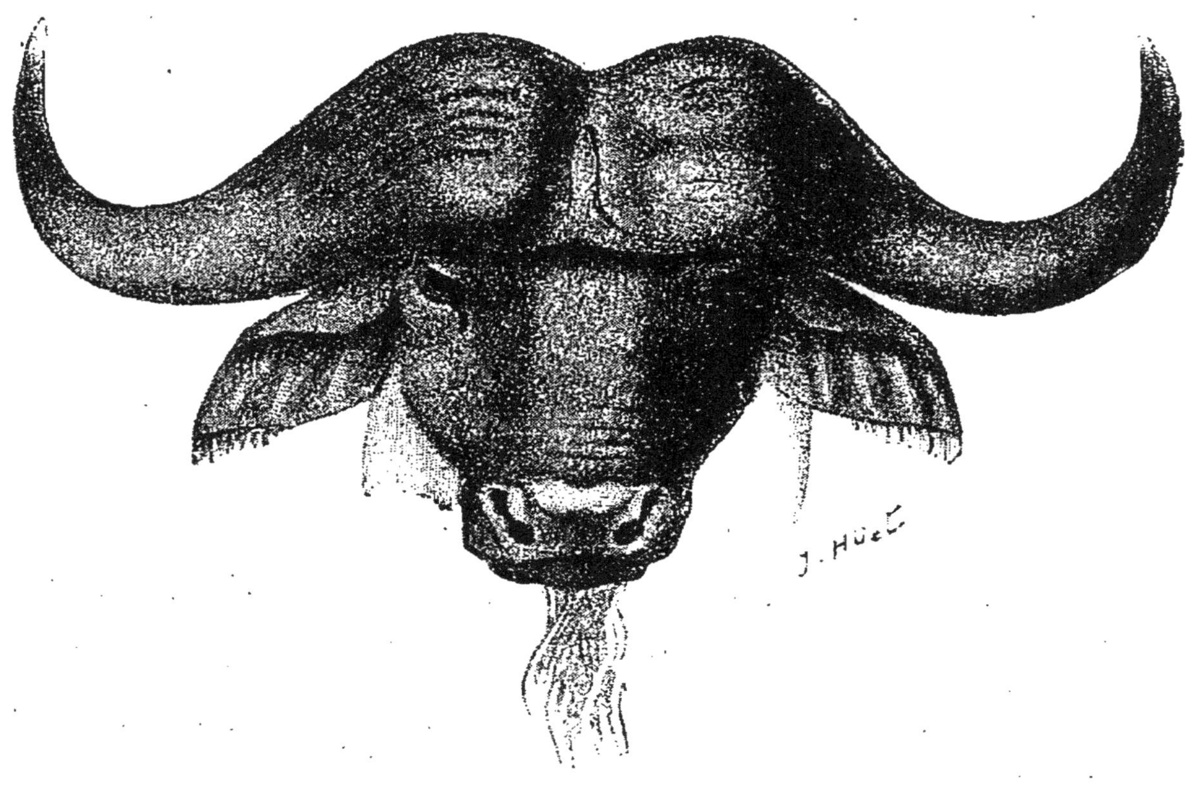

Bos Caffer mâle.

Le pelage est court sur tout le corps, excepté sur la ligne médiane et supérieure du cou, sous la gorge, où il est un peu plus long; aux genoux en avant, on voit une touffe de poils frisés et d'un brun un peu plus foncé.

Tout le pelage aussi bien chez le mâle que chez la femelle est roux marron, un peu plus foncé sur la tête et le cou.

La queue est très courte et garnie d'un pinceau de poils qui a 40 centimètres de longueur, elle ne descend pas plus bas que les talons.

Ces animaux sont redoutables, car leur puissance est énorme, leur caractère est méchant et ne s'assouplit pas par la captivité ; ainsi, depuis 1877, nous avons une paire de ces animaux, qui sont nés à Londres et ramenés jeunes au Museum, ils y ont eu des jeunes, malgré cela, le caractère du mâle est toujours resté féroce et il serait téméraire de s'approcher de lui. J'insiste sur ce point, parce que le *Bos æquinoxialis* que l'on a prétendu n'être qu'une variété du *Bos Caffer*, au contraire, s'en éloigne encore par ses habitudes qui sont très douces.

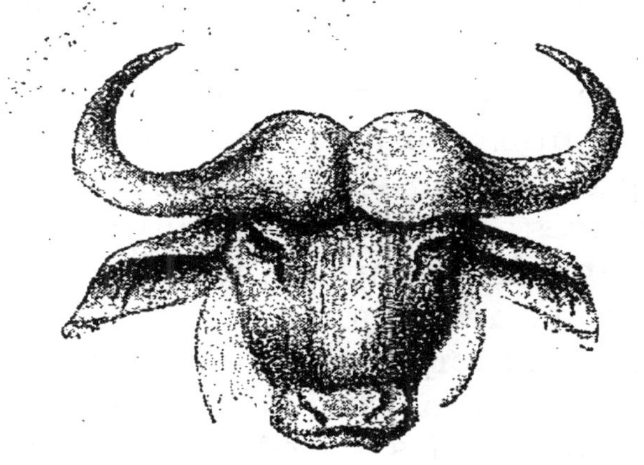

Bos Caffer femelle.

Le naturel de ce Buffle est si sauvage et si féroce que les Caffres eux-mêmes hésitent à le chasser. Jules Verreaux me racontait que la chasse de cet animal était la seule vraiment dangereuse qu'il connut ; lorsque l'on ne faisait que blesser l'animal, il était bien difficile de se garer de ses coups, ou de pouvoir se sauver des attaques de tout le troupeau dont l'appel du blessé a été entendu.

Ce ne sont donc pas des animaux qui puissent être conservés en captivité pour leur agrément ; mais je crois que l'on devrait essayer des croisements avec nos espèces, ce serait au moins intéressant. Lorsque la femelle est prête à mettre bas, il faut absolument la séparer du mâle dont la brutalité est telle qu'il la tuerait ; du reste l'esprit paternel n'est pas poussé très loin chez les ruminants en général et encore moins en particulier chez la famille des Bœufs.

BOS HARVEYI.

Côte occidentale d'Afrique.

Rochbr., *Bull. Soc. Phil.*, 1882 ; — Taurus Var. Harvey, *Mag. Nat. Hist.*, 1828, p. 217.

Sous ce nom, M. de Rochebrune décrit une autre espèce de Zébu et voici la description qu'il en donne :

« Animal robuste, trapu ; tête courte, ainsi que les cornes, » un peu dirigées en avant et faiblement courbées ; front » large, couvert de poils frisés brunâtres ; oreilles droites, » ovales, petites ; yeux très saillants ; bosse dorsale peu éle- » vée, large ; fanon pendant, très développé ; jambes épaisses, » courtes ; queue longue, terminée par un fort bouquet de » poils roussâtres ; pelage d'un blanc jaunâtre ; doigts rudi- » mentaires armés d'ongles longs, robustes, arqués, plus » longs aux pieds de devant. »

Le caractère principal sur lequel notre savant confrère a formé son espèce nous paraît d'une médiocre importance, l'allongement des petits sabots des petits doigts ne proviendrait-il pas d'une simple modification, amenée par la configuration du sol ? On voit souvent chez nos Bœufs et Vaches des allongements des petits sabots, lorsque ces animaux sont tenus trop longtemps à l'étable ou qu'ils ne marchent que sur des terrains mous.

Quoi qu'il en soit, nous indiquons cette espèce, pour mentionner tout ce qui porte un nom dans le genre Bœuf.

BOS TRICEROS.

Du Sénégal.

Rochbr., *Bull. Soc. Phil.*, 1882 ; — Nouv., *Arch. Mus.*, 2e série, t. III, p. 159 ; — Acad. Sc., *Comptes rendus*, 1880.

Bien que nous n'ayons pas vu le type de cette singulière espèce décrite et figurée par M. de Rochebrune, nous ne manquerons pas de la mentionner, d'autant plus que depuis déjà fort longtemps, le squelette entier de ce Bœuf existe à la galerie d'anatomie du Muséum d'histoire naturelle, mais n'avait jamais été décrit, pensant sans doute avoir affaire à une de ces anomalies comme il s'en rencontre quelquefois.

Le séjour au Sénégal de M. de Rochebrune lui a permis de bien étudier cette espèce et, suivant lui, elle ne fait aucun doute ; nous empruntons à notre confrère la description qu'il en a donnée :

« C'est un animal de taille assez haute, fort, à corps maigre, relativement long, à partie antérieure large, la postérieure étroite ; peau à rides profondes dans la région du cou et des flancs ; tête allongée ; cornes frontales de volume médiocre, présentant une double courbure, étui portant dans les

Bos triceros.

deux tiers inférieurs six ou huit lignes concentriques plus ou moins espacées, rugueuses et imbriquées, la partie supérieure lisse, à fibres onduleuses et sillonnées, à partir de la pointe jusqu'au milieu de la portion lisse ; corne nasale parfois conique, plus ordinairement ayant la forme d'une pyramide tronquée, rugueuse, sillonnée, semblable aux cornes frontales par sa contexture et son mode de développement ; oreilles droites, longues, elliptiques, nues ; fanon développé, ventre légèrement levretté, bosse haute, conique ; pelage court, lustré, rougeâtre pâle, mélangé de gris bleuâtre plus spécialement en dessus ; queue mince, dépassant le jarret, à bouquet terminal peu fourni ; membres relativement grêles ; sabots courts, elliptiques, à bouts arrondis.

» Commun, paraît-il, au territoire du Fouta-Djalon, Oualo, Cayor, haut du Fleuve; Cap Blanc, Joalles, Rufisque, Saint-Louis, Dakar, etc. Ce Bœuf est employé au transport des marchandises, surtout par les Maures Trarzas, Braknas, Douaïchs et Oualed-Embrak ; souvent employé comme animal de boucherie, mais moins fréquemment que le Zébu de grande race. »

BOS PUMILUS.

Côte occidentale d'Afrique.

1806, Turton, *Trans. Syst. Nat.*, p. 121 ; — 1837, *Bubalus brachyceros*, Gray, *Mag. Nat. Hist.*, v. I, p. 587 ; — *Bos brachyceros*, Du Chaillu, *Expl. Eq. Af.*, p. 175, 1861 ; — *Bubalus reclinis* et *B. planiceros*, Blyth, *P. Z. S.*, p. 117 et 158, fig. 3 et 4 ; *Bubalus pumilus*, Brooke, *P. Z. S.*, p. 454, 1875, pl. 54.

A l'exception de quelques Bœufs zébus, qui sont d'une taille très petite, le *Bos pumilus* est de tous ceux de ce genre

Bos pumilus.

le plus petit, il atteint à peu près la taille d'une Vache bretonne et c'est le seul qui ait la robe brillante, rien que ce caractère de coloration le fera toujours reconnaître à première vue, en effet, au lieu d'avoir le pelage d'une couleur sombre, comme le *Bos æquinoxialis* ou le *Bos Caffer*, sa robe est d'un beau roux jaunâtre sur toutes les parties du corps, aussi bien sur la tête que sur le cou et les membres.

La ménagerie du Muséum d'histoire naturelle a, pendant quelque temps, possédé vivant un de ces Bœufs, malheureusement il est mort assez promptement. Cette espèce paraît très délicate, il lui faudrait pour l'hiver une bonne installation qui la mette à l'abri des intempéries de nos longs hivers.

Le caractère de ce Bœuf est doux et, comme le *Bos æquinoxialis* de la côte orientale, il paraît rechercher l'approche de l'homme, il semble très heureux des caresses que l'on lui donne.

Il serait donc à désirer, à tous égards, de voir cette jolie espèce s'acclimater de façon à avoir des produits, ce sont des animaux vigoureux, quoique d'une taille petite et qui certainement pourraient rendre des services en même temps qu'ils satisferaient les yeux par leurs formes et leur coloration.

BISON D'AMÉRIQUE.

Bos Americanus.

Gmel., *Syst. Nat.*, I, 1788, 204 ; — Desmarest, *Mamm.*, II, 1822, 496 ; — Harl., *Faun. Am.*, 1825, 268 ; Godm., *Amm. N. H.*, III, 4 ; — Richards., *F. B. A.*, 1. 1829, 279 ; — Wagn., *Schreb. Saügt.*, v. II, 1838 ; — Gieb, *Saügt.*, 1855, 271.

Bos (*Bonasus*) *Americanus*, Wagn., suppl. Schreb., IV, 1844 ; — Turn., *Pr. Zool. Soc.*, 1850, 174 ; — Aud. et Bach., *N. Am. quad.*, II, 1851, 32, pl. LVI, LVII.

Bison Penn., *Hist. Quad.*, 1781, 19 ; — Bison d'Amérique, E. Geoffroy Saint-Hilaire et Cuv., *Hist. Mamm.*, 1819, *Taurus Mexicanus*, Hernandez.

Le Bison américain a beaucoup d'analogie avec l'Aurochs et certainement ces deux espèces proviennent d'une même souche, dont les individus ont subi des modifications suivant les milieux où ils se sont trouvés ; quoi qu'il en soit, nous indiquerons cette espèce, malgré qu'il soit bien difficile de les bien caractériser l'une et l'autre.

Chez celui-ci, qui est beaucoup plus gros que le Bison d'Europe, les jambes sont relativement plus fortes, la tête est également plus forte, plus large et la queue plus courte; à part ces quelques différences de longueur et de grosseur, les autres caractères du pelage sont à peu près identiques, la tête, les joues, le cou, le garrot, les côtés du corps en avant, et les jambes de devant sont couverts de longs poils ainsi que le dessous de la mâchoire inférieure, où ils forment là une grande barbe, au contraire, le train postérieur, qui est surbaissé, est couvert de poils courts.

Le Bison d'Amérique.

En été, les poils longs tombent et alors tout l'animal est revêtu de poils courts ; la teinte générale est brun marron foncé.

Les cornes sont peu développées, épaisses, recourbées en haut et en dehors, la pointe se dirigeant un peu en dedans.

Le Bison tend de plus en plus à disparaître grâce à la chasse incessante que l'on lui fait dans l'Amérique du nord, où il habitait autrefois jusque sur les côtes de l'Atlantique, mais depuis longtemps déjà, il s'est retiré poursuivi sans relâche et maintenant il faut aller jusque bien au nord de l'Arkansas pour rencontrer ces animaux qui, comme l'Aurochs, finiront par disparaître.

Le Bison se reproduit très bien en captivité et peut-être pourrait-on en tirer parti, si on voulait bien s'en occuper au point de vue agronomique, non seulement la peau fournirait un bon cuir, mais aussi la toison de laine donnerait bien certainement un bon prix, car cette toison pèse de 4 à 5 kilos, ce qui donnerait un revenu annuel, puisque chaque hiver ces animaux en sont revêtus.

En terminant ce travail, nous apprenons que des mesures de protection vont être prises par le gouvernement américain afin d'épargner, s'il en est encore temps, le reste de ces animaux qui, si l'on arrive trop tard, ne seront plus bientôt qu'à l'état légendaire comme ce serait certainement arrivé pour les Otaries à fourrure, si la chasse n'en avait pas été réglementée d'une manière sérieuse.

BŒUF MUSQUÉ (Musk-ox).

Bos moschatus.

Amérique du Nord.

Zimmerman, *Geog. Geschichte*, II, 1780, 86 ; — Gmel., *Syst. Nat.*, I, 1788, 205 ; — Godm., *Am. N. H.*, III, 29 ; — Wagn. Schreber' Saugt. v. II, 1838, 1706 ; — *Bos (Ovibos) moschatus*, Wagn. Suppl. Schreb., IV, 1844, 512, V, 1855, 471 ; — *Ovibos moschatus*, Blainv., *Bull. S c. Phil.*, 1816 ; — Desmarest, *Mamm.*, II, 1822, 492 ; — Harl., *Faun. Am.*, 1852, 265 ; — Richard, *Faun. Bor. Am.*, 1829, 275 ; — Ogilby, *Pr. Zool. Soc.*, Lond., 1836, 137 ; — Musk Bison. Penn., *Hist. quad.*, 1781, 9 ; — Artic. *Zool.*, I, 1784, 8 ; — Cuvier, *Os. foss.*, v. IV, p. 59, pl. 3, fig. 9–10.

Ce Bœuf à formes de Mouton a comme eux le chanfrein busqué, le nez est couvert de poils ; les formes sont plus lourdes encore que chez les autres espèces du même groupe, la tête est grosse, le cou court, les jambes courtes et épaisses.

Les cornes épaisses à la base, recouvrent totalement le front, puis elles se compriment en s'abaissant verticalement de chaque côté de la tête jusque vers les pointes qui se relèvent en haut et un peu en avant ; ces cornes sont jaunâtres.

Tout l'animal est revêtu d'une toison de poils très longs sur le cou et tout le corps, ces poils descendent jusque près des sabots, ils sont brun foncé mélangé de gris ; sur le dos, on observe une large tache formée de poils gris roussâtres, le bas des quatre pattes ainsi que le nez sont blanc grisâtre.

La queue est très courte et cachée dans les longs poils dont la croupe de l'animal est garnie.

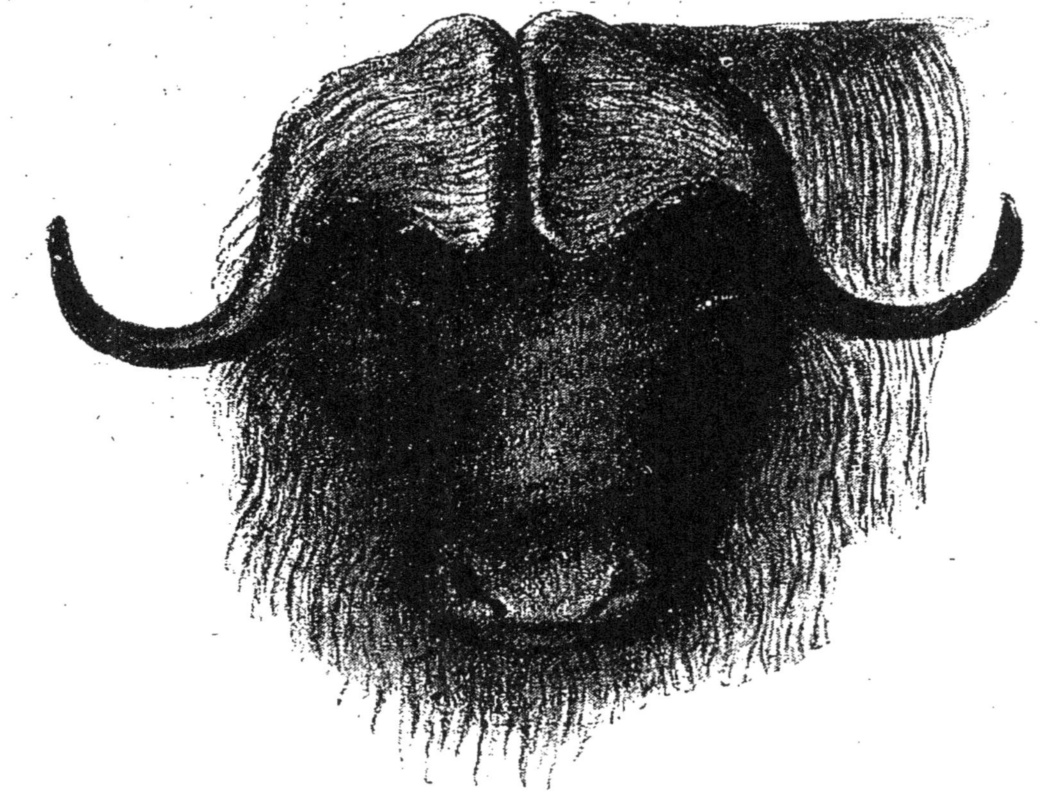

Le Bœuf musqué.

Ce Bœuf habite dans les steppes de la Sibérie, en compagnie des Rennes, des Loups, des Renards bleus, etc., par

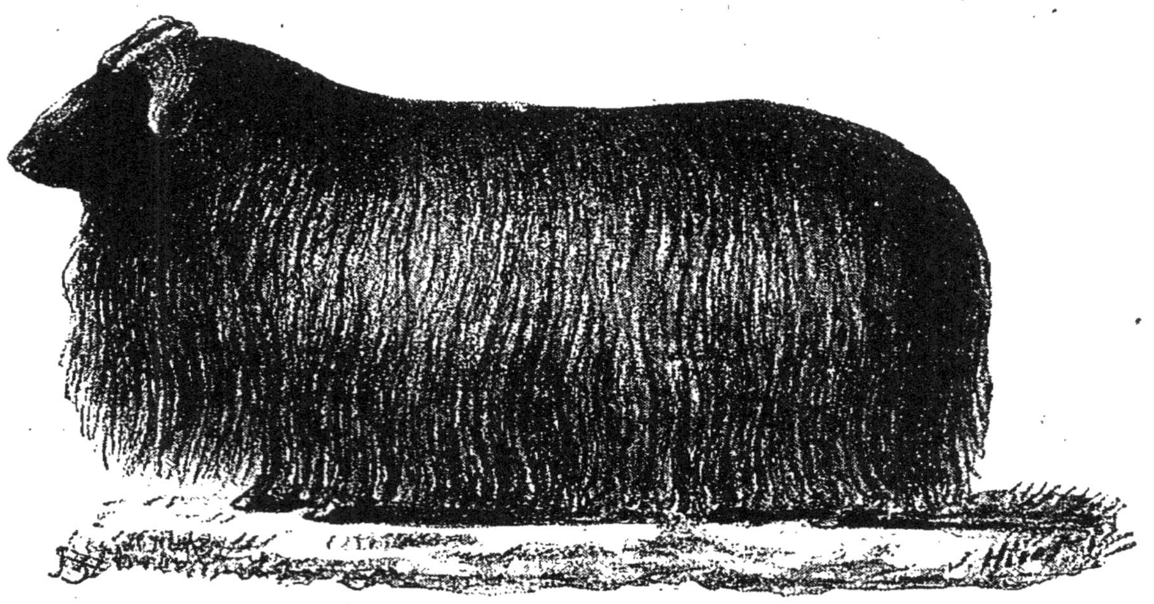

Le Bœuf musqué.

troupes de vingt ou trente, vivant là de mousses et de lichens, dans ces contrées désolées et froides, où l'on s'explique mal qu'un animal puisse subsister ; aussi, comprend-on le manteau dont ces Bœufs sont couverts, manteau doublé puisqu'il est composé de deux sortes de poils, l'un très long, c'est le jar, l'autre court, touffu et très serré, c'est le duvet, qui forme sur tout le corps une véritable couverture très épaisse.

Les Esquimaux font une chasse très active de ces Bœufs, et quoique la chair ait un goût musqué, ils la font sécher et s'en nourrissent ; le poil est utilisé pour différents usages, ils se font des chaussures avec le cuir qui, paraît-il, est très fort.

Jamais on n'a vu cette espèce dans les ménageries ; cela est fâcheux, car ce serait un sujet d'étude très intéressant ; aussi faisons-nous des vœux pour que ce curieux animal soit un jour amené en Europe où il serait certainement visité par beaucoup de naturalistes.

Race normande.

LES BŒUFS DOMESTIQUES.

Bos taurus.

Linné, *Syst. Nat.*, *Bos taurus*, variété domestique, Erxl. Gmel. Bœuf. Buff., *Hist. Nat.*, t. IV, p. 487, pl. 14.

Bien que les animaux domestiques n'entrent pas dans le cadre de cette liste du genre *Bos*, nous croyons devoir mentionner, en terminant, quelques-unes des nombreuses races

Race flamande.

obtenues par des croisements, sans cependant entrer dans le détail des caractères qui les distinguent, ce qui demanderait tout un volume.

Les races françaises, belges, hollandaises, suisses sont très nombreuses, mais elles le sont bien davantage en Angleterre, nous renverrons, pour plus de renseignements, le lecteur à l'*Atlas* publié par les soins du Ministère de l'agriculture.

Qu'il nous suffise de citer, entre un grand nombre d'autres :

La race	normande,	taille ordinaire,	variée de brun et blanc,
—	flamande,	— —	noire ou brun foncé,
—	salers,	— forte,	noire lustré,
—	garonnaise,	— —	grise ou roussâtre,
—	limousine,	— très forte,	rousse ou gris roux,
—	landaise,	— —	rousse,
—	auvergnate,	— petite,	variée de couleur,
—	charolaise,	— —	— —
—	chalette,	— variable,	— —
—	bretonne,	— petite,	— —
—	nantaise,	— ordinaire,	— —
—	angevine,	— —	— —
—	bourguignonne,	— —	— —
—	maine,	— —	— —
—	comtaise,	— —	— —
—	suisse,	— variable,	— —
—	cotentine,	— forte,	— —
—	nivernaise,	— petite,	— —
—	pays d'Auge,	— très grande,	— —
—	bernaise,	— grande,	tachetée, var. Simmenthal,
—	durham,	— énorme,	variée de blanc, de rouge et brun.

Et beaucoup d'autres qu'il serait trop long d'énumérer ici et qui, pour les faire bien connaître, exigeraient un dessin pour chacune d'elles, ces races, reposant sur des caractères de formes, qu'il serait bien difficile d'exprimer autrement que par des figures prises à bonne source.

RAPPORT

SUR LES

EXPOSITIONS INTERNATIONALES DE PÊCHE

D'ÉDIMBOURG ET DE LONDRES

Par M. C. RAVERET-WATTEL.

(SUITE ET FIN *).

Mode d'emploi de la viande de cheval. — Au début, la viande était hachée à l'aide d'une machine américaine (la machine Starret, de New-York), très employée dans la charcuterie. A cette époque, un cheval suffisait à la consommation de quatre ou cinq jours ; on en utilisait la viande aussi longtemps qu'elle restait fraîche (1).

Aujourd'hui qu'on abat dans l'établissement jusqu'à cinq chevaux par semaine, on se sert d'une machine à hacher qui peut recevoir 25 kilogrammes de viande à la fois et que quatre hommes mettent en mouvement. Toutefois lorsqu'elle est peu chargée, deux hommes suffisent pour la manœuvrer. On songe, actuellement, du reste, à utiliser l'eau comme force motrice pour actionner cette machine. Un cylindre met en jeu une série de couperets, qui débitent très rapidement la viande sur un billot en hêtre, lequel pivote sur lui-même, dans le sens horizontal, et se déplace à chaque coup de couperet.

Pour utiliser la chair adhérant aux os, on fait bouillir ceux-ci dans une gigantesque marmite. La viande ainsi bouillie est donnée aux Truites de trois ou quatre ans ; celles de deux ans ne s'en soucient pas. Quant aux poissons plus âgés, que l'on garde comme reproducteurs, ils sont exclusivement nourris de Peignes (*Pecten opercularis*), pour leur faire produire des œufs de couleur très saumonée (2).

(*) Voyez plus haut, p. 103.

(1) Si la viande est avancée, à moins d'être pressées par la faim, les Truites n'y touchent pas. Pour la conserver, on la mettait dans un ruisseau qui traverse l'établissement et dont l'eau est très froide. Ce procédé est celui qui paraît donner les meilleurs résultats. Dans une eau à 10° centigrades, la viande se conserve très bien.

(2) On a parfois utilisé dans l'établissement diverses espèces d'abats : les poumons de Mouton sont donnés crus et hachés ; le cœur de Mouton se fait bouillir

Pour économiser la main-d'œuvre, tout en rendant aussi régulière que possible la répartition de la nourriture, on se sert, dans plusieurs bassins, d'appareils que j'ai déjà mentionnés et qui donnent d'excellents résultats. Ce sont des godets en zinc, semblables comme forme à ceux décrits ci-dessus, qu'on emploie pour distribuer la viande hachée dans les bacs d'élevage, mais d'un plus grand modèle ; ils sont fixés à l'extrémité de longues gaules, auxquelles une petite roue hydraulique imprime un mouvement de va-et-vient continuel. Les godets, remplis de viande hachée, plongent tour à tour dans l'eau, y décrivent un court trajet, puis en sortent pour y rentrer de nouveau, et ainsi de suite, laissant chaque fois échapper quelques parcelles de viande, que les poissons s'empressent de saisir au passage, et dont ils ne cessent de guetter la chute. Tandis que, dans des bassins où la nourriture est distribuée à la main, il n'est pas rare de voir périr d'inanition 40 pour 100 des alevins, avant que ceux-ci n'aient appris à profiter des distributions faites, la perte est pour ainsi dire nulle dans les bassins où fonctionnent les appareils distributeurs. Les jeunes poissons se tiennent en foule autour des appareils et suivent le va-et-vient des godets d'où s'échappe la viande hachée. Quand les plus ardents ont pris leur part, d'autres les remplacent, et les rangs sont toujours serrés ; aussi est-il rare que des parcelles de viande aillent jusqu'au fond du bassin. C'est seulement quand en on donne trop souvent, ou en trop grande quantité à la fois, qu'il peut y avoir de la nourriture perdue.

Expédition du poisson vivant. — Appareils de transport. — Jusque dans ces derniers temps, le transport de la Truite d'une certaine grosseur présentait de telles difficultés, qu'on ne pouvait guère songer à employer ce moyen pour le repeuplement des eaux. Les études faites à Howietoun ont modifié les choses, et des Truites de 250 grammes, même engraissées pour le marché, peuvent être expédiées vivantes, à 7 ou 800 kilomètres, par les voies ferrées, tout en laissant un joli bénéfice à l'éleveur, alors même que les frais

et ne s'emploie que pour les poissons déjà forts. Le foie convient pour le tout jeune alevin ; 15,000 alevins de 4 à 5 mois consomment le foie entier d'un Mouton en une journée. Le foie de Lapin se divise facilement, surtout quand on l'a plongé pendant quelques secondes dans de l'eau bouillante.

de transport doublent le prix de revient du poisson. La Truite réclame des précautions minutieuses avant de pouvoir être expédiée sûrement, même à peu de distance ; mais si l'on considère : 1° combien peu de poissons survivent à un voyage pendant lequel il a fallu souvent renouveler l'eau des appareils de transport ; 2° les difficultés, les ennuis de toute sorte que suscite ce renouvellement de l'eau, on reconnaît vite les avantages de quelques soins préalables qui permettent de ne plus avoir à s'inquiéter de rien en route.

Trois dangers principaux sont à craindre quand on est obligé de changer l'eau : Il y a d'abord la question de température. Bien que la Truite puisse supporter de grands écarts de température, des changements brusques, surtout s'ils sont répétés à de courts intervalles, déterminent presque toujours cette congestion de l'appareil respiratoire que les pisciculteurs désignent sous le nom de fièvre des branchies, et qui est pour le plus souvent mortelle. En second lieu, on perd beaucoup de poisson des suites des blessures qu'il reçoit dans les manipulations inévitables avec des changements d'eau. Enfin, il peut arriver que l'eau introduite, en route, dans les appareils diffère notablement de celle à laquelle est habitué le poisson, et, dans ce cas, de sérieuses pertes sont à craindre.

Tous ces dangers disparaissent si l'on n'est plus obligé de renouveler l'eau, et voici comment on peut s'en dispenser. Il faut : 1° empêcher le poisson de souiller, pendant le trajet, l'eau des appareils de transport ; 2° donner aux récipients une forme telle que l'agitation du liquide, par les cahots du voyage, suffise pour lui restituer en partie l'oxygène que consomme le poison ; 3° enfin, employer des appareils dont la forme n'amène pas le poisson à se courber plus ou moins et à rester presque constamment dans cette position. C'est qu'en effet, la plus légère incurvation du corps suffit pour que le jeu des opercules cesse d'être régulier, et de là, immédiatement, une gêne plus ou moins grande dans les fonctions de la respiration. Nécessité, par suite, d'employer des bacs rectangulaires pour les sujets d'une certaine grosseur, car dans un appareil rond ou ovale, si les poissons sont nombreux, tous ceux qui se trouvent à la circonférence sont obligés de faire épouser à leur corps la courbe des parois. Du reste, même quand l'appareil ne renferme que quelques poissons, il est rare que ceux-ci se tiennent au centre : probablement à cause des secousses de la route et dans la crainte d'être projetés le museau en avant contre la paroi, ils se tiennent de préférence le flanc contre celle-ci, en se courbant, par suite, plus ou moins.

Dès que le poisson a de 16 à 18 centimètres de longueur, c'est-à-dire pour les sujets d'environ deux ans, on n'emploie plus, à Howietoun, d'autres appareils de transport que des bacs rectangulaires en tôle galvanisée (1), de $0^m,60$ de large, sur $0^m,90$ de long, et $0^m,30$ de haut. Ces bacs reçoivent un couvercle très élevé, de forme presque ogivale, dont les courbes sont calculées de telle sorte que, dans les cahots du voyage, l'eau qui est projetée sous cette petite voûte, en suit les contours et gagne une sorte de faux-plafond en zinc perforé, d'où elle retombe en pluie, en s'aérant copieusement. Pleins d'eau, ces bacs pèsent 250 kilog. ; aussi a-t-il fallu les monter sur quatre petites roues en fonte et les munir de solides poignées, afin de pouvoir les déplacer sans difficulté en les traînant ou en les poussant devant soi, à la façon des petits chariots à bagages employés dans les gares de chemin de fer. Pour les mettre en wagon, ou les charger sur des voitures, on passe deux bras en bois dans quatre anses fixées sur les côtés, et quatre hommes enlèvent facilement cette charge.

Pour les *yearlings*, on se sert sans inconvénient de bidons circulaires, de forme conique, ayant $0^m,60$ de diamètre à la base et $0^m,75$ de hauteur, couvercle compris. Outre deux fortes poignées, qui suffisent dans les cas ordinaires, ils ont, comme les bacs rectangulaires, des anses permettant d'y passer deux perches et de les transporter comme une chaise à porteurs, quand le trajet à faire est un peu long. Comme dans les autres appareils, le couvercle est muni d'une sorte de faux-plafond pour faire retomber l'eau en pluie. On y loge, en outre, de la glace pour conserver la fraicheur de l'eau. Le bidon plein pèse 75 kilog.

Plus le poisson est jeune, plus il est promptement mis en état de voyager. Deux ou trois jours de séquestration suffisent pour les *yearlings*, qu'on pêche avec beaucoup de soin dans les bassins, afin d'éviter toute espèce de blessure. On

(1) Les ustensiles galvanisés, ou plus exactement *zingués*, doivent, quand ils sont neufs, subir un lavage énergique avant d'être mis en service. A Howietoun, on y fait, pendant trois ou quatre mois, séjourner de l'eau qu'on renouvelle plusieurs fois dans l'intervalle.

les transfère dans de petits bacs facilement maniables, et on les soumet à l'action d'un fort courant, pour les bien nettoyer, puis on les met à la diète jusqu'au départ.

Pour les poissons de deux ans, une préparation un peu plus longue est nécessaire ; on les entrepose habituellement pendant plusieurs jours dans de petits bacs d'attente. La pêche, qui se fait dans des bassins contenant jusqu'à 30,000 poissons, demande d'autant plus de soin qu'à cet âge les Truites vont presque toujours en bandes et que, par suite, le filet en capture souvent plus qu'il n'en faut. Les bacs où on les conserve après la pêche sont recouverts d'une toile tendue pour éviter que les poissons ne sautent hors de l'eau. Douze heures avant de les expédier, on les met, par quantités de 50 au plus, dans de petits bacs mobiles, d'où on les fait passer facilement dans les appareils de transport.

Les sujets plus âgés doivent être retirés des bassins et mis à l'étroit pendant près d'une quinzaine de jours avant le moment où ils seront expédiés. On les soumet également à une diète absolue.

L'expérience a montré que l'eau des bacs d'attente ne doit jamais dépasser 4°,5 cent., afin que le poisson n'ait pas à subir un changement de température trop considérable quand on le met dans les appareils de transport, où la provision de glace entretient l'eau à 2° environ.

Pour donner une idée de la perfection de l'outillage et de l'excellente organisation de tous les détails du service à l'établissement, notamment de la rapidité avec laquelle s'effectuent les diverses opérations relatives aux envois de poisson vivant, il suffit de dire que, pour des expéditions s'élevant parfois jusqu'à 3 tonnes 1/2 (3,500 kilog.) de Truites, il s'écoule souvent à peine quinze minutes depuis le moment où l'on commence à faire passer le poisson des bacs d'attente dans les appareils de transport, jusqu'à celui où ces appareils, chargés sur des voitures, partent pour le chemin de fer.

Préparation des sujets reproducteurs. — Alimentation spéciale. — On attache à Howietoun une extrême importance à n'employer que des œufs provenant de reproducteurs qui, âgés d'au moins six ou huit ans, ont été élevés et choisis avec le plus grand soin.

Chaque année, dans le courant de février, le bassin où se commence l'élevage des sujets que l'on destine à la reproduction, est complètement mis à sec, nettoyé avec soin et rempli de nouveau. On attend quelques jours, puis on y met 5,000 *yearlings*, qu'on choisit parmi les plus beaux de l'année et qu'on nourrit régulièrement et copieusement de viande de Cheval. Au mois de janvier suivant, on les met plus au large dans un bassin d'environ 100 mètres de longueur sur 20 mètres de largeur, où on les laisse atteindre l'âge de neuf ans, époque à partir de laquelle ils cessent généralement de progresser et commencent à devenir moins bons pour la reproduction. Quelques individus pourraient sans doute continuer à être utilisés et prendre même encore du développement ; mais c'est l'exception. Chez des sujets de cet âge, les œufs ont atteint leur maximum de grosseur, mais sont, par contre, moins nombreux que chez des poissons plus jeunes ; on n'en compte guère que 500 pour chaque livre de poisson.

Quand les Truites élevées pour la reproduction arrivent à leur quatrième année, on commence à leur donner chaque jour une ration de Moules et deux rations de viande de Cheval. La cinquième année, on augmente la proportion de Moules et on réduit celle de viande. Sous l'influence de ce régime, les œufs produits sont d'un beau jaune orange et très transparents. L'année suivante, on substitue aux Moules des Peignes (*Pecten*), qui amènent une coloration rougeâtre des œufs. A partir de cette époque, on ne donne plus aucune autre espèce de nourriture aux poissons, dont les œufs deviennent, chaque année, d'un rouge de plus en plus vif. Les Truites nourries uniquement de viande de Cheval produisent des œufs nombreux, mais extrêmement pâles. Celles qu'on nourrit de Peignes donnent des œufs moins nombreux, mais plus gros et plus foncés. A conditions de nourriture égales, ce sont les poissons les plus âgés qui donnent les œufs les plus gros et les plus foncés, mais aussi les moins nombreux.

Les sujets mâles de six ans sont facilement envahis par *la mousse* (le *Saprolegnia ferax*) et, quand il y en a beaucoup d'atteints dans un bassin, la contagion peut s'étendre aux femelles. Il est utile, par suite, de séparer les mâles dès qu'ils ont frayé pour la première fois. Tenues dans des bassins distincts, les femelles mangent copieusement et sont peu exposées à la maladie. On évite, en outre, par là des frais de nourriture. Alimenter uniquement avec des Peigens toute la population d'un bassin est une forte dépense devant laquelle on n'hésite pas quand il s'agit de s'assurer une abondante récolte d'œufs d'excellente qualité. Mais on regarde à donner la même nourriture à de vieux mâles dont on n'utilise guère qu'un quart pour les fécondations artificielles. D'ailleurs, isolés des femelles, les mâles profitent mieux ; ils se battent moins entre eux et n'ont pas de ces blessures qui facilitent l'invasion de *Saprolegnia*.

Les *Salmo fontinalis* qu'on élève pour la reproduction demandent plus de soins encore que les Truites. Ils supportent mal les changements de température. La végétation du *Saprolegnia* est plus rase sur leur peau que sur celle des Truites ; mais elle n'en exerce pas une action moins funeste. Quand, au printemps, sous l'influence d'une copieuse nourriture, les *S. fontinalis* ont repris l'embonpoint que leur avait fait perdre la fraie, — ce qui, chez eux, se produit plus tôt en saison que chez les Truites, — s'il survient pendant quelque temps un fort vent d'est, on voit fréquemment apparaître sur leur corps des taches qui sont bientôt couvertes de mousse. L'autopsie fait constater chez les poissons ainsi atteints une inflammation considérable de la partie inférieure de l'intestin. D'un autre côté, si les poissons ne sont pas suffisamment nourris, la production d'œufs s'en trouve notablement réduite. En les alimentant modérément au printemps et en automne, on peut, sans inconvénient, les engraisser pendant l'été, et, au contraire, les laisser jeûner pendant l'hiver, à la condition, toutefois, qu'ils soient placés dans des bassins suffisamment profonds, c'est-à-dire présentant, au moins $2^{m},50$ d'eau. Les sujets de deux ans ne donnent que de petits œufs ; mais, l'année d'après, les œufs sont aussi gros que chez les poissons de quatre ans, âge auquel le *S. fontinalis* paraît être complètement adulte. Les individus qui proviennent d'élevages faits pendant plusieurs générations de suite à Howietoun réussissent généralement mieux que ceux qu'on obtient d'œufs importés. Cette espèce se croise sans difficulté avec les Salvelins de la Grande-Bretagne, et les hybrides obtenus sont tous fertiles.

Les bassins. — Tous les bassins d'élevage, de forme rectangulaire et à parois verticales, sont entièrement planchéyés, bien qu'ils aient, pour la plupart, 20 mètres environ de longueur, sur 5 mètres de large et 1^m,50 de profondeur (1), et que plusieurs d'entre eux mesurent jusqu'à 50 mètres de longueur. Le revêtement en bois est, comme l'intérieur des appareils d'incubation, légèrement carbonisé à l'aide de fers rouges, qui pèsent de 13 à 14 kilogs. Ce mode de construction, évidemment très coûteux, est considéré comme présentant des avantages qui compensent largement l'inconvénient de la dépense. Il permet notamment d'économiser l'espace et d'avoir constamment, grâce à la forme des bassins, une partie du fond à l'abri des rayons du soleil. Mais il ne doit pas être employé pour les bassins destinés aux truites de forte taille; la profondeur de l'eau étant aussi grande sur les bords qu'au milieu, le poisson pourrait y prendre le même élan, et, dans les sauts d'un mètre qu'il fait souvent, il courrait grand risque de retomber hors du bassin.

Aussi, dans les bassins consacrés aux sujets reproducteurs, qui ont, au centre, plus de trois mètres d'eau, le fond va-t-il en se relevant beaucoup vers les bords. Ceux-ci ont eux-mêmes une pente de 45° et sont gazonnés avec soin, pour que le poisson ne puisse s'y blesser en sautant.

La profondeur des bassins est subordonnée à la quantité d'eau qui les alimente. Moins le courant est fort, plus on donne de profondeur pour éviter que l'eau ne s'échauffe trop pendant l'été; aussi donne-t-on aux bassins simplement creusés dans le sol toute la profondeur possible en se conservant le moyen de les vider complètement quand il est besoin. Jamais la profondeur n'est considérée comme trop grande, pourvu toutefois que le poisson n'échappe pas à la surveillance. Avec une eau claire, transparente, la profondeur peut être plus considérable que si l'eau est trouble; 1^m,80 dans le premier cas, 1^m,35 dans le second, voilà les limites dans lesquelles on croit prudent de se tenir. Dans la pratique, 1^m,50 est une excellente moyenne pour l'alevin nourri artificiellement, quand on tient à ce qu'il prenne un beau développement dès l'âge d'un an. Avec moins de 1^m,20

(1) Cette profondeur est beaucoup trop grande pour le tout jeune alevin de *S. fario* et de *S. levenensis*; mais elle est, paraît-il, sans inconvénient pour l'alevin de *S. fontinalis* et des autres espèces de Salvelins, qui s'en accommode presque aussitôt qu'il a résorbé la vésicule vitelline.

d'eau, les *yearlings* viennent mal si le courant n'est pas très fort, et chacun sait qu'un fort courant présente de nombreux inconvénients, outre celui d'une grande consommation d'eau : il faut de larges tuyaux d'amenée et de sortie, qui sont très dispendieux, des vannes de grandes dimensions, également coûteuses à établir et peu faciles à manœuvrer; de plus, les réparations sont très fréquemment nécessaires aux grilles de clôture, aux berges des bassins, etc. Quand, au contraire, on donne trop de profondeur, le poisson cesse d'être suffisamment en vue, et il devient difficile de le rassembler pour les distributions de nourriture et pour le contrôle journalier de l'effectif des bassins. Après la question de profondeur, vient celle, très importante aussi, de l'orientation des bassins. On doit étudier la direction du vent dominant et distribuer les bassins perpendiculairement à cette direction, c'est-à-dire de façon que le vent les frappe par le travers, au lieu de les balayer dans le sens de leur longueur. D'après les observations faites, le vent de sud-ouest serait peu nuisible; mais, au printemps, quand les alevins viennent juste d'être mis en liberté, si le vent d'est souffle avec quelque force pendant deux ou trois jours, on voit fréquemment le *Saprolegnia ferax* envahir la population des bassins exposés à ce vent.

A toute époque de l'année, le vent d'est exerce sur le poisson une action nuisible, inexpliquée. Mais c'est, paraît-il, surtout au printemps et principalement sur le *Salmo fontinalis* que cette action se ferait sentir. Si le vent d'est persiste pendant quelques jours, on ne tarde pas à observer, particulièrement chez le poisson copieusement nourri, des symptômes de malaise, fréquemment suivis de l'apparition du *Saprolegnia*, même, du reste, dans les bassins dirigés du nord au sud (1). Toujours est-il, cependant, que les alevins réussissent beaucoup mieux dans des bassins qui vont du nord au sud que dans ceux qui sont dirigés de l'est à l'ouest, et qui sont balayés dans toute leur longueur par le vent d'est, funeste à ces jeunes poissons. De plus, d'étroits bassins allant du nord au sud, conservent toujours plus de fraîcheur que

(1) On considère le *Salmo fontinalis* comme un poisson très délicat dans certaines eaux. Il résiste mal aux changements brusques de température, et le fait est d'autant plus frappant que ce poisson supporte sans difficulté apparente de très grands écarts de température. Comme tous les Salvelins, il paraît se plaire surtout dans les eaux profondes ou dans les cours d'eau bien abrités par des arbres, où les changements de température ne s'effectuent que lentement.

ceux qui sont dirigés de l'est à l'ouest. Cela tient à ce que si un bassin a, dans sa longueur, une de ses rives exposée au soleil, la chaleur reflétée est plus vive que si l'extrémité de ce bassin, c'est-à-dire un petit côté seulement, reflète la chaleur. Évidemment, dans un bassin allant du nord au sud, la surface de l'eau reçoit plus de soleil que dans un bassin allant de l'est à l'ouest ; mais, dans le dernier cas, la réverbération produite par les rives inclinées compense largement l'action directe du soleil sur la surface de l'eau. L'inclinaison des rives est généralement comprise entre 45° et 60°, et les rayons de chaleur, par suite de leur déviation dans l'eau, frappent ces rives plus près du fond que si les rayons restaient en ligne droite. La partie de la rive en dehors de l'eau, dans un bassin dirigé de l'est à l'ouest, réfléchit les rayons vers la surface de l'eau, où ces rayons sont aussi réfractés. De là, un échauffement de l'eau qu'il est prudent d'éviter par une meilleure orientation des bassins.

Empoissonnement. — Comme on l'a vu plus haut, l'établissement livre pour l'empoissonnement des poissons de divers âges.

L'alevin n'est généralement expédié qu'un mois ou deux après la résorption de la vésicule vitelline. Ce laps de temps suffit à l'élimination de tous les individus délicats, chétifs ou mal conformés, qui disparaissent rapidement. Il ne reste plus ainsi que des sujets vigoureux, très aptes à donner de bons résultats si on les place dans un milieu favorable, c'est-à-dire surtout dans de petits ruisseaux d'eau vive, pure, coulant en nappe mince, sur un lit de sable et de gravier, où ils peuvent trouver à la fois des abris et une nourriture appropriée à leurs besoins.

Les *yearlings*, ou poissons d'environ un an (1), conviennent excellemment aux opérations d'empoissonnement. Ils sont assez forts pour trouver aisément leur nourriture et éviter ainsi la plus grande cause de mortalité, chez les jeunes poissons; ils supportent facilement le transport, souffrent

(1) En fait, cette appellation s'applique à des poissons qui peuvent avoir de 10 à 14 mois. Dans la pratique, en effet, afin d'éviter tout malentendu, on compte l'âge du poisson non d'après la date de sa naissance, mais d'après la date à laquelle il a commencé à manger. Ainsi, par exemple, une Truite de 1890 est une Truite ayant commencé à manger en février ou mars 1890, bien qu'elle soit née, peut-être, dès la fin de 1889, au lieu du commencement de 1890.

peu du voyage, s'habituent rapidement aux eaux dans lesquelles on les verse et réussissent aussi bien dans un étang que dans un cours d'eau. Leur longueur varie généralement de $0^{m},07$ à $0^{m},13$. Mars et avril paraissent être l'époque la plus favorable pour les verser dans les eaux à repeupler, et la température étant encore assez basse à cette époque de l'année, un trajet même d'une quarantaine d'heures peut être fait sans danger. A cet âge la moyenne de la mortalité est très faible et s'abaisse parfois à 10 ou 12 pour 1,000.

Les sujets de deux ans sont recommandés pour le peuplement d'eaux profondes, renfermant déjà soit du poisson commun (Brochets, Perches, etc.), soit des Truites de forte taille, qui pourraient nuire beaucoup à des Truitelles d'un an, ou bien encore lorsque la question de dépense importe peu et qu'on tient surtout à avoir, le plus rapidement possible, des poissons de belle dimension. A cet âge, la longueur varie de $0^{m},12$ à $0^{m},22$. Des Truites ayant déjà ce développement ne peuvent être expédiées économiquement à des distances nécessitant un voyage de plus de trente heures, et il est toujours prudent de les faire accompagner pendant tout le trajet. Mais elles présentent l'avantage d'atteindre fréquemment un poids de 250 à 375 grammes avant la fin de l'été suivant et ayant, comme c'est le cas pour la variété de Lochleven, revêtu l'écaille de *Smolt*, elles s'acclimatent très facilement dans toutes les eaux. Des poissons plus âgés sont, quant à présent, trop dispendieux à transporter pour qu'on puisse songer à leur emploi dans des travaux de repeuplement. L'établissement expédie néanmoins des Truites de deux livres, quand la durée du trajet ne dépasse pas 20 heures, et même jusqu'à des sujets de 5 livres si le voyage ne doit pas excéder 10 heures ; mais ces envois sont toujours hasardeux.

Les détails qui précèdent montrent que la culture des Salmonides a pris, à Howietoun, les proportions d'une vaste exploitation industrielle et que cette culture peut devenir des plus avantageuses quand on y apporte les connaissances et les soins nécessaires. On ne saurait donc trop désirer voir notre pays profiter de l'exemple donné et accorder enfin à l'industrie aquicole toute l'attention qu'elle mérite.

LES TAMARIX ET LEURS APPLICATIONS

Leur valeur au point de vue du reboisement

PAR M. LOUIS REICH (*).

Les *Tamarix* poussent partout à l'état sauvage sur le littoral de la Provence et du Languedoc, mais ce sont surtout les terrains incultes et plus ou moins salés du delta du Rhône et les lagunes du Languedoc qui constituent leur zone de prédilection.

A ma connaissance, on n'a jamais dans cette région planté les *Tamarix* dans le but de dessaler les terres et « cette culture passagère » n'a probablement jamais existé. Du reste, ce serait une erreur de croire que les *Tamarix* absorbent une assez forte quantité du sel contenu dans le sol pour rendre ce dernier cultivable. Il est vrai qu'on trouve toujours autour d'une touffe de *Tamarix* le sol plus ou moins dessalé et couvert d'une certaine végétation, mais ce dessalement est produit par un effet absolument mécanique et analogue à celui qu'obtiennent les agriculteurs de la région, en couvrant la terre d'une couche de litière grossière produite par les marais (*Carex*, *Juncus*, *Arundo*, *Typha*, etc.). Les feuilles et les brindilles de *Tamarix* qui tombent annuellement au pied de la touffe forment rapidement une couche qui conserve au sol son humidité, empêche l'évaporation et rend par là impossible l'ascension du sel contenu dans le sous-sol. Le procédé indiqué par M. de Rivière dans son mémoire sur la Camargue a été peut-être appliqué par lui à Faraman, mais il n'en reste aucune trace. — Il est vrai que ce domaine avait été à peu près complètement abandonné pendant ces 50 dernières années jusqu'en 1884; les troupeaux de Bœufs sauvages qui, pendant ce temps, avaient libre parcours partout ont dû faire périr toutes les plantations faites par M. de Rivière, comme

(*) Extraits de diverses lettres communiquées par M. Jean Vilbouchevitch. Sur le même sujet consulter *Revue*, 1890, p. 849 et 906.

ils avaient complètement nivellé tous les fossés d'écoulage et d'arrosage. Néanmoins nous avons encore trouvé en arrivant à Faraman des vestiges de travaux considérables exécutés par l'ancien propriétaire, et, notamment des digues plus ou moins bien conservées grâce aux *Tamarix* plantés au moment de leur établissement. Souvent ce ne sont même que quelques-uns de ces arbres qui, seuls, indiquent l'emplacement d'une ancienne digue nivellée depuis longtemps par les Bœufs. Ces sujets isolés de *Tamarix* ont pris parfois un développement considérable et il n'est pas rare d'en trouver ayant un diamètre de 30 à 40 centimètres et une hauteur de 5 à 7 mètres.

Le premier procédé de reboisement indiqué par M. de Rivière, consistant dans la plantation en boutures de toute la surface à reboiser, est le seul pratique. Les boutures de *Tamarix* reprennent avec la plus grande facilité même dans un terrain très salé où l'on ne rencontre plus que quelques rares Salicornes. Il est inutile de défricher les parties qu'on veut reboiser, mais on fera toujours bien de nettoyer le terrain des Salicornes et autres plantes qui rendraient la plantation plus difficile.

Le mode de nettoyage le plus économique d'un terrain couvert de Salicornes (*Sueda* et *Chenopodium*) est d'y mettre tout simplement le feu pendant un jour de vent du nord, mais ce procédé ne réussit qu'autant que les « Enganes » (nom donné dans la région à ces plantes) se touchent. Quand ces touffes ne sont pas en trop grand nombre, on peut se borner à ne couper d'un coup de pioche que les plus grosses, car les petites ne gênent pas pour l'alignement de la plantation de Tamarix. Enfin, j'ai eu recours à la charrue en profitant des jours de repos forcé que nous fait la culture de la vigne, pendant les mois de l'hiver qui précèdent et suivent la submersion. Dans ce cas, on peut se borner à labourer le sol à 12 ou 15 centimètres de profondeur, juste assez pour faire tenir la charrue et pour arracher les « Enganes » dont les racines sont peu profondes.....

..... Je ne pense pas qu'il soit bien utile, comme vous le croyez, de semer des graminées pendant la première période de la plantation des Tamarix; il faudrait attendre l'apparition spontanée du *Lolium perenne* qui est un indice certain d'un dessalement commençant. Quant au *Poa ma-*

ritima et au *Triticum glaucum*, ils n'ont pas une très grande valeur nutritive et ne sont acceptés par les moutons que pendant qu'ils sont encore tendres.

Mais revenons à nos boutures ; ces dernières devront être coupées, autant que possible, sur des branches de 3 ans de 15 à 20 millimètres d'épaisseur et d'une longueur de 50 centimètres ; on les plante en carré à $1^{m}.50$ de distance en tous sens ; au lieu de les appointer à la hache et de les enfoncer dans le sol avec un maillet, on fera bien d'opérer comme pour la plantation d'une vigne avec un pal en fer.

Le prix de ces boutures revient à 5 à 6 francs le 1000 et la plantation au pal coûte 18 à 20 francs le 1000 ; il est bien rare que le nombre des manquants dépasse la première année 10 %, mais on fera toujours bien de les remplacer à la 2e année.

Les jeunes touffes prennent vite un grand développement et à la troisième année on peut commencer à les élaguer ; cette première coupe peut donner 4 à 500 fagots valant 10 à 12 francs les 100 ; ce rendement en bois est doublé ou triplé à la 5e ou 6e année et est augmenté encore par la production de piquets qu'on peut obtenir à cette époque.

Ces terrains ainsi reboisés qui n'avaient aucune valeur comme pâturages avant la plantation se gazonnent assez vite et deviennent à partir de la 5e ou 6e année une grande ressource pour les troupeaux de Moutons ; par contre, il faut en tenir éloignés les troupeaux de Bœufs qui broutent les branches jeunes et cassent les plus fortes. Il n'y a aucun avantage de défricher ces terrains reboisés pour y cultiver des céréales, car le résultat de cette opération serait médiocre et le bénéfice du dessalement disparaîtrait promptement.

Le second procédé de reboisement indiqué par M. de Rivière n'offre aucun avantage sur le premier, et serait certainement beaucoup plus long et coûteux ; aussi ne l'ai-je jamais vu appliqué dans la région même quand il s'agit de la consolidation des digues.

Dans le cas où l'eau douce peut être amenée sur un terrain à reboiser, on peut obtenir d'excellents résultats par le semis des graines de *Tamarix* ; au bord des rizières nous voyons chaque année de nombreuses touffes de *Tamarix* pousser spontanément, et dont les graines avaient été apportées par le vent. Ces sujets venus par graines se développent bien plus rapidement que ceux obtenus par boutures, et ils constituent plus facilement de vrais arbres, car les derniers conservent presque toujours la forme buissonnante.

Les *Tamarix* constituent le meilleur obstacle qu'on peut opposer à l'envahissement des sables au bord de la mer. Une digue plantée en boutures de *Tamarix* devient en peu d'année une véritable montille de sable, de laquelle émergent les branches qui à leur tour poussent des racines et consolident ainsi l'apport du sable fait par les vents et par la mer.

Je me propose de semer l'année prochaine (4e année de reboisement) sous les Tamarix : *Trifolium pratense*, *Lolium perenne*, *Melilotus cœrula* et *Avena elatior* (fromental). Nous avons semé depuis quelques années des prairies sur rizière qui avait été elle-même semée dans un terrain très salé où il n'y avait presque aucune végétation auparavant. Les prairies sont superbes, mais je remarque que certaines graminées s'accommodent encore mieux à ce milieu que d'autres qui se développent moins ; je me propose de faire un choix parmi les premières et d'essayer de les faire pousser sous les Tamarix, dans un terrain non préalablement dessalé par une rizière. Je vous dirai plus tard quel aura été le résultat de cet essai.

Notre sol de Camargue est de l'*alluvium* du Rhône, en général dans la Basse-Camargue surtout, de l'argile compacte, quelquefois mélangé de sable. Le terrain est le même jusqu'à une très grande profondeur (20 à 40 mètres), mais comme à 50 ou 80 centimètres le sous-sol est tellement imprégné de sel qu'aucune plante ne pourrait y développer ses racines, nous n'avons en somme qu'une couche de terre végétale de 50 à 80 centimètres de profondeur. Et en effet, les racines des plus gros Ormeaux et des grands Tamarix ne descendent jamais plus bas. Le sous-sol est généralement humide, mais cette humidité ne profite guère aux plantes.

Pendant l'été le sol se fendille partout où il n'est pas très salé et la sécheresse est souvent si grande que même les Ormeaux en souffrent et meurent ; seuls les Tamarix y résistent et sont toujours verts.

Jusqu'à présent on n'emploie le bois des Tamarix dans la région que comme bois de chauffage pour les fours des boulangeries ou dans les cuisines des fermes. Il est vrai que par suite du recépage irrationnel qu'on fait subir à ces végétaux, tous les 3 ou 4 ans, on ne trouve que rarement des branches un peu fortes. Ce bois ne peut pas être employé pour les travaux de charronnage parce qu'il se gerce profondément dès qu'il sèche; il est au contraire précieux pour la construction des digues, des piquets faits avec les branches les plus fortes se conservent de longues années dans la terre sans subir la moindre altération, et les branches minces, liées en fagots, fournissent les meilleures fascines. — Dans l'industrie de la vannerie, le bois de *Tamarix* n'est pas employé dans la région où les oseraies abondent et fournissent une excellente matière première.

L'importance des *Tamarix* pour la région du Bas-Rhône deviendrait beaucoup plus grande si on utilisait la précieuse qualité qui les distingue de la plupart des autres végétaux, de pousser avec vigueur dans les terrains les plus salés où toute autre culture est impossible. — Le reboisement de ces vastes plaines par les *Tamarix* pourrait seul amener leur transformation et leur utilisation, mais il faudrait que ce reboisement fût fait avec méthode et esprit de suite. Il faudrait que l'accès des plantations jeunes fût défendu aux troupeaux de Moutons pendant les premières années et, si possible, toujours aux troupeaux de Bœufs. Les plantations devraient être faites d'une manière régulière et les manquants remplacés pendant les premières années ; le recépage devrait également être fait d'une façon rationnelle, en un mot les plantations devraient être exploitées comme le sont les reboisements faits par l'administration forestière.....

..... Par des raisons qu'il serait trop long à expliquer ici, nos reboisements n'occupent jusqu'à présent qu'une très petite surface (2 hect. à peine), mais nous nous proposons d'en planter 3 hectares cet hiver et d'en faire autant pendant les années suivantes, car les fascines de Tamarix, très recherchées pour la construction des digues, commencent à manquer dans le pays et leur prix augmente tous les ans.

Nos reboisements proprement dits ne datent que de trois ans, mais depuis bien longtemps j'ai planté des Tamarix un peu partout, aux bords des chemins, des canaux et des digues.

En général, on ne trouve qu'une flore très pauvre dans les

terres incultes de la Basse-Camargue ; sur des milliers d'hectares il n'y a que des Enganes (*Chenopodium* et *Sueda*) et des Saladelles (*Statice Limonium*) ; plus rarement déjà : *Poa maritima*, *Atriplex portulacoïdes*, *Chenopodium maritima*, *Artemisia palmata*, *Triticum glaucum* et *Aster tripolium*.

Dès la seconde année on trouve sous les touffes de Tamarix : *Bromus mollis* et *sterilis*, *Festuca ovina*, *Poa annua*, *Lolium perenne* ; *Potentilla repens* et *verna*, *Lotus* divers, *Medicago* divers, *Trifolium pratense*, et diverses composées (*Gnaphalium*, *Cirsium*, etc.). A la troisième année la flore s'enrichit souvent de *Dactylus glomerata*, d'autres Bromes et de Fétuques, le Trèfle s'étend, il y a quelques touffes de Guimauve (*Althæa officinalis*) et de différentes composées (*Juncus oleraceus*), etc., en un mot, le sol autrefois nu se couvre de végétation, à la condition toujours que les troupeaux n'y mettent pas les pieds. Des herbages ainsi gazonnés se louent, suivant leur situation plus ou moins exposée aux eaux, à raison de 15 à 30 francs par hectare, tandis que les terres simplement couvertes de Salicornes ne valent qu'un à cinq francs, et encore !

Je crois qu'on doit envisager le reboisement par les Tamarix à deux points de vue différents : le premier est celui de l'exploitation des terres reboisées comme pâturages et le second celui de l'utilisation du bois de Tamarix. Dans le premier cas, il sera nécessaire d'émonder au moins une partie des Tamarix et de les établir sur des troncs de $1^{m},50$ à 2 mètres de hauteur, sauf à les couronner ensuite comme on le fait pour les Saules ; le Tamarix se plie très bien à ce régime, car, en laissant toutes les touffes en buissons, il ne resterait point de place pour laisser pâturer les moutons.

Dans le second cas au contraire où le rendement en bois de fascines est envisagé comme le principal revenu, on laisse aux Tamarix leur forme buissonnante et on les coupe tous les trois ou quatre ans ; dans ces conditions le pâturage doit être interdit pendant la première année qui suit la coupe, et il devient presque impossible dès la troisième année par l'envahissement des branches qui couvrent tout l'espace libre entre les souches.

Depuis près de vingt-cinq ans, je lutte avec les difficultés que suscite la présence du sel dans le sol sans pouvoir en venir toujours à bout. Pendant longtemps j'ai cherché à me procurer une espèce de Peuplier (le *Populus diversifolia*) signalé par un voyageur russe (Regel, je crois) dans les steppes de la Mongolie, mais il m'a été impossible de le trouver ; il doit exister dans le Jardin botanique de Tiflis. L'Ailante pousse assez bien ici, mais il périt dans les terres un peu salées.

En général, ce sont les Ormeaux, les Saules, le Robinier, le Pin d'Alep, quelques Thuyas et Cyprès. L'*Atriplex fruticosa* (poussant dans des sols déjà plus salés), le *Prunus spinosa*, le *Phillyrea angustifolia* et la plupart des Peupliers qui végètent bien dans nos terres légèrement salées, à condition, toutefois, qu'ils reçoivent de temps à autre un peu d'eau douce. J'ai lu avec grand intérêt dans la *Revue* publiée par la Société d'Acclimatation, l'article sur le Sacsaoul que vous me signalez et j'essaierai de m'en procurer. Depuis quelques années, j'ai essayé différentes plantes de l'Australie, mais je n'en ai trouvé qu'une, le *Chenopodium nitrariaceum*, qui s'accommode bien à notre sol et climat et encore ne vaudra-t-elle jamais beaucoup plus que les « Enganes » du pays. Voyez-vous, il n'y a que le Tamarix !

L'*Hippophae rhamnoides* pousse bien dans notre sol, mais à lui aussi il faut de l'eau douce de temps en temps, tandis que les Tamarix s'en passent.

« Je remercie de tout mon cœur M. Reich de la bonne volonté qu'il a mise à réunir ces renseignements précieux.

Puissent les autres agriculteurs de la région méditerranéenne, puissent les savants voyageurs, qui ont suivi pendant de longs mois les routes bordées de Tamarix des déserts de l'Asie et de l'Afrique, en faire autant ; et bientôt il nous sera permis de mettre un peu d'ordre dans cette question si embrouillée des Tamarix, qui — je ne me lasserai pas de le répéter — est d'un intérêt pratique de premier ordre pour de vastes régions incultes, dont aucun des continents ne manque ; elle l'est aussi pour la France en première ligne ; moins pour les salants du midi que pour les déserts de l'Algérie et de la Tunisie, dont les conditions économiques autant qu'hydrographiques ne laissent pas encore admettre, comme réalisable de nos jours, la mise en culture *totale* par la voie du dessalement radical et de l'irrigation.

» J. VILBOUCHEVITCH. »

Nous sommes absolument du même avis et nous rappelons que tous renseignements sur cette question seront reçus avec gratitude par la Société nationale d'Acclimatation de France. *Réd.*

II. EXTRAITS DES PROCÈS-VERBAUX DES SÉANCES DE LA SOCIÉTÉ.

SÉANCE GÉNÉRALE DU 6 FÉVRIER 1891.

PRÉSIDENCE DE M. A. GEOFFROY SAINT-HILAIRE, PRÉSIDENT.

Le procès-verbal de la séance précédente est lu et adopté.

— M. le Président proclame les noms des membres récemment admis :

MM.	PRÉSENTATEURS.
BAUDIN (Joseph-Auguste), chef du service de l'Escompte (2e division) à la Banque de France, 189, avenue de Neuilly, à Neuilly-sur-Seine.	A. Berthoule. Dr Laboulbène. Léon Weill.
BRULÉ (Eugène-Frédéric), receveur des Finances, en retraite, 1, rue Boutard, à Neuilly-sur-Seine.	A. Berthoule. A. Geoffroy Saint-Hilaire. C. Raveret-Wattel.
GIGON (Jules-Auguste), propriétaire, 29, boulevard Péreire.	A. Berthoule. J. de Claybroke. A. Geoffroy Saint-Hilaire.
LEROY (Martin), conseiller référendaire à la Cour des Comptes, 60, rue de Lisbonne (Paris).	A. Geoffroy Saint-Hilaire. C. Raveret-Wattel. Edgar Roger.
MAILLÉ (comte François DE), 3, boulevard Malesherbes (Paris).	A. Berthoule. A. Geoffroy Saint-Hilaire. Marquis de Sinéty.
MORET (Auguste), propriétaire, 8, rue de l'Arcade (Paris).	A. Berthoule. A. Geoffroy Saint-Hilaire. Dr Laboulbène.
TINGUY (vicomte H. DE), château de Beaupuy, par la Roche-sur-Yon (Vendée).	A. Berthoule. A. Geoffroy Saint-Hilaire. Arthur Porte.
TOLLET (Henri-Émile-Claude), ingénieur du Service maritime et du canal de Nantes à Brest, à Châteaulin (Finistère).	A. Berthoule. Dr Laboulbène. Vigour.

— M. le Secrétaire procède au dépouillement de la correspondance.

— M. Cuginaud, de Brantôme (Dordogne), demande à recevoir des œufs de Truite Saumonée et de Truite Arc-en-ciel.

— M. Gorry-Bouteau rend compte des résultats qu'il a obtenus des œufs de Dorking qui lui ont été envoyés par la Société et demande à participer à la distribution des œufs de Ver à soie du mûrier offerts par M. Fallou.

— M. le vicomte d'Adhémar de Case-Vielle adresse une demande analogue.

— M. Rabuté, d'Eu (Eure), fait parvenir un compte rendu de son cheptel de Lapins-Béliers. Les résultats n'ont pas été très satisfaisants, la femelle étant malade chaque fois qu'elle était présentée au mâle. Notre confrère espère être plus heureux cette année.

— M. le baron Reynaud, qui a perdu la femelle de son cheptel de Faisans vénérés, annonce le renvoi du mâle ; il adresse en même temps deux jeunes Colombes Lophotès, produit des oiseaux qui lui ont été confiés.

— M. Clarté, de Baccarat, offre à la Société des échantillons d'eau-de-vie et de sirop de Goumi. — Remerciements.

— M. Ch. Naudin (de l'Institut) écrit d'Antibes :

« A propos du **Koudzou** (*Pueraria Thunbergiana*) dont M. le Dr Clos a entretenu dernièrement la Société d'Acclimatation, j'aurai quelques remarques à faire.

» Depuis sept ou huit ans cette légumineuse est cultivée à la villa Thuret, où elle prospère sans, pour ainsi dire, qu'on s'en occupe. Chaque année, elle émet de sa souche de longs sarments volubiles ou étalés à terre, mais je ne l'ai pas vu produire les tubercules dont il est question ; je n'y ai trouvé, en la déterrant, que de longues racines assez menues. Quoi qu'il en soit, les Chinois en retirent une fécule qui paraît avoir chez eux une certaine valeur commerciale. Ils en font notamment des tablettes, dont la consistance et la couleur rappellent assez bien une gomme claire concrétée, et qui servent à faire des potages. Je me rappelle avoir reçu, il y a quelque temps, de M. le marquis d'Hervey de Saint-Denys, quelques-unes de ces tablettes de Koudzou, mais l'essai culinaire qu'on en a fait leur a été peu favorable. Ce nouveau mets a été trouvé à peu près aussi insipide que de l'empois ; dans tous les cas bien inférieur à d'autres fécules d'un usage plus habituel chez nous. Il ne me paraît donc pas que le Koudzou, en tant que plante potagère, ait le moindre avenir en Europe. A ce point de vue, sa culture ne paierait certainement pas ses frais.

» Serait-il plus avantageux comme plante filassière ? Ses sarments longs de plusieurs mètres et tenaces pourraient le faire croire, mais il ne faut pas oublier que le monde est déjà pourvu d'un grand nombre de plantes textiles, la plupart de culture plus facile et moins dispendieuse que ne le serait celle du Koudzou, auquel il faut de bonnes terres, meubles et profondes, qu'on réserve avec raison à des plantes qui promettent des bénéfices plus assurés. Tout ce qu'on pourrait faire dans cette voie serait de le planter dans des localités abandonnées par l'agriculture, par exemple à la lisière des bois ou au travers des broussailles, mais, dans de telles situations, pourrait-il lutter contre les occupants naturels du sol ? C'est plus que douteux.

» Comme plante d'ornement le Koudzou est fort inférieur à la Glycine et à nos anciennes plantes grimpantes, les Chèvrefeuilles, les Liserons, les Bignones, etc. Tout ce qu'on pourrait faire serait d'en planter quelques pieds auprès des arbres d'un parc, ou dans des haies, qu'ils revêtiraient pendant une partie de l'année de leur feuillage et leurs grappes de fleurs violettes. En faire une plante de curiosité ou de fantaisie, c'est vraisemblablement tout ce qu'on pourra lui demander. Au point de vue botanique il aurait un intérêt plus réel.

» Je crois qu'il y a mieux à attendre du **Sacsaoul** (*Haloxylon ammodendron*) que M. Leroy, d'Oran, cultive avec succès. C'est une plante des plus laides, du moins telle qu'elle m'apparaît à la villa Thuret, où d'ailleurs elle vient mal et lentement, probablement parce qu'elle n'y trouve pas la nature de terrain qui lui conviendrait, mais elle pourrait devenir des plus utiles si elle s'accommode des sables et du climat sahariens. Elle rend des services très appréciables dans les déserts de l'Asie centrale, pourquoi n'en serait-il pas de même dans ceux de l'Afrique ? C'est surtout quand on songe à traverser le Sahara par des voies ferrées, qu'il y a intérêt à y essayer, dès à présent, toutes les plantes, arbres, arbrisseaux et autres, qu'on peut supposer capables d'y vivre. »

— Il est déposé sur le Bureau quelques numéros de la *Revue internationale de médecine dosimétrique vétérinaire, d'hygiène et d'économie rurale*, publiée sous la direction du professeur Burggræve, auteur de la *Méthode dosimétrique*.

— M. Hédiard présente à la Société quelques petits tubercules alimentaires qu'il a reçus de la Martinique sous le nom créole de « Topinambour » ; le rendement en est considérable. Les habitants des Antilles estiment beaucoup ces tubercules, dont la chair blanche est très fine ; ils entrent dans les ragoûts et accompagnent bien le poisson salé.

C'est sans doute au *Maranta juncea* qu'il faut en rapporter l'origine.

— M. le Secrétaire général offre, au nom de l'auteur, M. Bouvier, un volume ayant pour titre : *Les Mammifères de la France*. Notre confrère s'est attaché à rendre son ouvrage populaire et pratique. Il indique les noms spéciaux à chaque province, ce qui est un excellent moyen de le mettre à la portée de tout le monde, les mœurs des animaux y sont étudiées soigneusement, ce livre est donc de nature à rendre de réels services.

— M. Raveret-Wattel donne lecture de la lettre suivante qu'il a reçue de notre savant collègue, M. le Dr Von Mueller, botaniste du gouvernement, à Melbourne :

« ... J'ai adressé à la Société d'Acclimatation, par le steamer *Océanien*, de la Compagnie des Messageries maritimes, un assez fort paquet de graines d'*Acacia pycnantha* fraîchement récoltées. Ce paquet était expédié par l'intermédiaire du Secrétaire de la Compagnie, à Marseille, qui a dû l'acheminer sur Paris... Bien que l'*Acacia pycnantha* soit introduit depuis longtemps déjà en France et en Algérie, il ne paraît pas y avoir été, jusqu'à présent, cultivé, sur une échelle un peu importante, pour la production du tanin. C'est au point de vue de cette production spéciale, l'espèce la plus recommandable pour les terrains sableux, et peut-être pourrait-elle réussir même dans le sud-ouest de la France. Cet Acacia peut végéter où le *decurrens*, le *mollissima* et le *dealbata* ne sauraient être cultivés ; mais, bien que l'écorce soit aussi riche qu'aucune autre en tanin, elle est moins épaisse que celle des trois espèces qui viennent d'être mentionnées. Les rameaux florifères sont très fournis et très odoriférants, et ils paraîtraient pouvoir être utilisés par la distillerie, comme ceux de l'*Acacia Farnesiana*. L'odeur est, toutefois, quelque peu différente.

» Je vous adresse, en même temps que cette lettre, des grains d'*Eucalyptus leptophleba*, espèce dont on n'avait jamais, jusqu'à ce jour, distribué des semences. Elle fournit un bois très durable pour les traverses de chemins de fer. »

Cette lettre était en outre accompagnée de deux petits sachets de graines de *Kochia melanocoma*, plante qui peut parfaitement réussir dans les régions chaudes et sèches et qui fournirait, sur ces points, des ressources précieuses pour l'alimentation des bestiaux et des moutons en particulier.

M. Raveret-Wattel donne ensuite communication d'une lettre de M. Marshall Mac-Donald, commissaire général des pêcheries des États-Unis, sur un fait d'extension de l'habitat du *Salmo purpuratus* de l'Amérique du Nord :

« ... Je vous adresse un extrait du journal *Forest and Stream* relatif aux travaux d'acclimatation que nous poursuivons dans notre grand parc national, aux sources du Yellowstone. La région, actuellement, complètement dépourvue de poissons, comprend une superficie de 1,500 milles carrés ; les eaux y sont on ne peut plus favorables aux Salmonides. Quand l'œuvre d'acclimatation sera complète, nous aurons, dans les limites du parc et sous une surveillance absolue, les espèces suivantes ayant chacune leur district spécial, savoir :

L'Ombre (*Thymallus montana*) ;

La Truite à ventre rouge (*Salmo purpuratus*) ;
La Truite d'Europe (*S. fario*) ;
La Truite Arc-en-ciel (*S. irideus*) ;
La Truite de Lochleven (*S. Levenensis*) ;
La Truite des lacs (*S. Namaycush*) ;
Le Brook-Trout (*S. fontinalis*) ;

et une petite espèce de Whitefish, le *Corogonus Williamsonii*.

» La seule espèce native que l'on rencontre sur le plateau volcanique, en amont des cascades de la rivière, est le *S. purpuratus*. Elle existe dans Yellowstone Lake et dans ses affluents, ainsi que dans plusieurs cours d'eau qui, de même que le Yellowstone lui-même, appartiennent au bassin du Missouri. Cette espèce est la même que celle que l'on trouve dans Snake River, cours d'eau appartenant au versant ouest et tributaire de l'océan Pacifique. Or, de Snake River, les Truites n'ont pu gagner la région de Yellowstone Lake qu'en traversant la ligne de partage des eaux des deux océans, à 3,000 mètres au-dessus du niveau de la mer. Les recherches faites nous ont permis de relever la route suivie par cette remarquable migration, qui a introduit et définitivement établi une espèce du versant occidental dans toute la partie supérieure du bassin du Missouri. Un plateau marécageux occupe la ligne de partage. Là des Castors ont construit leur digue sur un cours d'eau alimenté par la fonte des neiges et, en élevant le niveau de ce cours d'eau, qui se déversait d'abord entièrement dans Snake River, l'ont amené à former à certaines époques de l'année, un bras qui va se jeter dans le Yellowstone, en ouvrant ainsi à la Truite une route vers l'est. Et voilà comment le Yellowstone et tous ses tributaires ont été peuplés par une espèce primitivement spéciale au versant occidental. J'ai pensé que cet exemple remarquable de ce que peut faire une migration naturelle, secondée dans le cas présent par le concours inconscient des Castors, serait de nature à vous intéresser. »

— M. Brézol donne lecture d'une note sur la laiterie en Californie.

— M. de Claybrooke communique à la Société un rapport de M. Godry, de Galmanche, près de Caen, sur ses éducations d'oiseaux en 1890.

— M. le Secrétaire général lit une note de M. Jourdain sur les parcs à Huîtres de Saint-Vaast-la-Hougue.

Pour le secrétaire des séances,

JULES GRISARD,

Secrétaire du Comité de rédaction.

III. COMPTES RENDUS DES SÉANCES DES SECTIONS.

4e SECTION. — SÉANCE DU 13 JANVIER 1891.

PRÉSIDENCE DE M. J. FALLOU.

La section procède à l'élection de son bureau et à la nomination d'un délégué à la commission des récompenses.

Sont nommés : *Président :* M. J. Fallou ; *Vice-président :* M. Pierre Mégnin; *Secrétaire:* M. Clément; *Vice-secrétaire :* M. J. de Claybrooke; *Délégué à la commission des récompenses :* M. J. Fallou.

M. Mailles signale une énorme quantité de Vers blancs dans la contrée qu'il habite (La Varenne-Saint-Hilaire); il ajoute qu'il ne faut pas compter sur les gelées pour les détruire, ces larves sentant parfaitement venir la gelée et s'enfonçant en terre quand elle approche. Parmi les moyens de destruction artificielle, le sulfure de carbone n'est pas plus efficace; une capsule de sulfure de carbone mise dans un pot avec six Vers blancs les a laissés vivants au bout de neuf jours.

M. Fallou confirme la grande quantité de Vers blancs cette année; en arrachant des Pommes de terre, il en a trouvé jusqu'à neuf par pied. Il signale l'erreur qui court dans les campagnes que le Ver blanc meurt au simple contact de l'air, quand on retourne la terre. Il a expérimenté le fait en plaçant plusieurs Vers blancs en plein soleil sur un chemin empierré ; loin de mourir ils se sont traînés jusqu'à la terre meuble voisine, où ils se sont enfoncés aussitôt.

Il annonce qu'on a tenté dernièrement de nourrir les vers à soie avec de la Scorsonère et aussi avec de la Ramie. Certains sériciculteurs américains, par suite de la maladie des Mûriers, ne pouvant se procurer des feuilles en quantité suffisante pour leurs élevages de Vers à soie, eurent l'idée de présenter à ces animaux des feuilles de Ramie; ils constatèrent avec plaisir que non seulement elles furent rapidement et avidement dévorées, mais que les vers ne paraissaient nullement incommodés par ce changement de nourriture. Les cocons qu'ils obtinrent ainsi différaient des cocons provenant d'animaux nourris avec des feuilles de Mûrier par leur grosseur qui était plus considérable et par leur soie qui était plus fine.

M. Mailles demande quelle est l'espèce de Ramie employée, M. Fallou répond que c'est le *Bœhmeria nivea.*

M. Fallou présente les résultats d'élevages faits par lui et pour bien démontrer l'importance des soins à donner, il signale la différence totale entre les cocons « point de départ » et les cocons finaux.

Le vice-secrétaire,

J. DE CLAYBROOKE.

5e SECTION (VÉGÉTAUX). — SÉANCE DU 20 JANVIER 1891.

PRÉSIDENCE DE M. H. DE VILMORIN, PRÉSIDENT.

La Section procède à la nomination de son bureau et du Délégué à la Commission des récompenses. Sont désignés pour remplir ces fonctions :

Président : M. H. de Vilmorin ; *Vice-Président :* M. A. Paillieux ; *Secrétaire :* M. J. Grisard ; *Vice-Secrétaire :* M. Soubies ; *Délégué aux Récompenses :* M. le Dr Mène.

M. le Président présente, au nom de M. le professeur de Heildreich, des Lentilles, variété à petites graines de Grèce.

M. Paillieux engage ses collègues qui possèdent des terrains sablonneux à faire l'essai de cette variété qui est très tendre, à saveur moins forte que la grosse Lentille et qui, de plus, a le grand avantage de ne pas être attaquée par les Bruches.

M. Hédiard dit, à ce propos, qu'il tire d'Auvergne une petite Lentille verte qui est également exempte de Bruches.

M. le Président fait remarquer que dans certains districts du Canada la Bruche est complètement inconnue, aussi y fait-on en grand la culture des Pois. A Antibes, les Haricots sont souvent endommagés par cet insecte.

M. le Secrétaire présente, au nom de M. le baron Von Mueller, un important envoi de graines d'*Acacia pycnantha*, espèce très intéressante comme plante tannante.

M. le Président donne quelques détails sur cet Acacia qu'on rencontre sous la forme de deux types bien distincts.

L'*A. pycnantha*, type, à feuilles spatulées ou en raquettes, et la forme ou variété *petiolaris* dont les feuilles sont plus allongées. Elle est remarquable par sa belle floraison d'un beau jaune intense ; cultivée dans le Midi, on en reçoit les branches à Paris plus tard que celles de l'*A. dealbata*. Sa croissance est rapide, et au golfe Juan, cet Acacia graine abondamment et se ressème de lui-même.

M. Paillieux distribue des bulbes de Camassie comestible.

M. de Vilmorin offre : 1° des bulbes d'une très jolie Iridée, encore rare en Europe : l'*Acidanthera bicolor*, qui donne en août-septembre de grandes fleurs blanches teintées de lilas ; on la cultive beaucoup aux environs de Boston ; 2° des graines d'un *Abies* hybride, âgé aujourd'hui de 25-30 ans et provenant d'une graine unique obtenue par la fécondation du *Pinsapo* par le *Cephalonica*. Le port de l'arbre est intermédiaire entre les deux espèces, mais il sera surtout intéressant d'étudier les variations de seconde génération qui, au point de vue ornemental, peuvent donner des formes nouvelles.

Le Secrétaire,

Jules GRISARD.

IV. JARDIN ZOOLOGIQUE D'ACCLIMATATION DU BOIS DE BOULOGNE.

Chronique de quinzaine.

Nous terminerons aujourd'hui la publication des notes prises sur nos animaux pendant les froids rigoureux que nous avons traversés.

La rusticité des Grues a dépassé notre attente. Nous possédions, au commencement de l'hiver, environ quarante de ces oiseaux, représentant les espèces suivantes : *Grus torquata* (Inde), *Americana* (Mexique), *viridirostris* (Chine), *leucogeranos* (Japon), *Canadensis* (Amérique septentrionale), *Australasiana* (Australie), couronnée bleue du Cap (*Balearica regulorum*), de Paradis du Cap (*Tetrapterix paradisæa*), Demoiselle de Numidie (*Anthropoïdes virgo*). Nous avons perdu, pendant les deux mois d'hiver, une Grue de Paradis tuée par ses compagnes, et un autre spécimen de la même espèce qui s'est déchiré à coups de bec la peau des phalanges des pieds. Le froid aidant, ces plaies sont devenues de mauvaise nature, et la Grue est morte. Deux jours après ce décès, un autre oiseau de même espèce s'est mis, lui aussi, à attaquer la peau de ses phalanges. Immédiatement saisi et mis à l'abri, dûment soigné, il a été guéri ; nous n'avions jamais observé le fait que nous rapportons ici, et nous ne savons à quoi l'attribuer.

Quoique nos Grues aient traversé l'hiver sans donner de mortalité sérieuse, il faut constater que plusieurs d'entr'elles ont souffert ; les Grues de Paradis et les Grues de l'Inde qui passaient la nuit dehors sans abri, juchées sur une patte, la tête sous l'aile, avaient au matin un piteux aspect. Bien qu'ils fussent généreusement nourris, ces oiseaux ont notablement maigri pendant ces longs jours de souffrance.

Quelques-uns de nos *Ibis* exposés au froid ont bien supporté l'épreuve. Sans parler de l'*Ibis melanopis* qui vit à la Terre de Feu et par conséquent ne craint rien, nous avons constaté la rusticité de l'*Ibis religiosa* de Nubie et de l'*I. strictipennis* d'Australie ; ils passèrent l'hiver dans un abri où la température était sensiblement la même qu'à l'extérieur.

Les *Hérons Goliath*, originaires de Nubie, nous ont vivement étonnés par leur attitude. La nuit ils étaient abrités dans une cabane non chauffée, et tout le jour restaient exposés au froid perchés sur la branche d'arbre qui domine leur bassin.

Pendant cette rude saison, la chasse au fleuron, c'est-à-dire la capture des oiseaux de mer au moyen de grands filets tendus perpendiculairement au rivage, nous a procuré beaucoup de sujets. En aucun temps nous n'avions reçu autant d'Huîtriers (*Hæmatopus ostralegus*) ; il nous en est arrivé de la baie de Somme environ deux cents. La mortalité sur ces nouveaux venus a été considérable et cela se comprend aisément quand on se rend compte des fatigues qu'ils avaient à supporter. C'est la nuit, à marée haute, que se prennent les oiseaux dans les fleurons ; ils ont donc à attendre en se débattant dans les filets environ six heures pendant lesquelles ils restent exposés au froid et au vent. Tout compte fait, il s'écoule environ quarante à cinquante heures entre le moment où ils se prennent et celui où nous les recevons au Jardin. D'ordinaire cette longue station dans les filets, cette abstinence prolongée, ce voyage, ces délais n'ont aucune mauvaise conséquence, mais avec des abaissements de température comme ceux de cette saison, il n'en a pas été de même. Ajoutons que plusieurs de ces Huîtriers nous sont arrivés avec les pieds gelés.

Sans entrer dans la nomenclature de tous les Échassiers qui vivent ici, citons encore les Weka Rails (*Ocydromus*) d'Australie, les Rales à plastron (*Rallus pectoralis*) du même pays qui ont bien passé l'hiver seulement abrités contre le vent. Quant aux grands Rales du Brésil (*Aramides Cayennensis*), logés dans une volière non chauffée, ils ont résisté jusqu'au 15 décembre, mais l'épreuve devenait trop longue; l'un d'eux eut un pied gelé; il fallut placer ces oiseaux dans un lieu plus chaud.

Les Poules Sultanes que nous avons et qui sont originaires de toutes les régions du globe (Madagascar, Cochinchine, Sénégal, etc.), ont bien passé l'hiver dans une volière froide dans laquelle la température est descendue jusqu'à — 5°.

Enfin, pour en finir avec les Echassiers, nommons les Cagous (*Rhinochetes jubatus*) de la Nouvelle-Calédonie qui ont très bien supporté la rigueur de la saison dans une volière non chauffée, ce qui équivaut à dire dans un lieu où la température était à très peu de chose près aussi basse qu'à l'extérieur.

Parmi les Palmipèdes, le froid a fait peu de victimes grâce aux précautions prises. Les *Pélicans* ont vaillamment supporté l'épreuve pendant vingt-cinq jours, mais, dans le courant de décembre, il a fallu les abriter, leur souffrance était manifeste. Par contre, les Pingouins du cap de Bonne-Espérance (*Spheniscus demersus*) ont résisté le mieux du monde. Une des femelles a même donné un œuf le 20 janvier. Ces oiseaux étaient gais et ne paraissaient nullement incommodés par la température. Ils passaient la nuit dans les niches ouvertes qui sont en tout temps à leur disposition.

Pour les Mouettes et les Goélands (*Larus*), la souffrance a été évidente. A plusieurs reprises nous avons dû faire rentrer des Mouettes ayant le plumage couvert de glaçons et dont les ailes s'attachaient, se figeaient sur le sol glacé.

Quand nos pièces d'eau sont gelées, chaque jour, et ce n'est pas une petite besogne, la glace est cassée pour permettre aux oiseaux de boire et de se baigner. Ces baignades par le temps froid ne sont pas sans danger, car si les oiseaux ne sont pas en parfaite santé ou s'ils ont fait un long voyage, leurs plumes mal lissées, dégraissées si l'on peut ainsi dire, se mouillent. Revenus à terre, les oiseaux se couchent et, souvent alors les plumes chargées d'eau se couvrent de petits glaçons, s'attachent au sol gelé, il arrive même que les pattes humides s'y trouvent fixées. S'il n'est pas secouru à temps, le sujet est certainement perdu, on le retrouve mort, fortement lié à la glace qui couvre la terre. Nous avons vu périr de la sorte non seulement des oiseaux délicats et de petite taille, mais aussi des Cygnes, des Oies, des Canards domestiques qui, ayant été affaiblis par la maladie ou par un voyage prolongé, ne pouvaient réagir.

Les Cygnes n'ont donné lieu à aucune observation intéressante, ce genre est d'ailleurs très rustique. Une seule espèce, le Cygne blanc du Brésil et de la Plata (*Cygnus coscoroba*), a besoin de ménagements. Le Cygne à cou noir (*Cygnus nigricollis*) de l'Amérique du Sud, s'est très bien comporté ; il a souffert, mais nous n'avons enregistré aucun décès. Quant aux Cygnes noirs d'Australie, ils se montrent aussi rustiques que nos Cygnes blancs.

Par prudence nous avons rentré quelques Oies : Les *Sarcidiornis melanota* de l'Inde, les *Bernicla Sandwicensis*, les *Chloëphaga rubidiceps*, de l'Amérique australe ; ces espèces sont rares, difficiles à remplacer ; il ne convenait pas de les exposer et cependant nous savons qu'elles ont bien supporté ailleurs ce rude hiver. Toutes les autres Oies de notre collection : Bernaches du Magellan, Bernaches mariées d'Australie, Bernaches cravant et ordinaires, Oies barrées de l'Inde, Oies d'Egypte, etc., sont restées exposées sans aucun abri.

Les Canards délicats ont été l'objet de soins particuliers, nous avons mis en volière, c'est-à-dire à l'abri du vent, les Dendrocygnes (*D. viduata*, *D. autumnalis*), les jolies Sarcelles à ailes bleues du Chili (*Querquedula cyanoptera*), les Sarcelles à bec rouge du Brésil (*Q. Brasiliensis*). Tous les autres Canards sont restés dehors et pour quelques-uns l'épreuve a été trop forte. Les *Casarka rutila*, du bassin méditerranéen, et les Bahama (*Dafila Bahamensis*) des Antilles ont beaucoup souffert. Pendant les premières semaines aucune mortalité ne s'est produite, mais à la longue la fatigue est venue et nous avons fait des pertes sensibles, surtout quand le sol des parquets habités par ces oiseaux a été complètement envahi par une couche de glace.

Les Colombes pour la plupart logées dans la grande volière et dans la petite volière des Perdrix ont été mises à une dure épreuve. Les espèces pour lesquelles la mortalité a été nulle, ou à peu près, sont les suivantes : *Columba maculosa*, Chili ; Pigeon roussard (*Columba guinea*), Sénégal ; Colombe maillée (*C. Cambayensis*), Sénégal ; Colombe jounud (*C. gymophthalmos*), Brésil ; Pigeon Ramiret (*Columba picazuro*), Brésil ; *Columba fasciata*, Mexique ; *Columba leuconota*, Himalaya ; Colombes turverts (*Chalcophaps Indica* et *chrysochlora*), Indo-Chine et Australie ; Pigeon Nicobar (*Calœnas Nicobarica*), Indo-Chine ; Pigeon Wongawonga (*Leucosaroca picata*), Australie ; Colombe Longhup (*Ocyphaps lophotes*), Australie. Est-ce à dire que toutes ces espèces soient rustiques au même degré ? Les Lophotes, les Pigeons de l'Himalaya, les Pigeons du Chili, ne craignent rien et peuvent être laissés jour et nuit dehors. Les autres espèces étaient exposées aux abaissements de température, mais non aux vents.

Par contre, les Colombes poignardées (*Phlogœnas cruentata*), que nous faisions vivre depuis cinq ans déjà en volière ouverte, n'ont pu supporter l'épreuve, elle a été trop longue. Les Colombi-gallines à moustaches (*Geotrygon mystacea*) de la Martinique ont également succombé.

Les Pigeons Gouras (*Goura coronata* et *Victoriæ*) ont bien résisté dans une volière non chauffée, mais fermée. Leur endurance de cette année confirme l'observation faite pendant le grand hiver de 1879-1880. Ces oiseaux avaient supporté, dans le compartiment, encore aujourd'hui affecté à cette espèce, un abaissement de température de — 17° alors qu'il faisait à l'extérieur — 21°. Cette année, le thermomètre est descendu moins bas sans doute, mais l'épreuve a été plus longue.

Les Passereaux exotiques ont permis quelques observations qui méritent d'être notées, car les oiseaux mis en expérience étaient logés dans une volière couverte, adossée à un pavillon et garnie de paillassons sur deux faces, le devant seul ouvert. Dans ces conditions, la température était identiquement la même dans la volière qu'à l'extérieur, mais les habitants de ce compartiment étaient bien abrités contre tous les vents. Nous y avions risqué un Merle bronzé (*Lomprocolius chalybæus*), Sénégal ; un Martin rosé (*Pastor roseus*), de l'Inde, et deux *Garrulax Sinensis*. Ces quatre oiseaux avaient pour compagnons des Tisserins travailleurs (*Quelea sanguinirostris*), du Sénégal ; des Paddas (*Padda orizivora*), de Java ; des Paroares huppés (*Paroaria cucullata*), de l'Amérique du sud ; des Cardinaux rouges (*Cardinalis Virginianus*), des Etats-Unis. Les quatre oiseaux délicats inscrits en tête de cette liste sont encore en bonne santé à l'heure actuelle et parmi leurs compagnons la mortalité a été insignifiante.

Dans le second compartiment de la volière habitée par les Passereaux que nous venons d'énumérer, c'est-à-dire exposés au froid, mais abrités du vent, nous avions logé les Perruches : de Pennant, Omnicolores, Palliceps (*Platycercus Pennanti*, *eximius*, *pallidiceps*), d'Australie ; à front pourpre (*Cyanoramphus Novæ Zelandiæ*) ; Calopsittes (*Calopsitta Novæ-Hollandiæ*) ; *Polytelis Barrabandi*, d'Australie ; Bouton d'or (*Conurus aureus*), du Brésil ; *Bolborhyncus lineolatus*, du Mexique. Cette volière contenait aussi environ deux cents Perruches ondulées (*Melopsittacus undulatus*), d'Australie. Dans cette agglomération d'oiseaux la mortalité a été à peu près nulle.

Nous nous abstiendrions de parler des Aras et Cacatois qui vivent au Jardin d'Acclimatation dans des locaux maintenus à une température de + 12° au moins, si nous n'avions au cours de cet hiver rigoureux observé chez des *Ara Canga* du Brésil et chez des *Cacatua Sulphurea* des Moluques, une endurance remarquable. Un marchand du

Havre se mit en route le 6 janvier avec une pacotille d'oiseaux ; arrivé à Paris vers 7 heures du matin, il chargea sa marchandise sur une voiture à bras, jeta par dessus une légère couverture et arriva au Bois de Boulogne vers 9 heures. Acheter des oiseaux réputés frileux qui avaient été exposés à un froid aussi violent pendant environ quinze heures, c'est-à-dire pendant la nuit et toute la matinée, n'était pas possible. Nous les considérions comme condamnés à une mort certaine ; ils avaient d'ailleurs à l'arrivée le plus mauvais aspect. Conservés en dépôt aux risques du vendeur, ces robustes perroquets n'ont pas succombé. Deux jours après leur arrivée, ils étaient aussi gais et en aussi bon état que les nôtres.

Nous arrivons au terme de la tâche que nous nous étions imposée, car nous avons successivement passé en revue tous les groupes d'animaux qui vivent au Jardin d'Acclimatation. L'énumération de ces faits aura-t-elle intéressé les lecteurs de la *Revue* ? nous voulons le croire.

L'observation nous apprend que certains groupes zoologiques, quelle que soit la patrie des espèces qui le composent, ont une grande rusticité que dans d'autres cette rusticité est inégale. Nous avons constaté que certaines espèces même délicates, originaires de régions très chaudes, peuvent être conservées pourvu qu'on sache prendre quelques précautions élémentaires. Par plusieurs faits probants nous avons montré que si le froid fait souffrir et peut amener la mort, le vent est encore plus à redouter ; qu'il fatigue les animaux, cause leur amaigrissement et que pour combattre les effets du froid et du vent, il faut nourrir abondamment. Nous avons cité plusieurs cas dans lesquels il a été reconnu avantageux d'animaliser la nourriture de certains oiseaux granivores.

Nous avons indiqué à plusieurs reprises que les voyages causent aux animaux une grande fatigue. Enfin, nous avons fait voir que l'action du froid se prolongeant, les animaux s'épuisant cessent de résister. Ce qui explique comment certains sujets ayant supporté sans inconvénient apparent des froids très vifs, succombent au bout d'un certain temps, lorsqu'ils subissent l'action d'abaissements de température, même moins considérables que ceux précédemment endurés. Les animaux souffrent d'autant plus que le froid dure plus longtemps.

V. CHRONIQUE DES SOCIÉTÉS SAVANTES.

Académie des Sciences. — *Séance du 16 février 1891.* — *De l'action des froids excessifs sur les animaux.* — Les expériences que j'ai faites depuis vingt-cinq ans, pendant les froids violents de nos hivers les plus rigoureux, notamment en 1879-80, m'ont permis de déterminer le degré d'aptitude de chacune de nos espèces domestiques à supporter, sans inconvénients sérieux, les basses températures.

Le degré de résistance au froid que possède chacune de ces espèces m'a paru dépendre : 1° de la puissance de calorification très inégalement développée ; 2° de la force de la réaction qui active la circulation dans les parties superficielles du corps et prévient les stases sur les parties profondes de l'organisme ; 3° de la faible conductibilité du pelage, des toisons ou fourrures qui peuvent restreindre dans d'énormes proportions les pertes de calorique ; 4° de la faible impressionnabilité des appareils organiques, notamment de celui de la respiration, des séreuses, des reins et autres viscères.

La dernière condition a une importance capitale. Si l'impressionnabilité est exagérée, comme sur presque tous les animaux des contrées chaudes, les autres, si bien réalisées qu'elles puissent être, ne réussissent pas, même ensemble, à conjurer les effets funestes des basses températures de longue durée survenant sans transition insensible. Chacune des conditions de résistance au froid a une valeur qui peut être, dans la pratique, déterminée d'une manière suffisamment exacte : la puissance de calorification, par degré auquel se maintient la température animale de l'ensemble du corps et par la somme des pertes éprouvées en un temps donné, pertes qui peuvent s'élever du dixième au quinzième du poids du corps par période de vingt-quatre heures ; la force de réaction, par la température de la surface de la peau et du tissu cellulaire sous-cutané, l'action protectrice des plumes, fourrure ou toison, par le degré de chaleur conservée dans leurs couches profondes ; enfin, la susceptibilité organique par la rareté ou la fréquence, comme par la gravité des effets pathologiques attribuables au refroidissement.

Quant à la valeur de la résultante des conditions susdites diversement combinées, elle ne saurait être déterminée théoriquement avec exactitude ; mais elle peut être mesurée avec assez de précision à l'aide de l'observation et des expériences. Les données obtenues à cet égard deviennent des éléments précieux pour dresser l'échelle de ce qu'on appelle la rusticité des animaux. En voici quelques-unes.

Contrairement aux prévisions de la théorie, le plus petit de nos animaux domestiques, le Lapin est doué au maximum de la résistance au froid. Les adultes de cette espèce ont pu supporter pendant cinq et six jours des froids de — 10° à — 15°, sans perdre plus de 1° et quelques dixièmes de leur température intérieure, ni éprouver consécutivement d'indisposition appréciable. Ceux que j'ai laissés pendant deux mois de cet hiver, de la fin de novembre à la fin de janvier, dans neuf cabanes cubiques complètement ouvertes sur l'une de leurs faces, donnant accès au vent et à la neige, par des froids de — 10° à — 20° et même de — 25° dans notre région de l'Est, sont tous demeurés en parfaite santé. Ceux de ces animaux qui furent privés d'aliments pendant un ou deux jours éprouvèrent une perte diurne oscillant entre le quinzième et le huitième du poids du corps. Ceux qui passèrent un jour et une nuit dans des maisonnettes construites avec d'énormes blocs de glace, touchant le dessous et les côtés du corps, y conservèrent aussi leur température intérieure à 1° et quelques dixièmes au-dessous de la normale, quoique les oreilles et les pieds éprouvassent un abaissement de 12°, 15°, même de 20°. Dans des galeries sous la neige, les choses se passèrent comme dans les grottes de glace. Aucune modification appréciable n'est résultée du refroidissement des extrémités. Mais là les jeunes sujets périssaient suivant l'ordre de leur jeunesse.

Le Mouton m'a montré ensuite une résistance au froid égale à celle du Lapin, pourvu qu'il conservât son épaisse toison exempte d'humidité. Après les nuits les plus froides passées en plein air, il avait encore à peu près à l'intérieur le degré normal et à la surface de la peau sous la toison 36° à 37°.

Le Bouc et le Porc, à peu près nus, tant leurs soies sont clairsemées, ont offert presque la même résistance que la bête ovine. Leur peau, une fois la réaction bien établie, se maintenait à 34° ou 35° C. dans la plupart des régions.

Dans l'ordre décroissant de l'aptitude à supporter le froid, le Chien s'est placé à la suite des animaux précédents. Tenu en plein air sur le sol glacé, ou simplement abrité sous une niche ouverte, il a conservé, malgré des frissons et des tremblements, sa température intérieure à 1° ou 2° près, sans devenir malade. L'un d'eux, pourtant, a péri après avoir éprouvé une réfrigération excessive.

La résistance des solipèdes domestiques au refroidissement m'a paru, sauf pendant le travail, inférieure à celle des autres animaux. Aux basses températures susmentionnées, la chaleur de la peau a baissé de 6°, 8°, 10°, s'ils avaient de longs poils, et de 10° à 12° avec un pelage ras ou très court. A ces basses températures, la chaleur de la peau et du tissu cellulaire sous-cutané perdait, dans les régions inférieures des membres et au pied, 25° à 30°.

Quant aux oiseaux de basse-cour, leur plumage, s'il est bien fourni et sec, leur donne au plus haut degré l'aptitude à braver, comme on le sait, les froids les plus vifs. Cet hiver, mes Poules, Coqs, Dindes, tenus à dessein dans un local dont la température suivait presque celle du dehors, se sont maintenus, sans exception, en très bon état.

G. COLIN.

VI. CHRONIQUE DES COLONIES ET DES PAYS D'OUTRE-MER.

Culture du Poivrier au Malabar.

Les renseignements contenus dans cet article ont été fournis par une personne qui, pendant plusieurs années, a été chargée de la surveillance d'une plantation de Poivriers au Malabar.

Il s'agit ici, naturellement, du *Piper nigrum* que l'on cultive sur une très grande échelle, dans le nord du Malabar surtout. Le fruit de cette plante grimpante est le grain de poivre qui vient en grappes et non en cosses comme on le pense quelquefois. Disons aussi que le poivre blanc est absolument la même baie dont l'épiderme a été lavée. Avant d'être mûres ces baies ressemblent beaucoup à une grappe de groseilles vertes. A l'état sauvage la plante grimpe après tous les arbres, mais plus rarement après les Palmiers.

A en juger d'après l'extension de la consommation de plus en plus grande que prend cet article, la culture du poivre, déjà très lucrative, peut s'attendre à un avenir encore plus brillant que par le passé. Il n'y a, en effet, pas un pays au monde qui n'en consomme de fortes quantités; à Pékin comme à Chicago, chez les sauvages de l'Afrique comme chez les millionnaires de l'Australie, le poivre est devenu, comme le sel, un article de première nécessité.

Le Poivrier pousse à des altitudes diverses variant entre le niveau de la mer et 5,000 pieds au-dessus de ce niveau, mais il aime surtout les vallées chaudes, humides, aux pieds des Ghattes occidentales, par exemple, où il donne un produit abondant et d'un goût exquis.

Au Malabar, le climat n'est pas favorable à l'Européen. En vivant sur les sommets des collines où l'on sent la moindre petite brise, on se sent assez bien ; mais dans les vallées on étouffe et on se sent mal à l'aise. Même les indigènes s'en plaignent. On n'a de la fraîcheur au Malabar que lorsqu'il y a du vent ; aussitôt que le vent se calme la chaleur revient plus forte que jamais. Si pendant deux ans le vent ne soufflait pas au Malabar, il ne resterait rien, ni de sa population, ni de ses cultures, ni de ses rizières, à l'exception, peut-être, de quelques indigènes aux ventres proéminents et aux jambes grêles, errant comme des désespérés au milieu des déserts et des jungles envahis par la végétation tropicale.

La culture du Poivrier, si l'on peut l'appeler ainsi, en est encore à son début ; quoique la plante ait été cultivée depuis des siècles, elle n'a encore rien perdu de son aspect et de son goût sauvages, elle n'a pas reçu les soins nécessaires à son amélioration. On peut donc plutôt apprendre *à*, qu'apprendre *de* ces colons quelque chose relative à cette culture. D'ailleurs ils n'ont pas la prétention de vouloir nous instruire, quoiqu'ils répondent avec empressement aux questions qu'on leur fait. Ils font tout par habitude et sans savoir pourquoi.

Les indigènes du Malabar disent qu'il y a cinq variétés de Poivriers : *Kulloo Vully*, *Balan* (ou *Valan*) *cotta*, *Oudaram cotta*, *Kruvandery* et *Chennen cotta*. Ces noms sont plutôt ceux de la baie que de la plante, car *Cotta* signifie baie en malais. Ainsi :

Chennen cotta, veut dire à petites ou rares baies ;

Kruvandery, à courtes baies ;

Oudaram cotta, à baies qui tombent.

Chacune de ces variétés possède les propriétés qu'indique son nom.

Mais ces variétés, si elles méritent ce nom, n'ont aucune valeur, et si par hasard il s'en présente, il faut les arracher. *Kulloo Vully* (plante de roche ou de pierre) porte ce nom parce que les baies sont lourdes comme des pierres, tandis que *Balan cotta* (jeune baie), est appelée ainsi à cause du temps qu'il lui faut pour mûrir.

Il n'y aurait donc au Malabar, en réalité, que deux variétés de *Piper nigrum* : l'une à petites feuilles, tiges et branches, grappes courtes, poussant rapidement sans trop s'étendre et à l'aspect assez grossier ; l'autre à grosses feuilles, tiges et branches, grappes longues, poussant luxurieusement. On pourrait appeler la première *Kulloo Vully*, quoiqu'elle comprenne les trois variétés citées plus haut, et la seconde *Valan cotta*.

Le *Kulloo Vully* est le Poivrier originaire du Malabar. On le rencontre partout dans les jungles au-dessus des *Ghattes* et même dans la vallée d'Ochterlony, à 5,500 pieds au-dessus du niveau de la mer. Mais à cette dernière altitude, tout en poussant bien, elle produit peu de fruits, excepté dans quelques endroits privilégiés, c'est-à-dire chauds et humides.

Dans les vallées de 2,000 à 2,500 pieds d'altitude, sur un sol riche en feuilles pourries, la plante pousse avec une vigueur extraordinaire, couvrant même les rochers, enfonçant ses racines dans les fentes et les fissures, enveloppant tout dans un habit de verdure. C'est là qu'était son berceau, d'où lui vient le nom de plante, de roche grimpante ; c'est là que furent pris les premiers plants qui ont servi à créer les immenses cultures du Malabar et qu'on appelle *Kulloo Vully*.

Les trois autres variétés viennent de la même plante, mais ont été cultivées à des altitudes diverses ou dans des localités moins favorables.

Mais d'où vient l'autre variété à longue queue la *Valan Cotta* ?

Elle n'est probablement pas originaire du Malabar.

Peut-être bien vient-elle des pays au-dessus des *Ghattes*. On y a trouvé des Poivriers sauvages qui lui ressemblaient parfaitement, mais qui rampaient par terre.

Nous croyons que le *Kulloo Vully* et le *Valan Cotta* sont des plantes hermaphrodites, et que le *Chennen Cotta*, le *Kruvandery* et l'*Oudaram Cotta* sont des plantes mâles ou femelles.

Mais il existe encore une autre variété qu'il est bon de rappeler ici. On la trouve rarement dans le nord du Malabar quoique assez souvent dans le Sud, on l'appelle *Cottayam Vully*.

Cottayam est à Taluk, où se trouve Tellichery ; c'est le centre du district poivrier le plus connu de l'Inde. Le *Cottayam Vully* s'obtient au moyen de semis provenant de ce district.

On peut se procurer les semis pendant les mois de janvier ou de février. Il est assez difficile de les obtenir bien mûrs parce que les baies ne mûrissent pas toutes en même temps et que les oiseaux dévorent celles qui sont mûres. Il est préférable de semer avec de la graine fraîche quoique la graine sèche peut être également employée. La levée se fait au bout de cinq à six semaines.

Il faut que la terre soit constamment humide, sans être trempée. L'ombre est inutile. Si l'on peut en donner un peu, cela ne peut pas faire du mal.

Au Malabar, la culture se fait presque exclusivement au moyen de boutures. Les indigènes prétendent gagner une année avec ce système. Ceci est vrai. Mais il est probable qu'ils ne veulent pas non plus se donner la peine d'établir des pépinières. Après avoir été coupées, les boutures peuvent se garder pendant une semaine dans un endroit frais avant d'être plantées. On en met 5 à 8 dans le même trou sans se préoccuper du haut ou du bas des boutures. Elles poussent bien n'importe dans quel sens.

Dr MEYNERS D'ESTREY.

VII. HYGIÈNE ET MÉDECINE DES ANIMAUX.

Chronique.

Poux et Ricins.

Pendant la saison de l'hiver, lorsque nos animaux domestiques sont revêtus de la toison épaisse dont la bonne nature les couvre pour résister à l'abaissement de la température, ils sont particulièrement victimes de légions de parasites qui pullulent au fond de leurs poils et vivent à leurs dépens soit en suçant leur sang, après avoir piqué la

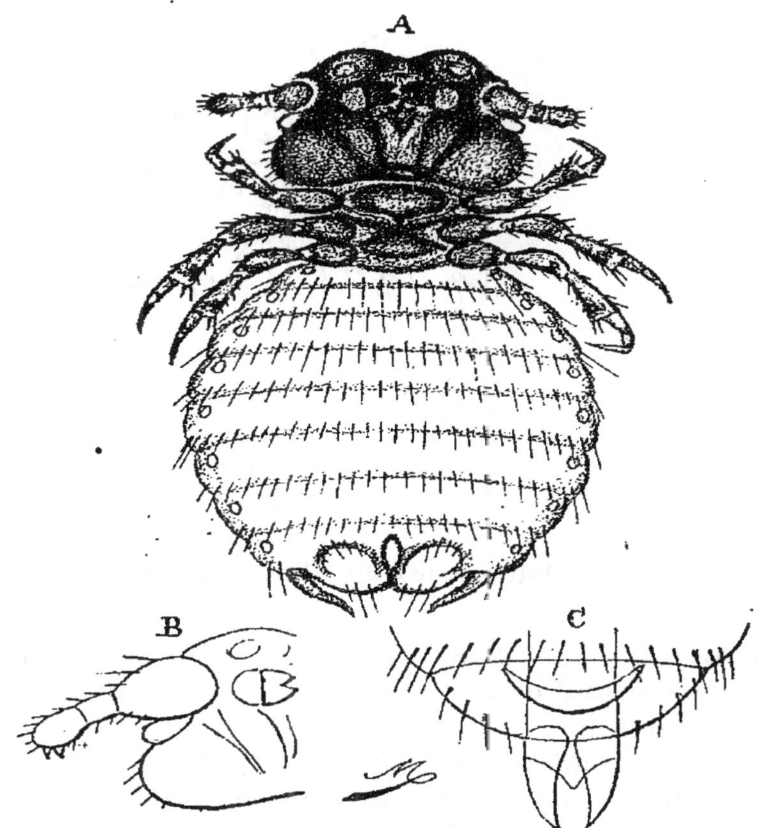

Fig. 1. — Ricin du Chien. A *Trichodectes latus* ♀; B et C Organes du mâle.

peau au moyen des fines lancettes dont le bec des uns est armé, soit en grattant la surface cutanée et en absorbant les produits d'excrétion et les pellicules épidermiques qu'ils détachent au moyen des mâchoires dont la bouche des autres est munie. C'est que ces parasites, que le vulgaire confond sous le nom général de *Poux*, forment deux groupes bien distincts : les *Poux suceurs*, ou *Vrais Poux*, et les *Ricins*, ou *Poux à mâchoires*, *Poux gratteurs*. Le corps des uns et des autres est assez semblable, mais leur tête est très différente : celle des *vrais Poux* est plus petite, plus allongée et c'est de sa pointe qu'émerge la trompe, munie à son intérieur de fines lancettes, qui constitue l'organe de ponction et de succion (fig. 2). La tête des *Ricins* est au contraire large, aplatie et coriace, et c'est en dessous qu'est située la bouche, armée d'une paire de mâchoires dentées qui servent à gratter la peau et surtout à aider le petit animal à grimper le long des poils et à y adhérer (fig. 1).

Les *Poux suceurs* sont bien plus malfaisants que les *Ricins*; la piqûre des premiers s'accompagne d'une vive démangeaison comparable à celle de la gale. Les *Ricins* sont seulement agaçants par le léger prurit que cause leur reptation sur la peau ; ils pullulent surtout sur les

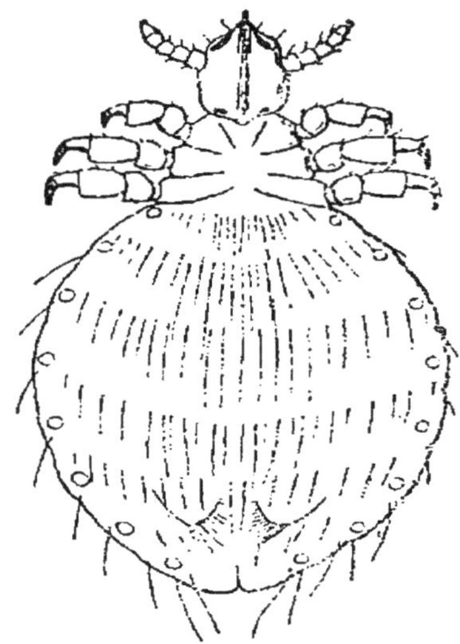

Fig. 2. — Pou suceur du Chien (*Hematopinus piliferus*).

individus jeunes ou à constitution affaiblie et sont plutôt un symptôme qu'une cause de maladie. — La maladie cutanée causée par les Poux s'appelle *Phthiriase*.

Les espèces quadrupèdes domestiques nourrissent presque toutes deux espèces de Poux, l'une (ordinairement la plus grande) qui appartient au groupe des vrais Poux, ou PÉDICULIDES, et au genre *Hematopinus*, et l'autre qui appartient au groupe des RICINS et au genre *Trichodectes*.

Dr PIERRE.

(*A suivre.*)

VIII. CHRONIQUE GÉNÉRALE ET FAITS DIVERS.

Les Pigeons et l'agriculture. — La question de l'utilité ou de la *nuisibilité* des Pigeons a été discutée plus d'une fois par les ornithologistes et les agriculteurs.

Un article très détaillé a été écrit sur ce sujet, il y a déjà longtemps, par le pasteur Snell, de Hohenstein, duché de Nassau, article que le *Journal d'Aviculture de Dresde* reproduit pour satisfaire au désir de l'Union des Sociétés allemandes des amateurs de Pigeons-voyageurs.

Durant une période de temps considérable, le pasteur Snell se livra aux plus scrupuleuses observations sur la nourriture que ses Pigeons rapportaient des champs. Nous n'extrayons de ce consciencieux travail que quelques données essentielles.

La nourriture favorite des Pigeons, qui, entre parenthèses, ne demandent à être alimentés que l'hiver, pendant que la terre est couverte de neige, sont les graines des mauvaises herbes en général et surtout celles des légumineuses croissant à l'état sauvage et désignées par les agriculteurs sous le nom général de Vesces. En outre, les Pigeons se nourrissent des pois et des lentilles ainsi que de diverses graines oléagineuses et de graminées, mauvaises herbes qui, en nuisant à la moisson de l'année, compromettent encore, par la dispersion de leurs graines, celle des années suivantes.

Parmi elles, nous mentionnerons l'*Ervum hirsutum* dont les siliques aussitôt mûres laissent tomber les graines que le vent disperse par les champs. Ces graines sont douées d'une résistance telle qu'elles peuvent germer même au bout de quelques années. C'est ainsi que quelquefois un champ de blé ou de froment promettant une abondante récolte, se trouve tout à coup envahi par cette herbe.

Ce sont ces graines qui restent par terre sans germer qui servent de nourriture aux Pigeons tandis que les grains de blé tombés à terre germent et pourrissent après la première pluie. Les graines d'*Ervum hirsutum* restent au contraire intactes tant qu'elles sont exposées à la lumière et ce sont elles encore qui sont la ressource des Pigeons pendant la disette entre l'époque des pousses du printemps et jusqu'à la moisson. Dans chaque petit trou du sol, on en trouve de 6 à 10.

Snell a remarqué que ses Pigeons dédaignaient les champs de froment au mois d'août, après la moisson, mais semblaient avoir de la préférence pour les champs couverts de chaumes de blés, et lorsqu'une année après, le même champ fut semé en Trèfle, les Pigeons n'allaient presque pas ailleurs.

Ne s'arrêtant pas à ces observations générales, M. Snell chercha à les préciser en les exprimant en chiffres. Dans ce but, il analysa quotidiennement pendant une année, la nourriture de ses 40 Pigeons en remarquant les endroits où ils allaient butiner ou en en abattant un de temps en temps pour pouvoir examiner le contenu de ses viscères. C'est ainsi qu'il constata que du 24 novembre au 17 décembre et du 19 décembre au 14 janvier, c'est-à-dire pendant 48 jours, et du 1er juillet au 1er août, durant une période de 32 jours, en tout pendant 80 jours, les Pigeons s'étaient nourris d'*Ervum hirsutum* exclusivement. Pendant 108 jours encore, ce même *Ervum* leur fournissait la moitié de leur nourriture dont l'autre moitié consistait en grains de blé et de diverses herbes nuisibles. Le reste de l'année — 177 jours, — les Pigeons étaient en partie entretenus à la maison et en partie nourris avec des graines du blé versé mélangé ; des graines de mauvaises herbes parmi lesquelles les plus nuisibles, comme la Moutarde sauvage, que les Pigeons détruisent en quantité.

De plus, ces oiseaux consomment les graines de l'Oseille, des Bluets et du *Convolvulus* (Liseron), etc. ; ils mangent les bulbes (oignons) du *Gagea arvensis* et de l'*Allium oleraceum*, de petits escargots de jardin, les Chenilles, le *Noctua segetum*, ainsi que diverses larves.

Quelle quantité énorme de graines des mauvaises herbes se trouve sur les champs et est détruite par les Pigeons, M. Snell l'a démontré en examinant et en comptant les graines qui se trouvaient dans l'estomac des Pigeons abattus dans ce but.

Ainsi, le gésier d'un jeune oiseau tué le 16 juillet dans la soirée, ne contenait pas moins de 3,582 graines. En admettant que depuis le matin une quantité égale à la moitié de ce nombre ait été digérée, nous aurons le total de 5,373 graines nuisibles qu'un Pigeon détruit en une journée. La moitié en reste dans le gésier de chaque vieil oiseau, de sorte que pendant la couvaison, chaque Pigeon n'absorbe pas moins de 8,000 graines d'*Ervum hirsutum*, par conséquent, d'après le calcul exposé plus haut, en 188 jours, l'oiseau aura empêché le développement de 800,000 graines. En admettant le chiffre de 500,000, 20 paires de ces oiseaux auront détruit en une année plus de 20 millions de graines de mauvaises herbes. Si l'on considère, en outre, qu'à l'exception de la Perdrix et de la Caille, les autres oiseaux dédaignent l'*Ervum hirsutum* et que le Pigeon est presque seul à paralyser ou, tout au moins, à atténuer les funestes effets de ce fléau des champs de blé, on sera forcé de reconnaître, avec M. Snell, que c'est là un oiseau des plus utiles, un précieux auxiliaire pour l'agriculteur. Son activité dans ce sens est assez considérable pour lui faire pardonner le tort qu'il fait aux plantes cultivées pendant une certaine période de l'année.

M. Snell a fait encore cette observation que, d'une façon générale, l'Orge, le Froment et le Lin étaient bien venus surtout dans les champs fréquentés par les Pigeons pendant toute l'année et surtout après les semailles. Des cultivateurs expérimentés à qui il fit part de ces conclusions en convinrent d'ailleurs.

Ces diverses remarques ont été confirmées depuis par d'autres observateurs, comme Zorn (Bavière), Leffroy et Vitry (France) et Bonizzi (Italie).

On sait en outre qu'en Belgique, les agriculteurs protègent d'une façon toute particulière les Pigeons, les considérant comme des collaborateurs utiles.

On y construit même des pigeonniers spéciaux pour faciliter à leurs habitants la recherche de la nourriture. C. KRANTZ.

Importation d'oiseaux en Amérique. — Un certain nombre d'Allemands, établis dans l'Orégon (États-Unis), se sont fait récemment expédier du Harz, pour une somme de 1,000 dollars, de 5,180 fr., d'oiseaux chanteurs et de passereaux divers : Sansonnets, Merles, Cailles, Rossignols, Pinsons, Chardonnerets, Becs-croisés, etc. Avant d'être rendus à la liberté, les nouveaux arrivés ont été conservés pendant quelques jours dans de vastes volières afin qu'ils puissent se remettre des fatigues du voyage, puis on les a lâchés aux environs de Portland. Depuis, on a trouvé, non loin de cette ville, un nid de Pinson, preuve d'un commencement d'acclimatation. On espère obtenir de cette tentative des résultats plus satisfaisants que ceux donnés par les expériences analogues tentées sur de nombreux points des États-Unis, qui ont simplement abouti à doter l'Amérique septentrionale d'un véritable fléau, représenté par des hordes de Moineaux voraces. L'Orégon se rapproche un peu de l'Allemagne par son climat et sa nature boisée, mais l'hiver y est assez doux pour que les oiseaux insectivores y trouvent constamment de quoi se nourrir. Comme la mauvaise saison serait trop froide pour les oiseaux européens, dans la région montagneuse qui couvre la partie orientale de l'Orégon, et l'été trop chaud, dans la Californie, située au sud de ce territoire, on espère qu'ils resteront dans la région voisine du littoral. H. B.

Les Saumons de l'Alaska. — Après les phoques à fourrure des îles Aléoutiennes, pour le massacre desquels le gouvernement américain perçoit annuellement 1 million de dollars, soit environ 5,180,000 francs de droits, le produit le plus important du territoire d'Alaska, est le Saumon pourpré, *Salmo purpuratus*, nommé jadis Kramya Ryba par les Russes, et désigné actuellement par les Américains, sous les dénominations de Red fish, poisson rouge, ou de Blue back sawqui, sawqui à dos bleu. Ce salmonide n'atteint pas de très grandes dimensions, car il dépasse rarement un poids de 3 kilogs 5, bien qu'on ait cependant parfois capturé des individus de 7 kilogs. Comme le *Salmo Salar* ou Saumon commun, il remonte le cours des fleuves et des rivières, mais à l'encontre de celui-ci, il fraie toujours dans les lacs, et ne pénétrerait jamais dans les fleuves qui ne servent pas d'exutoires à une de ces nappes d'eau et ne sont pas alimentés par la fonte des neiges.

On pêche chaque année dans les eaux de l'Alaska pour 3 millions de dollars, pour 15,540,000 francs de Saumons, représentés en majeure partie par le *Salmo purpuratus*. J. L.

Le Taro ou **Colocase comestible** (*Colocasia antiquorum* SCHOTT. ; *Colocasia esculenta* SCHOTT. ; *Arum esculentum* L.) est une plante herbacée, vivace, à feuilles radicales longues de 60-70 centimètres sur 50 de largeur, cordiformes, longuement pétiolées. Le rhizome est tubéreux, napiforme ou irrégulièrement bi ou trifurqué; sa grosseur est variable.

Originaire de l'Inde où elle croît dans les lieux bas et humides, cette plante s'est ensuite répandue en Egypte et dans l'Amérique méridionale; elle est surtout cultivée en Océanie, depuis les temps les plus anciens, avec un soin et une habileté remarquables que l'on ne rencontre pas toujours dans nos cultures européennes.

Les jeunes feuilles, après avoir été bouillies et blanchies, servent à préparer un potage maigre assez agréable; lorsqu'elles ont atteint leur complet développement, on les mange apprêtées de diverses manières, mais elles sont loin de justifier entièrement le nom de *Chou caraïbe* que l'on donne à la plante dans les colonies des Antilles.

Quand on les fait cuire dans le jus exprimé de la noix de Coco, ou bien avec de la noix de Coco rapée, on obtient un mets désigné par les indigènes de l'Océanie sous le nom de *Lu-loloï* et sous celui de *Lu effanu* dans l'archipel Tonga. Le *Lu-taï* est la préparation des feuilles avec l'eau de mer et le *Lu-alo-te-buaka* celle qui consiste à faire cuire les feuilles de Taro avec de la viande, principalement du Porc.

Le *Colocasia antiquorum* est sans contredit le succédané le plus sérieux de la Pomme de terre et ses rhizomes se prêtent admirablement à toutes les préparations culinaires de ce précieux tubercule. C'est un aliment de première nécessité pour la plupart des indigènes polynésiens.

En Océanie, dit M. H. Jouan, on cuit les racines dans des trous pratiqués en terre, au fond desquels on met des cailloux que l'on fait rougir avec des feux de branches sèches. Les objets qu'on veut faire cuire sont placés sur les pierres rougies, bien enveloppés dans des feuilles de *Cordyline australis* ou de Bananier; on remet ensuite par dessus des pierres rougies également, sur lesquelles on verse de l'eau pour développer la vapeur. Le tout est promptement recouvert de terre pour empêcher la vapeur et la chaleur de s'échapper. Le four est ouvert au bout de deux heures environ. Les racines cuites sont écrasées avec un pilon en pierre dure, en ayant soin de les mouiller avec de l'eau; on les bat jusqu'à ce qu'on obtienne une masse de pâte adhérente, nommée *Poï*, forme sous laquelle les indigènes consomment ordinairement le Taro.

Cette bouillie se conserve pendant plusieurs jours. On fait aussi de la Poï sèche de la même manière, mais en la délayant moins; comme elle ne se mange pas sèche, on la garde par petits paquets enveloppés dans des feuilles et on la délaye au fur et à mesure des besoins. Cette préparation peut se conserver ainsi pendant plusieurs mois. Aux îles Sandwich, c'est une des principales provisions que font les naturels lorsqu'ils voyagent sur mer.

Les indigènes de l'archipel de Cook préparent avec la racine du *Colocasia antiquorum* une pâte fermentée qu'ils appellent *Tioo* et qui s'exporte dans les îles voisines. Suivant M. G. Cuzent, pour préparer cet aliment, on enlève l'épiderme du tubercule, on coupe la racine par morceaux que l'on jette dans un grand trou pratiqué dans le sol à cet effet. Quand ce trou est rempli, on le recouvre de feuilles sèches et on laisse ces amas pourrir et fermenter pendant plusieurs mois; plus les racines sont pourries et possèdent une odeur forte, plus le Tioo est estimé.

C'est aux îles Pomotou qu'on en fait la plus grande consommation ; les indigènes en sont très friands et les pêcheurs de nacre mettent comme conditions particulières, qu'en outre de leur salaire ordinaire, ils recevront une certaine quantité de cet aliment.

Pour les Européens, la manière la plus usitée de préparer le Taro consiste à faire cuire cette racine avec de l'eau dans des marmites de fer. Supérieur à l'Igname par ses qualités nutritives, le Taro lui est inférieur comme rendement.

Cette racine contient une grande quantité, environ 33 pour cent, de fécule blanche, onctueuse au toucher, inodore et insipide, à grains globuleux très petits, plus ou moins réguliers, devenant translucides lorsqu'on les humecte d'eau froide, mais beaucoup plus vers le centre qu'à la périphérie.

Dans le *Colocasia antiquorum*, ainsi que dans toutes les Aroïdées, la fécule est associée à un principe âcre qui disparaît par l'action du feu. Quand on prépare cette fécule, il faut avoir la précaution de ne pas délayer avec la main la pulpe qui est sur le tamis, parce que le principe âcre qu'elle renferme est tellement fort, dit M. Cuzent, qu'il occasionne au bout de quelques minutes une cuisson très vive avec rubéfaction de la peau et picotements très douloureux, ce qui fait qu'en cas pressant, on pourrait employer la râpure du Taro en guise de sinapisme.

Débarrassée de son âcreté par des lavages successifs, puis séchée au soleil, la fécule du Taro sert quelquefois à falsifier l'Arrow-root ; à Taïti, les indigènes la délayent avec du lait de Coco et en font des gâteaux fort bons et d'une digestion facile.

Le *C. antiquorum* ou Taro véritable comprend un grand nombre de variétés, qui consistent, d'après Vieillard, dans la couleur plus ou moins verdâtre ou violacée du tubercule. Les colons distinguent deux variétés principales : la première colorée en brun foncé, dont le produit, après la cuisson, est mou, gélatineux et piquant au goût, celle-ci est plus estimée des indigènes ; la seconde, blanche avec une légère teinte purpurine à l'intérieur, donne un produit compact, ferme, farineux et d'un goût agréable assez apprécié des Européens.

La culture du Taro se fait généralement dans les terrains arrosés par des ruisseaux, mais dont le sol n'est pas trop délayé ; il se plaît également dans les terrains humides, les marais inondés et la vase.

J. G.

Comment nous recevons les différents produits pharmaceutiques exotiques. — L'Aloès des Barbades est généralement importé en Europe dans des gourdes pesant de 450 grammes à 9 kilogs ; après introduction de la matière à l'état liquide, on obture l'ouverture avec un morceau d'étoffe. L'Aloès de Curaçao est emballé dans des caisses qui en contiennent 34 kilogs. La variété dite Socotrine arrive surtout par Bombay dans des caisses doublées d'étain, ayant généralement servi à transporter aux Indes des bouteilles de Cognac Martel. Une autre variété qu'on suppose produite par le même végétal que l'Aloès des Barbades, est amenée dans des peaux, de Chèvres généralement, mais parfois aussi dans des peaux de Singes. Une dernière variété, enfin, arrive dans des boîtes de fer-blanc.

Les Amandes amères les plus estimées viennent de Mogador et arrivent en Europe en serrons, en balles enveloppées d'une peau de vache non tannée, pesant 100 kilogs. On en extrait de l'huile fine d'Amandes, puis les tourteaux sont traités une seconde fois pour donner de l'huile essentielle. La Sicile produit également des Amandes amères.

Le Baume du Canada arrivait autrefois du Bas-Canada en gros barils et en caque ; on ne le reçoit plus maintenant qu'en boîtes métalliques contenant 18 kilogs environ.

Le Baume de Tolu, qu'on recevait en Europe au commencement du XIXe siècle, était enfermé dans des calebasses. Il arrive actuellement en boîtes métalliques de forme cylindrique, mesurant 15 centimètres de diamètre et pesant environ 4 kilogs 1/2.

Les deux variétés de Cachou, le noir et le pâle, viennent de l'Inde, on les reçoit généralement sous forme de masses compactes, sauf une faible partie du Cachou pâle, qui se vend en petits cubes.

Les fleurs de Camomille sont l'objet d'une culture assez importante en Belgique, d'où on les expédie en balles de 45 kilogs ; cette culture s'est récemment introduite en France, et les fleurs qu'on y obtient sont préférées aux belges à cause de leurs fortes dimensions et de leur couleur plus franche.

Il vient d'Allemagne beaucoup de Camphre raffiné, mis en pains de 2 kilogs 250 ; un grand nombre de raffineurs donnent à ces pains un poids de 6 kilogs 1/2.

L'écorce de Cannelle est toujours retravaillée avant d'être mise dans le commerce, et cette sorte de triage fournit les menus débris que vendent les pharmaciens.

Les Cantharides arrivent en barils qui en contiennent souvent 250 kilogs. Trieste est leur principal port d'expédition. Les mouches de Chine, *Mylabris*, sont expédiées en boîtes de 45 à 46 kilogs.

L'écorce de Cassia vient surtout de Canton, d'où on l'expédie en liasses peu serrées. Les Philippines en produisent également et l'expédient en Europe par Cadix.

La Chiretta s'introduit en liasses plates de 60 à 90 centimètres de long, nouées avec une bande de bambou. On a souvent constaté une fraude consistant à bourrer le centre des liasses d'une herbe quelconque, surtout de Garance, *Rubia tinctoria*.

La Civette, renfermée dans des cornes d'animaux, arrive en Europe de la côte d'Abyssinie.

Les feuilles de la Coca sauvage de l'Amérique du Sud sont surtout importées dans des balles en jonc tressé, tandis que celles de Java sont soigneusement emballées dans des caisses doublées de plomb. Les planteurs anglais de Ceylan, peu satisfaits des bas prix payés pour l'écorce de Quinquina, ont entrepris la culture de la Coca, et ce sont eux qui envoient actuellement à Londres la variété portant à tort le nom de Coca de Bolivie.

Le fruit de la Coloquinte s'importe entier, sans être pelé, de Mogador, mais en très petite quantité, car il sert simplement à la décoration des pharmacies. Les Coloquintes employées en thérapeutique sont des fruits originaires de Turquie qui se vendent pelés deux fois le prix des Coloquintes de Mogador. Cette majoration des prix s'explique par la différence de coloration des graines, qui ne permet pas d'obtenir des poudres pâles du fruit de Mogador. C'est là du reste une simple question de maturation, mais les acheteurs en font l'unique caractère permettant de reconnaître les graines les plus estimées.

L'essence de Roses est surtout expédiée du Kizanlick, centre de la production en Turquie, dans des vases en contenant 1/2, 1 et 2 kilogs. Cette région en exporte chaque année 2,000 kilogs environ, valant 1,500,000 francs.

La gomme d'Acacia, très fine et fort blanche, commence à devenir assez rare à l'époque actuelle. Elle arrivait en serrons de 150 à 200 kilogs. Celle qu'on reçoit surtout aujourd'hui, est de qualité inférieure comme coloration, et surtout comme propriétés adhésives ; elle vient des ports égyptiens en barils et caisses de dimensions variables. Une autre gomme similaire, celle du Kordofan, arrive en Europe par Mogador, mais on ignore l'endroit exact où elle se recueille.

La gomme de Benjoin de Siam, principalement employée dans la préparation de l'encens, et caractérisée par son agréable odeur de vanille, s'importe sous forme de larmes agglomérées dans des caisses. Le Benjoin de Sumatra nous arrive en caisse de 90 kilogs environ.

L'huile d'Anis étoilé arrive en grande quantité de Macao, Chine et du Tonkin, enfermée dans des boîtes de fer blanc assez élégantes, munies de deux poignées et portant la marque du fabricant. Chacune de ces boîtes pèse 7 kilogs 250. Elles sont elles-mêmes logées par quatre dans des caisses.

Les huiles de Limon et de Bergamote arrivent surtout de Sicile, Palerme et Messine, dans des vases en cuivre d'une contenance de 5 kilogs 1/2, 11 kilogs ou même 45 kilogs. Le fond de ces vases est renforcé par une lame de plomb, de sorte que l'huile contient souvent de légères traces de ce métail.

Les huiles de Cajeput, de Citronnelle et de Verveine arrivent dans des bouteilles ayant contenu des liqueurs alcooliques d'exportation, consommées dans les localités où ces huiles se préparent.

L'huile de Castor arrive en grandes quantités de Calcutta dans des boîtes de fer-blanc d'un poids approximatif de 18 kilogs ; on en exporte aussi beaucoup de Livourne.

L'huile de foie de Morue norvégienne, la plus estimée, arrive dans des vases cylindriques de tôle d'une capacité de 112 litres dont l'ouverture de vidange, est fermée par un tampon vissé. On extrait à Terre-Neuve une huile de qualité inférieure qui arrive en Europe en tonneaux de dimensions irrégulières.

L'Ipécacuanha est mis dans le commerce sous forme de racines mises en balles et comprimées en serrons quand elles sont encore fraîches. Beaucoup de balles arrivent aussi de Rio-Janeiro dans une enveloppe en toile.

La Manne vient surtout de Palerme, mise en boîtes de fer-blanc de 6 à 7 kilogs.

La variété de Musc la plus fine vient du Thibet d'où on l'expédie en petites boîtes valant de 2,000 à 2,500 francs.

Les racines d'Iris de bonne qualité sont l'objet d'exportations assez importantes par le port de Mogador, d'où elles sont expédiées en serrons de 135 kilogs, mais la qualité la plus pâle et la plus fine vient de Livourne.

L'écorce des Quinquinas sauvages des forêts de la Bolivie et de l'Equateur n'est plus aujourd'hui qu'une chose du passé, sa récolte étant peu rémunératrice, à cause de la concurrence des écorces recueillies dans les plantations de l'Amérique, de Java et de Ceylan. On rencontre fort peu d'emballages en serrons dans des peaux de vache, mode universellement adoptée autrefois. On reçoit de l'Inde des balles fortement comprimées, formées de menus débris destinés à la préparation des sels de quinine, et des caisses d'écorces de choix, soigneusement emballées, pour la vente dans les pharmacies.

Les racines de Rhubarbe s'importent presque exclusivement de

Chine, et la majeure partie de celles qu'on produit en Angleterre se consomment à l'étranger, leur emploi dans les officines anglaises étant interdit par la direction pharmaceutique.

Le Safran le plus estimé vient de Valence, il voyage en caisses doublées d'étain, d'un poids approximatif de 45 kilogs. Les Safrans d'Alicante et de Barcelone sont généralement adultérés par un enduit de craie ou de carbonate de baryte en poudre, qu'on fait adhérer avec de la glycérine ou toute autre matière gluante.

Les variétés de Salsepareille de la Jamaïque et de Lima sont importées en liasses de 900 grammes, réunies elles-mêmes en balles de 56 kilogs. La Salsepareille du Honduras est bottelée, puis recouverte de peau de vache.

Le Senné de Tinnevelly arrive en balles comprimées sous un volume aussi faible que possible, le fret se payant d'après l'emplacement occupé, et non d'après le poids ; la variété d'Alexandrie s'exporte surtout en caisses.

Le Spermaceti vient d'Amérique, en boîtes de 18 kilogs. On en reçoit également des Seychelles et de l'île Maurice.

La variété de Tamarins la plus estimée arrive en tonneaux des Barbades ; les qualités inférieures sont importées de Saint Kitts. Les Indes orientales et l'Egypte en produisent une variété noire, desséchée, comprimée, qui s'emploie surtout dans les assaisonnements.

La Vanille arrive généralement en paquets de gousses liés aux deux extrémités et au milieu, parfois seulement au milieu. L'île Maurice et les Seychelles fourniraient les gousses les plus recherchées comme dimensions et qualité.

Les produits pharmaceutiques sont l'objet d'innombrables adultérations, nous nous contenterons de signaler quelques-unes des plus importantes. Les feuilles de l'*Empleurum serrulatum* se vendent sous le nom de feuilles de Buchu long. Le fruit du *Mucuna urens* à la place de la fève de Calabar. La Cétoine dorée, *Cetonia aurata*, est substituée aux Cantharides. L'*Ophelia angustifolia* à la Chiretta. La racine du *Psychotria emetica*, à l'Ipécacuanha. L'écorce du *Stenostamum acutatum* devient un succédané du quinquina. Les fruits de l'*Illicium religiosum* se mêlent à ceux de l'*Illicium anisatum*, et enfin les demi-fleurons du Souci des champs, servent à adultérer le Safran.

(*Pharmaceutical journal.*)

Le Vomiquier Noix vomique (*Strychnos Nux vomica* LIN., *S. colubrina* WIGHT. non L. ?; *S. ligustrina* BLUME.) est un petit arbre d'une hauteur moyenne de 5-6 mètres, à tronc court et épais, souvent courbé, irrégulièrement ramifié, recouvert d'une écorce gris cendré ou jaunâtre. Ses feuilles sont opposées, courtement pétiolées, ovales-arrondies, simples, entières, rondes ou cunéiformes à la base, atténuées au sommet, d'un beau vert foncé, glabres et lisses sur les deux faces.

Originaire des régions montagneuses de l'Inde, cette espèce se rencontre surtout dans les districts des côtes de Coromandel et du Malabar, dans les lieux arides et sablonneux. On la retrouve encore à Ceylan, en Birmanie, en Cochinchine, à Java, Timor, dans le royaume de Siam et quelques parties de l'Australie. Introduite en Europe vers la fin du XVIIIe siècle, elle est cultivée dans les serres, mais elle n'y fleurit pas.

Son bois, dur, très amer et d'une longue conservation, est employé comme médicament dans l'Inde, topiquement surtout, contre les douleurs rhumatismales.

L'écorce du tronc et des rameaux, connue sous le nom d'*Ecorce fausse d'Angusture*, se présente le plus souvent en morceaux irréguliers, compacts, pesants, creusés en gouttières ou en plaques concaves anguleuses, plus rarement enroulées sur elles-mêmes. La couleur de cette écorce est assez variable extérieurement et on en trouve des échantillons gris blanchâtre, rougeâtres, et même d'un rouge brun assez foncé; elle est aussi parsemée, à la surface, de petites glandes subéreuses, blanches, jaunes ou rougeâtres. Sa cassure est droite et nette et sa section transversale montre une ligne blanche, fine, très apparente, qui partage l'écorce en deux couches concentriques. Son odeur est nulle ; sa saveur très amère et très persistante permet de la distinguer facilement de l'Angusture vraie, fournie par un végétal du genre *Galipea*. Dans l'Asie tropicale, l'écorce du *S. Nux vomica* est souvent employée au traitement des affections cutanées rebelles, mais elle est sans usage en Europe.

C'est en faisant l'analyse de cette écorce que Pelletier et Caventou découvrirent la Brucine, alcaloïde ainsi nommé parce qu'à ce moment on supposait que l'écorce avait pour origine un *Brucea*.

Le fruit est une baie globuleuse du volume et de la forme d'une petite orange, recouverte d'une écorce mince, dure, de couleur rouge ou jaune orangé à la maturité. Il renferme intérieurement une pulpe blanche, visqueuse, acide et amère, dans laquelle on trouve plusieurs graines irrégulièrement orbiculaires, aplaties, légèrement déprimées vers le centre, d'un gris clair, luisantes, soyeuses, veloutées, recouvertes de poils serrés et rayonnants, couchés sur la surface de la semence.

La graine, débarrassée de l'épicarpe et de la pulpe, présente un diamètre de deux centimètres environ sur une épaisseur moyenne d'un demi-centimètre ; on la désigne dans le commerce de la droguerie sous le nom de *Noix vomique*. Cette semence est très dure et il faut recourir à la râpe pour la pulvériser. L'intérieur se compose d'un albumen soudé intimement avec l'épisperme, compact, d'apparence cornée, d'une saveur âcre, nauséeuse et très amère.

L'action puissamment toxique de la Noix vomique est due à la présence de trois bases principales qui sont : la Strychnine, la Brucine et l'Igasurine dont nous allons nous occuper sous le rapport des propriétés.

La *Strychnine*, un des alcaloïdes végétaux les plus vénéneux que l'on connaisse, a été découvert par Pelletier et Caventou en 1818, en étudiant chimiquement les diverses parties de plusieurs espèces de *Strychnos*, et notamment les graines du *S. Nux vomica*. La strychnine appartient à la classe des poisons narcotico-âcres dits *tétanisants*; c'est une substance dont l'action toxique est caractérisée par des mouvements convulsifs, dans lesquels la colonne vertébrale est brusquement recourbée en avant ou en arrière, car son action s'exerce en général sur la moelle épinière, et en particulier, d'après Flourens, sur la moelle allongée. La strychnine est inaltérable à l'air, inodore, non fusible et non volatile, mais elle se décompose facilement sous l'influence de la chaleur. Sa solution est extrêmement amère, même très étendue, et laisse un arrière-goût métallique. Obtenu à l'état de pureté, cet alcaloïde cristallise en octaèdres ou en prismes blancs, solubles dans l'alcool aqueux, insolubles dans l'éther et dans l'alcool absolu. Combiné avec des bases, il donne naissance à divers sels neutres cristallisables, très amers et très vénéneux, souvent usités en médecine. A l'aide d'un moyen d'oxydation, Rousseau a converti la strychnine en *acide strychnique*, cristallisant en prismes aiguillés, blancs, très fins, d'une saveur acide et sans amertume. La strychnine est une des bases du traitement *dosimétrique* des maladies aiguës à la première période.

La *Brucine*, découverte également par les mêmes chimistes, s'obtient dans la préparation de la strychnine, dont elle est séparée par l'alcool bouillant. Inodore, d'une saveur très amère, cet alcaloïde est moins vénéneux que la strychnine et se dissout plus facilement que celle-ci dans l'eau froide et dans l'eau chaude; il est insoluble dans l'éther. La brucine cristallise en prismes droits à base rhomboïdale, blancs, transparents et souvent assez volumineux. Au point de vue de la thérapeutique, elle agit à peu près comme la strychnine, mais à dose cinq fois plus élevée.

L'*Igasurine*, découverte en 1853 par Desnoix dans les liquides réactifs, est considérée par Schützenberger comme formée de bases distinctes et nombreuses, différant l'une de l'autre par leur composition chimique, leur solubilité et la quantité d'eau qu'elles perdent lorsqu'on les chauffe à 130 degrés. Cette substance cristallise en prismes soyeux, disposés en aigrettes ; elle participe aux mêmes propriétés toxiques que les autres alcaloïdes des *Strychnos*, et ses effets sont intermédiaires entre la strychnine et la brucine. L'igasurine se distingue principalement de cette dernière par sa plus grande solubilité dans l'eau.

D'après l'analyse faite par MM. Flückiger et Hanbury, la Noix vomique desséchée à 100 degrés centigrades et brûlée avec de la chaux sodique, a donné 1,822 pour cent d'azote, ce qui indique 11,3 pour cent de matières albuminoïdes. Cette graine renferme en outre 4,14 pour cent de graisse, ainsi que du mucilage et du sucre. D'après les mêmes auteurs, la proportion de strychnine qui existe dans la Noix vomique paraît varier de 0,25 à 0,50 ; celle de la brucine a été estimée de façons différentes : 0,12 d'après Merck, 0,5 d'après Wittstein et 1,01 d'après Mayer.

La Noix vomique et surtout son principe le plus immédiat, la strychnine, comptent parmi les agents les plus puissants de la thérapeutique, mais leur mode d'action n'est encore connu que d'une façon insuffisante.

A faible dose, ce médicament constitue un tonique amer et stimulant très efficace dans la gastralgie chronique ; il est également regardé par un grand nombre de médecins comme le premier des reconstituants. On l'associe encore au fer avec beaucoup de succès dans les formes variables de l'anémie. Diverses préparations de Noix vomique sont souvent usitées pour réveiller l'appétit et combattre utilement la constipation habituelle. Enfin, on a obtenu de bons résultats de la Noix vomique dans les cas de paralysie consécutive à une hémorrhagie cérébrale, mais qui ne dépend pas de lésions organiques incurables, ainsi que dans l'épilepsie, la chorée, l'emphysème pulmonaire, les vomissements nerveux, etc. On la prescrit sous forme de teinture, d'extrait alcoolique, de pilules, plus rarement en poudre. Ses contre-poisons seraient le tanin, proposé par Guibourt, l'émétique et surtout le *Haschisch*.

Dans l'Inde, la Noix vomique donne lieu à un commerce considérable ; Bombay, Madras et Calcutta exportent chaque année, sur le marché de Londres, une grande quantité de ce produit. Dans la droguerie, la Noix vomique se vend tantôt entière, tantôt en poudre, mais cette dernière forme permettant d'y introduire frauduleusement d'autres substances inertes, il vaut mieux tâcher de se procurer les graines entières. La richesse de la poudre en strychnine peut être appréciée en la mouillant avec de l'acide azotique concentré : la préparation sera d'un rouge d'autant plus intense que la proportion d'alcaloïde sera grande. La strychnine ne donne lieu qu'à un commerce restreint ; on ne la prépare guère qu'en petite quantité et suivant les besoins.

Le genre *Strychnos* renferme encore quelques espèces intéressantes que nous examinerons ultérieurement.

Maximilien VANDEN-BERGHE.

IX. BIBLIOGRAPHIE.

Les Mammifères de la France. *Etude générale de toutes nos espèces considérées au point de vue utilitaire*, par M. A. Bouvier. — 1 vol. in-12 de 370 pages, illustré de 266 figures dans le texte, Georges Carré, éditeur.

Sous une forme claire et succincte, essentiellement pratique et mise à la portée de tous, notre collègue, M. Bouvier, vient de publier un livre d'une réelle utilité, destiné à la divulgation des connaissances élémentaires de l'histoire naturelle. Un premier volume est consacré aux Mammifères, d'autres suivront bientôt où seront successivement étudiés les oiseaux, les reptiles et les poissons de notre pays, formant ainsi un tout complet embrassant toute la faune indigène.

L'auteur a adopté la classification zoologique, évitant la division plus volontiers admise dans l'enseignement pratique, quoique l'application n'en soit pas sans inconvénients, en animaux utiles et animaux nuisibles. Il estime, en effet, à bon droit selon nous, que toutes les créations ont eu un but dans la nature, et que chaque animal a eu son rôle à remplir dans ses magnifiques harmonies. Sans doute, l'action de l'homme, avec toutes les conséquences de son envahissement, extension des cultures, disparition des couverts et des sombres retraites, perfectionnement des engins de chasse et de pêche, âpre ardeur de destruction, a eu pour premier résultat de bouleverser, en principe à son profit, cet ordre originel. Quelques espèces, dont le rôle était de modérer l'excessive multiplication de certaines autres, n'ont plus aujourd'hui la même utilité; mais la plupart sont encore nos auxiliaires, et, à ce titre, il faut savoir subir d'accidentels dommages, « car on ne peut espérer avoir des serviteurs sans avoir aussi des gages à payer ». D'ailleurs, la balance est le plus souvent difficile à établir entre les services rendus et les dégâts causés; ce qui est vrai dans un cas ne l'est plus dans l'autre ; aussi bien est-il plus sage de réserver la question au lieu de jeter, dès l'abord, dans l'esprit de la jeunesse, des idées difficiles ensuite à redresser. Les descriptions sont sobres, dégagées de tous détails trop scientifiques, mais parfaitement précises et largement suffisantes pour caractériser chaque espèce. Ainsi encore la synonymie s'y trouve-t-elle ramenée aux désignations locales, usitées dans les provinces. Enfin, de nombreuses figures insérées dans le texte, en frappant les yeux, secourent la mémoire.

Ce livre, que M. Bouvier a dédié à la jeunesse des écoles, peut avoir sa place dans toutes les mains et prendre un rang utile dans toutes les bibliothèques. Il est de ceux, assez rares en somme, à la diffusion desquels on doit se plaire à travailler. B.

Le Gérant : Jules Grisard.

I. TRAVAUX ADRESSÉS A LA SOCIÉTÉ.

OUTARDES
PLUVIERS ET VANNEAUX

HISTOIRE NATURELLE — MŒURS — RÉGIME — ACCLIMATATION

PAR PAUL LAFOURCADE.

(SUITE *).

CHAPITRE IX.

Émigration des Pluviers et des Guignards.

Les Pluviers sont, avant tout, des oiseaux émigrants ; ils ne séjournent que peu de temps dans le même lieu, lors même qu'ils y trouveraient une nourriture abondante et facile.

Ce sont d'infatigables voyageurs, à l'aile pointue, au vol rapide, qui émigrent du nord au midi en nombreuses colonnes, traversent la Méditerranée d'une seule traite et s'abattent tumultueusement sur les champs de l'Algérie aux premières pluies d'octobre.

Les Pluviers dorés voyagent en trombes tourbillonnantes, drues, serrées, innombrables, plus larges que profondes qui s'annoncent de loin par d'aigus sifflements, rasent le sol comme les Hirondelles, se redressent tout à coup dans les airs avec la prestesse d'un ressort, disparaissent et réapparaissent aux regards avec l'instantanéité de l'éclair et franchissent en quelques secondes les limites de l'horizon (1).

Tous voyagent sur une seule ligne droite ou oblique.

Les Guignards rasent aussi le sol en vols puissants et rapides.

Lorsque ces oiseaux se montrent chez nous en automne, la direction qu'ils suivent est celle du nord au midi ; ils fuient le nord avec son climat rigoureux et ils ne reviendront dans

(*) Voyez *Revue*, 1889, note p. 1169 ; et plus haut, p. 89.
(1) Toussenel, *loc. cit.*, p. 450.

les pays septentrionaux qu'à l'approche des grandes chaleurs ou vers la fin du printemps.

Le vol des Pluviers est peu élevé, de vingt à trente pieds du sol et toujours du côté opposé au vent.

Lorsque j'ai parlé des migrations des oiseaux, à l'article Outarde, j'ai insisté sur ce fait à savoir : que le climat avait parmi les oiseaux des espèces qui lui appartenaient d'une manière spéciale ; espèces choisissant une demeure qu'elles ne quittaient plus (oiseaux sédentaires), espèces changeant continuellement de place suivant que la température ou la nourriture les appelait dans un lieu ou dans un autre (oiseaux errants).

Les oiseaux véritablement voyageurs, les vrais émigrants, appartiennent à deux climats différents ; en automne, ils se portent au midi, du moins dans nos contrées ; au printemps, ils reviennent au nord.

La durée de l'émigration des Pluviers et des Guignards varie peu. Bien qu'ils n'aient point de patrie qui les rappelle, qu'ils ne connaissent pas de toit paternel, leur rôle est de se répandre un peu partout afin de trouver une nourriture suffisante et pour eux-mêmes et pour leurs petits.

Bien des oiseaux émigrants sont tellement agités pendant les préparatifs annonçant l'heure du départ qu'on les voit se réunir, se grouper, consulter l'horizon et battre fréquemment de l'aile. Quelques-uns, plus pressés, essayent de prendre leur vol, mais reviennent bientôt vers le groupe lorsqu'ils s'aperçoivent qu'ils ne sont pas suivis. Jamais les Pluviers ne se quittent au moment des voyages ; jamais ils n'affrontent isolément ou par petits groupes les périls d'une traversée ; ils savent trop ce qu'il en coûterait à l'audacieux qui voudrait seul se frayer un passage au travers des déserts du monde.

« Les migrations sont des échanges pour tous pays (excepté les pôles à l'époque de l'hiver). Telle cause de climat ou de nourriture qui décide le départ d'un oiseau est précisément celle qui détermine l'arrivée d'une autre espèce. Quand l'Hirondelle nous quitte aux pluies d'automne, nous voyons apparaître l'armée des Pluviers et des Vanneaux à la recherche des Lombrics exilés de leur demeure par l'inondation (1). »

Une remarque à faire encore au sujet de l'émigration :

(1) Michelet, *L'Oiseau*, éclaircissements, p. 373.

chaque espèce a, entre le pôle et l'équateur, comme un canton particulier, dont le rayon est calculé à près de 20 degrés. Ainsi, par exemple, les Grives et les Bécasses vont de la Sibérie et de la Laponie en Allemagne ; les Pluviers, les Vanneaux, comme les Cailles, des parties septentrionales et médianes de l'Europe, en Égypte et en Barbarie.

Les Pluviers sont des touristes qui ont la connaissance exacte des localités qu'ils ont parcourues ; ils n'errent jamais au hasard et, comme les Outardes, ne choisissent pas, atteignant leur but du premier coup et en ligne droite.

— D'après M. de la Blanchère, le Pluvier doré vit très bien dans les jardins ; il y cherche les Vers et les Limaçons et, par conséquent, est un des plus jolis oiseaux que le jardinier puisse apprivoiser pour s'en faire un aide assidu.

J'ai réussi à garder deux Guignards pendant près de trois mois ; l'enclos que je leur avais ménagé dans mon jardin se trouvait séparé de celui où se trouvaient les Poules par un treillage en fil de fer.

Ces oiseaux avaient été soignés à la suite d'une légère blessure à l'aile reçue le jour de l'ouverture de la chasse en septembre 1872 et, leur guérison opérée, ils supportaient gaiement les ennuis de la captivité.

Comme nourriture je leur donnais : des Vers, des Mollusques que j'alternais avec de la mie de pain. Jamais ils ne m'ont paru effarouchés lorsque je décelais ma présence par un sifflement tout particulier ; il est vrai de dire que les Gallinacés, voisins de mes deux Échassiers, connaissaient déjà depuis pas mal de temps les roulades flûtées qui annonçaient toujours mon arrivée, et, comme j'étais obligé de passer devant les Poules avant de parvenir jusqu'aux Pluviers, ceux-ci étaient déjà avertis lorsque je commençais à ouvrir la porte de leur maison. Je les trouvais toujours côte à côte, debout, sur une patte, ou endormis le bec sous l'aile, l'un près de l'autre.

Ils ne poussaient que de faibles cris, et une remarque que j'ai faite, c'est que le chant du Coq faisait ordinairement taire ce *tui, tui, tui*, poussé presque en sourdine.

C'était d'ailleurs là toute leur conversation.

En octobre, l'appartement de mes deux prisonniers fut agrandi et il me prit la fantaisie de leur faire rendre visite par deux Poules de petite taille ; celles-ci entrèrent carrément dans le local affecté aux Pluviers-Guignards, s'arrêtèrent aussitôt qu'elles les aperçurent et poussèrent leur cri d'appel auquel le Coq répondit.

Que firent alors les deux Guignards ? ils se jetèrent sur les impolies, sans doute parce qu'elles n'avaient pas annoncé leur visite, les forcèrent à fuir et les poursuivirent à outrance. Je riais de ce manège, quand, tout d'un coup, les Poules firent volte-face et se présentèrent résolument devant eux. Un combat acharné s'engagea, les Guignards prirent la position du chevalier combattant, la tête basse et piquèrent leurs adversaires de leur bec au cou et sur la tête.

Les Gallinacés se défendaient, mais parvenaient difficilement à parer les coups que leur portaient les trop peu galants et courtois Échassiers.

Quelques plumes restèrent sur le théâtre de la lutte; je dus, en m'interposant, faire cesser ce duel par trop inégal.

J'avoue avoir félicité mes Guignards ; je les récompensai de s'être si bravement battus en leur distribuant une ample provision de petits Escargots qu'ils se mirent à picoter avec fureur, comme s'ils voulaient assouvir leur rage sur les pauvres Mollusques.

A voir les quatre oiseaux aux prises, il me semblait être le témoin de quatre *mignons* s'alignant bravement, mais sans épée et sans dague.

Il faut croire que le Guignard ne craint pas de se mesurer non plus avec les petits et moyens rongeurs.

Quelques jours après cette équipée, je vis un de mes oiseaux rester comme fasciné devant un Rat qui s'était aventuré dans l'enclos.

Le rongeur, de son côté, regardait l'oiseau toujours immobile comme une statue. A un mouvement que fit Ratapoil, mon Guignard lui présenta le bec et poussa le cri de guerre *criii, i, i;* le Rat ne voulut pas en entendre davantage et battit en retraite.

Il était sans doute bien jeune, le rongeur; il n'avait pas encore perdu sa queue à la bataille. Mes Guignards ont disparu un beau jour, je ne sais comment. J'ai toujours accusé une Fouine de les avoir volés ; elle en était bien capable. Ce qu'il y a de certain, c'est que longtemps après, en défaisant un tas de bourrées, je trouvais les carcasses et les plumes des oiseaux.

La bête puante avait jugé prudent de déloger après le méfait qu'elle avait commis.

CHAPITRE X.

De la Chair des Pluviers et des Guignards.

La chair des Pluviers et des Guignards a des qualités que reconnaîtront certainement tous ceux dignes de figurer dans la classe des gastrosophes.

Les anciens faisaient plus de cas de la chair du Guignard ; en cela, ils ne se trompaient pas.

Il y a un moment de l'année, en décembre, où le Pluvier doré a la chair huileuse que je compare pour le goût à celle du Râle d'eau.

Voici l'opinion de Lemery : Les Pluviers doivent être choisis gras ; ils excitent alors l'appétit, nourrissent médiocrement, se digèrent aisément, sont propres pour pousser les urines, pour fortifier le cerveau, purifier le sang et combattre l'épilepsie.

Ils contiennent beaucoup d'huile, de sels volatiles ; ils conviennent en tout temps à toute sorte d'âge et de tempérament (1).

La chair du Pluvier est un aliment délicat qui excite l'appétit, se digère bien et convient à tous les tempéraments, dit le docteur Delaporte, déjà cité. Et il ajoute : Il faut manger les Pluviers jeunes et gras, rôtis à la broche comme la Caille. On en fait différentes autres préparations indiquées dans les magistères, mais moins délicates.

Voici maintenant l'opinion du baron Brisse :

Parmi les nombreuses espèces de Pluviers, on distingue le Pluvier doré dont la chair est très délicate et surtout très recherchée.

Quand il est gras, le Pluvier constitue une alimentation un peu stimulante qui ne convient que dans les convalescences très avancées.

La chair est peu nourrissante et de digestion facile.

Quand il gèle et que le Pluvier doré établit sa résidence auprès des étangs et dans les lieux humides, il est excellent.

(1) Lemery, *Traité des Aliments*.

On le mange au gratin, à la poêle, à la braise et à la broche.

C'est surtout de cette façon qu'il est préférable, et lorsqu'il est jeune et tendre il figure bien dans un salmis.

Les Pluviers s'accommodent parfaitement de la truffe. Quand ils sont flambés et vidés, on les fait revenir dans une casserole avec du beurre bien frais, quelques belles truffes pelées et entières, du sel, du poivre et un bouquet garni. On mouille avec un verre de vin blanc sec et deux cuillerées de sauce brune (espagnole). Quand les Pluviers sont cuits, on les dresse en les couvrant de truffes. Sur le tout, on verse la sauce et on y ajoute le citron.

La chair des Pluviers est d'un goût très délicat. Il ne faut pas confondre la chair du Pluvier avec celle du Vanneau, bien qu'elle soit assez semblable par le goût (1).

La chair du Pluvier doré est cependant plus sèche que celle du Guignard, bien, je le répète, qu'elle ait parfois, pendant l'hiver, un goût huileux.

Celle du Guignard est très délicate.

Tous ces oiseaux que l'on détruit dans le département d'Eure-et-Loir sont envoyés directement aux pâtissiers de Chartres qui en font d'excellents pâtés. Dans les contrées du centre de la France, les chasseurs considèrent le Guignard comme un des plus fins gibiers, sa chair a autant de délicatesse que celle de la Bécasse. C'est au passage du mois de septembre qu'il est le plus estimé.

Maintenant que j'ai fait connaître les qualités de la chair des Pluviers et des Guignards, il faut bien que je copie les recettes principales données avec tant de goût par un fervent de saint Hubert, un conteur charmant et un gourmet qui n'a peut-être pas son pareil dans l'univers depuis la disparition de Ch. Monselet, j'ai nommé M. Florian Pharaon.

Ainsi donc, je vais attaquer les questions gourmandes :

La première est le *Pluvier à la ficelle :*

« Un soir, dit Florian Pharaon, nous vînmes camper sur les bords du Chélif au pied de la côte ombreuse de Sidi al Tandjerett. Les Courlis commençaient à sillonner l'air en sifflant lorsque le caïd Ben-Chalabi vint me prévenir qu'une

(1) Baron Brisse. Extrait de l'*Encyclopédie illustrée d'économie domestique*, par Jules Trousset, p. 1887.

escouade de Pluviers, capitaine en tête, patrouillait à trois cents pas du bivouac.

» Les Arabes prétendent que tous les oiseaux émigrants sont organisés militairement et que chaque vol a une avant et une arrière-garde.

» Pour approcher sûrement une bande, il suffit donc de tromper les vedettes. Armés de nos fusils de chasse, nous nous dirigeâmes, à grand tapage de voix, vers le grand fleuve africain en tournant par un demi-cercle les Pluviers placés en sentinelle.

» Notre marche franche et bruyante ne les effraya pas et nous pûmes arriver derrière une dépression de terrain au fond de laquelle une vingtaine de Pluviers sautillaient gracieusement. Un homme du Ouamri développa alors son burnous sur un bâton et nous nous embusquâmes derrière cet engin mobile à la vue duquel le Pluvier ne fuit pas.

» Silencieux nous nous avancions, lorsque arrivés à portée, le caïd Ben-Chalabi donna le signal du feu par ces mots : Bessem Allah ! — Au nom de Dieu !

» Tout gibier tué au fusil n'est mangeable, pour un musulman, que si le chasseur prononce cette formule sacrée en plaçant le doigt sur la gâchette.

» Les Pluviers furent remis à Kara, cuisinier nègre du général Yusuf, dont la réputation était grande à cette époque en Algérie.

» Ce ne fut qu'au bivouac du lendemain qu'il prépara le fruit de notre chasse : le Pluvier a besoin de 24 heures de repos.

» Ce gibier ne se vide pas. Après l'avoir apprêté, Kara fit une incision à la fourche du sternum et introduisit par cette ouverture un bouquet de plantes aromatiques, un morceau de beurre frais, une pincée de sel et compléta l'assaisonnement en versant une cuillerée de vinaigre. Cela fait, il plaça devant le feu très ardent du bivouac trois bâtons formant trépied ; il y attacha une forte ficelle à l'extrémité de laquelle il pendit le rôti par les ailerons, puis, donnant un tour de fuseau à cette broche perpendiculaire, il livra le Pluvier tournoyant à l'action du feu.

» Cette façon de rôtir est la meilleure et la plus expéditive en plein vent, et, certes, si le Pluvier eût été une Bécasse, le manger eût été fin.

» Nous nous en régalâmes cependant: faute de Grives, il faut bien se contenter de Merles (1). »

Le Pluvier à la turque. — Les Arabes disent: « Le Pluvier a l'élégance et les vices du courtisan : vivant, il est vaniteux ; mort, il ne laisse que son plumage. »

Il est vrai que les Arabes considérés comme cuisiniers ont une réputation détestable et qu'en ce qui concerne la venaison, ils n'ont aucune doctrine.

J'ai eu dans ma vie d'Afrique un cuisinier turc nommé Baba-Moustapha. Au point de vue culinaire, le Turc est le Français de l'Orient.

Un jour, aux environs de Cherchell, dans la plaine de l'Oued-Billia, nous avions fait ample moisson de Pluviers et de Vanneaux. En pays arabe on chasse pour se nourrir. Le butin étalé, Baba-Moustapha vint choisir les plus beaux Pluviers.

« Ils sont salés, dit-il, en les soupesant. »

Cette observation me parut assez bizarre et j'en demandai l'explication. J'appris alors que le meilleur Pluvier est celui qui se tue dans les plaines du littoral. Au départ, pour prendre les forces nécessaires afin de traverser la mer, il séjourne environ trois semaines et prend un embonpoint succulent que lui procure une nourriture imprégnée d'émanations salines. A l'arrivée, il est étique par suite des fatigues du voyage et se nourrissant de la même façon qu'au départ, il atteint, par le même procédé, un bien-en-chair que les gourmets recherchent.

C'est ainsi que j'appris que le Pluvier tué sur le bord de la mer était préférable à celui tué dans l'intérieur des terres.

La broche nous manquait et mes lecteurs savent déjà comment on y supplée. Le gibier troussé est suspendu à l'aide d'une ficelle devant un foyer ; en lui imprimant un mouvement de fuseau, on présente dans une rotation rapide chacune de ses faces à l'action du feu.

Comme la Bécasse, le Pluvier ne se vide pas.

L'on place au-dessous du rôt des tranches de pain d'une certaine épaisseur sur lesquelles la bête se vide.

Cette méthode n'aurait rien d'extraordinaire si je n'indi-

(1) Florian Pharaon, *Chasse illustrée*, 27 avril 1872.

quais le procédé employé par Baba-Moustapha : A la partie supérieure du sternum, il avait pratiqué une incision béante par laquelle il introduisait, tour à tour, du jus de Citron et des billes de beurre manié de poivre, sel et gingembre.

Le Pluvier est certainement délicieux, mais la rôtie !...

La langue française manque d'expression pour décrire la succulence de la rôtie (1).

Avis à ceux de nos braves troupiers d'Afrique qui voudront essayer la recette préconisée par un Français et découverte par un Turc.

Voici maintenant d'autres questions gourmandes et éminemment françaises :

Pluviers rôtis. — Ne videz jamais de beaux Pluviers dorés, bardez-les et enveloppez-les dans du papier beurré ; mettez-les à la broche avec des rôties de pain qui recevront le sang et la graisse fondue mélangée au beurre. Servez-les sur ces rôties.

Pluviers rôtis pour entrée de broches. — Ayez de beaux Pluviers dorés, jeunes et bien gras ; faites une farce avec leurs intestins, lard râpé, persil, échalotes, sel et poivre ; garnissez avec cette farce l'intérieur des Pluviers ; enveloppez-les dans des bardes de lard et des feuilles de papier beurré et mettez-les à la broche. Quand ils sont cuits, enlevez le lard et le papier ; dressez-les sur un plat et versez dessus un ragoût aux truffes.

Pluviers braisés. — Quand les Pluviers sont plumés, vidés, etc., mettez-les cuire dans une bonne braise à laquelle vous ajouterez du coulis ; après qu'ils seront suffisamment cuits, dégraissez la sauce ; passez-la au tamis et servez les oiseaux dessus.

Salmis de Pluviers. — Prenez de vieux ou de jeunes Pluviers que vous faites revenir dans du beurre ; parez-les ; enlevez les membres, pilez les carcasses et mettez-en les débris dans une casserole avec échalotes, ail, persil, sauce espagnole, vin blanc ; faites bouillir une demi-heure ; jetez-y les membres des Pluviers sans les faire bouillir. Dressez sur un plat avec

(1) Florian Pharaon. *Chasse illustrée*, année 1873.

garniture de croûtons séchés au four ou cuits au beurre et arrosez-les avec la sauce.

Les Guignards s'accommodent de la même façon que les Pluviers. On les préfère rôtis.

— En France, on ne chasse positivement pas les Pluviers et les Guignards ; on les rencontre.

Peut-on donner, en effet, le nom de chasse à cette ruse employée par nos Nemrods, d'enserrer les oiseaux de façon à ce que la *volée* passe à proximité de un ou plusieurs fusils.

C'est pourtant ce qui se fait, et pas autre chose.

Dans la Beauce, on tue des Pluviers à l'ouverture de la chasse. J'en ai abattu cinq d'un coup de feu, un matin d'ouverture, dans la grande plaine de Bellebat, près Pithiviers. Ils étaient partis devant le nez de mon chien et le vent qui soufflait avec violence me les fit passer à portée. Je ne pus redoubler quand je vis pareille dégringolade ; cela m'était cependant bien facile.

Dans l'arrondissement de Pithiviers, il n'est pas un chasseur dont le carnier ne contienne au moins un ou deux Guignards.

En octobre, ces oiseaux sont plus rares ; ils ont quitté la vaste plaine pour se diriger vers la vraie Beauce ; ils vont alors se jeter dans les terres labourées, surtout dans le canton de Maintenon. Je connais pas mal de disciples de saint Hubert qui en sacrifient tous les ans de cinquante à soixante, chacun pour son propre compte.

Dans le Poitou, que d'hécatombes également pendant l'année ! Les prairies de la Haute-Marne, dit mon collègue Bourrier, sont cernées, en septembre, par les chasseurs champenois, et les Pluviers qui y prennent le frais, le repos et la nourriture, tombent par douzaines sous les coups de feu bien dirigés, partant à la fois de toutes les rives.

En Algérie, ces oiseaux sont également fort nombreux. Dans presque toute l'Italie, surtout en Toscane, on en détruit, pendant la saison de chasse, des quantités considérables.

Les Toscans sont, en général, réputés pour être fins gourmets ; aussi, au proverbe qui exalte la chair du Vanneau, ils ont judicieusement substitué celui-ci :

Tordo e piviere	Grive et Pluvier
Boccon de cavaliere.	Bouchée de chevalier.

Et c'est fort logique.

Qui n'a pas mangé Vanneau
N'a pas mangé bon morceau.

Voyons, est-ce pour célébrer, pour porter aux nues la valeur gastronomique de cet oiseau qu'on l'a ainsi chanté et fait passer à la postérité ? A mon avis, il n'en vaut pas la peine ; je lui préfère de beaucoup le Pluvier.

La chasse des Pluviers commence dès les premiers froids ; la saison d'hiver est favorable à ce genre de gibier.

En Italie, on tue pas mal de Pluviers et de Guignards au fusil, mais le nombre est assez restreint si on le compare aux nombreuses victimes que l'on prend dans les mailles traîtresses des filets et des pantières.

Peut-être sont-ils moins sauvages en Toscane. On affirme qu'il suffit de marcher en boîtant pour arriver assez près de la bande (1).

On les prend au filet au moyen d'un cri spécial, sorte d'appel auquel répondent les Pluviers.

Ces oiseaux sont également chassés en Alsace et dans le nord de l'Allemagne.

On réussit à les approcher par les grands vents parce qu'alors ils se décident plus difficilement à prendre leur vol.

Ch. Diguet, dans son *Livre du Chasseur*, conseille pour les tirer le plomb n° 4.

. . . .

« En plein jour, depuis dix heures du matin jusqu'à quatre ou cinq heures du soir, les Vanneaux, par centaines, se prélassent sur les bancs de sable qu'on remarque au milieu du Rhin. Le soir et le matin, ils tournoient sur les champs labourés les plus voisins du fleuve. Les Pluviers sont aussi très nombreux ; les Étourneaux foisonnent, etc.....

» ..... Du Rhin, tous ces effrénés voyageurs gagnent les lacs de la Suisse, les rivages de l'Adriatique ou de la Méditerranée, et enfin la Sicile, dernière étape d'où ils s'élancent vers le continent africain.

» Hélas ! ces marais miraculeux pour la chasse disparaîtront bientôt peut-être devant le drainage et la canalisation (2). »

(1) M. A. Renault a chassé en Toscane et a fait une relation intéressante sur les Pluviers dorés, qu'il a publiée dans le journal *La Chasse illustrée* du 25 juin 1877, p. 197.

(2) Maurice Engelhart, *Les chasses en Alsace et dans le grand-duché de Bade*. (*Illustration* du 19 décembre 1857.)

La chasse de ces oiseaux, au fusil, peut se faire lorsque la lune est à son deuxième quartier ; on va, alors, le long des prairies, dans la saison des pluies, et l'on est certain de tirer autant de Pluviers que l'on veut, mais il faut agir de ruse, c'est-à-dire découvrir les oiseaux à distance et les cerner.

Pendant l'année 1849, quand le général Margueritte inaugura en Algérie la nouvelle cité à laquelle il donna le nom de Canardville, la crémaillère, comme le dit le brave et regretté soldat, fut pendue dans les règles. Je le laisse parler :

« Pour cette solennité et pour faire à Canardville une consécration digne de son présent et de son avenir, nous résolûmes, les six chasseurs que nous étions, de faire une guirlande de gibier autour du logis principal.

» Le troisième jour au soir, cette guirlande était arborée ; les trente-deux mètres de développement qu'elle avait étaient composés, sans la moindre interruption, d'un chapelet de Gazelles, Lièvres, Outardes, Canards, Grues, Sarcelles, Vanneaux, Pluviers, Courlis, Bécasses, Râles, Perdrix et Cailles.

» Cela faisait près de trois cents pièces de gibier dont la plus grande partie fut expédiée à nos amis et connaissances jusque sur la côte, en passant par Teniet, Milianah, Blidah, etc.

» C'est ainsi que Canardville fut consacré et glorifié par tous les estomacs reconnaissants (1). »

Canardville était situé à l'extrémité ouest du petit plateau qui domine le confluent de l'Oued-Issa, rivière, et du N'har-Ouassel, près de Teniet-el-Hâd.

Quel pays de Cocagne que l'Algérie à cette époque-là !

Mon beau-père qui accompagnait Margueritte dans ses chasses me parlait souvent de la fameuse tournée qui eut lieu pendant l'automne de 1850, aux environs de Taguini, Oued-Ourq.

Soixante fusils, total : 618 pièces ; dans ce nombre sont compris 17 Outardes et 94 Pluviers gris.

J'emprunte à Belèze la description de la chasse aux Pluviers par les filets, les collets, etc.

Quand on chasse le Pluvier au filet, on emploie des *nappes* de 20 mètres de long sur 3 de large ; on les dispose tout à bout, au lieu de les mettre l'une en face de l'autre.

(1) Général Margueritte, *Chasses de l'Algérie*, p. 229.

On choisit les prairies humides ; il faut tendre avant le jour parce que les troupes s'écartent un peu la nuit et se réunissent au lever du soleil ; il faut alors que tout soit prêt. Il faut aussi disposer les nappes de manière qu'elles s'abattent du côté du vent, car les Pluviers volent contre sa direction.

Pour *appelants*, on se sert de Vanneaux parce qu'ils sont plus faciles à conserver que les Pluviers et qu'ils appellent ceux-ci tout aussi bien que ceux de leur espèce ; on emploie aussi quelquefois pour *mouvant* un Pluvier empaillé et il faut bien observer de lui tourner le bec du côté du vent et de ne pas trop l'agiter, surtout lorsque les Pluviers approchent, car ses mouvements n'étant point naturels, ceux-ci reconnaîtraient trop facilement la ruse. On prend aussi les Pluviers avec des nappes tendues comme pantières sur les bords d'un endroit où ces oiseaux passent la nuit. On les prend aussi en tendant des collets autour des abreuvoirs qu'ils fréquentent.

Les Pluviers répondent à l'appel à vanneau.

On a cependant un appeau particulier pour cette chasse. Cet engin ressemble à celui que l'on appelle le *Courcailler* (1) ; c'est un os de mouton taillé en flûte, bouché à une extrémité, mais portant sur les côtés deux ouvertures ; l'une enduite de cire dans laquelle on fait un trou avec une épingle qu'on agrandit peu à peu jusqu'à ce qu'on ait obtenu le ton désiré ; l'autre se bouche et se débouche alternativement avec le doigt, de manière à faire entendre à peu près *uiuiui* (2).

On peut réussir à tuer les Pluviers au moyen de la hutte de feuillage, de la vache artificielle, des moquettes et avec les flambeaux ; cette dernière chasse est assez fructueuse parfois. Elle se fait avec un falot que l'on promène sur le bord des prairies, des terres labourées habitées par les Pluviers. Les oiseaux sont attirés, fascinés par l'aspect de la lumière qui se reflète sur la nappe d'eau qui couvre les labours ou les prés humides, de sorte qu'il devient facile de les approcher et de les tuer commodément.

Mais le genre de chasse le plus productif est, sans contre-

(1) Appeau pour les Cailles.
(2) Belèze, *Dictionn. univ. de la vie pratique à la ville et à la campagne.*

dit, celui que l'on pratique au moyen des filets. Les *panneauteurs*, fort au courant des habitudes du Pluvier, ont reconnu la singulière habitude qu'ont prise ces oiseaux de raser le sol et d'annoncer leur arrivée de fort loin ; or, en homme averti qui en vaut deux, rien ne leur est plus facile d'imiter le cri des oiseaux et de faire donner le vol tout entier sur l'engin perfide. On a vu des centaines de Pluviers donner tête baissée en plein dans des filets préparés et tendus à cet effet.

Aux Halles Centrales, il se fait un commerce assez considérable de Pluviers. A *la Vallée*, presque tous les facteurs reçoivent, chaque année, des quantités de Pluviers dorés.

La Hollande approvisionne pendant les mois de mars et d'avril le pavillon de la volaille de son gibier d'eau ; les Vanneaux, les Pluviers, les Sarcelles dominent dans ses envois.

Quel est le chiffre des Pluviers qui arrivent, tous les ans, au pavillon de la Vallée ? Si je compare les statistiques pendant deux années, je trouve :

Année 1884... 5,643 Pluviers et Guignards.
Année 1888... 6,200 — —

Différence peu sensible, on le voit, et ce sont là des chiffres officiels. — Ces oiseaux introduits aux Halles Centrales se sont vendus, en moyenne, 0 fr. 82 pièce.

Les départements français expédiant le plus de Pluviers aux Halles sont : la Somme et l'Eure-et-Loir ; presque tout le gibier d'eau vient en partie du premier de ces deux départements.

Le service des perceptions municipales (octroi) a rangé les Pluviers et les Guignards dans la deuxième catégorie.

Le droit d'entrée est de 0 fr. 30 par kilo.

— Les œufs du Pluvier sont moins agréables au goût que ceux du Vanneau ; néanmoins, dans la cuisine, on les emploie aux mêmes usages. On les sert à la coque ; il s'en fait un commerce assez grand dans la Hollande.

— Il est dans les usages du *Pluvier à collier interrompu* de nettoyer la gueule du Crocodile après le repas et un peu avant le moment où ce dernier vient faire sa sieste habituelle sur le bord des rivières.

J'ai parlé du fait dans la classification des Pluviers, mais je le trouve si intéressant que j'éprouve le besoin d'y revenir encore ; pour donner plus d'attrait à la narration, le lecteur me permettra de citer le passage écrit de main de maître par l'auteur de l'Ornithologie passionnelle :

« C'est cette espèce-là (Pluvier à collier interrompu) ou l'autre, ou une espèce voisine (Pluvier à collier et Pluvier doré), qui entretient commerce d'amitié avec le Crocodile du Nil et lui sert de cure-dent après ses déjeuners. Comme le

Crocodile n'a pas de langue mobile pour se rincer la bouche à l'instar des autres bêtes, il a grand besoin de l'aide d'un plus petit que lui pour se désobstruer les molaires à la suite de ses repas. Il a donc confié cet office de curage à un petit oiseau que les Arabes nomment le *fouilleur*, et qui fréquente les égouts des cités et les berges des fleuves où il a chance de rencontrer son pourvoyeur. Aussitôt que le Crocodile qui l'attend l'aperçoit, il ouvre sa large gueule comme fait le patient pour son opérateur et tient complaisamment ses mâchoires entr'ouvertes tant que dure l'opération, ayant grand soin de ne pas les refermer que l'oiseau ne soit dehors. Le fait avait été observé par Hérodote, il y a près de trois mille ans, et consigné par lui dans ses intéressants récits sans que personne voulût croire à sa véracité, tant l'esprit des mortels est rebelle aux enseignements de l'histoire ; et il a fallu pour vaincre l'incrédulité des modernes qu'un savant de nos jours, que l'illustre Geoffroy Saint-Hilaire, eût vérifié de ses propres yeux l'exactitude du témoignage d'Hérodote.

Si le Directoire n'eût pas décidé l'expédition d'Egypte, et si Geoffroy Saint-Hilaire n'eût pas fait partie du corps savant destiné à accompagner l'armée expéditionnaire, le monde savant en serait encore à cette heure à douter de la sincérité du père de l'Histoire, et voilà à quoi tient la réputation des grands hommes !

Or, depuis que Geoffroy Saint-Hilaire a réhabilité Hérodote sur la fameuse question du Trochilus si vivement agitée dans le siècle dernier, des curieux ont voulu tenter la même expérience sur le Caïman des Antilles et voir si celui-là se conduirait comme le Crocodile de l'Egypte. L'observation américaine a confirmé de nouveau la version d'Hérodote. Le Caïman de Saint-Domingue a recours, comme tous les individus de sa race, aux bons offices d'un petit oiseau pour le curage de sa mâchoire. Seulement ce dernier n'appartient plus à la famille des Pluviers, mais à celle des Todiers.

Il paraît que le Pluvier à collier a fait autrefois merveille dans la médecine; il avait la spécialité de guérir la jaunisse.

Ecoutez d'ailleurs Toussenel : « Le Pluvier aux yeux d'or n'a jamais beaucoup fait parler de lui dans les traités de chasse et de cuisine; mais la thérapeutique d'autrefois a cité son nom avec éloge. Il fut une époque, en effet, où ce petit oiseau guérissait la jaunisse, et où il suffisait au malade de le regarder fixement dans ses prunelles d'or et avec une forte volonté de lui repasser son mal pour que la guérison radicale s'accomplît instantanément. La malheureuse bête comprenait si bien d'avance le sort qui l'attendait qu'elle tremblait de tous ses membres à l'approche de l'ictérique et ne pouvait supporter son regard. Heureusement pour l'oiseau que la jaunisse, inconstante comme toutes les affections de l'homme, a cédé à l'empire de la mode et ne veut plus aujourd'hui être guérie que par la carotte. »

Ainsi voilà qui est bien entendu. Il fallait que l'ictérique ait cet œil puissant et fascinateur pour donner tant de frayeur au malheureux Pluvier que l'on soumettait, pour le quart d'heure, à la plus rude des épreuves, et cependant, cet oiseau a les yeux tellement étincelants qu'il est difficile d'en soutenir le regard.

Ayant eu l'occasion de voir de près plusieurs Pluviers à collier, j'ai été frappé du brillant de l'iris; on dirait une perle enchâssée dans un anneau de plumes; l'iris est, en effet, si vif, si éclatant que je ne m'explique pas encore comment la vieille médecine pouvait recommander au malade de fixer le regard de l'oiseau pour que la teinte jaune des muqueuses, caractéristique de la jaunisse, soit immédiatement remplacée par la coloration ordinaire, indice de la santé.

Qui sait!.. les hommes des temps passés, les ictériques surtout, possédaient peut-être des yeux d'où partaient à volonté des étincelles magnétiques. A juste titre, ces charmeurs devaient porter le nom de dompteurs d'animaux ou bien de dompteurs d'hommes, des spirites si vous aimez mieux.

Mais il est plus que probable (et la vérité me fait un devoir de le déclarer ici) que les organes visuels de nos aïeux, vifs et fermes, je le reconnais, n'avaient cependant guère plus de puissance fascinatrice que ceux de leurs descendants. A notre tour, nous, les enfants de générations plus récentes, savons accorder à la vue un éloge tout particulier : les yeux sont le miroir de l'âme, a-t-on dit; cet apophtegme est vrai et je ne l'expliquerai pas. Qu'il me suffise de dire que je renverse la thèse d'autrefois.

Pour affronter le regard du Pluvier aux yeux d'or, il n'est nullement besoin aux humains de posséder un œil de spirite; pour supporter au contraire la vue de l'ictérique, le Pluvier à collier n'a qu'une chose à faire : Lever les yeux au lieu de les baisser et fixer carrément le malade.

Quoi qu'il en soit, la croyance ancienne a recruté de nos jours quelques prosélytes.

Pauvre petit Pluvier ! il ne ferait pas bon pour toi que Bidel ou Pezon aient la jaunisse; tu ne peux déjà pas soutenir la fixité du regard de l'homme ordinaire, comment ferais-tu donc pour oser te mettre en face de ceux dont les yeux inspirent une terreur profonde aux animaux les plus farouches !...

(*A suivre.*)

LES FERMES A VOLAILLES

AUX ÉTATS-UNIS

PAR M. BRÉZOL.

L'élevage de la volaille, sauf quelques cas exceptionnels, est considéré comme un simple accessoire dans nos fermes européennes. Aux États-Unis, où des idées analogues régnaient autrefois, on tend actuellement à créer des établissements uniquement consacrés à cette industrie, mais en partant d'un principe dont l'évidence a été maintes fois démontrée : ne jamais rassembler plus de dix à vingt Poules ou Poulets dans la même enceinte, et ne pas chercher à entreprendre simultanément la production des œufs, des volailles, et leur engraissement, ces diverses opérations constituant autant d'industries distinctes. Les fermes à volailles américaines, les *poultry farms*, répondent du reste à un besoin évident étant donné le chiffre de 800 millions de Poules et Poulets consommés chaque année aux États-Unis, et les bénéfices sont assez sensibles, si on admet que le kilogramme de viande volaille vendu 4 fr. 40 revient seulement à 1 fr. 10. La question des débouchés acquérant une importance capitale en semblable circonstance, ces établissements, créés tous dans les deux ou trois dernières années écoulées, se sont installés dans des régions situées à proximité de villes populeuses.

En 1887, la *Glebe Poultry farm*, dirigée par M. Pierce, se fondait à Portland dans le Maine. Contrairement à la presque totalité des établissements similaires, elle fait à la fois des œufs et de la volaille. Vendant chaque année 14 à 15,000 volailles, elle en entretient 7 à 8,000 l'été, 2 à 3,000 l'hiver, qui donnent par jour de 180 à 600 œufs ; jusqu'à présent, la saison d'éclosion y a commencé le 15 janvier, mais on se propose de l'avancer désormais et de débuter dès la fin de décembre.

Quinze couveuses, chauffées à la vapeur et contenant chacune 15 à 1,600 œufs, sont disposées dans une vaste salle où les jeunes Poussins sont également conservés pendant les premiers jours qui suivent leur éclosion. On les installe ensuite, par groupes de quinze, dans de vastes bâtiments longs de 70 à 80 mètres, où chaque parquet de 15 occupe un espace couvert de 10 mètres carrés et dispose d'une cour entourée d'un treillis de fil de fer de 3^m,30 de large, sur 10 de long. En dehors de 800 *Plymouth-rocks*, de 400 Livournes et de 50 Vyandottes, l'établissement n'élève que des produits de croisement assez divers.

La nourriture est très variée ; deux fois la semaine, chaque parquet reçoit 1,200 grammes de viande ; les Poulets sont toujours approvisionnés d'une certaine quantité d'écales d'œufs broyées, renouvelées chaque semaine. Les poulaillers, nettoyés tous les jours, sont lavés à grande eau et soumis à des fumigations d'acide sulfureux deux fois par an. Deux à neuf hommes, suivant le nombre des animaux, suffisent largement à assurer ces divers services.

Les fermes à volailles abondent dans le Nouveau-Jersey et se sont surtout concentrées à Hammonton, non loin de Philadelphie, où on a créé, depuis 1888, quarante de ces établissements possédant un ensemble de 100,000 volailles, dont le chiffre sera, paraît-il, quintuplé l'an prochain. Ces fermes fonctionnent avec des frais généraux aussi réduits que possible.

Pendant une partie de l'année seulement, en hiver, elles ne produisent pas d'œufs et ne conservent pas leurs Poulets plus de dix semaines. Les œufs qu'on y traite viennent surtout du Delaware et du Maryland, les Poulets obtenus se vendent à New-York et à Boston. Pendant l'été le personnel se consacre à la culture des arbres fruitiers, très prospère dans la région.

Parmi les fermes à volailles d'Hammonton, nous citerons celle de M. G. Pressey, où l'incubation s'effectue dans six couveuses contenant 300 œufs chacune, chauffées à 40° par des lampes brûlant de l'huile. Chaque opération y dure en moyenne vingt et un jours. M. Pressey a obtenu l'an dernier 5,000 jeunes Poulets, dont 4,500 ont pu être élevés.

Dans la ferme de M. C. Howe, les incubateurs chauffés à l'eau chaude sont du système Keystone ; ils reçoivent 864 œufs chacun.

Chez M. Browning, on emploie le *Prairie State Incubator*, fonctionnant également par l'eau chaude. Nous citerons encore la ferme Jacob et la ferme Philips, qui serait le plus important de ces établissements.

Les Poulets sont nourris jusqu'au moment de la vente d'une pâtée faite avec des farines de rebut, du son, quelques œufs, un peu de viande grossière et d'os pulvérisés.

Les États-Unis possèdent encore des fermes à Canards organisées d'après les mêmes principes. Chaque établissement élève 6 à 7,000 jeunes Canards, en fait pondre un millier qui donnent de 10 à 19,000 œufs pour l'incubation de l'année suivante et n'en conserve que 150 à 200 pendant l'hiver.

INSECTE NUISIBLE AUX POMMIERS

ET AUX POIRIERS

L'*ANTHONOMUS POMORUM* L.

SES MOEURS, AVEC DE NOUVELLES REMARQUES SUR SA NYMPHOSE

Moyen rationnel de destruction

PAR M. DECAUX,

Membre de la Société Entomologique de France.

Il est une vérité que l'on ne saurait trop répéter : Ce n'est que par la connaissance complète des mœurs et métamorphoses, depuis l'œuf, des insectes nuisibles à nos richesses agricoles et forestières, que l'on pourra arriver à un mode pratique de destruction de ces bestioles, soit directement, soit en facilitant la multiplication de leurs ennemis naturels : *les parasites*.

Trop souvent lorsqu'on a affaire à un insecte commun, connu, on croit pouvoir se dispenser d'en étudier les mœurs à nouveau ; à quoi bon, se dit-on ! les maitres de la science Ratzeburg, Frauenfeld, Goureau, etc., ont déjà fait et refait ce travail. C'est toujours une erreur, les savants les plus consciencieux ont pu se tromper, ou bien des mœurs multiples ont pu leur échapper, et leurs successeurs s'en rapportant aux lumières de maîtres si universellement appréciés ne se sont pas toujours donné la peine de contrôler leurs observations.

Lorsqu'un insecte nuisible se présente à nos yeux, il faut essayer d'en surprendre les mœurs, sans nous occuper s'il est connu ou inconnu. Ce n'est qu'une fois toutes nos observations prises et inscrites, depuis la ponte jusqu'à l'insecte parfait, soit en l'élevant en chambre, soit en l'élevant à l'air libre, recouvert d'une cloche en gaze que nous pourrons alors consulter ce qui a été écrit sur cet insecte par nos devanciers ; si les renseignements s'accordent, tant mieux ; s'il y a contradiction, il faut recommencer les années suivantes pour éclaircir les points douteux. Ces études ne sont jamais perdues, elles nous forcent à un redoublement d'attention. L'*Anthonomus pomorum* L., si nuisible aux Pommiers, insecte trop répandu, malheureusement, et par cela même très connu, pourra servir de preuve à ma démonstration.

Vers 1880, voulant venir en aide à un ami, qui possède 5 ou 6 hectares de vergers plantés de Pommiers et Poiriers, attaqués par un nombre considérable d'*Anthonomus pomorum*, je résolus d'étudier leurs mœurs en captivité, à l'air libre. Je fis choix dans le potager d'un Pommier nain (en cordon) couvert de boutons à fleurs, que je recouvris d'une grande cloche en gaze, puis en battant les Pommiers, sur le parapluie, je pus choisir deux ménages assortis d'*Anthonomus*, que je déposai sous ma cloche.

MŒURS. — La femelle, après avoir choisi un bouton à fleur, le perce avec son rostre ou bec, de manière à atteindre les étamines, et dépose un œuf dans ce trou, puis elle se transporte sur un autre bouton et ainsi de suite jusqu'à l'épuisement de sa ponte qui dure plusieurs jours et comporte environ 60 œufs. La petite larve éclôt au bout de 5 à 7 jours, elle ronge pour se nourrir les étamines, le pistil et souvent une partie de l'ovaire. La fleur ne peut plus s'ouvrir, le bouton contaminé se dessèche, prend une teinte jaune-rougeâtre très reconnaissable ; au bout de 10 à 12 jours, la larve, ayant atteint tout son développement, se change en chrysalide dans l'intérieur du bouton, passe 6 à 8 jours dans cet état, puis se transforme en insecte parfait, qui attend pour sortir que ses téguments soient assez durs pour s'échapper de sa prison.

On trouve ces insectes pendant l'été et l'automne; aux premiers froids, ils cherchent un abri sous la mousse, au pied des arbres, dans les crevasses, sous les écorces, pour y passer l'hiver, et recommencer leur œuvre de destruction l'année suivante. A l'état parfait, ces insectes vivent des feuilles de l'arbre qui les a vus naître, ils sont peu voraces, et leurs dégâts, sous cette forme, sont inappréciables. L'*Anthonomus pomorum* vit de préférence aux dépens du Pommier, mais il attaque également le Poirier, le Cognassier et le Néflier.

En suivant les divers états de l'*Anthonomus* sur mon éducation sous cloche, mon attention fut appelée sur plusieurs boutons tombés au pied de l'arbre, l'un d'eux ayant été ouvert, je trouvai le bouton creux et rongé par la larve, mais abandonné par celle-ci ; soupçonnant quelque chose d'anormal, je pris une feuille de papier blanc et déposai dessus quatre boutons contaminés, pour pouvoir suivre ce qui se passerait. Le lendemain, vers 10 heures du matin, je pus constater la sortie de deux larves, qui gagnèrent le sol avec assez de vitesse pour des bestioles privées de pattes. Je les vis s'enfoncer en terre et disparaître. Les boutons contaminés tombés à terre peuvent être estimés du quart au tiers du nombre total. Fortement intrigué, j'attendis une semaine et, à l'aide d'une bêche, je parvins à retrouver plusieurs nymphes à l'abri, dans une petite coque de terre agglutinée à l'aide d'un mucus produit par la larve. Ces coques se trouvaient à 20 ou 25 centimètres de profondeur.

Pour suivre cette nouvelle transformation et m'assurer si les choses se passent de la même façon à l'état libre, j'avisai un gros Pommier dans le potager, je bêchai avec soin le dessous de l'arbre et je fus assez étonné de recueillir sur une surface de quelques mètres carrés, 20 coques semblables qui furent déposées dans un pot à fleur, rempli de terre et enterré sous ma cloche. Un mois après, je visitai mon pot et en retirai avec soin une coque, la nymphe était bien vivante ; en septembre, en octobre, même résultat ; fin mars je trouvai un insecte parfait encore mou, les insectes sortirent vers le 15 avril.

Ainsi l'*Anthonomus pomorum* L., pour assurer la reproduction de son espèce et pour échapper à ses nombreux ennemis, a une transformation en terre. J'ai consulté les nombreux auteurs qui ont suivi les mœurs de cet insecte, tous ont constaté sa transformation dans les boutons, qui est sa façon normale de vivre, mais la nymphose en terre leur a complètement échappé.

Insecte parfait. — Long. 5 à 6 millimètres en y comprenant le rostre, funicule de 7 articles, fémurs antérieurs avec une petite épine, écusson couvert de pubescence blanche, tibias antérieurs en arc, téguments bruns, fascie postmédiane des élytres blanche, entourée de noir.

Larve. — Long. 6 millimètres, blanche, allongée, tête

petite, ronde, noire et armée de deux dents écailleuses ; le corps est formé de douze segments et privé de pattes. Elle se tient courbée en arc dans le bouton.

Destruction. — En mettant à profit la connaissance complète des mœurs de l'*Anthonomus,* il est facile de comprendre que les fumigations à l'acide sulfureux et autres, le seringage avec de l'eau pétrolée, la nicotine, même le sulfure de carbone lancé à l'état de vapeur, par un pulvérisateur, seront toujours d'un effet nul ou à peu près, à l'air libre. Ces procédés coûtent cher, sont d'une application lente et peuvent tout au plus tuer les insectes parfaits posés sur l'arbre au moment du traitement (ce qui n'est pas prouvé). Les accouplements et les pontes se prolongeant pendant trois semaines, il faudrait donc recommencer chaque jour. L'œuf n'est détruit par aucun de ces procédés ; la larve aussitôt éclose s'empresse de boucher avec ses détritus le trou de ponte fait par la mère, elle est dès lors à l'abri de tous les agents extérieurs.

Heureusement, en suivant les différentes péripéties des métamorphoses de la larve de l'*Anthonomus pomorum,* nous avons remarqué que le bouton contaminé se dessèche et prend une teinte jaune-rougeâtre, très facile à reconnaître : nous en profiterons pour les couper avec une serpe à greffer emmanchée au bout d'un bâton de 4 à 5 mètres, auquel sera adopté une petite poche pour recevoir chaque bouton ; il faudra également ramasser les boutons tombés au pied de l'arbre, pour empêcher la transformation en terre. Tous ces boutons devront être détruits par le feu.

Ce procédé, appliqué en grand, chez mon ami (800 pommiers et poiriers de 20 à 30 ans), a donné d'excellents résultats, il a l'avantage de ne rien coûter ; une personne peut ébourgeonner avec soin, de 6 à 10 arbres à l'heure, soit 100 arbres par jour. La moyenne des boutons contaminés par arbre, en y ajoutant ceux tombés à terre, a été d'un peu plus d'un demi-litre soit pour le tout 500 litres, ce qui représente un nombre considérable d'insectes détruits.

Supposant que la nature, toujours prévoyante, devait avoir créé un ennemi naturel de l'*Anthonomus pomorum*, j'ai réservé et déposé sur un drap étendu au soleil environ 50 litres de boutons contaminés (pour enlever l'humidité et empêcher la moisissure), puis ils furent déposés dans un grand baquet à lessive, recouvert par une gaze. Quinze à vingt jours après, il en est sorti une grande quantité d'*Hyménoptères parasites*, de trois espèces différentes : *Pimpla graminellæ* Grav., *Bracon variator* N. de E., ces deux espèces en grand nombre, et *Pteromalus pomorum* Decaux, quelques exemplaires seulement. Je me suis empressé de les mettre en liberté, puis j'ai brûlé ce qui restait, c'est-à-dire les boutons et des *Anthonomus* par centaines. Avec du soin, il paraît démontré qu'il est possible de détruire les diverses espèces d'*Anthonomus* qui attaquent nos arbres fruitiers, sans faire périr leurs parasites, en faisant éclore les insectes contenus dans les boutons contaminés. L'*Hyménoptère* très vif, s'envole aussitôt qu'on lève la gaze, l'*Anthonomus* fait le mort quelques instants et donne le temps de refermer la gaze. Il suffit de quelques minutes chaque jour pour cette opération, qui peut durer 8 à 15 jours. Il est facile de comprendre que ces *parasites* seront autant d'auxiliaires pour l'année suivante et que l'*Anthonomus* disparaîtra d'autant plus vite.

Pimpla graminellæ Grav. Long. 5 1/2 millimètres, noir, fluet, antennes noires en dessus et roussâtres en dessous ; palpes blancs ; on voit un point blanc à la racine des ailes. L'abdomen est séparé du corselet par un simple étranglement, il est fluet, noir, sauf les 3e, 4e, 5e segments qui sont d'un fauve pâle et bordés de noir. Les pattes antérieures et intermédiaires ainsi que les hanches sont blanchâtres ; les hanches et les cuisses postérieures sont fauves, mais l'extrémité de la hanche est blanche ; les tibias postérieurs et les tarses sont annelés de blanc et de noir ; les ailes sont hyalines, de la longueur de l'abdomen.

Bracon variator N. de E. Long. 3 millimètres, noir, antennes noires, mâchoires et palpes jaunâtres ; tête et corselet d'un noir luisant ; abdomen séparé du corselet par un étranglement profond, même longueur que ce dernier, noir avec les côtés des premier et deuxième segments fauves ; pattes fauves ; hanches, l'extrémité des tibias et les tarses des pattes postérieures noirs. Ailes dépassant l'abdomen, hyalines avec une légère teinte brune sur les ailes supérieures.

Pteromalus pomorum DECAUX (1). Long. 3 millimètres, bronzé-verdâtre, antennes noires, à premier article fauve; tête bronzé-verdâtre, ponctuée; thorax de la largeur de la tête, ovalaire, ponctué d'un bronzé verdâtre; écusson ponctué, bronzé; abdomen ovoconique, terminé en pointe, lisse, luisant, d'un bronzé vert; pattes d'un noir bronzé à tarses d'un brun fauve; ailes hyalines dépassant un peu l'abdomen.

Les parasites jouent un rôle considérable dans la nature; ils contribuent d'une manière incessante à maintenir la diffusion des espèces *Phytophages*, ils ont tous à peu près la même manière de vivre. La femelle du *parasite* épie l'*Anthonomus* et aussitôt que celle-ci a déposé son œuf dans le bouton, elle introduit son oviducte dans le même trou et y dépose un œuf à son tour; la larve du parasite éclôt quelques jours après celle de l'*Anthonomus*, elle s'introduit sous la peau de celle-ci, ronge d'abord les tissus adipeux, ce qui n'empêche pas l'*Anthonomus* de continuer à manger et à se développer, et finit par la dévorer en entier avant de se métamorphoser dans une petite coque qu'elle se construit avec la peau de sa victime.

(1) Cette espèce, que je crois nouvelle, portera le nom de *pomorum*, en attendant la révision du genre *Pteromalus*.

LES BOIS INDUSTRIELS

INDIGÈNES ET EXOTIQUES

PAR JULES GRISARD ET MAXIMILIEN VANDEN-BERGHE.

(SUITE *)

FAMILLE DES ANONACÉES.

La famille des Anonacées se compose d'arbres ou d'arbrisseaux à rameaux grêles, contenant un suc aqueux. Leurs feuilles sont ordinairement alternes, simples, souvent entières, non stipulées et à nervures pennées.

Les plantes de cette famille croissent dans les pays intertropicaux du nouveau et de l'ancien continent, excepté en Europe où on ne rencontre aucune espèce spontanée ; plusieurs remontent en Amérique jusqu'à la partie méridionale des États-Unis.

Quelques Anonacées sont cultivées dans les pays chauds comme arbres fruitiers, d'autres fournissent au commerce des substances aromatiques, des parfums, des condiments et des médicaments.

ANONA RETICULATA LIN. Petit corossol.

Antilles : *Cachiman.*

Arbre de 5-7 mètres de hauteur, à feuilles lancéolées-oblongues, pointues, pubescentes et glanduleuses, rougeâtres en dessous.

Originaire des Antilles ; cultivé dans la plupart des pays chauds.

Le bois de cette espèce, quoique mou et filandreux, comme celui du plus grand nombre des *Anona,* est néanmoins utilisé dans les constructions, mais il est peu employé en raison de ses petites dimensions ; sa cassure est assez longue et fibreuse. — Densité : 0,556. Elasticité : 0,871. Rupture : 0,970.

(*) Voyez plus haut, pages 39 et 201.

Le bois de l'*A. muricata* L. (*A. sylvestris* Burm.) est blanc, très léger (Pesanteur spécifique 0,400) et de peu de durée, aussi ses applications sont-elles très restreintes.

Celui de l'*A. squamosa* L. possède les mêmes qualités et est employé aux mêmes usages.

Voici quelques autres espèces du même genre sur lesquelles nous n'avons pu recueillir que des renseignements incomplets.

Anona Africana L. Arbre de moyenne grandeur, à feuilles lancéolées, pubescentes ; originaire d'Amérique et d'Afrique, où il croît abondamment dans les forêts sèches de la Casamance.

Suivant Lécart, son bois est dur et sert à faire des pieux et des entourages. On peut l'employer également dans la fabrication des courbes d'embarcations.

Anona bullata A. Rich. Cette espèce porte à Cuba le nom de *Laurel* à cause de l'odeur de son bois qui, très résistant, suivant Ramon de la Sagra, est employé dans les constructions pour charpentes. Son fruit, dur et âpre, est mangé par les porcs et ses feuilles sont recherchées par les chevaux et les bœufs.

Anona montana Macf. Petit arbre de 5-7 mètres dont le bois est employé, à la Guadeloupe, pour faire du charbon.

Anona mucosa Jacq. (*A. muscosa* Aubl. *A. obtusifolia* DC.). « Cachiman morveux » de la Guadeloupe et des forêts de la Martinique. Petit arbre à feuilles oblongues-lancéolées, glabres, dont le bois est peu employé. Le fruit est comestible.

Anona palustris L., *Baga, Palo Bobo* des Antilles espagnoles, arbrisseau à feuilles ovales-oblongues, coriaces, croissant dans les lieux marécageux de la Jamaïque. Le bois de ses racines est si doux, si pliant, même lorsqu'il est sec, que les gens du pays l'emploient fréquemment, au lieu de liège, pour faire des fonds de boîtes entomologiques et pour boucher les bouteilles et les calebasses.

Le fruit de cette espèce n'est pas comestible.

Enfin, le catalogue de l'Exposition du Paraguay mentionne encore l'*Anona sylvatica* St-Hil. « Araticu-guazu » du pays, petit arbre de 6 mètres de hauteur sur un diamètre de $0^{m},35$, commun partout, employé dans la charpente et l'ébénisterie.

Les *Anona* sont surtout intéressants comme arbres fruitiers et les anones fournies par les *A. Cherimolia*, *squamosa*, *muricata* et *reticulata* sont particulièrement estimées (1).

BOCAGEA PHILASTREANA Pierre.

Annamite : *Có giáy*.

Arbre de 20-25 mètres, à tronc grisâtre, d'un diamètre moyen de 25 centimètres. Feuilles lancéolées, entières, arrondies à la base, acuminées et obtuses au sommet, coriaces, luisantes en dessus, pâles en dessous.

Originaire de la Cochinchine, il se rencontre fréquemment dans les montagnes de Dinh, près Baria et au Cambodge, à 200 ou 300 mètres d'altitude.

Le bois de cet arbre est blanc, léger et flexible, mais il résiste peu à l'humidité et son usage est assez restreint. Les indigènes en font des arcs, des manches d'outils, des montants de voitures, des jougs et même quelques meubles, car il se couvre de veines noirâtres en vieillissant.

Le *B. Gaudichaudiana* H. Bn. fournit un bois analogue.

Les Indes néerlandaises possèdent aussi une espèce indéterminée de *Bocagea*, connue sous le nom de *Lemay* : c'est un arbre de grosseur moyenne qui donne un bois de couleur brune, compact, mais noueux, difficile à travailler et de peu d'emploi pour les travaux ordinaires.

CANANGA ODORATA Hook. f. et Th.

Alanguillan ou Aguillon.

Bonga Cananga Rumph.
Unona odorata Dun.
Uvaria odorata Lamk (non L.).
— *Cananga* Vahl.

Cochinchine : *Thom-Shui*. Java : *Kenang*. *Tsjampa*. Malais et Sondanais : *Kananga*. Martinique : *Canang*.

Grand et bel arbre dont le tronc, d'une rectitude parfaite, atteint jusqu'à 20 mètres d'élévation, branches peu nombreuses mais très ramifiées. Feuilles oblongues ou ovales-

(1) Voyez plus loin : *Les anones et leurs fruits*, page 477.

oblongues, arrondies et légèrement obliques à la base, acuminées, pubescentes en dessous, glabres avec l'âge.

Supposé originaire de la Birmanie, on le rencontre dans la Basse-Cochinchine, au Cambodge où il est cultivé, dans la plupart des pays tropicaux, les îles de l'Océanie et en Australie, ainsi qu'à la Martinique où il est assez répandu.

Son bois, léger quoique assez dur, n'est guère employé que pour des ouvrages de peu de durée, à cause de sa corruptibilité, dans les Indes néerlandaises on le fait cependant entrer dans la construction ; à la Martinique, on s'en sert pour la fabrication de quelques objets de tabletterie.

Les fleurs jaunâtres, qu'il fournit toute l'année, sont très odorantes, mais à l'état de culture seulement ; elles sont usitées, dans l'Extrême-Orient, pour les cérémonies religieuses et privées ; les femmes malaises s'en servent comme objet de parure. On en extrait aussi un parfum très estimé participant à la fois de l'Œillet, de la Jacinthe et du Jasmin. Ce produit, dont le commerce s'est emparé il a quelques années, est désigné en parfumerie sous le nom de *Ylang-Ylang*. Mais c'est surtout artificiellement que ce parfum est produit commercialement, en voici la composition : 90 grammes d'extrait de Tonka, 120 grammes d'extrait de Musc, autant d'extrait de Tubéreuse et de Cassia, 240 grammes d'extrait d'Iris, 4 gouttes d'essence de fleur d'Oranger, 1 gramme de Néroli, et quantité suffisante d'alcool pur, pour obtenir 2 litres de parfum. Aux Moluques, on en fabrique avec de l'huile de coco, en y joignant des fleurs de *Michelia Champaca* et du *Curcuma*, une pommade semi-liquide nommée *Borri-borri* ou *Borbori*, dont on se frictionne le corps dans la saison froide et pluvieuse pour se mettre à l'abri des fièvres, et dont les femmes aiment à inonder leur chevelure noire et pendante, au sortir du bain. Sans aucun doute, dit M. Guibourt, c'est cette huile qui, connue ou imitée en Europe, est vendue sous le nom d'*huile de Macassar*.

M. Jeanfrançois, de Saïgon, qui s'est occupé de la distillation des fleurs et des feuilles de l'Alanguillan, n'a pu obtenir de ces dernières qu'une huile âcre et nauséabonde.

La chair du fruit du *C. odorata* est douce et aromatique.

Cet arbre est d'une croissance rapide et fleurit en Cochinchine dès la deuxième année de plantation.

DUGUETIA GUIANENSIS DC.

Aberemoa Guianensis AUBL.
Guatteria Aberomoa DUN.

Guyane française : *Babubali*. Guyane anglaise : *Yari-Yari*.
Guyane hollandaise : *Priti-jari*. Colons : *Lanshout*.

Arbre de moyenne taille à feuilles ovales, oblongues, aiguës et tomenteuses, que l'on rencontre dans les forêts de la Guyane.

Son bois est employé dans le charronnage et sert principalement à la confection des essieux et autres parties des chariots en usage dans le pays.

Le *D. Quitarensis*, « Lance wood » des colons anglais (Bois de lance) est un petit arbre, atteignant au plus 7-8 mètres de hauteur, dont les branches souples et élastiques servent pour cette raison à la fabrication d'excellents manches de fouets.

MILIUSA BAILLONI PIERRE.

Annamite : *Xáng mói*. Moï du Dongnai : *Sở Khpai*. Kmer : *Dom chhœu Kœupâi*.

Arbre de 25-30 mètres dont le tronc, recouvert d'une écorce brune, offre un diamètre de 40-50 centimètres. Feuilles caduques, oblongues, lancéolées, légèrement obliques à la base, membraneuses, pubescentes sur les deux faces.

Très commun en Cochinchine dans les forêts de Bien-Hoa et de Baria, ainsi que dans les montagnes de la province de Chaudoc.

Son bois, de couleur jaunâtre, est d'une teinte uniforme depuis le cœur jusqu'aux couches les plus externes de l'aubier. Quand il est sec, dit M. Pierre, ses fibres très longues deviennent çà et là d'une teinte brune. D'une densité moyenne, il est d'une longue durée pour les travaux intérieurs, mais il résiste peu aux intempéries et aux attaques des xylophages. Les Annamites l'utilisent pour poteaux, madriers, planches, meubles, avirons, etc. C'est le bois que les Moïs et les Kmers recherchent le plus pour la fabrication de leurs arcs.

MILIUSA MOLLIS Pierre.

Joli petit arbre d'ornement à rameaux ascendants, haut de 8 10 mètres environ. Feuilles persistantes, subsessiles, oblongues, lancéolées, terminées par une pointe aiguë et très fine, submembraneuses, ciliées sur les bords, glabres en dessus, pâles ou ferrugineuses en dessous.

Originaire de la Cochinchine et du Cambodge, cette espèce y est cependant assez rare ; elle fournit un bois de couleur jaunâtre, composé de fibres très longues et très denses, que les indigènes emploient pour arcs, manches d'outils, chevilles, etc.

MILIUSA VELUTINA Hook f. et Th.

Guatteria velutina A. DC.
Uvaria velutina Dun.
— *villosa* Roxb.

Moï : *Tom xói. Tói.*

Arbre de 20-25 mètres, d'une croissance rapide, dont le tronc est recouvert d'une écorce rugueuse. Feuilles caduques, très variable de formes et de dimensions, ovales, ovales-oblongues ou elliptiques-oblongues, acuminées, terminées par une pointe courte, subaiguë et le plus souvent obtuse, arrondies ou subcordées à la base, membraneuses, très velues sur les deux faces.

Originaire de l'Inde, cet arbre est aussi très répandu dans la Cochinchine française, le Cambodge, etc.

De couleur blanc-grisâtre au moment de la coupe, le bois se marque de veines brunes par la dessiccation. Mou, assez léger, à grain moyen et à fibres longues, il est employé pour lambris, manches d'outils, flèches, jougs, etc. ; on en fait même des avirons. Il est facilement attaquable par les insectes.

Le genre *Miliusa* renferme encore deux espèces, indigènes de la Cochinchine et du Cambodge, qui ont été déterminées par M. Pierre :

Le *M. campanulata*. Petit arbre d'une hauteur variant entre 2-5 mètres, dont le bois, jaunâtre, assez dense et très flexible, est d'un emploi restreint par suite de l'exiguïté du tronc.

Le *M. fusca*. Arbre de 4-10 mètres d'élévation, qui fournit un bois jaunâtre, dur et flexible que les indigènes utilisent pour arcs, manches d'outils, supports, etc. Ces deux dernières espèces pourraient être employées avantageusement, croyons-nous, dans la carrosserie et le charronnage pour timons, flèches, brancards et autres pièces demandant à la fois de la résistance et de la souplesse.

MITREPHORA BOUSIGONIANA PIERRE.

Annamite : *Có giê*. Moï : *Boung to*.

Arbre de 10-15 mètres de hauteur, d'un port élégant, à tête pyramidale et à rameaux étalés. Feuilles oblongues, lancéolées, terminées par une pointe aiguë assez longue, cordées ou arrondies à la base, coriaces, pubescentes sur la face inférieure.

Répandu en Cochinchine dans les provinces de Bien-Hoa et de Baria, on le rencontre particulièrement dans la région des fleuves Songbai et Dongnai.

Son bois, de couleur blanc jaunâtre, est léger, très flexible, mais peu durable. Les Annamites l'emploient pour faire des arcs, des manches d'outils, des brancards et des balanciers.

Au point de vue botanique, cette espèce offre les plus grandes affinités avec le *M. Thorelii* PIERRE (annamite *K'da cong hèn* ; Kmer : *Co gié nui*), arbre d'une hauteur de 15-20 mètres, des régions montagneuses de la Cochinchine, dont le bois est exactement le même que celui du *M. Bousigoniana*.

MITREPHORA EDWARDSII PIERRE.

Kmer : *Dom chhœu con hen titey*.

Petit arbre d'une élévation de 8-10 mètres, dont le tronc est recouvert d'une écorce épaisse et noirâtre. Feuilles persistantes, subsessiles, ovales oblongues, lancéolées, acuminées, arrondies ou cordées à la base, légèrement coriaces, ciliées sur les bords.

Originaire des régions élevées de la Cochinchine, il croît encore spontanément dans les royaumes de Siam et du Cambodge. Cette espèce est très ornementale et se développe bien dans les terrains rocailleux et accidentés.

Son bois, de couleur jaunâtre, assez dur et très flexible,

est estimé et propre à divers travaux ; en Cochinchine, on l'emploie ordinairement pour balanciers, manches d'outils et autres objets à l'usage des indigènes.

OROPHEA THORELII Pierre.

Petit arbre très gracieux, haut de 4–8 mètres, à rameaux très pressés et très feuillus ; tronc d'une longueur de 1–2 mètres, noirâtre et d'un très faible diamètre. Feuilles oblongues-lancéolées, terminées par une longue pointe, obtuse au sommet, étroites et obtuses à la base, presque membraneuses; brillantes en dessus, pâles en dessous.

Croissant naturellement dans les montagnes de la Cochinchine et du Cambodge.

Son bois est blanc et rayé de lignes brunes lorsqu'il est vieux. Les indigènes ne l'emploient guère que pour manches d'outils, balanciers, etc.

L'*Orophea desmos* Pierre est une espèce rare que l'on ne rencontre que dans les montagnes du Cambodge occidental. C'est un petit arbre de 4–12 mètres de hauteur, qui présente un bois jaunâtre très flexible, assez dur, mais peu employé à cause de ses petites dimensions. D'après M. Pierre, il n'y aurait même pas lieu d'en tenir compte au point de vue forestier.

OXANDRA VIRGATA A. Rich.

Guatteria virgata Dunal.
Uvaria lanceolata Swartz.
— *virgata* Wartz.

Cuba : *Yaya*, *Bois de lance.*

Arbre de médiocre dimension, à feuilles elliptiques oblongues, acuminées, atténuées, à base anguleuse, glabres, à ponctuations subpellucides.

Originaire de la Jamaïque et de Cuba où il est commun dans les forêts.

Le bois de cet arbre est dur et sert comme bois de charpente dans les constructions civiles, il est plus particulièrement recherché pour lattes et chevrons. Les branches fournissent des baguettes souples et flexibles, utilisées comme manches de fouets, cannes pour la pêche, etc.

L'*O. laurifolia* A. Rich. (*Guatteria laurifolia* Dun., *Uvaria laurifolia* Swartz) donne, comme l'espèce précédente, un bois tenace et élastique qui le fait avantageusement employer pour diverses pièces de carrosserie.

POLYALTHIA NITIDISSIMA Benth.

Unona fulgens La Bill.
— *nitidissima* Dun.
Uvaria lucida Vent.

Arbre de 5–8 mètres d'élévation, à cime lâche et diffuse, dont le tronc n'atteint guère plus de 15 centimètres de diamètre. Feuilles alternes sur deux rangs, ovales ou lancéolées, légèrement ondulées, souvent un peu tordues, coriaces et très luisantes en dessus.

Indigène de la Nouvelle-Calédonie où il vient çà et là sur les rivages, on le rencontre aussi sur quelques parties du littoral australien.

Le bois de cet arbre est jaunâtre, mou et de peu d'intérêt.

Le *Mum pesand* ou *pesang* (*Polyalthia Jenkinsii* Benth. et Hook. f.) est un arbre de la presqu'île de Malacca, à bois blanc jaunâtre extérieurement, devenant jaune à l'intérieur, tendre et à grain grossier. Il ne se fend pas en séchant et l'on s'en sert pour poutres, supports de vérandahs, etc.

Le *Baloen adoek* ou *Baloen anjoek* (*Polyalthia subcordata* Bl. ?) donne un très bon bois de menuiserie ; il est aussi employé pour faire des pirogues. Son écorce fournit une matière colorante brun-foncé.

Le *Pamelesian* des Indes néerlandaises (*Polyalthia sp.*) est un arbre de taille moyenne que l'on trouve dans les hautes régions de Ménado. Son bois est grisâtre, veiné de brun, assez compact, mais facilement attaqué par les termites. On l'emploie quelquefois dans la construction pour faire des poutres et des solives.

SAGERÆA HOOKERI Pierre.

Bocagea elliptica Hook. fils.
Sageræa elliptica Hook. fils.
Uvaria elliptica A. DC.

Annamite : *Sang mây*. Kmer : *Thnong*.

Arbre entièrement glabre, haut de 15–20 mètres, dont le

tronc grisâtre très droit et d'un diamètre de 20-30 centimètres, est terminé par une cime pyramidale. Feuilles alternes, entières, ordinairement linéaires-oblongues, obliques et obtuses on arrondies à la base, lancéolées et obtuses au sommet, épaisses et coriaces.

Répandu par grandes masses et rarement associé à d'autres espèces, il croît généralement à une altitude de 400 mètres environ, dans les forêts des régions élevées de la Cochinchine, du Cambodge et de l'île Phu-quôc.

Son bois, de couleur jaunâtre ordinairement, prend une teinte brune et même noirâtre en vieillissant. Dur, assez léger, fibreux et flexible, il est d'une bonne conservation. Les Annamites s'en servent pour poteaux, chevrons et lambris ; ils en font aussi des chevilles, des arcs, des manches d'outils, etc.

Le *S. Hookeri* est un bel arbre d'ornement bien que d'un feuillage un peu sombre.

UNONA BRANDISANA Pierre.

Unona latifolia Hook. f. et Th.

Annamite : *Thóm shui.*

Arbre de 15-25 mètres, à tronc grisâtre et raboteux. Feuilles ovales ou ovales-oblongues, cordiformes, brusquement acuminées, terminées par une pointe obtuse.

Assez commun dans toutes les régions forestières de la Basse-Cochinchine et du Cambodge, on le retrouve encore en Birmanie et dans le royaume de Siam.

Son bois est blanc, mou et très corruptible ; néanmoins on s'en sert pour faire des vases, des boîtes, des manches d'outils, etc.

Ses fleurs sont très odorantes et peuvent être utilisées en parfumerie au même titre que celles du *Cananga odorata*.

UNONA CERASOIDES H. Bn.

Polyalthia cerasoïdes Benth. et Hook. f.
Guatteria cerasoïdes Dun.
Uvaria cerasoïdes Roxb.

Kmer : *Padâc.*

Arbre d'une hauteur moyenne de 15 mètres, mais d'un

très faible diamètre. Feuilles oblongues, lancéolées, obliques, obtuses ou arrondies à la base, terminées par une pointe obtuse et assez longue, légèrement coriaces.

Croissant spontanément dans les montagnes du Coromandel, en Birmanie, en Cochinchine, et dans le royaume de Siam, cette espèce est assez commune dans le Cambodge et assez rare dans les provinces françaises de la Basse-Cochinchine.

Dans la province de Bombay, son bois jaunâtre passe pour avoir une certaine valeur ; cependant M. Pierre ne croit pas qu'il soit d'un grand usage, vu les faibles dimensions du tronc. Dans l'Inde, rapporte M. Brandis, l'*U. cerasoïdes* devient un arbre de grande taille dont le bois est estimé et assez employé.

UNONA HARMANDII Pierre.

Arbre de 10-12 mètres à tronc tortueux et d'un faible diamètre, feuilles oblongues, lancéolées, obtuses, légèrement obliques à la base, terminées par une pointe assez longue et quelquefois obtuse.

Cette espèce est assez répandue dans les forêts de la Cochinchine entre le Songbé et le Dongnai, dans la province de la Bien-Hoa.

Son bois, jaunâtre et flexible, est rarement employé, si ce n'est toutefois pour faire des objets de petites dimensions, chevilles, manches d'outils, etc.

UNONA JUCUNDA Pierre.

Annamite : *Náp nui* (Baria) ; *Ma trinh* (Bien-Hoa).

Un des plus grands arbres de la famille des Anonacées, dont le tronc d'un diamètre de 30-40 centimètres est recouvert d'une écorce gris-clair et épaisse, atteint environ 30 mètres de hauteur. Feuilles oblongues, lancéolées, acuminées et aiguës, obliques à la base et presque membraneuses.

Commun dans les forêts de plaines ou de montagnes de la Basse-Cochinchine et du Cambodge.

Son bois est jaunâtre, flexible, léger, et d'un travail facile, mais il ne se conserve bien qu'à l'abri des intempéries. On fait des poteaux, des jougs, des manches d'outils, etc.

UNONA MESNYI PIERRE.

Polyalthia aberrans MAINGAY.
Melodorum clavipes HANCE.

Annamite : *Vu bô.* Kmer : *Dóm romduol.*

Petit arbre de 8-12 mètres à tronc noueux et noirâtre. Feuilles oblongues, lancéolées, acuminées, entières, coriaces, glabres sur les deux faces.

Cette espèce se rencontre à Malacca, Siam, en Cochinchine, au Cambodge et dans l'île de Phu-Quôc, près des lieux habités.

Son bois, blanc ou jaunâtre, assez lourd et d'une bonne conservation, est employé par les indigènes pour faire des arcs, des chevilles, des brancards, etc.

Les longues branches du tronc fournissent des fouets très flexibles.

Les fruits sont des petites baies ovales ou oblongues, dont le périsperme charnu et légèrement sucré, est mangé par les natifs. Les noms annamites *Com ngûoi*, riz cuit; *Muon duong*, peu sucré, etc., donnés par M. Pierre, indiquent à peu près la saveur de ces fruits.

L'*U. Mesnyi* est une espèce très ornementale; son feuillage glauque, très dense, et ses rameaux penchés lui donnent une physionomie originale.

UNONA SIMIARUM H. BN.

Polyalthia simiarum BENTH. et HOOK. f.
Guatteria simiarum HAM.
— *fasciculata* WALL.

Annamite et Moï : *Mindo.*

Très bel arbre d'ornement, à tronc grisâtre, d'une hauteur de 25-30 mètres, sur un diamètre de 30-35 centimètres. Feuilles oblongues ou elliptiques-oblongues, lancéolées et terminées par une pointe assez courte et obtuse, arrondies ou légèrement obliques à la base.

Cette espèce se rencontre très communément dans la Basse-Cochinchine, le Cambodge, l'Annam et le Silhet, elle croît aussi en Birmanie, dans la péninsule de Malacca, Siam, etc.

Son bois est employé pour la fabrication des meubles, cages d'éléphants, lambris, manches d'outils, etc. Celui de l'*U. Thorelii* Pierre (Annamite : *Gio tom*), est un peu jaunâtre avec des stries noirâtres vers le centre et s'emploie de la même façon. Les fleurs de l'*U. simiarum* sont très odorantes et pourraient être utilisées avec avantage dans la parfumerie.

UNONA TRISTIS Pierre.

Petit arbre d'une hauteur de 3–8 mètres sur un diamètre de 5–6 centimètres. Feuilles oblongues, lancéolées, terminées par une pointe assez longue, aiguës ou légèrement obtuses à la base, coriaces, pâles ou presque argentées en dessous, brillantes en dessus.

Originaire de la Cochinchine où il croît dans les terrains argileux, il est assez commun dans la province de Bien-Hoa entre la jonction du Songbé et du Dongnay, plus rare dans les provinces de Tayninh et de Baria.

Le bois, de couleur jaunâtre, assez dur, ne peut guère être utilisé que pour chevilles, claies et autres objets de petites dimensions. Par l'originalité de son feuillage, il se recommande à la culture, mais n'offre qu'un très médiocre intérêt comme essence forestière.

Ce genre renferme encore un grand nombre d'espèces dont les plus importantes sont :

L'*U. corticosa* Pierre (Annamite : *Cây nhoc quich*), espèce assez répandue dans certaines forêts de la Cochinchine. Son bois, blanc et léger, n'offre guère plus de valeur que celui des espèces précédentes, aussi est-il peu employé. L'écorce sert à faire des liens grossiers.

L'*U. debilis* Pierre (Annamite : *Náp* ou *Niáp*), arbre de 6-10 mètres de hauteur, originaire de la Cochinchine. Son bois, blanc ou jaunâtre, quoique assez dur, est peu utilisé.

L'*U. evecta* Pierre. Arbrisseau ou petit arbre de 8–10 mètres, se rencontrant dans la Basse-Cochinchine, le Cambodge, le Laos et le royaume de Siam. Le bois de cette espèce est blanc jaunâtre et très flexible ; son emploi est restreint à cause du peu de développement du tronc. Les feuilles, comme celles de beaucoup d'Anonacées, sont usitées en infusions théiformes, après avoir été légèrement torréfiées, pour combattre la fièvre.

L'*U. Hancei* Pierre. Petit arbre de 8–10 mètres de haut, indigène de la Cochinchine, qui fournit un bois blanc jaunâtre assez dur, mais dont les petites dimensions le rendent d'un usage restreint. Il se recommande à l'horticulture par l'élégance de son port et de son feuillage.

L'*U. luensis* Pierre. Très petite espèce de la Cochinchine, intéressante au point de vue décoratif. Son bois est flexible et assez résistant; les indigènes s'en servent quelquefois pour fabriquer leurs arcs. Les feuilles sont jaunâtres et très odorantes.

Enfin, l'*Unona sylvatica* Dun. (*Melodorum arboreum* Lour., *Uvaria Melodorum* Rauesch.). Grand arbre à rameaux ascendants et à feuilles ovales-oblongues, aiguës, entières, tomenteuses en dessous, originaire de la Cochinchine où il porte le nom de *Cay-nhaoc;* son bois est bon pour la construction.

UVARIA PARVIFLORA Rich.

Casamance : *Diar*. Sénégal : *N'diar*. Sérères : *Baliboup*.

Petit arbre à feuilles alternes, simples, ovales, oblongues, coriaces et glabres, commun dans la Casamance et le pays des Sérères.

Son bois, de couleur jaune, dur, élastique, à grain serré et très fin, est bon pour l'ébénisterie, malheureusement il est de petites dimensions. Sa flexibilité et sa résistance le rendent excellent pour la confection des avirons et des mâts d'embarcations.

Ses baies, désignées sous le nom de *Poivre de Sedhiou*, sont utilisées comme épices; elles sont aromatiques et stomachiques.

L'*U. grandiflora* Roxb. (*U. purpurea* Bl.) est un arbre de taille moyenne, des contrées occidentales de Java où il porte le nom de *Kadjand*. Son bois, d'un brun pâle, compact et d'un travail facile, est employé dans les constructions et pour la charpente.

Sous le nom d'*Uvaria longifolia* vel *odorata* L., le catalogue du premier envoi des établissements français dans l'Inde à l'exposition permanente des colonies mentionne un grand et bel arbre que les colons de Pondichéry nomment

Arbre de la liberté, à cause de son port majestueux et de la rectitude de son tronc.

Il croît à l'état sauvage dans l'intérieur de l'Inde et il est cultivé comme arbre d'ornement.

Suivant M. Perrottet, son bois peut être débité en planches d'une grande longueur, sa dureté, son grain fin et serré le rend propre à nombre de travaux.

Citons enfin l'*U. neglecta* A. Rich., petit arbre élégant, à feuilles alternes, subsessiles, variées de forme, mais le plus souvent obovales, longuement acuminées, coriaces et glabres, qui, de même que l'*Oxandra virgata*, porte à Cuba le nom vulgaire de « Yaya ». Les usages de son bois sont du reste exactement les mêmes que ceux de cette dernière espèce.

Son écorce est employée, sous forme de décoction, contre le tétanos.

Son fruit est mangé par les animaux de basse-cour et plaît surtout aux Pigeons.

XYLOPIA ÆTHIOPICA A. Rich. Poivrier d'Éthiopie.

Habzelia Æthiopica A. DC.
Unona Æthiopica Dun.
Uvaria Æthiopica G. et Perr.
Xylopia undulata P. de Beauv.

Gabon : *Ogana*. Sénégal : *N'ghiarr*. Ile San Thomé : *Çabela*.

Grand arbre rameux, d'un port élégant, dont le tronc laisse exsuder une grande quantité de résine à odeur d'encens et de benjoin. Feuilles alternes, entières, ovales, lancéolées aiguës, épaisses, glabres et presque glauques.

Originaire des régions les plus chaudes de la côte occidentale d'Afrique, cette espèce se rencontre dans les forêts du Gabon, du Congo, du Sénégal, de Sierra-Leone, à San Thomé, ainsi que dans les terrains humides de la Haute-Casamance.

Son bois, d'une grande flexibilité, convient à toutes sortes d'usages; les Portugais en font de grandes exportations à Bissao et à Cachéo ; il est très employé dans les établissements français de la Sénégambie pour la confection des mâts d'embarcations et des avirons.

Le fruit, appelé *Poivre d'Ethiopie*, *Poivre de singe*, se compose d'une petite gousse noirâtre, longue de 2-3 centimètres, renfermant cinq ou six petites graines ovoïdes allongées, luisantes et rougeâtres. Ce produit se trouve rarement dans le commerce, mais les nègres en font une grande consommation comme condiment stimulant et s'en servent en guise de poivre pour assaisonner leurs aliments. Les graines sont quelquefois usitées dans les affections diarrhéiques.

Le bois des racines peut être employé aux mêmes usages que le liège.

XYLOPIA FRUTESCENS Aubl. Arbre aux Épices. Poivre indien.

Xylopia muricata Arrab.
— *setosa* Poir.

Brésil : *Pindaiba branca.* Caraïbes : *Alasa Pegrecou.*
Guyane : *Conguérécou. Jérérécou.*

Arbrisseau ou petit arbre de 5-7 mètres de hauteur, à feuilles alternes, oblongues-lancéolées, linéaires, aiguës au sommet.

D'origine américaine, on le rencontre surtout à la Guyane et dans les provinces septentrionales du Brésil.

Son bois, d'une couleur un peu brunâtre, d'une densité de 0,625, peut être utilisé dans quelques constructions légères.

L'écorce et les semences sont aromatiques et d'une saveur piquante ; on les emploie comme épices en leur attribuant des propriétés stomachiques et digestives. Au Brésil, les graines passent pour guérir les morsures de serpent.

Le liber peut servir à la confection de cordages et de tissus grossiers.

Le *X. frutescens* est considéré comme un stimulant de la vessie ; des expériences ont constaté son efficacité dans le traitement des affections catarrhales des membranes muqueuses et particulièrement de celles des voies urinaires. Ses préparations pharmaceutiques sont désignées sous les noms d'alcoolé, perles et pilules d'*Ethérolé de Conguérécou.* Sa décoction légère est prescrite contre la leucorrhée et les coliques d'estomac.

Les *X. frutescens* et *emarginata* se bouturent avec la plus grande facilité et sont, pour cette raison, très propres à l'établissement de haies vives.

XYLOPIA PIERREI Hance.

Annamite : *Giền trăng*. Kmer : *Dóm chhœu crai sâr*.

Très bel arbre d'ornement dont la tige peut atteindre jusqu'à 25–30 mètres de hauteur. Feuilles caduques, oblongues, lancéolées, très obtuses au sommet, aiguës à la base, coriaces ou submembraneuses, brillantes et glabres en dessus, pubescentes en dessous.

Indigène de la Cochinchine, cette espèce se trouve communément dans les régions montagneuses des provinces de Bien-Hoa et de Chaudoc ainsi qu'à l'île de Phu-Quôc.

Son bois est jaunâtre, dur, léger et composé de fibres longues et flexibles. Les Cambodgiens disent qu'il ne dure pas plus de deux ans quand il est exposé aux intempéries ; aussi, rapporte M. Pierre, n'est-il employé ordinairement que dans les œuvres intérieures des constructions et pour des utilités spéciales comme balanciers, brancards de voitures, arcs, manches d'outils, etc.

L'écorce, grisâtre en dehors, rouge en dedans, est très astringente ; on la substitue quelquefois à la noix d'arec dans la préparation du bétel.

XYLOPIA VIELANA Pierre.

Annamite : *Gi n do*. Kmer : *Dom chhœu crai crohom*.

Arbre de 20–25 mètres d'élévation, d'un port très gracieux, dont le tronc est revêtu d'une écorce rougeâtre. Feuilles persistantes, ovales-oblongues, acuminées, le plus souvent obtuse au sommet, arrondies ou subcordées et légèrement obliques, à la base submembraneuses.

Commun dans toute la Basse-Cochinchine, le Cambodge, Siam, les îles de Phu-Quôc et de Poulo-Condor, le *X. Vielana* est souvent réduit à l'état de buissons dans les clairières.

Son bois, de couleur jaunâtre, assez dur et très flexible, s'emploie dans les travaux intérieurs des constructions et semble posséder les mêmes qualités que celui de l'espèce précédente.

Le *Xylopia Africana* Oliv. (*Inhé branco* à San Thomé) donne un bois de très bonne qualité. Suivant les différentes îles où on le rencontre, il porte le nom de *Uhé branco*, *Unnué bolina*, etc.

Nous mentionnerons encore comme appartenant aux Anonacées :

L'**Asimina triloba** Dun. (*Anona triloba* L.) Asiminier, petit arbre du sud des États-Unis qui, suivant Buchoz, donne un bois souple, ployant et fort dur, mais de petite dimension. — Son fruit est comestible, mais peu estimé. Cependant, dans son *Manuel de l'Acclimateur* M. Naudin exprime le regret que les horticulteurs et les pépiniéristes n'aient pas donné à l'Asimier toute l'attention qu'il paraît mériter. Les fruits, les *Asimines*, dit-il, ont la forme d'une petite banane, tout en étant proportionnellement plus courts et plus épais ; ils en rappellent aussi la saveur et ils y ajoutent un parfum des plus agréables. L'Asimine pourrait devenir un fruit de premier ordre si elle était perfectionnée par la culture et la sélection. Son seul défaut est de contenir trop de pépins qui sont d'ailleurs fort gros et diminuent d'autant la quantité de la chair. Il serait à désirer qu'on en obtînt des races ou variétés sans pépins, comme on l'a fait pour beaucoup d'autres fruits.

L'**Enantia chlorantha** Oliv. Arbre de l'Afrique tropicale, à feuilles alternes, membraneuses, dont le bois n'est pas employé, quoique possédant les qualités d'un bon bois de menuiserie.

Les **Rollinia multiflora** et **longifolia** St-Hil. connus sous l'appellation de « Lance wood » (Bois de lance). Ce sont des arbres, originaires du Brésil et de la Guyane, qui fournissent un bois souple et élastique, utilisé pour brancards ou autres pièces de carrosserie ainsi que pour quelques menus travaux de menuiserie.

(*A suivre.*)

DE LA CROISSANCE

APPLICATION DE SON ÉTUDE A L'ÉLEVAGE ET A L'AMÉLIORATION DES ANIMAUX

Conférence faite à la Société nationale d'Acclimatation le 13 février 1891,

PAR M. LE Dr SAINT-YVES MÉNARD.

Mesdames, Messieurs,

Quand un auditoire très distingué veut bien répondre à l'appel de la Société d'Acclimatation, il peut avoir deux exigences bien légitimes, celle de prendre ici quelques notions instructives et celle d'y trouver aussi un peu d'agrément.

Réciproquement, celui qui a l'honneur de parler au nom de la Société a deux devoirs à remplir. Je ne me dissimule pas le double devoir qui m'incombe ce soir ; mais, franchement, je suis obligé de me récuser pour la seconde partie. J'ai eu beau creuser mon sujet, je n'ai pas su y trouver les côtés agréables. Ma conférence sera-t-elle au moins instructive ? Je ne sais, mais c'est à cela que tendront tous mes efforts.

La Société d'Acclimatation cherche à vulgariser toutes les connaissances qui peuvent aider à tirer parti des animaux et des plantes acclimatés ou susceptibles de l'être ; c'est à ce titre que l'étude de la croissance a paru devoir figurer au programme de notre série de conférences.

L'intérêt qui s'attache à cette étude est de toute évidence. Ne voyons-nous pas, en effet, tous ceux qui se livrent à l'élevage des animaux suivre leur développement avec une sollicitude particulière ? depuis le propriétaire d'une écurie de courses fondant les plus grandes espérances sur un poulain de bonne origine qu'il regarde grandir, jusqu'à la fermière qui prodigue des soins maternels à une couvée de petits poulets, jusqu'à l'amateur d'acclimatation qui, dans la saison de l'élevage, passe plusieurs fois par jour devant ses parcs et ses volières.

Je veux précisément accentuer, s'il est possible, cet intérêt que nous inspirent les jeunes animaux et chercher à vous montrer à quel point leur croissance aura de l'influence sur leur état futur et sur les services qu'ils pourront nous rendre.

Pour cela nous analyserons ce phénomène physiologique de la croissance, nous nous rendrons compte, par exemple, de son activité et de sa durée, nous rechercherons les causes qui peuvent modifier et cette activité et cette durée de la croissance. Et si, parmi ces causes, il en est qui se trouvent sous notre dépendance, peut-être arriverons-nous à les faire agir pour transformer les animaux, pour les rendre mieux appropriés à nos besoins, pour les améliorer, en un mot.

Suivant le titre de la conférence, je ne devrais vous parler que des animaux, me sera-t-il permis, sans offenser notre espèce, de dire, à l'occasion, un mot de la croissance de l'homme ?

Si nous suivons un animal depuis sa naissance, nous le voyons grandir graduellement pendant plusieurs mois et pendant plusieurs années pour la généralité des espèces ; puis à un moment donné il cesse de grandir, il est parvenu au terme de sa croissance ; on dit qu'il est arrivé à *l'âge adulte*. Tel est au moins le cas des animaux supérieurs. J'ai lu, j'ai écrit même, sous forme dubitative, que les poissons, les reptiles, les batraciens, auraient au contraire le privilège de se développer indéfiniment. J'avoue que je n'en sais rien. Des collègues plus compétents vous édifieront sur ce point. La seule réflexion que je fasse, c'est que la Grenouille du fabuliste n'aurait pas eu, dans ce cas, une prétention si exagérée ! alors même que l'on ne connaissait pas la Grenouille importée d'Amérique sous le nom de Grenouille-Bœuf. Mais nous n'avons en vue que les animaux supérieurs. Pour eux, la croissance a certainement une durée limitée, et vous verrez que cette durée de la croissance est chose importante à considérer.

Mais si notre animal grandit dans le sens vertical, c'est-à-dire si sa *taille* s'élève, en même temps il se développe en largeur, et il y a souvent opposition entre l'augmentation de la taille et le développement en largeur.

Quoi qu'il en soit, la hauteur verticale ou la taille est la dimension qui permet le mieux de suivre la croissance, c'est elle seule qu'on mesure habituellement pour en apprécier l'activité.

La science n'est pas très riche en observations de cette nature sur les animaux. Sans faire fi de celles qui sont présentées par les auteurs, je vais m'appuyer surtout sur des recherches faites au Jardin d'Acclimatation de 1874 à 1884, sous la direction de notre Président. Elles s'appliquent à des animaux de taille très élevée, à des Girafes et à un Éléphant ; par suite elles donnent des indications plus nettes et plus tranchées. C'est le cas de dire qu'elles donnent des indications sur une grande échelle.

Ire OBSERVATION

sur la croissance de cinq Girafes importées le 20 juillet 1874.

Ces Girafes, capturées dans leur pays d'origine, en Abyssinie, vers l'âge de six à huit mois, ont voyagé assez longtemps en caravane pour aller s'embarquer sur la mer Rouge, à Souakim.

RIGOLO.

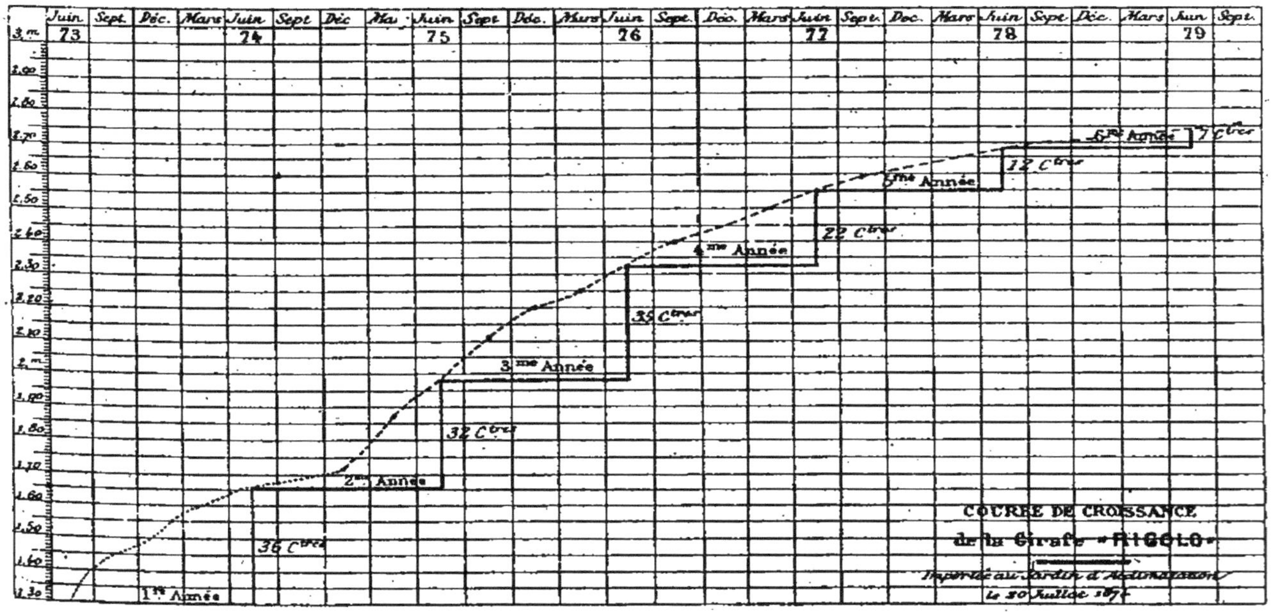

COURBE DE CROISSANCE de la Girafe « RIGOLO » importée au Jardin d'Acclimatation le 20 Juillet 1874

Après quelques semaines de traversée, elles ont été en chemin de fer de Marseille à Hambourg, leur première destination, et de là à Paris où elles sont arrivées vers l'âge de 14 mois. Leur première année s'est donc achevée et leur seconde s'est commencée pendant un voyage pénible et pendant une première période de captivité. Après avoir été sevrées brusquement et prématurément, elles n'ont pas eu une bonne alimen-

LAMARK.

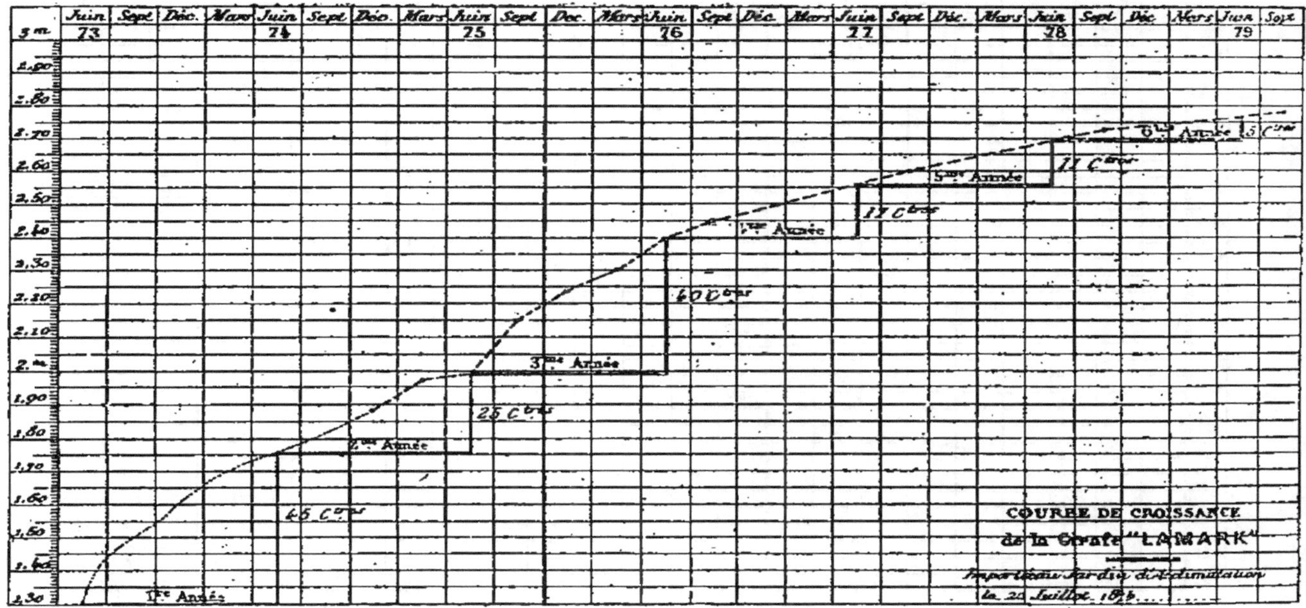

tation, ou du moins elles n'ont guère pu en profiter. Dès leur arrivée, au contraire, elle sont trouvé une installation confor-

ROSALIE.

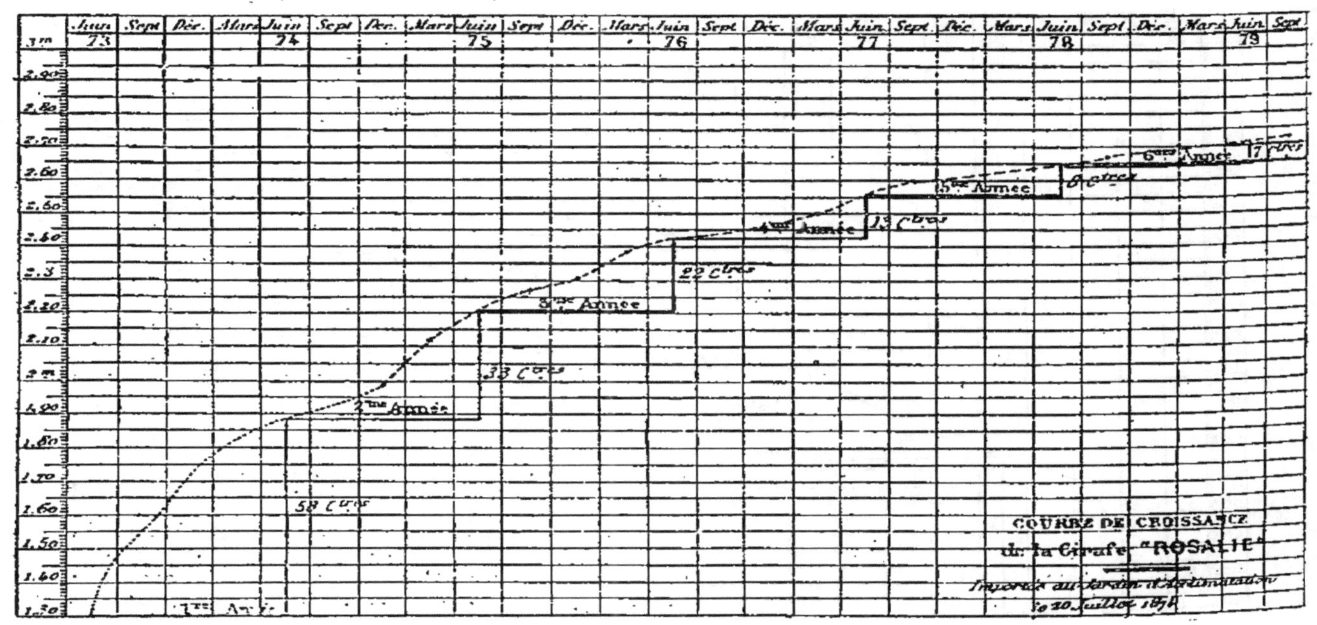

table et elles ont été soumises à un très bon régime, grâce auquel elles se sont rapidement développées.

Il y avait deux mâles, qui ont reçu les noms de Rigolo et

MARGUERITE.

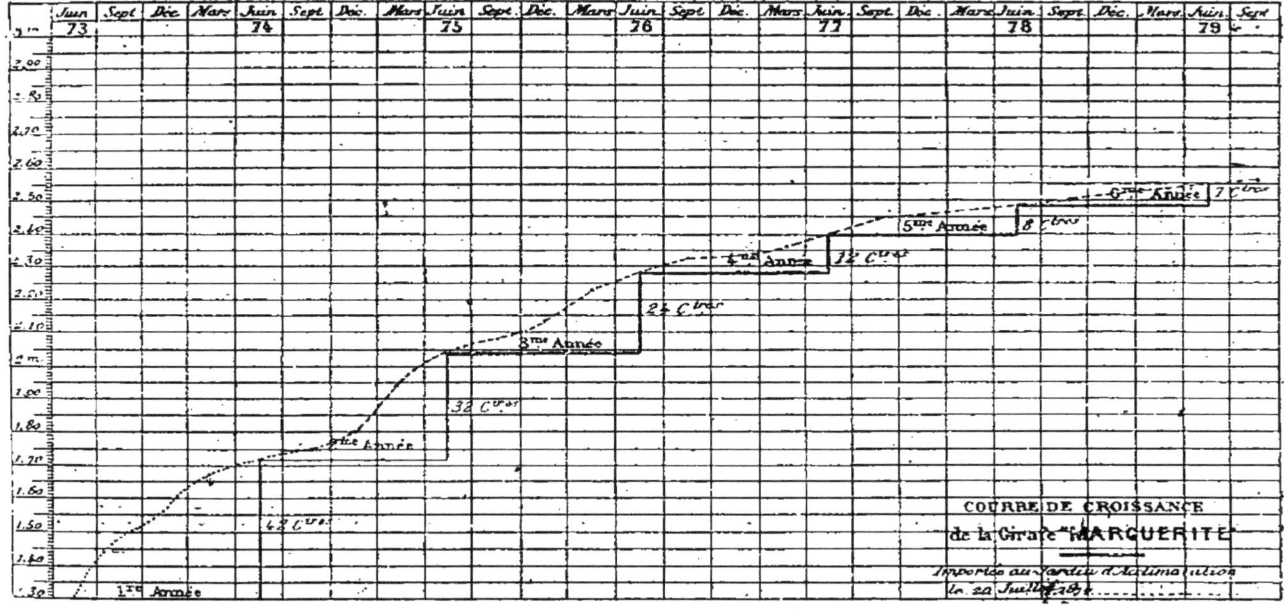

de Lamark, puis trois femelles, Rosalie, Marguerite, Joséphine.

JOSÉPHINE.

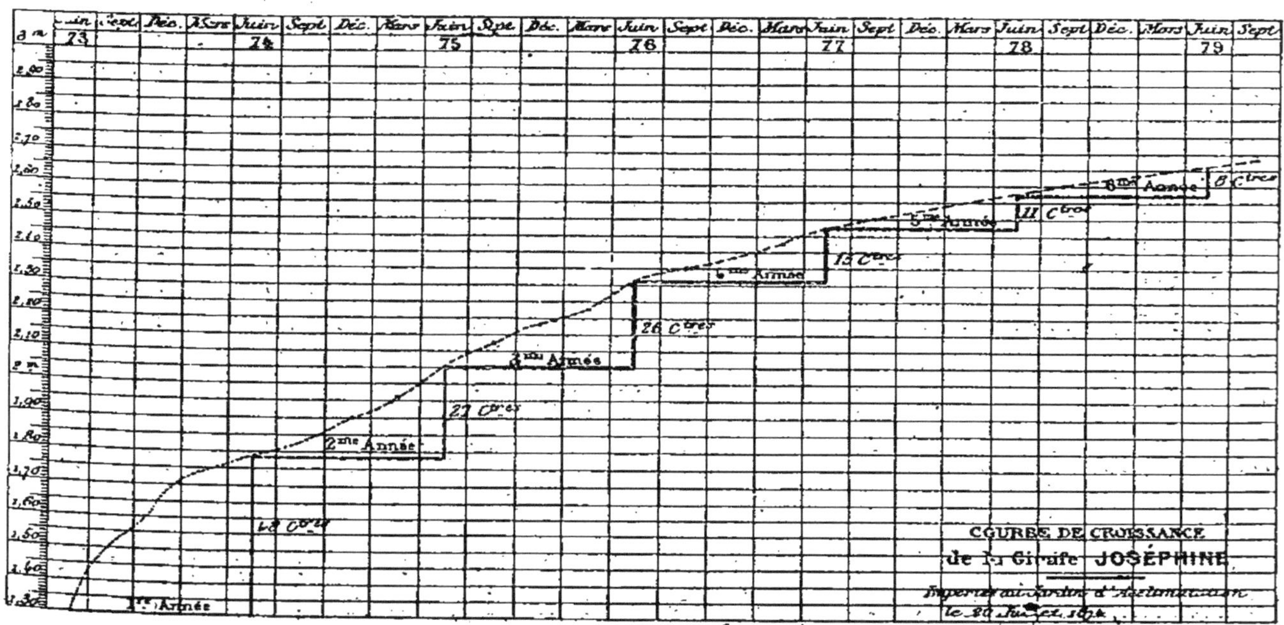

Nous avons commencé à prendre leurs tailles au bout de 5 mois, en décembre 1874. Nous les avons mesurées au garrot, très exactement, à l'aide d'une potence, d'abord tous les trois mois, puis de six mois en six mois, et d'année en année.

Rosalie est morte en 1879 d'une congestion pulmonaire, Lamark en 1880 d'une congestion intestinale, et Rigolo en 1881 d'un écartèlement, sans avoir été jamais malades dans le cours de leur existence. L'observation s'est continuée sur Marguerite et Joséphine.

Une circonstance intéressante à signaler, c'est que Rosalie s'est trouvée dans un état intéressant de janvier 1877 à mai 1878 et qu'elle a allaité son petit jusqu'à la fin de 1878.

Ajoutons que la nourriture a été, en toutes saisons, composée d'aliments secs, regain de luzerne et maïs concassé (à peu près à discrétion) et que l'eau a toujours été donnée à la température de 30° environ.

Dates des mensurations.		Rigolo.	Lamark.	Rosalie.	Marguerite.	Joséphine.
		Mètres.	Mètres.	Mètres.	Mètres.	Mètres.
1874	4 décembre...	1.73	1.88	1.99	1.80	1.91
1875	1er mars......	1.87	1.97	2.12	1.94	1.96
—	1er juin.......	1.98	1.99	2.21	2.04	2.05
—	1er septembre..	2.11	2.15	2.26	2.08	2.13
—	1er décembre..	2.20	2.24	2.31	2.13	2.18
1876	1er mars......	2.25	2.30	2.39	2.23	2.23
—	1er juin.......	2.33	2.40	2.43	2.28	2.31
—	1er septembre .	2.40	2.44	2.46	2.32	2.35
1877	1er mars......	2.50	2.50	2.50	2.36	2.43
—	1er septembre .	2.59	2.60	2.60	2.44	2.50
1878	1er septembre..	2.70	2.72	2.65	2.50	2.60
1879	1er septembre..	2.76	2.78	2.72	2.56	2.67
1880	1er octobre....	2.86	2.86	»	2.65	2.78
1881	1er octobre....	»	»	»	2.70	2.85
1885	1er janvier....	»	»	»	2.70	2.85

IIe OBSERVATION

sur la croissance de deux Girafes nées au Jardin d'Acclimatation.

Si les Girafes importées n'ont pu être mesurées pour la première fois qu'à l'âge de vingt mois, nous avons eu la bonne fortune de compléter l'observation sur des sujets que nous avons vus naître, Clotilde le 10 mars 1878, Médard le 8 juin 1882.

Ces deux Girafeaux, contrairement à leurs aînés, ont passé les premières années dans les meilleures conditions hygiéniques, allaités par leurs mères qui étaient bien nourries, sevrés graduellement et habitués peu à peu au régime alimentaire qui a paru le plus convenable. Nous aurons à revenir

MÉDARD ET CLOTILDE.

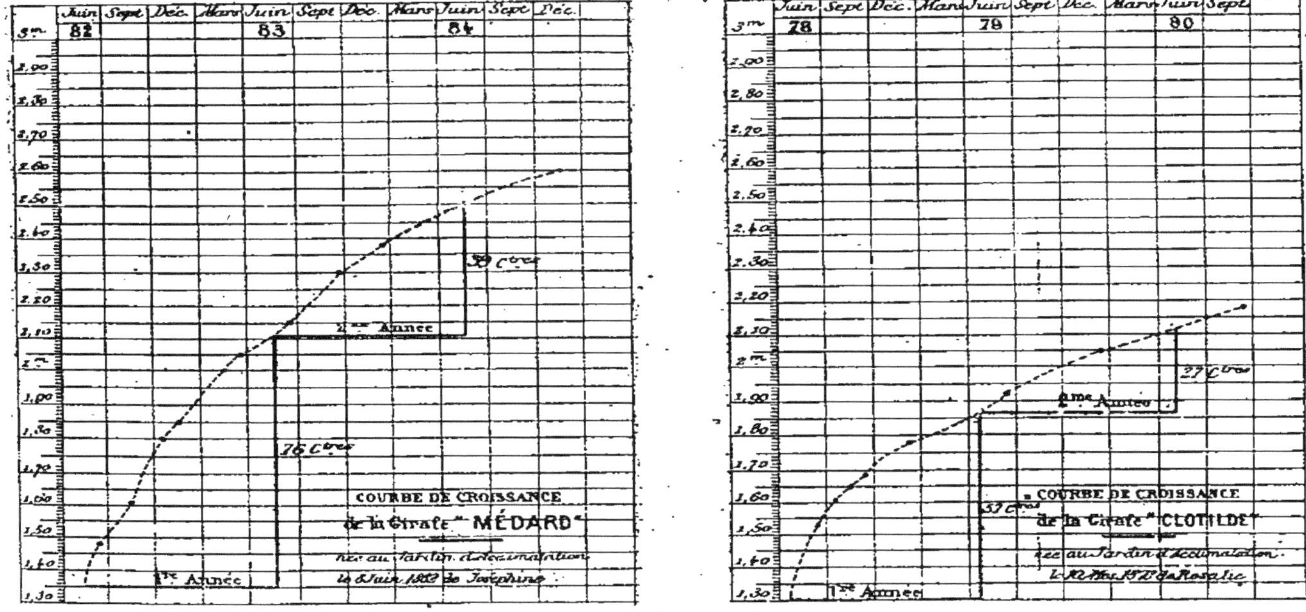

sur les conséquences de cette différence ; mais dès maintenant nous pouvons constater que leurs tailles à vingt mois dépassaient la moyenne des autres de 14 centimètres pour Clotilde, de 50 centimètres pour Médard.

Clotilde a été expédiée en Amérique le 29 décembre 1881 ; l'observation s'est continuée sur Médard.

Clotilde, fille de Rosalie,
née le 10 mai 1878.

DATES.		TAILLE.
		Mètres.
1878.	10 mai.......	1.30
—	1er juin......	1.45
—	1er juillet.....	1.53
—	1er août.....	1.61
—	1er septembre.	1.65
—	1er octobre...	1.69
	»	»
	»	»
1879.	Janvier.......	1.78
—	Avril.........	1.84
—	1er juillet....	1.93
	»	»
1880.	1er janvier....	2.05
	»	»
—	1er octobre....	2.18

Médard, fils de Joséphine,
né le 8 juin 1882.

TAILLE.	DATES.	
Mètres.		
1.35	8 juin.	1882.
1.48	1er juillet.	—
1.55	1er août.	—
1.62	1er septembre.	—
1.73	1er octobre.	—
1.80	1er novembre.	—
1.85	1er décembre.	—
1.92	1er janvier.	1883.
»	»	»
2.05	1er avril.	—
2.15	1er juillet.	—
2.30	1er octobre.	—
2.38	1er janvier.	1884.
2.60	1er juillet.	—
3.30	12 février.	1891.

IIIe OBSERVATION

sur la croissance d'un Éléphant de l'Inde (Toby) importé au Jardin d'Acclimatation.

TOBY.

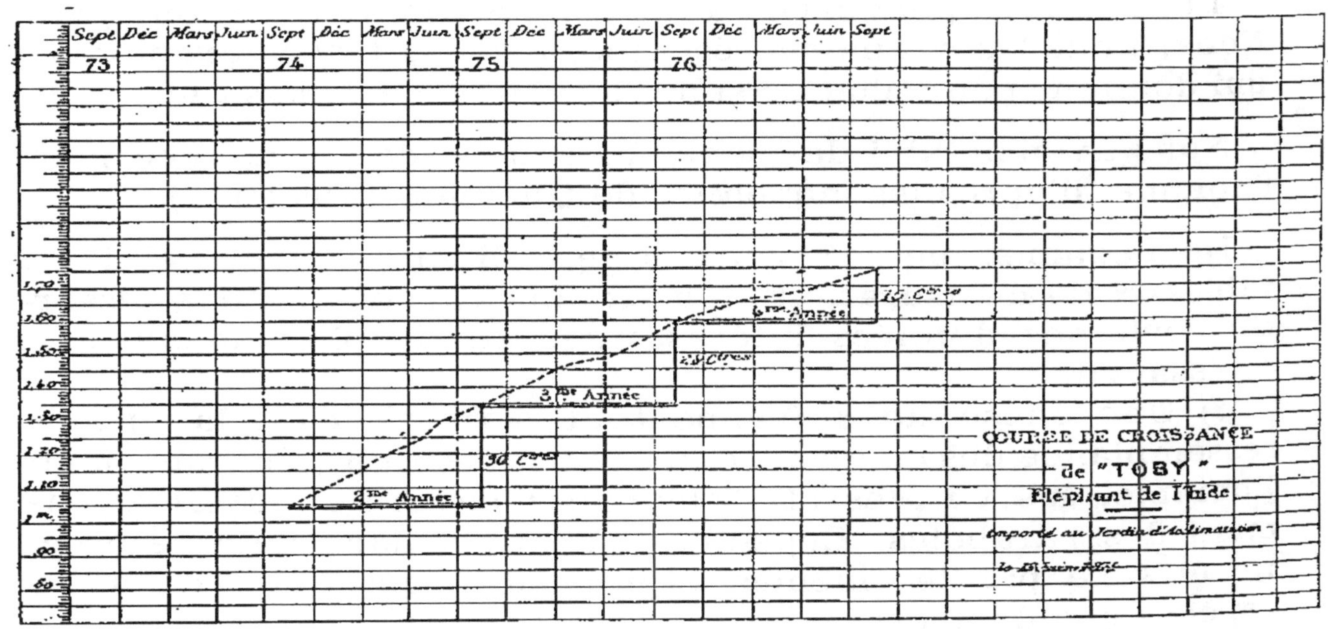

Cet animal, arrivé le 19 juin 1874, paraissait avoir huit mois tout au plus.

Nous l'avons mesuré à la potence tous les deux mois jusqu'au 1er mars 1877 et une dernière fois le 1er septembre 1877, peu de temps avant son départ pour Londres.

DATES.		TAILLE.	ACCROISSEMENT.
		Mètres.	Centimètres.
1874. —	1er septembre	1.04	»
—	1er novembre	1.11	7 en 2 mois.
1875. —	1er janvier	1.14	3 —
—	1er mars	1.20	6 —
—	1er mai	1.24	4 —
—	1er juillet	1.29	5 —
—	1er septembre	1.35	6 —
—	1er novembre	1.39	4 —
1876. —	1er janvier	1.44	5 —
—	1er mars	1.48	4 —
—	1er mai	1.51	3 —
—	1er juillet	1.54	3 —
—	1er septembre	1.59	5 —
—	1er novembre	1.62	3 —
1877. —	1er janvier	1.65	3 —
—	1er mars	1.66	1 —
—	1er septembre	1.74	8 en 6 mois.

Pour rendre plus saisissants les résultats de nos observations, nous les avons représentées par des tracés graphiques qui donnent pour chaque sujet la *courbe de croissance*.

Nous avons établi de même la courbe de croissance pour l'homme, d'après les moyennes de Quételet (tableau II).

De l'examen de ces courbes de croissance et de celui des tableaux de mensuration, nous sommes arrivés à faire ressortir certaines données intéressantes sur le phénomène de la croissance.

a) Une chose nous frappe tout d'abord, c'est la grande ressemblance des courbes, dans leur direction générale, chez l'homme, les Girafes et l'Éléphant ; ce sont approximativement des paraboles. Cependant la taille, dans notre espèce, ne mesure pas les mêmes régions du corps que dans les espèces quadrupèdes.

b) Nos tracés montrent que la croissance, très active dans les premières années, se ralentit de plus en plus dans les années suivantes.

Pour les Girafes, les moyens d'accroissement annuel sont :

1re année.	2e année.	3e année.	4e année.	5e année.	6e année.	7e année.	8e année.
65c	35c	29c	16c	11c	8c	9c	5c

Pour l'Éléphant, l'accroissement annuel est de :

1re année.	2e année (du 1er janv. 1875).	3e année.	4e année.
»	30c	21c	11c environ.

Pour l'homme :

1re année.	2e année.	3e année.
20c	9c	7c

L'HOMME.

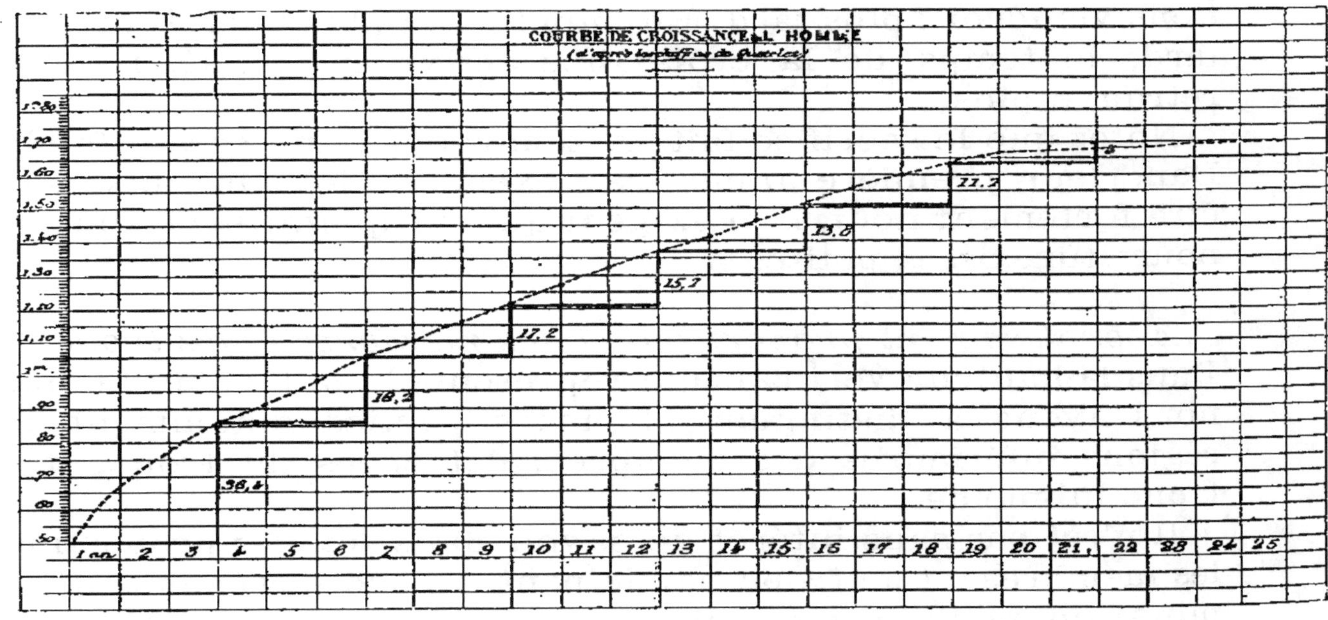

La comparaison de ces chiffres fait ressortir une donnée assez positive : pour les trois espèces observées, l'accroissement de la première année est à peu près double de celui de la seconde et triple de celui de la troisième. Dans les années suivantes, *la diminution se continue graduellement*, mais d'une manière moins sensible et moins régulière.

On ne connaît pas généralement d'une manière précise

cette marche de la croissance des animaux ; on ne sait pas à quel point elle est active dans les premiers temps de l'existence : dans la 1re année deux fois plus que dans la seconde, trois fois plus que dans la 3e année !!

Nous pouvons en tirer immédiatement une conséquence pratique de la plus grande importance : Les moyens qui tendent à favoriser le développement des animaux et que nous rechercherons tout à l'heure doivent être appliqués dès le plus jeune âge, quand ce développement se produit au maximum ; ils ne le seront jamais trop tôt, pour donner leur summum d'effet.

Est-ce ainsi que les choses se passent d'ordinaire ? hélas ! non. La nourriture par exemple, qui peut influer sur le développement des animaux, est bien souvent donnée avec parcimonie aux jeunes bêtes. Elles ne rendent encore aucun service, dit-on, elles ne produisent ni travail, ni lait, ni viande, inutile de faire un sacrifice aussi tôt, les fortes rations viendront plus tard. Eh bien ! non ; plus tard, il est trop tard, le temps de la croissance active est passé, il ne se retrouve plus.

Notez que le sacrifice fait en temps opportun serait faible. Dans leur première année par exemple, les animaux pour être fortement nourris n'exigent qu'une quantité absolue de nourriture assez petite.

Accroissement proportionnel des membres et du tronc. — Dans la hauteur verticale qui représente la taille d'un animal, nous avons à distinguer plusieurs parties, notamment les régions inférieures des membres, détachées du tronc, et le tronc lui-même.

Il n'est pas sans intérêt de savoir dans quelles proportions les membres et le tronc participent à l'accroissement. Examinez un poulain à sa naissance, il est tout en jambes pour ainsi dire ; jusqu'à l'âge de 2 ans, les membres s'allongent un peu, plus tard ils ne s'allongent presque plus ; au contraire le tronc se développe, sa hauteur verticale s'augmente proportionnellement beaucoup plus.

Les éleveurs de Chevaux mettent cette donnée à profit sans s'en rendre bien compte pour suivre la croissance des poulains. Ils tendent une ficelle du coude au boulet et la reportent en haut, du coude au garrot. Dans le jeune âge, la ficelle dépasse le garrot, à l'âge adulte elle y arrive tout juste. Tant que la ficelle dépasse, l'animal doit donc encore grandir.

Cette disproportion dans l'accroissement des membres et du tronc nous permettra tout à l'heure d'expliquer une modification de la conformation dans les races améliorées.

Si les membres sont très développés à la naissance chez les quadrupèdes où ils entrent immédiatement en fonction, il en est tout autrement pour l'homme chez qui ils restent assez longtemps inactifs. Tandis que la taille est un peu plus que triplée, la cuisse devient cinq fois plus longue qu'elle n'était à la naissance. Le bras, qui sert plus tôt, était déjà assez développé ; il ne devient que trois fois et demi plus long.

Influences.

L'activité de la croissance est soumise d'ailleurs à un certain nombre d'influences qu'il est utile de connaître.

Hérédité. — En première ligne se place l'influence héréditaire. La taille et le développement général du corps sont des caractères que les parents transmettent aux enfants.

Dans une espèce sauvage, qui est généralement homogène, les animaux arrivent presque tous à la même taille ou à peu près. Dans une espèce domestique, d'une race à l'autre, on rencontre précisément, entre autres caractères distinctifs, des tailles bien différentes (races bovines bretonne et normande) ; mais, dans chaque race, la taille varie assez peu, le père et la mère transmettant leur taille commune.

Dans l'espèce humaine, on raconte que Frédéric-Guillaume Ier, qui avait formé un régiment de géants, ne tolérait le mariage de ses gardes qu'avec des femmes de leur taille pour assurer le recrutement du régiment.

Qu'arrive-t-il maintenant, si l'un des parents est grand et l'autre petit ? si l'on croise, par exemple, une grande race et une petite race. Le produit est généralement intermédiaire, mais il se rapproche davantage de la taille de la mère. Nous l'avons constaté au Jardin d'Acclimatation, après avoir uni par le mariage, à deux reprises différentes, un Cheval Siamois « Robinson » de très petite taille ($1^{m},18$) avec une jument Landaise « Grisette » de $1^{m},38$. Les enfants, Julie et Fantine, ont eu la taille de $1^{m},32$, bien plus voisine de celle de la mère.

Cela donne raison au point de vue de l'amélioration physique de notre espèce, aux petits hommes qui prennent généralement de grandes femmes.

Sexe. — Vient ensuite l'influence du sexe. Du sexe d'un individu dépendent et sa taille à la naissance et sa taille définitive à l'âge adulte. Ainsi, Médard avait, à la naissance, 5 centimètres de plus que Clotilde. Puis Rigolo et Lamark, à l'âge de six ans, mesuraient en moyenne 2ᵐ,76, tandis que Rosalie, Marguerite et Joséphine n'avaient que 2ᵐ,64. Différence : 12 centimètres.

Remarquez que cette différence en faveur des mâles ne s'accuse qu'à l'âge de la puberté, entre 3 et 4 ans. En effet, à 2 ans, les mâles avaient la taille moyenne de 1ᵐ,99 et les femelles celle de 2ᵐ,10, ils étaient plus petits ; il faut arriver à l'âge de 4 ans pour que les premiers l'emportent sur les seconds, de 9 centimètres.

L'observation des Girafes a permis de mesurer en quelque sorte l'influence des sexes, mais cette influence était connue de tout temps d'une manière vague pour les animaux domestiques. On savait par exemple que le Taureau prend un plus grand développement que la Vache.

Si le Taureau devient plus grand que la Vache, il est un être (j'allais dire d'un 3ᵉ sexe) qui grandit plus que le Taureau, c'est le Bœuf. A l'époque où l'on recherchait pour les cérémonies du carnaval des colosses de l'espèce, on voyait de temps en temps des Bœufs normands de 2 mètres à 2ᵐ,20, tandis qu'on ne voit pas de Taureau de cette taille.

Gestation et allaitement. — Je vous ai dit que l'une des Girafes en observation, Rosalie, s'est trouvée dans un état intéressant bien avant l'achèvement de sa croissance, vers l'âge de 3 ans 1/2. C'était une occasion de trancher une question discutée depuis longtemps, à savoir si la gestation et l'allaitement ralentissent la croissance ou la laissent s'accomplir normalement.

Rosalie a porté de janvier 1877 au 10 mai 1878 et elle a nourri jusqu'au mois de décembre suivant. Or, pendant les deux années 1877 et 1878, elle a grandi de 19 centimètres.

Marguerite et Rosalie qui n'ont pas été dans le même cas, ont grandi l'une de 18 centimètres, l'autre de 21 centimètres, ce qui n'est pas davantage en moyenne. Il est vrai de dire que nos Girafes recevaient la nourriture à peu près à discrétion.

La conclusion, c'est que la gestation n'a pas d'influence sur la croissance pourvu que les mères soient bien nourries.

Cette notion a une conséquence pratique qu'on ne saurait trop faire connaître dans les pays d'élevage. En Normandie, par exemple, on hésite à demander un premier produit aux jeunes Juments et aux jeunes Vaches de deux ans, précisément parce que l'on craint d'entraver leur développement régulier. La science nous apprend que c'est là une erreur qui se traduit chaque année par une perte pour les éleveurs. Moyennant un petit supplément de nourriture, ils obtiendraient un Poulain de plus de chaque Jument.

Influence des saisons. — De tout temps, les éleveurs ont constaté que la croissance des animaux subit un ralentissement très marqué pendant l'hiver et se trouve suractivée pendant l'été. On a attribué ce fait à une différence de régime qu'entraîne la différence des saisons. Pendant l'hiver, en effet, la végétation presque supprimée ne fournit pas d'aliments, et comme les réserves de fourrages sont généralement insuffisantes, les animaux passent par des alternatives d'abondance et de disette.

Eh bien, notre observation des Girafes démontre que la différence des saisons ne se réduit pas à une question de nourriture ; nos animaux recevaient les mêmes aliments à discrétion en tout temps, cependant leur croissance subissait un ralentissement marqué pendant les saisons froides. Et ce ralentissement constaté, mesuré, présente d'autant plus d'importance dans le cas particulier que l'action du froid était partiellement combattue par une distribution de chaleur artificielle.

Les chiffres ont leur éloquence. Pour la renforcer encore, nous avons additionné les accroissements pendant 4 trimestres chauds et pendant 4 trimestres froids.

Pendant 4 trimestres chauds, Joséphine a grandi de..	29 c.
— — froids, — — de..	20
Différence..............	9 c.

Pendant 4 trimestres chauds, Lamark a grandi de....		32 c.
— — froids, — — de....		27
Différence...............		5 c.

Pendant 4 trimestres chauds, Rigolo a grandi de.....		39 c.
— — froids, — — de.....		33 c.
Différence..............		6 c.

L'influence des saisons se trouve marquée sur les courbes de croissance par les ondulations qui viennent interrompre la régularité des paraboles.

Si la régularité du régime alimentaire, si le chauffage de l'habitation sont impuissants à combattre complètement le ralentissement de la croissance en hiver, il ne s'ensuit pas que nous devions négliger ces moyens, bien au contraire. Dans les campagnes, dans les pays pauvres surtout, nous trouvons les jeunes animaux en bon état pendant l'été, ils s'accroissent ; puis, quand vient l'hiver, ils ne reçoivent à l'étable qu'une ration parcimonieuse, ils maigrissent, ils ne se développent plus. Nous ne saurions trop conseiller d'augmenter les provisions d'hiver et de réduire au besoin le nombre des animaux qui doivent les partager.

Alimentation. Durée de la croissance. — L'influence de l'alimentation sur la croissance est une des plus importantes à étudier, d'abord parce qu'elle est puissante, ensuite parce qu'elle est, plus que toute autre, sous notre dépendance.

Elle agit non seulement sur l'activité de la croissance, mais encore sur sa durée ; elle agit par sa quantité et par sa qualité.

Pour nous rendre bien compte de son action, il nous faut analyser le phénomène de la croissance sous le rapport de sa durée, comme nous l'avons analysé jusqu'ici sous le rapport de l'activité.

Pour cela, nous avons besoin de connaître le mode d'accroissement du squelette qui forme la base du corps.

Si nous considérons à part un des os des membres, un tibia par exemple, chez un animal en état de croissance, nous voyons qu'il est divisé en trois parties : corps ou diaphyse, extrémités ou épiphyses, la diaphyse séparée des épiphyses par une couche de cartilage. Voici deux tibias où cela se voit nettement. Je ne pouvais guère en choisir de plus visibles, ce sont des tibias d'Eléphant ; je les dois à l'obligeance de M. Tramond, naturaliste.

La diaphyse s'allonge aux deux bouts par l'ossification des couches cartilagineuses qui la touchent, puis de nouvelles couches de cartilage se forment et repoussent les épiphyses ; C'est ainsi que l'os grandit. En même temps il s'épaissit par la formation de couches osseuses sous le périoste.

A un moment donné, toute l'épaisseur du cartilage est envahie par du tissu osseux, il ne se forme plus de nouvelles couches de cartilages, les épiphyses sont soudées à la diaphyse, l'os ne grandit plus. Quand les dernières épiphyses sont soudées aux diaphyses, l'animal a achevé sa croissance, il est arrivé à l'âge adulte.

La durée de la croissance, de la naissance à l'âge adulte, est variable d'une espèce à l'autre :

Cheval.......	5 ans	Lapin......	15 mois
Ane..........	5 —	Poule......	15 mois
Bœuf........	5 —	Oie........	15 mois
Mouton......	4 —	Canard....	15 mois
Chèvre......	3 —	Dindon....	15 mois
Chien........	1 an 1/2	Éléphant...	18 à 20 ans
		Girafe.....	8 ans
		Autruche...	3 ans

Tel est l'état de nature.

Précocité. — Supposons maintenant que des animaux à l'état de domesticité reçoivent une alimentation particulièrement propre à développer le tissu osseux, du lait avant tout, puis des fourrages riches en calcaires, comme la Luzerne, le Trèfle ; ensuite des grains, des farines, des tourteaux, riches en acide phosphorique et en sels minéraux. Dans ce cas, la formation des os va se faire plus rapidement, la soudure des épiphyses aura lieu un peu plus tôt que d'habitude, surtout si, par suite de la régularité du régime, les saisons d'hiver ne viennent pas retarder sensiblement la croissance. Des animaux aussi bien soignés arrivent donc à l'âge adulte plus tôt que ceux de leur espèce, c'est ce qu'on appelle des animaux *précoces*.

La précocité ainsi acquise est héréditaire, elle se transmet aux enfants ; puis elle s'augmente chez eux de génération en génération, si bien que, dans certaines familles, dans certaines races domestiques qui ont été l'objet de soins assidus pendant une assez longue suite d'années, la croissance peut durer un

an, deux ans de moins qu'à l'état de nature. C'est ainsi que les Bœufs de Durham sont adultes à trois ans au lieu de cinq ; les Moutons de Dishley, à deux ans au lieu de quatre.

A quoi cela nous avance-t-il, direz-vous ? A quoi cela nous avance ? mais cette précocité est un avantage considérable, au point de vue de la production économique ! Les animaux précoces ont été mieux nourris, plus chèrement nourris c'est

vrai, cependant ils ont coûté moins en deux ans que les autres en quatre ans. Ils ont fait l'économie des rations d'entretien pendant deux ans.

Et puis, la précocité a une conséquence d'un autre ordre, mais non moins importante ; c'est que les animaux maintenus au repos prennent une conformation toute différente et très favorable à la production de viande.

L'ossification se fait si rapidement, les épiphyses se soudent si vite que les os n'ont pas le temps, pour ainsi dire, de s'allonger et de grossir ; au contraire, les parties charnues pro-

fitent de toute l'activité de la nutrition. Or le squelette, chez un animal de boucherie, c'est le déchet, on doit le réduire au minimum. Tandis que les Bœufs ordinaires donnent 50 à

55 0/0 de viande, les Bœufs précoces donnent 60, 65 0/0 de leur poids.

Vous allez comparer sur l'écran des projections un animal

précoce et un animal non précoce dans plusieurs espèces domestiques destinées à la production de viande.

Pour l'animal précoce, tous les détails de sa conformation feront ressortir cette donnée générale : développement minimum du squelette, développement maximum des parties charnues.

Les extrémités des membres, tout entières osseuses, sont minces et courtes, le corps est près de terre ; la tête est fine, les cornes courtes et effilées, l'encolure peu développée. Au contraire, le tronc et les régions supérieures des membres qui s'y attachent sont développés en hauteur et en largeur. Le dos ne présente plus une arête saillante correspondant à la colonne vertébrale ; c'est une table à large surface où dominent les masses charnues fournissant les faux-filets, morceaux de premier choix.

Cette transformation, cette amélioration des animaux est absolument l'œuvre des éleveurs, des Bakewell pour les moutons de Dishley, des Colling pour les bœufs de Durham ; elle s'est fixée par hérédité dans nos races perfectionnées, grâce à une sélection attentive, mais elle est due, croyez-le bien, au régime alimentaire propre à activer la croissance.

Il ne faut pas d'ailleurs un bien long temps pour obtenir de bons résultats dans cette voie d'amélioration. Comparez les Poules cochinchinoises d'il y a vingt-cinq ans et celles d'aujourd'hui. Au lieu de ces oiseaux hauts sur patte que nous avons connus, nous trouvons dans les basses-cours des Poules presque près de terre, larges de corps et bien charnues.

Il en sera de même de bien des animaux que nous prenons à l'état de nature et que nous cherchons à acclimater. Tels quels, ils n'offrent peut-être pas de grands avantages apparents, mais ils sont prêts à nous rendre service, si nous savons les transformer et les approprier à nos besoins. C'est une conviction que je m'estimerais heureux, Mesdames, Messieurs, de vous voir partager avec nous après cette conférence.

II. EXTRAITS DES PROCÈS-VERBAUX DES SÉANCES DE LA SOCIÉTÉ.

SÉANCE GÉNÉRALE DU 29 FÉVRIER 1891.

PRÉSIDENCE DE M. A. GEOFFROY SAINT-HILAIRE, PRÉSIDENT.

Le procès-verbal de la séance précédente est lu et adopté.

— M. le Président annonce la perte que la Société vient de faire dans la personne de M. Richard (du Cantal).

Elu vice-président en 1854, M. Richard (du Cantal) conserva ces fonctions jusqu'en 1871, époque à laquelle il fut appelé à l'honorariat.

Les membres de notre association ont entendu maintes fois notre regretté confrère développer ses idées sur la production animale, l'amélioration des races et en particulier celle du Cheval.

Né à Pierrefort (Cantal), le 4 février 1802, M. Richard, s'étant engagé comme volontaire, fut attaché comme vétérinaire au 1er régiment d'artillerie, alors en garnison à Strasbourg. C'est dans cette ville qu'il suivit les cours de la Faculté de médecine et se fit recevoir docteur.

Après avoir professé, pendant quelque temps à Grignon, un cours d'économie du bétail, il fonda, en 1838, une école d'agriculture en Auvergne.

Deux ans après il était attaché à l'Ecole royale des haras, dont il devint le directeur en 1844, fonctions qu'il occupa jusqu'en 1848. A cette époque, M. Richard fut élu membre de la Constituante et député à la Chambre législative. — Dans ces deux assemblées, par son savoir technique, il rendit de grands services et fut chargé de faire, sur diverses questions, objet de ses études ordinaires, des rapports très remarqués.

Rentré dans la vie privée, en 1851, il se retira en Auvergne pour se consacrer entièrement aux soins de sa ferme de Souillard.

L'administration des haras le chargea, en 1869, d'organiser dans toute la France des cours et des conférences pour la vulgarisation des doctrines qui étaient siennes.

Cet agronome distingué a laissé un certain nombre d'ouvrages importants dont le plus connu est son livre sur *La conformation du Cheval*. Il a publié de plus : *Principes généraux sur l'amélioration des races de Chevaux et autres animaux domestiques* et *Etude sur le Cheval de service et de guerre;* il laisse de plus un *Dictionnaire raisonné d'agriculture et d'économie du bétail*, en deux volumes, livre pratique destiné aux gens de la campagne.

M. Richard (du Cantal) a en outre collaboré, pendant sa longue existence, à un certain nombre de journaux agricoles, notamment au *Bulletin* de la Société d'Acclimatation dans lequel il a fait paraître, à diverses reprises, des travaux importants sur l'agriculture et l'acclimatation.

— M. le Dr Saint-Yves Ménard procède au dépouillement de la correspondance :

— M. A. Von Klein, directeur du jardin zoologique de Copenhague, écrit qu'il a obtenu le croisement du Dingo d'Australie (*Canis Dingo*) et du Chien des Esquimaux (*Canis Groenlandica*). Ce métis devra être fort intéressant à étudier.

— M. Huet fils, du Muséum d'histoire naturelle, signale la résistance au froid de quelques animaux de cet établissement :

L'hiver que nous venons de subir nous a mis à même de confirmer des observations relatives à la résistance des animaux exotiques au froid, observations qui corroborent pleinement celles faites en 1879-1880.

Nos quatre Gnous se portent très bien ; le jeune, né en mai dernier, a conservé sa folle gaîté pendant toute la durée des froids. Un des mâles ne pouvant être enfermé la nuit vu l'exiguïté de la cabane, a passé ainsi tout l'hiver et l'ouverture de la cabane était tournée du côté *nord-ouest*.

Nous avions une paire de Cygnes noirs et une paire de Cygnes à cou noir (Brésil) vivant côte à côte dans des parquets séparés seulement par un grillage ; ils étaient donc dans des conditions d'existence absolument identiques. Les Cygnes noirs paraissaient réellement souffrir tant et si bien que le 13 janvier l'un mourait, et l'autre le 15. Les Cygnes à cou noir, au contraire, ont parfaitement résisté.

— M. Chatôt, de Saint-Germain-du-Bois (Saône-et-Loire), fait connaître la mort d'un Agouti femelle qu'il avait en cheptel et annonce le retour du mâle.

— La Société de répression du braconnage de pêche d'Hesdin (Pas-de-Calais) adresse une demande d'œufs de *Salmo Quinnat*.

— M. le comte G. Casati, de Milan, s'inscrit pour obtenir des graines de Riz sec.

— M. de Keranflech, de Milizec (Finistère), demande des Pommes de terre Richter's imperator.

— M. le Président annonce qu'il a reçu de Moscou, le 11 février, le télégramme suivant :

Jour fondation, Société Acclimatation Moscou, membres réunis en séance solennelle envoient à la Société-mère initiative de idée féconde acclimatation, leurs sentiments d'estime, reconnaissance, sympathie. Société Moscou exprime spécialement au Président ses remerciements pour son concours au progrès du Jardin zoologique de Moscou. — *Président*, Anatole BOGDANOFF, *Secrétaire*, KOLOUCHSKY.

— Il a été répondu immédiatement par télégramme et aussi par une lettre dont nous reproduisons le texte ici :

Monsieur et cher Président,

C'est avec une vive satisfaction mêlée de reconnaissance, que j'ai reçu hier votre aimable dépêche, et j'ai accueilli avec joie cette nouvelle preuve des sentiments de confraternité, d'étroite sympathie et de courtoisie qui ont toujours existé entre nos deux Sociétés. Veuillez présenter à celle que vous présidez si dignement nos plus sincères remerciements.

Je ne saurais vous dire, en ce qui me concerne, combien je suis heureux des relations cordiales et de la parfaite communauté d'idées qui relient votre institution à la nôtre. Je me rappelle sans cesse les sentiments d'estime et d'amitié que le premier président de notre Société nourrissait à votre égard, et aussi la sympathie que vous voulez bien lui témoigner en retour ; héritier de ces mêmes sentiments, je me sens profondément honoré de votre bienveillance pour moi et je vous en exprime toute ma gratitude.

Vous savez, Monsieur et cher Président, quel intérêt nous prenons aux travaux de la Société d'Acclimatation de Moscou et quels vœux nous formons pour le développement et la prospérité de votre beau Jardin zoologique ; ces progrès ne peuvent manquer de se réaliser sous votre puissante impulsion et avec l'aide de votre science, de votre dévouement ; qu'il me soit permis d'applaudir aux succès déjà remportés.

Veuillez agréer, etc. *Signé :* A. GEOFFROY SAINT-HILAIRE.

— Au nom de M. Magaud d'Aubusson, M. le secrétaire des séances lit une note sur quelques oiseaux de l'Australie.

— Au nom de M. Krantz, M. Berthoule lit un mémoire sur la pêche en Finlande.

Le secrétaire des séances,
Dr SAINT-YVES MÉNARD.

III. COMPTES RENDUS DES SÉANCES DES SECTIONS.

2e SECTION : SÉANCE DU 3 FÉVRIER 1891.

PRÉSIDENCE DE M. MÉGNIN.

M. Magaud d'Aubusson étant en Égypte, et M. Lemoine n'assistant pas à la séance, M. Mégnin est prié de remplir les fonctions de président.

Le procès-verbal de la réunion précédente est lu et adopté.

A cette occasion, M. Geoffroy Saint-Hilaire fait observer qu'il existe bien d'autres procédés de conservation des œufs, dont plusieurs au moins aussi efficaces que ceux qui ont été indiqués dans le procès-verbal.

M. Mégnin explique comment se pratique l'éjointage. On coupe le doigt à l'articulation d'une aile seulement, en évitant de toucher au pouce. On peut cautériser avec de la cendre, ou mieux, au perchlorure de fer. Le plus souvent, on ne constate, d'ailleurs, qu'une hémorrhagie insignifiante.

Il ne faut pas confondre l'éjointage proprement dit avec l'ablation des plumes d'une aile.

Les ♀ éjointées abritent moins bien leurs œufs que les autres ; c'est là le seul inconvénient sérieux que présente l'opération.

M. Geoffroy Saint-Hilaire dit qu'il faut s'abstenir d'éjointer pendant les froids et les fortes chaleurs.

L'opération faite sur les jeunes oiseaux réussit ordinairement bien. Mais il arrive souvent que des plumes inattendues poussent ensuite. Il vaut donc mieux attendre que les sujets soient plus âgés. M. Geoffroy Saint-Hilaire est partisan de la cautérisation au nitrate d'argent. Les espèces qui nichent dans des situations élevées sont gênées par l'éjointage, et refusent souvent de nicher à terre.

A propos de l'entrave Danin, M. Mégnin, répondant à M. Geoffroy Saint-Hilaire, dit que les Perdrix qui ont été longtemps entravées ne reprennent pas immédiatement leur pleine faculté de voler. C'est là un réel inconvénient que présente ce procédé.

M. Fallou rend compte des expériences qu'il a faites avec les Corises du Mexique. Les Pinsons et surtout les Alouettes s'en sont montrés friands. Les autres espèces renfermées dans la volière ont refusé cet aliment.

M. Geoffroy Saint-Hilaire fait observer que, souvent, des oiseaux refusent une nourriture nouvelle et l'acceptent ensuite volontiers. Au Mexique, on vend ces insectes couramment. Il faudrait peut-être les amollir au préalable.

A propos des Punaises d'eau qui sont d'un usage courant au Mexique pour la nourriture des jeunes Faisans et des observations échangées sur leur valeur nutritive probable, M. Dautreville fait observer qu'il n'y a qu'un moyen de trancher nettement la question, c'est d'avoir recours à l'analyse chimique.

La quantité d'azote, de matières grasses, ajoute M. Mégnin, et l'acide phosphorique (à l'état de phosphates) doivent être exactement dosés, afin de pouvoir établir une comparaison entre la valeur alibile de ces animaux desséchés et la traditionnelle larve de Fourmi.

M. Geoffroy fait remarquer à ce sujet que depuis longtemps il recherche la composition des œufs de Fourmi, et qu'il se propose d'en faire faire une analyse.

M. Dautreville répond que l'essai complet a été fait par lui en 1883-1884-1885. Alors qu'il présentait un produit désigné encore aujourd'hui sous le nom de poudre toni-nutritive destinée à remplacer les œufs de Fourmi, d'une composition analogue, produit qui fut récompensé trois années de suite par la Société. M. Dautreville ajoute que les analyses de larves de Fourmi, d'Asticots, de Vers de terre et de farine répétées au laboratoire d'essai de la pharmacie centrale de France, doivent se trouver dans les archives de la Société, encastrées dans les communications qu'il a adressées à cette époque.

M. Dautreville promet d'ailleurs de rechercher et d'apporter, s'il les retrouve, les analyses en question.

Cette discussion amène M. Geoffroy Saint-Hilaire à parler d'un produit récemment présenté à la Société par M. Pelisse, pharmacien à Paris, sous le nom d'œufs de Fourmi artificiels dont la composition n'est pas donnée.

La paternité de ce produit, fait remarquer M. Mégnin, revient de droit à M. le docteur Régnard qui l'avait composé pour ses élevages de gibier. M. Pelisse n'aurait fait, d'après M. Mégnin, qu'exécuter une formule donnée par le docteur Régnard.

M. Rémy Saint-Loup appelle l'attention de la section sur le rôle que joue l'acide formique dans les larves naturelles et qui semble manquer dans les artificielles.

Le Secrétaire,

Ch. MAILLES.

IV. HYGIÈNE ET MÉDECINE DES ANIMAUX.

Chronique.

POUX ET RICINS (*suite*).

Phthiriase du Cheval. — Le Cheval suit la règle que nous signalons ci-dessus, c'est-à-dire qu'il nourrit deux espèces de Poux : Un Pou suceur, grand et noir, l'*Hematopinus tenuirostris* et un petit Ricin, le *Trichodectes equi*. La phthiriase que cause le premier est bien plus sérieuse et bien plus grave que celle que détermine le second, et elle se constate surtout chez les Chevaux adultes ; elle a pour symptômes : une vive démangeaison et l'apparition de petites papules rouges, discrètes, qui se dénudent de poils et qui se remarquent surtout près de la crinière sur les bords de l'encolure. C'est le résultat des piqûres de l'*Hematopinus tenuirostris*. Cette phthiriase est très contagieuse, et, pour peu que les Chevaux soient amaigris et débilités par les privations, on la voit se répandre avec rapidité sur tous les Chevaux d'une même écurie ; elle a alors autant de gravité que la gale, qu'elle complique quelquefois.

La phthiriase que cause le *Trichodectes equi*, ou petit Pou du Cheval, se développe particulièrement chez les jeunes Chevaux, bien qu'on la voie aussi quelquefois chez des Chevaux plus âgés, à poils longs et bourrus ; elle affecte le tronc et particulièrement les régions postérieures. Les seuls symptômes qui la caractérisent sont : une démangeaison très modérée et la présence du parasite et de ses œufs ou lentes ; la peau ne présente aucune lésion, on voit seulement à la direction et à l'enchevêtrement des poils ou des crins, que l'animal s'est gratté ; il y a quelquefois de légères excoriations à la peau par ce fait.

Rien n'est plus facile que de débarrasser un Cheval des Poux qui l'incommodent, et les moyens sont nombreux : frictions avec la pommade mercurielle ; onctions avec un corps gras quelconque ; lotions avec une infusion de Tabac ; insufflation de poudre de Cévadille, de graines de Staphisaigre, Pyrèthre, de graines desséchées de Fusain, etc., etc. ; le plus simple et le plus radical de ces moyens est la lotion avec une décoction de Tabac en feuilles (30 grammes pour un litre d'eau), après tonte préalable. Si la décoction est faite avec de l'huile, elle est encore plus efficace qu'avec de l'eau.

Nous devons prévenir nos lecteurs que l'acide phénique, très efficace pour détruire les microbes de la fermentation putride, est complètement inefficace dans le cas de phthiriase, ou de gale, à moins d'être employé à un degré de concentration qui serait dangereux pour le malade.

Phthiriase du Bœuf. — Le Bœuf, comme le Cheval, nourrit deux espèces de Poux : un Pou suceur, l'*Hematopinus eurysternus*, et un petit Ricin, le *Trichodectes scalaris*. Les phthiriases que ces Poux provoquent ont la plus grande analogie avec celles du Cheval, elles ont les mêmes caractères et affectent les mêmes régions. On peut les traiter par les mêmes moyens, mais, à cause de la propension qu'ont les grands ruminants à se lécher, il faut éviter de se servir d'agents toxiques et particulièrement de pommade mercurielle ; on se contentera de lavages sulfureux ou même de l'emploi de simples corps gras.

Phthiriase du Chien. — Le Chien nourrit aussi deux espèces de Poux : un Pou suceur, l'*Hematopinus piliferus* (fig. 2), et un Ricin, le *Trichodectes latus* (fig. 1). Contrairement à ce qui se voit chez nos grands herbivores, ici c'est le Ricin qui est le plus grand. C'est surtout chez les Chiens adultes à poil long et grossier, comme les Griffons d'arrêt ou courants, que vit ce dernier, et ce sont particulièrement les petits Chiens d'appartement, les Caniches, les Maltais, les petits Griffons de dames, que tourmente le premier. Pour débarrasser les uns et les autres de leurs Poux, il est souvent indispensable de les tondre, surtout quand ils ont le poil très feutré, ce qui rend impossible toute pénétration jusqu'à la peau d'un liquide médicamenteux quelconque et surtout des poudres parasiticides de Pyrèthre, de Cévadille, et de graines de Staphysaigre, qui, avec les bains sulfureux, sont très propres à combattre la phthiriase des Chiens. Pour les petits Chiens d'appartement à poil blanc, il faut un traitement qui soit efficace sans salir, et il faut donner la préférence aux lotions ou bains insecticides ; voici la formule d'une de ces lotions :

Carbonate de soude...............	50 grammes.
A dissoudre dans eau tiède........	Un litre.
Puis faire infuser dans cette solution alcaline : poudre de Staphysaigre.	10 grammes.

Comme pour les grands ruminants, il faut éviter d'employer contre la phthiriase du Chien, les préparations mercurielles ou à base de Tabac.

Phthiriase du Chat. — Le Chat n'a qu'une espèce de Pou, un Ricin, le *Trichodectes rostratus*, qui le tourmente rarement ; pour l'en débarrasser, il suffit de projeter au fond du poil de la poudre de pyrèthre bien fraîche.

Phthiriase de la Chèvre et du Mouton. — Le Mouton, outre son Mélophage qui est un Diptère dégénéré, n'a qu'une seule espèce de Poux, un Ricin : le *Trichodectes sphérocephalus*, et encore est-il extrêmement rare. La Chèvre a deux espèces de Poux beaucoup plus communs : l'*Hematopinus stenopsis* et le *Trichodectes climax*. Si ce n'était la démangeaison, qui amène la chute de quelques mèches de laine ou de poil, l'effet de ces parasites est peu marqué et peu important ; du reste, on en débarrasse les animaux par les mêmes moyens que pour les grands ruminants.

Phthiriase du Porc. — Le Porc n'a qu'une espèce de Poux, c'est l'*Hematopinus suis*, mais il est énorme, plus grand que celui du Cheval, et produit des effets analogues : éruption papuleuse, prurit intense, qui l'incite à se vautrer dans la fange, ou à démolir son toit par ses grattages répétés. Une onction d'huile à brûler chaude suffit à le débarrasser de ses parasites et à calmer ses tourments.

Phthiriase des volailles. — Les Poux des volailles appartiennent tous au groupe des Ricins et sont extrêmement nombreux en espèces très variées de formes et de dimensions. La Poule domestique en nourrit jusqu'à sept espèces et le Pigeon cinq. — (Il ne faut pas confondre avec les vrais Poux dont nous nous occupons, le parasite que le vulgaire appelle *petit pou rouge du poulailler*, qui est un Acarien du genre Dermanysse et sur lequel nous reviendrons un jour.)

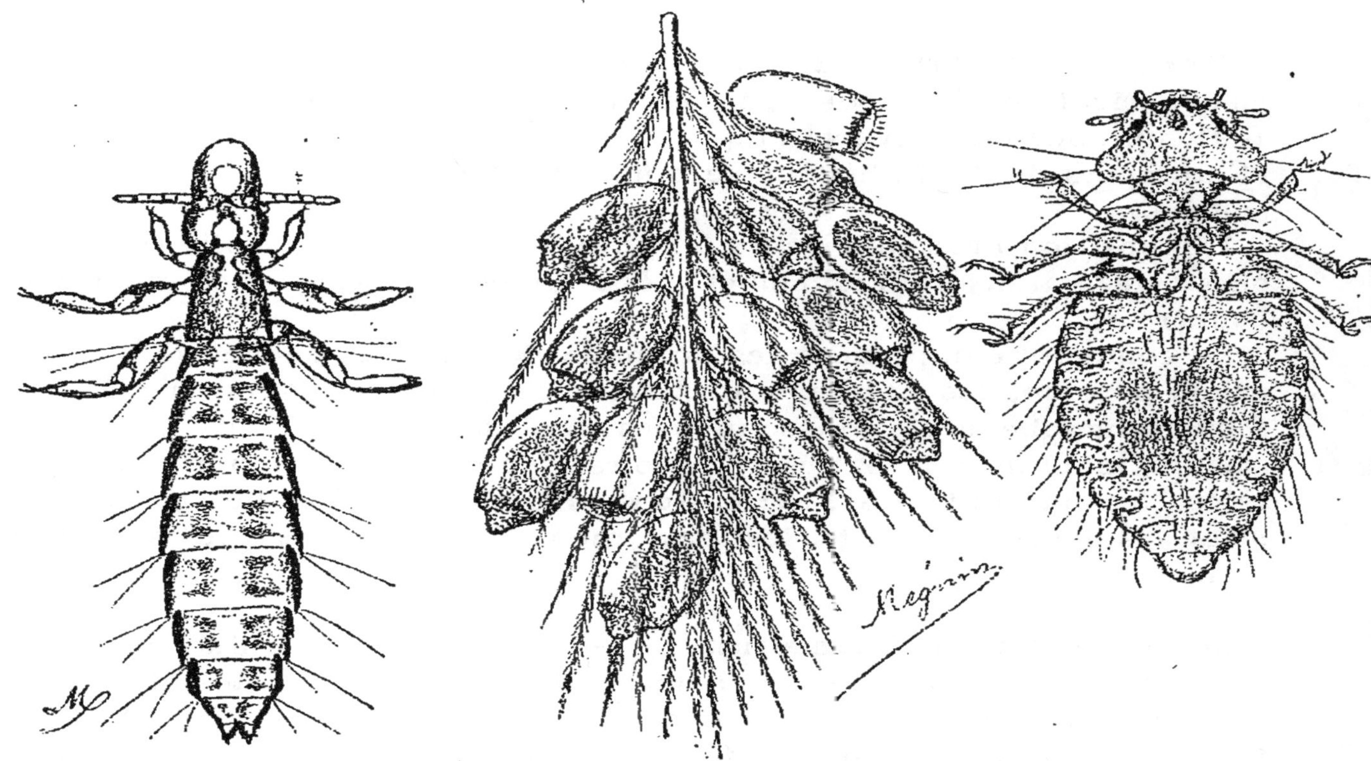

Fig. 3 et 4. — Ricins de Gallinacés.

Fig. 3. — *Lipeurus mesopelius* (grossi).

Fig. 4. — *Menopon productus* et ses œufs (grossis).

Les Poux ou Ricins des volailles (fig. 3 et 4) sont peu dangereux et leur grand nombre indique plutôt un état valétudinaire qu'une maladie de leur fait. Néanmoins il est bon d'en débarrasser les volailles, car ils ne laissent pas que de les troubler dans leur repos. Pour cela il faut mêler de la poudre de pyrèthre fraîche, ou de Staphysaigre, dans le sable fin ou la cendre que l'on met à leur portée pour qu'elles puissent se poudrer, et, de plus, on leur insufle cette même poudre au fond des plumes avec un instrument *ad hoc*. On peut encore incorporer cette même poudre dans du savon noir et on lubréfie le fond des plumes avec cette sorte de pommade.

Dr Pierre.

V. CHRONIQUE GÉNÉRALE ET FAITS DIVERS.

Exposition d'oiseaux de basse-cour. — La section d'aviculture de la Société nationale d'Acclimatation de France fera, du 14 au 20 avril 1891, au Jardin d'Acclimatation du Bois-de-Boulogne, une exposition internationale d'animaux de basse-cour.

Les demandes de renseignements ainsi que les demandes d'admission doivent être adressées sans retard à M. le Secrétaire général de la Société d'Acclimatation, 41, rue de Lille, à Paris.

Exposition agricole et horticole de Mantes. — La Société agricole et horticole de l'arrondissement de Mantes ouvre, en 1891, un concours général auquel sont conviés les exposants français et étrangers dont l'industrie se rapporte à l'agriculture et à l'horticulture.

L'exposition aura lieu du 9 au 13 juillet, à Mantes-la-Jolie (banlieue ouest de Paris, embranchement des lignes du Havre et de Cherbourg).

Le concours comprendra les animaux des espèces chevaline, bovine, ovine, porcine, les animaux de basse-cour, des concours spéciaux de semoirs, faucheuses, moissonneuses, moissonneuses-lieuses, pulvérisateurs, machines à battre, pressoirs, exposition d'instruments agricoles, les produits de l'agriculture, les plantes d'utilité et d'agrément, les fleurs, les fruits, les instruments horticoles et une exposition scolaire.

La laiterie au Danemark. — Depuis une dizaine d'années environ que les écrémeuses à force centrifuges ont été introduites dans la pratique de la laiterie danoise, la production des établissements, consacrés à cette industrie, s'est considérablement accrue.

Le Danemark exportait, en 1883, 8,700,000 kilogs de beurre, le poids du beurre exporté atteignait 11,800,000 kilogs, en 1885. C'était là seulement le début de la progression, car les exportations annuelles du beurre danois se chiffrent actuellement par 27 et 28 millions de kilogrammes. La culture des céréales a cédé la place aux herbages et le Danemark, qui vendait jadis du blé à l'étranger, en importe maintenant.

L'adoption des écrémeuses centrifuges a accru de 10 °/ₒ le rendement en beurre du lait et a permis, en accélérant le traitement, d'opérer sur de plus fortes quantités de matière. Le nombre des laiteries en participation augmente sans cesse, et celles qui existaient primitivement ont vu leur importance s'accroître considérablement.

On attribue la richesse en matière grasse du lait des vaches danoises, qui fait faire prime à leur beurre sur le marché anglais, au mode d'alimentation en usage, ces animaux recevant, chaque jour, 5 kilogs de tourteau de colza.

Le recrutement de bonnes trayeuses est la seule difficulté que rencontrent les propriétaires des laiteries. Les grandes fermes ont une surveillante qui dirige les femmes chargées de traire, opération payée à raison de 30 centimes par traite.

On accorde aux Vaches dans les laiteries danoises la même attention qu'on donne aux chevaux dans les écuries bien tenues. Le fumier est enlevé chaque matin, et les animaux subissent un étrillage quotidien.

H. B.

Le transport des œufs. — Dans le transport des œufs destinés à l'incubation, on doit redouter, en dehors de la rupture de la coque, tout choc violent et prolongé susceptible, sans briser cette coque, de détruire l'équilibre interne du jaune, du vitellus et de l'albumen, du blanc. La façon dont le jaune est suspendu à l'intérieur de l'albumen par deux appendices connus sous le nom de chalazes, donne cependant une certaine solidité à cet équilibre. Le voyage que font les œufs dans de bonnes conditions n'en altère pas la vitalité. On peut placer au printemps sous une couveuse des œufs venus de France en Angleterre, et on est certain d'en obtenir une forte proportion de poulets. Les embryons n'ont donc pas souffert du voyage.

Le meilleur mode pour l'emballage des œufs consiste à envelopper chacun d'eux dans de petites feuilles de papier mince, et à les placer entre des lits de foin dans un panier d'osier. Le panier peut, en effet, être bousculé sans que l'embryon en soit incommodé, et sans crainte de rupture de la coquille, car l'extrême élasticité du foin, empêche les œufs de se heurter et les parois du panier amortissent parfaitement les chocs extérieurs. Il n'en serait pas de même avec une paroi rigide de bois, qui transmet le choc. Le foin doit donc être employé de préférence à la menue paille, aux grains d'avoine, au son, à la sciure de bois et aux autres corps analogues, car ces matières, plus ténues, passent, par suite des trépidations dues au transport, à travers les intervalles des œufs et se rassemblent au fond du panier ou de la caisse, laissant un libre contact s'établir entre les coques, d'où fréquentes ruptures.

On se demande souvent si un long voyage réagit sur la vitalité des œufs. On fait facilement éclore en Angleterre des œufs venus de France et il y a de longues années, alors que la traversée de l'Atlantique exigeait deux fois plus de temps qu'à l'époque actuelle, on a souvent fait éclore, en Amérique, des œufs pondus en Europe, ou ayant effectué le voyage inverse.

Un éleveur anglais, M. Teebay, exposa même une grosse Poule Brahma qui avait traversé l'Atlantique à l'état d'embryon. Ces traversées n'ont cependant pas grandes chances de réussite quand il faut franchir l'équateur pour aller, par exemple, aux Indes ou au Cap de Bonne-Espérance.

Le *Stochkupu* mentionnait récemment deux envois d'œufs destinés à l'incubation, expédiés d'Angleterre à Sydney. Ces œufs avaient été enduits de suif, enveloppés isolément dans du papier de soie, et disposés par couches dans des caisses avec de la sciure de bois. Ils arrivèrent en bon état, sans une seule rupture, et furent immédiatement placés dans un incubateur, mais aucun ne fournit d'éclosion. Quelques-uns cependant contenaient des poulets à l'état embryonnaire. Cet insuccès était inévitable, par suite de l'obturation des pores de la coque au moyen du suif. On eût peut-être mieux réussi en faisant voyager les œufs dans des jarres de terre afin d'éviter l'évaporation de leur matière, mais sans cependant pouvoir répondre du succès.

Pour un voyage de durée moyenne, on obtiendrait probablement de meilleurs résultats en emportant une bonne couveuse Cochinchinoise, de caractère docile. La poule serait placée sur un nid suspendu, reposant sur une couche de tourbe humectée chaque jour. La traversée devrait avoir une durée telle, que l'éclosion s'effectue vers l'époque de l'arrivée. Pour les voyages à l'intérieur même d'un pays, il a toujours été constaté qu'on avait plus de ruptures quand les œufs étaient transportés par la poste que lorsqu'ils l'étaient par chemin de fer.

(*D'après M. W. B. Tegetmeier.*)

Poulets chasseurs de Souris. — J'ai eu chez moi plusieurs Poulets et Canards qui pouvaient rivaliser d'adresse avec le meilleur Chat pour guêter, saisir et croquer les Souris. Voici comment je suis arrivé à dresser, sans m'en douter, ces jeunes oiseaux à chasser les Souris. Chaque année, je vais passer quelques mois aux bords de la mer et j'emporte comme bagage culinaire une cargaison de volailles que je tâche de maintenir dans un état passable d'embonpoint jusqu'au jour de l'holocauste. Mais vu la nature de la localité, ce n'est pas aussi facile qu'on pourrait le croire d'abord, et malgré le grain et les pâtées à discrétion, ma basse-cour, qui n'est autre que le sable de dune, n'offre aucune nourriture en verdure ou en insectes à ses hôtes qui en souffrent beaucoup, aussi se jettent-ils avec avidité sur la moindre feuille de salade et sur les petits morceaux de viande. Si mes Poulets ne prospèrent pas à souhaits aux bords de la mer, je n'en dirai pas autant des Souris et des Rats, ils pullulent prodigieusement malgré une destruction sérieuse.

Un jour que toutes les souricières étaient garnies de leurs prises, afin de les replacer de suite, je les débarrassais et je jetais négligemment ces petits rongeurs dans la basse-cour, mais je vis aussitôt Poulets et Canards se jeter sur ce friand morceau et s'en repaître avec avidité. A quelques jours de là, me souvenant de ce qui s'était passé, je voulus m'offrir le spectacle d'une chasse à courre aux Souris par ma meute de volailles ; je lâchais donc quelques Souris vivantes dans la basse-cour. Aussitôt elles furent poursuivies, happées par les Poulets plus vifs que les Canards et finalement mises en pièces et avalées. A dater de ce jour mes Poulets-chasseurs (avant d'avoir subi la sauce ainsi nommée) étaient dressés ; je les voyais auprès d'un tas de bois, dans l'écurie, auprès des fourrages, guêter les Souris avec la patience d'un chat ; aussitôt qu'une imprudente se montrait à portée, elle était saisie et emportée au milieu de la cour, malgré ses cris aigus, qui ne manquaient pas d'attirer le reste de la basse-cour affamée ; l'heureux Poulet-chasseur, la Souris dans le bec, était poursuivi à outrance par ses compagnons suivis des Canards moins vifs à la course, mais parfois plus habiles et prompts à profiter du moment opportun pour prendre et avaler la victime ou ses débris qui, après avoir passé cent fois de bec en bec, devenaient la proie du plus adroit.

CRETTÉ DE PALLUEL.

Les Cygnes des marais d'Abbotsbury. — Les rives des marais d'Abbotsbury, en Angleterre, présentent un singulier aspect au printemps. Partout au bord de l'eau dormante, on voit des Cygnes vivant en liberté sur ces marais, qui veillent par couples, à la sécurité de leurs œufs, un des oiseaux faisant sentinelle à côté de celui qui couve. Les Cygnes sont strictement monogames en effet, et ils ne commencent à couver que vers leur troisième année, le mâle alternant avec la femelle pour maintenir les œufs à une douce température. La femelle pond de cinq à huit œufs blancs, très gros, à coque fort épaisse, et les couve pendant cinq semaines avec l'aide du mâle. Les nids, faits de roseaux desséchés, et atteignant d'assez fortes dimensions, sont dissimulés derrière des touffes d'osiers, et séparés les uns des autres par les milliers de découpures, de petites criques, entaillant les rives du marais. Peu craintifs en temps ordinaire, ces oiseaux se laissent facilement approcher par l'homme, mais ils deviennent fort farouches quand ils couvent ou que leurs jeunes sont encore petits, et défendent énergiquement les approches de leur domicile.

Les Cygnes établis à Abbotsbury ne sont pas indigènes, mais on ignore par qui, et à quelle époque ils ont été installés sur ce marais, où ils se reproduisent abondamment, le climat leur étant sans doute favorable. Leur nombre diminuerait cependant, car les anciennes traditions rapportent qu'il y en avait autrefois de 7 à 8,000. Plus tard on n'en compta plus que 1,500, puis 800 environ, chiffre actuel de la colonie. Souvent des Cygnes sauvages, des Cygnes chanteurs, *Cygnus musicus*, appelés « Hoopers » dans la région à cause du cri hoop qu'ils font entendre, viennent leur tenir compagnie, mais jamais pendant fort longtemps.

Le Cygne est probablement le seul animal domestique chez lequel une alimentation plus abondante a pu accroître le poids et la taille, sans réagir sur l'élégance des formes. Les Cygnes d'Abbotsbury n'ont pas du reste à redouter cette cause de dégénérescence esthétique, car ils ne sont pas nourris par l'homme, les rives et le fond du marais, leur fournissant amplement ce dont ils ont besoin. H. B.

Repeuplements artificiels en Morues et en Homards. — Le professeur Spencer Baird, membre de la Commission des pêcheries des Etats-Unis, vient d'obtenir un plein succès dans ses tentatives d'introduction du Saumon dans le bassin de l'Hudson, le fleuve de l'état de New-York.

M. Adolphe Nielsen, président de la Commission des pêcheries de Terre-Neuve, a obtenu une réussite non moins complète dans ses expériences sur la reproduction artificielle de la Morue et du Homard, poisson et crustacé qu'il a introduits, grâce à cette méthode, dans la Trinity Bay, la baie de la Trinité, où les laboratoires d'incubation avaient été installés. Pour amener à bonne fin l'éclosion des œufs de Morue, il faut, paraît-il, plus de soins qu'il n'est nécessaire d'en accorder aux œufs de Homard. Les œufs des Morues doivent être maintenus flottants à la surface de l'eau, et sont excessivement sensibles aux influences extérieures, tandis que les œufs des Homards vont au fond des appareils d'incubation. Une eau de mer très pure, douée d'un certain degré de chaleur et de salure, se renouvelant continuellement alimente ces appareils. Au mois de mai et de juin 1890 on avait capturé 700 Morues arrivées à différents états de maturation reproductive, et on les enferma dans des bassins couverts de treillages en fil de fer, alimentés d'eau de mer, en les nourrissant de Harengs, de Capelans, etc.

A la fin de juillet on avait obtenu 33 millions d'œufs, dont on fit éclore 17 millions et les jeunes poissons obtenus furent déversés dans la Trinity Bay. On pourrait faire éclore, chaque saison dans ces bassins, une quantité beaucoup plus considérable d'œufs de Morue, quantité suffisante pour donner 300 millions d'alevins.

Les résultats ont été encore plus favorables avec les Homards, 20 millions d'œufs, reçus de différents points de la côte, furent placés dans 432 appareils incubatoires, maintenus à flot non loin de la côte de la baie, de manière à être animés d'un balancement continu favorable à l'éclosion, vingt-quatre hommes étaient chargés de la garde de ces appareils qui fournirent aux eaux de la baie 15 millions de jeunes Homards robustes et bien vivants. J. L.

Les Anones et leurs fruits. — Les végétaux du genre *Anona* sont des arbrisseaux ou de petits arbres fruitiers, souvent cultivés en Amérique et dans nos colonies.

Parmi les espèces nombreuses de ce genre, quelques-unes ne méritent qu'un intérêt médiocre, d'autres, au contraire, sont particulièrement recherchées pour leurs fruits, tels que le Chérimolier, l'Attier et les Corossols ou Cachimans que nous allons successivement examiner.

I. — Le Chérimolier (*Anona Cherimolia* Mill.; *A. tripelata* Ait.) est un petit arbre d'une hauteur de 4-5 mètres, à rameaux lâches, rudes et ponctués ; ses feuilles sont assez grandes, ovales, obtuses, molles, d'un beau vert en-dessus, pubescentes sur la face inférieure.

Indigène du Pérou, de l'Equateur et de la Colombie, cette espèce croît spontanément dans les régions montagneuses de la Cordillère des Andes, où elle atteint jusqu'à 1,500 mètres environ d'altitude. Elle a été introduite au Brésil, au Vénézuéla et aux Antilles ; elle est encore cultivée dans toute l'Amérique centrale et au Mexique.

Son fruit est une baie mamelonnée oblongue, de la grosseur d'une belle pomme ; d'abord de couleur verdâtre, elle devient ensuite gris-brun et passe au noir à sa maturité. Ce fruit renferme intérieurement une chair blanche, délicate, succulente, exhalant un agréable parfum de Fraise et d'Ananas.

Le Chérimolier est un fruit de table que l'on mange ordinairement cru et sans sucre ; c'est le plus estimé parmi les espèces du genre, aussi le place-t-on à côté du Mangoustan et de l'Ananas. Il n'est pas indigeste et peut même être consommé par les malades, à condition toutefois qu'il ait atteint sa complète maturité. Par la fermentation, il produit une sorte de boisson alcoolique qui tourne facilement à l'aigre.

M. Sagot dit avoir préparé avec le fruit du *Cherimoya*, infusé dans l'eau-de-vie, une liqueur alcoolique, sucrée, excellente, qui peut prendre rang parmi les meilleures liqueurs de table. Son parfum est pénétrant et délicat, sans analogie avec celui d'aucun autre fruit d'Europe.

Dans l'Amérique équatoriale, la pulpe est souvent employée en guise de cataplasmes pour adoucir les inflammations locales. Au Pérou, dit M. A. Baillon, on recherche comme médicament astringent les fruits tout à fait jeunes et verts ; on les prescrit en décoction et en poudre desséchée, dans le cas de diarrhée et de dysentérie.

Les graines brunes, luisantes et fort lisses, passent pour un excellent insecticide.

II. — L'Anone squameuse ou Attier (*Anona squamosa* L.) est un arbrisseau de 4-5 mètres de hauteur, à feuilles oblongues, glabres, peu coriaces, d'un vert foncé en dessus.

Originaire de l'Amérique tropicale et des Antilles, cette espèce est cultivée dans toutes les régions chaudes des deux mondes comme arbre fruitier.

Le fruit appelé *Pomme-canelle*, *Corossol écailleux*, *Cachiman*, etc., dans nos colonies des Antilles, est presque globuleux ou de forme un peu conique, verdâtre, jaunâtre ou grisâtre, et de la grosseur d'une Orange. Il se compose extérieurement d'un péricarpe assez dur, constitué par une série de mamelons saillants, convexes et imbriqués, imitant assez une pomme de Pin ; à l'intérieur, il contient une pulpe molle, blanche et très sucrée que l'on mange à la cuillère, en ôtant une partie de l'enveloppe.

Ce fruit exhale une odeur forte et agréable et sa saveur rappelle la Cannelle ; il est délicieux, sain et nutritif. Comme il ne renferme aucune acidité, dit Aïnslie, les personnes les plus délicates qui n'oseraient manger des fruits d'une autre sorte, peuvent faire usage de celui-ci sans inconvénient. On peut préparer avec le suc exprimé une boisson fermentée, analogue au cidre, mais qui ne se conserve pas comme ce dernier.

Les fruits encore verts sont astringents; on les fait souvent cuire à l'eau avec du Gingembre et préparés de cette manière, ils deviennent légèrement laxatifs. Les graines, crustacées, noires, sont irritantes, car Royle rapporte que dans l'Inde on emploie leur poudre pour détruire la vermine ; les Brésiliens s'en servent également dans ce but. Enfin, les noirs de la Réunion prétendent que les feuilles, en cataplasmes, font aboutir les tumeurs.

III. — Le Corossolier, Grand Corossol ou Cachiman épineux (*Anona muricata* L. ; *Anona sylvestris* Burm.) est un grand arbrisseau ou un petit arbre toujours vert, à feuilles alternes, amples, ovales, entières, pointues, lisses, sans stipules ; originaire de l'Amérique méridionale, cette espèce est cultivée dans nos colonies des Antilles, dans l'Inde et à Java.

Ses fruits sont volumineux, cordiformes, oblongs et portent le nom de *Sapadilles* ; ils sont hérissés de petites pointes molles, charnues et recourbées au sommet, et pèsent de un à plusieurs kilogrammes. La surface du fruit, verdâtre ou jaunâtre, forme une sorte d'écorce à odeur térébenthacée et d'une saveur désagréable. Elle s'enlève assez facilement et met à nu une pulpe blanchâtre, de consistance butyreuse, d'une saveur douce, légèrement acide, rappelant à la fois celle de la Fraise, de l'Ananas et de la Cannelle. L'odeur de cette pulpe est agréable et peut se comparer à celle des pommes et des poires.

On mange les fruits mûrs de l'*A. muricata* crus, avec ou sans sucre; on les emploie aussi pour faire des confitures ou comme légumes, en les faisant frire ou bouillir, lorsqu'ils n'ont atteint que le quart environ de leur grosseur ordinaire. Ces fruits sont très savoureux, mais on s'en lasserait facilement si on en mangeait trop souvent. Le suc qu'ils renferment à leur complète maturité sert à préparer une boisson fermentée qui s'obtient au bout de quarante-huit heures, en mêlant les fruits ou le suc fraîchement exprimé avec du sucre. Ce liquide doit être bu presque aussitôt, car il ne se conserve pas et s'acidifie rapidement; dans ce cas, il peut alors fournir un vinaigre excellent.

Les fruits, dit M. Baillon, sont aussi employés comme médicaments : mûrs, ils passent pour antiscorbutiques et fébrifuges. De plus, on les cueille avant leur maturité, on les fait sécher, puis on les réduit en une poudre qui s'administre dans les cas de flux intestinal et de dysentérie, alors que les phénomènes inflammatoires ont été dissipés par un traitement approprié. Ils agissent alors par le tannin qu'ils renferment. Une décoction de fruits verts s'applique topiquement sur les aphtes des enfants ; ils renferment à ce moment du sucre et de l'acide tartrique.

Les feuilles, comme celles de plusieurs autres espèces, servent à préparer des cataplasmes ; à la Guyane, on les considère comme un précieux antispasmodique. Dans l'Inde, elles sont quelquefois prises en infusion théiforme. Les feuilles, les fleurs et les bourgeons, possèdent, dit-on, des propriétés pectorales et béchiques.

Les graines sont astringentes et émétiques ; elles doivent être rejetées comme aliment.

IV. — Le Cachiman, Mamilier, Petit Corossol, etc. (*Anona reticulata* L.) est un arbre de 5-7 mètres de hauteur, à feuilles lancéolées-oblongues, glanduleuses, aiguës, pubescentes et rougeâtres en dessous. Indigène des Antilles, de Panama et de la Nouvelle-Grenade, l'*A. reticulata* s'est répandu dans toute la région tropicale de l'Amérique, puis dans l'Asie méridionale, dans l'Inde et à Java.

Le fruit ou *Cœur de Bœuf* est une grosse baie globuleuse, jaunâtre, partagée en aréoles pentagonales irrégulières. Le fruit vert est employé comme médicament astringent de la même manière et dans les mêmes circonstances que celui de l'*A. muricata*. A Cuba, disent MM. Bois et Maury, les Espagnols le coupent par tranches avant sa complète maturité, mettent ces tranches à confire dans du sucre en poudre et les laissent sécher ; ces sortes de pâtes ont un goût assez agréable. Dans d'autres régions on fait bouillir le fruit ou on le mélange presque comme un légume à certains potages ou à certaines sauces. Mûr, il se compose intérieurement d'une chair blanche ou rose, selon les variétés, ferme, à saveur sucrée, mais assez peu estimée ; aussi, n'y a-t-il guère que les nègres ou les gens pauvres des Antilles qui en fassent usage.

Le suc qui s'écoule des branches coupées est âcre et irritant ; il produit une inflammation de la conjonctive lorsqu'il tombe dans les yeux. Les feuilles possèdent une odeur forte et un peu fétide ; elles sont aussi narcotiques.

Les *A. Pisonii* MART. et *Marcgravii* MART. donnent également des fruits comestibles. Ceux de l'*A. palustris* L. ont une odeur repoussante de fromage pourri et passent pour être vénéneux. Les feuilles dont l'odeur rappelle celle de la Sabine, sont anthelmintiques.

Maximilien VANDEN-BERGHE.

ERRATUM. — Page 367, ligne 13, au lieu de *Juncus* lire *Sonchus*.

Le Gérant : JULES GRISARD.

I. TRAVAUX ADRESSÉS A LA SOCIÉTÉ.

ÉTUDE SUR LE MOUTON AFRICAIN

PAR M. E. PION,

Vétérinaire inspecteur de la boucherie.

La campagne, pour les Moutons algériens en l'année 1890, a été bonne et fructueuse, affirment les acheteurs et les vendeurs de la Villette. Les moutonniers que j'ai interrogés sont tous de cet avis. Les apports les plus considérables ont eu lieu à la fin du printemps et durant l'été tout entier, ce qui correspond, à deux mois près, à la saison où les herbages printaniers sont dans toute leur verdeur sur les Hauts-Plateaux. On abat des Africains à la Villette encore aujourd'hui en novembre, et j'ai pu en compter 333 qui sont passés le jeudi 20 novembre aux parcs de comptage du marché. Le maximum des prix atteints a été de 0 fr. 98 la livre, viande nette, vendue à l'abattoir. Les prix minima ont flotté entre 0 fr. 65 et 0 fr. 75. Les brebis toujours ont été moins payées que les moutons. Une chose importante à considérer et à encourager, c'est le nombre des moutons *dits de réserve* qui achèvent leur croissance et leur engraissement aux environs de Marseille. Cette réserve s'élève à plus de 300,000 têtes de bétail. Il est des échaudoirs à la Villette qui n'ont pas cessé de travailler ce Mouton depuis le début de la saison. Quoique Paris soit l'endroit où il se consomme le plus de ces animaux, on en tue beaucoup dans les grandes villes du midi, et même je sais pertinemment qu'à la foire de Saint-Amand (Cher), le 20 octobre dernier, un lot d'Africains a été vu en très bon état Nos pâturages de la Sologne ne peuvent qu'améliorer ce Mouton, et peut-être l'Africain, très vigoureux, résisterait-il mieux que le Solognot aux nombreux parasites cachés dans l'eau marécageuse et produisant la cachexie.

Mais, si d'un côté il est avantageux d'engraisser l'Africain en France et de lui donner plus de poids et plus de valeur, l'on se demande pourquoi les colons d'Algérie ou les Arabes eux-mêmes ne livreraient pas leurs Moutons mis à point en Algérie, afin de pouvoir vendre directement et de profiter de tous les bénéfices inhérents à ce commerce.

L'*Echo de Constantine* a donné, à ce sujet, des détails qui ne sont pas sans intérêt. Nous en extrairons le passage suivant : « Nos expéditions d'Algérie à Marseille se chiffrent par 30,000 Moutons en moyenne par semaine.

» Une partie de ces Moutons sert à l'alimentation de Marseille, Montpellier, Avignon, Toulon, Lyon et Paris ; mais une grande partie est vendue à des engraisseurs du midi, puis au bout d'un mois ou deux est revendue comme « *réserves d'Afrique* », avec des différences en plus de 0 fr. 20 à 0 fr. 30 et 0 fr. 40 par kilo. Ainsi qu'on a pu le voir dans les dépêches publiées par l'*Indépendant*, le Mouton à Marseille s'est vendu de 145 à 158 fr. les 100 kilos nets.

» 12,000 Moutons se sont vendus de 18 à 22 francs pièce.

» Ce sont ces Moutons qui, n'ayant pas un état de graisse suffisant, sont achetés par des engraisseurs ; la semaine dernière, « les réserves d'Afrique » ont été vendues au marché de la Villette à Paris, de 1 fr. 80 à 1 fr. 91 le kilo net.

» Voilà les faits sur lesquels j'appelle l'attention des éleveurs et des engraisseurs algériens.

» Pourquoi expédier à Marseille des Moutons demi-gras ? Vous avez de ce fait une perte de 4 à 5 fr. par tête au minimum.

» Vous avez ici, sur place, les fourrages, les orges meilleur marché que dans la métropole ; pourquoi craindre de donner aux Moutons que vous destinez à la vente, de l'orge et du fourrage, indépendamment des pâturages ? Ce sera de l'argent bien placé.

» Votre Mouton au lieu de peser 16 à 17 kilogs comme la moyenne des troupeaux de cette année, atteindra facilement 19 à 22 kilos viande nette, vous aurez de 2 à 3 kilos de bénéfice, de plus, au lieu de se vendre 1 fr. 40, ils atteindront facilement 1 fr. 80 comme les Moutons dits « réserves d'Afrique ».

$$17 \times 140 = 23 \text{ fr. } 80 \text{ par Mouton.}$$
$$20 \times 180 = 36 \text{ fr. } 00 \text{ par Mouton.}$$

» Différence en plus pour le même Mouton engraissé complètement une moyenne de 8 à 10 francs par tête. Calculez la perte subie par l'Algérie pour ces 12,000 Moutons vendus sur pied de 18 à 22 francs ; elle est énorme ; car ce même fait se renouvelle chaque semaine.

» Avant de penser à introduire des races perfectionnées, commençons par savoir engraisser la race ovine que nous possédons, et ne laissons pas ce soin aux engraisseurs du midi. »

La question du Mouton africain va prendre, d'ici peu, une importance très considérable : c'est qu'elle est un fragment de la grande question du Mouton ; or, le renouvellement de nos traités en 1892, et les conséquences économiques qui vont en découler naturellement, vont rendre de plus en plus urgentes l'appropriation et l'utilisation de tous nos produits. Naguère, la France produisait assez de bêtes ovines pour se suffire à elle-même, et le fermier y trouvait une sérieuse rémunération. Vers 1883 une baisse énorme étant survenue dans le prix des viandes, une grande partie des éleveurs, reconnaissant que le métier ne leur rapportait plus rien, abandonnèrent ou restreignirent leurs bergeries. Cette crise ne pouvait durer, car une marchandise comme la viande ne peut longtemps rester avilie. Cependant les exigences de la consommation étaient les mêmes, pour ne pas dire plus grandes. Quand on s'aperçut que l'entreprise redevenait fructueuse, on n'avait plus assez de Brebis sous la main, on n'avait plus l'habitude de faire des élèves. Dans ce siècle de bien-être progressif avec l'accroissement de la ration de viande, les demandes, fatalement, devinrent plus fortes que les offres. Or, le Mouton ne pousse pas aussi vite que l'herbe, tant s'en faut. Les importateurs étrangers, trouvant une affaire bonne à exploiter, expédièrent alors sur Paris de nombreux troupeaux venus d'Allemagne, de Hongrie et de Russie. C'étaient et ce sont encore des Métis mérinos de haut rendement. L'invasion, en grossissant, se fit systématique. Durant que la Plata se mettait de la partie en nous envoyant ses Moutons gelés, l'Allemagne nous les apportait régulièrement dans des wagons refrigérants ; et la frontière ayant été fermée aux moutons vivants pour cause de fièvre aphteuse ou de cocotte, ces apports, d'ailleurs favorisés par les tarifs douaniers, devinrent de plus en plus considérables, et notre or s'en allait et s'en va encore enrichir nos voisins de l'Est. Que faire ? Il fallait respecter les traités, il fallait obéir aux lois sanitaires internationales. Le Ministère eût-il barré la route devant l'importation, le résultat eût été une hausse excessive du Mouton, déjà si cher, déjà considéré comme une viande de luxe. C'est alors qu'on se tourna un peu tard vers l'Agriculture française et qu'on lui dit : « Mais faites-nous donc du Mouton de façon à lutter à armes égales au moins contre la concurrence étrangère. » Vaine demande ! Nos marchés à la Villette en réunissant à peine parfois le chiffre de 5 à 6,000 Moutons, — c'est-à-dire trois fois moins que par le passé, — nous ont appris cet hiver et ce printemps que nos pays de culture ne pouvaient suffire pour l'instant à la consommation parisienne.

Il y a donc une question du Mouton, question de premier ordre pour la fortune publique. Or, le débouché étant assuré, et le repeuplement normal de nos bergeries ne pouvant s'opérer avant quelques années au moins, au lieu de regarder vers l'Est comme vers un pis-aller, nous tournons les yeux avec confiance du côté de la Méditerranée ; l'Algérie, avec ses innombrables troupeaux, a la puissance à la fois et l'intérêt de nous aider.

I

L'Algérie possède très certainement de 7 à 8,000,000 de bêtes ovines, et elle pourrait en nourrir davantage. On y remarque trois variétés principales qui sont, par ordre d'importance : l'Africaine, la Barbarine, et une troisième, résultat d'un croisement avec le Mérinos. Ces races, à nez busqué, à tête forte, à cornes très grosses en spirale, parfois à 4 cornes, dont deux rabattues et deux dressées en l'air, à laine grossière, presque jamais blanche, presque toujours d'un roux ardent, parfois tachée de noir, sont d'excellentes marcheuses. Elles sont de hautes tailles (70 à 80 centimètres) et peuvent donner, si on les pousse à la nourriture, de 20 à 25 kilog. de viande nette.

Les Moutons Barbarins, avec les mêmes caractères que les précédents, ne prennent ce nom, dans le commerce du moins, que s'ils possèdent un élargissement étrange de leur appendice caudal. C'est une sorte de poche triangulaire où s'accumulent des réserves de graisse en prévision des jours de famine. Ce magasin doit être utile et estimable dans l'extrême sud de l'Algérie, mais il est fort déprécié à Paris. Malgré un air de famille aisément reconnaissable, les troupeaux expédiés manquent d'uniformité.

Les premiers envois du printemps sont médiocres, ceux qui suivront seront meilleurs. Parmi eux l'on distingue avec plaisir des sujets vêtus d'une laine meilleure, moins mêlée de poils, moins rigide, plus fine, soit qu'ils aient ressenti les effets de l'ancienne bergerie de Geryville ou de Ben-Chicao, soit que leurs maîtres aient suivi les conseils et adopté les Béliers de Mondjebeur. Ces bêtes ont donc des toisons fort différentes et de valeur inégale.

Ces 8,000,000 de bêtes ovines appartiennent presque exclusivement aux indigènes dont c'est la fortune la plus sûre. 250,000 Moutons seraient seulement entre les mains des colons sédentaires, et c'est pourquoi nous nous adresserons surtout aux Arabes, en essayant de leur prouver que, sans toucher à leurs habitudes anciennes, sans augmenter leur travail, sans porter atteinte à leur liberté, ils peuvent améliorer la laine de leurs troupeaux, et en augmentant le poids de la viande, augmenter tous leurs profits à la fois. Cette vie pastorale, avec ses beautés et ses péripéties, a inspiré justement les poètes (1). L'Arabe, en effet, a raison de dire que ses troupeaux sont un bien de Dieu (Kher Eurby). Les Brebis fécondes, en mettant bas deux agneaux par an, répareront les pertes subies par le berger; ces silos ambulants (Metamir Rahala) font que le nomade peut porter partout avec lui et sa nourriture et sa chère indépendance. Mais si le maître du Mouton, — ainsi Dieu l'a voulu, — peut se passer de travailler, il est vrai aussi que la vente de ses bêtes à un plus haut prix lui procurera les choses de plaisir et de luxe qu'il convoite chez l'Européen. Pourra-t-il jamais être assez riche à une époque où les jouissances de ce monde sont plus enviables et plus chères qu'autrefois ? Non, sans doute. Ces bergers, dont le métier est si digne de louanges, ces fortunés possesseurs de ghelem ne peuvent aujourd'hui récuser les fières paroles qu'ils disaient, il y a trente ans, à nos premiers colons : « Comme le misérable habitant du Tell,

(1) Je recopie ici avec des addendas et des modifications un travail qui m'a été demandé par l'Association de l'Afrique du Nord.

» nous n'avons pas besoin de labourer, de semer, de récolter, » de dépiquer les grains, de travailler, en un mot, à la façon » des vils esclaves ; nous, nous sommes indépendants, nous » prions, nous commerçons, nous chassons, nous voyageons, » et si la nécessité se fait sentir de nous procurer ce qui, » chez les autres, n'est obtenu que par la sueur et la peine, » nous vendons nos Moutons et nous avons immédiatement » armes, chevaux, femmes, bijoux, vêtements, tout ce qui » peut nous plaire ou embellir notre existence. » Or, toutes ces délices et toutes ces tentations seront de plus en plus disputées et coûteront de plus en plus cher.

II

Quels seront les moyens les plus efficaces pour donner aux troupeaux arabes les qualités de laine et de viande destinées à parfaire leur réputation ? S'il y a quelque chance de réussite, ce sera par le *croisement*, *par le choix des Brebis et des Béliers*, *par une castration mieux faite*, *par une nourriture et des abreuvoirs mieux assurés*.

Croisement. — L'on est étonné de prime abord de ne pas trouver en Afrique de plus lourdes et plus fines toisons sur le dos des Moutons : l'on sait pourtant que les célèbres Mérinos ont dû prospérer dans ce milieu-là, et ont laissé de leurs traces dans le Sahara, si l'on en croit ces deux vers qui vantent la beauté de certaines Brebis, laineuses jusqu'aux yeux et jusqu'aux onglons.

Techouf, choufet el hama
Ou temchy, mechit el haytama.

Elle voit comme le Hibou — et marche comme la Tortue.

On croirait que les Maures ont fait passer cette race somptueuse en Espagne où elle a pris de la valeur sans changer beaucoup ni de climat ni de régime, et cet argument nous donne le droit de penser que la terre d'Afrique serait toujours préférable au Mérinos. Je lis dans Magne cet alinéa dont la vérité reste entière aujourd'hui. « L'apathie des » Arabes est la cause de l'infériorité des laines barbaresques, » le mélange, dans le même troupeau, de Brebis presque irré» prochables et de Béliers très défectueux, a produit ces

» Moutons dont le corps est couvert en partie de laine passable, et en partie de véritable crin, ou de laine et de » jarre mêlées à peu près en quantités égales sur toute l'étendue de la toison. » Le croisement seul saura modifier cet état de choses avec avantage. Une expérience très chèrement payée d'ailleurs a prouvé que les seuls améliorateurs possibles de la race africaine doivent être les Mérinos de moyenne taille, ayant l'habitude de la transhumance. On les choisira dans le Midi de la France ou dans l'Espagne. Ce seront les Béliers des Corbières, de la Crau, du Roussillon, de la Vieille-Castille, du royaume de Léon. Leur conformation, leur rusticité, leur habitude de la marche, leur connaissance du soleil et du froid tour à tour : toutes ces conditions ne peuvent faire perdre au Mouton africain ses qualités natives. Il y a déjà eu, en ce sens, des résultats indéniables, tels que ceux obtenus dans les troupeaux du Caïd des Aziz. Pourquoi ne pas tenter de les étendre, et de les imposer même par le bon exemple et par la libéralité ?

Permettez-moi de m'expliquer. Qui veut la fin veut les moyens. Je sais que les Arabes, pareils en cela à beaucoup de Français, ne voudront pas délier les cordons de leur bourse pour acheter de bons Béliers ou pour en payer la location ; ils sont méfiants et ils sont routiniers à la fois, ce qui n'a pas lieu de nous étonner. Hé bien ! il faut leur donner des Béliers pour rien, et leur en donner beaucoup, et établir partout où l'on pourra des bergeries modèles. Rien ne se fait sans argent et, certes, ce serait là de l'argent placé à un bel intérêt. Avouons-le franchement : les conseils seuls, tout secs, non accompagnés d'encouragements matériels, ne feraient pas plus d'effet qu'un sermon prêché dans le Sahara. Que le ministère de l'Agriculture, dont la dotation est trop mince, hélas ! fasse son possible, que des sociétés bienfaisantes et civilisatrices s'occupent avec ferveur de la question ; s'il faut faire malgré elle le bonheur de toute une contrée, c'est par la générosité qu'on y arrivera sûrement.

(*A suivre.*)

LE PROCÈS DES MOINEAUX

AUX ÉTATS-UNIS

PAR M. H. BRÉZOL.

(SUITE ET FIN *).

LÉGISLATION.

Il est évident que pour résister à un aussi redoutable fléau une prompte et vigoureuse législation est nécessaire dans les États envahis et ceux qui ne le sont pas encore, aussi les propositions suivantes sont-elles soumises à l'étude des assemblées législatives des différents Etats et territoires :

1° Abrogation immédiate de toutes les lois protégeant le Moineau ;

2° Etablissement de lois prescrivant en toute saison la destruction du Moineau, de ses nids, de ses œufs et de ses jeunes ;

3° Établissement de lois considérant comme un délinquant punissable par l'amende, la prison ou les deux pénalités réunies, quiconque nourrira intentionnellement des Moineaux, excepté dans le cas où les aliments sont empoisonnés, quiconque introduira des Moineaux ou aidera à en introduire dans les localités où ils ne se rencontrent pas encore, quiconque enfin résistera aux personnes chargées de la destruction des Moineaux, de leurs nids, de leurs œufs, ou empêchera l'application des procédés désignés ;

4° Établissement de lois protégeant le grand Lanier du Nord, ou Oiseau-boucher, le Faucon des Moineaux, et le Chat-huant, qui tuent de grandes quantités de Moineaux ;

5° Nomination dans chaque localité d'une personne chargée de détruire les Moineaux dans les rues, les parcs, sur les places publiques, partout enfin où l'emploi des armes à feu est interdit.

Certains États, au nombre de sept, ont déjà pris l'avance et établi une législation spéciale contre le Moineau.

(*) Voyez *Revue*, 1890, note p. 1065 ; et plus haut, p. 16.

Dans l'État de New-York, le nourrir ou l'abriter constitue un délit.

Dans le Michigan, on paie, d'après une loi de 1885, une prime de 1 cent (5 centimes) par Moineau tué.

Dans l'Ohio, une loi de 1883 l'a exclu de la liste des animaux légalement protégés et on paie une prime de 10 cents (50 centimes) pour 12 moineaux tués.

On peut le détruire en toute saison dans la Pennsylvanie, d'après une loi de 1883 ; dans le Massachusets, d'après une loi de 1885, dans le Rhode-Island, d'après une loi de 1887.

Une loi de 1885, rendue pour le New-Jersey, l'a exclu de la liste des animaux protégés.

Il est compris dans la protection accordée à tous les autres oiseaux dans les huit États suivants : Arkansas, Caroline du Sud, Iowa, Kansas, Mississipi, Missouri, Montana, Tennessee, mais dans le Missouri on peut les détruire s'ils causent du dommage aux récoltes.

Une disposition spéciale de la loi interdit de les détruire dans les quinze États suivants : Colorado, Connecticut, District de Colombie, Delaware, Illinois, Indiana, Kentucky, Louisiane, Maine, Nebraska, Nevada, New-Hampshire, Vermont, Virginie occidentale, Wisconsin ; mais dans l'Illinois, le Kentucky et la Louisiane, on peut tuer les Moineaux causant des dégâts dans les champs.

La loi est muette à l'égard du Moineau dans les dix-huit Etats et territoires suivants : Alabama, Alaska, Arizona, Californie, Caroline du nord, Dakota, Floride, Géorgie, Idaho, Maryland, Minnesota, Nouveau-Mexique, Orégon, territoire indien, Utah, Virginie, Washington, Wyoming.

Afin d'empêcher les Moineaux de s'emparer des boîtes installées pour les espèces indigènes, telles que les Roitelets, les Oiseaux bleus, les Hirondelles, les Martinets, on pourrait les fermer aussitôt que ces oiseaux les quittent, à l'automne, et ne les rouvrir qu'au printemps. Les boîtes destinées aux Roitelets seraient en outre percées d'ouvertures assez petites pour que les Moineaux ne puissent y pénétrer.

On recommanderait pour la destruction des Moineaux les armes telles que les chasseurs de plumes en emploient, de petit calibre, à faible charge, produisant seulement une légère détonation, insuffisante pour effrayer et éloigner les autres oiseaux. En protégeant les nombreuses espèces qui n'immigrent pas l'hiver, telles que les Pies, les Chickadees, les Nut-hatch, les Roitelets, les Moineaux américains et les Pinsons, en les préservant des attaques des Moineaux, en leur donnant un peu de nourriture, on arriverait certainement à les fixer dans les villes, autour des habitations, dans les jardins, où elles remplaceraient avantageusement le Moineau.

Le seul moyen rationnel à employer pour la destruction, consisterait à offrir une forte prime à la personne qui aurait, dans un temps donné, sur une région déterminée, tué le plus grand nombre de Moineaux, et à donner des primes moindres aux individus venant ensuite. Une certaine somme ainsi dépensée produirait des résultats beaucoup plus nets que le paiement de primes minimes pour chaque Moineau tué.

PRIMES A LA DESTRUCTION.

Il n'est pas pratique, en effet, d'offrir une prime par tête de Moineau tué, tandis qu'il est possible d'en restreindre considérablement le nombre par une action générale des habitants et une législation intelligente, et cela sans grever lourdement le budget.

Les primes offertes pour la destruction des espèces nuisibles manquent généralement leur but, et si on réussit, l'opération a coûté beaucoup plus qu'elle n'aurait dû. Quand une espèce nuisible, le Loup par exemple, est devenu rare dans une région, on peut alors offrir des primes pour obtenir une extinction complète et une intelligente économie conseille même de faire ces primes assez élevées. Il vaut mieux, en effet, payer fort cher les deux derniers Loups d'un pays, que de les laisser faire souche nouvelle par la promesse d'une récompense trop peu encourageante. Une prime n'est efficace que si elle assure, dès la fin de la première année, la destruction de la majorité des animaux mis hors la loi, mais alors la dépense devient colossale.

Le calcul de cette dépense pour un État est facile à établir. Prenons l'Ohio à titre d'exemple, et supposons qu'aucun Moineau ne puisse plus pénétrer dans cet Etat après l'ouverture de la campagne d'exécution. L'Ohio s'étend sur une superficie de 10,320,000 hectares. Les villes, les villages y sont nombreux, séparés par un pays agricole riche et fertile représentant les 3/4 de la superficie totale. Les Moineaux vont librement par les grandes villes, où on peut en voir des volées de plus de 10,000, mais leur nombre total pour l'État est difficile à apprécier, et on en est réduit aux hypothèses. Admettant que le cinquième de cette vaste étendue soit occupé par des terrains vagues, il reste 8 millions d'hectares de bons terrains à Moineaux, et à 5 Moineaux seulement par hectare, on trouve un total de 40 millions d'oiseaux. Il est certain que cette évaluation est beaucoup trop basse, mais on doit toujours se tenir en dessous du chiffre réel dans les estimations de cette nature.

Si on exterminait tous ces Moineaux en les payant 1 cent ou 5 centimes par tête, la dépense s'élèverait à 2 millions de francs, mais ce massacre ne peut être exécuté en un an, et il est peu probable du reste que beaucoup de chasseurs se laissent tenter par une aussi faible rémunération, qui n'amènerait sans doute même pas l'arrêt de l'accroissement. Au début de la campagne, on en tuerait par milliers, mais le Moineau est défiant, il sait parfaitement éviter le danger. Dès que le nombre de ces oiseaux aurait assez décru pour qu'un bon tireur ou un habile piégeur ne puisse plus en tuer plus de 100 par jour, la prime de 5 centimes cesserait d'être rémunératrice, les chasseurs interrompraient la campagne, le Moineau recommencerait à se multiplier, tout serait à refaire sur de nouvelles bases. Bien mieux, la tentative d'extermination aurait réparti les survivants plus uniformément sur toute l'étendue de l'Etat, et il en résulterait un accroissement de leur multiplication. L'Etat aurait donc, à la fin de l'année, dépensé une forte somme d'argent, pour avoir encore plus de Moineaux qu'avant l'ouverture de la campagne. En supposant que la prime soit assez forte pour assurer la destruction immédiate d'une grande quantité de Moineaux, en admettant par exemple que la campagne, commencée le 1er janvier, ait mis bas 20 millions de Moineaux en trois mois, janvier, février, mars, comme il n'y a pas encore reproduction à cette époque, il ne restera plus que la moitié, que 20 millions des oiseaux au 1er avril.

Nous passons au second trimestre. Les Moineaux laissés en paix, élèveraient 2 couvées, de 4 ou 5 jeunes chacune, pendant ces trois mois : avril, mai, juin. Les 10 millions de couples élèveraient donc 20 millions de couvées, ou plus de 80 millions de jeunes. Mais, en raison de la prime, beaucoup de Moineaux adultes seront encore tués, et avant d'avoir pu se reproduire; d'autres seront tués après la première couvée; d'autres, enfin, auront les 2 couvées. Afin de ne pas exagérer l'accroissement, admettons que chaque couple élève seulement une moyenne de 4 jeunes pendant ce trimestre, et que les 2/5 des adultes et la moitié des jeunes soient tués avant son expiration. Nous avons alors, avec 20 millions de Moineaux adultes formant 10 millions de couples, 40 millions de jeunes dont la moitié, ou 20 millions, seront tués avant le 1er juillet, avec les 2/5 des adultes ou 8 millions. Il restera donc au 1er juillet 12 millions de Moineaux adultes, et 20 millions de jeunes, au total, 32 millions d'oiseaux. Des primes pour 28 millions de têtes auront été payées aux chasseurs pendant le second trimestre de l'année.

Les Moineaux adultes seront encore plus défiants pendant le troisième trimestre : juillet, août, septembre, mais les jeunes de l'année étant plus nombreux et moins expérimentés, ce sont eux qui paieront la plus forte part du tribut. Il périra environ moitié des jeunes ou 10 millions, et 1/3 des adultes ou 4 millions.

Les 6 millions de couples d'adultes auront une 3e couvée pendant ces trois mois, couvée que nous supposons plus faible que les premières, de 2 jeunes seulement par couple, et dont la moitié sera également détruite. Ce sont donc 12 millions de jeunes qui écloront et 6 millions d'entre eux seront tués avec 10 millions des jeunes des deux premières couvées, et 4 millions d'adultes, au total, 20 millions de victimes pour le 3e trimestre.

Le 4e trimestre de l'année commence le 1er octobre avec 8 millions de Moineaux adultes, 10 millions de jeunes des deux premières couvées, 6 millions de jeunes de la troisième couvée, au total, 24 millions d'oiseaux. Tout accroissement cesse pendant ces trois mois : octobre, novembre, décembre. Les oiseaux sont de plus en plus dispersés, de plus en plus sauvages, et il n'y en aura guère que 40 °/o de tués, soit 9,600,000 ; il en restera donc 14,400,000 à la fin de la première année de proscription, et on aura payé des primes pour 77,600,000 Moineaux.

Pendant l'année suivante, les oiseaux réduits au tiers de leur nombre primitif et devenus plus sauvages encore après cette série de persécutions, seront très difficiles à approcher. Si on veut maintenir la même proportion entre le chiffre total des oiseaux et le nombre de ceux qui seront tués, il faudra certainement majorer la prime. On arrivera à cette condition, en répétant les calculs faits pour la première année, à ne plus avoir que 5,184,000 Moineaux à la fin de la deuxième année, et on aura payé des primes pour en détruire 25 millions.

Une nouvelle augmentation de la prime sera nécessaire au début de la troisième année si on veut conserver la même proportion ; 10 millions de Moineaux périront alors pendant cette année, et il en restera 2 millions à son expiration.

La quatrième année qui amènera encore une majoration de la prime, réduira le nombre des Moineaux vivants à 672,000 ; elle en verra périr 3,500,000.

A la fin de la cinquième année l'État n'aura plus que 241,865 Moineaux, et on en aura tué de nouveau 1,300,000.

Le tableau suivant résume les étapes successives que nous venons de franchir pour obtenir ce résultat. La condition *sine quâ non* de la réussite, on a pu le remarquer, est d'avoir pour chaque année un rapport constant, toujours le même, entre le nombre des oiseaux tués et celui des oiseaux présents sur toute la surface de l'État pendant cette année.

On obtient, avec les hypothèses précédentes, les chiffres de 5/6, ou 84 3/10 °/° pour la valeur de ce rapport, c'est-à-dire que chaque année doit voir périr les 5/6 de tous les Moineaux, ceux existant déjà dans l'État ou qui y sont nés pendant le cours de cette année, de sorte qu'au début de chaque année il ne reste en vie qu'un nombre de Moineaux représentant les 36 °/° de ceux qui s'y trouvaient au début de l'année précédente. Or, pour maintenir la constance de ce rapport, il faudrait faire croître la prime individuelle proportionnellement à la diminution des Moineaux. Pour abaisser le nombre des oiseaux à 241,865, il aura fallu en tuer et en payer 120,516,849.

Tableau hypothétique, montrant les effets probables sur le nombre des Moineaux de l'Ohio, d'une prime élevée et annuellement progressive, pendant 5 années consécutives.

Trimestres.	Nombre des Moineaux au début de chaque trimestre.	Nombre des couples couvant.	Nombre des jeunes éclos.	Nombre des Moineaux adultes tués.	Nombre des jeunes Moineaux tués.	Nombre des tout jeunes Moineaux tués dans le 3e trimestre.	Total des Moineaux tués.	Rapport pour 100 des Moineaux tués.
				1re ANNÉE.				
De janv. à mars.	40.000.000			20.000.000			20.000.000	50
D'avril à juin...	20.000.000	10.000.000	40.000.000	8.000.000	20 000.000		28.000.000	46 2/3
De juillet à sept.	32.000.000	6.000.000	12.000.000	4.000.000	6.000.000	10.000.000	20.000.000	45 1/2
D'oct. à décem.	24.000.000			9.600.000			9.600.000	40
Total des Moineaux tués la 1re année.....							77.600.000	84 3/10
				2e ANNÉE.				
De janv. à mars.	14.400.000			7.200.000			7.200.000	50
D'avril à juin...	7.200.000	3.600.000	14.400.000	2.880.000	7.200.000		10.080.000	46 2/3
De juillet à sept.	11.520.000	2.160.000	4.320.000	1.440.000	2.160.000	3.600.000	7.200.000	45 1/2
D'oct. à décem.	8.640.000			3.456.000			3.456.000	40
Total des Moineaux tués la 2e année.....							27.936.000	84 3/10
				3e ANNÉE.				
De janv. à mars.	5.184.000			2.592.000			2.592.000	50
D'avril à juin...	2.592.000	1.296.000	5.184.000	1.036.800	2.592.000		3.628.800	46 2/3
De juillet à sept.	4.147.000	777.600	1.555.200	518.400	777.600	1.296.000	2.592.000	45 1/2
D'oct. à décem.	3.110.400			1.244.160			1.244.160	40
Total des Moineaux tués la 3e année.....							10.056.960	84 3
				4e ANNÉE.				
De janv. à mars.	1.866.240			933.120			933.120	50
D'avril à juin...	933.120	466.560	1.866.240	373.248	933.120		1.306.368	46 2/3
De juillet à sept.	1.492.992	279.936	559.872	186.622	279.936	466.560	933.118	45 1/2
D'oct. à décem.	1.119.746			447.898			447.898	40
Total des Moineaux tués la 4e année.....							3.620.504	84 3/10
				5e ANNÉE.				
De janv. à mars.	671.848			335.924			335.924	50
D'avril à juin...	335.924	167.962	671.848	134.370	335.924		470.294	46 2/3
De juillet à sept.	537.478	100.777	201.554	67.185	100.777	167.962	335.924	45 1/2
D'oct. à décem.	403.108			161.243			161.243	40
Total des Moineaux tués la 5e année.....							1.303.385	84 3/10

Le montant des primes payées pendant ces cinq années ne peut être fixé d'avance, car on ignore à combien la prime de la 1re année devra s'élever pour assurer la destruction de la moitié des Moineaux pendant le 1er trimestre, 1 ou 2 cents, 5 ou 10 centimes, par tête ne suffiraient certainement pas, et il est même douteux qu'on puisse réussir, en payant 3 cents ou 15 centimes par tête de Moineau. Les primes des années suivantes devront être fixées de même à l'expiration de chaque année. Au commencement de la nouvelle période annuelle, on sera en présence des Moineaux devenus trois fois moins nombreux, et au moins trois fois plus sauvages, il faudra donc tripler au bas mot la prime de l'année précédente.

Les sommes qu'exigerait la destruction des Moineaux dans ces conditions, aux différents taux de 5, 10, 15, 20, 25 centimes pour la première année, taux se doublant ensuite d'année en année, ont été calculées dans les tableaux suivants :

Prime par tête de Moineau, 5 centimes la première année.

	Nombre de Moineaux tués.	Prime.	Sommes payées.	
	—	—	—	
1re année........	77.600.000	0.05	3.880.000	francs.
2e année........	27.936.000	0.10	2.793.600	—
3e année........	10.056.000	0.20	2.011.200	—
4e année........	3.620.504	0.40	1.448.201	—
5e année........	1.303.385	0.80	1.042.708	—
Somme totale à dépenser en 5 ans....			11.175.709	francs.

Prime par tête de Moineau, 10 centimes la première année.

1re année........	77.600.000	0.10	7.760.000	francs.
2e année........	27.936.000	0.20	5.587.200	—
3e année........	10.056.000	0.40	4.022.400	—
4e année........	3.620.504	0.80	2.896.403	—
5e année........	1.303.385	1.60	2.085.416	—
Somme totale à dépenser en 5 ans....			22.351.419	francs.

Prime par tête de Moineau, 15 centimes la première année.

1re année........	77.600.000	0.15	11.640.000	francs.
2e année........	27.936.000	0.30	8.380.800	—
3e année........	10.056.000	0.60	6.033.600	—
4e année........	3.620.504	1.20	4.344.604	—
5e année........	1.303.385	2.40	3.128.124	—
Somme totale à dépenser en 5 ans....			33.527.128	francs.

Prime par tête de Moineau, 20 centimes la première année.

1re année........	77.600.000	0.20	15.520.000	francs.
2e année........	27.936.000	0.40	11.174.400	—
3e année........	10.056.000	0.80	8.044.800	—
4e année........	3.620.504	1.60	5.792.806	—
5e année........	1.303.385	3.20	4.170.832	—
Somme totale à dépenser en 5 ans....			44.702.838	francs.

Prime par tête de Moineau, 25 centimes la première année.

1re année........	77.600.000	0.25	19.400.000	francs.
2e année........	27.936.000	0.50	13.968.000	—
3e année........	10.056.000	1.00	10.056.000	—
4e année........	3.620.504	2.00	7.241.008	—
5e année........	1.303.385	4.00	5.213.540	—
Somme totale à dépenser en 5 ans....			55.878.548	francs.

On voit par les tableaux précédents que la destruction des Moineaux dans un État tel que l'Ohio, coûterait en 5 ans, plus de 11 millions de francs en partant d'une prime de 5 centimes par tête, plus de 22 millions en partant d'une prime de 10 centimes, plus de 33 millions en partant d'une prime de 15 centimes, près de 45 millions en partant d'une prime de 20 centimes, et près de 56 millions en partant d'une prime de 25 centimes. Si on se rappelle avec quelle modération les hypothèses servant de base à ces calculs ont été établies, on voit combien il serait absurde d'essayer de détruire le Moineau par l'offre des primes individuelles. Aucun État ne pourrait supporter la dépense qui en résulterait, dépense si considérable, que la loi l'autorisant serait certainement rapportée à l'expiration de la première année. La mise en exécution de ces mesures rencontrerait du reste une foule de complications (1).

On a songé bien des fois, vu cette impossibilité d'établir

(1) Cette hypothèse s'est réalisée au Michigan où une prime de 5 centimes est payée pour chaque tête de Moineau présentée à l'autorité. D'après le bulletin de la station agronomique de cet État, les municipalités paieraient plus de primes pour la destruction d'oiseaux utiles tels que la Linotte, la Linotte à tête rouge, le Moineau chanteur, le Gros bec et le Thrushe, oiseaux privilégiés cependant par la loi, et dont le meurtre est un délit puni d'une amende de 5 dollars, que pour les Moineaux, les employés chargés de la vérification étant incapables de distinguer, aux caractères empruntés à la tête, le Moineau des autres oiseaux.

une prime par tête de Moineau, à payer pour la destruction des œufs ; le moyen paraît rationnel et pratique au premier abord, mais il se heurte aussi à de nombreuses difficultés d'application.

Celui qui découvrirait un nid, en enlèverait les œufs qu'il se ferait payer, mais il aurait grand soin de laisser le nid en place, car quelques jours plus tard, les oiseaux y auraient pondu de nouveau. En laissant chaque fois 1 ou 2 œufs, on peut faire pondre au Moineau 30 ou 40 œufs consécutifs.

M. Shaw, de West Berlin, Ohio, a vu, en 1887, un de ses voisins enlever successivement 40 œufs d'un nid, et le Dr Coues cite un Moineau qui pondit 35 œufs en 35 jours. Du 22 avril au 27 juin 1889, enfin, M. Blake, de Providence, Rhode-Island, a pu enlever 953 œufs d'une cinquantaine de nids.

Les œufs de Moineaux présentent en outre de telles variations de couleur et de grosseur, qu'il est souvent très difficile de les distinguer de ceux des autres oiseaux, qui courraient alors grand risque d'être également détruits.

Si le calcul démontre la non-efficacité des primes individuelles pour la destruction d'une espèce nuisible, les Etats-Unis peuvent encore s'appuyer pour cette démonstration sur une expérience récente.

Le 5 mars 1887, en effet, le territoire de Montana offrait une prime de 10 cents, de 50 centimes, pour chaque Chien des prairies détruit, et une prime de 5 cents, de 25 centimes, pour chaque Écureuil de terre ; 7 mois après, le 12 septembre, les 260,000 francs affectés à ce chapitre du budget étaient épuisés. On avait tué 153,709 Chiens de prairies, payés 80,000 francs, et 698,971 Écureuils de terre, payés 180,000 francs. Aucune diminution ne pouvait être constatée dans les ravages de ces animaux. Aussi une session extraordinaire fut-elle immédiatement demandée, et on rapporta la loi.

Une institution : les clubs à Moineaux, Sparrows-clubs, semble donner d'excellents résultats dans certaines parties de l'Europe où on fait une guerre acharnée à cet insupportable oiseau. Chaque membre du club doit présenter à la fin de l'année un nombre déterminé de têtes de Moineaux, sinon, il paie une amende proportionnée au chiffre manquant. Ces amendes, parfois renforcées par des cotisations, servent à constituer des primes pour les membres ayant tué le plus de

Moineaux. Un de ces clubs fonctionne dans une petite ville anglaise de 3,000 habitants, Straford-sur-l'Avon; en 1887, il y a fait détruire 19,000 Moineaux payés 30 centimes la douzaine. On trouve déjà quelques clubs analogues aux Etats-Unis et leur multiplication produirait certainement d'excellents effets.

Il serait aussi très utile d'organiser de temps en temps de grandes chasses aux Moineaux. Dans une de ces battues, faite à Wadsworth, Ohio, en 1888, 26 chasseurs ont tué 980 Moineaux. Le Moineau est du reste comestible et vaut les autres petits oiseaux comme gibier. Les restaurateurs ne se font certes pas faute de le servir sous le nom de rice-bird, d'oiseau de riz, à l'époque même où ces oiseaux ne sont pas encore arrivés dans la plupart des États de l'Union. Il devient surtout excellent s'il s'est nourri de céréales ou de riz sauvage, et on peut encore, l'ayant pris vivant, l'engraisser pendant quelques jours avec de la farine de froment ou d'avoine.

DESTRUCTION DES MOINEAUX PAR LES POISONS.

Le département de l'agriculture reçoit souvent des demandes de renseignements sur les procédés les plus efficaces à employer pour l'empoisonnement des Moineaux. Des données exactes sur ce sujet lui faisant absolument défaut, il a dû entreprendre une série d'expériences, afin de déterminer le mode le plus économique et le plus prompt ; trois sortes de poisons ont été l'objet de ces expériences : la strychnine, l'arsenic, le sublimé corosif.

La strychnine fut employée sous deux formes : en cristaux et en extrait de noix vomique.

Les essais par l'arsenic portèrent sur l'acide arsénieux ou arsenic blanc, l'arsénite de cuivre ou vert de Paris, l'arsénite de chaux ou pourpre de Londres, l'arsénite de soude, l'arsénite de potasse ou liqueur de Fowler.

Le sublimé corosif, comme le cyanure de potassium et le phosphore, est un composé trop dangereux à manipuler pour qu'on puisse en conseiller l'emploi.

L'arsenic produit des résultats assez efficaces, mais il est un peu coûteux. Avec 1 kilogr. 800 d'acide arsénieux, on peut traiter un *bushel*, 36 litres de blé, ce qui fait varier entre 5 et 7 francs le prix de cette quantité de grains empoisonnés, qui détruira plus de 35,000 Moineaux.

La strychnine est plus active, 28 grammes suffisent pour empoisonner un *bushel*, 36 litres, qui revient alors à 14 ou 15 francs, mais avec les 672,000 grains d'un *bushel*, à raison de 6 à 7 grains par tête, on peut tuer 100,000 Moineaux. Pour un oiseau aussi défiant que le Moineau, l'arsenic, à action lente, est préférable à la foudroyante strychnine, susceptible de produire son effet pendant que les Moineaux sont encore en train de manger et d'empêcher ceux qui viendraient ensuite de toucher aux grains empoisonnés. On a constaté qu'aussitôt avertis, les Moineaux se gardaient bien de manger de ces grains. La meilleure méthode consiste à rassembler pendant plusieurs jours les Moineaux sur un point donné, en distribuant le même grain que celui qui est empoisonné, puis un beau jour on leur fait manger celui-ci.

CAPTURE DES MOINEAUX AU FILET.

M. Hill, auteur de cette notice, s'est créé une spécialité à Indianapolis, Indiana, en capturant des Moineaux expédiés ensuite dans toute la région aux amateurs de tir, qui préfèrent de beaucoup au lourd Pigeon cette cible de dimensions réduites et aux allures extrêmement vives. Il décline énergiquement toute responsabilité dans la dispersion de l'oiseau : « Si, dit-il, j'en ai envoyé des milliers à travers l'Illinois, » l'Indiana, l'Iova, le Maryland, le Michigan, le Missouri, le » Nebraska, l'Etat de New-York, la Pennsylvanie, la Virginie » occidentale et le Wisconsin, ces Moineaux étaient destinés » à servir de cibles pour le tir, et plus de 70 °/₀ d'entre eux » ont été tués. » Ce serait le meilleur oiseau de tir, car il est extrêmement leste, si sa petite taille ne le rendait difficile à atteindre. Le *trap-shooting* des Moineaux n'est pas une invention américaine; du reste, il est connu de longue date en Angleterre, et Charles Dickens le mentionne dans un de ses romans, mais il a pris beaucoup plus d'extension en Amérique, non par raison d'économie, il est vrai, les Moineaux coûtant souvent, grâce aux longs voyages, beaucoup plus cher que les Pigeons. L'arrivée des Moineaux dans l'Indiana est assez récente et ils ont dû, pour qu'une industrie telle que celle de M. Hill ait pu se créer, s'y multiplier plus que partout ailleurs. En 1872, en effet, deux paires de Moineaux s'échappaient, à Indianapolis, de la volière où on les tenait enfermées, puis diverses personnes en amenèrent des autres parties des Etats-Unis et leur rendirent la liberté ; on peut évaluer à plusieurs centaines le nombre d'oiseaux dont cet État fut ainsi doté.

Un peu plus tard, les employés des chemins de fer se mirent à prêter leur concours à ces introductions. Ils laissaient les Moineaux pénétrer dans des wagons chargés de blé, puis en fermaient les portes, pour ne les ouvrir qu'aux points où ce désagréable volatile ne s'était pas encore implanté.

D'après M. Hill, la dispersion des jeunes Moineaux s'opérerait surtout l'été et en automne, tandis que les adultes se diffuseraient plutôt au printemps, à l'époque de la pariade, et il est persuadé qu'une chasse active peut, au bout de quelque temps, les éloigner d'une région.

Malgré son abondance, c'est l'oiseau le plus difficile à prendre avec des filets, et l'auteur rapporte à ce propos l'aventure d'un Moineau qui, ayant pu s'échapper de ces filets, alla se poster non loin de là, empêchant par ses cris et ses objurgations tout autre oiseau de s'en approcher. Le narrateur de cette petite scène, voyant sa journée fort compromise, dut abattre le Moineau babillard d'un coup de fusil.

Autour d'Indianapolis, comme partout ailleurs, l'abondance des Moineaux a amené une diminution dans le nombre des autres oiseaux.

Un bon tendeur au filet peut en prendre une centaine en moyenne, le chiffre maximum qui ait été constaté est 366. M. Hill en capture 40,000 environ par an.

Fig. 1.

Les filets servant à cette chasse, forment 2 grands rectangles de 10 mètres de long sur 2 mètres 30 de large, étendus parallèlement à terre et séparés par un intervalle de 4 mètres (fig. 2). Sur cet espace libre, on dispose les appeaux, Moineaux attachés au moyen d'une sorte de collier (figure 1) à l'extrémité d'une baguette longue de 60 centimètres environ, le *fly-stick* (fig. 4), susceptible de se mouvoir autour d'une de ses extrémités, au moyen des longues cordes, *g h* (fig. 2) qui aboutissent à l'endroit où se tient le chasseur, généralement derrière une haie ou un accident de terrain. La meilleure partie du talent du tendeur

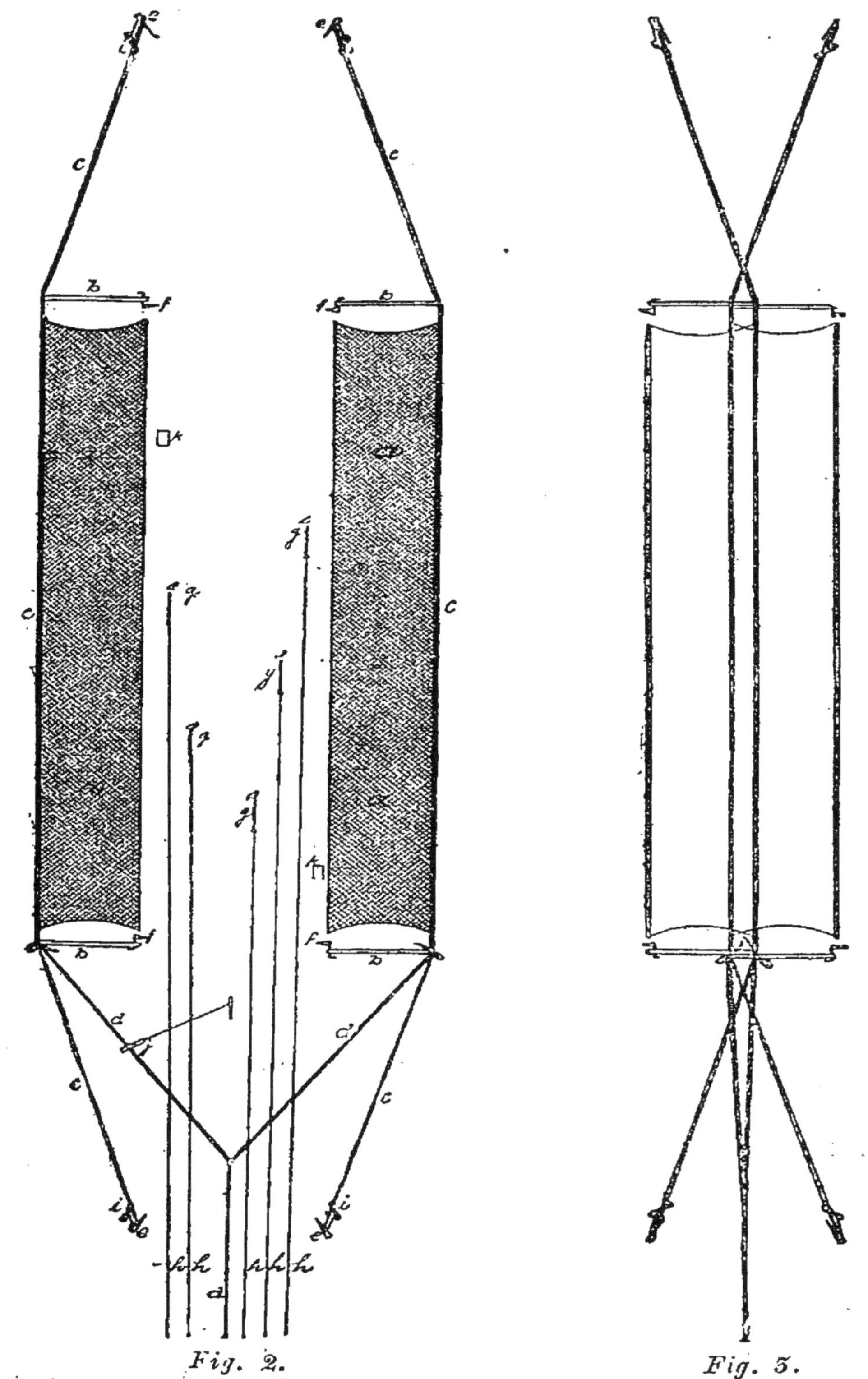

Fig. 2. *Fig.* 3.

de filets consiste à savoir disposer son appareil en un lieu de passage des Moineaux, en un endroit qu'ils traversent pour aller de leurs nids aux champs où ils passent la journée. Dès que le chasseur aperçoit une volée de Moineaux, il tire sur les ficelles aboutissant aux baquettes des appeaux, qui s'élèvent et s'abaissent, éveillant par ces mouvements l'attention de leurs congénères. Ceux-ci s'avancent rapidement; au moment où ils vont se poser à terre, le chasseur hâlant sur une corde *d d* (fig. 2), qui aboutit aux deux filets, leur fait décrire un demi-cercle sur leur grand côté intérieur, et

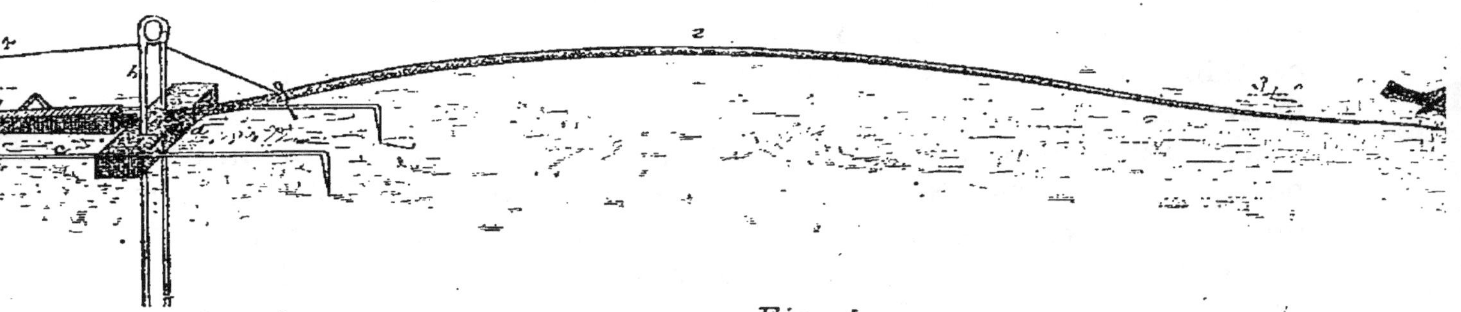

Fig. 4.

ils s'abattent sur les Moineaux en se recouvrant légèrement sur toute leur longueur (fig. 3).

Ils doivent être pris au vol par les deux nappes de filets se refermant, et dont les mailles, si le chasseur est habile, les saisiront au moment où le mouvement du vol rapproche leurs ailes dans une position verticale.

Ce mode de chasse exige une parfaite connaissance des habitudes du Moineau, qui est surtout difficile à prendre à cause de l'irrégularité de son vol.

Les Moineaux ainsi capturés s'habituent assez vite à la vie recluse; on les garde par plusieurs milliers à la fois dans des bâtiments spéciaux où la mortalité ne dépasse pas 3 %.

LE MOINEAU DOMESTIQUE ET LE MOINEAU FRIQUET A SAINT-LOUIS (MISSOURI).

En 1869, dit M. Otto Nidmann, auteur de cette partie du réquisitoire, un habitant de Saint-Louis, M. Cavins, mettait en liberté, au centre de notre ville, quelques couples de Moineaux domestiques, *Passer domesticus*, qu'il venait de recevoir de New-York.

Un an plus tard, un marchand d'oiseaux ramenait d'Allemagne 23 Moineaux friquets, *Passer montanus*. MM. Daenzer et Kleinschmidt, deux Allemands établis à Saint-Louis, qui avaient déjà tenté d'introduire les oiseaux chanteurs européens, firent aussitôt l'acquisition des Friquets, et le 25 avril 1870, ils les mettaient en liberté dans le parc Lafayette. Saint-Louis possédait désormais les deux types de Moineaux qui, pendant quelque temps, se firent peu remarquer, mais des renforts arrivaient continuellement, des marchands d'oiseaux, profitant de la naïveté du public, se mirent à faire venir de New-York des quantités de Moineaux que certains habitants s'empressaient d'acheter pour leur rendre la liberté.

Les deux espèces, s'accroissant d'une façon surprenante, occupaient, vers 1875, la totalité des 1600 ou 1700 hectares que couvre la ville de Saint-Louis. Les Friquets dominaient au sud, les Moineaux s'étaient réservés les quartiers du nord, mais vers 1877 déjà, ils tendaient à refouler leurs congénères et la guerre commença au printemps de 1878, les Moineaux domestiques expulsant les Friquets des boîtes où ils se préparaient à faire leur nid. Sur 12 boîtes placées contre la maison de M. Widmann, les Moineaux n'en prirent qu'une au printemps, laissant les autres aux Friquets, mais quand l'hiver fut venu, ils durent renoncer à se percher dans les arbres dénudés et chercher des abris plus chauds. Un beau matin, une nuée de Moineaux s'abattait sur les boîtes et en expulsait les Friquets, dont un seul couple put rester en possession de la sienne, grâce à la situation isolée qu'elle occupait. M. Widmann a constaté en cette circonstance que le Friquet justifierait bien mieux le nom spécifique de domestique, improprement attribué au Moineau. Le Friquet se nomme *Tree-Sparrow*, Moineau des arbres, dans les pays de langue anglaise, mais s'il vit dans les arbres, c'est uniquement parce que son congénère ne le laisse pas s'établir auprès des maisons. Le Moineau s'accroissant toujours, le Friquet dut lui abandonner la ville et aller s'installer où il pouvait, dans les anfractuosités des arbres et les fissures des rochers. Cet oiseau serait une bien meilleure acquisition que le Moineau, et quoiqu'il ait quelques-unes de ses habitudes en partage, il ne participe pas des instincts querelleurs rendant le Moineau si désagréable. Comme tout autre oiseau, il défendra son logis, mais ne se montre jamais agressif. Il n'attaque pas les autres oiseaux pour se distraire, comme fait le Moineau, bien au contraire, il se plaît en la société des espèces indigènes et on le voit souvent en compagnie des oiseaux hivernant, tels que le Juneo et le Moineau des arbres canadien, oiseau dans la voix duquel les premiers émigrants européens ont sans doute reconnu quelques-unes des tonalités de celle du Friquet, ce qui lui a fait donner le même nom de *Tree-Sparrow*, Moineau des arbres, car les deux plumages sont essentiellement différents. La voix du Friquet n'est certes pas un chant, mais elle comporte une certaine mélodie, surtout, et c'est le cas le plus fréquent, quand une bande de ces oiseaux se fait entendre en chœur. Elle rappellerait alors la voix du Bobolink et du Blackbird. Le Friquet n'a que 2 couvées, le Moineau en a 3, et non 4 et 6 comme on le dit parfois.

Quant aux dégâts commis par le Moineau, M. Widmann ne peut que constater une chose, sans cependant vouloir formuler une accusation positive, c'est que depuis son arrivée, les jardins produisent beaucoup moins de pêches. Le Martinet, l'Oiseau-bleu, le Roitelet, souffrent surtout de ses attaques, mais il est à espérer qu'ils apprendront à mieux se défendre. Le Martinet, du reste, a déjà fait de grands progrès sous ce rapport ; en quelques années de contact permanent et de querelles, il a appris à mieux garder son nid, à défendre plus énergiquement son domicile. Aussitôt arrivé, au début du printemps, le Martinet se met à la recherche d'une boîte, celle de l'année précédente autant que possible. Sa femelle le rejoint ensuite, et c'est beaucoup plus tard seulement qu'ils se mettent à faire un nid. Autrefois, ils sortaient ensemble, mais les Moineaux leur ont inculqué des connaissances tactiques, et, actuellement, l'un d'eux reste toujours au logis pour empêcher les Moineaux de s'en emparer. Un Martinet réussit assez facilement, en effet, à empêcher un Moineau de violer son domicile, mais jamais il ne peut le reconquérir quand celui-ci s'en est emparé.

Le Moineau, on doit le reconnaître, est plus courageux, plus intelligent que les oiseaux indigènes, et il possède, en outre, certaines qualités que ceux-ci devraient bien lui emprunter. Son activité est merveilleuse, on est tout étonné de la masse de matériaux qu'un couple de ces oiseaux accumule en quelques heures pour se faire un nid. Si ce nid est détruit par l'homme, ils recommencent le lendemain, et ils recommenceront les jours suivants, avec une persévérance surprenante. Le caractère le plus frappant du Moineau, et qui explique jusqu'à un certain point son énorme multiplication, est l'attachement des parents pour leurs petits. Le Moineau n'abandonne jamais sa couvée. Si un des parents est tué, l'autre le remplace, se chargeant de toute la besogne. Un jeune tombe-t-il du nid, les parents ne l'abandonnent pas, ils le nourrissent, l'abritent et le défendent. Si on enlève un jeune Moineau de son nid pour l'élever en cage, la mère viendra le nourrir pendant des semaines entières, dût-elle à cet effet pénétrer dans les appartements.

Beaucoup de jeunes Martinets tombent également de leur nid, les parents font grand ramage autour, essaient de les faire voler, puis, voyant que tout est inutile, ils les laissent mourir de faim sous leurs yeux, au pied du nid. Pendant les années de sécheresse, beaucoup de Martinets délaissent encore leur couvée qui ne tarde pas à périr. Des 4 à 6 œufs pondus par sa femelle, le Martinet ne réussit guère à élever que 2 petits, tandis que le Moineau, lui, mène à bonne fin les 4 ou 5 qu'il a fait éclore.

Si les oiseaux des États-Unis savaient mettre à profit les leçons que leur donne le Moineau, ils diminueraient considérablement la crainte qu'on a de les voir déplacés ou refoulés.

M. Widmann avait écrit les lignes précédentes au mois de mars 1888 ; quelque temps après, le 2 juin, il modifiait légèrement l'opinion presque favorable qu'il venait d'émettre sur le Moineau :

« J'ai toujours beaucoup aimé les oiseaux, ajoutait-il » alors, et je me sens toujours porté à l'indulgence en signa- » lant leurs défauts. Quoique j'aie vécu en guerre avec le » Moineau depuis qu'il a pénétré dans notre ville, j'espérais » toujours que les oiseaux indigènes apprendraient à résister » à l'étranger, dont on pouvait, jusqu'à un certain degré, » tolérer la présence. C'est animé de cet esprit de concilia- » tion que j'ai écrit l'article précédent, mais l'expérience » faite au printemps de cette année vient de me démontrer » que toute indulgence envers le Moineau serait criminelle. » Une surveillance absolue m'a révélé le fait que le Moineau

» mange les œufs des Martinets. J'ai vu 6 nids contenant » chacun 4 à 6 œufs détruits de cette façon. Les Martinets » s'étaient défendus avec succès jusqu'à une période de froid » qui sévit vers le 15 mai, mais alors, la rareté des insectes » ailés les força à aller au loin et à demeurer longtemps de- » hors pour chercher leur nourriture. Ces absences permi- » rent aux Moineaux de commettre leur crime. Ils eurent » seulement le temps de percer des trous dans les œufs d'un » des nids, trous devant sans doute leur servir à en boire le » contenu ; ils avaient dû manger jusqu'aux coquilles dans » les autres nids, mis au pillage, car on n'en a pas trouvé » trace. Les Moineaux n'ont manifesté que dans un cas l'in- » tention de s'établir au domicile des Martinets dont ils ve- » naient d'anéantir la couvée future. Partout ailleurs, ils se » sont retirés aussitôt leur crime commis. Les Martinets » gardent bien le nid le matin, mais l'après-midi, surtout » quand le temps est froid, ils partent en chasse pendant » plusieurs heures, laissant les Moineaux maîtres du logis. » Il y a huit ans environ, constatant que les Moineaux » étaient incorrigibles, j'essayai de faire la part de chacun, » en disposant des boîtes à leur usage exclusif dans un en- » droit donné et en essayant de leur faire comprendre qu'ils » y seraient tolérés, mais n'avaient pas le droit d'aller s'éta- » blir ailleurs. Cela me réussit d'abord, puis je fus forcé de » reconnaître que le seul moyen de protéger nos oiseaux » était de détruire énergiquement les nids et les couvées des » Moineaux. Le printemps dernier, plus chaud que celui de » 1888, s'est trouvé favorable aux Martinets qui pouvaient » passer la journée presque entière au nid et avaient réelle- » ment appris à se défendre contre les attaques des Moi- » neaux, mais le froid printemps de 1888 m'a prouvé que cet » oiseau dépendait trop immédiatement de la température, et » je me vois contraint de prononcer le verdict que le Moi- » neau ne sera pas plus longtemps toléré chez moi, je le dé- » truirai sans merci, par tous les moyens, en toute saison, et » non plus seulement au printemps, ainsi que j'ai fait jusqu'à » présent. »

Distribution du Moineau dans les différentes parties des États-Unis :

Alabama..........	depuis 1880	Michigan..........	depuis 1871
Arkansas.........	— 1876	Minnesota.........	— 1876
Californie.........	— 1871	Mississipi.........	— 1872
Caroline du nord...	— 1877	Missouri.........	— 1869
Caroline du sud....	— 1873	Montana..........	— 1885
Colombie..........	— 1870	Nebraska..........	— 1874
Colorado..........	— 1886	New-Hampshire....	— 1877
Connecticut......	— 1866	New-Jersey........	— 1866
Dakota............	— 1885	New-York..........	— 1850
Floride............	— 1886	Ohio..............	— 1869
Géorgie............	— 1867	Pennsylvanie......	— 1871
Idaho.............	— 1884	Rhode-Island......	— 1858
Illinois............	— 1871	Tennessee.........	— 1871
Indiana............	— 1870	Texas............	— 1867
Iowa.............	— 1875	Utah..............	— 1873
Kansas..........	— 1874	Vermont..........	— 1874
Kentucky..........	— 1874	Virginie...........	— 1870
Louisiane.........	— 1874	Virginie occidentale	— 1866
Maine.............	— 1858	Wisconsin.........	— 1871
Maryland..........	— 1868	Wyoming.........	— 1885
Massachusets......	— 1869		

Au Canada, ils arrivaient : dans l'Ontario, en 1870 ; à Québec, en 1870 ; dans la Nouvelle-Écosse, en 1875 ; dans le Nouveau-Brunswick, en 1876 ; dans le territoire du nord-ouest, en 1886 ; dans l'île du Prince-de-Galles, en 1887.

(Voir la carte page 508.)

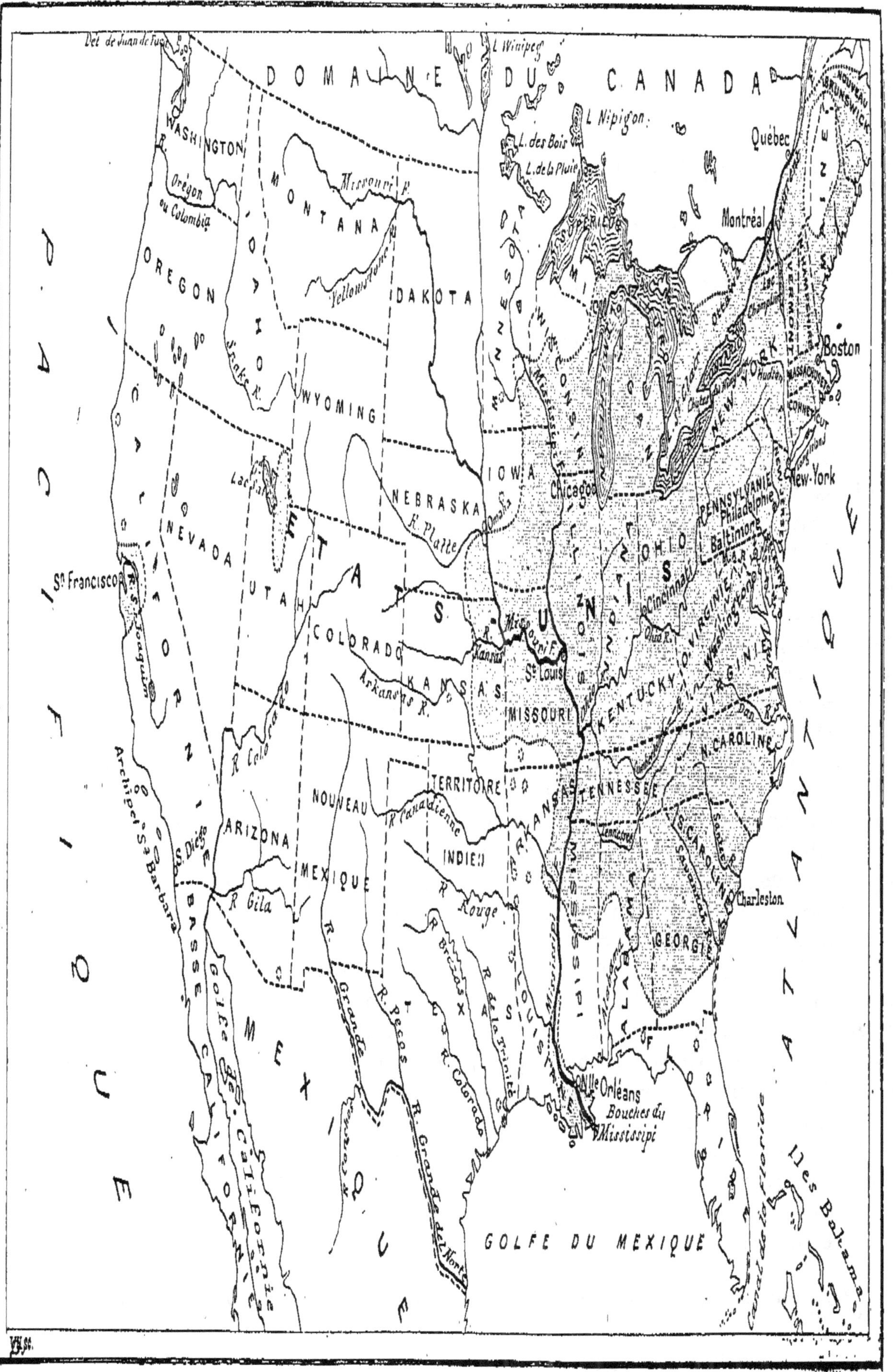

Carte de la répartition du Moineau anglais (*Passer domesticus*) à la fin de l'année 1886.

LE

DISCOGLOSSE DU NORD DE L'AFRIQUE

(*DISCOGLOSSUS AURITUS* H.-R.)

ET SON ACCLIMATATION EN FRANCE

PAR M. HÉRON-ROYER.

Le Discoglosse à oreilles est commun en Algérie ; il habite aussi le Maroc et la Tunisie. Cet élégant Batracien de l'ordre des Anoures appartient, comme les Sonneurs et les Alytes, à la section des Opisthocœliens, la concavité articulaire de ses vertèbres étant tournée en arrière ; cela le distingue nettement des Grenouilles, des Rainettes, des Pélobates et des Crapauds, chez lesquels la concavité articulaire des vertèbres est tournée en avant.

Cette différence de structure a son importance pour le zoologiste. Elle désigne la place que l'animal doit occuper dans la classification, et nous verrons bientôt qu'il était utile de la signaler, parce qu'elle concorde avec d'autres caractères embryologiques que nous aurons à examiner plus loin.

Les Discoglosses sont encore peu connus en France, où ils n'ont de représentant qu'en Corse. Ce genre peu nombreux en espèces, comprend seulement le Discoglosse peint (*Discoglossus pictus* OTTH.) et le Discoglosse à oreilles (*Discoglossus auritus* H.-R.), qui fait l'objet principal de cette note.

Le premier habite l'Espagne, le Portugal, la Sardaigne et plusieurs autres îles de la Méditerranée. Quant au second, nous savons déjà qu'il occupe le nord de l'Afrique ; plusieurs naturalistes ont aussi signalé sa présence en Sicile et au sud de l'Espagne (1).

Ces deux espèces sont différenciées par la forme de la tache temporale : étroite chez *D. pictus*, large chez *D. auritus*. Chez le premier, l'oreille est dissimulée sous la peau ; chez le second, elle est apparente et le tympan se montre

(1) *A propos du Discoglossus auritus.* — *Bull. de la Soc. zool. de France*, XIII, p. 220, 1888.

circulaire tout comme chez les Grenouilles. Le Discoglosse peint a le corps court et trapu et ses membres postérieurs sont plus épais et plus courts que chez le Discoglosse à oreilles. Ce dernier atteint à une plus grande taille et ses formes sont plus élancées ; son aspect et celui de notre jolie Grenouille agile (*Rana agilis* THOMAS), mais sa coloration est beaucoup plus variée : elle présente un ensemble de nuances et de dessins le plus souvent symétriques et très agréables à la vue. On en trouve de très différents sous le rapport des couleurs et des dessins et on en voit qui possèdent une coloration uniforme et sans dessins apparents.

Les tons gris-jaunâtre, verdâtres, fauves, marrons, rouges et même rosés, leur sont communs ; le bronze et les reflets métalliques rehaussent souvent ces diverses teintes. Aussi, dans une ponte, est-on certain de trouver de très nombreuses variétés, si bien, qu'un peintre ne pourrait jamais les représenter toutes.

Le ventre est toujours sans tache et d'un blanc de peau vernissée.

Malgré cette riche coloration, le Discoglosse sait se dissimuler aux regards, il aime à se blottir sous les feuilles, au pied des plantes ; s'il se cache dans un trou quelconque, il en laisse émerger le bout de son museau ; dans l'eau, il se pose sur les plantes ou entre leurs feuilles et, n'était la partie supérieure et métallique de son œil, qui brille au soleil comme un diamant, il passerait souvent inaperçu.

Le Discoglosse à oreilles est aussi diurne que nocturne ; il est prudent et sait se faufiler entre les plantes sans être vu ; si par hasard il se trouve dans une allée, lorsqu'une personne vient vers lui, en deux ou trois bonds il disparaît. Les jeunes sont peu fuyards : moins ils sont âgés, plus ils sont faciles à approcher et même il est prudent, les premières semaines qui suivent leur transformation, d'apporter un peu d'attention en marchant dans les jardins où l'on élève ce Batracien.

Le Discoglosse n'est donc pas un animal encombrant, il ne coûte aucun frais d'entretien ; au contraire, il se charge de dévorer une quantité énorme de petits invertébrés à tous les états, car son appétit est insatiable et dépasse de beaucoup celui du Crapaud commun ; il aime le soleil dont l'ardeur ne fait qu'activer sa digestion. Comme tous les Batraciens, son sang est à température variable et, plus la chaleur en est élevée, plus il est actif.

L'œil des Discoglosses est un peu différent de celui des Grenouilles et des Crapauds ; il est un peu plus petit, saillant et rond comme celui des Sonneurs ; la pupille est presque circulaire, elle se termine en pointe à sa base, en sorte qu'elle se montre sous la figure d'un cœur : le filet doré qui suit le bord de l'iris est interrompu en bas, et là, il laisse voir une commissure très appréciable qui facilite la dilatation pupillaire dans l'obscurité. En haut de l'œil s'étend la large bande métallique or dont j'ai parlé déjà.

Le Discoglosse à oreilles chasse aussi bien la nuit que le jour ; il semble résulter de ce fait, qu'il n'a pas de repos quotidien. Cependant lorsqu'il a besoin de se reposer, il s'enfouit à quelques centimètres dans le sol, à l'endroit qui lui paraît propice, et y reste plusieurs jours sans bouger ; alors ses paupières sont closes, tout comme dans le sommeil. Plusieurs fois j'en ai déterré bien doucement pour les surprendre et toujours j'ai vu leur paupière baissée et l'œil à demi rentré dans l'orbite. C'est ainsi, comme on pouvait le supposer, que ce Batracien répare ses fatigues. Le Discoglosse peint agit de même, mais j'ai observé que son repos est beaucoup plus prolongé, surtout après une ponte, tandis qu'en pareille circonstance le Discoglosse à oreilles continue ses amours sans interruption ; de plus, j'ai constaté bien des fois, depuis six ans, l'extrême vigueur des mâles de cette dernière espèce et j'ai poussé l'expérience jusqu'à donner quatre femelles à un seul mâle et toutes leurs pontes furent fécondées.

Les amours de ce Batracien sont fort curieuses à observer (1) : comme chez la plupart des Anoures, le mâle précède la femelle à l'eau. Il se place près du bord, laisse émerger sa tête en se cramponnant à quelques plantes, et se rengorge fièrement, en regardant la femelle qui est restée sur la rive ; puis, doucettement, il se met à chanter un *ra-a*, *ra-a*, *ra-a* assez significatif, qui invite la femelle à venir à lui. Celle-ci reste souvent impassible devant ces premiers appels ; mais le mâle, toujours impatient du succès qu'il médite, reprend son

(1) *Note sur les amours, la ponte et le développement du Discoglosse.* — *Bull. de la Soc. zool. de France*, X, p. 565, 1885.

chant un peu plus vif et mieux roulé ; puis il fait quelques mouvements et s'approche autant que possible de la femelle qu'il désire. En même temps il continue sa sérénade, qui consiste en un chant doux et comme partant du ventre, dont le timbre varie avec l'intensité de la passion ressentie par le mâle.

Si la femelle se fait trop désirer, notre mâle sort de l'eau, va vers elle, la pousse du bout de son museau comme pour lui indiquer l'onde nuptiale. Reste-t-elle à terre malgré ces

Le *Discoglossus auritus*.

avances galantes, il s'en retourne, plonge et revient prendre la position qu'il occupait d'abord, sort sa tête de l'eau et recommence à chanter.

La femelle, dans son apparente insouciance, n'est point inactive : elle souffre, et laisse s'opérer le passage des œufs des oviductes aux chambres utérines. Lorsque ce travail maternel est achevé, elle va vers le mâle en glissant dans l'eau, la tête en avant. Le mâle nage aussitôt à sa rencontre, la saisit vers la région pectorale, puis vivement fait glisser jusqu'au bas des lombes ses bras vigoureux, effectuant ainsi une friction sur le ventre de sa compagne.

A peine cette friction est-elle opérée que la femelle a lancé ses œufs avec force ; ceux-ci s'étalent en gerbe au sortir du cloaque et tombent sur les plantes, sur les cailloux ou sur le fond de la mare. Au moment de cette ponte le mâle a lancé la liqueur génératrice et les œufs se sont trouvés fécondés avant qu'ils n'aient gagné un point d'appui. Puis, chose curieuse, par un effet d'attraction les œufs vont l'un vers l'autre, à moins qu'un obstacle ne s'oppose à leur rencontre ; dans tous les cas, ils forment un ou plusieurs petits amas : ils ne se superposent point, n'adhèrent point les uns aux autres, mais sont simplement fixés à leur base.

L'un des hémisphères de l'œuf est brun noir ; il est toujours tourné en haut, même chez les œufs qui restent isolés ; l'hémisphère inférieur est blanc. L'œuf repose dans des enveloppes muqueuses et transparentes qui le protègent durant la segmentation et les premières phases évolutives de l'embryon. Dès que celui-ci est assez fort, il déchire son chorion et continue à évoluer dans l'œuf, malgré les débris qui l'embarrassent, jusqu'à ce qu'il ait la force de crever la capsule interne qui le retient prisonnier ; il traverse alors la couche adhésive, et commence à nager dans l'eau. Mais souvent le jeune embryon, en quittant les enveloppes protectrices, n'est pas assez robuste pour gagner les plantes les plus proches et il tombe alors sur le flanc, en attendant que le développement de sa queue lui permette de nager.

Dès lors, la petite larve, dont la taille n'est pas supérieure à trois millimètres, va se fixer aux végétaux au moyen du mucus qui s'échappe de sa fossette sous-buccale. Cet organe provisoire est d'une structure toute différente de ce que l'on avait observé jusqu'ici chez les embryons d'Anoures : qu'on se figure un museau un peu allongé et arrondi, ayant son extrémité terminée par un boutoir dont l'ouverture est fermée par une languette triangulaire. Voilà l'organe en question. Mais comme cet organe doit disparaître, il passe par des changements qui tiennent au développement même de l'animal et qu'il nous serait trop long de décrire ici.

Le museau se raccourcit promptement, mais le boutoir persiste jusqu'à la disparition des branchies externes, puis il se résorbe pendant que la bouche se complète et que s'établit le spiraculum : peu à peu, on voit les opercules, qui donnent passage aux branchies externes, s'avancer au-dessus de celles-ci et les recouvrir entièrement, tandis qu'elles rétractent leurs longs rameaux. Puis ce processus continue sa marche envahissante vers la ligne médiane et bientôt les deux opercules vont se rejoindre, quand un repli de la peau se forme au-dessus d'eux et vient les dissimuler sous sa voûte membraneuse.

Le spiraculum ainsi formé est propre au groupe des Anoures opisthocœliens. Chez les procœliens, les choses se passent différemment : l'opercule droit se soude au tégument, tandis que le gauche conserve seul son orifice évacuateur.

Il peut sembler, à première vue, que les larves des deux groupes se ressemblent en ce qu'elles ne présentent qu'un seul orifice apparent, d'où s'échappe l'eau qui a servi à baigner les branchies internes, mais c'est là une erreur qu'on a propagée trop longtemps, faute d'observations minutieuses. Comme je viens de l'expliquer, les deux conduits latéraux existent chez les larves d'opisthocœliens, et il suffit pour s'en convaincre de soulever le repli qui abrite les ouvertures latérales. Ce type présente donc, en somme, une structure peu différente de celle qu'on observe chez les larves de Pipa et de Dactylèthre, dont les spiraculums sont symétriques, plus espacés et non dissimulés.

Ce caractère embryologique a une valeur que je ne pouvais omettre de signaler ; il nous démontre l'importance de la classification des Batraciens anoures, basée sur la forme de la vertèbre, comme l'a fait judicieusement ressortir le docteur Raphaël Blanchard (1).

Le développement du Discoglosse à oreilles jusqu'à l'état parfait s'opère normalement en quarante à cinquante jours, sous notre climat ; chez la plupart de nos Batraciens indigènes, il faut compter soixante-quinze à cent jours, suivant les espèces et suivant la saison. L'avantage est donc du côté du Discoglosse. De plus, les jeunes grandissent très promptement, en quelques mois ils sextuplent leur taille et, l'année suivante, ils peuvent se reproduire.

L'acclimatation de cet Anoure est un fait accompli ; je lui ai fait subir bien des épreuves, notamment celle de nos hivers et une longue privation de nourriture : grâce à sa robuste constitution, il a fort bien résisté. Elevé dans des cages aux dimensions moyennes de un demi-mètre de longueur, il a donné chaque année des pontes productives, et malgré la

(1) *Bull. de la Soc. zool. de France*, X, p. 584, 1885.

petitesse des cages dont je me suis servi, les jeunes ont acquis un développement normal et ont donné eux-mêmes naissance à de nouvelles générations (1).

Celles-ci ne cessent de se propager à leur tour avec une étonnante rapidité, surtout depuis qu'elles sont en liberté dans un jardin entouré de murs. Là, trois petits bassins sont à leur disposition : le plus grand n'a que deux mètres de long, avec une profondeur en pente douce, de zéro à quatre-vingt-dix centimètres. Cet aménagement suffit grandement à leurs besoins de reproduction et à loger leurs larves, comme à les protéger durant les froids les plus rigoureux.

En Algérie, le Discoglosse commence à pondre en janvier. Eh bien ! depuis plusieurs années, les nouveaux acclimatés n'éprouvent plus le besoin de se reproduire avant le mois d'avril, exactement comme la majorité de nos Batraciens.

Maintenant que toute difficulté est aplanie et que ce nouvel importé se reproduit sous notre climat, il serait utile de le répandre dans nos départements. Déjà, nous savons qu'il se propage très bien aux environs de Paris, par les soins assidus de M. Ch. Mailles. Bientôt, nous le verrons dans le département de l'Indre où M. Raymond Rollinat va s'occuper de le répandre. De mon côté, je continue à le multiplier dans le département d'Indre-et-Loire. J'engagerai même, si je pouvais être entendu, la Société nationale d'acclimatation à user des puissants moyens dont elle dispose pour faciliter la propagation de cet Anoure. Les services qu'on doit en attendre sont comparables à ceux que nous rendent les oiseaux insectivores, surtout depuis qu'on commence à s'apercevoir que la disparition du Crapaud, en France, n'est plus qu'une question de temps (2).

(1) *Bull. de la Soc. zool. de France*, XV, p. 14, 1890.

(2) Aux nombreuses causes de destructions dont le Crapaud est la victime, il convient d'en ajouter une nouvelle, encore peu connue. Nos voies ferrées sont autant de pièges immenses dans lesquels il trouve une mort certaine : son peu d'agilité ne lui permet pas de franchir le rail, quand il s'est aventuré sur la voie.

LES PARCS A HUITRES

DE SAINT-VAAST-LA-HOUGUE (MANCHE)

PAR M. S. JOURDAIN,
Ancien Professeur de Faculté.

Lorsqu'on quitte le port de Barfleur, situé à l'extrémité nord-est de la presqu'île du Cotentin, et qu'on se dirige vers le sud en suivant le rivage, on ne tarde pas à arriver à la pointe de Réville, que signale un petit phare à feu fixe. A cette hauteur, le rivage éprouve un brusque retrait d'environ 3 kilomètres vers l'ouest, puis, à partir de l'embouchure de la Saire, petite rivière qui arrose un pays d'une surprenante fertilité, il reprend sa direction primitive, sur une longueur de 3 kilomètres jusqu'à Saint-Vaast-la-Hougue, localité bien connue des naturalistes. Au sud de cette ville, nous trouvons un nouveau retrait d'un kilomètre de la côte, puis au delà de Morsalines, village assis au pied de coteaux verdoyants, la ligne côtière reprend la direction générale nord-sud jusqu'à la baie de Carentan, où elle s'infléchit brusquement à angle droit, pour former le rivage du département du Calvados.

Dans cette excursion sur la côte orientale du Cotentin, nous rencontrons donc deux petites baies. L'une, que nous nommerons la *Baie de la Saire*, comprise entre le rivage de Réville au nord, celui de Saint-Vaast à l'ouest et, du côté de la haute mer, à l'est, abritée par un îlot granitique, Tatihou, auquel on peut se rendre à pied sec à toutes les basses mers.

L'autre, dite *Anse du Cul-de-Loup*, limitée au nord par le territoire de Saint-Vaast, à l'ouest par la commune de Morsalines et à l'est par une chaussée insubmersible, protégée elle-même par une digue-chaussée, qui réunit Saint-Vaast à l'îlot rocheux sur lequel se dresse le donjon pittoresque de la Hougue. Cet îlot envoie dans le *Cul-de-Loup* une étroite levée de dune, en forme de crochet, que les plus hautes mers ne recouvrent jamais en totalité.

Cette introduction géographique permettra à nos lecteurs d'être fixés avec une entière précision sur les points du rivage oriental du département de la Manche, que l'industrie huîtrière a utilisés comme parcs pour le dépôt et l'élevage des Huîtres.

Ces parcs sont situés à Saint-Vaast-la-Hougue et ont été établis depuis de longues années dans la baie de la Saire et plus récemment dans le Cul-de-Loup.

Les premiers, beaucoup plus étendus que les seconds, sont des parcs de dépôt et des étalages.

Ils comprennent : 1° les anciens parcs, dont l'étendue dépasse 20 hectares (201,632 m. c.), divisés en 83 parcs.

2° Les grands étalages de la Couleige d'une contenance de 58 hectares, divisés en autant de parcs. Actuellement ces parcs sont inoccupés.

3° Les dépôts et les étalages sous Tatihou, avec les parcs de la Toquaise, occupant une superficie de près de 20 hectares (196,500 m. c.).

Nous dirons peu de chose des dépôts et des étalages. Il nous suffira de rappeler qu'on y dépose l'Huître jeune pour qu'elle s'y développe et devienne marchande. Ordinairement le dépôt s'effectue en mai et, vers la fin d'octobre, l'Huître s'est assez accrue pour être transportée dans les vieux parcs, d'où elle sera livrée à la consommation.

Depuis 1880 des essais d'élevage ont été tentés dans l'anse du Cul-de-Loup, où des parcs spéciaux ont été installés. L'Huître y est déposée à l'état de *naissain* et y est amenée à la taille marchande.

En 1881, sept concessions d'une étendue totale de 17 hectares furent accordées. Aujourd'hui 7 hectares seulement sont restés occupés par trois concessionnaires, MM. J. Auguste Asselin, Marc Thin et Constant Levêque.

Chaque parc est circonscrit par une clôture basse, en bois assemblés. La sole est disposée en pente et, pour que le dévasement s'opère avec plus de facilité, on a ménagé des communications entre les différents compartiments. La sole est en outre recouverte d'une couche de petits galets.

Le naissain provient d'Auray ou d'Osigose. Les ostréiculteurs de Saint-Vaast s'approvisionneraient volontiers à Arcachon, mais le syndicat de la Société huîtrière de cette localité, qui ne paraît point établi sur des bases très libérales, prohibe la vente du naissain.

Le naissain qui arrive à Saint-Vaast a séjourné 9 à 10 mois

sur les collecteurs. On ne l'expédie point immédiatement après l'avoir *détroqué*, c'est-à-dire détaché des collecteurs, mais on attend 15 à 20 jours avant de le faire voyager.

A son arrivée à Saint-Vaast, on le dispose dans de larges caisses en bois, dont le fond est fermé par un treillage métallique.

Le naissain y séjourne une année et y acquiert un diamètre de 4 centimètres à 5 cent. 1/2. Toutefois, quand la saison a été favorable et que la température a été clémente, la jeune Huître peut atteindre jusqu'à 6 cent. 1/2. Pendant cette première année, la mortalité est assez élevée et peut être évaluée à 20 et 25 0/0.

En avril et mai de l'année suivante, les jeunes Huîtres sont retirées des caisses et disposées sur la sole même du parc, qui a été au préalable nettoyée avec le plus grand soin. Elles y demeurent deux années, pendant lesquelles elles exigent une surveillance incessante et des lavages répétés.

Au cours de la deuxième année l'Huître s'épaissit, se *goffe*, comme disent les ostréiculteurs, et en moyenne acquiert un diamètre de 5 à 7 cent. 1/2.

La troisième année, la croissance est faible, de 1/2 à 1 centimètre.

Durant la période de sole la mortalité est d'environ 20 à 35 0/0.

Donc, en dépit de tous les soins apportés à l'élevage, on voit qu'il n'y a guère que 40 à 60 0/0 du naissain qui atteint la taille marchande et constitue alors un profit pour l'ostréiculteur.

Les Huîtres élevées dans le Cul-de-Loup sont de bonne forme, s'ouvrent aisément, sont délicates et sous ce rapport peuvent soutenir la comparaison avec celles qui proviennent des localités les plus en renom pour l'excellence de leurs produits.

Outre l'élevage de l'Huître ordinaire, M. Marc Thin pratique encore celui des Huîtres dites *portugaises*, qui ont acquis une grande vogue dans ces dernières années à cause du bas prix auquel on peut les livrer aux consommateurs.

Les naturalistes ne sont guère d'accord sur l'Huître portugaise, les uns la considérant comme une simple variété de l'Huître commune, les autres en faisant une espèce distincte et même la rattachant à un genre particulier, le genre

Gryphée. Ce n'est pas ici le lieu de discuter cette question controversée. Je me bornerai à constater que, par les divers traits de son organisation interne, la portugaise est une Huître véritable. Elle me paraît représenter une forme d'estuaire, c'est-à-dire modifiée par l'habitat dans des eaux salées mélangées de quantités variables d'eau douce, conditions que l'on trouve réalisées à l'embouchure des fleuves, du Tage en particulier, d'où ces Mollusques sont originaires.

La portugaise est loin d'égaler en qualité l'huître ordinaire; de plus, la coloration noirâtre des bords de son manteau et de ses branchies lui ôte l'aspect appétissant de son aînée en gastronomie, qu'elle ne parviendra jamais à détrôner auprès des véritables gourmets.

Hâtons-nous d'ajouter cependant, que les portugaises qui sortent des parcs de M. Marc Thin se sont sensiblement améliorées comme aspect et comme goût. Le Mollusque s'est engraissé et sa chair a perdu, en grande partie, cette saveur fade et saumâtre, qui fait que la portugaise ne l'emporte guère en définitive sur d'autres Bivalves, que l'on mange crus sur certaines tables du littoral.

Actuellement, M. Marc Thin possède dans ses parcs environ deux millions de portugaises à différents âges.

La baie de Saint-Vaast, comme la grande baie de la Seine en général, offre des fonds très propices à la reproduction et au développement des Huîtres. Il y aurait un intérêt majeur à entreprendre des essais de repeuplement, essais qui seraient couronnés de succès, s'ils étaient suivis avec méthode et persévérance. Il conviendrait surtout de s'adresser à d'anciens bancs que la drague a épuisés et non, comme on l'a fait souvent, de déposer le naissain là où la fantaisie s'avisait de vouloir créer une huîtrière. Tel mollusque se développe et se propage sur un point, parfois très circonscrit, et ne s'établira jamais sur un autre, où cependant les conditions biologiques paraissent les mêmes.

La richesse des anciens bancs a été la cause de leur destruction. Les pêcheurs y ont afflué et, sans le moindre souci de l'avenir, les ont exploités à outrance. La petite drague de 60 centimètres et surtout le rateau-drague de 25 à 30 centimètres constituent des engins de destruction redoutables, qui dénudent tellement les fonds que l'Huître y est littéralement anéantie.

Si cependant ces fonds, sans être repeuplés artificiellement, étaient sérieusement mis à l'abri des engins destructeurs, on les verrait se régénérer dans un avenir prochain. Mais le jour où l'on jugerait à propos de les livrer de nouveau à l'exploitation, il faudrait que celle-ci fût l'objet d'une surveillance *effective* et *rigoureuse*. Le temps de pêche, en particulier, devrait être limité, l'emploi des instruments de dragage sévèrement réglementé de manière à ne pas amener en une seule campagne, comme il y en a plus d'un exemple, l'anéantissement complet de l'huîtrière.

Des collecteurs avaient été à un moment disposés dans les fossés du fort de la Hougue, qui, à l'aide de vannes, sont mis en communication avec la mer. Ces essais n'ont pas abouti et ne pouvaient sérieusement aboutir. Il eût été indispensable de curer préalablement ces fossés et de les débarrasser de la vase, qui est nuisible à l'Huître adulte et mortelle pour le naissain.

Ainsi qu'on peut en juger par ce qui précède, Saint-Vaast est une station éminemment favorable à l'étude biologique de l'Huître. Lorsque le laboratoire d'études que le Museum a projeté d'établir à Tatihou aura, grâce au zèle persévérant de son actif promoteur, le professeur Edmond Perrier, reçu une installation complète et définitive, l'ostréiculture pourra entrer dans une voie d'observation et d'expérimentation scientifiques, dont elle est en droit d'attendre les plus heureux et les plus féconds résultats.

CULTURES D'IGNAMES

PAR M. P. CHAPPELLIER.

Igname de Decaisne. — J'ai cultivé cette année encore cette Igname dont la Société a distribué il y a deux ans de nombreux tubercules dus à la générosité de M. Paillieux. J'ai été encore moins heureux que l'an dernier ; j'ai récolté à peine autant que j'avais planté. Ce résultat défavorable n'est malheureusement que la confirmation de ceux déjà constatés il y a trente ans, lors de l'introduction de cette plante en France. Dès cette époque, on avait reconnu que l'Igname ronde de Decaisne ne présente qu'un intérêt relatif au point de vue de la culture potagère.

Igname bulbifère. — M. Hédiard a mis à plusieurs reprises sous vos yeux cette Igname originaire des pays chauds. Notre climat ne peut lui convenir pour une culture courante; mais elle présente une particularité très intéressante, qui lui a fait attribuer son nom vulgaire de *Pousse-en-l'air*. Les bulbilles qu'elle émet à l'aisselle de ses feuilles, atteignent parfois la grosseur des deux poings, tandis que celles produites par notre Igname de Chine n'ont guère que le volume d'un gros pois.

Cette particularité m'ouvrait une perspective éloignée peut-être, mais bien séduisante. Faire intervenir le pollen du *Bulbifera* dans mes fécondations artificielles, et obtenir ainsi une variété d'Igname de Chine portant aux aisselles de ses feuilles, de nombreuses et grosses bulbilles comestibles.

Par suite, au lieu d'aller chercher des tubercules à 80 centimètres et plus de profondeur, on récolterait tout simplement ces grosses bulbilles sur la tige, comme on cueille les fruits d'un melon à rames.

J'ai donc planté quatre de ces bulbilles, une en province, dont je ne connais pas encore le résultat définitif, et trois aux environs de Paris, qui ont été arrachées récemment. A ma grande surprise, je n'ai pas trouvé à leur pied, même l'apparence d'un tubercule. Cependant, lorsque nous *semons* les bulbilles de nos Ignames, Chine ou Decaisne, nous obtenons toujours des tubercules dont quelques-uns atteignent l'année même de 30 à 40 centimètres de longueur ; c'est le mode le plus employé pour la multiplication.

Faudrait-il attribuer cette stérilité du *Bulbifera* à une culture défectueuse ou à un manque de chaleur? Non. La végétation a été très belle et a accompli toute son évolution normale : tiges de 3 à 4 mètres de haut, feuilles très amples et très vertes et floraison abondante sur un des pieds (fleurs mâles). D'ailleurs plusieurs Ignames de Chine et de Decaisne, plantées côte à côte avec ces trois *Bulbifera*, ont produit des fleurs, des fruits et de très beaux tubercules, et le thermomètre s'est toujours maintenu très haut et a monté souvent jusqu'à 44° dans la petite serre où se faisait cette culture.

Il y a là un fait singulier dont je désirerais bien connaître l'explication.

Les fleurs épanouies seulement en octobre n'ont pu être utilisées pour la fécondation.

Je recommencerai cette année ; malheureusement ces bulbilles de *Pousse-en-l'air* arrivent toujours tardivement à M. Hédiard.

Igname de Chine femelle. — Au début de mes essais de création d'une variété d'Igname de Chine améliorée au moyen du semis, une difficulté inattendue s'est dressée devant moi. Les individus femelles étaient devenus introuvables. En vain me suis-je adressé à tous les établissements et à toutes les personnes que je savais en avoir autrefois possédé; la même réponse m'est arrivée de tous les côtés : Nous n'avons plus que des mâles. J'ai ouvert alors une enquête à ce sujet dans diverses publications horticoles et agricoles, ainsi que dans le Bulletin de votre Société. Ce dernier appel a été entendu. Un de nos collègues, M. Ruinet du Tailly, écrivait il y a deux ans à M. le Président qu'il possédait la plante demandée.

Sur ma demande, il a eu l'amabilité de me remettre deux petits tubercules qu'il supposait, sans pouvoir l'affirmer, provenir de bulbilles tombées à terre au pied de son individu femelle. Ces tubercules, trop faibles pour accuser leur sexe l'an dernier, m'ont donné des fruits cette année. Il n'y a donc plus aucun doute grâce à M. Ruinet du Tailly, l'igname femelle de Chine est retrouvée.

Il est à désirer qu'elle ne disparaisse pas de nouveau. Dans ce but j'en ai remis à plusieurs de nos collègues et je prie M. le Président de vouloir bien accepter ces deux tubercules, et d'en planter un au jardin du Bois de Boulogne et l'autre dans le midi, dont le climat sera plus favorable à la production de la graine.

Jusqu'à présent, nous n'avions guère qu'un moyen d'obtenir des variétés : l'hybridation entre les espèces de Chine et de Decaisne ; aujourd'hui nous en possédons un second : la fécondation entre les deux sexes de l'Igname de Chine seul.

On peut, en effet, arriver au même but par ces deux voies différentes. Permettez-moi de les comparer.

A. *Fécondation entre deux individus mâle et femelle de la même espèce, Chine.*

Avantages. Obtention plus facile de la graine ; presque certitude que les variétés conserveront les qualités culinaires du père et de la mère. *Inconvénients* : Opération de longue haleine ; il faudra d'abord ébranler la stabilité des parents, puis ensuite lutter contre l'atavisme ; les variations seront au début peu sensibles, et ce n'est que par des semis réitérés et la sélection qu'on pourra espérer arriver à la variété recherchée.

B. *Fécondation croisée, hybridation entre deux espèces différentes : Igname de Chine mâle et Decaisne femelle.*

Inconvénients. Difficulté d'obtenir de la graine ; crainte que les hybrides ne conservent les défauts de leur mère ; savoir : production presque nulle et grande irrégularité dans la qualité des diverses parties du tubercule. *Avantages* : certitude d'obtenir dès le début des variations très importantes, surtout quant à la forme.

La première voie convient mieux aux jeunes ; la seconde à ceux auxquels l'âge ne permet plus les longues visées. Mais, je le répète, toutes les deux peuvent conduire au but.

Semis de graines hybridées. — L'an dernier, je vous ai présenté des graines obtenues par la fécondation croisée entre les espèces de Chine et de Decaisne. La plupart étaient dépourvues d'embryon ; six seulement ont germé ; deux n'ont vécu que quelques jours ; deux autres ont levé très tard, en septembre ; les plantules qui en sont issues sont encore en végétation, mais si faibles, si languissantes, que j'en espère fort peu de chose. Deux enfin ont levé en bonne saison, au printemps, et ont accompli régulièrement toutes les phases de leur végétation. Je viens de les arracher ; les tubercules qu'elles ont produits sont d'une petitesse ! je ne dirai pas désespérante, on ne doit jamais désespérer.

L'un d'eux est gros à peine comme un pois, il est tout à fait sphérique. L'autre, deux ou trois fois plus gros, est allongé, mais sa forme s'éloigne de celle qu'on reproche à son père, l'Igname de Chine ; ce dernier, quel que soit son volume, qu'il soit arrivé à son entier développement ou qu'il soit encore très petit, par exemple, s'il provient du semis de bulbilles, a toujours la forme en massue, la portion étranglée en haut et la partie renflée en bas ; mon petit semis, au contraire, rappelle la forme d'une rave, il est renflé en haut et aminci par le bas.

En résumé, forme sphérique ou rapiforme, ce sont de bons symptômes, mais je n'attache pas plus d'importance qu'il ne convient à ce détail ; je n'oublie pas, en effet, que la forme des jeunes tubercules de semis se modifie et change parfois complètement en avançant en âge. La seule conclusion à tirer de ce que je viens d'exposer, c'est la constatation que mon expérience marche et un encouragement à persévérer dans mes essais.

CULTURES DIVERSES

EN AUSTRALIE MÉRIDIONALE

M. Schomburgk, directeur du Jardin botanique d'Adélaïde (Australie méridionale), vient de publier son rapport annuel sur l'état général des cultures de cet établissement, et surtout sur les résultats obtenus dans la région par l'acclimatement de végétaux venus des différentes parties du globe.

L'été, dans le sud de l'Australie, se prolonge pendant les mois de novembre, décembre, janvier, février, et la température se maintenant à 37 et 38° à l'ombre, pendant cette partie de l'année, atteint parfois 70 et 75° au soleil. On reste souvent six et huit semaines sans qu'il tombe une goutte de pluie, et sans autre souffle d'air que des vents secs et brûlants.

L'automne, avec une température moyenne de 17 à 18° à l'ombre, comprend les mois de mars, avril et mai. C'est la saison où souffle le vent du nord qui détermine une abondante rosée.

L'hiver vient ensuite, pendant les mois de juin, juillet et août, les pluies et les vents se déchaînent alors, mais parfois cependant cette saison s'accompagne d'une grande sécheresse, et si la température moyenne est de 12 à 13°, les gelées peuvent l'abaisser à 2° au-dessous de 0, ainsi que le fait a déjà été constaté. Le printemps vient enfin, et relève la température à 15 et 21° en septembre et octobre.

Très peu d'essences forestières des pays étrangers réussissent dans les plaines de l'Australie méridionale. Si l'Orme, le Platane, le Frêne, le Peuplier, le Saule, y poussent vigoureusement, le Chêne, le Tilleul, le Bouleau, le Châtaignier, l'Érable, croissent très lentement et souffrent de la sécheresse. Quant au Hêtre, toutes les tentatives faites pour l'introduire dans les plaines ont été infructueuses. Sur les collines elles-mêmes, où la plupart des autres arbres sont doués d'une vigueur étonnante, il ne croît que très lentement. Le même fait s'observe du reste pour les Conifères européens. Les seuls Pins européens qui poussent facilement sont le Pin d'Alep (*Pinus Halepensis*), le *Pinus pinaster*, et le *Pinus picea*. Tous les autres : le Pin de Corse, *Pinus Laricio* et le Pin sylvestre (*Pinus sylvestris*), entre autres, y ont une végétation fort lente, et y succombent avec le Mélèze (*Larix Europæa*), au moindre vent chaud. On ne trouverait pas, dans l'Australie méridionale, un seul échantillon de cette dernière espèce.

Quant aux Conifères américains, ceux seulement qui sont originaires de la Californie et y croissent à une altitude de 150 à 350 mètres, réussissent dans les plaines australiennes. Le *Pinus insignis*, par exemple, y atteint facilement à quatorze ou seize ans une taille de 15 à 20 mètres. Le Pin de Sabine (*Pinus Sabiniana*), le *Pinus muricata*, et l'élégant Pin de Weymouth (*Pinus strobus*), ont une croissance molle et languissante.

Quelques-uns des Cyprès et Thuyas européens, asiatiques et californiens, réussissent bien, d'autres ne tardent pas à mourir. Tel est le cas du *Cupressus macrocarpa* et du *Cupressus Lawsoniana*, qui dépérissent après avoir crû rapidement jusqu'à douze ou seize ans.

Parmi les Cyprès réussissant le mieux, nous citerons : le *Cupressus sempervirens*, le *Cupressus torulosa*, de l'Himalaya. La croissance des Thuyas est toujours lente, et ils se rabougrissent généralement. Le *Sequoia gigantea*, qui se développe assez bien les premières années, meurt ensuite après un long dépérissement. Le *Sequoia sempervirens* et le *Pinus Canadensis* réussissent bien.

Très peu des beaux Conifères de l'Himalaya, de ceux surtout qui vivent à une altitude de 2,000 à 2,500 mètres, prospèrent dans les plaines de l'Australie méridionale. L'*Abies Smithiana*, l'*Abies Brunoniana*, l'*Abies Menziesii*, le *Pinus excelsa*, le *Pinus Pindrow*, le *Picea Webbiana*, le *Pinus Gerardiana*, y poussent très lentement et succombent en quelques années aux sécheresses et aux attaques des vents brûlants. Le Deodar ou Cèdre indien (*Cedrus Deodora*) et le *Pinus longifolia* y réussissent, quoique leur habitat normal se trouve à une altitude plus élevée, entre 2,000 et 4,000 mèt.

L'existence des Conifères chinois et japonais est plus précaire encore. Toutes les espèces des genres *Thuyopsis*, *Relinospora*, *Chamæcyparis*, *Cryptomeria*, *Cunninghamia*, ont dans cette partie de l'Australie une croissance lente, et beaucoup d'entre elles sont fortement affectées par les vents chauds et la sécheresse. Le remarquable Pin ombrelle (*Sciadopitys verticillata*) peut à peine se maintenir en vie.

Aucun des Ifs (*Taxus*), européens, américains, asiatiques, ne réussit dans ces plaines, tous ces arbres y restant chétifs et de croissance lente. Il en est de même pour les *Araucaria* de l'Amérique du sud : *Araucaria imbricata* et *Araucaria Brasiliensis*. Quelques espèces du genre Genévrier (*Juniperus*) se sont acclimatées, mais leur taille reste inférieure à celle des arbres européens du même genre.

Parmi les arbres et les arbrisseaux prospérant le mieux, nous citerons encore : l'*Ailantus glandulosa* de la Chine, le *Cinnamonum Zeylanicum* de Ceylan, la *Bauhinia purpurea* de l'Inde, le *Paulownia imperialis* du Japon, le *Laurus camphora* ou Camphrier du Japon, le *Broussonetia papyrifera*, mûrier à papier du Japon, le *Stillingia sebifera* de la Chine, l'*Aralia papyrifera* de la Chine, le *Ficus Roxburghii* des Indes orientales, le *Ficus religiosa*, Figuier banyan des Indes orientales également, le *Ficus sycomorus* de l'Égypte, le *Ficus Benghalensis* des Indes orientales, le *Ficus elastica* et *lucida* qui sont également originaires de cette région, la *Jacaranda mimosæfolia* de l'Amérique du sud, le *Kœlreuteria paniculata* de la Chine, le *Sophora Japonica* du Japon, le *Schinus molle* ou Poivrier du Pérou, le *Psidium pomiferum* et le *Psidium pyriferum*, Goyaviers, de l'Amérique du sud, et enfin le *Viburnum Chinense*, la Viorne de Chine. Le bel Érable du Japon, *Acer polymorphum*, ni aucune de ses variétés, ne peut s'habituer au climat des plaines australiennes. Il en est de même pour un certain nombre de plantes chinoises, japonaises, indiennes, américaines : les Camélias, les Rhododendrons, les Azalées, les *Gaultheria*, les Andromèdes, les *Clethra*, etc., qui ne résistent pas en plein air aux étés trop secs et trop brûlants, mais poussent merveilleusement dans les ravins situés à une altitude de 300 à 700 mètres. La plupart des végétaux du Cap de Bonne-Espérance croissent dans l'Australie méridionale, et quelques Palmiers africains, américains, asiatiques, peuvent s'y acclimater. Tels sont : le *Phœnix dactylifera* ou Palmier-dattier, le *Phœnix reclinata*, le *Chamærops humilis* ou Palmier-nain, de l'Afrique ; le *Jubæa spectabilis*, le *Sabal Blackburniana* de l'Amérique du sud ; le *Chamærops Fortunei*, le *Corypha Gebanga*, le *Brahea filamentosa* de l'Asie.

Quelques espèces seulement d'arbres fruitiers des régions tropicales réussissent dans l'Australie méridionale. Tels sont : l'*Eriobotrya Japonica* ou Loquat, le *Diospyros kaki*, ou Plaqueminier du Japon et les Bananiers. Les Ananas ne peuvent y être élevés que sous verre. Quant aux arbres à fruits venus de régions plus froides, d'Europe surtout, ils y poussent admirablement, atteignant une taille extraordinaire et donnant à leurs fruits une saveur absolument inconnue dans le pays d'origine. Il est reconnu depuis longtemps, du reste, que le changement d'habitat améliore beaucoup la qualité des fruits. Les Pommiers, les Poiriers, les Abricotiers, les Pêchers, les Néfliers, les Orangers, les Citronniers, les Cerisiers, les Figuiers, les Cognassiers, les Mûriers, les Amandiers, les Oliviers, les Vignes, poussent parfaitement dans les plaines ; tandis que plusieurs autres espèces préfèrent le climat plus frais des collines et de leurs ravins. Nous rencontrons dans cette catégorie les Groseilliers ordinaires, les Groseilliers épineux, les Noyers, les Châtaigniers, les Noisetiers, les Fraisiers.

Les pommes australiennes sont énormes, mais leur saveur ne rappelle en rien celle des fruits similaires européens, et elles sont généralement fort acides. Les Pommiers souffrent beaucoup du Puceron lanigère (*Schizoneura lanigera*), qui attaque surtout les arbres plantés sur les collines et en sol riche, et peut même les faire périr. Les poires de l'Australie méridionale sont délicieuses, de beaucoup supérieures aux pommes. Les pêches, les abricots, les prunes sont de grosse taille et de qualité excellente ; les cerises, au contraire, beaucoup plus petites qu'en Europe, ont presque perdu toute saveur. Tous les arbres produisant des fruits à noyaux voient leur vie diminuer sous le climat australien, principalement les Pêchers, les Pruniers et les Abricotiers, qui ne dépassent pas vingt ans, sans doute à cause de l'énorme développement qu'ils prennent, de leur productivité et de leur précocité.

L'Olivier a un succès immense dans l'Australie méridionale, où il fournit, paraît-il, une huile sans rivale au monde.

Les meilleurs raisins sont ceux des versants des monts Lofty. Très gros, très parfumés, ils donnent un vin contenant parfois vingt-cinq et trente pour cent d'alcool. L'Oïdium, qui ne se montre pas aussi redoutable qu'en Europe, a cependant causé de grands dommages aux vignobles. Quant au Phylloxéra, il a paru dans les colonies voisines, la Nouvelle-Galles et Victoria, mais une sage législation l'a jusqu'à présent tenu en échec.

Outre les plants de vigne européenne commune, de *Vitis vinifera*, qui donnent de si beaux résultats dans toute l'Australie, on fait actuellement dans l'Australie méridionale des essais avec le *Vitis Mexicana*, espèce nouvelle découverte dans la province de Sinaloa au Mexique, et importée de là en Italie par l'agent d'une importante maison italienne, les frères Bamann et Cie, pépiniéristes.

Cette vigne, qui est peut-être appelée à révolutionner les vignobles de tous les pays à climat fort chaud, grimpe facilement en s'attachant aux arbres et aux rochers, sans être inquiétée par les plus fortes sécheresses. Les feuilles, exactement semblables à celles des vignes européennes, tombent en octobre ainsi que les vieilles. Les grappes mûrissent en septembre, elles portent de très gros grains, rouges le plus souvent, parfois blancs, ayant la saveur du muscat. On en fait un vin excellent au Mexique, des raisins secs et du vinaigre.

Le Jardin botanique d'Adélaïde possède un spécimen de Figuier de Smyrne, qui est devenu un arbre magnifique, mais sans jamais avoir pu mûrir ses fruits, ceux-ci tombent dès qu'ils ont atteint la taille d'une noix. Le même fait a été constaté en Californie, sur tous les Figuiers de Smyrne dont on a essayé la culture. Ce serait là, paraît-il, une des particularités de cette espèce, de fructifier seulement sur son habitat normal, une petite région voisine de la ville de Smyrne. Le Figuier troyen, apporté d'Italie par M. William Milne, a mieux réussi, car il a produit en 1889 de magnifiques fruits fort sucrés. Pendant toute l'année, les potagers produisirent d'excellents légumes en Australie méridionale, les Choux-fleurs y atteignent un diamètre normal de deux pieds, les Choux, les Navets, les Asperges, les Artichauts, les Betteraves, les Poireaux, les Carottes, les Céleris, les Oignons, les Laitues, les Concombres, les Rhubarbes, les Melons, les Pastèques, les Citrouilles y poussent merveilleusement et on a fait l'an dernier essai avec les Crosnes du Japon (*Stachys tuberifera*). Les Concombres, Melons, Pastèques, jouissent d'une vigueur exceptionnelle en terre vierge, mais dégénèrent rapidement malgré l'engrais, si on les cultive plusieurs années consécutives sur le même sol. Le climat de cette région est favorable à toutes les plantes charnues : Agaves, Yuccas, Aloès, *Opuntia*, *Pereskia*, *Cereus*, *Echino-*

cactus. L'*Agave Americana* et le *Fourcroya gigantea* surtout y atteignent un développement colossal et émettent à dix ou douze ans des hampes florales de 12 à 14 mètres.

Quant aux fleurs ordinaires des jardins, les Phlox ne réussissent pas dans les plaines, les Delphiniums, les Campanules, les Aconits, succombent aux chaleurs de l'été. Les plantes annuelles résistent parfaitement, car elles peuvent fleurir pendant l'hiver et une partie du printemps. L'Aster de Chine y reste très petit, et toutes ses variétés retournent au type primitif. Les Dahlias, qui ne réussissent pas dans les plaines où leurs fleurs restent petites, et où ils souffrent des moindres vents chauds, prospèrent parfaitement sur les collines. Les jardins peuvent enfin compter l'été sur les Petunias, les Verveines, les Zinnias, les Amarantes, les *Gomphrena*, les Chrysanthèmes, les Pelargoniums, qui avec un peu d'eau se développent beaucoup plus vigoureusement qu'en Europe. Les Chrysanthèmes principalement, portent des fleurs plus nombreuses et beaucoup plus élégantes que dans leur patrie elle-même, qu'au Japon. Les Roses fleurissent bien quand la saison leur est favorable, mais le cas se présente rarement. Elles ont deux redoutables ennemis, les vents brûlants et le Puceron de la rose ; on peut obvier au premier mal au moyen d'abris, l'autre est sans remède ; les fleurs et les boutons sont détruits, mais l'insecte semble attaquer de préférence les variétés à coloration foncée. Les plantes bulbeuses et tuberculeuses poussent vigoureusement, celles surtout qui sont originaires du Cap de Bonne-Espérance. Le *Fritillaria imperialis* cependant, n'a pu s'accoutumer au climat australien, et n'a jamais fleuri, le bulbe meurt du reste au bout d'un an ou deux. Les Jacinthes et les Tulipes réussissent également assez mal. Elles fleurissent pendant deux années consécutives, puis leurs bulbes stérilisés se hérissent de cayeux qui, détachés, donneront à leur tour des fleurs deux ans après. Le Crocus jaune est le seul du genre qui fleurisse en Australie, les Renoncules et les Anémones prospèrent la première année, puis leurs tubercules dépérissent. Tous les Narcisses se portent à merveille, sauf le plus commun, le *Narcissus pœticus*.

Le Chanvre Sisal (*Agave Sisalana*), excellente plante textile originaire des Bahamas, mais dont on a seulement reconnu la haute valeur industrielle il y a quelques années, a été récemment introduit dans l'Australie méridionale. Il fournit une fibre très estimée surtout pour la confection des cordages et des câbles de marine, car il résiste mieux à la corruption que les autres matières servant au même usage. Cet Agave croît aux Bahamas sur les sols les plus rocheux et les plus stériles, où, au lieu de le laisser végéter à sa guise, on le plante maintenant à intervalles de 4 mètres sur des lignes parallèles distantes de 6 mètres. Il n'exige du reste aucun autre soin, et se développe librement en tous sens. On compte en moyenne 3 ou 4 ans pour que les feuilles soient exploitables, elles fournissent alors une filasse valant sur les ports anglais, 1,250 fr. la tonne. Tous les Agaves américains réussissant bien en Australie, on espère qu'il en sera de même pour le Sisal.

La Gesse des bois (*Lathyrus sylvestris*) est une légumineuse spontanée des forêts européennes, à laquelle les Allemands et les Anglais accordent depuis quelques années une grande importance pour l'alimentation du bétail. Les excellents résultats obtenus en Europe ont engagé les Australiens à cultiver cette plante modeste, qui fournit, paraît-il, 10 tonnes de foin à l'hectare sur les plus mauvais terrains, et M. Schomburgk pousse beaucoup à sa propagation. En Prusse du reste, le Ministère de l'agriculture délivre à tout propriétaire cultivant la Gesse sur un terrain inculte, une prime de 35 francs par hectare, et cette décision a provoqué une assez forte hausse sur les prix des graines de cette légumineuse, restées jusqu'alors sans grande valeur. D'après les expériences de M. Schomburgk, la Gesse des bois croît vigoureusement sous le climat brûlant de l'Australie méridionale et y constitue un excellent fourrage. MM. Wagner et Kuhnemann qui, depuis plusieurs années, ont entrepris les mêmes expériences, en obtiennent les meilleurs résultats. La croissance est assez lente les deux premières années, mais les racines s'étendant rapidement accumulent les matériaux nécessaires au développement ultérieur de la plante, qui s'accroît très vite, aussitôt son approvisionnement fait, et donne 4 à 5 tonnes de foin à l'acre de 40 ares 1/2. Ce fourrage est surtout remarquable pour la quantité des matières albuminoïdes azotées qu'il contient. Des plantes cultivées en sol sablonneux donnaient un foin contenant 24, 26 °/₀ et même 29 °/₀ de protéine, soit deux fois autant que le foin de luzerne. Ces propriétés hautement nutritives sont principalement attribuables au développement des racines, puisant au loin dans le sol. Peu de plantes, en effet, possèdent des racines aussi envahissantes. M. Schomburgk en a trouvé qui mesuraient 66 centimètres de longueur avec le diamètre uniforme d'un porte-plume, et il admet que la puissance de ce système radiculaire aide particulièrement la plante à résister aux ardeurs du climat australien.

D'autres plantes fourragères ont encore été l'objet d'expériences à Adélaïde en 1889. Telles sont : la Fétuque des prés (*Festuca pratensis*), la Fétuque rouge (*Festuca rubra*), le Millet blanc (*Panicum album*), le Millet d'Italie, le Moha de Hongrie (*Panicum Germanicum*). Une nouvelle graminée, originaire de la Louisiane, de la Jamaïque, du Pérou ou du Mexique, l'herbe de la Louisiane (*Paspalum platicaule*) a été introduite par des grainetiers d'Adélaïde, MM. Hackel et Cie; quoique ce soit simplement une plante annuelle, elle fournit un excellent foin. Le Millet bâtard (*Paspalum dilatatum*), amené de Buenos-Ayres et de Montévideo, a justifié en 1889 la confiance qu'on lui accordait l'année précédente. M. Schomburgk le patronne spécialement, car il résiste parfaitement à la sécheresse comme à l'humidité. Ce même savant recommande de donner plus d'extension à l'excellent Dactyle pelotonné (*Dactylis glomerata*) européen, une des meilleures graminées qu'on puisse propager dans les pâturages permanents. Il croît vigoureusement du reste en Australie, où il réussit sur des sols de toute nature et est recherché du gros et du petit bétail. Pâturé ou fauché, le Dactyle repousse rapidement, possède de hautes propriétés nutritives et engraisse bien.

Les Lentilles (*Ervum Lens*), dont la culture a été tentée depuis longtemps déjà en Australie, donnent également de bons résultats, les graines apportent un important appoint à l'alimentation de l'homme, et leur foin est excessivement riche. Cette légumineuse, qui prospère surtout en terrain pauvre, mérite plus d'intérêt qu'on ne lui en a accordé jusqu'alors.

M. Schomburgk appelle encore une fois l'attention de ses compatriotes sur l'emploi du Tagasaste comme fourrage, et constate avec plaisir que cet arbre à foin se propage et gagne les colonies voisines.

II. EXTRAITS DES PROCÈS-VERBAUX DES SÉANCES DE LA SOCIÉTÉ.

SÉANCE GÉNÉRALE DU 6 MARS 1891.

PRÉSIDENCE DE M. A. GEOFFROY SAINT-HILAIRE, PRÉSIDENT.

Le procès-verbal de la séance précédente est lu et adopté.

— M. le Président proclame les noms des nouveaux membres admis par le Conseil :

MM.	PRÉSENTATEURS.
Kalff (Ch.-J.), à Vannes-le-Châtel (Meurthe-et-Moselle).	A. Berthoule. Ch. Gombault. A. Geoffroy Saint-Hilaire.
Morny (le comte Serge de), 15, rue La Pérouse, à Paris.	A. Berthoule. A. Geoffroy Saint-Hilaire. Dr J. Michon.
Pétiot (Émile), président de la Société d'agriculture et de viticulture de Châlon-sur-Saône, au château de Chamirey, par le Bourgneuf (Saône-et-Loire).	A. Berthoule. A. Geoffroy Saint-Hilaire. A. Porte.
Roussigné (Charles), propriétaire, 8, rue Bayard, à Paris.	A. Berthoule. A. Geoffroy Saint-Hilaire. G. Mathias.
Sibon (Félix), chef de bataillon au 21e régiment territorial d'infanterie, 170, avenue de Neuilly, à Neuilly-sur-Seine.	A. Berthoule. A. Geoffroy Saint-Hilaire. Ed. Wuirion.
Vigoureux (Eugène), employé de commerce, 75, boulevard Victor-Hugo, à Saint-Ouen (Seine).	A. Berthoule. G. Mathias. Dr J. Michon.

— M. le Secrétaire des séances procède au dépouillement de la correspondance.

— MM. Vigoureux, de Saint-Ouen (Seine), et Tollet, de Chateaulin, remercient pour leur récente admission.

— MM. Vigoureux, de St-Ouen ; Rathelot, de Montrouge ; Veyrassat, de Paris, et Eug. Gibez, de Sens (Yonne), accusent réception d'œufs de Truites et font leurs remerciements.

— Des accusés de réception d'animaux envoyés en cheptel sont adressés par :

MM. Martel-Houzet, à Tatinghem (Pas-de-Calais), Faisans vénérés.
Violot de Béer, de Glairans (Saône-et-Loire), Canards Bahama.
Laborde, de Vertheuil-en-Médoc (Gironde), Faisans Swinhoë.
Lafon, de Sainte-Soulle (Charente-Inférieure), Pigeons Montauban.
Paul Blanchon, de Saint-Jullien-en-Saint-Albans (Ardèche), Cygnes.

— M. de Kervénoaël annonce la mort d'une femelle de Casarka variegata faisant partie d'un cheptel ancien, et M. Chatôt, de Saint-Germain-du-Bois (Saône-et-Loire), la mort d'un Agouti.

— M. J. Clarté, de Baccarat, a repris la culture de l'Igname plate, mais encore sans succès.

— M. Romand, de La Mothe-Gargy (Yonne), remercie de l'envoi de Lentilles qui lui a été fait.

— M. le Dr Lafon, de Sainte-Soulle (Charente-Inférieure), adresse une lettre sur l'influence du Coq sur la ponte des Poules :

« Je vois dans la *Revue* du 20 février dernier, qu'à la section des oiseaux, la question de savoir si la présence d'un Coq dans une basse-cour influe sur l'abondance de la ponte a été posée.

» Deux opinions contraires se sont immédiatement produites, et on a reconnu, vu l'importance de la question, qu'elle méritait d'être élucidée par des expériences comparatives.

» Pour arriver à une conclusion inattaquable, des expériences comparatives me paraissent difficiles à instituer ; il sera impossible d'avoir sous la main des sujets également préparés à la ponte.

» Ainsi dans ce moment, j'ai deux parquets de poules Houdan, toutes nées en 1890 et accompagnées dans chaque parquet d'un Coq du même âge :

» Dans le 1er parquet il y a quatre Poules et un Coq ; dans le 2e parquet, il y a trois Poules et un Coq : les quatre Poules du 1er parquet sont plus âgées d'un mois que les trois Poules du 2e parquet. Eh bien, le 2e parquet, celui à trois Poules, me donne dans ce moment deux œufs par jour régulièrement ; tandis que le 1er parquet, celui à quatre Poules, ne me donne pas *toujours un œuf par jour* : Si dans une expérience comparative, c'est le 1er parquet qui est dépourvu de Coq, vous concluez à l'influence du Coq sur la production des œufs. Mais par ce qui se passe chez moi, au sujet de mes deux parquets de Houdan, si vous admettez l'influence du Coq dans le 2e parquet, vous devez nécessairement reconnaître que cette influence est complètement nulle dans le 1er parquet.

» Il me paraît plus simple d'admettre que la présence ou l'absence du Coq ne sont pour rien dans l'évolution de l'œuf : en dehors de la race, elle peut dépendre d'une disposition particulière du sujet, mais c'est surtout aux soins hygiéniques ainsi qu'à l'abondance et à la qualité de la nourriture variée qu'il faut l'attribuer.

» Il est reconnu depuis fort longtemps que la Poule qui pond le mieux, c'est celle du pauvre, du petit ménage, du journalier à la campagne ; son poulailler n'est jamais nombreux, il est toujours, par économie, dépourvu de Coq (c'est une bouche à nourrir qui ne produit rien) ; il se compose de deux, trois ou quatre Poules, rarement de cinq, habituellement logées dans un lieu chaud ; ces trois ou quatre Poules sont aussi bien nourries, choyées, elles sont le plus souvent admises à recueillir les miettes des repas des maîtres, il est reconnu, dis-je, que ces Poules sans race ou plutôt mélange de toutes les races, pondent chaque jour, elles n'ont pas de Coq.

» J'ai connu une mendiante parcourant à pied les campagnes de ma contrée, elle portait toujours une Poule sous son bras et savait renouveler sa Poule, quand elle était trop vieille. J'ai interrogé bien souvent cette femme, elle m'a toujours répondu que sa Poule lui pondait un œuf chaque jour et que, parfois, elle pondait son œuf, en marche, dans son tablier ; inutile de vous dire qu'elle ne se chargeait point d'un Coq pour activer la ponte de sa Poule, mais elle lui donnait du pain à discrétion, partageait aussi avec elle les autres aliments qu'elle pouvait récolter et dans ses haltes n'oubliait jamais de lui faire picoter l'herbe des chemins.

» Dans l'année 1890, j'avais une petite Poule pattue qui m'avait élevé un jeune Lophophore et qui en avait adopté un autre plus âgé d'un mois. Je l'avais laissée tenir compagnie à mes deux jeunes Lophophores qui lui étaient très attachés et poussaient des cris de paon quand ils la perdaient de vue ; nécessairement, cette Poule profitait de la nourriture riche et abondante que recevaient les deux Lophophores ; elle pondait chaque jour un œuf, je ne suppose pas que les deux Lophophores, c'étaient deux femelles, faisaient auprès d'elle l'office du Coq.

» Dans les premiers jours d'octobre 1890, une Poule Langshan, dans une couvée tardive, m'avait donné deux poussins seulement, placée dans la partie couverte d'une volière, d'où on ne les faisait sortir qu'au milieu du jour, elle recevait une nourriture abondante, variée et de premier choix ; à partir du 15 novembre elle n'a cessé de pondre régulièrement 5 à 6 œufs par semaine par une température des plus rigoureuses, et continue encore à ce jour, tandis que quatre de ses congénères du même âge n'ont commencé à pondre qu'au milieu de janvier 1891 bien qu'elles fussent accompagnées d'un Coq.

» Je réserve dans un parquet spécial les Poules destinées à la cuisine ; je ne me suis jamais aperçu que ce parquet, privé de Coq, produisît à la saison une quantité d'œufs moindre que les autres parquets, en tenant compte du nombre des sujets qui le compose.

» Que certaines Poules privées de Coq manifestent par leur pantomime le désir d'en avoir, c'est certain, mais il est à remarquer que ce fait se montre bien plutôt chez les races couveuses que dans les races qui pondent beaucoup et ne couvent pas, c'est un désir naturel, mais il est aussi passager que la satisfaction du fait accompli et qui ne peut amener ni accélération, ni retard dans l'évolution de l'œuf.

» A mes yeux, la ponte des Poules n'est réellement activée que par une bonne hygiène, une nourriture abondante, variée et de premier choix. »

— M. le Secrétaire général a vu Mgr Augouard, premier vicaire apostolique, avant son départ pour le Congo. Il lui a remis quelques graines à essayer et il en attend des échantillons de la flore et de la faune des régions qu'il doit explorer.

Il dépose ensuite, en son nom et au nom de M. Bouchon-Brandely, un rapport présenté au Ministre de la marine sur les pêches maritimes en Algérie et en Tunisie.

— M. le Président informe la Société qu'il a reçu de M. le Préfet de la Seine un rapport de M. Jousset de Bellesme sur la multiplication des Saumons de Californie à l'aquarium du Trocadéro et sur les tentatives d'empoissonnement faites.

— M. P. Chappellier fait une communication sur le Stachen tubérifère.

— Au nom de M. Pion, M. le Président lit une note sur le Mouton algérien.

— M. le Secrétaire des séances lit une note sur diverses cultures dans l'Australie méridionale, d'après le Rapport annuel de M. le Dr Schomburgk, directeur du Jardin botanique d'Adélaïde.

Le secrétaire des séances,

Dr SAINT-YVES MÉNARD.

III. COMPTES RENDUS DES SÉANCES DES SECTIONS.

4e SECTION. — SÉANCE DU 17 FÉVRIER 1891.

PRÉSIDENCE DE M. FALLOU, PRÉSIDENT.

Le procès-verbal de la précédente séance est lu et adopté.

M. Fallou prend la parole au sujet d'insectes envoyés du Mexique, comme pouvant servir à la nourriture des oiseaux en remplacement des œufs de Fourmis. Ces insectes appartiennent à l'ordre des hémiptères et au genre Corise de Geoffroy.

D'après l'expérience faite chez M. Fallou fils, à Lagny (Seine-et-Marne), dans une volière contenant une centaine d'oiseaux indigènes et exotiques, il a été constaté que seuls les Alouettes et Pinsons ont accepté cette nourriture. Un Rouge-gorge y a peu touché, les Faisans de la Chine et d'autres oiseaux granivores ou insectivores l'ont refusée.

M. Fallou au sujet des différentes nourritures proposées pour l'éducation des Vers à soie de l'ailante et du mûrier, rappelle les intéressantes recherches de Guérin-Méneville, qu'on semble trop porté à oublier.

Le même membre fait passer sous les yeux de ses collègues un nid de Chalicodome (Abeille maçonne) recueilli à Champrosay, et appelle ensuite l'attention de la section sur un projet de l'Etat qui laisserait entrer en franchise les cocons étrangers et leurs produits. Il présente une protestation des départements séricicoles à laquelle s'est associée la Société des agriculteurs de France.

M. Rathelot fait remarquer que si le projet de l'Etat est contraire aux intérêts des sériciculteurs, il est sans doute très favorable à ceux du consommateur.

La Section charge M. Rathelot d'étudier cette protestation et de lui présenter un rapport.

M. Jonquoy dit avoir trouvé sur une route un nid de Guêpes fraîchement déterré, et demande à quel animal peut être imputé ce fait. M. Clément fait remarquer que les Guêpes nourrissent directement leurs larves et ne font jamais de provision de miel, par conséquent le nid avait dû être déterré par un insectivore (un Hérisson peut-être), dans le but de dévorer les larves.

M. Mailles indique un procédé pour détruire les Chenilles de Carpocapsa. Il suffit de retourner avec précaution les jeunes pommes attaquées et d'y verser une goutte d'huile.

M. Mailles propose ensuite à la Société de demander l'institution d'un prix pour la destruction du Ver blanc.

Le Secrétaire,
A.-L. CLÉMENT.

SECTION D'AQUICULTURE. — SÉANCE DU 18 MARS 1891.

PRÉSIDENCE DE M. LE BARON J. DE GUERNE.

M. le Secrétaire général communique à l'Assemblée une note de M. de Lépinay sur un nouveau mode de fermeture des étangs, il fait connaître le système adopté par notre honoré confrère pour l'exploitation de ses eaux ; les Carpes, abondamment nourries de drêche, atteignent leur taille normale pour la vente dès leur deuxième année. On gagne par ce procédé un tiers au moins sur le temps moyen adopté ailleurs pour l'exploitation des étangs, tout en obtenant à l'hectare un rendement supérieur. Nous espérons pouvoir publier avant peu une note étendue sur cette intéressante question.

M. Albouy rend compte des opérations du laboratoire de Quillan ; l'incubation des œufs de *S. Quinnat* reçus en janvier a été plus longue que d'habitude ; sous l'influence d'une température exceptionnellement basse, elle s'est prolongée près de deux mois, quoique, au moment de l'arrivée, l'évolution embryonnaire de ces œufs fût déjà très avancée. En revanche, les pertes ont été insignifiantes (environ 4 0/0), et les jeunes alevins paraissent être vigoureusement constitués.

M. le Président signale à l'attention des membres de la section le supplément à l'histoire naturelle des poissons de la France, de notre éminent collègue, M. le Dr E. Moreau. Les espèces qui en font l'objet sont pour la plupart très rares, ou même nouvelles, et proviennent en partie des parages de Nice ; la faune de cette portion de notre littoral est, en effet, riche par sa variété, ce qui tient vraisemblablement aux grandes profondeurs qu'on trouve à peu de distance des côtes. L'Aphye pellucide, pêchée dans la mer Noire et en Islande, très commune d'Antibes à Menton, a été trouvée récemment dans l'estuaire de la Seine : c'est un curieux vertébré annuel, vivant également dans les eaux salées et dans les eaux saumâtres dont la multiplication serait intéressante pour la pisciculture marine.

M. le baron de Guerne, à propos du lancement du yacht à vapeur de S. A. S. Mgr le prince de Monaco, en indique l'ingénieux aménagement. Ce bateau, destiné à poursuivre les recherches scientifiques, si vaillamment menées par « l'Hirondelle », est construit dans des conditions toutes spéciales. Il porte 1,200 mètres carrés de toile pouvant lui donner une vitesse de 12 nœuds ; une machine de 350 chevaux, actionnant une hélice à deux branches, lui permettra par temps plat de filer 9 milles. Une deuxième machine est affectée à la production de la lumière électrique, au service des laboratoires et des pompes, au chauffage, et même à la manœuvre des voiles, on y verra la première application des chambres frigorifiques aux travaux de la science pure.

Deux laboratoires sont consacrés spécialement à la zoologie, un troisième à l'océanographie, à la photographie... la gracieuse goëlette battra pavillon du Monaco sous le nom de « la Princesse Alice ».

M. le Secrétaire général expose sommairement l'état actuel des pratiques relatives à l'emploi de la lumière électrique pour la pêche. Les expériences faites jusqu'à présent dans ce sens semblent donner quelques promesses, mais ne sont pas encore suffisamment probantes. Il serait désirable qu'elles fussent reprises et poursuivies dans des termes plus précis, non plus seulement en mer, mais aussi dans les eaux douces dont la moindre densité laisserait aux rayons lumineux une plus longue portée, et vraisemblablement aussi une action plus efficace.

M. de Guerne rappelle les essais de cette nature répétés à diverses reprises, en Amérique par « l'Albatros », vers 1884 et 1885, plus récemment en Angleterre, aux abords de Liverpool, et enfin par « l'Hirondelle » sur différents points de mer, notamment dans le voisinage des Açores. Les résultats obtenus sont encore incertains, ce sont surtout des crustacés qui ont été capturés, en assez grand nombre, il est vrai. On peut supposer, vu la faible diffusion des rayons lumineux dans l'eau, que les lampes électriques ne sauraient attirer le poisson de très loin, mais qu'elles auront plutôt pour effet d'arrêter ceux qui viendraient à passer à proximité. Au surplus, le prix élevé des appareils et leur manœuvre délicate ne permettent pas de les placer entre les mains de simples pêcheurs ; jusqu'à de nouveaux perfectionnements, leur emploi entrera difficilement dans la pratique, et demeurera réservé aux recherches scientifiques. Néanmoins, il serait à désirer que cette intéressante question fût étudiée à nouveau. Le fait assez curieux, cité par M. Vacher, d'un pêcheur qu'il voyait jeter l'épervier sous le feu du faisceau lumineux émis par la tour Eiffel, et qui, paraît-il, emplissait rapidement ses paniers, ce fait, si tant est qu'il fut confirmé, rapproché de quelques autres, donnerait à croire qu'en suivant cette voie, on aboutirait à une solution pratique. M. de Guerne est donc, lui aussi, d'avis qu'on expérimente ces nouvelles méthodes, il conseille, en même temps, de tenter l'emploi des amorces lumineuses. De telles entreprises peuvent être fécondes et rentrent pleinement dans le cadre des travaux d'application de notre Société.

A. B.

IV. CHRONIQUE DES COLONIES ET DES PAYS D'OUTRE-MER.

Le Jute du Bengale.

Lorsque pendant la guerre de Crimée (1854–1856) les importations du Chanvre de Russie en Angleterre s'arrêtèrent, quelques maisons de Calcutta introduisirent dans ce pays quelques-unes des meilleures espèces de Jute de l'Inde et, alors que la plante n'avait pas été remarquée à l'Exposition de Londres en 1851, on avait actuellement peur que l'extension que l'on allait donner subitement à sa culture ne réagisse défavorablement sur la culture du Riz. On institua donc une commission spéciale qui était chargée de faire des rapports annuels sur cette exploitation ainsi que sur la préparation du Jute.

C'est au dernier rapport de cette commission, fait par Babou Hem Tschandar Kar, que nous empruntons les renseignements qui suivent.

Le temps a été très favorable pour la récolte de 1890. Dans quelques districts, les plantations eurent à souffrir des pluies extravagantes, mais généralement on n'avait pas lieu de se plaindre. L'année d'avant on avait exporté près de 9 millions de quintaux anglais ; cette année les exportations seront plus fortes d'un cinquième.

Le Jute est la plante textile la plus importante du Bengale. Il commence depuis quelques années dans le Béhar et le Tschoa-Nazpour, à remplacer le Chanvre, dit *San*.

Scientifiquement, on distingue deux espèces de Jute : *Corchorus olitorius* et *Corchorus capsularis*. Les indigènes lui donnent plusieurs noms dont les principaux sont : *jat* pour la plante et *kosehta* pour la fibre.

La culture du Jute pour usage domestique date déjà de temps immémoriaux. Comme matériel d'emballage, les fibres ont fait leur apparition sur les marchés d'Europe au dix-septième et au dix-huitième siècle. A cette époque, l'article n'était pas exporté à l'état brut; les premiers essais de ce genre ne datent que de la fin du dix-huitième siècle, mais ils n'eurent qu'un médiocre succès à cause de la concurrence des Chanvres de Russie, qui étaient bien meilleur marché.

Ce ne fut donc qu'après la guerre de Crimée, en 1858, que l'exportation pour l'Angleterre prit des proportions tant soit peu importantes.

Depuis cette époque elle a constamment augmenté.

En 1872, la superficie des plantations du Bengale augmenta d'un tiers.

Au point de vue économique, cette culture était un véritable bienfait pour la population qui a trouvé là une ressource inépuisable qu'elle ne connaissait pas avant.

Le rapporteur dit que l'augmentation des cultures du Jute n'a fait aucun tort aux rizières, attendu que les cultivateurs disposent généralement des terres de qualités secondaires qui ne produisent rien et qui conviennent très bien au Jute. Ce n'est que dans quelques rares villages que la culture du Jute est peut-être un peu trop forte, lorsque le *mahadschan* ou boutiquier du village a fait de grands contrats et que, pour s'assurer des quantités suffisantes, il fait des avances aux cultivateurs à l'époque des semailles à la condition que ceux-ci lui fournissent le Jute qu'il lui faut pour remplir ses engagements.

Un climat humide convient le mieux au Jute, avec un temps variable pendant la maturation.

Les travaux des champs et l'époque des récoltes varient selon les districts. La terre demande à être travaillée ; il faut qu'elle soit retournée assez souvent pour que jusqu'à une certaine profondeur elle ait été atteinte par les rayons du soleil. On sème en avril ou en mai dans les terres grasses, dans les terres maigres un peu plus tard. Les semis sont obtenus par le cultivateur lui-même, mais, comme il ne les classe point, il obtient des plants très irréguliers.

Lorsque la levée s'est faite, la plantation ne réclame plus beaucoup de soins ; il s'agit seulement de surveiller que les plants ne soient pas trop serrés, si cela arrive, il faut en arracher quelques-uns.

La récolte se fait d'août en octobre. Le bon moment pour la coupe est venu lorsque la plante est en pleine fleur et que les capsules se ferment. Vers cette époque d'autres travaux réclament le cultivateur, de sorte que la coupe ne commence jamais avant que les capsules ne soient entièrement fermées. Il arrive aussi que cette opération se fasse avant la floraison à cause de la crue des rivières, au commencement de la moisson pluvieuse ou du désir d'arriver de bonne heure au marché avec les nouveaux produits. Les fibres ainsi traitées sont faibles et se déchirent facilement, tandis que celles obtenues après la floraison perdent leur lustre et ne peuvent servir que pour des choses grossières.

Après la coupe, on fait des bottes, que l'on trempe dans un cours d'eau ou dans un étang afin d'obtenir une fermentation semblable à celle du Chanvre, et qui permet d'enlever plus facilement les parties ligneuses de la tige de la fibre.

Ce procédé assez avancé, on bat les tiges pendant qu'elles sont dans l'eau et l'on arrache les fibres. Plus l'eau est pure, et plus on surveille la fermentation, plus les fibres sont blanches et soyeuses. Mais le cultivateur est très négligent sous ce rapport et n'aime pas beaucoup confier sa récolte à l'eau courante de peur qu'elle ne soit enlevée en partie, les étangs sont petits sans issue, et quelquefois tellement encombrés qu'il est impossible d'y bien laver les fibres.

On a essayé souvent d'établir des chiffres indiquant le rendement à l'hectare selon la nature du sol. Les cultivateurs payent généralement très cher la location des terres parce qu'il est un fait certain que le Jute les épuise. Les meilleures terres ne peuvent supporter cette culture que deux années consécutives. Au delà de ce terme, la qualité du produit diminue surtout lorsque les terres dont il vient d'être parlé ne sont pas de première qualité.

Depuis quelques années on commence à tenir compte de ce fait, le prix des mauvais Jutes ayant invariablement baissé en Europe.

La marchandise étant prête on la porte au plus proche marché du village, appelé *hat* ou à un plus grand marché un peu éloigné, où sont établis des marchands appelés *paikar*, *pharia* ou *bepari* qui revendent leurs approvisionnements aux *mahadschans* ayant de grands magasins. Il arrive aussi que les *bepari* courent de village en village pour ramasser ce qu'ils trouvent.

Les *mahadschans* revendant aux maisons d'exportation, il est facile à comprendre que le prix du Jute est considérablement augmenté en passant par les mains de tous ces intermédiaires.

Les grands entrepôts de Jute sont à Siradsgandsch sur la Dschamouna ou haut Brahmapoutre et à Naraïngandsch près de Dacca ; ils sont reliés à Calcutta au moyen de canaux. De plus Naraïngandsch n'est qu'à quelques kilomètres de Goalanda, point important de bifurcation du chemin de fer.

Quoique le transport par chemin de fer ne demande que quelques heures, et celui par eau, par vapeur cinq jours et par voiliers trente jours, les plus grandes quantités de Jute arrivent par eau à Calcutta à cause de la grande différence du prix de transport.

A Calcutta la marchandise est classée et emballée au moyen de presses hydrauliques.

La ville de Siradgandsch doit sa prospérité au commerce de ce produit ; elle compte aujourd'hui 700,000 habitants. Il y a trente ans, qu'elle n'était qu'un village composé de quelques maisons isolées. Aujourd'hui l'animation qui règne autour d'elle s'étend jusqu'à plusieurs lieues à la ronde.

Des vapeurs, d'innombrables flotilles encombrent les cours d'eau, des armées de coolies peuplent les quais et s'occupent à charger la marchandise.

Cependant le pays est un véritable désert ; à peine un arbre pour s'abriter contre les rayons ardents du soleil.

Dans le commerce on ne distingue pas moins de dix espèces de Jute sans parler des marques des diverses localités.

Uttarya (Jute du nord) est la première espèce ; elle a une fibre soyeuse, blanche, forte et longue ; le *Deswal* est soyeux et fort, mais cette espèce a beaucoup perdu de sa renommée depuis quelque temps par suite du peu de soin des cultivateurs ; cependant elle vient de districts où le climat est excellent ; *Dacca* est une bonne espèce pour les cordages, elle vient des pays à l'est de Calcutta ; c'est une fibre grossière ; *Bhatral* ressemble beaucoup à la précédente espèce ; *Naraïngandschi* est une excellente espèce pour la filature, elle a une couleur très foncée ; *Bakrabadi* et *Maimansinghi* sont les espèces les plus fines.

Il y a déjà fort longtemps que les indigènes fabriquent des sacs avec des fils de Jute, faits à la main, mais cette industrie se perd de plus en plus, depuis que l'industrie européenne s'est emparée de ce produit. A Calcutta, aussi bien qu'en Europe, on trouve aujourd'hui des filatures et des tissages de Jute.

On fait dans l'Inde aussi du papier avec ce produit surtout aux environs de Rangpour. Ce papier est assez fort quoique d'une apparence commune, on s'en sert surtout pour des lithographies que les indigènes achètent avec empressement.

La fabrication se fait comme suit : on ajoute à 40 livres de Jute 20 livres de colle et l'on place le mélange sous l'eau pendant vingt-quatre heures dans un bac en maçonnerie. On retire ensuite la masse pour la faire sécher pendant quatre jours à l'ombre, on y ajoute une nouvelle quantité de colle et l'on recommence le même procédé. La masse est ensuite coupée en cubes à 20 et 30 centimètres et écrasée dans un mortier. La poudre est placée sur une natte de Bambou, arrosée et écrasée une seconde fois avec les pieds. Replacée dans une cuve, cette masse est liquifiée en y ajoutant de l'eau et en la remuant constamment. Les parties les plus fines montent à la surface et sont enlevées avec précaution. Elles servent à la fabrication du papier au moyen d'une presse spéciale.

Dr MEYNERS D'ESTREY.

V. CHRONIQUE GÉNÉRALE ET FAITS DIVERS.

A propos de l'exposition ornithologique de Bâle. — Nous constatons avec plaisir que le jury de cette exposition est sorti de ses habitudes en décernant un second prix à une nouvelle race de Poules créée par M. Goll, à Lausanne. Cette variété, maintenant à sa septième génération, est le produit d'un croisement de Langshan et d'Andalouse pouvant rivaliser, tant pour la beauté de ses formes que par sa belle couleur bleu ardoisé, avec les races exotiques les plus en faveur.

Jusqu'à présent, dans nos expositions avicoles, les jurys n'avaient pas admis les croisements indigènes. On ne considérait comme bon et beau que les sujets venant de l'Amérique ou du Japon, et la réclame accompagnant les nouveaux venus avait toujours le don de capter la confiance des crédules et des chercheurs de l'impossible. Aussi sommes-nous d'autant plus heureux que le jury de l'exposition de Bâle ait consacré un principe qui, certainement, aura pour résultat d'encourager les amateurs de notre pays à perfectionner la race galline pour la mettre à la hauteur des produits étrangers que nous faisons venir de loin à grands frais.

La nouvelle race de Poules que M. Goll a créée et qu'il a baptisée du nom de *Poule du Léman,* est particulièrement recommandable par ses qualités de rusticité, de bonne pondeuse et aussi comme volaille de table.

Les œufs mis en incubation, lorsque les Poules sont tenues dans de bonnes conditions, donnent un grand nombre d'éclosions (ce qui n'arrive pas toujours pour certaines races) et les Poussins s'élèvent facilement. Nous en avons nous-même élevé artificiellement et nous pouvons classer les Poussins du Léman parmi les plus rustiques.

Nous pensons être utile aux amateurs qui ne connaissent pas la Poule du Léman, en leur donnant ici les caractères généraux de cette nouvelle race.

CARACTÈRES GÉNÉRAUX (COQ).

Tête, grandeur moyenne.

Bec, fort, grandeur moyenne, la mandibule supérieure légèrement recourbée, couleur corne foncé.

Crête, très grande, simple et droite, se prolongeant en arrière et dentelée de sept à huit dents rouge et vermillon.

Joues, cramoisies, sans plumes ni rugosités.

Oreillons, longs, blancs, veinés de rouge.

Barbillons, très grands, rouge vermillon.

Œil, iris, couleur aurore.

Cou, longueur moyenne, garni d'un épais camail de plumes longues.

Corps, très volumineux, de forme arrondie, recouvert d'un plumage abondant, poitrine assez large et saillante, bréchet long, dos large, jambes très grosses et très écartées, cuisses charnues.
Queue, très touffue, faucilles de longueur moyenne.
Tarses, lisses, forts, couleur plomb foncé.
Doigts, quatre, longs, droits, couleur plomb foncé.
Ongles, blancs, légèrement rosés.

PLUMAGE.

Le camail, le dos, les petites couvertures des ailes couleur marron brillant, les plumes des flancs brun noirâtre tirant sur le violet, celles du dos brun violacé, le reste du plumage gris ardoisé.
Port, majestueux, corps incliné en avant, allure grave et fière.
Poids, à l'âge de dix mois le coq pèse 3 kil. 400 et à l'âge adulte 5 kil.
Chair, blanche, fine et délicate, pectoraux charnus d'un goût savoureux et exquis. La peau d'un tissu fin et délicat.
Squelette, os de moyenne grosseur, plutôt forts et vigoureux.

POULE.

Tête, moyenne et bien faite.
Crête, simple, repliée de côté, rouge vermillon.
Joues, nues, couleur de la crête.
Bec, iris, comme chez le Coq.
Oreillons, » »
Barbillons, moyens, en forme de clochette.
Corps, assez ramassé, mais de forme gracieuse, poitrine large, bréchet long, proéminent, jambes grosses, longueur moyenne, abdomen très développé et bas.
Tarses, moyens, plutôt courts.
Plumage, gris ardoisé, excepté le camail qui est brun noirâtre.
Chair, même qualité que celle du Coq.
Poids, 3 kil. à l'âge adulte.
Ponte, très abondante, surtout en hiver.
Œufs, de grosseur moyenne, couleur jaunâtre, tirant sur le rose.
Incubation, presque nulle, il suffit de changer la Poule de place pour la découver.

CONCLUSION.

Le but de cette création a été de doter notre pays d'une race rustique et pouvant supporter facilement les intempéries de notre climat, tout en étant très bonne pondeuse et ne le cédant en rien, pour ses qualités culinaires, aux meilleures races étrangères. Aussi espérons-nous que la Poule du Léman, par ses bonnes qualités, saura faire long chemin.

Fr. ASSINARE.

Le Messager (de Fribourg).

Les Sojas et le pain des diabétiques. — Le *Soja*, ou Pois oléagineux de Chine, ayant une grande valeur au double point de vue de la santé de l'homme et de la nourriture des animaux, est cultivé dans ma propriété depuis deux ans avec un succès des plus encourageants, ce qui décidera, je l'espère, quelques-uns de mes collègues à suivre mon exemple.

Cette légumineuse réussit bien en terrains argilo-calcaires et argilo-siliceux ; le sol étant ameubli, riche en engrais et surtout en acide phosphorique, dont cette plante est très avide, on la sème comme les Pois, soit à la volée, soit en rayons ; sa germination et sa sortie de terre sont assez longues ; des binages et des sarclages sont nécessaires, jusqu'au moment où, les chaleurs activant sa végétation, le *Soja* couvre bientôt la terre d'un fourrage droit, serré et abondant.

Les gousses et les tiges étant épaisses, leur dessèchement est un peu long et doit arriver en août, sous le climat des Charentes, ce qui rend nécessaire le semis dès les premiers jours d'avril et même dans la seconde quinzaine de mars.

Le *Soja* étant près de sa maturité, on l'arrache et on le couche sur les billons ; on le retourne et, au besoin, les racines sont mises en l'air, afin de hâter sa dessiccation ; puis il est porté dans l'aire pour y être battu ou bien on le suspend sous des hangars.

La récolte en grains secs a été, cette année, de 1,800 kilos par hectare, et qui s'élèverait certainement à l'aide d'engrais phosphatés.

Le *Soja* est mangé avec avidité par les animaux, soit en vert, soit en sec ; mais ce qui le rend inappréciable, c'est l'emploi si heureux, qu'on fait de sa graine pour la nourriture des personnes atteintes du *diabète sucré*.

Si le *Soja*, qui se vend en ce moment 2 fr. le kilo chez les marchands grainiers, conservait seulement la moitié ou le tiers de ce prix, ce serait là assurément une culture des plus riches (1).

Le savant chimiste M. Joulie, ayant analysé il y a quelques années le *Soja*, a trouvé les résultats suivants pour une récolte de 10,000 kilos à l'hectare, mûre et sèche, dont 3,442 kilos de grains :

	DANS 1000 KILOS DE SOJA		
	Tiges et feuilles.	Grains.	Plante entière.
Azote	12 k 50	57 k 88	28 k 10
Acide phosphorique	4 62	17 39	9 02
Acide sulfurique	2 72	1 41	2 26
Chaux	43 65	3 28	29 81
Magnésie	9 58	8 91	9 36
Potasse	9 76	20 29	13 39
Soude	4 13	0 50	2 88
Oxyde de fer	1 27	0 93	1 15
Silice	32 73	1 03	21 83

(1) Je préviens les lecteurs que je n'ai à vendre ni grain de Soja, ni pain.

Ces chiffres donnent, pour la récolte d'un hectare, les quantités suivantes :

	Dans les tiges et feuilles.	Dans le grain.	TOTAL.
Azote	82 k 12	198 k 89	281 k 01
Acide phosphorique	30 35	59 85	90 20
Chaux	286 78	11 29	298 07
Magnésie	62 94	30 67	93 61
Potasse	64 12	69 84	133 96
Oxyde de fer	8 34	3 20	11 54

Le *Soja* est donc, comme toutes les légumineuses, une plante à chaux et potasse, et il contient en outre beaucoup d'azote, que les micro-organismes siégeant sur les nodosités de ses racines, empruntent à l'air, suivant les récentes découvertes.

En novembre dernier, M. Joulie, avec une obligeance extrême, et dont je ne saurais trop le remercier, car ce travail présente de grandes difficultés, a bien voulu analyser le grain de *Soja*, récolté sur mon exploitation, et accompagner ses recherches de savantes et judicieuses réflexions.

	FARINE DE SOJA. 100 kil. *Normale.*	*Sèche.*
Humidité	12,80	»
Matières azotées alimentaires	29,35	34,04
— alimentaires	1,63	1,90
— grasses	18,80	21,80
— amylacées	18,14	21,04
— sucrées	5,36	6,22
— extractives non azotées	2,62	3,05
Cellulose brute	4,50	5,22
Acide phosphorique	1,50	1,74
Autres matières minérales	4,30	4,98
	100,00	100,00

Voulant, pour la cure du diabète sucré, utiliser la grande richesse en matières azotées et grasses du *Soja*, et sa pauvreté en amidon, qui est l'ennemi des diabétiques, j'ai fait broyer le grain dans un moulin à café bien propre, repasser les gruaux, puis à l'aide du tamis, j'ai obtenu une farine, que j'ai panifiée de la manière suivante :

Farine de *Soja*	300 grammes.
Trois œufs	150 —
Beurre 1re qualité	150 —

On mêle bien le tout, auquel on ajoute une cuillerée à café de sel et un verre ordinaire d'eau tiède.

Après le pétrissage, on laisse reposer 12 à 15 minutes, puis on étend sur une tôle qu'on met au four de cuisine ; on aplatit plus ou moins, suivant le goût pour la mie ou la croûte.

Ce pain est un véritable gâteau, moins le sucre, très appétissant, et auquel ne sont pas comparables le pain de gluten qui constipe, celui de *Soja*, fabriqué à Paris, et dont on se dégoûte bien vite, et enfin du pain de gluten et soja, qui est immangeable.

La richesse alimentaire de ce pain, comparée à celle du pain de froment, sera facile à saisir par les analyses suivantes, mises en regard les unes des autres.

	PAIN DE SOJA. 100 kil.	
	Normal.	*Sec.*
Humidité	32,70	»
Matières azotées alimentaires	15,01	22,31
— — non alimentaires	1,15	1,70
— grasses	32,36	48,10
— amylacées	8,71	12,94
— sucrées	2,76	4,11
— extractives non azotées	1,99	2,80
Cellulose brute	1,88	2,79
Acide phosphorique	0,73	1,09
Autres matières minérales	2,80	4,16
	100,00	100,00

	PAIN DE FROMENT. 100 kil.			
	N° 1.		N° 2.	
	Normal.	*Sec.*	*Normal.*	*Sec.*
Humidité	34,95	»	39,53	»
Matières azotées alimentaires	6,16	9,46	7,56	12,51
— non alimentaires	2,21	3,40	0,34	0,36
— grasses	0,34	0,52	0,41	0,41
— amylacées	44,72	68,74	43,17	71,39
— sucrées	»	»	»	»
— extractives non azotées	9,94	15,29	13,79	12,79
Cellulose brute	»	»	»	»
Acide phosphorique	0,25	0,39	0,19	0,32
Autres matières minérales	1,43	2,20	0,62	1,02
	100,00	100,00	100,00	100,00

Il résulte de ces analyses, que ce pain de *Soja* est deux fois plus riche en matières azotées alimentaires, et cinq fois plus pauvre en amidon que le pain de froment ; quant à la graisse, il en contient près de dix fois plus, aussi permet-il, suivant M. Joulie, d'établir une ration peu volumineuse et néanmoins fort bien équilibrée.

On sait que, d'après les études des physiologistes, la ration d'un homme adulte et en bonne santé doit contenir 130 grammes de matières azotées alimentaires et 310 grammes de carbone combustible par 24 heures.

Or, pour avoir les 130 grammes de matières azotées, il faudrait consommer 2 kil. 114 grammes de pain de froment n° 1 ou 1 kil. 719 grammes du pain n° 2, mais ces quantités de pain apporteraient 580 grammes de carbone pour le n° 1 et 502 grammes 80 pour le n° 2, au lieu de 310 grammes nécessaires, d'où une surcharge de matières hydrocarbonées, qui n'est pas sans inconvénients pour les voies digestives.

La viande contenant 20 % de matières azotées et 11 % de carbone permet d'équilibrer convenablement le pain en utilisant le carbone qu'il contient en trop. On arrive, en effet, à des rations satisfaisantes avec :

		MATIÈRES AZOTÉES.	CARBONE.
Pain n° 1.........	1000 gr.	61 gr. 6	274 gr. 6
Viande	330	69 3	36 3
Total.......	1330 gr.	130 gr. 9	310 gr. 9
Pain n° 2.........	1000 gr.	75 gr. 6	292 gr. 50
Viande...........	260	54 6	28 60
Total	1260 gr.	130 gr. 2	321 gr. 10

On parvient, dit M. Joulie, à un résultat aussi bon pour tout le monde, et bien supérieur pour les diabétiques, avec une ration journalière ainsi composée :

		MATIÈRES AZOTÉES.	CARBONE.
Pain de Soja.............	620 gr.	93,06	289
Viande...................	180	37,80	19 8
Total...............	800 gr.	130,86	308,8

Cette ration ne contient que 70 gr. 104 d'amidon et sucre, tandis que les rations, avec le pain de froment, en contiennent 447 gr. 20 et 430 gr. 70, c'est-à-dire plus de 6 fois autant.

Mais les avantages du pain de *Soja* sont bien autrement considérables, car je me suis assuré qu'un diabétique, qui, en se levant, a pris une tasse de chocolat à l'eau et à la crème délaitée (sans sucre) est très bien nourri avec 130 à 150 grammes de pain de *Soja* à déjeuner et 125 grammes à dîner, puis, viandes, poisson, beurre, légumes herbacés, bon vin, café (non sucré), etc., etc., ce qui réduit de près de deux tiers la ration de pain de *Soja* et abaisse à 25 ou 30 grammes la quantité d'amidon et sucre ingérée en 24 heures, ce qui est d'une haute importance, comme on va le voir par ce qui suit.

Le diabète sucré est une maladie grave, des plus insidieuses et dont le symptôme caractéristique est la présence du sucre dans l'urine, et qui, parfois, en contient jusqu'à 200 grammes et plus par litre.

Suivant l'illustre Claude Bernard, le foie, à l'état normal, transforme une minime partie des matières amylacées en sucre, et qui passe inaperçue; mais lorsque la fonction glycogénique s'exagère, alors les symptômes les plus fâcheux se présentent, les malades maigrissent, les dents sont vacillantes, les gencives fuligineuses, la soif est ardente, les ongles deviennent cassants, les forces diminuent, la polyurie se manifeste, et le sucre apparaît en plus ou moins grande abondance, etc.

Presque tous les médecins regardent cette maladie comme à peu près incurable, et tout l'arsenal pharmaceutique a, le plus souvent, été épuisé pour n'arriver qu'à un résultat négatif.

Bouchardat a magistralement établi que c'est surtout par le régime alimentaire, excluant les matières sucrées et amylacées, qu'on peut combattre, avec efficacité, le diabète sucré simple; aussi avait-il fait extraire du froment le gluten pour le panifier. C'était là un progrès, mais très insuffisant, car tous les pains de gluten, analysés par Boussingault, contiennent encore 40 à 42 °/₀ d'amidon, tandis que le pain de *Soja*, dont j'ai indiqué la formule plus haut, en a près de quatre fois moins, 11,47, d'où découle un grand avantage dans son emploi.

Le pain de *Soja* fabriqué à Paris se couvre de moisissures au bout de trois ou quatre jours, tandis que celui que j'ai fait préparer se conserve bien pendant une vingtaine de jours et plus, en ayant le soin de le retourner quelquefois; puis, avec la précaution avant le repas de le présenter au feu un instant, il est aussi bon que le premier jour.

On comprend de suite le profit que doivent tirer de cette facile conservation les diabétiques obligés de voyager, qui peuvent, en outre, emporter avec eux un petit sac de farine de *Soja*, car on trouve partout des œufs et du beurre, et renouveler leur provision de pain.

Ayant employé avec un succès complet le pain de *Soja*, j'ai pensé être utile en ne retardant pas la publicité de sa fabrication.

J'avais dans ma famille deux personnes, d'une bonne constitution, et qui furent, en même temps, atteintes du diabète sucré simple.

L'une, âgée de 50 ans, et qui, malgré mes conseils, a continué le pain de froment, le riz, les haricots, les pommes de terre, etc., vient de succomber.

L'autre personne, âgée de 76 ans, et qui a renoncé entièrement au pain de froment, aux féculents, pour le pain de *Soja*, les viandes, poissons, etc., jouit maintenant d'une bonne santé.

J'ajoute qu'en présence de la richesse alimentaire de ce pain en matières grasses, azotées et acide phosphorique, l'application pourra en être faite, avec un avantage incontestable, à toutes les personnes débiles, les enfants, etc.

Tous les fabricants vendant des pains de gluten et de *Soja* tiennent secret leur mode de panification et leurs produits à un prix très élevé; ainsi le pain de *Soja* se cote à Paris environ 4 francs le kilo, prix absolument inabordable pour les diabétiques pauvres.

Si la culture du *Soja* prenait de l'extension, il serait avant peu possible d'abaisser à 50 centimes le kilo le prix du pain de *Soja*, fabriqué tel que je l'ai indiqué, et ce serait un immense service rendu aux diabétiques.

Dr A. MENUDIER,
Président du Syndicat général des Comices agricoles du département de la Charente-Inférieure.

Note ajoutée pendant l'impression. — En vue d'être utile aux diabétiques, par trop nombreux, j'ai voulu me rendre compte si le *Soja* à grain jaune, qui diffère de celui d'*Etampes*, d'un blanc un peu jaunâtre, par un jaune foncé, un ombilic plus prononcé, un volume plus gros, une maturité plus tardive, si, dis-je, il ne pourrait être substitué à ce dernier.

J'ai eu de nouveau recours à l'obligeance inépuisable du savant chimiste M. Joulie, qui vient de me remettre l'analyse suivante du *Soja hispida* à grain jaune :

	DANS 100 KILOS à l'état	
	Normal.	*Sec.*
Humidité	7,58	»
Matières azotées alimentaires	32,35	35 01
— non alimentaires	1,79	1,94
— grasses	15,26	16.51
— amylacées	16,72	18,09
— sucrées	5,63	6,09
— extractives non azotées	11,12	13,02
Cellulose brute	3,57	3 87
Acide phosphorique	1,89	2,00
Autres matières minérales	4,09	4,47
	100,00	100,00

En comparant cette analyse avec celle du *Soja d'Etampes*, il est facile de reconnaître de suite qu'elles diffèrent si peu l'une de l'autre, que la substitution est sans inconvénient aucun.

J'ai poussé mon examen plus loin en panifiant, suivant ma formule, le *Soja* à grain jaune, et n'ai trouvé, au point de vue du goût, aucune différence.

Le *Soja* à grain jaune étant en assez grande quantité chez MM. Vilmorin et Andrieux, il sera facile aux diabétiques de faire leurs provisions jusqu'à la récolte prochaine. Dr A. M.

Le Manioc et sa fécule. — Le Manihot ou Manioc (*Jatropha Manihot* L.; *Manihot utilissima* POHL.) est une plante sous-frutescente à tige dressée, cylindrique, noueuse, glabre, d'une hauteur de un à deux mètres, quelquefois plus, recouverte d'une écorce blanche, jaune ou rougeâtre ; ses feuilles sont profondément palmées, à 3-7 segments ovales-lancéolés, très aigus. La racine est tubéreuse, charnue, blanche, d'un tissu très serré, renfermant entre les cellules un suc laiteux, âcre et vénéneux.

Croissant naturellement au Brésil et à la Guyane, cette plante est cultivée depuis la plus haute antiquité dans toute la régon tropicale de l'Amérique, ainsi que dans plusieurs parties de l'Inde, notamment sur le littoral où elle se développe mieux qu'à l'intérieur du continent. Le Manioc préfère les sols légers, surtout les sables mêlés de terreau, mais il ne peut croître dans les terrains marécageux ou exposés à conserver l'eau des pluies.

Rien n'est plus singulier que de voir appliquer à l'alimentation humaine une plante vénéneuse. D'après M. P. Sagot, il est probable que le poison du Manioc est un composé organique peu stable, nuisible par lui-même, mais redoutable surtout en ce qu'il peut, en certaines circonstances, engendrer de l'acide cyanhydrique ou prussique, substance la plus délétère connue en chimie, mais elle-même très instable et très volatile. Les feuilles de Manioc froissées exhalent une légère odeur d'amandes amères ; et il est arrivé, dans les recherches chimiques sur les tubercules, qu'on a constaté la formation d'acide cyanhydrique. Cela expliquerait comment l'eau de Manioc est un poison, comment l'eau distillée tirée d'elle est un poison encore bien plus énergique ; comment l'eau de Manioc, bouillie longtemps et écumée, est inoffensive et sert d'aliment aux Indiens du Brésil et de la Guyane ; comment les féuilles et la racine de Manioc rongées par les animaux, tantôt les empoisonnent, tantôt ne leur font aucun mal. Il est évident, dans ce dernier cas, que si la quantité prise a été modérée, et que le suc gastrique a exercé immédiatement une action énergique, il n'a pu se produire d'acide cyanhydrique. Il y a des variétés plus vénéneuses les unes que les autres, mais aucune n'est absolument dépourvue de principe nuisible.

A Démérari, le suc de Manioc amer, débarrassé de ses propriétés délétères par une ébullition prolongée, est connu sous le nom de *Cassareep* et sert à la préparation des sauces de cuisine.

Les Indiens utilisent beaucoup la racine du Manioc pour préparer des boissons fermentées d'un goût assez désagréable ; pour cet usage, ils choisissent de préférence des variétés à tubercules très aqueux. Sur les bords de l'Orénoque, la liqueur fermentée porte le nom d'*Yarack* et se fabrique exclusivement avec la cassave.

En Amérique, on se sert souvent des tubercules écrasés et non exprimés pour combattre, au moyen d'applications locales, les ulcères et les plaies de mauvaise nature, ainsi que pour calmer la douleur produite par la piqûre de la chique (*Pulex penetrans*).

Les tubercules du *Jatropha Manihot* sont riches en fécule et constituent, de temps immémorial, la nourriture la plus importante des indigènes de la Guyane et de ceux des régions chaudes de l'Amérique du Sud. On dit même que le nombre des individus qui se nourrissent presque exclusivement de farine de Manioc, dépasse celui des peuples faisant usage de froment.

L'arrachage des tubercules se fait de la même manière que celui de la pomme de terre, et n'offre une certaine difficulté que lorsque le sol est argileux et durci par la sécheresse. En général, chaque pied donne 2 ou 3 tubercules, dont l'un est toujours d'un volume supérieur aux autres ; leur poids varie de 100 à 150 gr. pour les petits, de 4 à 500 gr. pour les moyens et de un à plusieurs kilog. pour les gros.

A leur complète maturité, ils renferment environ 60 °/₀ d'eau douce, c'est-à-dire moins qu'aucune autre racine féculente.

Le Manioc doux se mange au lieu de pain et comme il ne renferme, pour ainsi dire, pas de principe âcre, il n'y a aucun danger à le faire bouillir dans l'eau comme les pommes de terre. Les autres variétés se consomment ordinairement sous forme de farine, qui reçoit différents noms suivant les moyens employés pour sa préparation.

La conversion des tubercules en farine est assez simple, mais elle demande cependant un travail long et minutieux. Après avoir enlevé l'épiderme qui les recouvre, on les lave, puis on les râpe sur une planche de bois, appelée *grage*, hérissée de nombreuses petites pointes de fer. La pulpe râpée est ensuite abandonnée à elle-même pendant vingt-quatre heures, ce qui détermine une légère fermentation ; après ce laps de temps, on l'introduit dans de longs paniers flexibles dits *couleuvres*, dont ils affectent la forme cylindrique, et on la comprime fortement pour faire écouler le suc de Manioc, liquide d'aspect opalin, d'une odeur nauséabonde et très vénéneuse. La farine comprimée est extraite après cette opération, et soumise à une chaleur douce, pour achever sa dessiccation, puis elle est pilée et grossièrement tamisée. La torréfaction se fait sur une plaque de fonte circulaire qui porte le nom de *platine* ; cette plaque est encadrée dans une petite maçonnerie, ménageant sous elle une cavité en forme de four où on allume le feu. La chaleur nécessaire à la cuisson de la farine est de 100 et quelques degrés, mais il faut avoir la précaution de remuer souvent et de la renouveler incessamment pour éviter de brûler ou même de roussir la farine.

La *Cassave* ou *Sagou blanc* s'obtient avec de la farine pulvérisée plus soigneusement et mieux tamisée, que l'on étale circulairement sur la plaque en la comprimant très légèrement pour en faire une masse compacte que l'on retourne plusieurs fois pendant l'opération.

Le *Couac* se prépare en chauffant fortement une plaque de fonte sur laquelle on projette une certaine quantité de farine fraîche et que l'on étale et que l'on remue à chaque instant avec un petit rateau de bois. Après la cuisson, le Couac est assez semblable à la semoule.

La Moussache ou amidon de Cassave (*Cicipa* ou *Arrow-root du Brésil*) est une fécule blanche obtenue par précipitation au moyen d'un simple lavage de la pulpe. Cet amidon est aussi fin et possède les mêmes propriétés que celui extrait des farines de froment et de riz ; il sert d'ailleurs aux mêmes usages.

On a tenté divers essais de panification avec la fécule de Manioc, mélangée au froment dans la proportion d'un quart et d'un cinquième environ. Le pain est de bel aspect et d'un goût agréable, surtout lorsque l'on emploie que la fécule la plus fine.

Le *Tapioca*, si connu en Europe, est également une préparation du Manioc ; le procédé en usage pour l'obtenir est d'une grande simplicité : La racine gragée est délayée dans l'eau, malaxée et comprimée ; on retire les parties les plus grossières qui peuvent être cuites et données comme nourriture aux animaux et on recueille, en laissant déposer l'eau, les matières les plus fines qui doivent servir à préparer le Tapioca.

Le Tapioca est un aliment d'une digestion facile, mais assez peu nutritif ; on en fait des potages délicats, très utiles aux convalescents, parce qu'il se fond en gelée par l'ébullition et qu'il est peu susceptible d'être attaqué par les sucs gastriques.

Ce produit est importé principalement de Rio-Janeiro et de Bahia, mais le premier est supérieur au second : il est plus blanc et il abandonne à l'eau une plus grande proportion de matière amylacée, colorable en bleue par l'iode.

Le Tapioca du commerce est souvent mélangé avec de la fécule de pommes de terre et sert lui-même à falsifier l'Arrow-root. Au moyen d'une préparation spéciale, on obtient de la même fécule de Pomme de terre seule, une sorte de Tapioca factice reconnaissable à sa couleur plus blanche et à ses grains plus régulièrement arrondis.

Au Brésil, la farine ordinaire de Manioc est connue sous le nom de *Havina* et joue un rôle important dans l'alimentation. Les habitants de ce pays mêlent ce produit à tous leurs aliments ; on rencontre la Havina sur toutes les tables, où chacun des convives la mélange avec les plats, dans la proportion qu'il lui convient. Cette étrange coutume, dit M. Sacc, a pour effet de faciliter beaucoup la digestion, parce que le ligneux qu'elle renferme étant indigestible, favorise le mouvement péristaltique des intestins qui ne supportent pas facilement des aliments aussi lourds que ceux que l'on consomme habituellement et consistant presque toujours en haricots et en viande fumée ou séchée.

Dans quelques provinces américaines, les feuilles de Manioc sont hachées et cuites dans l'huile ; c'est un aliment assez médiocre.

Jules Grisard.

Le Genêt d'Espagne et sa toile. — Le Genêt d'Espagne (*Genista juncea* L. *Spartium junceum* Desf.) est un sous-arbrisseau inerme d'un port élégant que ses belles fleurs jaunes, d'un parfum suave, font rechercher pour l'ornement des parcs et des jardins. Sa tige, haute de **1 m.** à **2** mètres et demi environ, porte de nombreux ramaux dressés, grêles, glabres, striés, flexibles et contenant intérieurement une moelle très abondante. Ses feuilles sont obovales, oblongues ou lancéolées, entières, glabres en dessus, légèrement pubescentes en dessous.

Le Genêt d'Espagne est cultivé comme plante textile dans toute l'Asie, en Toscane, en Espagne et en France, dans les Cévennes, le Dauphiné, la Provence, etc.

La coupe se fait à la serpe, par des femmes, après l'époque de la floraison. Pour obtenir les fibres, on procède à une série d'opérations qui commence par la mise en bottes des tiges. Ces bottes, d'un diamètre de dix centimètres environ, sont fortement frappées à sec, à l'aide d'un morceau de bois plat, et placées ensuite dans une fosse qu'on a soin d'entretenir dans un état constant d'humidité, en la recouvrant d'herbe et de paille et en l'arrosant chaque jour. Au bout d'une semaine, quand le Genêt est suffisamment ramolli, on l'extrait de la fosse pour le battre de nouveau jusqu'à ce que les fibres se détachent aisément de la tige. Après le séchage des brins au soleil, on les remet en paquets pour les conserver jusqu'à l'hiver, époque à laquelle se fait le teillage. La filasse qu'on obtient après cette opération est cardée avec un peigne de fer et réunie en écheveaux prêts à être filés au tour ou à la quenouille.

Après avoir subi toutes ces manipulations, la fibre de Genêt est devenue souple, mince et très résistante. Dans les villages pauvres du Bas-Languedoc, dit M. Alex. Vitalis, il est peu de maisons où l'on ne trouve du linge fabriqué en toile de Genêt, toile d'abord roussâtre, évidemment grossière, mais forte, nerveuse, inusable et devenant très blanche avec le temps.

Dans les Cévennes, où le commerce de ce textile se trouve localisé, on l'emploie également pour faire des cordes, des filets, des sacs d'une durée indéfinie ainsi que de la pâte à papier. L'usage du Genêt d'Espagne comme textile était déjà connue des Grecs, des Romains et des Carthaginois, qui se servaient des filaments de cette plante pour fabriquer les voiles de leurs vaisseaux.

Les jeunes pousses peuvent être données aux bestiaux, mais cette alimentation ne doit pas être prolongée, parce qu'elle est susceptible de produire, au bout de quelque temps, une inflammation du tube digestif et des organes urinaires.

Les fleurs odorantes de cette espèce sont recherchées des abeilles; enfin, les graines sont propres à la nourriture des oiseaux de basse-cour.

M. V.-B.

Taille de la Vigne. — A la dernière session de la Société des Agriculteurs de France, la section de viticulture a longuement étudié une modification bien simple en apparence, mais paraissant féconde en résultats, apportée à la taille de la Vigne par un viticulteur distingué de Loupiac, M. Dezeimeris.

Je me hâte de dire que je ne viens pas proposer une nouvelle taille inventée de toute pièce ; je trouverais tout naturel qu'un vigneron hésitât à abandonner pour une nouveauté, la taille qu'il a toujours pratiquée, et qui est appropriée à son climat et à son cépage. Il ne s'agit donc ici que d'une simple modification applicable à toutes les tailles usitées et respectant tous les systèmes en usage.

M. Dezeimeris, voyant ses Vignes, greffées ou non, dépérir, et cherchant les causes de ce dépérissement, eut l'idée de faire refendre des ceps malades en deux parties dans toute leur longueur ; il vit alors qu'à chacune des lésions faites par la taille annuelle des sarments, correspondait dans l'intérieur du pied, une traînée de tissus mortifiés descendant dans la tige à partir précisément de cette blessure causée par la taille ; cette découverte lui suggéra les réflexions suivantes :

Couper très ras est l'objectif des vignerons pratiquant la taille vulgaire, et ceux qui réussissent à couper si ras, qu'ils entament visiblement le pied, ceux-là ont d'ordinaire dans les concours le prix de taille à cause de l'aspect net et dégagé produit par cette façon de mutiler la vigne. Cette coupe très ras ne serait-elle pas la cause des désordres constatés à l'intérieur des ceps refendus ? Les considérations suivantes seraient de nature à appuyer cette supposition.

La superficie de cette coupe à ras, en se desséchant, peut faciliter dans l'intérieur du bois l'introduction de l'air, de l'eau, de la chaleur et même de certains insectes et par suite causer l'altération profonde des tissus internes.

La circulation de la sève dans la vigne s'effectue spécialement par les deux couches de tissus les plus extérieures situées immédiatement au dessous de l'écorce, savoir : la couche constituée l'année précédente et celle qui se forme dans l'année courante. Or la taille à ras tranche une partie de ces canaux séveux, qui ne se reconstitueront qu'à la longue ; il en résulte un arrêt d'une partie de la sève au printemps, c'est-à-dire juste à l'époque où l'afflux des sucs nourriciers est le plus nécessaire.

Quant au bois même de la tige, sans servir directement à la circulation rapide de la sève, il s'en imprègne, sert d'entrepôt au suc vital, de magasin de réserve nutritive pour entretenir la vie pendant la saison d'hiver et pour alimenter la végétation dans les premières semaines de l'élan printanier ; l'altération profonde de ces tissus ligneux les rend incapables, par suite de ces lésions, de remplir leur fonction végétative.

Les causes qui précèdent infligent au végétal un affaiblissement permanent et progressif qui le met hors d'état de soutenir victorieusement la lutte pour la vie.

Inutile de dire qu'à raison de la loi d'équilibre entre les organes aériens et souterrains des végétaux, les racines souffrent autant que les sarments de cet affaiblissement et deviennent, aussi bien que tout le reste de la plante, une proie de prédilection pour cette horde d'ennemis qui depuis quelque temps s'acharnent contre notre pauvre vignoble : Oïdium, Cochylis, Phylloxéra, Mildiou, Antrachnose, Rots de toute couleur, etc.

La cause du mal étant connue : *la section du sarment trop à ras*, le remède était tout indiqué : laisser un tronçon, un chicot, à chaque sarment taillé.

La méthode de M. Dezeimeris consiste donc à ne plus couper le sarment vif au ras de la tige ou du bras qui le porte, mais à le trancher sur le nœud situé au-dessus du point où l'on aurait fait la taille d'après le mode habituel, de façon à laisser un *tronçon protecteur fermé* là où on faisait d'ordinaire une coupe vive et à ras.

J'insiste sur ces mots : *tronçon fermé* ; il est, en effet, indispensable de conserver la cloison qui existe dans ce nœud supplémentaire. La perfection consisterait à trancher ce nœud juste sur son milieu, c'est-à-dire précisément sur la cloison ; mais cette précision étant difficile à obtenir dans la pratique, il vaut mieux trancher un peu au-dessus de ce nœud pour être bien sûr de conserver cette cloison protectrice.

Il va sans dire que l'œil situé sur ce nœud supplémentaire sera supprimé au moment de la taille, de même que le bourgeon qui pourrait en sortir plus tard si cet œil était oublié ou mal éborgné. Le chicot ne sera supprimé qu'au bout de deux ans.

M. Dezeimeris a appliqué cette méthode depuis 1888 ; voici ce qu'il a observé depuis cette époque.

Le dessèchement causé par la section faite au sommet du tronçon protecteur et la désorganisation du tissu interne qui en résulte, se sont cantonnés dans ce tronçon au lieu de descendre dans la tige ou le tronc de la Vigne comme cela aurait eu lieu avec la coupe à ras.

D'un autre côté, les couches sous-corticales n'étant plus détruites en partie par la taille à ras, la sève ascendante et descendante a circulé sans aucun arrêt; il s'est formé à la base du tronçon un renflement important ; dans ce renflement ou bourrelet, le va et vient de la sève a, durant deux ans, établi son contournement pour passer au-delà du chicot qui s'est ainsi trouvé relégué en dehors de la vie générale du pied ; ce bourrelet a formé une canalisation nouvelle, et en même temps il a constitué la matière toute préparée pour recouvrir la blessure que l'on a faite au bout de deux ans en enlevant le tronçon ; ce tronçon était d'ailleurs déjà abandonné pour ainsi dire par le végétal et sa suppression ne pouvait être l'origine d'aucun trouble.

Ces améliorations dans la circulation de la sève ont eu les conséquences suivantes :

Augmentation considérable de la vigueur générale et de la fructification, et surtout de la force de résistance des racines ; accélération de la maturité du bois et du fruit ; en un mot, accroissement de force végétative permettant à la Vigne de résister dans la plupart des cas aux affections parasitaires qui, par suite de son affaiblissement, devenaient pour elles des maladies dangereuses et parfois mortelles.

Voici d'ailleurs les résultats définitifs annoncés par M. Dezeimeris. La plupart de ces résultats ont été contrôlés et confirmés par des professeurs d'agriculture et par beaucoup de viticulteurs dont plusieurs ont expérimenté le nouveau procédé sur leurs propres vignobles.

Une vigne indigène philloxérée à un haut degré et condamnée a été soumise en 1888 à cette taille sans *secours de fumier ou d'insecticide.* Dès 1889, elle est revenue à l'état de vigoureuse santé ; la vendange est abondante. En 1890, végétation et fructification plus belles encore, et pourtant le Phylloxéra y est toujours, mais les racines sont exemptes de grosses tubérosités. Des nodosités se forment, il est vrai, çà et là sur les tissus les plus jeunes, les plus tendres, mais ces nodosités s'affaissent et disparaissent ensuite au fur et à mesure de l'élongation de ces racines, en laissant intactes et solides les ramifications essentielles du système radiculaire. Ces racines, en un mot, qui ne résistaient pas il y a trois ans, ont pris un caractère indéniable et très accentué de résistance.

Dans un rapport officiel, fait en 1890 par M. de Lapparent, inspecteur général de l'agriculture, on lit entre autres les phrases suivantes :

« M. Dezeimeris a pratiqué depuis trois ans son mode d'opération de la taille, et je suis obligé de reconnaître que ce coin de vigne est actuellement dans un état de prospérité extraordinaire..... Enfin, la vigne est bien phylloxérée, j'ai pu le vérifier ; car, outre des traces irrécusables sur des radicelles, j'ai trouvé des familles nombreuses d'insectes. Mais ces racines sont bien vives, bien actives, témoignant d'une réparation rapide des plaies faites..... »

Il ne m'est pas possible, en l'absence de figures, de décrire plus explicitement ce procédé ; mais je m'estimerais heureux si cette courte notice pouvait éveiller l'attention des viticulteurs ; je ne saurais trop les engager à se procurer la brochure de M. Dezeimeris (1) et à faire l'essai de son procédé ne serait-ce que sur quelques ceps, soit dans le vignoble, soit en espalier. Qui sait si à l'aide de ce procédé, d'une bonne culture et d'un engrais *insectifuge,* notre Vigne indigène ne pouvait pas acquérir assez de vigueur pour lutter contre le Philloxéra, tout au moins dans certains sols ?

Paul CHAPPELLIER.

(1) *Dépérissement de la Vigne*, par Dezeimeris. Chez Masson, 120, boulevard Saint-Germain ; prix par la poste, 2 fr. 75.

VI. BIBLIOGRAPHIE.

Traité de zootechnie générale, par Ch. CORNEVIN, professeur à l'école vétérinaire de Lyon, président de la Société d'agriculture, histoire naturelle et arts utiles, ancien président de la Société d'anthropologie de la même ville. 1 vol. in-8 de 1,000 pages, avec 4 planches coloriées et 204 figures intercalées dans le texte, 22 fr. — Librairie J.-B. Baillière et fils, Paris, 19, rue Hautefeuille.

Un traité de zootechnie de l'importance de celui-ci ne saurait être résumé dans les quelques lignes d'un compte rendu bibliographique ; tout au plus peut-on en indiquer le cadre général et en tracer les grandes lignes.

Ce n'est pas seulement le savant que de telles études intéressent, mais aussi l'éleveur, c'est-à-dire le plus grand nombre. Par ses observations multiples et convergentes, le premier travaille à découvrir la loi de certains phénomènes généraux qui, étudiée sur une seule espèce, n'apparaît pas nettement, comme l'influence du milieu sur la structure et la taille de l'être, de l'alimentation sur la dentition, de la consanguinité dans la reproduction, et ainsi, par la parfaite connaissance du cheptel de la ferme, peut-il enseigner au second la valeur des animaux qui le composent, les aptitudes spéciales des races, les améliorations dont elles sont susceptibles, en un mot toutes les ressources qu'il est possible de leur demander.

Les premières pages sont consacrées à l'étude des affinités et à la filiation probable des formes domestiques actuelles, équidés, ruminants, suidés, chiens, animaux de basse-cour, à la recherche de leurs centres d'apparition et à l'histoire de leur dispersion. Aux lentes révolutions du globe correspondent des modifications profondes de la faune de chaque pays ; c'est ainsi que le Renne, l'Ovibos, l'Eléphant, communs autrefois dans l'Europe centrale, ont émigré les uns au nord, les autres au midi. Le Cheval, abondant en Amérique dans le territoire supérieur, en avait complètement disparu et y serait encore étranger, si l'homme ne l'y avait ramené à une date bien connue et relativement récente ; les cas tératologiques de polydactylie qui se sont produits, dans cette espèce, et dont un exemple était rapporté à l'une de nos dernières séances générales, sont pour l'auteur un fait d'atavisme, une trace de parenté lointaine du Cheval actuel avec ses ancêtres pliocènes.

La sélection est une des opérations importantes de l'élevage ; elle a pour objet la reproduction des sujets de même race, tantôt elle est simplement conservatrice, c'est-à-dire destinée à en maintenir fidèlement le type, analogue en cela à la sélection zoologique qui uniformise les espèces sauvages ; tantôt, allant plus loin, elle crée de nouveaux groupes, fait passer les variétés au rang de sous-races, et leur confère la fixité. C'est par elle que le bétail a été amené au point où il est aujourd'hui. De l'intérêt offert par la sélection sont nés les livres généalogiques dont l'usage se répand de plus en plus. Le *Stud Book* date du siècle dernier, le *Herd Book* de 1822 ; depuis quelques années les Percherons et les Boulonnais établissent leur *pedigree*.

Le croisement donne aussi d'intéressants résultats économiques. Il s'oppose à la sélection par la dissemblance des sujets, et lui ressemble par la fécondité des sujets obtenus ; il se rapproche de l'hybridation par la différenciation typique des reproducteurs, et s'en sépare par la stérilité des produits qui caractérise cette dernière. L'eugénésie domine chez les métis, l'agénésie et la dysgénésie sont le propre des hybrides.

Cependant, l'infécondité étant la caractéristique de la dernière de ces méthodes de reproduction, les hybrides n'offrent, en général, qu'un intérêt scientifique ; ce n'est qu'exceptionnellement qu'ils ont une raison d'être économique : tels sont le Mulet et le Bardot chez les équidés, les produits de croisements entre Yak et Taureau chez les bovidés, le Coquard et le Mulard chez les oiseaux.

Chacune de ces opérations essentielles, les principes à observer, les règles à suivre pour les mener à bien sont étudiés avec le plus grand soin et la plus haute autorité.

Signalons aussi les chapitres consacrés à l'élevage proprement dit, au dressage, à l'entraînement et à l'engraissement, à la galactagogie et à la dynamotechnie. Nous ne saurions terminer ce trop rapide exposé sans dire un mot de celui qui, plus spécialement encore, s'il est possible, intéresse notre œuvre. L'acclimatation et l'acclimatement, qui en font l'objet, occupent désormais, grâce à nos efforts laborieusement soutenus, une place importante en zootechnie. De nombreuses conquêtes ont été réalisées déjà, d'autres non moins précieuses restent à assurer ou à entreprendre, qui seront faites un jour ou l'autre, grâce au concours que prêtent à notre action des hommes de science comme M. Cornevin, et les praticiens auxquels s'adresse son savant enseignement.

A. B.

Le Gérant : JULES GRISARD.

DE L'ÉLEVAGE
DES DINDONS SAUVAGES AMÉRICAINS

PAR M. LE Dr LÉON LE FORT,
Membre de l'Académie de médecine, professeur à la Faculté de médecine.

Il y a une douzaine d'années, le Jardin d'Acclimatation avait acquis quelques couples de Dindons sauvages américains. La beauté du plumage de ces animaux, remarquable surtout chez le mâle, m'avait inspiré le désir d'en essayer l'élevage dans une propriété que je possède en Sologne, près de La Ferté-Saint-Aubin (Loiret). Le prix de ces oiseaux était, à cette époque, assez élevé (170 francs la paire, si mes souvenirs sont exacts). Je me contentai d'acheter au Jardin d'Acclimatation sept œufs qui, mis en incubation sous des Poules, me donnèrent sept petits, cinq mâles et deux femelles. Un peu plus tard, grâce à l'extrême obligeance de M. Geoffroy-Saint-Hilaire, je pus échanger avec le Jardin un Dindon contre une Dinde, et j'eus de cette façon quatre Dindons et trois Dindes.

Je confiai l'élevage de ces Dindonneaux à la femme de mon garde, très intelligente et très soigneuse, qui leur donna la nourriture en usage dans le pays : orties coupées très finement au couteau et mélangées de son et de lait caillé. Cette nourriture leur fut continuée jusqu'à l'âge du passage au rouge ; à cette époque on la remplaça par un peu de Blé noir (Sarrasin) donné matin et soir.

A l'automne, nous eûmes le désir de constater si les qualités culinaires du Dindon sauvage étaient en rapport avec la beauté de son plumage, l'expérience nous parut si agréable qu'elle fut bientôt renouvelée sur un second Dindon. Mon beau-frère désirant essayer l'élevage de ces animaux, je lui donnai un Dindon et une Dinde et je ne gardai qu'un Dindon et deux Dindes. L'une des femelles fut, pendant l'hiver, victime d'un accident, de telle sorte qu'il ne me restait plus au début de la saison suivante qu'un Dindon et une Dinde. Celle-ci me donna vingt-quatre œufs qui furent tous bons et je ne perdis pendant l'élevage aucun des vingt-quatre Dindonneaux. La faible mortalité des Dindonneaux est une des qualités de cette race. Je n'ai pas toujours été aussi heureux que la première année, mais dix années d'observations m'ont prouvé que le passage au rouge, si redouté pour le Dindon noir, a moins de danger pour le Dindon américain. Ce n'est pas simplement une question d'alimentation, car le troupeau de Dindons noirs, élevé par la fermière, quoique nourri de la même façon, subissait à cette période de l'élevage des pertes considérables. Peut-être aussi faut-il tenir compte de cette circonstance que je laissais mes Dindonneaux sauvages en pleine liberté ; ce qui me porterait à le croire, c'est que, depuis que cette liberté est devenue plus restreinte, la mortalité, quoique toujours minime, a un peu augmenté.

Dans les premières années, mon troupeau de Dindons vivait dans une liberté absolue. Ces oiseaux avaient à leur disposition un parc boisé de quatorze hectares, bordé d'un côté par un étang de dix-sept hectares et attenant à une cinquantaine d'hectares de bois, formant des massifs, soit de Chêne, soit de Sapin. Ils erraient librement et sans aucune surveillance. Chaque soir, ils revenaient près de la maison d'habitation et couchaient dans deux Épicéas qu'ils avaient adoptés comme perchoir. Ils s'élevaient en volant jusqu'aux premières branches distantes du sol de quatre à cinq mètres, puis sautaient jusqu'aux branches supérieures élevées de quinze à vingt mètres. Le matin, c'est directement et en volant qu'ils descendaient à terre. Le Dindon sauvage ne saurait être regardé comme un oiseau de vol ; il est, sous ce rapport, beaucoup mieux doué que notre Dindon noir, mais, s'il peut franchir en volant des espaces de cent ou deux cents mètres, il ne s'élève qu'à quelques mètres du sol. D'après les renseignements qui m'ont été donnés, il en est de même en Amérique ; là, on en rencontre des bandes vivant absolument à l'état sauvage. C'est un oiseau de chasse ; mais la difficulté pour le chasseur consiste à l'approcher, car il est très défiant, il se fait garder par quelques éclaireurs et à la moindre alerte toute la bande se met à l'essor et disparaît hors de toute atteinte. Il paraît donc peu probable que, dans nos terrains de chasse, toujours fort restreints, même quand ils sont relativement étendus, le Dindon sauvage puisse devenir, comme dans les vastes forêts de l'Amérique, un oiseau de chasse. Du reste, nous saurons bientôt à quoi nous en tenir à cet égard, grâce à l'initiative de M. le marquis de Cherville.

Il y a trois ans environ, M. de Cherville, dans ses articles si intéressants et si instructifs publiés dans le journal *Le Temps*, avait consacré la plus grande partie d'une de ses attrayantes causeries à l'étude du Dindon sauvage américain

Dindons sauvages
(d'après une photographie de l'auteur).

et avait examiné cette question de la transformation de ce Dindon en véritable gibier. Avec sa grande expérience, il n'avait qu'une foi très minime dans le succès de la tentative, mais, comme il était intéressant de la faire, il voulut bien la tenter. J'offris à M. de Cherville, un couple de ces Dindons, il les confia à M. Récapé, inspecteur de la forêt de Marly, qui se chargea de diriger cette intéressante expérience et qui la continue dans les tirés du Président de la République.

Je ne sais quel en sera le résultat, mais ce que je puis dire, c'est que la domestication fait perdre au Dindon sauvage une partie de ses aptitudes pour le vol. Depuis quelques années, mon troupeau comptait annuellement de 150 à 200 têtes. Je les fais garder et on les promène, après les récoltes, dans les terres cultivées comme on le fait avec les Dindons ordinaires ; j'ai remarqué que dans ces conditions ils avaient moins de facilités pour le vol et que les Dindonneaux n'atteignaient qu'avec peine leur perchoir, élevé seulement à trois mètres du sol, j'ai dû même leur en faciliter l'accès par une échelle, mais je n'en suis pas moins obligé, quand ils sont adultes, de leur faire couper l'extrémité des ailes, car sans cette précaution il serait fort difficile de les conduire aux champs et de les maintenir réunis. Cette différence dans l'éducation n'a pas modifié les qualités de la chair, qui est moins sèche, plus blanche, plus fine que celle du Dindon noir et d'une saveur beaucoup plus délicate, rappelant un peu celle du gibier. Sous ce rapport, le Dindon américain est un peu au Dindon ordinaire ce que le Faisan est à la Poule domestique. Je dois ajouter que si on mène quelquefois les Dindons dans les terres cultivées, après les récoltes, le plus souvent ils sont conduits dans les bois, où ils trouvent, suivant les saisons, des insectes, des graines de toute nature et surtout des glands dont ils sont très friands.

Pendant les quatre premières années, je ne conservai comme reproducteur qu'un mâle, produit de l'éclosion d'un des œufs que m'avait cédés le Jardin d'Acclimatation. C'était un oiseau magnifique, très élevé sur pattes, ayant un très beau plumage (moins beau cependant que celui du Dindon que j'ai exposé cette année) et d'une grosseur remarquable. Il avait toutefois un défaut qui lui avait aliéné les sympathies de quelques personnes à mon service. Il était assez agressif à l'égard des filles de ferme, de la femme de mon garde et surtout de ses enfants ; il les suivait quand il les rencontrait et les escortait en leur distribuant des coups d'ailes et des coups de bec. Je cédai aux sollicitations de mon personnel et il termina sa carrière dans la rôtissoire. Je ne tardai pas à le regretter.

Les mâles qui lui succédèrent étaient un peu moins bien doués sur le rapport du plumage et surtout de la taille, et en deux ans, je pus constater que Dindons et Dindes n'avaient plus ni le volume ni le poids de leurs ancêtres. Grâce à l'obligeance d'un de mes amis, M. Tattet, un des agents principaux de la Compagnie transatlantique, je pus réparer ce malheur. Comme je lui témoignais le regret de n'avoir pas profité d'un voyage aux Etats-Unis pour ramener en France un couple de ces oiseaux, M. Tattet me fit l'agréable surprise de me faire revenir d'Amérique un Dindon et une Dinde. Tous deux étaient de magnifiques spécimens de la race, le mâle, dès l'année suivante, avait relevé les qualités primitives de la race et les produits du couple américain me donnent de superbes oiseaux. C'est un de leurs rejetons que j'ai exposé cette année au concours agricole où il a obtenu le prix d'honneur.

Je n'étonnerai personne de ceux qui connaissent l'esprit routinier de nos paysans si j'ajoute que, si je n'avais pas été certain de la supériorité de cette race, j'aurais abandonné cet élevage. Les marchands qui parcourent les campagnes pour y acheter les Dindons sont habitués aux Dindons noirs et ils n'offraient des Dindons américains qu'un prix notablement inférieur ; ils étaient heureusement mieux connus et mieux appréciés des gourmets parisiens par l'intermédiaire des Chevet, des Potel, des Paillard, etc. Aujourd'hui le Dindon sauvage d'Amérique commence à être connu. Il se recommande aux gourmets par la qualité de sa chair, à nos éleveurs par une plus grande facilité d'élevage, une plus grande résistance aux vicissitudes atmosphériques et une mortalité très faible des Dindonneaux. L'acclimatation de cette race est aujourd'hui chose faite, j'ai voulu la conserver dans sa pureté ; mais il est probable que son croisement avec le Dindon noir améliorerait notre race domestique, en affinant les qualités de sa chair et peut-être en amenant un accroissement de son volume et de son poids.

NOTES DE VOYAGE EN ÉGYPTE

LETTRE ADRESSÉE A M. BERTHOULE, SECRÉTAIRE GÉNÉRAL

PAR M. MAGAUD D'AUBUSSON.

Le Caire, 6 mars 1891.

Cher ami,

Si, il y a huit jours, tu avais été armé d'une lunette de puissance encore inconnue et que tu l'eusses braquée sur le Caire, dans la direction de la citadelle, tu aurais vu entrer dans la vieille cité des Califes une caravane bizarre et modeste, composée de trois Chameaux exténués, près desquels trottinaient, d'une allure un peu lasse, trois indigènes vêtus de longues galabis.

Sur le premier, assis les jambes croisées, un voyageur au teint hâlé, coiffé d'un casque blanc autour duquel flotte, retenu par une corde en poils de Chameau, un couffi bariolé, le torse vaguement enveloppé d'une façon de burnous, les jambes guêtrées de cuir, un fusil en travers de la selle. A sa suite, sur le second Chameau, un homme à longues moustaches brunes, la tête ornée d'un turban multicolore, le corps drapé d'une robe jaune et verte. Sur le troisième Chameau, des caisses, une tente, des ustensiles de cuisine de première nécessité, des armes, et, juché sur cet attirail compliqué, un magnifique Vautour fauve, enchaîné par la patte, l'œil fixe, triste, songeant mélancoliquement à sa funeste aventure.

Le voyageur étrange était l'archiviste de la Société d'Acclimatation et ton ami, rappelant un peu, pour l'instant, Tartarin de Tarascon, chez les *Turcs*, l'homme au turban, le drogman Hassan. Bêtes et gens revenant d'une expédition dans le désert qui s'étend entre Le Caire et Suez, en remontant vers Ismaïlia.

J'ai passé dans ces solitudes où les rencontres sont rares (à peine de loin en loin quelque caravane se rendant du Caire à Suez) trois semaines pleines de charme, chassant, observant, menant, avec quelques ressources de confortable en plus, l'existence primitive que par une loi atavique persistante l'homme civilisé retrouve avec joie... pourvu que ça ne dure pas trop longtemps.

Au point de vue de l'histoire naturelle, je n'ai certes découvert aucune espèce nouvelle dans un pays, du reste, étudié depuis longtemps, mais j'ai fait, peut-être, quelques observations neuves sur des sujets connus, et, en tout cas, rapporté une ample moisson de notes dont quelques-unes pourront, je l'espère, intéresser la Société, lorsque je les lui communiquerai à mon retour.

Du côté d'Ismaïlia, à Bir-abou-Souer, par exemple, j'ai rencontré un cheik, Abou-Matroude, qui chasse au Faucon. La très intéressante et très documentée conférence de notre collègue M. Pichot, que je viens de lire en arrivant ici, va donner sans doute un regain de vogue à la fauconnerie et m'engage à en parler.

L'équipage d'Abou-Matroude est, il est vrai, dépourvu de tout luxe oriental, et ne se compose que de trois oiseaux, un *Faucon sacre*, un *Faucon lanier* et un *Faucon pèlerin ;* mais deux de ces oiseaux que j'ai vus à l'œuvre sont admirablement dressés. Le *sacre* est spécialement affaité pour la Gazelle, mais prend aussi des Lièvres, en compagnie du *lanier*, ces petits Lièvres du désert, un peu plus gros que des Lapins, à la livrée désertique, le dos d'un roux isabelle.

L'éducation du *pèlerin* n'est pas encore terminée. On est en train de le dresser pour le Canard, qui abonde dans les marais qui avoisinent la résidence du Cheik.

J'ai volé avec les fils du Cheik, car le vieil Abou-Matroude a près de quatre-vingts ans, le Lièvre et l'Œdicnème qu'ils appellent ici *Karanan* et par corruption *Caravane*.

La chasse de la Gazelle n'a lieu que dans le courant du mois d'avril.

Il y a du côté de Mansourah un cheik dont la fauconnerie est plus importante. Ce cheik, qui se nomme Seoude, est un personnage considérable et commande à tous les Bédouins de sa région. Il mène la vie de grand seigneur et chasse beaucoup au Faucon. Un autre cheik, dont j'ai oublié le nom, se livre aussi au « noble déduit », mais il n'a que deux Faucons et ces oiseaux passent pour être fort médiocres.

Ce qu'il y a de curieux, c'est que ces trois cheiks, bien que leurs familles soient établies dans le pays depuis de longues années, sont d'origine tunisienne, que trahissent, d'ailleurs, certains détails du costume.

Je n'ai pas appris qu'il existât d'autres cheiks chassant au Faucon dans cette partie de l'Egypte et ne sache pas qu'aucun pacha ou bey égyptien pratique actuellement ce *sport*.

J'ai entendu dire, dernièrement, qu'un Anglais cherche en ce moment à monter un équipage de fauconnerie au Caire.

Quant aux oiseaux domestiques que l'on élève dans la Basse-Egypte et particulièrement aux environs du Caire, ils sont par ordre d'importance : la Poule, l'Oie, le Pigeon, le Dindon, le Canard de Barbarie, le Canard ordinaire, la Pintade.

Les Poules appartiennent à deux races, la race arabe, et la race indienne ou race de combat.

Les Poules de race arabe sont extrêmement petites, très bonnes pondeuses, mais ne couvent pas. Leurs œufs sont naturellement fort petits, un peu plus gros que des œufs de Pigeons. Leur plumage est variable. Beaucoup sont d'un brun fauve. Il y en a de très jolies qui sont d'un bleu crayonné.

Les Poules indiennes, comme on les appelle ici, sont plus grandes et plus fortement membrées, sans atteindre cependant une taille très élevée. Elles sont médiocres pondeuses, mais très bonnes couveuses et excellentes mères. Leur plumage varie moins que celui de la petite Poule arabe. Elles sont ordinairement d'un roux rouge violacé. J'en ai vu de magnifiques entièrement noires, à reflets bronzés. Les Coqs ont souvent un plumage splendide.

On trouve les deux races dans les villages fellahs, où on ne se préoccupe d'aucun soin de sélection, et où elles s'unissent à leur fantaisie pour produire des métis qui n'ont rien de séduisant.

On rencontre par ci par là quelques épaves des races européennes. Plus souvent des Cochinchinois et des Bramapootras, mais surtout chez les gens riches, ou dans quelques basses-cours d'Européens.

Dès les temps les plus reculés on a cultivé l'Oie en Egypte. Les monuments de l'époque des Pharaons nous apprennent que les riches propriétaires fonciers en élevaient par milliers. Il en était de même du temps des califes. Aujourd'hui, les fellahs s'adonnent encore très activement à son élevage. On en voit des troupes nombreuses autour de chaque village. C'est notre Oie de ferme commune.

Plus répandue encore est la culture du Pigeon. Chaque village a plusieurs colombiers, et rien n'est plus charmant que les volées de Pigeons qui s'abattent sur les terrasses de ces maisons en boue. On les employait déjà dans l'antique Egypte comme messagers, et de nos jours encore ils sont nourris dans les cabanes des Fellahs les plus misérables.

L'impôt sur les colombiers est un revenu important de l'État.

Les Fellahs élèvent aussi des Dindons. Ils en approvisionnent les marchés du Caire. Ces oiseaux sont petits et présentent à peu près toutes les variétés de plumage. Il y en a beaucoup d'un noir pur ou tapiré de grisâtre. Dans le Caire même, on aperçoit ces oiseaux perchés sur le bord des toits en terrasse, et souvent lorsqu'on passe dans la rue on est tout surpris d'entendre des gloussements qui semblent descendre du ciel.

Dans un pays où l'eau ne manque pas autour des villages, où le système d'irrigation par petits canaux est fort employé, où presque chaque village a sa mare voisine, j'ai été très étonné de rencontrer si peu de Canards domestiques. On en trouve très peu sur les marchés, et j'ai parcouru un grand nombre de villages sans en apercevoir un seul. Et alors que je ne trouvais aucun Canard commun, je rencontrais parfois plusieurs couples de Canards de Barbarie. En revanche, les marchés sont abondamment approvisionnés de Canards sauvages de toute espèce, Souchets, Cols verts, Pilets acuticaudes, Milouins, Nyrocas, Sarcelles, Tadornes, etc., que l'on capture de différentes façons sur le Nil, les canaux, les lacs et les étangs.

Je n'ai vu des Pintades que chez quelques riches propriétaires, et encore en très petit nombre.

Il existe, à une heure environ du Caire, à Matarieh, une ferme d'Autruches. Elle est placée dans un lieu sec, sablonneuse, désertique, au voisinage d'une plaine admirablement cultivée, conquise sur le désert au moyen de l'établissement de nombreuses saguiehs qui lui versent en abondance l'eau nécessaire à son irrigation. On ne s'imagine pas combien est fertile toute cette poussière lorsqu'on peut la faire boire à sa soif.

Autant que j'ai pu m'en rendre compte à une première visite, la ferme d'Autruches de Matarieh m'a paru très florissante et parfaitement ordonnée. C'est la seule qui existe actuellement en Egypte. Le Directeur, M. Simonneau, a mis très gracieusement à ma disposition tous les moyens de renseignement, et je compte faire de cet établissement une étude approfondie dont je publierai les résultats dans la *Revue*...

Je te donne, mon cher ami, ces indications succinctes très à la hâte, heureux si elles t'intéressent et si elles peuvent être utiles aux travaux de la Société.

J'ai appris par les numéros de février de la *Revue*, reçus ici, qu'on y travaillait avec activité. Pour donner une impulsion plus grande aux études d'ornithologie appliquée, on a dédoublé la section et on a institué une nouvelle section dite d'*Aviculture pratique*. C'est là une excellente innovation qui permettra de s'occuper, en spécialisant, de certaines questions qui avaient un peu sommeillé jusqu'ici.

J'ai lu dans ce même numéro que j'avais été réélu président de la 2e section. J'en ai été fort touché et fort honoré, et je te prie de remercier très chaudement mes collègues du nouveau témoignage de bienveillance qu'ils m'ont donné. Si je ne l'ai fait plus tôt, c'est que je n'étais pas encore renseigné, étant si loin et toujours en route.

Je te charge donc, cher ami, de vouloir bien transmettre à la 2e section mes excuses et mes remerciements.

RAPPORT SUR LES ANIMAUX

VIVANT DANS LE PARC DE LA FONTAINE-SAINT-CYR

(PRÈS TOURS)

Entre le 1er novembre 1890 et le 1er avril 1891

PAR M. SHARLAND.

Je vous envoie les détails que vous m'avez demandés sur la façon dont mes animaux ont supporté l'hiver 1890-91.

J'ai passé en revue tous les animaux vivants, à la Fontaine, entre le 1er novembre 90 et le 1er avril 91 ; dans le nombre il y en a qui sont acclimatés en France depuis longtemps et qui ne présentent aucun intérêt ; je ne les ai mentionnés que pour être complet. Autant que possible j'ai indiqué les conditions dans lesquelles les animaux se trouvaient, car il est difficile de décrire les volières et les enclos de façon à en donner une juste idée. Fontaine-Saint-Cyr étant sur une hauteur, nous sommes très exposés à tous les vents et surtout aux vents de l'ouest et du nord-ouest. Par suite de la conformation du terrain, presque toutes les volières sont exposées à l'ouest, situation défavorable. Une grande partie du parc était en vignes il y a quatre ans et par conséquent est dépourvue d'arbres et absolument nue. J'ai fait des plantations, mais il s'écoulera longtemps avant qu'elles offrent un couvert suffisant, et les conifères qui abritent si bien ne viennent pas dans ce terrain. Mes animaux ont beaucoup d'air, une nourriture très abondante en toutes saisons, mais peu variée; on n'a rien changé dans leur nourriture pour l'hiver, on s'occupe très peu d'eux et on les change rarement de place.

Bien des personnes croient qu'en Touraine le froid n'est pas rigoureux l'hiver et que nous avons presque le climat du midi; — erreur — il doit faire aussi froid ici qu'à Paris. Mon jardinier dit que le thermomètre n'est jamais descendu cet hiver plus bas que — 15° et que la moyenne pendant longtemps était de — 8° à — 10° ; que depuis le 25 novembre jusqu'à aujourd'hui, il n'y a pas eu de nuit où le thermomètre n'ait marqué plus de + 2°. Les observations faites avec un instrument plus ou moins exact et non enregistrées n'ont pas une grande valeur. J'aurais voulu vous donner le résumé des observations du bureau météorologique départemental, mais je ne sais où me les procurer (1).

OISEAUX.

Grues.

3 Grues de Paradis (*Tetrapteryx paradisea*),
3 — Antigones (*Grus Antigone*, var. *torquata*),

(1) Notre collègue M. D. Barnsby, membre correspondant de l'Académie de médecine, pharmacien en chef de l'hôpital général de Tours, directeur du jardin botanique de la ville, a bien voulu nous envoyer les températures relevées, pendant les mois de novembre, décembre, janvier et février derniers, sur le plateau même qu'habite M. Sharland.

Il est intéressant de placer ces renseignements, absolument précis, à côté des observations recueillies par notre collègue sur les animaux qu'il entretient dans son parc de La Fontaine-Saint-Cyr.

Dans la lettre qu'il nous adresse, M. D. Barnsby écrit : « Je conserve au jardin public de la ville de Tours, dans une volière exposée à tous les vents, un Ara rouge (Congo) et un Perroquet amazone qui ont supporté sans souffrir le moins du monde les froids les plus rigoureux de nos hivers depuis *douze ans*. Ces oiseaux restent perchés sur une barre de fer ; il m'a été impossible de leur faire accepter, cet hiver, un perchoir en bois et un abri. J'ai été satisfait de les voir aussi alertes et aussi beaux que possible le matin de chacun des jours où nous constations 9°, 10°, 11°, 13° au-dessous de zéro. »

TEMPÉRATURES MINIMA OBSERVÉES A TOURS.

	1890		1891			1890		1891	
	Nov.	Déc.	Janv.	Fév.		Nov.	Déc.	Janv.	Fév.
1..	6,0	—8,2	1,4	3,8	17..	5,0	—5,8	—9,2	1,6
2..	3,8	—4.8	—1,2	2,6	18..	6,2	—6,8	—13,6	0,4
3..	4.4	—4,2	0,6	0,0	19..	6.0	—6,0	—7,0	—0,4
4..	7,0	—1,0	2,0	1,0	20..	8,2	—0,6	—10,4	—0,8
5..	6,2	—2,6	—0,4	0,0	21..	6,0	—1,8	—1,4	0,4
6..	2,6	—2,4	—5,2	—2,4	22..	5,4	—2,8	0,0	—1,8
7..	6,0	—1,8	—6,6	—1.4	23..	5,8	—4,4	3.8	—1,6
8..	3,4	—3,2	—7,2	—2,6	24..	8,6	—4,4	5,4	—0,8
9..	4.0	—2,4	—5,6	—3,0	25..	0,8	—5,2	0,8	0,4
10..	1.4	—1,6	—8.8	—6,4	26..	—2,4	—6,2	—2,0	2,0
11..	3,8	—9.4	—7,4	—3.8	27..	—8,2	—4,0	—1,6	1.2
12..	0,6	—8,6	—8,0	—1,4	28..	—6,8	—7,4	0,2	—0,8
13..	3,0	—9,8	0,0	—1,0	29.	—11,0	—7,0	2,2	
14..	7,6	—7,4	1,2	—2,6	30..	—7,6	—10,2	5,8	
15..	11,2	—11,5	—0.4	—3.4	31..		—7,2	2,8	
16..	7,1	—10,4	—2,0	—1,4					

3 Grues Cendrées (*Grus communis*),
2 — Blanches (*G. leucogeranos*),
2 — d'Australie (*G. Australasiana*),
3 — Demoiselles (*G. virgo*),
1 — Couronnée noire (*Balearica pavonina*).

Ces dix-sept Grues sont dans le haut du parc. Leur enclos est formé d'un côté par un mur de clôture, des autres côtés par un grillage de 1^m,80 de haut; il est planté de jeunes arbres, et à deux mètres du mur, il y a un rang de Lauriers. Il n'y a pas de cabane dans l'enclos. Dans les grands froids, elles s'abritaient derrière les Lauriers. La Grue noire couronnée a été importée du Sénégal au mois de juillet dernier; je craignais qu'elle ne sentît le froid; mais j'ai donné ordre de ne la rentrer que quand elle aurait l'air de souffrir ; elle n'a jamais souffert et elle est en parfait état aujourd'hui. J'ai reçu les Grues blanches au mois de mai dernier. Les autres ont déjà passé plusieurs hivers ici, toujours dehors.

2 Grues Couronnées du Cap (*Balearica chrysopelargus*).

Ces Grues sont dans un enclos avec des Maras. Cet enclos est très exposé aux mauvais vents; elles y sont depuis quatre ans; il y a une cabane ouverte, mais jamais elles n'y entrent. Cet hiver, pendant les grands froids, elles cherchaient partout un endroit abrité pour la nuit. Toutes ces Grues n'ont rien ressenti de l'hiver.

Casoars, Nandous, Ibis, etc.

2 Casoars Emeus (*Dromaius Novæ-Hollandiæ*).

Ils vivent dans un enclos entouré de tous les côtés de grillage où se trouvent quelques jeunes arbres seulement et une cabane trop petite pour qu'ils puissent y entrer. Très exposés aux mauvais vents, ces oiseaux changeaient de place continuellement, cherchant toujours l'endroit le plus abrité. Ils n'étaient pas heureux là, mais on n'avait pas d'autre endroit pour les mettre. Le 5 décembre, la femelle a commencé à pondre; elle a pondu 6 ou 7 œufs dans différents endroits; ils ont été fêlés par la gelée avant que l'on ait eu le temps de les ramasser; elle a cessé de pondre, mais elle a recommencé au mois de mars et, aujourd'hui, le mâle couve sur 10 ou 11 œufs. Ces oiseaux sont en parfait état.

2 NANDOUS (*Rhea Americana*).

Habitent un enclos abrité d'un côté par une haie ; ils n'ont pas souffert du tout du froid.

1 JABIRU DE L'INDE (*Mycleria australis*).

Cet oiseau, au commencement de l'hiver, était enfermé la nuit dans une cabane où il avait passé l'hiver précédent. Il gelait presque aussi fort dans la cabane que dehors. Après un certain temps, voyant qu'il souffrait, on l'a mis dans une cave ; il était trop tard, ses pattes étaient gelées. Aujourd'hui ses doigts sont tombés et il marche sur ses moignons. Il mange bien, mais c'est un oiseau perdu.

3 IBIS SACRÉS D'AUSTRALIE (*Ibis strictipennis*),
3 IBIS NOIRS (*Plegadis falcinellus*),
2 GARDE-BŒUFS (*Bubulcus Ibis*).

Les six Ibis étaient depuis longtemps libres dans un coin du parc où ils se plaisaient bien. Au mois de septembre un des noirs était tué par une Fouine (nous avons pris quatre Fouines dans un mois) ; on était obligé de les changer de place ; on les a mis avec les Garde-Bœufs, dans une volière exposée à l'ouest, dont le fond était couvert d'un toit. Un des Ibis noirs est mort avant que les grands froids aient commencé ; comme on ne pouvait pas les enfermer la nuit, on a mis les Ibis et les Garde-Bœufs avec le Jabiru. Le dernier Ibis noir et un des Ibis sacrés ont été trouvés morts au mois de décembre, au moment où le thermomètre marquait 14 à 15° au-dessous de zéro. C'est alors que l'on a mis le Jabiru, les Ibis et les Garde-Bœufs dans une cave. Les quatre derniers sont en parfait état aujourd'hui. Un Ibis sacré et un Ibis noir sont morts du froid, peut-être cela ne serait-il pas arrivé s'ils avaient pu passer l'hiver dans leur parc habituel.

1 VANNEAU HUPPÉ libre dans le parc, a été trouvé avec les pieds gelés et il en est mort.

1 POULE SULTANE de Fidji (*Porphyrio Samoensis*).

J'ai perdu plusieurs Poules sultanes pendant l'été ; au 1er novembre il ne m'en restait qu'une seule. Comme il y a plus de cinq ans que j'ai cet oiseau et que je le crois rare, je l'ai fait rentrer dans une remise non chauffée où il a bien passé l'hiver.

Oiseaux de proie.

2 Aigles de Bonelli (*Nisaetus fasciatus*),
1 Milan noir (*Milvus niger*),
1 Grand-Duc (*Bubo maximus*),
1 Serpentaire (*Serpentarius reptilivorus*).

Les Aigles sont bien installés dans une volière abritée. L'année dernière ils ont commencé à faire un nid, peut-être donc reproduiront-ils un jour. Ils n'ont pas souffert du froid. Le Milan, dans une volière très mal exposée, n'a pas souffert. La volière du Grand-Duc est exposée aux mauvais vents, mais la santé de l'oiseau ne s'en est pas ressentie.

Le Serpentaire est libre dans un massif planté de jeunes arbres ; il a une cabane en planches avec un parquet et de la litière. Tous les soirs il rentre et se couche. Le premier jour de neige il est resté sur le seuil de sa porte sans sortir, mais le lendemain il est sorti comme d'habitude et il a fait de même tous les jours. Le froid lui était tout à fait indifférent, la porte de sa cabane n'était jamais fermée la nuit. C'est le quatrième hiver qu'il passe ici et, avant cet hiver, il n'a eu pour abri que la caisse d'emballage dans laquelle il est arrivé ; une caisse à claire-voie recouverte d'une vieille voile de navire.

Oiseaux d'eau.

4 Flamants roses (*Phœnicopterus antiquorum*).

Ces oiseaux sont dans un enclos traversé par un ruisseau alimenté par une source qui se trouve dans la propriété ; deux sont chez moi depuis le mois de mai 1887, les deux autres depuis le mois de mars 1890 ; ils sont toujours sortis pendant la journée dans les plus grands froids, la nuit on les enfermait dans une cabane à côté de l'eau, il y gelait très fort. Tout l'été un des vieux paraissait faible et ne se tenait plus avec les autres, il est mort fin février. Avant les grands froids, les articulations des pattes de ces oiseaux paraissaient gercées et saignaient un peu, on ne leur a rien fait ; aujourd'hui les trois survivants sont en bon état. Il y avait toujours une petite partie de la rivière qui n'était pas gelée et les Flamants s'y tenaient presque toute la journée, l'eau était moins froide que l'air.

2 Oies Caboucs (*Sarcidiornis melanonota*),
2 Canards Mandarins (*Aix galericulata*),
4 — Carolins (*A. sponsa*),
4 — a bec rose (*Melopiana peposaca*),
2 — de lait (*Anas pœcilorhyncha*),
4 Mignons blancs.
2 Siffleurs de l'Inde (*Fuligula rufina*),
2 — Chilœ (*Mareca Chiloensis*),
2 Dendrocygnes major (*Dendrocygna major*),
1 — de Java (*D. arcuata*).

Ces oiseaux se trouvent placés le long de la petite rivière ; les Bambous leur fournissent de bons abris. Un Dendrocygne major est mort le 9 novembre, avant que les froids aient commencé ; une Oie Cabouc est morte le 1er février ; c'est le premier hiver que les Caboucs passent ici ; le mâle est en parfait état. C'est peut-être le froid qui a causé la mort de la femelle ; aucun des autres Canards n'a souffert du froid.

2 Oies mariées (*Bernicla Jubata*),
4 — Barrées de l'Inde (*Anser Indicus*).

Ces Oies vivent dans un enclos avec peu d'eau ; une haie et des Lauriers leur forment un bon abri. Les Oies mariées sont ici depuis plusieurs années, les Oies barrées avaient déjà passé un hiver ici, jamais on ne les a rentrées ; elles ne souffrent pas du froid.

2 Oies de Magellan (*Bernicla Magellanica*).

Dans un enclos à part ; près de leur bassin on avait fait une grotte en pierre recouverte de terre, jamais elles n'y entraient. Mais cet hiver elles y couchaient toutes les nuits, et c'est dans cette grotte que la femelle pond en ce moment.

1 Göeland a manteau bleu (*Larus argentatus*).

Libre dans le parc ; a bien passé l'hiver.

Aras, Cacatois, Perroquets, Perruches.

1 Ara rouge (*Ara chloroptera*),
1 — rouge et bleu (*A. Macao*),
2 — militaires (*A. militaris*),

4 CACATOIS A HUPPE JAUNE (*Cacatua galerita*),
2 — DE LEADBEATER (*C. Leadbeateri*),
4 — ROSALBINS (*C. roseicapilla*),
1 — A ŒIL NU (*C. gymnopis*),
1 — A HUPPE JAUNE (petit) (*C. sulphurea*),
2 — NASIQUES (*Licmetis tenuirostris*).

VOLIÈRE DES CACATOIS.

Le fond de cette volière est divisé en cinq compartiments et creusé dans le rocher que forme des grottes de 1 mètre à 1 mèt. 30 de profondeur. Ces grottes sont plus ou moins ouvertes par devant selon la conformation de la pierre; elle est exposée au nord-ouest, abritée un peu par des arbres. Il est mort un *Cacatua galerita* qui était malade depuis très longtemps. Ces oiseaux n'ont rien ressenti du grand froid.

1 ARA ROUGE (*Ara chloroptera*),
2 PERRUCHES A MASQUES (*Pyrrhulopsis Personata*),
2 — DE SWAMSON (*Trichoglossus Nov.-Hollandiæ*),
2 — OMNICOLOR (*Platycercus eximius*),
2 — CALOPSITES (*Calopsitta Nov.-Hollandiæ*),
2 — VENUSTES (*Euphema venusta*),
2 — A AILES ROUGES (*Aprosmictus erythropterus*),
2 — MELANURES (*Polytelis melanura*),

VOLIÈRE DES PERRUCHES.

Elle est divisée en sept compartiments ayant un mur en brique simple pour fond, les séparations également en brique ont un mètre de profondeur; elle est couverte d'un toit de 1 mèt. 50 de large. Complètement ouverte par devant, elle est exposée à l'est. Ses habitants ont bien passé l'hiver, il n'y a pas eu de mortalité.

1 PERRUCHE ROYALE (*Aprosmictus scapulatus*),
2 — DE BARRABAND (*Polytelis Barrabandi*),
1 — OMNICOLORE (*Platycercus eximius*),
1 — DE PENNANT (*P. Pennanti*),
1 — PALLICEPS (*P. palliceps*),
2 — A TÊTE POURPRE (*Palæornis cyanocephalus*),
1 — A BOUTON D'OR (*Conurus aureus*),
1 — ARA (*C. ara*),
1 — ÉCAILLÉE (*Trichoglossus chlorolepidotus*),

1 Perruche Cornue (*Nymphicus cornutus*),
1 Amazone a tête blanche (*Chrysotis leucocephala*).

Toutes ces Perruches sont ensemble dans une volière ayant pour fond une grotte dans le rocher d'un mètre de profondeur et ouverte par devant. La Perruche Pennant est morte ; ce n'est pas par le froid. Toutes les autres sont en parfait état. Cette volière est exposée au plein midi.

2 Aras bleus (*Ara ararauna*),
dans une grotte attenante ; ont très bien passé l'hiver.

1 Cacatois a huppe rose (*Cacatua Moluccensis*),
1 — de Goffin (*C. Goffinii*),
1 Perroquet gris (*Psittacus erithacus*),
1 Ara d'Illiger (*Ara Maracana*),
1 — a front chatain (*A. Severa*),
2 Amazones de Dufresne (*Chrysotes Dufresniana*),
1 Perruche écaillée (*Trichoglossus chlorolepidotus*).

Ces oiseaux ont passé l'hiver dans la remise et sont tous en parfaite santé aujourd'hui, Le Cacatois à huppe rose a toujours été en cage. La femelle Goffin ne peut pas voler; on a été obligé de la retirer de la volière des Cacatois. Elle a pondu au mois de février; on lui a ôté l'œuf, mais elle couve sur le sable de sa cage. J'ai reçu les jeunes Dufresnes dans les premiers jours de novembre, il était trop tard pour les mettre dehors.

J'ai reçu le Perroquet gris au mois de juillet, il est dans une petite cage, et pour éviter des courants d'air, cette cage a été placée dans une boîte ouverte par devant ; on ne l'a jamais couverte la nuit et l'oiseau a très bien passé l'hiver. Les deux Aras avaient été mis en cage parce qu'ils avaient coupé le grillage de leur volière; on les a laissés dans la remise n'ayant pas d'autre endroit pour les mettre. Tous les Aras, Cacatois et Perruches sont en parfait état.

Pigeons. Colombes.

3 Goura couronnés (*Goura coronata*).

Dans une grotte exposée au midi ; on peut clore cette grotte par des portes vitrées. On les enfermait la nuit et pendant les grands froids. Ils n'ont pas souffert.

4 COLOMBES GRIVELÉES (*Leucosarcia picata*).

Dans une volière bien exposée au midi, mais très peu abritée ; une femelle a été tuée par le mâle qui était en amour au mois de décembre. Elles n'ont pas souffert du froid.

5 COLOMBES LUMACHELLES (*Phaps chalcoptera*),
4 — LOPHOTES (*Ocyphaps lophotes*),
2 — DES NEIGES (*Columba maculata*),
2 — LABRADOR (*Phaps elegans*).

Ces Colombes sont dans une volière, adossée à un mur, ayant un toit de 2 mètres de profondeur et divisée en plusieurs compartiments ; elle est exposée à l'ouest, mauvaise exposition. On a rentré les Labrador dans une remise non chauffée au mois de décembre, cette remise est close par des doubles portes, les unes vitrées et les autres pleines que l'on ferme la nuit et quand il fait très froid.

Mentionnons aussi :

1 COLOMBE ROUGE CAP (*Erythrœnas pulcherrima*),

que j'ai depuis dix-huit mois. Je n'ai jamais pu en garder si longtemps.

5 COLOMBES NICOBAR (*Calœnas Nicobarica*),
4 — TURVERT (*Chalcophaps Indica*).

Je n'ai reçu ces dernières qu'à la fin d'octobre et il était trop tard pour les mettre dehors. Parmi les Pigeons il n'y a pas eu de mortalité et ils sont tous en très bon état aujourd'hui.

Oiseaux divers.

3 MARTINS CHASSEURS (*Dacelo gigantea*),
1 FLUTEUR ORGANIQUE (*Gymnorhina organica*).

Dans une volière adossée à un mur avec toit de deux mètres de profondeur, exposée à l'ouest, mais assez abritée. Ces oiseaux n'ont pas souffert du froid.

1 JARDINIER (Bower bird) (*Ptilorhynchus violaceus*),
1 MOTMOT (*Momotus Brasiliensis*),
1 MEINATE (*Gracula religiosa*),

2 Pies acahi (*Cyanocorax pileatus*),
1 Penelope (*Penelope purpurascens*).

Ces oiseaux ont été rentrés dans la remise fin novembre et ils y ont très bien passé l'hiver. Je crois que dans cet endroit le thermomètre n'est jamais descendu plus bas que 4° au-dessus de zéro.

MAMMIFÈRES.

Antilopes.

4 Nylgaus (*Portax picta*),

Dont deux jeunes nés au mois de juillet ; ces animaux sont dans un enclos entouré de tous les côtés de grillage, très exposé à tous les vents, pas d'arbres, une cabane en tôle ouverte où on leur donne à manger ; ils n'ont jamais souffert du froid ; au mois de décembre le mâle a tué un des jeunes.

7 Antilopes des indes (*Antilope cervicapra*).

Deux de ces Antilopes sont nées le 1er novembre. Elles sont dans un enclos assez exposé aux mauvais vents, mais avec une bonne cabane où elles se réfugient la nuit et quand il fait très froid ; elles y restent beaucoup le jour ; la porte de la cabane n'est jamais fermée. Le mâle qui était très vieux et qui avait été très faible l'hiver dernier est mort. Un des jeunes a eu les oreilles gelées et il n'est pas très robuste aujourd'hui. Les autres sont en parfait état.

2 Gazelles de perse (*Gazella subgutturosa*).

Dans un parc très bien exposé ; elles rentrent quelquefois dans leur cabane la nuit, mais elles supportent parfaitement les plus grands froids.

3 Cervules de reeves (*Cervulus Reevesii*).

Dans un enclos très peu abrité, elles ne craignent pas le froid, mais elles restent beaucoup dans leur cabane et y passent la nuit. La femelle vient de mettre bas.

Alpacas.

3 ALPACAS (*Lama pacos*).

Dont un est né au mois de mai dernier ; ils supportent les plus grands froids, mais ils passent souvent la nuit dans leur cabane.

Kangurous.

4 GÉANTS (*Macropus giganteus*),
3 BENNETT (*Halmaturus Bennetti*).

Le 1er novembre on voyait déjà la tête d'un petit sortir de la poche de la mère géante. Aujourd'hui ce jeune est beau et ne peut plus rentrer dans la poche. Les deux femelles Bennett ont aussi des jeunes aujourd'hui. Ces Kangurous sont dans un très bon enclos ; il y a un massif de Sapins qui les abritent dans toutes les saisons. Cet hiver pour la première fois, ils rentraient tous coucher dans la cabane qui se trouve dans leur parc. Ils n'ont pas souffert du froid et sont en parfait état.

Maras.

12 MARAS (*Dolichotis Patagonica*).

Sept de ces Maras sont nés en 1890, le dernier fin d'août. Ils sont dans deux enclos, tous les deux mal exposés ; dans l'un des enclos sont les vieux et le dernier né ; il y a des terriers dans cet enclos et le jeune passait les nuits dans ces abris les autres couchaient dehors. Dans l'autre enclos il n'y a aucun abri que la cabane où on leur donne à manger, ils y rentraient passer la nuit. Un est mort au mois de février, mais ce n'est pas du froid. Les autres sont tous en bon état.

Agoutis.

6 AGOUTIS DORÉS (*Dasyprocta aguti*).

On a vu deux de ces Agoutis pour la première fois vers la fin novembre, ils étaient alors gros comme des rats et avaient probablement déjà trois semaines. Comme habitation ils ont une cabane en maçonnerie entourée d'une cour grillagée.

Vieux et jeunes sortaient et jouaient comme en plein été quand le thermomètre marquait 10° et 12° au-dessous de zéro. Ils ont tous bien passé l'hiver.

Coypus.

2 COYPUS (*Myopotamus Coypus*).

Je n'ai reçu ces animaux qu'au mois de décembre ; ils ont passé l'hiver dans une cabane près de l'eau. Pendant des semaines, leur parquet n'était qu'un amas de glace ; on leur cassait la glace pour qu'ils se baignassent. Ils sont en parfait état.

Porcs-épics.

2 PORCS-ÉPICS (*Hystrix cristata*).

Leur cabane, une grotte, est bien exposée, mais humide ; ils n'ont jamais souffert du froid.

Chacals.

2 CHACALS D'AFRIQUE (*Canis anthus*).

Leur cabane est en gros bois ; leur cour est formée d'un plancher en bois, ce qui, je le crois, leur convient mieux que du béton ; elle est exposée à tous les vents. Ils y ont très bien passé l'hiver.

Singes.

2	MACAQUES (*Macacus cynomolgus*)...	entrés	août	1886
1	SINGE FULIGINEUX (*Cercopithecus fuliginosus*),		juillet	1887
1	MANDRIL (*Cynocephalus mormon*)....	entré	mai	1888
1	MAGOT (*Macacus inuus*)............	—	avr.	1888
1	BONNET CHINOIS (*M. sinicus*).......	—	oct.	1888
1	RHESUS DU TONKIN (*M. rheso-similis ?*)	—	sept.	1889
1	— GRIS (*M. rhesus var ?*).......	—	avr.	1890
2	MAGOTS (*M. inuus*)...................	entrés	mai	1890

J'ai pensé que quelques détails sur la manière dont se sont comportés ces animaux vous intéresseraient. Les six premiers avaient toujours vécu ensemble dans une grotte précédée d'une cour bien exposée au midi. Les deux Rhesus habitaient une cage près de la maison. Les jeunes Magots, dès leur arrivée, avaient été tenus dans une cage à part. Comme la grotte était la meilleure habitation pour l'hiver, j'en ai fait boucher l'ouverture par des châssis vitrés et une porte en grillage et j'ai mis les deux Rhesus et les deux jeunes Magots avec les autres. Pendant quelques jours ils ont fait bon ménage ensemble ; on ne les enfermait pas encore la nuit. Un matin le faisandier en arrivant a trouvé le mâle Rhesus qui est très gros et excessivement fort couvert de sang et presque mort.

Il y avait eu des batailles acharnées. Le gros Magot et les deux Macaques s'étaient jetés sur le malheureux Rhesus et tous les quatre étaient couverts de morsures ; on a retiré le Rhesus. J'ai alors fait diviser la grotte en deux compartiments, laissant à chacun sur la cour une sortie que l'on pouvait fermer à volonté. Après une quinzaine de jours, j'ai remis le Rhesus avec sa femelle ; le Mandril et le Fuligineux d'un côté, les Magots et les Macaques de l'autre. Ils se battaient à travers le grillage, s'arrachaient les pattes et ils auraient fini par tout démolir. Impossible donc de les laisser à côté les uns des autres. J'ai ôté les deux Rhesus et les ai mis en une cage dans une écurie vide. Au commencement du mois de janvier est né un jeune Rhesus, il était très beau, mais il faisait excessivement froid dans l'écurie, et il n'a vécu qu'une journée. Un des jeunes Magots qui était très faible à son arrivée est mort à la fin de novembre. Vers la fin janvier on a remarqué que le Mandril maigrissait et qu'il ne mangeait pas. On l'a pris et on a constaté que ses *mains ?* étaient couvertes d'engelures ; il ne pouvait plus s'en servir pour prendre sa nourriture et les autres l'empêchaient de manger. On l'a mis dans une cage à part et aujourd'hui il est parfaitement rétabli. Pendant les grands froids on mettait un paillasson devant la porte grillagée de la grotte et on ne laissait pas sortir les Singes dans la journée. Tous ont très bien passé l'hiver dans ces conditions et sont en parfaite santé aujourd'hui.

LES
OISEAUX DE VOLIÈRE EN BRETAGNE
PENDANT L'HIVER 1890-91

Lettre adressée à M. le Directeur du Jardin d'Acclimatation

PAR M. LE MARQUIS DE BRISAY.

Auray, 6 mars 1891.

Monsieur le Directeur,

Je lis toujours avec un vif intérêt dans la *Revue des Sciences naturelles appliquées*, la chronique du Jardin d'Acclimatation, notre école à tous, et j'y suis depuis quelque temps avec grande attention le rendu compte de la résistance plus ou moins grande opposée par vos pensionnaires aux rigueurs de l'exceptionnel hiver que nous venons de traverser. Vous avez fait des pertes. Qui n'en a pas subi? Mais vous avez aussi conservé bien des sujets dont vous avez pu expérimenter les facultés remarquables d'acclimatement. Il serait fort intéressant pour tous les amateurs de voir quelques-uns d'entre les plus érudits et les plus expérimentés, soumettre à leur tour, dans la *Revue*, le résultat de leurs expériences, et nous faire connaître les procédés de conservation qu'ils ont employés, pendant trois mois de glace incessante — ou incassante si vous voulez — à l'égard de leurs animaux favoris. Le feront-ils ? Je le voudrais pour ma part, et j'oserai leur en donner l'exemple.

Je commence par vous dire que, malgré l'opinion généralement répandue, le climat océanien est perfide pour l'élevage. Oh ! je sais que nous avons déjà rompu ensemble quelques bonnes lances à ce sujet. Mais j'en ai de toutes fraîches, et je rentre dans la lice avec une ardeur juvénile. Mettez-vous en garde !

L'hiver qui a commencé le 25 novembre et durait encore il y a quelques jours, a été remarquable par la fixité de l'orientation du vent et par le calme de l'atmosphère. Presque continuellement pendant trois mois, le vent a soufflé d'entre est et sud, produisant une bise très aigre, une température excessivement basse, mais sèche, et pas de bourrasques, pas de ces coups de tempête par nord-ouest ou sud-ouest, qui sont absolument pernicieux aux oiseaux. Aussi, dans leur position, sur le littoral, à 35 mètres d'altitude au-dessus du niveau de la mer et à 3 lieues de ladite mer, sous un coteau où une ligne de bois naturel les garantit des variations capricieuses de l'atmosphère océanienne, mes volières ont-elles peu souffert. Les années précédentes, dès l'automne, aux premiers vents de la région *sur-ouâ*, la mortalité commençait à sévir parmi mes plus gros pensionnaires. En 1889, je vis périr deux Tragopans de Cabot de l'année; en 1890, un couple Pintade de Verreaux. Précédemment j'avais perdu des Tragopans de Temminck, des Lophophores et jusqu'à des Poules Amherst, tous sujets atteints d'entérite ou de congestion intestinale occasionnée par les mêmes coups de vents, les mêmes dispositions inclémentes de l'atmosphère.

Cet hiver, rien d'analogue ne s'est produit. Si vous voulez bien faire avec moi le tour du jardin, clos de hauts murs, où se trouvent enfermées mes volières, je vais vous signaler successivement les sujets qui s'y promènent et vous révéler leur conduite ; ce sera vite fait.

Voici d'abord un petit compartiment de 5 mètres de long sur 2 mètres de large qui contient un couple Lady Amherst et un couple Perruches Palliceps. Toutes les nuits, les Faisans les ont passées sur un perchoir extérieur ombragé d'une plaque de zinc. Par les plus fortes gelées, ils se sont montrés tristes et fort hérissés, mais mangeant toujours bien et buvant bien vite, quand, à midi, on leur versait leur ration d'eau qui se trouvait congelée une heure après et qu'on ne renouvelait pas, sachez-le bien. Les Palliceps ne savent pas ce qu'est le froid. Elles couchent aussi dehors et s'égayent, jaspinent et se poursuivent gaiement au premier rayon de soleil.

A côté, dans un compartiment plus grand, vivent un couple Euplocomes de Swinhoë, des Cardinaux rouges et gris, des Tourterelles tranquilles. Tous les matins les Faisans sautent à terre, le dos couvert de givre ou de neige, car ils perchent dehors sans abri. Peu leur importe : après leur premier déjeuner, composé de Chènevis, Maïs, de Blé et d'un peu de pâtée, ils se secouent et il n'y paraît plus. A midi, quand le soleil darde sur la volière, le Coq devient amoureux, enfle et rougit ses barbillons, sort son bonnet d'évêque et fait le beau.

La femelle est un peu moins sensible aux illusions du jeune âge. D'ailleurs, elle fait la mue de sa queue. Les Cardinaux gris ont bravement supporté la saison rigoureuse, passant la nuit dans un *Cryptomeria* planté dans la volière, mais les rouges n'ont pas résisté jusqu'au bout ; ils sont morts au commencement de janvier. Les Tourterelles tranquilles m'ont bien surpris. Importées de l'été dernier, elles ont supporté parfaitement ce premier hiver si différent de ceux de leur pays natal. Jamais rentrées la nuit, elles couchaient aussi dans le conifère et y roucoulaient à leur aise, trop tôt même, car la pauvre femelle, trompée par le premier dégel, a voulu faire son nid, et la fraîcheur du matin l'ayant empêchée de pondre, elle a succombé dans des convulsions, malgré les soins et l'empressement de son époux qui s'efforçait de la relever de terre avec son bec, et de la soutenir avec une aile.

Nous passons ensuite aux Pintades de Verreaux, dont les Perruches Calopsittes et à Tête de prune partagent l'habitation. Les Pintades n'aiment pas le froid. Elles sont enfermées la nuit derrière une porte vitrée. A neuf heures le matin, quand on les lâche, elles ne tardent pas à se blottir dans les coins, une patte en l'air, tremblottantes et navrées, la tête sous l'aile. Il faut quelquefois les rentrer à midi, mais la plupart du temps ce n'est qu'à 3 heures qu'on les enferme de nouveau, et elles résistent. Seulement leur nourriture est animalisée : on leur donne chaque jour une ration de pâtée d'insectivores.

Les Calopsittes... nous n'en dirons rien; mais les Têtes de prune méritent une mention. Malgré leur origine indienne, elles ont admirablement passé la mauvaise saison, enfermées seulement la nuit sous l'abri non chauffé, et à l'heure où je vous écris, la femelle est au nid, couvant trois œufs. Cette jolie espèce est trop peu connue.

La volière qui vient après contient un couple de Tragopans satyres, dont la rusticité ne s'est pas démentie un moment, soutenus par la pâtée d'insectivores, et quelques gros Insectivores tropicaux ils n'ont pas été rentrés, ni enfermés un seul jour. Elle renferme en outre des Merles bronzés bleus du Sénégal, des Geais bleus d'Amérique, un Meinate de l'Inde, un Garrulax de Chine, un couple Bulbuls Orphée, de l'Inde. Au premier gel, la porte vitrée de leur abri s'est trouvée prise par la terre glacée, et n'a pu être fermée. Ma foi ! elle est restée tout l'hiver ouverte nuit et jour. Dans un *Cupressus* à l'épais feuillage, cette petite colonie prenait gîte le soir, et le matin au réveil on secouait le givre pour voler à la mangeoire. Rien n'a été changé à l'ordinaire. La pâtée... et rien autre. Personne n'a souffert assez pour en mourir : 10 degrés au-dessous de 0 semblaient à ces caniculaires aussi faciles à supporter que 30 au-dessus. Ils ont fait mon admiration.

Plus loin, nous passons aux Faisans d'Elliott qui ont subi toutes leurs nuits dehors. Un peu de toux s'est déclaré chez la femelle, mais sans violence et sans durée. Avec eux, des Perruches omnicolores, qui nichent tous les ans, ont montré autant de bravoure. On leur donnait chaque jour un peu de Chénevis pour les réchauffer, cet aliment, très excitant, ayant la propriété d'augmenter le principe de vie dans la circulation.

Les Faisans dorés et la Perruche Nouvelle-Zélande, que nous trouvons ensuite ont franchi toute la période glaciale sans précaution spéciale — et sans la moindre apparence de souffrance. De même, les Perruches de Madagascar dont un couple niche actuellement. De même les Croupions-rouges qui pondent déjà. Quant aux Perruches multicolores, bien qu'enfermées la nuit dans un abri vitré, le mâle n'a pu supporter 12 degrés sous 0 et a péri.

Nous revenons maintenant au long d'une autre série de volières exposées au sud-est et recevant en face les rayons du soleil levant. Tout d'abord, dans une petite installation, nous voyons un couple d'Euplocomes croisés, Horsfield et Prélat et un couple Perruches erythroptères ; les dernières sont nées ici, il y a quatre ans ; elles ont fait une nichée d'œufs clairs l'an dernier, le mâle étant à peine adulte. Leur vigueur est sans pareille et le froid leur est indifférent. Elles sont soutenues par le Chénevis et le Tournesol. Les Hybrides se sont aussi parfaitement comportés sans jamais avoir été rentrés le soir.

Dans les deux grandes volières juxtaposées auxquelles nous accédons, sont logés des Gouras et des Pintades. Ces volières sont spacieuses, plantées de conifères et munies d'un abri vitré, mais non chauffé. Depuis cinq ans je consacre le premier compartiment à un couple de Gouros couronnés. J'en ai conservé deux sujets pendant quatre ans, hiver comme été, mais en décembre 1889, j'ai perdu le mâle que j'ai aussitôt remplacé par un sujet venu de Marseille. La femelle est morte subitement au mois de juin suivant. Aussitôt de Marseille, sur ma demande, on m'en a expédié une nouvelle. Mon couple était donc reconstitué, et comme il était magnifique et en parfaite santé, j'étais plein d'espérance. L'hiver arrive brusquement, j'enferme mes animaux, mais dès que la température marque — 5 le mâle souffre des pattes ; il ne marche plus, il se traîne, les ailes pendantes, l'air hagard, hébété; il ne mange presque pas, se couche dans le sable, renonçant au perchoir pour la nuit, et meurt d'inanition au bout de quarante-huit heures. La femelle résiste à la première épreuve, mais la seconde lui est fatale, et un matin de décembre, vers le 10, on la trouve inanimée sur le sol de son habitation. Vous dites qu'au Jardin vous avez conservé les vôtres dans les mêmes conditions. J'admire votre succès; l'expérience m'a démontré qu'ici, au-dessous de — 5, le Goura succombait à la congestion intestinale ou cérébrale sans remède possible. C'est un bel animal auquel on doit renoncer bien à regret dans notre région. Des Colombes poignardées logées avec les Gouras, se sont montrées également sensibles au froid. La femelle est morte tout d'un coup, et le mâle a dû être rentré dans une cage à l'intérieur.

Le second compartiment est occupé par des Pintades à tiare et des Colombes Turvert. Celles-ci ont passé tout leur temps dehors jour et nuit, trottant dans la neige pour y cueillir quelques grains de Maïs. Les Pintades enfermées dans l'abri vitré, non chauffé, ont très bien supporté l'épreuve, et sont aussi vives que robustes, alors que j'avais conçu à leur égard de graves appréhensions, heureusement mal fondées. C'est une espèce fort remarquable comme taille et plumage et d'un entretien facile. Elles aiment la verdure, et on leur distribue en été des poignées d'herbe qu'elles avalent en un moment. Autrement elles consomment volontiers la pâtée d'insectivores et le Maïs mélangé d'un peu de Chénevis.

Voici mon couple d'oiseaux favoris, les Eperonniers chinquis qui sont assurément les plus gracieux, les plus intéressants pensionnaires de tout l'élevage. Familiers, conciliants, modestes, reconnaissants de la moindre attention, ils ajoutent toutes les qualités les plus recommandables à leur magnifique plumage. De plus, ils sont parfaitement rustiques, et semblent préférer à tout le perchoir du dehors pour la nuit. Mais pendant les grands froids, ils ont été enfermés chaque soir, non pas qu'ils craignent beaucoup le froid, mais parce que la femelle, qui pond de bonne heure, peut être atteinte sous l'influence d'une température nocturne trop basse, d'une paralysie de l'ovaire qui lui deviendrait funeste. Ma poule Chinquis a déjà donné ses deux premiers œufs. Le couple Perruche de Pennant, qui vit avec eux, n'a nullement souffert.

Dans une volière-tambour qui vient après, se distinguent deux belles Perruches de Swainson en parfait état. Elles n'ont pas été garanties contre le froid par le moindre paillasson étendu sur la façade de leur habitation, comme on fait d'ordinaire, mais elles ont la bonne habitude de passer toutes leurs nuits au nid. L'an dernier, par un froid moindre cependant, j'avais perdu la femelle de congestion cérébrale. Cet hiver ce malheur ne s'est pas reproduit.

Ce coin ouvert au midi est occupé par une volière un peu sombre parce qu'elle est trop rapprochée d'un grand *Pinsapo*. Vous y reconnaissez des Ondulées et des Roussards du Sénégal. Il y gèle peu, et parfois l'eau n'est pas prise dans l'abreuvoir, quand au milieu du jardin je compte — 5 degrés. Aussi depuis le premier jour de février, les Ondulées nichent les unes dans des troncs d'arbre, les autres dans les trous du gros mur creusés par leurs becs. Elles sont insensibles au froid. Un fait curieux est qu'un jeune s'étant échappé, l'automne dernier, par la porte, au moment où on l'ouvrait sans précautions, a passé tout cet hiver en liberté, se nourrissant de quoi ? Je l'ignore. A chaque instant, il revient sur la volière et repart en jacassant, comme pour nous dire que la liberté lui convient, et que son espèce a toutes les aptitudes possibles pour vivre ainsi sous notre climat. Que n'en fait-on l'essai ? Il est tellement convaincu de la réussite qu'il refuse absolument de se laisser prendre au trébuchet le mieux tendu et le plus grassement approvisionné. Les Roussardes ou Colombes tigrées qui occupent leur place dans cette communauté, y vivent depuis sept ans, hiver comme été, sans être enfermées à aucune époque. Elles me donnent trois nichées de deux petits par an. Combien cette espèce si magnifique et si avantageuse devrait être plus répandue! et pourtant on n'en importe presque pas.

Enfin, je vous présente ma petite volière-serre qui contient, dans un compartiment vitré, ce que j'ai de plus délicat : quelques couples Diamants de Gould, un Mirabilis, un couple Diamants psittaculaires et les générations issues d'eux, puis des Tourterelles diamants, des Tangaras pourpres, des Rossignols bleus d'Amérique. Tout cela a bien supporté l'hiver dans ce petit local où il gelait peu et où la bise ne se faisait pas sentir. Je n'y ai perdu que deux femelles Gould : une d'elles avait fait quatre nichées pendant l'été, et chaque fois avait mangé ses petits à l'âge de huit jours. Evidemment ce funeste aliment lui a tourné sur l'estomac... à la longue. Je ne regretterais pas cette rivale de Saturne, si la femelle Gould, seule, n'était pas si difficile à trouver.

Maintenant quelle conclusion allons-nous tirer de ce long exposé? L'aviculture a-t-elle fait un pas? Je ne le crois guère. Je demeure convaincu que l'hivernage reste temps d'épreuve fort pénible pour tous les oiseaux exotiques, et que le mieux est de les préserver, pendant la nuit au moins, des injures ou plutôt des agressions de l'air. Mais il en est qui supportent différemment les attaques de l'atmosphère : les grands vents surtout, les bourrasques, les giboulées sont plus funestes que le gel avec temps calme. Certains oiseaux périssent infailliblement sous l'influence des gros temps, qui supportent beaucoup mieux une bise glaciale. D'autres, principalement parmi les colombidés, semblent moins affectés par les tourmentes de l'atmosphère ou par l'humidité et ne résistent pas à une forte gelée si elle n'est passagère. Le comble de la précaution sera donc, autant que possible, de maintenir les plus délicats dans une température constamment supérieure à 0 si l'on veut éviter des pertes désolantes, dont le plus grave inconvénient n'est pas d'être coûteuses, mais bien de retarder indéfiniment les résultats d'un acclimatement qu'on espère toujours obtenir, et que les caprices du thermomètre reculent jusqu'au découragement.

Agréez, etc.

SUR LA

CLASSIFICATION DES RACES DE POULES

(2e NOTE)

PAR M. RÉMY SAINT-LOUP,

Attaché à l'École pratique des Hautes Études.

Le court résumé que nous avons donné précédemment, et qui montre les difficultés de la classification des races de Poules, peut cependant, si les tendances qu'il exprime sont admises, servir de point de départ à un essai de classement. Au point de vue économique, les Poules sont intéressantes à divers titres, soit qu'on les élève pour les manger, soit qu'on se propose surtout de récolter leurs œufs, soit enfin que l'on considère comme provisoirement négligeable ces deux premiers avantages, et que l'on cherche seulement à obtenir des variétés présentant des qualités indépendantes de la valeur en chair ou en œuf.

Nous sommes immédiatement conduit à distinguer au point de vue pratique, des races de Poules comestibles, des races de Poules pondeuses et, enfin, des races d'agrément. Il est certain que la plupart des aviculteurs et des fermiers seraient très heureux de posséder des Poules à la fois bonnes pondeuses, et excellentes pour la table ; mais en fait, les tendances au perfectionnement des races aboutissent très difficilement si l'on se propose d'atteindre à la fois deux buts. La démonstration de ces difficultés a été faite déjà par Daubenton à propos des Moutons, et n'est pas contestable non plus s'il s'agit des Poules.

La Poule comestible doit utiliser pour une croissance rapide et une augmentation maxima des parties charnues toutes les substances nutritives qui lui sont fournies.

La Poule pondeuse, au contraire, doit transformer en œuf les substances alimentaires qu'elle absorbe.

La sélection et le régime ne doivent donc pas être les mêmes dans les deux cas, et certainement les caractères généraux de deux races formées de cette manière deviendraient parfaitement distinctifs même à première vue.

Or, il existe déjà des races de Poules très réputées comme Poules comestibles, certains éleveurs ont compris qu'il y avait avantage à produire ce qu'on appelle des volailles d'engraissement.

Pour les races de Poules pondeuses, il semble que l'on ait moins cherché le perfectionnement, cela vient surtout de l'ignorance où nous sommes encore du produit exact de chaque race réputée bonne pondeuse. On connaît des Poules qui font de gros œufs et des Poules qui en font de petits, on sait généralement que les premières pondent des œufs en nombre moindre que les dernières, mais, pour arriver à une estimation intéressante, il faudrait connaître non pas le nombre, mais le poids des œufs fournis par une race définie dans une année, et en outre le rapport de ce poids avec la quantité de nourriture donnée à l'animal.

Parmi les races connues un certain nombre pourrait déjà être rangé dans le groupe des races comestibles, et il suffirait de quelques expériences soigneusement suivies, pour permettre d'établir le catalogue des Poules qui devraient être rangées dans la catégorie des pondeuses.

Pour les races d'agrément, on ne peut guère proposer que les deux divisions capitales actuellement admises, *grosses races*, et *races naines*, il n'y a, en effet, aucune règle à opposer à la fantaisie des amateurs qui veulent former des races suivant leur goût ou leur caprice. Les caractères de classification adoptés dans ce dernier cas ont à peu près la valeur de ceux qui permettraient de classer les hommes d'après la couleur de leurs cravates. On pourrait substituer à ces distinctions arbitraires qui entraînent une nomenclature hétérogène, une méthode plus logique, mais ce serait long. Nous ne voulons pas dire que l'élevage et l'étude des races d'agrément manquent d'intérêt ; des faits extrêmement intéressants peuvent être relevés au cours de l'observation ; mais puisque nous devons d'abord nous occuper de classification pratique correspondant à un réel progrès pour l'industrie avicole, nous proposons des titres de groupements qui répondent exclusivement à cette nécessité.

Nous espérons que des catalogues pourront être établis sur ces bases, si les aviculteurs industriels ou amateurs veulent bien collaborer à cette tentative, en nous communiquant les renseignements que nous aurons l'occasion de leur demander.

L'appel que nous avons précédemment adressé aux Aviculteurs pour obtenir des renseignements intéressants sur diverses races de Poules, n'est pas resté sans écho. Nous adressons nos remerciements à M. Eug. Schmit, qui appelle l'attention sur une race bretonne dont il examine les qualités. Nous transcrivons sans aucune critique les renseignements fournis par M. Schmit, nous nous réservons seulement de classer, dans la suite, cette race par comparaison et après contrôle.

La Poule Bassette bretonne doit son nom à la faible longueur de ses pattes. Cette particularité généralement considérée comme un signe de fécondité fait paraître la Poule bretonne beaucoup plus petite qu'elle n'est en réalité.

Son poids est en effet celui de la Poule commune de France.

Elle a les épaules et la poitrine larges ; les ailes longues ; son plumage est très varié. Elle est très rustique, et sa fécondité extraordinaire n'a pas été interrompue par les rigueurs du long hiver que nous venons de subir. Les œufs atteignent la grosseur de ceux de la Poule de Houdan réputés pour leur volume.

Les qualités morales rivalisent avec ses avantages physiques. Elle est moins bavarde que ses commères, très familière, ses habitudes calmes la retiennent près de son habitation, et les paysans qui l'élèvent sont unanimes à déclarer qu'elle cause moins de ravages dans les jardins, que toutes les autres Poules. — Le Coq est admirable.

Les qualités de cette race comparée soit aux races françaises, soit aux races étrangères, sont si brillantes que les cultivateurs, chez lesquels M. Schmit a rencontré cette petite Poule, ne tarissent pas en éloges sur les qualités de cet oiseau, dont la principale est la grande fécondité.

Aussi cette race, qui avait été beaucoup négligée et remplacée par des Poules étrangères, tend à revenir. Les propriétaires qui la possèdent encore à l'état de pureté, cherchent à la multiplier, et bientôt elle aura reconquis le rang qui lui a été ravi par ses rivales plus brillantes qu'utiles.

Nous pensons que, parmi les indications fournies par M. Schmit, la plus intéressante est celle qui concerne la fécondité remarquable de la Poule Bassette bretonne et la persistance de cette fécondité pendant les grands froids. Il serait bon que nous fussions instruits sur la valeur des pontes de cette race, sur son ralentissement en certains cas et sur l'observation faite en même temps de la température, du lieu d'élevage et de la pression barométrique. Nous accueillerons toujours très volontiers des indications dans ce sens, relevées consciencieusement et avec suite.

R. S.-L.

ACCLIMATATION ET MULTIPLICATION

DU SAUMON DE CALIFORNIE

(*SALMO QUINNAT*)

EN FRANCE ET SPÉCIALEMENT DANS LE BASSIN DE LA SEINE PENDANT LA PÉRIODE 1885–1890

Par le Dr JOUSSET DE BELLESME,
Directeur du service de pisciculture de la ville de Paris.

Lorsque l'aquarium du Trocadéro fut transformé par la ville de Paris en un établissement d'études scientifiques, vers la fin de 1883, il existait dans les bassins, mélangés à d'autres poissons, environ 200 petits Salmonides d'une taille d'environ 25 centimètres, appartenant à une espèce encore inconnue en France.

Ces poissons provenaient d'œufs donnés à cet établissement en 1879 par la Société d'Acclimatation. La Société les avait reçus de la Commission des Pêches des Etats-Unis avec la désignation de Salmo Quinnat. L'on possédait peu de renseignements sur ce nouveau Salmonide. On savait qu'il habite spécialement l'Océan Pacifique, qu'il abonde dans le Sacramento, dans le Rio-Colorado, d'où le nom de Saumon de Californie sous lequel il s'est vulgarisé depuis. On savait de plus que c'est un poisson robuste, peu délicat sous le rapport de la qualité de l'eau, qu'il atteint une grande taille, que sa chair est excellente et peut marcher de pair avec celle de nos Salmonides indigènes.

D'ailleurs aucune donnée sur l'élevage, les conditions de milieu, la culture, la reproduction.

Ce sont ces qualités, sur lesquelles insistait une courte note insérée dans les comptes rendus de la Commission des Pêches, qui attirèrent l'attention de la Société d'Acclimatation.

Les Salmo Quinnat qui m'étaient livrés n'étaient pas en bon état. La plupart portaient, sur les flancs et à la queue, des plaques de végétations cryptogamiques, et l'aplatissement de leur corps témoignait d'un état maladif qui les destinait à être décimés à bref délai. Presque chaque jour, on enregistrait de nouveaux décès. Mon premier soin fut de les transporter dans un autre bassin dont l'eau était plus aérée que celui où ils vivaient. Je fis disposer l'arrivée de l'eau en cascade, des plantes aquatiques furent introduites dans le bassin, et une nourriture appropriée fut administrée à ces poissons, afin de les remettre en bonne condition.

Ces soins donnèrent de bons résultats. En mars 1884, les Saumons de Californie avaient repris toute leur santé. Il en restait 140 très bien portants. Leur taille avait presque doublé et la moitié environ mesurait une quarantaine de centimètres. L'été se passa sans accidents et sans perte aucune. J'étais frappé de voir l'agilité de ces animaux, leur vivacité, leur appétit, leur familiarité, car ils venaient prendre leur nourriture dans la main, et leur croissance continuait à augmenter à vue d'œil. Les plus gros mesuraient 50 centimètres en moyenne au mois d'août.

C'est alors qu'une particularité singulière se montra, non pas sur tous, mais chez la moitié environ, et seulement chez les plus gros. Les taches grises assez rares qui mouchètent la région dorsale s'accrurent notablement, en même temps la teinte argentée de l'abdomen s'enfumait et une fine pigmentation brune couvrait le corps, commençant par la région dorsale et descendant le long des flancs, de sorte que l'apparence de l'animal avait complètement changé. Il était devenu gris piqueté de brun et très terne.

Je pensai de suite que cette modification dans la couleur était corrélative à un développement des organes reproducteurs ; et, en effet, au mois de septembre, l'abdomen des femelles augmenta notablement de volume. Les autres indices d'une ponte prochaine se montrèrent successivement. Les poissons devenaient paresseux, mangeaient moins. Enfin le 27 octobre, je fis effectuer la ponte et la fécondation artificielle des œufs, opération très simple pour qui l'a vu pratiquer une fois, et que les gardiens de l'aquarium pratiquent à merveille.

Les 47 Saumons qui pondirent à ce moment pesaient en moyenne 2 kilos chacun. Ils nous donnèrent environ 90,000 œufs (les œufs de Salmo Quinnat sont très gros) dont beaucoup furent inféconds. Après incubation et premier alevinage, le nombre définitif des alevins fut de 32,500.

Ces alevins étaient vigoureux, faciles à nourrir et grossissaient avec rapidité. Nous les élevâmes d'abord avec des vers de vase hachés menu, puis plus tard avec du foie de bœuf et de la viande de cheval, toutes substances que cet alevin accepte volontiers.

Les deux tiers des poissons qui avaient pondu moururent, et les autres eurent beaucoup de peine à se rétablir. Cet incident me fit supposer qu'il n'y avait pas à compter sur les mêmes reproducteurs deux années de suite, et j'organisai alors immédiatement un élevage ménagé de façon à me donner chaque année une quantité d'alevins régulière. Mes prévisions se réalisèrent, et par la suite la même mortalité des reproducteurs se répéta après la ponte, avec des oscillations. Tantôt nous perdions tous nos reproducteurs, d'autres fois un certain nombre survivait. Cette mortalité est singulière. Elle a déjà été signalée par les pisciculteurs américains, par conséquent elle n'est pas particulière à l'aquarium du Trocadéro. Elle tient sans doute aux conditions de milieu toujours défectueuses dans lesquelles se trouvent les poissons qui vivent en captivité. Elle tient aussi beaucoup aux manœuvres que nécessite la ponte artificielle et à la nécessité où l'on se trouve de saisir fortement un poisson qui se débat violemment. Il est à remarquer en effet que, peu de jours après la ponte, des plaques de végétations cryptogamiques se montrent auprès de la nageoire caudale et derrière la tête, à la naissance du dos. Ce sont précisément les endroits par lesquels on maintient l'animal. Ces moisissures s'étendent, se généralisent et le poisson meurt bientôt.

Une autre cause plus fréquente encore de cette mortalité puerpérale, c'est la pression exagérée de l'abdomen pour en faire sortir les œufs ou la laitance. On est toujours tenté de vaincre la résistance que l'animal oppose à la ponte, résistance qui vient trop souvent de ce que les œufs ne sont pas à maturité.

J'ai toujours observé que lorsqu'une condition particulière vient agir à ce moment, elle est suivie d'une mortalité générale. Aussi ai-je pris l'habitude de faire fermer l'Aquarium au public les jours où on procède à une ponte artificielle. Cette année encore, mon préparateur qui procédait à la ponte avait invité, contre mon avis, un certain nombre de représentants de la Presse à assister à cette opération. Dans ces conditions, l'opérateur est porté involontairement à faire une belle ponte, une ponte démonstrative ; mais c'est aux dépens des poissons. Aussi après la ponte d'octobre 1890 aucun des poissons reproducteurs n'a survécu. Il est certain que dans les conditions naturelles, à l'état de liberté, les femelles, sinon toutes, du moins la plupart, pondent plusieurs fois.

La nécessité d'avoir recours chaque année à de nouvelles femelles, pondant pour la première fois, a beaucoup compliqué nos opérations. Nous sommes obligés d'avoir constamment des Saumons d'un an, de deux ans, et de trois ans, en quantité suffisante. Le Saumon de Californie, au moins en captivité, ne pond presque pas à la fin de la seconde année. Les mâles donnent, il est vrai, de la laitance, mais c'est à peine si des femelles, en très petit nombre, donnent quelques œufs. A la fin de la troisième année, au contraire, si l'animal a été bien conduit, il pèse 4 ou 5 kilogrammes et donne une ponte abondante.

Notre premier soin fut donc, après la ponte et l'alevinage de 1884, de conserver environ 2,000 jeunes Saumons choisis parmi les plus vigoureux et les plus beaux. Ces 2,000 alevins furent élevés avec le plus grand soin et ce sont eux qui nous ont donné la ponte de 1887, la ponte de 1888 étant donnée par les alevins nés en 1885 et ainsi de suite. Quelques-uns d'entre eux atteignirent, à l'automne de 1887, la taille de 80 centimètres et le poids de 6 kilogrammes.

Après avoir fait ainsi un choix parmi nos alevins, nous songeâmes à acclimater ce beau poisson dans nos rivières. Le bassin de la Seine surtout s'imposait à notre choix en raison du caractère municipal de l'Aquarium. Il fallait tout d'abord organiser une installation pour soumettre à la stabulation 30,000 alevins, car j'ai toujours regardé comme une pratique déplorable de lâcher, dans un cours d'eau, des alevins qui viennent de perdre leur vésicule. C'est là le vrai motif pour lequel tant d'efforts sont restés infructueux en pisciculture. Malheureusement rien n'était disposé pour cela à l'Aquarium. La place même nous faisait défaut. Cependant, en déblayant un magasin souterrain, nous parvînmes à installer, tant bien que mal, 25 cuves à alevinage, et commençâmes l'élevage de nos Saumons.

L'alevin de Saumon de Californie est d'un élevage facile, il est vigoureux, nage bien et s'accommode de nourriture très variée. Il exige comme tous les alevins des soins de propreté minutieux. Aussi la stabulation de 30,000 alevins qu'il faut alimenter avec des matières nutritives préparées avec soin, visiter et nettoyer deux fois par jour, est-elle une opération laborieuse pour deux employés. Je dois ajouter qu'aucun crédit supplémentaire n'avait été alloué à l'Aquarium pour cet élevage et qu'il fallut faire des prodiges d'économie pour mener de front l'alimentation des poissons de l'Aquarium et celle des alevins. Nous réussîmes cependant, et, au mois de juin 1885, nos alevins étaient à point. Un jeune poisson est bon à mettre en liberté lorsqu'il ne se sert plus pour nager d'un mouvement de godille de la partie inférieure du corps, mais lorsqu'il donne un coup de queue bien franc et file comme une flèche. C'est généralement à la taille de huit centimètres pour les Salmonides que ce genre de progression est bien établi. On peut alors les mettre en liberté sans inconvénient, ils savent échapper à leurs ennemis. Quelques pisciculteurs prétendent que des alevins nourris artificiellement s'habituent à attendre leur nourriture et ne savent pas la trouver plus tard. Ce sont là des assertions puériles que la plus vulgaire observation dément.

Nous fûmes obligés de conserver encore nos alevins jusqu'au mois d'août parce que les études nécessaires pour déterminer les points du bassin de la Seine qui convenaient le mieux à leur dissémination n'étaient pas terminées. Ces études furent longues et forcément incomplètes la première année. Le Saumon de Californie appartenant à la famille des Salmonides, on devait, *a priori*, supposer que, pour le placer dans des conditions de milieu favorables, on ne pouvait mieux faire que de choisir les cours d'eau préférés par la Truite. C'est de ce côté que se portèrent tout d'abord mes investigations. Je me mis à rechercher avec soin quels sont dans le bassin de la Seine les cours d'eau habités par les Truites et d'interminables voyages me mirent à même d'apprécier quels sont parmi ces derniers ceux qui se présentent dans des conditions exceptionnellement favorables.

Ce problème de la dissémination des alevins était plus compliqué que je ne l'avais pensé d'abord ; car, après avoir choisi les localités où je me proposais d'opérer, il fallait encore, et c'était là un point très important, rencontrer dans cet endroit une personne qui s'intéressât à ces questions de pisciculture et qui voulût bien suivre le résultat de ces tentatives d'empoissonnement, constater la présence des poissons dans le cours d'eau, vérifier la reprise de certains d'entre eux, mesurer leur taille, etc.

J'ai eu la bonne fortune de rencontrer presque partout des collaborateurs très dévoués parmi lesquels je me plais à citer tout particulièrement MM. Morin fils, aux Andelys ; de Courcy, à Saint-Germain-des-Angles ; de Boispréaux, à Gisors ; Henri Ménier, à Noisiel ; Boissel, à Lyons-la-Forêt ; Desbrière, aux Rotoirs, par Gaillon ; Paul Caillard, aux Bordes ; Magitot, à Condé-en-Brie, etc., etc., etc.

C'est grâce à leur concours zélé que j'ai pu recueillir les informations qui m'ont servi à modifier mon plan primitif et à juger de l'utilité ou de l'inutilité de mes efforts, ainsi qu'à constater les résultats obtenus.

La première disposition que je donnai tout d'abord à ces essais d'acclimatation consistait à établir, dans toute la longueur du bassin de la Seine, une série de stations échelonnées entre Reims à l'est et Rouen à l'ouest. J'ignorais entièrement si les alevins devenus grands chercheraient à aller à la mer préparer leur ponte, mais l'expérience acquise par leur reproduction dans les bassins de l'Aquarium m'avait appris qu'ils pouvaient à la rigueur se dispenser d'y aller, et que s'ils rencontraient quelque difficulté à y descendre, ils y renonceraient et établiraient leur frayère dans les petits cours d'eau à fond de gravier où on les avait déposés.

Or, au point de vue du poisson, la Seine se trouve comme sectionnée en deux parties, plus sûrement que par un barrage, par les eaux du grand égout collecteur de Paris ; la pollution des eaux du fleuve au-dessous d'Asnières est telle qu'il paraît difficile aux poissons de traverser cette zone assez étendue. J'avais donc la presque certitude que les Saumons qui seraient déposés en amont de Paris se reproduiraient sans chercher à aller à la mer et peupleraient cette partie du bassin de la Seine, où ils ne pourraient pas remonter s'ils descendaient à la mer. Ceux que je déposerais en aval de Paris pourraient à la rigueur aller à la mer et remonteraient dans la partie inférieure de la Seine. Dans cette dernière hypothèse leur croissance serait beaucoup plus rapide.

Il m'est impossible de dire si mes prévisions se sont réalisées, ne possédant pas les moyens d'information nécessaires, mais je ne serais pas surpris que le Saumon de Californie capturé par M. Dupuy, à Marly, dont je parlerai plus loin, ne soit un de ces poissons déposés en 1885 en aval de Paris, et qui, après être descendu à la mer, aura remonté le fleuve pour frayer et se sera cantonné à Marly trouvant l'eau du fleuve trop insalubre pour remonter plus haut. D'ailleurs j'ai été conduit, pour des raisons que j'exposerai bientôt, à modifier ce plan primitif.

En août 1885, une trentaine de mille alevins de Saumon de Californie de 10 centimètres furent pour la première fois répandus par colonies de 3,000 dans le bassin de la Seine dans l'ordre suivant :

La Vesle — Reims,
La Sarce — Courtenot-Lenclos,
Montargis — le Loing,
Le Lunain — Nemours,
Le Grand-Morin — Esbly-Condé,
Le Petit-Morin — La Ferté-sous-Jouarre,
La Seine — Coudray-Montceaux,
L'Epte — Limetz,
L'Iton — Evreux,
Le Gambon — les Andelys.

Le transport de ces poissons en plein été fut très laborieux. Nous n'avions pas encore l'expérience de ce genre d'opérations et nous étions très mal outillés. L'appareil de Bienner est très incommode ; la glace ne s'y conserve pas, elle fond dans les wagons, dans les voitures, et produit une humidité très désagréable. Il faut de toute nécessité accompagner les alevins. Pour les conduire au-delà de Reims le trajet est de huit heures en tout. C'est fort long pendant l'été. Néanmoins les pertes ne s'élevaient pas au-delà de dix pour cent. Ce n'est que par la suite que je suis arrivé à transporter des alevins sans perte aucune, en améliorant cet appareil. Arrivés dans ces localités, les poissons étaient mis à l'eau avec les précautions d'usage en pareil cas.

L'année suivante, en 1886, les Saumons qui n'avaient pas frayé l'année précédente effectuèrent leur ponte, et, après élevage, nous nous trouvâmes possesseurs encore d'une trentaine de mille alevins. Nous n'avons pu dépasser le chiffre que nous obtenons assez régulièrement. Il correspond d'ailleurs à l'emplacement dont nous disposons pour notre éle-

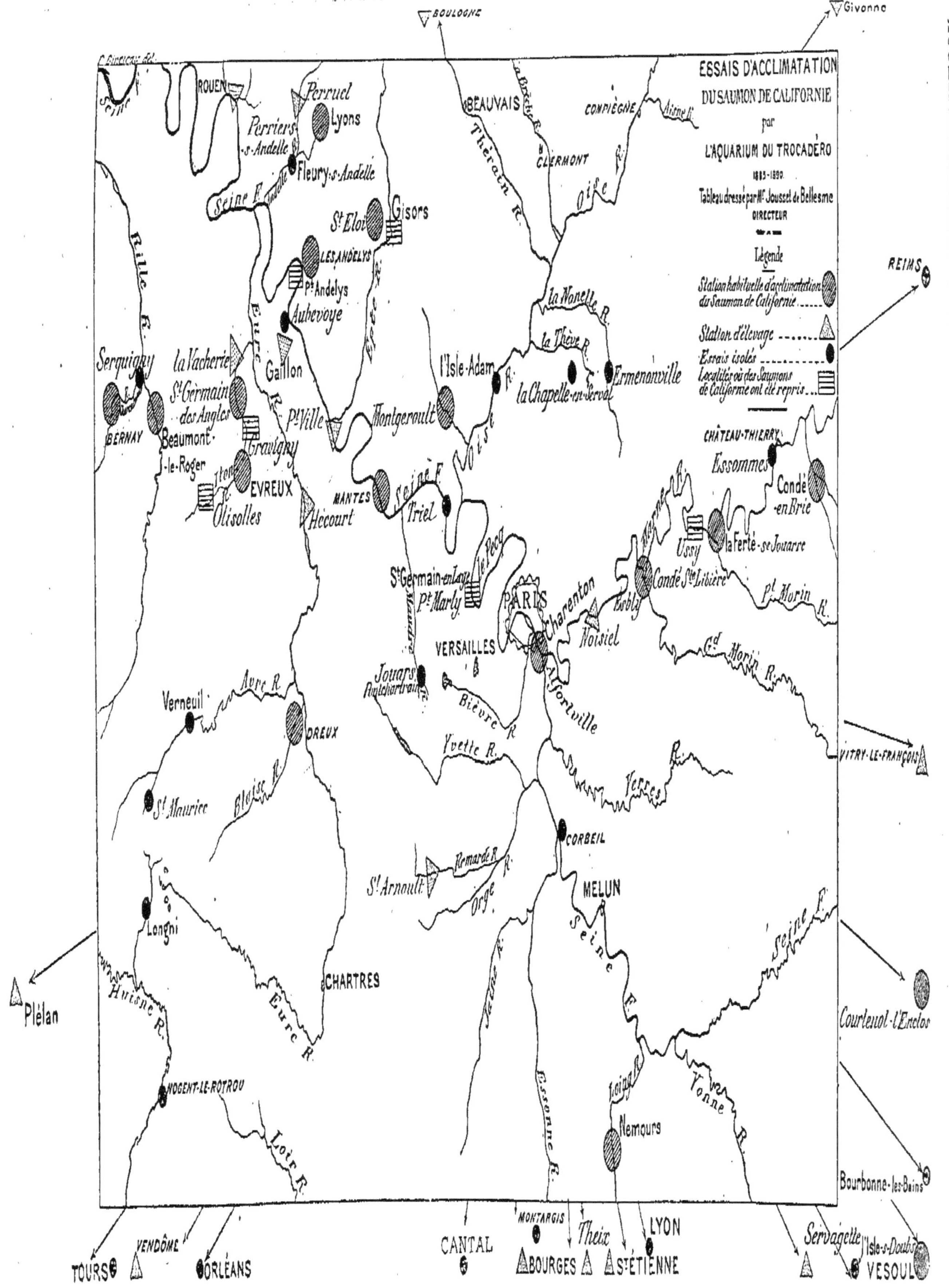
ESSAIS D'ACCLIMATATION
DU SAUMON DE CALIFORNIE
par
L'AQUARIUM DU TROCADÉRO
1885-1890
Tableau dressé par Mr Jousset de Bellesme
DIRECTEUR
Légende
Station habituelle d'acclimatation du Saumon de Californie
Station d'élevage
Essais isolés
Localités où des Saumons de Californie ont été repris
BOULOGNE
Givonne
REIMS
VITRY-LE-FRANÇOIS
Courtenol-l'Enclos
Bourbonne-les-Bains
VESOUL
l'Isle-s-Doubs
Servagette
LYON
Theix
ST ÉTIENNE
BOURGES
MONTARGIS
CANTAL
ORLÉANS
VENDÔME
TOURS
Plélan
ROUEN
Perruel
Lyons
Perriers-s-Andelle
Fleury-s-Andelle
St Eloi
Gisors
LES ANDELYS
Pt Andelys
Aubevoye
Gaillon
BEAUVAIS
COMPIÈGNE
CLERMONT
Thérain R.
Oise R.
la Nonette R.
la Thève R.
Ermenonville
la Chapelle-en-Serval
l'Isle-Adam
Serquigny
BERNAY
Beaumont-le-Roger
la Vacherie
St Germain des Angles
Gravigny
EVREUX
Olisolles
Hécourt
Pt Ville
Montgeroult
MANTES
Triel
Seine R.
Le Pecq
St Germain-en-Laye
Pt Marly
PARIS
Charenton
Noisiel
Alfortville
VERSAILLES
Jouars Pontchartrain
Bièvre R.
Yvette R.
CHÂTEAU-THIERRY
Essommes
Condé-en-Brie
Ussy
la Ferté-sous-Jouarre
Condé Ste Libière
Esbly
Pt Morin R.
Gd Morin R.
Marne R.
Verneuil
Avre R.
DREUX
St Maurice
Blaise R.
Yerres R.
CORBEIL
MELUN
Remarde R.
St Arnoult
Orge R.
Longni
Huisne R.
CHARTRES
Eure R.
NOGENT-LE-ROTROU
Loir R.
Essonne R.
Loing R.
Nemours
Yonne R.
Rille R.

vage. Ces Saumons furent disséminés dans les mêmes localités que l'année précédente, auxquelles s'adjoignirent l'Ornain à Vitry-le-François, et l'Orne à Allemagne à titre d'essai.

Ces voyages cependant étaient pénibles et très dispendieux, entrepris sur une aussi grande échelle. Et, de plus, dès la seconde année, je jugeai que nous opérions sur un théâtre trop vaste pour le nombre d'alevins dont nous disposions. Le but final de nos efforts persistants était d'obtenir que le Saumon de Californie pût arriver à se reproduire spontanément dans nos eaux. Il fallait évidemment faire la part d'une destruction considérable. Même avec les chances favorables que présentaient des alevins de 10 centimètres, vigoureux, combien sur 30,000 parviendraient à atteindre leur troisième années ? peut-être 500. Il y avait donc grand avantage à ce que les colonies ne fussent pas placées dans des localités trop distantes les unes des autres afin que le moment de la reproduction étant venu, les survivants pussent se réunir pour frayer. Je fus donc amené à concentrer les efforts de l'Aquarium sur une région plus restreinte, plus facile à observer, et de préférence en aval de Paris. Là se trouve un assez grand nombre de cours d'eau habités par la Truite, eaux vives, fraîches, aérées, pourvues de Vérons et dans lesquelles notre nouveau Salmonide devait se plaire.

L'Eure, l'Iton, la Rille, la Charentonne d'un côté, de l'autre, l'Oise, l'Epte, le Gambon, l'Andelle formaient un excellent champ d'essai d'un accès et d'une surveillance relativement faciles. Aussi à partir de 1887, à part quelques exceptions, la majeure partie de nos alevins a-t-elle été affectée à cette région. Les stations principales d'acclimatation ont été :

Saint-Germain-des-Angles, pour l'Iton,
Beaumont-le-Roger, pour la Rille,
Bernay, pour la Charentonne,
Hécourt, pour l'Eure,
Bézu-Saint-Éloi, pour l'Epte,
Les Andelys, pour le Gambon,
Lyons-la-Forêt, pour la Lieurre,
Fleury-sur-Andelle, pour l'Andelle,
La Seine et la Marne furent conservées plutôt à titre d'essai qu'autrement.

En 1887 et 1888 notre fond de roulement en fait de reproducteurs étant établi et fonctionnant régulièrement, 60,000 alevins furent mis en liberté dans ces localités.

En 1889, les alevins furent élevés et conservés à l'Aquarium pendant toute l'année, en vue de l'Exposition universelle, aussi avaient-ils 20 centimètres lors de leur mise en liberté pendant l'hiver 1889-90. Ce fut certainement un tour de force que d'élever 30,000 alevins dans un espace aussi restreint sans pertes sensibles pendant un an, et de les offrir en magnifique condition aux innombrables visiteurs qui passèrent à l'aquarinm pendant cette année. Aussi la vue de cet élevage excita-t-elle l'admiration des pisciculteurs français et étrangers comme en témoignent les nombreuses lettres que je reçus à cette époque. Un résultat plus sérieux fut le fruit de cette exposition. De tous côtés le goût de l'élevage du Saumon de Californie se manifesta par des demandes d'œufs, d'alevins, de renseignements, en tel nombre que nous n'y pûmes toujours satisfaire. Mais comme je l'exposerai tout à l'heure, je pus à ce moment déterminer en France une trentaine de grands propriétaires à suivre notre exemple et à nous prêter leur concours pour la propagation du Saumon de Californie dans nos cours d'eau, en se livrant à un élevage méthodique calqué sur celui de l'aquarium.

Pendant l'année 1890 les mêmes opérations furent continuées sans incident de nature à être noté.

En résumé, depuis le mois d'août 1885 jusqu'au mois de décembre 1890 180,000 alevins de Saumons de Californie, dont les plus petits mesuraient 10 centimètres, ont été dispersés dans les cours d'eau du bassin de la Seine.

Je citerai seulement pour mémoire les envois de Saumons de Californie qui ont été faits par l'aquarium au Chili. Une première expédition de 400 jeunes Saumons fut faite avec succès en 1887. Elle a été relatée dans le journal *La Nature*. Un second envoi, fait en 1888, eut moins de succès.

Notre production d'alevins ayant en certaines années dépassé le chiffre moyen de 30,000, nous nous sommes efforcés d'encourager les efforts des pisciculteurs français en mettant à leur disposition, toutes les fois que la chose a été possible, des œufs ou des alvins. Ces dons ont été faits, non en vue de l'empoissonnement direct des cours d'eau, car la quantité dont nous disposions était trop minime (ce n'est pas avec un ou deux milliers d'œufs ou d'alevins qu'on peut espérer acclimater une espèce dans un milieu où surgissent de tous côtés des chances de destruction), mais pour des essais d'élevage et de reproduction analogues à ceux auxquels l'aquarium se livre. Des centres de production de Saumon de Californie ont été ainsi établis à :

Givonne (Ardennes), par M. Leblanc ;
Theix (Puy-de-Dôme), par M. Chauvassaigues ;
Servagotte (Isère), par M. Rivoiron ;
Port-Villez (Eure), par M. l'ingénieur Caméré ;
Vitry-le-François (Marne), par M. André ;
Bourges (Cher), par M. Ancillon ;
Saint-Étienne (Loire), par M. Bastide ;
Lyons-la-Forêt (Eure), par M. Boissel ;
Vesoul (Haute-Saône), par M. l'ingénieur Bouvaist ;
Vendôme (Loir-et-Cher), par M. Coupa ;
Hondouville (Eure), par M. Heudebert ;
Gaillon (Eure), château des Rotoirs, par M. Desbrière ;
Montgeroult (Seine-et-Oise), par M. Fleurimont ;
Perruel (Eure), par M. Fauquet ;
Rouen (Seine-Inférieure), par M. Goubert ;
Plélan (Ille-et-Vilaine), par M. Levesque ;
Les Andelys (Eure), par M. Morin fils ;
Lyon (Rhône), par M. Oddos (parc de la Tête-d'Or) ;
Hécourt (Eure), par M. Plouin ;
Boulogne (Pas-de-Calais), par M. le Dr Sauvage ;
Noisiel (Seine-et-Marne), par M. Henri Ménier ;
Esches (Oise), par M. le marquis de Beauvoir.

Dans toutes ces localités, nos collaborateurs sont pourvus d'une installation de pisciculture qui leur permet de poursuivre avec soin ces intéressantes expériences et reçoivent de l'aquarium, suivant les besoins, des œufs, des alevins de Salmo Quinnat et les renseignements nécessaires pour l'élevage.

Tel est l'ensemble des opérations que l'aquarium de la ville de Paris a accomplies en vue de l'introduction et de la multiplication du Saumon de Californie dans les eaux françaises. Sans entrer dans plus de détails, disons maintenant quelques mots des résultats obtenus.

En commençant cette entreprise, nous ne nous sommes pas fait illusion sur la longueur du temps nécessaire pour acclimater une espèce nouvelle. J'ai pensé dès le début qu'il s'écoulerait une dizaine d'années avant qu'on vît le Saumon de Californie prendre place sur nos marchés, en supposant que nos efforts soient continus et persévérants. On comprend facilement qu'il soit très difficile d'obtenir des renseignements précis sur le sort des alevins qui sont mis en liberté dans un ensemble de cours d'eau aussi étendu que le bassin de la Seine. Nous mettons bien nos poissons dans des localités déterminées que nous jugeons propices à leur développement, mais leur opinion à cet égard peut ne pas être la même que la nôtre. Ils se déplacent facilement dans une direction que nous n'apprécions pas, peuvent accomplir de longs trajets inconnus et aller habiter des localités très différentes de celles que nous avions choisies. Les pêcheurs qui les reprennent ignorent souvent nos essais, et quand ils les connaissent ne se donnent que très rarement la peine de nous en avertir. Il est évident qu'un très grand nombre de ces Saumons ont été pêchés soit à la ligne, soit au filet. Ils passent généralement pour des Truites si le pêcheur est inattentif. S'il est bon observateur il pense généralement avoir affaire à un petit Saumon. Ce n'est donc que très exceptionnellement, lorsqu'un de ces poissons tombe entre les mains d'un pêcheur instruit, que nous sommes mis au courant de sa capture.

Dans ces conditions, le seul point qui nous parût important, c'était d'obtenir çà et là quelques indications précises sur des captures de Saumon de Californie, afin de bien nous assurer que tous les alevins que nous lancions dans les rivières n'étaient pas détruits et de pouvoir juger, d'après la croissance plus ou moins rapide des sujets repris, si ces poissons se trouvaient dans des conditions favorables à leur développement. Cela nous suffisait pour être fixés sur la possibilité de l'acclimatation de cette espèce et l'opportunité de la continuation de nos travaux.

Sous ce rapport nous avons été bien servis, et les quelques faits, peu nombreux, mais très précis, que nous avons recueillis et que nous allons relater brièvement, nous permettent d'affirmer que si l'acclimatation du Saumon de Californie entreprise par l'aquarium est une œuvre de longue haleine, elle est possible, et je puis ajouter, dès à présent, certaine.

En effet, ces renseignements démontrent qu'abandonné à lui-même dans nos cours d'eau, le Quinnat s'y développe parfaitement et y atteint rapidement une grande taille.

Le Gambon. — Le premier document de cette nature qui nous soit parvenu est tiré de cette très petite rivière qui traverse les Andelys et que j'avais reconnue dans ma première exploration comme très favorable à la culture des Salmonides. Dès 1885, des alevins y furent déposés et confiés à la surveillance de M. Morin fils, pisciculteur émérite, qui habite les Andelys. Pendant l'été de 1888, M. Morin me signala la reprise de quelques-uns de ces Saumons et la présence de plusieurs d'entre eux qui s'étaient cantonnés à la pile d'un pont dans la ville même, vivant évidemment des détritus de cuisine jetés à l'eau. L'endroit devait être bon, car le Gambon ayant été vidé entièrement et nettoyé à fond, manœuvre qui se fait à l'aide d'un faux bras de la rivière, les Saumons qui, pendant cette mise à sec, avaient dû se réfugier dans la Seine, étaient revenus prendre leur place primitive. On allait les voir par curiosité et les habitants avaient le bon esprit de les respecter. Je fis le voyage tout exprès pour constater le fait. Ces poissons, reconnaissables à la couleur bleu-verdâtre de leur dos, pouvaient avoir à ce moment 65 centimètres. Ils étaient fort beaux, le corps épais et très vifs. Il n'était pas facile d'en déterminer le nombre, car ils étaient campés sous une arche très longue et obscure d'où ils se laissaient dériver au courant à tour de rôle, en aval du pont, pour rentrer dans l'ombre aussitôt qu'ils apercevaient du mouvement sur les berges.

Il est très probable que ces Saumons ont pu frayer en octobre 1888.

La Seine. — Le second exemple à citer est beaucoup plus singulier. Au mois de juin 1888, un pêcheur de Paris, M. Dupuy, notaire, prenait à l'épervier dans la Seine, à Marly, un Saumon de Californie. Les incidents de cette capture ont été racontés en 1889 dans le journal *la Nature*, avec détail. Le point sur lequel je veux seulement appeler ici l'attention, c'est la taille extraordinaire de ce poisson. Il mesurait en effet $1^{m},05$ et pesait 10 kilogrammes. Cette croissance pourra paraître invraisemblable à ceux qui n'ont jamais fait d'élevage de Saumon de Californie, car l'animal en question ne pouvait avoir plus de trois ans et demi ; mais à l'aquarium, dans des conditions très défectueuses, nous pouvons obtenir dans ce même laps de temps des Saumons de Californie mesurant 80 centimètres et pesant 6 à 7 kilogrammes. L'écart n'est donc pas considérable. Il est très admissible que, dans de bonnes conditions, cette espèce puisse atteindre la taille d'un mètre en trois ans et demi. Le Saumon de M. Dupuis était, paraît-il, cantonné sous la machine de Marly, dans des fosses où le petit poisson abonde. Il était donc dans des conditions d'alimentation exceptionnelles. Peut-être encore était-ce un Saumon ayant accompli un voyage à la mer et étant parvenu à remonter la Seine jusqu'à Marly.

L'Epte. — En 1887 et 1888, à la demande de M. de Saint-Marceaux, le sculpteur bien connu, grand amateur de pêche, l'aquarium fit quelques lancements de Saumon de Californie dans deux petits affluents de l'Epte, la Levrière et la Bonde, bonnes rivières à Truites qui passent à Bézu-Saint-Éloi et qui étaient à peu près dépeuplées. Les alevins déposés dans cette localité disparurent et, au premier abord, on supposa qu'ils avaient été détruits.

Or, au mois d'octobre dernier, 1890, un amateur de pêche qui habite Gisors et qui est très expérimenté dans toutes les questions de pisciculture, M. de Boispréaux, signala dans les journaux de la localité la reprise à Gisors (c'est-à-dire au dessus de Bézu) de plusieurs Saumons de Californie pesant environ 10 livres chacun. Ils s'étaient cantonnés dans Gisors même, devant le marché au poisson, où ils vivaient des débris qu'on jette à l'eau. C'est là qu'ils ont été repris. Ce fait, comme on le voit, présente de l'analogie avec celui qui a été observé par M. Morin, sur le Gambon. Ces Saumons proviennent, à n'en pas douter, des alevins disséminés à Bézu-Saint-Éloi.

L'Iton. — Cette rivière, très riche en petit poisson, a reçu des alevins de Saumon de Californie dès le début, en 1885. La première colonie fut confiée à un minotier d'Évreux, M. Vacher, fils, qui exposa ces poissons sous son nom à un concours agricole et les lança ensuite dans l'Iton.

M. Vacher, qui s'occupait de pisciculture au point de vue commercial, ne m'a jamais donné de renseignements sur ces poissons. A Évreux, les usines sont abondantes, et craignant que la rivière dans cette partie ne fût peu propre au développement des alevins, je transportai mon centre d'empoissonnement à Saint-Germain-des-Angles où un propriétaire, M. de Courcy, président du Syndicat de l'Iton, voulut bien s'occuper activement, avec un zèle et une habileté que je ne saurais trop louer, de la multiplication du Saumon de Californie dans l'Iton. M. de Courcy a pêché à plusieurs reprises dans cette rivière des Saumons de belle taille. M. Samson, usinier à Saint-Germain-des-Angles, m'a dit en avoir repris également, et il paraîtrait qu'au dessus d'Évreux, à Bonneville, on en aurait repris d'assez grandes quantités.

On m'a signalé encore la reprise d'un de ces Saumons dans la Marne, par M. Georges Ohnet, dans les environs du Grand-Morin, mais le fait n'est pas assez certain pour que je le mette au même rang que les précédents.

En résumé, il ressort des faits précédents, qu'il a été repris sur divers points du bassin de la Seine des Saumons de Californie, que ces poissons produits par l'aquarium du Trocadéro et déposés à l'état d'alevins dans les cours d'eau, ont prospéré et considérablement grossi, ce qui démontre que cette espèce de Salmonides est acclimatable et que les travaux auxquels cet établissement s'est livré depuis 1883 n'ont pas été infructueux.

Nous continuerons nos efforts jusqu'au moment où le Saumon de Californie paraîtra avec abondance sur les marchés, ce qui arrivera selon toute probabilité à partir de 1895.

Tel est l'état actuel du problème que l'aquarium poursuit.

Je ne saurais oublier, en terminant cette note, que l'aquarium du Trocadéro tient les œufs d'où sont sortis tous ces alevins de la générosité de la Société nationale d'Acclimatation.

D'autre part, il est juste de revendiquer pour le Conseil municipal de Paris le mérite de l'exécution de cette œuvre éminemment utile, laquelle n'est que le prélude de travaux plus importants qui conduiront, j'en ai le ferme espoir, au repeuplement des cours d'eau de la France entière.

LES BOIS INDUSTRIELS

INDIGÈNES ET EXOTIQUES

PAR JULES GRISARD ET MAXIMILIEN VANDEN-BERGHE.

(SUITE *)

FAMILLE DES CAPPARIDACÉES.

La famille des Capparidacées se compose en général de plantes sous-frutescentes, d'arbrisseaux, rarement d'arbres. Ce sont des végétaux à feuilles ordinairement alternes, entières, quelquefois ternées ou digitées, mais le plus souvent simples, que l'on rencontre dans les régions tropicales et subtropicales du globe, plus particulièrement de l'Amérique et de l'Afrique. Quelques espèces croissent dans la région méditerranéenne et dans l'Amérique boréale. Plusieurs offrent des propriétés antiscorbutiques et stimulantes qui, chez certaines plantes, deviennent âcres, vésicantes, parfois toxiques.

CAPPARIS FERRUGINEA L. Câprier ferrugineux.

Capparis octandra JACQ.

Antilles : *Mabouya. Bois puant. Bois caca. Bois de corne fétide.*

Petit arbre de 3-7 mètres de hauteur, à feuilles lancéolées, acuminées, glabres en dessus, pubescentes en dessous, assez commun aux Antilles. On le rencontre surtout à la Jamaïque et à Saint-Domingue.

Son bois, gommeux, rougeâtre ou blanc, moiré de jaune, est très lourd et très compact ; sa texture fine permet de lui donner un beau poli. Quoique incorruptible et peu sujet à se gercer, il est peu employé à cause de l'odeur fétide qu'il répand étant vert.

L'écorce âcre et même vésicante de la tige est usitée aux Antilles comme rubéfiant ; l'odeur excrémentielle des différentes parties de la plante, feuilles, fleurs, fruits et racines, lui font attribuer des propriétés antihystériques.

(*) Voyez plus haut, pages 39, 201 et 425.

7

Ce genre qui renferme surtout des arbrisseaux, offre cependant encore quelques arbres intéressants parmi lesquels nous citerons :

Le *Capparis grandis* Heyn. (Cochinchine : *Cay main* ou *Cay umain*). Petit arbuste inerme de 2-5 mètres de hauteur, sur un diamètre de 10 centimètres environ, à feuilles ternées, lancéolées, entières et glabres, que l'on trouve en Cochinchine sur le bord des cours d'eau. Son bois, dur, lourd et durable, est bon pour le tour et la gravure. Ses fruits sont comestibles.

Le *Capparis Mitchelli* Lindl. (*Busbeckia Mitchelli* F. Muell) Queensland : *Mondo*. Petit arbre de 5-10 mètres de hauteur sur un diamètre de 25-30 centimètres, dont le tronc et les branches sont couverts d'épines courtes. Indigène de l'Australie, il croît dans les plaines et les taillis des forêts ouvertes. Le bois est de bonne qualité, dur et à grain serré, mais l'arbre est souvent tortueux et de petites dimensions, ce qui fait qu'il est peu exploité.

Le *Capparis nobilis* F. Muell. (*Busbeckia arborea* F. Muell., *B. nobilis* Endl.) du Queensland et de la Nouvelle-Galles du Sud, où il est connu sous le nom de *Rarum*, est un petit arbre rabougri, à branches couvertes d'épines stipulées, dont le bois possède également une assez grande dureté et une texture fine. Ces deux espèces sont susceptibles d'être utilisées pour des ouvrages de tour et de fantaisie demandant de la solidité, mais peu de volume.

C'est encore à ce genre qu'appartient le Câprier commun ou épineux (*Capparis spinosa* L.) dont les boutons et les fleurs confits dans le vinaigre constituent les *câpres* du commerce, recherchées en cuisine comme assaisonnement et comme condiment.

CRATÆVA RELIGIOSA Forst.

Cratæva Guineensis Sch. et Thönn.
— *læta* DC.
— *Adansonii* DC.

Cochinchine : *Ca-lo-ngauh*. Inde : *Kuda-Kukkn*. Sénégal : *Kred-kred*.
Taïti : *Pua-veoveo*.

Petit arbre de 10-12 mètres de hauteur, sur un diamètre de 15-30 centimètres. Feuilles trifoliées, à folioles lancéolées, acuminées, lisses, d'un vert sombre sur la face supérieure, plus pâles en dessous.

Indigène de l'Inde et de la Cochinchine, il croît aussi naturellement au Sénégal et dans les îles de l'Océanie où il est surtout commun dans les parties montagneuses de Taïti.

Son bois, blanc, dur, à grain fin et serré, est bon pour le tour et la menuiserie. Ses feuilles sont usitées dans la médecine des indigènes, dans l'Inde, on les prescrit en décoction à l'intérieur comme stomachiques et en cataplasmes pour résoudre les tumeurs lymphatiques. Leur saveur est légèrement amère et l'odeur qu'elles exhalent lorsqu'on les froisse rappelle un peu celle de l'Hellébore.

Le *Cratæva odorata*, HAMILT. (*C. religiosa*, HAMILT., non L., *C. Roxburghii* R. BR.) est un arbre à feuilles glabres, lenticellées, trifoliées, originaire de l'Inde, qui offre un bon bois de menuiserie. L'écorce, les feuilles et la racine sont employées comme stomachiques et toniques.

Le *Cratæva gynandra* L. (Vénézuéla : *Toco*) fournit un bois de couleur gris-jaunâtre, veiné de rouge pâle, léger, mou et d'une texture fibreuse. Peu utilisé dans les constructions, on s'en sert souvent au Vénézuéla pour faire des planches communes et des caisses d'emballage pour le savon. A la Guyane, l'écorce de la racine passe pour posséder des propriétés vésicantes.

MORISONIA AMERICANA L.

Capparis Morisonia Sw.

Guadeloupe : *Arbre du diable. Mabouya peau.* Martinique : *Bois Mabou.*
Mexique : *Arbor del diablo. Palo del muerto. Palo bobo. Micaquahuitl.*

Petit arbre de 4-5 mètres d'élévation à feuilles simples, oblongues, glabres et coriaces, qui croît naturellement au Mexique et dans les forêts de la Guadeloupe.

Son bois est assez dur et d'une conservation presque indéfinie, mais il est rare et peu employé à cause de l'odeur désagréable qu'il exhale lorsqu'il est frais. Sa densité est de 0,704; son élasticité, comparée à celle du chêne, égale 1,105 et sa résistance à la rupture 1,196. Sa cassure est courte et fibreuse.

Toute la plante possède une odeur infecte analogue à celle du *Capparis ferruginea* ; ses fruits sont regardés comme antispasmodiques; les fleurs et les racines passent pour apéritives et antihystériques.

Les racines de cet arbre sont longues, grosses, nerveuses, compactes et pesantes et servent aux sauvages pour faire des massues.

On attribue à cette espèce les propriétés du *Pareira brava*.

A cette famille appartiennent encore les espèces suivantes :

L'**Apophyllum anomalum** F. Muell. Arbre d'une hauteur de 8-10 mètres sur un diamètre de 20-25 centimètres environ, que l'on trouve au Queensland, dans les taillis du district des Brigalows et dans le North-Australia.

Son bois est très dur et susceptible de quelques applications industrielles.

Le **Mærua Angolensis** DC. (*Muriangombe* du Benguella). Arbre de 5-7 mètres de hauteur, inerme, à feuilles simples ou unifoliées, croissant spontanément dans les forêts du Cayor, du Oualo, de la Casamance, du Gabon et des régions arides du littoral du Benguella. Son bois, rouge, léger, fin et serré est bon pour la fente et la menuiserie, mais il est de faibles dimensions.

Les *M. Senegalensis* et *rigida* R. Br. sont deux espèces voisines des mêmes régions dont le bois présente les mêmes qualités physiques et peut être utilisé pour les mêmes travaux.

FAMILLE DES VIOLARIÉES.

Cette famille se compose d'herbes et d'arbrisseaux, plus rarement de petits arbres à feuilles généralement alternes, excepté dans un petit nombre d'espèces exotiques où elles sont opposées.

La plupart sont propres à l'hémisphère boréal ; quelques espèces ligneuses, cependant, appartiennent aux régions tropicales des deux continents.

Les tiges de presque toutes les Violariées renferment un principe âcre doué de propriétés émétiques. Les feuilles de quelques *Alsodeia* sont amères et astringentes, d'autres du même genre sont mucilagineuses et mangées comme légume après cuisson ; leurs écorces sont fébrifuges.

Les bois sont rares dans cette famille et nous ne pouvons guère citer que deux espèces exotiques appartenant à des genres différents.

MELICYTUS RAMIFLORUS Forst.

Nouvelle-Zélande : *Mahoé. Hinahina.* Taïti : *Tenia.*

Petit arbre élégant et touffu d'une dizaine de mètres de hauteur environ, à feuilles lancéolées, allongées comme celles du saule, abondant dans toutes les îles aussi éloignées du sud que Otago.

Le bois rougeâtre, à grain très serré, dur quoique léger, est susceptible de poli ; malgré son usage très restreint à la Nouvelle-Zélande, M. Henri Jouan le dit bon pour l'ébénisterie et autres travaux.

Les feuilles sont recherchées par les bestiaux qui les mangent avec avidité.

Dans les possessions portugaises de l'Afrique, le genre **Alsodeia** est représenté par une espèce ligneuse indéterminée nommée *Sôá-Sôá* ; c'est un petit arbre des régions élevées de San-Thomé, dont le bois, de longue durée, paraît propre à la construction comme chevrons, poutres et petites charpentes, ainsi que pour palissades, piquets, traverses, vis de pressoirs, etc.

FAMILLE DES BIXACÉES.

Les Bixacées sont des arbres de moyenne grandeur ou des arbrisseaux souvent épineux, croissant entre les tropiques, la plupart en Amérique et quelques-unes dans l'Asie australe et en Afrique. Leurs feuilles sont alternes, simples, entières, parsemées de points glanduleux ou de lignes transparentes, quelquefois coriaces et persistantes.

Les propriétés des végétaux de cette famille sont très variées. Quelques espèces donnent des fruits comestibles ou sont employées comme médicaments, d'autres fournissent des matières colorantes utilisées pour la teinture.

FLACOURTIA CATAPHRACTA Roxb.

Flacourtia Jangomas Gmel.
Roumea Jangomas Spreng.
Stigmarota Jangomas Lour.

Annamite vulgaire : *Mông quân*. Annamite mandarin : *Pîn mân kiûn*. Cochinchine : *Cay-mu-cuon*. Sondanais : *Roekum sĕpat*. Tamoul : *Talishaputric*.

Petit arbre de 5-6 mètres de hauteur à feuilles alternes, petites, stipulées, glabres et dentées, qui croît dans quelques parties de l'Inde et très abondamment en Cochinchine, particulièrement sur les bords des cours d'eau ainsi qu'à Java et Bali.

Son bois est rouge ou rougeâtre, dur, susceptible d'être travaillé aisément et de recevoir un beau poli ; lourd, rarement creux et paraissant de bonne conservation, il peut être employé en menuiserie, ainsi que pour planches, chevrons, lattes, etc.

A Java, on l'utilise pour confectionner les mortiers dont les indigènes se servent pour décortiquer le riz. Les Annamites ne l'emploient guère que pour le chauffage.

Sa densité moyenne est de 0,910.

Les jeunes rameaux servent à préparer des collyres.

Les pousses encore tendres sont mangées dans l'Inde où on leur attribue des propriétés toniques, stomachiques et astringentes. Les feuilles en infusion passent pour guérir les enrouements. Les fruits sont recommandés pour combattre la diarrhée et les affections bilieuses ; ils sont estimés des Malais qui les rendent plus mous et plus doux en les roulant entre les mains. Enfin, la décoction des racines est donnée comme tisane en Cochinchine, pendant les derniers mois de la grossesse.

FLACOURTIA RAMONTCHI L'Hérit. Ramontchi.

Stigmarota Africana Lour.

Indes Néerlandaises : *Bogo*. Réunion : *Prunier mâle* ou *Prunier de Madagascar*.

Arbre de taille médiocre, très rameux, dont le tronc, recouvert d'une écorce grisâtre, n'atteint guère plus de 2-3 mètres d'élévation. Feuilles alternes, oblongues ou ovales-arrondies, crénelées, glabres, d'un vert lisse et brillant.

Originaire de Madagascar et cultivé à la Réunion, on le rencontre encore aux Indes néerlandaises dans les forêts du centre de Java.

Son bois est dur, lourd et très compact, mais il est peu employé par suite de la difficulté qu'il présente à être travaillé.

L'écorce est prise en infusion par les créoles pour combattre les affections goutteuses.

Le fruit est une petite baie de la grosseur d'une cerise, charnue, noirâtre ou violacée à la maturité, d'une saveur douce, un peu vineuse, que les indigènes mangent dans cet état ou qu'ils font confire lorsqu'elle est encore verte.

Le *F. Ramontchi* cultivé en serre tempérée forme un élégant arbrisseau ; il demande un peu d'humidité et une terre substantielle tourbeuse. Dans les endroits où il est rustique, on peut en faire des haies défensives.

Le *Flacourtia Rukam* ZOLL. et MORITZ. en malais : *Roekum* ou *Rokam*, sondanais : *Koeda Sondak* est un arbre que l'on rencontre dans les parties montagneuses de Java. Son bois, d'un ton blanchâtre mais sans éclat, est tendre et d'un grain grossier; comme il ne se fend pas en séchant, on s'en sert, toutefois, pour la fabrication des meubles et dans la construction. Hooker dit que cette espèce est très cultivée pour ses fruits comestibles, dont la taille est celle d'une grosse cerise.

Le *Djoekoem* ou *Djoekem* des Indes néerlandaises, gros arbre des Lampongs, est une espèce indéterminée du genre *Flacourtia* dont le bois, mou et spongieux, est assez peu estimé, mais néanmoins employé à Sumatra dans la construction.

LUDIA HETEROPHYLLA LAMK.

Ludia Mauritiana RAEUSCH.

Réunion : *Bois sans écorce, Change écorce. Goyavier marron blanc.*

Petit arbre généralement rabougri, d'un diamètre de 15-20 centimètres environ, dont le tronc est recouvert d'une écorce caduque. Feuilles alternes, lancéolées, elliptiques, décurrentes, à dents obtuses, petites sur les jeunes rameaux, grandes et entières lorsqu'elles sont adultes, luisantes et veinées en dessus. Originaire des îles Mascareignes.

Le bois est dur, plein, solide, à grain serré et à fibres

droites; il se travaille facilement, mais il renferme souvent des défauts et résiste peu à l'humidité. Employé quelquefois pour petites charpentes, chevrons, solives ou pour douves de barils, il est plus souvent recherché pour la confection des avirons, en raison de sa flexibilité; on l'utilise aussi beaucoup à la Réunion comme combustible. Les anciens colons se servaient autrefois de ce bois pour faire des services de table et autres objets d'utilité domestique. Sa densité moyenne est de 0,826; sa cassure est courte et sèche.

L'écorce des vieux arbres est considérée comme un excellent émétique.

Le *Ludia sessiliflora* Lamk. (*L. tuberculata* Jacq. *L. myrtifolia* Sieb. non Lamk.) est une espèce voisine également indigène de Maurice et de la Réunion où il porte les noms de *Bois rouge*, *Bois de Madagascar* et *Goyavier marron rouge*. Son bois, dur, serré, liant, est bon pour charpentes et avirons ; on l'emploie dans les mêmes conditions que celui de l'espèce ci-dessus.

PANGIUM EDULE Reinw.

Malais : *Panji*. Sondanais : *Pitjoeng*.

Arbre à tronc droit et très élevé. Feuilles simples, alternes, éparses, cordiformes, fort amples et à trois lobes quelquefois entières. Cultivé aux Moluques et dans tout l'Archipel indien.

Le tronc fournit un bois d'une texture fine et à fibres courtes, mais droites, que l'on utilise à Java pour faire des charpentes et des lattes; comme il est sujet à se gercer facilement, on ne l'emploie dans la construction qu'à défaut d'autres. D'après Blume, son suc renferme un alcaloïde analogue à la ménispermine.

Son fruit est un drupe de la grosseur et de la forme d'un œuf d'autruche. Il renferme, sous une chair blanchâtre et peu épaisse, plusieurs noyaux dont les graines sont vénéneuses, mais elles deviennent comestibles par la torréfaction ou après avoir subi une macération prolongée; on en tire aussi une huile rougeâtre, non alimentaire, utilisée pour l'éclairage, mais donnant beaucoup de fumée.

Citons encore comme appartenant à la famille des Bixacées :

L'**Aphloia theæformis** Benn. (*Ludia heterophylla* Bory. *Neumannia theæformis* A. Rich. *Prockia theæformis* Willd.) Cet arbre, désigné à la Réunion, sous les noms de *Goyavier sauvage* ou de *Fandamane*, fournit un bois d'une durée et d'une résistance moyennes, bon pour charpentes et douvelles de barriques. L'écorce nauséeuse de la tige est employée à Maurice comme ipéca.

L'**Azara microphylla** Phil. Cette espèce donne, au Chili, le *bois de Chinchin*. D'après Cl. Gay, les *Azara* chiliens ont des fleurs parfumées, d'où leur nom vulgaire de *Aromo*, et sont propres à l'ornementation. Plusieurs espèces sont en effet cultivées dans nos serres. La plupart des plantes de ce genre portent encore le nom de *Liben* ou *Lilen*; leur bois est de mauvaise qualité et peu susceptible d'emploi.

Le **Bixa orellana** L. Arbrisseau élégant d'une hauteur de 4-5 mètres, à feuilles alternes, ovales et acuminées, originaire de l'Amérique et cultivé dans plusieurs parties de l'Inde. En Amérique, le bois sert à faire quelques pièces de charronnage, mais on l'emploie plus communément comme combustible. Dans les Indes néerlandaises, le *B. orellana* est très souvent planté en haies vives, à cause de sa croissance rapide et de la facilité avec laquelle il se reproduit. L'écorce est utilisée pour cordages et liens grossiers. Le fruit est une capsule assez volumineuse qui renferme une vingtaine de graines entourées d'une matière visqueuse d'un rouge vif, qui constitue le *Rocou* employé comme matière colorante.

Le **Cochlospermum gossypium** DC. (*Bombax gossypium* L.) Arbre d'une hauteur de 12-15 mètres, à feuilles alternes, digitées, d'un très bel aspect au moment de sa floraison. Son bois, de couleur jaunâtre, est filandreux et de peu de durée. Offrant en partie les qualités du liège, on l'emploie comme tel, dans l'Inde et à Ceylan, pour faire des flotteurs de filets et autres objets. On s'en sert aussi quelquefois pour fabriquer des caisses d'emballage d'une grande légèreté.

L'**Hydnocarpus anthelminticus** Pierre. (Cochinchine : *Cham-bao, Dai-phong-tu*). Arbre de 8-15 mètres d'élévation sur un diamètre de 20-25 centimètres. Son bois, de couleur jaune rougeâtre, est lourd, résistant et à grain assez serré. Cette espèce est considérée comme anthelmintique.

L'*Hydnocarpus heterophyllus* Bl. (Cochinchine : *Gia-da-trang*). Arbre de 15-20 mètres de hauteur, dont le tronc acquiert environ 25–30 centimètres de diamètre ; feuilles alternes, serretées, caduques. Le bois est jaunâtre et bon pour constructions intérieures.

Le **Lætia hirtella** H. B. (Vénézuéla : *Trompillo* ou *Trompito*). Arbre de dimensions régulières, dont le bois, plus dur que celui du Cedro (*Cedrela*), est employé au Vénézuéla pour charpente, tables et travaux d'ébénisterie ordinaire.

FAMILLE DES PITTOSPORACÉES.

Les Pittosporacées sont des arbres ou des arbrisseaux quelquefois grimpants, à feuilles alternes, entières ou découpées, dépourvues de stipules.

Répandues surtout dans les régions de l'Australie extra-tropicale, les espèces de cette famille se rencontrent aussi, mais plus rarement, dans les îles de la mer du Sud, au Japon, dans les parties intertropicales de l'Asie, à Maurice et jusqu'au Cap de Bonne-Espérance.

La plupart sécrètent une résine aromatique, incolore ou faiblement colorée, qui ne paraît pas avoir d'applications jusqu'à ce jour. Quelques-unes produisent des fruits qui sont mangés par les indigènes, malgré leur goût âpre; un petit nombre sont cultivées dans nos jardins d'Europe.

PITTOSPORUM UNDULATUM Vent.

Pittospore ondulé.

Australie (Colons anglais) : *Victorian Laurel.* Taïti : *Ofeo.*

Arbre magnifique et très rameux, dont la hauteur varie de 15 à 20 mètres dans les terrains humides et rocailleux, mais qui reste à l'état d'arbrisseau dans les endroits stériles et exposés. Feuilles persistantes, très rapprochées et même quelquefois subverticillées, ovales-oblongues, ondulées, aromatiques lorsqu'on les froisse. Fleurs blanches très odorantes, disposées en grappes au sommet des rameaux.

Originaire de l'Australie, il croît dans la Nouvelle-Galles du sud et dans la province de Victoria, principalement sur les bords des cours d'eau ; on le rencontre également à Taïti.

Son bois, d'une teinte blanc-grisâtre agréable à l'œil, d'une texture fine et serrée, est de bonne qualité ; on l'utilise ordinairement pour le tour, mais il peut être substitué au buis pour divers travaux, notamment pour la gravure sur bois.

Les propriétés astringentes de l'écorce la font employer pour le tannage des peaux.

Par la distillation des fleurs, on obtient, sous forme d'une huile essentielle, un parfum de valeur analogue au Jasmin. A Taïti, elles entrent, avec l'huile de coco, dans la préparation du *Monoï*, cosmétique très estimé des indigènes.

Cette espèce se recommande à l'ornementation par la beauté de son feuillage en toutes saisons et par la durée de ses baies, jaune-orangé, disposées par grappes d'un gracieux effet. Rustique dans la région de l'Oranger, on le multiplie de boutures et de marcottes, plus rarement de graines semées sur couches ou sous châssis. Le *P. undulatum* est le type le plus recherché pour greffer les autres espèces. Ces végétaux demandent une terre substantielle, un peu sableuse, et des engrais doux et liquides.

Les autres espèces intéressantes de ce genre sont :

Le *Pittosporum bicolor* Hook. (*P. discolor* Regel, *P. Huegelianum* Putt.) Victoria et Tasmanie : *Victorian Cheesewood* des colons anglais. Petit arbre à écorce lisse et à feuilles coriaces d'un beau vert, haut de 8-12 mètres sur un diamètre de 20-30 centimètres, que l'on trouve au Queensland dans les forêts ouvertes des districts de West Moreton et des Darling Downs, et dans les ravins humides et ombragés de Victoria et de la Tasmanie. Son bois est blanc et à grain serré ; il est très estimé pour la confection des queues de billard, des manches d'outils, haches, instruments de jardinage, etc.

Le *Pittosporum ferrugineum* Ait. qui donne un bois rouge rarement employé à cause de ses dimensions restreintes.

Le *Pittosporum eugenoïdes* A. Cunngh. (*P. umbellatum* Gaertn.) Nouvelle-Zélande : *Tarata*. Colons anglais : *Hedge Laurel*. Joli petit arbre buissonnant, de la Nouvelle-Zélande, atteignant environ 10-12 mètres de hauteur dans de bonnes conditions. Son bois est blanc, doux, à grain serré, mais peu propre à aucun usage spécial.

Le *P. Colensoi* Hook. f. est un bel arbrisseau ou un petit arbre très rameux fréquemment planté en bordure et recherché surtout pour l'établissement des haies vives.

Le *Pittosporum phillyroïdes* DC. (*P. acacioïdes* A. Cunn. *P. oleæfolium* A. Cunn.) Colons anglais : *Weeping Pittosporum*. Petit arbre d'un port gracieux dont les formes variables ont occasionné une grande confusion dans la synonymie. Originaire de l'Australie, il croît généralement sur les côtes du littoral; mais souvent aussi, il s'avance assez loin dans l'intérieur des terres. Son bois est blanc, lourd, compact, dur, durable et de bonne qualité, mais peu connu en dehors de son lieu de production.

Le *Pittosporum rhombifolium* A. Cunn. Arbre d'une hauteur moyenne de 15 mètres, sur un diamètre de 25-30 centimètres. Indigène de la Nouvelle-Galles du Sud et du Queensland, il croît spontanément dans les taillis au bord de Brisbane-River. Son bois, comme d'ailleurs celui de la plupart de ses congénères, est blanc, assez dur, d'une texture fine et serrée, mais il est peu utilisé jusqu'à présent.

Pittosporum Tobira Ait. (*Evonymus Tobira* Thunb.) Japon : *Tobira riba. Tobera. Kaido kwa.* Petit arbre de 5-6 mètres de hauteur sur un diamètre moyen de 30 centimètres, à feuilles persistantes, oblongues et épaisses. Originaire du Japon, il croît naturellement dans les îles de Kiousiou et de Nippon, principalement sur le mont Kimbosan dans la province de Figo. Les Japonais se servent du bois pour confectionner de petits meubles. Les feuilles additionnées de sel sont usitées pour combattre les maladies de l'espèce bovine.

En dehors des *Pittosporum* dont nous venons de parler, nous ne voyons guère à citer comme bois, dans cette famille, que le **Bursaria spinosa** Cav. (*Cyrilla spinosa* Spr., *Itea spinosa* Andrews), *Box tree* des colons anglais de l'Australie d'où il est originaire. C'est un arbre de 10-12 mètres, à écorce rugueuse, dont le bois, blanc, dur et fin est bon pour le tour, la sculpture et même la gravure.

Cultivé en serre tempérée cet arbre toujours vert, se couvre de fleurs qui exhalent une odeur très agréable.

FAMILLE DES POLYGONACÉES.

Les Polygonacées sont des végétaux herbacés ou frutescents, dressés ou volubiles, rarement arborescents. Leurs feuilles sont alternes, engaînantes à leur base ou adhérentes à une gaine membraneuse, très rarement opposées, simples, entières ou ondulées, quelquefois incisées, généralement penninervées.

Ces plantes croissent pour la plupart dans les régions tempérées de l'hémisphère nord, mais elles sont moins fréquentes entre les tropiques où on ne les rencontre que dans les régions élevées. Quelques-unes sont aquatiques ou palustres.

Les espèces herbacées sont alimentaires ou médicinales et renferment des acides oxalique, citrique et malique. Les graines de certaines abondent en fécule nutritive ; les racines de la plupart contiennent des matières astringentes unies quelquefois à un principe résineux qui les rendent précieuses en médecine. Plusieurs sont cultivées dans nos jardins comme ornement.

COCCOLOBA PUBESCENS L.

Raisinier à grandes feuilles.

Coccoloba grandifolia JACQ.

Arbre de 20-25 mètres d'élévation, remarquable par ses feuilles extrêmement larges, subsessiles, arrondies en cœur, rudes, coriaces ou cartilagineuses, très légèrement velues sur les deux faces.

On le rencontre communément aux Antilles et notamment à la Guadeloupe et à la Martinique.

Le tronc de cet arbre a l'avantage, sur celui des autres espèces, d'être très droit jusqu'à une assez grande hauteur. Il fournit un bois rouge foncé, pesant, presque aussi dur que le bois de fer, dont il porte quelquefois le nom ; d'une résistance moyenne, très flexible et incorruptible, il est excellent pour les constructions et l'ébénisterie, mais assez difficile à travailler et à manier. On en fait des pieux qui durcissent beaucoup en terre. Sa densité est de 0,890, son élasticité de 2,105 et sa résistance à la rupture de 0,778.

On mange ses fruits comme ceux de l'espèce suivante, ils sont plus gros mais cependant moins fréquemment employés.

COCCOLOBA UVIFERA L.

Raisinier à grappes. Peuplier d'Amérique.

Polygonum uviferum L.

Antilles : *Raisinier à fruits. R. des bords de la mer. Bois à baguettes.* Cuba : *Ubero de playa.* Salvador : *Papaturro.*

Grand et bel arbre rameux, d'une hauteur de 20-25 mètres, dont le tronc, épais de 30-40 centimètres, n'offre une rectitude parfaite que jusqu'à 3 mètres environ du sol. Feuilles alternes, subsessiles, entières, cordées, coriaces, glabres en dessus.

Originaire des Antilles, il est surtout commun à la Guadeloupe et à la Martinique; on le retrouve également à l'état sauvage dans l'Amérique centrale, et il remonte jusqu'à la Floride en recherchant les sables maritimes du littoral.

Son bois rougeâtre, veiné, dur, plein et massif, est bon pour le charronnage et la menuiserie; on l'emploie quelquefois dans les constructions et on en fait aussi de jolis meubles. Les indigènes l'utilisent souvent comme combustible et pour la fabrication d'un charbon qui dégage une vive chaleur. Ce bois donne par décoction, ainsi que l'écorce, un extrait rouge-brun, opaque, à cassure noire et luisante, employé en médecine, comme astringent. Ce produit constitue un des *Kinos d'Amérique* du commerce. Par ébullition, ce bois donne encore une belle couleur rouge usitée en teinture.

L'écorce est employée pour le tannage et pour teindre en noir. Les fleurs de cette espèce ont une odeur suave.

Les fruits, appelés *Mangles rouges* dans nos colonies, sont des akènes trigones, de la grosseur d'une petite cerise, formant une grappe assez volumineuse. On les vend sur les marchés, mais ils sont peu recherchés. La pulpe rouge dont ils sont entourés est comestible, son goût est agréable, sa saveur acidule et sucrée; on en prépare aussi une sorte de boisson vineuse rafraîchissante. Les racines possèdent les propriétés astringentes des autres parties de l'arbre.

Ces *Coccoloba* sont de serre chaude.

Parmi les autres végétaux ligneux de la famille des Polygonacées, il convient encore d'ajouter :

Le genre **Ruprechtia** représenté dans l'Amérique méridionale par plusieurs espèces (*R. excelsa*, *Viraro*, *coryfolia*, *triflora*, etc.) connues sous les noms espagnols de *Palo de lanza*, *Viraro*, *Manzano del Campo*, etc. Elles fournissent, en général, des bois estimés, employés dans la construction légère, l'ébénisterie, ainsi que pour la fabrication d'instruments agricoles, formes de chaussures, cuillères, etc.

Le **Trigoniastrum hypoleucum** Miq., *Mata passch* des Malais. Petit arbre ou arbuste qui fournit un bois jaune citron très pâle, dur, à grain fin, employé pour faire des tables; il se fend beaucoup en séchant.

Le **Xanthophyllum flavescens** Roxb. est un arbre de 20-25 mètres de hauteur sur un diamètre de 30-35 centimètres, à feuilles alternes, coriaces et glabres, que l'on rencontre dans les forêts de la Cochinchine. Son bois blanc jaunâtre, à grain fin et serré, est bon pour les ouvrages de tour.

Le *Xanthophyllum Griffithii*, Hook. f., *Limah Broh* des Malais. Arbre toujours vert, donne un bois blanc jaunâtre, tendre, d'une texture grossière, sujet à se fendre.

Le *Xanthophyllum rufum* A. W. Benn., *Kraboo* des Malais. Arbre de haute futaie, fournit un bois blanc sale, strié de raies brunâtres, à grain moyen, dur, moins susceptible de se tourmenter en séchant que l'espèce précédente.

Le *Xanthophyllum vitellinum* Bl., *Kiendoh*, *Kitelor* ou *Kitelohr* des Malais, donne un bon bois de charpente, solide, à fibres entrecroisées et très durable.

FAMILLE DES VOCHYSIACÉES.

Cette petite famille se compose d'arbres, plus rarement d'arbrisseaux, à feuilles opposées ou verticillées, coriaces, penninervées, très entières, accompagnées de stipules ou de glandes.

Les Vochysiacées habitent les régions tropicales de l'Amérique du Sud, particulièrement le Brésil et la Guyane, où elles croissent sur le bord des rivières et dans les forêts vierges.

Les plantes qu'elles renferment ont peu d'usages; leur suc résineux n'est guère employé non plus que l'essence parfumée de leurs fleurs singulièrement irrégulières.

VOCHYSIA GUIANENSIS Aubl.

Cucullaria excelsa Willd.
Vochy Guianensis Aubl.

Guyane : *Bois Cruzeau. Itaballi. Copaiyé.* Guyane anglaise : *Copay-yè wood.*

Arbre de 15–20 mètres de hauteur, sur un diamètre de 60–70 centimètres, à feuilles opposées, obovales oblongues, brièvement acuminées, entières, luisantes sans être épaisses, à nervures latérales serrées, droites et parallèles.

Originaire des forêts de la Guyane.

Son bois, de couleur rouge pâle, tendre, facile à travailler, mais peu durable à l'air, est bon pour la confection des douves de barriques à sucre. Sa densité moyenne est de 0,840 et sa résistance à la rupture de 142 kilog. (1).

Les *Vochysia tetraphylla* et *tomentosa*, connus sous les mêmes noms créoles, offrent un bois analogue.

Le **Qualea cærulea** Aubl. (Guyane : *Couaïe. Grignon-fou.*) est un arbre résineux de la même famille, à feuilles ovales, légèrement acuminées, que l'on trouve abondamment dans les forêts de la Guyane. Son bois est rougeâtre, léger, très liant, mais il est inférieur au Grignon franc (*Bucida*) comme force et comme conservation. Excellent pour faire des mâtures, il peut encore remplacer le Sapin dans tous ses usages. Par la dessiccation, il perd une grande partie de son poids et peut alors être débité facilement en planches. Sa densité moyenne est de 0,798. Résistance à la rupture : 146 kilog.

(*A suivre.*)

(1) Dans les expériences faites à la Guyane par M. Dumonteil, sur la résistance des bois à la rupture, la force en kilogrammes a été établie comparativement sur des parallipipèdes de 1^m,20 de longueur sur 5 centimètres de largeur : c'est le chiffre donné par cet ingénieur que nous avons adopté. Pour les bois des autres pays, la force de résistance et l'élasticité sont comparées au chêne, celui-ci étant pris comme unité.

COUP D'ŒIL
SUR LE CONCOURS HIPPIQUE DE 1891

PAR M. E. PION,
Vétérinaire inspecteur à Paris.

J'ai eu, l'an dernier, ici même, l'occasion de parler du concours hippique et de porter un jugement sur son ensemble, sur ses tendances, sur ses mérites, le tout mêlé de quelques critiques indispensables. Aujourd'hui, je répéterai en partie mes premières appréciations, avec un correctif cependant : c'est que le Concours a paru, cette année, *plus utilitaire*, que celui de l'an dernier. Je m'explique : j'avais plaisanté légèrement la Société d'où cette institution est sortie. Je m'étais permis de ne pas trouver atteints tous les buts qu'elle s'est proposés : la précocité du dressage, l'heureux choix des croisements ; je prétendais que les gentilshommes, maîtres absolus des réceptions et des récompenses, traitaient la chose en famille, c'est-à-dire se partageaient libéralement entre eux les faveurs et les avantages. Cette année, un progrès a été réalisé. En masse, ce concours est meilleur. Le jury a-t-il mieux choisi, a-t-il été plus sévère dans ses refus, a-t-il moins subi certaines influences de certains hommes de cheval ? Je n'en veux rien savoir. Je sais au moins ceci, grâce à l'obligeance de M. Weber, qui m'a prêté libéralement de très justes idées, c'est que la partie vétérinaire de la chose, si je puis m'exprimer ainsi, a veillé avec un soin jaloux sur l'admission et sur la santé des Chevaux, c'est que les avis de ces praticiens ont été écoutés plus que de coutume. L'on sait que ce concours ne comporte pas uniquement les Chevaux de luxe et que les races de gros trait y figurent, apportant l'antithèse de leurs masses musculaires à côté de la finesse exagérée des pur sang. Il y a donc là de quoi contenter les goûts les plus variés, bien que l'armée, la noblesse et la bourgeoisie provoquent et légitiment certainement les huit dixièmes de cette Exposition.

La Normandie mérite, sans conteste, tous nos éloges, pour l'élevage et le dressage de ses merveilleux trotteurs. Sur 271 Chevaux âgés de quatre ans seulement, elle en montre, à elle seule, la plus grande partie, dont la précocité et les allures ont fait les délices des connaisseurs. Leurs allures ont paru moins empâtées, plus hautes, plus dans la ligne, et si les efforts du dressage ont pu parfaire aussi vite des animaux aussi jeunes, c'est que l'art du dressage n'est pas un vain mot dans le Calvados, dans l'Orne et dans la Manche. De même le Midi avec ses Tarbais, le sud-est avec ses Chevaux de selle, sont dignes de tous les applaudissements. Je citerai en particulier l'Ecole de dressage de Rochefort qui du n° 329 au n° 349 nous montre des échantillons vraiment très remarquables. Ces progrès dus à l'énergie et à la persévérance de nos éleveurs nous font croire que d'ici à peu de temps, les Français, en général, seront moins frappés d'anglomanie, puisqu'ils auront, en ce point-là, carrément rattrapé leurs rivaux. Je rappelle, en passant, que, grâce à la campagne entreprise par M. Cavailhon, du *Rappel*, et aux essais fructueux tentés de toutes parts, des Français, oui, des Français, se sont transformés en excellents jockeys — O vieille Angleterre, tu ne l'aurais pas cru ! —

Si l'on quitte les tribunes avoisinant la piste pour aller visiter les écuries, l'on tombe tout d'abord dans une exhibition de voitures et de harnais toute resplendissante ; la fine fleur de la sellerie est là ; les cuivres sont fouillés de ciselures ; les cuirs assouplis sont presque brodés ; les vêtements sont dignes de ceux qui les doivent porter ; avec un tel luxe d'objets de toilette, on croirait que les écuries vont se transformer en boudoirs. Si nous pénétrons plus loin, nous arrivons dans une demi-obscurité très peu favorable à l'inspection des animaux qui y sont noyés. Situées à contre-jour, les stalles pourraient cacher bien des tares et bien des défectuosités. Et c'est dommage ; car les bêtes qui y sont signalées par des flots de rubans doivent regretter de ne pas montrer avec coquetterie leurs têtes intelligentes, leur profonde poitrine et leurs jambes intactes. Les palefreniers ont fait dans cet endroit une vraie dépense d'efforts artistiques. — Est-ce une contagion du Salon de peinture qui s'installe au-dessus ? — Les paillassons s'étalent avec des lisières fort amusantes ; les tresses de paille sont prodiguées ; même les bat-flancs — ô délicate attention ! — sont revêtus d'une crinoline aux couleurs diverses. Ce n'est pas tout ; des fleurs de sable blanc, des fleurs de sable jaune se dessinent dans les allées, sous nos pas. Est-ce assez joli ? Vous en oubliez presque les Chevaux. Du côté opposé, la lumière donne à pleines fenêtres ;

les robes éclatent somptueusement, celles des alezans dorés et des bais-cerise surtout ; un peintre en profite pour faire un portrait en pied d'une bête *select*, médaillée et rubanée au possible. Ici les amateurs peuvent jouir de la forme et de la beauté. Nos compliments à M. Gost, un éleveur normand, à M. Louis Pingrié, de Nantes ; au dresseur Leneveu. Je me garderai d'oublier l'école de dressage de Scées dont M. Chaffin est l'habile directeur. Le travail de tous ces agents de l'amélioration chevaline doit être louangé sans réserves ; s'ils produisent en vue du luxe, s'ils font, selon les demandes, du brillant et du précoce, ils ne manquent pas non plus de patriotisme, puisqu'ils nous préparent des cavaliers capables de tenir au besoin un brin de conversation hippique avec les uhlans.

A quelle journée accorder la palme, parmi tant de journées où les habits rouges, les redingotes noires, les cochers — il y a beaucoup de races dans ces derniers, — les officiers de toutes armes, les gentlemens, les charretiers mêmes ont fait voir si vaillamment tant de qualités diverses ? Chacun, selon son monde, trouve du charme à telle ou telle épreuve. Inutile de dire que les grands succès sont toujours pour les plus nobles, les plus hardis et les plus beaux cavaliers. Voir le *Figaro* du 3 et du 9 avril, où tout le *Gotha* peuple les tribunes, où les plus jolies femmes applaudissent et excitent l'émulation comme dans un tournoi véritable du moyen âge. Pour qui voudrait suivre ce concours avec soin, rien ne serait négligeable, rien ne serait indifférent. Il faudrait le matin assister à la présentation des Chevaux, au moment où l'on ne peut pas être troublé par la foule. C'est là, qu'à froid et loin des maquignons, le connaisseur assoierait des jugements pleins d'impartialité. Il y faudrait du loisir et de l'obstination. Ce concours est d'une telle importance que plusieurs grands articles suffiraient à peine pour le décrire en entier. Je vous ferai grâce de la liste des prix et des péripéties de courses où des dames se sont fort solidement tenues en selle, où des enfants de douze à quinze ans ont enlevé leur monture avec maîtrise et ont battu des cavaliers adultes — courses du 7 avril. — Je dirai pour finir que les Chevaux, quand ils sont prêts à sauter, semblent éprouver parfois une véritable contagion de la peur ou de la désobéissance. Si le premier s'arrête net devant la haie, les suivants en font autant. J'ai remarqué la chose à plusieurs reprises.

II. EXTRAITS DES PROCÈS-VERBAUX DES SÉANCES DES SECTIONS.

5e SECTION (VÉGÉTAUX). — SÉANCE DU 24 FÉVRIER 1891.

PRÉSIDENCE DE M. A. PAILLIEUX, VICE-PRÉSIDENT.

Le procès-verbal de la séance précédente est lu et adopté.

M. Hédiard entretient la Section des divers produits végétaux alimentaires qui nous sont fournis par l'Algérie et dont l'usage est plus répandu en France que dans notre colonie même. Il est regrettable que les prix de transport soient aussi élevés, ce qui en empêche certainement la vulgarisation. L'emballage de certains fruits réclame aussi des soins spéciaux très minutieux sans lesquels ils ne sauraient arriver en bon état; sur les caisses de Mandarines notamment la perte à l'arrivée est quelquefois considérable. Les Chayottes sont encore des fruits très goûtés à Paris en ce moment.

M. Paillieux annonce que le Cerfeuil bulbeux, après être longtemps resté confiné dans les jardins de quelques amateurs, vient d'être mis au commerce qui le paie fort cher ; c'est la première fois que ce légume est ainsi demandé. Sa culture cause malheureusement trop de désappointement et la production des racines marchandes est fort irrégulière. Quant aux menus tubercules, ils peuvent fournir les éléments d'une délicieuse purée.

Notre confrère espérait présenter à la Section des Capucines tubéreuses, mais la gelée a détruit les tubercules qu'il possédait. Cuit, ce légume n'est pas bon, mais coupé en tranches très minces et assaisonné comme le Concombre, il est excellent. En Bolivie on le mange avec de la mélasse lorsqu'il a été gelé après cuisson.

M. Hédiard dit avoir reçu du Mexique une sorte de Piment noir d'un goût très fin ; il se propose d'en essayer la culture dans l'espoir que les graines ont conservé leur faculté germinative.

M. Paillieux donne lecture d'une note sur ses diverses cultures en 1890.

M. Chappellier entretient la Section d'un système de taille applicable à la vigne, imaginé par M. Dezeimeris. Notre confrère veut bien promettre sur cet intéressant sujet une note qui sera insérée dans la *Revue*.

Le Secrétaire,
Jules GRISARD.

SECTION D'AVICULTURE PRATIQUE.

Compte rendu des séances des 21 février et 7 mars 1891.

La Section prend des dispositions pour le choix du matériel destiné à former les cages où seront exposés les oiseaux du concours. M. le

Président de la Société d'Acclimatation étudiera ces questions, qui seront résolues par une entente avec le Jardin d'Acclimatation.

Le Secrétaire de la Section rend compte des observations communiquées par divers correspondants et appelle l'attention sur les desiderata exprimés.

Les aviculteurs amateurs désirent que la section parvienne à donner, dans ses expositions, une part plus large aux volailles d'agrément, aux Pigeons, aux Pintades, Faisans, etc. Les observations relatives à l'exposition et au classement des Pigeons méritent surtout d'arrêter l'attention et pourront être utiles pour l'organisation des concours ultérieurs.

Il est certain que la Section d'aviculture a dû limiter dans sa première exposition sa liste de récompenses à un certain nombre de races, mais à mesure que l'importance des adhésions s'affirmera, le programme des expositions sera étendu de manière à donner pleine satisfaction aux amateurs et à faire valoir les efforts d'aviculteurs qui se sont fait un programme de spécialisation et dont les collections sont remarquables.

Actuellement et pour le prochain concours du 14 avril, il est impossible d'apporter de profondes modifications au programme adopté, il suffit de rappeler que la Section s'est réservé le droit d'affecter des prix supplémentaires à des lots méritants.

M. le Vice-Président de la Section et M. Leudet font observer qu'il y aurait lieu de décider ce qu'il sera fait des œufs pondus pendant la durée de l'Exposition. Ces œufs seront ou bien rendus aux propriétaires des animaux exposés ou bien détruits. Un avis spécial pour avertir les exposants sur ce point, sera placardé dans le local de l'exposition.

M. Geoffroy Saint-Hilaire demande que la Section s'occupe des expériences à faire d'une manière générale et en dehors du concours, sur divers modes d'alimentation des volailles, qui ont été proposés dans ces derniers temps L'examen de cette question est ajournée.

Différents points de détail sont ensuite passés en revue.

Le modèle des médailles à distribuer est choisi. Des affiches appliquées dans le local de l'exposition indiqueront le détail des règlements, qui seront faits de manière à empêcher tout ce qui ne serait pas équitable. Les exposants qui auraient marqué leurs volailles ou les cages d'un signe distinctif seraient, par le fait, exclus du concours, d'autre part il y aura lieu de régler l'incompatibilité des fonctions de membre du jury et de la qualité d'exposant. La section statuera sur cette question dans sa prochaine séance.

Le Secrétaire-adjoint de la Section,

DAUTREVILLE.

Compte rendu de la séance du 21 mars 1891.

PRÉSIDENCE DE M. OUSTALET, PRÉSIDENT.

La Section délibère pour régler une question effleurée dans la précédente réunion, il s'agit de décider si les exposants qui seraient appelés à faire partie du jury des récompenses abandonneront d'une manière générale leurs droits au concours. Il serait fâcheux que des aviculteurs d'une haute compétence et qui pourraient rendre de grands services pour le classement des animaux par ordre de mérite, fussent empêchés de recevoir des récompenses pour les sujets qu'ils pourraient présenter. Il est décidé que : Tout juré ou membre du bureau se retirera de toute délibération et s'abstiendra dans tous les cas où il s'agira de juger la subdivision dans laquelle il expose, à moins qu'il n'ait formellement déclaré au préalable son intention de rester hors concours.

Plusieurs exposants ont demandé si le Commissariat de l'Exposition d'Aviculture se chargerait de recevoir et de réexpédier les animaux directement adressés au Jardin d'Acclimatation. D'autres demandent à obtenir une réduction sur les tarifs d'expédition des chemins de fer.

La section a déjà précédemment décidé la formation d'une Commission chargée de la réception des animaux. M. Dautreville accepte de surveiller l'installation et de donner les ordres nécessaires pour le soin des envois adressés au Jardin d'Acclimatation et des réexpéditions aux propriétaires. M. Dautreville sera secondé dans ces fonctions de commissaire de l'Exposition par les membres délégués du bureau. La Section et la Société déclinent toute responsabilité pour les accidents qui pourraient arriver aux animaux pendant les voyages.

M. Mégnin veut bien se charger de l'inspection sanitaire. Pour ce qui est de la réduction de tarifs des chemins de fer, les exposants pourront l'obtenir en demandant auprès des Compagnies de profiter du tarif spécial aux Expositions.

Si des animaux mouraient pendant la durée de l'Exposition, l'autopsie en serait faite et les propriétaires seraient informés.

Une autre question est posée. Les exposants absents pourront-ils faire exécuter des ventes par le Commissariat de l'Exposition? Le Commissariat accepte de se charger de la vente des animaux sur l'avis exprès des exposants qui auront indiqué le prix ferme de vente. Les fonds provenant de ces ventes seront déposés à la caisse de la Société d'Acclimatation où les intéressés devront les réclamer.

Toutes les indications supplémentaires pouvant intéresser les exposants présents seront affichées dans le local de l'Exposition.

Le Secrétaire de la Section d'aviculture,
RÉMY SAINT-LOUP.

III. CHRONIQUE DES SOCIÉTÉS SAVANTES.

Société de Géographie de Paris. — Les procès-verbaux des séances de la Société de Géographie de Paris renferment assez souvent des notes d'histoire naturelle sur des sujets encore peu connus et même nouveaux. C'est ainsi que nous relevons le passage suivant, emprunté au journal russe *Mosskovski Viedomosti* (Séance du 9 janvier 1891) :

« De soigneuses investigations entreprises par ordre du gouvernement, dans le district du Kouban, ont prouvé que les îles de la rivière de même nom, lieux bas et marécageux, situés entre l'embouchure du Kouban et les contreforts ouest du Caucase, sont de colossaux nids de Criquets où ces insectes se multiplient avec une rapidité étonnante, pour aller de là faire leurs incursions dévastatrices dans les régions voisines du Kouban et dans le sud de la Russie. — Tant que les îles du Bas-Kouban existeront dans cet état, il sera inutile de combattre ces insectes voraces ; aussi a-t-on formé le projet de dessécher les îles au moyen d'un réseau de canaux de drainage. A cet effet, une Commission sera envoyée sur les lieux au printemps de 1891, pour faire les études hydrographiques nécessaires et le devis des travaux indispensables. »

A rapprocher de ces faits la notice dans laquelle M. Allain appelait l'attention (Séance du 6 février 1891) de la Société sur la multitude d'insectes existant dans les régions avoisinant le lac Tchadé ou Tchad : « Ils pullulent, dit-il, dans le pays arrosé par cet immense marais ou étang qu'on est convenu d'appeler le lac Tchadé et qui n'est vraiment un lac qu'au moment des pluies. Barth et Nachtigal, comme Overweg, ont dit que cette région était la région par excellence des insectes ! »

Si l'on considère le temps que des insectes, partant du lac Tchadé, mettent pour se répandre en nuées innombrables, soit en Égypte, soit en Algérie, ne trouverait-on pas là aussi l'origine ou le pays de naissance de ces terribles acridiens, connus sous le nom de Criquets ou de Sauterelles, qui portent partout la famine avec la dévastation, et la science ne pourrait-elle pas, par suite d'une étude sérieuse et d'une connaissance approfondie, trouver un remède à tant de maux ? Ne pourrait-elle pas au moins pénétrer le secret de ces fabuleuses émigrations ? »

— Voici, d'autre part, un menu asiatique assez alléchant, dont M. Edouard Blanc, l'intrépide voyageur qui a passé l'hiver dernier dans le Pamir, nous donne la composition. Qu'on en juge :

« Apprenant ma présence à Hachgar, le gouverneur ou Tao-taï, Daryn-Chang, m'envoya, par un officier de sa maison, un compliment sur papier rouge et une invitation à un thé préparé depuis trois jours.

..... Les *ailerons de Requin*, les *holothuries farcies de moelle*, les tiges de *Nelumbium speciosum* et les *Crabes confits* étaient assez médiocres. Mais si le Canard à la mode de Yunnam et les andouillettes de foie du même volatile étaient tout à fait supérieurs, en revanche *œufs farcis d'une gelée parfumée* et les *racines de Bambou* marinées dans l'*huile de ricin* et qu'on mange à la fin du repas en les assaisonnant avec des *œufs de poisson*, sont détestables. Les queues de Rat au sucre et les Sangsues confites ont été remplacées par de très bonnes *Salamandres confites et farcies*. En somme, le Tao-taï est un homme savant en cuisine et un grand administrateur. »

Nous demandons à M. Edouard Blanc la permission de ne pas être de son avis et penser que son excessive bienveillance pour les talents culinaires du Toa-taï provenait à coup sûr de ce fait qu'il était, de son propre aveu, dans un état très accentué d'inanition quand il reçut cette répugnante hospitalité.

— Dans une lettre en date du 22 décembre 1890, M. Edouard Blanc signalait à la Société de Géographie le grand nombre d'animaux qu'avaient récoltés deux explorateurs russes, MM. Groum-Grjimaïlo, dans le cours de leur voyage dans l'Asie centrale. Voici ce passage :

« Parmi les animaux les plus curieux qu'ils ont capturés, il faut signaler les Chevaux sauvages, non pas les Chevaux descendant d'animaux domestiques redevenus sauvages, comme ceux des Pampas de l'Amérique du Sud, mais le véritable type primitif d'où descendent les races de Chevaux domestiques. L'existence de ces animaux mentionnée par divers voyageurs, avait été contestée jusqu'à présent. MM. Groum-Grjimaïlo ont résolu la question d'une façon définitive, car ils ont réussi à rapporter trois échantillons de ces Chevaux qu'ils ont tués en Dzoungarie, près de Gachoun, point situé au nord de Goutchen, après une recherche longue et difficile, faite spécialement pour ce but, dans la direction du nord, en dehors de leur itinéraire principal.

» Ils ont constaté également l'existence de Chameaux sauvages, animaux fort rares, dont ils ont poursuivi une bande, signalée par les indigènes jusqu'à une très grande distance de Dga, dans la direction du Lab-Nor, mais sans parvenir à les atteindre.

» Ils ont aussi rapporté une nouvelle espèce de Moufflon qui vient s'ajouter aux dix ou douze types si curieux et si intéressants au point de vue de l'origine de notre Mouton domestique, par lesquels ce genre est, à notre connaissance, représenté en Asie centrale. »

IV. HYGIÈNE ET MÉDECINE DES ANIMAUX.

Chronique.

La maladie du Ver rouge. — La maladie causée par le Ver rouge est certainement celle qui fait le plus de ravages dans les faisanderies depuis quelques années ; depuis deux ans on la voit même dans certaines basses-cours où elle décime aussi les Poulets.

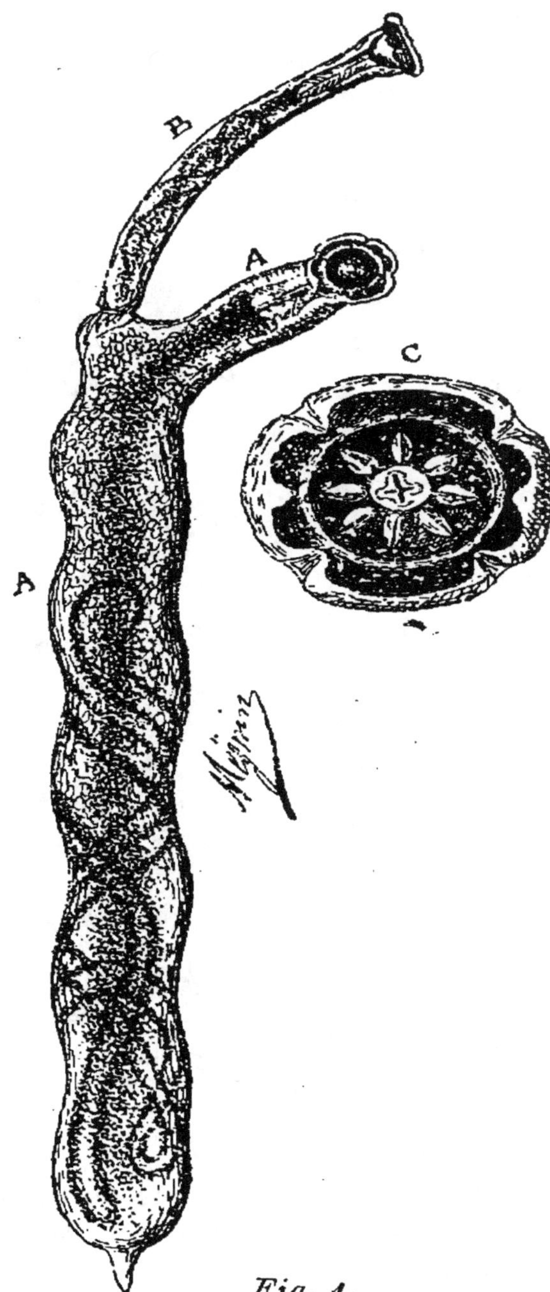

Fig. 1.

Nos anciens ne connaissaient pas cette affection, c'est seulement depuis une vingtaine d'années qu'on l'observe en France. Elle est connue depuis bien plus longtemps en Angleterre et surtout en Amérique où, dès le commencement de ce siècle, elle faisait parler d'elle. Il est donc très probable qu'elle est passée des États-Unis en Angleterre transportée par des volailles de prix et qu'elle a ensuite passé la Manche de la même façon, avec des Faisans d'espèces rares, ou de repeuplement.

Le *Ver rouge* des faisandiers est connu des naturalistes sous le nom de *Syngamus trachealis*. Son nom de *Syngamus*, qui est composé de deux mots grecs signifiant par leur assemblage *mariés* ensemble, lui vient de ce que le mâle et la femelle adhèrent par leurs organes génitaux d'une manière inséparable ; on dirait un seul Ver avec un grand corps et deux têtes portées sur des cous inégaux. — (De là le nom de *Ver fourchu* que lui donnent encore les faisandiers). — C'est à la femelle qu'appartient le grand corps et le petit cou, et la seconde tête avec le grand cou représentent le mâle. Nous montrons dans la figure 1 ci-contre et très grossis, ces deux Vers dans leur position naturelle : (A A) est la femelle dans le corps de laquelle on voit les longs tubes ovariens simulant des intestins; (B) est en forme de cloche (c) et le mâle ; ils ont tous les deux la tête constituée par une large ventouse munie de lancettes à l'intérieur. Tous les deux sucent le sang, après avoir entamé la peau, de la même manière que les Sangsues. Mais c'est la femelle qui en absorbe le plus : elle en devient toute gonflée et toute rouge, et ce sang lui est nécessaire pour la formation des milliers d'œufs qui se développent dans son corps. Quand elle est complètement repue, ce qui demande quelques semaines, elle double, triple et même quadruple de longueur et de grosseur, car à l'origine elle n'est guère plus grande que le mâle, — elle mesure alors 20 à 22 millimètres de longueur sur 1 à 1 1/2 millimètre d'épaisseur.

C'est dans la trachée que les jeunes Syngames, après avoir voyagé dans les sacs aériens, les poumons et les bronches, se fixent et vivent aux dépens de leur hôte ; on les y trouve souvent au nombre de plusieurs couples, et ce nombre peut aller jusqu'à une trentaine ; ils sont solidement attachés par les deux ventouses du mâle et de la femelle.

Lorsque plusieurs couples de Syngames se trouvent côte à côte, ils finissent, lorsqu'ils sont repus et ont triplé et même quadruplé de volume, par obstruer totalement la trachée, et amènent ainsi la mort de l'oiseau par suffocation.

Lorsqu'on fait l'autopsie d'un Faisandeau tué par le *Ver rouge*, rien que par transparence on reconnaît la présence de ces parasites, comme le montre la figure 2 (A) ci-contre. Si maintenant on fend ce tube à l'aide de fins ciseaux et qu'on tienne écartés les bords de l'incision, on voit les parasites fixés à la muqueuse comme le montre encore la figure 2 (B).

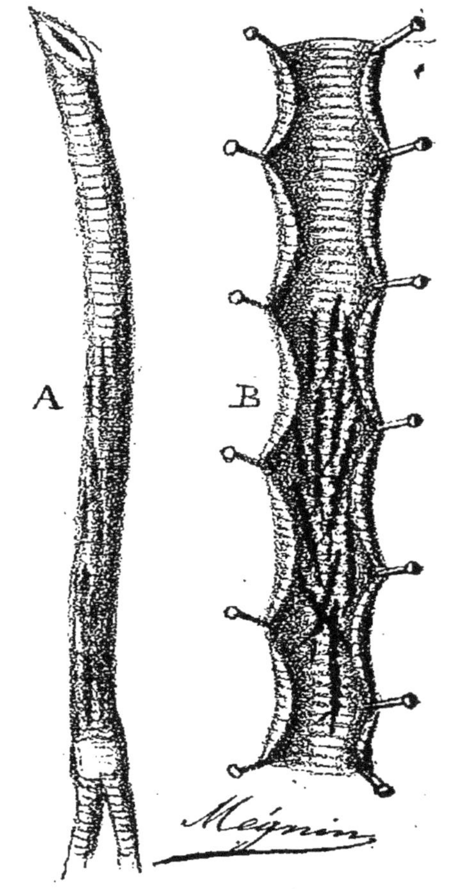

Fig. 2.

Le Syngame femelle, arrivé à son complet développement et ayant le corps rempli d'œufs microscopiques, ne peut pas les pondre, puisque le mâle, soudé à l'appareil génital, en ferme complètement l'entrée ; il faut que le parasite meure et c'est à la suite de la décomposition de son corps, qui est très rapide, que les œufs sont mis en liberté. Le Syngame, en mourant se détache de la muqueuse trachéale et est expulsé dans un accès de toux par l'oiseau malade. C'est généralement en buvant que l'accès de toux se produit, et c'est le plus souvent dans l'eau que tombe le *Ver rouge* mort et que son corps se décompose. Les œufs qui sont ainsi mis en liberté y éclosent, et l'embryon, qui a la forme d'un Anguillule microscopique (fig. 3), vit dans cette eau, jusqu'à ce qu'un oiseau y venant boire, il puisse rentrer dans un corps vivant de volatile, achever son développement et jouer dans sa trachée le rôle que ses parents ont joué chez un autre.

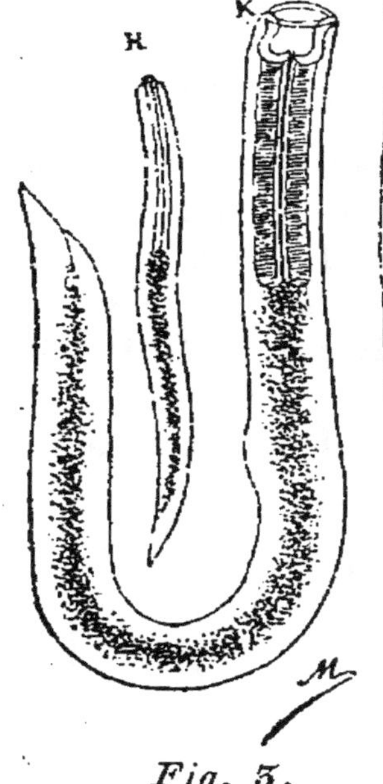

Fig. 3.

Voilà le principal moyen de propagation du Syngame Il y en a d'autres. Ainsi un Ver rouge expulsé dans un accès de toux, peut tomber sur le sol et être ingurgité immédiatement par d'autres oiseaux qui le prennent pour un petit Ver de terre ou un Ver de vase, auxquels il ressemble. Ou bien son corps se décomposant, ses œufs restent mêlés à la terre ou au sable et sont absorbés inconsciemment avec des graines ou des graviers — car, rappelons qu'il y a des milliers d'œufs dans le corps d'un seul Syngame et que deux ou trois arrivés à bon port suffisent largement pour propager l'espèce.

Tant que les Syngames, qui sont fixés dans la trachée d'un oiseau, sont petits et ne gênent pas la respiration, celui-ci a toutes les apparences de la santé ; mais quand ils ont grossi et que la respiration devient difficile, alors apparaissent les premiers symptômes de la maladie : l'oiseau mange, boit, est ingambe et gai, mais de temps en temps il bâille et fait entendre une petite toux avortée caractéristique. — (*Gape* en anglais veut dire *bâillement*, c'est pourquoi nos voisins ont nommé *gape* la maladie causée par le *Ver rouge*).

La rapidité avec laquelle un oiseau succombe à la maladie du Ver rouge est en raison inverse de son âge et en raison directe du nombre de parasites qu'il nourrit. En effet, plus un oiseau est jeune et plus il a la trachée étroite ; cinq à six Syngames le tueront et laisseront vivre un Faisan plus âgé dans la trachée duquel ils seront à l'aise. Les Faisans adultes nourrissent très souvent quelques Syngames sans en être incommodés. Aussi, tout en ayant l'apparence d'une santé parfaite, sont-ils d'actifs propagateurs de la maladie Cependant s'ils succombent moins souvent que les jeunes, ils ne sont pas toujours épargnés, mais quand ils meurent c'est par trentaine au moins que l'on trouve les couples de Syngames dans leur trachée.

Ce sont certainement des Poules, en apparence parfaitement saines, qui, ayant servi de couveuses dans des faisanderies où régnait le *Ver rouge*, ont rapporté ce parasite dans leur basse-cour en y rentrant, et c'est ainsi qu'aux environs de la forêt de Fontainebleau on voit maintenant la maladie du Syngame dans des fermes, où elle était totalement inconnue auparavant.

Dans notre prochaine chronique nous parlerons du traitement de la maladie du Ver rouge.

Dr PIERRE.

V. CHRONIQUE GÉNÉRALE ET FAITS DIVERS.

Sur un Cheval polydactyle.

Lettre adressée à M. le Directeur du Jardin zoologique d'Acclimatation.

« Pendant une tournée que je viens d'accomplir dans la province, par raison de service, j'ai eu occasion de voir un des cas d'anomalie de construction du Cheval décrit par M. Gurlt. Le cas est, à mon avis, des plus intéressants et me paraît digne d'être porté à votre connaissance dans l'intérêt de la science et de l'importante institution zoologique que vous dirigez.

» Voici le cas : il m'a été présenté un poulain âgé de deux ans, de moyenne taille, de race commune, de belles formes, doué de mouvements vifs parfaitement libres et réguliers. A la face intérieure de chacun des canons antérieurs à proximité des pâturons, on observe un prolongement qui a l'apparence d'un petit doigt de Bœuf. Ce petit doigt, parfaitement détaché, est mobile et se trouve constitué de trois phalanges, la troisième desquelles est pourvue de sabot. L'extrémité de ce doigt dépasse de peu la couronne du pied. Les deux doigts sont parfaitement semblables l'un à l'autre et disposés de façon symétrique ; ils ne se touchent pas, ni pendant le repos de l'animal, ni dans ses mouvements, et cela à cause du poitrail très bien développé et de la bonne façon de laquelle les extrémités antérieures en dépendent.

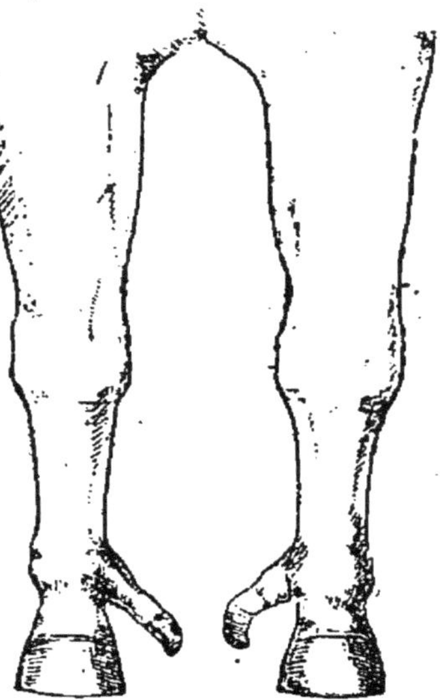

» Ci-joint, vous trouverez une esquisse des membres antérieurs de l'animal en question vus de face. Je regrette de ne pouvoir, pour le moment, vous montrer un dessin plus exact, ne sachant, pour mon compte, faire mieux.

» Veuillez agréer, etc.

» Padoue, novembre 1890.

» Nicolas Di Geronimo,
» Sous-Lieutenant vétérinaire dans l'armée italienne. »

M. le Dr Camille Dareste, dans la séance du 9 janvier dernier, a bien voulu compléter cette communication par les observations suivantes :

Vous connaissez tous le pied de Cheval, formé par un doigt unique, aux membres antérieurs et aux membres postérieurs. On voit, dans ce dessin, à la partie interne du pied, entre le canon et le pâturon, naître des deux côtés un petit doigt surnuméraire. Ce doigt, trop petit pour toucher la terre, est constitué, comme le doigt unique, de trois phalanges, dont la dernière est enfermée dans un sabot.

M. le Président m'a demandé de vous présenter quelques considérations sur la signification de cette anomalie.

La polydactylie chez le Cheval est une anomalie qui n'est pas très fréquente assurément, mais dont on connaît depuis très longtemps un certain nombre d'exemples, dont plusieurs ont même un intérêt historique. Bucéphale, le célèbre cheval d'Alexandre-le-Grand, était, dit-on, polydactyle. On raconte également que Jules César avait aussi un cheval à plusieurs doigts.

Quand on examine les cas de polydactylie du Cheval, mentionnés dans les ouvrages de tératologie, on voit qu'ils se présentent dans des conditions assez différentes, et qu'ils se rattachent, au moins, à trois types bien distincts.

1° Le doigt unique du Cheval, celui qui termine le talon, est fendu dans toute sa longueur, de manière à former deux doigts distincts. Il n'y a là qu'une très légère déviation de l'état normal. Mais elle est très intéressante, parce qu'elle reproduit, dans l'espèce du Cheval, une particularité que vous connaissez tous chez les animaux ruminants, qui ont, comme on le dit, le pied fourchu.

2° Il existe un ou plusieurs doigts surnuméraires, pareils à ceux qui sont représentés dans le dessin mis sous vos yeux. Leur nombre peut varier. Ordinairement ils n'existent qu'à un seul pied, mais ils peuvent exister sur tous les quatre. Dans certains cas on rencontre deux doigts surnuméraires sur un seul pied.

3° Une troisième forme de polydactylie, très rare, consiste dans l'existence des deux doigts surnuméraires ; tandis que le doigt médian, le doigt normal du Cheval, fait complètement défaut. Cette forme est très rare. Je n'en connais que deux exemples mentionnés par Ercolani.

Ces faits s'expliquent d'une manière très simple.

Le pied de Cheval s'écarte considérablement, en apparence, de la conformation générale du pied des mammifères. Mais quand on examine les diverses anomalies qu'il présente, on voit que l'on peut en rendre compte par la réapparition du type primitif.

Après le carpe, aux membres antérieurs, et le tarse aux membres postérieurs, dont la constitution anatomique représente très exactement celle des régions analogues chez les autres mammifères, vient un os unique, très allongé, le canon, et qui est terminé par trois phalanges.

Qu'est cet os unique ? Il représente évidemment le métacarpe aux membres antérieurs, le métatarse aux membres postérieurs. Or il est très probable que le canon provient de la soudure de deux éléments primitivement distincts, deux os métacarpiens ou deux métatarsiens. Ce fait a été établi pour les ruminants chez lesquels les deux moitiés du canon, primitivement distinctes, se soudent pour former un os unique, tandis que les deux moitiés des phalanges restent séparées et constituent les deux doigts de ces animaux, ou le pied fourchu. L'existence des deux doigts à l'extrémité du canon du Cheval est évidemment un fait de même nature.

L'existence des doigts surnuméraires résulte du développement complet des parties qui sont rudimentaires dans l'état normal. Le canon des Chevaux, comme d'ailleurs celui des ruminants, porte latéralement leurs os allongés que l'on désigne sous les noms synonymes d'*os styloïdes* et de *péronés*. Ces os sont la réalité des métacarpiens ou des métatarsiens rudimentaires, et par conséquent des doigts qui ne se sont pas développés. S'il arrive que ces os se développent complètement, ils produisent à leur extrémité un doigt formé par trois phalanges.

Enfin, il peut se faire que le canon avorte plus ou moins complètement, tandis que les os styloïdes se développeront en produisant des doigts à leur extrémité. Le membre sera donc terminé par deux doigts provenant des métacarpiens ou des métatarsiens latéraux ; et non, comme dans le cas des Chevaux à pieds fourchus, des métacarpiens ou des métatarsiens internes.

Toutes ces anomalies s'expliquent donc par le développement complet des parties qui existent actuellement dans le pied de Cheval ; mais qui, dans l'état normal, restent à l'état rudimentaire. Ce sont de remarquables exemples de l'unité de composition des animaux vertébrés, à la démonstration de laquelle Geoffroy Saint-Hilaire a consacré sa vie.

Il est très digne de remarquer que cette conformation animale du pied de Cheval constitué par un doigt médian plus volumineux et deux doigts surnuméraires latéraux et ne posant pas à terre, caractérisait un animal, actuellement perdu, et qui a vécu dans diverses parties de l'Europe pendant la période pliocène. Cet animal, qui ressemblait d'ailleurs entièrement aux Chevaux par le reste de son squelette, a été décrit par les paléontologistes sous le nom d'*Hipparion*. Les partisans des idées de Darwin sur l'évolution et le transformisme admettent que l'*Hipparion* était l'ancêtre de nos Chevaux actuels. Dans ces idées, la production accidentelle des doigts supplémentaires dans l'espèce chevaline serait un fait d'atavisme, la réapparition de caractères perdus depuis longtemps, mais existant virtuellement dans le type du Cheval.

Ce n'est point ici le lieu de discuter cette hypothèse. Contentons-nous de dire qu'elle est très séduisante, et qu'au premier abord, elle semble rendre compte des faits. Mais n'oublions jamais que l'hypothèse n'est point la science, et qu'elle ne peut devenir une vérité scientifique que par la démonstration. Cette démonstration arrivera-t-elle un jour ? C'est le secret de l'avenir.

Le commerce des œufs en Angleterre. — L'application récente du bill Mac-Kinley a eu pour résultat immédiat de diriger vers l'Angleterre certains produits de l'agriculture canadienne qui trouvaient jadis un débouché aux Etats-Unis.

De 1868 à 1890, l'exportation des œufs canadiens s'était décuplée, et la presque totalité de ces œufs allait aux Etats-Unis, mais le bill Mac-Kinley frappe ces produits d'un droit d'entrée de 25 centimes à la douzaine, ce qui a considérablement réduit les expéditions. Le Canada a alors songé à écouler son excédent vers l'Angleterre qui a consommé 1,132,000,000, plus d'un milliard d'œufs en 1889, c'est-à-dire six fois autant que les Etats-Unis. Les journaux canadiens font aux éleveurs de volaille de leur pays quelques communications sur le commerce des œufs en Angleterre qui peuvent évidemment intéresser les producteurs français.

Vers le milieu d'octobre, les œufs atteignent les prix suivants en Angleterre : A Liverpool, les meilleurs œufs français, danois ou irlandais, se vendent de 10 fr. 45 à 11 fr. 60 le grand cent, *the great hundred*, de 10 douzaines ou 120. A Glasgow, les œufs anglais valent alors 11 fr. 60 le grand cent, les œufs étrangers de 8 fr. 10 à 11 francs. A Bristol, les œufs irlandais valent 11 fr. 60 et les meilleurs œufs français de 10 fr. 45 à 11 fr. 40. A Londres, les meilleurs œufs anglais valent 17 fr. 40 le grand cent, les meilleurs œufs français 15 fr. 10, les œufs français de seconde qualité 12 fr. 20. Ces prix diminuent de mars à juin, puis remontent et atteignent leur maximum d'octobre à décembre.

Les œufs canadiens peuvent, paraît-il, rivaliser avec les œufs européens pour la forme, le poids et les dimensions. Ils sont triés en trois catégories, gros, moyens et petits, à l'aide d'anneaux de diamètre différent. Les œufs que l'Angleterre reçoit de l'exportation, sont emballés entre des lits de paille longue dans des caisses de 1 mètre 80 de long sur 60 centimètres de large et 30 centimètres de profondeur. Ces caisses en contiennent 12 grands cents ou 120 douzaines, 1440, et peuvent être sciées par le milieu qui porte à cet effet une séparation, ce qui facilite la vente au détail. 60 œufs sont prélevés dans chaque caisse et brisés pour en constater l'état, on paie seulement à l'expédition les 1,380 œufs restants. Les commissionnaires chargés de la vente prélèvent généralement 5 0/0 sur son produit pour leur frais et leur rémunération.

Quant à la volaille, frappée par le bill Mac-Kinley d'un droit d'entrée de 25 centimes à la livre de 454 grammes, on ne vend en Angleterre que des Dindons et des Oies abattus après un jeûne de 24 heures et ayant le gésier absolument vide. Les Dindons doivent avoir conservé la tête et le plumage, les Oies au contraire s'expédient plumées sauf sur les ailes. Toute volaille destinée à l'exportation doit être tuée le jour précédant son envoi, être expédiée dans des caisses ne dépassant pas un poids de 90 à 100 kilogs, et contenant de 18 à 20 poules ou poulets. Chaque caisse portera une étiquette indiquant son poids et le nombre ainsi que l'espèce des volailles qu'elle contient. Pendant le mois de décembre 1890, l'Angleterre a reçu 660 caisses contenant chacune dix à douze volailles canadiennes arrivant dans des bâtiments pourvus d'une installation réfrigérante. Les Poulets se vendaient de 1 fr. 15 à 1 fr. 75. Pendant ce même mois de décembre, le Canada a expédié en Angleterre 1,003 caisses de 120 douzaines d'œufs. H. B.

L'arbre à Baume de Tolu. — Le *Myroxylon toluifera* H. B. K. (*Myrospermum toluiferum* A. RICH., *Toluifera Balsamum* MILL. ; *Myroxylon Hanburyanum* KL.), est un arbre toujours vert, d'un port ornemental, atteignant une hauteur moyenne de 20 mètres ; son tronc, droit, élancé, est recouvert d'une écorce lisse, jaunâtre ou brunâtre. Ses feuilles sont alternes, accompagnées de stipules et composées de 7-9 folioles entières, ovales, sinuées, acuminées au sommet, coriaces, d'un vert clair, marquées de lignes ou de points translucides, la terminale souvent plus grande que les autres.

Originaire de l'Amérique méridionale, il croît naturellement dans la Colombie, au Vénézuéla et à la Nouvelle-Grenade, on le rencontre également à l'Equateur, au Brésil et au Pérou.

Le tronc laisse écouler, à l'aide d'incisions profondes, un suc balsamique, incolore, presque transparent, de consistance molle sans être visqueuse, d'une odeur douce, agréable et d'une saveur aromatique, chaude d'abord, douceâtre, puis ensuite piquante et légèrement âcre : c'est le *Baume de Tolu*, appelé aussi *Baume d'Amérique*, de *Carthagène*, etc. Sous l'influence de l'air, il se durcit et se résinifie, devient jaune fauve, brun clair ou rougeâtre, translucide, plus rarement opaque.

MM. Flückiger et Hanbury résument ainsi les informations de M. John Weir, qui, après avoir rencontré des difficultés considérables, réussit à observer les procédés de la récolte à la Nouvelle-Grenade, dans les forêts voisines de Plato, sur la rive droite de la Magdalena :

Pour recueillir le baume, on pratique dans l'écorce deux entailles profondes, obliques, dont les extrémités inférieures se rejoignent en formant un angle aigu ; au-dessous de ces incisions en forme de V, on pratique une cavité, en enlevant de l'écorce et du bois et l'on y fixe une calebasse de la taille et de la forme d'une tasse à thé. On répète cette opération assez de fois pour qu'on puisse voir jusqu'à vingt calebasses disposées sur divers points d'un même tronc. Lorsque la partie inférieure n'offre plus place à de nouvelles incisions, on dresse parfois le long de l'arbre un échafaudage grossier et on pratique plus haut une nouvelle série d'entailles. Le récolteur de baume visite de temps à autre les arbres, accompagné d'un âne qui porte une paire de sacs en peau, dans lequel il vide le contenu des calebasses. Le baume est envoyé dans ces sacs vers les ports, où il est transvasé dans des cylindres d'étain qui servent à l'expédier en Europe. La saignée des arbres se pratique au moins pendant huit mois de l'année ; à la longue, elle les épuise et rend leur feuillage moins touffu. Ce baume n'est l'objet d'aucune exploitation au Vénézuéla, du moins jusqu'à présent.

Le baume de Tolu tient du Benjoin et du baume du Pérou, mais il se distingue de ce dernier par la rapidité avec laquelle il se solidifie. Il se compose chimiquement d'une résine soluble et d'une résine insoluble dans l'alcool froid, d'une huile essentielle ou *tolène*, d'acides cinnamique et benzoïque. Ce baume est insoluble dans l'eau froide ; mais l'eau bouillante le prive en partie de son huile volatile et de ses composés acides ; il est entièrement soluble dans l'alcool, moins dans l'éther, et sa solution est colorée en rouge sous l'action de l'acide sulfurique concentré.

Les propriétés physiologiques du baume de Tolu le font rechercher en médecine comme stimulant balsamique dans toutes les affections chroniques de l'appareil respiratoire. On l'a également recommandé dans les maladies inflammatoires des organes génito-urinaires, le catarrhe de la vessie, la leucorrhée, la blennorrhée, etc.

La fumée du papier nitré imbibé de teinture de Tolu, séché et roulé en cigarettes, dit le Dr Héraud, a été indiquée dans les catarrhes bronchiques chroniques et dans l'asthme nerveux catarrhal.

Le baume de Tolu entre dans la composition de pilules et de pastilles, des baumes de Nerval et du Commandeur, ainsi que de plusieurs autres préparations pharmaceutiques. Il forme la base du sirop de Tolu, d'un usage si répandu dans la médecine des enfants. On l'administre quelquefois en substance à la dose de 25 centigrammes à 2 grammes.

On distingue commercialement deux sortes de baumes, l'un sec ou solidifié, l'autre mou. Ces produits sont quelquefois falsifiés avec de la colophane et autres matières résineuses ; l'odeur se reconnaît à l'odeur caractéristique que répandent les résines en brûlant et à leur solubilité dans les huiles essentielles et le sulfure de carbone.

Maximilien VANDEN-BERGHE.

ERRATUM. — Dans la rédaction de la communication faite par M. Chappellier à la séance du 19 décembre dernier, sur ses cultures d'Ignames de Decaisne, et insérée au *Bulletin* du 5 avril 1891, p. 521, le passage suivant a été inexactement reproduit : « L'Igname de Decaisne ne présente qu'un *intérêt relatif* au point de vue de la culture potagère. » — M. Chappellier avait dit : ne présente *aucun intérêt*.

Le Gérant : JULES GRISARD.

I. TRAVAUX ADRESSÉS A LA SOCIÉTÉ.

VARIATIONS CLIMATÉRIQUES
EN EUROPE

PAR M. CH. NAUDIN (DE L'INSTITUT).

Les climats de l'Europe se refroidissent-ils comme on l'a souvent prétendu ? La question a été résolue affirmativement par les uns, négativement par les autres. Arago, se fondant sur la lenteur avec laquelle se refroidit la masse encore en fusion du globe terrestre à quelques kilomètres de la surface, déclarait que ce refroidissement n'abaisse pas la température générale des climats de plus d'un dixième de degré en mille ans. Admettant ce point de vue, on peut se demander s'il n'y a pas d'autres causes, encore ignorées, qui agissent à la surface du globe de manière à amener un refroidissement général sensible au bout de quelques siècles. Nous en saurions quelque chose si, depuis et y compris l'époque romaine, il avait été fait des observations quelque peu précises que l'histoire nous aurait conservées, mais alors, et bien des siècles plus tard, le thermomètre n'avait point été inventé et il n'existait pas de science météorologique, ce qui fait que, pour ce long passé, nous en sommes réduits aux récits de quelques chroniqueurs fondés sur des appréciations personnelles ou sur des faits locaux, telles que des chaleurs ou des froids inusités, dont l'influence se faisait principalement sentir sur les travaux et les produits de l'agriculture. Toute base solide nous manque donc pour décider si, dans le cours d'une vingtaine de siècles, les climats de l'Europe ont subi quelque modification remarquable.

Aujourd'hui qu'il existe une science météorologique, aidée de bons instruments, nous pouvons recueillir pour nos successeurs des matériaux qui leur permettront peut-être de trancher la question controversée. Sans rien préjuger de l'avenir et en nous fondant sur un siècle, ou guère plus, de bonnes observations météorologiques, nous pouvons du moins reconnaître qu'il existe des périodes alternantes de refroidissement et de réchauffement plus ou moins prolongées, de telle sorte qu'au premier abord on pourrait croire à des altérations du climat. Il est certain, par exemple, que, depuis quatre ans, un refroidissement général a lieu sur l'Europe occidentale, plus ou moins marqué suivant les lieux, et qu'on a observé même en Algérie. Il a été surtout sensible dans le midi de la France, ainsi qu'on le verra par le résumé des observations que je fais depuis une dizaine d'années, à la villa Thuret, près de la ville d'Antibes. Je dois dire tout de suite que le site de cet établissement, que rien n'abrite contre les vents dominants dans ce pays qui sont surtout les vents d'est et d'ouest, est moins favorisé au point de vue du climat, que les villes de Cannes, Nice, Menton et autres localités plus rapprochées des hauteurs qui arrêtent les vents froids. J'estime qu'à la villa Thuret (je ne dis pas à Antibes même, qui est plus rapproché des abris naturels), la température moyenne annuelle est environ d'un degré plus basse que dans les villes et localités que je viens de citer.

Pour mettre en relief le refroidissement des quatre premières années, il suffira de comparer leur température moyenne à celle des six années précédentes. C'est ce que fera ressortir le tableau suivant :

Années chaudes.

Année	météorologique	1880-1881.	Température	moyenne	14°,886.
—	—	1881-1882.	—	—	15°,067.
—	—	1882-1883.	—	—	14°,324.
—	—	1883-1884.	—	—	15°,005.
—	—	1884-1885.	—	—	14°,978.
—	—	1885-1886.	—	—	14°,643.

Années froides.

Année	météorologique	1886-1887.	Température	moyenne	13°,966.
—	—	1887-1888.	—	—	13°,463.
—	—	1888-1889.	—	—	13°,761.
—	—	1889-1890.	—	—	13°,962.

On voit que dans les six premières années la température

moyenne a dépassé 14 degrés et même est arrivée deux fois à 15°, tandis que dans les quatre dernières elle n'a pas atteint 14°. La différence sera encore plus sensible en comparant la moyenne des six années chaudes à celle des quatre années froides; pour les premières elle est de 14°,817; pour les autres de 13°,788, ce qui leur donne une température moyenne inférieure de 1°,029 à celle des six années précédentes. C'est sur l'été, plus que sur les autres saisons, qu'a porté le refroidissement. La moyenne estivale des six années chaudes a été de 23°,277; celle des quatre années froides seulement de 22°,077, accusant ainsi une perte de 1°,2.

Ce déficit de chaleur a influé d'une manière très sensible sur la végétation de diverses plantes exotiques, dont la floraison a été plus ou moins retardée sans qu'elles aient souffert autrement. En voici un exemple pris entre beaucoup d'autres : le Kaki de la Chine (*Diospyros sinensis*) à fruits verdâtres, qu'il ne faut pas confondre avec celui du Japon à fruits rouges et qui est beaucoup plus rustique, mûrissait régulièrement ses fruits dans les premières années; depuis que l'été s'est refroidi, ces fruits n'arrivent même plus à toute leur grosseur, et ils tombent encore verts dans les mois d'octobre et de novembre.

Il y a souvent de grandes inégalités de température entre une année et celle qui la suit; c'est là un fait assez ordinaire, mais ce qu'il y a de particulier dans la situation présente c'est l'alternance des séries plus ou moins longues d'années qui se suivent et se ressemblent par un même caractère météorologique. Évidemment le feu central n'a rien à voir ici; les causes de ces alternances doivent être cherchées ailleurs que dans l'intérieur du globe, mais elles peuvent être encore situées fort loin. Jusqu'ici on a fait honneur au *Gulf stream* de la douceur des hivers sur les côtes occidentales de l'Europe, et il semble bien que cette opinion était fondée, cependant voici, qu'après les dernières observations faites sur l'océan Atlantique par le prince de Monaco et ses collaborateurs, on lui conteste cette influence bienfaisante. Ce fleuve d'eau chaude aurait-il changé de direction? Ce serait à croire en présence des froids rigoureux qui, en décembre, se sont abattus sur la Bretagne et autres localités jusque-là si favorisées. Reconnaissons que nous savons peu de chose des causes qui produisent les irrégularités météorologiques, et qu'il pourra encore s'écouler bien du temps avant qu'on les ait découvertes.

Au moment où je terminais cette note, j'ai reçu de M. le Dr Fines, un des vétérans de la météorologie française, le tableau de ses observations faites à Perpignan en 1889. Elles concordent de tout point avec les miennes en signalant l'abaissement de la température en Roussillon, dans ces dernières années, seulement il fait remonter un peu plus haut la période de refroidissement. Il est bon de savoir que le climat du Roussillon diffère en plusieurs points essentiels de celui de la Basse-Provence, incomparablement mieux abritée que lui contre les vents du nord, ce qui compense et au-delà, sa situation un peu plus septentrionale. La chaleur de l'été est aussi forte, peut-être même plus forte à Perpignan qu'à Nice, mais l'hiver y est beaucoup plus rude, et les pluies moins abondantes. Les longues sécheresses sont plus fréquentes en Roussillon qu'en Provence.

ÉTUDE SUR LE MOUTON AFRICAIN

PAR M. E. PION,

Vétérinaire inspecteur de la boucherie.

(SUITE ET FIN *.)

Pour 40 ou 50 francs, l'un dans l'autre, on pourra obtenir à leur point de bons Béliers ordinaires, comme il a été fait à Moudjebeur, sous la direction de M. Couput. Les Cheiks, les Aghas, les Caïds auront certainement l'étrenne des premiers animaux distribués; mais si les chefs commencent, les subordonnés suivront. Et puis, les métis obtenus moitié sang africain, moitié sang mérinos ne pourront-ils pas, dès leur deuxième année, être employés comme reproducteurs. De leur accouplement sortiraient des poitrines plus amples, des reins plus larges, une toison plus unie. Le zootechnicien Sanson, dont l'opinion est précieuse, dit ceci : « Il est certain » que les Mérinos algériens ont un grand avenir, et que le » mieux est, pour notre colonie, d'en étendre le plus possible » la production et l'exploitation. Leur viande a, en France, » un débouché assuré, et leurs toisons ont une valeur de » beaucoup supérieure à celles que peuvent atteindre les » autres variétés ovines de l'Algérie. »

Les adversaires de tout croisement ont prétendu que le Mérinos affaiblirait le sang des africains et les laisserait sans défense contre le climat et contre la disette. Les faits acquis leur ont donné tort, surtout dans les parties de la colonie où l'on peut nourrir même pendant la sécheresse. Malgré tout, nous ne pouvons nous empêcher de citer ici l'opinion de M. Rimbert qui pratique et connaît l'Algérie depuis 1854. « Dans les sphères officielles on patronne le croisement Mérinos qui n'a donné jusqu'à ce jour que des résultats négatifs pour nous, car, je puis dire, ayant reçu l'approbation de nombreux colons qui s'intéressent à la question et qui la connaissent d'autant mieux qu'ils font l'engrais des Ovins depuis vingt-cinq ans et plus, que vos croisements Mérinos sont un

(*) Voyez plus haut, page 481.

danger : ils coûtent au budget du gouvernement général des fonds qui seraient beaucoup mieux appliqués à prendre dans notre race indigène des sujets de choix, Béliers sans cornes et Brebis à laines fines et queues fines ; on obtiendrait ainsi des sujets résistants et alors on pourrait les introduire d'abord dans la partie est du département de Constantine pour arriver à diminuer les larges queues. Engagez les éleveurs indigènes par la voie de vos administrateurs, soit civils, soit militaires, à supprimer autant que possible tous ces Béliers sans valeur qui déprécient leurs troupeaux et à faire un meilleur choix des reproducteurs. Qu'ils nourrissent les Ovins comme ils nourrissent les juments et vous obtiendrez des résultats productifs et qui se solderont par des bénéfices.

Par la nourriture, vos toisons seront mieux fournies et d'une plus grande valeur, les laines poreuses disparaîtront et en même temps vos Ovins arriveront à des poids de viande bien supérieurs.

Un expéditeur et colon, M. T..., me disait : « En dix-huit mois ou deux ans, avec la race indigène, on peut produire un Mouton de 20 à 22 kilos, viande nette, tandis qu'il faudra trois ans à un croisé Mérinos pour atteindre le même poids, et encore s'il y arrive.

Des troupeaux de race indigène ont pesé à Marseille 28 et 30 kil. de viande nette ; que pouvez-vous espérer, si vos Moutons de cette année ne pèsent que 16 à 17 kil. en moyenne ? C'est que les Moutons sont jeunes et n'ont pas été nourris pendant l'hiver, tandis que les Moutons de M. T... ont rendu 21 à 22 kil. au commencement du printemps et ont été vendus à 35 francs pièce tous frais payés.

Nourrissez donc vos troupeaux et vous aurez des rendements comme poids et comme qualité. Une question très importante pour la nourriture des troupeaux pendant l'hiver, c'est celle de l'ensilage des fourrages verts au printemps ; avec l'ensilage, vos luzernes, vos sainfoins du Sahel, conserveraient toutes leurs feuilles, les troupeaux ne laisseraient rien perdre des herbes ensilées ; le chardon lui-même s'assouplit et devient comestible. » Mais que dire, par contre, de ces fantaisistes, non instruits par la perte des Rambouillets délicats, et gros mangeurs, qui rêvent les races du nord pour améliorer les Algériens ?

Une requête adressée au Comice agricole d'Algérie par le Syndicat des bouchers en gros de la Villette dans le but d'activer et d'améliorer la production du Mouton africain a reçu la réponse suivante. (Il est bon de méditer en cette sorte de conflit zootechnique le pour et le contre, afin de ne pas subir le détestable empire du parti-pris. D'ailleurs, la réponse en somme paraît favorable aux croisements) : « Nos éleveurs, ou du moins la grande majorité, reconnaissent maintenant, grâce aux résultats obtenus depuis deux ans par les distributions de Béliers de notre bergerie nationale de Moudjebeur, que la sélection qui n'a jamais donné ici que des résultats insignifiants, doit faire place aux croisements. C'est aussi l'avis que vous exprimez.

Le temps manquerait d'ailleurs, pour agir par sélection, opération d'ailleurs difficile en présence du mélange et de l'abâtardissement de nos races.

Obtenir un produit homogène avec ces éléments, dans ces conditions spéciales de milieu, de climat, me semble être une impossibilité. Il en est tout autrement, au contraire, avec le croisement qui donne des résultats rapides et presque mathématiques. Malheureusement, le genre de vie spéciale imposée à nos Moutons, errant dans les grandes steppes à températures extrêmes, nous force à être très prudent dans le choix des sujets améliorateurs à introduire.

Il faut bien se rappeler que l'élevage est exclusivement, dans les milieux indiqués ci-dessus, entre les mains des Arabes qui possèdent ainsi les plus grands parcours. La zone d'élevage, très restreinte, où l'Européen peut opérer, est réduite au climat littoralien et montagneux, c'est-à-dire relativement peu développé.

De là s'imposent deux modes de production.

Les races anglaises, si perfectionnées et de développement précoce, ne pourraient pas prospérer en pays arabe. Là le Mouton doit vivre de ce qu'il trouve : il n'a ni abri ni supplément de nourriture et il s'abreuve périodiquement quand il trouve un point d'eau !

Pendant quatre ou cinq mois, il n'a pour toute provende que des pâturages aromatiques et sodiques composés de thym, d'armoises, de soudes, etc...

L'animal soumis à ce régime doit pouvoir vivre, sinon profiter pendant cette période si dure à traverser : son état de transhumance exige en outre, qu'il soit bon marcheur puisqu'il est obligé de faire souvent 30 ou 40 kilomètres par jour.

Les essais faits avec le Mérinos nous ont prouvé qu'on pouvait lutter, au point de vue de l'endurance, avec le Mouton arabe auquel il est bien supérieur ; il est acquis, dès maintenant, que, seul, il peut prospérer entre les mains des indigènes. Il a, de plus, une force d'atavisme, aidée, sans doute, par son origine, qui pourra mieux nous permettre de nous débarrasser spontanément des Moutons à larges queues si peu appréciés sur vos marchés. D'un autre côté, le Mérinos, par sa laine, aura toujours une grande valeur aux yeux des indigènes qui détiennent l'élevage et avec lesquels il faut compter. Ensuite, la qualité de la viande est indiscutablement supérieure à celle du Mouton arabe.

Voilà pour le premier mode de traitement, qui est et sera toujours le plus important, l'élevage indigène. Quant à la deuxième question, qui rentre plus directement dans l'indication que vous donnez, elle est entièrement liée elle-même au développement de la colonisation.

En effet, il y aurait intérêt à essayer l'acclimatation du Southdown, du Dishley, etc., et des petites races françaises donnant une viande recherchée, mais cette opération d'élevage et surtout d'engraissement ne peut s'obtenir que par des Français, et cela sur une zone littoralienne relativement très restreinte où la nourriture est régulièrement assurée.

Or, dans cette région du littoral, le cultivateur n'est nullement porté vers l'élevage, car il trouve, dans ses achats aux indigènes, et dans l'engraissement temporaire, des bénéfices bien supérieurs à ceux de l'élevage proprement dit.

Il ne faut pas l'oublier, et cela complique malheureusement la question : qu'en Algérie l'élevage est à peu près complètement entre les mains des Arabes, fournisseurs de troupeaux, peu homogènes par leur nature et dans des états d'entretien entièrement subordonnés à l'inclémence des régions de parcours.

L'administration seule a assez de pouvoir sur lui pour le pousser dans la voie du progrès, mais il faut qu'elle mette à sa portée les ressources qui lui sont nécessaires en lui fournissant *gratuitement* des Béliers de races meilleures et en surveillant avec une attention suivie la réforme de ses troupeaux. »

Quelle sera la manière d'utiliser ces Béliers ? M. Couput, pour éviter les maladies contagieuses que ne manqueraient pas d'apporter les étalons rouleurs, a proposé de créer des dépôts dans chaque commune ; naturellement on les proportionnerait au nombre des Brebis. Ces animaux, abrités sous un gourbi, seraient surveillés par un assès responsable ; on les nourrirait un peu mieux que les autres, afin de les mettre en état de suffire à la lutte. Serait-ce bien charger le budget des communes que de leur demander de pareils sacrifices ?

III

CHOIX DES BÉLIERS ET DES BREBIS

Si, faute d'initiative ou faute d'argent, l'on ne peut opérer des croisements raisonnables, il semble qu'il soit aisé de prendre pour étalons seulement les plus laineux, les plus forts, les mieux conformés parmi les agneaux. Est-ce trop exiger des bergers indigènes ? Pour espérer vendre, il faut offrir une marchandise marchande. De grâce, songez au choix des pères, si vous désirez de beaux enfants. Quant aux Brebis vieilles, fatiguées, usées, les nomades auront intérêt à s'en défaire sitôt la première poussée des touffes de diss et d'alfa. Plus tard, ces bêtes ne peuvent plus profiter. Ce sont des bouches inutiles. Les malades et les affaiblis devraient être supprimés, car ils sont nuisibles à cette armée en marche. Pourquoi ne pas tuer de suite, au lieu de les laisser mourir, les Agneaux mal venus, insuffisants, condamnés par avance à végéter ? On n'a pas besoin pour cela d'attendre la période de disette, le bedrouma. Il y a une chose à savoir, c'est qu'il vaut mieux posséder moins de Moutons, mais les posséder plus lourds. Dix Moutons débiles et amaigris ne vaudront jamais trois Moutons fleuris d'embonpoint, sains du poumon et résistants à la fatigue. Cela tombe sous le sens.

IV

CASTRATION.

Le berger arabe use du bistournage de préférence à toute autre manière de châtrer ; mais il le pratique un peu tard, soit habitude invétérée, soit qu'il pense laisser ainsi aux Agneaux plus de vigueur pour suivre leur mère et supporter les longs parcours. Cette opération malgré tout, quoique non sanglante, est fort douloureuse et fait maigrir les animaux; le fâcheux, c'est que les Moutons sont plus ou moins bien bistournés, et qu'ils gardent encore trop de nature, ce qui alourdit leur tête. Certaines d'entre elles mises sur la balance, à la Villette, ont pesé douze livres. Cela augmente aussi l'épaisseur de leur cou au détriment des reins et des gigots si estimés dans leur ampleur. Si les Arabes enlevaient tout à fait les testicules, soit par arrachement ou torsion, après une simple incision aux bourses, soit par le fouettage qui consiste à lier sous le ventre la masse entière, et barrer le cours du sang et la vie avec, ils obtiendraient d'emblée une meilleure conformation. Les Moutons n'auraient plus le dos de Mulet, ni cet allongement de tout le corps qui les fait, de loin, dans les boucheries, ressembler à des Chèvres. Tous les moutonniers de Paris ont la même opinion sur ces points. Il faudrait châtrer tous les mâles, en ne réservant que les reproducteurs, et les châtrer à six mois au plus tard. Si dans un troupeau il reste trop de Béliers, si des Agneaux mal bistournés sont sujets encore aux brûlants désirs de la lutte, ils se tourmenteront, se battront, se consumeront en inutiles ardeurs. Il en serait de même, en France, pour nos Mérinos du sud, pour nos Gascons et Pyrénéens qui semblent les frères des Moutons africains, et qui pratiquent, eux aussi, la transhumance, si nos bergers n'avaient pas la coutume de bien s'entendre à ces simples pratiques.

Il faut considérer la castration bien faite comme essentielle au point de vue des résultats.

V

NOURRITURE, ABREUVOIRS.

Il semble qu'il n'y ait rien à dire sur ce sujet de première importance, puisque la nourriture en Algérie est ou n'est pas, selon l'abondance des pluies, selon l'intensité de la sécheresse.

Or, l'effrayante mortalité des troupeaux, — elle est parfois d'un cinquième — n'a pas d'autre cause que la disette, que l'impureté ou l'insuffisance des eaux. Les maladies de foie qui font la jaunisse, la bronchite vermineuse, l'étisie, la cachexie, enfin toutes les affections dues à la famine expliquent ces pertes que l'on peut considérer comme absolument fatales.

Je dois à l'obligeance de M. Redon, vétérinaire, ayant vécu sur les hauts plateaux, actuellement chef du service sanitaire au Marché de la Villette, des détails fort curieux sur les conditions d'existence jusqu'à présent inéluctables de ces nomades et de leurs troupeaux.

L'on s'étonne, devant cet état de choses, de ne pouvoir apporter de prompts remèdes, et l'on songe de suite à l'Europe qui prévoit, qui récolte, qui conserve et remplit ses lourds greniers. N'allons pas comparer entre elles des situations aussi dissemblables : ici, il serait ridicule assurément de demander des abris pour un bétail toujours en marche, de conseiller des réserves de foin à des hommes qui n'ont jamais su cultiver, de changer pour l'instant des parcours connus, consacrés, héréditaires, offrant de rares citernes au milieu des solitudes de la soif. Non, non, la transhumance, dirigée par les caprices du ciel, sera éternelle comme le climat qui l'a faite. Mais si l'homme ne peut agir ni sur le froid, ni sur le soleil, il peut agir sur les sources, sur les puits, sur les torrents. La lutte à entreprendre ici n'est pas au-dessus de nos forces, et par ce point là l'on arriverait, avec de la patience et des sacrifices, à améliorer le régime pastoral et, par conséquent, à en diminuer les mortels inconvénients.

Voici le fragment d'une brochure, parue à Alger en 1888, et signée par M. Couput. C'est comme un tableau pris sur le vif :

« L'Arabe pasteur est un nomade, des pentes sahariennes » jusqu'aux marchés du Tell, il parcourt, tous les ans, entre » l'aller et le retour, plusieurs centaines de kilomètres, em- » menant avec lui tente, famille, troupeaux. Mais les péré- » grinations ne se font pas pendant toute l'année et dans » toutes les régions ; c'est à certaines époques seulement » qu'ils viennent vers le nord ou s'enfoncent dans le sud, et » ces époques ne varient qu'avec la durée plus ou moins » longue de chaque saison. Le chemin parcouru n'est pas

» non plus l'œuvre du hasard. De plusieurs régions différentes les troupeaux viennent passer au même point : car l'eau manque dans nombre d'endroits, pendant plusieurs mois de l'année, et les points d'eau deviennent des points de halte forcée pour tous. L'on voit parfois des animaux maigres, surmenés, suivre une piste d'un certain nombre de kilomètres en largeur, déjà pâturée, piétinée, n'offrant plus de ressources, alors qu'à une certaine distance les Moutons pourraient encore trouver une nourriture suffisante. C'est qu'en abandonnant la route parcourue par ceux qui les ont précédés, ces malheureux et derniers troupeaux s'éloigneraient trop des sources connues, et mourraient de soif, avant de pouvoir trouver où s'abreuver. »

La même main ingénieuse qui, grâce aux puits artésiens, a fait surgir des oasis au milieu du désert, peut créer de nouvelles stations, de nouveaux chemins, de nouveaux abreuvoirs, ce qui étendra les parcours. L'on se figure aisément quelle heureuse influence aurait sur la santé des gens et des bêtes une eau prise dans les profondeurs du sol, un eau non saumâtre et non peuplée de ces mille et un parasites qui infestent les organes et font périr les animaux. Il y a loin de cette coupe aux lèvres des Moutons, répondra un financier effrayé de ces entreprises qui auraient l'excuse d'être au moins nationales. Mais que de millions, répartirai-je, gaspillés par ailleurs, jetés dans de sottes spéculations, auraient trouvé leur emploi pour la gloire et la prospérité de l'Algérie.

J'ai dit plus haut que, sans multiplier le nombre des têtes de bétail, il était préférable de ne point perdre la nourriture, et d'en faire profiter seulement les sujets capables de la bien changer en graisse et en viande. Maintenant, une question? Est-ce que les pâturages, laissés au régime de la transhumance, sont actuellement aussi vastes qu'autrefois? Est-ce que les forêts où les troupeaux pâturaient à leur guise n'ont pas été préservés avec jalousie contre la dent des Moutons et surtout contre la dent des Chèvres? Est-ce que les concessions accordées aux Alfatiers depuis que leur papier est à la cote, n'ont pas amoindri la quantité de nourriture jadis abandonnée au seul Mouton ? Les pâturages, paraît-il, auraient été, de ce fait, réduits d'une façon notable. Puisque toute chose, en Algérie, est ordonnée par l'administration et par les bureaux arabes, pourquoi ne pas user d'une large tolérance à cet égard? Il ne faut certes pas décourager les bergers juste au moment où on a le plus besoin de leurs précieux produits. Le Mouton ne peut, par sa nature, commettre en forêts les dégâts dont les Chèvres sont capables. Tout le monde sait cela. Le malheur est que les nomades, effarouchés dans leur indépendance et gênés dans leurs coutumes peu correctes, incendient maintes fois, par vengeance, les forêts où ils ne doivent plus pénétrer. Le Mouton a pour sa défense ceci, qu'il broute à ras terre, et il suffirait de lui interdire les plantations les plus récentes. Personne n'aurait pu croire assurément qu'un beau jour le pasteur, le forestier et le papetier se trouveraient en présence, au même endroit, avec des intérêts divers.

VI

De quelle façon le cultivateur du Tell et du Sahel s'y prendra-t-il pour faire de beaux Moutons, en rapport avec la fertilité uniforme du sol et les provisions qu'il peut emmagasiner? Evidemment, chez lui l'engraissement exigera des frais, que n'a pas le nomade. Mais s'il peut préparer des Moutons pour l'hiver, il y trouvera, j'imagine, de grands avantages. C'est l'époque où Paris et les centres populeux paient la viande le plus cher. Si le colon se livre déjà, non sans succès, à cette spéculation pour les villes du littoral africain, il aura intérêt, sans doute, à augmenter ses bergeries en vue de fournir la métropole.

Il pourra choisir dans les troupeaux des nomades et achever à son profit ce que le berger arabe aura commencé. Qu'ils suivent donc les judicieux conseils donnés par M. Rimbert, au sujet de l'ensilage. Il indique de creuser en terrains secs des fosses de trois à quatre mètres de large à la partie supérieure, de deux à trois mètres à la cuvette. La longueur dépend de la quantité à ensiler et du cheptel à nourrir; mais il vaut mieux faire plusieurs silos. Une longueur de sept à huit mètres est suffisante, afin que votre silo, une fois ouvert, puisse être consommé dans un espace de quinze à vingt jours.

« Ne pas craindre de faucher le matin et d'ensiler de suite les fourrages coupés, même chargés d'humidité ; la voiture ou le chariot doit suivre les faucheurs ou la faucheuse. C'est donc une économie de fanage et vous n'avez plus à craindre la pluie une fois votre fourrage en silos.

Il est vrai que par la pluie, si le silo n'est pas plein, il faut le recouvrir d'une bâche et continuer le remplissage dès que la pluie a cessé ; une heure ou deux après suffisent pour que le fourrage soit égoutté, bon à mettre en silos. Les Maïs verts, les Sorghos se mettent également en silos ; mais, pour cela, il faut les couper, afin que le tassement se fasse dans de bonnes conditions. On recouvre le silo de la terre sortie du fossé et cela suffit pour le tasser et le préserver de l'air et de la pluie, si l'on a soin de former un toit à double pente, suivant la nature et la position du terrain ; de plus, il sera bon de faire une rigole pour empêcher que les eaux fluviales ne s'infiltrent dans votre silo.

Vous pourrez ainsi conserver du fourrage vert jusqu'aux mois de février et mars, c'est-à-dire jusqu'au printemps.

J'en ai fait l'expérience moi-même, avec de la luzerne que j'avais fait faucher de grand matin et ensiler de suite, même chargée de rosée. A l'ouverture du silo, une odeur alcoolique très forte s'en exhale ; mais dès que les bêtes ont goûté au fourrage ensilé, elles délaissent le meilleur fourrage conservé par les procédés ordinaires. La Luzerne avait conservé toutes ses feuilles et ses fleurs, la tige était souple, et, sauf la couleur un peu jaune, vous auriez cru qu'elle sortait de la prairie. »

Nous aurions tort de ne pas appuyer sur une autre considération très importante. Par les routes et par les chemins de fer, multipliés et prolongés, les deux régions que l'Atlas sépare vont se rapprocher commercialement de plus en plus. Alger n'est plus qu'à deux jours de Paris ; dans un proche avenir la vapeur, la rapidité des échanges et des transports modifieront le fatalisme des Hauts-Plateaux, y exciteront le travail, y transformeront des coutumes plusieurs fois séculaires, et cette nouvelle direction des choses de l'Afrique, cette profonde pénétration des idées et du génie européens, Dieu aussi les aura voulues.

VII

M. H. de Lancey, chroniqueur du journal *L'Acclimatation*, vient de nous parler du Mouton allemand et il ajoute : « Nous allons donc, pendant quelques mois, manger du Mouton algérien. Nous ne perdrons pas au change, soyez-en convaincus. Le Mouton algérien fait aussi bonne figure sur le gril et à la broche que le Mouton allemand, j'en parle sciemment et je vous le certifie. » Ces paroles sont exactes. Actuellement les bons africains, — et il en viendra de meilleurs encore, — exposés sur le marché de la Villette valent de 75 à 85 centimes la livre, poids net. C'est un chiffre cela ; il y a trois ans leur viande était cotée seulement 60 à 65 centimes. Il y a donc progrès. Ils trouvent très vite des acheteurs. Leur poids en moyenne est de 35 à 40 livres nettes. Ils atteignent le prix de 95 centimes, lorsque la bande est uniforme et qu'il ne s'y trouve pas des Moutons trop médiocres qui sont une dépréciation pour l'ensemble. Etablissons ceci : c'est qu'il y a à la Villette déjà quelques lots d'Africains ayant atteint le degré d'amélioration que nous voudrions pour tous. Ces derniers se paient 15 centimes et moins par livre que nos meilleures races françaises. Ils coûtent de 25 à 26 francs sur les marchés de Boufarick et de la Maison-Carrée, ce qui est un prix déjà très fort; mais, venu de si loin, le Mouton renchérit à mesure qu'il s'approche du port d'embarquement. Après les fatigues du voyage il est bon que ces malheureux se reposent un peu en France, avant d'être livrés aux abattoirs. De vrai, ils le méritent ! Quand ils arrivent de Lagouhat, par exemple, ils ont, pour gagner Alger, à parcourir 448 kilomètres. Puis c'est l'embarquement, dit M. H. de Lancey, spectacle absolument curieux, car voilà comment il s'opère : on établit un pont de bateaux du quai au navire, on pousse les animaux en les piquant avec des baguettes et en les excitant par les cris de *arri, arri*. Un plancher montant les introduit dans le navire; là on les précipite le long d'une autre planche jusque dans la cale où ces pauvres ovidés tombent souvent la tête en bas, non sans bêler lamentablement. 2,000 Moutons à chaque voyage peuvent tenir dans le bâtiment. Le débarquement à Marseille est plus aisé : un treuil est installé sur le pont;

on attache le mouton par les pattes de derrière, un tour de roue et les voilà en l'air. Le long des flancs du navire sont accostés des chalands qui se relient au quai, et les Moutons, sous la conduite d'un congénère marseillais dressé à ce métier, viennent ensuite se grouper sur le quai. Puis, c'est le voyage de Marseille à Paris, très fatigant, on le conçoit, quelles que soient la rusticité et l'endurance des sujets. Il n'y a pas de doute, ajoute l'auteur cité, qu'ils ne doivent, au milieu de ces pérégrinations, perdre quelques livres de la graisse amassée sur les pâturages des Hauts-Plateaux algériens.

Quels frais, d'une façon générale, aura faits un Mouton arrivé sur le marché de la Villette? 2 fr. 50 d'Alger à Marseille — 3 fr. 50 de Marseille à Paris. Avec le droit d'abri, le placement et les autres soins, il aura coûté de 7 fr. 25 à 7 fr. 50 au plus. Avec son prix d'achat, il reviendra donc à son expéditeur, au prix de 32 fr. 50, — s'il donne 35 à 40 livres de viande nette, à 90 c. ou 95 c., il vaudra, pour la boucherie en gros, 31 fr. 50 ou 33 fr. 25 auxquels il faudra ajouter 1 fr. 90 à 2 fr. pour la peau, et 1 fr. 50 d'abats, de sang et d'intestins — menu. — La valeur du Mouton pendu à la cheville sera donc de 35 fr. ou de 36 fr. 75.

Cet écart, en le supposant toujours vrai, et en défalquant les pertes probables, soit 3 ou 5 °/₀ au maximum, constituerait encore de beaux bénéfices pour l'expéditeur. Si nous calculons pour 100 Moutons, nous aurons la différence entre 3,250 fr. et 3,675 fr. dont il faudra défalquer 97 fr. 50 ou 162 fr. 50 pour les pertes possibles, plus 35 fr. de commission. Il restera 425 fr., moins 132 ou 197 fr. 50, soit : 227 fr. 50 ou 292 fr. 50 de bénéfices nets.

Mais ici nous parlons seulement des expéditionnaires qui sont déjà de seconde main, et parfois de troisième et qui ont acheté la marchandise sur les bords de la Méditerranée. Ces intermédiaires ont leurs intérêts que nous ne contesterons pas; mais le point essentiel de cette brochure est de démontrer que l'Arabe des Hauts-Plateaux doit voir s'augmenter le prix de ses Moutons, en raison de la tenue plus élevée des cours et des demandes du commerce. Je ne doute pas que les frais d'étape depuis les Hauts-Plateaux jusqu'au littoral ne doublent le prix du Mouton à son origine. Des Arabes acheteurs, en effet, commissionnés par les intermédiaires, vont jusque chez les producteurs nomades, et de là emmènent les bêtes, et les soignent durant un trajet parfois très long. Il y faut du temps, des haltes et de la nourriture. Ces Moutons ont donc passé par deux mains au moins avant leur embarquement. Ce serait aux Arabes, propriétaires de troupeaux, d'éviter ces coûteux intermédiaires, de choisir et d'envoyer eux-mêmes leurs Moutons jusque dans les marchés. Plus tard avec de meilleures routes, avec des haltes approvisionnées, avec le chemin de fer même — ce qui serait préférable — ils pourront obtenir ces résultats fort désirables. Il est juste, en effet, que l'éleveur et l'engraisseur de Moutons aient un profit, eux surtout, quand les intermédiaires en ont toujours et souvent plus qu'eux.

La toison d'un africain tondu vaut, en Algérie, de 2 fr. 50 à 3 fr. prix courant ; il faut ajouter ce prix à la valeur du Mouton. La laine en est nerveuse, résistante, et, mêlée à des laines plus fines, elle se prête bien à la confection des étoffes de fantaisie. Si elle avait en elle du mérinos elle doublerait presque. La toison du Mérinos avec la peau vaut de 8 à 12 fr. Il suffirait qu'elle s'en rapprochât. Un conseil en passant. Pourquoi les importateurs — si ce n'est les Arabes — impriment-ils sur le dos de leurs Moutons, une marque, au goudron chaud sans doute, qui détériore la peau et la déprécie de 0 fr. 25 à 0 fr. 30 ? Leur fendre ou leur rogner l'oreille ne suffit donc pas?

La fressure du Mouton africain n'est presque jamais perdue. Le foie est sain, ce qui n'arrive guère chez les Moutons français. — Quant au poumon il est fréquent de le trouver atteint d'un reste de bronchite plus ou moins guérie.

Le Mouton africain, arrivé vivant à Paris nous donne sa viande et sa dépouille, et ce n'est pas lui qui mettra sur le pavé des centaines de travailleurs, comme l'ont fait les Moutons gelés de l'Allemagne et de la Plata. Il a un avantage sur ses camarades de l'Europe, et un très grand, il ne peut être charbonneux, par conséquent il est *absolument salubre*. Je souligne à dessein ces deux mots.

La meurara, maladie qu'il contracte dans l'abondance des pâturages printaniers et la succulence des plantes aromatiques, n'est pas le charbon. « Il y a des races, dit M. Nocard, qui possèdent une immunité naturelle contre le charbon. La race des Moutons algériens en est le type. Les animaux résistent même aux inoculations charbonneuses du laboratoire, pourvu qu'elles ne soient pas pratiquées dans des conditions exceptionnelles de gravité. C'est M. Chauveau qui, le premier, a constaté ce fait aussi curieux qu'inattendu. » Seule la clavelée assez bénigne en Algérie est à craindre par le contact de ces Moutons avec nos Moutons français. C'est à la police sanitaire, pratiquée avec soin sur les deux rives de la Méditerranée, à conjurer ce péril.

L'Algérie pourrait expédier en France, si elle le voulait, un million de Moutons chaque année qui lui seraient payés, au bas mot, 12,000,000. Dans ce grand nombre d'animaux, il est impossible qu'il n'y ait pas des sujets d'élite, dignes d'être admirés par les amateurs. Certes, il ne déplairait à personne de voir, au Concours général, des Moutons africains purs dans les stalles du Palais de l'Industrie. Des races qui n'y avaient jamais figuré, des races jadis dédaignées, ont obtenu des récompenses bien méritées. Cette année même, le 28 janvier, un groupe de 15 Africains, fort soignés, a forcé le jury à l'attribution d'un prix supplémentaire. C'est une invitation à la lutte zootechnique entre les éleveurs de la colonie. Nous attendons, l'an prochain, plusieurs lots des différentes provinces qui ne manqueront pas d'être un intéressant objet de comparaison.

Concluons. Le ministère de l'agriculture, le gouvernement de l'Algérie, les bureaux arabes, les communes mixtes, les Sociétés agricoles, les Associations comme celles de l'Afrique du Nord, doivent poursuivre obstinément, pour le bien général, l'amélioration possible du Mouton africain. Les Arabes, s'ils le veulent, pourront se rendre ainsi à eux-mêmes et rendre à la France un très signalé service.

SUR LES ÉLEVAGES

FAITS AU PARC DE LA PATAUDIÈRE EN 1890

Lettre adressée à M. le Directeur du Jardin zoologique d'Acclimatation

PAR M. G. PAYS-MELLIER.

Mon cher Directeur,

Je vous envoie la liste des reproductions des Mammifères qui vivent au parc de la Pataudière, obtenues en cette année 1890.

J'ai peu réussi dans mes oiseaux : des deuils de famille survenus au mois de mars et la maladie de mon faisandier, frappé de paralysie à cette même époque, ne m'ont pas permis de donner tous les soins et toutes les attentions nécessaires à cette saison des pontes et des couvées.

J'ai eu cependant la ponte des Hoccos globicères ; et de deux œufs, un jeune est né.

Passons en revue les Mammifères qui vivent dans les parquets que j'ai formés :

CERFS.

ESPÈCES.	Reproducteurs.		Naissances.		OBSERVATIONS.
	M.	F.	M.	F.	
Cerf axis. (*Cervus axis.*) Ceylan.	2	2	1	1	Cette magnifique espèce ne craint point nos hivers et reproduit régulièrement ici, en mars et avril, un jeune à chaque fois.
Cerf de Virginie. (*C. Virginianus.*) Amér. sept.	1	2	1	»	La vieille Biche a toujours eu deux jeunes à chaque mise bas de juin en juillet, et c'est presque toujours ainsi dans cette espèce. Cette année, exceptionnellement, elle n'a qu'un jeune. L'autre Biche, née l'an dernier, n'a pas encore reproduit.

ESPÈCES.	Reproducteurs.		Naissances.		OBSERVATIONS.
	M.	F.	M.	F.	
					Ces animaux, les plus gracieux du genre, supportent bien les froids et ne sont jamais renfermés pendant l'hiver.
Cerf-cochon. (*C. porcinus.*) Inde.	2	3	1	2	Très rustiques ; supportent les froids les plus rigoureux ; les Biches reproduisent en toutes saisons et élèvent facilement leurs jeunes.
Daims blancs. (*C. dama.*) Europe.	1	1	»	»	Très rustiques ; la femelle jeune n'a pas encore reproduit.
Rennes. (*C. tarandus.*) Laponie, Amér. du Nord.	1	1	»	»	Nous les nourrissons de lichen, de maïs, de pommes de terre cuites ; ils vivent très bien, sont doux et familiers, mais ils souffrent un peu des fortes et trop longues chaleurs. La femelle devient en rut au mois d'octobre et son rut dure à peine deux jours ; trop jeune l'an dernier, elle est pleine cette année.
Cerf Muntjac. (*C. aureus* vel *auratus.*) Sumatra, Java.	2	6	1	3	Vivent très bien en captivité, supportent assez bien le froid dans une cabane bien close. Les Biches reproduisent en toutes saisons et deviennent en rut ordinairement sitôt leur mise bas.
Cervule de Reeves. (*Cervulus Reevesii.*) Nord de la Chine.	3	2	2	»	Cette jolie espèce très naine se reproduit très facilement tous les mois de l'année ; j'ai eu des jeunes en plein hiver ; malheureusement, sur dix naissances, on est à peu près certain d'avoir sept ou huit mâles et une ou deux femelles seulement ! Pourquoi ? Je l'ignore... J'ai accouplé tantôt des jeunes mâles à des vieilles femelles, tantôt des jeu-

ESPÈCES.	Reproducteurs. M.	Reproducteurs. F.	Naissances. M.	Naissances. F.	OBSERVATIONS.
					nes femelles à des vieux mâles sans mieux réussir. Ces animaux résistent aux froids les plus rigoureux.

ANTILOPES.

ESPÈCES.	Reproducteurs. M.	Reproducteurs. F.	Naissances. M.	Naissances. F.	OBSERVATIONS.
Antilope de l'Inde. (*Antilope cervicapra.*) Inde.	1	3	1	1	Supporte très facilement nos hivers les plus rigoureux ; reproduit très bien un jeune à chaque mise bas, mais en toutes saisons.
A. algazelle. (*Oryx leucoryx.*) Afrique occident.	1	1	»	»	Craint les grands froids ; nous la renfermons pendant les nuits d'hiver ; reproduit tous les ans à des époques irrégulières. J'ai eu des jeunes en janvier, avril, juillet. La femelle n'a pas reproduit cette année, le mâle étant très jeune, mais elle est, en ce moment, pleine très avancée.
Antilope Guevei. (*Cephalophus Maxwellii.*) Sierra-Leone, Sénégal.	2	3	»	2	Mâles et femelles ont des cornes courtes et annelées ; fragiles, frileuses, ces jolies petites bêtes sont rentrées dès les premiers froids. Elles reproduisent bien, mais les mâles adultes se battent et se tuent quelquefois au moment du rut des femelles qui a lieu en toutes saisons.
Gazelles d'Arabie. (*Gazella Arabica.*) Arabie.	1	2 l'une née en 1889.	»	1	Frileuses ; sont rentrées chaque nuit et pendant tout l'hiver. Les mâles adultes, dans cette espèce, deviennent toujours méchants ; on doit les tenir séparés, car ils tueraient sûrement les femelles qui reproduisent chaque année à des époques irrégulières.

ESPÈCES.	Reproducteurs. M.	Reproducteurs. F.	Naissances. M.	Naissances. F.	OBSERVATIONS.
Gazelle rufifrons. Sénégal.	»	1	»	»	S'est accouplée l'an dernier avec un mâle Gazelle *subgutturosa*, dont elle a eu une femelle. Elle craint beaucoup le froid, mais vit bien en captivité ; elle est à la Pataudière depuis plus de huit années.
Gazelle leptoceros. Sennaar, Kordofan.	»	2 l'une née en 1889.	1	»	Très frileuses ; un jeune mâle est né d'un accouplement avec le mâle *Arabica*. Elle en avait eu une femelle l'an dernier.
Gazelle de Perse. (*G. subgutturosa.*) Perse, Tartarie, Afghanistan.	1	»	1	»	Cette Gazelle résiste parfaitement à notre climat ; elle reproduit facilement, donne presque toujours deux jeunes, quelquefois trois à chaque mise bas. Malheureusement, les mâles au bout de trois ou quatre ans deviennent très méchants, tuant leurs femelles (ce qui m'est arrivé deux fois de suite), et attaquant même les personnes et tous les autres animaux. La femelle qui me reste aujourd'hui n'a eu qu'un jeune pour sa première mise bas ; d'autres jeunes femelles avaient eu, à la Pataudière, deux jeunes à leur première fois.

KANGUROUS.

ESPÈCES.	Reproducteurs. M.	Reproducteurs. F.	Naissances. M.	Naissances. F.	OBSERVATIONS.
Kangurous rouges. (*Macropus rufus.*) Australie.	1	1	2	»	Ne craignent pas le froid ; reproduisent facilement, mais sont sujets plus que les autres Kangurous, je crois, à ce terrible mal incurable et spécial à ces sortes d'animaux : *la carie des os maxillaires*. A quoi attribuer cette maladie ? Je l'ignore absolument, car je n'ai pu en remarquer la cause et je l'ai observée pourtant plusieurs fois

ESPÈCES.	Reproducteurs.		Naissances.		OBSERVATIONS.
	M.	F.	M.	F.	
					au château de Beaujardin, autrefois, sur des Kangurous en liberté dans le parc et à la Pataudière, sur d'autres en captivité très étroite. Malgré de nombreux essais, aucun remède ne m'a réussi.
Kang. de Bennett. (*Halmaturus Bennetti.*) Tasmanie.	2	1	»	1	Le plus rustique des Kangurous ; résiste à tous les hivers les plus durs et reproduit avec la plus grande facilité.
Kang. Pétrogale. (*Petrogale Xanthopus.*) Australie mérid.	1	2	1	1	Reproduit en toutes saisons, mais craint les grands froids et la pluie ; si on ne le rentre pas pendant les hivers rigoureux, on le trouve mort, un matin, avec le sang lui sortant aux yeux et aux oreilles.
Kangurous rat. (*Hypsiprymnus murinus.*) et	1	3	2	3	Ces petits Kangurous reproduisent avec la plus grande facilité ; ils s'enfoncent dans la litière épaisse dont ils ne sortent que le soir et résistent ainsi aux hivers.
Kangurous lapin. (*H. cuniculus.*) Nlle-Galles du Sud.	1	1	1	»	Ces deux petites espèces ont absolument les mêmes habitudes.

PHASCOLOMES.

ESPÈCES.	Reproducteurs M.	Reproducteurs F.	Naissances M.	Naissances F.	OBSERVATIONS.
Phas. Wombat. (*Phascolomis Ursinus.*) Tasmanie. et	1	»	»	»	Je n'ai jamais pu obtenir la reproduction de ces animaux qui vivent très bien en captivité ; un Wombat mâle est à la Pataudière depuis 1882, sa femelle est morte l'an dernier. Il résiste parfaitement à tous nos hivers les plus froids.
Phas. à front large. (*P. latifrons.*) Australie mérid.	1	1	»	»	Les *P. latifrons* sont un peu plus délicats et ils craignent la neige et les nuits très froides, aussi, nous les rentrons pendant l'hiver.

DIVERS.

ESPÈCES.	Reproducteurs.		Naissances.		OBSERVATIONS.
	M.	F.	M.	F.	
Lamas. (*Auchenia lama.*) Chili, Pérou, Mexique.	2	3	1	1	Les femelles de ces grands et beaux animaux portent un an : l'une a eu une jeune femelle, à la Pataudière, le 7 septembre 1889, et une seconde jeune femelle le 5 septembre dernier ; elle avait été couverte par le mâle dès le lendemain de la mise bas. Les Lamas reproduisent facilement et sont très rustiques ; ils n'ont besoin d'aucun soin particulier, un simple abri ou hangar leur suffit pour se mettre à couvert des pluies.
Mouflons à manchettes. (*Ovis tragelaphus.*) Afrique sept.	1	1	1	»	Très rustiques, reproduisent régulièrement en avril ou mai.
Moutons race laitière. Texel.	1	3	2	3	Cette race est très avantageuse et mériterait certainement l'attention des éleveurs. La laine très abondante est remarquablement fine et belle et la chair excellente. Les Brebis qui ont bien souvent trois jeunes à chaque mise bas, et quelquefois quatre, fournissent un lait exquis et très *crémant* qu'elles conservent pendant un très long temps. Ici, on les trait, comme des Chèvres, chaque jour.
Moutons à tête noire et à grosse queue. Soudan, Abyssinie.	1	3	2	1	Ces Moutons curieux et sans laine sont uniquement décoratifs ; ils sont fragiles, craignent l'humidité et les grands froids. Ils reproduisent, chaque année à des époques irrégulières, décembre, février, avril.

ESPÈCES.	Reproducteurs. M.	Reproducteurs. F.	Naissances. M.	Naissances. F.	OBSERVATIONS.
Chèvres d'Angora. (*Capra Angorensis.*) Asie mineure.	1	2	1	1	Cette race, dont la soie sert à la fabrication du mohair et des superbes étoffes asiatiques, vit bien en captivité et reproduit régulièrement, chaque année, en avril ou mai.
Chèvres naines. (*Capra depressa.*) St-Paul-de-Loanda, Sénégal.	1	1	1	1	Est un peu frileuse, nous la rentrons pendant l'hiver. Elle reproduit facilement à des époques irrégulières et donne toujours deux jeunes et quelquefois trois à chaque mise bas. J'ai remarqué que les mâles, ici, meurent toujours au bout de peu d'années et qu'ils sont beaucoup plus fragiles et plus difficiles à conserver que les femelles.
Porcs-épics. (*Hystrix cristata.*) Afrique.	2	2	2	»	Nous rentrons les Porcs-épics pendant l'hiver. Ces animaux reproduisent bien à toutes les époques de l'année ; ils vivent tous ensemble et élèvent leurs petits en famille, sans se chercher querelle.
Tatous Encouberts. (*Dasypus sexcinctus.*) Amérique mérid.	2	2	»	»	Ces singuliers animaux recouverts d'un bouclier sont très familiers et ils sortent de leur cabane dès qu'ils entendent le moindre bruit. Ils se nourrissent de soupe au lait et d'un peu de viande crue ; ils sont en parfait état et arrivés cette année seulement à la Pataudière, nous en espérons la reproduction prochaine. Originaires de l'Amérique méridionale, nous les rentrons pendant les froids.
Agoutis. (*Dasyprocta aguti.*) Guyane, Brésil.	1	2	1	»	Ces petits animaux craignent l'hiver, et si on les laisse exposés aux grands froids, les ongles et les phalanges de leurs pieds gèlent et tombent. Nous les rentrons dès

ESPÈCES.	Reproducteurs. M.	Reproducteurs. F.	Naissances. M.	Naissances. F.	OBSERVATIONS.
					les premiers froids. Ils reproduisent facilement.
Marmottes. (*Arctomys.*) Alpes et Bobac, Asie septentr.	2	2	»	»	Plusieurs de ces Marmottes sont familières et vivent depuis longtemps à la Pataudière, mais je n'ai jamais eu de reproduction. Toutes s'endorment pendant l'hiver et elles restent en léthargie complète jusqu'au mois de mars.
Cobayes. (*Cavia.*) (Variété à longs poils.)	»	»	»	»	Cette variété me vient d'Angleterre et elle est fort jolie; les poils soyeux sont d'une telle longueur qu'on ne distingue aucune forme et qu'en courant, ces petits animaux ressemblent à une boule de soie de différentes couleurs. Ils reproduisent aussi facilement et aussi abondamment que les autres variétés, mais ils craignent les grands froids et nous les rentrons pendant l'hiver.
Myopotames Coypous. (*Myopotamus.*) Chili, Paraguay, Tucuman.	»	1	»	»	Ces animaux reproduisent parfaitement à la Pataudière et j'en ai eu beaucoup autrefois; je n'ai, pour le moment, qu'une femelle. Les Coypous ne craignent point les hivers les plus rigoureux et vivent facilement en captivité.
Loutres. (*Lutra vulgaris.*) Europe.	3	1	»	»	J'ai eu bien souvent des Loutres, j'en ai encore aujourd'hui qui sont très familières et très douces, qui me suivent et qui viennent à mon appel se faire caresser, mais je n'ai jamais pu en obtenir la reproduction en captivité. Je les nourris de soupe au lait, d'un peu de viande crue ou de poisson de temps en temps.

ESPÈCES.	Reproducteurs.		Naissances.		OBSERVATIONS.
	M.	F.	M.	F.	
Nyctereutes. (*Procyonides.*) Japon	2	1	1	»	Les Nyctereutes du Japon ressemblent un peu aux Ratons laveurs, comme couleur et un peu comme formes, ils sont cependant plus jolis, plus élégants et plus grands.
et Sibérie.	»	1	»	»	Je n'ai jamais vu ces animaux dans les collections zoologiques, et la femelle qui vient de Sibérie et qui est bien différente des Nyctereutes du Japon est, m'a-t-on assuré, l'unique de cette espèce actuellement vivant en Europe. Malgré tous mes essais, je n'ai jamais pu réussir à la faire accoupler avec les mâles du Japon. En 1889, la femelle du Japon a élevé sept jeunes (tous mâles) d'une seule portée. Cette année, un jeune seul a été trouvé mort en naissant. Ces animaux ne craignent pas le froid et vivent de soupe au lait et d'un peu de viande crue.
SINGES : **Macaques** à face noire. (*Macacus carbonarius.*)	1	1	»	»	Nous préservons ces animaux du froid et de l'humidité et ils vivent bien depuis plusieurs années à la Pataudière, mais ne se reproduisent pas.
et **Bonnet chinois.** (*M. Sinicus.*) Bengale, Inde.	»	2	»	»	

LA CHASSE DE LA CAILLE EN ÉGYPTE

PAR M. MAGAUD D'AUBUSSON.

Le Caire, 8 avril 1891.

A cette époque de l'année, on se livre avec ardeur à la chasse de la Caille qui inonde les champs de la campagne égyptienne. Elle est répandue dans toutes les cultures, blé, orge, avoine, fèves... elle vous part sous les pieds, dans les sentiers herbeux qui circulent à travers les récoltes. Et cela dans toute la Basse-Egypte, depuis un mois. C'est une véritable crue, comme celle du Nil, qui, à l'exemple de cette dernière, a ses périodes de lente ascension, de maximum d'intensité et de décroissement.

Dans les premiers jours de mars, les Cailles commencent à arriver des profondeurs de l'Afrique, bien que, dès la fin de février, on en rencontre déjà quelques-unes. On tire parfois quelques rares individus dans le mois de janvier. Cette année même, il en a été tué une demi-douzaine dans la plaine des Pyramides et à Matarieh, aux premiers jours de janvier; mais il est possible que ces oiseaux, pour une cause quelconque, n'aient pas poussé plus loin leur migration et soient restés dans le pays lors de leur retour d'Europe.

Le 6 mars, j'ai chassé dans la plaine des Pyramides; le vrai passage commençait à s'effectuer, trois fusils ont abattu quarante pièces, sans chiens, avec des rabatteurs. Dans le courant de mars le passage s'accentue, il bat son plein à la fin de ce mois, et en avril.

Dans cette saison, les cailles semblent littéralement pleuvoir du ciel. Les marchés en regorgent; dans la rue, dans les cafés, on est assailli par des Bédouins munis de petits sacs, qui vous proposent une série de numéros pour des lots de cailles vivantes, on en charge des bateaux, à destination d'Europe, de Londres principalement, par trente, quarante mille et plus. Des navires marchands partent d'Alexandrie avec cargaison exclusive de cailles vivantes.

Elles sont enfermées dans des cages basses, superposées; l'installation est curieuse à voir, mais on ne s'imagine pas quelle odeur infecte répand cette immense agglomération d'oiseaux. Les pertes doivent être considérables, surtout par un gros temps.

Enfin, une odeur de cailles rôties embaume toutes les cuisines, car on fait ici, de ce gibier, une prodigieuse consommation. Les amateurs les conservent vivantes dans des cages où ils les engraissent avant de leur accorder l'honneur de la broche, et pour pouvoir en manger lorsque le passage est terminé.

Ces cages, construites avec soin, sont formées d'un cadre en bois mesurant environ $0^{m},85$ sur $0^{m},65$, haut, sur trois côtés, de $0^{m},10$, et percé latéralement de deux trous d'un peu plus de $0^{m},03$ de diamètre, pour établir un courant d'air. La face antérieure est abaissée en forme de mangeoire, d'une largeur de $0^{m},06$ environ. La face postérieure est légèrement évidée en dessous pour permettre de nettoyer la cage. Le tout est recouvert d'une toile clouée sur le cadre jusqu'à la limite de la mangeoire, et portant en son milieu une sorte de manche, également en toile, au moyen de laquelle on introduit les oiseaux dans la cage, et que l'on ferme par un cordon. La nourriture se compose habituellement de petites lentilles décortiquées, dont on remplit la mangeoire, en réservant une place pour l'abreuvoir qui doit toujours être alimenté d'eau fraîche et propre.

Lorsqu'elle arrive de l'intérieur de l'Afrique, la caille est maigre. Elle se refait, avant son départ pour l'Europe, dans les grasses plaines de la Basse-Egypte. Celles que l'on tue pendant le mois d'avril sont chargées d'embonpoint, et ce sont naturellement les plus estimées des gourmets du Caire et d'Alexandrie. Mais on admet, cependant, que la Caille est plus fine et de meilleure graisse lorsqu'elle revient d'Europe.

On la chasse ici de plusieurs façons. Les sportsmen emploient le chien, comme en Europe, mais c'est le petit nombre. La plupart des chasseurs au fusil la tirent au rabat. On embauche un certain nombre de bédouins qui foulent lentement les récoltes, en poussant des cris, et font lever le gibier. Quelquefois on se sert du corbeau comme pour la chasse du canard dans les roseaux. Les indigènes qui prennent les cailles vivantes se servent du filet, connu sous le nom de *drap de mort*, qu'ils promènent sur les récoltes.

Pendant deux mois de l'année, toute une classe d'individus n'a pas d'autre industrie que de prendre des cailles vivantes et de les apporter à des entrepreneurs qui les expédient en Europe.

La chasse de cet oiseau a donné naissance à un sport fort goûté des Alexandrins, c'est ce qu'on appelle le *tir de la Caille au bédouin*. Lorsque le passage est terminé et que les chasseurs ont mis le fusil au râtelier, les amateurs de tir se rendent dans la campagne accompagnés d'un bédouin qui transporte des cages remplies de cailles. Le bédouin se place à une certaine distance du tireur, prend un oiseau et le lance dans l'air. L'amateur tire, tous ceux qu'il tue lui appartiennent, et il paye ordinairement 50 centimes (deux piastres égyptiennes) au bédouin pour chaque oiseau manqué. Mais des paris s'engagent entre les sportsmen présents, et souvent les coups de feu reviennent à des taux formidables. Ce tir est assez difficile, car le rusé bédouin s'efforce de lancer la caille de façon à se ménager le plus de chance possible. Il est aussi des tireurs, connus pour leur habileté, à qui on fait payer l'oiseau manqué un prix supérieur à deux piastres.

On rencontre ici une foule de gens qui ont l'intime conviction que la caille se reproduit en Afrique, pendant son séjour d'hiver. Des trafiquants qui sont allés dans l'intérieur prétendent qu'ils ont vu des nids et tué des jeunes. Il n'en est rien cependant. L'observation a été certainement mal faite, ou plutôt ces trafiquants ont cru sur parole les indigènes, et n'ont rien vu. La caille se reproduit en Europe, et n'a pas de ponte d'hiver. Depuis que le passage a commencé, j'en ai examiné des centaines et des centaines et je n'en ai trouvé aucune dont le plumage puisse laisser supposer une naissance africaine. Il n'y avait pas un seul jeune.

Ce qui est plus croyable, c'est que quelques-uns de ces oiseaux, en très petit nombre, *exceptionnellement*, pour des causes diverses, peuvent ne pas accomplir le voyage d'Europe, et nichent dans la Basse-Egypte, pendant que leurs congénères se reproduisent, à la même époque, en Europe. En effet, un chasseur intelligent et digne de foi m'a affirmé qu'il avait trouvé des cailles et des nichées près d'Alexandrie, en été. Cette affirmation, je le répète, en tant que rare exception, n'infirme en aucune façon les règles ordinaires de la reproduction des oiseaux migrateurs.

OUTARDES

PLUVIERS ET VANNEAUX

HISTOIRE NATURELLE — MŒURS — RÉGIME — ACCLIMATATION

PAR PAUL LAFOURCADE.

(SUITE *).

CHAPITRE XI.

Les Vanneaux (1).

Grande famille également que celle des Vanneaux et dont les espèces nombreuses ont été classées de la manière suivante :

1° *Espèce à pouce apparent ; écussons aux tarses ; fosses nasales étendues jusqu'aux deux tiers du bec.*

Principaux individus : Vanneau huppé, Vanneau échasse, Vanneau à pieds jaunes, Vanneau armé, Vanneau grivelé, Vanneau tricolore.

2° *Espèces dont le pouce est à peine visible ; tarses réticulés ; fosses nasales courtes.*

Type unique : Vanneau squatarole, Squatarole gris.

(*) Voyez *Revue*, 1889, note p. 1169 ; et plus haut, p. 89 et 401.

(1) *Appellations diverses selon les pays :*
Vanello, pavoncello, en *italien*.
Kievit, Geknof de Kievit, en *hollandais*.
Κάρκαρος (ὁ), en *grec*.
Lapwing, Peewit, en *anglais*.
Kibitz, en *allemand*.
Vanso, en *espagnol*, (ave fria), Oiseau froid, (frailecillo ave del orden de los zancudos).
Ancien langage : *Vanel*.
« Le plus lourde n'est qu'uns vaneau. » (*Poésie de Froiss.*, p. 285.)
« L'espervier d'hyver, quand il est bon, prend la pie, le jai, la chouette, la grésille, le *vanel*. » (*Fouill. faucon.*, p. 61.)
Au pluriel : *Vaneraulx*.
« Sept vingt faisans qu'envoia le seigneur des Essars et queleques douzaines de ramiers, cercelles, butors, pluviers, *vaneraulx*. » (Rabel, I, p. 239) (*a*).

(*a*) La Curne de Saint-Palaye, *Dictionnaire de l'ancien langage français.*

La plupart des Vanneaux faisant partie du genre *Tringa* de Linné, Brisson, le premier, les en sépara.

Cuvier établit la distinction de ces oiseaux en prenant en considération les pouces, les écailles des pattes et les fosses nasales (1).

Lesson établit cinq groupes :

1° **Les Vanneaux inermes,**
2° **Les Vanneaux armés,**
3° **Les Vanneaux à lambeaux membraneux,**
4° **Les Vanneaux hirondelles,**
5° **Les Vanneaux pluviers.**

Dans le premier groupe sont :

Le **Vanneau commun** (*Vanellus cristatus*), commun dans toute l'Europe.

Le **Vanneau à écharpe** (*V. cinctus*) ; on le rencontre aux îles Malouines.

Le **Vanneau à pieds jaunes** (*V. flavipes*) ; se trouve en Égypte.

Le **Vanneau à dos brun** (*V. fuscus*) ; lieu de prédilection : le Brésil.

Le **Vanneau à échasses** (*V. grallarius*) ; commun en Europe.

Dans le deuxième groupe :

Le **Vanneau armé** (*Tringa Cayennensis*), se rencontre fréquemment au Brésil et dans la Guyane.

Au troisième groupe, sont classés :

Le **Vanneau galline** (*Vanellus gallinaneus*) et le **Vanneau grivelé** (*V. albicapillus*), communs dans le Sénégal.

Dans le quatrième groupe :

Le **Vanneau à longues ailes** (*Tringa macropterus*), commun à Java.

Enfin, le cinquième groupe comprend les **Vanneaux pluviers,** *Squataroles* (*Tringa helvetia*).

Cet oiseau est commun en Europe, en Amérique, surtout aux États-Unis ; il est long de dix pouces et demi et ne porte pas de huppe (2).

(1) D'après le *Diction. d'hist. natur.*, par d'Orbigny, p. 252.
(2) Lesson, *Traité d'ornithologie*, p. 542, Paris, 1831.

Vanneaux huppés mâle et femelle.

Belon avait figuré le Vanneau squatarole sous le nom de Pluvier gris et Buffon l'appelle Vanneau pluvier.

C'est probablement de cet oiseau dont parle Aristote, sous le nom de *pardalis*, bien que le célèbre philosophe ait peut-être eu en vue le Pluvier doré. Son nom de Squatarola lui vient des Vénitiens.

Le nom de Vanneau a été donné à tous ces oiseaux, sans doute, dit Buffon, par rapport au bruit que font leurs ailes, bruit comparable à celui produit par le van qu'on agite pour nettoyer le Blé ou toute autre graminée.

Par la même analogie, les Anglais lui ont donné le nom de *lapwing*; les Grecs, *œex*, *œga* ou Paon sauvage ; les Italiens le connaissent sous le nom de *paonzello* ou *pavonzino*.

Aldrovande appelait le Vanneau en latin : *Capella*, non pas que cet oiseau ait une ressemblance avec la Chèvre ou par sa tête ou par ses yeux, mais parce que son cri a quelque rapport avec celui d'un Chevreau.

Ménage dit que le nom de Vanneau vient de *paonneau ;* la ressemblance avec le Paon aurait été une des raisons pour qu'on l'appelât ainsi.

Dans certains pays, on le connaît sous le nom de *Dix-huit* à cause de son cri.

En Vendée, *Vana*.

Quand on étudie de près les Vanneaux, on est tenté de vouloir les ranger dans la famille des Charadridés. Si les caractères zoologiques diffèrent, les mœurs de ces oiseaux ont tellement d'identité avec celles qu'offrent les Pluviers qu'on ne peut se refuser à absoudre les naturalistes qui ont cru pouvoir ne pas les séparer.

Nous voyons, en effet, le Pluvier varié, dernier moule de cette famille de Charadridés, se rapprocher du Vanneau et permettre à MM. Degland et Gerbe de le considérer comme un type intermédiaire entre cette famille et celle des Vannelidés, type auquel ils ont donné le nom de Vanneau suisse.

Les caractères généraux sont tirés de la tête et des pieds.

Tête assez forte, proportionnée d'ailleurs au corps, huppe longue et déliée (1), bec plus court que la tête, renflé brusquement aux deux tiers, ailes longues et larges, tarses

(1) Chez le Vanneau commun.

minces, toujours réticulés, quatre doigts dont un en arrière, plus haut placé que les autres, et portant légèrement sur le sol.

Taille d'un beau Ramier.

Je ne m'occuperai que du Vanneau huppé et du Vanneau suisse.

TYPE DU GENRE : **Le Vanneau huppé.**

Manteau noir à reflets bronzés, au soleil, couleur vert foncé ; les deux côtés du cou, une partie de la poitrine, le ventre blancs, plumes rectrices blanches et d'une couleur café au lait ; huppe occipitale, œil et bec noirs, pattes d'un rouge foncé, sale.

Cet oiseau offre quelques variétés de plumage.

On a signalé des individus à dos blanc (collection de Desmeezemaker, à Bergues), d'autres de couleur isabelle (musée de Boulogne), d'autres avec un plumage entièrement blanc, avec tout ce qui est ordinairement noir, d'une belle couleur café au lait et les plumes rectrices rousses (1).

Comme on le voit, les toilettes changent suivant les saisons ; elles sont diversifiées selon les individus et les climats qu'ils habitent.

L'oiseau a 0,36 c. de long ; les ailes 0,75 c. d'envergure ; le poids est de 600 grammes environ ; la taille est celle d'un Pigeon.

Vanneau suisse.

C'est le Vanneau pluvier, dont j'ai parlé plus haut ; on l'a appelé le Pluvier varié (*Pluv. varius*) ; il ressemble au Pluvier doré en robe d'hiver. D'après Baldamus, on n'aurait aucune donnée certaine sur sa reproduction bien que Temminck ait assuré qu'il se reproduisait dans les régions arctiques.

Ce dernier naturaliste ajoutait que le Vanneau suisse nichait dans les prairies marécageuses et pondait trois ou quatre œufs de couleur brune olivâtre semée de taches noires.

Le Vanneau suisse ne porte pas de touffes de plumes sur la tête.

(1) D'après Degland et Gerbe.

— Les Vanneaux sont communs partout dans l'Europe : on les rencontre surtout en Hollande et en Angleterre.

Dans l'Inde, l'Afrique, la Chine, les Vanneaux se montrent en bataillons serrés ; au pays des Hindous, ils élisent leur domicile à proximité des marais ; dans la Mongolie, c'est également sur les prairies inondées que ces oiseaux s'observent le plus communément ; l'Afrique avec son sol graveleux et sablonneux n'est pas une patrie pour eux, mais ils semblent cependant avoir, en partie, adopté cette contrée, celle dont les marais n'ont pu encore être desséchés.

« En Europe, dit Brehm, la Hollande est le pays où il y a le plus de Vanneaux ; ils sont aussi caractéristiques du pays hollandais que les canaux, les vaches noires et blanches, les moulins à vent, les maisons du pays entourées d'arbres élevés. »

Ces oiseaux se rencontrent sur toute la surface du globe ; comme les Pluviers ils fréquentent les marais, comme eux ils s'établissent dans les prairies basses et humides et les terres labourées.

Tous sont actifs, vifs, gais et possèdent au plus haut degré l'amour de la famille.

Les Vanneaux apparaissent en France à l'époque des migrations ; ils appartiennent, comme l'a fort bien écrit M. de Cherville, à « l'immense légion de ces hôtes temporaires et fugitifs qui ne nous visitent qu'à de rares intervalles ».

Il est un fait certain : En France le Vanneau ne se trouve pas à toute époque ; c'est un oiseau vagabond recherchant une température douce ; pendant les mois de mai, juin, juillet, août et septembre il réside au nord ; le reste de l'année, son habitat ordinaire est le midi.

On peut dire que dans notre pays on le voit après les premiers dégels ; à l'automne, il a disparu complètement.

D'après Von der Mühle, il nicherait en Grèce. Lindermayer dit tout le contraire.

Les Vanneaux sont bien, comme les Pluviers, des oiseaux de marais ; une raison anatomique me porte à croire qu'ils recherchent de préférence les terrains humides, les labours, c'est la mollesse de leurs mandibules ; le bec est, en effet, peu résistant, fait pour fouiller les terres fraîchement remuées.

« Les terres fraîches, remuées et cultivées, leur conviennent tout aussi bien, et si l'homme leur faisait moins peur et les traitait avec plus d'égards, on les verrait marcher dans le sillon à la suite de la charrue, à l'instar des Corneilles, des Pies, des Etourneaux (1). »

Ils aiment aussi les terrains caillouteux, dit mon collègue Pascault. Je lui demandai la raison : « Savez-vous que dans le Berry, me répondit-il, les Vanneaux se rencontrent tout aussi bien dans les endroits pierreux que sur le bord des étangs, des marais ou dans les prés bas et humides. Comme l'oiseau auquel on a donné le nom de Tourne-pierre et qui est à peu près de sa taille, le Vanneau, malgré le peu de solidité de ses mandibules, retourne délicatement, avec son bec, de petits cailloux, voire même une pierre et gare alors à l'Annelé ou au mollusque à qui il aurait pris fantaisie de venir prendre le frais sous cet ombrage improvisé. »

J'avoue avoir ouï dire cette particularité des habitudes du Vanneau ; je n'y ai cependant pas cru ; devant la sincérité d'un Berrichon, je suis forcé de m'incliner.

J'ai vu des Vanneaux dans la Beauce ; je les ai toujours rencontrés dans les labours ou dans les guérets (ces oiseaux avaient, en partie, déserté les marais pour s'engager plus avant dans les terres), pataugeant, ainsi que les Pluviers, dans les terrains détrempés et se servant de leur bec comme d'une véritable sonde.

Ces oiseaux se sont tellement identifiés avec les Pluviers qu'il est difficile de les séparer. Mêmes mœurs, mêmes habitudes, sociables au même degré, ils vivent côte à côte, se montrent aux mêmes époques, se nourrissent de la même manière et recherchent les mêmes localités.

Que de fois, en effet, m'est-il arrivé d'apercevoir une bande de Vanneaux et, à quelque distance, des Pluviers, presque sur le même champ et semblant vivre en bonne intelligence.

En peut-il être autrement ? Par un pacte d'amitié scellé depuis des siècles, la nature n'a-t-elle pas fait contracter une alliance entre ces oiseaux, alliance que rien ne détruira et que l'on peut dire éternelle.

Je sais des chasseurs, qui ont gardé rancune au Vanneau d'avoir fait du Pluvier son véritable ami. Pourquoi ? L'attachement existe et continuera d'exister tant que l'homme, ce

(1) Toussenel, *loc. cit.*, p. 442.

civilisé, se montrera le grand destructeur ; il n'est pas près de se rompre, croyez-le !...

Le Vanneau évite l'homme, surtout l'homme accompagné d'un Chien. Les raisons sont celles que j'ai données pour le Pluvier, je n'ai pas à m'y arrêter.

Par contre, la société de certains animaux est loin de lui déplaire. Pendant que le laboureur fait la sieste après son repas du midi, il n'est pas rare de voir les Vanneaux se rapprocher des Bœufs et exécuter devant les paisibles ruminants une sarabande échevelée. J'ai été témoin du fait. Quel mobile faisait agir les oiseaux ? je ne saurais le dire, mais je me rappelle avoir assisté à un quadrille effréné exécuté par des Vanneaux, et les Bœufs me faisaient l'effet d'oublier, pour l'instant, et la dureté du sol et la profondeur du sillon.

Les Vanneaux n'éprouvent pas la moindre frayeur devant le berger et savent, aussi bien que les Pluviers, établir la différence entre le Chien de berger et le Chien de chasse.

On a vu cependant de ces oiseaux s'avancer en bon ordre contre un Chien errant dans la plaine et le poursuivre en se maintenant à une légère altitude.

Les Vanneaux hantent de préférence les terres humides et détrempées où ils savent trouver les vers, les insectes, les mollusques dont ils font leur nourriture habituelle.

Dans une relation publiée par M. Noë, je lis le fait suivant : « Il semble que le Vanneau n'ait en propriété qu'une seule faculté, celle de trouver la subsistance nécessaire à son engraissement ; stupide, dénué d'instinct, ayant mauvaise vue, le Vanneau donne facilement dans tous les pièges tendus par le chasseur (1) ». Je ne suis pas de l'avis de M. Noë, oh ! mais pas du tout, et l'observateur consciencieux ne partagera certainement pas la manière de voir de l'honorable collaborateur à la *Chasse illustrée*.

D'abord, je vais laisser parler un ami des bêtes :

« En consacrant un court chapitre au Vanneau, j'ai voulu tout d'abord répondre à certains esprits, évidemment fort mal faits, prétendant ne voir en lui qu'un être malfaisant, et en second lieu, je tenais à prouver que chez les animaux comme chez les gens, l'esprit sait venir à propos, lorsqu'il s'agit de satisfaire une passion.

(1) Noë, *Chasse illustrée*, 24 décembre 1874, p. 338.

» Sur le premier point, je me hâte de le déclarer, le Vanneau est d'autant plus inoffensif qu'il est plus bête, et si une chose pouvait lui être reprochée, dans une certaine mesure toutefois, c'est le soin vraiment par trop méticuleux avec lequel il se gare des coups de fusil.

» Nous ne saurions en vérité le blâmer de cet excès de prudence ; ce n'est pas s'avancer que de l'avouer ; à sa place nous n'en agirions pas autrement. »

Et plus loin : « Rien au monde n'est curieux comme de suivre ces oiseaux quand, à l'exemple de Marlborough, ils s'en vont en guerre, et, certes, si bêtes qu'on les suppose, ils savent alors prouver qu'à l'occasion, tout comme les autres, ils ont de l'esprit.

» Dès qu'ils aperçoivent l'un de ces petits monticules qui dénotent la présence de l'ennemi, ils débarrassent l'orifice du trou des chapelets terreux qui l'obstruent, puis, se plaçant à côté de l'entrée, ils frappent fortement la terre et la piétinent avec une sorte de fureur; ensuite, l'œil fixe, ils restent immobiles à guetter leur proie. Attiré par la curiosité, le Ver donne sottement dans le piège; bientôt il arrive en se traînant, et à peine a-t-il mis le nez à la fenêtre que le Vanneau à l'affût le happe prestement avec le bec (1). »

Écoutons maintenant un naturaliste distingué, nous verrons ce qu'il pense du Vanneau :

« Plus on observe le Vanneau, plus on acquiert la conviction qu'il possède certaines qualités à un degré extraordinaire. Sa vigilance qui irrite contre lui le chasseur est un signe de très haute prudence et il est d'autant plus vigilant qu'il est doué d'organes d'une extrême acuité. Il sait bien discerner l'homme des champs du chasseur ; comme le Corbeau, on dirait qu'il sent le fusil ; comme la Corneille, il est d'une défiance dont rien n'approche.

» Regardez un Vanneau, il n'est jamais tranquille ; c'est un mouvement continuel, toujours instable, toujours mobile ; ce sont ces qualités qui constituent ses vrais moyens de défense. Il est incroyable de penser que le Vanneau possède un sentiment très exact des distances, se rappelle de l'endroit où un de ses camarades a été frappé en sa présence, et cet

(1) C. d'Amezeuil, *Comment l'esprit vient aux bêtes*, p. 358, Paris, 1877.

endroit lui demeure suspect pendant plusieurs années ; jamais vous ne le verrez s'en approcher.

» Le Vanneau ne craint pas les oiseaux de proie, s'en prend aussi aux habitants de rivage plus gros et de taille plus forte que lui, Hérons, Cigognes, il les poursuit et les chasse de son domaine, car, avant tout, le Vanneau veut régner en maître.

» Rien n'est plus amusant, et en même temps plus curieux, que des Vanneaux attaquant une Buse, un Milan, un Corbeau ou un Aigle même. On voit qu'ils sont sûrs de la victoire, qu'ils combattent en paladins, riant et se moquant de l'air stupide de leur ennemi qui demeure impuissant, mais enflammé de colère contre cet insaisissable agresseur.

» Dans ces circonstances, ces oiseaux intelligents se portent un mutuel secours et leur courage augmente avec leur nombre, si bien que le rapace, harcelé de toutes parts, abandonne toujours sa poursuite. Il se produit ainsi ce fait singulier, c'est que le Vanneau devient, par le fait, le gardien et la sentinelle des oiseaux de rivage qui vivent à portée de ses avertissements (1). »

M. de la Blanchère a omis d'ajouter que dans ces combats si fréquents le Vanneau pousse toujours son cri de guerre : chraërt, chraërt. J'ai été témoin du fait suivant :

Des Vanneaux procédaient à leurs ablutions dans le large chemin de traverse situé entre la Grande-Brière et les fermes de Tressonville (arrondissement de Pithiviers) quand, tout à coup, un Émouchet s'en vint planer au-dessus de la bande. Que venait faire l'importun ? était-il simplement mû par un sentiment de curiosité, pensait-il trouver l'occasion favorable pour s'emparer d'une sentinelle un peu trop avancée ? Je le voyais faire le Saint-Esprit et, par des mouvements d'ailes bien calculés, se rapprocher de la vedette qui se tenait à la gauche de la troupe. Les Vanneaux devinèrent de suite la position critique dans laquelle se trouvait leur compagnon et avant que le rapace ait pu poser sa serre sur le dos de l'infortuné, ils volèrent à son secours.

L'oiseau de proie essaya de jouer du bec et des ongles, mais les Vanneaux lui tinrent tête, le harcelèrent et, entonnant leur chant de victoire, ils le forcèrent à prendre la fuite.

(1) De la Blanchère, *Chasse illustrée*, 26 mai 1877, p. 166.

Le Vanneau huppé.

Tête et patte de Vanneau huppé.

Tant d'audace méritait châtiment; l'Emouchet paya cher sa témérité. Ne sachant plus où donner de la tête, il vint me passer à portée ; un coup de feu le fit descendre ; c'était un Émerillon, de la variété que nos paysans beaucerons appellent la *Gorge-blanche*.

La haine des Vanneaux contre les oiseaux carnassiers est prouvée ; c'est toujours avec courage qu'ils les combattent, qu'ils les forcent à se retirer.

On a vu des Vanneaux ne pas craindre de se mesurer avec un Chien et même un Renard.

Les services qu'il rend aux oiseaux de rivage sont incalculables ; aussi les Grecs lui ont-ils donné le nom de *bonne-mère*.

Quand arrivent les premières chaleurs du printemps, les Vanneaux commencent à se séparer ; un combat terrible s'engage alors entre les mâles pour la possession des femelles qui se retirent de l'arène et vont attendre, comme le dit M. Noë, dans les oseraies de l'étang voisin la visite de l'heureux vainqueur.

Sa passion satisfaite, la femelle s'occupe alors du nid qu'elle construit le plus souvent sur une motte de terre dégarnie d'herbe, une légère éminence, assez élevée pour être à l'abri des inondations si fréquentes pendant les crues du printemps.

« Le nid de Vanneau est construit d'après des procédés particuliers à cet oiseau ; il choisit pour l'établir un tertre, une éminence, une taupinière à l'abri de l'invasion des eaux, fauche l'herbe de très près sur une longueur de 12 à 15 centimètres et pond des œufs sur le résultat de la fenaison. Le matelas est mince, mais les jeunes Vanneaux appartiennent à cette catégorie d'enfants rustiques qui se servent de leurs jambes pour buissonner en sortant de la coquille (1). »

La ponte est de quatre œufs, assez grands relativement, ovoïdes, renflés au gros bout, légèrement arrondis, finissant en pointe à l'extrémité opposée, à coque lisse, grenue, d'un vert olivâtre et parsemée de taches d'une couleur de rouille (grand diamètre : 0,045 à 0,047 ; petit diam. : 0,032 à 0,034).

Les œufs du Vanneau suisse sont de couleur brune, olive clair quelquefois avec des taches noires.

(1) De Cherville, *Le Sport gaulois*, 1er avril 1887.

La symétrie existe dans l'emplacement de ces œufs ; la femelle les dispose toujours d'une manière régulière, en rond et se touchant au centre sur le petit bout ; la position des œufs est uniforme jusqu'à la fin de l'incubation.

La femelle commence à les déposer dans le nid vers la fin de mars, mais la véritable ponte a lieu au commencement d'avril, dans les premiers jours du mois le plus souvent.

Pendant l'incubation, le mâle vient voltiger au-dessus du nid et trahit toujours par des saccades prolongées la présence de la couvée.

L'incubation dure de seize à dix-huit jours ; le dix-septième ou dix-huitième jour au plus tard, vingt jours selon quelques naturalistes, les jeunes Vanneaux voient le jour, commencent à sortir de la coquille et essayent leurs forces ; au bout de trois jours ils courent déjà comme père et mère.

Certains auteurs veulent que la ponte se fasse vers le milieu d'avril. A noter, comme pour le Pluvier, l'amour des parents pour les petits ; même affection, même tendresse.

Le mâle s'acquitte à merveille de la mission que lui a confiée la nature ; il veille sur ses enfants ; la femelle leur procure la nourriture en les conduisant de suite sur le bord de l'étang ou du marais le plus proche.

A l'époque de la chasse, le Vanneau qui n'a que sa vie à défendre fuit de très loin et ne revient pas sur le chasseur. Mais à l'époque de l'incubation et surtout quand il fait l'éducation de ses nouveaux-nés, il est d'une hardiesse de héros ; il pousse des cris sauvages, fait mille tours au-dessus de la tête du passant et fond sur lui avec une audace qui ne laisse rien à désirer.

Un nid de Vanneau vient-il à être découvert, la femelle ne fait qu'une courte *envolée* et ne tarde pas à revenir sur ses œufs après la disparition de l'importun.

Les jeunes Vanneaux, au bout de quelques semaines, peuvent vivre sans que les parents aient à s'occuper d'eux ; ils se réunissent cependant quand approche le moment des voyages.

(*A suivre.*)

LE MATAMBALA

(*COLEUS TUBEROSUS* Benth.)

INTRODUCTION ET PROPAGATION AU GABON-CONGO

Note communiquée par MM. PAILLIEUX et BOIS.

En juillet 1884, notre correspondant dans le Transvaal, M. Mingard, nous adressait quelques tubercules de cette plante sous le nom de *Pomme de terre sauvage*. Il nous disait, dans la note qui accompagnait l'envoi, que les Magwambas l'appellent *Matambala*, qu'ils l'apprécient beaucoup et la préfèrent à tout autre tubercule.

Ces tubercules, envoyés en stratification dans le sable, nous parvinrent en bon état. Plantés sur couche et sous châssis, ils végétèrent vigoureusement et donnèrent naissance à de nombreuses tiges qui s'étalèrent sur le sol, se marcottèrent spontanément et ne tardèrent pas à emplir le coffre dans lequel nous les avions plantés.

Mais, ces pieds, arrachés à l'automne, ne nous ont donné qu'une récolte à peu près insignifiante. La plante n'avait pas eu la somme de chaleur nécessaire pour former ses tubercules et il nous parut absolument inutile de faire de nouvelles expériences de culture sous le climat de Paris.

L'envoi de notre obligeant correspondant ne fut cependant pas perdu ; nous fîmes des boutures, ce qui nous permit de donner la plante au Muséum et à diverses personnes. L'hiver suivant le *Matambala* a fleuri dans les serres de notre établissement national et il nous a alors été possible de reconnaître en lui le *Coleus tuberosus* Benth., de la famille des Labiées.

Les pieds donnés au Muséum furent multipliés, et M. le professeur Max. Cornu en confia deux à M. Pierre, qui partait pour aller occuper le poste de Directeur du Jardin colonial, à Libreville (Gabon-Congo).

M. Pierre cultiva le *Coleus tuberosus* et le succès qu'il obtint fut tel qu'il s'employa activement à propager la plante dans la colonie. M. Thollon, attaché à la mission Brazza, la transporta à Brazzaville, où elle se multiplia et se répandit rapidement.

Dans un récent voyage à Paris, M. Thollon nous a donné les renseignements suivants sur notre Labiée :

« Le *Matambala* croît avec une vigueur extrême pendant la saison des pluies. Pendant la saison sèche (de juin à octobre), la plante végète, mais a besoin d'être arrosée pour produire des tubercules. C'est pendant cette période que les fleurs se montrent.

» La récolte doit être faite de décembre en janvier. On obtient par touffe une douzaine de tubercules de la grosseur d'une noix et beaucoup d'autres plus petits.

» La plante n'a pas encore été, jusqu'à ce jour, soumise à une culture raisonnée. On se contente de détacher des rameaux qui, mis en terre, s'enracinent avec la plus grande facilité, et qui, abandonnés à eux-mêmes sans aucuns soins, donnent cependant le résultat indiqué plus haut. »

M. Thollon considère le *Matambala* comme l'un des légumes les plus utiles à propager dans nos possessions équatoriales de l'Afrique où il remplacerait la Pomme de terre qui y est incultivable. Il en a fait manger à un grand nombre de voyageurs qui ont éprouvé un plaisir extrême, car sa saveur a une telle analogie avec celle de la précieuse Solanée, qu'ils ont tous cru retrouver ce légume favori dont l'absence, dans les régions tropicales, constitue l'une des plus dures privations pour les Européens.

Nous avons eu le vif plaisir de recevoir ces jours derniers une lettre de M. Pierre dont nous reproduisons ci-dessous quelques passages :

« C'est en 1887 que j'ai apporté dans la colonie deux tubercules de *Matambala* que M. Cornu m'avait confiés. J'en remis un à M. Thollon qui le transporta dans l'intérieur de l'Ogoué, à Brazzaville.

» Il y en a maintenant dans l'Oubanghi, par 6° lat. N. et 17° long. E. La plante s'est propagée dans ces pays avec une rapidité extraordinaire.

» La mission Crampel qui, paraît-il, en a trouvé vers le 4° lat. N., en a mangé les tubercules et l'emportera peut-être jusqu'au lac Tchad.

» Le *Coleus tuberosus* existe également dans le Loango où

Mgr Carrie l'a introduit de pieds venant de Brazzaville.

» La plante s'est améliorée dans l'intérieur et je suis certain que, si la culture était mieux faite, on obtiendrait encore de bien meilleurs résultats. Il faudrait planter en terrain bien préparé, pas trop sec, brumeux et surtout laisser plus de distance entre les plantes.

» Le goût du tubercule rappelle beaucoup celui de la Pomme de terre. C'est une plante d'avenir, surtout dans l'intérieur de notre colonie. A Libreville où nous sommes par 5° plus au nord, je n'ai obtenu que des résultats médiocres.

» La plante est connue dans tout l'intérieur et à la côte sous le nom de *Pomme de terre de Madagascar*, que doit lui avoir donné M. Thollon. Ce nom étant impropre, je fais mon possible pour le combattre. »

On voit par ce qui précède que, si l'envoi de notre correspondant n'a pas donné de résultat utile pour la France proprement dite, il a permis de doter notre colonie du Gabon-Congo d'un excellent légume très apprécié, qui pourra également être cultivé dans toutes les régions ayant un climat analogue.

Une autre Labiée tubéreuse pourrait sans doute être répandue avec succès dans nos colonies de l'Afrique équatoriale; nous voulons parler du *Plectranthus Madagascariensis* Benth. qui est cultivé à Madagascar et à l'île Maurice sous le nom de *Oumime, Houmime*.

M. Daruty de Grandpré a attiré notre attention sur elle. Les petits tubercules qu'elle produit avec une extraordinaire abondance se consomment aussi de la même manière que la Pomme de terre.

LA LUTTE
DE L'HOMME CONTRE LES ANIMAUX

Conférence faite à la Société nationale d'Acclimatation le 13 mars 1891,

PAR M. PIERRE-AMÉDÉE PICHOT.

Mesdames, Messieurs,

Un des fondateurs de la science géologique en Angleterre, le révérend professeur Buckland, doyen de Westminster, faisait, au commencement de ce siècle, un cours de géologie à l'Université d'Oxford. Il avait exploré, l'un des premiers, les cavernes oolithiques du Yorkshire et avait mis au jour et reconstitué selon les méthodes du grand Cuvier quelques-uns de ces gigantesques fossiles qui ont autrefois peuplé notre globe et dont les ossements ont longtemps frappé d'étonnement ceux qui les découvrirent, donnant naissance à la légende de l'existence d'une race de géants, dont les hommes de notre époque ne seraient que les descendants dégénérés. Les travaux des géologues et les progrès de la paléontologie ont prouvé qu'il n'en était rien et que les géants des premiers âges du monde n'étaient que des sauriens et autres reptiles, dont nos Lézards et nos Couleuvres ne sont aujourd'hui que de diminutifs représentants. Le professeur Buckland avait donc reconstitué dans son cours devant un auditoire attentif et émerveillé les Ichthyosaures, ces Crocodiles-poissons qui mesuraient jusqu'à dix mètres de long et les Plésiosaures dont le cou de Cygne dominait les vagues comme celui de la Girafe domine les buissons, le Ptérodactyle, gigantesque reptile à ailes de Chauve-Souris et à tête de Crocodile, le Cheirothérium ou Labyrinthodon, qui a laissé sur les terrains argileux de l'époque conchylienne des empreintes de doigts que des bottes seules pourraient ganter et il avait évoqué devant son auditoire cette faune bizarre et gigantesque qui dépasse en réalité tout ce que l'on pourrait imaginer dans le cauchemar le plus effrayant. Un des émules et élèves du professeur, M. Henry de la Bèche, tout en prenant des notes sur le cours de son maître, avait esquissé sur une des pages de son cahier un croquis humouristique que l'on a retrouvé dans les papiers du professeur et que son fils nous a conservé. Le dessinateur, franchissant par la pensée l'espace de plusieurs siècles, supposait qu'à la suite de quelque bouleversement violent du globe, les grands sauriens étaient revenus sur terre ; qu'au lieu du professeur Buckland c'était un professeur Ichthyosaure qui faisait part à ses élèves du résultat de ses fouilles et de ses découvertes, et que, du haut d'un rocher comme du haut de sa chaire le doyen de Westminster, il dissertait sur un crâne fossile placé devant lui.

(Projection : *Caricature par H. de la Bèche.*)

Ce crâne était un crâne humain et le savant Crocodile s'exprimait ainsi sur son compte :

« Ichthyosaures et chers élèves, il vous suffira de jeter un coup d'œil sur le crâne placé devant vous, pour vous convaincre qu'il a dû appartenir à un animal d'une espèce inférieure et rudimentaire ; ses dents sont dérisoires, la puissance de ses mâchoires insignifiante et l'on se demande avec stupéfaction comment un animal aussi déshérité pouvait se procurer sa nourriture. »

Eh bien ! Messieurs, en raisonnant ainsi, mon savant confrère (le conférencier ichthyosaure d'Henry de la Bèche), se serait trompé et ce sont les péripéties de la lutte prolongée de l'homme contre des êtres plus forts et mieux armés que lui par la nature, que je voudrais aujourd'hui esquisser rapidement devant vous, non pas en entrant dans le fond du sujet et en abordant tous les détails (car je n'ai pas la prétention de pouvoir résumer en une heure de conversation l'histoire de tous les siècles), mais en vous montrant par quelques épisodes ce que fut, ce qu'est encore, cette lutte de l'homme contre les animaux et comment nous pouvons dire à cette heure avec une certaine satisfaction et même une pointe d'orgueil en parlant du crâne si dédaigneusement traité par le professeur ichthyosaure : « Petit bonhomme vit encore ! »

Quand l'homme, dernier né de la création, fit son apparition sur terre, les révolutions successives du globe qui en avaient déjà profondément modifié la constitution et la surface, avaient fait disparaître la plupart des grandes espèces d'animaux que nous ne retrouvons aujourd'hui qu'à l'état de fossiles ; mais les forêts et les bois, les montagnes et les plaines, les océans et les fleuves, contenaient encore un nombre assez considérable d'êtres sauvages et redoutables, autant par leurs proportions gigantesques que par leurs instincts carnassiers, pour en rendre le séjour aussi désagréable que dangereux. Devant ces ennemis armés de toutes pièces, recouverts de cuirasses impénétrables, la gueule garnie d'armes blanches admirablement disposées pour saisir et pour déchirer, ayant des organes qui leur permettaient souvent de poursuivre leur proie aussi facilement sur la terre que dans l'onde ou dans l'air, la lutte était pour l'homme bien inégale et l'espèce humaine semblait destinée à disparaître rapidement.

Il y avait d'abord plusieurs espèces d'Ours, dont l'une, l'Ours des cavernes, a servi à caractériser cette époque et dont la taille dépassait de beaucoup celle de toutes les espèces d'Ours vivant aujourd'hui et il y en avait tellement que dans des grottes aux environs de Liège, Schmerling a recueilli plus de mille dents de cet animal et que les débris extraits des cavernes de Gaylenreuth en Franconie se rapportent à près de 800 individus. Les félins qui ne sont plus représentés maintenant en Europe que par le Lynx et le Chat sauvage, l'étaient alors par le Chat-Tigre, la Panthère, le Lion et un félin plus grand encore, puis il y avait des Loups en bandes innombrables, des Hyènes, des Gloutons et des Fouines. L'Eléphant parcourait le sol, et le gigantesque Mammouth promenait sa fourrure dans tout le centre de l'Europe jusqu'à la Caspienne et à l'Oural, en Sibérie, en Chine et dans le nord de l'Amérique. Voici le Mammouth tel à peu près qu'il a été retrouvé.

(Projection : *Mammouth d'Adams.*)

C'était un Mammouth qui avait fait un faux pas. Cela peut arriver à tous les animaux de notre époque et à l'époque préhistorique, paraît-il, cela arrivait déjà aux Mammouths. Celuici était tombé dans un trou rempli d'eau ou avait glissé sur la glace ; l'eau s'était congelée autour de lui et ce gigantesque animal avait été conservé comme les poissons que l'on envoie à la halle. Au commencement de ce siècle un naturaliste russe, adjoint de l'Académie de Pétersbourg, Adams, entendit parler par les indigènes des embouchures de la Léna d'un animal énorme qui passait la patte par une crevasse ; il finit par le découvrir, mais le bloc ne fondait que lentement ; il ne put s'en emparer que deux ans plus tard pour le transporter au musée de Saint-Pétersbourg, et alors le cadavre avait été pas mal endommagé par les chiens des Iakoutes qui s'étaient montrés très friands de cette conserve alimentaire. On retrouve dans le nord de la Sibérie des débris de Mammouth en si grand nombre que ses défenses seules ont été de nos jours l'objet d'un important commerce d'ivoire. Après le Mammouth venaient les Rhinocéros dont on a reconstitué plusieurs variétés, puis des Bœufs sauvages, des Cerfs aux ramures gigantesques, des Hippopotames et des Sangliers, des Chevaux sauvages en très grand nombre, des Rennes, des Chèvres, des Lièvres, des Castors et divers rongeurs, des Aigles et divers oiseaux de proie, en un mot soixante-six espèces de mammifères et quarante-cinq espèces d'oiseaux.

Voilà donc l'espèce de société ou la société d'espèces dans laquelle l'homme faisait son apparition et au milieu de laquelle il lui fallait conquérir sa place au soleil à la force du poignet, on peut le dire, car il n'avait que ses dix doigts pour se défendre. Nu et dénué de tout, sans vêtements pour se couvrir, sans toit pour s'abriter, sans armes pour se protéger, au milieu de forêts profondes où les gros animaux avaient seuls tracé des sentiers, dans des plaines et des régions montagneuses bouleversées par les cataclysmes récents et les orages, l'existence des premiers hommes a dû ressembler singulièrement à celle des Lapins que le moindre bruit remplit de terreur et qui vont bondissant de fourrés en fourrés, lorsqu'ils n'ont pu réussir à dissimuler leur personne en se faisant tout petits au fond d'un sillon ou en se pelotonnant au pied d'un arbre. Notez que ces premiers hommes ne pouvaient lutter par le nombre contre les masses grouillantes, rugissantes et dévorantes qui les entouraient de toutes parts, car si les vestiges humains remontent aujourd'hui à une très ancienne époque, ils sont d'abord excessivement rares et très disséminés et ce n'est que dans la suite des siècles que leurs groupements prennent de l'importance et marquent leur place d'une façon tant soit peu notable dans les rangs des êtres organisés.

C'est dans ces conditions d'infériorité que l'homme dut chercher sa subsistance et assurer sa sécurité. Heureusement il était créé omnivore et tout ce qui lui tomba sous la main dut aussi lui tomber sous la dent. Il se nourrit de plantes, de fruits, de coquillages et de proies infimes qui ne pouvaient lui échapper par la course ; l'Huître ou l'Escargot par exemple que nous mangeons encore aujourd'hui, mais dans des conditions meilleures, et cette existence toute de crainte, de privations, de misères, était analogue à celle que nous voyons mener de nos jours à certaines peuplades arriérées, qui, à travers les stades successifs de la civilisation, sont restées dans un état voisin de l'état de nature. Mais peu à peu l'homme cherche à sortir de cet état précaire et à faciliter ses moyens de lutte ; il invente des armes factices n'en ayant pas de naturelles, et ces premières armes, servies par son intelligence et son audace, centuplent ses moyens de défense et d'attaque. A partir de ce jour, il déclare la guerre à toute la nature animée ; ce sera une guerre à mort, poursuivie sans trêve ni merci, guerre impitoyable, où malgré toutes les apparences, ce n'est pas la force qui prime le droit, mais l'intelligence et l'esprit qui viennent à bout de la matière brutale. Les premières péripéties de cette lutte se perdent dans la nuit de la préhistoire, mais les fouilles des géologues nous en ont fait retrouver les instruments.

Dans un journal quotidien qui ne date que d'hier[1], à propos d'une de ces manifestations que l'on attribue à la politique et qui ne sont peut-être qu'un réveil instinctif de notre besoin de domination sur les animaux, je lis que l'on a arrêté deux anarchistes qui déclarent être d'anciens garçons bouchers ; ils étaient armés d'os de Moutons transformés dans leurs mains en massues redoutables. Ce détail donne beaucoup de poids à l'idée que je me fais de l'origine des mouvements populaires, car nous voyons ces mêmes armes entre les mains de nos premiers ancêtres. Une pierre tenue à la main, un bâton, une massue, les mirent sur un pied d'égalité avec le Bélier qui frappe avec sa tête ou le Cheval qui rue avec son pied ; au moyen de pointes aiguës, ils peuvent percer comme le Taureau avec sa corne ou comme l'oiseau de proie avec son bec ; avec des silex tranchants, ils lacèrent et coupent comme les carnivores avec leurs dents et ils empruntent même ces armes toutes préparées à leurs ennemis, car dans les cavernes à ossements de l'époque moustérienne, on trouve des mâchoires d'ours et de tigres pourvues de leurs canines

(1) *Gaulois*, 24 janvier 1891.

formidables et façonnées de manière à constituer entre les mains de l'homme une arme des plus dangereuses.

On a été longtemps sans comprendre la nature des premiers instruments en pierre que l'on découvrait dans les fouilles. Les Grecs et les Romains les considéraient comme des pierres tombées des nuages pendant les temps d'orage, et pour ce motif les désignèrent sous le nom de *céraunies*, ce qui veut dire pierres de tonnerre ou pierres de foudre. Galba, avant de devenir empereur, ayant vu tomber la foudre dans un lac des Cantabres, le fit fouiller et y trouva douze haches ;

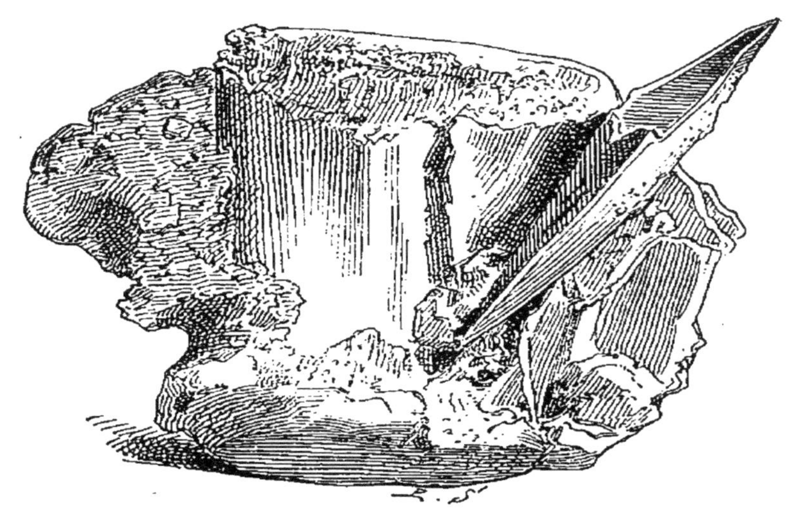

Vertèbre de Renne percée d'une pointe de silex.
(Extrait de *L'Enfance de l'humanité*, du Dr Verneau. Paris, Hachette.)

il les considéra naturellement comme des amulettes émanant directement des puissances célestes qui l'informaient par ce moyen qu'il deviendrait empereur. L'Espagne apporta une fois, comme tribut à Rome une pierre de foudre et on se servit de céraunies pour orner les diadèmes d'Isis et de Junon. Les guerriers germains en portaient sur leurs casques d'or pour s'assurer la victoire, et au XIIe siècle, Marbode, évêque de Rennes, leur attribuait des vertus surnaturelles, dont une page entière contiendrait à peine l'énumération. Enfin, en Italie, on suspendait des pointes de flèche en silex aux chapelets et aux colliers pour préserver du mauvais œil.

Ce n'est que vers la fin du XVIe siècle que l'on commença à soupçonner leur véritable nature, mais ce n'est qu'en 1723 que de Jussieu, comparant la pierre de foudre aux instruments encore en usage chez les peuples primitifs, proclama devant l'Académie qu'avant la découverte des métaux les habitants de la France et de l'Allemagne devaient être de véritables sauvages et que les pierres de foudre étaient les armes et les outils dont ils se servaient. Petit à petit la vérité se dégageait. Vers le milieu de ce siècle, à la suite de fouilles faites dans les sépultures du Danemark, elle éclata lumineuse à tous les yeux. Enfin, tout dernièrement, les fouilles de MM. Lartet et Christy, en Dordogne, prenaient sur le fait l'arme de nos premiers ancêtres et retrouvaient aux Eyzies une vertèbre de jeune Renne traversée par une pointe de silex qui était restée dans l'os après avoir tué l'animal.

(Projection : *Vertèbre de Renne percée d'une pointe de silex.*)

Telles furent les armes des premiers êtres humains, armes essentiellement de chasse, car chasseurs ils devaient l'être pour se défendre contre les grands animaux et contre les carnassiers redoutables, et de même que leurs premières armes sont des armes de chasse, leurs premières œuvres d'art sont la reproduction de sujets de chasse. Sur une corne de Renne nous trouvons gravées en creux des têtes de Chevaux, des têtes de Bouc au milieu desquelles se promène un petit bonhomme portant pour tout attirail un bâton ou casse-tête qu'il tient de la main droite et appuie sur son épaule. C'est l'anarchiste de ce temps-là. Puis sur un autre fragment de corne de Renne découvert à Laugerie-Basse, nous voyons un chasseur couché à plat ventre, à l'affût d'un Aurochs qu'il se prépare à harponner au moyen d'une sagaie attachée à une corde. Beaucoup d'autres gravures primitives nous

(Projection : *Affût à l'Aurochs gravé sur corne de Renne.*)

donnent sinon des représentations complètes de chasse, sujets un peu complexes pour les artistes inexpérimentés de cette époque, du moins des représentations individuelles d'animaux blessés et presque toujours blessés aux pattes ou à la jonction des pattes et du corps, ce qui indique que les premiers chasseurs, se rendant bien compte de l'insuffisance de leurs armes pour donner la mort d'un seul coup, cherchaient à atteindre leur proie aux endroits les plus susceptibles de retarder leur course et de les empêcher de s'échapper. Aux armes de pierre succédèrent les armes de bronze, puis les armes de fer, et sur toute la surface du globe, la nécessité de donner la mort pour se défendre ou pour se nourrir, pour conquérir les espaces incultes sur les animaux qui les détenaient, se montre à nous comme le premier stimulant du perfectionnement des facultés humaines et comme la base de toute civilisation.

Aujourd'hui que nous vivons dans une sécurité relative, par rapport aux attaques des fauves et des gros animaux, nous avons quelque peine à nous figurer ce que fut l'état de lutte continuelle des premiers hommes contre les êtres sauvages qu'ils trouvèrent en possession du sol, et nous sommes même tentés de traiter un peu dédaigneusement les Nemrods modernes, les successeurs de ces héros que les civilisations antiques divinisèrent, parce qu'étant plus près de l'époque de lutte, sinon en pleine période de combats, elles comprenaient mieux les services rendus à l'humanité par les chasseurs qui, déblayant le terrain, préparaient l'avènement de la période pastorale, puis de la période industrielle, ces évolutions successives et nécessaires de toute civilisation. C'est ainsi que Bès en Egypte, Izdubar et Hea-Bani en Chaldée, Melkart en Phénicie, Samson en Judée, Hercule en Grèce, sont les personnifications de l'âge de lutte contre les grands animaux.

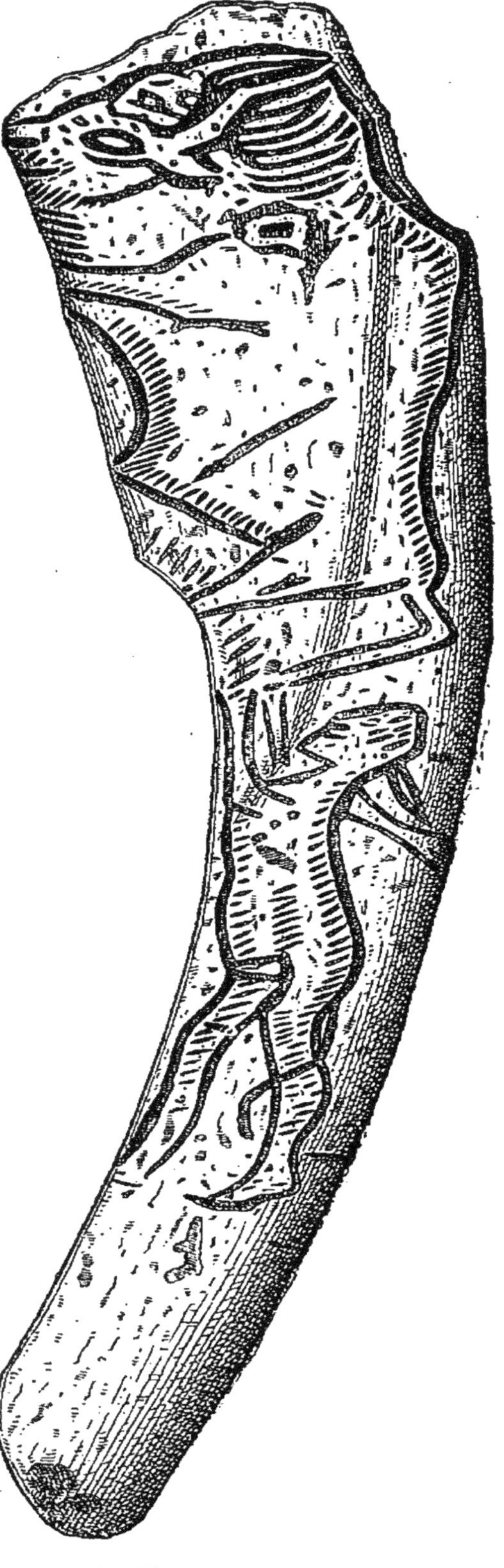

Affût à l'Aurochs gravé sur corne de Renne.
(Extrait des *Origines de la chasse*, par Mortillet. Paris, Lecrosnier et Babé.)

Castor et Pollux, Persée et Thésée sont d'intrépides chasseurs de bêtes fauves. Adonis et Méléagre trouvent la mort dans ces luttes contre les monstres dont les anciens codes font à l'homme un devoir. La loi de Zoroastre fait une obligation de détruire les animaux nuisibles, œuvre détestée d'Ahriman, et les bêtes fauves sont représentées dans la Bible comme un des quatre fléaux dont les hommes sont menacés :

« *En même temps, je vis paraître un cheval pâle et celui qui était monté dessus s'appelait la Mort, et l'enfer le suivait et le pouvoir lui fut donné sur la quatrième partie de la terre pour y faire mourir les hommes par l'épée, par la famine, par la maladie et par les bêtes sauvages.* »

Ainsi nous apparaît la mort dans l'Apocalypse (1).

Ezéchiel avait menacé Jérusalem dans des termes semblables de la colère divine :

« *J'enverrai tout ensemble contre Jérusalem ces quatre plaies mortelles, l'épée, la famine, les bêtes fauves et la peste pour y faire mourir les hommes* (2). »

L'homme s'est défendu avec énergie et d'une façon victorieuse, on peut le dire ; mais qu'on ne s'y trompe pas ; la guerre n'est pas encore finie, la lutte dure encore, et il suffirait de quelques années de désarmement, de quelques années de repos, pour être de nouveau envahis par les bêtes sauvages, et pour voir menacée sérieusement la paix qui règne déjà sur les territoires civilisés. Ce n'est que par un effort continuel et une vigilance incessante que l'homme maintient sur terre sa domination.

Nous en avons la preuve dans les statistiques modernes qui nous font toucher du doigt combien nous sommes encore en pleine période de destruction. Dans l'Inde, où l'homme civilisé se trouve placé aux avant-postes de combat, les rapports officiels publiés chaque année accusent une mortalité de 22 à 23,000 êtres humains qui périssent sous la dent des fauves ou par le venin des Serpents. Et ces statistiques ne portent que sur quelques provinces, où le service est bien organisé, comme le Bengale, l'Oudh et les provinces du nord-ouest. Quant aux animaux auxiliaires de la civilisation, aux animaux domestiques, il en périt un nombre plus grand encore,

(1) Apocalypse ; ch. VI, v. 8.
(2) Ezéchiel ; ch. XIV, v. 21.

et le chiffre de 60,000 par an est facilement atteint. Vous pensez bien cependant que l'homme exerce sur les animaux nuisibles de ces contrées de cruelles représailles, et la même statistique enregistre la mort violente de 1,835 Tigres, 1,874 Ours, 6,278 Loups et plus de 300,000 Serpents ! Le gou-

Poste français attaqué par les Tigres au Tonkin.
(D'après une gravure du *Petit Parisien illustré*, du 25 janvier 1891.)

vernement paie des primes pour ces destructions ; elles sont donc constatées d'une façon officielle et très suffisamment exacte. Ceci vous donne une idée de l'intensité des bêtes fauves sur certains points du globe, où elles disputent pied à pied à l'homme la possession de leurs repaires, et tout dernièrement, au Tonkin, une de nos colonnes fut attaquée par des Tigres et un petit poste ne dut son salut qu'à la précision de ses armes à feu. Je puis vous faire voir cet épisode de la guerre coloniale dans ce pays que l'on a appelé un placement de père de famille.

(Projection : *Poste français attaqué par des Tigres au Tonkin.*)

Je n'ai pas besoin d'aller si loin pour voir l'homme à l'œuvre dans sa mission destructive contre les animaux. Une statistique dressée en Prusse pour l'année 1886, n'enregistre pas au tableau des Tigres et des Ours, il est vrai, mais accuse la destruction de 84,801 Renards, 5,051 Blaireaux, 606 Chats sauvages, 5,475 Martes, 5,312 Fouines, 27,608 Putois, 23,578 Belettes, 4,092 Loutres et 119,691 oiseaux de proie. Voyez ce que cela représente d'incursions dans les basses-cours et de produits utilisables perdus pour l'humanité!

Et il n'y a pas si longtemps qu'en France les bêtes fauves exerçaient leurs ravages jusqu'aux portes de Paris! L'archéologie et la science préhistorique nous ont montré que notre territoire avait été peuplé d'Ours et de Lions, d'Eléphants et de Rhinocéros. Nos ancêtres, aidés, il est vrai, par un puissant auxiliaire, le changement de climat, les ont fait disparaître, mais jusqu'à nos jours, les Loups, par exemple, sont restés de terribles ravageurs de nos plaines et de nos forêts. Les mémoires du temps passé sont remplis du récit de leurs méfaits.

En 1595, Pierre de l'Estoile, sous le bon roi Henri IV, parle d'un loup qui, traversant la Seine à la nage, vint cueillir un enfant sur la place de Grève et le manger. C'était sa façon à lui, de comprendre la poule au pot. Aussi dut-on, dès les premiers temps de notre organisation sociale, s'occuper officiellement de leur destruction et créer pour poursuivre les loups et protéger les populations, un corps de fonctionnaires spéciaux. Charlemagne ordonna à ses comtes d'établir, chacun dans son gouvernement deux louvetiers (luparii), et le fameux capitulaire « de Villis » ne néglige d'indiquer aucune des prescriptions nécessaires pour combattre ces animaux avec efficacité. Cependant jusqu'à la fin du XVIIIe siècle, non seulement il y eut surabondance de loups communs, de loups vulgaires, ce que j'appellerai le corps du ballet, mais il y eut parmi ces loups des étoiles et des premiers sujets, qui se sont fait un nom et se sont immortalisés dans notre histoire.

L'un de ceux qui fit le plus parler de lui, dans les gazettes du temps, par les reporters de l'époque, fut celui qui est connu sous le nom de *Bête du Gévaudan*. Nous savons aujourd'hui sans conteste, que cette bête n'était qu'un loup, peut-être même deux loups, mais de son vivant la superstition et la terreur populaires lui avaient prêté les formes les plus fantastiques empruntées aux grands félins, au Singe et à la Hyène.

LA BÊTE DU GÉVAUDAN. 1764

(Projection : *La Bête du Gévaudan*, d'après une gravure de 1764.)

Elle avait, disait-on, la gueule presque semblable à celle du Lion, mais beaucoup plus grande, des oreilles pointues se dressaient au-dessus de sa tête, deux rangées de dents dont deux ressemblaient à des défenses de Sanglier, un dos de Requin recouvert d'écailles de Crocodile, des sabots aux pattes de derrière comme le Cheval, la queue d'un Léopard et les dimensions d'un Veau, enfin tout ce que l'imagination populaire pouvait lui prêter lorsque l'imagination populaire se met à faire une œuvre d'art ! Ce loup avait pris un goût tout particulier pour la chair humaine, et c'est vers le mois de juin 1764 qu'il se mit à table. Pendant près de dix-huit mois il répandit une terreur inouïe en Bourgogne et en Auvergne, dévorant de préférence les femmes et les enfants. On envoya un détachement de dragons pour l'attaquer dans son repaire : cinquante-six dragons du régiment de Clermont-Prince, sous les ordres de M. Duhamel, mais ils ne purent l'atteindre en six mois de poursuites. On pouvait déjà dire des dragons comme des carabiniers de l'opérette moderne, qu'ils arrivaient toujours trop tard. Puis un des plus célèbres louvetiers normands, M. d'Enneval, qui avait, dans son pays, détruit plus de mille Loups, vint l'attaquer avec ses meutes et diriger les chasses, sans plus de succès. La maudite bête échappait toujours ! Connaissant son penchant pour le beau sexe, M. d'Enneval avait fait attacher à des poteaux de gros Moutons coiffés et habillés en femme, dressés sur leurs pattes de derrière et les bras ouverts, mais le rusé compère ne s'y laissait pas prendre et évitait les embuscades où l'attendaient les chasseurs s'il était venu donner des sérénades gastronomiques à ces Moutons déguisés. L'évêque de Mende ordonna des prières publiques, comme au temps des plus grandes calamités, et les États du Languedoc votèrent une récompense importante au vainqueur du monstre. Enfin, le roi Louis XV confia la mission de détruire la bête à un des meilleurs officiers de sa louveterie, le chevalier Antoine, porte-arquebuse de Sa Majesté qui partit pour le Gévaudan avec les équipages royaux et des gardes choisis dans les capitaineries de Saint-Germain et de Versailles.

Pendant deux mois encore le chevalier Antoine lui fit une guerre sans relâche, détruisant chemin faisant nombre de loups sans doute, mais ne pouvant jamais rejoindre celui que l'on cherchait de toutes parts et qui continuait ses ravages, se transportant avec une célérité étonnante d'un point à un autre souvent fort éloigné. Enfin le 20 septembre 1765 le chevalier Antoine fut avisé que l'animal avait été aperçu dans les bois de l'abbaye royale de Chases où il envoya aussitôt les valets de limier et quarante tireurs de Langeac. Lui-même se postant habilement dans un défilé par où il jugeait que le Loup pouvait passer, le vit venir dans un sentier et comme il tournait la tête pour le regarder, il lui tira par derrière un coup de tromblon qui était chargé de cinq dés de poudre, de trente-cinq postes ou chevrotines et d'une balle de calibre. Cette mitraillade jeta la bête par terre, mais elle se releva et courut sur le chasseur. M. Antoine appela au secours et ce fut un garde du duc d'Orléans, nommé Reinhardt, qui, arrivant à temps, déchargea un coup de carabine sur la bête en furie. Elle fit encore vingt pas en plaine avant de tomber morte. Le fils du brave porte-arquebuse porta le cadavre à Paris pour le présenter au roi. Cet animal avait tué quatre-vingt-trois personnes, en avait blessé vingt-cinq ou trente et on avait dépensé pour arriver à sa destruction plus de 29,000 livres, comme il ressort d'un compte de dépenses qui est conservé à la Bibliothèque.

Les populations délivrées ne respirèrent pas longtemps cependant, car l'année suivante un nouveau loup se mit à prendre la suite des affaires de la bête du Gévaudan, si bien que l'on crut un instant que l'on s'était trompé et il fallut recommencer la campagne qui fut menée cette fois par le marquis d'Apcher, dont un des gardes, le sieur Chastel, tua cette nouvelle bête et peu après une autre femelle qui n'était pas moins redoutable.

Le Gévaudan n'eut pas seul la spécialité des Loups fameux. Il y en eut dans presque toutes les provinces de France, et le vainqueur du Loup du Gévaudan se signale encore, notamment aux environs de Versailles, en y détruisant un Loup monstrueux dont le roi fit peindre la prise par Oudry au même titre que les plus grandes batailles de ses généraux et dont l'original est une des belles toiles de ce peintre dans le musée du Louvre.

(Projection : *Hallali du grand loup de Versailles.*)

Les registres des paroisses mentionnaient à chaque instant la sépulture de jambes, de bras, ou de parties de cadavres, provenant des sanglants exploits de ces terribles fauves contre lesquels le gouvernement français dut à plusieurs reprises prendre des mesures énergiques. En 1797, un état des primes payées pour leur destruction nous indique qu'on n'en avait tué cette année là pas moins de 5,351.

Le Marchand Gonicourt, membre du Conseil des Cinq cents, avait porté la question de la destruction des Loups devant l'auguste assemblée dans les termes suivants qui sont assez pittoresques :

« Des renseignements positifs ont instruit votre Commission que ces animaux féroces commencent à donner de justes inquiétudes ; que voyant sans doute quelques Moutons se réunir, ils ont cru devoir en faire autant. » Ces paroles provoquèrent une bruyante hilarité, nous dit le *Moniteur* du 15 messidor, mais on n'en vota pas moins une loi qui récompensait en monnaie sonnante et non en assignats, la destruction de ces fauves.

Vous venez de voir la part prise dans la destruction du Loup du Gévaudan par l'équipage de Louis XV. Depuis Henri IV, un équipage pour la chasse du loup avait toujours été attaché à la maison royale. Le Béarnais, passionné pour toutes les chasses rudes et difficiles, avait créé ce service en attachant à sa maison la meute alors fameuse de M. d'Andresy et avait mis la louveterie sur le pied où elle était encore au XVIIIe siècle. De cette façon les rois de France ne satisfaisaient pas seulement à leurs plaisirs, mais ils continuaient la mission providentielle que les hommes se sont transmis d'âge en âge depuis les temps les plus reculés ; en luttant contre les bêtes fauves et en détruisant les animaux nuisibles.

La vieille France a donc donné le jour à une foule de louvetiers illustres. Je ne vous parlerai ni des Jean de Clamorgan, auteur du premier traité sur la chasse du Loup, ni du seigneur d'Andresy, ni de Robert Monthois autre auteur cynégétique fameux, ni de Saint-Victor pauvre gentilhomme de province qui, jusqu'à l'âge de quatre-vingt-quatre ans, courut le pays avec sa meute et ses gens « sans avoir d'autre asile que son équipage et les lieux qu'il louait pour s'y établir, vivant là comme dans un camp avec ses domestiques et partageant avec eux, à la fin de l'année, ce qui lui restait de ses faibles revenus ». Aujourd'hui on dirait de lui que c'était un socialiste ! Leverrier de la Conterie, d'Oillamson, Le Provost, de Saint-Sauveur, le chevalier de Lisle de Moncel, le comte de Vigny, aïeul du poète, les la Rochejaquelein, le marquis du Hallays, le baron d'Haneucourt, ont laissé des noms célèbres dans l'histoire de la lutte contre les bêtes fauves de notre pays. Disons toutefois un mot d'une Diane chasseresse que nous trouvons exerçant son art en pleine période de la Révolution.

Marie-Cécile-Charlotte de Laurétan naquit à Zutkerque,

château des environs d'Andruicq, dans le Pas-de-Calais, le 17 août 1747. Elle avait vingt-quatre ans lorsqu'elle épousa le baron de Draeck dont elle eut un fils qu'elle perdit jeune, et pour se distraire de ce violent chagrin, elle s'adonna à la chasse et se voua à la destruction des bêtes fauves et notamment des loups qui étaient particulièrement nombreux alors dans la contrée, où ils avaient trouvé un repaire inaccessible dans la forêt d'Eperlecques. Bientôt elle se consacra si complètement à cette poursuite qu'elle revêtit le costume masculin pour traverser plus facilement les bois et les fourrés où elle allait appuyer ses chiens. « Il fallait, dit un récit du temps, la voir la tête nue, l'epieu au poing, parcourir les coteaux suivie de chasseurs à la mine sauvage et de chiens non moins rébarbatifs. Les paysans effrayés faisaient la haie au cortège et les jeunes filles n'écartaient qu'en tremblant les rideaux des fenêtres pour voir passer la Diane de Brédenarde, avec ses sanglants trophées dont, au retour, on clouait les têtes contre la porte du château. » Six cent quatre-vingts Loups périrent ainsi de la propre main de la baronne, qui finit par purger la contrée de ces fauves et alors elle dut se contenter de proies de moindre importance et poursuivre les Renards, les Blaireaux et les Lièvres. Les services qu'elle avait ainsi rendus aux paysans auraient dû lui assurer le respect de tous, mais, pendant la Révolution, « en bloc » (1) le peuple, surexcité, ne distinguait pas toujours entre ses bienfaiteurs et ses ennemis, et le château de Zutkerque fut pillé et saccagé par des bandes de soi-disant patriotes qui semblaient travailler à venger les Loups. La baronne n'en continua pas moins à chasser, et de 1809 à 1813, elle est encore signalée comme dirigeant des battues dans le Pas-de-Calais, notamment à Ablain-Saint-Nazaire et à Hesdin. Elle mourut sans postérité le 19 janvier 1823 et repose dans le cimetière de Zutkerque, où l'on peut voir sa tombe. La baronne avait un piqueur non moins extraordinaire qu'elle et non moins enragé pour la chasse ; c'était bien le cas de dire comme vous allez voir « tel maître, tel valet ». Peu de temps avant la mort de la baronne, le général qui commandait à Boulogne-sur-Mer lui avait fait demander de lui envoyer quelqu'un pour apprendre à son ordonnance à

(1) « La Révolution est un bloc dont on ne saurait rien distraire... » (Discours de M. Clémenceau à la Chambre des Députés, le 29 janvier 1891).

sonner de la trompe. La baronne lui envoya... sa femme de chambre, la fameuse Caroline qui portait, comme sa maîtresse, le costume masculin. Celle-ci n'est morte à Zutkerque qu'en 1854 ou 1855, et pour obéir aux dernières volontés de la baronne, elle ne quitta jamais son costume viril. Une longue blouse bleue lui descendait jusqu'aux chevilles, laissant voir le bas des jambes du pantalon ; elle portait les cheveux coupés courts et était coiffée d'une casquette. C'est dans cet attirail que, jusqu'à sa mort, on a pu la voir parcourant le pays où elle vendait des balais de bouleau coupés dans les bois que l'on pouvait maintenant, grâce à elle et à sa maîtresse, parcourir en tous sens impunément, sans craindre de fâcheuses rencontres, du moins de la part des bêtes féroces.

(*A suivre.*)

II. EXTRAITS DES PROCÈS-VERBAUX DES SÉANCES DE LA SOCIÉTÉ.

SÉANCE GÉNÉRALE DU 20 MARS 1891.

PRÉSIDENCE DE M. A. GEOFFROY SAINT-HILAIRE, PRÉSIDENT.

Le procès-verbal de la séance précédente est lu et adopté.

— M. le Président proclame les noms des membres récemment admis par le Conseil :

MM.	PRÉSENTATEURS.
BELLAN (Georges), étudiant en médecine, 13, rue Jacques-Dulud, à Neuilly-sur-Seine.	Desbrosses. Martin. Saint-Yves Ménard.
FATIN, curé de Naujac, par Lesparre (Gironde).	A. Berthoule. l'abbé Laborde. G. Mathias.
HOTTOT (Léon), licencié en droit, 51, rue de Colombes, à Courbevoie (Seine).	A. Berthoule. Eug. Dupin. Dr L. Le Fort.
LATOUR (le D^r DE), propriétaire, à Saint-Paul-Trois-Châteaux (Drôme).	A. Berthoule. Eug. Dupin. Dr L. Le Fort.
NAST (Léon-André-Louis), négociant, 20, rue d'Hauteville, à Paris.	A. Geoffroy Saint-Hilaire. Arthur Porte. Ed. Wuirion.
PLONTZ (Henri), propriétaire, villa Saint-Jean, à Grandpré (Ardennes).	A. Geoffroy Saint-Hilaire. Michel. L. Vaillant.
RÉVILLON (Stanislas), négociant en pelleteries, 89, rue des Petits-Champs, à Paris.	A. Geoffroy Saint-Hilaire. Arthur Porte. Ed. Wuirion.
TOURCHOT (A.-L.), négociant, 120, rue Chapel, à Ottawa (Canada).	A. Berthoule. Dr L. Le Fort. H. de Vilmorin.

M. le Secrétaire procède au dépouillement de la correspondance :

MM. Hottot, de Courbevoie, et Clovis Vasseur, de Marguet (Ardennes), adressent des remerciements au sujet de leur récente admission.

— M. Albouy, directeur de l'établissement de pisciculture de Quillan, écrit à M. le Secrétaire général :

« Le moment est venu de vous rendre compte de nos opérations sur le dernier envoi d'œufs de *Salmo Quinnat* qui m'est parvenu par vos soins le 20 janvier dernier.

» Placés dans les incubateurs du laboratoire de Quillan, dès le 21, l'éclosion des nouveaux venus a été plus laborieuse que d'habitude. Cela tient, sans doute, à la température glaciale qui a régné pendant tout le temps de leur voyage. Alors que les années précédentes tout le monde était sorti de sa prison dans la quinzaine de l'arrivée, c'est à peine si, cette année, l'on pouvait en compter la moitié un mois et demi après.

» Les éclosions sont complètes depuis le 12 mars, et la situation au 15 s'établit ainsi qu'il suit :

Nombre d'œufs reçus		66.858
Perte au déballage.............	457	2.720
— du 22 au 31 janvier....................	762	
— du 1er au 28 février....................	1.164	
— pendant la première quinzaine de mars....	337	
Reste dans les augettes, alevins, ci.....		64.138

» Il résulte de ce compte que, jusqu'à présent, nous arrivons avec une perte d'environ 4 0/0.

» Je ne puis pas prévoir les sacrifices que nous imposera la période de résorption de la vésicule. Mais les alevins paraissent vigoureux, et tout semble indiquer que nos résultats, déjà bien supérieurs à ceux des années précédentes, se maintiendront à un niveau satisfaisant. »

— M. le Dr J.-J. Lafon complète en ces termes les observations qu'il a présentées déjà sur l'action de la présence du Coq sur la ponte des Poules.

« Puisque la communication que j'ai eu l'honneur de faire, au sujet de la question de l'influence du Coq dans une basse-cour sur la production des œufs, vous a paru avoir de l'intérêt, je vais compléter l'observation de la Poule Langshan ayant eu deux Poussins dans les premiers jours d'octobre, en ajoutant que des deux Poussins un seul s'est élevé ; c'est une Poule, par conséquent aujourd'hui âgée de cinq mois, elle a pondu son premier œuf le 10 mars 1891, tandis que sa mère, avec laquelle elle est toujours restée sans Coq, garde le nid pour couver.

» La race Langshan n'est cependant pas une race précoce, mais, comme pour la production des œufs, la précocité pourrait bien dépendre aussi de la nourriture et de l'hygiène. »

— MM. Martial, de Riom, et Rathelot, de Paris, remercient la Société pour les œufs de Saumon qu'ils ont reçus.

— Un grand nombre de demandes sont adressées à la

Société pour prendre part à la répartition des graines annoncées dans le supplément de la *Revue*.

— M. Vilbouchevitch nous communique les quelques observations suivantes, que lui a adressées, à propos de son article sur les Tamarix, M. Gaston Gautier, auteur d'un travail remarquable paru dans la *Revue scientifique* du 4 mars 1876, sous le titre de : « La culture des terrains salés » :

« A propos du *Tamarix Gallica*, je vous dirai que c'est un arbrisseau répandu dans tout notre midi. Il vient admirablement dans les terres salées, mais aussi dans celles qui ne contiennent pas de chlorures, à condition que les vents de la mer lui apportent, de temps à autre, des émanations marines. Je l'ai rencontré cependant assez souvent, même dans l'intérieur des terres, et venant très vigoureusement. Je crois donc plutôt que c'est une plante qui s'accommode d'un milieu salé, mais qui n'a pas nécessairement besoin de ce milieu. Il n'en est pas de même de certaines espèces, comme les Staticées par exemple, qui ne sauraient vivre autre part que dans ce milieu salin. Le Tamarix n'est ici employé que comme bois à chauffer dans les campagnes et pour tenir les talus des chemins et fossés. Il y a longtemps que j'avais signalé les propriétés tanniques de ses écorces et de ses gales.

» Quant au *Tamarix Germanica* (*Myricaria*), je crois que vous avez tort de le considérer comme capable de croître dans les terrains salés. Il vient aussi dans notre département, sur les bords des rivières. C'est une plante qui ne pousse guère que dans les sables et qui périrait infailliblement là où elle rencontrerait une notable proportion de sel. Ce qui lui est plus nécessaire, je crois, c'est la nature physique du sol désagrégé, sableux. »

— M. Fabre-Firmin rend compte de ses cultures de Crosnes du Japon.

— M. le Dr Léon Le Fort rend compte d'une expérience qu'il poursuit depuis plusieurs années en Sologne où il entretient un troupeau de Dindons sauvages d'Amérique (Voyez *Revue*, p. 561).

— M. le Dr Jousset de Bellesme, directeur de l'Aquarium du Trocadéro, lit un mémoire sur des tentatives d'empoissonnement des rivières du bassin de la Seine en Saumon de Californie (Voyez *Revue*, p. 594).

Au cours de la séance MM. Chappellier, comte d'Esterno, Fallou, Mailles et Rathelot, réunis en commission, ont procédé au dépouillement des votes pour la nomination du Bureau et des Membres du Conseil sortants.

Le nombre des votants était de 368. Voici le chiffre des voix obtenues par chacun des candidats :

Président : M. A. Geoffroy Saint-Hilaire........	366
Vice-présidents : MM. Dr Le Fort.............	368
de Quatrefages............	366
Marquis de Sinéty........	366
Léon Vaillant.............	368
Secrétaire général : M. A. Berthoule.............	367
Secrétaires : MM. Eug. Dupin (Intérieur)........	368
Raveret-Wattel (Conseil).......	368
Saint-Yves Ménard (Séances)...	368
P.-A. Pichot (Etranger).......	368
Trésorier : M. Georges Mathias..................	366
Membres du Conseil : MM. Dr E. Mène...........	368
A. Milne-Edwards......	365
Dr Constantin Paul....	366
Marquis de Selve......	367

En conséquence, sont élus pour 1891 :

Président : M. A. Geoffroy Saint-Hilaire.

Vice-Présidents : MM. Dr Le Fort, de Quatrefages, marquis de Sinéty, Léon Vaillant.

Secrétaire général : M. A. Berthoule.

Secrétaires : MM. Eug. Dupin (Intérieur), Raveret-Wattel (Conseil), Saint-Yves Ménard (Séances), P.-A. Pichot (Etranger).

Trésorier : M. Georges Mathias.

Membres du Conseil : MM. Dr Mène, A. Milne-Edwards, Dr Constantin Paul et marquis de Selve.

Le secrétaire des séances,

Dr Saint-Yves Ménard.

III. CHRONIQUE DES SOCIÉTÉS SAVANTES.

Académie des Sciences. — *Séance du 16 mars.* — *Effets du froid sur les poissons marins.* — Les froids exceptionnels qui ont régné en Provence, au mois de janvier, m'ont fait connaître quelques particularités intéressantes au sujet de la sensibilité ou de la résistance de certaines espèces de poissons marins. Mes observations constituent deux catégories bien distinctes : les unes ont porté sur des animaux gardés en captivité, les autres se rattachent à des phénomènes qui se sont produits en pleine nature, dans l'étang saumâtre de Berre.

Au laboratoire maritime d'Endoume (Marseille), plusieurs bacs de 896 litres, absolument isolés, établis dans une vaste salle au rez-de-chaussée, non chauffée, étaient peuplés depuis plusieurs mois de divers poissons, la plupart adultes, quelques-uns encore à l'état d'alevins et en voie de croissance, tous bien adaptés au milieu et prenant la nourriture qui leur était régulièrement distribuée. Il s'agit donc d'individus en parfait état de vigueur. Cette collection ichtyologique comprenait les espèces suivantes :

Hippocampus guttulatus Cuv.
Blennius tentacularis Brun.
Sargus vulgaris S. St.-H.
Box salpa L.
Pagellus bogaraveo Brun.
Crenilabrus massa Risso. (et Var.).
Julis Giofredi Risso.
Motella fusca Risso.
Blennius pavo Risso.
Gobius capito Val.
Sargus Rondeletii C. et V. (adultes et alevins).
Oblada menalura L. (jeunes).
Smaris vulgaris Cuv. et Val.
Julis vulgaris Cuv. et Val.
Mugil auratus R. (jeunes).

Peu de temps après les premières gelées de décembre, la température des bacs descendit à + 8° C. Ce refroidissement, qui ne me semblait pas encore devoir être bien grave, fut cependant immédiatement ressenti à des degrés divers par nos poissons. Tous devinrent moins actifs et refusèrent la pâture d'Amphipodes vivants sur laquelle ils se jetaient auparavant avec avidité. Les Girelles ne tardèrent pas à manifester un malaise plus accentué. Au bout de deux jours, durant lesquels la température de + 8° s'était maintenue, elles moururent, à l'exception d'une seule, d'assez forte taille, qui avait déjà résisté à des blessures provenant de morsures des Oblades et qui ne périt que plus tard, à + 4° C.

Après quelques journées d'accalmie, le froid s'établit d'une manière persistante et progressive à partir du 6 janvier jusqu'au 23, atteignant, le 18, au jour, en dehors du laboratoire, — 9°,5. A l'intérieur, l'eau de nos bacs, qui, à dessein, ne fut pas renouvelée, descendait progressivement d'abord à + 5 le 10 janvier, puis à + 3 le 17, à + 2 les 20, 21 et 22, pour remonter, à partir du 23 jusqu'au 31, d'abord à

+ 4, puis à + 5, + 8 et à + 9 le 26, moment où s'est arrêtée la mortalité de nos poissons. Tous résistaient encore à l'exception des Girelles, du 10 au 12 janvier, et subissaient la température de + 4. Bientôt, cependant, on en voyait quelques-uns nager avec affolement, puis perdre l'équilibre de leur attitude habituelle et arriver le ventre en l'air à la surface, s'agitant encore lentement un jour ou deux lorsqu'on les excitait, montrant de véritables congestions dans les orbites et au voisinage des ouïes, et finissant par périr, alors même qu'on les plaçait à ce moment dans de l'eau plus chaude. Les *Box salpa*, les *Oblada melanura*, les *Pagellus bogaraveo*, les *Smaris vulgaris*, les *Sargus vulgaris*, les *Sargus Rondeletii* ont été frappés successivement, montrant plus ou moins de résistance individuelle, après avoir été exposés durant quatre jours à la température de + 4°. Les individus les plus endurants de ces espèces s'éteignaient quelques jours plus tard, lorsqu'ils avaient subi l'abaissement à + 3 et à + 2. A ce moment, les alevins de *Sargus Rondeletii* ont manifesté à leur tour du malaise et ont succombé au bout de trois jours en même temps que l'Hippocampe, les Blennies, l'un des petits Mugils et quelques Crénilabres.

Il ne survivait, le 26 janvier, quand l'eau des bacs était remontée à + 9°, que les deux tiers de nos Crénilabres, un *Mugil auratus* jeune, les *Motella fusca* et tous les *Gobius capito*. On remarquera que ces poissons vivent d'ordinaire dans la zone littorale, où ils doivent être exposés plus que tous les autres aux oscillations thermiques. Ils n'auraient pas été soumis d'ailleurs, en liberté, à de si rudes épreuves. En effet, tandis que la neige couvrait le rivage avec un froid de — 7° à — 9°, les eaux de la mer à la côte, dans l'anse des Cuivres, n'étaient pas descendues au-dessous de + 10°. Toutes nos bêtes, sans excepter les Girelles, auraient donc pu traverser cette période critique sans se réfugier dans les zones plus profondes.

Les conditions favorables de la pleine mer ne se maintiennent pas, on le comprend aisément, dans nos lagunes et aux embouchures du Rhône, ni même dans le grand étang saumâtre de Berre, qui a éprouvé cette année une dépopulation extraordinaire, du moins en ce qui concerne sa faune ichthyologique adventice. Je rappelle que l'étang de Berre est une petite mer intérieure, de plus de 15,000 hectares de superficie, mais dont la profondeur maximum ne dépasse pas 8 mètres à 10 mètres. La salure des eaux varie, suivant les points et les circonstances, entre 0°,5 B. et 2°,5 ; tandis qu'au même densimètre et à la même température la mer, au large du laboratoire de Marseille, accuse 4° B. Presque chaque année le froid tue ou endommage dans l'étang une certaine quantité de poissons. Ce phénomène est connu sous le nom de *Martegado*. Les Sardines sont frappées les premières, en décembre ; au contraire les Melettes (*Meletta phalerica*), les Esprots méditerranéens, résistent aux plus basses températures. Toutefois les eaux ne gèlent qu'exceptionnellement. Cette année, la surface totale de l'étang a été couverte de glaçons qui, chassés par le vent du nord-ouest, se sont entassés vers la rive sud et y ont persisté plusieurs semaines. Il résulte des observations faites par M. le commissaire de la marine Dangibeaud que, du 18 au 24 janvier, dans les canaux secondaires de Martigues, la température était descendue jusqu'à un mètre sous la glace, à 0° et même à — 1° ; et que le maximum dans le canal maritime, à 6 mètres de profondeur, même avec les courants d'entrée amenant de la « Grande Mer » une eau plus chaude, n'avait pas dépassé + 4°, + 5°, + 6°, et n'était que de + 1° le 22 janvier, au moment de la sortie des eaux de l'étang vers la mer.

Les Muges (*Mugil chelo*, *cephalus*, *capito*, *auratus*) et les Loups (*Labrax lupus*), qui sont les espèces nomades les plus importantes, ont été *absolument* anéantis. Les Anguilles ont été aussi fortement atteintes, à l'exception de celles qui, dans les endroits les plus profonds, ont pu s'envaser au début du froid. On aura une idée exacte de ce dommage par les chiffres suivants, représentant les quantités de poissons de cette catégorie pêchés dans l'étang en 1889.

Muges.	148,679 kilogs.
Loups	39,012
Anguilles.	30,575

Il était important de constater l'état de la faune sédentaire dont les espèces doivent nécessairement posséder plus de rusticité. Cette population spéciale comprend les animaux suivants :

Hippocampus guttulatus, *Siphonostoma argentatum*, *Syngnatus bucculentus*, *Nerophis ophidion*, *Gobius lota*, *Gobius jozo*, *Blennius pavo*, *Crenilabrus massa varietas*, *Flessus passer*, *Atherina mochon*.

J'ai reconnu les 23 et 24 février, en exécutant et en suivant les pêches usuelles, que si un certain nombre d'individus de ces espèces avaient succombé, saisis par le froid dans les parties côtières peu profondes, il en persistait du moins de grandes quantités en parfait état, dans les fonds de 6 mètres à 10 mètres. Les eaux de l'étang n'étaient encore, le 24 février, à 1 mètre, qu'à + 5° C. Les Melettes, les *Aterina hepsetus*, les Anchois et les petits *Gobius minutus* commençaient cependant déjà leur mouvement d'entrée. Les Anguilles (*Belone acus*) qui se présentaient avec eux étaient, par contre, fâcheusement impressionnées par ces eaux froides ; leurs bandes rebroussaient chemin et quelques-unes se laissaient prendre à demi mortes.

J'ai noté ces remarques, que je ne puis exposer plus longuement ici, parce qu'elles me semblaient avoir quelque importance au point de vue de la distribution géographique des espèces.

A.-F. Marion.

IV. CHRONIQUE ÉTRANGÈRE.

Exportation des Moutons de Hongrie.

M. Pion vient de terminer dans ce numéro son étude sur le Mouton africain. Il nous a semblé intéressant, au moment où l'attention est appelée sur la race ovine, de donner l'extrait d'un document publié par le *Pester Lloyd* sur l'exportation des Moutons en Hongrie (1) :

« Notre exportation de Moutons à l'étranger et surtout en France, si florissante il y a quelque temps, est tombée rapidement pendant les quatre dernières années. Rien ne saurait mieux mettre en lumière ce fait regrettable que le tableau suivant :

	EXPORTATIONS			
	en Autriche.	en France.	en Allemagne.	totales.
1885............	109,458	107,132	28,852	246,245
1886............	118,634	126,389	124	245,247
1887............	150,635	64,060	»	215,339
1888............	163,156	2,442	»	165,727
1889............	107,515	378	»	107,933

» Ces chiffres comprennent les Moutons sans compter les Agneaux; c'est-à-dire que la Hongrie cesse à peu près d'exporter ses Moutons au delà du territoire douanier de la monarchie.

» L'élimination presque complète des Moutons hongrois de leur marché principal d'exportation, la France, doit être attribuée uniquement à des motifs de politique douanière. Le droit d'entrée, fixé en 1863 à 30 centimes par tête, a été porté, en 1885, à 3 francs et, en 1887, à 5 francs. Cette augmentation a eu pour l'exportation hongroise des suites doublement fâcheuses : elle a rendu difficile le trafic des Moutons en général et mis les Moutons hongrois dans l'impossibilité de concourir avec les Moutons russes, italiens et allemands ; ceux-ci, en effet, pesant en moyenne 55 à 60 kilogrammes, supportent plus facilement le droit d'entrée que le Mouton hongrois, qui ne pèse, en moyenne, que 40 kilogrammes.

» Quant à l'interdiction d'importation des bestiaux dans l'empire d'Allemagne, elle nous a complètement fermé le marché de ce pays; si bien que le Mouton hongrois ne peut être placé aujourd'hui qu'en Autriche et principalement à Vienne.

» Subissant le contre-coup des mesures douanières adoptées en

(1) *Bulletin du Ministère de l'agriculture*, mars 1891.

France, le trafic général du marché de Budapest a plutôt diminué qu'augmenté pendant les cinq dernières années, mais le trafic des Moutons hongrois sur le marché de Paris a tout particulièremnt diminué dans une proportion énorme. Tandis qu'on y comptait, en 1885, 221,011 Moutons hongrois et, en 1886, 218,023, ce nombre tombe, en 1887, à 105,100 ; en 1888, à 56,132 et, en 1889, à 20,047, c'est-à-dire à 201,964 de moins que cinq ans plus tôt. Ainsi que le montre le tableau qui précède, sur ces 20,047 Moutons hongrois importés à Paris, 378 seulement ont été envoyés directement d'ici ; les autres y étaient parvenus par voie indirecte.

» Tandis que le marché de Budapest restait stagnant, que celui de Presbourg, si animé autrefois, devenait presque nul et que le nombre des Moutons hongrois sur le marché de Paris diminuait considérablement, le trafic du marché de Vienne augmentait, au contraire, pendant les cinq dernières années, de près de 50 %. En effet, le nombre des Moutons vendus sur ce marché qui, en 1885, était de 168,525, s'est élevé à 351,131 en 1889.

» Cette transformation des marchés de Paris, de Budapest et de Vienne a eu pour les négociants hongrois et pour les producteurs les conséquences les plus défavorables. Ces derniers durent se rabattre sur le marché viennois où, naturellement, la demande n'augmentant pas dans la même mesure que l'offre, ils durent céder leurs produits dans de mauvaises conditions ; le prix d'une paire de Moutons en graissés tomba de 20-25 florins à 12-14 florins sur tous les grands marchés de la monarchie.

» Il est inutile de démontrer le dommage que cet état de choses occasionna à l'élevage des Moutons en Hongrie, dommage d'autant plus grand que le prix de la laine s'avilissait en même temps.

» Le Ministère de l'Agriculture, alors que le président du conseil actuel, M. le comte Szapary, était à la tête de ce département, s'occupa de cette question en vue de découvrir le moyen de relever l'exportation des Moutons hongrois. Différentes circonstances rendaient la solution très compliquée. D'abord il était hors de doute que, faute de conventions vétérinaires, l'interdit qui peut être mis par la France aussi bien que par l'Allemagne sur l'importation des bestiaux nuirait toujours à la sûreté et à l'accessibilité du marché, même si la transformation radicale de la tendance protectionniste actuelle déterminait un courant plus favorable à notre commerce de Moutons vivants. Il n'y a qu'un moyen de relever notre exportation de ce produit : c'est d'*exporter de la viande de Mouton*. Les droits prélevés en France sur notre viande de Mouton ne peuvent être modifiés avant l'expiration du traité, c'est-à-dire avant la fin de 1892. Cette circonstance, comme le fait que l'exportation de la viande de Mouton à Paris a pris une grande extension dans l'autre moitié de la monarchie et que, vu la consommation considérable de la France, la viande de Mouton exportée par nous y trouve toujours des acquéreurs sûrs, peuvent être considérés comme constituant de bonnes conditions pour notre exportation de viande de Mouton.

» C'est pourquoi les Ministres de l'Agriculture, du Commerce et des Finances, d'accord avec la municipalité de Budapest, ont résolu de créer dans la capitale, fût-ce au prix de grands sacrifices, un *marché d'exportation pour la viande de Mouton,* qui faciliterait à la production ovine du pays l'accès des marchés de l'ouest et surtout du marché de Paris.

» Mais avant de faire l'essai d'un établissement de ce genre, il faut examiner sérieusement s'il a chance de succès et se bien rendre compte des résultats qu'on peut être en droit d'en attendre. Plusieurs obstacles rendent difficile l'exécution de cette entreprise. D'abord, nos chemins de fer ne disposant pas de wagons propres au transport de la viande, l'achat de ces wagons ne pourrait être exigé d'aucun entrepreneur. Puis, il n'existe pas d'abattoir à Budapest convenablement aménagé pour la manutention de la viande de Mouton exportable. De plus, Budapest est beaucoup plus éloigné de Paris que ne le sont les marchés d'exportation occidentaux, et la différence des frais d'exportation réduirait encore la faculté de concurrence des entrepreneurs de Budapest. Enfin, à Budapest, les droits d'octroi, de pâturage et de parcage sont très élevés ; les impôts de consommation sont aussi considérables ; de là des difficultés sérieuses avec lesquelles l'entrepreneur aurait à lutter au début.

» C'est pour aviser au moyen de les aplanir que MM. Baross, comte Bethlen et Wekerle, après avoir entendu les représentants de la capitale, ont ordonné une enquête à laquelle fut invité à prendre part le chef d'une maison d'exportation de viande bien connue.

» Voici les décisions qui ont été prises aux cours des délibérations :

» Le Ministre de l'Agriculture, reconnaissant que l'impulsion à donner à l'exportation de la viande de Mouton profiterait tout d'abord aux intérêts de l'agriculture, a pris à la charge de son département l'achat des wagons propres au transport de cet article. Le Ministre du Commerce a accordé des remises de frais de transport pour les Moutons venant à Budapest, ainsi que pour la viande dirigée sur Paris, et a promis de faire construire une voie ferrée reliant l'abattoir à la gare de chemin de fer. La municipalité de Budapest a voté, pour la construction d'un abattoir spécial, la somme de 25,000 florins ; la taxe d'abatage y sera de 5 kreutzers ; l'octroi et le droit de pâturage seront réduits de 7 et de 3 kreutzers à 1 kreutzer ; enfin la capitale prend à sa charge le droit de parcage. Le Ministre des Finances a accordé des réductions d'impôts de consommation.

» Lorsque le gouvernement et la ville eurent ainsi écarté toutes les difficultés, une maison d'exportation a déclaré être prête à lancer ce commerce. Aussi l'installation d'un marché pour l'exportation de la viande de Mouton n'est-elle plus qu'une question de peu de temps, qui sera résolue dès que l'abattoir projeté et les wagons nécessaires au transport auront été construits.

» Cette entreprise, selon toute probabilité, produira le meilleur effet sur notre commerce et indirectement sur notre production. Car, si l'exportation s'élevait au début à un wagon seulement de viande de Mouton, ce qu'il est permis d'espérer sans crainte d'être accusé d'exagération, l'entreprise d'exportation aurait besoin, pour produire ces 50 à 60 quintaux métriques, de 300 à 360 Moutons par jour, ce qui ferait une consommation de 2,100 à 2,500 par semaine et de 120,000 à 160,000 par an.

» La création de ce marché d'exportation à Budapest est un pas de plus vers le but que nous visons : faire de notre capitale le centre du commerce international des bestiaux. La situation de Budapest, entre l'orient producteur et l'occident consommateur, lui assure à ce point de vue des avantages indéniables ; et comme ses institutions de police vétérinaire, destinées à favoriser le développement du commerce des bestiaux, ne laissent que peu de chose à désirer, comme l'entente entre la ville et le gouvernement est de jour en jour plus complète, nous estimons que le projet repose sur des bases solides et que nos efforts doivent être couronnés de succès. »

V. CHRONIQUE GÉNÉRALE ET FAITS DIVERS.

Concours de volailles. — La ville de Houdan (Seine-et-Oise) organise un concours de volailles et autres animaux de basse-cour. Ce concours aura lieu les samedi 16 mai et dimanche 17 mai prochain.

Prix d'entrée : le samedi, 1 franc, le dimanche, entrée gratuite. — Ligne de Granville, Paris-Montparnasse.

Société centrale d'Apiculture. — La dixième exposition internationale des Insectes utiles et de leurs produits, des Insectes nuisibles et de leurs dégâts aura lieu cette année, du 23 août au 27 septembre, dans l'Orangerie des Tuileries.

La Société centrale d'Apiculture et d'Insectologie fait, dès à présent, appel à toutes les personnes que la question intéresse et qui désirent participer à cette exposition, afin qu'elles se mettent en mesure de lui envoyer leurs collections et leurs produits en temps opportun.

Pour l'Apiculture, s'adresser à M. Sevalle, secrétaire général de la Société, 167, rue Lecourbe, et pour l'Entomologie, à M. Wallès, 18, rue Dauphine.

Animaux exotiques lâchés dans la forêt de Marly. — Il y a une quinzaine de jours, a eu lieu, dans la forêt de Marly, le lâcher des Cerfs exotiques, mis à la disposition de M. Recopé, inspecteur de la forêt dont la chasse est réservée à M. le Président de la République.

L'envoi consistait en un couple superbe de Cerfs Sika, du Japon, en trois Cerfs porcins de la Chine, ravissants petits animaux dont la taille ne dépasse pas beaucoup celle d'un gros Lièvre et qui a toute la grâce d'un Chevreuil, et enfin en un couple d'Antilopes cervicapra de l'Inde. Tous ces animaux, placés séparément dans des boîtes et chargés sur un fourgon, sont arrivés en excellent état : les bonds auxquels ils se sont livrés en sortant de leurs boîtes en témoignaient éloquemment. (*Le Chenil.*)

Deux Oisons dans un œuf. — Un propriétaire anglais, M. W. Leach, vient d'obtenir deux Oisons, en parfaite santé, d'un seul œuf soumis à l'incubation.

Expériences américaines sur des Vaches laitières. — On vient de faire à la station expérimentale du New-Hampshire, sous la direction du professeur Witcher, une série d'expériences ayant pour but de déterminer l'influence exercée sur la lactation par la fréquence des traites.

Une Vache, de race Durham, qui donnait en vingt-quatre heures 6 kilogs 463 de lait contenant 3,89 % de matière grasse, ou 251 grammes de matière grasse totale, fut soumise pendant vingt-quatre heures à une traite toutes les heures. On obtint, dans ces conditions, 7 kilogs 371 de lait contenant 5,27 % de matière grasse, ou 388 grammes de matière grasse totale, soit un accroissement de 54,5 % dans la teneur en matière grasse.

Une autre Vache, de la race de Jersey, donnait avant l'expérience 4 kilogs 567 de lait par vingt-quatre heures, lait contenant 6,02 % de matière grasse, ou 275 grammes de matière grasse par jour. Avec la traite horaire qu'on opéra sur cet animal pendant soixante-douze heures consécutives, formant trois périodes de vingt-quatre heures chacune, on obtint les quantités de lait et de matière grasse suivantes :

	Lait.	Pour cent de matière grasse.	Matière grasse par 24 heures.	Augmentation de la matière grasse pour cent.
Premières 24 heures....	4 k 76	7,05	0 k 335	24,25
Deuxièmes 24 heures...	4 80	5,94	0 285	4,00
Troisièmes 24 heures...	4 94	5,74	0 283	3,33
Totaux.......	14 k 50	18,73	0 k 903	»
Moyenne pour 24 heures.	4 k 833	6,24	0 k 301	10,00

On a donc trouvé avec cette Vache une nouvelle variation de la teneur en matière grasse qui diminuait progressivement, alors qu'elle s'accroissait au contraire chez la Vache Durham quand on la trayait toutes les heures. On avait trouvé, en effet, 1,36 % de matière grasse dans les 113 premiers grammes de lait fournis par celle-ci, et 8,04 % dans les derniers 113 grammes obtenus. On peut donc conclure que les circonstances suivantes influent sur la qualité du lait : 1° La race ; 2° les caractères individuels ; 3° le temps écoulé depuis la mise bas ; 4° le moment où la traite est opérée, le matin ou le soir ; 5° la plus ou moins grande fréquence des traites. H. B.

Terrapines américaines. — La saison des Terrapines, *Terrapene carinata*, ces excellentes Tortues d'eau saumâtre qui jouissent d'une si grande vogue aux Etats-Unis, s'est ouverte vers la fin de novembre, caractérisée par des prix plus élevés encore que ceux qu'on avait constatés jusqu'à présent. Les plus beaux de ces Chéloniens se vendent de 260 à 310 francs la douzaine, les prix moyens sont de 186 francs la douzaine et la plus mauvaise Terrapine trouve amateur pour 13 francs.

Les principaux marchés pour la Terrapine sont les villes de Washington et de Baltimore, qui en consomment plus que toute autre cité des États-Unis et n'en reçoivent pas assez pour satisfaire aux demandes. Les Terrapines ont été peu nombreuses aux États-Unis cette année, ce qui explique, jusqu'à un certain point, les prix élevés qu'elles ont atteints. Le millier d'individus de la baie Chesapeake et de ses baies tributaires qui se livrent à cette pêche, n'en ont guère pris que 750,000, ce qui, au prix moyen de 15 fr. 50, représente, il est vrai, une somme de 11,625,000 francs. Les Terrapines vivent dans la vase de petites criques situées le long des côtes. Un des meilleurs procédés de capture consiste, paraît-il, à profiter de leur excessif instinct de curiosité. Les pêcheurs, après avoir ancré leur canot en travers d'une de ces baies, font grand bruit en frappant sur les flancs de l'embarcation. Les Terrapines éveillées par le vacarme sortent de l'eau, et sont prises avec des épuisettes. On les fait aussi sortir de la vase en agitant celle-ci avec des tridents, et elles viennent alors se prendre dans des filets tendus à l'avance. Les pêcheurs d'Huîtres en trouvent souvent aussi dans leurs dragues, pêle-mêle avec les Mollusques. La Terrapine se vend vivante, et doit être nourrie jusqu'au moment de la mise en vente. On en trouve beaucoup sur les côtes des deux Carolines, du nord et du sud, mais les plus estimées sont celles de l'embouchure du Potomac et de la baie Chesapeake, à l'embouchure du Patuxent. Les Terrapines se nourrissent de poissons auxquels elles ajoutent un régime végétal de Cresson et de Céleri aquatique.

On a créé, dans ces dernières années, le long de la baie Chesapeake, un grand nombre d'établissements destinés à l'élevage des Terrapines, et un sénateur, M. Bayard, serait même propriétaire d'un des mieux installés. Ce sont de vastes bassins d'eau salée, entourés de grillages contre les attaques des Renards et des Rats musqués, grands amateurs de Terrapines. Sur une ligne sont rangés les couvées, caisses à demi pleines de sable dont les femelles ne peuvent plus sortir quand elles y ont pénétré. Jusqu'à l'âge de dix mois, les jeunes Terrapines sont élevées dans des bassins distincts de ceux des parents qui pourraient parfois les dévorer. En dehors des Terrapines consommées aux Etats-Unis, on en exporte des quantités considérables à Londres, les Anglais ayant pris, eux aussi, goût à la chair de cette Tortue.

Le prix si élevé des Terrapines a bien entendu provoqué la recherche de leurs succédanés.

Certains individus recueillent pour les restaurateurs des grandes villes de petites Tortues de marais, d'eau douce, assez communes dans la région séparant le New-Jersey de l'Etat de New-York où on les désigne sous le nom de Terrapines à pattes rouges. Ces Tortues, bien entendu, sont servies comme des Terrapines authentiques. Le métier est assez rémunérateur, les restaurateurs payant ces Tortues 15 à 20 francs la douzaine. On cite certains pêcheurs qui en vendent ainsi une centaine de barils par an.

J. P.

Les Noisettes. — Les différentes espèces du genre *Corylus*, Noisetier, ont en Europe un habitat excessivement étendu. On cueille en effet des noisettes en France, en Espagne, en Italie, en Angleterre, en Allemagne, en Autriche, en Suède-Norvège, en Russie, dans les Balkans et sur les plus hautes montagnes de la Grèce.

Le *Corylus Avellana* primitif a engendré de nombreuses variétés culturales. En Bavière, dans la Franconie, on estime particulièrement la variété très précoce dite Lamberti, nom qui dériverait de lombardie, cette variété ayant été introduite en Allemagne par des moines Lombards. Les religieux du couvent de Zell, près de Wurzbourg, la perfectionnèrent encore, et créèrent la variété connue sous le nom de noisette de Zell, qui résiste le mieux au froid. L'Allemagne importe cependant pour près de 3 millions de francs de noisettes chaque année.

Les noisettes espagnoles, très grosses, sont également fort estimées, mais elles dérivent de l'espèce *Corylus tuberosa* et non du Noisetier commun.

Le pays par excellence, pour la production des noisettes, est l'Italie, et les fruits de la province d'Avellino, ville située entre Naples et Caserte, sont connus du monde entier sous le nom d'Avelines. Indépendamment des arbres croissant dans les bois de Bagnoli, d'Irpino, de Montetta, le Noisetier est l'objet d'une véritable culture dans cette région. Les environs d'Avellino possèdent plus de 700 hectares de terrain plantés en Noisetiers et produisant annuellement 17,000 hectolitres de fruits. Les Noisetiers sont également cultivés sur tous les points de la même province, à Atripalda, à Altavilla, à Irpina, à Lauro, à Mercogliano, etc., et l'ensemble de ces plantations produit annuellement 80,000 hectolitres de noisettes, dont 65,000 hectolitres sont exportés.

On distingue de nombreuses variétés dans cette région ; les plus estimées sont la Cassa rossa, la Cassa bianca, la Cassa forcina, qui se mangent après dessiccation. D'autres variétés, la Mortarelli, la Cannellina, la Santa Anna, qui sont très précoces, se consomment à l'état frais. Les noisettes destinées à l'exportation sont desséchées en les exposant au soleil ou à la fumée d'un feu de bois vert ; les premières étant, bien entendu, les plus estimées. La région d'Avellino envoie ses produits en France, en Angleterre, en Allemagne, en Autriche et jusqu'en Amérique.

La Sicile, qui produit également beaucoup de noisettes, en exporte annuellement 15,000 hectolitres, dont 5,000 hectolitres sont expédiés en Allemagne, et une quantité à peu près égale en Angleterre. Les plantations de Noisetiers siciliennes contiennent à l'hectare 1,600 arbres rapportant 1 fr. 20 au moins et souvent 10 et 12 francs chacun par an.

L'abondance plus ou moins grande de la récolte soumet les cours des noisettes italiennes à de grandes fluctuations. Elles valaient 106 francs aux 100 kilogs en 1880, et 50 à 52 francs en 1887. J. L.

Culture des fleurs dans le midi de la France. — La culture et la distillation des fleurs constituent la principale industrie de la région avoisinant Grasse, Cannes, et le golfe Juan, qui constitue un immense jardin de 28,000 hectares. La récolte des Violettes, *Viola odorata*, les premières messagères du printemps, là comme ailleurs, commence le 15 janvier et dure jusqu'au 15 avril. La région de Grasse seule en produit 150,000 kilogs par an. En février et mars, fleurissaient les Jonquilles, *Narcissus jonquilla*, dont on consomme 15,000 kilos à Grasse. La récolte des Roses et celle des fleurs d'Oranger se prolonge du 15 avril à la fin de mai. La région de Grasse produit 1,860,000 kilogs de fleurs d'Oranger, et 130,000 de Roses. Du 15 mai à la fin de juin, on recueille 25,000 kilogs de fleurs de Réséda, *Reseda odorata*, et 145,000 kilogs de fleurs de Jasmin, *Jasminus grandiflorum*. Du 20 juillet au 10 octobre, on recueille 75,000 kilogs de Tubéreuses, *Agapanthus umbellatus*. La Cassie, *Acacia Farnesiana*, qui fournit un parfum très concentré et fort pénétrant, commence à fleurir en octobre et cesse vers le 15 avril, à l'apparition des Roses. Elle fournit 50,000 kilogs environ de fleurs. Hyères, Ollioules et diverses autres localités se consacrent encore à la culture des fleurs, mais pour la vente en bouquets et non plus pour la fabrication des extraits et des essences. H. B.

ERRATA. — P. 637, ligne 5 et suivantes : *Au lieu de* : « L'existence des doigts surnuméraires résulte du développement complet *des* parties qui sont rudimentaires dans l'état normal. Le canon des Chevaux, comme d'ailleurs celui des ruminants, porte latéralement leurs os allongés, etc. » *Il faut lire* : « L'existence des doigts surnuméraires résulte du développement complet *de* parties qui sont rudimentaires dans l'état normal. Le canon des Chevaux, comme d'ailleurs celui des ruminants, porte latéralement *deux* os allongés », etc.

Ligne 20 et suivantes : *Au lieu de* : « Toutes ces anomalies s'expliquent donc par le développement complet *des* parties qui existent *actuellement* dans le pied *de* Cheval. » *Il faut lire* : « Toutes ces anomalies s'expliquent donc par le développement complet *de* parties qui existent *virtuellement* dans le pied *du* Cheval. »

Ligne 26 : *Au lieu de* : « Il est très digne de *remarquer* que cette conformation *animale*... » *Il faut lire* : « Il est très digne de *remarque* que cette conformation anomale... »

Le Gérant : JULES GRISARD.

LE CHEVAL A TRAVERS LES AGES

PAR M. G. D'ORCET.

(DESSINS DE NOLL G. D'ORCET.)

(SUITE *.)

Les Danaï devaient former une caste aristocratique parmi les Tomioi, car tous les anciens tombeaux de Carthage appartiennent à ce type. Les Lybiens inhumaient au contraire les leurs dans une corbeille, après les avoir découpés, lorsqu'ils ne les brûlaient pas, aussi leurs inscriptions funèbres commencent par le mot *then* qui signifie corbeille. Elles sont gravées sur une pierre plantée debout, au pied de laquelle on ne trouve jamais rien, le temps ayant consumé complètement les débris des enfouis en pleine terre. Mais cet usage s'est transmis jusqu'à nos jours dans la vallée de l'Oued Ain et Hallab, et les pierres se nomment encore *S'nob*, pour *then Ob*, corbeille d'Ob, ou de la déesse des ténèbres. D'après le général Faidherbe, l'état de guerre perpétuelle dans lequel ces planteurs de pierres vivaient avec leurs voisins, qui les traitaient de payens, les forçaient de se marier entre eux et ils étaient tous blonds à yeux bleus. Ce sont les descendants des introducteurs du Cheval barbe qui se trouvent en bien plus grand nombre chez les Touaregs. M. Piétrement tend à voir des Germains ou des Vandales dans les blonds nombreux qu'on trouve dans tout le nord de l'Afrique et des descendants de leurs Chevaux dans les types busqués, assez communs, paraît-il, dans le nord-ouest. Mais à l'époque de Tacite, les Chevaux des pays d'où venaient les Vandales étaient très petits, très laids et très mauvais, et ceux qui figurent sur la colonne Trajane n'ont pas le type busqué, il paraît d'ailleurs qu'ils n'étaient pas communs dans ces pays de forêts, car les Germains

(*) Voyez *Revue*, 1890, note de la page 1118, et plus haut p. 161.

étaient surtout fantassins, sans en excepter les Francs. Chez les Vandales, les chefs seuls étaient montés et en passant par

Pl. 1. — Stèle d'Abizar (Algérie).

Elle porte une inscription en caractères lybiens que M. Tissot traduit d'après M. J. Halévy. *Babavadil fils de Kenzoun Bavaï*, mais le monument n'est pas antérieur au IVe siècle avant notre ère et correspond à une foule d'autres du même genre trouvés en Gaule, en Italie et en Grèce, avec des inscriptions qui ne sont que des dédicaces de cimetière. *Babavadil* veut dire les *ports de l'impuissance*, ou de la *mort*. le reste se lit très correctement *la Khar l'Aron* (*Carnifici clistæ*), c'est-à-dire : Au bourreau à la manne d'osier. On donnait le nom de *Khar*, en grec *Charo* ou *Charon*, à des fossoyeurs ou bourreaux qui formaient un corps de police spéciale et étaient chargés de dépecer les cadavres qu'ils enterraient ensuite dans une manne d'osier. Nous avons exploré nous-mêmes en Afrique un nombre considérable de ces sépultures de la secte anatomique ; on vient d'en trouver tout récemment à Breviers dans l'Hérault. M. de la Pouge, professeur d'anthropologie à Montpellier, y a constaté l'*opération du décharnement*. Sur une autre stèle lybienne, on trouve le mot *dra* qui veut dire *horreur* ; sur une troisième, les trois mots *dik Khan San* (*la petite maison guérit l'impuissance*). Ces petits dolmens *oikouriai* (*mansioncula*) se nommaient donc en lybien *Khan* ou *Qan*, qui a la même signification. Notre planche représente un de ces *khar* ou coupeurs de cadavres, ou plutôt c'est le dieu Charo en personne, emportant à travers le désert l'âme du défunt dépouillée de sa chair. Le style est aussi barbare que celui de l'Esculape chypriote. M. Tissot s'imaginait que ce cavalier était nu, mais il porte le costume collant des Touaregs actuels et des cavaliers d'époque romaine que nous donnons plus loin. Un voile en pointe lui cache le bas du visage, c'était une mode cilicienne apportée par les Argonautes, qui s'est conservée chez les Touaregs avec leur écriture également originaire d'Asie, qu'ils nomment encore *Tamahak*. Le type du Cheval est à front droit, c'est tout ce qu'on peut en dire.

les Gaules et l'Espagne, ils avaient dû se débarrasser de leurs vilains chevaux allemands, pour de bons coursiers cauchois ou espagnols. D'ailleurs, les Chevaux à type busqué qui dominaient sur tout le littoral de l'Atlantique et particulièrement en Portugal, étaient bien antérieurs aux invasions des Vandales, puisque c'est celui qu'on retrouve dans les Chevaux à tête lourde et massive de la numismatique numide. Les Maures, maîtres de l'Espagne, ont dû en ramener dans leur pays en très grand nombre à cause de la supériorité de leur taille et de leur force. Il est donc tout naturel que M. Piétrement en ait vu beaucoup dans les parties de l'Algérie qui avoisinent le Maroc. Nous n'en avons pas vu en Tunisie où la race indigène a été en grande partie renouvelée au XIe siècle par les Anezés qu'y transporta la grande émigration hilalienne.

Mais la presqu'île arabique qui n'a élevé des Chevaux qu'à une époque très tardive, à cause de l'aridité naturelle de son sol, n'en a jamais produit un assez grand nombre pour modifier profondément les races avoisinantes, et elle a dû ses étonnants succès bien moins à la quantité qu'à la qualité de ses Chevaux et de ses cavaliers, qui les uns et les autres étaient dressés et équipés à la mode parthe.

En effet, il ne faudrait pas croire que le cavalier arabe qui ne put être arrêté qu'à Poitiers par la grosse cavalerie cauchoise, fut le léger cavalier algérien que nous connaissons sous le nom de spahis. L'homme était protégé par un casque conique et un lourd haubert de mailles assez semblable à celui du cavalier mède de la page 834, il était armé d'une longue épée, généralement droite et d'une lance de bambou, d'au moins trois mètres de long, ferrée aux deux bouts.

Ce lancier était accompagné de trois archers sans armure défensive et d'un page monté, porteur des armes de rechange, qui tenait les chevaux lorsque l'escouade combattait à pied.

Mais c'était surtout le harnachement du Cheval qui avait changé. La simple peau de bête du cavalier primitif avait fait place à une lourde selle dont les hauts arçons protégeaient celui qui le montait par devant et par derrière. Des plaques de métal garantissaient le poitrail du Cheval et souvent son front ; enfin la manœuvre de toute espèce d'armes était singulièrement facilitée par l'invention des étriers, dont l'honneur, croyons-nous, revient aux Parthes.

Aussi la légion romaine, qui avait battu la cavalerie gauloise si bien que l'arme en avait été complètement dépréciée, ne tint pas contre l'Arabe solidement campé sur ses étriers. Les archers commençaient par la cribler de flèches hors de portée de ses lourds javelots, puis les lanciers la chargeaient avec leurs longues lances.

Cette tactique nouvelle des Arabes nécessita la réorganisation de la cavalerie byzantine et franque. La véritable lance ne semble pas avoir précédé l'invention de la véritable selle et des étriers. Auparavant on ne s'en servait que comme arme de trait. Un cavalier à poil, ou sur une simple couverture ne pouvait pas avoir l'assiette assez solide pour charger la lance en avant contre de l'infanterie protégée par ses boucliers, ou des cavaliers armés de solides hauberts et bien campés sur leurs étriers.

Aussi les premiers succès des cavaliers arabes furent-ils foudroyants, mais par l'introduction de l'usage de la lance en arrêt et de la selle à arçons et à étriers, l'avantage final devait forcément rester au plus fort Cheval, au plus capable de supporter le plus lourd cavalier et la plus massive armure. La défaite du cavalier arabe à Poitiers était donc inévitable, elle fut encore facilitée par l'emploi d'une arme d'autant plus terrible qu'elle était maniée de plus haut, la masse ou martel d'armes, dont Charles Martel a gardé le nom. Les Arabes ne purent jamais remédier au défaut de taille et de masse de leurs chevaux, tant à cause de l'aridité naturelle de la plupart des pays qu'ils occupaient, que de leur ignorance en matière d'irrigation et de culture des prairies qu'ils auraient pu établir dans leurs montagnes.

Les Maures excellaient dans la culture maraîchère, mais chez eux comme chez tous les Musulmans, les autres cultures et l'élève du bétail sont en retard de plusieurs siècles, sur celles de l'Europe. La décadence de leur cavalerie et son irrémédiable infériorité fut la cause de la chute du khalifat de Bagdad détruit par les Croisades. Cette destruction aurait été suivie du subjuguement de tous les pays musulmans, si la prépondérance de la cavalerie n'avait été immédiatement détruite par l'invention de l'arbalète promptement suivie de celle de l'artillerie et de la mousqueterie. Les Turcs, qui prirent immédiatement la place des Arabes, n'ont jamais été et ne sont encore que des cavaliers plus que médiocres, mais ils se distinguèrent d'abord comme archers, puis comme arquebusiers et artilleurs, et ce fut ainsi qu'ils enrayèrent pendant quelque temps la décadence générale de l'Islamisme.

Cette décadence causée par les défauts inhérents au régime alimentaire du Cheval africain, entraîna nécessairement la sienne. Il y a tout au plus un siècle et demi que l'Occident a rendu hommage à la perfection de ses formes et à son intelligence supérieure. Mais si le mélange de son sang entre pour une part très considérable dans l'amélioration de la race normande moderne, elle ne l'empêche pas d'être délaissé par suite de son manque de taille et de masse en Afrique comme ailleurs ; toute construction de voies carrossables lui est mortelle, et il est abandonné même dans la cavalerie légère partout où on ne peut pas le conserver entier, parce que dès qu'il est hongre, il perd la plus grande partie de l'ardeur qui lui tient lieu de vigueur et on l'abandonne aux officiers d'infanterie. Seuls les spahis lui sont restés fidèles, mais leurs chevaux sont tous des étalons.

Il en est tout autrement des Chevaux syriens, dont beaucoup ont assez de masse et de taille pour pouvoir être attelés, mais leur prix sera toujours trop élevé pour les employer autrement que comme animaux de luxe et de reproduction.

Malgré certains traits communs avec les nobles montures des premiers cavaliers de l'Islam, malgré la migration en masse des tribus arabes au XIe siècle, ce type était trop rare, et les pâturages africains étaient trop maigres pour modifier avantageusement l'antique Cheval africain, tel que nous le connaissons d'après les médailles lybiennes et numides. Il était petit, maigre, bas sur jambes et sensiblement ensellé comme son père, le Cheval assyrien, mais il possédait en moins le ventre arrondi que le premier devait aux riches pâturages de l'Euphrate et des froids plateaux de l'Asie mineure, où le foin croît en abondance.

Aussi le plus grand mérite du barbe est il dans l'intelligence que révèle la beauté de sa tête. Pour le reste, il ne payait pas plus de mine que son cavalier. Voici le portrait que Tite-Live fait de la cavalerie numide. « Au premier abord, rien de plus misérable ; hommes et chevaux sont d'aspect également chétif. Le cavalier est à peine couvert d'un manteau flottant et n'a d'autres armes que ses javelots ; le Cheval n'a point de brides et paraît disgracieux, même dans la course avec son cou raide et sa tête au vent. » (Tome LXXXV, xi).

En effet, les Numides portaient le surnom d'*infreni* parce qu'ils ne se servaient ni de mors ni de brides. La plupart du temps ils se dispensaient même du licou en poil de chèvre avec lequel ils attachaient leurs montures lorsqu'ils voulaient les forcer à ne pas s'éloigner d'un endroit déterminé. Les médailles numides représentent le Cheval complètement nu, dirigé avec une houssine d'une main et un javelot de l'autre.

Les Arabes de Syrie en expédition se dispensent même de la houssine, le Cheval est complètement nu, l'homme n'est vêtu que de ses tatouages et de sa couffié. Sa seule arme est la lance. Sa monture se dirige uniquement par la voix, les jambes et la main gauche frappant sur les épaules ou la croupe. Ces expéditions ayant surtout pour but d'enlever ses chevaux à la partie adverse, l'emploi des armes à feu serait considéré comme un crime, tout coup de lance qui atteindrait le Cheval comme une maladresse. Si le cavalier tombe, le Cheval retourne dans sa tribu à fond de train, ni bride ni selle ne permet de lui mettre la main dessus pour le faire prisonnier, telle est la raison de la nudité du Cheval et du cavalier.

Il y a une trentaine d'années, en allant visiter les ruines de Balbec, nous avons été poursuivis par une quarantaine de ces cavaliers tatoués, pour avoir traversé leur territoire sans leur autorisation. Arrivés sur leurs limites, nous savions que nous étions en sûreté et qu'ils ne les franchiraient pas. Nous fîmes donc volte-face pour les considérer plus à notre aise. Quoiqu'ils n'eussent rien pour retenir leurs Chevaux, tous s'arrêtèrent à la limite. C'étaient tous des animaux de prix et nous n'avons pas remarqué qu'ils fussent disgracieux dans leur course quoiqu'ils allongeassent librement le cou, mais les Chevaux numides, tels que les représentent les médailles, ont toujours la tête lourde et quelquefois légèrement busquée. Comme formes, ils sont beaucoup moins élégants que ceux des médailles d'Utique et de Carthage, dont la race était l'objet de tous les soins d'un peuple riche et civilisé. D'ailleurs, la plupart de ces Chevaux s'attelaient et jouissaient d'une grande réputation dans le cirque de Rome.

Mais avant de paraître dans la ville éternelle, ils avaient commencé par courir dans le cirque de Carthage qui fut un des plus magnifiques de l'antiquité. Il est même à croire que Carthage a précédé Rome dans ce genre de sport, et que cette dernière ville lui a emprunté les combats d'animaux qui n'étaient pas d'usage en Grèce.

Ce cirque, dont on voit aujourd'hui les restes à Carthage, a été détruit successivement par les Romains, les Vandales et les Musulmans. Sous trois couches de cendres mêlées d'ossements humains, nous avons retrouvé avec le comte d'Hérisson, la divinité protectrice du cirque primitif qui est aujourd'hui au Louvre. C'est un Hadar ou Neptune en marbre grec, qui n'est pas du plus merveilleux style, quoique antérieur à l'an 147 avant notre ère. Cette rudesse permet de supposer qu'il a été exécuté à Carthage et alors tout l'intérêt de ce monument serait dans la tête du Cheval à grosses lèvres qui sert d'attribut au dieu Hadar. Belle ou laide, nous n'en connaissons pas d'autre en ronde bosse dans cette partie de l'Afrique. La même divinité présidait au cirque de Rome, sous le nom grec d'*Hippoposeidon*, Neptunus equestris, mais les Romains le nommaient plus familièrement *Consus,* dieu des Conseils.

Généralement les Phéniciens étaient une race morose qui n'avait ni théâtres, ni jeux, et cultivait fort peu le sport, mais Carthage n'était qu'un comptoir établi auprès de la ville gréco-lybienne de Campé qui avait conservé sa complète autonomie et se trouvait, au dire de Virgile, en relation de parenté avec Rome. Il n'y a rien de surprenant, par conséquent, à ce que ces deux pays eussent une foule d'usages communs, les Lybiens ne partageant point l'animosité des Carthaginois contre les Romains.

La domination romaine fut pour l'Afrique septentrionale une époque de prospérité qu'elle n'a jamais retrouvée sous celle de l'Islamisme. Les monuments en font foi. Ce que ses doctrines en ont fait justifie pleinement sa déchéance.

L'élève du Cheval y prit du commencement de notre ère jusqu'à la conquête musulmane, un développement prodigieux, car, après le type cauchois, celui que les Romains estimaient le plus était le type numide. Les musulmans s'en servirent pour remonter la brillante cavalerie qui les porta en moins de deux siècles des frontières de la Chine à celles de la Gaule, mais ils ne surent pas maintenir cette source de force incomparable et tout périclita entre leurs mains par suite du joug insupportable qu'ils ont toujours fait peser sur les classes productrices. On ne peut aller chez eux sans y trouver les traces de la plus déplorable administration. « L'herbe pousse sous les pieds des Chevaux arabes, disait un proverbe oriental, mais sous ceux des Chevaux turcs, il ne pousse plus rien. »

Les mosaïques trouvées dans les ruines du luxueux palais de Pompeianus, situé dans l'Oued Atmenia en Algérie témoignent hautement que les éleveurs de Chevaux du VIe siècle n'étaient pas moins soigneux que ceux d'aujourd'hui. Les constructions de cette époque rappellent complètement celles de la Tunisie moderne. Elles étaient couvertes par des toits ou dômes et leurs fenêtres possédaient des vitraux formés de disques de verre enchâssés dans du plâtre, luxe que les Gaulois contemporains ne semblent pas avoir connu.

Pl. 2. — Chevaux lybiens des écuries de Pompeianus. Mosaïque africaine du VIe siècle de notre ère.

Ces Chevaux appartiennent au plus beau type Barbe tel qu'il existe encore. Ils portent des couvertures (*scordisca*) tout à fait semblables au *djellat* actuel. Le luxe de leurs mangeoires hexagonales indique qu'ils étaient traités avec beaucoup de soins, comme le sont encore les Chevaux de luxe chez les Africains. Ces mangeoires prouvent que les Lybiens ne connaissaient pas le foin sec et qu'ils nourrissaient exclusivement leurs Chevaux avec de la paille triturée et de l'orge.

Les Chevaux sont attachés deux à deux de chaque côté d'une mangeoire hexagonale devant une large provende de paille triturée et d'orge. Leurs licous sont les mêmes que ceux dont nous nous servons aujourd'hui, de riches couvertures protègent leur robe soyeuse. Leurs noms sont écrits au-dessus d'eux. Ce sont *Altus*, *Pullentianus*, *Delicatus*, *Scholasticus*, puis une jument favorite *Polidoxe* avec cette devise flatteuse : *Vincas non vincas, te amamus*.

Un autre tableau nous représente la femme de Pompeianus.

richement vêtue à la romaine, assise au pied d'un dattier, dans un jardin planté de cyprès et de citronniers. A ses côtés tenant d'une main une ombrelle, de l'autre un Singe, se tient une servante portant la gandoura et les braies collantes des Tunisiennes modernes. Au-dessus on lit en caractères latins, la devise punique FILOSO FILOLOCVS « joie d'un grand homme merveilleusement puissant », le punique était donc la langue domestique de Pompeianus.

Pl. 5. — Pompeianus à cheval. Mosaïque africaine du VIe siècle de notre ère.

Ce seigneur africain vivait très peu de temps avant la grande expansion de la cavalerie arabe et par conséquent il nous donne à peu de choses près le harnachement et l'équipement des premiers cavaliers du prophète, avec cette différence qu'ici ce sont de simples chasseurs. Comme celui du Garamante précédent, le costume était complètement collant. La selle était déjà haute à ce point qu'elle devait être très incommode sans étriers. On n'en voit point, mais la position des jambes indique que les pieds doivent être passés dans des cordons attachés à la housse. En basse latinité, le nom de l'étrier est *stapes,* dont les Italiens, les Allemands et les Anglais ont fait *staf. Estrier* vient du français *sautoir,* sa première forme semble, en effet, avoir été un sautoir de corde attaché à la housse.

Une troisième composition le représente à Cheval avec ses amis Crescentius, Vernacel, Cessonius, Neantus. L'épieu à la main, ils poussent des Antilopes dans des filets tendus. L'un des rabatteurs à pied, un géant porte le nom espagnol de Diaz. Les Chevaux sont bridés et caparaçonnés comme ceux des Tunisiens modernes, la selle se relève fortement en avant et en arrière. L'arçon n'est pas loin, l'étrier non plus, car les pieds des cavaliers semblent s'appuyer sur des boucles de corde, ou peut-être des poches, ménagées dans le caparaçon. En Orient, la plupart du temps, les étriers ne sont pas fixés; ils sont attachés aux deux bouts d'une simple corde, ou d'une courroie qu'on passe sur le harnachement. Les novices ont quelque peine à s'y maintenir, car ils s'allongent sous le pied, mais on finit par en prendre l'habitude et s'y appuyer très solidement. La position des pieds de Pompeianus et de ses amis s'explique difficilement, sans des étriers en corde.

Les costumes n'ont rien d'antique, cavaliers et valets de pied portent des braies et des justaucorps serrés, avec des bottes pour les cavaliers et des jambières pour les piétons. Tous ont des ceintures de cuir à larges boucles.

Les Chevaux sous leur caparaçon ont les allures du type arabe le plus élégant et le plus perfectionné. Leur prix atteignait d'ailleurs une moyenne très élevée pour l'époque. Une loi de Valens et Valentinien de l'an 367 fixait à 23 solidi ou 467 francs environ de notre monnaie, la somme à payer par les colons et autres contribuables pour chaque Cheval dû pour le service militaire. Il est vrai que les empereurs romains aimaient à forcer leurs évaluations administratives.

Trente-quatre ans plus tard, Honorius abaissait à 20 solidi (407 fr. 60 c.) la somme à payer en Afrique comme équivalent des Chevaux dus *Curatoricio nomine*. 9 solidi (142 fr. 70 c.) étaient prélevés sur cette somme pour les *Contubernales*, c'est-à-dire pour l'administration de la cavalerie.

En 401, cette taxe fut encore réduite à 18 solidi (366 fr. 55), pour la Numidie, et à 15 solidi (305 fr. 70), pour la Lybie et la Byzacène. Il en résulte que les Chevaux de l'Algérie actuelle et du Maroc étaient beaucoup plus estimés que ceux de la Tunisie. L'Atlas possède en effet des pâturages naturels qui permettent d'obtenir des Chevaux d'une taille supérieure. La Tripolitaine n'en possédant point, le Cheval a toujours dû y être fort rare, aussi n'en est-il pas question dans les taxes de l'administration impériale.

Le Cheval lybien rachète son défaut de taille et de vigueur par son intelligence qui le rend éminemment propre à être dressé pour les exercices de manège. Nous avons assisté à Utique aux carrousels ou fantasias donnés à l'occasion des mariages, dans les tribus bédouines. Celle au milieu de laquelle nous nous trouvions, n'en possédait pas plus de quatre ou cinq assez jolis et fort soignés, car hors la guerre, ils ne servent qu'à ces fantasias.

Les cavaliers ressemblaient à leurs Chevaux. Ils étaient plutôt gracieux et élégants que vigoureux. Ces Bédouins étaient des Kabyles ayant conservé le profil aquilin du type phrygien, tandis qu'il est écrasé chez les Arabes. De même que les anciens Ciliciens et les Touaregs actuels, ils se voilent le bas du visage. La croupe de leur Cheval est richement caparaçonnée. Cavaliers et montures sont parés de fleurs.

Ces descendants des Lybiens ne recherchent pas les luttes de vitesse. Ils se contentent de tourner dans un cercle beaucoup plus étroit que ceux de nos cirques forains. Un de leurs exercices favoris est de planter le fer de leur lance à terre, et de galoper tout autour, sans en lâcher l'extrémité. Souvent un compère se couche tout de son long sur le dos, au son d'une musique composée d'un hautbois et d'un tambourin, le cavalier fait exécuter une sorte de danse cadencée à son Cheval qui pose successivement un pied puis l'autre sur la poitrine nue du compère, sans le blesser. C'est le nec plus ultra du dressage pour le Lybien moderne, et malheureusement il n'y a pas grand'chose à demander de plus à son Cheval, qui ne peut avoir d'avenir que comme haquenée ou monture de dame.

Au point de vue spécial qui nous occupe, c'est-à-dire de l'histoire du Cheval d'après les monuments figurés, le type arabe nous fournit si peu de documents, que nous ne pouvons pas lui consacrer un chapitre à part. En effet, il est venu à une époque où les Grecs, jadis si artistes, n'étaient pas moins iconoclastes que les Musulmans ; aussi ne connaissons-nous pas une seule représentation figurée de ces hardis cavaliers qui poussèrent une double pointe de l'Yémen aux Indes et à la Gaule.

Tout ce que disent les auteurs arabes de l'origine de leurs Chevaux est une fable. On sait aujourd'hui qu'ils ne descendent pas de ceux de Salomon, et que si ce prince, lui-même, fut le premier maquignon de son siècle, il ne vendait que les produits de ses voisins, le territoire de la Judée étant un des plus impropres que l'on connaisse à l'élève du Cheval.

Il en est de même de la plus grande partie du grand continent arabique, de sorte que, comme nous le disait récemment un ex-major militaire de l'armée turque, ayant longtemps séjourné dans ces contrées, il n'existe pas, à proprement parler, de Cheval arabe. Aujourd'hui, comme autrefois, il n'est qu'une sous-variété du Cheval de la vallée de l'Euphrate, et les hauts plateaux où on l'élève dans l'Arabie proprement dite, ne sont que le prolongement du bassin de ce fleuve. Là, comme sur ses bords, on trouve des pâturages assez riches pour faire paître des poulinières en liberté, avec leurs poulains. Ces pâturages sont aussi pauvres en graminées que ceux que nous avons vus en Syrie, et les Arabes ne connaissent pas l'usage de la faux. Aussi dans les saisons sèches, leurs Chevaux sont-ils souvent soumis à des mortalités effrayantes. Il en résulte que le nombre de Chevaux que peut fournir la péninsule arabique est tout à fait insignifiant. Le gouvernement turc a dû tout récemment en interdire l'exportation, parce que les Anglais les achetaient tous pour la remonte de leur cavalerie des Indes.

En fixant à vingt mille têtes le nombre des Chevaux existant dans l'immense continent arabique, on ne doit pas être très loin de la vérité. Si c'est là que s'est formée cette cavalerie musulmane qui a fait la conquête de la moitié de l'Asie, et de toute l'Afrique septentrionale, elle se remontait nécessairement ailleurs. Aussi peut-on remarquer que ses premières conquêtes ont eu pour objet de s'assurer la propriété des pays véritablement producteurs de chevaux, tels que la Mésopotamie, la Perse, l'Egypte, et toute l'Afrique septentrionale.

Ce n'est pas des sables de l'Arabie mais des bords de la Manche, que sont partis les cavaliers Hyksos ; Ismaël n'a jamais pu dompter de cheval sauvage, dans un pays où il parvient à grand'peine à subsister dans ses pâturages les plus riches. Sauf dans ces régions privilégiées qui ne s'éloignent pas de l'Euphrate, l'Arabe moderne achète un poulain, qu'il élève, comme dans tout l'Orient, à l'orge, et cet orge n'est pas plus aborigène que lui, il est venu avec les peuples cavaliers. Il s'ensuit que si l'agriculture disparaissait de l'Arabie, le Cheval ne serait pas en état de lui survivre.

C'est ce qui arriva lorsque la rupture des digues du Mareb détruisit les *fameuses prairies d'or* des écrivains arabes. Hommes et chevaux durent émigrer. Des travaux de ce genre ont pu permettre dans l'Yémen, d'arriver à produire les 80,000 Chevaux de robe pie que Mouzeikîa voulait emmener avec lui, lorsque le prophète Zaritah lui prédit la destruction de la digue de Mareb, mais aujourd'hui le district le plus riche en Chevaux de la péninsule, le Nedj, n'en compte pas plus de 5,000. Il faut donc en conclure que la domination turque qui, depuis deux siècles, a laissé s'effondrer tous les travaux d'utilité publique, par suite d'une administration vicieuse, n'a pas été moins funeste au berceau de l'Islamisme qu'au reste de son vaste empire. Partout la suppression des spahis a porté un coup mortel à la production chevaline. Les Turcs qui sont fantassins de leur nature, n'ont jamais eu que cette cavalerie formée par des milices indigènes, composées des anciennes aristocraties locales. Aujourd'hui, pour le peu de cavalerie régulière qu'elle possède, elle doit tirer des Chevaux de la Hongrie ou de la Russie. Le peu qui reste de Chevaux arabes atteint des prix trop élevés, pour remonter de simples cavaliers.

(*A suivre.*)

NOTE SUR LE LORIOT JAUNE

(*ORIOLUS GALBULA*)

PAR M. ALBERT CRETTÉ DE PALLUEL.

Le Loriot jouit d'une notoriété (1) antique et proverbiale à cause de son chant sonore et éclatant, de son beau plumage, de l'art qu'il déploie dans la confection de son nid, et de son goût prononcé pour les cerises, les figues et le raisin. Tout le monde connaît le Loriot ; pour le savant c'est l'*Oriolus Galbula* ; pour l'homme de la campagne, c'est compère Loriot qui mange les cerises et laisse les noyaux (2), il le dit lui-

(1) Dans toutes les langues anciennes et modernes, dans tous les idiomes des diverses parties de la France et des pays voisins, le Loriot reçoit toujours un nom dont l'étymologie se rapporte, soit à son chant, soit à son plumage, soit à son mode de nidification, soit à l'époque de son arrivée dans nos climats. Pline et autres auteurs anciens désignaient le Loriot sous le nom de *Galgulus* ou *Galbulus* (de *galbus*, verdâtre), c'est-à-dire l'oiseau à plumage verdâtre, qui est bien la livrée de la femelle et des jeunes ; ou sous le nom de *Chlorion*, dérivé du grec (*chlorôs*, jaune) qui dépeint le mâle adulte au plumage d'or.

Dans le midi de la France, on le nomme *Auriol* ou *Aouriol*, dérivé du latin *orcolus*, jaune d'or ; dans le pays messin, *Merle d'or* ; dans le wallon, on l'appelle *Orimiel*, c'est-à-dire Merle d'or. Certains savants veulent voir dans le nom de Loriot, *Auriol*, *Auriou*, *Luriot*, *Berlusiau* et autres synonymes de Loriot, suivant les divers pays, l'onomatopée de son chant. En vieux français, le Loriot était désigné sous les noms d'*Oriou* ou *Aurioux*.

En Allemagne, le Loriot est vulgairement nommé *Pfingstvogel*, c'est-à-dire oiseau de la Pentecôte, époque de son arrivée dans ce pays.

(2) Interprétation populaire du chant du Loriot :

Je suis le compère Loriot
Qui mange les cerises et laisse les noyaux.
Au laouriou, figo maduro.
Au Loriot, la figue mûre.

C'est-à-dire quand le Loriot arrive, la figue est mûre.

L'ORION.

Quand cerises sont en saison,
Je dis *Confiteor Deo ;*
Mais rien ne vaut confession
Qui ne fait satisfaction.

(*Calendrier des bergers*, Paris, 1493.)

Suivant Hoëfer, le Loriot dirait tout simplement son nom en chantant : le-lo-ri-ot. Cette interprétation est la plus simple et la plus exacte.

En Languedoc, *fà l'âouriôou* veut dire faire le bouffon, le niais, le fin, dissimuler. (L'abbé De Sauvages, *Dict. languedocien français*, Alais, 1820.)

L'oouriol claou los foedos, jitto lous buous,

c'est-à-dire le Loriot enferme les Brebis et met au large les Bœufs, ou quand même, le gredin d'oiseau, s'écrie l'irascible jardinier ; les gourmets, alliés naturels des chasseurs, prétendent, et ils n'ont pas tort, que le Loriot, après s'être gavé de cerises et de figues, devient un savoureux gibier digne d'un coup de fusil et du tour de broche. Pour les jolies femmes, le Loriot est une charmante parure de plumes qui, au dire de leur modiste, fait très bien sur une toque de loutre ou toute autre coiffure. Mais ce que chacun ne sait pas ou serait tenté d'oublier trop souvent, c'est que ce superbe et intéressant oiseau est un de nos auxiliaires les plus précieux. Si le Loriot pouvait aussi bien parler qu'il sait chanter, nul ne pourrait mieux que lui présenter sa défense, exposer les immenses services qu'il nous rend et réclamer à juste droit la protection qui lui est due ; mais il ne sait que chanter et cela se trouve encore à merveille, car il est probable qu'il n'aurait pas plus de succès que les éloquents écrivains ou orateurs, ornithologistes ou législateurs qui ont en vain plaidé sa cause. Cependant, si cet oiseau était mieux connu peut-être l'épargnerait-on davantage, et c'est dans cet espoir, bien faible, il est vrai, que je me suis décidé à réunir quelques notes qui, si elles n'ont pas d'autre mérite, auront au moins celui de mettre en évidence les services considérables qu'il rend aux arbres des bois, des vergers, et même aux plantes potagères. Les observations que j'ai eu l'occasion de faire ne répondent pas suffisamment à l'ampleur du sujet, mais enfin j'aurai fait preuve de bonne volonté et apporté ma part contributive à l'histoire de cet intéressant et utile oiseau.

Le Loriot est migrateur, il arrive sous nos climats dans la seconde quinzaine d'avril, ou dans le courant de mai, et repart à la fin d'août; il séjourne donc ici à l'époque où les insectes qui s'attaquent aux parties extérieures des végétaux fourmillent et causent de grands dégâts.

Pour satisfaire un appétit famélique, il consomme une quantité prodigieuse d'insectes et à cet effet déploie, c'est là le cas de le dire, une activité dévorante ; depuis le lever jusqu'au coucher du soleil il parcourt les bois, les avenues, les vergers, les jardins, sans trêve ni merci, visitant les arbres les plus élevés comme les buissons les plus près de terre, inspectant les branches, les feuilles, en tout sens, tan-

arrive le Loriot, on enferme les Brebis et on lâche les Bœufs dans les pâtures. (Duval, *Proverbes patois en dialecte de Rouergue*, Rodez, 1845.)

tôt il s'élance à la poursuite d'un Papillon, tantôt il broie d'un coup de bec un Hanneton ou gobe une Chenille ; tout lui est bon ; les plus gros insectes comme les plus petits. Cependant le goût prédominant du Loriot est bien marqué pour les larves de Lépidoptères, autrement dit les Chenilles, et notamment pour les espèces les plus volumineuses que ne peuvent pas attaquer les petits oiseaux insectivores. Parmi les Chenilles que j'ai trouvées contenues dans l'estomac d'un certain nombre de Loriots tués aux environs de Paris je puis citer : *Le Grand Paon de nuit* (*Saturnia pyri*) et le *Petit Paon de nuit* (*Saturnia carpini*). Les larves énormes de ces deux Lépidoptères dévorent indistinctement tous les arbres fruitiers ainsi que le Charme; généralement elles ne sont pas nombreuses sur le même arbre, mais elles ne le quittent pas, et ne rongeant les feuilles qu'à demi ou aux trois quarts, au bout de peu de temps, on est tout étonné de voir un arbre fruitier dans le plus pitoyable état. Certaines années ces deux espèces sont assez nombreuses pour nuire notablement aux vergers. Les *Smerinthes*, leurs larves, sont presque de même grosseur que celles des espèces précédentes et, comme elles choisissent pour leur nourriture les feuilles les plus tendres, c'est-à-dire celles qui garnissent les pousses de l'année, elles épuisent considérablement les arbres auxquels elles s'attaquent. *Smerinthus populi*, que le Loriot va prendre sur les Peupliers, le Tremble, les Saules, le Bouleau et l'Osier. *Smerinthus tiliæ*, sur le Tilleul et l'Orme. *Smerinthus ocellata*, sur les Saules et les arbres fruitiers, notamment sur les Pommiers, Pruniers, Amandiers. *Lasiocampa populifolia*, qui mange les feuilles des jeunes pousses des Peupliers et arrête ainsi la croissance de ces arbres. *Himera pennaria*, nuisible aux Chênes, aux Peupliers, et aux arbres fruitiers. *Boarmia repandaria*, qui s'attaque au Chèvre-feuille et à divers arbustes. *Hibernia defoliara*, espèce d'autant plus préjudiciable qu'elle s'attaque à tous les arbres. *Tethea subtusa*, qui se cache entre les feuilles du Saule qu'elle ronge, mais le Loriot sait parfaitement l'y découvrir et l'extraire de sa cachette. *Mamestra brassicæ*, qui infeste et infecte les plantations de Choux et de Tabac. *Lasiocampa Neustria*, vulgairement *La Livrée*, une des Chenilles les plus nuisibles tant pour les arbres fruitiers que pour les arbres forestiers et même pour l'homme. Cette Chenille, à chaque mue qu'elle opère, abandonne sa peau couverte de poils qui vont s'attacher aux branches, aux feuilles et aux fruits des arbres. Il en résulte un véritable danger pour ceux qui vont récolter ces fruits et pour ceux qui les consomment ; car les poils de la Livrée occasionnent de vives démangeaisons sur la peau de l'homme et une inflammation douloureuse des muqueuses des yeux, de la bouche et de la gorge. Chaque année, les journaux signalent des accidents de ce genre arrivés à des personnes qui ont mangé des cerises cueillies sur des arbres infestés par la Livrée ; à des enfants qui ont joué avec le sable répandu sous des arbres et contenant des dépouilles de cette Chenille. Quant au Loriot, il trouve cette larve repoussante délicieuse et s'il découvre un endroit où elle abonde, il y revient sans cesse, surtout si à ce moment il doit pourvoir sa nichée d'une nourriture saine et abondante. Je puis l'affirmer, car j'ai été témoin du fait suivant : Le jardinier me prévint qu'un couple de Loriots ne quittait pas une plantation de Cerisiers, au moment de la maturité des fruits, « ils vont tout dévorer, Monsieur, ils sont là à la journée, ils en mangent tant qu'ils peuvent et ils en emportent à plein bec à leurs petits, je les ai vus, et quand ils partent de là, je vois les queues de cerises qui leur sortent du bec. » Armé d'une longue-vue je m'embusquai de façon à voir à mon tour, et je constatai que ces Loriots se gavaient de Chenilles, puis en emportaient à plein bec à leur nichée ; ce n'était pas des queues de cerises qui pendaient de chaque côté du bec, mais bien des Chenilles de la Livrée dont ces Cerisiers étaient couverts.

Le Loriot ne se contente pas de détruire la Livrée à l'état de larve, il recherche encore sa chrysalide contenue dans un léger cocon blanc, garni de poils et saupoudré d'une matière jaunâtre et pulvérulente. La répugnance qu'inspire ce cocon n'empêche pas le Loriot de l'avaler tel quel avec satisfaction, paraît-il, puisque j'en ai trouvé souvent dans son estomac.

Le Loriot, l'avons-nous déjà dit, fait la chasse aux Papillons, il sait les attraper très adroitement et les avale en entier. Le Papillon que j'ai eu l'occasion de trouver le plus souvent dans l'estomac des Loriots est le Papillon blanc du Choux (*Mamestra brassicæ*). — Le Loriot détruit pour s'en nourrir une grande quantité de Sauterelles (1) vertes (*Lo-*

(1) J'ai déjà signalé le Loriot comme étant un destructeur de Sauterelles ; voir le travail que j'ai publié dans le *Bulletin de la Société d'Acclimatation* en

custa viridissima) et de Hannetons ; inutile d'insister pour faire ressortir le service qu'il nous rend en détruisant ce pernicieux coléoptère ; tout le monde connaît les dégâts qu'il commet, soit à l'état de larve, connue sous le nom de *Ver blanc*, en rongeant les racines des végétaux, soit à l'état parfait, en dépouillant de leur verdure les arbres fruitiers et forestiers. Le Loriot ne dédaigne pas les petits coléoptères tels que les Charançons, par exemple ; tout en fouillant les massifs de Tilleuls pour y chercher des chenilles, il saisit et avale un joli petit insecte vert émeraude qui ronge les feuilles de ces arbres, c'est le *Polydrosus sericeus*.

Il n'est pas toujours facile de déterminer les chenilles contenues dans l'estomac d'un oiseau, on ne peut guère les reconnaître que si la digestion n'est pas trop avancée, car voici comment s'opère cette fonction chez le Loriot, comme chez beaucoup d'autres oiseaux conformés de même : En saisissant une chenille, il commence par lui donner un coup de bec sur la tête, ou la secouant vigoureusement et la frappant contre une branche, il lui brise tout le système nerveux et la met dans l'impossibilité de résister à la déglutition. La chenille avalée suit l'œsophage et arrive dans l'estomac ; là elle se plie d'abord en deux, puis, obéissant aux mouvements péristaltiques de l'estomac, elle se tord sur elle-même comme une corde, se replie une seconde, une troisième, une quatrième fois et ainsi de suite, toujours sous l'impulsion des mouvements de torsion imprimés par l'estomac ; toutes les matières molles et liquides s'échappent alors de la peau ainsi tordue qui finit par se briser en petits morceaux.

Quand les Loriots arrivent, il n'y a pas encore beaucoup d'insectes, surtout de chenilles, ils se rejettent alors sur quelques coléoptères qui commencent à se montrer au soleil. C'est une bonne fortune pour eux de trouver par ce temps de disette des baies de Lierre qu'ils recherchent avec avidité faute de mieux. Si les premiers jours de leur arrivée le temps se montre rigoureux, ils en souffrent beaucoup et parfois ne peuvent résister à l'abstinence tant leur besoin de beaucoup manger est grand.

« Il nous est arrivé plus d'une fois, dit Gérardin, en herborisant dans les forêts au commencement du printemps,

mai 1868. — Mémoire sur les oiseaux acridiphages, voir aussi Note sur la Caille et le Loriot. (*Bulletin de la S. d'Accl.*, août 1878.)

d'y rencontrer des Loriots au moment de leur arrivée ; ils paraissaient tellement affamés que, sans redouter notre présence, ils se jetaient avidement sur les insectes qu'ils apercevaient à terre, nous en avons même tué plusieurs dans ce moment et ils étaient d'une maigreur extrême (1). » Aussitôt que les jeunes sont sortis du nid et peuvent suivre leurs parents, ils se mettent en route pour gagner à petite journée le midi de la France, s'arrêtant dans les endroits où ils trouvent encore quelques chenilles ou des fruits tendres tels que Merises, Cerises, Mures, Baies de Sureau, Raisin et Figues. Les Loriots vieux et jeunes aiment en effet beaucoup ces fruits, mais ils n'en consomment pas autant qu'on se l'imagine généralement ; l'analyse du contenu de l'estomac de sujets tués sur les arbres portant ces fruits est là pour en donner des preuves irréfutables, et dans tous les cas le peu de tort qu'ils font à nos vergers, en prélevant une part sur leurs produits, est largement compensé par les services qu'ils leur rendent en les échenillant. D'ailleurs, ils ne font qu'obéir aux lois naturelles de propagation et de multiplication des espèces sur terre, car c'est ainsi qu'ils répandent un peu partout les semences des fruits dont ils n'ont absorbé que les parties molles, tandis que les graines, pépins et noyaux sont rendus à la terre et croissent là souvent où l'espèce n'existait pas encore. Le Loriot est donc, non le déprédateur des arbres fruitiers, mais bien leur propagateur naturel. J'ajouterai même encore qu'il n'y aurait rien de surprenant à ce que le Loriot, qui ne choisit pour sa nourriture que les fruits très mûrs, ne soit guidé par son instinct pour choisir ceux qui sont attaqués intérieurement par des larves d'insectes qui vivent de la pulpe des fruits. En effet, dans la seconde quinzaine de juillet, au moment de la parfaite maturité des Cerises que l'on nomme Bigarreaux, Guignes, Merises, on trouve dans la pulpe de ces fruits des petites larves de diptère qui font rejeter ces fruits avec dégoût, parce que ces petites larves ou Vers ressemblent par trop au précieux Asticot (2) des pêcheurs à la ligne, aussi

(1) *Tableau élémentaire d'ornithologie*, par Gérardin, Paris, 1806, t. I, p. 152.

(2) On nomme vulgairement Asticot les larves de grosses Mouches telles que la Mouche verte (*Lucilia Cæsar*), la Mouche bleue (*Calliphora vomitoria*) et la Mouche vivipare (*Sarcophaga carnaria*). Les poissons sont très avides de ces larves, aussi les pêcheurs à la ligne amorcent-ils leurs engins de pêche avec ces

n'insistons pas. Certaines années, plus de la moitié des Cerises contiennent de ces Vers ; avec un peu d'habitude et d'attention, rien qu'en examinant des Cerises et en les palpant, on peut distinguer celles qui sont ainsi attaquées, elles cèdent un peu à la pression du doigt et sont molles dans une certaine étendue, et en regardant attentivement on peut voir un petit trou par lequel ledit Ver vient respirer ; car il vit en plein dans le jus de la Cerise et éprouve le besoin de venir prendre l'air de temps en temps. Il est probable que le Loriot sait aussi distinguer ces Cerises habitées de celles qui ne le sont pas et qu'il les préfère de beaucoup, car elles lui offrent une nourriture plus substantielle et plus à son goût. Ce qui me confirmerait dans cette opinion, c'est qu'étant à même d'observer des Loriots installés dans des Cerisiers et en train de manger des Cerises, je les ai vus palper ces fruits avec le bec, puis après cette auscultation préalable, se contenter souvent de ne prendre qu'une partie de la Cerise, probablement celle contenant le Ver, et laisser la partie saine et le noyau attachés à la queue du fruit et sans l'arracher de l'arbre. Pour arriver à exécuter cette opération, le Loriot se livre à des exercices de gymnastique qui rappellent beaucoup ceux des Mésanges : il se pend à demi par les pattes, la tête en bas ou à peu près, s'allonge démesurément en avant, à droite, à gauche, enfin prend les postures les plus excentriques pour arriver à son but sans quitter la branche sur laquelle il est perché. Le petit Ver qui habite les Cerises donne naissance à une Mouche qui est la *Mouche des Cerises* (*Ortalis cerasi*). Ce diptère ne laisse pas que d'être fort nuisible puisqu'il attaque un de nos meilleurs fruits, il respecte cependant les Cerises aigres dites Anglaises, le Loriot aussi, serait-ce pour le même motif ? Ou n'est-ce pas parce que les Cerises aigres ne contenant pas de Vers, le Loriot trouve cette nourriture moins à son goût ? On a bien exagéré les dégâts que les Loriots occasionnent en mangeant des fruits dans les vergers et les plantations de Cerisiers de diverses espèces ; c'est à tort qu'on leur attribue toutes les déprédations que l'on y constate et qui sont, en réalité, le fait d'une multitude d'autres oiseaux ; en effet, les Loriots ne sont nulle part assez nombreux pour qu'il soit possible de s'apercevoir

larves qui vivent de chair en putréfaction. Beaucoup d'oiseaux recherchent ces larves pour s'en nourrir.

de la quantité de fruits qu'ils peuvent consommer, mais ils ne sont pas seuls amateurs du joli fruit rouge; les Moineaux par bandes innombrables s'abattent sur les Cerisiers, les Merles, les Grives, les Pies, les Geais, les Becs-fins, les Mésanges, etc., etc., toute une bande éhontée et affamée, pille les Cerisiers et se moque des bonshommes de paille que le jardinier y place avec rage; — quant aux Loriots, d'un naturel extrêmement sauvage et méfiant, un rien les effarouche, il est donc bien facile de les éloigner des Cerisiers.

Quand le Loriot s'est bien régalé de chenilles et autres insectes, il prend un instant de repos et fait entendre son chant sonore et éclatant, mais il ne tarde pas à reprendre sa course et ses recherches, c'est pourquoi on l'entend tantôt d'un côté, tantôt d'un autre; aperçoit-il un rapace ou un oiseau de rapine, comme un Geai, une Pie, il le poursuit courageusement à coups de bec et l'épouvante par ses cris; s'il rencontre d'autres Loriots dans son domaine, il les attaque hardiment, ce sont alors des poursuites interminables, des cris aussi variés que retentissants; un couple de Loriots suffit pour donner de l'animation à un parc et à l'égayer.

La façon dont le Loriot construit son nid a de tout temps attiré l'attention, et ce n'est pas la partie la moins intéressante de son histoire. Les auteurs anciens et même ceux de notre époque décrivent ce nid comme étant *suspendu* (1), et le bon public, toujours ami du merveilleux et prêt à exagérer les choses, a fini par croire que le nid du Loriot est suspendu à deux crins de Cheval ou à deux brins d'herbe! Il n'en est cependant pas ainsi; le nid du Loriot est placé entre deux branches parallèles, rapprochées et situées dans le même plan, ou dans l'angle plus ou moins aigu formé par deux rameaux à leur naissance sur une branche; il est fixé à ces branches par ses bords, de manière que la partie qui porte les œufs ne repose sur rien et se trouve réellement à l'air libre. L'oiseau fixe ainsi son nid en construisant d'abord la forme ou charpente de brins d'herbes, de crin, de morceaux d'étoffe, de laine, de toile d'Araignée ou de soies de chenilles qu'il enroule d'une branche à l'autre, puis il garnit l'intérieur de matières molles, de crin et de laine. Le Loriot recherche ardemment les morceaux d'étoffe pour attacher son nid aux

(1) Les auteurs anciens tels que Pline, Aldrovande, etc., ont appelé le Loriot *Picus nidum suspendens.*

deux branches qui le supportent, aussi trouve-t-on souvent dans son nid des choses qui ne laissent pas que de surprendre. Moquin-Tandon (1) cite deux nids de Loriots dans lesquels on avait trouvé : dans l'un un ruban et une belle manchette de dentelle ; dans l'autre une manchette brodée que l'oiseau avait prise dans un jardin sur un arbuste où elle avait été mise à sécher.

Nid du Loriot jaune.

Florent-Prévost, connaissant cette particularité des mœurs du Loriot, était arrivé à faire prendre à des Loriots, au moment où ils faisaient leur nid, des morceaux d'étoffe de diverses couleurs qu'il avait placés à dessein sur un buisson. Le Loriot recherche aussi les morceaux de papier blanc ou colorié qu'il peut rencontrer. M. Traverse, préparateur à la Faculté des sciences de Toulouse, a trouvé, dans la charpente

(1) *Notes ornithologiques*, par A. Moquin-Tandon. (*Revue et Magasin de zoologie*, nº 11, 1857, p. 100.)

d'un nid de Loriot, une lettre chiffonnée (1). L'abbé Vincelot cite le fait suivant : « Nous avons vu, ces jours derniers, dans une maison de Cholet, dit l'*Intérêt public* (7 juin 1870), un nid de Loriot qui avait été enlevé par deux enfants dans un jardin de Saint-Melaine. Ce nid, tapissé extérieurement d'images coloriées, représentant des soldats, contient à l'intérieur, sous un réseau de crin, de fils d'herbes ténues, un bulletin de vote *oui*, que le pauvre oiseau avait ramassé au moment du plébiscite et dont il avait tiré le meilleur parti possible. » La façon dont les Loriots s'y prennent pour bâtir leur nid n'est pas moins curieuse que la construction elle-même ; Audubon a passé des semaines à regarder travailler des Loriots de Baltimore, à l'aide d'une longue-vue, et a constaté que ces oiseaux employaient le même procédé pour construire leur nid que nos tisserands pour faire une chaîne et une trame, et que l'un d'eux apportait les matériaux nécessaires pendant que l'autre se livrait à cette opération artistique (2). Les frères Muller ont répété les observations d'Audubon pour notre Loriot, et ils auraient constaté que c'est le mâle qui commence la partie extérieure du nid, fixe les liens qui, passant d'une branche à l'autre, soutiennent l'édifice et forment sa charpente ou carcasse ; pendant que le mâle est ainsi occupé, la femelle lui apporte les matériaux dont il a besoin ; mais quand il s'agit de l'intérieur du nid, la femelle seule s'occupe de cette dernière et délicate partie du travail.

Quand vient l'hiver, les arbres perdent leurs feuilles et les branches, dépouillées de cette parure, laissent à découvert les nids d'oiseaux édifiés pendant la saison dernière. On voit fort bien alors des nids de Pie, de Corneille, de Merle, de Grive, de Pinson, etc., etc., mais point de nids de Loriot. Cette remarque m'a toujours frappé, j'en ai fait part à plusieurs dénicheurs d'oiseaux d'une grande expérience et nous avons été unanimes à reconnaître l'exactitude de ce fait ; comment donc l'expliquer ? Bien des gardes forestiers et autres habitants des bois m'ont assuré que le Loriot mettait

(1) *Les noms des oiseaux expliqués par leurs mœurs*, par l'abbé Vincelot, t. I, p. 206, Paris-Angers, 1872.

(2) Les frères Muller ont publié en Allemagne un travail très intéressant sur les oiseaux chanteurs. Il a été fait une sorte de traduction de cet ouvrage par Rothschild, éditeur, à Paris, en 1870, avec préface de Champfleury.

autant de soin à défaire son nid qu'à le construire; mais leur assertion ne repose pas sur le fait *de visu* et quant à moi, je n'ai jamais pu arriver à constater rien de semblable. Cependant cette remarque mérite une certaine attention de la part des ornithologistes et je la signale tout particulièrement aux investigations de ceux à même d'étudier à loisir la nidification du Loriot dans tous ses détails. — Le Loriot serait-il à ce point jaloux de la construction artistique de son nid, que pour n'en laisser la possession à personne, il préférât le détruire, ou a-t-il un autre motif, ce qui est bien plus probable, pour ne laisser, par exemple, aucune trace de son séjour dans l'endroit qui a servi de berceau à sa famille? toujours est-il que je ne connais guère d'oiseau plus attaché à son nid et à sa couvée; il les défend avec un courage, avec une audace dont on n'a pas idée sans l'avoir expérimenté soi-même; il n'hésite pas à tenir tête au rapace et même à l'homme qui veut lui enlever sa nichée. « Je visitais un nid de Loriot, dit Paessler, dont je venais de chasser la femelle, et pour en voir l'intérieur, j'abaissai les branches sur lesquelles il reposait. La femelle poussa un long cri, rauque, un véritable cri de combat, s'élança sur moi, passa tout près de mon visage, et se posa sur un arbre derrière moi. Le mâle accourut: même cri, même tentative de m'éloigner (1). A l'appui de cette observation du savant naturaliste allemand, voici ce que je puis ajouter : ayant trouvé un nid de Loriot dans un petit bois des environs de Paris, je désirai prendre les œufs avant qu'ils ne fussent éclos, sachant que les Loriots recommenceraient une autre couvée. Ce nid était placé sur un jeune Frêne, à l'extrémité d'une branche, à plus de 4 ou 5 mètres du tronc de l'arbre et à une hauteur de 3 ou 4 mètres du sol; il ne fallait donc pas penser à prendre les œufs à la main dans le nid sans avoir préalablement coupé cette longue branche. M'étant muni à cet effet d'une scie à main, je grimpai sur l'arbre, et j'avais à peine commencé mon œuvre que le couple de Loriots m'aperçut et se mit à pousser des cris épouvantables! C'était à croire qu'on égorgeait quelqu'un au coin du bois. Je continuai cependant ma besogne, mais les Loriots ne l'entendaient pas ainsi; ils passaient et repassaient au-dessus de ma tête toujours en criant et en se

(1) *La vie des animaux*, par A.-E. Brehm, édition française revue par Gerbe, t. I, p. 264.

rapprochant de moi à tel point que pour éviter leurs coups de bec, je dus battre en retraite et descendre de l'arbre au plus vite. Autre exemple : un couple de Loriots avait construit son nid sur un Chêne auprès de la hutte d'un sabotier dans la forêt de la Hunaudaye (Côtes-du-Nord). Les petits venaient d'éclore quand une Buse, qui rôdait souvent par là pour enlever les Poulets du sabotier, découvrit la nichée et eut l'idée de s'offrir ce hors-d'œuvre ; elle approchait du nid quand les Loriots l'aperçurent ; ce fut alors un terrible vacarme, ils éclataient de colère, poursuivaient la Buse avec un tel acharnement, leurs attaques étaient si vives, si rapprochées que le rapace ne pouvant plus penser à s'éloigner et battre en retraite, vint se réfugier au plus épais d'un gros Chêne ; les Loriots l'y poursuivirent, les plumes de la Buse arrachées à chaque coup de bec de Loriots volaient dans l'air comme si l'on avait secoué un oreiller de plumes éventré ; enfin pendant que l'un des Loriots harcelait la Buse et voltigeait autour de sa tête, l'autre prenant son élan à distance, se dirigea en droite ligne et avec la rapidité d'une flèche sur la Buse, qui tomba raide morte la gorge traversée par le bec de son adversaire. On peut dire qu'en général tous les oiseaux sont très attachés à leur couvée, qu'ils défendent leurs petits avec un courage remarquable et particulier qu'ils ne montrent même parfois qu'en cette circonstance, employant à cet effet, soit les moyens de défense que leur a donnés la nature, soit les ruses que leur inspire l'instinct, et ce qui est bien particulier et digne de remarque, leurs ennemis, souvent très supérieurs comme force, se retirent presque toujours avec une sorte de crainte qu'ils ne montreraient pas en d'autres temps. Mais de tous les oiseaux, le Loriot m'a toujours paru celui qui présentait l'exemple le plus remarquable de courage pour défendre sa couvée ; en tout temps d'ailleurs, il se défend énergiquement, j'en appelle au souvenir des chasseurs qui ont blessé et ramassé sans précaution des Loriots, ils doivent se rappeler de fameux coups de bec sur les doigts.

ŒUFS DE FOURMIS ARTIFICIELS

POUR L'ÉLEVAGE DES FAISANDEAUX, PERDREAUX

POUSSINS DE RACES DÉLICATES

ET DE TOUS LES OISEAUX INSECTIVORES

PAR M. PELISSE.

Tout le monde sait que le gibier est l'objet des convoitises d'un nombreux public, chasseurs et gourmets. Les émules de saint Hubert voient dans la chasse un moyen très sportif d'exercer leurs muscles et leur adresse. Les disciples de Brillat-Savarin, songeant surtout aux plaisirs de la table, recherchent avec non moins d'avidité Perdreaux et Faisandeaux dont le fumet et la saveur font un délicieux régal.

Du reste, le gibier n'est pas seulement un produit de luxe, un mets très délicat, c'est aussi un aliment très nutritif que les médecins recommandent aux personnes débiles, aux convalescents, aux malades.

Aussi que de gens s'emploient à le poursuivre ou s'intéressent à sa perte. Mais malheureusement pour tous, dans l'ardeur qu'ils mettent à la satisfaction immédiate de leur passion favorite, ils ne songent guère au lendemain, et tarissent bien vite la source de leurs plaisirs et de leur bien-être.

Le gibier devient rare en France, les chasseurs le constatent avec douleur chaque année et se voient trop fréquemment exposés à rentrer bredouilles. Les gourmets, un peu plus heureux, ont au moins l'avantage de pouvoir s'en procurer de l'étranger. Mais leur palais délicat n'y trouve pas toujours son compte. Quelle différence, par exemple, entre un bon Lièvre de chez nous et un grand Lièvre des plaines teutonnes ! Et puis c'est une rente que nous faisons à nos voisins. Il y a donc là un intérêt économique qui n'est pas à négliger.

Si nous jetons un coup d'œil sur le tableau qui reproduit le mouvement de nos marchés, nous constatons avec peine que la France occupe un rang inférieur à l'Angleterre, à l'Allemagne, à l'Autriche, à la Hongrie, à la Hollande, à la Belgique même.

Relevé du Gibier vendu aux Halles centrales pendant les trois dernières années.

PROVENANCE DU GIBIER.	FAISANS.			PINTADES.			PERDREAUX.		
	1887	1888	1889	1887	1888	1889	1887	1888	1889
Allemagne........	10,100	21,456	9,850	Néant	Néant	Néant			
Hollande et Belgique.	18,700	39,643	17,475	»	»	»			
Angleterre.........	10,800	24,957	11,400	»	»	»			
Espagne..........	4,000	8,589	4,637	»	»	»	480,000	343,493	419,526
Italie............	Néant	Néant	Néant	60,000	48,562	63,757			
Russie...........	»	»	»	Néant	Néant	Néant			
Autriche et Hongrie.	27,606	56,212	41,240	»	»	»			
France...........	6,515	13,427	7,835	2,819	3,457	4,647	58,677	52,349	60,038
	77,721	164,284	92,437	62,819	52,019	68,404	538,677	395,842	479,564

Ainsi qu'il ressort de ce tableau, l'Autriche et la Hongrie, la Belgique et la Hollande nous fournissent la plus grande partie des Faisans consommés à Paris. Les Perdreaux que nos ménagères nous servent sur nos tables sont presque tous étrangers. En se plaçant au point de vue économique national seul, nos propriétaires fonciers se procureraient, par la location de chasses giboyeuses et par la vente directe de leur gibier, des bénéfices très appréciables. Ils trouveraient à Paris et dans nos grandes villes un débouché assuré et fructueux pour leurs produits. Malheureusement le gibier, en France, va toujours diminuant, tandis qu'il augmente sensiblement en Allemagne et en Angleterre. On attribue la cause principale de cette dépopulation au nombre trop considérable des chasseurs et particulièrement au braconnage qui est réprimé chez nos voisins les Allemands avec une extrême sévérité, une sévérité telle que nous ne pouvons espérer la voir passer dans nos lois.

Mais le gibier a, selon nous, encore à se défendre contre des ennemis non moins dangereux et non moins terribles : ce sont les oiseaux de proie. Je cite pour mémoire le Milan, l'Épervier, le Grand-Duc, l'Autour vulgaire, la Buse dont on connaît les méfaits ; le Corbeau et la Pie dont on se méfie moins, qui s'attaquent aux petits Perdreaux et aux Faisandeaux moins protégés contre leurs entreprises que ne le sont les poussins dans les fermes. Nous ne pouvons passer sous silence la Belette ni la Fouine qui mangent les œufs, nos Chats domestiques aussi friands des jeunes poussins que des Souris, ni enfin le plus rusé de tous, maître Renard. Ces animaux ne sont pas moins nuisibles que les braconniers, car ils s'attaquent à de jeunes poussins sans défense et incapables de trouver leur salut dans la fuite. Un seul d'entre eux suffit à détruire ou perdre plusieurs couvées. On ne pourra jamais en réduire assez le nombre. Il faudra de toute nécessité recourir à d'autres moyens, et nous croyons que le remède le plus efficace contre le dépeuplement du gibier, c'est l'élevage. C'est par ce moyen seul que l'on pourra mettre les petits à l'abri de leurs ennemis, jusqu'à ce qu'ils soient en état de se soustraire à leurs attaques. Beaucoup de nos grands propriétaires l'ont compris ; aussi, en est-il un très grand nombre qui s'adonnent aujourd'hui à l'éducation du gibier dès son plus jeune âge. C'est là un système qu'on ne saurait trop préconiser, à raison des excellents résultats qu'il a produits, et dont la nécessité s'impose d'autant plus impérieusement qu'il n'est plus possible de satisfaire par la nourriture naturelle aux besoins toujours croissants de l'élevage.

L'élevage du gibier à plumes qui nous préoccupe particulièrement, notamment du Faisan et du Perdreau, exige de très grands soins et comporte une difficulté principale qui a surtout attiré notre attention, c'est la nourriture.

Perdreaux et Faisandeaux à l'état sauvage, pendant les trois premiers mois qui suivent leur éclosion, se nourrissent d'œufs de Fourmis principalement, de larves d'insectes, de brins d'herbe et enfin de graines. Mais les œufs de Fourmis leur sont indispensables. Il faut donc leur en fournir à tout prix ou les remplacer par une nourriture équivalente, sous peine de voir les oiseaux dépérir et la mort faire parmi eux de nombreuses victimes. Une nourriture très azotée est seule capable de diminuer, même de réduire presque à néant, les décès par diphtérie et par ver rouge.

Mais substanter trois mois durant au moyen d'œufs de Fourmis ces jeunes gallinacés, voilà qui n'est pas facile à réaliser, surtout si l'on a quelques centaines d'élèves, et alors que les fourmilières d'une région ont été ravagées par les eaux.

On a donc cherché une nourriture artificielle appropriée à leurs besoins. A cet effet, on a fabriqué nombre d'aliments répondant plus ou moins à ce *desideratum ;* pâtes fibrinées, poudres azotées, sang desséché, etc. Quelques-unes de ces compositions ont donné des résultats plus ou moins heureux ; mais, de l'avis de tous les éleveurs, ces résultats jusqu'à présent n'ont jamais approché de ceux obtenus avec les œufs de Fourmis auxquels il faut toujours revenir quand c'est possible. Ces tentatives étaient pourtant fort utiles, puisque très souvent on est contraint de recourir à une nourriture artificielle. Le problème pour n'être pas résolu d'une façon satisfaisante était-il donc insoluble ? Ne pouvait-on trouver une nourriture artificielle dont la composition chimique, la consistance, la forme et la couleur se rapprochassent aussi près que possible des œufs de Fourmis ? Enfin ne pouvait-on fabriquer des œufs de Fourmis artificiels ?

Le moyen rationnel pour atteindre ce but était de se procurer des œufs frais de Fourmis des prés (la meilleure espèce), de les séparer complètement des matières terreuses végétales et animales auxquelles ils sont naturellement mélangés, puis d'en faire une analyse rigoureuse au laboratoire. Le problème se trouvait ainsi posé : d'une part, rechercher quels sont les principes entrant dans leur composition, et en fixer les proportions ; d'autre part, se procurer séparément chacun des éléments, puis les combiner et les mélanger dans des proportions et des conditions convenables, enfin leur donner la consistance, la forme, la couleur, en un mot l'aspect des œufs de Fourmis naturels.

C'est ce que nous avons fait d'après les conseils de M. le Dr Regnard, professeur à l'Institut agronomique.

Les œufs de Fourmis naturels forment un aliment complet. On y trouve des matières inorganiques, des chlorures, des phosphates, des carbonates et des matières organiques qui renferment les aliments azotés et respiratoires. Nous avons réuni toutes ces matières dans la composition des œufs de Fourmis artificiels. La poudre de viande, très riche en matières protéiques, donne abondamment l'azote. Le Blé dur de Taganrok, la fécule de Pomme de terre, la farine de Maïs fournissent, outre l'azote contenu dans le gluten, l'aliment respiratoire par excellence : l'amidon. En associant à ces substances, en proportions convenables, du chlorure de sodium, des phosphates de chaux, de potasse et de soude et du carbonate de chaux, on a exactement tous les principes contenus dans les œufs de Fourmis naturels. Il faut donner ensuite à cette association de produits la consistance et l'aspect de l'œuf naturel. Pour cela, toutes ces substances, préalablement réduites en poudre et mélangées avec soin, sont arrosées avec de l'eau, dans laquelle on a battu des blancs d'œufs, et soumises à un pétrissage mécanique. On obtient ainsi une pâte molle et homogène, on la passe dans une filière à vermicelle et on coupe les fils à la longueur d'un œuf de Fourmi. Il ne reste plus qu'à sécher le produit dans une étuve pour le débarrasser de l'excès d'humidité qu'il contient. Cette opération demande à être faite avec soin, lentement et à basse température, sous peine de provoquer la décomposition des principes albuminoïdes. Le produit doit être conservé à l'abri de l'humidité, seule précaution à prendre pour le garder intact plus de deux ans.

Mode d'emploi. — On jette un demi-litre ou 350 grammes d'œufs de Fourmis artificiels dans deux litres d'eau bouillante pour qu'ils s'imprègnent et se gonflent ; on les laisse cuire deux minutes et demie en les remuant sans cesse afin qu'ils ne puissent s'agglomérer et former une pâtée ; on les retire ensuite de l'eau au moyen d'un tamis en crin de vingt centimètres de diamètre sur lequel on les laisse égoutter deux ou trois minutes. Enfin, on les étale par petites portions sur des assiettes, et, pour en éviter l'agglutination, on les saupoudre avec une pincée de farine d'Orge ou de Maïs en imprimant quelques légères secousses à l'assiette qui les contient.

Le temps de cuisson est très important pour cet aliment ; deux minutes ne suffisent pas pour que l'humidité ait bien pénétré jusqu'au centre, et si on le laisse trois minutes dans l'eau bouillante, il devient filant, tout colle ensemble et la séparation des œufs devient impossible.

On sait par expérience dans le monde des éleveurs du gibier à plumes qu'une alimentation variée produit d'excellents résultats.

Il faut donc commencer par nourrir les jeunes Poussins

avec des œufs de Fourmis naturels pendant les huit premiers jours, puis introduire progressivement dans leur alimentation les œufs de Fourmis artificiels, en ayant soin de diminuer peu à peu la quantité des œufs naturels et d'augmenter dans les mêmes proportions celle des œufs artificiels. De cette manière, on arrive, après douze à quinze jours, à ne plus traiter les élèves qu'avec des œufs de Fourmis artificiels. Ce régime peut être continué pendant un certain temps, qui varie de trois semaines à un mois, suivant la prospérité des oiseaux.

Nous voilà au moment où le gibier est assez fort pour qu'on l'habitue à se nourrir de graines. A cet effet, on mélange le petit blé avec les œufs artificiels en observant la même transition que précédemment entre les œufs naturels et les œufs artificiels.

Malgré la réunion de tant de conditions favorables, on est pourtant fondé à se demander si les résultats pratiques sont venus confirmer nos prévisions.

A cette question importante, capitale, nous ne saurions mieux répondre qu'en reproduisant ici les appréciations de divers expérimentateurs autorisés et compétents. Voici ce qu'écrit, dans le journal *L'Eleveur* (1), un de nos plus éminents professeurs d'agronomie, M. le docteur Regnard :

« Mon expérience, dit le docteur Regnard, a porté sur 400 Faisandeaux et autant de Perdreaux Les Faisandeaux n'ont eu des œufs de Fourmis naturels que pendant huit jours. Les œufs de Fourmis artificiels leur ont ensuite été substitués et cette nourriture a été maintenue jusqu'au moment où les oiseaux se sont envolés. La mortalité n'a pas été de *deux pour cent*. »

De son côté, M. Vélain, professeur à la Sorbonne, a bien voulu nous communiquer les renseignements suivants :

« J'ai soumis au régime des œufs de Fourmis artificiels un certain nombre d'oiseaux de volière qui tous, à de rares exceptions près, se sont bien trouvés de ce nouveau mode d'alimentation. Ces exceptions ne portent que sur des oiseaux qui ne se nourrissent que de graines, et parmi ces derniers, il en est encore, tels que les Serins, qui les recherchent volontiers, mais pas d'une façon exclusive.

» Tout autres sont les Alouettes, Bergeronnettes, Mésanges, Merles

(1) Voir la livraison du 9 mars 1890.

et Huppes qui en deviennent très friands et peuvent se contenter pendant plusieurs semaines d'une pareille nourriture.

» De ces expériences qui durent depuis plus de six mois, je n'en retiendrai que deux qui sont bien significatives :

» Deux Merles qui commençaient à manger seuls ont été nourris pendant huit jours par un mélange, à parties égales, d'œufs de Fourmis très divisés et de ces graines pilées désignées sous le nom de pâtée de Mésange. La semaine suivante, j'ai séparé les œufs des graines et j'ai toujours remarqué que le vase qui contenait les œufs était toujours vidé le premier, si bien que j'en suis arrivé à ne plus renouveler les graines, cette fois non pilées, qu'un jour sur deux, puis à les laisser soumis au régime seul des œufs artificiels pendant plusieurs jours de suite, voire même une semaine. Comme terme de comparaison, un Merle de la même couvée a été soumis à la nourriture ordinaire ; or ce sont les deux précédents qui se sont notablement développés plus vite, et sont toujours restés plus vigoureux que le troisième, jusqu'à ce que je les réunisse ; il a suffi de quelques semaines d'une alimentation semblable pour que les différences très appréciables entre ces trois Merles disparussent.

» La même expérience faite sur des Alouettes a produit des résultats comparables, avec cette différence que ces oiseaux s'accommodent mal d'une nourriture composée exclusivement d'œufs artificiels. Mais en les associant avec des graines, les Alouettes deviennent rapidement grasses.

» Parmi les oiseaux précédemment indiqués, ce sont de beaucoup les Huppes qui se jettent sur ces œufs avec la plus grande avidité. J'ai fait l'essai d'enfouir dans du sable des Vers de vase et des œufs artificiels ; ce sont ces derniers qui le plus vite ont disparu.

» Avec les Rossignols, j'ai été moins heureux ; mais il est juste d'ajouter que les essais faits dans ce sens sont peu concluants ; les Rossignols que j'avais entre les mains se trouvaient dans de mauvaises conditions et je les ai rapidement perdus.

» En résumé, j'estime que vos œufs artificiels deviennent une nourriture très profitable pour un grand nombre de passereaux. »

Des expériences de même nature ont été entreprises dans divers grands domaines de la France.

Nous nous bornerons à citer ici les plus concluantes :

1° M. Levasseur, régisseur du domaine de Bois-Boudran (Seine-et-Marne), en soumettant 300 Faisandeaux au régime des œufs de Fourmis artificiels, a observé que les jeunes oiseaux en étaient très friands, et déclare que cet aliment remplace très bien les larves naturelles. Il insiste sur la cuisson de cette nourriture qui demande à être faite avec le plus grand soin ;

2° M. Marinoni fils, au domaine de Follainville, près Mantes (Seine-et-Oise), a nourri 200 Faisandeaux et 200 Perdreaux avec nos œufs de Fourmis artificiels. Il est très satisfait de cette expérience et a promis de la renouveler. Son garde chef n'emploie pas tout à fait le même procédé de préparation que nous avons indiqué : lorsqu'il retire les œufs de Fourmis artificiels de l'eau bouillante, il les fait saisir par l'eau froide ; cette modification lui réussit fort bien ;

3° M. Catois, au domaine de Meurcé (Sarthe), est très satisfait de cette nourriture qu'il trouve plus pratique que les œufs de Fourmis naturels, presque impossibles à trouver en certains temps.

Nous sommes particulièrement flattés de consigner dans ce travail la communication faite par M. Geoffroy Saint-Hilaire à la Société nationale d'Acclimatation le 9 janvier dernier :

« Nous remercions M. Pelisse de tous les détails qu'il vient de nous donner sur ses œufs de Fourmis ; nous les trouvons intéressants. Les expériences que j'ai faites, moi, directement, et que j'ai fait faire à quelques-uns des amateurs avec lesquels je suis en relations, ont été favorables ; elles ont donné lieu à des témoignages de satisfaction. Il eût été imprudent de se prononcer d'une façon complète après un premier essai, mais enfin tous les renseignements concordent cependant pour reconnaître qu'après un certain nombre de jours, les jeunes Faisans se sont jetés avec avidité sur la nourriture dont M. Pelisse est l'inventeur. Nous sommes donc là, Messieurs, en présence d'un élément intéressant qui mérite certainement d'être examiné, médité, recommandé, sinon pour le substituer absolument aux œufs de Fourmis, au moins pour être un adjuvant, pour devenir un concours très important. »

Des faits qui viennent d'être exposés ci-dessus, ainsi que des observations qui nous parviennent chaque jour, il n'est pas téméraire de conclure que les œufs de Fourmis artificiels constituent un aliment de premier ordre, capable de suppléer à l'insuffisance des œufs de Fourmis naturels et de les remplacer avec économie, puisqu'un kilogramme de cette nourriture équivaut à 10 litres d'œufs de Fourmis naturels complètement desséchés et dépouillés de toutes les substances étrangères qui les accompagnent.

LA PÊCHE EN FINLANDE

EXTRAIT DES TRAVAUX DE LA SECTION ICHTYOLOGIQUE DE LA SOCIÉTÉ IMPÉRIALE RUSSE D'ACCLIMATATION DES ANIMAUX ET DES PLANTES, VOL. I)

TRADUIT PAR C. KRANTZ.

La nature elle-même semble avoir ordonné au Finnois de se livrer à la pêche, en dotant la Finlande d'une côte très étendue et finement découpée, en plaçant à proximité de la côte d'innombrables écueils et îles, en parsemant le pays d'une quantité de beaux lacs d'une merveilleuse limpidité. Si le Finnois n'est guère bien partagé sous le rapport du sol, les eaux excessivement poissonneuses lui fournissent une compensation, et en effet, elles sont devenues depuis fort longtemps la source des revenus et le gage de la prospérité de toute une population.

La pêche, qui depuis un temps immémorial était exercée sans qu'aucune intervention législative y mît un frein, rapportait de moins en moins lorsque l'*ukase* du 4 décembre 1865, qui fait époque dans l'industrie poissonnière du pays, vint y mettre de l'ordre. En vertu de cet ukase, le droit de la pêche en mer, dans les lacs et autres cours d'eau, appartient aux propriétaires riverains, excepté dans le cas où, par un contrat de fermage ou un jugement des tribunaux, il a été aliéné au profit d'un particulier. Quant à la pêche en pleine mer, sur les côtes, écueils et îles, tout habitant du pays peut s'y livrer, à moins que ces îles et écueils ne soient propriétés particulières ou que la pêche n'en soit affermée.

La pêche au crochet et au filet appartient de droit, conformément à l'usage, à tout le monde, presque partout, et est autorisée par la loi en ce qui concerne les écueils extérieurs et la plage.

Afin de prévenir la destruction du poisson par l'emploi de certains engins et la mise en œuvre de certains procédés, la plupart des communes ont pris des arrêtés légalisés par les gouverneurs des provinces, concernant les lieux, l'époque et le mode de pêche. Par ces statuts, les pêcheurs s'engagent à favoriser les migrations naturelles du poisson, le développement et la multiplication du fretin, et à ne se servir que des engins désignés, par exemple, de filets aux mailles d'un diamètre minimum déterminé. La loi exige, en outre, que les propriétaires des bassins fixent, par une convention mutuelle, les dates exactes de l'ouverture et de la fermeture de la pêche du Saumon commun et du Saumon de lac afin de ne pas troubler le poisson et de lui permettre de gagner tranquillement les endroits où il a l'habitude de déposer ses œufs. Ces dates varient suivant les contrées ; c'est ainsi que pour la rivière d'Ouléo, la date de la fermeture de la pêche est fixée au 24 août et celle de l'ouverture au 1er juin de l'année suivante ; tandis que dans les autres rivières l'interdiction de pêcher, commençant du 1er au 15 septembre, ne s'étend qu'à la durée de l'hiver et seulement jusqu'au moment de la débâcle qui arrive vers le 1er mai. Par exception toutefois, dans la Vouokssa, la pêche est ouverte dès le 15 février.

Pour assurer l'exécution des dispositions de la loi, il existe en Finlande un emploi particulier, celui d'inspecteur de la pêche, occupé aujourd'hui par l'honorable M. Malmgren, à qui nous adressons ici tous nos remerciements pour les renseignements qu'il nous a très obligeamment fournis. Ce fonctionnaire relève du département de l'Agriculture au Sénat. Ce corps, pénétré de toute l'importance de la pêche pour le pays, et la considérant avec raison comme l'industrie vitale de la Finlande, ne recule devant aucun sacrifice pour assurer sa bonne organisation et la faire profiter de tous les progrès. C'est ainsi qu'il prend l'initiative d'expéditions savantes chargées d'étudier sur place l'industrie du poisson dans tous les pays où elle existe, et cherche à se rendre un compte exact des améliorations qui peuvent être apportées soit dans la réglementation de la pêche, soit dans les procédés employés.

La loi réglementant la pêche, la création des diverses administrations ayant le même objet ont déjà eu cet effet bienfaisant d'amener un accroissement notable dans les produits de la pêche annuelle du Saumon et des diverses autres espèces d'un prix plus élevé.

Il existe en Finlande trois modes de pêche : la pêche en pleine mer et le long des côtes, la pêche du Lavaret et du

Saumon dans les grands fleuves et enfin celle qui se pratique dans les lacs et rivières intérieurs. La pêche des deux premières catégories constitue un métier indépendant ; elle se poursuit sans interruption autant que le permettent la loi, la saison, etc.

Toute la population finlandaise, les riches comme les pauvres, consomment presque quotidiennement de la Sardelle (*silakka*), la pêche de ce poisson tient donc le premier rang au point de vue économique. La Sardelle, appelée *salakoucha*, et plus exactement *silakka*, dans le pays (*Clupea harangus*), est une variété du Hareng commun. Elle vit en grands bancs le long de toute la côte finlandaise. On la pêche à l'aide de filets à mailles très serrées que l'on étend pour la nuit sur des bancs de sable ou qu'on fixe au fond d'un canot. Ce canot n'est point retenu par une ancre, mais flotte au gré du courant. Le petit bateau sans voiles est, suivant l'importance de la famille, monté par deux ou six hommes, et lorsqu'il s'agit de vider le filet, il y a de la besogne pour tout le monde.

Les lieux de la plus forte pêche sont les îles d'Oland, les écueils d'Abo, les côtes des gouvernements de Niuland et de Vasa. Dans le laps de temps compris entre 1871-1875, les îles d'Oland expédièrent tous les ans 7 à 8,000 tonneaux de Sardelle salée, c'est-à-dire 56,000 à 64,000 pouds (le poud vaut environ 14 kilogr.), et le gouvernement de Niuland jusqu'à 2,000 tonneaux ou 16,000 pouds. Dans ces chiffres n'est pas comprise l'énorme quantité de ce poisson très savoureux et très sain que l'on consomme sur place.

En 1875, la pêche de la Silakka occupait 764 bateaux et 354 filets, et elle a produit 5,721 tonneaux ou 45,770 pouds de poisson salé. Nous devons à ce propos faire cette réserve que tous nos chiffres relatifs au produit de la pêche ne sont qu'approximatifs et sont évidemment bien au-dessous de la réalité. Suivant les renseignements officiels qui ne se distinguent pas toujours par une scrupuleuse exactitude, le produit annuel de la pêche atteint en moyenne 70 à 80,000 tonneaux ou 560 à 640,000 pouds.

Pour l'année 1879, nous trouvons 5,021 familles ou ménages vivant exclusivement de la pêche sur les côtes et en pleine mer. Nous n'avons pu nous procurer les renseignements exacts que pour cette année, mais nous pouvons assurer toutefois que si les chiffres qui nous sont fournis ne présentent pas une augmentation sensible sur ceux des dernières années, ils présentent encore moins une diminution.

Gouvernements.	Ménages vivant de pêche exclusivem.	Bateaux de pêche.	Produit de la pêche (en pouds). Silakka.	Sardine.	Autres espèces.
Niuland	567	1,185	53,150	18,720	14,540
Abo	2,040	3,146	279,650	20	41,800
Viborg	1,092	1,537	59,780	230	21,760
Vasa	1,108	1,167	167,280	150	24,860
Ouléaborg	214	608	25,360	30	8,860
Total.....	5,021	7,643	585,220	19,150	111,820

Comme on le voit, d'après ce tableau, la pêche de la Sardelle est concentrée dans les gouvernements d'Abo et de Vasa, c'est-à-dire dans la partie méridionale et la partie moyenne du golfe Bothnique, et surtout autour des îles d'Oland qui en sont le centre. D'autre part, la pêche de la Sardine d'Estonie (*Clupea sprattus*) se fait avec le plus de succès dans la gorge du golfe de Finlande où ce poisson arrive de la mer Baltique et des détroits danois.

La bonne Sardine finlandaise qui ne le cède en rien à celle de Réval ou de Lüssegul, se pêche près d'Exneis où il existe un établissement de pisciculture fort bien aménagé. Le siège le plus important de la pêche du Saumon et du Lavaret sont les grandes rivières : le Tornéo, le Kémi, l'Ouléo, le Koumo, le Kuméléné et la Vouokssa.

La pêche est faite en partie à l'aide de caisses spéciales (« zagon », en russe) installées dans les cours d'eaux et en partie au filet. Au moment où commence sa congélation, le lac de Ladoga abonde en Saumon (« Lohnen », en finnois) que l'on prend dans des filets d'une espèce particulière. Les sujets capturés atteignent rarement plus de 15-16 livres russes, mais ils sont très gras et d'une saveur très recherchée. Toute la pêche du lac et de la Kumméné s'expédie, suivant un vieil usage, fraîche ou gelée à Saint-Pétersbourg, tandis que dans d'autres endroits, on sale le poisson avant de l'envoyer aux lieux de vente, ce qui lui retire la meilleure part de sa saveur et, par conséquent, de son prix. Le Saumon frais que l'on appelle « graflax » dans le pays est consommé cru par les indigènes ; mais il faut avoir l'habitude du poisson cru pour ne pas éprouver de la répugnance à imiter ceux-ci quoique le Saumon cru soit en réalité un mets très fin et très délicat comme l'est aussi la Silakka crue à peine salée.

Voici quelques données sur les proportions qu'atteint la pêche du Lavaret et du Saumon dans les rivières : Tornéo, Kémi, Iio, Ouléo et quelques autres. Cette pêche est propriété de l'Etat.

	Saumon	Lavaret
	(en pouds).	
1871	14,750	2,520
1872	16,056	1,401
1873	13,739	1,404
1874	13,490	1,450
1875	17,384	2,434

Quant au produit de la pêche de la rivière de Koumo, pêche appartenant à l'Etat également, il est malaisé d'en évaluer exactement l'importance, mais on sait qu'elle est prise à ferme pour la somme de 12,236 mark (3,050 roubles métal), de plus, les particuliers en tirent pour 20,000 mark (5,000 roubles métal) environ de poisson. Le rendement de la pêche de ces deux espèces — Lavaret et Saumon — n'a point baissé depuis 1875, et même, au contraire, il est en voie d'accroissement. Nous pouvons donc considérer la moyenne de la pêche pendant ces cinq années comme représentant assez exactement le revenu annuel de ces pêcheries.

Si nous passons maintenant au poisson des lacs, c'est à la « Mouikka » (*Coregonus albula*, « *siklösa* » en suédois) que nous devrons attribuer la première place au point de vue quantitatif. Ce poisson joue sur la table du paysan de l'intérieur du pays le rôle de la Silakka pour les habitants de la côte. Les œufs de la Mouïkka accommodés avec de la crème, de l'oignon et du poivre constituent un des hors-d'œuvre les plus recherchés du pays. On en vend des quantités énormes aux marchés de Helsingfors et des autres villes. Dans la soupe au poisson, la Mouïkka remplace avantageusement la Gremille (Acévine).

Parmi les autres poissons qui peuplent les rochers et surtout les lacs et les rivières, nous devons nommer : la Perche

(*Perca fluviatilis*), le Brochet (*Esox lucius*), le Sandre (*Lucioperca sandra*), la Brême (*Abramis brama*), le Gardon (*Idus mélanotus*), le *Leuciscus rutilus*, l'Anguille (*Anguilla vulgaris*), la Lamproie (*Petromyzon fluviatilis*), la Lotte (*Lotta vulgaris*, la Truite (*Trutta lacustris* et *fario*), le Thymalle (*Trutta trutta*), la Sole (*Flatessa flesus*), ainsi que beaucoup d'autres espèces. La pêche se fait à l'hameçon avec ou sans ligne, au filet, au tramail et à la bordigue. Bien qu'à l'intérieur du pays, la pêche ne soit qu'une occupation auxiliaire pour le cultivateur, cependant en dehors de la consommation ménagère, une quantité considérable de poisson est dirigée sur les marchés des villes.

Dans ces dernières années une enquête a été ouverte dans les communes concernant la pêche dans les lacs et rivières ; les chiffres n'en peuvent être qu'approximatifs, mais réunis et groupés, ils suffisent cependant pour donner une idée de la place que tient dans le pays cette branche de l'économie rurale.

D'après ces renseignements, le rendement de la pêche dans les lacs et rivières de la Finlande, pour l'année 1879, peut être représenté par les chiffres suivants (en pouds) :

Gouvernements.	Saumon.	Thymalle.	Lavaret.	Mouikka.	Autres espèces.	Total.
Niuland	864	»	360	2,650	11,440	15,614
Abo	2,455	»	4,100	3,710	13,760	24,026
Tavasgoust	208	»	70	13,550	17,270	31,098
Viborg	4,160	190	9,900	30,730	12,750	57,730
Saint-Michel	»	»	600	30,310	23,350	54,260
Kouopio	120	8	3,140	35,150	21,100	59,918
Vasa	190	16	1,530	20,000	7,300	29,036
Ouléaborg	7,985	2,000	11,550	16,550	10,350	48,385
Total	15,983	2,214	31,150	152,600	117,320	319,267

Si nous ajoutons à cela la pêche maritime, le produit de la pêche de la Finlande se chiffrera, pour l'année 1879, par un total de plus d'un million de pouds de poisson. On se rendra compte que ces chiffres sont plutôt au-dessous de la réalité, en considérant que la Finlande exporte chaque année plus de 300,000 pouds de poisson, rien que pour les pays voisins, la Russie et la Suède. Ajoutons qu'elle a commencé à en fournir à l'Espagne.

Si nous nous en rapportons aux documents de la douane, qui offrent toutes garanties possibles d'exactitude, voici quelle a été l'exportation pour ces dernières années.

Années.	Poisson vivant et poisson frais.	Saumon salé.	Silakka salée.	Autres poissons en salaison.	Écrevisses (centaines).
1874	55,220	10,868	98,224	7,675	31,590
1875	96,935	11,928	115,560	21,088	20,060
1876	95,701	16,280	135,856	17,296	20,840
1877	85,020	11,920	126,960	17,600	21,500
1878 (la guerre).	59,096	8,048	171,144	8,936	22,000
1879	53,678	6,504	201,106	13,868	27,821
1880	94,043	9,570	165,064	7,720	30,100
1881	91,373	10,430	183,672	9,360	32,156
1882	96,526	10,780	197,250	11,730	34,968
1883	96,805	10,678	192,571	14,820	37,177

La valeur du poisson exporté de la Finlande en 1874 atteignait la somme de 1,525,327 mark ou 381,332 roubles, en 1880 elle était de 2,569,548 mark = 642,387 roubles métal. Il n'est pas sans intérêt non plus de noter la répartition de l'exportation entre divers pays.

	Exportation (en pouds).	
	En Suède.	En Russie.
Poisson frais et poisson vivant	83,517	10,526
Saumon salé	1,962	7,608
Silakka salée	117,936	47,128
Autres poissons salés	6,512	1,208
Écrevisses (centaines)	30,189	1

A la pêche maritime des poissons proprement dits se rattache la chasse aux Phoques qui a lieu à la fin de l'hiver et au commencement du printemps. Ce n'est point le courage, la hardiesse ou le sang-froid qui font défaut aux pêcheurs finlandais, mais les Phoques ne sont guère nombreux aux côtes de ce pays. La chasse aux Phoques ne joue donc qu'un rôle secondaire, elle n'atteint pas l'importance d'un métier spécial faisant vivre son homme. Les intrépides chasseurs finlandais traînent leurs canots sur la glace jusqu'en mer ouverte, et là ils les attachent à d'énormes blocs de glace flottants sur lesquels ils s'installent pour la chasse. C'est seulement lorsque la glace est complètement fondue que la compagnie rentre avec son butin, et si la chasse a été heureuse, il y a jusqu'à cent bêtes par canot.

En 1875, il y eut 1,740 Phoques abattus, pour le gouvernement de Vasa seul, et les îles Oland ont fondu 419 pouds de graisse de Phoque pure ; dans la période comprise entre 1871-1881, on tuait chaque année une centaine de Phoques dans le golfe de Finlande. En 1879, 5,422 Phoques ont été tués sur les côtes de la Finlande, dont 2,300 dans le golfe Bothnique, 1,600 dans le golfe de Finlande et 300 à 400 dans le lac Ladoga. En 1882, le total des bêtes tuées atteignait 5,279 ; elles ont fourni 6,055 pouds de graisse. La chasse au Phoque est pratiquée surtout par les habitants des îles Oland, le long de la côte du gouvernement de Vasa et sur les îles Hochland, Lavansaari et Seïskaari ; à noter ce fait curieux que le Phoque se rencontre non seulement dans le lac Ladoga, mais aussi dans celui de Saïmen.

En ce qui concerne la pisciculture artificielle, la question a été soulevée en Finlande, il y a un siècle, par le « magister » G.-R. Jers, dans son ouvrage intitulé : *Sur les causes de la diminution de la pêche du Saumon dans la rivière de Koumo*, et édité en 1771, à Abo ; mais la question ainsi posée resta à l'état stationnaire. C'est seulement bien plus tard que, sur l'exemple venu de France, on essaya de l'élevage artificiel. Vers 1858-1862, plusieurs établissements furent fondés par des particuliers et attribués au ressort de l'ancien inspecteur de la pêche, M. Holmberg qui a étudié cette industrie en Norwège. La plupart de ces établissements, créés grâce à l'initiative de ce fonctionnaire, se consacrèrent à l'élevage des alevins du Saumon, qui trouvent un débouché lucratif dans ces pays du nord et n'exigent point de soins particuliers. Les premiers établissements de ce genre furent fondés par MM. Schatélovitch, à Stoxfors sur Kumméné, Droujinine, à Khovinsaari, paroisse de Kumméné, général major Kleichills, à Abbosfor sur Kumméné, Lébédeff, près de Keksholm, sur la Vouokssa, Alfmann, sur le ruisseau Ourpal (gouvernement de Viborg), von Notbeck, à Tammerfors, le baron F. Linder, sur la Svarto et le pasteur Hartmann, dans la paroisse de Kronoborg ; les trois derniers établissements s'attachèrent surtout à l'élevage de la Truite de rivière. En 1863 et 1864, deux nouveaux établissements pour l'élevage du Saumon furent fondés sur le Tornéo et l'Ouléo, par des Sociétés par actions qui ont, dans ces deux rivières, la ferme de la pêche appartenant à l'État. Ces établissements ne cessent pas de mettre à l'eau des alevins, de Saumon surtout. C'est ainsi que, par exemple, les trois établissements de la Kumméné ont mis chacun, tous les ans, 100,000 alevins ; ceux d'Ouléo, du ruisseau Ourpal et de Keksholm en ont fourni dans les mêmes proportions.

Les brillantes espérances que l'on fondait sur la pisciculture artificielle en Finlande n'ont cependant pas donné tout ce qu'on en attendait, et l'honorable inspecteur, M. Malmgren lui-même, considère le procédé comme peu applicable dans le pays, il espère davantage de l'élaboration d'un ensemble de mesures législatives relatives au flottage du bois, etc., pour favoriser la multiplication naturelle du poisson dans les lacs et rivières de la Finlande.

LE PEUPLIER DE L'EUPHRATE

(*POPULUS EUPHRATICA* Oliv. = *P. DIVERSIFOLIA* A.-G. Schr. *)

Par M. J. VILBOUCHEVITCH.

(*Communication faite en séance du 5 avril 1891.*)

Le nom du *Populus Euphratica* ne vous est pas inconnu, puisque votre société a eu à s'en occuper, il y a deux ans, lors d'un envoi de graines, qui lui furent adressées par M. Metaxas, de Bagdad.

Ce Peuplier s'accommode fort bien de terrains salés ; tous les Peupliers en général paraissent avoir un peu cette qualité (1), au même titre qu'une série d'autres essences forestières ordinaires ; mais l'espèce *Euphratica* la possèderait au plus haut degré.

Vous savez, Messieurs, que le boisement artificiel d'un sol, surchargé de sels solubles, comme il y en a en abondance dans tous les continents, entre autres sur les côtes de la France, en Algérie et en Tunisie, n'est pas toujours chose facile. Je crois donc que sur cette matière aucune indication ne doit être négligée. C'est à ce titre que j'ai cru utile de vous présenter les renseignements sur le Peuplier de l'Euphrate que j'ai pu réunir, en grande partie, grâce à la bienveillante obli-

(*) Kirghize : *Tal-Touranguyl ; Touranga ; Douranda ; Dourangoun* (ces dénominations sont le plus souvent employées par les voyageurs russes tels que Prjevalski).

Malham, d'après Franchet (plantes du Turkestan, récoltées par Capus).

Oussak ou *Oussiak*, d'après Borszezov.

Arabe : *Safsaf; Garab ;* ce dernier nom désigne plus particulièrement le *P. Euphratica ;* c'est de lui qu'il est question dans les psaumes et non du *Salix Babylonica* ; cependant en général, les deux noms s'appliquent assez indistinctement aux Saules aussi bien qu'aux Peupliers différents.

Persan : *Terangout ; Patta.*

Afghan : *Padda ; Paddanne.*

Indes : Verne : *Bahan; Bhan; Jangli benti; Safe dar.* Pendjab : *Bahn.* Sindh : *Pathi.* Brahoui : *Hodoung.* (*Cyclopædia of India.* Balfour.)

(1) Voyez le remarquable travail de M. Gaston Gautier, *Revue scientifique*, 4 mars 1876.

— Richthoffen, *China.* 16-17.

— La lettre de M. Louis Reich.

— Obroutcheff : *La dépression Transkaspienne.*

geance de M. J. Grisard, de MM. Franchet, Bonnet et Bois, du Muséum d'histoire naturelle, et de M. Gaston Gautier, de Narbonne.

Le Peuplier de l'Euphrate est un arbre qui a dérouté la sagacité de plus d'un voyageur. Voici comment le Dr Kremer, qui l'a découvert le premier en Algérie, décrit les circonstances dans lesquelles il l'a rencontré (1).

... C'était non loin de la frontière du Maroc, près Lalla-Magrhnia. Le Dr Kremer avait aperçu, en passant, de la verdure sortant d'un ravin à quelque distance des voyageurs ; il y descendit et y trouva des arbres, alignés le long d'un torrent (qui était l'Oued-el-Hammam-el-Guelta).

Il en reconnut plusieurs comme étant des Pistachiers atlantiques ; il y avait aussi des Oliviers de bonne espèce. Enfin, il vit un arbre qui lui parut être « un beau Saule, à coup sûr, une espèce nouvelle ». En remontant le long du ruisseau, il observa « de gros Peupliers à tête arrondie, d'un très beau port ». En remontant encore, il se trouva auprès d'arbres « dont les rameaux portaient à la base des feuilles de Peuplier, au sommet des feuilles de Saule et dans le milieu des feuilles de formes intermédiaires entre les deux premières formes »... « Cette fois, raconte-t-il, j'y perdis mon latin. »

Ce n'est qu'après avoir consulté les sources que Kremer s'est avisé qu'il venait de faire la découverte du *P. Euphratica*, décrit en 1806 par Olivier (2).

Messieurs, voici les planches de Kremer, qui représentent trois formes du Peuplier de Lalla-Magrhnia. En réalité, la diversité du feuillage du Peuplier de l'Euphrate est encore plus grande que l'on ne le voit sur ces planches (3).

(1) *Le Peuplier de l'Euphrate*, 1866, Metz (Warion) et Paris (J.-B. Ballière).

(2) Il se guida sur ce fait que toutes les feuilles, quelles que soient leurs formes, avaient à leur base à droite et à gauche du sommet du petiole, une petite glande — caractère, qui appartient à certains Peupliers et non aux Saules.

(3) C'est chez Brandis et Stewart qu'on trouvera le plus de détails sur le feuillage du Peuplier de l'Euphrate.

Les figures et la description d'Olivier sont dans son ouvrage *Voyage dans l'empire Ottoman, l'Égypte et la Perse*, 1801-1807. Planches 45 et 46 de la troisième livraison et pp. 449-450 du troisième volume.

Il y a encore des planches du *P. diversifolia*, de l'Asie Russe, dans les *Images* de Trautvetter (16).

M. Franchet a bien voulu me faire voir au Muséum une collection d'échan-

L'aire de distribution géographique de notre Peuplier est très vaste.

Si nous allons de l'ouest vers l'est, nous trouvons tout d'abord quelques stations très éloignées les unes des autres, au Maroc, en Algérie, au Sahara oranais (dans les environs du 32° degré de latitude nord, d'après le Dr Bonnet); puis l'espèce saute brusquement à une petite oasis située au milieu du désert de Lybie, où l'a vue Acherson ; nous la retrouvons en Egypte. En Asie, elle vient en Palestine, en Syrie, en Mésopotamie, en Perse, au Khorossan, en Afghanistan, au Beloudjistan ; elle monte dans l'Hymalaya jusqu'à l'altitude de 13,500 pieds (1) ; elle abonde au Pendjab ; elle est connue au Transcaucase, en Turkmenie, Dzongarie et Mongolie ; elle s'y avance jusqu'à la frontière ouest de la Chine. Au Turkestan elle monte, dans le Zariavchan, jusqu'à 2,480 mètres.

Le Peuplier de l'Euphrate est très ancien, comme Köppen l'a noté et serait le plus proche parent du *P. mutabilis Heer* qui fut très abondant en Europe durant l'âge du myocène, et a été constaté entre autres le long des côtes de la Baltique, en Suisse, en Autriche, en Italie.....

Le *P. Euphratica* lui-même aurait été beaucoup plus répandu autrefois qu'il ne l'est de nos jours (2).

Le bord des cours d'eau paraît être l'habitat préféré de notre Peuplier.

D'après Regel, il occupe au Turkestan, le plus souvent, de vastes étendues de roselières, en compagnie de l'*Anabasis Aphyllum*, du *Lycium*, du *Nitraria*, de l'*Apocynum*.

tillons de *P. Euphratica* rapportés des différents pays par les grands auteurs, et j'ai pu m'assurer qu'il y a presque autant de formes différentes que de numéros.

— Nous avons dit que Kremer n'a pas été seul mis dans l'embarras par l'étrange Peuplier. D'autres ne s'en sont même pas aussi bien tirés que lui. Ainsi Schrenck qui a décrit le Peuplier pour l'Asie centrale, en lui donnant très heureusement le nom de *P. diversifolia*, en a détaché en même temps et dans les mêmes stations une autre espèce encore, qu'il dénomma *P. pruinosa*, qui, cependant, n'est lui aussi qu'une forme du même Peuplier polymorphe. Albert Regel en a acquis la certitude après avoir observé et examiné bon nombre de sujets, et pendant des années, autant à l'état spontané, que dans les rues et cours des villes du Turkestan ; et Wessmayl (*Les Peupliers*, p. 54-56) lui donne raison.

(1) A 10,500 et à 12,000, il y en a encore de fortes forêts.

(2) On trouvera des indications locales précises dans Boissier (*Flora orientalis*) ; dans Brandis et Stewart (*Forest-Flora of Northwest, central and Southern India*, 1874, p. 474) ; dans Köppen (*Geographische Verbreitung der Hobzgewächse des europäischen Russlands*, 1888, t. II, 351).

Braisdis et Stewart décrivent d'une façon très intéressante comment les graines du Peuplier de l'Euphrate sont apportées tous les ans par le vent sur les atterrissements que l'Indus met à *nu* au retrait estival des eaux.

Le Peuplier fixe l'alluvion et y forme des espèces de forêts, dans lesquelles, seul ou mélangé d'*Acacia Arabica* (1), il représente les hautes futaies, tandis que des Tamarix constituent le taillis.

Comme la plupart des auteurs ont passé sous silence cette propriété particulière de notre Peuplier *de pouvoir pousser dans le sel*, et que cette propriété nous importe avant tout, je tiens à vous citer *les passages qui la mettent en évidence*.

1° En suivant une piste qui m'avait été indiquée par M. Reich, j'ai trouvé cette phrase d'un récit de voyage d'A. Regel (2). M. Regel décrit une localité et ajoute : « Le *P. diversifolia* y croissait en abondance sur un vrai salant... »

2° Dans la description de Kremer, l'eau de l'Oued, qui « baignait les racines » des arbres, est définie comme étant « très limpide et fraîche, mais salée, très amère, impotable et purgative, sans doute à cause de ce qu'elle contient du sel marin et du sulfate de magnésie ». Les eaux des Oueds de cette localité du Sahara oranais où le *P. Euphratica* a été constaté par le Dr Bonnet, sont également toujours plus ou moins salées, suivant l'importance variable de leur débit, et leurs rives se couvrent facilement d'efflorescences salines.

C'est le cas de bon nombre de fleuves de ces déserts.

Quand on relit les ouvrages relatifs à l'Asie centrale, on est amené à voir que, dans ces steppes infinies, qui sont aussi la patrie de notre Peuplier, le sable et la glaise sont salés également et uniformément presque partout ; les rives des rivières sont également recouvertes en été d'une croûte épaisse de sel (presque toujours les sulfates y dominent et les chlorures sont presque absents; il y a néanmoins des exceptions).

3° On ne saurait désirer une confirmation plus catégorique que celle-ci que j'ai trouvée en feuilletant le *Gartenflora* et qui appartient encore à Regel ; il décrit le port du *P. Euphratica* et spécifie que, d'ordinaire, les troncs sont incrustés de sel. J'aurais encore à citer ce passage.

M. Franchet m'a fait voir dans l'herbier du Museum d'his-

(1) Brandis et Stewart, p. 22.
(2) *Bulletin de la Soc. Imp. de Géographie de Russie.*

toire naturelle un échantillon du Peuplier Euphratica rapporté par M. Belanger de Poulidellack, en Perse, et portant cette inscription faite par la main de l'auteur : N° 596, Désert salé.

Ces quelques témoignages me paraissent assez concluants.

Cependant, on peut faire une objection :

Puisque notre Peuplier est toujours sur le bord de quelque cours d'eau, *sa compatibilité avec le sel n'est-elle pas étroitement liée à la condition d'avoir en même temps assez d'eau à sa disposition ?* S'il en est ainsi, quel avantage présenterait-il sur ces autres espèces de Peupliers et sur tous ces arbres et arbustes assez nombreux que M. Reich énumérait dans sa lettre, imprimée à la *Revue ?*

Cette objection, je n'ai pas encore pu l'écarter complètement, bien que je puisse citer cette affirmation assez catégorique de Regel (1) :

« Le *P. diversifolia* est peut-être l'un des meilleurs arbres pour boiser une steppe, privée d'eau. Il paraît n'éprouver le besoin de quelque humidité qu'au premier printemps ; plus tard, l'humidité inhérente au sel lui suffit. »

Il faut dire aussi que, parmi ces rivières du désert qui, au premier abord, paraissent fournir de l'eau en abondance au *P. Euphratica*, beaucoup se dessèchent complètement tous les ans dès le commencement de l'été. Tel l'Oued où M. Bonnet a vu ses *P. Euphratica*, je tiens le fait de l'auteur même.

Il serait pourtant agréable d'être mieux renseigné sur ce point essentiel par des botanistes connaissant aussi bien que Regel, notre Peuplier ; et précisément de savoir si l'espèce ne dégénère pas obligatoirement en buisson dans les stations sèches.

La question de la taille et de la qualité du bois est en général la question fondamentale ; car, si l'extrême bizarrerie du *P. diversifolia* suffit pour la faire rechercher par l'horticulteur, il est évident que l'acclimateur et l'agriculteur n'ont d'intérêt à faire des démarches pour se le procurer et des dépenses pour le planter en grand, que si l'essence est susceptible de faire valoir le terrain qu'il occupera.

J'ai cherché à me faire une idée de ce que le Peuplier de

(1) *Gartenflora*, 1880.

l'Euphrate promet à ce point de vue ; mais les sources que j'ai consultées ne permettent pas de conclure.

Je ne puis que vous rapporter, sans les commenter, quelques appréciations.

D'abord pour le port :

D'après Regel (1) l'aspect des arbres adultes est très étrange. Le tronc, le plus souvent recouvert de sel, comme nous l'avons dit, est tortueux.

La tête ressemble pour la plupart à celle d'un Chêne ; cependant certains sujets prennent volontiers une forme plus ou moins pyramidale.

L'arbre n'a pas une apparence très majestueuse ; il dépasse rarement la hauteur de 30 pieds. Cependant son aspect est agréable et on est étonné de le voir d'un vert si gai (2).

Middendorff (3), qui a vu le *P. diversifolia* au Turkestan comme Regel, ne lui reconnaît pas cette dernière qualité.

« ... Il se présente, dit-il, tantôt comme buisson, tantôt avec un vrai tronc, mais son aspect est toujours très laid, avec son drôle de feuillage coriace. Les fourrés de *P. diversifolia* et de Tamarix ne sont pas des oasis dans le désert. »

Kremer trouvait son Peuplier « fort curieux et gracieux ».

Il indique une taille qui n'est pas bien plus grande que celle du Turkestan. M. Bonnet n'a pas vu non plus d'arbres de plus grandes dimensions.

Mais le *P. Euphratica* en atteindrait de considérables au Pendjab où, ainsi qu'au Turkestan, on ne dédaigne pas de le planter dans les jardins et le long des routes.

En effet, aux Indes, le Peuplier de l'Euphrate est, sous tous les rapports, un arbre des plus utiles.

Ecoutez seulement ce qu'en dit Brandis :

« Les arbres des forêts du Sindh (4) mesurent de 40 à 50 pieds sur 5 ou sur 8.

Ils ont des troncs régulièrement conformés, mais pas bien droits.

Au Ladak, la hauteur est de 20 pieds ; l'épaisseur de 3 à 4.

(1) *Gartenflora*, 1878, p. 109.

(2) Des *P. diversiflora* que Borszezow a vus le long de l'Amou-Darya et de ses principaux bras, y mesuraient 20 pieds de haut et avaient 3 à 6 pouces de diamètre.

(3) *Einblick in das Ferghana Thal*, 1880.

(4) Désert salé et aride de l'Inde (nord-ouest).

La rapidité de croissance est considérable (1).

Son bois est plus dur que celui du Peuplier blanc de l'Inde (2) ; blanchâtre dans l'aubier, rougeâtre dans le cœur (3), veiné de brun-foncé, ou bien presque noir chez les sujets âgés.

Au Pendjab méridional, le bois ne sert qu'au revêtement des murs, mais au Sindh il est largement employé en général et fournit des poutres et solives, des parquets et des objets tournés.

Les jolies boîtes laquées du Sindh sont faites généralement en bois de *P. Euphratica*.

La faculté calorique du bois n'est pas bien grande; c'est ce qui le fait dédaigner par les chauffeurs des petits vapeurs du pays ; au Sindh et dans le sud du Pendjab, il n'est employé comme chauffage que dans le ménage ; mais au Ladak, où il y a pénurie de bois, il jouit d'une grande estime.

Au Sindh, les couches intérieures de l'écorce fournissent des mèches à fusil, et l'écorce même est donnée aux malades comme vermifuge.

Les feuilles constituent un bon fourrage pour les Chèvres aussi bien que pour le bétail ; par endroits, dans la plaine comme au Thibet, les arbres sont expressément et régulièrement étêtés dans ce but (4). »

Avec le botaniste anglais Anderson, qui a vu le *P. Euphratica* sur la frontière de l'Afghanistan, lors des récents travaux de délimitation des deux pays, ça va encore bien. Parmi les arbres cultivés autour des autels, à Nutschki, Anderson en a mesuré un qui avait neuf pieds six pouces de circonférence à six pieds du sol ; les autres arbres du pays, bien que moins grands, étaient tous de mêmes dimensions suffisantes ; mais — c'est ici que l'affaire se corse —, le bois

(1) Il y a trois à quatre couches annulaires sur un pouce de distance radiale ; ces anneaux sont souvent de largeur bien inégale les uns par rapport aux autres.

(2) Que Brandis définit comme étant tendre et léger, mais à grain bien uniforme.

(3) « Rayons médullaires jolis, nombreux ; pores plus grandes que celles du *P. nigra* et du *P. alba*, disséminées régulièrement, une à une ou par groupes de deux à trois. Le bois vieux est rouge, très dur et ressemble à celui du Poirier » (Kremer).

(4) D'après les mêmes auteurs, le Peuplier de l'Euphrate servirait aussi sur les bords de l'Euphrate et du Tigre, à faire des planches et même des canots.

n'était pas bon ; il ne serait employé que comme combustible.

Ici encore, l'arbre fournit aux Chameaux une nourriture précieuse (1). Mais nous voilà au Turkestan et nous trouvons, d'après Middendorff, le bois du Peuplier de l'Euphrate généralement dédaigné par les habitants (2); mais on cultiverait l'espèce par endroit, dans des champs arrosés, pour la vannerie.

Enfin, d'après Regel, le bois est tendre et ne vaut que comme combustible. Mais, employé de cette façon, il brûlerait comme du charbon de terre — à la manière du saxaoul (3).

A quoi ces divergences peuvent-elles bien tenir !

Nous n'avons pas de raison de mettre en doute l'exactitude des observations, les différences sont même très naturelles vu l'étendue considérable de l'aire de distribution géographique de notre peuplier.

En définitif, ces choses-là ne peuvent être jugées sérieusement que sur la foi d'expériences de cultures faites sur place — en Camargue — si vous voulez, ou en Algérie, et le résultat ne peut être généralisé chaque fois que pour le petit pays où l'expérience a été faite.

Pourvu que nous ayons des plants, nous tirerons la chose au clair bien vite.

Peut-être même *se trouve-t-il déjà en ce moment des échantillons cultivés en France ;* puisque, lors de sa découverte, le Dr Kremer en a mis quelques-uns dans la pépinière de Lalla-Magrhnia et plus tard à celle de Nemours (Algérie), « derrière la maison de la pépinière, au pied de la montagne, le long du canal d'irrigation, en se dirigeant vers la source ». Il en a également greffé avec bon succès sur un Peuplier blanc de Hollande dans la cour de l'hôpital de cette ville, en face de son logement. Longtemps encore après être rentré à Nancy, Kremer recevait des boutures et des greffes de Nemours et doit en avoir distribué à ses amis.

M. Kremer a été aussi en correspondance avec MM. Audibert frères, horticulteurs de Tonnelle (Bouches-du-Rhône),

(1) *The Afghan delimitation Comission in Transactions of the Linnean Society*, de Londres. Botanique, II ser., IIIe vol. Je n'ai pas vu le texte moi-même.

(2) La pénurie des bois y est cependant extrême.

(3) Il y a une contradiction, puisque le saxaoul est dur comme pierre.

(maison disparue à ce qu'on m'a dit), à propos de ses Peupliers.

Dans sa brochure il parlait de l'intention qu'il avait d'en mettre un dans le jardin des plantes de Metz.

Les graines, reçues en 1888 de Bagdad par votre Société, ne doivent pas avoir germé, puisque aucune communication n'est parvenue au bureau.

En général les Peupliers ne se multiplient pas facilement par graines (1).

Il serait beaucoup mieux d'avoir *des greffes ou des boutures.*

Le Muséum, qui est en correspondance avec des botanistes du Turkestan, en avait déjà reçues un jour, malheureusement, quand les greffes sont arrivées à Paris, elles étaient mortes.

Messieurs, je tiens encore à vous signaler une information que je n'ai pas pu contrôler et d'après laquelle, il y a quelques années, il aurait été mis en commerce sous le nom de *P. Euphratica* des plants de *P. Boleana*, qui est une variété asiatique fasciée du Peuplier blanc (2).

Messieurs, je crois que la Société nationale d'Acclimatation de France rendra un bon service à l'agriculture des terrains salés de tous les pays, si elle arrive à faire des expériences en grand avec le Peuplier de l'Euphrate.

---

(1) Il y a une description du fruit chez Olivier... — Au Pendjab l'arbre fleurit en février, au moment où il ne porte encore que quelques vieilles feuilles de l'année passée ; et les graines mûrissent d'avril à juin (Brandis). Sur le bord de l'Euphrate, Olivier a récolté en mai des fruits mûrs.

(2) Voici *les quelques indications d'ordre cultural* qu'on trouve chez les auteurs cités :

Le Peuplier de l'Euphrate pousse de ses racines une multitude de rejets ; c'est ainsi qu'il arrive à couvrir de grandes surfaces, du moment qu'il s'installe quelque part (Regel) ; cela le fera toujours un peu encombrant dans les jardins. Il repousse vigoureusement après être taillé ; au Sindh on met à profit cette propriété et on élève le Peuplier en taillis pour avoir des solives. L'arbre supporte l'étêtage pendant de longues années. Ainsi que les Saules, le Peuplier de l'Euphrate se couvre dans la partie inférieure du tronc de nombreuses racines cornées, s'il est sujet aux inondations ; dans ce cas, la partie interne de l'écorce se trouve aussi souvent percée de prolongements du bois épiniformes, courts et durs, ce sont des bases de branches mortes ; les Ormes présentent le même phénomène. (Brandis et Stewart.)

LA LUTTE

DE L'HOMME CONTRE LES ANIMAUX

Conférence faite à la Société nationale d'Acclimatation le 13 mars 1891,

PAR M. PIERRE-AMÉDÉE PICHOT.

(SUITE *.)

Malgré la guerre incessante faite contre les Loups en France, l'espèce est loin d'y être éteinte. Nos forêts et nos montagnes leur servent toujours de refuge, et il n'en est pas tué moins de 7 à 900 par an, sur toute l'étendue de notre territoire. D'ailleurs nos frontières ouvertes leur donnent des facilités pour se recruter par des importations étrangères, et à la suite des guerres continentales, les mouvements de troupes chassent devant elles des bandes d'animaux sauvages, Loups et Sangliers, qui viennent nous demander l'hospitalité. Pour ces malfaiteurs, hélas ! on ne réclame jamais l'application des lois d'extradition.

La position insulaire de la Grande-Bretagne lui a permis de se débarrasser des fauves depuis déjà longtemps. C'est vers le milieu et la fin du XVIIe siècle qu'il est fait mention des derniers Sangliers; les derniers Loups tués en Angleterre remontent au règne de Henri VII (1485-1509) et s'il en est encore signalé dans le nord de l'Ecosse et en Irlande pendant environ deux siècles encore, je crois qu'ils ne sont plus guère connus que par les traditions populaires au commencement du XVIIIe siècle. De même que dans beaucoup de Musées d'Angleterre on vous montre le crâne de Shakspeare, de même on vous y montre le crâne du dernier Loup. C'est vers 1700 que se place la dernière destruction de loups dans le Sutherlandshire. Elle est dramatique. Un garde du nom de Polson, de Wester Helmsdale, avait découvert dans les rochers de Glen Loth la tanière d'un Loup qui ravageait la contrée; il s'y rendit avec son fils et un petit gardien de troupeaux. L'entrée de la tanière

(*) Voyez plus haut, page 687.

était fort étroite ; les deux petits gamins parvinrent à se glisser dans l'étroite ouverture pour examiner l'intérieur pendant que Polson montait la garde à la gueule du terrier. Les hardis explorateurs se trouvèrent tout à coup devant le liteau sur lequel grouillaient cinq petits louveteaux qu'ils se mirent en devoir d'étrangler sur l'ordre de leur père lorsque subitement parut la mère Louve rappelée au logis par les vagissements de sa progéniture. A la grande terreur du garde elle se précipita, la gueule écumante, dans l'étroit corridor qui menait à son logis et Polson n'eut que le temps de se jeter sur elle et de la saisir par la queue au moment où elle allait disparaître dans le corridor. « Père, crièrent les gamins, qu'est-ce qui bouche la lumière ! » — « Vous ne le saurez que trop tôt, malheureux ! si la queue casse ! » répondit le père en enroulant fortement autour de sa main l'appendice de l'animal. La lutte fut héroïque ! L'amour paternel tirait d'un côté et l'amour maternel de l'autre. Enfin le garde put dégager son couteau de chasse et lardant les reins de la Louve qui ne pouvait se retourner, il finit par la mettre à mort et par dégager le passage.

La lutte de l'homme contre les bêtes féroces et les grands fauves présente un intérêt tout particulier à cause des risques que l'on y court et des dangers auxquels on est exposé.

Ne croyez pas cependant que ce soit aux seuls animaux carnassiers que l'homme ait eu à disputer l'empire du monde. Il en est de plus humbles de figure et de moins redoutables en apparence, qui ont indirectement menacé son existence et contre lesquels il doit soutenir chaque jour une guerre sans trêve ni merci, sous peine d'avoir à leur céder la place. Tel est par exemple le Lapin qui, au commencement du premier siècle de notre ère, avait tellement pullulé dans les îles Baléares, son lieu d'origine, que les habitants menacés de la famine par ses ravages furent obligés de réclamer l'assistance militaire de l'empereur Auguste pour être délivrés de ces commensaux absorbants. Une ville de Catalogne, Tarragone, passe pour avoir été presque détruite et rendue inhabitable, à un certain moment, par les terriers et les galeries que les Lapins avaient creusés sous ses fondations. Et dans des temps plus rapprochés de nous, le Lapin ne fut-il pas un des facteurs les plus importants de la Révolution française? Les dégâts commis par le gibier en général et le Lapin en particulier furent un des griefs que les révolutionnaires exploitèrent contre le trône et contre l'autel. Il est vrai qu'alors la chasse avait dévié de sa mission providentielle et la lutte contre les animaux s'était transformée petit à petit en plaisir de luxe et en sport. De là les abus des capitaineries où le gibier s'était multiplié dans des proportions incompatibles avec l'évolution pastorale et agricole, ce cycle nécessaire par où l'humanité est forcée de passer dans sa marche ascendante vers le progrès ; de là ce discrédit jeté sur la chasse qui était devenue l'apanage d'un petit nombre de privilégiés ; de là la réprobation qui s'est attachée si injustement à l'exercice d'un art qui, maintenu dans de sages limites, doit trouver encore de nos jours une application utile à l'humanité. Sans doute la Révolution française a eu d'autres mobiles que la reprise de la lutte contre les animaux un instant oubliée ou dénaturée. Mais cette lutte y a joué un rôle, et c'est à bien plus juste titre que nos autorités municipales pourraient élever sur les places publiques des statues aux Lièvres et aux Lapins qu'à certaines personnalités contestables de nos dissensions civiles, quoiqu'à vrai dire, il en est qui puissent passer aussi pour de fameux rongeurs !

Je viens de vous dire que la lutte contre les animaux s'était modifiée dans la suite des temps et que ce qui n'était, au début de l'apparition de l'homme sur le globe, qu'un combat brutal pour assurer sa sécurité et protéger sa faiblesse, était devenu chez les peuples civilisés un plaisir de luxe et un art d'agrément au même titre que le piano et la peinture. Oui, la chasse est devenue un art et un art très compliqué ayant ses règles, ses traditions, ses dilettantes. Et la chasse s'est surtout perfectionnée et affinée dans les pays où le nombre des animaux sauvages venant à diminuer, il fallait plus d'habileté pour les poursuivre et pour les atteindre. Le Chien, cet utile auxiliaire du chasseur, devait logiquement être le premier animal dont l'homme ait cherché à s'assurer les services et par suite le premier domestiqué. Cela est confirmé par les découvertes de la paléontologie. Partout où l'on trouve les restes de plusieurs espèces d'animaux coexistantes, le Chien est l'une d'elles, et partout où l'on n'en trouve qu'une seule, il est celle-là, et Buffon avait pressenti les découvertes de la science préhistorique lorsqu'il a dit : *Le premier art de l'homme a été l'éducation du Chien et, le fruit de cet art, la conquête et la possession paisible de toute la terre.*

Un autre auxiliaire de l'homme dans la lutte contre les animaux est le Cheval. Il a été, lui aussi, l'un des premiers animaux domestiqués. Il semble avoir existé jadis à l'état sauvage sur presque toute la surface du globe, mais il fut longtemps considéré par les hommes préhistoriques comme un simple gibier ; ils le mangeaient comme nous l'avons mangé pendant le siège de Paris, et ils le trouvaient probablement excellent car ils arrivèrent, à le détruire sur certaines parties du globe avant de le domestiquer sur d'autres, d'où il nous est revenu.

Le Chien et le Cheval voilà quels furent les auxiliaires de l'homme pour transformer en art la lutte des premiers âges contre les animaux. Autre chose est d'attendre sournoisement, au coin d'un bois ou d'un passage, un animal peu méfiant et de l'y détrousser comme un voleur à coups de silex ou de bâtons, et autre chose est d'attaquer la piste d'un animal déjà fort loin de vous, de le suivre à travers des fourrés épais ou des landes broussailleuses, de le mettre sur pied, de déjouer ses ruses et de finir par le forcer à s'avouer vaincu. La chasse brutale à la force du poignet ne peut se faire que dans un pays neuf où l'animal est en nombre et avant qu'il n'ait appris à redouter et à craindre son ennemi mortel. Lorsqu'il a été mis en éveil par les attaques continuelles dont il a été témoin, dont il a failli souvent être victime lui-même, alors il faut que l'art vienne au secours de la nature, que le chasseur mette à profit ses observations sur les mœurs des animaux, appelle à son secours ces auxiliaires que je viens de vous citer, afin d'utiliser la finesse de leur nez ou la vitesse de leurs jambes pour continuer une lutte dans laquelle il serait évidemment inférieur à l'animal qu'il poursuivit. Et c'est ainsi que s'est formée la vénerie qui nulle part n'a atteint une plus grande perfection qu'en France, et qui tient encore une place si importante dans les rouages de la société civilisée, où chez nous par exemple 300 équipages occupent un personnel de 700 personnes, 1,200 Chevaux, 7,000 Chiens pour prendre environ 7,000 animaux par an.

Après avoir sifflé le Chien et appelé le Cheval pour l'aider dans sa lutte contre les animaux, l'homme réclama les services du Faucon pour atteindre les oiseaux dans les airs où il lui était difficile de les suivre avant l'invention des ballons, et de les atteindre avant la découverte des armes à feu, car s'il s'est servi d'armes de jet et notamment de l'arc dès la plus haute antiquité, la flèche n'avait ni assez de précision, ni assez de rapidité pour frapper sûrement un but mobile, tel que l'oiseau, dont on a souvent comparé la vélocité à celle de la foudre. De toutes les associations qui se sont formées pour mener à bien cette lutte de l'homme contre les animaux, il n'y en a certainement pas de plus surprenante ni de plus charmante que celle du chasseur avec cet être presque insaisissable auquel l'espace semble appartenir, et qui paraît si difficile à réduire aux lois étroites de la captivité. C'est cependant ce que l'homme a accompli. L'année dernière j'ai eu l'honneur de retracer devant vous l'histoire de la chasse au vol.

Le Chien, le Cheval, le Faucon, voilà donc les trois principaux alliés qui, dès la plus haute antiquité, ont permis à l'homme d'assurer sa domination sur les animaux du globe. Je dis les trois principaux, parce qu'il y en a bien d'autres dont l'usage, pour ne pas s'être autant généralisé, n'en a pas moins eu de l'importance et a marqué une des phases de la lutte. L'Éléphant, par exemple, a été transformé en véritable machine de guerre, en forteresse ambulante pour fouler les épais fourrés, les jungles de l'Inde, et résister par sa masse aux impétueux assauts du Tigre acculé. J'aurais voulu vous montrer quelques-unes des péripéties de la chasse au Tigre avec l'Éléphant, mais je n'ai pu me procurer que quelques-unes des photographies que le prince Henri d'Orléans a rapportées de son voyage dans les Indes où, avant d'aller explorer les plateaux du Thibet, il a abattu de sa main plusieurs des fauves habitants des jungles. Ces photographies vous feront voir l'Éléphant, cet utile auxiliaire de l'homme, pris sur le vif dans l'exercice de ses fonctions cynégétiques, et vous remarquerez un retour de chasse où le Tigre qu'on vient de tuer, est couché en travers de la selle.

(Projections : *Éléphants de chasse du prince Henri d'Orléans aux Indes.*)

Les bêtes féroces à leur tour ont été réquisitionnées pour nous aider dans la lutte. Les Égyptiens avaient utilisé l'élasticité de jarret et la force de mâchoires du Chat et du Lion lui-même ; les Francs trouvèrent la chasse avec le Guépard pratiquée en Syrie lors des premières croisades et elle fut introduite en Europe vers l'année 1413 par un marquis d'Este qui, ayant voyagé en Orient, rapporta un de ces félins de l'île de Chypre où on lui en avait fait cadeau. Pendant la seconde moitié du xve siècle, il y eut toujours un certain nombre de Guépards à la cour de Ferrare; on voit figurer dans les livres de comptes de la maison d'Este des dépenses pour colliers, laisses, achat et entretien de « Léopardi », qui ne sont autres que des Guépards. Leur renommée vint jusqu'à la cour de France. Louis XI, écrivant vers 1476 à son très cher et aimé cousin Hercule Ier d'Este, lui demande de lui envoyer un de ces « Liépars » dont il a entendu parler. Louis XII s'en servit pour prendre des Chevreuils. Gessner raconte qu'il y en avait de deux espèces à la cour de François Ier. Sous Henri II on les gardait au château d'Anet, puis après la mort de ce prince, on les transporta au château de Saint-Germain. Les derniers qu'on vit à la cour de France étaient sans doute ceux que Marie de Médicis avait amenés de Florence et dont parle Henri IV dans une lettre adressée au marquis de Rosny en 1601.

Le Guépard n'est plus employé aujourd'hui comme auxiliaire de l'homme qu'en Perse et dans les Indes où les princes et les souverains en entretiennent dans leurs équipages. Cet animal est un type de transition entre les félins et les chiens, aussi les naturalistes lui ont donné le nom générique de *Cynailurus*, Chien-Chat. Chats par la tête, la longue queue, le pelage, ils sont Chiens par la hauteur des jambes et presque la forme des pattes, car leurs ongles très peu rétractiles sont presque toujours abaissés et s'émoussent par le frottement contre le sol. Ce sont des animaux moins féroces que les félins, mais la vue du sang les excite et les rend redoutables. Leur dressage ressemble beaucoup à celui du Faucon ; on les prend par le jeûne et la faim ; on les tient dans l'obscurité au moyen d'un masque ou chaperon dont on leur recouvre les yeux, et que l'on n'ôte qu'au moment de les lancer sur la proie qu'ils doivent poursuivre. On les porte à la chasse soit à cheval, et dans ce cas le Guépard se tient sur un coussin disposé derrière la selle du veneur, soit sur une petite charette traînée par des Zébus ; c'est ce dernier mode qui est le plus usité dans l'Inde. On approche ainsi le plus qu'on peut les troupeaux d'Antilopes que l'on veut surprendre et lorsqu'on ne peut plus avancer sans donner l'éveil au

(Projection : *File d'Indiens se rendant à la chasse.*)

gibier, on lâche le Guépard en lui découvrant les yeux. Il a vite aperçu le gibier, car il est à jeûn et attend avec impatience le moment de se repaître ; dès qu'il a choisi sa proie il s'avance vers elle à bon vent en se traînant sur le

(Projection : *Chariot à Guépard.*)

ventre et en rampant à travers les herbes, mettant à profit tous les accidents de terrain, puis lorsqu'il est à bonne portée, il se découvre, bondit comme une flèche et saute à la gorge de l'Antilope avant que l'animal ait eu le temps de se reconnaître et de prendre sa course. S'il manque l'Antilope il est

(Projection : *Guépard saisissant sa proie.*)

(Projection : *Guépard sur sa proie.*)

rare que le Guépard poursuive plus de quelques centaines de mètres et le léopardier, comme on appelait au moyen âge l'homme chargé des Guépards, le remet à la laisse en lui présentant un leurre exactement comme pour le Faucon. Si le Guépard a fait prise il faut user de beaucoup de précautions et de ruses pour lui ravir sa proie sans l'irriter, car malgré tout l'art avec lequel il est dressé on n'est pas encore arrivé à lui faire comprendre les beautés du partage. Il y a encore un souverain qui possède des Guépards fort bien dressés pour la chasse et que je vais vous faire voir dans la projection suivante. C'est le Shah de Perse que l'artiste a représenté en visite chez le Chat, je veux dire chez son Guépard.

(Projection : *Le shah de Perse et ses Guépards.*)

Vous avez pu voir que les peuples les plus anciens avaient honoré à l'égal des dieux, si non divinisé même, les héros dans lesquels se personnifiait la lutte triomphante des premiers hommes contre les animaux. Dans la célébration des premières fêtes religieuses, il n'est donc pas étonnant de trouver sous un symbole quelconque le souvenir de cette lutte. Pour ne citer que les fêtes de l'antiquité qui nous sont le plus familières, les jeux Pythiens furent institués en l'honneur d'Apollon, en souvenir de sa victoire sur le serpent Python, et les jeux Olympiques célébrèrent les triomphes d'Hercule que rappelèrent encore les jeux Néméens. Ces fêtes, ces jeux, éminemment gymnastiques au début, tels que sont aujourd'hui les congrès de nos bataillons scolaires, qui ne nous ont cependant délivré de rien du tout, contribuèrent à faire entrer la lutte contre les animaux dans le domaine de l'art et à entretenir chez les masses qui ne chassaient plus le goût instinctif et héréditaire du combat des premiers temps du monde. Les jeux du cirque qui, sous les Romains, atteignirent leur maximum de splendeur donnèrent un nouveau stimulant à cette lutte, car la faune de tous les points du globe dut fournir à ces spectacles et par des chasses réelles préluder à ces chasses artificielles et improvisées. Qu'on en juge par le nombre d'animaux qui furent en certaines circonstances immolés dans ces fêtes :

Scaurus, un célèbre édile de Rome, exposa dans l'amphithéâtre, cinquante-huit ans avant notre ère, cent cinquante Panthères. Probus fit planter le cirque d'arbres de haute futaie et y lâcha ensemble jusqu'à mille Autruches et autant de Cerfs, de Sangliers, de Daims et de Chevreuils qui furent livrés en curée au peuple. Une autre fois cent Lions, cent Lionnes, autant de Léopards de Libye et trois cents Ours mordent le sable de l'arène et peut-être aussi les jambes des spectateurs. Enfin le goût de ces tueries devint tel qu'on vit l'empereur Commode descendre dans l'amphithéâtre et tuer de sa propre main d'un coup de flèche ou de javelot les animaux qu'on faisait courir devant le peuple pour l'amuser. En cela il se montrait, dit-on, fort habile et abattait ses victimes d'un seul coup, comme le dernier des Mohicans.

Hélas ! pour l'honneur de l'humanité, le sang des animaux n'a pas seul rougi l'arène. *Homo homini lupus*, a dit un latin : l'homme est le loup de l'homme ; l'homme est sa propre bête fauve, et dans la déviation de cet instinct de préservation qui, dès les premiers âges du monde, en avait fait un ennemi mortel de toute la faune animée, il a tourné contre lui-même ses propres armes. Les voûtes du Colisée n'ont pas seulement retenti des rugissements des Lions et des Tigres, des Panthères et des Hyènes ; les gémissements des gladiateurs mourants, des prisonniers livrés aux bêtes, se sont longuement répercutés sous ses arceaux sonores ! Au milieu de ce concert lugubre de plaintes et de râles d'agonisants, montent heureusement vers le ciel les hymnes et les dernières prières des premiers chrétiens, qui, immolant à leur foi naissante une vie misérable, attestent plus fortement encore que la longue suite de triomphes sur la nature brutale dont je viens de vous entretenir, la supériorité de l'homme sur la brute et l'essence impérissable de l'humanité. Gérome nous a rappelé dans un ses beaux tableaux une de ces scènes émouvantes. La voici :

(Projection : *La dernière prière.*)

Les combats d'animaux et les boucheries sanglantes du cirque ont disparu dans la suite des temps et grâce à l'adoucissement des mœurs, et c'est à la cour des rajahs de l'Inde, chez le Guicowar de Baroda par exemple, qu'il faudrait aller aujourd'hui pour retrouver ces sports barbares dans toute leur splendeur. Mais longtemps en Angleterre et en France on s'est amusé de combats de bêtes que l'on excitait les unes contre les autres ; les combats de Coqs, les combats de

Chiens ou d'Ours ont été longtemps des passe-temps populaires, et à Vienne, en Autriche, il est encore fait mention de combats de Lions contre des Chiens dans l'année 1790. Des arènes de Carthage, où sainte Perpétue avait été exposée dans un filet aux colères d'une vache furieuse, les courses de Taureau ont passé en Espagne avec les Carthaginois qui peuplèrent les côtes, et en Provence avec les Amorrhéens qui fondèrent Arles, et elles s'y sont perpétué jusqu'à nos jours. Ce que sont ces luttes d'adresse et de sang-froid, vous avez pu en juger à Paris pendant ces dernières années, car on nous en a donné le simulacre sur divers hippodromes sans compter *la gran Plazza de toros* construite tout exprès avenue Pergolèse, mais chez nous la tradition est rompue et nous avons quelque peine à goûter aujourd'hui ces spectacles dont les finesses et l'escrime nous échappent ; cependant la lutte de l'homme contre les animaux y est devenue un art raffiné dans lequel l'homme a remporté de nombreux triomphes. Sur l'ancienne Plazza de Madrid qui a duré cent vingt-cinq ans, de 1749 à 1874, on a vu au moins trois mille sept cent cinquante courses où plus de vingt-deux mille cinq cents Taureaux ont été vaincus loyalement et tués en duel à l'épée, tandis que les Taureaux, eux, n'ont tué que huit hommes, savoir : trois matadors, un banderillier, un piqueur, un amateur et deux simples bourgeois dans des courses au Taurillon.

Dans notre Provence et dans nos provinces landaises, les courses de Taureaux ont été encore moins homicides, car là le sang n'est pas versé, du moins devant le public ; pour le pauvre Taureau, la course est toujours le prélude ou l'ouverture du drame de l'abattoir. On se contente de lutter d'agilité avec nos petits Bœufs de la Camargue ou des Landes pour enlever une cocarde placée entre leurs cornes, et à défaut de cirque antique, comme les arènes d'Arles ou de Nimes, pour se livrer à ce sport, on se contente d'une simple enceinte de planches érigée sur la place publique ou de barrières circulaires formées en plein champ par un enchevêtrement de voitures, de charrettes et d'instruments aratoires.

(Projection : *Course dans les arènes d'Arles.*)

Voici la représentation d'une course de Taureaux dans les arènes d'Arles, puis un des pittoresques gardiens des trou-

Course de Taureaux dans les arènes d'Arles.

peaux de Taureaux dans la Camargue, véritable chevalier moderne armé de sa lance et portant sur l'arçon de sa selle sa bonne amie.

(Projection : *Gardien de Camargue.*)

Mais en Espagne comme en Provence, le goût pour les courses de Taureaux fait tellement partie du caractère national que l'on a prétendu que pour y assister, les enthousiastes amateurs sacrifieraient jusqu'à leur part de paradis.

C'est ainsi que notre poète provençal, Mistral, nous a représenté un mauvais sujet de Tarascon frappant aux portes

Gardien de Taureaux de Camargue et sa « *chatto* ».

du Paradis dont saint Pierre lui refuse naturellement l'entrée.

— Puisque j'ai tant fait que de venir jusqu'ici, lui dit Jarjaye, c'était le nom du Tarasconais, et que la vue n'en coûte rien, laisse-moi un peu voir le Paradis, on dit que c'est si beau.

— Soit, dit le saint, en considération des mérites de ton père qui porte ma bannière pieds nus dans les processions, je veux bien t'accorder ta demande, mais il est entendu que tu ne mettras dans le lieu saint que le bout de ton nez.

— Ça va, dit le misérable et tandis que saint Pierre entr'ouvrait la porte, Jarjaye se retournait et entrait à reculons, sous prétexte que l'éclat de la lumière l'éblouissait. Il promettait bien toutefois de ne plus bouger, dès que le bout du nez serait entré. Saint Pierre, fidèle à sa parole, ne voulut pas chicaner sur un détail, quoiqu'il s'aperçût qu'il était joué, car une fois le bout du nez passé, le corps du pécheur ne voulait plus sortir.

Le porte-clefs était aux cent coups pour savoir comment se débarrasser de l'intrus. Il alla trouver saint Yves, le patron des avocats, qui lui conseilla de prendre un avoué et de faire citer Jarjaye par huissier devant le divin tribunal. Trouver un huissier en Paradis, c'était bien impossible et d'avoué, il n'y en avait peut-être pas davantage. Heureusement saint Luc vint à passer; il est l'ami des Bœufs et le patron des toréadors, et lorsque saint Pierre lui eut conté son embarras et qu'il eut appris que Jarjaye était de Tarascon, il envoya une troupe de petits anges courir de l'autre côté de la porte du Paradis en criant comme les gamins d'Arles, de Beaucaire, de Tarascon et de Nîmes lorsqu'ils voient arriver une bande de Taureaux pour les courses : « *Li bioou, li bioou* ! les Bœufs, les Bœufs. »

Le pauvre Jarjaye, surpris par ces cris affolants, ne put y tenir. « Quoi, dit-il, on fait ici des courses de Taureaux? » et il se mit à courir comme un étourdi et se précipita derrière les petits anges.

Derrière lui la porte se referme et saint Pierre, mettant le nez au fenestron, lui dit d'un ton gouailleur :

— Eh bien, Jarjaye, comment la trouves-tu?

— Mauvaise, lui répond le malheureux expulsé en faisant une triste mine, mais tout de même si ça avait été les Bœufs je n'aurais pas tant regretté ma part de paradis!

Et là-dessus, il s'enfonça dans l'abîme! *dins lou garagai!*

(*A suivre.*)

II. EXTRAITS DES PROCÈS-VERBAUX DES SÉANCES DE LA SOCIÉTÉ.

SÉANCE GÉNÉRALE DU 3 AVRIL 1891.

PRÉSIDENCE DE M. A. GEOFFROY SAINT-HILAIRE, PRÉSIDENT.

Le procès-verbal de la séance précédente est lu et adopté.

— M. le Secrétaire des séances s'excuse de ne pouvoir assister à la réunion.

— M. le Secrétaire général procède au dépouillement de la correspondance.

— Des remerciements au sujet de sa récente admission sont adressés par M. L. Fatin, de Naujac (Gironde).

— MM. Zeiller, Joncquoy, R.-M. Romand, de Forestier comte de Coubert, D.-D. Gourdin et J. Fallou remercient des envois de semences qui leur ont été faits par la Société.

— M. J.-B. Laville adresse une demande de Pommes de terre Richter's imperator.

— M. Chatot, de Saint-Germain-du-Bois (Saône-et-Loire), rend compte de ses cultures de Crosnes du Japon.

— M. Laborde, curé de Vertheuil-en-Médoc (Gironde), accuse réception et remercie du cheptel de Faisans versicolores qu'il vient de recevoir.

— M. de Barrau de Muratel écrit du Montagnet (Tarn) :

« Je viens d'apprendre un fait assez curieux par sa rareté et qui m'a paru de nature à vous intéresser, c'est un fait de **superfétation** parfaitement constaté sur une Jument et dont voici les détails.

» Un de mes voisins avait fait saillir une Jument au mois de février, deux mois et demi après, la Jument donna des signes de chaleur et fut ramenée à l'étalon qu'elle accepta. Au mois de janvier suivant, onze mois après la première saillie, la Jument mit bas deux Poulains en même temps, l'un parfaitement arrivé à terme, et le second imparfaitement développé, tous les deux succombèrent. Un vétérinaire de Castres, M. Garrigues, appelé pour étudier ce fait anormal, reconnut facilement que le premier poulain était à terme, mais que le développement du second annonçait une gestation de huit à neuf mois au plus. Ce fœtus serait donc le produit de la deuxième saillie faite à deux mois et demi de distance de la première. J'ai entendu dire que le fait de superfétation chez les Juments était, sinon contesté, du moins très rare, celui-ci est authentique et officiellement constaté, à ce titre, j'ai pensé qu'il pouvait être utile de vous le faire connaître. »

— M. Vilbouchevitch communique l'extrait suivant d'une lettre qu'il a reçue de M. Ussèle à propos de l'emploi du *Tamarix articulata* (Farash) pour les travaux de reboisement dans l'Inde :

« Je ne puis malheureusement vous fournir aucun renseignement sur les **Tamarix** que, dans mes voyages, je n'ai jamais rencontrés comme objet d'une culture spéciale. Dans les Indes, le Farash n'a été employé, au moins à Changa Manga (1), que pour obtenir une couverture du sol, et l'on a utilisé pour cela son affection particulière pour les terrains humides. S'il n'a pas dans ce pays les qualités qu'on lui reconnaît en Egypte, cela tient très certainement à la différence des climats, et les exemples ne manquent pas d'espèces sylvicoles dont les qualités se diversifient avec la situation. Peut-être même trouverait-on la cause de la qualité ou du défaut des bois par l'analyse chimique de leurs œuvres, qui indiquerait les éléments assimilés dans tel ou tel pays, utiles à leurs qualités et puisés dans des sols différents. Pour ma part, je n'hésite pas à attribuer, dans ces circonstances, une importance exceptionnelle au régime des eaux pluviales très différent aux Indes anglaises et en Egypte. »

— M. Joseph Clarté demande divers renseignements sur le *Citrus triptera* du Japon.

— M. Dubor exprime le désir de recevoir des graines de végétaux pouvant convenir au climat de la Tunisie.

— M. le Président dépose sur le bureau une note de M. Huet, aide naturaliste honoraire, chargé de la Direction de la ménagerie du Muséum, note relative à la multiplication de la Cigogne en captivité.

M. le Président dépose également une note de M. Sharland dans laquelle notre confrère constate les effets de la température rigoureuse de cette année sur ses élevages de la Fontaine-Saint-Cyr. — A cette note, qui a été insérée dans le numéro du 20 avril de la *Revue*, M. le Président ajoute des renseignements intéressants recueillis par lui lors d'une visite faite à la propriété de M. Sharland et insiste particulièrement sur ce fait que les éducations ont lieu à Fontaine-Saint-Cyr, sans les précautions ordinaires prises dans les ménageries,

(1) Voyez la *Revue scientifique* du 21 février 1891.

en semi-liberté et presque toujours sans chauffage, même par les froids les plus durs et les plus persistants.

— La parole est à M. le Secrétaire général pour la lecture de quelques pages envoyées du Caire par M. d'Aubusson qui promet à son retour des renseignements plus complets, notamment sur l'élevage des Autruches.

A ce sujet M. le Secrétaire général présente quelques observations sur les élevages d'Autruches tentés en Algérie et sur les conditions dans lesquelles ils ont été faits.

— Sur l'invitation de M. le Président, M. Vilbouchevitch donne lecture d'une note sur le Peuplier de l'Euphrate.

A l'occasion de cette communication, M. le Président exprime le désir de faciliter l'introduction de cette essence qui serait utile dans les terrains salés, il espère que l'arboretum de M. Lavallée, à Segrez, pourra fournir du plant ou qu'on pourra en demander à notre collègue de Bagdad, M. Métaxas.

— M. le Président donne la parole à M. Hédiard qui présente à l'assemblée différents produits venant des colonies, Cacao, Gingembre, Ignames, Patates rouges de la Martinique, Haricots de Madagascar, Manioc, Chou caraïbe, etc. M. Hédiard insiste particulièrement sur l'utilité qu'il y aurait à tenter dans le Midi de la France, et surtout en Algérie, la culture de certaines espèces d'Ignames dont il offre de donner des tubercules à la Société.

M. le Président remercie M. Hédiard de sa communication et des offres qu'il a bien voulu faire et donne ensuite lecture d'une note de M. le marquis de Brisay concernant les effets du froid sur ses élevages à Auray (Morbihan).

M. le Président fait ressortir certaines contradictions apparentes entre les observations dont il vient de donner communication et celles recueillies à Fontaine-Saint-Cyr par M. Sharland. — Il est d'avis qu'on ne peut encore tirer des conclusions absolues des tentatives faites jusqu'à ce jour et des résultats obtenus. En dehors des conditions climatériques d'élevage, il y a celles d'alimentation et bien d'autres encore qu'il y aurait lieu d'examiner.

Elles feront toutes l'objet d'un questionnaire que M. le Président, d'accord avec la Section, se propose d'adresser à tous ceux qui s'occupent de l'acclimatation des oiseaux.

L'ordre du jour étant épuisé et personne ne demandant la parole, M. le Président lève la séance.

Pour le secrétaire des séances,
JULES GRISARD,
Secrétaire du Comité de rédaction.

SÉANCE GÉNÉRALE DU 17 AVRIL 1891.

PRÉSIDENCE DE M. A. GEOFFROY SAINT-HILAIRE, PRÉSIDENT.

Le procès-verbal de la séance précédente est lu et adopté sans observation.

— M. le Président proclame les noms des membres récemment admis par le Conseil :

MM.	PRÉSENTATEURS.
COSNIER, au château de Sauceux (Eure-et-Loir).	A. Berthoule. Edgar Roger. G. Rogeron.
CROPPI (Édouard), rentier, rue Théophile-Gautier, 3, à Neuilly.	A. Berthoule. Eug. Dupin. A. Geoffroy Saint-Hilaire.
DEBEAUVAIS (Louis), éleveur, passage des Thermopyles, 47.	A. Berthoule. Eug. Dupin. Edgar Roger.
HECKEL (Édouard), docteur en médecine, directeur du Jardin botanique de Marseille, 31, cours Lieutaud, à Marseille.	A. Geoffroy Saint-Hilaire. De Quatrefages. Weil.
JOUSSET DE BELLESME, directeur de l'Aquarium du Trocadéro, 5, rue du Pont-de-Lodi.	A. Berthoule. A. Geoffroy Saint-Hilaire. Marquis de Sinéty.
PARADIS (Fernand), colombophile, 20, rue Rochebrune.	A. Berthoule. Edgar Roger. Marquis de Sinéty.
PELISSE (Claude), pharmacien de 1re classe, 4, rue de la Sorbonne.	Eug. Dupin. A. Geoffroy Saint-Hilaire. Dr Ménard.
WASQUEZ (Paul), 14, rue de Crussol.	A. Berthoule. Eug. Dupin. A. Geoffroy Saint-Hilaire.

En l'absence de M. le Dr Saint-Yves Ménard, qui s'excuse de ne pouvoir assister à la séance, M. J. Grisard procède au dépouillement de la correspondance :

— Des remerciements sont adressés par M. Jousset de Bellesme au sujet de sa récente admission dans la Société.

— MM. Ch. Mailles et Jalouzet accusent réception et remercient des végétaux qu'ils viennent de recevoir en cheptel.

— M. E. de Carheil annonce le renvoi de son cheptel décomplété de Canards Aylesbury.

— M. Alexis Guillaumin rend compte des améliorations qu'il a apportées dans la race porcine craonnaise. Cette race est originaire de la Mayenne d'où elle s'est répandue dans tout l'ouest de la France. C'est dans ce département et dans la Sarthe que notre confrère est allé chercher ses premiers reproducteurs, mâles et femelles. La sélection rigoureuse à laquelle cet éleveur s'est livré pendant plus de trente ans lui a permis de corriger la plupart des défauts de conformation des animaux élevés dans l'ouest et de créer dans l'Allier, à Lépine, une porcherie modèle qui jouit d'une réputation méritée.

— M. Cuginaud, de Brantôme (Dordogne), accuse réception des œufs de Truite saumonée qui lui ont été adressés par la Société et qu'il a reçus en parfait état.

— M. le Président présente quelques observations au sujet de l'exposition et du concours d'aviculture ouverts récemment au Jardin zoologique d'Acclimatation du Bois de Boulogne. Il fait ressortir les avantages que présentent, à tous les points de vue, ces réunions où éleveurs et amateurs sont mis en contact.

L'exposition annuelle du Palais de l'Industrie était un progrès ; mais les conditions de cette exhibition générale des différentes classes d'animaux destinés à l'alimentation sont peu favorables à un examen complet des oiseaux de basse-cour.

Les journaux spéciaux rendent certainement des services, mais rien ne peut suppléer à l'examen personnel, équivaloir aux rapports directs de l'acheteur et du vendeur.

Le Conseil et la Section d'aviculture ont utilement travaillé à combler une lacune, ils ont réalisé dans le mode d'exposition des améliorations importantes, leur œuvre sera certainement féconde ; une seule et très légère critique pourrait toutefois être formulée. Dans leur désir d'encourager les exposants, ils n'ont pas songé assez peut-être que les récompenses multipliées perdent leur valeur.

Mais au fond, cela importe peu ; ce qu'il y a de certain, c'est que le Conseil d'administration et la Section d'aviculture ont bien mérité de la Société et son Président est heureux de remplir le devoir qui lui incombe en leur transmettant les remerciements et les compliments de tous. M. de Claybrooke notamment a donné le concours le plus dévoué à l'exposition et mérite à ce titre une mention spéciale. Il y a lieu également de féliciter M. Voitellier pour le système de cage qu'il a inauguré au Jardin, système grâce auquel tous les volatiles sont vus au même niveau et bien en lumière.

— M. le Président dépose sur le Bureau un œuf de Cane très curieux qui lui a été envoyé par M. Renard pesant 290 grammes. Il a été fendu dans l'oviducte de l'oiseau, perpendiculairement à son axe, la fente s'est réparée, mais est encore bien visible. Cet œuf qui a été préalablement cuit est ouvert par un des membres de la Société ; il renferme deux jaunes, mais non deux œufs distincts encastrés l'un dans l'autre comme sa taille pouvait le faire supposer.

— M. le Secrétaire général dépose sur le Bureau plusieurs ouvrages offerts à la Société dont l'arrivée trop tardive ne lui permet pas de présenter un compte rendu.

M. le Secrétaire général présente ensuite quelques échantillons de Salmonides qui lui ont été adressés. Ces spécimens recueillis dans la partie supérieure du cours de la Loire constituent de précieux documents pour l'enquête ouverte au sujet du mode de reproduction des Saumons. Ils sont la preuve évidente que le dépôt des œufs, leur fécondation, leur éclosion ont lieu dans le haut des cours d'eau aboutissant à la mer à laquelle les alevins vont ensuite demander leur développement.

— M. de Claybrooke donne lecture, au nom de M. Pion, de la seconde partie du mémoire sur le *Mouton africain*, rédigé par notre confrère.

— M. Berthoule entretient l'assemblée des observations par lui recueillies sur l'industrie de l'élevage des Autruches en Algérie, notamment à l'établissement de M. Viol, à Aïn-Marmora et au Jardin du Hamma, dirigé par M. Rivière. Cette communication est accueillie avec un vif intérêt par l'assemblée.

M. le Président en remerciant l'auteur insiste sur la conclusion de son rapport : « Donnez à l'Autruche de l'espace et une nourriture suffisante et tout ira bien. » Il fait part à ce sujet de ses impressions personnelles lors de ses voyages en Algérie et notamment à la ferme d'Aïn-Marmora. — Les succès obtenus dans l'éducation du Nandou auraient dû servir d'enseignement. M. le Président fait en outre remarquer que les élevages si prospères du sud de l'Afrique ont été entrepris d'après les expériences faites par des Français, soit en France même, soit à Alger. Il ajoute que les œufs d'Autruche obtenus en Algérie sont, aussi bien que ceux du Cap, propres à l'incubation par les couveuses artificielles.

Vu l'heure avancée, la communication de M. Julien Petit sur l'essence de Rose est renvoyée à la prochaine séance.

Pour le secrétaire des séances,

Jules GRISARD,

Secrétaire du Comité de rédaction.

III. COMPTES RENDUS DES SÉANCES DES SECTIONS.

1re SECTION (MAMMIFÈRES). — SÉANCE DU 14 AVRIL 1891.

PRÉSIDENCE DE M. DECROIX, PRÉSIDENT.

M. Decroix parle des dépôts de transition de l'armée, où les chevaux sont placés en attendant d'être aptes au service. Ces animaux prennent peu d'exercice dans ces dépôts et ne sont pendant ce stage utiles à rien.

D'autre part, l'état de stabulation relative auquel ils sont alors soumis a pour résultat fréquent d'amener la déformation du pied. Enfin, la nourriture revient à environ 1 franc par jour et par tête dans les dépôts de transition. M. Decroix préfèrerait que le Gouvernement n'achetât les Chevaux qu'à l'âge de 5 ans. Il faudrait, dans ce cas, les payer plus cher, mais ils pourraient être utilisés de suite. Alors les jeunes bêtes de trois à cinq ans, au lieu de ne rien faire, travailleraient chez les éleveurs, au rouleau ou à la herse, ce qui aurait le double avantage de les utiliser et de les fortifier.

Le Secrétaire,
Ch. MAILLES.

2e SECTION (OISEAUX). — SÉANCE DU 21 AVRIL 1891.

PRÉSIDENCE DE M. DECROIX.

M. Berthoule donne lecture d'une lettre de M. d'Aubusson, qui remercie la Section de l'avoir réélu président ; mais il offre sa démission, son éloignement ne lui ayant pas permis d'assister aux séances de la présente session.

A l'unanimité, la Section refuse cette démission, considérant que l'absence du président n'est que passagère, et que la Société, la Section en particulier, tirera profit du séjour de M. d'Aubusson en Egypte, par les renseignements que notre collègue fournira sur les oiseaux de ce pays, ou qui y sont de passage. Du reste, une note relative aux Cailles est déjà parvenue et M. Berthoule en donne lecture.

A l'occasion de cette communication, M. Berthoule dit que ce n'est pas seulement en Egypte que l'on détruit abusivement la Caille. En Tunisie, il en est de même. Les pauvres oiseaux sont aussi expédiés vivants en Europe, notamment en Angleterre. Ils arrivent, pour la plupart, morts ou mourants à destination, ayant subi un voyage de plusieurs jours, entassés dans des cages superposées. Ils constituent alors un médiocre aliment et sont vendus à bas prix. M. Mégnin fait observer que ce colportage est absolument illégal chez nous, et qu'il n'a lieu qu'en violation de la loi, très explicite, de 1844.

M. le Secrétaire général rappelle que la Section s'est déjà occupée de la question. La Société, en 1880, a réclamé auprès du ministère compétent, sans résultat d'ailleurs.

M. Cretté de Palluel pense que l'observation stricte de cette loi n'aurait guère d'autre résultat que de nous priver de ce gibier pendant que nos voisins, les Anglais surtout, continueraient de plus belle à en consommer. M. Berthoule est d'avis que le fait d'observer nos lois et de donner l'exemple de la modération suffirait bien à expliquer cette prohibition en France.

M. Mégnin dit que les massacres de Cailles ont également lieu en Grèce, en Italie, en France et au Maroc.

M. Mailles demande où ces oiseaux se rendent en hiver. Selon Brehm, les Cailles iraient au Cap de Bonne-Espérance, tandis que de Serres croit que tous les oiseaux qui viennent en Europe pendant la belle saison et s'y reproduisent, n'ont pas de but arrêté dans leur voyage d'hiver ; ils vont plus ou moins loin, suivant les circonstances, comme les espèces du nord descendent plus ou moins dans l'Europe méridionale pendant les froids.

M. Jonquoy croit que la Bécasse se fait de plus en plus rare, en Normandie au moins.

M. Cretté de Palluel explique que, pendant les grands froids, ces oiseaux se rendent sur les côtes de Bretagne, où on les détruit en grand nombre.

Ensuite, notre collègue fait une communication sur le Loriot. D'après lui, cet oiseau touche rarement aux Cerises, quoi qu'on en ait dit, et rend de grands services comme insectivore.

M. Mailles dit que les Fauvettes, celle à tête noire en particulier, détruisent beaucoup de Cerises, concurremment avec les Moineaux.

M. Rathelot a observé ce fait également.

Le Secrétaire,

Ch. MAILLES.

4e SECTION. — SÉANCE DU 21 MARS 1891.

PRÉSIDENCE DE M. FALLOU, PRÉSIDENT.

Le procès-verbal de la précédente séance est lu et adopté.

M. Jonquoy demande si les Asticots sont nuisibles aux jeunes Faisandeaux auxquels on les donne en remplacement des œufs de Fourmis.

M. Mégnin répond qu'ils constituent une excellente nourriture à condition d'être débarrassés des matières animales putréfiées qui les souillent ordinairement. Il dit que, dans ce but, certains éleveurs construisent des verminières formées de sortes de tiroirs superposés dont le fond est garni de toiles métalliques à mailles assez larges pour laisser passer les Vers. Dans le tiroir supérieur, qui est découvert, on place des matières animales sur lesquelles les insectes viennent pondre et qui servent de nourriture aux larves. Lorsque celles-ci sont arrivées à leur complet développement, elles descendent pour se chrysalider et tombent successivement dans les autres tiroirs qui sont remplis de son et arrivent au dernier (dont le fond est plein) complètement nettoyées.

M. Rathelot s'excuse de n'avoir pas fait le rapport dont l'avait chargé la section à propos du projet de loi relatif à l'entrée des Cocons étrangers en France. M. Mégnin est d'avis que l'on doit accorder une large protection aux producteurs qui sont chargés d'impôts et ne peuvent sans cela lutter avec l'étranger.

M. Dautreville indique la formule d'un liquide insecticide (Liqueur de Van Swieten) dont il a étudié l'action. Dans un litre d'eau : 1 gramme sublimé corrosif et 5 grammes chlorhydrate d'ammoniaque.

Des Caoutchoucs, des Aspidistras et des Palmiers ont pu être arrosés avec cette liqueur, deux fois par semaine, pendant six mois sans en souffrir. M. Dautreville propose par conséquent d'en essayer l'emploi pour la destruction des insectes et principalement du Ver blanc.

M. Mailles dit avoir trouvé des larves qu'il croit être celles de Taupins et qui étaient carnassières. M. Mégnin s'étonne peu de ce fait, car il a rencontré dans des cadavres la larve de *Tenebrio obscurus*, et l'on sait que celle de *Tenebrio molitor* se nourrit ordinairement de farine.

M. Fallou montre une série de *Bombyx Rubi* mâles qu'il a capturés autour d'une Chrysalide de femelle non encore éclose. Il a remarqué que la chenille de ce papillon a parfaitement résisté au froid rigoureux et prolongé de l'hiver dernier, il en a été de même pour une chenille de Zeuzère trouvée dans une branche de Pommier.

Notre collègue fait aussi passer sous les yeux de la Section une boîte contenant tous les Lépidoptères qu'il a rencontrés sur le Rosier et dont le nombre s'élève à une quarantaine d'espèces.

Le Secrétaire,

A.-L. Clément.

IV. HYGIÈNE ET MÉDECINE DES ANIMAUX.

Chronique.

MALADIE DU VER ROUGE (*suite et fin*).

Traitement. — D'après la description que nous avons faite de la maladie causée par le Ver rouge (*Syngamus trachealis*), le traitement comporte deux indications à remplir : 1° prévenir l'extension de la maladie en détruisant les embryons partout où ils peuvent exister ; 2° chercher à débarrasser les malades des parasites qui ont envahi leur trachée.

Nous avons vu que les embryons vivent très longtemps dans l'eau de boisson où ils existent particulièrement apportés par les expectorations des malades qui viennent boire. Nos expériences nous ont démontré qu'on détruit facilement ces embryons en faisant dissoudre dans l'eau un ou deux grammes d'acide salicylique ou de salicylate de soude, quantité qui est parfaitement inoffensive pour les oiseaux. Quant aux embryons qui vivent aussi très bien dans la terre humide, ou aux œufs microscopiques qui peuvent se trouver sur le sol, il est nécessaire aussi de les détruire, soit en répandant à la volée du sulfate de fer pulvérisé, soit en transplantant les parquets ailleurs, dans une partie du terrain non infectée. Ce traitement préventif est indispensable, et c'est même le plus essentiel, et c'est pour l'avoir négligé que beaucoup d'éleveurs de Faisans d'espèces rares ont vu la maladie persister pendant des mois dans leurs élevages et faire beaucoup de victimes.

L'isolement parfait des malades doit être aussi pratiqué, puisque chaque malade est un disséminateur de la cause du mal et en répand les germes dans ses expectorations.

Pour traiter les oiseaux malades du Ver rouge un des moyens vulgaires que presque tous les faisandiers connaissent, est l'emploi de l'Ail haché mélangé aux pâtées. Ce moyen est connu de longue date, car Montagu, il y a une soixantaine d'années, l'employait déjà en Angleterre concurremment avec des moyens préventifs analogues à ceux que nous indiquons, et de la manière suivante : émigration des lieux infectés ; substitution complète d'aliments nouveaux aux aliments anciens, et dans les aliments nouveaux figuraient surtout le Chènevis et l'herbe des champs ; enfin, comme boisson, au lieu d'eau *ordinaire, une décoction de Rue et d'Ail.*

Nous nous expliquons parfaitement l'efficacité de l'Ail qui renferme une essence vermifuge qui est en même temps volatile ; il faut, pour arriver à la trachée où sont logés les Syngames, un agent qui soit doué des deux qualités que possède l'Ail à un très haut degré : être vermifuge et volatil et être éliminé par les voies respiratoires.

Outre l'Ail, nous avons expérimenté une autre substance qui, comme lui, à l'avantage d'être vermifuge et très odorante, et de plus stupéfiante comme l'éther, ce qui augmente ses qualités parasiticides : c'est *l'Assa fœtida* que nous avons employé en poudre avec partie égale de Gentiane jaune pulvérisée et mêlée à la pâtée à Faisans dans la proportion d'un gramme du mélange par tête et par jour.

Un autre moyen, excellent aussi, ce sont les fumigations d'acide sulfureux. Pour les pratiquer, on enferme tous les Faisandeaux malades dans une pièce dans laquelle on fait brûler du soufre ; ils y contractent des toux violentes et expectorent des Vers, mais on a soin de les surveiller et de les sortir de la pièce lorsqu'il y a imminence de suffocation. On doit répéter les fumigations tous les deux ou trois jours jusqu'à guérison.

Nous ne parlerons que pour mémoire de certains moyens mécaniques qui ont été conseillés même par des naturalistes éminents, car nous les avons reconnus être impraticables ou dangereux. Ainsi Wiesenthal et Cobbold, dans leur livre *Les Parasites*, page 445, disent qu'avec une plume ébarbée presque jusqu'au bout et introduite dans la trachée, on peut détacher les Vers rouges et les tuer et que le moyen est encore plus efficace si la plume a été trempée dans une substance vermicide. Nous révoquons fortement en doute l'efficacité de ce moyen, parce que nous savons par expérience que les Vers sont trop fortement attachés pour que le frottement des barbes d'une plume suffise pour les détacher ; ensuite, arriverait-on à les détacher ils tomberaient au fond de la trachée et n'étoufferaient que mieux l'oiseau ; enfin le diamètre de la trachée d'un Faisandeau qui est à peine celui d'une plume de Corbeau ne permettrait jamais l'introduction d'une plume suffisamment résistante pour produire l'effet cherché.

Nous le répétons, la chose essentielle dans le traitement du Ver rouge, ce sont les moyens préventifs et ce sont surtout sur ceux-là qu'il faut insister.

Dr PIERRE.

V. CHRONIQUE GÉNÉRALE ET FAITS DIVERS.

Canards en Chine. — La Chine possèderait, paraît-il, à elle seule plus de Canards que les autres pays du globe. Autour de tous les villages, des maisons isolées, sur les routes, dans les rues des villes, sur les canaux, les étangs et les rivières, on ne voit que des Canards, dont l'élevage constitue surtout la spécialité des individus habitant des jonques sur l'eau. De grandes maisons d'éclosion produisent un chiffre total de Canetons évalué à 50,000 par an. Le Canard salé et fumé et les œufs de Canards jouent un rôle important dans l'alimentation des Chinois. H. B.

L'industrie des Poussins en Égypte. — L'incubation artificielle, d'origine égyptienne, du reste, jouit encore dans ce pays de la même vogue qu'au temps des Pharaons. Un des établissements pour l'éclosion des œufs, décrit par le Consul général des États-Unis dans un rapport adressé à son Gouvernement, consiste en un vaste bâtiment construit en briques cuites au soleil, ayant 22 mètres de long sur 18 mètres de large et 5 mètres de haut. Il contient 12 salles d'incubation susceptibles de couver chacune 7,500 œufs à la fois, ou 90,000 pour tout l'établissement. La saison de travail dure trois mois, mars, avril, mai, et pendant cette période, on fait trois séries d'opérations durant trois semaines chacune. On enlève les Poussins pendant la quatrième semaine de chaque période, et on remet les appareils en état pour l'incubation suivante. Cet établissement fait donc éclore 270,000 œufs par saison et en obtient 234,000 Poussins. Les pertes ne pourraient guère être réduites, car on est obligé de faire venir les œufs par grandes quantités et de localités éloignées, ce qui peut altérer leur vitalité. Ces œufs se paient 20 centimes la douzaine, alors que les 12 Poussins sortant de l'incubation valent 75 centimes. Les pertes subies par les Poussins après leur éclosion sont excessivement faibles.

Le personnel de l'établissement se compose simplement d'un homme et d'un enfant, qui suffisent à effectuer les différentes opérations nécessaires : maintien de la température au voisinage de 36 degrés, placement des œufs, leur retournement, quatre à cinq fois en vingt-quatre heures, et enlèvement des Poussins.

L'Égypte ferait éclore 75 millions d'œufs par an dans des établissements analogues, qui équivaudraient environ à un million et demi de poules couveuses. J. L.

Crocodiles voyageurs. — Dans les premiers jours de l'année 1885 un Crocodile de 5 mètres de long, débarqué inopinément à la Barbade, Antilles anglaises, où ces Sauriens sont absolument inconnus, était tué à coups de fusil par quelques soldats du génie. D'après l'enquête faite sur l'origine de ce Crocodile, il ne pouvait venir de l'embouchure de l'Orénoque, le point le plus voisin du continent américain, situé à 500 kilomètres environ de la Barbade. Les courants, en effet, qui viennent de ces parages auraient porté dans une direction opposée le tronc d'arbre sur lequel l'animal avait fait le voyage. On reconnut enfin qu'il ne pouvait avoir été amené que de l'embouchure du fleuve des Amazones ou de celle de l'Essequibo, ce qui allongeait considérablement sa traversée.

Le même fait vient de se renouveler dans l'île des Cocos, également privée de Crocodiles, où un de ces reptiles a été découvert un beau matin et a pu commettre quelques méfaits avant d'être tué. Les terres les plus proches de l'île des Cocos sont Java, éloigné de 1,200 kilomètres, et les côtes nord-ouest de l'Australie, plus reculées encore. J. P.

Le Ver à soie de la Ramie. — Une dame américaine des environs de Philadelphie avait obtenu au printemps dernier, par suite de la clémence de l'hiver précédent, l'éclosion d'œufs de Vers à soie à l'éducation desquels elle se livrait, à une époque bien antérieure à l'époque normale. Les Mûriers et l'Osage-Orange, *Maclura aurantiaca*, arbrisseau dont on emploie souvent les feuilles aux Etats-Unis pour nourrir les Vers à soie, n'étaient pas encore entrés en végétation. Ayant constaté que les feuilles de la Ramie, *Bœhmeria nivea*, présentaient une certaine analogie avec celles du Mûrier et de l'Osage-Orange, qui sont comme elles des Urticées, l'éducatrice américaine eut l'idée d'en nourrir ses Vers, qui les mangèrent fort avidement. On atteignit ainsi le moment où les feuilles de l'Osage-Orange se développent ; les Vers à soie précédemment nourris de Ramie furent alors partagés en deux lots, dont l'un continua à recevoir des feuilles de *Bœhmeria*, tandis que l'autre recevait des feuilles d'Osage-Orange, de *Maclura*. Les cocons des deux lots furent envoyés séparément à Philadelphie, où des experts constatèrent que ceux des Vers nourris de Ramie étaient plus gros et avaient une soie plus fine que ceux des Vers nourris de *Maclura*. (*Kew Bulletin*.)

L'Alibouﬁer (*Styrax officinale* L.) est un grand arbrisseau ou un petit arbre d'une hauteur de 4-5 mètres, à tige dressée et rameuse, à feuilles alternes, entières, ovales, presque glabres en dessus, couvertes en dessous d'un léger duvet formé de poils blancs et étoilés.

Originaire de l'Asie-Mineure, on le trouve sur le Liban, en Arabie, ainsi que dans la région méditerranéenne, l'île de Chypre, la Grèce et l'Italie méridionale, mais il n'est exploitable qu'en Orient. L'Aliboufier officinal est encore cultivé dans les jardins et les parcs de la Provence. En Espagne et en Portugal, où on le désigne sous le nom d'*Estoraque*, cet arbrisseau est également recherché comme plante ornementale pour la décoration des massifs.

Dans son pays d'origine seulement, le *Styrax officinale* laisse exsuder, à travers l'écorce, un suc résineux, balsamique, connu dans la droguerie sous le nom de *Styrax*, ou mieux, de *Storax*. Ce baume qui se solidifie rapidement à l'air, se présente sous forme de larmes jaunâtres, brillantes, agglutinées ou empâtées dans une substance vitreuse d'un rouge plus ou moins foncé.

D'une odeur très agréable, analogue à celle de la Vanille, le Storax possède une saveur aromatique et un peu amère. Ce produit est insoluble dans l'eau et soluble en grande partie dans l'alcool bouillant; un peu de chaleur suffit à le rendre pâteux. Comme composition chimique, il est formé de résine, d'essence volatile et d'acide benzoïque, ces deux derniers corps en très faible proportion.

Le Storax s'emploie en parfumerie et les artificiers s'en servent quelquefois dans la composition de certains feux. En médecine on l'a administré souvent avec succès : à l'extérieur, pour combattre quelques maladies de la peau; à l'intérieur comme pectoral et expectorant dans la bronchite chronique et la phtisie pulmonaire, il possède les mêmes propriétés excitantes que le Benjoin. Cette substance est souvent brûlée comme encens dans les temples orientaux.

Le Storax se rencontre dans le commerce, soit en masses agglomérées renfermant des larmes amygdaloïdes : c'est le *Storax blanc* ou *en larmes*, soit en gâteaux comprimés, d'un rouge brun, renfermant souvent une grande quantité de ligneux et de matières terreuses : c'est le *Storax en pains*. Cette dernière sorte est peu estimée.

Ce produit est importé du Levant dans des caisses de différentes dimensions, mais il ne donne lieu qu'à un commerce assez restreint, car son emploi est de plus en plus rare et tend même complètement à disparaître.

Le Storax, appelé aussi *Styrax* ou *Storax calamite* parce qu'on le recevait aussi enveloppé dans des feuilles de roseau, ne doit pas être confondu avec le Styrax liquide qui est fourni par le *Liquidambar orientale*.

J. G.

Le Gérant : JULES GRISARD.

OUTARDES

PLUVIERS ET VANNEAUX

HISTOIRE NATURELLE — MŒURS — RÉGIME — ACCLIMATATION

PAR PAUL LAFOURCADE.

(SUITE ET FIN *).

CHAPITRE XII.

Régime et mœurs des Vanneaux.

— Le régime des Vanneaux est exclusivement animal ; il est le même que celui des Pluviers : insectes, mollusques et vers forment la base de leur alimentation. C'est toujours dans les terrains humides, les prairies marécageuses qu'ils s'abattent, sûrs qu'ils sont d'y trouver en abondance leur nourriture ; ils sont très friands de Limaces et de Limaçons. L'eau leur est indispensable ; après chaque repas, ils courent à la nappe d'eau et procèdent à leur toilette. Brehm le dit : le Vanneau n'est heureux que s'il a de l'eau à discrétion.

J'ai fait l'autopsie de plusieurs de ces oiseaux ; constamment j'ai rencontré dans l'estomac des vers, des mollusques, des larves et quelques petits cailloux. J'ai raison d'avancer que le Vanneau se régale d'avance quand il peut s'emparer des Limaces.

Les Vanneaux captifs placés dans mon jardin avaient fini par se dégoûter des Vers de terre et des Escargots à ce point qu'ils me refusaient cette nourriture ; j'eus alors l'idée de leur donner des Limaces ; dès qu'ils aperçurent les mollusques, ils voletèrent à une certaine hauteur et, comme le chien sautant après l'objet que tient son maître, finirent par se saisir des animaux gluants.

— Quand et à quel moment ces oiseaux prennent-ils ce qu'on peut appeler le repos ?

(*) Voyez *Revue*, 1889, note p. 1169 ; et plus haut, p. 89, 401 et 671.

Le lecteur me permettra cette demande, cette question s'il le veut, quand il saura que quelques zoologistes ont écrit que les Vanneaux *passaient la nuit* à chercher des vers dans la terre humide, comme si après les fatigues de la journée, à *soleil couché,* ils oubliaient de demander quelques heures à un sommeil réparateur.

Les Vanneaux ne passent pas la nuit à faire la chasse aux vers et aux mollusques ; ils se reposent ; leur sommeil n'est peut-être pas bien long, mais enfin, ils dorment.

Doués d'une circulation rapide, d'une force motrice énergique et d'une vive activité, ils ont, en général, un sommeil léger et assez court.

Ils dorment depuis le soir jusqu'à l'aurore ; je ne m'avance nullement en soutenant que quelques-uns ont coutume de faire la sieste au milieu de la journée. Mais le soir venu, les Vanneaux se réunissent par troupes, par bandes ou par petites compagnies, se cachent la tête sous une aile, presque toujours celle du côté gauche ou bien se rétractent le cou sur lequel ils laissent reposer leur bec et enfin reposent le plus souvent sur une patte.

Ils peuvent être tranquilles, les vigies sont là pour éviter toute surprise.

— Le Vanneau a la voix aussi plaintive que le Pluvier.

Le cri d'appel est kiwit, kiwit, prononcé tantôt d'une manière brève, tantôt longuement ; ils le poussent à terre et au moment de prendre leur essor.

Le cri d'angoisse est kraërt, kraërt ; le Vanneau blessé fait entendre ce cri au moment où le chasseur va le saisir.

Le cri plaintif est pi-hi, pi-hi.

Le cri d'amour est chach, courrkoït, kiwit, kiwit, kiwit, kiouit. On ne peut, dit Naumann, séparer ce cri de ses mouvements ; ils forment un tout qui est l'expression du plus grand bonheur de l'oiseau.

Pendant la saison des amours, le cri que pousse ordinairement le Vanneau est courkoït, courkoït, répété plusieurs fois.

— Le vol de ces oiseaux est une série successive de saccades, de mouvements brusques et irréguliers et de culbutes. Les Vanneaux accomplissent leurs voyages avec une rapidité étonnante ; aucun autre oiseau ne peut exécuter avec ses ailes des tours si variés, véritables tours de passe-passe.

Leurs migrations quotidiennes ont toujours lieu en grand nombre ; ils vivent en France pendant presque toute l'année, excepté cependant quand le froid est par trop rigoureux ; comme leur instinct les pousse à rechercher une température douce, très clémente, c'est pendant le printemps et l'été qu'ils résident dans nos climats. A l'automne, ils sont déjà partis dans le midi.

En Allemagne, le Vanneau arrive fin octobre et repart au commencement de mars ; à cette saison, on le voit se diriger vers le nord.

Les Vanneaux, dit Brehm, sont, avec les Hirondelles, les premiers messagers du retour du printemps, au même titre que l'Etourneau et l'Alouette.

Dans les voyages on ne les trouve jamais isolés ; leurs migrations s'accomplissent comme celles des Pluviers. Sur une seule ligne, le gros de la troupe se meut dans l'espace, flanqué de droite et de gauche d'éclaireurs ; le gros de la troupe devance toujours le régiment de quelques heures dans les « hôtelleries achalandées où, à certaines époques de l'année, on est à peu près certain de les rencontrer ». (De Cherville.)

Les Vanneaux voyagent par n'importe quel temps ; aussi quand les tempêtes, les tourmentes de neige les surprennent en route, bien des leurs, aux prises avec les vicissitudes de l'atmosphère ou en proie aux souffrances intolérables de la faim, ne tardent pas à succomber.

Cependant lorsque le temps est incertain, ils hésitent parfois sur le parti qu'ils doivent prendre et ce n'est que quand la saison prend un caractère décidé qu'ils accomplissent leurs voyages ou qu'ils les continuent.

Leurs pérégrinations s'accomplissent presque toujours par le vent du sud ; le soir, on entend leur voix dans les nuages.

Par la saison des pluies, les Vanneaux émigrent du nord en même temps que les Pluviers.

Les émigrations ont lieu à des dates si régulières qu'elles ont pu servir à fixer les dates et que le mois d'octobre a reçu au Kamstchatka le nom de mois des Vanneaux (1).

— Les Vanneaux sont très faciles à apprivoiser, surtout

(1) Toussenel, *loc. cit.*, p. 442.

lorsqu'ils ont été pris jeunes. On n'a qu'à leur couper le fouet de l'aile et les laisser dans un enclos.

Ils aiment assez la société des Gallinacés, mais veulent toujours les dominer. D'un caractère assez difficile, ils se chicanent parfois et acceptent le défi qu'on leur propose avec des airs de matamore.

J'avais réussi à garder deux paires de ces oiseaux et les avais placés au milieu des Poules de ma basse-cour; ce n'étaient que disputes continuelles ; il s'en trouvait un, le chef sans doute, dont la huppe était plus longue que celle de ses compagnons, qui cherchait noise à une petite Poule noire qui portait comme lui une touffe de plumes sur la tête.

Ce Vanneau la harcelait sans cesse, et comme ses camarades, ne partageant sans doute pas les goûts belliqueux de leur capitaine, restaient impassibles devant des provocations si répétées, il semblait les inviter à le suivre en faisant mouvoir les brins délicats de son aigrette.

Le Vanneau captif est très intéressant à étudier ; gracieux, vif, élégant, d'une coquetterie sans pareille, c'est bien un de nos plus jolis oiseaux.

Quand il est en marche, le Vanneau relève et abaisse la huppe ; il trottine certainement avec élégance.

On l'a d'ailleurs écrit quelque part: Rien n'est plus gracieux qu'un Vanneau.

Comme nourriture, ils mangeaient des Vers de terre, des Limaces et des Escargots.

Le Vanneau craint le froid; pendant l'hiver on doit le soustraire aux rigueurs de la température.

Brehm dit que cet oiseau captif se complait dans la société des Chiens, des Chats, mais qu'il veut régner en maître sur les autres oiseaux de rivage.

J'ai étudié les Vanneaux prisonniers du Jardin des Plantes et assisté plus d'une fois à des rixes entre ces oiseaux et des Barges, Bécasseaux, etc. ; les Vanneaux m'ont toujours paru les plus forts ; les petits échassiers poussaient un faible cri et se sauvaient à toutes jambes. Par contre, lorsque les Riquets à la houppe rencontraient sur leur passage un Canard, surtout le Canard mandarin, ils jugeaient prudent, à leur tour, de déguerpir devant le palmipède.

Je suis resté un jour pendant près d'une demi-heure à suivre les ébats de deux Vanneaux avec une Cigogne ; les oiseaux semblaient jouer à cache-cache. Pour l'observateur attentif, il était facile de s'assurer que tous trois prenaient un réel intérêt à se divertir ; à la fin le grand échassier, fatigué sans doute, se reposa sur une patte, les deux Vanneaux imitèrent la commère.

Quelques personnes ont réussi à garder des Vanneaux et à les faire reproduire en captivité.

M. Jourdan, de Voiron (Isère), dans une lettre adressée à M. le Directeur du Jardin zoologique d'Acclimatation de Paris (1880), lui annonce qu'il possède trois Tiroteros (*Vanneaux armés, Vanellus Cayennensis*) qui ont couvé chez lui avec une assiduité toute particulière ; cinq œufs ont été pondus par eux. Le lot comprenait un mâle et deux femelles. Ces dernières couvaient l'une le jour, l'autre pendant la nuit, et le mâle veillait constamment à leur côté et ne laissait approcher aucun oiseau (1).

M. Huot, dans l'*Encyclopédie moderne*, dit que le Vanneau est très facile à apprivoiser ; après lui avoir amputé le fouet de l'aile, on lui laisse parcourir les jardins et les vergers, et il y devient utile par la quantité de Vers et de Limaces qu'il détruit.

Ch. Diguet reconnaît aussi que cet oiseau s'apprivoise parfaitement, est d'un bon auxiliaire pour détruire les Vers des jardins. Interné, il ne tarde pas à suivre les allées et venues du personnel ; c'est un hôte charmant et très gai.

— Les qualités gastronomiques du Vanneau sont très contestables ; quelques-uns prônent la chair de ce gibier, disent qu'elle est d'un goût agréable, surtout lorsqu'elle a été préparée avec un certain soin culinaire. D'autres, au contraire, assurent qu'elle est peu délicate et indigne de figurer sur une table.

Demandez à un Russe le cas que l'on fait de cet oiseau dans presque tout l'empire, il vous répondra ceci : « Chez nous, le Vanneau ne vaut pas un coup de fusil. »

Posez la même question à un Français, il vous dira que le Vanneau est assurément un gibier digne d'estime.

Il est vrai que la France, Toussenel l'a écrit, est le seul pays d'Europe où l'on en mange, parce que la France est le seul pays d'Europe où le gibier-plume aime à être mangé.

(1) *Bulletin de la Société d'Acclimatation* (année 1880).

Faut-il dire que chez les anciens, le Vanneau passait pour un mets très délicat; assurément il est difficile de se prononcer.

Hippocrate vante la chair de cet oiseau ; Galien, au contraire, affirme que l'on ne doit jamais en faire usage.

Ces discussions, assurément fort intéressantes entre médecins, ont-elles au moins fait jaillir la lumière? je crois pouvoir répondre par la négative.

Si Hippocrate et Galien, médecins gastrosophes, ont soutenu chacun une thèse différente, un motif plausible devait leur tenir lieu d'excuse : la question religieuse.

En matière de théologie, les Casuistes ont placé le Vanneau dans la catégorie des oiseaux bons tout au plus à parader sur une table en temps d'abstinence. C'est M. d'Amezeuil qui raconte le fait, et il ajoute : « L'idée n'est pas mauvaise, car la chair est sinon des plus fines, du moins fort agréable au goût. » Je ne suis pas de cet avis et préfère partager la manière de voir de bien des gastrosophes.

« Le Vanneau de la Toussaint a le droit d'aspirer aux honneurs de la broche, mais non ceux du Carême..... Le Vanneau de Carême est maigre, Dieu ne le défend pas. » (Toussenel.)

D'après Aristote, les Grecs étaient fort amateurs de ce genre de gibier et savaient le préparer avec des épices; ils en composaient des mets appétissants et très délicats.

Dans son *Traité des Aliments*, le médecin Lemery dit que la chair du Vanneau que l'on a choisi tendre et gras excite l'appétit sans nourrir beaucoup ; il lui reconnaît les mêmes qualités que celles du Pluvier.

M. Delaporte reconnaît le Vanneau jeune comme un rôti de haut goût (1).

Ecoutons encore Toussenel ; son opinion prime celle des guérisseurs d'autrefois et des docteurs de nos jours :

« On sait, par l'expérience de la Bécasse et de la Bécassine, à quel point la vermivorie réussit à affermir la chair. Elle profite aussi au Vanneau, mais dans des proportions beaucoup moindres. Tout le monde connaît ce dicton culinaire : « Qui n'a goûté ni Pluvier ni Vanneau ne sait pas ce que gibier vaut. »

(1) De la Porte, *loc. cit.*

» Le Pluvier et le Vanneau sont assurément deux gibiers estimables aux environs de la Toussaint et je serais désolé de leur dire quelque chose qui pût les humilier, mais franchement, le préjugé populaire leur a fait une réputation plus haute que leur mérite.

» L'adulation exagérée est un poison qui gâte tout ce qu'il touche et qui dessert toujours ceux qu'on voudrait servir. Quand on connaît la Grive, la Caille, la Bécasse, l'Ortolan, le Rouge-Gorge, le Bec-Figue et vingt autres, on n'a pas besoin d'avoir tâté du Pluvier pas plus que du Vanneau pour savoir ce que gibier vaut. »

Le Vanneau est-il réellement un oiseau de carême? On demandait un jour à Mgr Dupuch, évêque d'Alger, si le Vanneau était un gibier d'abstinence : « Tant plus il est gras, tant plus il est maigre, » répondit le spirituel prélat.

Quand un prince de l'Église parle ainsi, d'une façon aussi catégorique, il n'y a plus de débat possible à soutenir à l'endroit de l'orthodoxie religieuse. Vous n'avez donc pas besoin, Madame, de tomber aux genoux de votre révérend pour le prier de vous absoudre d'avoir mis en pratique ce plat de carême.

A mon tour, je vais donner mon opinion sur la chair du Vanneau ; voici ce que j'en pense :

Il est difficile de dire à quelle saison de l'année et en quel pays le Vanneau est réellement gibier exquis, mais ce que je puis affirmer, c'est que sans condiments, sans apprêts, cet oiseau ne justifie pas le proverbe dédié à son adresse.

Cependant, je lui reconnais certaines qualités pendant la saison d'automne ; à cette époque, il est ordinairement gras, bien en chair et le crois digne de figurer sur les meilleures tables après avoir exécuté quelques tours sur la broche, environ vingt minutes.

Un jeune Vanneau rôti ne vaut assurément pas une Bécasse, mais c'est encore un excellent manger, préférable à tous les Pigeonneaux du monde. Sa chair, peut-être un peu plus sèche que celle du Pluvier, possède un certain arome, et si mince que soit l'aiguillette, c'est toujours, croyez-moi, une excellente bouchée.

Je me prononce donc sans aucune espèce de réserve :

Mangez du Vanneau pendant le mois d'octobre, mais n'invitez pas un ami à dîner pour lui servir un Vanneau au moment de la pariade, en mars, votre convive pourrait se fâcher tout rouge et croire que vous lui faites l'injure de vouloir le régaler avec un Coucou.

Je demande maintenant au lecteur la permission de lui faire connaître les recettes principales léguées par le baron Brisse et ses successeurs.

Laissez-moi d'abord vous parler du *Vanneau à l'éminence* tant prôné par le spirituel collaborateur de la *Chasse Illustrée*, Florian Pharaon :

Vanneau à l'éminence. — Le Vanneau algérien est plus parfait que celui de France par suite des aromes qu'il absorbe dans les prairies salées du littoral ; aussi est-il très renommé et très recherché par les gourmets.

Pour le préparer à l'éminence, on le trousse sans bridage de ficelle et on le fixe à la broche au moyen d'attelles. Tout perforage serait regrettable au point de vue de la cuisson, car le Vanneau ainsi que la Bécasse ne se vide pas et on extrait seulement le gésier *précautionneusement*.

A l'aide d'une incision faite à la naissance du cou, on introduit un assaisonnement léger, suivant le goût, et quelques olives, deux ou trois dont on a préalablement retiré les noyaux. Puis l'on dispose dans la lèchefrite des rôties de mie de pain qui reçoivent tout ce qui s'échappe de l'oiseau. Sa cuisson ne demande guère plus de vingt minutes.

Ce fin manger mérite l'attention des connaisseurs (Florian Pharaon).

Vanneaux en salmis. — Prenez des Vanneaux cuits à la broche et refroidis, coupez-les par membres, parez-les, mettez les parures et le foie bien écrasé dans une casserole avec bouillon, un peu de vin blanc, quelques échalotes, sel, poivre, muscade râpée et blond de veau ; faites bouillir cette sauce pendant vingt minutes, passez-la, faites-y chauffer les morceaux de Vanneaux et servez-les garnis de croûtons frits.

Vanneaux rôtis. — Lorsqu'on veut faire rôtir des Vanneaux, on ne les vide pas ; vingt-cinq minutes suffisent devant un bon feu de bois ; on les sert sur des tranches de mie de pain frites dans le beurre et laissées dans la *cuisinière* pendant la cuisson des oiseaux qui les arrosent de leur jus.

Quand les Vanneaux sont jeunes et gras, ce mets est des plus délicats.

Au résumé, les Vanneaux s'accommodent comme les Pluviers.

Dans les Antilles, les Vanneaux sont ordinairement rôtis sur des briques ou des pierres rougies au feu ; après cuisson, on les retire de cette espèce de fournaise et on les dresse sur un plat au milieu de Patates et d'Ignames grillées.

CHAPITRE XIII.

Chasse du Vanneau. — Œufs de Vanneau.

> Chasseurs, je dois vous dire (oh ! ma colère éclate,
> Vraiment cela n'a pas de nom !)
> Que pour se procurer cette chair délicate
> L'argent vaut bien mieux que le plomb.
>
> JOBEY.

— Pas plus que le Pluvier, le Vanneau ne se chasse : on le rencontre ; d'ailleurs, si l'on veut admettre la chasse de cet oiseau par le fusil, il faut reconnaître qu'il y a peu de disciples de saint Hubert qui se livrent à la chasse poursuite de cet échassier si méfiant.

Rencontrez des Vanneaux et si vous avez la chance que votre coup de feu ait porté dans le tas, que deux ou trois oiseaux gisent à terre, ne vous pressez pas d'aller ramasser les victimes, huit fois sur dix, la volée reviendra sur ses pas et vous passera quelquefois sur la tête.

Mais, je le répète, la chasse du Vanneau au fusil est fort difficile, avec chien et même sans chien. Si le toutou vous accompagne, c'est un vrai supplice; il faut constamment le tenir entre les jambes et, à chaque instant, avoir l'œil sur lui.

Sans chien, vous avez beau vous coucher, ramper, vous *couler* le long d'un fossé, vous n'arriverez que fort rarement à portée de fusil.

Ici, je donne la parole à M. de Cherville :

« Lors donc que vous apercevrez une bande de Vanneaux, vous ferez sagement de profiter de l'aubaine en remettant au lendemain l'apurement de vos petits comptes avec toutes autres espèces de passagers ou d'oiseaux sédentaires. Malheureusement facile à donner, le conseil n'est point aisé à mettre en pratique et neuf fois sur dix, le Vanneau condamne ceux qui le convoitent au supplice de Tantale. Si on essaye de l'approcher quand il est à terre, il semble d'abord que la chose va marcher comme sur des roulettes ; tant que le chasseur est hors de portée, les Vanneaux paraissent y mettre une complaisance dont on songe déjà à les remercier ; ils vont, viennent, picorent, se distribuent des coups de bec ; ils se groupent, ils s'éparpillent à droite et à gauche en sautant avec une telle prestesse qu'ils ont l'air de glisser sur le sol ; pas un cri, pas une attitude qui révèle que les oiseaux sont à l'éveil. Vous calculez déjà le nombre de victimes que votre fusil va faire dans ces rangs si compacts et si pressés. Mais aussitôt que la distance commence à se rétrécir, la scène change d'aspect ; vous n'avez pas entendu le coup de sifflet du machiniste, vous avez peine à admettre que de simples échassiers rivalisent avec les auteurs dramatiques modernes dans la science des trucs et cependant vous êtes témoin d'un changement à vue de la *Biche au bois*.

De noire que la rendait l'agglomératlon des oiseaux, la prairie est devenue blanche ; ce sont les Vanneaux qui ont ouvert leurs ailes doublées d'hermine ; ils piètent en voletant pendant une douzaine de mètres, comme tous les oiseaux à vaste envergure, montent, passent deux ou trois fois au-dessus de votre tête, mais à distance respectueuse, probablement pour vous narguer, puis disparaissent. »

On peut approcher sûrement les Vanneaux à l'aide d'un cheval ou d'une voiture.

Il est recommandé de mettre une sonnette au cou du cheval, les oiseaux étant accoutumés à entendre les grelots que portent dans la région cervicale, les chevaux employés aux travaux champêtres ou les chevaux de poste passant sur les routes ou sur les traverses.

Le chasseur se fait un rempart du corps du cheval, l'arme prête, les épaules courbées et en faisant manœuvrer l'animal de façon à *tourner* les Vanneaux ; on peut arriver à bonne portée et rien n'est alors plus facile que de frapper dans le tas.

Avec la voiture, ces oiseaux se laissent également approcher ; seulement il est utile, pour ce genre de chasse, de se joindre un collaborateur ; c'est un véritable travail d'esprit de savoir décrire des arcs de cercle, d'*enfermer* les Vanneaux dans une circonférence, assez vaste d'abord, et d'en diminuer les rayons au fur et à mesure qu'on se rapproche des oiseaux.

Le rôle du conducteur est de bien diriger l'attelage, d'arrêter haridelle et véhicule au moment où le chasseur abaisse son arme et va tirer dans la bande ; ce dernier n'a même pas besoin de se dissimuler au travers d'un feuillage ou des bottes de paille, les oiseaux ne faisant guère attention qu'au cheval.

Ce mode de chasse est le seul qui m'ait réussi.

Des chasseurs ont prétendu que, si le Vanneau est méfiant sur terre, il n'en est pas de même quand il est sur le bord des marais et que, s'il voit un bateau s'approcher ou s'il s'en trouve le long du rivage, il est très facile de s'en emparer. N'ayant pu contrôler ce fait, je le signale en passant.

Le Vanneau étant un oiseau fort curieux de son naturel, on a prétendu qu'il suffisait de mettre un mouchoir blanc sur le sol pour que le Vanneau vienne immédiatement voler autour.

Pendant la pariade, dans la saison des amours, au moment où le premier œuf a été pondu, on a affirmé que le Vanneau venait planer au-dessus de tout objet suspect ; il était dès lors possible qu'un mouchoir blanc l'attirât. On disait proverbialement : l'*Alouette au miroir*, on devait donc ajouter : le *Vanneau au mouchoir*.

J'ai essayé de ce truc sans avoir jamais réussi. Une volée de Vanneaux, au *Moulin apparent*, près Poitiers, ne fit pas plus attention au mouchoir blanc que si ce linge eût été de couleur. Bien mieux, la nuée d'oiseaux s'effraya en voyant s'agiter l'étoffe et disparut bientôt.

Il paraît que le mouchoir blanc à lui seul ne suffit pas encore ; il faut avec cela que le chasseur ait un Chien blanc.

Ch. Diguet dit « qu'ils se trouvent attirés par cette place blanche qu'ils n'ont pas la coutume de voir auprès du corps blanc qui se meut (le Chien). Ils se lèvent de l'endroit où ils se trouvent, tournoient, plongent pour voir de près, se relèvent et reviennent. Alors on les tue (1). »

Mais l'auteur du « Livre du Chasseur » a répondu ainsi à cette gasconnade.

(1) Ch. Diguet, *Le Livre du Chasseur*, p. 109. — La première tactique est de marcher vers le Vanneau en décrivant des lignes irrégulières, sans avoir l'air de le surveiller, de se baisser, de se relever, d'imiter l'homme ivre ; l'oiseau observe ce manège avec curiosité et oublie que ce prétendu disciple de Bacchus a un fusil sous le bras et peut se laisser approcher.

« Je vous donne ces tactiques pour ce qu'elles valent, ne les ayant point expérimentées. Si un de mes lecteurs les essaye et qu'elles lui profitent, je le prie de m'en faire part. Pour moi, ce que j'ai dit de la chasse au Pluvier s'applique à celle du Vanneau. On le tire également avec du 4.

On prend aussi les Vanneaux au moyen de filets.

Les filets sont à nappes de grandes dimensions dont les mailles ont de 8 à 9 centimètres de large. On place dans ces vastes rêts cinq ou six oiseaux empaillés ressemblant à des Pluviers ou à des Vanneaux et à côté, des appelants. Il n'y a plus qu'à attendre le passage des Vanneaux ; ces oiseaux répondent aux appels et ne tardent pas à venir s'abattre sur le filet et, à un moment donné, ils s'empêtrent dans les mailles et sont faits prisonniers.

L'appeau dont on se sert pour chasser le Vanneau est le même que l'appeau à Coq de Bruyère, mais plus petit ; il a la forme d'une trompette et porte une anche comme l'appeau du Canard, mais l'anche est plus faible et la pièce par où l'on souffle est allongée en forme de tube (1).

En Angleterre voici comment on procède pour chasser le Vanneau. Les chasseurs se réunissent, ordinairement cinq ou six, et quand ils ont rencontré une bande de Vanneaux au repos, ils tendent leurs filets à quelque distance de la troupe en les laissant entre eux et les filets ; alors ils avancent doucement en frappant des cailloux les uns contre les autres.

Ordinairement ce genre de chasse se pratique le soir. Au fur et à mesure que les chasseurs avancent les oiseaux s'éveillent, secouent leurs plumes et vont donner à coup sûr dans le filet que l'on fait tomber et la bande entière est à la merci des panneauteurs.

Dans le Royaume-Uni on dit cette chasse assez productive. Les chasseurs de Vanneaux choisissent de préférence les prairies inondées. Les massacres se font en règle. Les oiseaux ayant l'habitude de procéder à leurs ablutions plusieurs fois dans la journée, ils cernent les terres humides et une petite guerre commence tant les coups de feu se succèdent rapidement.

Pour me résumer : la chasse du Vanneau est fort pénible surtout pendant la saison d'hiver.

(1) Belèze, *loc. cit.*

— J'ai parlé du nid du Vanneau ; j'ai fait connaître les procédés particuliers employés par cet oiseau pour sa construction, le moment de la ponte, la forme, la disposition des œufs dans l'intérieur du nid.

Pour le plus grand plaisir des amateurs, il faut que je m'arrête encore sur la question des œufs ; avant de les leur offrir à la coque ou sur le plat, ils me permettront de les montrer au naturel.

Il est facile de reconnaître les œufs de Vanneau ; leur forme est oblongue, la couleur vert foncé olivâtre, parsemée de petites taches noires ; le volume est celui d'un œuf de Pigeon. Au toucher, le doigt perçoit une légère sensation comme s'il se promenait sur une surface grenue.

Quand on casse un œuf de Vanneau, l'albumine est blanchâtre, opaline et tout à fait translucide ; le jaune ressemble au Champignon appelé l'Oronge dépourvu de son capulet ; il est couleur d'orange à maturité.

On s'assure que les œufs sont frais, quand l'herbe du nid n'est pas flétrie par l'incubation ; on peut également les examiner en les plaçant entre l'œil et la lumière.

Dans les départements français où les marécages donnent asile à de nombreux vols de Vanneaux, la Loire-Inférieure, par exemple, on fait la chasse aux œufs ; aux environs de Nantes, on en détruit des quantités considérables.

Le nid du Vanneau n'est quelquefois pas facile à trouver ; le chasseur, le passant, le braconnier sont avertis de sa présence par le départ brusque de la pauvre mère, mais cette *envolée* est de peu de durée ; la mère revient et, grâce à cet amour de la progéniture, elle indique elle-même la place exacte où se trouve la nichée.

La contrée de l'Europe où il se fait un commerce important d'œufs de Vanneau est la Hollande, le pays néerlandais si riche en marécages. C'est dans le Zuiderzée que s'opère la grande récolte ; les œufs sont expédiés en Angleterre, à Londres principalement.

Les habitants d'outre-Manche les gobent par milliers.

Les Belges ne le cèdent en rien aux Anglais, mais, comme le dit Ch. Diguet, ils sont reconnus si gourmands qu'ils aiment à mettre *panse sur forme ;* ce sont des tueurs et non des chasseurs. A partir de Bruxelles, tous les magasins de comestibles en sont approvisionnés.

Il s'en fait, dans le Nord, une consommation insensée (De Cherville).

Les œufs de Vanneau se font cuire à la coque, comme ceux de la poule, en évitant de les faire durcir ; le blanc seul doit être à l'état solide et le jaune à celui dit *mollet ;* on en casse le bout le plus pointu afin de découvrir l'intérieur; on n'a plus qu'à les dresser sur une serviette pliée en les entourant de cresson.

Le baron Brisse ajoute à la recette : « Ce hors-d'œuvre, d'une élégance et d'une distinction extrêmes, doit toujours être accompagné de beurre frais. »

A Londres, les restaurateurs les font bouillir et les servent tout bonnement dans leur coquille; le consommateur est libre de les éplucher et de s'en façonner une salade, si mieux il n'aime les manger à la croque au sel.

En France, on en fait quelquefois des omelettes.

Ces œufs sont d'une délicatesse extrême, mais on a de la peine à se les procurer à cause du peu de fécondité des oiseaux qui les pondent.

Je ne crois pas cependant que l'on ait surfait leur réputation ; pour ma part, j'en ai gobé, mangé et j'avoue qu'ils sont excellents, j'aurais, d'ailleurs, fort mauvaise grâce, croyez-le, de ne pas assurer qu'ils sont exquis.

Je n'avais jamais entendu dire que l'on pût falsifier les œufs de Vanneau, c'est Toussenel qui me l'apprend.

Je sais qu'il y a pas mal de commerçants qui se font de la falsification une source certaine, autant que malhonnête, de revenus, mais c'est sur le lait, le vin, le beurre principalement que s'acharnent ces affreux spéculateurs.

Écoutons Toussenel :

« J'ai ouï dire, et je le crois sans demander de preuve, que l'art de la chimie est parvenu à falsifier ce produit alimentaire comme tous les autres. Mais je me féliciterais sincèrement, cette fois, des progrès de la science, si cette falsification avait pour résultat de forcer les chercheurs d'œufs de Vanneau à renoncer à leur criminelle industrie, car le Vanneau est un des grands protecteurs de la sécurité de l'homme en général et du Hollandais en particulier, et si l'homme et le Hollandais pouvaient prêter l'oreille aux conseils de la sagesse, la sagesse leur dirait que le Vanneau mérite d'être placé sous la protection spéciale de la loi, au même titre que la Cigogne, attendu que c'est lui qui défend les digues de la Hollande contre les ravages des insectes qui ruinent ces constructions par leurs menées souterraines et que c'est uniquement pour vaquer à cette œuvre qu'il a fait des polders ses demeures de prédilection.

Saviez-vous, lecteurs, que M. de Bismarck était très friand d'œufs de Vanneau ? Non, n'est-ce pas ! Eh bien ! je vais vous l'apprendre.

Tout d'abord il est bon de vous dire que, dans l'empire des bonnes mœurs, ces œufs paraissent sur les tables les plus somptueuses. Le cuisinier-chef du comte de Bismarck ne manquerait certainement pas de lui en faire servir à son déjeuner, surtout pendant les premiers jours d'avril.

La popularité du chancelier est très grande en Allemagne : j'avoue que c'est justice.

Chaque année, le 1er avril, anniversaire de sa naissance, ses loyaux sujets tiennent à honneur de lui manifester leur admiration et ils le font souvent de façon fort bizarre.

Les uns se contentent d'envoyer des télégrammes, les autres des poésies, des cadeaux plus sérieux.

Connaissant le goût tout particulier qu'a le Chancelier pour l'omelette aux fines herbes, les fidèles de Jever et de Schœnhausen lui envoient, à cette date mémorable, des œufs de Vanneau.

La chose est compréhensible.

Celui qui a toujours aimé la casse et la brouille devait se régaler avec une omelette. Mais, le croirait-on ? il faut que l'omelette soit simple, au naturel, *sans jambon !*

M. de Bismarck a d'ailleurs toujours été très délicat à l'endroit de la cuisine.

Simple élève à l'institution Plamann de Berlin, il prisait fort peu le régime culinaire de la pension. Les brouets que l'on servait aux élèves étaient par trop spartiates, la viande n'était pas dure, mais élastique ; le dimanche seulement des beignets de pommes de terre râpées paraissaient sur la table. Plus tard, au gymnase de Frédéric-Guillaume, Trina Noëmann, cette cuisinière qui n'avait pas d'égale dans l'art d'apprêter les poitrines d'oie fumée, devait devenir l'amie du comte en réussissant également les omelettes à la farine et les nouilles aux pruneaux. Ce dernier mets n'est pas une conception fantaisiste ; il paraît que ça se mange et bon nombre d'Allemands en sont fanatiques ; grand bien leur fasse !

La gourmandise étant encore un des péchés mignons du comte de Bismarck, les habitants d'outre-Rhin ont pensé et pensent avec raison qu'il convenait à leur plus grand politique de s'asseoir devant une table plantureusement servie.

Et voilà comment il se fait que chaque année, à la date du 1er avril, les admirateurs du grand chancelier lui envoient des corbeilles de fleurs au milieu desquelles se trouvent adroitement dissimulés des œufs de Vanneau.

— Le Vanneau a peut-être le caractère frondeur ; dans le fond, cependant, il n'est pas ce que l'on appelle un oiseau méchant. Il a bien, si vous voulez, l'humeur belliqueuse du Chevalier, mais il n'a pas, comme ce dernier, la singulière manie de chercher querelle pour les choses les plus futiles.

J'ai parlé et de sa tenue en société et de ses manières ; si je l'ai complimenté d'avoir su se créer d'étroites relations avec certains animaux, par contre, je lui ai reproché de vouloir exercer une véritable domination sur quelques oiseaux de rivage.

Pour des natures qui se valent, pourquoi cet esprit d'ascendance ?

Il n'est pas permis au Vanneau de jouer au rôle de potentat ou de savant quand il sait pertinemment qu'il abaisse les mérites incontestables de la Barge et du Bécasseau. J'ai horreur des vantards et n'ai pas assez de rires et de haussements d'épaules pour tourner en ridicule la race des poseurs.

Le Vanneau, si utile à l'agriculture, si gai, si vif, si élégant, avait besoin d'une petite leçon, je la lui ai donnée en passant.

Mais puisqu'il s'est trouvé des gens assez lâches pour le calomnier, vous allez bien me permettre de prendre sa défense.

Le quatrain de Jobey me donnera l'occasion de le réhabiliter :

Sur le Vanneau pluvier on fait beaucoup d'histoires ;
Néanmoins, c'est un fait certain
Qu'avec son ventre blanc et ses deux ailes noires
Il a l'air d'un dominicain.

Le poète a dit vrai, mais nous savons tous que l'habit ne

fait pas toujours le moine ; par son plumage, en effet, le Vanneau ressemble bien à un membre de la confrérie de saint Dominique.

Si je reconnais de réelles vertus au Vanneau, c'est que l'ordre dans lequel les naturalistes l'ont classé ne s'est jamais rendu profondément odieux comme celui où se sont inscrits Torquemada et consorts, inquisiteurs de l'Espagne.

— Aux Halles centrales, pendant l'*année 1884*, il a été introduit 87,227 Vanneaux.

Pendant l'*année 1888* près de 92,000 de ces oiseaux ont été reçus au pavillon de la volaille.

Ils se sont vendus au prix moyen de 0 fr. 57 c.

Les départements français qui expédient le plus de Vanneaux aux Halles, sont : l'Eure-et-Loir, le Loiret, le Loir-et-Cher, le Cher, la Haute-Marne, la Somme, la Loire-Inférieure et les départements qui forment la Normandie.

Le service de l'octroi de Paris a rangé les Vanneaux dans les oiseaux de la deuxième catégorie, au même titre que les Pluviers et les Guignards.

Le droit à percevoir, comme entrée, est de 0 fr. 30 c. par kilo.

Et maintenant, je termine la Monographie de l'Outarde, du Pluvier et du Vanneau, en remerciant le lecteur d'avoir bien voulu me lire avec indulgence.

EXPLOITATION DES ÉTANGS

PAR M. DE LÉPINAY.

La propriété du Ris comprenait en 1889 et 1890 trois étangs de 2 hectares 75 ares environ chacun, un étang de 22 hectares, un étang de 3 hectares 50 ares, deux pêcheries de 3 ares environ et un réservoir de 3 ares.

Deux des étangs de 2 hectares 75 ares ont été disposés pour l'élève des jeunes poissons ; on avait espéré, dans le principe, pouvoir produire le nourrain tout entier dans les pêcheries, mais cela n'a pas été possible ; on a obtenu la quantité nécessaire qu'en ajoutant des mères dans les étangs d'élevage.

Ces deux étangs ont fourni environ 5,000 nourrains chacun (en 1889 et en 1890) du poids moyen de 130 à 140 grammes l'un ; ils ont été distribués comme il suit :

De 4,500 à 5,000 dans l'étang de 22 hectares, de 800 à 1,000 dans l'étang de 2 hectares 75 ares, et environ 3,000 dans l'étang de 3 hectares 50.

Ce dernier est dans une situation toute spéciale; entourant l'habitation, il reçoit tous les résidus qui en proviennent; sa profondeur est fort grande, il n'a pas de laisse et contient 80,000 mètres cubes d'eau.

La nourriture a été faite en 1889 au moyen de 110 doubles décalitres de drêche, pesant à sec 3 kilog. 200 par double décalitre, ce qui représente environ 352 kilog. de drêche sèche par semaine. On peut établir, à cause de quelques difficultés qu'il y a eues dans la fourniture, que la nourriture a été donnée pendant dix-huit semaines, représentant, à 20 francs par semaine, 260 francs, non compris le transport de la brasserie aux étangs.

Le résultat obtenu a été de 65 quintaux (l'ancien quintal de 50 kilos) de Carpes, pesant individuellement 630 grammes en moyenne ; le produit a donc été sensiblement égal à 100 kilog. de Carpes par hectare d'étang. La quantité de Brochets, de Tanches et d'Anguilles n'était pas considérable, mais pouvait atteindre environ 150 kilogs.

A raison du roulement des pêches annuelles, ce revenu peut être espéré chaque année. En 1890, le produit n'a été que de 54 à 55 quintaux de Carpes, mais la Tanche a été fort abondante. Au prix moyen de 40 francs par 50 kilogs, le produit aurait été ainsi de 2,400 francs, soit, en retirant la valeur de la nourriture, approximativement 2,000 francs, ce qui représente, pour les 33 hectares aménagés, un revenu moyen de 60 francs environ.

Suivant la forme indiquée par Puvis, l'empoissonnement doit être fait de très bonne heure, c'est-à-dire en novembre ou décembre. Bien que le poisson ne mange pas en hiver, il lui est nécessaire d'avoir un certain temps pour reconnaître ses fonds, et si on empoissonnait en mars seulement, on risquerait de perdre un temps précieux. Dans cette étude préalable, la nourriture doit être donnée dès les premiers jours du beau temps ; mais elle peut l'être en moins grande abondance que dans les mois de juin, juillet et août.

On a employé la drêche des fabriques de bière; cette année, il est fait un essai sur la drêche de distillerie des Topinambours ; on peut également employer tous les tourteaux et même les fumiers, le poisson étant de tous les êtres celui qui profite le mieux de la nourriture qu'on lui donne quelles que soient sa nature et sa qualité. On peut ajouter que les substances animales ou végétales ainsi jetées dans les étangs et non absorbées par le poisson, seraient entraînées par le courant et utilisées assurément au moyen d'un emploi judicieux de ces eaux dans l'irrigation des prairies.

Il paraît qu'en Limousin quelques propriétaires ont nourri le poisson avec du Maïs à fourrage haché très menu, et qu'ils s'en sont très bien trouvés.

Il est à remarquer que le nourrain doit être alimenté comme le poisson de vente pour arriver à donner un poids supérieur à 100 grammes, aussi la drêche a-t-elle été distribuée entre les cinq étangs ; elle n'a pas été spécialisée au poisson de vente.

LES BOIS INDUSTRIELS

INDIGÈNES ET EXOTIQUES

PAR JULES GRISARD ET MAXIMILIEN VANDEN-BERGHE.

(SUITE *)

FAMILLE DES HYPÉRICACÉES.

Cette famille comprend huit genres et environ deux cent quarante espèces ; elle se compose d'herbes vivaces, rarement annuelles, de sous-arbrisseaux, d'arbrisseaux ou quelquefois d'arbres à feuilles opposées, verticillées dans quelques espèces seulement, entières, penninerves, sans stipules, souvent parsemées de points glanduleux transparents.

Une grande partie de ces végétaux sont répandus dans les régions tempérées et chaudes des deux mondes, mais toutes les espèces frutescentes ou arborescentes sont intertropicales.

Les Hypéricacées sont des plantes à parenchyme glanduleux plein d'une résine incolore ou jaune, produisant sur les feuilles un pointillé pellucide; en général, leurs propriétés sont peu développées. Les espèces ligneuses laissent exsuder abondamment des sucs résineux, balsamiques, auxquels se joignent une certaine quantité d'huile volatile et un principe extractif amer, résidant dans l'écorce, qui donnent à ces plantes des propriétés diverses.

CRATOXYLON FORMOSUM BENTH. et HOOK.

Elodea formosa JACK.
Cratoxylon Cochinchinense BLUME.
Hypericum Ægipticum BLANCO ?
— *Cochinchinense ?* LOUR.
Tridesmis formosa KORTH VERNH.

Annamite : *Ngâng-ngang-do*. Kmer : *Lon gieng*, *Lon hirn*.

Bel arbre forestier dont le tronc, élancé, épineux, atteint environ 15-18 mètres de hauteur, sur un diamètre propor-

(*) Voyez plus haut, pages 39, 201, 425 et 608.

tionné ; recouvert d'une écorce rugueuse, d'aspect grisâtre extérieurement, brune intérieurement, s'exfoliant en petites plaques minces. Feuilles opposées, entières, irrégulières de forme, à points pellucides.

Très répandue dans toute l'Indo-Chine, cette espèce se rencontre aussi dans la presqu'île de Malacca, dans les îles Philippines, Bornéo, Java, Sumatra, etc.

L'aubier est blanchâtre et d'une faible épaisseur. Le cœur fournit un bois brun rougeâtre, parsemé de veines brunes plus foncées, quelquefois vertes ou roses autour des nœuds. D'un grain fin, serré et assez dur, ce bois possède des fibres longues et très flexibles ; il se conserve bien dans l'eau et les insectes ne l'attaquent pas. Sa densité est de 0,960.

Le *C. formosum* est recherché des Annamites qui s'en servent pour faire des piliers de cases soignées, des palissades, des pilotis, des mâts, des avirons, en un mot, pour tous les ouvrages demandant à la fois de la résistance et de la flexibilité. Par ses qualités physiques, il conviendrait très bien pour le tour, la menuiserie fine, l'ébénisterie et le placage.

Les fleurs donnent une belle teinture rouge.

CRATOXYLON HORNSCHUCHII Blume.

Hornschuchia hypericina Blume.

Sondanais : *Hermang*, *Marong*, *Remang*.

Arbre à feuilles opposées, brièvement pétiolées, oblongues-lancéolées. Croissant naturellement dans les Indes néerlandaises.

Bois durable, à grain fin et égal, dur, mais ayant besoin d'être immergé et séché lentement si on veut l'empêcher de se fendre ; on l'emploie dans la construction, lorsqu'on trouve des pièces de dimensions suffisantes, et à la confection de divers ustensiles de ménage. Il sert aussi à préparer un charbon de très bonne qualité.

A Java cette espèce est usitée comme astringent et diurétique.

CRATOXYLON NERIIFOLIUM Kurz.

Arbre d'une hauteur de 15-20 mètres sur un diamètre assez faible. Feuilles opposées, presques sessiles, oblongues, lancéolées, courtement acuminées, cordées à la base, coriaces, brillantes en dessus, pâles et glauques en dessous.

Très peu répandu en Basse-Cochinchine, il se rencontre surtout au Cambodge et en Birmanie, depuis Chittagong jusqu'à Tenasserim.

Le bois de cet arbre est rouge brun et assez dur ; les nœuds dont il est parsemé le font employer pour le placage. Les indigènes l'utilisent pour construire leurs habitations, quoiqu'il ne soit pas de longue durée pour les travaux extérieurs ; ils en font également des charrues, des manches d'outils et autres objets.

L'écorce peut être employée en teinture.

CRATOXYLON POLYANTHEMUM Korth Verh.

Annamite : *Ngan nganh.* Malacca : *Summam Phat.*

Petit arbre d'une hauteur de 8–10 mètres sur un diamètre de 15-20 centimètres, à tronc épineux, peu élevé, rougeâtre. Feuilles de formes variables, généralement ovales, oblongues ou linéaires, lancéolées, aiguës aux deux extrémités, quelquefois obtuses.

Assez répandue dans toute la Basse-Cochinchine et le Cambodge, cette espèce se rencontre aussi dans toute l'Indo-Chine, en Chine et à Bornéo.

Son bois, d'un rouge très pâle, lourd, parsemé de nœuds et ne se fendant pas en séchant, est susceptible, comme la précédente, d'être utilisé pour le placage et l'ébénisterie, mais les dimensions restreintes de l'arbre en limitent un peu l'emploi dans l'industrie locale.

CRATOXYLON PRUNIFOLIUM Dyer.

Ancistrolobus prunifolius Hort. bot. Calcut.
Hypericum prunifolium Wall.
Tridesmis pruniflora Kurz.

Annamite : *Ngan ngan.* Kmer : *Lông Hien* ou *Longieng.*

Petit arbre de 8–10 mètres de hauteur, à tronc épineux, rougeâtre. Feuilles juvéniles oblongues, oblongues-obovées ou linéaires-oblongues, lancéolées dans les rameaux florifères, légèrement coriaces, brunes en dessus, ferrugineuses ou cendrées en dessous.

Cette espèce se rencontre dans toute la Basse-Cochinchine, mais elle n'y est pas très commune.

L'aubier est mince et blanchâtre et le cœur de couleur blanc-jaunâtre ou légèrement rosé, souvent traversé de lignes brunes. Quoique ses fibres soient assez longues, son grain est serré ; il est très noueux et convient admirablement pour le placage. Les Annamites et les Cambodgiens l'emploient pour palissades et piliers de cases. Les indigènes, dit M. Pierre, assurent qu'il peut résister trois ou quatre ans dans l'eau ou dans le sol humide, aussi est-il encore utilisé pour pilotis.

Dans son catalogue raisonné des bois de la presqu'île de Malacca, le Dr Maingay cite encore le *Grongong* (*Cratoxylon arborescens* BL.) dont le bois d'un rouge sombre, à grain grossier, est employé pour poutres légères ; ce bois est tendre, mais ne se fend pas en séchant.

Le *Cratoxylon microphyllum* MIQ. des Indes néerlandaises donne un bon bois de charpente.

Mentionnons encore dans la famille des Hypéricacées les espèces suivantes qui, quoique secondaires sous le rapport du bois, sont assez intéressantes par leurs produits :

Haronga Madascariensis CHOISY. (*H. paniculata* LODD.; *Arungana paniculata* PERS.). « Guttier du Gabon ou Rougo de Madagascar ». Petit arbre qui habite Madagascar, la Réunion, le Gabon et le Zambèze ; ses feuilles sont persistantes, opposées, ovales-oblongues, aiguës au sommet, arrondies à la base, tomenteuses dans le jeune âge. Son bois est de bonne qualité, mais ses usages ne sont pas définis. L'écorce, peu épaisse, fendillée, sécrète abondamment une résine visqueuse et amère, d'abord jaune citron, puis rouge orangé, assez semblable au Sang-dragon. Cette substance est regardée comme un fébrifuge léger ; on l'emploie encore, ainsi que les feuilles pilées, en fumigations et en applications dans le traitement des fistules urinaires. Les feuilles doivent leurs propriétés à une huile essentielle qui se retrouve aussi dans les fleurs. Cette espèce porte les noms de *Mutune* au Zambèze, et de *Gina* ou *Ogina* au Gabon.

L'*H. Madagascariensis* demande la serre chaude.

Hypericum lanceolatum LAMK. (*Campylosporus reticulatus* SPACH. ; *Hypericum Penticosia* COMM.) ; à la Réunion :

Ambaville, *Fleur jaune*, *Penticosia*. Arbrisseau tortueux d'un faible diamètre, à feuilles opposées, lancéolées, entières, penninerves et ponctuées.

Bois blanchâtre à grain uni et serré, assez dur, à fibres droites, à cassure courte ; peu employé à cause de ses dimensions restreintes, on s'en sert néanmoins dans la confection de quelques petits meubles. Sa densité est de 0m,685 après une année de coupe.

A la Réunion et à Maurice on utilise le suc gommo-résineux odorant, qui découle du tronc, pour combattre les affections syphilitiques et goutteuses ; ce produit est connu sous le nom de *Baume de Fleur jaune*.

Vismia Guianensis Pers. (*Hypericum Guianense* Aubl.; *H. bacciferum* L. fils). Arbre d'une hauteur de 7-8 mètres, à tige quadrangulaire et à feuilles persistantes, opposées, ovales-lancéolées, acuminées, dilatées à la base, glabres en dessus, roussâtres en dessous, criblées de points diaphanes. Indigène au Vénézuéla où on le désigne sous le nom de *Lacre blanco*, on le rencontre plus abondamment à la Guyane où il est appelé « Arbre à la fièvre, Bois sanglant, B. à dartres, B. cossais, B. d'Acossais ou d'Acossois ». C'est le *Caopia* de Pison et de Marcgraff.

Son bois, de couleur rouge pâle, est parsemé de veines fines et claires ; il est assez léger, quoique d'une dureté régulière, son grain fin et sa texture fibreuse. Peu employé au Vénézuéla, ce bois est assez joli pour être utilisé dans l'ébénisterie de luxe.

A la Guyane, ce bois est employé dans les constructions et on recouvre les cases de son écorce intérieure. Sa pesanteur spécifique est de 0,650.

En incisant l'écorce, on obtient un suc résineux, jaune rougeâtre, assez semblable à celui fourni par les Guttifères et connu sous le nom de *Gomme-gutte d'Amérique*. On l'emploie desséché comme purgatif et extérieurement dans le traitement des maladies de la peau.

Le *Vismia Cayennensis* Pers., « Bois Baptiste » de la Guyane, « Bloodwood » de la Trinité, donne un suc analogue employé aux mêmes usages et confondu dans le commerce sous le même nom. Les feuilles opposées, entières, de cette espèce, sont parsemées de glandes à huile essentielle.

Enfin, le *Vismia ferruginea* H. B. (*Hypericum cuspida-*

tum WILLD.). *Onotillo* du Vénézuéla, fournit un bois assez compact, de couleur jaune rougeâtre, susceptible de poli, mais dont l'emploi est peu répandu.

FAMILLE DES GUTTIFÈRES.

La famille des Guttifères renferme vingt-huit genres et environ trois cent soixante-dix espèces, toutes ligneuses, se composant d'arbres et d'arbrisseaux quelquefois grimpants, parfois épiphytes, à rameaux souvent tétragones et articulés.

Les Guttifères sont remarquables par leurs belles feuilles opposées, quelquefois alternes, rarement verticillées, simples, presque toujours entières, rarement dentées, découpées ou stipulées, souvent épaisses, coriaces, glabres et luisantes, à nervures pennées.

Toutes les espèces sont originaires des régions les plus chaudes du globe et les plus rustiques ne dépassent guère la ligne tropicale. Le plus grand nombre se trouvent réparties entre l'Amérique et l'Asie ; elles sont peu nombreuses en Afrique.

Presque toutes les Guttifères sont riches en suc résinoïde ou gommeux, jaune verdâtre, plus rarement blanchâtre, dont le plus connu, comme emploi industriel, est la Gomme-gutte. Ce suc contient un principe résineux, âcre, souvent doué de propriétés drastiques, parfois stimulantes ou toniques. Quelques-unes sont cultivées pour leurs fruits comestibles estimés : il nous suffira de citer le Mangoustan et l'Abricotier de Saint-Domingue. Plusieurs, enfin, donnent des bois recherchés pour leur durée et leur conservation.

CALOPHYLLUM CALABA JACQ.

Calaba à fruits allongés.

Calophyllum apetalum WILLD.
— *inophyllum* β *Calaba* LAMK.
— *spurium* CHOISY.
— *Wightianum* WALL.

Antilles françaises : *Calaba* et *Galba*. Cuba : *Ocuje, Arbol del aceita de Maria*. Jamaïque : *Santa Maria*. Saint-Domingue et Trinité : *Bois Marie, Palo Maria*. Réunion : *Tacamahaca rouge*. Vénézuéla : *Maria*.

Arbre résineux, élevé, à cime ample et diffuse, dont le

tronc est recouvert d'une écorce brune et épaisse. Feuilles opposées, ovales-obtuses ou elliptiques-obliques et souvent émarginées, un peu glauques, douces au toucher, lisses et coriaces.

Originaire des Antilles, cette espèce est très commune à la Martinique où on la plante en lisière ; elle croît également au Malabar, sur la côte de Coromandel, où elle est plus rare, on la retrouve encore dans toute la région sud de la Réunion et au Vénézuéla. En Cochinchine, cet arbre n'atteint que de faibles dimensions, mais il est d'une rare beauté.

Son bois, gris rougeâtre, à grain gros, de bonne qualité, est assez flexible et résistant ; on le considère de plus comme incorruptible. On l'emploie généralement pour les grosses pièces de charpente et plus rarement pour le charronnage. On s'en sert aussi pour mâture et bordage des navires auxquels il fournit de bonnes courbes. On en tire encore d'excellentes planches, mais elles ont le défaut de se tourmenter un peu lorsque le bois est débité avant d'être entièrement sec. Au Vénézuéla on l'utilise souvent comme bois d'ébénisterie. Sa densité varie entre 0,604 et 0,750 ; son élasticité, comparée à celle du Chêne, est de 0,947, et sa résistance à la rupture égale 1,278. Sa cassure est assez longue, fibreuse, avec esquilles et éclats.

Par l'incision du tronc et des grosses branches, on obtient un suc résineux solide, d'un brun verdâtre, à poussière jaunâtre, d'odeur forte, non désagréable, s'épaisissant à l'air et devenant gluant et tenace. Cette oléo-résine est employée aux Antilles comme vulnéraire et désignée sous le nom de *Baume Marie* ou *Baume vert des Antilles* (1).

Les feuilles sont détersives. Les fruits, de la grosseur d'une cerise, sont rouges, allongés et ressemblent assez à ceux du cornouiller mâle ; ils se composent d'un sarcocarpe mince et d'un noyau ligneux, jaunâtre et peu épais, renfermant une amande jaune, huileuse ou rougeâtre. Ces fruits sont mangés par les indigènes. On retire aussi de l'amande une huile jaune citron, presque solide à + 4 degrés et d'une densité de 0,965, utilisée dans l'Inde pour combattre les affections cutanées et par l'éclairage. Saponifiée par la soude, elle donne un savon solide, de couleur jaune serin ; on s'en sert aussi en peinture et pour la préparation des vernis gras.

(1) Voir page 876 : *Huile et résine de Calaba.*

CALOPHYLLUM DRYOBALANOÏDES PIERRE.

Annamite : *Công trang ? Công nuï.*

Un des plus beaux arbres forestiers de l'Indo-Chine, croissant sur la montagne Dinh, près Baria, en Basse-Cochinchine; son tronc, d'une hauteur de 20-30 mètres, atteint un diamètre de 40-45 centimètres. Feuilles longuement pétiolées, ovales ou oblongues-lancéolées, aiguës ou obtuses à la base, terminées par une pointe élargie et obtuse.

L'écorce, rouge et très rugueuse, sert à la confection de seaux, hottes, cloisons et autres objets exigeant de la légèreté et de la solidité.

Cette espèce fournit un bois rouge ou rougeâtre, à aubier d'une teinte plus pâle ; sa conservation est assez longue, cependant il est un peu moins estimé que ses congénères, bien qu'employé aux mêmes usages. Sa densité est encore plus faible que celle du *C. Saigonense*. Les branches principales sont utilisées pour de menus travaux.

CALOPHYLLUM INOPHYLLUM L.

Calaba à fruits ronds.

Balsamaria inophyllum LOUR.
Bintangor maritima RUMPH.
Calophyllum Bintangor ROXB.
— *Blumei* WIGHT.
— *ovatifolium* NORONH.

Annamite vulg. : *Mù-u*, *Mô hú*. Bornéo : *Tjemplong*, *Kapar naga*, *Gambir*. Cambodge : *Kŭng*, *Kthúng*. Ceylan : *Domba-gass*. Cochinchine : *Mouou*, *Mun*, *Mohu*. Célèbes : *Poenaga*, *Penanga*. Hawaï : *Kamani*. Java : *Njamploeng*, *Patoe*, *Jamplond*. Madagascar : *Fourha*, *Fooraha*. Malais : *Kapoeratja*, *Kapoor rantjang*. Mariannes : *Daou*. Marquises et Taïti : *Tamanu*, *Temanu*. Ménado : *Rinkaren*. Nouvelle-Calédonie : *Pitt*, *Pitts*, *Pio*. Réunion : *Tacahamaca blanc*. Sandwich : *Kamani*, *Kamanou*, Singapoore : *Bintagou*. Sumatra : *Penaga*, *Bientangoor*. Taïti : *Ati*. *Tamanu*.

Grand arbre résineux à cime irrégulière et très garnie, atteignant généralement une hauteur moyenne de 20 mètres, sur un diamètre de 60 centimètres à un mètre; tronc légèrement tortueux et recouvert d'une écorce épaisse, rugueuse, fendillée en damier, de couleur brune, les jeunes rameaux tétragones. Feuilles opposées, entières, grandes, obovales ou ovoïdes, souvent émarginées, coriaces, lisses et luisantes, à nervure médiane saillante, les secondaires finement pennées. Fleurs blanches, en grappes opposées en croix, d'une odeur douce rappelant celle du tilleul.

Cet arbre magnifique semble être originaire de l'Archipel indien ; on le rencontre à Sumatra, Sumbawa, aux Philippines, aux Moluques, dans les Indes orientales, à Madagascar, à la Réunion, enfin, dans la plupart des îles de l'Océanie. Aux îles Marquises, où le *C. inophyllum* atteint des proportions gigantesques, il forme des forêts sombres et épaisses où les Canaques vont déposer leurs cercueils. Abondant en Cochinchine, dans les plaines et sur le bord des fleuves et des arroyos, cette espèce est souvent plantée comme arbre d'ornement dans un grand nombre d'endroits, notamment à Saïgon et dans les environs. En général, le *C. inophyllum* préfère les côtes et dépressions qu'il peuple abondamment, mais on le rencontre aussi dans les terres basses.

L'aubier est peu épais, un peu pâle dans les jeunes arbres ; le bois qui porte le nom de *Kiboenaga* aux Indes néerlandaises, est rosé ou rougeâtre plus foncé dans les arbres âgés, dur, à grain serré, fibreux et très élastique. Les fibres sont fines, en gros faisceaux ondulés, décrivant de très longues spires s'élevant en sens contraire et par couches, de la périphérie vers le centre. D'une durée assez longue dans les constructions exposées aux intempéries, il résiste encore assez bien aux insectes.

On l'emploie avec avantage dans l'ébénisterie, surtout pour le placage, en raison de l'aspect agréable des taches qui le marbrent et lui donnent l'apparence de l'acajou. On s'en sert aussi dans la menuiserie et dans la charronnerie, pour faire des jantes de roues, des brancards, des moyeux, des flèches, etc. ; c'est de plus, un excellent bois pour la confection des pièces de charpentes.

Aux Moluques, ses qualités de durabilité le font employer pour la mâture et la construction des barques. Ce bois est susceptible d'un beau poli, mais il est difficile à travailler, surtout à rabotter, à cause de son fil court et irrégulier, et s'écaille facilement sous l'outil.

Suivant les conditions de développement de l'arbre, la nature du sol, l'exposition, etc., la texture du bois se trouve quelquefois modifiée : ses fibres sont souvent moins contournées, son grain est moins fin et sa durée plus faible que celui qui provient des îles océaniennes, ce qui explique ses usages nombreux et variés.

D'après M. G. Cuzent, on rencontre à Taïti deux variétés du *C. inophyllum* qui ne diffèrent entre elles que par la couleur de leur bois et par leurs fibres qui sont droites ou ondulées. La première qui porte le nom de *Tamanu hiva*, offre un bois dur qui se travaille facilement et dont les indigènes font des piquets pour enclore leurs terrains ; la deuxième a le bois moins dur et on doit le débiter longtemps avant de s'en servir, en ayant soin de le laisser sécher complètement à l'ombre, car il se fend facilement. Autrefois, cet arbre était recherché des Taïtiens pour faire des pirogues et pour sculpter leurs grandes idoles ; de nos jours, ils s'en servent encore pour fabriquer divers objets de ménage, tels que des petits bancs et des vases à *Popoï*, sorte de bouillie préparée avec le fruit de l'arbre à pain. Ce bois est très estimé des Annamites qui en font des colonnes pour les cases de luxe, des piquets de palissades, des mortiers à décortiquer le riz, etc. Sa densité est de 0,924.

L'écorce est vantée comme diurétique ; écrasée, elle sert en application sur les orchites ; quelques industriels l'utilisent aussi pour faire de la pâte à papier.

L'amande du fruit donne une huile grasse semblable à celle du *C. Calaba* et servant à peu près aux mêmes usages.

CALOPHYLLUM MONTANUM VIEILLARD.

Nouvelle-Calédonie : *Pio*, *Tamanou de montagne*.

Bel arbre d'une hauteur de 15–20 mètres sous branches, dont le tronc, recouvert d'une écorce noirâtre, rugueuse, profondément crevassée, peut atteindre un diamètre de 80 centimètres. Feuilles elliptiques-lancéolées, entières, obtuses, à nervures fines et serrées.

Originaire de la Nouvelle-Calédonie, cette espèce est assez abondante dans les endroits très élevés de la baie du Sud, où elle se plaît dans les terres ferrugineuses.

Le bois fourni par cet arbre est rougeâtre, d'une belle apparence, dur et très résistant, mais il est difficile à travailler car il s'écaille aisément et se fend facilement. Ce défaut, dit M. H. Sebert, est dû à la disposition des fibres réunies en gros faisceaux ondulés.

Ce bois, qui est d'une bonne conservation, s'emploie généralement pour la charpente, le charronnage et pour la mâture des petites embarcations. On le recherche également pour l'ébénisterie et la menuiserie fine, à cause de son aspect soyeux et de sa jolie teinte jaunâtre sur laquelle se détachent des veines rouges apparentes lorsqu'il est verni.

Sa densité moyenne est de 0^{m},904.

CALOPHYLLUM PULCHERRIMUM WALL.

Annamite : *Cay Công*, *Váy ôc.*

Arbre d'une hauteur de 15–20 mètres, dont le tronc est droit et élancé. Feuilles petites, ovales-oblongues ou oblongues, atténuées aux deux extrémités, aiguës à la base, terminées au sommet par une pointe obtuse, lisses et coriaces.

Indigène des provinces occidentales du Cambodge, on le rencontre également dans l'île de Phu-Quôc.

L'aubier est d'un rouge pâle et peu distinct du vieux bois.

Suivant M. Pierre, le bois du *Váy ôc* est un peu plus dense et moins foncé que celui du *C. Thorelii*. Son grain plus fin, susceptible d'un plus beau poli ne permet pas néanmoins, dit le même auteur, de l'employer dans la menuiserie de luxe.

Ainsi que ses congénères, ses fibres sont longues, un peu grosses et ses vaisseaux gorgés de matière résineuse assurent sa conservation.

Si les proportions de son tronc étaient plus élevées, ajoute M. Pierre, il serait employé à tous les usages du *Công tia* (*C. Saigonense*) et lui serait même préféré.

CALOPHYLLUM SAÏGONENSE PIERRE.

Annamite : *Công tia*. Kmer : *Pohon* ou *Phaong.*

Arbre d'une hauteur de 15-25 mètres, dont le tronc acquiert un diamètre de 40-45 centimètres. Feuilles elliptiques-obovées ou elliptiques-oblongues-lancéolées, arrondies ou le plus souvent aiguës à la base, toujours terminées par une pointe obtuse.

Originaire de la Cochinchine où elle croît surtout dans les terrains sablonneux et sur les montagnes jusqu'à une altitude de 3,400 mètres, cette espèce est encore abondante dans toutes les plaines de l'île de Phu-Quôc.

Son bois se compose de trois parties très distinctes sous le rapport de l'aspect : l'aubier, blanchâtre ou rouge très pâle, spongieux et assez épais ; le bois proprement dit, d'une teinte rouge, rougeâtre, plus rarement d'un rose pâle, et le cœur de couleur plus foncée. Ce bois est assez léger, d'un grain fin, à fibres longues, droites et ses vaisseaux sont gorgés d'une matière résineuse tenace ; les couches annuelles sont très apparentes sur la section transversale du tronc. Facile à travailler, rarement creux, d'une longue conservation dans l'eau et dans la vase, il est inattaquable par les insectes et très peu par les tarets.

Excellent pour toutes les constructions, surtout pour la marine, la charpente et les pilotis, il est également bon pour le charronnage et la menuiserie. Très joli étant verni, il convient aussi, mais à un moindre degré, à l'ébénisterie. Les Annamites l'emploient pour piliers et colonnes de cases et plus particulièrement pour mâts d'embarcations. Les branches maîtresses sont utilisées pour timons, flèches, brancards, manches d'outils, chevilles, etc. Les Chinois s'en servent communément pour monter les paillottes qui doivent servir d'abri aux constructions qui se font pendant la saison des pluies.

Les fleurs sont recherchées des abeilles. D'après M. Pierre, le *C. Saïgonense* est une essence qui mériterait d'être propagée, particulièrement dans les terrains sablonneux et pierreux de la Cochinchine.

CALOPHYLLUM SPECTABILE Willd.

Apoterium Soulatri Blume.
Calophyllum acuminatum Lamk.
— *Diepenhorstii* Miq.
— *hirtellum* Miq.
— *Soulatri* Burm.

Annamite : *Công tau lau*, *Công trang*. Malais : *Soelatrie*.

Arbre croissant naturellement dans les terrains inondés du Delta et sur les montagnes dans l'Indo-Chine, à Maurice, à la Réunion, Singapore, etc. Feuilles courtement pétiolées, grandes, elliptiques-lancéolées, quelquefois ovales-oblongues, obtuses ou aiguës à la base, courtement acuminées, obliques et obtuses au sommet, très coriaces.

L'écorce, blanche ou grise, jaunâtre en dehors, rouge en dedans, très fibreuse, sert à confectionner des seaux servant à la récolte des huiles et des résines, des hottes et divers autres récipients.

L'aubier est blanchâtre, peu épais et ne différant guère du cœur qui est rouge. Cette espèce est moins durable et moins estimée que les autres *Calophyllum*, mais on l'emploie néanmoins aux mêmes usages et pour la construction.

Le *C. spectabile* convient à tous les terrains et sa croissance est un peu plus rapide que celle de ses congénères ; ses fruits sont oléagineux.

CALOPHYLLUM TACAMAHACA Willd.

Calophyllum inophyllum Lamk. (non L.).
— *lanceolarium* Roxb.
— *lanceolatum* Bl.

Maurice et Réunion : *Tacamahaca blanc*, *Tatamaka*.

Arbre d'une hauteur moyenne de 10 mètres, à feuilles ovales-elliptiques, un peu aiguës, rarement échancrées.

Indigène de l'île Maurice et peut-être Madagascar, cette espèce est encore assez commune à la Réunion, dans les forêts de Saint-Pierre, à l'Entre-Deux et sur les bords de la rivière des Galets.

Son bois, blanc, à grain fin et uni, est d'une grande flexibilité et d'une résistance supérieure ; se conservant bien, même dans l'eau, il se travaille aussi facilement. Excellent pour le charronnage, il est encore recherché pour les réparations des bordages de navires et la fabrication des avirons. Sa densité de fraîche coupe est de 0,874.

Le *C. Tacamahaca* se distingue par son odeur agréable de Vétiver et donne une gomme résine analogue à celle du *C. Calaba*.

CALOPHYLLUM THORELII Pierre.

Annamite : *Công mùu*. Kmer : *Dom chhœu phaong k'ting*.

Très bel arbre d'ornement à tronc droit, croissant à l'état spontané dans les forêts de la Cochinchine, atteignant une hauteur de 25-30 mètres, soit 14-20 mètres sous branches, sur un diamètre de 30-50 centimètres. Feuilles longuement pétiolées, oblongues, aiguës au sommet, brillantes en dessus, pâles en dessous.

Son bois est rose ou d'un rouge vineux et l'aubier d'un rouge gris pâle. En Cochinchine, dit M. Pierre, ce bois est très estimé dans toutes sortes de constructions ; ses planches ne se fendent pas, sa durée dans l'eau est très grande et il n'est pas attaqué par les xylophages. Il est surtout employé dans la construction des barques de mer, auxquelles il fournit des mâts excellents.

Son biber est fibreux et ses fleurs sont très recherchées par les abeilles ; les fruits, à mésocarpe charnu, à cotylédons très adhérents, fournissent autant d'huile que ceux du *C. inophyllum*. C'est une des bonnes essences à propager en Cochinchine.

Citons encore dans ce genre : Le *Calophyllum angustifolium* Roxb. qui suivant cet auteur est un grand arbre qui fournit les mâts connus sous le nom de *Peon*.

Le *Calophyllum Brasiliense* Mart. (*Jacaré-ùba* ou *Landi* des Brésiliens). Arbre d'une hauteur de 25 mètres environ, sur un diamètre moyen de 60 centimètres, commun dans les forêts de la province des Amazones. Son bois ne sert pas dans les constructions, parce qu'il n'est pas d'une longue durée lorsqu'il est exposé aux intempéries, mais il est d'un bon usage pour tous les travaux intérieurs. Au Brésil, le suc résineux, jaune et amer qui exsude du tronc, est employé comme dissolvant du brai pour le calfatage. Il trouve également son utilité dans l'art vétérinaire ; en médecine, on l'applique dans les cas de rhumatismes.

Le *Calophyllum canum* Hook fils. Arbre indigène des forêts de la presqu'île de Malacca où il porte les noms de *Moontangoo* et de *Muntangoo booga*. Son bois, blanc-brunâtre, rayé et diversement marqué de brun en tous sens, est tendre, d'une texture très grossière, mais il ne se fend pas en séchant. On l'utilise surtout pour la mâture des bateaux.

Le *Calophyllum lanigerum* Miq., de Bangka et Riouw, *Bintangoor batoe* en Sondanais, est recherché pour mâts de bateaux.

Le *Calophyllum plicipes* Miq., de Bangka, en Sondanais : *Bintangoor priët*, donne un bois de construction.

Le *Calophyllum Teysmanni* Zoll. (*C. lanceolatum* Teysm. et Rinn.) des montagnes de Java, en Malais : *Soelatri* dont le bois agréablement tacheté est utilisé pour meubles ordinaires.

Le *Calophyllum tomentosum* WIGHT., de Ceylan, donne, suivant Thwaites, un bois estimé dans les constructions et ses semences fournissent une huile, appelée *Keena-tel*, qui sert à l'éclairage.

Un grand nombre d'autres *Calophyllum* indéterminés des Indes néerlandaises fournissent des bois de charpente et des pièces pour la mâture et la construction des barques, bateaux, etc. Quelques-uns donnent des écorces utilisées pour la couverture des toits de maisons et bâtisses indigènes. Les principaux sont les *Bintangoer boenga*, *boenoet*, *djalai*, *djangkai*, *mera*, *oendjam*, *poelih*, le *Bintangor tawah*, le *Djindjit*, le *Meliko*, le *Miedieng* et le *Minjinjiem*.

CLUSIA ROSEA L. Clusier rose.

Clusia alba WILLD.
— *retusa* POIR.

Antilles : *Figuier maudit*, *Figuier marron*, *Liane meurtrière*, *Mille-pieds*. Panama : *Cope grande*. Trinité : *Cupey*. Vénézuéla : *Copey* ou *Cupay*.

Arbre d'une hauteur moyenne de 10 mètres, épiphyte, à écorce lisse et à feuilles obovales-obtuses, un peu échancrées, croissant souvent sur des arbres plus gros que lui, en dirigeant ses racines vers la terre pour y prendre plus de nourriture, étouffant aussi quelquefois le sujet sur lequel il s'attache.

Originaire des forêts humides et chaudes des Antilles, cette espèce se rencontre également à Panama et au Vénézuéla.

Son bois est rouge, assez pesant, mais on ne l'emploie guère que comme combustible.

Son latex jaune, épais, amer et balsamique, peut être substitué à la scammonée dont il possède à peu près les propriétés. Aux Antilles, ce suc résineux sert à panser les plaies des Chevaux et à goudronner les barques.

Le *Clusia rosea*, une des plus belles espèces horticoles du genre, est souvent cultivé dans les serres chaudes, ainsi que les *C. alba* et *flava*; ces deux dernières fournissent aussi un suc gommeux, de couleur jaune, usité en médecine aux Antilles. La résine odoriférante des *C. multiflora* et *thurifera*, est brûlée comme encens dans les églises catholiques du Pérou et autres parties de l'Amérique du sud.

Le *Clusia insignis* Mart. (*Balsam tree* des colons anglais de la Guyane). Arbre forestier du nord du Brésil et de la Guyane où il est parfois abondant, surtout dans les terrains sablonneux et perméables, qui, d'après le catalogue des produits des colonies françaises, serait encore une des espèces qui donnent le *Bois de Parcouri*. Ses grandes fleurs roses rappellent assez celles de quelques *Magnolia*. La corolle et les étamines laissent exsuder une quantité de résine qui, mélangée au beurre de Cacao, est employée au Brésil contre les douleurs. Le fruit, de la couleur et de la grosseur d'une orange, est mangé par les habitants. Le tronc laisse écouler une gomme jaune, sans emploi jusqu'ici.

Le *Clusia pedicellata* Forst. (*Mou* des Néo-Calédoniens) ne donne qu'un bois médiocre et peu employé. On extrait de l'écorce une gomme-résine d'un beau jaune, soluble dans l'alcool, mais dont les usages sont peu connus.

Le *Clusia pseudo-china* Poepp. et Endl. L'écorce de cette espèce possède une saveur amère qui la fait regarder au Pérou comme fébrifuge; on la trouve quelquefois mêlée frauduleusement aux écorces de Quinquinas.

Le *Clusia venosa* Jacq. non L. connu aux Antilles sous le nom de *Palétuvier de montagne*, est également considéré comme antipériodique dans son pays d'origine.

DISCOSTIGMA CORYMBOSA Panch. et Sebert.

Nouvelle-Calédonie : *Vermouï*.

Arbre de moyenne grandeur dont le tronc est recouvert d'une écorce blanchâtre, lisse, d'une épaisseur de 6 millimètres environ. Feuilles opposées, courtement pétiolées, ovales-oblongues, coriaces, à nervures parallèles, nombreuses, fines, saillantes sur les deux faces.

Originaire de la Nouvelle-Calédonie, cette espèce se rencontre abondamment dans toutes les forêts de l'île.

Son bois, blanc jaunâtre, tendre, à grain assez gros, se travaille bien, mais il est cassant, sujet à la vermoulure et d'une durée limitée lorsqu'il est exposé aux intempéries. Il doit aussi être écorcé immédiatement après l'abatage, car autrement il tombe rapidement en poussière. On ne l'emploie guère que pour la grosse menuiserie.

DISCOSTIGMA MERGUENSE Pl. et Tr.

Garcinia Merguensis Wight.

Annamite : *Sŏn ve.*

Joli arbre d'ornement, dont le tronc, peu élevé, droit, recouvert d'une écorce grise, atteint un diamètre de 25-30 centimètres. Feuilles ovales-oblongues ou oblongues, insensiblement acuminées, coriaces.

Cette espèce est très répandue au Cambodge, dans l'île de Phuquôc, la Basse-Cochinchine et la presqu'île de Malacca.

Son bois, de couleur jaune-rougeâtre, flexible et léger, est d'un usage restreint.

L'écorce laisse écouler une sorte de gomme-gutte qui devient brun rougeâtre après dessiccation, surtout lorsqu'elle est exposée à la lumière ; cette écorce est en outre utilisée en teinture. Le fruit, quoique d'un médiocre intérêt, est apprécié des indigènes.

DISCOSTIGMA VITIENSIS A. Brgt. et Gris.

Garcinia Vitiensis Seem.

Nouvelle-Calédonie : *Bambaï.*

Petit arbre à ramules tétragones, dont l'écorce grisâtre s'enlève en couches minces foliacées. Feuilles opposées, subsessiles, ovales-lancéolées, longues de 6 centimètres sur une largeur de 3 centim., blanches en dessus, à nervures pennées, peu visibles, à peine saillantes sur la face supérieure.

Croissant naturellement dans les plaines de la Nouvelle-Calédonie, cette espèce se rencontre toujours dans les terrains ferrugineux.

Le bois, de couleur verdâtre à la périphérie, prend une teinte rougeâtre vers le centre. Lourd, d'une dureté moyenne et d'un grain assez fin, il peut être employé pour tous les travaux de menuiserie. Sa densité moyenne est de 1,018.

Le *Discostigma fabrilis* Miq. (*Garcinia fabrilis* Miq.) *Siebaroewie*, de Sumatra, fournit un bois employé aux Indes néerlandaises pour lambourdes de planchers. Suivant M. Diepenhorst, ce bois aurait une certaine valeur.

(*A suivre.*)

LES POMMES AU CANADA

PAR M. JULIEN PETIT.

L'arboriculture, on le sait, est très florissante au Canada. Les habitants déclarent fièrement que c'est chez eux que mûrissent les plus belles Pommes, et le gouvernement canadien encourage autant qu'il est en son pouvoir le développement donné à la culture des arbres à fruits.

Le Canada possède cinq fermes-écoles, placées sous la haute autorité de M. Saunders. Le plus important de ces établissements est celui d'Ottawa, puis viennent la ferme de la Nouvelle-Écosse, celle du territoire nord-ouest, celle du Manitoba et celle de la Colombie britannique.

Dans ces divers établissements on a entrepris de sérieuses études sur les arbres fruitiers. Le territoire du nord-ouest subit souvent pendant un mois entier une température inférieure à 18° degrés au-dessous de 0°, s'abaissant parfois même à 30° et 37° degrés au-dessous de 0° ; il faut donc sur ce territoire des arbres fruitiers en état de résister à la rigueur et à la rudesse des hivers. Cinquante ou soixante variétés de Pommiers russes ont été plantées à titre d'essai à Indian-Head par l'Ecole d'agriculture, et leur vigueur, après avoir supporté deux étés et un hiver, prouve que les arbres russes prospèreront probablement sous ce climat. Le territoire du nord-ouest ne sera jamais cependant un véritable pays à fruits. D'après le professeur Saunders, la Colombie britannique est la partie du Canada où la culture des fruits, Pommes, Poires, Prunes, Cerises, a pris le plus d'importance. La Nouvelle-Écosse est la région fournissant les meilleures Pommes, et ses produits commencent à se faire connaître dans le monde entier. La fameuse vallée d'Annapolis, longue de 160 kilomètres, pour une largeur variant de 3 à 10 kilomètres, est entièrement plantée en Pommiers donnant des fruits de choix, de grandes Pommes, comme disent les propriétaires de la région. Les arboriculteurs sont surtout placés dans des conditions exceptionnelles pour l'envoi de leurs fruits vers les marchés européens.

Grâce, en effet, à la proximité des côtes, les Pommes chargées sur wagons de chemin de fer le matin sont embarquées l'après-midi dans les différents ports de la région qui restent ouverts tout l'hiver. Ces Pommes, la variété Gravenstein principalement, sont très estimées à Londres. Les Ribston-Pippins, les Kings, les Blenheim, les Baldwin, les Golden-Russets, les Nonpareilles, viennent ensuite dans l'ordre d'estime auprès des consommateurs.

Les Ribston-Pippins se vendaient de 6 fr. 60 le *bushel*, le boisseau de 36 litres 35, à 7 fr. 70 à Londres en 1880. En 1887, elles valaient de 7 fr. 75 à 14 fr. 30.

Le prix du *bushel* des Blenheim variait, en 1880, entre 6 fr. 60 et 8 fr. 90, et en 1886, entre 6 fr. 60 et 9 francs.

Les Golden-Russetts, fruits tardifs valent beaucoup plus cher, 15 fr. 50 le *bushel* en moyenne.

Les Nonpareilles, petites Pommes à la saveur très fine, mûrissant seulement en mai et en juin, atteignaient des prix très élevés avant l'énorme développement que la culture des Pommes a pris en Australie. Les Pommes australiennes peuvent arriver vers la fin d'avril sur les marchés de Londres.

Les Pommes de l'Ontario méridional, qui se sont acquis une haute réputation en Angleterre, y atteignent les prix les plus élevés. Le climat, en effet, et le sol de cette région sont merveilleusement favorables à la culture des arbres fruitiers. Le Greening est la meilleure Pomme d'exportation de l'Ontario, quoique sa teinte verte paie peu de mine. Cette province possède actuellement 80,000 hectares de vergers et leur étendue s'accroît sans cesse, ainsi que l'exportation de leurs produits à l'étranger, mais les bénéfices sont assez réduits. Les fermiers de l'Ontario s'accordent cependant pour dire qu'un verger de Pommiers constitue le meilleur élément d'une ferme. Un Pommier, ayant plus de vingt-cinq ans, produit en moyenne, dans cette région, 220 litres de Pommes. En plantant une centaine d'arbres à l'hectare on obtient un revenu brut de 910 francs.

Les Pommes canadiennes expédiées à Londres étaient autrefois confiées à des courtiers qui les vendaient aux enchères. On a renoncé à ce système qui ne permettait pas d'atteindre des prix rémunérateurs et on l'a remplacé par la vente au moyen de représentants.

En 1883, le Canada expédiait en Angleterre 38,200 hectolitres de Pommes.

En 1884, les expéditions atteignaient 98.300 hectolitres, et 250,300 hectolitres en 1889, dont 110,000 hectolitres expédiés de la Nouvelle-Écosse. Cette même province et celle d'Ontario ont, en outre, envoyé 25,800 hectolitres de Pommes aux États-Unis.

On affirme que la Nouvelle-Écosse pourrait doubler le nombre de ses arbres fruitiers, cependant si les débouchés sont faciles à trouver, les bénéfices restent très faibles. Les prix de vente sont peut-être assez élevés à Londres, mais pour un panier de fruits qu'on en vend, on a un certain nombre d'autres paniers dont le contenu, absolument endommagé, ne peut même être présenté aux acquéreurs. La responsabilité de ces pertes incombe tout entière aux expéditeurs dont les modes d'emballage sont si primitifs que les fruits ne peuvent supporter le voyage. Chaque variété de Pommes, en effet, exige un mode spécial d'emballage, les fruits un peu spongieux veulent être plus serrés que les fruits à chair ferme. D'un autre côté, la plupart des arboriculteurs entassent trop de fruits dans leurs paniers.

Les Canadiens ont songé surtout à l'exportation des Pommes d'été et d'automne, parce que les consommateurs anglais veulent des fruits à cette époque, quel qu'en soit le prix, mais on se plaint au Canada de l'élévation des tarifs des Compagnies de chemins de fer anglaises, et surtout des taxes locales, qui empêchent par exemple d'envoyer des fruits à Birmingham et à Manchester qui constitueraient cependant d'importants centres de consommation.

Les Compagnies canadiennes de chemins de fer et de transport par navires, de leur côté, ne veulent pas être responsables des conséquences des retards, des pertes, des accidents, de tout dommage survenant pendant le voyage, et leurs tarifs pour le transport des Pommes sont plus élevés que ceux relatifs à la farine.

L'évaporation, la transformation des fruits en fruits secs a été recommandée à diverses reprises, mais c'est une opération assez coûteuse à cause de l'énorme masse d'eau qu'on doit évaporer à l'aide de la chaleur, et elle n'est pratique au Canada que pour les Pommes. Aux États-Unis, on avait d'abord cru que la dessiccation se substituerait partout au *canning*, à la conservation des fruits dans des *cans*, des boîtes de fer-blanc hermétiquement closes. C'était une erreur et sur toute l'étendue des États-Unis, excepté en Californie, on en est revenu aux procédés du *canning*, l'*evaporating*, la dessiccation simple ne s'employant plus que pour les Pommes.

Au Canada, on a reconnu, après expérience, que la dessiccation n'était pas une industrie secondaire à adjoindre à un établissement agricole. Les petits appareils ne conviennent pas en effet à cette industrie où il faut aller vite pour faire bien. Les arboriculteurs canadiens envoient donc aux usines de dessiccation les Pommes qu'ils veulent transformer en Pommes sèches, c'est-à-dire celles qui ne pourraient être emportées sous leur forme naturelle : fruits abattus par le vent ou attaqués par les parasites. Les Pommes de bonne saveur et de taille régulière sont pelées mécaniquement.

Les Pommes plus petites ou celles qui ont des formes irrégulières ou portent des meurtrissures sont pelées à la main. Les fruits dépouillés de leur couche extérieure se découpent ensuite en tranches au moyen de machines, on soumet ces tranches à des fumigations d'acide sulfureux qui les empêchent de brunir, puis on les étend sur des claies en fil de fer galvanisé et on les dessèche dans des étuves à air chaud. En même temps que la dessiccation il s'opère une sorte de maturation diminuant l'acidité et accroissant la richesse saccharine. Les tranches desséchées restent pendant plusieurs jours amoncelées, puis elles sont expédiées dans des caisses pesant 50 livres anglaises, 22 kilog. 7.

Les pelures et les cœurs des Pommes restant comme sous-produit servent à faire du cidre, ou on les dessèche pour les vendre aux fabricants de gelées de fruits ou de vin.

LA LUTTE
DE L'HOMME CONTRE LES ANIMAUX

Conférence faite à la Société nationale d'Acclimatation le 13 mars 1891,

PAR M. PIERRE-AMÉDÉE PICHOT.

(SUITE ET FIN *.)

Si la passion de certains peuples pour les jeux du cirque trouve une explication dans l'hérédité et la transformation artistique des instincts chasseurs des premiers hommes et des sociétés primitives, on peut de même voir dans les exercices des dompteurs une application de cette tendance naturelle de l'homme à plier sous ses lois tous les représentants de la faune terrestre, même les plus sauvages, les plus sanguinaires et les plus irréductibles à la captivité. C'est à cette tendance et à cette aptitude à la domination que nous avons dû nos espèces domestiques, aujourd'hui si complètement assimilées aux conditions de vie sociale que nous leur avons faites, que le type sauvage, primitif, de la plupart a complètement disparu de la surface du globe et que toutes les théories qui veulent voir dans les races encore existantes à l'état sauvage les ancêtres de nos auxiliaires à deux et à quatre pattes, sont soumises à bien des contestations et ne reposent que sur des hypothèses dont, à mon sens, on n'a jamais pu faire la preuve d'une façon satisfaisante. Je crois pour ma part que dès qu'une espèce est entrée dans l'engrenage de la domestication, tous les individus qui la composent y sont rapidement absorbés et transformés au point de ne plus laisser trace de leur premier état. Mais il y a des espèces irréductibles, inconciliables avec la civilisation, irréconciliables en un mot avec la vie sociale, et celles-là maintiennent partout leur personnalité, leur autonomie ; malgré des tentatives répétées d'apprivoisement qui se sont produites depuis des siècles, nous les voyons encore mourir dans la peau où elles étaient nées. Celles-là sont destinées à

(*) Voyez plus haut, pages 687 et 772.

disparaître ne pouvant coexister avec la race humaine qui n'admet pas le partage de l'empire du monde ; elles finiront dans les jungles et les forêts, sinon derrière les barreaux des baraques des foires. Et cependant que de fois les hommes leur ont tendu la perche avant de leur en donner des coups ! Les Egyptiens semblent avoir, dans un temps, apprivoisé les Lions et les avoir dressés à combattre à côté de leurs maîtres. Les empereurs romains se sont fait traîner dans des chars attelés de bêtes féroces. Aucune ne s'est assimilée à ces genres d'exercices. Nos Bidels et nos Pezons n'ont pas été plus heureux et les spectacles qu'ils nous donnent sont sans lendemain pour les animaux qu'ils font un instant passer sous leur joug.

J'ai connu quelques-uns des fameux dompteurs de notre époque, et je me suis bien rendu compte en les voyant à l'œuvre dans l'intimité, de la façon dont s'exerce sur les animaux cette espèce de fascination mystérieuse et de prestige par lesquels l'homme a pu assurer sa domination sur des êtres plus forts que lui. La force matérielle y est sans doute pour quelque chose, mais la supériorité intellectuelle pour bien davantage et il y a peu de dompteurs qui se font obéir de leurs pensionnaires par la brutalité et les mauvais traitements. C'est en causant pour ainsi dire avec son premier Tigre que le célèbre Martin, mort il y a quelques années à l'âge de 90 ans, sans avoir été mangé, est parvenu à apprivoiser ce féroce animal et à s'en faire un véritable ami. Il est vrai que Martin était alors inspiré par l'amour auquel on doit tant de miracles ! Ecuyer dans un cirque ambulant qui se trouvait en 1820 à la foire de Leipzig, il s'était follement épris de la fille du propriétaire d'une ménagerie qui sollicitait le public dans la baraque à côté. Les parents de la jeune fille lui avaient refusé sa main sous prétexte que le jeune écuyer sans fortune n'aurait pas le moyen de subvenir aux besoins d'une famille. Un jour que Martin confiait ses peines aux animaux de la ménagerie qu'il visitait souvent, comme vous pensez bien, pour passer devant le comptoir où la jeune fille percevait la recette, un Tigre lui allongea à travers les barreaux un coup de griffe auquel il riposta par un coup de canne. Depuis ce jour, le Tigre ne le quittait plus des yeux dès qu'il le voyait venir. Martin, frappé de cette manifestation d'intelligence, entreprit de faire sa paix avec l'animal rancunier, et au bout de très peu de temps, ils étaient, à travers les barreaux, les meilleurs amis du monde. Alors, Martin obtint, non sans peine, du vieux domestique qui soignait les animaux de le faire entrer le matin, lorsqu'il n'y aurait personne, dans la cage du Tigre. Ses premières visites furent très courtes, on le conçoit; l'animal s'habitua peu à peu

Portrait du dompteur Martin.

à sa présence et au bout de très peu de temps Martin fit appeler devant la cage où il jouait avec le Tigre comme avec un Chat, toute la famille de la jeune fille dont il demandait la main et à laquelle il apparut comme Daniel dans la fosse aux Lions devant le roi Darius. « Croyez-vous maintenant, demanda-t-il, que je sois en état de faire rapidement fortune et de gagner le pain de ma femme et de mes enfants ? » On n'eut garde de contredire un amant aussi audacieux et le mariage ne tarda pas à se faire.

Eh bien! j'ai connu Martin à la fin de sa carrière : il n'exerçait plus depuis longtemps et avait pris sa retraite comme directeur du jardin zoologique de Rotterdam. Tout vieux qu'il fut alors et un peu lourd d'aspect, son regard avait conservé

Le dompteur Charles.

tant de feu sous ses lunettes d'or et sa voix tant d'autorité, que je l'ai vu se faire obéir presque instantanément d'un Ours qu'on venait de débarquer dans le jardin zoologique et qui se refusait absolument à sortir de la caisse dans laquelle il avait voyagé. Je regrette que la projection que je vais vous faire voir ne puisse vous donner qu'une idée bien imparfaite de l'éclat du regard que mon ami Martin projetait sur ses pensionnaires.

(Projection : *Portrait de Martin.*)

Voici encore le portrait d'un dompteur célèbre, le fameux Charles, dans une des cages de sa ménagerie. A la façon dont ils se regardent, je crois qu'il ne ferait pas bon mettre le doigt entre le dompteur et ses animaux.

(Projection : *Le dompteur Charles.*)

Aussi, Messieurs, quoi que j'aie pu vous dire de l'influence mystérieuse que l'homme exerce sur les animaux et de la terreur qu'il peut inspirer en certaines circonstances aux bêtes féroces, je ne vous conseille pas de tenter l'expérience si vous ne vous en sentez bien la vocation, vous rappelant ce que disait un clown du cirque, qu'il était très facile de se rendre invisible en allant arracher un poil à la moustache d'un Tigre irrité. On est sûr de disparaître... dans les profondeurs de son gosier.

Quoi qu'il en soit, la lutte contre les bêtes féroces se poursuit activement sur toute la surface du globe et l'on peut prévoir le temps où elles disparaîtront elles-mêmes. Chaque jour voit reculer les limites de leur empire ; dans quelques pays, elles ont déjà si complètement disparu que leur existence n'y est plus qu'un souvenir historique, à ce point que le gouverneur de l'Algérie, M. Tirman, me racontait dernièrement qu'il n'avait entendu qu'une seule fois le rugissement du Lion; encore, vérification faite, n'était-ce que le ronflement d'un voyageur qui dormait dans une chambre à côté de la sienne dans l'hôtel de Bouïra où il était descendu. Un voyageur qui revenait de cette partie de l'Afrique où les Romains se sont longtemps approvisionnés de bêtes féroces pour leurs cirques, me donnait enfin des Panthères qu'il avait vues la description suivante, manifestement inexacte :

« La Panthère est un animal plat, plus taché que tacheté en général, ayant le poil usé par plaques. Elle a des dents en flanelle rouge tout autour et on la trouve au pied des lits ou devant les causeuses. »

Je ne vous ai jusqu'ici parlé que de la lutte de l'homme contre des animaux qui, par la masse de leurs corps, la puissance de leurs moyens d'attaque ou de défense, attirent tout naturellement l'attention de l'observateur, du chasseur, du voyageur, ce que j'appellerai les animaux encombrants, mais il en est encore qui, pour tenir une place plus modeste dans l'espace, n'en sont pas moins les ennemis les plus redoutables, les adversaires les plus irréconciliables de l'humanité. Ce sont les insectes, dont je voudrais vous dire quelques mots avant de terminer cet entretien.

Et il ne faut pas mépriser ces infiniment petits qui ont d'abord pour eux la puissance redoutable du nombre et qui, dans le plébiscite de la vie, votent tous ou presque tous avec un remarquable ensemble contre nous. D'ailleurs sont-ils bien individuellement si faibles qu'ils le paraissent au premier abord? Les appareils dynamométriques nous permettent de constater que l'effort musculaire d'un homme tirant des deux mains est de 55 kilogrammes. Nous ne tirons donc pas l'équivalent de notre propre poids. Eh ! bien, le Hanneton, ce Hanneton que nous avons un peu taquiné dans notre enfance au bout d'un fil, est plus fort que nous, car il tire quatorze fois le poids de son propre corps. Vous avez pu voir dans les foires des chariots traînés par des Puces et dans ces chariots il y a tout un monde de voyageurs, Puces également, perchées sur le siège, à l'intérieur, sur les marchepieds. Deux Puces suffisent pour mettre tout cela en branle. La prochaine fois que vous serez sur la place de la Madeleine, au lieu de monter dans Passy-Bourse ou Madeleine-Bastille, essayez donc de pousser l'omnibus ou de le tirer ! Vous m'en direz des nouvelles. Les Pyramides dont nous sommes fiers ne sont guère plus hautes que 90 fois la taille d'un homme ordinaire ; les Fourmis ou Termites de l'Amérique construisent des fourmilières qui ont mille fois leur taille. Quant à la façon dont les insectes se multiplient, un Bombyx pond jusqu'à 700 œufs, et un seul couple de Pucerons peut en moins d'un an fournir huit générations qui représentent

441 QUADRILLIONS 461 TRILLIONS 10 MILLIARDS

d'individus de son espèce.

Et il faut que tout cela mange, que tout cela se nourrisse et il n'y a pour ces consommateurs ni douanes, ni octrois, ni frontières, ni traités de commerce, ni tarifs de pénétration. Aussi l'homme a-t-il dû depuis longtemps leur déclarer la guerre et leur disputer pied à pied la possession du sol et la jouissance de ses récoltes. En 1688, en Irlande, les Hannetons furent si nombreux qu'ils obscurcirent l'air dans l'espace d'une lieue et détruisirent entièrement la campagne. « Leurs mâchoires voraces, dit un chroniqueur du temps, faisaient un bruit comparable à celui des scieurs de long, et le bourdonnement de leurs ailes ressemblait à des roulements lointains de tambours. » En 1479, ils occasionnèrent une famine en Suisse et furent cités devant le tribunal ecclésiastique de Lausanne, lequel, après mûre délibération, les condamna et les bannit du territoire. Il y a bon temps que les Hannetons en ont rappelé.

Le moine Alvarès, un célèbre voyageur du XVIe siècle, rencontrant en Éthiopie des Sauterelles, essaya aussi d'attirer sur elles la colère divine et les exorcisa : « J'en fis prendre » quelques-unes, écrit-il, auxquelles je fis une conjuration » par moi composée la nuit précédente, les requérant, ad» monestant et excommuniant ; puis leur enjoignis d'avoir » dans les trois heures à vider de là, tirer à la mer ou » prendre la route de la terre des Maures. En refus de quoi, » j'adjurai tous les oiseaux du ciel, tous les animaux de la » terre et les tempêtes de l'air à les dissiper, détruire et » dévorer. Je prononçai ces paroles en leur présence, afin » qu'elles n'en ignorent, puis les laissai aller pour avertir » les autres. »

Mais elles se sont bien gardé de le faire, et ces mêmes Sauterelles sont les insectes que nous connaissons sous le nom de Criquets et qui, après avoir été une des plaies d'Égypte, menacent aujourd'hui encore nos possessions d'Algérie. Il y a de ces Criquets, ou des espèces analogues, dans toutes les parties du monde ; les recherches des naturalistes américains, en faisant mieux connaître leurs mœurs et les particularités de leur existence, nous permettront, je crois, à l'avenir, de mieux combattre leurs invasions et peut-être même d'arriver à les détruire radicalement comme des bêtes féroces. Il semble en effet que ces insectes sont cantonnés sur certains points du globe qui sont les foyers permanents d'où s'échappent à intervalles plus ou moins rapprochés leurs hordes innombrables pour aller chercher une nourriture qui leur fait défaut dans ces centres permanents de production. Quelques-uns de ces centres ont déjà été reconnus ; ce sont, pour les États-Unis, les hauts-plateaux des montagnes Rocheuses ; pour la Russie, les plaines désertes qui se trouvent à l'embouchure du Danube ; pour la région méditerranéenne les hauts-plateaux de l'Algérie. C'est là qu'il faut que l'homme porte tous ses efforts pour les détruire. Et ce n'est pas chose facile, car les pontes de ces insectes couvrent quelquefois des espaces de 40 à 50 kilomètres carrés. Les œufs au nombre de 40 à 100 sont enfouis dans la terre, dans une petite coque de grains de sable agglomérés ; les jeunes naissent de vingt à vingt-cinq jours après la ponte et ils ont à subir diverses transformations avant de pouvoir voler. Mais pendant ce temps, ils mangent et ils marchent, ils marchent en colonnes serrées, tous se dirigeant dans le même sens comme poussés par un instinct irrésistible et couvrant de grandes étendues de terrain, ce qui à 200 ou 300 individus par mètre carré donne environ 3,000,000 d'individus par hectare. Aussi n'est-il pas étonnant de lire dans l'histoire qu'après la bataille de Pultawa, l'armée de Charles XII fut arrêtée plusieurs heures par un vol de Sauterelles, qui, s'abattant sur les Chevaux et les hommes, les aveugla comme un nuage. Voici la projection d'un vol de Sauterelles s'abattant sur une ferme de la Hongrie. Vous pouvez juger du mal que les paysans ont à se défendre contre cette invasion avec leurs instruments ordinaires.

(Projection : *Criquets s'abattant sur une ferme en Hongrie.*)

Dans ces derniers temps on a imaginé un certain nombre d'appareils plus ingénieux pour les détruire. Je ne vous parlerai que des appareils appliqués à Chypre, parce qu'ils ont débarrassé l'ile après une campagne de six années (1882-1887) des Criquets qui étaient si nombreux que les habitants menaçaient d'abandonner leurs terres. Ces appareils se composent de grandes bandes de toiles de 85 centimètres de hauteur terminées par une bande de toile cirée de 10 centimètres de largeur. Avec ces toiles on forme des barrages en V en avant des hordes envahissantes dont on hâte la marche en opérant des battues. Les Criquets montent à l'assaut, et glissant sur la toile cirée, ils retombent au bas du barrage qu'ils cherchent à contourner. Alors sur le chemin

Criquets s'abattant sur une ferme en Hongrie.

qu'ils sont forcés de parcourir, ils rencontrent des fosses garnies de feuilles de zinc sur lesquelles ils roulent et ils tombent en masses profondes dans ces fosses où on les brûle et où on les écrase. Les appareils chypriotes commencent à être appliqués en Algérie ainsi que certaines machines américaines qui tiennent à la fois des balayeuses que vous voyez fonctionner dans nos rues et des moissonneuses aujourd'hui d'une application presque générale et rendent de bons services tant que les Criquets n'ont pas les ailes assez développées pour prendre leur vol.

(Projection : *Arabes traquant des Criquets dans l'appareil chypriote.*)

Est-il besoin, Messieurs, de vous rappeler les ravages de ce puceron qui, sous le nom de Phylloxéra, ce qui veut dire dessécheur de feuilles, a fait périr, en quelques années, nos meilleurs vignobles ? Originaire d'Amérique, il s'était fortement implanté vers 1869 dans le sud-est et le sud-ouest de la France. En 1870, le Gard, le Vaucluse, les Bouches-du-Rhône, le Var étaient complètement envahis. Aujourd'hui, on peut estimer à 1,200,000 hectares la surface de vignes sur laquelle il exerce ses ravages, c'est-à-dire la moitié de tout le vignoble français, soit une perte de 7,200,000,000 de francs. Ce puceron a longtemps embarrassé les naturalistes par la bizarrerie de ses transformations et la subtilité avec laquelle il se cache. Sous une de ses formes, ce sont les feuilles de la vigne qu'il attaque ; sous une autre, ce sont ses racines, et c'est sous cette dernière forme qu'il est le plus destructeur. Si ce puceron n'avait que ses pattes ou ses ailes pour se transporter d'un point à un autre, il mettrait beaucoup de temps à se répandre, car à pied il ne franchit guère plus de 80 centimètres à l'heure. C'est une petite vitesse, mais il enfourche le vent et le vent se charge de le transporter pour rien et de le répandre partout. Vous voyez donc comme il faut promptement agir dès qu'on a constaté sa présence et avec quelle rigueur il faut attaquer et détruire immédiatement tous les points contaminés. Le Phylloxéra a la vie dure et, sur les cinq mille procédés qui ont eu la prétention d'obtenir le prix de 300,000 francs proposé pour le meilleur moyen de destruction, il en est bien peu qui se soient montrés efficaces. Il est vrai qu'il y en a eu de bizarres ou de peu pratiques, tels que d'enfouir un Crapeau au pied de la souche ou de la badigeonner avec de l'Ail pilé avec de l'onguent gris. Aujourd'hui, grâce à l'emploi des insecticides violents, tels que le sulfure de carbone que l'on fait pénétrer dans la terre avec des injecteurs spéciaux, grâce à la submersion des vignobles quand on peut la pratiquer, on lutte avec des chances de succès plus ou moins variables.

Après vous avoir parlé des animaux qui veulent nous manger et de ceux qui veulent manger ce que nous mangeons, boire ce que nous buvons et nous faire périr par la famine, il me resterait encore à vous faire connaître tous ceux qui s'attaquent à nos œuvres, qui détruisent ce que nous construisons, qui transforment la surface du globe en une vaste toile de Pénélope, ne nous laissant jamais un instant en repos. Ici ce sont les *Tarets*, sorte de mollusques maritimes, qui, rongeant les pilotis des digues de la Hollande, ont, en 1731-1732, menacé de retirer à l'homme ce que ses efforts persévérants avaient gagné sur l'Océan ; là ce sont les *Pholades*, autres mollusques marins, qui rongent les pierres les plus dures, font écrouler les falaises et taillent des brèches dans les jetées. Les bois de nos meubles, les étoffes de nos vêtements, le papier de nos livres, les toiles de nos peintres sont l'objet de convoitises innombrables de la part d'amateurs voraces contre lesquels nous devons lutter sans cesse, lutter toujours.

Le soir, dans les ombres de la nuit, des milliers de trous s'ouvrent silencieusement à la surface du sol et les Lombrics ou Vers de terre émergent par ces ouvertures. Tantôt ils laissent l'extrémité de leur corps plongée dans la galerie qu'ils viennent d'ouvrir, afin de s'y retirer à la moindre alerte, et l'extrémité supérieure se promène seule en rayonnant à tâtons à la surface ; tantôt ces aveugles sortent complètement de leur abri et vont à la découverte. Ils n'ont pas d'yeux pour voir, ni de narines pour sentir, mais ils promènent devant eux, une bouche engloutissante qui mange et dévore tout ce qui se trouve à leur portée : les feuilles, les détritus organiques, le sable, les pierres et la terre même dont ils s'assimilent toutes les particules nutritives. Et tout cela est broyé dans leur puissant tube digestif, tout cela est réduit en poudre, en poussière impalpable ; ils ameublissent la croûte terrestre que les eaux viennent entraîner ensuite des sommets dans les vallons et que le vent roule dans la plaine ; ils ébranlent les fondations par une fouille continue, incessante, et font remonter à la surface les entrailles même du globe qu'ils retournent comme un gant après les avoir fait passer par leurs puissants laminoirs et les avoir désagrégés par leurs sucs gastriques. La marée montante de leurs déjections comble les canaux, efface les routes et s'accumule lentement à la base de nos plus orgueilleux monuments en attendant qu'elle les recouvre et les ensevelisse sous des couches d'humus superposées où nos successeurs seront tout surpris de les retrouver un jour comme nous avons été surpris de retrouver nous-mêmes les travaux de nos devanciers.

Messieurs,

Cette lutte de l'homme contre les animaux qui se poursuit depuis des temps si reculés et dont je n'ai pu vous retracer que quelques épisodes, cette lutte au moyen de laquelle la communauté humaine a pu se maintenir d'abord et puis franchir progressivement tous les échelons de la civilisation que nous avons déjà parcourus, n'a-t-elle donc eu pour but que d'assurer la prédominance d'une espèce animale sur une autre espèce animale, la victoire d'une partie de la matière, sur les autres parties de la matière ? N'est-il pas surprenant que ce soit l'être le plus faible qui soit arrivé à dominer les autres et que le hasard seul ait, pendant une si longue succession de siècles, favorisé une usurpation fortuite et entretenu une illusion ? Par la doctrine du transformisme et en imaginant une évolution naturelle à tout corps organisé, on a cherché à expliquer ce phénomène, et des savants éminents, mais que je qualifierai de modestes, ont eu la prétention de nous faire remonter dans les arbres d'où ils admettaient que nous fussions descendus. Chez quelle autre espèce animale a-t-on donc vu s'opérer une transformation analogue à celle que l'on peut suivre chez l'espèce humaine depuis les temps les plus reculés jusqu'à nos jours ? Non seulement les espèces animales restent stationnaires dans leur bestialité, mais elles disparaissent lorsqu'elles ne peuvent pas graviter paisiblement autour de ce centre d'attraction qui est l'homme, lorsqu'elles ne peuvent pas se plier à ses besoins et se courber sous son joug.

Il y a là, pour nous, Messieurs, un mystère que l'on ne peut aborder qu'en tremblant, mais un fait que l'on doit constater avec assurance et qui distingue notre vie de la vie des animaux.

Partout les forces brutales, aveugles de la création cèdent devant un quelque chose d'immatériel dont nous avons été tout d'abord les dépositaires inconscients, mais qui, petit à petit, à mesure que nous nous dégagions des limbes de la sauvagerie primitive, a affirmé son existence.

Non, nous n'avons pas mangé que pour vivre et nous n'avons pas vécu que pour manger.

Nous marchons vers un but plus haut et plus noble que la simple conquête du monde matériel.

Dans nos aspirations qui sont comme le souvenir confus d'un rêve que nous aurions vécu, nous débarrassons l'essence immatérielle de l'homme de sa gangue et nous brisons les barreaux de chair d'un prisonnier, et après avoir vaincu le monde animal, il n'y aura plus qu'à nous vaincre nous-mêmes pour lui rendre sa liberté !

Tel est l'objet de nos luttes et de nos combats de chaque jour ; tel est le but que nous ne devons pas perdre de vue sous peine d'en retarder la conquête, telle est la conviction qui doit soutenir l'humanité à travers ses peines, ses misères, ses défaillances et qui inspire le poète lorsqu'il dit au Ver de terre qui rampe à ses pieds :

> Tu n'es que le mangeur de l'abjecte matière.
> La vie incorruptible est hors de ta frontière ;
> Les âmes vont s'aimer au-dessus de la mort.
> Tu n'y peux rien. Tu n'es que la haine qui mord.
> RIEN tâchant d'être TOUT, c'est toi. Ta sombre sphère
> C'est la négation et tu n'es bon qu'à faire
> Frissonner les penseurs qui sondent le ciel bleu
> Indignés, puisqu'un ver s'ose égaler à Dieu (1).

(1) Victor Hugo, *La Légende des siècles*, t. I.

II. EXTRAITS DES PROCÈS-VERBAUX DES SÉANCES DE LA SOCIÉTÉ.

SÉANCE GÉNÉRALE DU 1er MAI 1891.

PRÉSIDENCE DE M. A. GEOFFROY SAINT-HILAIRE, PRÉSIDENT.

M. le Président déclare la séance ouverte et donne la parole à M. le Secrétaire pour la lecture du procès-verbal de la précédente réunion.

Ce procès-verbal est lu et adopté sans observation.

M. le Président proclame les noms des nouveaux membres admis par le conseil de la Société dans sa dernière séance.

MM.	PRÉSENTATEURS.
LA CAZE (Louis), ancien sénateur, 107, rue de Grenelle, à Paris.	A. Geoffroy Saint-Hilaire. A. Porte. Wuirion.
LALOU (Charles), député du Nord, directeur du journal *La France*, 144, rue Montmartre, à Paris.	A. Geoffroy Saint-Hilaire. A. Porte. De Quatrefages.
SAMSON, administrateur du magasin *La Ville de Saint-Denis*, 1, rue de Paradis, à Paris.	A. Berthoule. A. Geoffroy Saint-Hilaire. A. Porte.
VIAN (Georges-Edmond), député, 34, rue de Châteaudun, à Paris.	A. Geoffroy Saint-Hilaire. A. Porte. Wuirion.

— M. le Secrétaire procède au dépouillement de la correspondance.

— M. le Secrétaire des séances s'excuse de ne pouvoir assister à la réunion.

— MM. Vian, député, Jousset de Bellesme, L. Cosnier et le Dr Heckel adressent des remerciements à la Société, au sujet de leur récente admission.

— M. Maurice Faure accuse réception de la montée d'Anguilles qui lui a été adressée et exprime sa gratitude.

— M. le vicomte d'Adhémar de Case-Vieille remercie également de l'envoi qui lui a été fait de graines de Ver à soie.

— M. J. Grisard annonce le dépôt sur le bureau de deux brochures de M. Sahut : l'une intitulée *San-Rafaël et le jardin de maison close* ; la seconde relative à la reconstitution des vignobles, au greffage des plants et aux soins à leur donner en cas de gelée.

— M. le Président donne la parole à M. le Secrétaire général qui, en l'absence de M. d'Aubusson, donne lecture d'une note contenant les documents par lui recueillis en Égypte, sur les Cailles.

Cette note, ajoute M. Berthoule, déjà lue en section, a soulevé de nombreuses observations consignées au procès-verbal et relatives aux mesures à prendre pour empêcher la destruction complète de ces précieux oiseaux. Il semble donc inutile en séance générale de renouveler la discussion.

— M. le Président prie M. Forest de communiquer à la réunion les observations par lui faites au cours de sa récente exploration de Mogador à Biskra.

— M. Forest examine d'abord les conditions des relations commerciales dans les régions qu'il a parcourues, puis donne lecture d'une note concernant les animaux domestiques du Maroc et l'importance des transactions ayant pour objet les peaux de Chèvres. Après quelques mots sur les tentatives de forages de puits artésiens opérées par Mgr Lavigerie, M. Forest se livre à un examen détaillé des conditions dans lesquelles pourrait être créé, avec chances de succès en Algérie, un établissement d'élevage d'Autruches.

M. le Président fait observer que les questions abordées par l'orateur sont multiples ; que plusieurs d'entre elles ont été déjà l'objet de discussions approfondies au sein de la Société, qu'il importe donc en ce moment de savoir si les conclusions personnelles de M. Forest aboutissent à un projet basé sur des faits et des idées nouvelles, si la réalisation de ce projet doit être prochaine et si les moyens d'exécution ont été trouvés.

M. Forest croit que sa pensée ressort de son exposé même. Son projet est d'établir en effet en Algérie, malgré des tentatives antérieures peu heureuses, une autrucherie considérable. Son idée est nouvelle en ce que, renonçant aux errements suivis jusqu'à ce jour, il a l'intention de s'installer non plus sur le littoral, mais en plein Sahara. Les éléments nécessaires à l'entreprise, argent, oiseaux, etc., sont réunis, mais il reste à obtenir des concessions de terrain et des autorisations pour l'obtention desquelles il avait cru pouvoir compter sur l'appui moral de la Société.

Après quelques courtes observations de MM. d'Esterno et

Decroix, M. le Président résume le débat. — Les objections faites à M. Forest témoignent de l'intérêt qu'il attache à la question ; elles ont eu pour but de l'amener à formuler plus nettement sa pensée afin que le conseil de la Société, auquel seul en pareil cas appartient l'initiative, puisse apprécier s'il y avait lieu pour lui d'apporter son concours auprès du gouvernement à l'entreprise et de fixer la mesure dans laquelle ce concours devrait être donné.

— M. J. Grisard donne lecture d'un mémoire remis par M. Paillieux et relatif au Matambala au Gabon-Congo.

— M. de Claybrooke lit ensuite une note de M. Petit sur l'*essence de rose*, et l'ordre du jour étant épuisé, M. le Président lève la séance.

SÉANCE GÉNÉRALE DU 15 MAI 1891.

PRÉSIDENCE DE M. A. GEOFFROY SAINT-HILAIRE, PRÉSIDENT.

Après avoir déclaré la séance ouverte, M. le Président donne la parole à M. le Secrétaire pour la lecture du procès-verbal, qui est adopté sans observation.

M. Grisard procède ensuite au dépouillement de la correspondance :

Des remerciements sont adressés par M. Bivort de la Saudée au sujet d'un envoi d'œufs de Truite arc-en-ciel qui lui a été fait par la Société.

— M. de Lépinay adresse à M. le Secrétaire général une note sur l'exploitation des étangs (Voyez p. 818).

— Il est déposé sur le bureau : 1° une note rédigée par M. Vilbouchevitch au sujet du *Nitraria Schoberi*, plante utile des terrains salés.

2° Une brochure de M. le Dr Maisonneuve intitulée : *Recherches sur un Autonome qui s'attaque aux boutons à fleurs des Poiriers.*

3° Deux volumes publiés en 1890 par M. Van Gorkom sur les *Cultures des Indes néerlandaises.* — C'est une œuvre très consciencieuse et très intéressante, remplie de documents précieux mais qui, malheureusement, est écrite en hollandais et par conséquent à la portée d'un petit nombre seulement de nos confrères.

— M. Grisard donne enfin communication d'une demande

de renseignements complémentaires, adressée par M. l'Ambassadeur d'Angleterre relativement aux usages industriels du Genêt.

— M. le Secrétaire, en l'absence de M. Cretté de Palluel, donne lecture d'une note contenant de curieuses observations recueillies par celui-ci sur les mœurs et la nidification du Loriot jaune. (Voyez *Revue*, page 734.)

— M. le Président, après avoir constaté l'intérêt de cette notice, donne la parole à M. Chappellier qui entretient l'assemblée d'études actuellement faites sur une maladie à laquelle seraient sujets les vers blancs du Hanneton, maladie causée par un champignon dont on s'occupe de développer la culture afin d'en faire, s'il est possible, un agent de destruction de ces larves, fléau de nos jardins.

— M. Pichot fait observer à ce propos que des tentatives analogues sont faites en Amérique pour arriver à la destruction des Sauterelles. — C'est encore en multipliant un champignon et en répandant ses spores sur les œufs que l'on opère.

— M. Brézol donne des renseignements intéressants sur l'exploitation des Acajous.

— M. le Président, après avoir remercié notre collègue, donne lui-même lecture d'une note de M. Huet sur l'éducation des Cigognes. Il croit, toutefois, devoir mêler une légère critique aux éloges que mérite ce travail.

L'alimentation des jeunes échassiers, comme celle des petits des *Spheniscus*, par leurs parents, se prolonge beaucoup plus longtemps que ne semble le croire M. Huet. — La nourriture avant d'être donnée aux jeunes oiseaux est soumise par les père et mère à un premier travail de trituration et de digestion qui leur occasionne une grande dépense de suc gastrique et est souvent pour eux-mêmes une cause d'épuisement et de mort.

— M. Pichot demande ensuite la parole pour une communication concernant les tentatives d'acclimatation et d'élevage faites tant par feu M. Cornély, à Tours, que par lui-même, du Mara de Patagonie, espèce de Lièvre de forte dimension et d'aspect gracieux, ayant l'avantage d'être exclusivement herbivore.

Pour le secrétaire des séances,
JULES GRISARD,
Secrétaire du Comité de rédaction.

III. COMPTES RENDUS DES SÉANCES DES SECTIONS.

3e SECTION (AQUICULTURE). — SÉANCE DU 29 AVRIL 1891.

PRÉSIDENCE DE M. ED. PERRIER, PRÉSIDENT.

M. A. Berthoule, secrétaire général, donne lecture du procès-verbal de la précédente séance qui provoque quelques nouvelles observations relatives à l'emploi de la lumière électrique pour la pêche.

M. le Président fait remarquer qu'il ne s'agit pas, pour obtenir une pêche fructueuse, d'éclairer les profondeurs de la mer, mais plutôt d'attirer à la surface les poissons. La question n'est pas neuve et il est facile d'éclairer l'eau à une faible profondeur. Les travaux poursuivis par S. A. S. le prince de Monaco sont tout différents : il cherche à découvrir, dans un but scientifique, des espèces nouvelles, à des profondeurs où il ne peut être question de pêche pratique.

M. de Guerne présente à l'assemblée un nouveau système de nasse en rotin qui présente un grand intérêt pour l'exploration de ces profondeurs. Cette nasse, formée de trois panneaux qui peuvent se rabattre l'un sur l'autre, a l'avantage d'occuper relativement peu de place, lorsqu'elle est démontée, et le rotin remplace utilement les toiles métalliques qui éloignent les poissons, ou bien les filets qui ne résistent ni à la dent de certains poissons ni aux pinces des crabes.

La question du peuplement des eaux douces de l'Algérie étant à l'ordre du jour, M. le Secrétaire général expose à l'assemblée la situation actuelle.

Les poissons d'eau douce sont rares en Algérie, les cours d'eau de cette région, ceux mêmes qui forment parfois des torrents, étant souvent durant l'été complètement desséchés. La Truite ne se rencontre que dans les petits cours d'eau du massif montagneux qui entoure Philippeville. Cette Truite, qui présente l'aspect d'une variété particulière, a été désignée sous le nom de *Salar macrostigma*.

Malgré l'intérêt qu'il y aurait à protéger ces précieux poissons, il n'existe pas trace de législation à ce sujet, et les Arabes pêchent au gré de leur fantaisie en toutes saisons et avec toutes sortes d'engins.

M. le Secrétaire général pense qu'il serait du devoir de la Société d'intervenir, auprès de M. le Ministre des Travaux publics, pour obtenir, soit une législation spéciale, soit l'application de la loi de 1829. L'époque du frai variant suivant les espèces de Truites et suivant les climats de novembre à mai, des renseignements doivent être envoyés par M. l'Ingénieur de Philippeville sur les habitudes du *Salar macrostigma*.

M. le Président appelle ensuite l'attention de l'assemblée sur la production des éponges en Tunisie :

La colonie souhaite qu'on s'occupe de cette question, et la Société nationale d'Acclimatation désire encourager les études et les efforts individuels qui seront tentés pour le développement et l'amélioration de cette production.

Les éponges, dit M. Berthoule, existent sur les côtes d'Algérie et de Tunisie, mais sans valeur commerciale à l'ouest, elles deviennent plus fines à mesure qu'on avance vers l'est. Les eaux de Sfax et de Djerba sont riches en éponges, et en exportent pour des sommes importantes. La qualité de ces éponges est très variable et l'on en trouve de très grossières à côté d'autres presque fines.

On peut en conclure que ces côtes peuvent produire de bonnes éponges. Les fonds de pêche sont nombreux et quelques-uns bien abrités permettraient de tenter une expérience en sûreté. Ne serait-il pas possible de créer un champ d'expérience qu'on ensemencerait des meilleures variétés et qui serait ensuite protégé et exploité rationnellement? C'est à la science de dire d'abord ce qu'on peut faire.

M. le Président et M. de Guerne estiment que la première chose à faire serait de déterminer les espèces d'éponges indigènes.

La cause véritable de la faible production de la Tunisie réside certainement dans la destruction par une pêche aussi abusive qu'inintelligente.

Quant à la possibilité d'acclimater de nouvelles espèces d'éponges, on est fixé sur ce point. Il y a trente ou trente-cinq ans, la Société d'Acclimatation tenta d'introduire l'éponge de Syrie dans nos eaux. Une commission composée de MM. Drouyn de Lhuys, ministre des affaires étrangères, président de la Société, de Quatrefages, E. Pereire, Duméril Cloquet, de Maisonneuve, étudia la question et désigna sur le littoral algérien divers points pour ces expériences. Des éponges importées ne furent malheureusement pas placées aux endroits indiqués et furent détruites par les pêcheurs marseillais. Mais le résultat partiel obtenu donne, du moins, la certitude de l'utilité des efforts qu'on tenterait de nouveau.

L'assemblée décide que la Section sera prochainement convoquée pour entendre la lecture d'un rapport sur la question de la protection des poissons des eaux douces d'Algérie et pour étudier la question de la production artificielle des éponges en Tunisie.

Le Secrétaire,
A. D'AUDEVILLE.

5e SECTION (VÉGÉTAUX). — SÉANCE DU 7 AVRIL 1891.

PRÉSIDENCE DE M. H. DE VILMORIN, PRÉSIDENT.

Le procès-verbal de la séance précédente est lu et adopté.

M. Paillieux présente un lot de Chicorées sauvages diversement panachées de rouge, de jaune et de vert tendre. Les tons variés de cette jolie salade sont obtenus au moyen d'une simple couverture de paille jetée au printemps sur les plants. L'étiolement produit les parties claires qu'on remarque sur le fond naturellement vert foncé rougeâtre de cette chicorée. Les graines de cette variété ont été obligeamment envoyées à notre confrère par M. le Dr Gruyère.

— M. le Président signale à cette occasion une nouvelle salade vendue à Paris depuis peu sous le nom de Chicorée améliorée et qui n'est autre que les repousses de côté de la Witeloof ou Endive, Chicorée à grosses racines, après qu'on en a coupé la partie centrale. Cette salade qui ressemble à la Mâche ronde est cultivée sans être abritée de la lumière. Elle est très bonne et très agréable à trouver pendant les derniers mois de l'hiver.

— M. Mailles offre : 1° Quelques tubercules d'un *Boussingaultia* qui lui paraît distinct du *Baselloïdes* par sa tenue et ses feuilles moins ondulées ; 2° des plants de *Sedum pulchellum*, espèce qui reste verte toute l'année et demande ombre et fraîcheur ; 3° des épis de Maïs ridé sucré nain hâtif du Mexique.

A propos de cette dernière présentation, M. le Président signale comme particulièrement intéressant la variété *Evergreen*. Le Maïs est le légume de prédilection des Américains, qui le mangent à l'état naturel, beurré. On le vend aujourd'hui couramment à Paris.

M. Hédiard ajoute qu'il est excellent en purée.

M. Mailles s'étonne que la Brède ne soit pas plus cultivée, les Mauriciens apprécient cependant beaucoup ce légume.

M. le Président lui reproche d'être moins bon que l'Épinard, il est moins onctueux et présente une certaine âcreté, il n'offre donc chez nous aucun avantage.

M. Hédiard pense que la plante doit être coupée fort jeune pour l'alimentation.

M. Paillieux donne lecture d'une note sur le *Coleus tuberosus* qui rectifie celle qui a été publiée dans le bulletin de la Société en novembre 1885 et fait connaître l'heureuse introduction du Matambala et sa rapide propagation dans le Gabon-Congo. — Il signale ensuite une publication de M. Colenso sur les plantes comestibles des Maoris.

M. Hédiard présente une série de racines et tubercules alimentaires des colonies et distribue diverses graines de cucurbitacées.

M. le Président offre des graines de *Syringa Japonica*, bel arbre, complètement rustique sous le climat de Paris, qui donne de grandes grappes de fleurs blanches assez semblables à celles du Troène.

Le Secrétaire,
Jules GRISARD.

IV. CHRONIQUE DES COLONIES ET DES PAYS D'OUTRE-MER.

Diffusion et imbibition.

La diffusion appliquée déjà depuis longtemps à la fabrication du sucre de Betterave et adoptée depuis 1884 par les fabricants de sucre de Cannes de plusieurs colonies, a engagé aussi les fabricants de sucre de Java à entrer dans cette voie ou du moins à essayer ce système.

M. Zuur, un des grands partisans de la diffusion, mit son établissement de Djatie-Wangi à la disposition de ceux qui voudraient en faire l'essai, et plusieurs fabricants contribuaient pécuniairement aux frais de cette opération. La première batterie fut ainsi installée à Java.

On s'aperçut bientôt que pour la fabrique de Djatie-Wangi la capacité de la batterie était insuffisante, et quoiqu'il fût prouvé que la diffusion pouvait être employée, on n'avait pu se rendre compte des résultats financiers de ce système.

La *Nederlandsche Handel-Maatschappy* (Société de commerce néerlandaise) prit alors la suite de cette affaire et fit installer la batterie dans la fabrique Tirto, laquelle étant plus petite paraissait devoir mieux convenir pour cet appareil.

Inutile de dire que les intéressés étaient on ne peut plus impatients de connaître les résultats que l'on obtiendrait à Tirto et qui, ainsi qu'on l'espérait, seraient concluants cette fois.

L'installation fut transportée par mer de Tjeribon à Pekalongan. Malheureusement le navire fit naufrage et n'arriva jamais à destination. La batterie est encore à l'heure qu'il est au fond de la mer de Java.

Cependant la première expérience à Djatie-Wangi ayant prouvé qu'on obtient un rendement supérieur avec la diffusion, deux fabricants de sucre de Java se laissèrent tenter par des fabricants d'appareils et se décidèrent à employer la diffusion.

Les deux systèmes, moulins et diffusion, ont pour but d'extraire le plus possible de jus de la Canne. On a beau presser la Canne, il est impossible d'en extraire tout le jus par ce moyen. Le résidu (*ampas*) retient toujours une quantité assez notable de sucre qu'il est impossible de lui enlever par la pression, ce qui constitue une perte dans le rendement assez considérable.

Avec la diffusion, système basée en grande partie sur la théorie de l'osmose, cette perte est bien moins grande, car on peut pousser l'opération assez loin pour qu'il ne reste plus qu'un liquide ne contenant que des traces de sucre.

On parlait aussi d'un système mixte, composé en partie de presses pour écraser les Cannes à sucre ou de cylindres et en partie d'appareils à diffusion. Au lieu d'un moulin à trois cylindres, on employait un moulin à cinq cylindres. Dans le premier moulin, la Canne était écrasée, dans le second, elle était pressée. Etant déjà écrasée, la pression ultérieure était plus efficace et le rendement un peu meilleur.

Cette première amélioration des presses fut bientôt suivie d'une seconde. On comprit que le résidu des presses, *l'ampas*, comme substance spongieuse, absorberait facilement l'eau et que, en la traitant par l'eau chaude ou mieux encore par la vapeur, il se produirait de l'osmose, que les cellules non écrasées crèveraient et rendraient ainsi le jus sucré qu'elles pouvaient encore contenir.

On avait ainsi trouvé le système de l'imbibition qui fut appliqué assez généralement à Java.

Il est incontestable qu'avec la diffusion, le rendement est plus grand qu'avec l'imbibition, mais il reste toujours à savoir si le résultat financier est plus favorable, c'est la question qui intéresse le plus le fabricant.

On ne peut, quant à présent, donner un avis certain relatif à cette question. Le système de diffusion n'a pas encore fait ses preuves et est susceptible de bien des perfectionnements.

En attendant l'*Indische Mercuur* examine la situation actuelle de la question, en se servant des données et des chiffres que l'on a bien voulu leur fournir.

Lorsqu'en 1886 un fabricant de Java demanda à M. Avises, directeur de la Compagnie de Fives-Lille (Nord), son opinion au sujet de la diffusion, en lui disant qu'il avait les moyens pour se procurer une semblable installation, celui-ci lui répondit : « Attendez un peu, nous ne sommes pas encore prêts. » En 1890, lorsque la situation financière de ce même fabricant ne lui permit plus de faire les frais de cette installation, il reçut la réponse de M. Avises : « Maintenant nous sommes prêts ».

Ne pourrait-on pas conclure de ce fait que la solution du problème laisse encore à désirer et que les perfectionnements n'ont pas encore dit leur dernier mot.

Les rapports des fabriques prouvent qu'avec la diffusion, il y a une perte de 0,592 °/₀ de sucre et qu'avec l'imbibition, il y en a une de 1,609 °/₀. En chiffres ronds, il y a donc un avantage de 1 °/₀ en faveur de la diffusion.

Avec la diffusion la densité des jus normaux a diminué de 30 °/₀, avec l'imbibition cette diminution n'a été que de 9 °/₀.

En admettant que le produit de la Canne à l'hectare a été de 800 pikols, on aurait avec la diffusion un rendement de 8 pikols de sucre de plus à l'hectare qu'avec l'imbibition.

Une plantation de 500 hectares donnerait donc 4,000 pikols de sucre de plus que d'ordinaire, et en supposant que ce sucre puisse se vendre à raison de 17 francs le pikol, le fabricant trouverait un avantage de 68,000 francs en employant la diffusion.

Ce chiffre représente le bénéfice brut. Pour connaître le bénéfice net, il faut en déduire les frais supplémentaires qu'entraîne le système de la diffusion.

Pour établir ce calcul, il faut supposer une fabrique à moulins que l'on veut transformer en usine à diffusion.

Les frais d'une plus grande consommation de combustible jouent ici nécessairement le rôle principal.

Avant de les établir qu'on nous permette quelques observations.

Généralement à Java on se sert de *l'ampas* ou résidu des moulins comme combustible. Cet ampas étant encore très humide, on le fait sécher au soleil. Ce séchage qui dépend surtout de la température et de l'atmosphère cause souvent des déceptions.

Avec les fours dits Godillot, on avait cru résoudre ce problème parce que ces fours pouvaient être chauffés avec l'ampas humide. Il est peu probable cependant qu'avec ces fours le problème soit résolu.

L'ampas contient une certaine chaleur qui, selon les diverses natures de la Canne, est plus ou moins grande. En le faisant sécher au soleil, cette chaleur ne se modifie pas beaucoup.

L'ampas non séché au contraire retient une certaine quantité d'eau qui doit s'évaporer pour qu'il soit sec. Il faut une certaine chaleur pour provoquer cette évaporation. En le faisant sécher, cette chaleur est fournie sans frais par le soleil, tandis que dans les fours Godillot il faut que cette chaleur se produise artificiellement.

Il est donc probable que ces fours font perdre au combustible une partie de son effet et ceci d'autant plus avec la diffusion parce que le résidu ne peut alors être employé qu'avec les fours Godillot.

Avec la diffusion, l'humidité du résidu est beaucoup plus grande que celle de l'ampas. Il faut donc presser ce résidu, afin de pouvoir l'utiliser comme combustible. Une seule pression ne suffit même pas; il en faut deux. Il faut donc deux moulins. Il est possible que ces moulins demanderont un peu moins de force que pour écraser la Canne, mais leur chauffage n'en coûtera pas moins cher.

En admettant qu'une installation complète d'appareils à diffusion, y compris tous les accessoires, machine à couper, pompes, chaudières, tuyaux, etc., reviennent à 200,000 francs, ce qui ne me paraît pas exagéré et que l'on amortisse ces frais de premier établissement d'un dixième par an, soit 20,000 francs, le bénéfice de 68,000 francs, constaté plus haut, sera réduit à 48,000 francs par an.

Avec l'imbibition il y avait une diminution de densité de 9 % et avec la diffusion une diminution de 30 % sur le poids primitif de la Canne, ce qui fait une différence de 21 %. Il y a donc 10,500 kilog. d'eau de plus à évaporer avec la diffusion qu'avec l'imbibition.

En admettant que 1 kilo de charbon suffit pour évaporer 8 kilog. d'eau, nous trouvons une augmentation de combustible de 1,300 kilos par hectare, soit 650 tonneaux de charbon par 500 hectares.

Nous venons de voir que les bénéfices bruts, après déduction des intérêts du capital engagé et de son amortissement, se trouvent déjà réduit à 48,000 francs. Les 650 tonneaux, de charbons au prix de 45 francs la tonne, constitueraient une dépense de 29,000 francs environ ; et ce prix sera probablement plus élevé dans des pays où la houille doit être importée d'ailleurs.

En 1889, les charbons anglais coûtaient 60 francs la tonne en Extrême-Orient.

Quoi qu'il en soit, en prenant pour base le prix actuel de 45 francs la tonne, le bénéfice de 48,000 francs est réduit à 19,000 francs.

La pratique a confirmé que l'ampas bien sec contient à peu près un tiers de caloricité de la houille.

En supposant qu'avec une pression ordinaire le rendement supérieur soit de 70 %, il reste comme résidu ou ampas humide, 30 % du poids primitif de la Canne. Supposons en outre que cet ampas humide contienne 50 % d'eau, il reste comme ampas sec 15 % du poids primitif de la Canne.

Avec 800 pikols, soit 50 tonnes de Cannes à l'hectare, on obtiendrait ainsi à 15 % un combustible équivalant à deux tonnes et demie de charbon. Pour 500 hectares, l'ampas représenterait par conséquent une valeur de 500 fois 2 1/2 tonnes de charbon à 45 fr. la tonne, soit 56,250 francs.

Comme le résidu de la diffusion a, comme combustible, une valeur bien inférieure à celle de l'ampas des moulins, nous devons admettre, par ce fait, une diminution de un cinquième au moins de la valeur primitive. Cette diminution représenterait en espèces une somme de 11,250 francs et en soustrayant cette somme encore de ce qui nous reste du bénéfice brut de 19,000 francs, nous ne trouvons plus que 7,750 francs.

Lorsque au début nous fixâmes le bénéfice brut à 68,000 francs, nous pensions que la production de 4,000 pikols en plus n'occasionnerait aucune augmentation de frais. Ceci est à peu près exact. Les frais de plantation et d'autres dépenses invariables ne subiront aucune augmentation. Supposons que la main-d'œuvre reste la même avec la nouvelle installation, il n'en est pas ainsi de l'emballage et du transport du sucre de l'usine aux ports d'embarquement. En prenant pour couvrir ces frais supplémentaires les 7,750 francs restant du bénéfice brut, il en résultera que les avantages de la diffusion seront réduits à zéro. Et comme nous n'avons pas exagéré les chiffres et que dans toutes ces sortes d'opérations il faut laisser une marge pour l'imprévu, il est plus que probable que les résultats du nouveau système se traduisent par un désavantage sur l'ancien.

On dira peut-être qu'avec la diffusion on économise la défécation, mais ceci est une question qui n'est pas encore bien établie. Des fabricants employant la diffusion sans défécation ont trouvé dans la vente de leurs sucres une diminution de prix assez sensible.

Avec la diffusion, les jus sont plus clairs qu'avec l'imbibition, le rendement en sucre cristallisable doit donc être plus fort et il y aura moins de mélasse. On constitue certainement un avantage dont il faut tenir compte, mais pour le chiffrer, il faudra travailler la même Canne simultanément au moyen des deux procédés, afin de pouvoir établir la comparaison.

Abstraction faite de la différence qui peut exister entre les qualités et la nature des Cannes employées, il résulte des essais faits en deux fabriques différentes que, avec la diffusion, les jus ont une pureté moyenne de 88,65 % tandis qu'avec l'imbibition, cette pureté n'est que de 87,21 %. Cette différence est si insignifiante qu'elle n'est même pas chiffrable en espèces.

En supposant que les facteurs qui sont à l'avantage de la diffusion et que nous ne sommes pas en mesure de chiffrer, puissent faire peser la balance en faveur de ce nouveau système, il est certain que cette faveur sera si minime que la moindre perte imprévue ne manquera pas de l'absorber.

En résumé, aux fabricants de sucre de Canne qui n'ont pas de très grands moyens pour risquer la transformation de leurs usines, nous sommes obligés, quant à présent, de recommander la sage prudence et de s'abstenir jusqu'à nouvel ordre de l'emploi de la diffusion.

Dr Meyners d'Estrey.

V. CHRONIQUE GÉNÉRALE ET FAITS DIVERS.

Exposition de pêche de Bâle. — Une exposition de pêche qui promet d'offrir un grand intérêt doit se tenir à Bâle du 4 au 27 septembre et éventuellement jusqu'au 4 octobre 1891.

Nous en insérons le programme dans l'espoir qu'il pourra être utile de le connaître à ceux de nos confrères qui voudraient soit participer à ce concours soit même simplement visiter l'exposition suisse.

I. Aquarium. Exposition de poissons vivants ; on exposera s'il est possible des échantillons de toutes les espèces vivant dans le Rhin et ses affluents.

II. Aquariums d'appartements.

III. Pisciculture artificielle. *a* — Modèles ou dessins d'appareils pour l'élevage. *b* — Appareils d'incubation, œufs, alevins vivants, matériel de la pisciculture artificielle, aliments pour alevins.

IV. Animaux aquatiques conservés dans l'alcool.

V. Matériel de Pêche. Matériel pour le transport et la conservation des poissons vivants ou morts. Pièges, etc.

VI. Ennemis de la pêche et de la pisciculture.

VII. Matériel pour la destruction des ennemis des poissons.

VIII. Modèles de matériel de pêche.

IX. Conserves, poissons conservés, fumés, salés.

X. Histoire de la pêche, gravures, diplômes, sceaux.

XI. Préparations anatomiques, squelettes.

XII. Littérature.

Les Poneys des Shetlands. — Les Poneys shetlandais, les Shelties, comme on les nomme dans les pays de langue anglaise, perdraient, paraît-il, du terrain dans les grandes villes de l'étranger, et surtout aux États-Unis, où ils étaient à une certaine époque l'objet d'un véritable engouement. On restreindrait maintenant l'emploi de ces chevaux nains aux buts pour lesquels ils semblent avoir été créés : servir de montures aux enfants et d'objets de curiosité. Plusieurs établissements avaient été fondés aux États-Unis, dans l'Iowa, l'Illinois, le Michigan, dans les États de l'est encore, où on pratiquait à grands frais l'élevage des Poneys, ou l'acclimatement de ceux qu'on faisait venir de leur patrie.

La réduction de taille des Poneys shetlandais est évidemment une conséquence des conditions du milieu dans lequel ils se sont formés, et des difficultés qu'ils éprouvaient à se procurer une nourriture assez riche et assez abondante sur leurs îles infertiles, tout animal se modifiant peu à peu afin de s'adapter à l'habitat que la nature lui a dévolu. Cette sorte de dégénérescence est ensuite fixée par l'hérédité. La faiblesse de leur taille est donc due à la limitation des ressources alimentaires dans ses îles natales et aussi à la constitution du sol de ces îles, de formation ignée, dépourvu de calcaire dont la maigre végétation n'aurait par conséquent pu fournir à une race plus massive les éléments d'un puissant squelette. Cette proportionnalité, cette relation entre le milieu et ses produits, nous la retrouvons en Bretagne où le Durham et les chevaux corpulents n'ont pu se substituer aux races locales qu'après que le chaulage eut apporté au sol les éléments nécessaires à leur constitution. Nous la retrouvons dans toutes les îles granitiques privées de calcaire, aux Feroë, en Islande, à Jersey et à Guernesey, dont les races bovines sont caractérisées par la faiblesse de leur taille, en Corse et en Sardaigne où les vaches de la race ibérique ne rendent que 70 kilogs de viande, où des chevaux de souche arabe ont vu leur taille réduite à 1 mètre. Une race forte et puissante introduite dans ces îles faites pour nourrir des animaux plus chétifs, verrait sa descendance décroître peu à peu, de génération en génération.

On a beaucoup discuté sur l'origine des Poneys des Shetlands et un groupe d'hippologues leur attribue même une ancienne infusion de sang arabe. Quant à la surabondance des poils qu'on constate chez les individus récemment importés, elle est en relation directe avec la rigueur du climat et le manque de soins dont ces petits animaux sont l'objet dans leur patrie. Un poney bien logé, bien nourri, sous un climat tempéré, abandonne bientôt sa fourrure polaire pour revêtir une robe au poil fin et court, mettant bien mieux en valeur la finesse de ses formes.

Le Poney shetlandais adopté par la mode, le Poney conventionnel, a une taille de 1 mètre à 1 mètre 10 ; il est court-jointé, semble plus large, moins grêle si cette expression peut être appliquée à un Poney, que ses congénères de l'Islande, de la Hongrie et des îles Feroë, que l'on a souvent vendus sous son nom aux États-Unis, mais il se distingue surtout par son allure indifférente et apathique. Ce n'est certes pas un animal vif, et toujours il semble prêt à s'endormir en marchant. Très résistant, susceptible d'effectuer une somme considérable de travail, en comparaison de son poids si minime, il ne se surmène cependant jamais, et reste toujours dans les limites rationnelles de la fatigue.

Dans les régions un peu froides, le Shelty, le Shetlandais adopte un poil d'hiver rappelant la fourrure primitive et différant considérablement par ses touffes, épaisses et laineuses, du pelage d'été, qui est plus fin, plus net, plus lisse et plus serré. Quand ce poil pend en larges pièces pendant la période de la mue, au printemps, ces petits animaux présentent un aspect à la fois comique et bizarre.

Comme couleurs, le Shelty dispose des mêmes robes que les autres chevaux, quoique la tradition ne lui attribue que la robe baie comme couleur originale. Les Shetlandais sont dociles, intelligents, plus robustes, plus résistants que les autres variétés de Poneys, surtout dans leurs îles natales où il n'est pas rare de rencontrer un lourd individu monté sur une de ces mignonnes bêtes et ayant bien soin de relever très haut les genoux, afin que ses pieds ne traînent pas à terre. On en a vu faire des étapes de 90 kilomètres, dans de mauvais chemins, et avec une lourde charge sur les reins. Héréditairement habitués à monter et à descendre des pentes raboteuses et rapides, ou à traverser des marais pour aller chercher des charges de tourbe, ils ont acquis un pied excessivement sûr. Quand un Shelty rencontre une place suspecte, sournoisement dissimulée sous une mousse traîtresse ou une mince couche de glace, il lui suffit d'en flairer la surface pour savoir s'il peut hardiment s'y aventurer.

Elevés comme ils le sont, sur les maigres herbages des îles natales, si froides, si brumeuses, si désolées, ne recevant que peu ou pas d'avoine, n'ayant en guise d'écurie pendant l'hiver ou quand la tempête fait rage, que la cabane où vit toute la famille des propriétaires, ils ne peuvent qu'être devenus dociles et robustes. Toutes les difficultés qu'a rencontrées l'acclimatement de ces diminutifs de Chevaux dans des pays plus favorisés étaient dues à une stabulation trop stricte et à une alimentation trop copieuse succédant brusquement à la dure existence, au grand air et aux repas cueillis sur les pointes des rochers. Ils se portent beaucoup mieux en passant l'hiver dans une écurie mal close, laissant libre passage aux quatre vents, que dans un box soigneusement, mais hermétiquement fermé.

S'ils sont doux et familiers d'ordinaire, leur mansuétude a des limites cependant. On cite, aux États-Unis, un ravissant petit étalon, que des gamins tourmentaient en lui jetant des pierres à travers les barreaux de son paddock, et qui ne voulait plus laisser pénétrer ni homme, ni animal dans son enclos.

S'il est un animal au monde dont l'existence puisse s'écouler dans des conditions très dissemblables ou se modifier avantageusement, c'est celle du Poney des Shetlands. Dans les villes, il est essentiellement le Cheval de luxe, on pourrait presque dire le Cheval inutile. Dans ses îles ou chez le pauvre paysan écossais, c'est le Cheval de labeur et de peine, mais il peut encore mener une existence plus misérable qu'au pays natal, s'il a le malheur d'être condamné à traîner les wagons des mines de houille, dans lesquelles il pénètre pour n'en plus sortir vivant.

On distingue plusieurs variétés de Poneys des Shetlands portant chacune le nom d'une de ces îles.

Les plus beaux, les plus recherchés dans les villes sont les Poneys de l'île principale de Shetland.

Ceux d'Unst, une petite île située au nord est de la Grande-Shetland, sont surtout condamnés à la dure existence dans les mines du

Nord de l'Angleterre. L'élégance et la régularité de formes que les amateurs de Poneys demandent à ces animaux leur font généralement défaut, mais ils sont robustes, énergiques, et excessivement intelligents. Quoique cette variété soit moins estimée que celle de la grande île, c'est cependant un de ses représentants, Dumpling, qui a remporté le premier prix des Poneys à New-York en 1888. De formes très basses, il avait la tête fine et intelligente, les membres menus et se caractérisait par une grande affectuosité.

Les Poneys de Yell, îlot situé entre l'île Shetland et Unst, sont également de bons travailleurs quoique les plus petits de tous, caractéristique qu'accompagne une extrême grossièreté de structure.

Les Poneys de Fettar, îlot toujours situé au nord de l'île principale de l'archipel, Poneys qu'on dénomme parfois aussi lady Nicholson, sont plus larges et moins dociles que les variétés précédentes. M. Nicholson introduisit, il y a bien des années, un étalon arabe dans cette île, et l'étalon, croisé avec les juments locales, aurait produit la race actuelle. Quelle que soit la valeur des Chevaux de l'île Fettar, les qualités recherchées chez les Poneys leur font généralement défaut.

Quant aux Poneys islandais, ils restent inférieurs sous tous les rapports à ceux des Shetland. Avec une tête plus grossière, ils ont une constitution plus délicate que celle des Shelties et généralement un fort mauvais caractère, mais, en revanche, ils se montrent plus vifs, plus gais, n'ont pas cet air de mélancolie somnolente, qui caractérise les diverses variétés des Shetlands. S'ils se paient moitié meilleur marché, ils ont le grand inconvénient d'avoir moins de longévité que les Shetlandais. La vie moyenne d'un Islandais ne dépasse pas douze à treize ans, alors qu'un Shetlandais fait encore un excellent service à vingt ans, et atteint souvent vingt-cinq ans. H. Brézol.

Les oiseaux des marais aux États-Unis. — Les représentants des différentes espèces d'oiseaux des marais et des côtes diminuent considérablement aux États-Unis, paraît-il, de nombreux individus s'étant fait une profession de la récolte de leurs œufs, qu'ils vont surtout chercher dans les lieux voisins de la mer. Certains gourmets en font une importante consommation et, de plus, leur albumine a trouvé diverses applications industrielles. Pour l'un comme pour l'autre de ces modes d'emploi, la fraîcheur des œufs est indispensable. Cette condition accroît encore les proportions du désastre, car si les dénicheurs trouvent sur les côtes des œufs dont l'incubation est déjà commencée, ils les brisent afin d'éviter toute erreur quand ils repasseront le lendemain ou les jours suivants, et d'être bien certains que les œufs qu'ils trouveront alors dans ces mêmes nids sont absolument frais. On comprend combien ces pratiques doivent nuire à la multiplication des espèces aquatiques.

Les oiseaux des marais vivant aux États-Unis descendent d'ordinaire vers les États du sud au commencement de l'hiver et en suivant les côtes. Ils pondent dans les États méridionaux et remontent ensuite vers le nord, mais cette fois en suivant la vallée du Mississipi. Le vol de tous ces oiseaux est extrêmement rapide, car ils franchissent de 150 à 200 kilomètres à l'heure ; aussi une journée leur suffit-elle souvent pour aller de la région des grands lacs, lac Supérieur, lac Michigan, lac Huron, lac Erié, lac Ontario, à leurs quartiers d'hiver du sud. On a tué dans le Maine des Canards sauvages dont l'estomac contenait encore des grains de riz cueillis dans les Carolines, à 1,600 kilomètres plus au sud. Le Palmipède n'avait pas encore digéré en arrivant dans le Maine le repas absorbé aux Carolines.

Tous les oiseaux aquatiques sont descendus vers le sud l'an dernier en une seule masse, dans laquelle dominaient les Canards de la Caroline, *Anas sponsa*, et le Canard des radeaux ou Raft-Duck, *Anas obscura*. On y voyait aussi quelques Canards sauvages européens, *Anas boschas*, désignés aux États-Unis sous les noms de Mallard ou de Canard anglais, quelques Sarcelles communes, *Querquedula crecca*, quelques Sarcelles aux ailes bleues, *Querquedula discors*, quelques Canards siffleurs, *Mareca Penelope* et *Mareca americana*, quelques Souchets, *Spatula clypeata*.

La Sarcelle aux ailes bleues, *Querquedula discors*, est le plus beau de tous ces oiseaux ; le plumage du mâle a, pendant l'automne, une teinte ardoisée mêlée de gris et de brun, mais au printemps, les extrémités de ses ailes s'azurent de taches bleues, et il porte sur la tête une marque en forme de croissant, des plus originales.

Ces oiseaux des marais arrivent d'ordinaire et très régulièrement les uns à la suite des autres dans les États du sud, et tous suivent un chemin unique à travers les airs, quand même il y aurait huit jours d'intervalle entre le passage de deux bandes successives.

Les premières espèces qui atteignent les régions chaudes sont la Sarcelle commune et la Sarcelle aux ailes bleues. Elles commencent à arriver dans le sud vers la fin du mois d'août et s'en vont en compagnie d'un Canard sauvage local, qui n'émigre jamais, marauder dans les rizières des Carolines. Les plus fortes bandes de Sarcelles ne descendent cependant que vers le 15 septembre, il en arrive encore beaucoup en octobre, et on en a même vu qui n'opéraient leur migration qu'en décembre. Au commencement de novembre, les palmipèdes de toutes les autres espèces viennent également se jeter dans les rizières où ils font un séjour de six semaines pour se diriger ensuite vers le sud, laissant seulement les Canards sauvages européens, *Anas boschas*, et les Sarcelles dans les Carolines.

Au début du printemps, tout ce peuple ailé prend son vol mais avec moins de régularité qu'à la descente. Du 1er mars au 1er mai, ce sont les Canards sauvages européens, les Canards siffleurs et les Sarcelles qui partent pour faire leur nid dans les Etats du centre. Quelques espèces ne remontent qu'en petit nombre vers l'extrême nord des États-Unis, où on les paie de 2 fr. 50 c. à 10 francs la pièce au mois de mars ; une paire de Canards sauvages européens vaut seulement de 2 fr. 50 c. à 3 francs à cette époque, et une paire de Sarcelles aux ailes bleues, de 1 fr. 30 c. à 2 francs. La Sarcelle commune et le Canard des Carolines valent de 1 franc à 1 fr. 50 c.

Beaucoup d'individus adoptent la profession de chasseurs de gibier d'eau, qui est, en somme, assez rémunératrice dans le sud des États-Unis quand on connaît les endroits où les bandes de ces oiseaux prennent leurs ébats ou viennent pour leurs repas. Un adroit chasseur sachant trouver son chemin en canot dans les méandres du marais, en état, par conséquent, de suivre son gibier de près, peut tuer une centaine d'oiseaux aquatiques en deux jours, car ce mode de chasse exige toujours un déplacement, et il a encore des chances pour abattre au retour un Dindon sauvage, quelques Loutres, un Daim, ou même un Ours.

Souvent aussi, il est vrai, à la suite d'une tempête ou d'un brusque déménagement des Canards, motivé par une cause quelconque, le chasseur rentre bredouille. Les chasseurs de Canards de Savannah-Géorgie ont des canots spéciaux, les bateaux à canards, qui leur servent à la fois, pendant leur expédition, de cuisine, de salle à manger et de chambre à coucher. Ils emportent de l'eau dans une ou deux dames-jeannes, des vivres, de l'eau-de-vie, et se mettent en campagne.

Ils font d'abord charger leurs embarcations à bord d'un navire à vapeur remontant le fleuve Savannah qui sépare la Géorgie de la Caroline, puis, quand ils ont franchi de cette façon de 40 à 150 kilomètres, ils redescendent en canot tout en chassant. Des branches vertes sont plantées à l'avant de la barque qui flotte entraînée doucement par le courant si le chasseur se maintient dans le fleuve, sous l'action des rames assourdies par des chiffons, s'il pénètre dans les marais, les rizières et les lagunes latérales.

Les oiseaux des côtes, eux, se chassent en pénétrant à marée haute et en canot dans les nombreuses lagunes qui découpent le rivage de la Géorgie jusqu'aux petites criques où ces oiseaux passent la journée, bien dissimulés par les hautes herbes. Leur expédition terminée, les chasseurs regagnent la ville et trouvent généralement un navire qui consent à remorquer leur embarcation.

(*Morning News, Savannah.*)

La Tortue Caspienne dans les environs de Moscou. — Dans la faune de la Transcaucasie, la Tortue rappelle ses aïeux antédiluviens, par ses formes massives, sa petite tête aux yeux brillants montée sur un long cou et surtout par sa solide carapace, sur laquelle les roues des camions (*arba*) lourdement chargés des Tartares passent sans qu'elle le sente, pour ainsi dire.

Il existe deux espèces de Tortues sur les côtes occidentale et méridionale de la mer Caspienne, *Testudo Græca* avec des points et des lignes au milieu de chaque écaille et les mouchetures noires irrégulières caractéristiques de l'espèce, et *Cistudo lutaria* décrite par Kessler, qui a la carapace plus haute et comme serrée derrière, composée de lames de forme particulière.

M. Salomon, de la Société impériale russe d'Acclimatation des animaux et des plantes, en a transporté 8, en 1887, à Moscou et s'est livré à des observations sur elles, pendant tout un été.

Malgré la lenteur devenue proverbiale de ses mouvements, la Tortue se perd assez vite de vue, car si elle n'avance que lentement, elle va droit et obstinément au but : une herbe succulente qui l'a séduite de loin, ou une pierre grise avec laquelle elle se fond si bien par sa couleur qu'on a peine à la distinguer. C'est là, d'ailleurs, son meilleur moyen de défense contre les oiseaux de proie.

Sans doute, par son intelligence, la Tortue occupe un des derniers échelons, mais on ne peut pas lui refuser la manifestation de certains instincts supérieurs. C'est ainsi que les Tortues de M. Salomon reconnaissaient fort bien leur maître et la petite fille qui venait leur offrir la ration d'herbes tendres parmi lesquelles elles appréciaient surtout les feuilles de la Dent-de-Lion ou Pissenlit (*Leontodon taraxacum*) et du Plantain (*Plantago major*). Mais elles devenaient surtout démonstratives et empressées lorsqu'elles voyaient venir une friandise : un cœur de salade, un Chou ou une tartine de pain trempée dans du lait, de l'eau-de-vie ou de l'eau chaude. Elles se mettaient à mâcher, à ronger à qui mieux mieux ; mais c'est le cœur de Chou qui excitait toute leur convoitise. Elles en venaient aux... pattes. Ordinairement la plus grosse finissait par s'emparer du morceau qu'elle cachait sous sa carapace. Cette Tortue a été malade, après quelques jours de temps froid, une mucosité coulait constamment de sa bouche et elle avait l'air bien abattu, mais il suffit de la mettre à l'eau et au soleil pour qu'elle se remît bientôt.

En général, on peut dire que la bête ne s'anime que par de belles journées ensoleillées ; pendant les froids, elle semble entrer en léthargie, se blottit dans sa tanière qu'elle ne quitte plus.

Dans ce fait que le soir chaque Tortue regagne le même coin une fois choisi, on ne peut ne pas voir la preuve de l'existence chez elle d'un rudiment de mémoire.

Mais ses instincts intellectuels se manifestent surtout à la ponte des œufs. Après avoir été recherchée par son mâle une des Tortues se mit à pondre le 14 juin.

La bête commença par choisir un emplacement à mi-côte d'une plate-bande, elle y creusa un trou avec ses pattes de derrière. Cela fait, elle se mit à travailler de ces mêmes pattes avec une régularité remarquable.

Abaissant sa patte gauche, elle creusait la terre et ensuite, tenant sa patte à la paroi gauche de la petite fosse, elle élevait la terre jusqu'à la surface. Là, après avoir laissé un peu reposer cette patte, elle s'y appuyait ainsi que sur les deux pattes de devant, tout en enfonçant sa patte droite dans le trou pour y faire le même travail qu'avait opéré auparavant la gauche.

Ensuite, lorsque ce fut de nouveau le tour de la patte gauche, avant de la descendre, la Tortue rejeta de côté, par un mouvement circulaire la terre extraite pour qu'elle ne vînt pas tomber de nouveau dans la fosse ouverte. Elle rentra après, très souple, dans le petit trou où elle ramassa encore de la terre et, s'appuyant sur le côté gauche, mit dehors de la terre avec sa patte droite.

Elle travailla ainsi jusqu'à ce que la petite fosse ronde eut atteint plus d'un demi-pouce de profondeur, un peu moins de longueur et encore moins de largeur. Si l'on raisonne tous ces mouvements, on demeure convaincu qu'au point de vue de l'économie du travail, ce sont là les mouvements les plus profitables et stricts nécessaires — résultat, sans doute, d'une expérience séculaire transmise à notre Tortue par voie d'hérédité.

Une fois la fosse finie, la Tortue se reposa pendant une dizaine de minutes au bout desquelles elle pondit, *expulsa* sans trop d'efforts, un œuf qu'elle prit soigneusement dans ses pattes de derrière et déposa debout dans le coin droit de la petite fosse. Un deuxième œuf suivit immédiatement, et lorsque tous les six eurent été pondus, la fosse se trouva exactement remplie. La mère les examina, les tâta et eut même le malheur de trouer la coquille de l'un d'eux, avec son ongle. Après quoi, la bête ramassa avec ses pattes de derrière la terre extraite auparavant et les en recouvrit ; et lorsque la petite fosse ronde fut comblée, elle enfonça la terre en se levant et s'asseyant régulièrement dessus et l'égalisa si bien en se tenant toujours appuyée sur ses deux pattes de devant et en se balançant, le plastron de sa carapace contre terre, qu'après son départ il fut impossible de distinguer l'endroit où avait eu lieu la ponte. — Afin de garantir les œufs contre la pluie et de leur donner une température approchant davantage de celle des climats chauds, M. Salomon recouvrit l'endroit où ils avaient été ensevelis, d'un cadre de bois peint en noir à l'intérieur et fermé d'un verre de vitre, ce qui forma une espèce de châssis. La nuit et lorsqu'il pleuvait, on prenait toujours la précaution de recouvrir encore soigneusement le tout d'une grande auge renversée, mais en dépit de tous ces soins, aucune Tortue ne vint à éclosion, et lorsqu'à la fin du mois d'août la fosse fut rouverte, les œufs exhalaient déjà une odeur très désagréable. Après en avoir enlevé la coquille, on vit le blanc occuper toute une moitié de l'œuf en long, et le jaune l'autre, ce qui prouve que les œufs n'avaient probablement pas été fécondés, à moins que cela n'ait tenu aux conditions différentes du climat, et à une chaleur solaire insuffisante. Les œufs de la Tortue sont un peu plus gros que ceux du Pigeon et également obtus aux deux bouts.

Actuellement, la plupart de ces Tortues se trouvent au Jardin zoologique de Moscou et une seule chez M. Salomon où elle mange rarement et prospère vivant dans une cheminée à la hollandaise, chauffée par un fourneau de cuisine placé à côté. C. Krantz.

Décadence de l'Aviculture chez les paysans russes et mesures à prendre pour son relèvement. — Nous extrayons de l'article paru sous ce titre, dans le *Bulletin de l'Aviculture* de Saint-Pétersbourg, les passages caractéristiques suivants :

On a maintes fois constaté que depuis l'abrogation du servage, l'élevage de la volaille s'était relevé et développé dans les exploitations rurales de certaine importance, tandis qu'il tendait à tomber de plus en plus chez les paysans.

Pour en faire comprendre les raisons, nous sommes obligés de remonter quelque peu en arrière. Avant 1861, le propriétaire confiait le soin de son poulailler, à une de ses femmes-serves qui devait lui fournir bon an, mal an, 120 à 150 œufs par chaque Poule, ou 10 à 12 Poussins et 40 à 50 œufs. Stimulant son zèle par la peur d'une punition qui allait jusqu'à lui faire acheter des œufs et des Poussins pour compléter le nombre exigé, le maître trouvait là un revenu fixe et assuré — et ne s'en préoccupait guère.

D'autre part, les serfs ayant à exploiter la terre appartenant au seigneur, considéraient l'élevage comme très avantageux, malgré tous les dégâts faits par la volaille aux champs, car il permettait aux femmes de payer en nature la redevance d'œufs et de Poussins prélevée par les seigneurs ou même quelquefois de changer chez le marchand ambulant, de ces produits restants, contre de la colonnade aux couleurs voyantes, etc.

Avec les nouvelles conditions d'existence créées pour tous en Russie par le manifeste du 19 février 1861, tout cela devait forcément changer.

Les seigneurs, privés du travail gratuit des serfs, durent songer à faire valoir eux-mêmes leurs exploitations rurales, dans les plus petits détails. Et aujourd'hui, à côté des éleveurs-amateurs, il y a en Russie des fermes-modèles d'élevage vendant très bien des sujets et des œufs de race, il s'est formé des sociétés d'Aviculture qui organisent des concours et des expositions, il existe même tout un commerce d'oiseaux de basse-cour reproducteurs.

Chez les petits cultivateurs-serfs affranchis, les mêmes causes ont eu des effets opposés.

Les lots de terrain à eux concédés, d'après la loi, par les seigneurs pour un prix exorbitant (la liquidation de cette opération de rachat divisé en payements successifs dure encore) étant très petits, insuffisants même à subvenir à leurs besoins, le cultivateur libre ne peut rien laisser perdre. Aussi, les dégâts faits aux champs par le bétail et la volaille sont la source de la plus grande partie des procès agraires, en Russie. Le paysan russe réduit donc son élève de volaille à des proportions insignifiantes. D'un autre côté, sa femme trouve un débouché plus lucratif dans le travail au dehors. Mais la cause essentielle primordiale de cet état de choses reste le dégât fait aux champs.

Il serait donc opportun aujourd'hui, vu surtout l'accroissement de la demande en œufs dont la plus grande partie doit être fournie par les paysans, de prendre des mesures pour relever cette branche de l'économie rurale chez eux comme chez des propriétaires de plus grande importance.

Voici une mesure simple et facilement réalisable que préconise dans ce but M. Voronoff, et qui paraît de nature à intéresser les Aviculteurs français soucieux du développement et de la prospérité de cette industrie dans les campagnes.

On sait qu'il est question en Russie de doter chaque école rurale d'un lopin de terre pour y enseigner aux élèves les perfectionnements à introduire dans la culture très primitive des paysans russes. C'est là un moyen tout indiqué pour remédier, par la même voie d'exemple vivant, à l'état de décadence de l'Aviculture dans les campagnes.

Il suffira pour cela de construire un petit poulailler pour 5-10 Poules, dans le champ d'études, et de mettre dans les mains de l'instituteur un manuel élémentaire de ce genre d'élevage.

Le reste viendra tout seul.

L'énergie de l'enseignant sera récompensée par la perspective d'avoir des œufs gratuits et même quelquefois un bon rôt; les 5-10 Poules avec leur Coq seront volontiers fournis par les patrons de l'école ou la paroisse, lorsqu'on saura qu'il ne s'agit pas là d'un pot-de-vin, mais d'une chose utile pour tous les élèves.

La nourriture est là toute trouvée représentée par les miettes de pain et les restes des repas des élèves mangeant à l'école ; si ce n'est pas suffisant l'instituteur pourra fournir le reste à ses frais. Les petits élèves se mettront gaiement à soigner les oiseaux à tour de rôle, sous la direction et d'après les instructions du maître, mettant ainsi en pratique la théorie enseignée.

Il est inutile d'insister sur le nettoyage à faire le matin et la nourriture à donner le soir, qui n'entraveront en rien les études des enfants qui viennent à l'école à sept heures du matin pour n'en sortir qu'à quatre heures de l'après-midi ; les élèves des écoles rurales professionnelles, tout en faisant tous les travaux agricoles, trouvent bien le moyen de ne pas négliger leurs études théoriques.

Les plus courageux pourront recevoir en récompense des œufs et même des Poussins pour les élever chez eux.

Reste la question des dégâts que pourraient faire ces Poules chez les propriétaires voisins.

Mais il n'y a rien de plus simple que de l'éviter et même c'est là un exemple à donner. Sur le lot de terre concédé à l'école, il est facile de détacher 8 mètres carrés environ, et même moins, pour une basse-cour. Les élèves construiront eux-mêmes, sans grandes difficultés, une palissade ou une simple haie avec des matériaux apportés de chez eux, — et une fois qu'il y aura une cour pour la promenade des oiseaux, aucun dégât aux champs n'est plus à redouter — chose à laquelle ne sont pas encore arrivés les cultivateurs russes. Ils se rendront compte de l'utilité des petits sacrifices à faire en terre et en matériaux de construction, lorsqu'ils auront vu dans la pratique les avantages du système qui supprime du coup la cause de tant de querelles, discussions et procès. C. Krantz.

Huile et résine de Calaba. — Le fruit du *Calophyllum inophyllum* est un petit drupe ovoïde de 4 centimètres de diamètre environ, lisse et d'une couleur jaune à sa maturité. Immédiatement après l'épiderme, se trouve une pulpe mince, d'une saveur agréable qui rappelle un peu celle de la Pomme. Au centre de la pulpe, on rencontre une coque de faible épaisseur, ligneuse, peu résistante et de couleur grise. L'amande, formée par deux cotylédons d'un jaune pâle, épais, charnus et soudés ensemble, est enveloppée d'une couche spongieuse, épaisse, à face interne lisse.

Fraîche, cette amande est inodore, d'un goût fade d'abord, puis ensuite légèrement âcre ; elle empâte la bouche, émulsionne la salive et la rend spumeuse. Dans cet état, dit M. G. Cuzent, l'amande est complètement dépourvue d'huile ; ce n'est que plus tard, quand elle a perdu sa couleur jaune pâle, et qu'en vieillissant, elle devient d'un jaune d'ocre, que le suc gommo-résineux fait place à une huile abondante, d'une odeur aromatique, que la simple pression des doigts suffit pour expulser des cellules qui la contiennent.

Comme nous venons de le voir, les amandes des fruits du *Calophyllum inophyllum* ne renferment pas d'huile, mais un suc visqueux qui se transforme en matière oléagineuse lorsqu'elles ont été exposées au soleil pendant deux mois environ. L'huile s'obtient alors en réduisant les amandes en poudre grossière dans des sacs de coutil que l'on soumet ensuite à la presse. Cette huile est grasse, d'un jaune verdâtre, d'une saveur fade et peu agréable. Sa densité est de 0,942 ; elle se solidifie à $+5^{\circ}$. On obtient encore une grande quantité d'huile en repilant le tourteau et en exposant la pâte au bain-marie, afin de coaguler l'albumine, et l'on soumet de nouveau à l'action de la presse.

Les propriétés physiques et chimiques de l'huile de *C. inophyllum* ont été étudiées d'une façon complète par M. Cuzent qui a observé qu'elle était sans action sur les papiers réactifs. Soumise à l'ébullition, cette huile s'épaissit et se colore fortement. Elle est insoluble dans l'éther et le chloroforme ; traitée par l'alcool, elle se mélange avec lui sans se dissoudre et le liquide devient vert-clair ; cette coloration est due à la résine en dissolution. Par le repos, l'huile prend une teinte jaune en se séparant de la résine et vient occuper la partie supérieure de l'éprouvette. Si on décante alors l'alcool et qu'on plonge dans de l'eau bouillante le tube qui ne contient plus que de l'huile, celle-ci s'éclaircit, devient translucide et ressemble à de l'huile d'olive.

La potasse caustique à chaud forme avec l'huile de Calaba un savon jaune très soluble dans l'eau ; la soude caustique et l'ammoniaque liquide la transforment également en un savon dur, de couleur verte, très soluble dans l'eau ; enfin, l'acétate de plomb donne un savon verdâtre, complètement insoluble dans l'eau.

L'huile de *C. inophyllum*, connue en Océanie sous le nom d'*Huile de Tamanou*, peut servir dans les arts, notamment en peinture, surtout lorsqu'elle a été débarrassée de la matière résineuse verte qui la colore plus ou moins, suivant l'état de maturité des amandes employées. Au point de vue industriel, cette huile entre dans la préparation de certains vernis gras et fournit, par la saponification, un savon jaune citron, aromatique, très dur et d'excellente qualité. L'huile de Calaba est aussi utilisée pour la trempe des outils en acier, auxquels elle communique un tranchant fin et doux.

En thérapeutique, elle passe pour posséder des propriétés calmantes dans la goutte et les douleurs rhumatismales. Sur la côte de Coromandel, on s'en sert pour guérir la gale; dans les autres parties de l'Inde, elle est employée en frictions pour calmer les douleurs articulaires. M. H. Jouan dit cette huile bonne pour l'éclairage... et l'alimentation ?

Les indigènes de la Nouvelle-Calédonie exposent les amandes au feu et en retirent une matière noire à l'aide de laquelle ils se dessinent des tatouages sur le visage, lorsqu'ils se préparent au combat. A Taïti, les naturels râpent les amandes pour parfumer, avec l'huile qui en sort, les teintures de *Curcuma longa* et de *Morinda citrifolia*, avec lesquelles ils colorent leurs étoffes.

L'écorce du tronc du *C. inophyllum* renferme dans les crevasses et laisse écouler, à l'aide d'incisions, une résine jaune verdâtre, molle, d'une odeur agréable, qui reste longtemps fluide, mais finit, avec le temps, par se dessécher et devenir solide. Elle est alors friable, à cassure vitreuse, et possède une légère odeur de lavande et d'angélique.

Cette substance est presque entièrement soluble dans l'alcool ; la solution est d'un vert bleuâtre et laisse déposer, par évaporation, une résine teintée de bleu ; le liquide qui surnage est jaune et rougit le tournesol. Ce produit constitue le *Baume vert* de l'Inde ou *Baume Marie* des Antilles ; c'est aussi le *Tacamahaca* des Indes orientales des auteurs allemands et le Tacamahaca ordinaire ou *Baume Focot* de Guibourt.

Plusieurs *Calophyllum* donnent également des résines analogues qui se distinguent par une coloration verte plus ou moins foncée, par une consistance plus ou moins ferme et par des réactions chimiques fort peu importantes. Leurs usages sont d'ailleurs les mêmes, c'est-à-dire qu'elles servent pour calfater les navires, panser les ulcères et cicatriser les blessures.

Le *C. Calaba* fournit le *Baume vert d'Amérique* et le *C. Tacamahaka* WILLD. la résine connue sous le nom de *Baume vert de Bourbon*.

Maximilien VANDEN-BERGHE.

La culture du Ricin au Sénégal et aux Etats-Unis. — Les baisses de prix si appréciables qui ont affecté depuis quelques années la majeure partie des produits coloniaux, a fait prendre une certaine extension à la culture du Ricin, *Ricinus communis* au Sénégal. Les graines de cette plante qu'on suppose originaire de l'Afrique tropicale, fournissent une huile primitivement employée en thérapeutique, mais qui a depuis trouvé de nombreuses applications dans le graissage des machines, la fabrication des savons, celle des succédanés du beurre et la teinture des étoffes. Le promoteur de l'introduction de cette culture au Sénégal est un pharmacien de la marine à la demande duquel le gouvernement a accordé 12,000 francs de subsides, destinés à faciliter les premières tentatives. En juin 1888, on semait 16,500 graines de Ricin, dans un terrain sablonneux et stérile, situé non loin de Saint-Louis. Malgré la sécheresse, on recueillit 800 kilogs de graines. Le produit de cette récolte fut distribué à différents cultivateurs qui en ensemencèrent 10 hectares, et depuis cette époque si récente cependant, le Ricin a parfaitement fait son chemin. On éprouva tout d'abord quelques difficultés à vaincre les répugnances des indigènes qui ne comprenaient pas l'utilité du Ricin. Mais quand ils eurent constaté qu'on offrait un prix avantageux de ces graines, et que les Arachides croissaient sans peine entre les pieds de Ricin, ils l'adoptèrent franchement.

Les premiers essais avaient été surtout encouragés par les fabricants d'huile de Marseille et de Bordeaux, désireux de trouver un succédané à l'Arachide, dont la récolte est souvent fort aléatoire. Un hectare produisait de 4 à 6,000 kilogs de graines valant, en 1888 et 1889, de 28 fr. 50 à 32 fr. 50 aux 100 kilogs rendus à Marseille. Les pieds de Ricin portent des graines pendant plusieurs années, sans exiger le moindre soin, et ils prospèrent jusque dans les sables salés du littoral. Les vents du désert n'exercent aucune influence défavorable sur cette culture, qui ne trouve aucun ennemi dans le monde des insectes. De plus, il n'y a pas à s'occuper du renouvellement de la plantation, les graines tombées des capsules entr'ouvertes au moment de la récolte suffisant au remplacement des pieds épuisés. Ces graines peuvent se charger en vrac sur les navires, ce qui simplifie les transports et diminue le fret, aussi le gouvernement a-t-il l'intention de pousser au développement de cette culture en Algérie.

Le gouvernement allemand, dont les colonies de la côte occidentale d'Afrique, Kameron et Togo, n'ont qu'un produit d'exportation, les Arachides, constate avec une certaine inquiétude le résultat de ces expériences.

La culture du Ricin a pris également un certain développement aux Etats-Unis, où ses graines sont populairement connues sous le nom de Fèves de Castor, *Castor beans*, et leur huile sous celui d'huile de Castor. Saint-Louis est le grand marché pour l'huile de Ricin aux Etats-Unis qui provient surtout de graines récoltées dans le Missouri, le Kansas, et l'Illinois, car cette plante ne peut supporter le climat des états du nord, aux gelées trop hâtives. On avait primitivement donné plus d'extension à cette culture, mais on l'a peu à peu réduite aux seules régions où son succès est assuré. En 1879, le sud du Missouri, le Kansas et l'Illinois possédaient 27,592 hectares plantés de Ricins ; en 1884, ce chiffre était réduit à 3,766 hectares. Cette diminution est également imputable au prix élevé que la main-d'œuvre a atteint aux Etats-Unis, or les capsules des Ricins ne mûrissent pas simultanément, celles qui occupent une position moyenne arrivent à maturité bien avant celles du sommet, ce qui nécessite des récoltes fréquentes et successives, assez coûteuses étant donnée la hauteur des Ricins, qui varie de 3 à 10 mètres. On a l'intention aux Etats-Unis de propager cette culture dans la Géorgie où le Ricin deviendrait vivace par suite de la clémence de l'hiver, ce qui permettrait d'économiser les frais annuels de l'ensemencement.

Le Ricin prospère surtout aux Etats-Unis, dans les bonnes terres à Blé un peu sablonneuses, et par conséquent ne retenant pas l'eau. On sème sur ados, écartés de 2 mètres, les pieds étant séparés par un même intervalle de 2 mètres sur les ados. Tous les 12 ou 15 mètres, on ménage un interligne de $2^{m},60$ pour le passage des voitures. Les graines de Ricin ayant une germination fort lente, les agriculteurs ont recours à différents procédés pour en réduire la durée. Les uns immergent ces graines dans l'eau chaude pendant un léger espace de temps, d'autres les laissent macérer plus longtemps dans l'eau froide. Les capsules récoltées sont exposées à l'action desséchante du soleil, sur des aires en terre battue, des toiles ou des planchers. Elles s'ouvrent alors en trois valves mettant les graines à nu. Le Ricin succède généralement au froment dans l'assolement du Missouri, et les bons cultivateurs récoltent de 16 à 19 hectolitres de graine à l'hectare, beaucoup moins par conséquent qu'au Sénégal. J. Loz.

VI. BIBLIOGRAPHIE.

La Plume des Oiseaux, histoire naturelle et industrie, par LACROIX-DANLIARD, 1 vol. in-16 de 350 p., avec 100 fig., cart. (*Bibliothèque des Connaissances utiles*). 4 francs. Librairie J.-B. Baillière et fils, 19, rue Hautefeuille, à Paris.

Le nombre des oiseaux dont les plumes ou le duvet sont utilisés est considérable, il n'est pas si modeste volatile qui ne trouve aujourd'hui son emploi dans l'industrie du plumassier. Aussi l'auteur s'est-il attaché seulement aux principaux types de la faune ornithologique. De ces derniers, il a esquissé à grands traits la physionomie, les mœurs, l'habitat, le mode de propagation et d'élevage ainsi que les moyens de capture et de destruction. Il a cherché à donner à chacun de nos oiseaux la place qu'il méritait en raison de son importance commerciale et industrielle.

Quant au plan général, il est bien simple et découle, pour ainsi dire, de la nature des choses : il comporte, après un aperçu sur quelques-uns des oiseaux producteurs de plumes utiles, la préparation et la mise en œuvre de leurs dépouilles, leurs différentes applications, les procédés qui servent à en assurer la préservation et la conservation, la nomenclature des principaux marchés, l'état des prix de revient, enfin la situation du commerce d'importation et d'exportation qui se rattache à ces différents produits.

La Pêche et les Poissons des eaux douces, description des poissons, engins de pêche, lignes, amorces, etc., par ARNOULD LOCARD, 1 vol. in-16 de 350 p., avec 150 figures, cart. (*Bibliothèque des Connaissances utiles*). 4 francs. Librairie J.-B. Baillière et fils, 19, rue Hautefeuille, à Paris.

Il ne suffit pas de jeter dans l'eau une nasse, un épervier, une ligne quelconque, pour en retirer du poisson. Il faut savoir à quelle sorte de poissons on peut avoir affaire ; or, cela ne s'obtient qu'après une étude suivie des caractères propres à chacune des nombreuses espèces qui composent notre faune ichtyologique. Il importe ensuite d'en bien connaître les mœurs, les habitudes, le genre de vie pour arriver à se rendre un compte exact de la nature des milieux où l'on aura la chance de les rencontrer. Tel est le but de la première partie de cet ouvrage où sont décrites toutes les espèces de poissons qui vivent dans nos eaux douces, fleuves ou rivières, lacs ou étangs.

Dans la deuxième partie, on passe en revue la ligne et ses nombreux accessoires, qu'elle soit fixe ou mobile, entre les mains du pêcheur ou posée au bord de l'eau ; on fait connaître la longue série des diverses amorces ou appâts, susceptibles d'attirer le poisson ; enfin, on décrit tous les genres de pêche, non seulement avec toutes sortes de lignes, mais encore avec d'autres engins, tels que filets, nasses, tridents, etc.

G. DE GUÉRARD.

Le Gérant : JULES GRISARD.

TABLE ALPHABÉTIQUE DES AUTEURS

MENTIONNÉS DANS CE VOLUME.

FIN DE LA TABLE ALPHABÉTIQUE DES AUTEURS.

INDEX ALPHABÉTIQUE DES ANIMAUX

MENTIONNÉS DANS CE VOLUME.

GÉNÉRALITÉS.

INDEX ALPHABÉTIQUE DES VÉGÉTAUX

MENTIONNÉS DANS CE VOLUME.

GÉNÉRALITÉS.

FIN DE L'INDEX ALPHABÉTIQUE DES VÉGÉTAUX.

TABLE DES MATIÈRES

DOCUMENTS RELATIFS A LA SOCIÉTÉ.

Organisation pour l'année 1891.

TRENTE-DEUXIÈME SÉANCE PUBLIQUE ANNUELLE

DE LA SOCIÉTÉ NATIONALE D'ACCLIMATATION

Discours prononcés à la séance.

GÉNÉRALITÉS.

PREMIÈRE SECTION. — MAMMIFÈRES.

DEUXIÈME SECTION. — OISEAUX.

TROISIÈME SECTION. — AQUICULTURE.

QUATRIÈME SECTION. — INSECTES.

CINQUIÈME SECTION. — VÉGÉTAUX.

EXTRAITS DES PROCÈS-VERBAUX DES SÉANCES DE LA SOCIÉTÉ.

Séances générales.

Séances des Sections.

1re Section. — Mammifères.

2e Section. — Oiseaux.

Section spéciale d'aviculture.

3e Section. — Aquiculture.

4e Section. — Insectes.

5e Section. — Végétaux.

JARDIN ZOOLOGIQUE D'ACCLIMATATION.

CHRONIQUE DES SOCIÉTÉS SAVANTES.

HYGIÈNE ET MÉDECINE DES ANIMAUX.

EXPOSITIONS ET CONCOURS.

BIBLIOGRAPHIE.

FIN DE LA TABLE DES MATIÈRES.

TABLE DES GRAVURES

FIN DE LA TABLE DES GRAVURES.

VERSAILLES, IMPRIMERIE CERF ET FILS, 59, RUE DUPLESSIS.

SUPPLÉMENT
A LA REVUE DES SCIENCES NATURELLES APPLIQUÉES.
5 Janvier 1891.

Session de 1890-91

TABLEAU DES JOURS DES SÉANCES

AU SIÈGE DE LA SOCIÉTÉ, 41, RUE DE LILLE

Séances générales LES VENDREDIS A 3 HEURES 1/2.	**Séances du Conseil** LES VENDREDIS A 4 HEURES.
19 décembre 1890.	26 décembre 1890.
9 — 23 janvier 1891.	16 — 30 janvier 1891.
6 — 20 février —	13 — 27 février —
6 — 20 mars —	13 — 27 mars —
3 — 17 avril —	10 — 24 avril —
1er — 15 mai —	8 — 22 mai —

Séances des Sections

A 3 HEURES 1/2.

1re *Section. — Mammifères.* LES MARDIS.	3e *Section. — Aquiculture.* LES MERCREDIS.
23 décembre 1890.	7 janvier 1891.
27 janvier 1891.	11 février —
3 mars —	18 mars —
14 avril —	29 avril —
2e *Section. — Oiseaux.* LES MARDIS.	4e *Section. — Insectes.* LES MARDIS.
30 décembre 1890.	13 janvier 1891.
3 février 1891.	17 février —
10 mars —	24 mars —
21 avril —	5 mai —

5e *Section. — Végétaux.*

LES MARDIS.

20 janvier 1891.	7 avril 1891.
24 février —	12 mai —

PUBLICATIONS PÉRIODIQUES.

L'Eleveur, 19, passage des Panoramas, Paris, n° 314 (4 janvier 1891). — Histoire des animaux : Origine du Chien d'arrêt, par M. M. Piètrement. — Colombiculture : Le Pigeon polonais, par M. M. d'H... — Médecine des Oiseaux : Le Ver rouge (*suite et fin*), par M. P. Mégnin. — Le dressage du Chien de nuit, par M. Paul Géruzez. — Résultats du traitement anti-rabique de Pasteur, par M. X... — Échos et nouvelles, par M. Paul de Bart.

Journal de l'Agriculture, 120, boulevard Saint-Germain, Paris, n° 1174 (3 janvier 1891). — Chronique agricole, par M. Henry Sagnier. — Société nationale d'agriculture : séance du 24 décembre, par M. Georges Marsais. — Culture industrielle du Pêcher en contre-espalier. II. par M. Vray. — Sur le durham français, par un éleveur. — Sur la reconstitution des vignobles du département de Maine-et-Loire, par M. Pierre Viala.

SUPPLÉMENT

A LA REVUE DES SCIENCES NATURELLES APPLIQUÉES.

20 Janvier 1891.

En distribution :

La Société nationale d'Acclimatation met à la disposition de ses membres des ŒUFS DE VER A SOIE DU MURIER.

La Société met également en distribution des ŒUFS EMBRYONNÉS DE TRUITE SAUMONÉE.

Prière d'adresser les demandes au siège de la Société, 41, rue de Lille.

Nous rappelons à MM. les Membres de la Société que, pour toutes les expéditions qui exigent un emballage spécial, ou offrent un certain volume, les demandes doivent être accompagnées d'un mandat postal de 3 francs. Cette somme est destinée à dégrever la Société des menus frais de manutention, fournitures de caisses, correspondance, *expédition franco*, etc.

La Société décline la responsabilité des annonces insérées dans ce Bulletin.

OFFRES, DEMANDES ET ÉCHANGES

DES MEMBRES DE LA SOCIÉTÉ.

On offre : Splendides Perdrix Gambra, 25 fr. le couple. — Couple Bernaches Cravant, 28 fr. — Couple Canards Tadornes, 25 fr. — Couple Canards Pilets 1-3 Canards Labrador, 22 fr. — Couple Canards sabreurs, 20 fr. — 1-2 Bernaches armées, 55 fr. — Couple Diamants de Gould, 70 fr. — Couple Moineaux mandarins, 8 fr. — Femelle Perruche Calopsitte, 8 fr.— Chien de garde, 55 fr.— Chien Carlin, 40 fr.

S'adresser à M. Émile Dupont, Villa Pompéïenne, à Tourcoing (Nord).

On offre : Mâles Bernaches Jubata, mâles Canards Carolins, femelles Canards Mandarins, femelles Canards Casarkas roux, mâles Canards sauvages. Tous ces oiseaux très beaux et élevés chez moi au printemps 1880. Très beau couple de Mandarins de 1889.

On demande : à acheter une femelle Bernache des îles Sandwich ou à échanger contre un très beau mâle.

S'adresser à M. G. Rogeron, château de l'Arceau, près Angers (Maine-et-Loire).

On offre : Œufs de Salmonides, franco port et emballage, par mille : Truites communes ou des lacs, 20 fr. ; Arc-en-ciel, 30 fr. ; Saumons, Métis, Ombles-Chevaliers, 25 fr. — Par dix mille, réduction 40 pour 100.

S'adresser à M. d'Audeville, établissement de pisciculture d'Andecy par Baye (Marne).

SUPPLÉMENT

A LA REVUE DES SCIENCES NATURELLES APPLIQUÉES.

5 Février 1891.

En distribution :

La Société nationale d'Acclimatation met à la disposition de ses membres des OEUFS DE VER A SOIE DU MURIER (*Sericaria mori*).
Prière d'adresser les demandes au siège de la Société, 41, rue de Lille.

PUBLICATIONS PÉRIODIQUES.

SOMMAIRES

L'Eleveur, 19, passage des Panoramas, Paris, n° 318 (1er févier 1891). — Le Pigeon et ses races : Histoire naturelle, par M. M. d'H... — Chronique viticole : Les Insectes de la vigne (*suite*), par M. P.-A. Rousselot. — Echos et nouvelles, par M. Paul de Bart.

Étangs et Rivières, 47, boulevard de la Tour-Maubourg, Paris (n° 75, 1er février 1891). — La Truite des lacs, par M. A. d'Audeville. — Les ventes de Salmonides pendant la clôture de la pêche, par M. A. d'Audeville. — A propos du Gourami. — Note sur les soins à donner aux œufs, par M. A. d'Audeville. — Les Poissons exotiques et la stabulation. — Effets du froid sur l'étang de Thau, en Basse-Loire, dans la Haute-Marne. — La nourriture du Saumon. — Trois Loutres en deux coups de fusil. — Le Poisson-chandelle. — Au fond du lac Michigan. — Le Poisson tireur. — Nos petits conseils. — Aux Halles.

Revue scientifique, boulevard Saint-Germain, 111, à Paris (n° 5, 31 janvier 1891). — Zoologie : Influence du froid sur les animaux de la ménagerie du Muséum, par M. A. Milne-Edwards, de l'Institut. — Physique : L'eau dans le paysage, par M. J. Piccard. — Histoire des sciences : Herodote naturaliste, par M. R. Saint Loup. — Physiologie : L'excitabilité du cerveau, par M. A. Herzen — Démographie : La dépopulation de la France. — Variétés : La question de l'alcool, par M. E. Dubois.

La Société décline la responsabilité des annonces insérées dans ce Bulletin.

OFFRES, DEMANDES ET ÉCHANGES

DES MEMBRES DE LA SOCIÉTÉ.

A vendre : très jolie Retriever, noire, neuf mois, de parents magnifiques et supérieurs en chasse, prix 100 francs.

Un Epagneul du Bourbonnais, quinze mois, de parents ayant coûté mille francs le couple, donnant de très belles espérances, arrête, a peu sorti, prix 50 francs.

Plusieurs magnifiques Coqs Langshan Croad, de très pure race, dix mois, très forts, 8 francs pièce.

S'adresser à M. Henri Henrionnet, à Chamy, par Grandpré (Ardennes).

On offre : OEufs de Salmonides, franco port et emballage, par mille : Truites communes ou des lacs, 20 fr. ; Arc-en-ciel, 30 fr. ; Saumons, Métis, Ombles-Chevaliers, 25 fr. — Par dix mille, réduction 40 pour 100.

S'adresser à M. d'Audeville, établissement de pisciculture d'Andecy par Baye (Marne).

SELLERIE E. BERNARD

46, Boulevard de Strasbourg, PARIS

Envoi franco du Catalogue illustré

LE CHENIL

E POULAILLER & L'ÉCHO DE L'ÉLEVAGE RÉUNIS

JOURNAL HEBDOMADAIRE ILLUSTRÉ DE FAITS DIVERS ET D'ANNONCES

ADMINISTRATION ET RÉDACTION :

Au Jardin Zoologique d'Acclimatation (Bois de Boulogne)

Pour remplir plus complètement son programme qui est de faciliter les relations entre les veurs, le Jardin zoologique d'Acclimatation s'est décidé à publier un journal hebdomadaire, illustré, faits divers et d'annonces.

Ce journal, dont le prix d'abonnement annuel est fixé à 5 fr. pour toute la France, et à 7 fr. 50 ur l'Étranger, contiendra des rubriques distinctes, des renseignements variés sur tout ce qui che à l'élevage des animaux et des plantes (chenil, faisanderie, poulailler, agriculture, etc.), au rt, et d'une façon générale, sur ce qui ce rapporte à la vie en plein air.

Les abonnements partent du 1er de chaque mois et les abonnés ont droit à 24 insertions gratuites, 40 mots chacune. Les mots supplémentaires sont dus à raison de 5 centimes le mot, compté légraphiquement.

Des carnets spéciaux d'annonces sont adressés gratuitement à tous les abonnés.

PORTOIRS ARTICULÉS
DE TOUS SYSTÈMES

DUPONT

Fabt breveté s.g.d.g.

Fournisseur des Hôpitaux

à PARIS

10, Rue Hautefeuille

au coin de la rue Serpente

(près l'École-de-Médecine)

Les plus hautes Récompenses

aux Expons Françaises et Étrangères.

Sur demande envoi franco du Catalogue. — *TÉLÉPHONE*

INSTILLATEUR GRENET

Breveté S. G. D. G.

Préservatif de la Rage et de toutes les Piqûres vénimeuses par la Cautérisation immédiate.

Approuvé par les Médecins de la Marine. Reconnu d'utilité publique par la Société protectrice des animaux. Médailles en 1889.

Etui incassable, petit et léger, renfermant flacon compte-gouttes.

Breveté S. G. D. G.

Manière de se servir de l'Instillateur: Dévisser le côté pointu et appliquer sur la partie piquée.

Envoi franco contre mandat de 2 fr. 50 — E. GRENET, 114, rue du Temple.

SUPPLÉMENT

A LA REVUE DES SCIENCES NATURELLES APPLIQUÉES.

20 Février 1891.

En distribution :

La Société nationale d'Acclimatation met à la disposition de ses membres des ŒUFS DE VER A SOIE DU MURIER (*Sericaria mori*).

Prière d'adresser les demandes au siège de la Société, 41, rue de Lille.

PUBLICATIONS PÉRIODIQUES.

L'Eleveur, 19, passage des Panoramas, Paris, n° 320 (15 février 1891). — Concours général agricole de Paris, par M. P. M... — Variétés : Le Moineau, par M. E. Blanchard. — Médecine du Cheval : Les fractures, par M. P. Mégnin. — Échos et nouvelles, par M. Paul de Bart.

La Société décline la responsabilité des annonces insérées dans ce Bulletin.

OFFRES, DEMANDES ET ÉCHANGES
DES MEMBRES DE LA SOCIÉTÉ.

Offre bétail : Porcs et Porcelets de la grande race Craonnaise pure, pour la reproduction, parents ayant obtenu : 65 récompenses, 28 premiers prix, prix d'honneur Exposition universelle ; prix d'ensemble concours régional Chaumont ; rappel de premier prix et de prix d'ensemble, Roanne, 1888-1890 ; premier prix et prix d'honneur, Bourges ; premier prix Nevers et Paris, 1891.

S'adresser à M. Alexis Guillaumin, à Lépine, par Leveurdre (Allier).

Offre volailles : Volailles de race pure ayant obtenu : 23 récompenses, médailles de la Société des Agriculteurs de France ; 9 premiers prix prix d'ensemble Chaumont ; prix d'honneur Nevers.

Langshan, La Flèche, Dorking, Wyandottes, Canards Rouen, Pékin Dindons noirs, Pintadeaux, Lapins russes, argentés, angoras, géants ; Pigeons.

S'adresser à Mme Alexis Guillaumin, à Lépine, par Leveurdre (Allier).

A vendre : jeunes Chiots Danois, de grande taille. Ces Chiens, nés le 26 décembre 1889, ont pour père « César » du Jardin d'Acclimatation. La mère est issue de Chiens primés à Vienne (Autriche).

S'adresser à M. Octave Coignard, à Sablé-sur-Sarthe.

On offre : petites Truites de deux mois, franco avec garantie, par cent : Truites communes et des lacs, 15 fr. ; Truites Arc-en-ciel et Truites de fontaine, 25 fr. ; Ombles-Chevaliers, 20 fr.

S'adresser à M. d'Audeville, établissement de pisciculture, au château d'Audecy, par Baye (Marne).

A vendre au sevrage : Chiots Gordon Setters ex Rita par Turco II, ex Diane par Turco Ier ; ex Bess, etc. — Turco Ier ex Lida, hors Belle (243 L. d. s. H.), 1er prix, Anvers 1884, *id.*, Bruxelles 1885 ; par Grousse (240 L. d. s. H.), 1er prix, Greenoch 1882, 2e prix, Anvers 1884, *id.*, Bruxelles 1885, *id.*, Lille 1885 ; par Fox hors Flô de M. Clément Wildponler, Flô est mère de Lena, M. t. H., Bruxelles 1883, de Black, 3e prix, Mans 1888, de Nera, 2e prix, Mans 1885 ; par Don (L. d. s. H. 632), 1er prix, Bruxelles 1885, 3e prix, Bruxelles 1888, M. H., et prix d'élevage. Mans 1888 ; Don par Dasher (10,241 K. C. S. B. et Duchess (K. C. S. B. 10,252) 1er prix, Birmingham, 2e prix, Plymouth, 2e prix, Portsmouth. — Prix : 60 francs les Chiots, 50 francs les Chiottes.

S'adresser à M. V. La Perre de Roo, château de Villiers-sur-Morin, par Crécy-en-Brie (Seine-et-Marne).

SUPPLÉMENT

A LA REVUE DES SCIENCES NATURELLES APPLIQUÉES.

5 Mars 1891.

En distribution :

Montée d'Anguilles.
Pommes de terre *Richeter's imperator*.
Pinus rigida.
Myrica cerifera.
Ulmus fulva
Liriodendron tulipifera

Adresser les demandes au siège de la Société, 41, rue de Lille, à Paris.

M. Fontaine, 1, butte de Picardie, à Versailles, met gracieusement à la disposition de ses collègues des tubercules de *Stachys* ou Crosnes du Japon.

La Société décline la responsabilité des annonces insérées dans ce Bulletin.

OFFRES, DEMANDES ET ÉCHANGES

DES MEMBRES DE LA SOCIÉTÉ.

On demande : un Chien Danois de six à huit mois, pure race, couleur canelle, gris souris ou gris ardoise. Indiquer la taille.

Adresser tous renseignements et prix à M. Raphaël Lavigne, à Oloron-Sainte-Marie (Basses-Pyrénées).

On offre : femelle Temminck à 125 francs ; — mâles Versicolores de 1890, à 30 francs ; — couple Grivelées, 75 francs ; — couple Lophotès. 12 francs ; — femelle Poignardée, 15 francs ; — mâle Lumachelle, 15 francs ; — mâle Colombe Diamant, 15 francs.

S'adresser à M. Raoul Stonestreet, à Villenave-d'Ornon (Gironde).

On offre : deux couples Tragopans Temminck de 1890.

On demande : une femelle Perdrix du Boutan et une femelle Râle d'Australie.

S'adresser à M. Mathias, à Bourg-la-Reine.

A vendre : Plusieurs collections de trente-cinq variétés de Pommes de terre à 3 francs la collection, emballage compris. On les échangerait pour des œufs de Crèvecœur, Houdan, etc.

S'adresser à M. P. Gorry-Bouteau, à Belleville, par Thouars (Deux-Sèvres).

Offre bétail : Porcs et Porcelets de la grande race Craonnaise pure, pour la reproduction, parents ayant obtenu : 65 récompenses, 28 premiers prix, prix d'honneur Exposition universelle ; prix d'ensemble concours régional Chaumont ; rappel de premier prix et de prix d'ensemble, Roanne, 1888-1890 ; premier prix et prix d'honneur, Bourges ; premier prix Nevers et Paris, 1891.

S'adresser à M. Alexis Guillaumin, à Lépine, par Leveurdre (Allier).

Offre volailles : Volailles de race pure ayant obtenu : 23 récompenses, médailles de la Société des Agriculteurs de France ; 9 premiers prix, prix d'ensemble Chaumont ; prix d'honneur Nevers.

Langshan, La Flèche. Dorking, Wyandottes, Canards Rouen, Pékin, Dindons noirs, Pintadeaux, Lapins russes, argentés, angoras, géants ; Pigeons.

S'adresser à Mme Alexis Guillaumin, à Lépine, par Leveurdre (Allier).

LE CHENIL

LE POULAILLER & L'ÉCHO DE L'ÉLEVAGE RÉUNIS

JOURNAL HEBDOMADAIRE ILLUSTRÉ DE FAITS DIVERS ET D'ANNONCES

ADMINISTRATION ET RÉDACTION:

Au Jardin Zoologique d'Acclimatation (Bois de Boulogne)

Pour remplir plus complètement son programme qui est de faciliter les relations entre les éleveurs, le Jardin zoologique d'Acclimatation s'est décidé à publier un journal hebdomadaire, illustré, de faits divers et d'annonces.

Ce journal, dont le prix d'abonnement annuel est fixé à 5 fr. pour toute la France, et à 7 fr. 50 pour l'Étranger, contiendra des rubriques distinctes, des renseignements variés sur tout ce qui touche à l'élevage des animaux et des plantes (chenil, faisanderie, poulailler, agriculture, etc.), au sport, et d'une façon générale, sur ce qui se rapporte à la vie en plein air.

Les abonnements partent du 1er de chaque mois et les abonnés ont droit à 24 insertions gratuites, de 40 mots chacune. Les mots supplémentaires sont dus à raison de 5 centimes le mot, compté télégraphiquement.

Des carnets spéciaux d'annonces sont adressés gratuitement à tous les abonnés.

SUPPLÉMENT

A LA REVUE DES SCIENCES NATURELLES APPLIQUÉES.

20 Mars 1891.

En distribution :

Pommes de terre *Richter's imperator.* — *Ulmus fulva*
Myrica cerifera. — *Liriodendron tulipifera.*

Adresser les demandes au siège de la Société, 41, rue de Lille, à Paris.

Nous rappelons à MM. les Membres de la Société qui ont adressé des demandes de *Montée d'Anguilles* et de *Pommes de terre* qu'ils doivent adresser au Secrétariat un mandat de poste de 3 francs pour *chacun* de ces objets. Cette somme est destinée à indemniser la Société des frais d'emballage et d'expédition franco. A défaut de cet envoi, il ne pourrait être donné suite aux demandes reçues.

PUBLICATIONS PÉRIODIQUES.

Revue Britannique, 71, rue de la Victoire (février 1891). — Cent ans après ou l'an 2000, avec une préface (2e extrait), par M. Théodore Reinach. — Le réalisme et la décadence du roman français. — Histoire d'une paysanne : Scènes de la vie du paysan serbe (2e extrait). — Le métropolitain de Paris. — Poésie. — Correspondance et chroniques.

Revue scientifique, boulevard Saint-Germain, 111, à Paris (no 11, 14 mars 1891). — Le Vin et le Tabac, par M. Léon Tolstoï. — La langue française en Indo-Chine, par M. É. Aymonier. — L'amélioration des races européennes des Vers à soie, d'après M. Coutagne. — La vaccination charbonneuse en Australie, par M. A. Loir. — Heure nationale et heure internationale, par M. de Nordling.

La Société décline la responsabilité des annonces insérées dans ce Bulletin.

OFFRES, DEMANDES ET ÉCHANGES

DES MEMBRES DE LA SOCIÉTÉ.

On demande : adresses des maisons vendant : 1° les appareils pour l'éclosion artificielle des œufs de poissons ; 2° des aquariums divers d'appartement, plantes aquatiques, d'eau douce et de mer ; 3° des couples adultes ; des Carpes roses ; des Macropodes de la Chine ; des Axolotls blancs ; des Poissons-Soleil ; des Tanches rouges ; Fondules d'Amérique ; Poissons-Chiens de Hongrie ; Grenouilles-Bœufs d'Amérique ; Pimelode-Chat et des Gouramis.

Envoyer prix à M. Guy aîné, rue de Cugnaux, no 19, à Toulouse Haute-Garonne).

On offre : à vendre pour 25 francs la pièce, ensemble ou séparément, trois jeunes Cygnes d'un an.

S'adresser au sieur Lamier, garde au château de la Blanche-Lande, par Mortrée (Orne).

On offre : un Coq Langshan primé, deux Poules Langshan, 30 francs le lot ; un Coq Leghorn doré, deux Poules Leghorn doré, 25 francs ; un Coq Leghorn blanc, quatre Poules Leghorn blanc, 35 francs ; un Coq Cochinchinois fauve, deux Poules, 30 francs ; un Coq Barbézieux noir, quatre Poules Barbézieux noires, 50 francs le lot.

Tous sujets primés ou issus de primés. J'expédie douze œufs à couver de ces espèces primées pour 5 francs, emballage gratis, port et remboursement à l'acheteur.

S'adresser à M. C. Chaillaux, aviculteur, à Beaucamps (Nord).

MANUEL DE L'ACCLIMATEUR

OU

CHOIX DE PLANTES

RECOMMANDÉES POUR L'AGRICULTURE, L'INDUSTRIE ET LA MÉDECINE

Adaptées aux divers climats de l'Europe et des pays tropicaux

PAR MM.

Charles NAUDIN
Membre de l'Institut (Académie des sciences)
Directeur du laboratoire de botanique de la Villa Thuret, à Antibes.

le Baron F. Von MUELLER
Botaniste du gouvernement anglais
Melbourne.

Un volume in-8° de près de 600 pages. Prix : **7** fr. — Pour les membres, **5** fr.

A la Société d'Acclimatation, 41, rue de Lille, Paris.
A la librairie du Jardin zoologique d'Acclimatation.
A la librairie agricole, 26, rue Jacob, à Paris.
Et à Antibes, chez J. Marchand, imprimeur-éditeur.

LES

POISSONS MIGRATEURS

ET

LES ÉCHELLES A SAUMONS

PAR

C. RAVERET-WATTEL

In-8° de 118 pages avec figures. Prix.............................. **3** fr.

En vente, au Siège de la Société Nationale d'Acclimatation de France, 41, rue de Lille, Paris.

LES

GALLINACÉS D'ASIE

CATALOGUE RAISONNÉ

PAR RÉGIONS

DES ESPÈCES QU'IL Y AURAIT LIEU D'ACCLIMATER ET DE DOMESTIQUER EN FRANCE

PAR

L. MAGAUD D'AUBUSSON

Archiviste de la Société nationale d'Acclimatation de France

Trente-sept gravures.

Prix : 3 francs

En vente, au Siège de la Société Nationale d'Acclimatation de France, 41, rue de Lille, Paris.

SUPPLÉMENT

A LA REVUE DES SCIENCES NATURELLES APPLIQUÉES.
5 Avril 1891.

PUBLICATIONS PÉRIODIQUES.

L'Eleveur, 19, passage des Panoramas, Paris, n° 327 (5 avril 1891). — Les Canards sauvages (*suite*) : Le Canard Tadorne, par M. Gonderic. — Elevage du gibier : Les œufs de Fourmis et leur récolte, par M. J. P... — Aviculture : Ustensiles : les Abreuvoirs (*suite et fin*), par M. M. d'H... — Hygiène et médecine des jeunes Chiens : La Chorée, la Surdité, par M. P. Mégnin. — Médecine du Cheval : Traitement des Exostoses, par M. P. Mégnin. — Variétés : Chevaux de renfort, par M. X... — Echos et nouvelles, par M. Paul de Bart.

Etangs et Rivières, 47, boulevard de la Tour-Maubourg, Paris (n° 79, 1er avril 1891). — La Chevaine, par M. A. d'Audeville. — De l'âge des sujets à employer pour l'empoissonnement en Salmonides, par M. A. d'Audeville. — Les Étangs (*fin*), par M. le Dr Liégey. — Eléments de Pisciculture (*suite*), par M. A. d'Audeville. — Le Poisson-Chat. — Black bass en Angleterre. — Le jeûne des Saumons en eau douce. — Pêche extraordinaire. — Une Truite de 16 kilos. — Etc. — Bibliographie : L'avocat du pêcheur, par M. Gaston Lecouffe. — Questions et réponses. — Cours des Halles.

La Société décline la responsabilité des annonces insérées dans ce Bulletin.

OFFRES, DEMANDES ET ÉCHANGES
DES MEMBRES DE LA SOCIÉTÉ.

On offre : deux beaux Coqs de la Campine, issus de parents du Jardin d'Acclimatation.
S'adresser à M. R. de B., rue Satory, 55, à Versailles.

On offre : un Taureau Jerseyais, pur, dix-huit mois, très bon, très doux, père et mère inscrits au Herd Book de Jersey.
S'adresser à M. Alphonse Gouin, 5, place Girard, au Mans.

A vendre : un couple Eperonniers Chinquis 1890, avec doigts tournés, le mâle un doigt seulement, 50 francs le couple : un mâle Chinquis 1890, sans tares ni défauts, 45 francs. Le tout race très pure, parfaite santé, emballage gratis.
S'adresser à M. Gaillard-Beauhain, à Berteau, par Port-de-Piles (Vienne).

A vendre : une Chienne Brack, âgée de trois mois, née d'une mère Brack très pure et primée et d'un père de même race, excellent chasseur. Cette Chienne est sevrée et ressemble à la mère.
S'adresser à M. André, château du Boisselas, par Cellettes (Loir-et-Cher).

Qu'offre-t-on pour les oiseaux suivants : un couple Perruches Calopsittes ; — deux mâles et une femelle Perruches de Madagascar ; — trois mâles Diamants Mandarins.
On prendrait en échange, valeur gardée : une femelle Calfat blanc et deux femelles Moineaux Mandarins.
S'adresser à M. J. Bouguet, à Huningue (Alsace).

ÉLEVAGE DES

FAISANS, PERDREAUX, POULETS

COLINS et de tous les Insectivores

PAR LA

Poudre toni-nutritive au sang de bœuf desséché

10 ANNÉES DE SUCCÈS

Grande Médaille d'or de la Société Nationale d'Acclimatation, après 3 années d'essais

(La plus haute récompense accordée à une nourriture artificielle des Gallinacés).

5 Diplômes d'Honneur — 20 Médailles or et argent.

Médaille du Ministère de l'Agriculture.

ENVOI FRANCO DE PRIX, ÉCHANTILLONS, BROCHURE OU RENSEIGNEMENTS

E. DAUTREVILLE, 34, rue Saint-Paul, PARIS

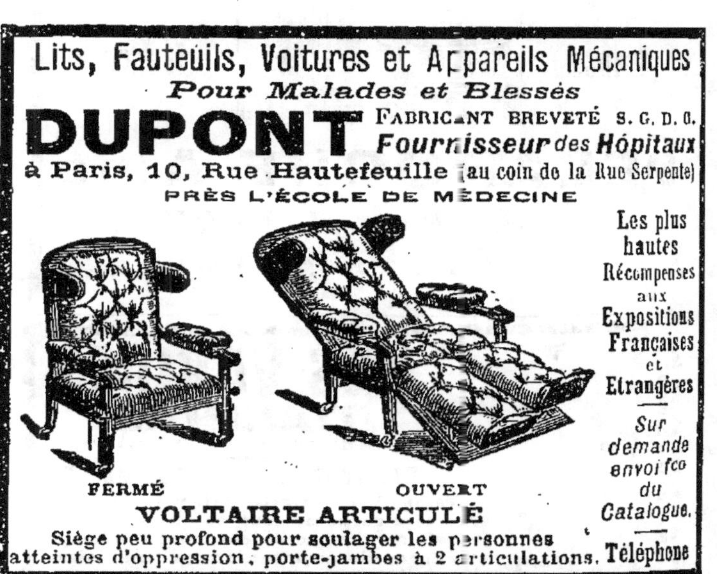

INSTILLATEUR GRENET

Breveté S. G. D. G.

Préservatif de la Rage et de toutes les Piqûres vénimeuses par la Cautérisation immédiate.

Approuvé par les Médecins de la Marine. Reconnu d'utilité publique par la Société protectrice des animaux. Médailles en 1889.

Etui incassable, petit et léger, renfermant flacon compte-gouttes

Breveté S. G. D. G.

A·P

Manière de se servir de l'Instillateur: Dévisser le côté pointu et appliquer sur la partie piquée.

Envoi franco contre mandat de 2 fr. 50 — E. GRENET, 114, rue du Temple

SUPPLÉMENT
A LA REVUE DES SCIENCES NATURELLES APPLIQUÉES.
20 Avril 1891.

En distribution :

Maïs ridé sucré, nain, du Mexique. Don de M. Ch. Mailles.

PUBLICATIONS PÉRIODIQUES.

L'Eleveur, 19, passage des Panoramas, Paris, n° 328 (12 avril 1891). — Concours hippique de Paris, par M. Chiron. — Elevage du gibier : Les œufs de Fourmis et leur récolte (*suite*), par M. J. P... — Colombiculture : Le Pigeon romain, par M. M. d'H... — Pisciculture : Elevage du poisson de Californie, par M. X... — Les poissons de Marly, par M. X... — Hygiène et médecine des jeunes Chiens, par M. P. Mégnin.

Revue Britannique, 71, rue de la Victoire, Paris (mars 1891). — L'assimilation des Musulmans. — Cent ans après ou l'an 2000, avec une préface, par M. Théodore Reinach (2e extrait). — Une mission au Caucase et en Arménie. — Histoire d'une paysanne : Scènes de la vie du paysan serbe (3e extrait). — Un naturaliste norvégien chez les Cannibales. — Poésie. — Correspondances et chroniques.

Revue scientifique, boulevard Saint-Germain, 111, à Paris (n° 15, 11 avril 1891). — Association française pour l'avancement des sciences : Les grands ports maritimes; Paris port de mer, par M. Fournier de Flaix. — Le « Livre des feux » de Marcus Græcus, par M. A. Poisson. — L'Influenza en Russie, d'après M. J. Teissier. — Le passage des rapides du fleuve Rouge, d'après M. Lapicd. — Le transport des coléoptères, par M. Wheeler.

La Société décline la responsabilité des annonces insérées dans ce Bulletin.

OFFRES, DEMANDES ET ÉCHANGES
DES MEMBRES DE LA SOCIÉTÉ.

On offre : couples de Mandarins adultes, femelle Siffleur du Chili, femelle Bernache du Magellan de 1889, Canard sauvage.

S'adresser à M. G. Rogeron, château de l'Arceau, près Angers (Maine-et-Loire).

On offre : Œufs à couver. — Collection exceptionnelle de cinquante races volailles hors ligne, primées Paris, Lille, Anvers, Angleterre. Envoi du catalogue.

S'adresser à M. Louis Relave, manufacturier, à Lyon-Vaise.

Offre bétail : Porcs et Porcelets Craonnais pour reproduction, parents ayant obtenu : 61 récompenses, 28 premiers prix. Prix d'honneur Exposition universelle, Paris 1889. Prix d'ensemble, Chaumont ; médaille de la Société des Agriculteurs de France, Bourges ; premiers prix, Paris, 1889, 1890, 1891.

S'adresser à M. Alexis Guillaumin, à Lépine, par Leveurdre (Allier).

Offre volailles : Volailles de race pure, sujets de choix, ayant obtenu : 23 récompenses, prix d'ensemble. Diplôme d'honneur.

La Flèche, Dorking, Wyandottes, Langshans, Poussins, 15 fr. 50 la douzaine, Coquelets, poulettes de 3 à 4 francs suivant âge, Canards Rouen, Pekin 1 fr. 25 à 4 francs ; Oisons Toulouse, extra, 3 fr. 50 pièce.

Œufs à couver de ces différentes races.

S'adresser à Mme Alexis Guillaumin, à Lépine, par Leveurdre (Allier).

ÉLEVAGE DES

FAISANS, PERDREAUX, POULETS

COLINS et de tous les Insectivores

PAR LA

Poudre toni-nutritive au sang de bœuf desséché

10 ANNÉES DE SUCCÈS

Grande Médaille d'or de la Société Nationale d'Acclimatation, après 3 années d'essais

(La plus haute récompense accordée à une nourriture artificielle des Gallinacés).

5 Diplômes d'Honneur — 20 Médailles or et argent.

Médaille du Ministère de l'Agriculture.

ENVOI FRANCO DE PRIX, ÉCHANTILLONS, BROCHURE OU RENSEIGNEMENTS

E. DAUTREVILLE, 34, rue Saint-Paul, PARIS

INSTILLATEUR GRENET

Breveté S. G. D. G.

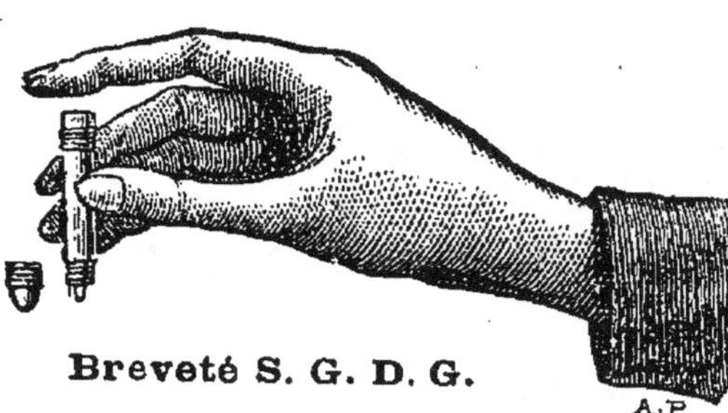

Breveté S. G. D. G.

Préservatif de la Rage et de toutes les Piqûres vénimeuses par la Cautérisation immédiate.

Approuvé par les Médecins de la Marine. Reconnu d'utilité publique par la Société protectrice des animaux. Médailles en 1889.

Etui incassable, petit et léger, renfermant flacon compte-gouttes.

Manière de se servir de l'Instillateur: Dévisser le côté pointu et appliquer sur la partie piquée.

Envoi franco contre mandat de 2 fr. 50 -- E. GRENET, 114, rue du Temple.

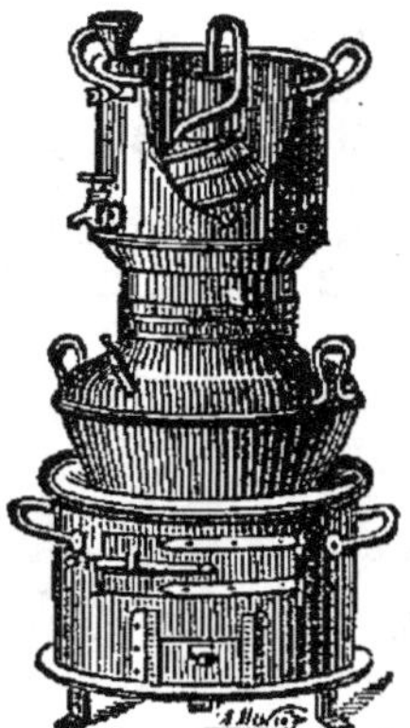

SUPPLÉMENT

A LA REVUE DES SCIENCES NATURELLES APPLIQUÉES.

5 Mai 1891.

En distribution :

Maïs ridé sucré, nain, du Mexique. Don de M. Ch. Mailles.

PUBLICATIONS PÉRIODIQUES.

L'Eleveur, 19, passage des Panoramas, Paris, n° 328 (12 avril 1891). — Concours hippique de Paris, par M. Chiron. — Elevage du gibier : Les œufs de Fourmis et leur récolte (*suite*), par M. J. P... — Colombiculture : Le Pigeon romain, par M. M. d'H... — Pisciculture : Elevage du poisson de Californie, par M. X... — Les poissons de Marly.

Revue Britannique, 71, rue de la Victoire, Paris (mars 1891). — L'assimilation des Musulmans. — Cent ans après ou l'an 2000, avec une préface, par M. Théodore Reinach (3e extrait). — Une mission au Caucase et en Arménie. — Histoire d'une paysanne : Scènes de la vie du paysan serbe (3e extrait). — Un naturaliste norvégien chez les Cannibales. — Poésie. — Correspondances et chroniques.

OFFRES, DEMANDES ET ÉCHANGES
DES MEMBRES DE LA SOCIÉTÉ.

On offre : pour faire place aux jeunes : magnifique couple Lineatus de Reynaud, né en 1888, parfait reproducteur, 65 francs.

Splendide mâle Lophophore resplendissant ayant reproduit, 175 francs, femelle morte.

Mâle Gould, 25 francs ; femelle Colin de Virginie, 18 francs ; femelle Lopholès, 12 francs ; beaux couples de Pigeons Tambours de Dresde noirs, Pies noires, Satins étincelés, Damascènes, 15 francs le couple.

S'adresser à M. Martineau, rue de la Verrerie, 18, Nantes (Loire-Inférieure).

A vendre : pendant toute la saison, œufs de Pintade grise à 3 francs la douzaine, emballage 50 centimes par une douzaine et gratis pour une quantité supérieure.

S'adresser à M. Louis Bottey, à Charroux (Vienne).

Offre bétail : Porcs et Porcelets Craonnais pour reproduction, parents ayant obtenu : 61 récompenses, 28 premiers prix. Prix d'honneur Exposition universelle, Paris 1889. Prix d'ensemble, Chaumont ; médaille de la Société des Agriculteurs de France, Bourges ; premiers prix, Paris, 1889, 1890, 1891.

S'adresser à M. Alexis Guillaumin, à Lépine, par Leveurdre (Allier).

Offre volailles : Volailles de race pure, sujets de choix, ayant obtenu : 23 récompenses, prix d'ensemble. Diplôme d'honneur.

La Flèche, Dorking, Wyandottes, Langshan, Poussins, 15 fr. 50 la douzaine, Coquelets, poulettes de 3 à 4 francs suivant âge, Canards Rouen, Pékin 1 fr. 25 à 4 francs ; Oisons Toulouse, extra, 3 fr. 50 pièce.

Œufs à couver de ces différentes races.

S'adresser à Mme Alexis Guillaumin, à Lépine, par Leveurdre (Allier).

On demande à acheter de la farine de Soja. — Écrire au bureau du journal.

LES LACS DE L'AUVERGNE

OROGRAPHIE — FAUNE NATURELLE — FAUNE INTRODUITE

Par Amédée BERTHOULE

Secrétaire général de la Société Nationale d'Acclimatation

1 vol. in-8° de 134 pages, avec une carte de la région, 13 gravures hors texte et 27 dans le texte. PRIX : 5 fr.

EN VENTE AU SIÈGE DE LA SOCIÉTÉ, 41, RUE DE LILLE, PARIS

SUPPLÉMENT

A LA REVUE DES SCIENCES NATURELLES APPLIQUÉES.

5 Juin 1891.

PUBLICATIONS PÉRIODIQUES.

L'Éleveur, 19, passage des Panoramas, Paris, n° 335 (31 mai 1891). — Exposition canine des Tuileries, par M. Gonderic. — Un dernier mot sur les Field-trials du Boulleaume, par M. Paul Géruzez. — Choses des champs, par M. Lacroix-Danliard. — Médecine du Cheval : Les Hydarthroses, par M. P. Mégnin. — Maladies de la Pomme de terre, par M. Jean Pierre. — Chronique scientifique : Un parasite du Ver blanc, par M. Dr Giard.

Étangs et Rivières, 47, boulevard de la Tour-Maubourg, Paris (n° 83, 1er juin 1891). — Le Silure, par M. H. d'Hugo. — La Truite Arc-en-ciel, par M. A. d'Audeville. — Manière de pêcher les Anguilles et même d'en débarrasser un étang, par M. A. d'Audeville. — Éléments de Pisciculture par M. A. d'Audeville. — Aménagement et utilité des glacières (*suite*), par M. H. d'Hugo. — Terriers artificiels de Loutres (*suite*), par M. H. Shmidt. — La Tourbe, agent de conservation du poisson. — Le choix des Écrevisses. — Prix des alevins de Saumons en Hollande. — La première Carpe de cette année. — Le Mascalong. — Les grands lacs. — Bibliographie. — Questions et Réponses. — Aux Halles.

La Société décline la responsabilité des annonces insérées dans ce Bulletin.

OFFRES, DEMANDES ET ÉCHANGES

DES MEMBRES DE LA SOCIÉTÉ.

On offre : 1° Cheval bai, trois-quart sang, 1m,55 environ, huit ou neuf ans, douceur absolue, peur de rien, s'attèle bien, est monté tous les jours par jeunes filles, pied très sûr, bouche parfaite, caractère excellent, fond inépuisable, vendu par excès de nombre ;

2° *A céder :* occasion pour enfants, petite jument de la vallée d'Argelès, 1m,30 environ. — Parfaite de sagesse et douceur, à l'abri d'une faute ou d'une méchanceté.

S'adresser à M. le comte R. de Montbron, château de Forsac, par Lubersac (Corrèze).

A vendre : œufs de Poule de Houdan, excellente pondeuse, sujets issus du Jardin d'Acclimatation, la douzaine 5 francs. — Deux douzaines, 8 fr. 50, franco en gare de l'acheteur.

S'adresser à M. Pacaud, château de la Camusetterie, par Tournon (Indre).

A vendre : couple Lophophores adultes, irréprochables, 450 francs; couple Elliot 1890, 160 francs ; Colombe poignardée, mâle, née en volière, 30 francs ; femelle Colin de Virginie, 15 francs.

Beaux Pigeons Capucins anglais, rouges et chamois ; Paons d'Écosse blancs; Paons bleus ; Mookees bruns et noirs, satins herminés ; Damascènes, sujets de choix, 20 francs le couple.

S'adresser à M. Martineau, rue de la Verrerie, 18, à Nantes (Loire-Inférieure).

On offre : Œufs à couver. — Collection exceptionnelle de cinquante races volailles hors ligne, primées Paris, Lille, Anvers, Angleterre. Envoi du catalogue.

S'adresser à M. Louis Relave, manufacturier, à Lyon-Vaise.

POMPES D'ARROSAGE

H. EMONIN Fournisseur de la Ville de Paris, de l'État, du Jardin d'Acclimatation, etc., **72, rue de Bondy, PARIS.**

AU JARDIN D'ACCLIMATATION

ÉLOCIPÈ)ES et CHARRETTES

Les Fils de PEI OT Frères

PEUGEOT

VALENTIG (Doubs)

DÉPOT A PARIS

2, Avenue de la Grande-Armée

MANUFACTURE DE SELLERIE

PINÇON & JULIEN

PARIS — 54, Boulevard Magenta, et 7, Passage Dubail — PARIS

HARNAIS, SELLES, BRIDES & ACCESSOIRES

Envoi de Tarifs, Prix, Devis et Dessins

DESTRUCTION DES TAUPES, RATS, SOURIS, MULOTS

PAR LES

APSULES PAUL JAMAIN

AU SULFURE DE CARBONE

USINE A DIJON (FRANCE)

Ces Capsules détruisent également le ver blanc, le phylloxera, etc., etc.

SUPPLÉMENT

A LA REVUE DES SCIENCES NATURELLES APPLIQUÉES.

20 Juin 1891.

PUBLICATIONS PÉRIODIQUES.

L'Éleveur, 19, passage des Panoramas, Paris, n° 337 (14 juin 1891). — Hygiène du Chien : Établissement d'un Chenil, par M. P. Mégnin. — Exposition canine des Tuileries (*suite*), par M. Gonderic. — Exposition canine de Niort, par M. Regor. — Sport : Le grand prix de Paris, par M. J. de Rondbois. — Échos et Nouvelles, par M. Paul de Bart.

Revue scientifique, boulevard Saint-Germain, 111, à Paris (n° 24, 13 juin 1891). — L'assistance mutuelle chez les sauvages, par M. Kropotkine. — Les dogmes scientifiques, par M. Carl Vogt. — Les exercices physiques dans l'âge mur, par M. F. Lagrange. — La coupellation chez les anciens juifs, par M. E. Meyerson. — Effets de la consanguinité, d'après MM. Louis et Gustave Lancry. — La cure opératoire des microcéphales et des enfants arriérés.

La Société décline la responsabilité des annonces insérées dans ce Bulletin.

OFFRES, DEMANDES ET ÉCHANGES
DES MEMBRES DE LA SOCIÉTÉ.

Offre bétail : Porcs et Porcelets Craonnais pour reproduction, parents ayant obtenu : 80 récompenses, 26 premiers prix. Prix d'honneur Exposition universelle, Paris 1889. Prix d'ensemble, Chaumont 1890 ; Versailles 1891 ; médaille de la Société des Agriculteurs de France, Bourges ; premiers prix, Paris, 1889, 1890, 1891.

S'adresser à M. Alexis Guillaumin, à Lépine, par Leveurdre (Allier).

Offre volailles : Volailles de race pure, sujets de choix, ayant obtenu : 42 récompenses : Prix d'ensemble, Chaumont 1890, Bourg 1891 ; médaille de la Société des Agriculteurs de France, et deux diplômes d'honneur.

La Flèche, du Mans, Dorking, Wyandottes, Langshan, Poussins. Prix suivant âge. Canards Rouen, Pékin, 1 fr. 25 à 5 francs pièce.

Œufs à couver de ces différentes races.

S'adresser à Mme Alexis Guillaumin, à Lépine, par Leveurdre (Allier).

On demande : cinq à six femelles Perruches ondulées de 1890, et sept couples Moineaux Mandarins adultes. — Inutile d'offrir des oiseaux qui ne seraient pas irréprochables ; — indiquer les conditions.

S'adresser à Me Dupouet, notaire, à Saint-Mathurin (Maine-et-Loire).

A vendre : mâle Eperonnier Chinquis 1890, sans tares, race pure, parfaite santé, 30 francs, franco d'emballage.

S'adresser à M. Gaillard-Beauhain, à Berteau, par Port-de-Piles (Vienne).

A vendre : 1° Œufs Poule Houdan, de race absolument pure, issues de l'acclimatation, la douzaine, 5 francs, deux douzaines, 8 fr. 50 ;

2° Magnifique Chienne Ratier anglais tigrée, deux ans, hors ligne de garde et sur le fauve, 20 francs, échangerais contre objet utile ou jeune Chien couchant, de race pure.

S'adresser à M. Pacaud, château de la Commetterie, par Tournon (Indre).

A vendre : beau Chien Danois, gris foncé, âgé de deux ans et demi ; prix 150 francs.

S'adresser à M. Cuiller, chez M. Taillandier, à Villers-sur-Mer.

Maison fondée en 1872
Plus de 400 Médailles et 12 Prix d'honneur
Médaille d'or, Prix d'ensemble, Paris 1886
VOITELLIER à MANTES (S.-&-O.)
COUVEUSES
ARTIFICIELLES
MATÉRIEL D'ÉLEVAGE
Volailles de Race
ŒUFS A COUVER
Race pure de Houdan 0,25
CHIENS de chasse dressés.
Envoi franco du Catalogue illustré.
MAISON A PARIS
4 Pl. du Théâtre-Français

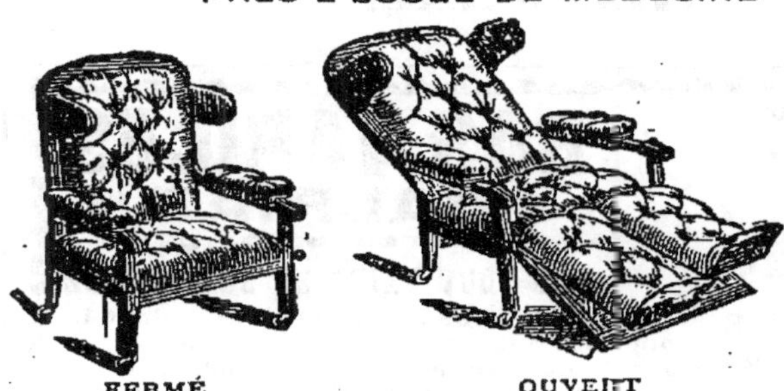

FERMÉ
OUVERT

SUPPLÉMENT au n° 6 de la *Revue des Sciences Naturelles Appliquées.*

SOCIÉTÉ NATIONALE D'ACCLIMATATION
DE FRANCE

41, RUE DE LILLE, 41. — PARIS

EXPOSITION

organisée par la

SECTION D'AVICULTURE PRATIQUE

Cette Exposition aura lieu au Jardin Zoologique d'Acclimatation du Bois de Boulogne, du 14 au 20 Avril 1891

BULLETIN D'INSCRIPTION

Je soussigné : (Nom) ....

(Adresse) ....

*désire présenter à l'*Exposition d'Aviculture Pratique *du 14 au 20 Avril prochain.*

(Prière d'indiquer le nombre des animaux de chaque espèce et ci-contre le détail catalogué.

Coqs	Dindons	Lapins . ...
Poules	Oies	....
Pintades	Pigeons.	....

Le .... *1891.*

Signature : (1)

NOTA. — Les Associés de la Section d'Aviculture pratique payant une cotisation de 12 fr. par an et les Membres de la Société Nationale d'Acclimatation bénéficient d'une réduction de 40 0/0 sur les tarifs d'admission au Concours.

Le programme du Concours sera immédiatement adressé en réponse à toute demande qui parviendrait à M. le Secrétaire général, à la Société.

(1) Le signataire devra indiquer s'il est membre de la Société nationale d'Acclimatation, associé de la Section d'Aviculture ou exposant libre.

Versailles.— Imp. Cerf et fils

Envoi de M

NOM DE LA RACE	1re DIVISION Races françaises	2e DIVISION Races étrangères	3e DIVISION Races naines	4e DIVISION Pintades et Dindons	5e DIVISION Oies et Canards	6e DIVISION Lapins	7e DIVISION Pigeons de grande race	8e DIVISION Pigeons voyageurs	9e DIVISION Espèces diverses
Exemple. 3 Coqs Nangasaki.			3						
Exemple. Un couple Pigeons polonais.									1

NOTA. — Prière d'inscrire dans la première colonne le nom de la race en indiquant s'il s'agit de mâles ou de femelles et dans les colonnes de divisions le nombre des individus que l'exposant se propose d'envoyer. (Les pigeons par couple.) Pour le classement des races par divisions, voir le programme des prix.

UPPLÉMENT au nº 6 de la *Revue des Sciences Naturelles Appliquées*.

SOCIÉTÉ NATIONALE D'ACCLIMATATION
DE FRANCE

41, RUE DE LILLE, 41. — PARIS

EXPOSITION

organisée par la

SECTION D'AVICULTURE PRATIQUE

Cette Exposition aura lieu au Jardin Zoologique d'Acclimatation du Bois de Boulogne, du 14 au 20 Avril 1891

BULLETIN D'INSCRIPTION

Je soussigné : (Nom) ....

(Adresse) ....

*désire présenter à l'*EXPOSITION D'AVICULTURE PRATIQUE *du 14 au 20 Avril prochain.*

(Prière d'indiquer le nombre des animaux de chaque espèce et ci-contre le détail catalogué.

Coqs . .	....	Dindons	....	Lapins .	....
Poules .	....	Oies . .	....		....
Pintades	....	Pigeons.	....		....

Signature : (1)

Le .... *1891.*

NOTA. — Les Associés de la Section d'Aviculture pratique payant une cotisation de 12 fr. par an et les Membres de la Société Nationale d'Acclimatation bénéficient d'une réduction de 40 0/0 sur les tarifs d'admission au Concours.

Le programme du Concours sera immédiatement adressé en réponse à toute demande qui parviendrait à M. le Secrétaire général, à la Société.

(1) Le signataire devra indiquer s'il est membre de la Société nationale d'Acclimatation, associé de la Section d'Aviculture ou exposant libre.

Versailles.— Imp. Cerf et fils

Envoi de M ....

NOM DE LA RACE	1re DIVISION Races françaises	2e DIVISION Races étrangères	3e DIVISION Races naines	4e DIVISION Pintades et Dindons	5e DIVISION Oies et Canards	6e DIVISION Lapins	7e DIVISION Pigeons de grande race	8e DIVISION Pigeons voyageurs	9e DIVISION Espèces diverses
Exemple. 3 Coqs Nangasaki.			3						
Exemple. Un couple Pigeons polonais.									1

NOTA. — Prière d'inscrire dans la première colonne le nom de la race en indiquant s'il s'agit de mâles ou de femelles et dans les colonnes de divisions le nombre des individus que l'exposant se propose d'envoyer. (Les pigeons par couple.) Pour le classement des races par divisions, voir le programme des prix.

SUPPLÉMENT au n° 6 de la *Revue des Sciences Naturelles Appliquées.*

SOCIÉTÉ NATIONALE

D'ACCLIMATATION

DE FRANCE

SECTION D'AVICULTURE PRATIQUE

Paris, le 28 février 1891.

Monsieur,

Nous avons l'honneur de vous adresser ci-joint le programme des prix proposés pour l'Exposition organisée par la **Section d'Aviculture pratique de la Société nationale d'Acclimatation.**

Cette Exposition, entreprise pour encourager les personnes qui s'adonnent et s'intéressent à l'Aviculture, aura lieu au Jardin d'Acclimatation du Bois de Boulogne, du 14 au 20 avril prochain. Elle sera internationale.

Une commission spéciale veillera à la bonne installation des animaux et sera chargée, lors de la réception, de refuser l'entrée des bêtes malades et suspectes.

Les animaux seront placés individuellement, à l'exception des pigeons, qui seront par couples.

L'attribution des récompenses sera faite par neuf juges

compétents, désignés par la Section d'Aviculture ; chacun d'eux sera chargé de décerner les récompenses à une division.

Les *grands prix* seront décernés, sur la proposition de chacun des juges de division, par le bureau.

Pour offrir aux exposants toutes garanties, ils pourront faire leurs réclamations dans le délai des deux heures qui suivront l'affichage de la liste des récompenses décernées.

Cet affichage sera ordonné par M. le Commissaire général de l'Exposition, immédiatement après la clôture des opérations du Jury.

Pour être admise, la réclamation devra être faite par écrit et porter explicitement les motifs ; elle devra être accompagnée du dépôt d'une somme de 10 francs, qui sera rendue à l'exposant si la réclamation est fondée.

Le Commissaire général, président de la Section, assisté d'un des neuf juges délégués et d'un de ces juges choisi par le plaignant, fera droit aux réclamations.

La Section se réserve le pouvoir de compléter le programme des prix, si cela est reconnu nécessaire.

S'il vous plaisait, Monsieur, de prendre part à cette Exposition, veuillez nous retourner rempli le bulletin ci-joint, avant le 31 mars prochain.

Les renseignements complémentaires que vous pourriez désirer sont contenus dans la publication que nous vous adressons.

Veuillez agréer, Monsieur, mes salutations empressées.

Le secrétaire-adjoint de la Section d'Aviculture,

DAUTREVILLE.

VERSAILLES. — IMP. CERF ET FILS.

REVUE

DES

IENCES NATURELLES APPLIQUÉES

PUBLIÉE PAR LA

SOCIÉTÉ NATIONALE D'ACCLIMATATION

DE FRANCE

PARAISSANT A PARIS LES 5 ET 20 DE CHAQUE MOIS

38e ANNÉE

Nc 2. — 20 Janvier 1891

Premier Semestre

AU SIÈGE SOCIAL

DE LA SOCIÉTÉ NATIONALE D'ACCLIMATATION DE FRANCE

41, RUE DE LILLE, 41

PARIS

SOMMAIRE

CONSEIL D'ADMINISTRATION

LA

REVUE DES SCIENCES NATURELLES APPLIQUÉES

(Bulletin bimensuel de la Société nationale d'Acclimatation.)

Paraissant à Paris le 5 et le 20 de chaque mois.

REDACTION	**ABONNEMENTS**
Au siège de la Société,	**Paris, province et étranger :**
41, RUE DE LILLE	UN AN : 25 FRANCS

UN NUMÉRO PRIS SÉPARÉMENT : UN FRANC

Les abonnements partent du 1er *janvier et sont faits pour l'année entière.*

La *Revue* est envoyée gratuitement aux Membres de la Société nationale d'Acclimatation de France.

AVIS AUX AUTEURS ET ÉDITEURS

La *Revue* donnera une analyse sommaire des ouvrages qui se rapportent aux travaux de la Société et dont les auteurs ou éditeurs auront adressé deux exemplaires au bureau de l'Administration, rue de Lille, 41.

EXTRAITS DES STATUTS & RÈGLEMENTS

Le but de la Société nationale d'Acclimatation de France est de concourir :

1° A l'introduction, à l'acclimatation et à la domestication des espèces d'animaux utiles et d'ornement ; 2° au perfectionnement et à la multiplication des races nouvellement introduites ou domestiquées ; 3° à l'introduction et à la propagation des végétaux utiles ou d'ornement.

Le nombre des membres de la Société est illimité.

Les Français et les étrangers peuvent en faire partie.

Pour faire partie de la Société, on devra être présenté par un membre sociétaire qui signera la proposition de présentation, ou en faire la demande à M. le Secrétaire général;

Chaque membre paye : 1° un droit d'entrée de 10 fr.; 2° une cotisation annuelle de 25 fr., ou 250 fr. une fois payés.

La cotisation est due et se perçoit à partir du 1er janvier.

Suivant convention passée avec le jardin zoologique d'Acclimatation et expirant le 31 décembre 1891, chaque membre ayant payé sa cotisation recevra :

Une carte personnelle et six billets d'entrée aux Jardins d'Acclimatation de Paris et de Marseille, dont il pourra disposer à son gré.

Les membres qui ne voudraient pas user de leur carte personnelle peuvent la déléguer.

Les sociétaires auront le droit d'abonner au Jardin d'Acclimatation les membres de leur famille directe (femme, mère, sœurs et filles non mariées et fils mineurs), à raison de 12 fr. 50 par personne et par an.

Il est accordé aux membres un rabais de 5 pour 100 sur le prix des ventes (exclusivement personnelles) qui leur seront faites au Jardin d'Acclimatation de Paris (animaux et plantes).

La **Revue des Sciences naturelles appliquées** (*Bulletin bimensuel* de la Société) est gratuitement délivrée à chaque membre.

La Société confie des animaux et des plantes en cheptel.

Pour obtenir des cheptels, il faut : 1° être membre de la Société; 2° justifier qu'on est en mesure de loger et de soigner convenablement les animaux et de cultiver les plantes avec discernement; 3° s'engager à rendre compte, deux fois par an au moins, des résultats **bons** ou **mauvais** obtenus et des observations recueillies; 4° s'engager à partager avec la Société les produits obtenus.

Indépendamment des cheptels, la Société fait, dans le courant de chaque année, de nombreuses distributions, entièrement gratuites, des graines qu'elle reçoit de ses correspondants dans les diverses parties du globe.

La Société décerne, chaque année, des récompenses et encouragements aux personnes qui l'aident à atteindre son but.

(Le programme des prix, le règlement des cheptels et la liste des animaux et plantes mis en distribution sont adressés gratuitement à toute personne qui en fait la demande par lettre affranchie.)

Versailles, imprimerie Cerf et Fils, rue Duplessis, 59.

REVUE

DES

SCIENCES NATURELLES APPLIQUÉES

PUBLIÉE PAR LA

SOCIÉTÉ NATIONALE D'ACCLIMATATION

DE FRANCE

PARAISSANT A PARIS LES 5 ET 20 DE CHAQUE MOIS

38e ANNÉE

N° 3. — 5 Février 1891

Premier Semestre

AU SIÈGE SOCIAL

DE LA SOCIÉTÉ NATIONALE D'ACCLIMATATION DE FRANCE

41, RUE DE LILLE, 41

PARIS

SOMMAIRE

CONSEIL D'ADMINISTRATION

LA

REVUE DES SCIENCES NATURELLES APPLIQUÉES

(Bulletin bimensuel de la Société nationale d'Acclimatation.)

Paraissant à Paris le 5 et le 20 de chaque mois.

RÉDACTION	ABONNEMENTS
Au siège de la Société,	**Paris, province et étranger :**
41, RUE DE LILLE	UN AN : 25 FRANCS

UN NUMÉRO PRIS SÉPARÉMENT : UN FRANC

Les abonnements partent du 1er janvier et sont faits pour l'année entière.

La *Revue* est envoyée gratuitement aux Membres de la Société nationale d'Acclimatation de France.

AVIS AUX AUTEURS ET ÉDITEURS

La *Revue* donnera une analyse sommaire des ouvrages qui se rapportent aux travaux de la Société et dont les auteurs ou éditeurs auront adressé deux exemplaires au bureau de l'Administration, rue de Lille, 41.

EXTRAITS DES STATUTS & RÈGLEMENTS

Le but de la Société nationale d'Acclimatation de France est de concourir :

1° A l'introduction, à l'acclimatation et à la domestication des espèces d'animaux utiles et d'ornement ; 2° au perfectionnement et à la multiplication des races nouvellement introduites ou domestiquées ; 3° à l'introduction et à la propagation des végétaux utiles ou d'ornement.

Le nombre des membres de la Société est illimité.

Les Français et les étrangers peuvent en faire partie.

Pour faire partie de la Société, on devra être présenté par un membre sociétaire qui signera la proposition de présentation, ou en faire la demande à M. le Secrétaire général ;

Chaque membre paye : 1° un droit d'entrée de 10 fr. ; 2° une cotisation annuelle de 25 fr., ou 250 fr. une fois payés.

La cotisation est due et se perçoit à partir du 1er janvier.

Suivant convention passée avec le jardin zoologique d'Acclimatation et expirant le 31 décembre 1891, chaque membre ayant payé sa cotisation recevra :

Une carte personnelle et six billets d'entrée aux Jardins d'Acclimatation de Paris et de Marseille, dont il pourra disposer à son gré.

Les membres qui ne voudraient pas user de leur carte personnelle peuvent la déléguer.

Les sociétaires auront le droit d'abonner au Jardin d'Acclimatation les membres de leur famille directe (femme, mère, sœurs et filles non mariées et fils mineurs), à raison de 12 fr. 50 par personne et par an.

Il est accordé aux membres un rabais de 5 pour 100 sur le prix des ventes (exclusivement personnelles) qui leur seront faites au Jardin d'Acclimatation de Paris (animaux et plantes).

La **Revue des Sciences naturelles appliquées** (*Bulletin bimensuel* de la Société) est gratuitement délivrée à chaque membre.

La Société confie des animaux et des plantes en cheptel.

Pour obtenir des cheptels, il faut : 1° être membre de la Société ; 2° justifier qu'on est en mesure de loger et de soigner convenablement les animaux et de cultiver les plantes avec discernement ; 3° s'engager à rendre compte, deux fois par an au moins, des résultats **bons** ou **mauvais** obtenus et des observations recueillies ; 4° s'engager à partager avec la Société les produits obtenus.

Indépendamment des cheptels, la Société fait, dans le courant de chaque année, de nombreuses distributions, entièrement gratuites, des graines qu'elle reçoit de ses correspondants dans les diverses parties du globe.

La Société décerne, chaque année, des récompenses et encouragements aux personnes qui l'aident à atteindre son but.

(Le programme des prix, le règlement des cheptels et la liste des animaux et plantes mis en distribution sont adressés gratuitement à toute personne qui en fait la demande par lettre affranchie.)

Versailles, imprimerie Cerf et Fils, rue Duplessis, 59

REVUE

DES

SCIENCES NATURELLES APPLIQUÉES

PUBLIÉE PAR LA

SOCIÉTÉ NATIONALE D'ACCLIMATATION

DE FRANCE

PARAISSANT A PARIS LES 5 ET 20 DE CHAQUE MOIS

38e ANNÉE

N° 4. — 20 Février 1891

Premier Semestre

AU SIÈGE SOCIAL

DE LA SOCIÉTÉ NATIONALE D'ACCLIMATATION DE FRANCE

41, RUE DE LILLE, 41

PARIS

SOMMAIRE

CONSEIL D'ADMINISTRATION

LA

REVUE DES SCIENCES NATURELLES APPLIQUÉES

(Bulletin bimensuel de la Société nationale d'Acclimatation.)

Paraissant à Paris le 5 et le 20 de chaque mois.

RÉDACTION	ABONNEMENTS
Au siège de la Société,	**Paris, province et étranger :**
41, RUE DE LILLE	UN AN : 25 FRANCS

UN NUMÉRO PRIS SÉPARÉMENT : UN FRANC

Les abonnements partent du 1er janvier et sont faits pour l'année entière.

La *Revue* est envoyée gratuitement aux Membres de la Société nationale d'Acclimatation de France.

AVIS AUX AUTEURS ET ÉDITEURS

La *Revue* donnera une analyse sommaire des ouvrages qui se rapportent aux travaux de la Société et dont les auteurs ou éditeurs auront adressé deux exemplaires au bureau de l'Administration, rue de Lille, 41.

EXTRAITS DES STATUTS & RÈGLEMENTS

Le but de la Société nationale d'Acclimatation de France est de concourir :

1° A l'introduction, à l'acclimatation et à la domestication des espèces d'animaux utiles et d'ornement ; 2° au perfectionnement et à la multiplication des races nouvellement introduites ou domestiquées ; 3° à l'introduction et à la propagation des végétaux utiles ou d'ornement.

Le nombre des membres de la Société est illimité.

Les Français et les étrangers peuvent en faire partie.

Pour faire partie de la Société, on devra être présenté par un membre sociétaire qui signera la proposition de présentation, ou en faire la demande à M. le Secrétaire général ;

Chaque membre paye : 1° un droit d'entrée de 10 fr. ; 2° une cotisation annuelle de 25 fr., ou 250 fr. une fois payés.

La cotisation est due et se perçoit à partir du 1er janvier.

Suivant convention passée avec le jardin zoologique d'Acclimatation et expirant le 31 décembre 1891, chaque membre ayant payé sa cotisation recevra :

Une carte personnelle et six billets d'entrée aux Jardins d'Acclimatation de Paris et de Marseille, dont il pourra disposer à son gré.

Les membres qui ne voudraient pas user de leur carte personnelle peuvent la déléguer.

Les sociétaires auront le droit d'abonner au Jardin d'Acclimatation les membres de leur famille directe (femme, mère, sœurs et filles non mariées et fils mineurs), à raison de 12 fr. 50 par personne et par an.

Il est accordé aux membres un rabais de 5 pour 100 sur le prix des ventes (exclusivement personnelles) qui leur seront faites au Jardin d'Acclimatation de Paris (animaux et plantes).

La **Revue des Sciences naturelles appliquées** (*Bulletin bimensuel* de la Société) est gratuitement délivrée à chaque membre.

La Société confie des animaux et des plantes en cheptel.

Pour obtenir des cheptels, il faut : 1° être membre de la Société ; 2° justifier qu'on est en mesure de loger et de soigner convenablement les animaux et de cultiver les plantes avec discernement ; 3° s'engager à rendre compte, deux fois par an au moins, des résultats **bons** ou **mauvais** obtenus et des observations recueillies ; 4° s'engager à partager avec la Société les produits obtenus.

Indépendamment des cheptels, la Société fait, dans le courant de chaque année, de nombreuses distributions, entièrement gratuites, des graines qu'elle reçoit de ses correspondants dans les diverses parties du globe.

La Société décerne, chaque année, des récompenses et encouragements aux personnes qui l'aident à atteindre son but.

(Le programme des prix, le règlement des cheptels et la liste des animaux et plantes mis en distribution sont adressés gratuitement à toute personne qui en fait la demande par lettre affranchie.)

Versailles, imprimerie Cerf et Fils, rue Duplessis, 59

REVUE

DES

SCIENCES NATURELLES APPLIQUÉES

PUBLIÉE PAR LA

SOCIÉTÉ NATIONALE D'ACCLIMATATION

DE FRANCE

PARAISSANT A PARIS LES 5 ET 20 DE CHAQUE MOIS

38e ANNÉE

N° 5 — 5 Mars 1891

Premier Semestre

AU SIÈGE SOCIAL

DE LA SOCIÉTÉ NATIONALE D'ACCLIMATATION DE FRANCE

41, RUE DE LILLE, 41

PARIS

SOMMAIRE

CONSEIL D'ADMINISTRATION

LA

REVUE DES SCIENCES NATURELLES APPLIQUÉES

(Bulletin bimensuel de la Société nationale d'Acclimatation.)

Paraissant à Paris le 5 et le 20 de chaque mois.

RÉDACTION	**ABONNEMENTS**
Au siège de la Société,	**Paris, province et étranger :**
41, RUE DE LILLE	UN AN : 25 FRANCS

UN NUMÉRO PRIS SÉPARÉMENT : UN FRANC

Les abonnements partent du 1er janvier et sont faits pour l'année entière.

La *Revue* est envoyée gratuitement aux Membres de la Société nationale d'Acclimatation de France.

AVIS AUX AUTEURS ET ÉDITEURS

La *Revue* donnera une analyse sommaire des ouvrages qui se rapportent aux travaux de la Société et dont les auteurs ou éditeurs auront adressé deux exemplaires au bureau de l'Administration, rue de Lille, 41.

EXTRAITS DES STATUTS & RÈGLEMENTS

Le but de la Société nationale d'Acclimatation de France est de concourir :

1° A l'introduction, à l'acclimatation et à la domestication des espèces d'animaux utiles et d'ornement; 2° au perfectionnement et à la multiplication des races nouvellement introduites ou domestiquées; 3° à l'introduction et à la propagation des végétaux utiles ou d'ornement.

Le nombre des membres de la Société est illimité.

Les Français et les étrangers peuvent en faire partie.

Pour faire partie de la Société, on devra être présenté par un membre sociétaire qui signera la proposition de présentation, ou en faire la demande à M. le Secrétaire général;

Chaque membre paye : 1° un droit d'entrée de 10 fr.; 2° une cotisation annuelle de 25 fr., ou 250 fr. une fois payés.

La cotisation est due et se perçoit à partir du 1er janvier.

Suivant convention passée avec le jardin zoologique d'Acclimatation et expirant le 31 décembre 1891, chaque membre ayant payé sa cotisation recevra :

Une carte personnelle et six billets d'entrée aux Jardins d'Acclimatation de Paris et de Marseille, dont il pourra disposer à son gré.

Les membres qui ne voudraient pas user de leur carte personnelle peuvent la déléguer.

Les sociétaires auront le droit d'abonner au Jardin d'Acclimatation les membres de leur famille directe (femme, mère, sœurs et filles non mariées et fils mineurs), à raison de 12 fr. 50 par personne et par an.

Il est accordé aux membres un rabais de 5 pour 100 sur le prix des ventes (exclusivement personnelles) qui leur seront faites au Jardin d'Acclimatation de Paris (animaux et plantes).

La **Revue des Sciences naturelles appliquées** (*Bulletin bimensuel* de la Société) est gratuitement délivrée à chaque membre.

La Société confie des animaux et des plantes en cheptel.

Pour obtenir des cheptels, il faut : 1° être membre de la Société; 2° justifier qu'on est en mesure de loger et de soigner convenablement les animaux et de cultiver les plantes avec discernement; 3° s'engager à rendre compte, deux fois par an au moins, des résultats **bons** ou **mauvais** obtenus et des observations recueillies; 4° s'engager à partager avec la Société les produits obtenus.

Indépendamment des cheptels, la Société fait, dans le courant de chaque année, de nombreuses distributions, entièrement gratuites, des graines qu'elle reçoit de ses correspondants dans les diverses parties du globe.

La Société décerne, chaque année, des récompenses et encouragements aux personnes qui l'aident à atteindre son but.

(Le programme des prix, le règlement des cheptels et la liste des animaux et plantes mis en distribution sont adressés gratuitement à toute personne qui en fait la demande par lettre affranchie.)

Versailles, imprimerie Cerf et Fils, rue Duplessis, 59.

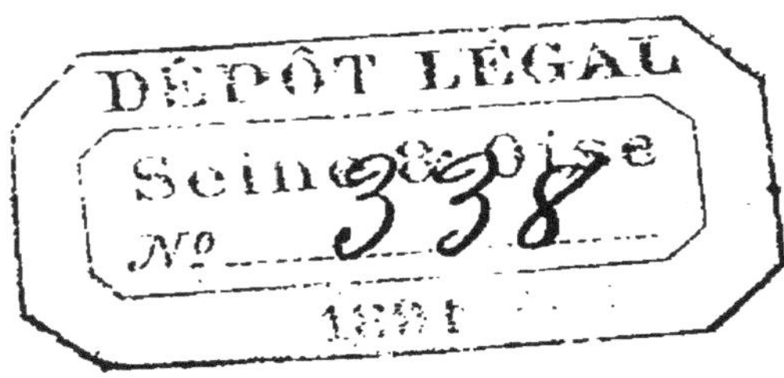

REVUE

DES

SCIENCES NATURELLES APPLIQUÉES

PUBLIÉE PAR LA

SOCIÉTÉ NATIONALE D'ACCLIMATATION DE FRANCE

PARAISSANT A PARIS LES 5 ET 20 DE CHAQUE MOIS

38e ANNÉE

Nº 6 — 20 Mars 1891

Premier Semestre

AU SIÈGE SOCIAL
DE LA SOCIÉTÉ NATIONALE D'ACCLIMATATION DE FRANCE
41, RUE DE LILLE, 41
PARIS

SOMMAIRE

CONSEIL D'ADMINISTRATION

LA

REVUE DES SCIENCES NATURELLES APPLIQUÉES

(Bulletin bimensuel de la Société nationale d'Acclimatation.)

Paraissant à Paris le 5 et le 20 de chaque mois.

RÉDACTION	ABONNEMENTS
Au siège de la Société,	**Paris, province et étranger :**
41, RUE DE LILLE	UN AN : 25 FRANCS

UN NUMÉRO PRIS SÉPARÉMENT : UN FRANC

Les abonnements partent du **1er** *janvier et sont faits pour l'année entière.*
La *Revue* est envoyée gratuitement aux Membres de la Société nationale d'Acclimatation de France.

La Société ne prend sous sa responsabilité aucune des opinions émises par les auteurs des articles insérés dans sa Revue.
La reproduction des articles publiés dans la Revue n'est autorisée qu'à la condition d'en indiquer la source.

AVIS AUX AUTEURS ET ÉDITEURS

La *Revue* donnera une analyse sommaire des ouvrages qui se rapportent aux travaux de la Société et dont les auteurs ou éditeurs auront adressé deux exemplaires au bureau de l'Administration, rue de Lille, 41.

EXTRAITS DES STATUTS & RÈGLEMENTS

Le but de la Société nationale d'Acclimatation de France est de concourir :

1° A l'introduction, à l'acclimatation et à la domestication des espèces d'animaux utiles et d'ornement ; 2° au perfectionnement et à la multiplication des races nouvellement introduites ou domestiquées ; 3° à l'introduction et à la propagation des végétaux utiles ou d'ornement.

Le nombre des membres de la Société est illimité.

Les Français et les étrangers peuvent en faire partie.

Pour faire partie de la Société, on devra être présenté par un membre sociétaire qui signera la proposition de présentation, ou en faire la demande à M. le Secrétaire général ;

Chaque membre paye : 1° un droit d'entrée de 10 fr. ; 2° une cotisation annuelle de 25 fr., ou 250 fr. une fois payés.

La cotisation est due et se perçoit à partir du 1er janvier.

Suivant convention passée avec le jardin zoologique d'Acclimatation et expirant le 31 décembre 1891, chaque membre ayant payé sa cotisation recevra :

Une carte personnelle et six billets d'entrée aux Jardins d'Acclimatation de Paris et de Marseille, dont il pourra disposer à son gré.

Les membres qui ne voudraient pas user de leur carte personnelle peuvent la déléguer.

Les sociétaires auront le droit d'abonner au Jardin d'Acclimatation les membres de leur famille directe (femme, mère, sœurs et filles non mariées et fils mineurs), à raison de 12 fr. 50 par personne et par an.

Il est accordé aux membres un rabais de 5 pour 100 sur le prix des ventes (exclusivement personnelles) qui leur seront faites au Jardin d'Acclimatation de Paris (animaux et plantes).

La **Revue des Sciences naturelles appliquées** (*Bulletin bimensuel* de la Société) est gratuitement délivrée à chaque membre.

La Société confie des animaux et des plantes en cheptel.

Pour obtenir des cheptels, il faut : 1° être membre de la Société ; 2° justifier qu'on est en mesure de loger et de soigner convenablement les animaux et de cultiver les plantes avec discernement ; 3° s'engager à rendre compte, deux fois par an au moins, des résultats **bons** ou **mauvais** obtenus et des observations recueillies ; 4° s'engager à partager avec la Société les produits obtenus.

Indépendamment des cheptels, la Société fait, dans le courant de chaque année, de nombreuses distributions, entièrement gratuites, des graines qu'elle reçoit de ses correspondants dans les diverses parties du globe.

La Société décerne, chaque année, des récompenses et encouragements aux personnes qui l'aident à atteindre son but.

(Le programme des prix, le règlement des cheptels et la liste des animaux et plantes mis en distribution sont adressés gratuitement à toute personne qui en fait la demande par lettre affranchie.)

Versailles, imprimerie Cerf et Fils, rue Duplessis, 59.

REVUE

DES

SCIENCES NATURELLES APPLIQUÉES

PUBLIÉE PAR LA

SOCIÉTÉ NATIONALE D'ACCLIMATATION

DE FRANCE

PARAISSANT A PARIS LES 5 ET 20 DE CHAQUE MOIS

38e ANNÉE

N° 7. — 5 Avril 1891

Premier Semestre

AU SIÈGE SOCIAL

DE LA SOCIÉTÉ NATIONALE D'ACCLIMATATION DE FRANCE

41, RUE DE LILLE, 41

PARIS

SOMMAIRE

I. Travaux adressés à la Société.

II. Extraits des procès-verbaux des séances de la Société.

III. Comptes rendus des séances des sections.

IV. Chronique des colonies et des pays d'outre-mer.

V. Chronique générale et faits divers.

LA

REVUE DES SCIENCES NATURELLES APPLIQUÉES

(Bulletin bimensuel de la Société nationale d'Acclimatation.)

Paraissant à Paris le 5 et le 20 de chaque mois.

RÉDACTION	ABONNEMENTS
Au siège de la Société,	Paris, province et étranger :
41, RUE DE LILLE	UN AN : 25 FRANCS

UN NUMÉRO PRIS SÉPARÉMENT : UN FRANC

Les abonnements partent du 1er janvier et sont faits pour l'année entière.

La *Revue* est envoyée gratuitement aux Membres de la Société nationale d'Acclimatation de France.

AVIS AUX AUTEURS ET ÉDITEURS

La *Revue* donnera une analyse sommaire des ouvrages qui se rapportent aux travaux de la Société et dont les auteurs ou éditeurs auront adressé deux exemplaires au bureau de l'Administration, rue de Lille, 41.

CHEMINS DE FER DE PARIS A LYON & A LA MÉDITERRANÉE

La Compagnie P.-L.-M. a récemment adopté des dispositions nouvelles pour faciliter dans une plus large mesure l'exportation des produits français à l'étranger. Elle a établi dans le § 1er de son Tarif spécial P. V. N° 40 (Exportation) des prix réduits au départ de Paris-Bercy pour l'exportation, par les points frontières suisses et italiens, des marchandises de toute nature remises par partie de 5,000 kilogr. et de 10.000 kilogr. au minimum et réduit les prix déjà fixés pour les ports de la Méditerranée.

Ces dispositions permettent aux intéressés de constituer des tonnages minima de 5,000 et 1.000 kilog. au moyen de marchandises de même nature ou de natures diverses, en payant dans ce dernier cas la taxe afférente à la marchandise de la série la plus élevée.

Le tableau suivant permettra d'apprécier les réductions consenties en faveur du commerce français.

PRIX PAR TONNE										
	Paris à Marseille 814 kilomètres.				Paris à Genève 539 kilomètres.			Paris à Modane 672 kilomètres.		
	Expéditions sans condition de tonnage		Tarif 40 — § 1er. — Expéditions.		Tarifs généraux.	Tarif 40 — § 1er. — Expéditions.		Tarifs généraux.	Tarif 40 — § 1er. — Expéditions.	
	Au-delà de Suez.	Autres destinations d'outre-mer.	De 5,000 kilogr.	De 10,000 kilogr.		De 5,000 kilogr.	De 10,000 kilogr.		De 5,000 kilogr.	De 10,000 kilogr.
1re série	55 »	70 »	60 »	50 »	80 70	48 »	38 »	98 10	56 »	41 »
2e »			52 »	41 »	60 90	40 »	33 »	81 50	48 »	38 »
3e »			44 »	38 »	59 10	31 »	28 »	70 90	40 »	33 »
4e »			36 »	32 »	48 30	28 »	23 »	57 30	32 »	28 »
5e »			30 »	27 »	30 60	22 »	19 »	36 20	26 »	23 »
6e »			24 »	22 »	20 70	16 »	15 »	21 50	20 »	18 »

De plus, les gares intermédiaires situées sur le parcours de Paris à Marseille, à Genève, à Modane, etc., etc., bénéficient des prix fixés au départ de Paris, s'ils sont plus réduits que ceux des tarifs ordinaires.

EXTRAITS DES STATUTS & RÈGLEMENTS

Le but de la Société nationale d'Acclimatation de France est de concourir :

1° A l'introduction, à l'acclimatation et à la domestication des espèces d'animaux utiles et d'ornement; 2° au perfectionnement et à la multiplication des races nouvellement introduites ou domestiquées; 3° à l'introduction et à la propagation des végétaux utiles ou d'ornement.

Le nombre des membres de la Société est illimité.

Les Français et les étrangers peuvent en faire partie.

Pour faire partie de la Société, on devra être présenté par un membre sociétaire qui signera la proposition de présentation, ou en faire la demande à M. le Secrétaire général:

Chaque membre paye : 1° un droit d'entrée de 10 fr.; 2° une cotisation annuelle de 25 fr., ou 250 fr. une fois payés.

La cotisation est due et se perçoit à partir du 1er janvier.

Suivant convention passée avec le jardin zoologique d'Acclimatation et expirant le 31 décembre 1891, chaque membre ayant payé sa cotisation recevra :

Une carte personnelle et six billets d'entrée aux Jardins d'Acclimatation de Paris et de Marseille, dont il pourra disposer à son gré.

Les membres qui ne voudraient pas user de leur carte personnelle peuvent la déléguer.

Les sociétaires auront le droit d'abonner au Jardin d'Acclimatation les membres de leur famille directe (femme, mère, sœurs et filles non mariées et fils mineurs), à raison de 12 fr. 50 par personne et par an.

Il est accordé aux membres un rabais de 5 pour 100 sur le prix des ventes (exclusivement personnelles) qui leur seront faites au Jardin d'Acclimatation de Paris (animaux et plantes).

La **Revue des Sciences naturelles appliquées** (*Bulletin bimensuel* de la Société) est gratuitement délivrée à chaque membre.

La Société confie des animaux et des plantes en cheptel

Pour obtenir des cheptels, il faut : 1° être membre de la Société; 2° justifier qu'on est en mesure de loger et de soigner convenablement les animaux et de cultiver les plantes avec discernement; 3° s'engager à rendre compte, deux fois par an au moins, des résultats **bons** ou **mauvais** obtenus et des observations recueillies; 4° s'engager à partager avec la Société les produits obtenus.

Indépendamment des cheptels, la Société fait, dans le courant de chaque année, de nombreuses distributions, entièrement gratuites, des graines qu'elle reçoit de ses correspondants dans les diverses parties du globe.

La Société décerne, chaque année, des récompenses et encouragements aux personnes qui l'aident à atteindre son but.

(Le programme des prix, le règlement des cheptels et la liste des animaux et plantes mis en distribution sont adressés gratuitement à toute personne qui en fait la demande par lettre affranchie.)

Versailles, imprimerie Cerf et Fils, rue Duplessis, 59

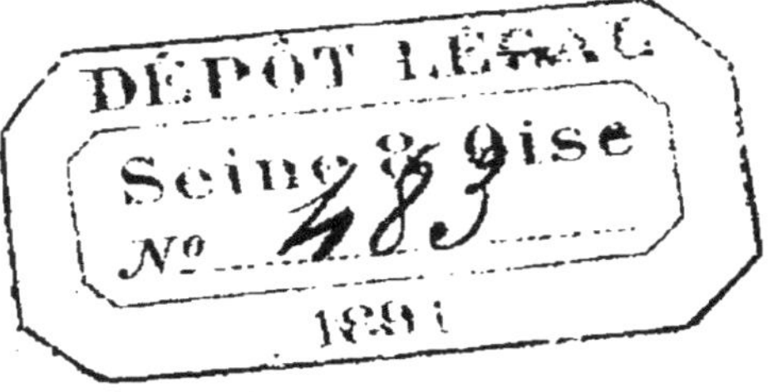

REVUE

DES

SCIENCES NATURELLES APPLIQUÉES

PUBLIÉE PAR LA

SOCIÉTÉ NATIONALE D'ACCLIMATATION

DE FRANCE

PARAISSANT A PARIS LES 5 ET 20 DE CHAQUE MOIS

38e ANNÉE

Nº 8. — 20 Avril 1891

Premier Semestre

AU SIÈGE SOCIAL

DE LA SOCIÉTÉ NATIONALE D'ACCLIMATATION DE FRANCE

41, RUE DE LILLE, 41

PARIS

SOMMAIRE

CONSEIL D'ADMINISTRATION

EXTRAITS DES STATUTS & RÈGLEMENTS

Le but de la Société nationale d'Acclimatation de France est de concourir :

1° A l'introduction, à l'acclimatation et à la domestication des espèces d'animaux utiles et d'ornement ; 2° au perfectionnement et à la multiplication des races nouvellement introduites ou domestiquées ; 3° à l'introduction et à la propagation des végétaux utiles ou d'ornement.

Le nombre des membres de la Société est illimité.

Les Français et les étrangers peuvent en faire partie.

Pour faire partie de la Société, on devra être présenté par un membre sociétaire qui signera la proposition de présentation, ou en faire la demande à M. le Secrétaire général ;

Chaque membre paye : 1° un droit d'entrée de 10 fr. ; 2° une cotisation annuelle de 25 fr., ou 250 fr. une fois payés.

La cotisation est due et se perçoit à partir du 1er janvier.

Suivant convention passée avec le jardin zoologique d'Acclimatation et expirant le 31 décembre 1891, chaque membre ayant payé sa cotisation recevra :

Une carte personnelle et six billets d'entrée aux Jardins d'Acclimatation de Paris et de Marseille, dont il pourra disposer à son gré.

Les membres qui ne voudraient pas user de leur carte personnelle peuvent la déléguer.

Les sociétaires auront le droit d'abonner au Jardin d'Acclimatation les membres de leur famille directe (femme, mère, sœurs et filles non mariées et fils mineurs), à raison de 12 fr. 50 par personne et par an.

Il est accordé aux membres un rabais de 5 pour 100 sur le prix des ventes (exclusivement personnelles) qui leur seront faites au Jardin d'Acclimatation de Paris (animaux et plantes).

La **Revue des Sciences naturelles appliquées** (*Bulletin bimensuel* de la Société) est gratuitement délivrée à chaque membre.

La Société confie des animaux et des plantes en cheptel.

Pour obtenir des cheptels, il faut : 1° être membre de la Société ; 2° justifier qu'on est en mesure de loger et de soigner convenablement les animaux et de cultiver les plantes avec discernement ; 3° s'engager à rendre compte, deux fois par an au moins, des résultats **bons** ou **mauvais** obtenus et des observations recueillies ; 4° s'engager à partager avec la Société les produits obtenus.

Indépendamment des cheptels, la Société fait, dans le courant de chaque année, de nombreuses distributions, entièrement gratuites, des graines qu'elle reçoit de ses correspondants dans les diverses parties du globe.

La Société décerne, chaque année, des récompenses et encouragements aux personnes qui l'aident à atteindre son but.

(Le programme des prix, le règlement des cheptels et la liste des animaux et plantes mis en distribution sont adressés gratuitement à toute personne qui en fait la demande par lettre affranchie.)

Versailles, imprimerie Cerf et Fils, rue Duplessis, 59.

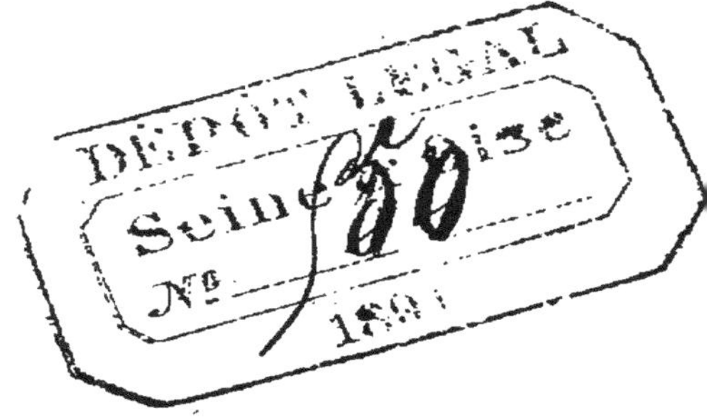

REVUE

DES

SCIENCES NATURELLES APPLIQUÉES

PUBLIÉE PAR LA

SOCIÉTÉ NATIONALE D'ACCLIMATATION

DE FRANCE

PARAISSANT A PARIS LES 5 ET 20 DE CHAQUE MOIS

38e ANNÉE

N° 9. — 5 Mai 1891

Premier Semestre

AU SIÈGE SOCIAL

DE LA SOCIÉTÉ NATIONALE D'ACCLIMATATION DE FRANCE

41, RUE DE LILLE, 41

PARIS

SOMMAIRE

CONSEIL D'ADMINISTRATION

LA

REVUE DES SCIENCES NATURELLES APPLIQUÉES

(Bulletin bimensuel de la Société nationale d'Acclimatation.)

Paraissant à Paris le 5 et le 20 de chaque mois.

RÉDACTION
Au siège de la Société,
41, RUE DE LILLE

ABONNEMENTS
Paris, province et étranger :
UN AN : 25 FRANCS

UN NUMÉRO PRIS SÉPARÉMENT : UN FRANC

Les abonnements partent du 1er janvier et sont faits pour l'année entière.

La *Revue* est envoyée gratuitement aux Membres de la Société nationale d'Acclimatation de France.

AVIS AUX AUTEURS ET ÉDITEURS

La *Revue* donnera une analyse sommaire des ouvrages qui se rapportent aux travaux de la Société et dont les auteurs ou éditeurs auront adressé deux exemplaires au bureau de l'Administration, rue de Lille, 41.

EXTRAITS DES STATUTS & RÈGLEMENTS

Le but de la Société nationale d'Acclimatation de France est de concourir :

1° A l'introduction, à l'acclimatation et à la domestication des espèces d'animaux utiles et d'ornement ; 2° au perfectionnement et à la multiplication des races nouvellement introduites ou domestiquées ; 3° à l'introduction et à la propagation des végétaux utiles ou d'ornement.

Le nombre des membres de la Société est illimité.

Les Français et les étrangers peuvent en faire partie.

Pour faire partie de la Société, on devra être présenté par un membre sociétaire qui signera la proposition de présentation, ou en faire la demande à M. le Secrétaire général;

Chaque membre paye : 1° un droit d'entrée de 10 fr.; 2° une cotisation annuelle de 25 fr., ou 250 fr. une fois payés.

La cotisation est due et se perçoit à partir du 1er janvier.

Suivant convention passée avec le jardin zoologique d'Acclimatation et expirant le 31 décembre 1891, chaque membre ayant payé sa cotisation recevra :

Une carte personnelle et six billets d'entrée aux Jardins d'Acclimatation de Paris et de Marseille, dont il pourra disposer à son gré.

Les membres qui ne voudraient pas user de leur carte personnelle peuvent la déléguer.

Les sociétaires auront le droit d'abonner au Jardin d'Acclimatation les membres de leur famille directe (femme, mère, sœurs et filles non mariées et fils mineurs), à raison de 12 fr. 50 par personne et par an.

Il est accordé aux membres un rabais de 5 pour 100 sur le prix des ventes (exclusivement personnelles) qui leur seront faites au Jardin d'Acclimatation de Paris (animaux et plantes).

La **Revue des Sciences naturelles appliquées** (*Bulletin bimensuel* de la Société) est gratuitement délivrée à chaque membre.

La Société confie des animaux et des plantes en cheptel.

Pour obtenir des cheptels, il faut : 1° être membre de la Société ; 2° justifier qu'on est en mesure de loger et de soigner convenablement les animaux et de cultiver les plantes avec discernement ; 3° s'engager à rendre compte, deux fois par an au moins, des résultats **bons** ou **mauvais** obtenus et des observations recueillies ; 4° s'engager à partager avec la Société les produits obtenus.

Indépendamment des cheptels, la Société fait, dans le courant de chaque année, de nombreuses distributions, entièrement gratuites, des graines qu'elle reçoit de ses correspondants dans les diverses parties du globe.

La Société décerne, chaque année, des récompenses et encouragements aux personnes qui l'aident à atteindre son but.

(Le programme des prix, le règlement des cheptels et la liste des animaux et plantes mis en distribution sont adressés gratuitement à toute personne qui en fait la demande par lettre affranchie.)

Versailles, imprimerie Cerf et Fils, rue Duplessis, 59.

REVUE

DES

SCIENCES NATURELLES APPLIQUÉES

PUBLIÉE PAR LA

SOCIÉTÉ NATIONALE D'ACCLIMATATION

DE FRANCE

PARAISSANT A PARIS LES 5 ET 20 DE CHAQUE MOIS

38e ANNÉE

N° 10. — 20 Mai 1891

Premier Semestre

AU SIÈGE SOCIAL
DE LA SOCIÉTÉ NATIONALE D'ACCLIMATATION DE FRANCE
41, RUE DE LILLE, 41
PARIS

SOMMAIRE

I. Travaux adressés à la Société.

II. Extraits des procès-verbaux des séances de la Société.

III. Comptes rendus des séances des sections.

IV. Hygiène et médecine des animaux.

V. Chronique générale et faits divers.

CONSEIL D'ADMINISTRATION

SUPPLÉMENT

A LA REVUE DES SCIENCES NATURELLES APPLIQUÉES.

20 Mai 1891.

PUBLICATIONS PÉRIODIQUES.

Etangs et Rivières, 47, boulevard de la Tour-Maubourg, Paris (n° 82, 15 mai 1891). — Le Binny, par M. H. d'Hugo. — Le droit de suite sur les poissons, par M. A. d'Audeville. — Ce que peut une faible Grenouille contre un gros poisson, par M. le Dr Liégey. — Éléments de Pisciculture (*suite*), par M. A. d'Audeville. — Aménagement et utilité des glacières, par M. H. d'Hugo. — Terriers de Loutres artificiels, par M. H. Shmidt. — Exposition de pêche à Bâle. — Jolie pêche. — Deux livres de pêche coûteux. — Aux Halles.

L'Eleveur, 19, passage des Panoramas, Paris, n° 333 (17 mai 1891). — Le concours de Chiens d'arrêt du Boulleaume des 11 et 12 mai 1891, par M. Gonderic. — Aviculture : Production des Poussins, par M. M. d'H... — A propos du Ver rouge des Gallinacés, par M. P. M... — Médecine du Cheval : Maladies des articulations (*suite*), par M. P. Mégnin. — Variétés : Le langage des Bêtes, par M. Graindorge.

La Société décline la responsabilité des annonces insérées dans ce Bulletin.

OFFRES, DEMANDES ET ÉCHANGES

DES MEMBRES DE LA SOCIÉTÉ.

On offre : Œufs à couver. — Collection exceptionnelle de cinquante races volailles hors ligne, primées Paris, Lille, Anvers, Angleterre. Envoi du catalogue.

S'adresser à M. Louis Relave, manufacturier, à Lyon-Vaise.

A échanger : plusieurs couples de Poules Campine argentées, pure race garantie, contre couples de Brahma-poutra, également purs de race.

S'adresser à M. le comte de Mondion, château d'Artigny, par Loudun.

Offre bétail : Porcs et Porcelets Craonnais pour reproduction, parents ayant obtenu : 61 récompenses, 28 premiers prix. Prix d'honneur Exposition universelle, Paris 1889. Prix d'ensemble, Chaumont ; médaille de la Société des Agriculteurs de France, Bourges ; premiers prix, Paris, 1889, 1890, 1891.

S'adresser à M. Alexis Guillaumin, à Lépine, par Leveurdre (Allier).

Offre volailles : Volailles de race pure, sujets de choix, ayant obtenu : 23 récompenses, prix d'ensemble. Diplôme d'honneur.

La Flèche, Dorking, Wyandottes, Langshan, Poussins, 15 fr. 50 la douzaine, Coquelets, poulettes de 3 à 4 francs suivant âge, Canards Rouen, Pékin 1 fr. 25 à 4 francs ; Oisons Toulouse, extra, 3 fr. 50 pièce.

Œufs à couver de ces différentes races.

S'adresser à Mme Alexis Guillaumin, à Lépine, par Leveurdre (Allier).

On demande à acheter de la farine de Soja. — Écrire au bureau du journal.

A vendre : pendant toute la saison, œufs de Pintade grise à 3 francs la douzaine, emballage 50 centimes par une douzaine et gratis pour une quantité supérieure.

S'adresser à M. Louis Bottey, à Charroux (Vienne).

LA

REVUE DES SCIENCES NATURELLES APPLIQUÉES

(Bulletin bimensuel de la Société nationale d'Acclimatation.)

Paraissant à Paris le 5 et le 20 de chaque mois.

RÉDACTION	ABONNEMENTS
Au siège de la Société,	**Paris, province et étranger :**
41, RUE DE LILLE	UN AN : 25 FRANCS

UN NUMÉRO PRIS SÉPARÉMENT : UN FRANC

Les abonnements partent du 1er janvier et sont faits pour l'année entière.

La *Revue* est envoyée gratuitement aux Membres de la Société nationale d'Acclimatation de France.

AVIS AUX AUTEURS ET ÉDITEURS

La *Revue* donnera une analyse sommaire des ouvrages qui se rapportent aux travaux de la Société et dont les auteurs ou éditeurs auront adressé deux exemplaires au bureau de l'Administration, rue de Lille, 41.

EXTRAITS DES STATUTS & RÈGLEMENTS

Le but de la Société nationale d'Acclimatation de France est de concourir :

1° A l'introduction, à l'acclimatation et à la domestication des espèces d'animaux utiles et d'ornement ; 2° au perfectionnement et à la multiplication des races nouvellement introduites ou domestiquées ; 3° à l'introduction et à la propagation des végétaux utiles ou d'ornement.

Le nombre des membres de la Société est illimité.

Les Français et les étrangers peuvent en faire partie.

Pour faire partie de la Société, on devra être présenté par un membre sociétaire qui signera la proposition de présentation, ou en faire la demande à M. le Secrétaire général :

Chaque membre paye : 1° un droit d'entrée de 10 fr. ; 2° une cotisation annuelle de 25 fr., ou 250 fr. une fois payés.

La cotisation est due et se perçoit à partir du 1er janvier.

Suivant convention passée avec le jardin zoologique d'Acclimatation et expirant le 31 décembre 1891, chaque membre ayant payé sa cotisation recevra :

Une carte personnelle et six billets d'entrée aux Jardins d'Acclimatation de Paris et de Marseille, dont il pourra disposer à son gré.

Les membres qui ne voudraient pas user de leur carte personnelle peuvent la déléguer.

Les sociétaires auront le droit d'abonner au Jardin d'Acclimatation les membres de leur famille directe (femme, mère, sœurs et filles non mariées et fils mineurs), à raison de 12 fr. 50 par personne et par an.

Il est accordé aux membres un rabais de 5 pour 100 sur le prix des ventes (exclusivement personnelles) qui leur seront faites au Jardin d'Acclimatation de Paris (animaux et plantes).

La **Revue des Sciences naturelles appliquées** *(Bulletin bimensuel* de la Société) est gratuitement délivrée à chaque membre.

La Société confie des animaux et des plantes en cheptel.

Pour obtenir des cheptels, il faut : 1° être membre de la Société ; 2° justifier qu'on est en mesure de loger et de soigner convenablement les animaux et de cultiver les plantes avec discernement ; 3° s'engager à rendre compte, deux fois par an au moins, des résultats **bons** ou **mauvais** obtenus et des observations recueillies ; 4° s'engager à partager avec la Société les produits obtenus.

Indépendamment des cheptels, la Société fait, dans le courant de chaque année, de nombreuses distributions, entièrement gratuites, des graines qu'elle reçoit de ses correspondants dans les diverses parties du globe.

La Société décerne, chaque année, des récompenses et encouragements aux personnes qui l'aident à atteindre son but.

(Le programme des prix, le règlement des cheptels et la liste des animaux et plantes mis en distribution sont adressés gratuitement à toute personne qui en fait la demande par lettre affranchie.)

Versailles, imprimerie Cerf et Fils, rue Duplessis, 59

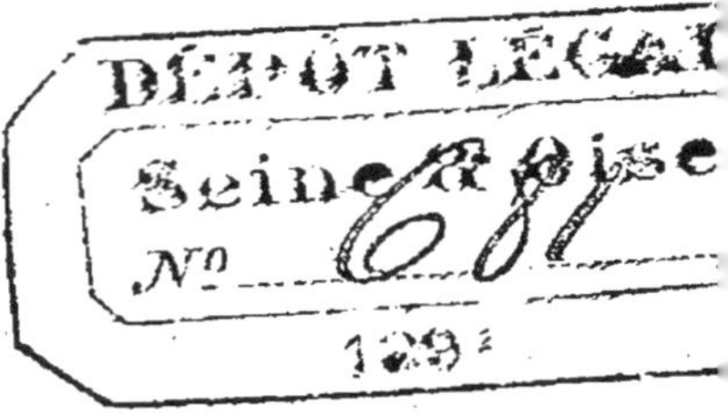

REVUE

DES

SCIENCES NATURELLES APPLIQUÉES

PUBLIÉE PAR LA

SOCIÉTÉ NATIONALE D'ACCLIMATATION

DE FRANCE

PARAISSANT A PARIS LES 5 ET 20 DE CHAQUE MOIS

38e ANNÉE

Nº 11. — 5 Juin 1891

Premier Semestre

AU SIÈGE SOCIAL
DE LA SOCIÉTÉ NATIONALE D'ACCLIMATATION DE FRANCE
41, RUE DE LILLE, 41
PARIS

SOMMAIRE

I. Travaux adressés à la Société.

II. Extraits des procès-verbaux des séances de la Société.

III. Comptes rendus des séances des sections.

IV. Chronique des colonies et des pays d'outre-mer.

V. Chronique générale et faits divers.

LA

REVUE DES SCIENCES NATURELLES APPLIQUÉES

(Bulletin bimensuel de la Société nationale d'Acclimatation.)

Paraissant à Paris le 5 et le 20 de chaque mois.

RÉDACTION	ABONNEMENTS
Au siège de la Société,	**Paris, province et étranger :**
41, RUE DE LILLE	UN AN : 25 FRANCS

UN NUMÉRO PRIS SÉPARÉMENT : UN FRANC

Les abonnements partent du 1er *janvier et sont faits pour l'année entière.*

La *Revue* est envoyée gratuitement aux Membres de la Société nationale d'Acclimatation de France.

AVIS AUX AUTEURS ET ÉDITEURS

La *Revue* donnera une analyse sommaire des ouvrages qui se rapportent aux travaux de la Société et dont les auteurs ou éditeurs auront adressé deux exemplaires au bureau de l'Administration, rue de Lille, 41.

EXTRAITS DES STATUTS & RÈGLEMENTS

Le but de la Société nationale d'Acclimatation de France est de concourir :

1° A l'introduction, à l'acclimatation et à la domestication des espèces d'animaux utiles et d'ornement ; 2° au perfectionnement et à la multiplication des races nouvellement introduites ou domestiquées ; 3° à l'introduction et à la propagation des végétaux utiles ou d'ornement.

Le nombre des membres de la Société est illimité.

Les Français et les étrangers peuvent en faire partie.

Pour faire partie de la Société, on devra être présenté par un membre sociétaire qui signera la proposition de présentation, ou en faire la demande à M. le Secrétaire général ;

Chaque membre paye : 1° un droit d'entrée de 10 fr. ; 2° une cotisation annuelle de 25 fr., ou 250 fr. une fois payés.

La cotisation est due et se perçoit à partir du 1er janvier.

Suivant convention passée avec le jardin zoologique d'Acclimatation et expirant le 31 décembre 1891, chaque membre ayant payé sa cotisation recevra :

Une carte personnelle et six billets d'entrée aux Jardins d'Acclimatation de Paris et de Marseille, dont il pourra disposer à son gré.

Les membres qui ne voudraient pas user de leur carte personnelle peuvent la déléguer.

Les sociétaires auront le droit d'abonner au Jardin d'Acclimatation les membres de leur famille directe (femme, mère, sœurs et filles non mariées et fils mineurs), à raison de 12 fr. 50 par personne et par an.

Il est accordé aux membres un rabais de 5 pour 100 sur le prix des ventes (exclusivement personnelles) qui leur seront faites au Jardin d'Acclimatation de Paris (animaux et plantes).

La **Revue des Sciences naturelles appliquées** *(Bulletin bimensuel* de la Société) est gratuitement délivrée à chaque membre.

La Société confie des animaux et des plantes en cheptel.

Pour obtenir des cheptels, il faut : 1° être membre de la Société ; 2° justifier qu'on est en mesure de loger et de soigner convenablement les animaux et de cultiver les plantes avec discernement ; 3° s'engager à rendre compte, deux fois par an au moins, des résultats **bons** ou **mauvais** obtenus et des observations recueillies ; 4° s'engager à partager avec la Société les produits obtenus.

Indépendamment des cheptels, la Société fait, dans le courant de chaque année, de nombreuses distributions, entièrement gratuites, des graines qu'elle reçoit de ses correspondants dans les diverses parties du globe.

La Société décerne, chaque année, des récompenses et encouragements aux personnes qui l'aident à atteindre son but.

(Le programme des prix, le règlement des cheptels et la liste des animaux et plantes mis en distribution sont adressés gratuitement à toute personne qui en fait la demande par lettre affranchie.)

Versailles, imprimerie Cerf et Fils, rue Duplessis, 59.

REVUE

DES

SCIENCES NATURELLES APPLIQUÉES

PUBLIÉE PAR LA

SOCIÉTÉ NATIONALE D'ACCLIMATATION

DE FRANCE

PARAISSANT A PARIS LES 5 ET 20 DE CHAQUE MOIS

38e ANNÉE

N° 12. — 20 Juin 1891

Premier Semestre

AU SIÈGE SOCIAL

DE LA SOCIÉTÉ NATIONALE D'ACCLIMATATION DE FRANCE

41, RUE DE LILLE, 41

PARIS

SOMMAIRE

CONSEIL D'ADMINISTRATION

BUREAU

Président.

M. Albert GEOFFROY SAINT-HILAIRE (✻), directeur du Jardin zoologique d'Acclimatation du Bois de Boulogne.

Vice-Présidents.

MM. Léon LE FORT (O. ✻), membre de l'Académie de médecine, professeur à la Faculté de médecine.
De QUATREFAGES (C. ✻), membre de l'Institut (Académie des sciences) et de la Société nationale d'agriculture, professeur au Muséum d'histoire naturelle.
Le marquis de SINÉTY, propriétaire.
Léon VAILLANT (✻), docteur en médecine, professeur au Muséum d'histoire naturelle.

Secrétaire-général.

M. Amédée BERTHOULE, avocat à la Cour d'appel, docteur en droit, membre du Comité consultatif des pêches maritimes.

Secrétaires.

MM. E. DUPIN (✻), *Secrétaire pour l'intérieur*, ancien inspecteur des chemins de fer.
C. RAVERET-WATTEL (✻), *Secrétaire du Conseil*, chef de bureau au ministère de la guerre.
Saint-Yves MÉNARD (✻), *Secrétaire des Séances*, médecin-vétérinaire, docteur en médecine, professeur à l'Ecole centrale des arts et manufactures, membre de la Société centrale de médecine vétérinaire.
P.-Amédée PICHOT, *Secrétaire pour l'étranger*, directeur de la *Revue britannique*.

BUREAU (*suite*).

Trésorier.

M. Georges MATHIAS, propriétaire.

Archiviste-Bibliothécaire.

M. MAGAUD D'AUBUSSON, avocat, docteur en droit.

MEMBRES DU CONSEIL

MM. Camille DARESTE, docteur ès sciences et en médecine, directeur du laboratoire de tératologie à l'Ecole pratique des hautes études.
A. GRANDIDIER (✻), membre de l'Institut, (Académie des sciences), voyageur naturaliste.
LABOULBÈNE (O. ✻), professeur à la Faculté de médecine, membre de l'Académie de médecine.
Edouard MÈNE (✻), docteur en médecine, médecin de la maison de santé de Saint-Jean-de-Dieu.
Le docteur Joseph MICHON, ancien préfet.
A. MILNE EDWARDS (O. ✻), membre de l'Institut (Académie des sciences) et de l'Académie de médecine, professeur au Muséum d'histoire naturelle.
Constantin PAUL (✻), docteur en médecine, membre de l'Académie de médecine, médecin des hôpitaux.
Aug. PAILLIEUX, propriétaire.
Edmond PERRIER (✻), professeur au Muséum d'histoire naturelle.
Edgard ROGER (✻), conseiller référendaire à la Cour des Comptes.
Le marquis de SELVE (✻), propriétaire.
Henry de VILMORIN (O. ✻), membre de la Société nationale d'agriculture, ancien membre du Tribunal de commerce de la Seine.

LA

REVUE DES SCIENCES NATURELLES APPLIQUÉES

(Bulletin bimensuel de la Société nationale d'Acclimatation.)

Paraissant à Paris le 5 et le 20 de chaque mois.

RÉDACTION
Au siège de la Société,
41, RUE DE LILLE

ABONNEMENTS
Paris, province et étranger :
UN AN : 25 FRANCS

UN NUMÉRO PRIS SÉPARÉMENT : UN FRANC

Les abonnements partent du 1er janvier et sont faits pour l'année entière.

La *Revue* est envoyée gratuitement aux Membres de la Société nationale d'Acclimatation de France.

AVIS AUX AUTEURS ET ÉDITEURS

La *Revue* donnera une analyse sommaire des ouvrages qui se rapportent aux travaux de la Société et dont les auteurs ou éditeurs auront adressé deux exemplaires au bureau de l'Administration, rue de Lille, 41.

EXTRAITS DES STATUTS & RÈGLEMENTS

Le but de la Société nationale d'Acclimatation de France est de concourir :

1° A l'introduction, à l'acclimatation et à la domestication des espèces d'animaux utiles et d'ornement; 2° au perfectionnement et à la multiplication des races nouvellement introduites ou domestiquées; 3° à l'introduction et à la propagation des végétaux utiles ou d'ornement.

Le nombre des membres de la Société est illimité.

Les Français et les étrangers peuvent en faire partie.

Pour faire partie de la Société, on devra être présenté par un membre sociétaire qui signera la proposition de présentation, ou en faire la demande à M. le Secrétaire général;

Chaque membre paye : 1° un droit d'entrée de 10 fr.; 2° une cotisation annuelle de 25 fr., ou 250 fr. une fois payés.

La cotisation est due et se perçoit à partir du 1er janvier.

Suivant convention passée avec le jardin zoologique d'Acclimatation et expirant le 31 décembre 1891, chaque membre ayant payé sa cotisation recevra :

Une carte personnelle et six billets d'entrée aux Jardins d'Acclimatation de Paris et de Marseille, dont il pourra disposer à son gré.

Les membres qui ne voudraient pas user de leur carte personnelle peuvent la déléguer.

Les sociétaires auront le droit d'abonner au Jardin d'Acclimatation les membres de leur famille directe (femme, mère, sœurs et filles non mariées et fils mineurs), à raison de 12 fr. 50 par personne et par an.

Il est accordé aux membres un rabais de 5 pour 100 sur le prix des ventes (exclusivement personnelles) qui leur seront faites au Jardin d'Acclimatation de Paris (animaux et plantes).

La **Revue des Sciences naturelles appliquées** *(Bulletin bimensuel* de la Société) est gratuitement délivrée à chaque membre.

La Société confie des animaux et des plantes en cheptel.

Pour obtenir des cheptels, il faut : 1° être membre de la Société; 2° justifier qu'on est en mesure de loger et de soigner convenablement les animaux et de cultiver les plantes avec discernement; 3° s'engager à rendre compte, deux fois par an au moins, des résultats **bons** ou **mauvais** obtenus et des observations recueillies; 4° s'engager à partager avec la Société les produits obtenus.

Indépendamment des cheptels, la Société fait, dans le courant de chaque année, de nombreuses distributions, entièrement gratuites, des graines qu'elle reçoit de ses correspondants dans les diverses parties du globe.

La Société décerne, chaque année, des récompenses et encouragements aux personnes qui l'aident à atteindre son but.

(Le programme des prix, le règlement des cheptels et la liste des animaux et plantes mis en distribution sont adressés gratuitement à toute personne qui en fait la demande par lettre affranchie.)

Versailles, imprimerie Cerf et Fils, rue Duplessis, 59.

EXTRAITS DES STATUTS & RÈGLEMENTS

Le but de la Société nationale d'Acclimatation de France est de concourir :

1° A l'introduction, à l'acclimatation et à la domestication des espèces d'animaux utiles et d'ornement ; 2° au perfectionnement et à la multiplication des races nouvellement introduites ou domestiquées ; 3° à l'introduction et à la propagation des végétaux utiles ou d'ornement.

Le nombre des membres de la Société est illimité.

Les Français et les étrangers peuvent en faire partie.

Pour faire partie de la Société, on devra être présenté par un membre sociétaire qui signera la proposition de présentation, ou en faire la demande à M. le Secrétaire général ;

Chaque membre paye : 1° un droit d'entrée de 10 fr. ; 2° une cotisation annuelle de 25 fr., ou 250 fr. une fois payés.

La cotisation est due et se perçoit à partir du 1er janvier.

Suivant convention passée avec le jardin zoologique d'Acclimatation et expirant le 31 décembre 1888, chaque membre ayant payé sa cotisation recevra :

Une carte personnelle et six billets d'entrée au Jardin d'Acclimatation, dont il pourra disposer à son gré.

Les membres qui ne voudraient pas user de leur carte personnelle peuvent la déléguer.

Les sociétaires auront le droit d'abonner au Jardin d'acclimatation les membres de leur famille directe (femme, mère, sœurs et filles non mariées, et fils mineurs), à raison de 12 fr. 50 par personne et par an.

Il est accordé aux membres un rabais de 5 pour 100 sur le prix des ventes (exclusivement personnelles) qui leur seront faites au Jardin d'Acclimatation (animaux et plantes).

Le *Bulletin bi-mensuel* de la Société est gratuitement délivré à chaque membre.

La Société confie des animaux et des plantes en cheptel.

Pour obtenir des cheptels, il faut : 1° être membre de la Société ; 2° justifier qu'on est en mesure de loger et de soigner convenablement les animaux et de cultiver les plantes avec discernement ; 3° s'engager à rendre compte, deux fois par an au moins, des résultats **bons** ou **mauvais** obtenus et des observations recueillies ; 4° s'engager à partager avec la Société les produits obtenus.

Indépendamment des cheptels, la Société fait, dans le courant de chaque année, de nombreuses distributions, entièrement gratuites, des graines qu'elle reçoit de ses correspondants dans les diverses parties du globe.

La Société décerne, chaque année, des récompenses et encouragements aux personnes qui l'aident à atteindre son but.

(Le programme des prix, le règlement des cheptels et la liste des animaux et plantes mis en distribution sont adressées gratuitement à toute personne qui en fait la demande par lettre affranchie.)

Versailles, imprimerie Cerf et Fils, rue Duplessis, 59.

www.ingramcontent.com/pod-product-compliance
Lightning Source LLC
LaVergne TN
LVHW080954230826
846092LV00006B/1036

9782329798929